北平静生生物调查所首号木材标本坚桦（*Betula chinensis* Maxim.）

（现存于中国林业科学研究院木材标本馆 CAFw）

中国林业科学研究院

木材标本馆

殷亚方 焦立超 姜笑梅 著

中国林業出版社

中国林业科学研究院木材标本馆水杉（*Metasequoia glyptostroboides* Hu & W. C. Cheng）木材圆盘
“活化石”水杉由胡先骕与郑万钧于 1948 年联名定名

序一

木材，作为地球上支持人类赖以生存发展的重要资源，迄今为止是世界公认、用途广泛的四大原料（木材、钢材、水泥、塑料）之一，千百年来从经济、社会、文化、生态等领域渗透到了人们生活的方方面面，为人类生存和可持续发展提供了有力支撑，是国家战略生物资源不可或缺的重要组成部分。

木材标本蕴含着树木遗传学、木材解剖、加工利用等信息，以及物理、化学等科学数据，是森林资源可持续利用、生物多样性保护、森林生态与碳汇、林产品开发、文物保护等科学研究的战略性基础资源，对科研、教学、科普等均具有重要的价值。更重要的是，木材标本是历史的见证，是不朽的文化，它让木材生命永恒，必须保存好。由此，木材标本馆应运而生。

标本馆是代表性科研标本收藏与展示的场所，承载、记录着一系列的学术发展历程和历史，为科学研究和教育教学提供永久性参考资料。它是单位文化的积淀与传承的象征，是人才培养和学术研究的服务平台。高质量的标本馆可以说是一个单位的科研中心、教学中心、交流中心、文化中心。因此，木材标本馆是木材科学及相关学科重要的科研中心，是重要的教学和科普基地，是生物标本及其相关内容的收集和传播中心，是木文化的保护和传承中心。

作为我国第一大木材标本馆的中国林业科学研究院

木材标本馆，其历史可追溯至1928年，诞生于北平静生生物调查所，风雨兼程近百载。经过几代人的艰苦坚守和不懈努力，2021年，其馆藏量跃居亚洲第一。木材标本馆在学术研究、标本增量、能力建设、国际合作、人才培养、技术研发、行业应用、科普传播等方面不断取得新进展，为我国多项重大科研课题以及国家或部级科技成果提供了宝贵的基础资料；有力推动了我国森林资源保护和利用、国际履约、海关执法、公安刑侦、市场监管和文物保护等社会事业的发展与壮大；为展示国家形象、服务国家木材战略安全做出了重要贡献，产生了重大而深远的影响，成为我国木材科学研究领域亮丽的名片。木是人类文明的基础。翻开历史长卷，它承载着古今文明的形成和发展，如同一位充满智慧的老者，用一圈又一圈年轮记载着兴衰更迭、传奇经典。如人们熟知的钻“木”取火，点燃了原始社会的火光与璀璨文明，为人类的繁衍生息做出了奠基性贡献，形成了独特的木文化。

当获悉《中国林业科学研究院木材标本馆馆藏名录》一书即将出版，倍感欣慰。全书系统梳理并总结了中国林业科学研究院木材标本馆约一个世纪来木材标本资源的建设成就，及其产生的重大而深远的社会影响和为行业发展所做的杰出贡献。本书的编纂出版，不仅得益于民族进步、国家富强，也得益于几代木材科技工作者的艰辛坚守、努力付出和有力传承。以此激励新一代木材科技工作者开启新征程，继续丰富标本收藏种类及数量，不断发挥标本科技支撑作用，努力将其建设成为以木材为特色，标本类型多样、馆藏丰富、管理完善、服务高效，享有更高国际知名度、更多荣誉的木材标本馆，更好地为科研、科普和教学服务。

江泽慧

国际竹藤组织董事会联合主席

国际竹藤中心首席科学家、学术委员会主任委员

国际木材科学院院士

序二

木材为人类生存和可持续发展提供了重要支撑，是国家战略生物资源不可或缺的组成部分。木材标本是开展森林资源可持续利用、生物多样性保护、森林碳汇等科学研究的基础科技资源，蕴含着树木遗传学、木材解剖、物理、化学、加工利用等科学数据，具有重要的科研和科普价值。

中国林业科学研究院木材标本馆始于1928年成立的北平静生生物调查所，经过九十余载的积累与几代人的不懈努力，2021年成为馆藏量居亚洲第一的木材标本馆。近年来，中国林业科学研究院木材标本馆在学术研究、标本增量、能力建设、国际合作、人才培养、技术研发、行业应用、科普传播等方面不断取得新进展，有力推动了森林资源保护和利用、国际履约、海关执法、市场监管和文物保护等社会事业的发展。

该书的出版，既是对中国林业科学研究院木材标本馆过去九十余载木材标本资源建设成果的系统整理和总结，也是对新一代木材科技工作者开启新征程的激励，具有重要的科学价值。然而，木材科学基础性工作是一项稳坐“冷板凳”、不显山不露水的研究工作，需要投入大量时间和精力才能有所成效。工贵其久，业贵其专。这项工作要坚持守正创新，守正是根本，同时寻找创新的路径。

在新时代发展背景下，木材标本科学研究正在不断主动面向生态建设、生物多样性保护、木材安全、能源安全等国家战略，通过加强木材学、植物学、生态学、考古学、信息学等多学科交叉融合，促进更多创新成果在生物多样性保护和林木资源可持续利用等方面应用，可以更好地推动林草及相关领域高质量发展。

本人看到这本代表我国木材科学基础性工作的最新成果即将出版，十分欣慰，特此为序！

吴义强

中国工程院院士

国家林业和草原局木材标本资源库专家委员会主任委员

“傍及万品，动植皆文。”与人类发展密不可分的木材，质朴、温馨、亲和，赋有历史的厚重与包容。谁能想象，经过近百年沉淀、馆藏量居亚洲第一的中国林业科学研究院木材标本馆（简称中国林科院木材标本馆），会以怎样的姿态进入人们的视野。

2024年，中国林业科学研究院木材工业研究所（简称中国林科院木材所）正式成立67周年。为了向67周年献礼，2024年3月14日，中国林科院木材标本馆新馆落成并正式对外开放。至此，馆藏国内外木材标本42467号，共9651类群（含9112种320变种209亚种），隶2324属，260科；木材切片36000余片，2000余种，隶570属，136科；腊叶标本6000余号。标本馆的开放，方便公众了解木材的生长特点、材质特性及不同用途；可解答人们的疑问，如针叶材和阔叶材怎么区分？降香黄檀为什么香气独特？楠木为什么天然耐腐？泡桐木为什么这么轻？蚬木为什么这么重？等等。

中国林科院木材标本馆先后参与长沙马王堆、南海Ⅰ号、南海深海考古、故宫、天安门城楼、恭王府、应县木塔等考古与古建领域的重要木质遗存或木质文物鉴定与保护工作，为考古与古建等领域提供了重要的科技支撑。近年来，依托其创建国际林业研究组织联盟（International Union of Forest Organizations，IUFRO）“木材识别”学科组，创新研发濒危木材计算机视觉、

DNA条形码和化学指纹识别新技术及iWood木材鉴定智能化装备，积极参与《濒危野生动植物种国际贸易公约》（Convention on International Trade in Endangered Species of Wild Fauna and Flora，CITES）的履约工作，为助力我国及全球生物多样性保护做贡献。同时，积极执行国家林业和草原局、国家濒危物种进出口管理办公室、海关总署等部门委托的濒危木材鉴定任务，协助打击濒危野生植物非法贸易，承担的濒危木材鉴定案例入选《中国履行〈全球植物保护战略（2011—2020）〉进展报告》。

中国林科院木材标本馆还承担着讲好中国创新故事、践行林草科学普及的社会责任。通过举办“走进木材标本馆”科普系列活动，为我国大中小学、国内外林业管理与科研机构、文物保护部门等社会公众普及木材科学知识；借助标本实物、展品、图书图片、珍贵史料及科学实验室，采用专业讲解、动手参与和现场互动结合等方式，普及了林业科学知识，激发公众兴趣与热爱，增强公众对森林资源保护与生态文明建设的责任意识。

中国林科院木材标本馆在国内外享有很高声誉，其历史可追溯至1928年成立的北平静生生物调查所（简称静生所）。1939年，静生所与中央工业试验所于重庆北碚共建中央工业试验所木材试验室（后扩建为木材试验馆）。1950年，中央林垦部接管木材试验馆，并将其更名为“中央林垦部西南木材试验馆”。1952年，木材试验馆迁至北京，参与组建中央林业部林业科学研究所。1956年，林业部林业科学研究所筹备划分为林业科学研究所和森林工业科学研究所。1957年，森林工业科学研究所成立。1958年，以林业科学研究所和森林工业科学研究所为主体，扩建成立中国林业科学研究院，自静生所发展而来的木材标本馆成为中国林业科学研究院的重要组成部分。2010年，中国林科院木材标本馆发展壮大成为藏量居全国第一的木材标本馆。2021年，中国林科院木材标本馆发展成为藏量居亚洲第一的木材标本馆。

开展馆藏标本名录汇总和更新工作，是木材标本馆科学管理和精进研究的重要基础，是对我国几代木材科学工作者集体智慧结晶的回顾和总结，更是木材科学研究承担的重要使命。《中国林业科学研究院木材标本馆馆藏名录》（简称《名录》）的正式出版，是回顾和总结的具体行动，是木材标本馆对约一个世纪来木材标本资源情况的系统整理和修订，旨在为我国木材学、植物学等相关领域的科技工作者以及爱好者提供有价值的参考。

感谢科学技术部、国家自然科学基金委员会、国家留学基金委员会、国家林业和草原局、中国林业科学研究院的鼎力支持。

感谢国际木材解剖学家协会（International Association of Wood Anatomists，IAWA）、国际林业研究组织联盟、国际木材科学院（International Academy of Wood Science，

IAWS）、国际木材标本采集协会（International Wood Collectors Society，IWCS）、国家濒危物种进出口管理办公室、国家濒危物种科学委员会、国家林业和草原局木材标本资源库、木材标本国家创新联盟等机构提供合作平台。

感谢国家科技基础资源调查专项项目“《中国木材志》修编”（2023FY101400）支持。

感谢中国林业科学研究院老院长江泽慧教授、中国工程院院士吴义强教授的所有鼓励和支持。

感谢所有关心、指导和帮助中国林科院木材标本馆发展的领导、专家和同仁。

感谢中国林科院木材所、中国科学院植物研究所和英国剑桥李约瑟研究所（Needham Research Institute，NRI）为本书提供照片。

感谢国内外木材学家、植物学家来馆开展合作交流以及慷慨付出，交换或赠予国内外木材标本。

特别感谢 Pieter Baas、Michael Wiemann、Hans Beckman、Alex Wiedenhoeft、Gerald Koch、Tereza Pastore、Alexandre Gontijo、Volker Haag、Frederic Lens 等国外专家对中国林科院木材标本馆发展的无私帮助。

著　者
2024 年 11 月

凡例

一、《名录》分为针叶材和阔叶材两部分，包括科、种的拉丁名和中文名，标本号，标本收藏抽屉号，切片收藏抽屉号等。

二、《名录》按照先针叶材标本再阔叶材标本的次序，科、属、种分别根据其拉丁名首字母排序。

三、《名录》中符号“▶”表示标本中文名，符号“◎”表示标本号，符号“◇”表示标本收藏抽屉号，符号“/”表示切片收藏抽屉号；符号“TBA”表示标本暂未确定收藏抽屉号。

四、《名录》中标本拉丁名参照世界植物在线（World Flora Online, https://www.worldfloraonline.org/）和中国植物志在线版（https://www.iplant.cn/frps）校核。

五、《名录》中标本中文名参照中国植物志在线版、多识植物百科（https://duocet.ibiodiversity.net）、《中国木材志》《中国主要进口木材名称》《世界商品木材拉汉英名称》等校核。若相关资料未涉及相应中文名，则以拉丁名含义或音译的方式确定中文名。

第一篇

中国林业科学研究院
木材标本馆概况

一、引　言

二、历史沿革

三、馆藏概况

四、近年来代表性国际学术平台建设

五、近年来代表性国内学术平台建设

1928 年，静生生物调查所成立合影（前排右二胡先骕，前排右三秉志，后排右一唐进）

1937 年，静生生物调查所工作人员制作标本

1941 年，朱惠方（右二）率队考察川康森林资源时野外午餐合影

1943 年，唐燿在中央工业试验所木材试验室

1943 年，唐燿（右）与王恺在中央工业试验所木材试验室

1943 年，李约瑟在中央工业试验所木材试验室留影

1957 年，成俊卿（前排中）在安徽黟县林场采集木材标本

1957 年，成俊卿（右三）和柯病凡（右四）在野外采集木材标本

20 世纪 50 年代，中国林业科学研究院森林工业科学研究所木材性质研究室人员在实验厂房合影（二排左二朱惠方、二排右二成俊卿、后排右三李源哲、二排左一杨家驹）

20 世纪 80 年代，柯病凡（左二）、江泽慧（左三）及教研组老师研究木材标本

20 世纪 90 年代，中国林业科学研究院木材工业研究所木材性质研究室人员合影
（一排左七成俊卿、一排左二丁水汀、一排左四张寿和、一排左五张寿槐、一排左六陈嘉宝、一排右五杨家驹、二排右三曾月星、二排右四姜笑梅、三排左一张立非、四排左二柴修武、四排右一刘鹏、四排右三洪调研）

1998 年，姜笑梅（右）和刘鹏（左）赴美国林产品实验室考察并收集热带木材标本与资料

2004 年，殷亚方赴广东雷州采集木材标本试材

2014 年，中国林业科学研究院木材工业研究所木材性质研究室构造组退休老专家参观改造后的木材标本馆（左一曾月星、左二杨家驹、左三姜笑梅、左四洪调研、左五刘鹏、左六柴修武）

2023 年 11 月，殷亚方（屏幕前排中）在瑞士日内瓦召开的
《濒危野生动植物种国际贸易公约》第 77 次常委会上发言

2024 年，国家科技基础资源调查专项项目“《中国木材志》修编”启动会合影

北平静生生物调查所木材标本卡片（现存于中国林业科学研究院木材标本馆）

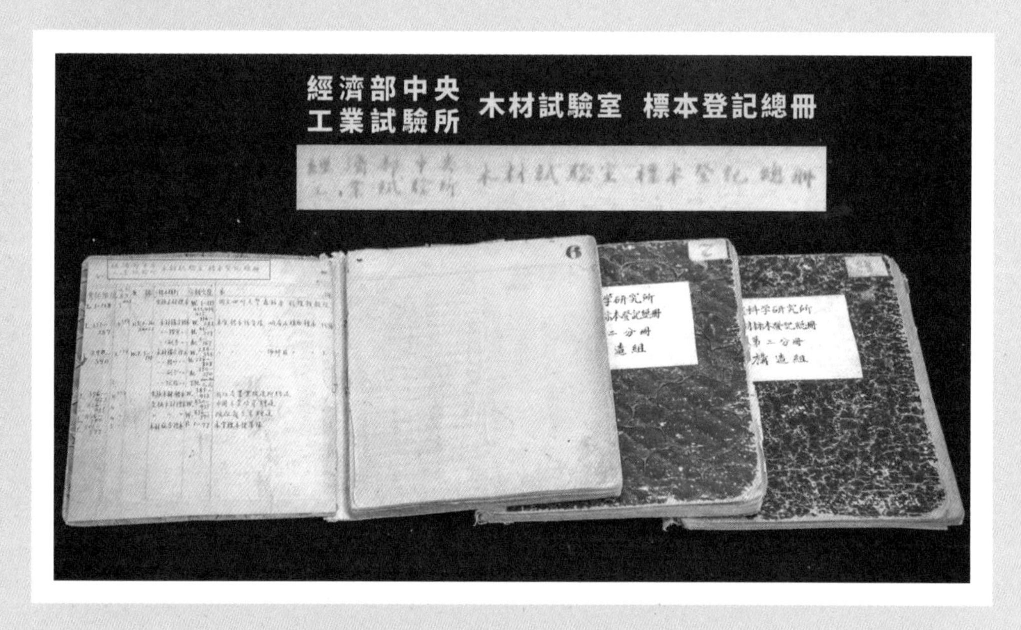

抗战时期的中央工业试验所木材试验室标本登记总册
（现存于中国林业科学研究院木材标本馆）

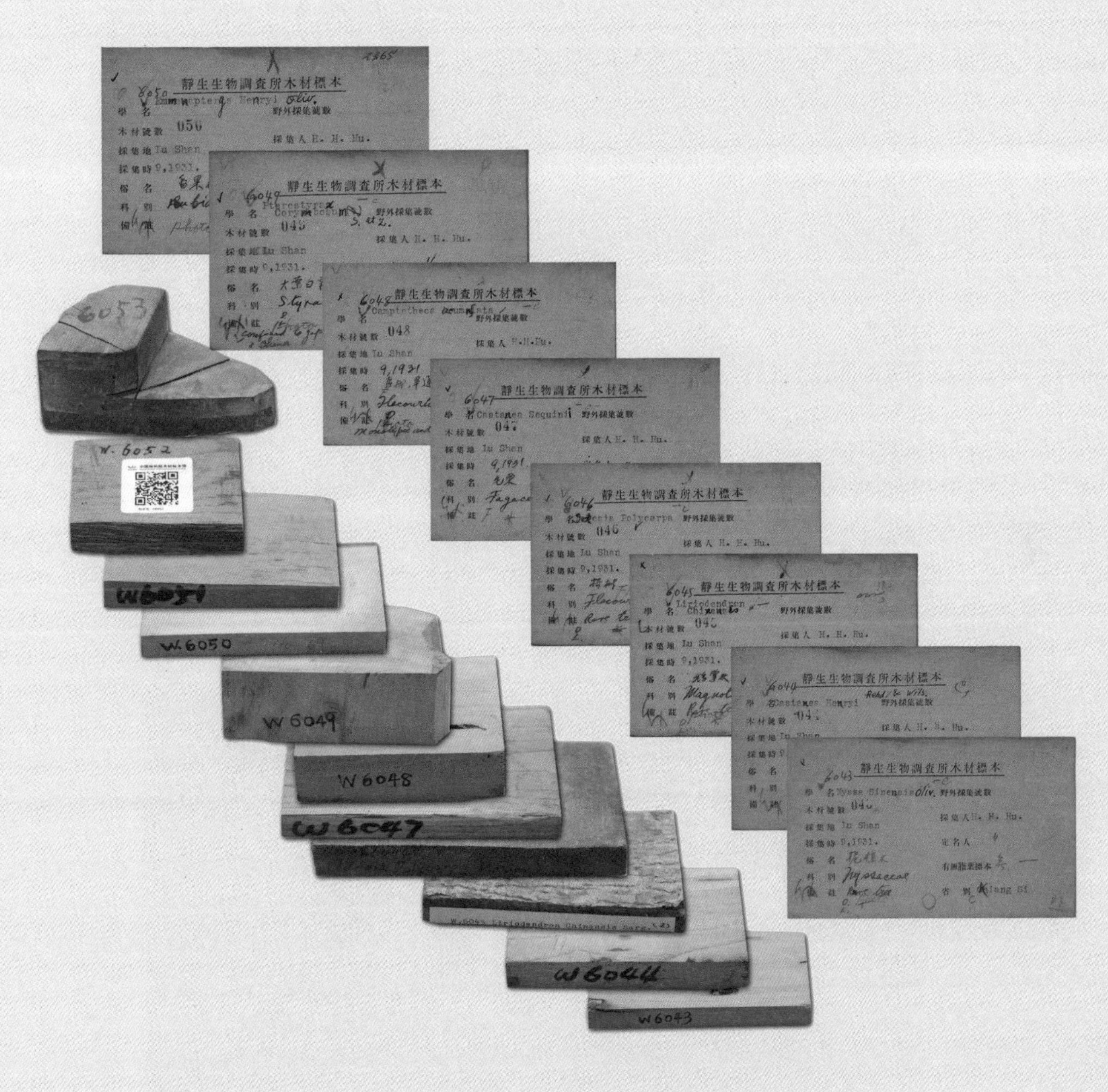

胡先骕采集的部分木材标本（现存于中国林业科学研究院木材标本馆）

木材标本登记总册（现存于中国林业科学研究院木材标本馆）

中国林业科学研究院木材标本馆馆藏木材标本一角

中国林业科学研究院木材标本馆馆藏木材切片一角

2024 年 3 月 14 日，中国林业科学研究院木材标本馆新馆正式对外开放

一、引 言

木材标本，是指从树木主干或枝条部位采集的以木质部为主的包含完整树木分类学及采集信息的植物样本，是记录森林树种、空间、时间等多维信息的直接证据，是开展森林资源可持续利用、生物多样性保护、森林碳汇等科学研究的基础资源，蕴含着树木遗传学、木材解剖、物理力学、化学，以及木材保护、加工利用等科学数据，对科研、科普、教学、考古等，均具有非常重要的价值。

“木材标本馆”一词，起源于希腊语“Xylotheque”，其中“Xylon”指木材，“theque”指储藏室。木材标本馆是木材标本及其组织切片、DNA 材料、数据信息等保存、研究和展示的场所，其馆藏种的数量代表了所反映的树木类群多样性，是衡量木材标本馆藏综合实力的关键指标。木材标本馆的规模和发展水平，是国家木材科学综合实力的重要体现。

国际木材解剖学家协会 2016 年统计，全球有 180 多家木材标本馆，收藏木材标本共计 150 余万份。我国现有木材标本馆（室）20 余个，多数创建于 20 世纪中期，主要依托林业科研机构、高等院校或质检机构，共收藏木材标本约 20 万份。

中国林业科学研究院木材标本馆（CAFw）木材标本馆藏数量居世界前列、亚洲第一，是国家林业和草原局木材标本资源库主库，为我国木材科学的发展提供了宝贵的科技基础资源，为我国国家战略、社会民生、科学研究、技术研发和科学普及提供高质量的科技资源支撑服务，在国内外享有很高声誉。

二、历史沿革

中国林业科学研究院木材标本馆的历史可追溯至1928年成立的北平静生生物调查所（简称静生所），现位于北京中国林业科学研究院木材工业研究所。在中国林业科学研究院木材标本馆的百年发展进程中，几代植物学家、木材学家和科技工作者艰辛努力，调查、采集和整理木本植物资源，先后建立木材试验室、木材试验馆、木材标本馆，为我国木材标本馆的创建、发展和木材科学事业的进步作出了卓越贡献（表1）。

表1　中国林业科学研究院木材标本馆负责人及主要贡献者

<table>
<tr><th>时间</th><th>机构名称</th><th>标本馆负责人</th><th>标本馆建设主要贡献者（按姓氏笔画排序）</th></tr>
<tr><td>1928—1939年</td><td>北平静生生物调查所</td><td>胡先骕</td><td>牛春山、左景烈、朱惠方、李建藩、汪发缵、陈焕镛、郑万钧、郑　勉、钟心鍹、俞德浚、高锡朋、唐　进、唐　燿、蒋　英、蔡希陶、熊新华</td></tr>
<tr><td>1939—1944年</td><td>中央工业试验所木材试验室（重庆北碚、四川乐山）</td><td rowspan="6">唐　燿</td><td rowspan="4">王　恺、成俊卿、朱惠方、汤亦庄、李源哲、何天相、何定华、何隆甲、张寿和、张寿槐、张英伯、陈桂陞、柯病凡、曹　觉、屠鸿远、喻诚鸿</td></tr>
<tr><td>1944—1948年</td><td>中央工业试验所木材试验馆（四川乐山）</td></tr>
<tr><td>1948—1950年</td><td>重庆工业试验所木材试验馆（四川乐山）</td></tr>
<tr><td>1950—1952年</td><td>中央林垦部西南木材试验馆（四川乐山、重庆化龙桥）</td></tr>
<tr><td>1952—1954年</td><td>中央林业部林业科学研究所（北京万寿山）</td><td rowspan="2">丁水汀、卢鸿俊、成俊卿、李　秾、杨家驹、吴征镒、周　崟、端木炘</td></tr>
<tr><td>1954—1957年</td><td>林业部林业科学研究所（北京万寿山）</td></tr>
</table>

续表

时间	机构名称	标本馆负责人	标本馆建设主要贡献者（按姓氏笔画排序）
1957—1958 年	森林工业部森林工业科学研究所（北京万寿山）	成俊卿	丁水汀、卢鸿俊、朱惠方、刘文辉、李　稌、杨家驹、罗玉川、周　崟、柯病凡、秦仁昌
1958—1960 年	中国林业科学研究院森林工业科学研究所		丁水汀、卢鸿俊、李　稌、杨家驹、陈鉴朝、周　崟、蔡则模、端木忻
1960—1991 年	中国林业科学研究院木材工业研究所		丁水汀、卢鸿俊、朱惠方、刘　鹏、江泽慧、许明坤、杨家驹、陈嘉宝、周　崟、姜笑梅、洪调研、柴修武、徐飞丽、曾月星、腰希申
1991—2010 年		姜笑梅	叶克林、刘　鹏、许明坤、杨家驹、张立非、周玉成、洪调研、柴修武、殷亚方、程业明、曾月星
2010 年至今		殷亚方	王　超、闫昊鹏、何　拓、张永刚、陆　杨、陈勇平、姜笑梅、洪调研、郭　娟、傅　峰、焦立超

主要分为以下 6 个发展阶段：

1. 1928—1939 年

1928 年，为纪念教育家、中华教育文化基金会原干事长范源濂（字静生），中华教育文化基金会与尚志学会共同组建静生所。同年 10 月 1 日，静生所在北平石驸马大街 83 号成立。建所之初，设有植物、动物两个部室，分别由胡先骕、秉志任主任。胡先骕为木材科学研究（早期）明确了发展定位："木材之为学，乃森林利用学上主要科目之一，其目的在研究各种木材之构造及其材性，以期阐明其用途""建一番事业为国家树立木材事业之基础”。

1929年，静生所开始派员采集腊叶标本，同时注意采集木材标本，并与国外科研机构进行标本交换。同年，李建藩在河北东陵采集木材标本共130余种，成为静生所第一批木材标本，其中采集的首号木材标本为桦木科桦属坚桦（*Betula chinensis*），现存于中国林业科学研究院木材标本馆，而其腊叶标本现存于中国科学院植物研究所。静生所建成的木材标本室为中国第一个木材标本室。1931年春，唐燿受胡先骕邀请加入静生所，从事木材学研究。同年底，唐燿整理木材标本117属172种，制木材切片约500份，拍摄显微照片100余张。1932年，静生所迁至西城文津街3号。同年，静生所木材标本室收藏国产木材标本1200号以上，隶117余属；国外木材标本约668号。由此，木材标本室馆藏已初具规模。1933年，根据《静生生物调查所年报》统计，北平静生生物调查所收藏有国产木材标本1826号，隶200余属；国外木材标本1000余号，隶300余属。1936年，唐燿所著的中国第一部木材学专著《中国木材学》出版。

2. 1939—1949年

抗战时期，中国国防、交通、电力等部门对木材等重要战略资源需求极为迫切。1939年，中央工业试验所与静生所合作设立中央工业试验所木材试验室（简称木材试验室）。中央工业试验所所长顾毓瑔提及合作设立木材试验室的缘起：“把静生生物调查所木材的部分和本所合作，使研究木材的人与我们这里研究工程的人联系起来，就是他们以研究植物的方法研究木材，我们就物理范围研究木材，同时并进。”当时，木材试验室围绕抗战需求，先后针对“木材之性质及处理方法”“航空飞机及其军用器具之木材”等开展了多项研究。1939年，唐燿在重庆负责筹建木材试验室。

1940年，木材试验室创办《经济部中央工业试验所木材试验室特刊》。同年6月，木材试验室遭受日机轰炸，于8月中旬迁至四川乐山。1942年9月，成俊卿进入木材试验室，从事木材解剖学研究。同年，成俊卿、柯病凡等负责完成木材构造组标本清单，清单显示：木材标本共4264号，其中木材试验室采集木材标本649号，木材菌害标本86号，新旧木材显微切片分别为1222张和328张。1944年，木材试验室更名为木材试验馆。1945 年，木材试验馆收藏有木材标本 5519 号，隶 87 科 1400 属 3002 种。其中新采集与交换标本 1020 号，病虫害标本约 200 号。

3. 1949—1957 年

新中国成立初期，百废待兴，工业基础薄弱，木材成为支撑国家建设的重要原材料。由于长期过度开垦、战乱破坏、乱砍滥伐等历史原因，我国当时成为贫林国家，全国森林覆盖率仅为 8.6%，加之资源分布不平衡、运输困难，林业工作的基础非常薄弱。而国民经济恢复建设急需木材是我国成立初期的基本国情之一。

1949 年 10 月，国家设立了中央林垦部，负责全国林业和垦殖工作。1950 年，中央林垦部接管木材试验馆，将其更名为西南木材试验馆，并于 1952 年迁至重庆。1952 年，成立中央林业部林业科学研究所筹委会，西南木材试验馆被合并且迁至北京。1953 年中央林业部林业科学研究所正式成立，唐燿任副所长。1957 年 3 月，森林工业部森林工业科学研究所（中国林业科学研究院木材工业研究所之前身）成立。

4. 1957—1992 年

国家“一五”计划（1953—1957 年）完成后，我国国民经济发展迈上新台阶，经济社会发展对森林资源的需求也愈加增多。为此，我国开始探索对木材的综合利用，以期帮助缓解森林资源数量少、消耗多的紧张矛盾。1958 年 5 月，林业部召开全国林业厅（局）长会议，将木材综合利用作为林业部门的重要任务。同年，中国林业科学研究院扩建成立，下设森林工业科学研究所，1960 年更名为中国林业科学研究院木材工业研究所。1963 年 2 月，朱惠方等 33 名林业科学家和林业科技工作者上报《对当前林业工作的几项建议》给中国科学技术协会、林业部、国家科学技术委员会，并报送聂荣臻副总理和谭震林副总理。同年，成俊卿、朱惠方一起组织制定《木（竹）材性研究纲要 10 年规划》，强调木材化学性质和木材细胞壁亚微观结构研究的重要性。成俊卿提出：“在全国范围内按自然区域采集研究木本植物的木材特性和用途，从而完善整个国家木材资源的基础研究，实现‘适材适用，材尽其用’。”

成俊卿率队开展全国范围的木材标本采集，国产木材标本采集及研究工作由此进入快速发展阶段。1961 年，成俊卿等赴全国除新疆、西藏外的重要林区采集标本，采集约 2000 种成熟干材的 4000 号木材标本。

除了标本采收集工作外，还在林区、工厂、木材生产和使用单位广泛调查研究工业、农业、生活用材树种种类及木材用途与加工工艺性质。成俊卿担任标本馆负责人期间，中国林业科学研究院木材标本馆新增木材标本 14000 余号，隶 2500 余种，主要为我国原始林、次生林成熟茎干材。1992 年 3 月，成俊卿著的《中国木材志》出版，内容涵盖 94 科 297 属 528 种国内商品材。

5. 1992—2010 年

我国森林资源短缺，人均森林蓄积量仅 8m^3，为世界平均水平的 12.5%。为了从根本上缓解生态环境恶化，保护生物多样性，促进社会、经济的可持续发展，国家制订了中长期计划，1998 年开始实施天然林保护工程。同时，为充分保障国家经济建设、满足人民生活需要，弥补森林资源不足，我国政府决定，大力营造人工速生丰产用材林，发展木材合理综合利用技术，继续从东南亚、非洲和拉丁美洲进口热带木材，尤其是大径级木材。

由此，中国林业科学研究院木材标本馆先后承担了“中国进口东南亚热带木材的识别、性质和用途”“中国进口非洲热带木材的识别、性质和用途”“中国进口拉丁美洲热带木材的识别、性质和用途”“中国南方热带人工林木材的利用（预备项目）”“改进与多种利用中国南方热带人工林木材，以减少天然林供应不足的压力”等多项国际热带木材组织（International Tropical Timber Organization，ITTO）项目，分别调研了东南亚、非洲和拉丁美洲等多个国家，广泛收集了热带木材标本及相关科研资料，新增国外热带木材标本 2700 余号，隶 81 科 433 属 613 种。同时研究了我国南方桉树和相思人工林木材性质与加工利用及其市场前景，为人工林的培育与木材利用提供了有力科技支撑。国家“八五”计划（1991—1995 年）期间，中国林业科学研究院木材标本馆还采集了包括杉木、马尾松、柠檬桉、兰考泡桐等 10 种人工林木材标本，以及杉木、马尾松、长白落叶松、云南松等 4 种天然林木材标本，开展了相关树种木材解剖、物理、力学和化学等研究。2010 年，中国林业科学研究院木材标本馆发展成为馆藏量全国第一的木材标本馆，收藏木材标本 23500 余号，隶 160 科 1100 余属 4520 种；切片 30000 余片，隶 136 科 570 属 1500 余种；腊叶标本 6000 余号。

6. 2010 年至今

随着我国经济快速发展，综合实力显著增强，我国科技人员在国际科技舞台的影响力也随之持续提升。2017 年以来，标本馆负责人殷亚方连续两届当选国际木材解剖学家协会秘书长（主席），成为首位在该学术组织担任秘书长的亚洲专家。同时，国际木材解剖学家协会在中国林业科学研究院木材工业研究所设立秘书处。自此，中国林业科学研究院木材标本馆的国际学术活跃度和影响力显著提高，进而与国际科研机构广泛开展木材标本采集、交换与研究合作。在生物多样性保护、人工智能和大数据等国家战略性新兴产业崛起的大背景下，中国林业科学研究院木材标本馆首先提出基于数据驱动的木材信息学研究框架，并启动了中国木材标本数据库的建设，自主研发了“木材 DNA 精准鉴定技术（GenWood®）”和“木材智能鉴定系统（iWood®）”，有效助力了我国生态文明建设及全球生物多样性保护。

2010—2021 年，中国林业科学研究院木材标本馆先后承担了国家林业公益性行业科研专项项目“濒危与珍贵热带木材识别及其新技术研究”，以及中央级公益性科研院所基本科研业务费专项项目“木材标本馆升级”“木材标本资源及其科学数据共享平台建设”等。木材标本采集、交换与相关科技基础性工作进入飞速发展阶段，收藏木材标本物种数量呈翻倍式增长。截至 2021 年 5 月，中国林业科学研究院木材标本馆收藏木材标本超过 9000 种，成为馆藏量亚洲第一的木材标本馆。2022 年，国家林业和草原局木材标本资源库正式成立。

三、馆藏概况

截至 2023 年 12 月，中国林业科学研究院木材标本馆收藏全球木材标本 42467 号，隶 260 科 2324 属 9651 类群（含 9112 种 320 变种 209 亚种）；木材切片 36000 余片，隶 136 科 570 属 2000 余种；腊叶标本 6000 余号。建成我国首个考古木材标本专题库；初步构建了中国林业科学研究院数字木材标本馆，完成了 2000 余种木材标本的数字化工作。

目前，中国林业科学研究院木材标本馆由木材标本库、腊叶标本库、木材切片库、木材展示区 4 个部分组成。

1. 木材标本库

木材标本库主要保存各类形态及尺寸的木材标本。国内木材标本来自全国各地（包括台湾省）；国外木材标本来自全球80多个国家和地区，包括亚洲、非洲、拉丁美洲、欧洲、大洋洲等地区的濒危及珍贵木材。每号木材标本一般有正号标本1份，副号标本若干份。

木材标本馆保存标本名录检索卡片4套，分别为科名卡、属名卡、产地卡、号码卡。同时，木材标本信息已实现数字化查询，可查询信息包括：中文名、拉丁名、英文名、别名、产地、标本号、标本收藏抽屉号、木材宏微观构造特征、木材宏观照片、木材微观三切面照片、木材物理力学及加工特性等。

2. 腊叶标本库

腊叶标本库主要保存腊叶标本。腊叶标本是干制的带有花或果实的树木植株的一段带叶枝的标本，供植物分类学研究使用。腊叶标本主要来自国内树种，按科、属的拉丁名首字母顺序排列。借助腊叶标本信息，对于木材标本的分类学确定具有一定作用。

3. 木材切片库

木材切片库主要保存未染色或经染色的木材显微切片样品。木材显微切片一般包含木材的横、径、弦三个切面，可以从立体空间的角度对木材组织细胞类型及其排列特征进行观察。

木材显微切片制备过程一般包括取材、软化、切片、染色、透明、装片、烘片及标识等步骤。尽管制备工序繁琐，技术复杂，但由于木材切片能够较好和较长时间地保存木材细胞的构造特征，目前仍然是采用光学显微镜观察的主要制样方法。

4. 木材展示区

木材展示区主要陈列展示各类典型标本实物、木材展品、图书、图片、珍贵史料以及科学实验装置，是木材科学和科普知识的生动载体，具有良好的社会传播效应。

四、近年来代表性国际学术平台建设

2017年1月，在中国林业科学研究院木材工业研究所设立国际木材解剖学家协会秘书处。

2020 年 9 月，国际林业研究组织联盟正式批准成立“木材识别”学科组，由中国林业科学研究院木材工业研究所牵头组建。学科组分设“木材标本馆与数据库”“木材解剖识别”和“木材多学科识别”3 个工作组，包括来自美国、英国、比利时、印度尼西亚、马来西亚等 9 个国家的科研机构共 11 名工作组协调员。学科组通过建立全球木材标本科学数据库网络体系，促进全球木材科学及相关领域研究人员的深度合作，共同发展木材精准识别技术与工具，实现木材产业链有效监管和树种多样性保护，对推动全球木材合法贸易和林产品产业可持续发展具有重要意义。

2022 年 11 月，依托中国林业科学研究院木材标本馆，中国林业科学研究院木材工业研究所入选联合国《濒危野生动植物种国际贸易公约》全球野生动植物鉴定实验室，成为我国唯一入选机构。这次入选离不开老一辈木材科学家持续探索和不懈努力，是新时代木材科学工作者赓续传承取得的突破性进展。中国林业科学研究院木材标本馆利用该实验室平台，不断推进木材鉴定能力建设，提升我国木材鉴定国际影响力，为国家树木物种履约作出更大贡献。

五、近年来代表性国内学术平台建设

2020 年 11 月，中国林业科学研究院木材工业研究所依托中国林业科学研究院木材标本馆牵头成立了木材标本国家创新联盟。该联盟由来自自然资源部、教育部、中国科学院等 45 家单位和机构组成，有力推动了木材标本资源向国家平台汇聚和整合，提升了木材标本资源的科学研究价值和科技创新支撑能力，为政策研究、科学研究、科技研发和科学普及提供了高质量的资源共享服务。

2022 年 6 月，依托中国林业科学研究院木材标本馆获批成立国家林业和草原局木材标本资源库。木材标本馆进一步围绕国家战略需求，全方位布局我国木材标本资源收集、保藏和利用体系建设，全链条支撑林草及相关领域科技创新与服务。

2023 年 6 月，中国林业科学研究院木材工业研究所依托木材标本馆等核心科研力量支撑，获批成立我国林草行业首家国家文物局重点科研基地——古建筑木材科学研究与保护国家文物局重点科研基地。木材标本馆在已搭建的我国首个考古木材标本专题库基础上，着力推进古建筑木材标本库及其数据库的构建，不断攻克古建筑木材识别和检测的关键技术与难题，助力我国古建筑保护方向的科技创新与应用。

2023 年 9 月，中国林业科学研究院木材工业研究所与国家文物局考古研究中心成立“木材考古联合实验室”。目前依托实验室平台，标本馆已先后开展南海 I 号、南海深海考古和武王墩遗址等考古领域的重要木质文物的鉴定与保护工作。该联合实验室的建成，是我国木材考古领域的重要里程碑，将为保护好、传承好、利用好木质文物提供强有力的科技支撑，促进文物事业高质量发展。

近年来，中国林业科学研究院木材标本馆主动面向国家履约需求。通过组建国家林业和草原局“木材标本资源信息挖掘与利用”科技创新团队，全方位支撑我国《濒危野生动植物种国际贸易公约》树木物种履约工作，在木材科学领域取得的创新成果成为科技助力我国《濒危野生动植物种国际贸易公约》履约执法的重大亮点。基于已建成的藏量亚洲第一的国家林业和草原局木材标本资源库，研发了计算机视觉、遗传学和化学信息挖掘与应用新技术，其中“木材 DNA 精准鉴定技术”和“木材智能鉴定系统”已在海关系统应用。履职国家濒危物种科学委员会、国际生物科学联合会（International Union of Biological Sciences，IUBS）执委、国际林业研究组织联盟第五学部（林产品学部）副协调员、联合国打击毒品与犯罪办公室（United Nations Office on Drugs and Crime，UNODC）木材鉴定专家组、亚太经济合作组织（Asia-Pacific Economic Cooperation，APEC）打击木材非法采伐及相关贸易专家组；积极参与木材履约谈判，完成《CITES 树木物种国际履约对策报告》《关于我国濒危木材进口管理工作的报告》编制；出版的英文专著《常见贸易濒危木材识别图鉴》被《濒危野生动植物种国际贸易公约》官方档案库收录；组织参与国际国内履约培训 60 余次；培训国内外木材履约执法官员共计 5400 人次。

薪火相传，历久弥新。在我国木材科学即将走过百年的重要历史节点，新时代木材标本体系将继续面向国家需求，坚持守正创新，做好木材科学基础性工作，打造原始创新的策源地。目前，我国木材标本体系呈现出收藏多元化、资源丰富等典型特征，通过提升全国木材标本资源汇集整合力度，为筹备建设国家木材标本资源库奠定前期基础。通过组建合作平台、建设标本馆、修编木材志书，以及推动木材学与植物学、生态学、考古学、信息学等多学科交叉融合等措施，重构全国木材标本体系，以建立有“生命”的木材科学大数据。对支撑我国森林培育和木材利用、保障国家木材安全、推动绿色发展和实现“双碳”目标发挥积极而有力的作用。

第二篇

中国林业科学研究院木材标本馆标本名录

一、针叶材标本名录

二、阔叶材标本名录

一、针叶材标本名录

Araucariaceae 南洋杉科

Agathis alba **Foxw.**
▶白贝壳杉
◎4607 ◇723/1147

Agathis atropurpurea **B. Hyland**
▶黑贝壳杉
◎39504 ◇1694
◎40626 ◇1704

Agathis australis **(D. Don) Lindl.**
▶新西兰贝壳杉
◎18474 ◇910/565
◎24128 ◇1083
◎24129 ◇1083
◎41418 ◇1715

Agathis borneensis **Warb.**
▶婆罗洲贝壳杉
◎9887 ◇955/1147
◎9889 ◇955
◎13193 ◇894
◎14183 ◇893
◎18701 ◇894
◎19495 ◇935
◎20737 ◇934
◎22167 ◇934
◎22214 ◇934
◎23120 ◇933
◎26964 ◇1223
◎35876 ◇1585
◎35877 ◇1585

Agathis dammara **(Lamb.) Rich.**
▶贝壳杉
◎7247 ◇723
◎19644 ◇723
◎21037 ◇890/768
◎21455 ◇723/768
◎22413 ◇902
◎22422 ◇889/768
◎23426 ◇933
◎27148 ◇1227
◎36060 ◇1587
◎36621 ◇1614

Agathis labillardierei **Warb.**
▶莱比贝壳杉
◎26965 ◇1223
◎35660 ◇1573
◎35661 ◇1573
◎35662 ◇1573
◎38983 ◇1687

Agathis macrophylla **Mast.**
▶大叶贝壳杉
◎21466 ◇723/768
◎23180 ◇915
◎23294 ◇915
◎24130 ◇1083
◎39585 ◇1695

Agathis microstachya **J. F. Bailey & C. T. White**
▶细穗贝壳杉
◎24131 ◇1083
◎39586 ◇1695

Agathis orbicula **de Laub.**
▶圆形贝壳杉
◎26966 ◇1223

Agathis robusta **(C. Moore ex F. Muell.) F. M. Bailey**
▶南昆士兰贝壳杉
◎4782 ◇723
◎24132 ◇1083
◎27149 ◇1227
◎40357 ◇1701
◎42263 ◇1725

Agathis **Salisb.**
▶贝壳杉属
◎19615 ◇TBA
◎22809 ◇920
◎23344 ◇889
◎31324 ◇1436
◎40819 ◇1707
◎40874 ◇1707

Araucaria angustifolia **(Bertol.) Kuntze**
▶狭叶南洋杉
◎5248 ◇723
◎19645 ◇723/1147
◎21134 ◇/534
◎26559 ◇1174
◎40808 ◇1706

Araucaria araucana **(Molina) K. Koch**
▶智利南洋杉
◎18531 ◇723/534
◎24229 ◇1082

Araucaria bidwillii **Hook.**
▶大叶南洋杉
◎7249 ◇723/1147
◎20329 ◇723

Araucaria columnaris **Hook.**
▶柱状南洋杉
◎18160 ◇505/1147
◎19635 ◇723
◎34949 ◇1560
◎36798 ◇1621

Araucaria cunninghamii **Mudie**
▶南洋杉
◎4781 ◇723
◎7357 ◇723
◎8868 ◇723
◎10433 ◇825

◎15446　◇823
◎16849　◇723/1147
◎17148　◇723/1147
◎20634　◇832
◎22915　◇823
◎26971　◇1224

***Araucaria cunninghamii* var. *papuana* Lauterb.**
▶巴布亚南洋杉
◎36816　◇Lauterb.

***Araucaria heterophylla*（Salisb.）Franco**
▶异叶南洋杉
◎24230　◇1082
◎40613　◇1704
◎41428　◇1715

***Araucaria hunsteinii* K. Schum.**
▶汉斯南洋杉
◎18241　◇723/768
◎18948　◇907/1147
◎24231　◇1082

***Araucaria* Juss.**
▶南洋杉属
◎23442　◇819

***Araucaria nemorosa* de Laub.**
▶树林南洋杉
◎24232　◇1082
◎40634　◇1704

***Dombeya burgessiae* Gerrard ex. Harv.**
▶美花多贝梧桐/美花非洲芙蓉
◎38558　◇1136

***Dombeya rotundifolia*（Hochst.）Planch.**
▶圆叶多贝梧桐/圆叶非洲芙蓉
◎24809　◇1091
◎39722　◇1697

Cupressaceae　柏科

***Athrotaxis × laxifolia* Hook.**
▶疏叶杉
◎18521　◇827/1211

***Athrotaxis cupressoides* D. Don**
▶杯状密叶杉/柏状密叶杉
◎24280　◇1082
◎40629　◇1704

***Athrotaxis selaginoides* D. Don**
▶塞兰密叶杉
◎22998　◇825
◎24281　◇1082
◎24282　◇1082
◎41434　◇1715

***Callitris columellaris* F. Muell.**
▶中柱澳柏
◎4780　◇773/1225
◎7911　◇825
◎10443　◇825
◎15445　◇823/1225
◎22921　◇823
◎24419　◇1085
◎40616　◇1704
◎41422　◇1715

***Callitris drummondii*（Parl.）Benth. & Hook. f. ex F. Muell.**
▶鼓状澳柏
◎24420　◇1085
◎40711　◇1705

***Callitris endlicheri*（Parl.）F. M. Bailey**
▶安德澳柏
◎24421　◇1085
◎24422　◇1086

***Callitris macleayana*（F. Muell.）F. Muell.**
▶马克澳柏/麦加利澳柏
◎24423　◇1086

***Callitris pancheri*（Carrière）Byng**
▶潘车澳柏
◎36763　◇1620

***Callitris preissii* Miq.**
▶普瑞澳柏
◎18536　◇827/1225
◎24424　◇1086

***Callitris rhomboidea* Rich.**
▶菱形澳柏
◎7329　◇980
◎24425　◇1086

***Callitris* Vent.**
▶澳柏属
◎41265　◇1713
◎41266　◇1713

***Callitropsis nootkatensis*（D. Don）Oerst.**
▶北美金柏
◎39797　◇1698

***Calocedrus bidwillii* Hook. f.**
▶新西兰肖柏
◎14055　◇910
◎18484　◇910/1240

***Calocedrus decurrens*（Torr.）Florin**
▶北美翠柏
◎4380　◇773
◎4946　◇773
◎10324　◇826/1240
◎18650　◇773
◎19627　◇773/1226
◎20103　◇936
◎21365　◇773
◎22022　◇912
◎23049　◇917
◎37214　◇1636
◎37215　◇1636
◎37216　◇1636
◎38696　◇1138

***Calocedrus formosana*（Florin）Florin**
▶美丽翠柏
◎7242　◇773/1226
◎13777　◇TBA
◎21820　◇773

***Calocedrus macrolepis* Kurz**
▶翠柏
◎9632　◇773/1227
◎10278　◇773/1227
◎11776　◇773/1227
◎17993　◇773
◎18234　◇773

***Calocedrus plumosa*（D. Don）Sargent.**
▶羽状肖柏
◎18811　◇911/1240

***Chamaecyparis formosensis* Matsum.**
▶红桧
◎5038　◇774/1228
◎7406　◇774
◎7407　◇774;852/1231
◎9968　◇774
◎10280　◇918/1228
◎13241　◇774
◎18565　◇919

***Chamaecyparis lawsoniana*（A. Murray bis）Parl.**
▶美国扁柏
◎4379　◇774
◎10305　◇774
◎10317　◇826
◎18185　◇827
◎18653　◇774
◎19621　◇774/1229
◎20984　◇774

◎21366 ◇774
◎22799 ◇920
◎26670 ◇1187
◎26737 ◇1196
◎31850 ◇1466
◎33780 ◇1538
◎37268 ◇1643
◎37269 ◇1643
◎37270 ◇1643
◎38618 ◇1137

Chamaecyparis obtusa **Siebold & Zucc.**

▶日本扁柏

◎4148 ◇774
◎5029 ◇774/1230
◎5686 ◇774
◎10222 ◇918
◎17994 ◇774
◎18002 ◇774
◎18564 ◇919/1230
◎18764 ◇774
◎19582 ◇774
◎26832 ◇1209
◎26833 ◇1209
◎27177 ◇1227
◎31425 ◇1442
◎31426 ◇1442
◎31427 ◇1442
◎31459 ◇1445
◎33615 ◇1531
◎33616 ◇1531
◎33617 ◇1531

Chamaecyparis obtusa **var.** ***formosana*** **(Hayata) Hayata**

▶台湾扁柏

◎10279 ◇918/1231
◎21819 ◇774

Chamaecyparis pisifera **(Siebold & Zucc.) Endl.**

▶日本花柏

◎5687 ◇774/1232
◎10223 ◇918
◎18566 ◇919/1232
◎21367 ◇774
◎22032 ◇912
◎31851 ◇1466
◎31852 ◇1466
◎33618 ◇1531
◎34879 ◇1558
◎37283 ◇1644
◎37284 ◇1644
◎37285 ◇1644
◎37292 ◇1645
◎37293 ◇1645
◎37294 ◇1645

Chamaecyparis pisifera **f.** ***plumosa*** **(Carrière) Beissn.**

▶羽叶花柏

◎17992 ◇774
◎18011 ◇774

Chamaecyparis pisifera **f.** ***squarrosa*** **(Siebold & Zucc.) Beissn. & Hochst.**

▶绒柏

◎17991 ◇774

Chamaecyparis thyoides **(L.) Britton, Sterns & Poggenb.**

▶美国尖叶扁柏

◎4596 ◇774
◎4962 ◇774
◎18655 ◇774/1232

Cryptomeria **D. Don**

▶柳杉属

◎31431 ◇1442
◎31432 ◇1442
◎31433 ◇1442
◎39958 ◇1122

Cryptomeria japonica **(Thunb. ex L. f.) D. Don**

▶日本柳杉

◎395 ◇764
◎1252 ◇TBA
◎4153 ◇764
◎4832 ◇764
◎5684 ◇764
◎5858 ◇764
◎6012 ◇764;1064/1213
◎7189 ◇764
◎7404 ◇764
◎7732 ◇764
◎8190 ◇764;1016/1212
◎9145 ◇764;777
◎9146 ◇764;1013
◎9147 ◇764;981/1213
◎9969 ◇764;971
◎10160 ◇764;1010
◎10215 ◇918
◎10216 ◇918
◎10217 ◇918/1212
◎10218 ◇918/1212
◎10219 ◇918/1246
◎10530 ◇764
◎11063 ◇764
◎11064 ◇764
◎12361 ◇870
◎14039 ◇764
◎16176 ◇764
◎17102 ◇764
◎17989 ◇764
◎18051 ◇764
◎19047 ◇764
◎21148 ◇764
◎21382 ◇764
◎22047 ◇912
◎23659 ◇764;961/1211
◎26457 ◇1162
◎26458 ◇1162
◎26459 ◇1162
◎27184 ◇1228
◎27718 ◇1238
◎27719 ◇1238
◎27720 ◇1238
◎31428 ◇1442
◎31429 ◇1442
◎31430 ◇1442
◎31434 ◇1443
◎31435 ◇1443
◎31436 ◇1443
◎33630 ◇1532
◎33631 ◇1533
◎34961 ◇1560
◎36890 ◇1626
◎37404 ◇1655
◎37405 ◇1655
◎37406 ◇1655

Cunninghamia konishii **Hayata**

▶台湾杉木

◎5042 ◇765/1214
◎18567 ◇919

Cunninghamia lanceolata **(Lamb.) Hook.**

▶杉木

◎276 ◇765
◎396 ◇765
◎441 ◇765
◎772 ◇765
◎1012 ◇TBA
◎1016 ◇TBA
◎1017 ◇TBA

◎1022 ◇TBA
◎1023 ◇TBA
◎1037 ◇TBA
◎1229 ◇765
◎1251 ◇765
◎4024 ◇765
◎4071 ◇TBA
◎4733 ◇765/358
◎5596 ◇765
◎5606 ◇765
◎5960 ◇765
◎5978 ◇765
◎6661 ◇765
◎7118 ◇765
◎7190 ◇765
◎7241 ◇765
◎7403 ◇765
◎7643 ◇765
◎7703 ◇765;978
◎7704 ◇765
◎7705 ◇765
◎7706 ◇765;983
◎7707 ◇765;858
◎7713 ◇765;1004
◎7714 ◇765;969
◎7715 ◇765;813
◎7716 ◇766;817
◎7717 ◇TBA
◎7730 ◇765
◎7731 ◇765
◎7806 ◇765
◎7823 ◇765
◎7824 ◇765
◎7825 ◇765
◎7826 ◇TBA
◎7827 ◇765
◎7828 ◇765
◎7829 ◇765
◎7830 ◇765
◎7831 ◇765
◎7854 ◇766;1049
◎7855 ◇766;797
◎7859 ◇766;1049
◎7860 ◇766
◎7861 ◇766
◎7862 ◇766
◎7863 ◇766
◎7864 ◇766
◎7865 ◇766
◎7866 ◇766
◎7867 ◇766
◎8164 ◇766;1026
◎8185 ◇766
◎8186 ◇766;975
◎8187 ◇TBA
◎8202 ◇992
◎8213 ◇766
◎8214 ◇766
◎8215 ◇766
◎8216 ◇766;993
◎8256 ◇766
◎8257 ◇766
◎8370 ◇TBA
◎8371 ◇TBA
◎8374 ◇766/1215
◎8375 ◇766
◎8376 ◇766
◎8377 ◇766
◎8378 ◇766
◎8410 ◇769
◎8411 ◇769
◎8421 ◇769
◎8422 ◇769
◎8423 ◇769
◎8427 ◇769
◎8428 ◇769
◎8825 ◇768;800
◎8826 ◇768
◎8841 ◇768;982
◎8842 ◇768
◎8866 ◇768
◎10051 ◇768
◎10082 ◇768
◎10124 ◇768
◎10163 ◇768;1010/1214
◎10473 ◇768
◎10474 ◇768
◎10475 ◇768
◎10476 ◇768
◎10477 ◇768
◎10531 ◇768
◎10532 ◇768
◎11066 ◇768
◎11099 ◇768
◎11224 ◇768;995/1215
◎12319 ◇870
◎12540 ◇768;884
◎12559 ◇TBA
◎14035 ◇768
◎14069 ◇770;885
◎14201 ◇768
◎14202 ◇TBA
◎14203 ◇768;1020
◎14204 ◇768
◎16302 ◇TBA
◎16541 ◇TBA
◎17463 ◇951;785
◎17684 ◇TBA
◎18143 ◇/1215
◎18506 ◇765;1019
◎20585 ◇TBA
◎21193 ◇TBA
◎27186 ◇1228
◎40011 ◇1747
◎40012 ◇1747
◎40013 ◇1747
◎40014 ◇1748

***Cunninghamia* R. Br.**

▶杉木属

◎1011 ◇TBA
◎17831 ◇TBA
◎39959 ◇1122
◎40002 ◇1125

***Cupressus* × *leylandii* A. B. Jacks. & Dallim.**

▶莱兰柏木

◎24716 ◇1090
◎39896 ◇1699

***Cupressus arizonica* Greene**

▶美洲柏木

◎24708 ◇1090
◎38634 ◇1137
◎41141 ◇1711

***Cupressus arizonica* var. *glabra* (Sudw.) Little**

▶光滑柏木

◎24709 ◇1090
◎41525 ◇1716

***Cupressus arizonica* var. *nevadensis* (Abrams) Little**

▶内瓦绿干柏木

◎24707 ◇1090

***Cupressus bakeri* Jeps.**

▶贝克柏木

◎39143　◇1689

Cupressus cashmeriana **Royle ex Carrière**

▶**克什米尔柏木/不丹柏**

◎18535　◇827/1234

Cupressus duclouxiana **Hickel**

▶**冲天柏**

◎1250　◇775

◎3266　◇775

◎7652　◇775;974/1233

◎11203　◇775

◎12503　◇775;1039

◎13774　◇775/1233

◎16200　◇775

Cupressus funebris **Endl.**

▶**柏木**

◎1　◇775

◎397　◇775

◎470　◇775

◎774　◇856

◎4073　◇775

◎5935　◇775

◎6144　◇775

◎6254　◇775

◎7638　◇775

◎8159　◇856

◎8201　◇775;992

◎8266　◇775

◎8267　◇775/1233

◎10100　◇775

◎10166　◇775

◎10478　◇775

◎10479　◇775

◎10480　◇775

◎10481　◇856

◎10482　◇775

◎10483　◇775

◎10484　◇775

◎10485　◇775

◎10486　◇775

◎10487　◇775

◎10488　◇775

◎10489　◇775

◎10533　◇776

◎10534　◇776

◎11040　◇776

◎11230　◇776;1077/1233

◎13275　◇878

◎13908　◇776

◎16172　◇776

◎16580　◇776

◎17685　◇776

◎18053　◇776;880/1233

◎21141　◇928

◎24551　◇1088

Cupressus goveniana **Gordon**

▶**加利福尼亚柏木**

◎24710　◇1090

◎40706　◇1705

◎41151　◇1711

◎42253　◇1725

Cupressus guadalupensis **var.** ***forbesii*** **(Jeps.) Little**

▶**福氏高达柏木**

◎24711　◇1090

Cupressus **L.**

▶**柏木属**

◎749　◇776

◎5968　◇776

◎5974　◇776

◎12253　◇848

◎13424　◇TBA

◎18507　◇827/1229

◎39916　◇1122

Cupressus leylandii **A. B. Jacks. & Dallim.**

▶**花扁柏木**

◎41148　◇1711

Cupressus lusitanica **Mill.**

▶**墨西哥柏木**

◎20094　◇936/1234

◎20807　◇891/1234

◎22698　◇806/534

◎22745　◇806

◎41957　◇1721

◎41958　◇1721

Cupressus lusitanica **var.** ***benthamii*** **(Endl.) Carrière**

▶**本瑟柏木**

◎20126　◇936/1234

◎24712　◇1090

Cupressus macnabiana **A. Murray bis**

▶**加州柏木**

◎12056　◇776/1234

◎24713　◇1090

◎38654　◇1137

Cupressus macrocarpa **Hartw.**

▶**大果柏木**

◎18502　◇910/1234

◎24714　◇1090

◎34884　◇1558

Cupressus nootkatensis **D. Don**

▶**黄柏木**

◎4729　◇774

◎10306　◇774

◎10368　◇821/1229

◎17191　◇821/1229

◎18654　◇774

◎23052　◇917

◎35765　◇1578

◎35766　◇1578

◎35767　◇1578

◎38687　◇1138

◎41003　◇1709

◎41147　◇1711

Cupressus sargentii **Jeps.**

▶**萨根柏木**

◎24715　◇1090

◎39808　◇1698

◎41046　◇1710

◎41231　◇1712

Cupressus sempervirens **L.**

▶**常绿柏木**

◎9482　◇830

◎15574　◇949

◎17535　◇776/1234

◎21518　◇776

◎21700　◇904

◎27188　◇1228

Cupressus torulosa **D. Don**

▶**西藏柏木**

◎19085　◇896

◎19133　◇776/1235

◎19134　◇776/1235

◎19135　◇776;1039

◎19136　◇776

◎19137　◇776

◎19144　◇776

◎21388　◇897

Fitzroya cupressoides **(Molina) I. M. Johnst.**

▶**智利肖柏/智利乔柏**

◎22693　◇806

◎22746　◇806/534

◎25040　◇1095

◎33801　◇1538

◎33802　◇1538

◎38040　◇1120
◎38041　◇1120
◎40944　◇1709
◎42140　◇1723

Fokienia hodginsii **A. Henry & H. H. Thomas**
▶**福建柏**
◎6578　◇833
◎6961　◇833/1237
◎8263　◇833/1236
◎8264　◇833
◎8265　◇833/1236
◎8813　◇833
◎9056　◇833;1051/1236
◎9057　◇833;977
◎9058　◇833;1027
◎9059　◇833;970
◎9060　◇833;1030
◎9971　◇833;1038/1236
◎10961　◇833;1062
◎11180　◇833
◎12362　◇870
◎13041　◇833
◎13568　◇833;1012
◎15919　◇833
◎16564　◇833
◎19369　◇TBA

Glyptostrobus pensilis **(Staunton ex D. Don) K. Koch**
▶**水松**
◎4055　◇771
◎8893　◇771;810
◎8894　◇771;979/1217
◎9028　◇771;976/1217
◎11199　◇771
◎11200　◇771
◎11236　◇771;1062
◎12201　◇847
◎12370　◇850
◎12371　◇848
◎12372　◇848
◎12373　◇848
◎12374　◇848
◎12490　◇TBA
◎12491　◇TBA
◎12492　◇TBA
◎12493　◇771

Hesperocyparis benthamii **(Endl.) Bartel**
▶**墨西哥柏木**
◎29728　◇1357

Juniperus ashei **J. Buchholz**
▶**北美沙地柏**
◎25228　◇1098
◎39766　◇1697
◎40968　◇1709
◎41858　◇1720

Juniperus bermudiana **L.**
▶**百慕大圆柏**
◎39663　◇1696

Juniperus californica **Carrière**
▶**加州圆柏**
◎39664　◇1696

Juniperus chinensis **Roxb.**
▶**圆柏**
◎399　◇836
◎558　◇836
◎5604　◇836
◎5689　◇836/1241
◎6064　◇836;1039/1239
◎7807　◇836
◎8232　◇836;1001
◎8327　◇836
◎8328　◇836
◎9546　◇836;979/1241
◎9547　◇836;998
◎10119　◇836
◎10158　◇836;1010
◎10503　◇/1238
◎10504　◇836
◎11113　◇836
◎14040　◇836
◎16177　◇836
◎16743　◇836
◎25229　◇1098
◎31437　◇1443
◎31438　◇1443
◎31439　◇1443
◎31440　◇1443
◎31441　◇1443
◎31442　◇1443
◎31443　◇1444
◎31444　◇1444
◎31445　◇1444
◎39617　◇1695

Juniperus communis **var.** *depressa* **Pursh**
▶**凹陷桧**
◎38843　◇1684

Juniperus communis **var.** *saxatilis* **Pall.**
▶**西伯利亚刺柏**
◎11589　◇834;881
◎15579　◇949/1239

Juniperus deppeana **Steud.**
▶**墨西哥圆柏**
◎25230　◇1098
◎38653　◇1137
◎38684　◇1138
◎39488　◇1694
◎41845　◇1720
◎41919　◇1721

Juniperus flaccida **Schltdl.**
▶**墨西哥垂桧**
◎20148　◇936

Juniperus formosana **Hayata**
▶**刺柏**
◎400　◇834
◎1260　◇834
◎3330　◇834
◎6892　◇834/1238
◎7012　◇834
◎17123　◇834/1238

Juniperus horizontalis **Moench**
▶**平枝圆柏**
◎38235　◇1130

Juniperus indica **Bertol.**
▶**滇藏方枝柏**
◎19146　◇837/1244

Juniperus **L.**
▶**刺柏属**
◎576　◇834
◎1296　◇834
◎1297　◇834
◎6244　◇834
◎10980　◇834
◎12271　◇TBA
◎17317　◇834

Juniperus microsperma **(W. C. Cheng & L. K. Fu) R. P. Adams**
▶**小子圆柏**
◎19141　◇837;982/1242

Juniperus monosperma **Sarg.**
▶**单子圆柏**
◎25231　◇1098
◎38708　◇1139
◎39455　◇1693

Juniperus occidentalis **hort. ex Carrière**
▶**北美西部圆柏**

C

◎25232 ◇1098
◎39670 ◇1696
◎41084 ◇1710
◎41890 ◇1720

Juniperus osteosperma **(Torr.) Little**
▶**犹他圆柏**
◎25233 ◇1098
◎38616 ◇1137
◎39404 ◇1693
◎41085 ◇1710
◎41949 ◇1721

Juniperus oxycedrus **L.**
▶**尖叶刺柏**
◎15576 ◇949
◎25234 ◇1098

Juniperus pfitzeriana **(Späth) P. A. Schmidt**
▶**鹿角桧**
◎41846 ◇1720

Juniperus phoenicea **Pall.**
▶**腓尼基桧**
◎15578 ◇949/1239
◎21694 ◇904
◎31280 ◇1434

Juniperus pinchotii **Sudw.**
▶**品冠刺柏**
◎25235 ◇1098
◎38784 ◇1140
◎39439 ◇1693

Juniperus polycarpos **K. Koch**
▶**多果刺柏**
◎10171 ◇830/1239

Juniperus procera **Hochst. ex Endl.**
▶**非洲桧**
◎25236 ◇1097
◎39665 ◇1696
◎41756 ◇1719
◎41757 ◇1719

Juniperus przewalskii **Komarov**
▶**祁连圆柏**
◎11587 ◇837;1010/1242

Juniperus pseudosabina **Fisch. & C. A. Mey.**
▶**假圆柏**
◎10177 ◇830/1238

Juniperus recurva **Buch.-Ham. ex D. Don**
▶**垂枝柏**
◎18513 ◇827/1239
◎19139 ◇837/1243

Juniperus rigida **Siebold & Zucc.**
▶**杜松**
◎4321 ◇834/1238
◎5690 ◇834/1239
◎5903 ◇834
◎10224 ◇918
◎15575 ◇949
◎18007 ◇834
◎19206 ◇834/1238
◎21368 ◇834
◎21710 ◇904
◎22041 ◇912
◎37358 ◇1651
◎37359 ◇1651
◎37360 ◇1651

Juniperus sabina **Pall.**
▶**叉子圆柏**
◎25237 ◇1097

Juniperus sabina **var.** ***davurica*** **(Pall.) Farjon**
▶**兴安圆柏**
◎10172 ◇830

Juniperus saltuaria **Rehder & E. H. Wilson**
▶**方枝柏**
◎7062 ◇837/1244
◎8630 ◇837;792/1239
◎19140 ◇837/1244

Juniperus scopulorum **Sarg.**
▶**落基山圆柏**
◎10369 ◇821
◎25238 ◇1097
◎38781 ◇1140

Juniperus semiglobosa **Regel**
▶**昆仑多子柏**
◎10173 ◇830/1239
◎10175 ◇830/1238
◎15577 ◇949

Juniperus squamata **D. Don**
▶**高山柏**
◎505 ◇837/1243
◎802 ◇837
◎7332 ◇837
◎10505 ◇837/1239
◎10506 ◇837
◎18003 ◇837
◎18136 ◇837/1185
◎19138 ◇837/1243

Juniperus squamata **f.** ***wilsonii*** **Rehder**
▶**近高山柏**
◎19145 ◇837/1242

Juniperus thurifera **L.**
▶**图瑞圆柏/西班牙刺柏**
◎25239 ◇1097
◎39667 ◇1696

Juniperus tibetica **Komarov**
▶**大果圆柏**
◎19142 ◇837/1244
◎19143 ◇837/1244

Juniperus virginiana **L.**
▶**弗吉尼亚桧/北美圆柏**
◎4578 ◇837/1244
◎4945 ◇837
◎10321 ◇826/1238
◎10370 ◇821
◎11368 ◇823
◎17192 ◇821
◎18006 ◇837/611
◎18656 ◇837
◎19625 ◇837/1244
◎21369 ◇834
◎22325 ◇916
◎23046 ◇917
◎23101 ◇805
◎31446 ◇1444
◎31447 ◇1444
◎31448 ◇1444
◎31449 ◇1444
◎31450 ◇1444
◎31451 ◇1444
◎31452 ◇1444
◎31453 ◇1444
◎31454 ◇1444
◎31455 ◇1444
◎31456 ◇1444
◎34893 ◇1558
◎37238 ◇1639
◎37239 ◇1639
◎37240 ◇1639
◎38836 ◇1684
◎38844 ◇1684

Juniperus virginiana **var.** ***silicicola*** **(Small) A. E. Murray**
▶**北美圆柏**
◎38609 ◇1137
◎40971 ◇1709
◎41903 ◇1721

Metasequoia glyptostroboides **Hu & W. C. Cheng**

▶**水杉**

◎8895 ◇771;979/1219

◎9814 ◇771;808

◎9850 ◇TBA

◎11142 ◇771;851

◎16892 ◇771

◎19051 ◇771

◎36896 ◇1626

◎36897 ◇1626

◎36898 ◇1626

◎40954 ◇1709

◎41915 ◇1721

Papuacedrus papuana **（F. Muell.）H. L. Li**

▶**巴布亚柏**

◎31815 ◇1463

◎31816 ◇1463

◎31817 ◇1463

Papuacedrus papuana **var.** ***arfakensis*** **（Gibbs）R. J. Johns**

▶**阿尔法克柏**

◎37090 ◇1630

◎37091 ◇1630

Platycladus orientalis **（L.）Franco**

▶**侧柏**

◎3 ◇835

◎540 ◇835

◎1287 ◇835

◎3208 ◇835

◎4751 ◇835

◎5535 ◇835

◎5605 ◇835

◎5688 ◇835

◎6065 ◇835;1071/1240

◎6683 ◇835

◎7808 ◇835

◎8248 ◇835;993/1240

◎8333 ◇835

◎8334 ◇835

◎8869 ◇TBA

◎9548 ◇835;969/1240

◎10157 ◇835

◎11107 ◇835

◎11240 ◇835;1075/1240

◎11332 ◇835;862

◎11333 ◇835

◎16195 ◇835

◎16742 ◇835

◎18137 ◇835

◎20608 ◇835

Sarcoglottis amazonica **Pabst**

▶**亚马孙肉舌兰**

◎34370 ◇1548

Sarcoglottis cuspidata **（Benth.）Urb.**

▶**尖头肉舌兰**

◎34371 ◇1548

◎34372 ◇1548

Sarcoglottis guianensis **var.** ***dolichocarp***

▶**长果肉舌兰**

◎34373 ◇1548

◎34490 ◇1551

Sequoia sempervirens **（D. Don）Endl.**

▶**北美红杉**

◎4382 ◇772/1224

◎4556 ◇772

◎10304 ◇772

◎10334 ◇826

◎11177 ◇772

◎17930 ◇822

◎18648 ◇772

◎23047 ◇917

◎25951 ◇1109

◎25952 ◇1109

◎25953 ◇1109

◎26463 ◇1163

◎26464 ◇1163

◎26802 ◇1203

◎26803 ◇1203

◎33863 ◇1540

◎38591 ◇1136

◎41680 ◇1718

◎41794 ◇1719

Sequoiadendron giganteum **（Lindl.）J. Buchholz**

▶**巨杉**

◎18188 ◇827/1224

◎21383 ◇772/1224

◎33862 ◇1540

◎37241 ◇1639

◎37242 ◇1639

◎37243 ◇1639

◎38621 ◇1137

Taiwania cryptomerioides **Hayata**

▶**台湾杉**

◎3200 ◇772

◎5041 ◇772/1221

◎6272 ◇772

◎7238 ◇TBA

◎9615 ◇772

◎10277 ◇918/1221

◎13240 ◇772

◎17608 ◇772;810/1222

◎18571 ◇919

◎19352 ◇772

Taiwania **Hayata**

▶**秃杉**

◎40003 ◇1125

Taxodium distichum **（L.）Rich.**

▶**落羽杉**

◎4383 ◇772

◎4572 ◇772

◎4957 ◇772

◎5602 ◇772/1223

◎7250 ◇772

◎10337 ◇826

◎16781 ◇772/1223

◎18649 ◇772

◎22326 ◇916

◎22364 ◇916

◎23053 ◇917

Taxodium distichum **var.** ***imbricatum*** **（Nutt.）Croom**

▶**池杉**

◎18001 ◇772/1223

◎26088 ◇1111

◎26089 ◇1112

◎41512 ◇1716

◎42165 ◇1724

Taxodium huegelii **C. Lawson**

▶**赫氏落羽杉**

◎21422 ◇897/1223

◎40587 ◇1704

Taxodium **Rich.**

▶**落羽杉属**

◎10162 ◇772

Tetraclinis articulata **Mast.**

▶**山达脂柏/节状香漆柏**

◎26108 ◇1112

◎40204 ◇1699

Thuja **L.**

▶**崖柏属**

◎7507 ◇838

Thuja occidentalis **L.**

▶**北美香柏**

◎4714 ◇838

◎10335 ◇826
◎10382 ◇821
◎17205 ◇821/1245
◎18000 ◇838
◎18652 ◇838
◎22324 ◇916
◎23099 ◇805
◎35729 ◇1575
◎38880 ◇1685
◎38881 ◇1685
◎42010 ◇1722

Thuja plicata Donn ex D. Don
▶北美乔柏
◎4381 ◇838
◎4726 ◇838
◎4958 ◇838
◎10303 ◇838
◎10336 ◇826
◎10383 ◇821
◎17206 ◇821/1245
◎17903 ◇822/1245
◎18651 ◇838
◎18699 ◇838;1071
◎18700 ◇838;1039
◎19678 ◇838
◎23050 ◇TBA
◎23100 ◇805
◎42045 ◇1722

Thuja standishii Carrière
▶日本香柏
◎10221 ◇918
◎18572 ◇919
◎18765 ◇838
◎26117 ◇1112
◎39784 ◇1697

Thujopsis dolabrata Siebold & Zucc.
▶罗汉柏
◎5685 ◇838/1246
◎10220 ◇918/1245
◎17987 ◇838
◎18010 ◇838
◎18012 ◇838;815/1246
◎18573 ◇919

Widdringtonia schwarzii Masters
▶斯氏南非柏
◎29717 ◇1356
◎29718 ◇1356
◎29787 ◇1360
◎29788 ◇1360

Wikstroemia indica（L.）C. A. Mey.
▶了哥王
◎28059 ◇1258

Wikstroemia pachyrachis S. L. Tsai
▶厚轴荛花
◎14461 ◇310/182

Cycadaceae 苏铁科

Cycas revoluta Thunb.
▶苏铁
◎21519 ◇721

Cycas szechuanensis W. C. Cheng & L. K. Fu
▶四川苏铁
◎19698 ◇721/1145

Ginkgoaceae 银杏科

Ginkgo biloba L.
▶银杏
◎500 ◇721
◎1105 ◇TBA
◎1205 ◇721
◎4072 ◇721
◎4747 ◇721
◎5642 ◇721
◎5676 ◇721/1146
◎5927 ◇721
◎6061 ◇721
◎6666 ◇721
◎7646 ◇721
◎7696 ◇721;994
◎7738 ◇721/1146
◎7833 ◇TBA
◎8205 ◇721;992/1146
◎8811 ◇721
◎10072 ◇722
◎10081 ◇722;781
◎10085 ◇722
◎10094 ◇722
◎10201 ◇918
◎10490 ◇722
◎10491 ◇722
◎10492 ◇722
◎10493 ◇722
◎10494 ◇722
◎10495 ◇722
◎10496 ◇722
◎10497 ◇722
◎10498 ◇722
◎10499 ◇722
◎10500 ◇722
◎10501 ◇722
◎10502 ◇722
◎10535 ◇722
◎10536 ◇722
◎10537 ◇722
◎10985 ◇722;888
◎11053 ◇722;1047
◎11061 ◇722
◎12409 ◇TBA
◎12694 ◇722
◎12798 ◇722/1146
◎13365 ◇849
◎13397 ◇849
◎14038 ◇722
◎15895 ◇722/1146
◎17150 ◇722
◎18504 ◇722;963/1146
◎21199 ◇722
◎23630 ◇721;961
◎26477 ◇1164
◎26478 ◇1164
◎26479 ◇1164
◎36807 ◇1623

Gnetaceae 买麻藤科

Gnetum gnemon L.
▶显轴买麻藤
◎20764 ◇846
◎25093 ◇1094
◎26571 ◇1175
◎27240 ◇1229
◎28469 ◇1277
◎28566 ◇1282
◎28567 ◇1282
◎29799 ◇1360
◎35858 ◇1584
◎36713 ◇1617
◎36714 ◇1617
◎36758 ◇1619

Gnetum gnemonoides Brongn.
▶直立买麻藤
◎31500 ◇1449

Gnetum L.
▶买麻藤属
◎28025 ◇1256
◎28466 ◇1277
◎28467 ◇1277

◎28468　◇1277

◎28606　◇1284

◎28706　◇1289

◎29064　◇1311

Gnetum latifolium **Blume**

▶宽叶买麻藤

◎28045　◇1257

◎28046　◇1257

◎28363　◇1272

◎28364　◇1272

Gnetum montanum **Markgr.**

▶买麻藤

◎19458　◇846/1263

Pinaceae　松科

Abies × borisii-regis **Mattf.**

▶保加利亚冷杉

◎15566　◇948/1148

◎40622　◇1704

Abies alba **Mill.**

▶欧洲冷杉

◎4322　◇724

◎4784　◇724/1148

◎4951　◇748

◎11145　◇832

◎11341　◇823/1155

◎14231　◇914

◎15567　◇948

◎21685　◇904

◎23506　◇953

◎23545　◇953

◎23707　◇904

Abies amabilis **Douglas ex J. Forbes**

▶美丽冷杉

◎17187　◇821/1148

◎17188　◇821

◎42051　◇1722

◎42066　◇1723

Abies balsamea **(L.) Mill.**

▶香脂冷杉

◎4384　◇724

◎4713　◇724

◎4963　◇724

◎10366　◇821

◎17189　◇821/1148

◎20977　◇724

◎23096　◇805

Abies beshanzuensis **M. H. Wu**

▶百山祖冷杉

◎17835　◇724/1148

Abies bracteata **(D. Don) Poit.**

▶芒苞冷杉

◎40313　◇1701

Abies cephalonica **Loudon**

▶希腊冷杉

◎15565　◇/1148

◎24002　◇1081

◎29768　◇1359

◎29769　◇1359

Abies chensiensis **Tiegh.**

▶秦岭冷杉

◎8130　◇724;965

◎10471　◇724/1148

Abies chensiensis **var.** ***salouenensis*** **(Bordères & Gaussen) Silba**

▶撒氏秦岭冷杉

◎24003　◇1081

Abies cilicica **(Antoine & Kotschy) Carrière**

▶奇里乞亚冷杉

◎24004　◇1081

Abies concolor **(Gordon & Glend.) Lindl. ex Hildebr.**

▶科州冷杉/白冷杉

◎10316　◇826/1148

◎24005　◇1081

Abies delavayi **Franch.**

▶苍山冷杉

◎6082　◇724

◎6346　◇724

◎7071　◇724

◎7104　◇724;979

◎7790　◇728/1148

◎9574　◇724;998

◎10528　◇724

◎13765　◇724/1148

◎17553　◇724

Abies delavayi **var.** ***nukiangensis*** **(W. C. Cheng & L. K. Fu) Farjon & Silba**

▶怒江冷杉

◎12507　◇726;1039/1154

Abies fabri **(Mast.) Craib**

▶冷杉

◎128　◇725;794/1149

◎287　◇725;778

◎1102　◇725;979

◎1179　◇725

◎1180　◇725

◎1181　◇725

◎7849　◇725;990

◎7948　◇725

◎8209　◇725;992

◎8224　◇725

◎10472　◇724

◎10529　◇724

◎11223　◇725/1149

◎14041　◇725;1071/1150

◎14075　◇725

◎14211　◇725/1149

◎14212　◇725

◎17551　◇725

Abies fargesii **Franch.**

▶巴山冷杉

◎503　◇725/1150

◎1299　◇725/1150

◎11237　◇725;799/1150

Abies fargesii **var.** ***faxoniana*** **(Rehder & E. H. Wilson) T. S. Liu**

▶岷江冷杉

◎1298　◇725

◎7992　◇725;994

◎8689　◇725;797

◎9563　◇725

◎9564　◇725;998

◎9565　◇725;998

◎9851　◇725;985/1151

◎11222　◇725;798

◎11229　◇725;985

◎14037　◇725;1071

◎17556　◇725

Abies firma **Siebold & Zucc.**

▶日本冷杉

◎4170　◇725

◎4831　◇725

◎9481　◇830

◎10211　◇918

◎17999　◇725

◎18562　◇919

◎26823　◇1207

◎26824　◇1208

Abies forrestii **Coltm.-Rog.**

▶川滇冷杉

◎3324　◇725/1151

◎16312　◇725/1151

Abies forrestii **var.** ***ferreana*** **(Bordères & Gaussen) Farjon & Silba**

▶中甸冷杉

◎20404　◇725/1149

***Abies forrestii* var. *georgei* (Orr) Farjon**

▶**长苞冷杉**

◎9572　◇TBA

◎9573　◇726;798/1152

◎11979　◇726;1019/1152

◎13775　◇726

◎16310　◇726

***Abies forrestii* var. *smithii* Viguié & Gaussen**

▶**急尖长苞冷杉**

◎17870　◇726/1152

◎19128　◇726/1152

◎19406　◇TBA

***Abies fraseri* (Pursh) Poir.**

▶**南方香脂冷杉**

◎24006　◇1081

◎38770　◇1140

◎39241　◇1690

***Abies georgei* var. *brevicuspis* Hu et Cheng**

▶**川滇冷杉**

◎1236　◇726

***Abies grandis* (Douglas ex D. Don) Lindl.**

▶**北美冷杉**

◎10367　◇821/1152

◎18647　◇726

◎21370　◇726

◎22034　◇912

◎34869　◇1558

◎37301　◇1646

◎37302　◇1646

◎37303　◇1646

◎37313　◇1647

◎37314　◇1647

◎37315　◇1647

***Abies holophylla* Maxim.**

▶**杉松冷杉**

◎7759　◇726

◎7904　◇726;877/1153

◎12095　◇726

◎18088　◇726;1003/1153

***Abies homolepis* Siebold & Zucc.**

▶**同形鳞片冷杉**

◎24007　◇1081

◎38432　◇1134

◎40617　◇1704

◎42069　◇1723

***Abies insignis* Carrière ex Bailly**

▶**显著冷杉**

◎26804　◇1203

◎26825　◇1208

◎26826　◇1208

◎26827　◇1208

◎36879　◇1625

◎36880　◇1625

***Abies kawakamii* (Hayata) T. Itô**

▶**台湾冷杉**

◎7334　◇727/1153

◎40305　◇1700

***Abies koreana* E. H. Wilson**

▶**朝鲜冷杉**

◎18005　◇727

◎18620　◇919

◎22317　◇916

Abies kwangsiensis

▶**广西冷杉**

◎17611　◇726/1153

***Abies lasiocarpa* Lindl. & Gord.**

▶**毛果冷杉**

◎17190　◇821

◎20975　◇727/1153

***Abies magnifica* A. Murray bis**

▶**加州冷杉/红冷杉**

◎4944　◇726

◎24008　◇1081

***Abies magnifica* var. *shastensis* Lemmon**

▶**沙斯塔红冷杉**

◎24001　◇1081

***Abies mariesii* Mast.**

▶**马氏冷杉**

◎24009　◇1081

***Abies* Mill.**

▶**冷杉属**

◎695　◇728

◎865　◇TBA

◎5881　◇728

◎5922　◇728

◎6085　◇728

◎6146　◇728

◎7761　◇728

◎7791　◇728;718

◎7792　◇728;718

◎10097　◇728

◎10137　◇728

◎10974　◇728

◎11039　◇728

◎11112　◇728

◎11117　◇728

◎11128　◇728

◎11614　◇728;990

◎12062　◇727

◎12396　◇850

◎13284　◇878

◎17887　◇822

◎18660　◇728

◎23051　◇917

◎39943　◇1122

◎39988　◇1124

◎39989　◇1124

◎39990　◇1124

***Abies nephrolepis* Maxim.**

▶**臭冷杉**

◎6059　◇727;1010

◎7672　◇TBA

◎7903　◇727;1006

◎8076　◇TBA

◎10287　◇902

◎12547　◇726;971

◎14221　◇727/1154

◎18085　◇726

***Abies nordmanniana* (Steven) Spach**

▶**高加索冷杉**

◎4323　◇7261/1154

◎5683　◇727

◎9480　◇830

◎10174　◇830

◎17886　◇822

◎35273　◇1568

***Abies numidica* de Lannoy ex Carrière**

▶**阿尔及利亚冷杉**

◎18519　◇827/1154

***Abies pindrow* Royle**

▶**印度冷杉**

◎4879　◇727

◎19066　◇896/1155

◎26828　◇1208

◎26829　◇1208

◎26830　◇1209

◎34870　◇1558

***Abies pinsapo* Boiss.**

▶**西班牙冷杉**

◎7508　◇726/1155

◎23708　◇904

◎23709　◇904
◎23710　◇904
Abies procera Rehder
▶壮丽红冷杉
◎10300　◇727/1154
◎24010　◇1081
◎38630　◇1137
◎39242　◇1690
◎42390　◇1727
◎42396　◇1727
Abies recurvata Masters
▶紫果冷杉
◎6090　◇727;1080/1155
Abies recurvata var. *ernestii*（Rehder）Rushforth
▶黄果冷杉
◎6084　◇725/1149
◎16311　◇725/1149
Abies religiosa（Kunth）Schltdl. & Cham.
▶神圣冷杉
◎20125　◇936/1155
◎24011　◇1081
◎24012　◇1081
Abies sachalinensis（F. Schmidt）Mast.
▶库页冷杉
◎4180　◇727
◎4919　◇727
◎10213　◇918/1156
◎18563　◇919/1156
◎22795　◇920
Abies sachalinensis var. *mayriana* Miyabe & Kudô
▶北海道冷杉
◎4920　◇727
Abies sibirica Ledeb.
▶西伯利亚冷杉
◎9479　◇830
◎9976　◇727/1156
◎11005　◇727
◎13810　◇727
Abies squamata Masters
▶鳞皮冷杉
◎20073　◇727/1156
◎20582　◇728
Abies veitchii Lindl.
▶白叶冷杉
◎4125　◇727
◎10212　◇918/1155
Abies yuanbaoshanensis Y. J. Lu & L. K. Fu
▶元宝山冷杉
◎18113　◇727/1156
◎22017　◇726
Catha edulis（Vahl）Forssk. ex Endl.
▶巧茶
◎33320　◇1518
◎38153　◇1129
◎40049　◇1116
Cathaya argyrophylla Chun & Kuang
▶银杉
◎9974　◇730/1157
◎14218　◇730/1157
◎15914　◇750
◎17616　◇730
◎21200　◇730
Cathaya Chun & Kuang
▶银杉属
◎11337　◇730
Cedrus atlantica（Endl.）G. Manetti ex Carrière
▶北美雪松
◎17888　◇822
◎19623　◇730
◎21371　◇730/1158
◎21704　◇904
◎22042　◇912
◎36885　◇1625
◎37355　◇1651
◎37356　◇1651
◎37357　◇1651
Cedrus deodara（Roxb. ex D. Don）G. Don
▶雪松
◎4893　◇730/1158
◎9476　◇830
◎11335　◇730/1158
◎12431　◇TBA
◎19081　◇896
◎26857　◇1212
◎26858　◇1212
◎26859　◇1212
◎26870　◇1214
◎26871　◇1214
◎26872　◇1214
◎36886　◇1625
◎36887　◇1625
Cedrus libani A. Rich.
▶黎巴嫩雪松
◎4792　◇730/1158
◎15568　◇948
◎18186　◇827
◎21705　◇904
◎34878　◇1558
◎35790　◇1579
◎35791　◇1579
◎39877　◇1698
Cedrus libani var. *brevifolia* Hook. f.
▶短叶雪松
◎17549　◇730/1158
◎35789　◇1579
Cedrus Trew
▶雪松属
◎17889　◇822
◎41275　◇1713
◎41276　◇1713
Cunninghamia lanceolata（Lamb.）Hook.
▶杉木
◎11312　◇733;876/1162
◎17312　◇733
◎17864　◇734
Dalrympelea sphaerocarpa（Hassk.）Nor-Ezzaw.
▶球果山香圆
◎31405　◇1440
◎42435　◇1729
Keteleeria Carrière
▶油杉属
◎10149　◇732
◎10150　◇732
◎10151　◇732
◎39944　◇1122
Keteleeria davidiana（Bertrand）Beissn.
▶铁坚油杉
◎1013　◇TBA
◎1231　◇731
◎6347　◇731
◎6423　◇731
◎7274　◇731
◎9023　◇731;1039
◎9240　◇731;793
◎9241　◇731;793
◎9242　◇731;793

◎9841 ◇731;979/1159
◎13906 ◇731/1159
◎16201 ◇731
◎17641 ◇731;798/1160
◎17832 ◇732/1161
◎19046 ◇731
◎22009 ◇731

***Keteleeria davidiana* var. *formosana* (Hayata) Hayata**

▶**台湾油杉**

◎25242 ◇1097

***Keteleeria evelyniana* Mast.**

▶**云南油杉**

◎1261 ◇731
◎7656 ◇731;994/1160
◎11313 ◇731
◎11314 ◇731;998/1160
◎11315 ◇731
◎13229 ◇731
◎13780 ◇731
◎14707 ◇732/1161
◎16136 ◇731
◎17637 ◇731

***Keteleeria fortunei* Carrière**

▶**油杉**

◎5595 ◇732
◎8260 ◇732/1161
◎8261 ◇732
◎8262 ◇732/1161
◎9148 ◇732;1040/1161
◎9149 ◇732;994/1161
◎9150 ◇732;969
◎9970 ◇732;1051
◎13042 ◇731
◎14754 ◇732
◎15877 ◇732
◎16739 ◇732
◎21205 ◇731

***Larix × eurolepis* A. Henry**

▶**高代落叶松**

◎22284 ◇903/1162

***Larix decidua* Mill.**

▶**欧洲落叶松**

◎4798 ◇734
◎5020 ◇734
◎11148 ◇832
◎11344 ◇823/1162
◎13731 ◇945
◎14229 ◇914
◎18004 ◇734
◎18187 ◇827
◎21372 ◇734
◎22283 ◇903/1162
◎23504 ◇953
◎23546 ◇953
◎36893 ◇1626
◎37298 ◇1646
◎37299 ◇1646
◎37300 ◇1646

***Larix gmelinii* (Rupr.) Kuzen.**

▶**落叶松**

◎4921 ◇734
◎7677 ◇734;785
◎7678 ◇733;804
◎7679 ◇734;777
◎7685 ◇734;994/1163
◎7725 ◇733/1163
◎7726 ◇733
◎7762 ◇733
◎7889 ◇733
◎8075 ◇TBA
◎8147 ◇733
◎8148 ◇733
◎8149 ◇733
◎8195 ◇733
◎8225 ◇TBA
◎10284 ◇902
◎10309 ◇735
◎10507 ◇735
◎22796 ◇920
◎39423 ◇1693

***Larix gmelinii* var. *olgensis* (A. Henry) Ostenf. & Syrach**

▶**黄花落叶松**

◎7883 ◇TBA
◎10156 ◇735;810
◎10205 ◇918/1164
◎11241 ◇735;978
◎12554 ◇735;971/1166
◎13972 ◇735;1012
◎14222 ◇735;865
◎18080 ◇735;1025

***Larix gmelinii* var. *principis-rupprechtii* (Mayr) Pilg.**

▶**华北落叶松**

◎8753 ◇737;1001/1169
◎9554 ◇737;798/1168
◎9556 ◇737;798
◎12828 ◇737;812

***Larix griffithii* Hook. f.**

▶**西藏红杉**

◎17871 ◇734/1163
◎19129 ◇734/1163
◎19407 ◇/1163
◎19408 ◇TBA

***Larix griffithii* var. *speciosa* (W. C. Cheng & Y. W. Law) Farjon**

▶**怒江红杉**

◎11325 ◇737;999/1169
◎11326 ◇737;969
◎11327 ◇737/1169
◎11328 ◇737;979/1169

***Larix kaempferi* (Lamb.) Carrière**

▶**日本落叶松**

◎4176 ◇735/1164
◎4319 ◇735;1010
◎5677 ◇735
◎10204 ◇918/1164
◎21373 ◇735
◎22316 ◇916
◎37274 ◇1643
◎37275 ◇1643
◎37276 ◇1643
◎37286 ◇1644
◎37287 ◇1644
◎37288 ◇1644

***Larix laricina* (Du Roi) K. Koch**

▶**北美落叶松**

◎4702 ◇735
◎4964 ◇735
◎10322 ◇826
◎10371 ◇821/1164
◎17193 ◇821
◎18639 ◇TBA
◎23097 ◇805
◎33829 ◇1539
◎33830 ◇1539
◎33831 ◇1539
◎40932 ◇1709

***Larix lyallii* Parl.**

▶**高山落叶松**

◎25261 ◇1097
◎38747 ◇1139
◎41324 ◇1713

◎42139　◇1723

Larix mastersiana **Rehder & E. H. Wilson**

▶四川红杉

◎8693　◇735;974/1166

◎9858　◇735;799

Larix occidentalis **Nutt.**

▶粗皮落叶松

◎4387　◇735

◎4727　◇735

◎10323　◇826

◎17194　◇821/1167

◎18640　◇735

◎33832　◇1539

Larix potaninii **Batalin**

▶红杉

◎502　◇736

◎714　◇736;967

◎6086　◇736

◎6087　◇736

◎8629　◇736/1168

◎9570　◇736;998

◎9571　◇736;998

◎11228　◇736;799

◎13771　◇736

◎14045　◇736

Larix potaninii **var.** *macrocarpa* **Y. W. Law ex C. Y. Cheng, W. C. Cheng & L. K. Fu**

▶大果红杉

◎11600　◇736;888/1168

◎11601　◇736;796

◎13766　◇736

◎19130　◇736

Larix sibirica **Ledeb.**

▶西伯利亚落叶松

◎7897　◇737

◎8754　◇737;1075

◎9477　◇830/1169

◎10015　◇737

◎11004　◇737;1061

◎11007　◇737

◎13809　◇737

Larix **Mill.**

▶落叶松属

◎5883　◇737

◎7764　◇737

◎8166　◇737

◎8167　◇737

◎8168　◇737

◎9992　◇737

◎9993　◇737

◎9994　◇737

◎9995　◇737

◎9996　◇737

◎10115　◇737

◎12100　◇737

◎17890　◇822

◎17891　◇822

◎19608　◇737

◎23456　◇830

◎26480　◇1165

◎26481　◇1165

Nothotsuga longibracteata **(W. C. Cheng) Hu ex C. N. Page**

▶长苞铁杉

◎11134　◇763;799/1209

◎11403　◇763/1210

◎13047　◇763/1210

◎13528　◇763;985

◎13531　◇763/1210

◎13579　◇763

◎13905　◇763

◎15993　◇763

◎16561　◇763

◎17634　◇763

Picea **A. Dietr.**

▶云杉属

◎730　◇TBA

◎747　◇TBA

◎5879　◇743

◎5882　◇743

◎5933　◇744

◎6024　◇743

◎7059　◇743

◎7060　◇743;980

◎7066　◇743

◎7067　◇743

◎8153　◇744;965

◎8154　◇744;965

◎8155　◇744;1008

◎10138　◇744

◎10143　◇743

◎10975　◇744;816

◎10977　◇744

◎10978　◇744

◎11048　◇743

◎11074　◇743

◎11086　◇744

◎12222　◇847

◎12385　◇850

◎13282　◇878

◎17892　◇822

◎17893　◇822

◎20163　◇936

◎23043　◇917

◎23095　◇805

◎26460　◇1162

◎26483　◇1165

◎39945　◇1122

◎39991　◇1124

Picea abies **(L.) H. Karst.**

▶欧洲云杉

◎4320　◇738

◎4799　◇738

◎5010　◇738

◎7502　◇738

◎9478　◇830

◎11144　◇832/202

◎11340　◇823

◎12077　◇738

◎13739　◇945/769

◎14227　◇914

◎14248　◇914

◎19610　◇738/1171

◎21374　◇738

◎21707　◇904

◎23505　◇953

◎23544　◇953

◎26332　◇1147

◎31897　◇1467

◎31898　◇1467

◎31899　◇1468

◎31900　◇1468

◎31901　◇1468

◎33632　◇1533

◎33633　◇1533

◎33634　◇1533

◎33635　◇1533

◎33636　◇1533

◎34916　◇1559

◎34921　◇1559

◎37337　◇1649

◎37338　◇1649

◎37339　◇1649

Picea asperata **Masters**

▶云杉

◎436 ◇738
◎3325 ◇738
◎6070 ◇738
◎6071 ◇738;799
◎7793 ◇738;813
◎7795 ◇739;718
◎7848 ◇738
◎7994 ◇738;994/1170
◎8183 ◇738
◎8212 ◇TBA
◎8223 ◇TBA
◎9555 ◇738;998
◎9557 ◇741;998/1170
◎9853 ◇738;810/1170
◎10508 ◇738
◎10510 ◇738
◎10511 ◇738
◎10538 ◇738
◎11226 ◇738;799
◎11238 ◇738;988
◎14036 ◇738;1071
◎14072 ◇742
◎14206 ◇738
◎14207 ◇738
◎14208 ◇738
◎17555 ◇738
◎33603 ◇1529
◎33604 ◇1529
◎33605 ◇1530

Picea aurantiaca **Masters**

▶白皮云杉

◎6072 ◇738
◎6073 ◇738
◎6074 ◇/1171
◎20071 ◇738/1171

Picea bicolor **Mayr**

▶二色云杉

◎4172 ◇739/1171
◎22073 ◇920/1171

Picea brachytyla **(Franch.) E. Pritz.**

▶麦吊云杉

◎288 ◇739;1040/1172
◎437 ◇739
◎438 ◇739
◎6089 ◇739/1171
◎6091 ◇739
◎6101 ◇739
◎7105 ◇739
◎7794 ◇739;718/1171
◎8627 ◇739
◎10509 ◇739
◎10539 ◇739
◎18014 ◇739;1007/1171
◎34917 ◇1559
◎36810 ◇1623
◎36811 ◇1623

Picea brachytyla **var.** ***complanata*** **(Mayr) P. A. Schmidt**

▶油麦吊云杉

◎8691 ◇739;787/1171
◎9855 ◇739;1019
◎9860 ◇739
◎14077 ◇739/1172
◎14215 ◇739/1173
◎17558 ◇739;1071
◎19127 ◇739/1172

Picea breweriana **S. Watson**

▶布列云杉

◎25585 ◇1103
◎25586 ◇1103
◎38771 ◇1140
◎41502 ◇1716
◎41505 ◇1716

Picea crassifolia **Komarov**

▶青海云杉

◎22083 ◇741/1172

Picea engelmannii **Engelm.**

▶恩氏云杉

◎4396 ◇740
◎4705 ◇740/1172
◎10372 ◇821/1173
◎18643 ◇TBA
◎34918 ◇1559
◎34919 ◇1559
◎34920 ◇1559
◎40792 ◇1706
◎40955 ◇1709
◎41591 ◇1717
◎42337 ◇1726

Picea glauca **(Moench) Voss**

▶白云杉

◎7501 ◇738
◎10373 ◇821
◎17195 ◇821/1171
◎18641 ◇739/1174
◎20978 ◇740
◎20979 ◇740
◎38828 ◇1684

Picea glehnii **Mast.**

▶库叶云杉

◎4179 ◇740/1171
◎22069 ◇920
◎22078 ◇920/1171
◎22082 ◇920/1171

Picea jezoensis **Carrière**

▶鱼鳞云杉

◎4178 ◇740
◎4922 ◇740
◎7670 ◇740
◎7686 ◇740;812
◎7760 ◇740
◎7880 ◇740;1004
◎10114 ◇740
◎10209 ◇918
◎10286 ◇902
◎12546 ◇740;977/1173
◎13324 ◇879
◎13662 ◇740;977/1174
◎14219 ◇740;888
◎14220 ◇742/1189
◎15457 ◇740
◎21165 ◇734
◎22070 ◇920
◎22077 ◇920
◎22079 ◇920
◎22081 ◇920
◎22315 ◇916

Picea jezoensis **subsp.** ***hondoensis*** **(V. Vassil.) W. C. Cheng & L. K. Fu**

▶日本鱼鳞云杉

◎22071 ◇TBA
◎22075 ◇920/1172
◎22080 ◇920/769

Picea jezoensis **var.** ***komarovii*** **Rehder & E. H. Wilson**

▶长白鱼鳞云杉

◎18082 ◇740;989/1173

Picea koraiensis **Nakai**

▶红皮云杉

◎7668 ◇TBA
◎7669 ◇TBA
◎7671 ◇TBA
◎7680 ◇740;777/1156
◎7689 ◇740;797
◎10288 ◇902
◎12549 ◇740;1051/1156

◎18086 ◇740;1003/1156

◎22314 ◇916

Picea koyamae Shirasawa

▶孔亚云杉

◎25587 ◇1103

◎31902 ◇1468

◎31903 ◇1468

◎39507 ◇1694

Picea likiangensis (Franch.) E. Pritz.

▶丽江云杉

◎6075 ◇740

◎6093 ◇741/1177

◎11605 ◇741;1006/1176

◎11616 ◇741/1176

◎11621 ◇741/1176

◎13776 ◇741/1176

Picea likiangensis var. *linzhiensis* W. C. Cheng & L. K. Fu

▶林芝云杉

◎17869 ◇741/1177

◎19126 ◇741/1176

◎19410 ◇/1177

Picea likiangensis var. *rubescens* Rehder & E. H. Wilson

▶柔毛丽江云杉

◎20072 ◇739/1172

◎22286 ◇903/1172

Picea mariana Britton, Sterns & Poggenb.

▶黑云杉

◎4718 ◇741/1172

◎10374 ◇821

◎20981 ◇741/769

◎38920 ◇1686

Picea maximowiczii Regel

▶马克西莫云杉

◎22076 ◇920/769

Picea meyeri Rehder & E. H. Wilson

▶白杆云杉

◎5424 ◇741;1007/1178

◎6022 ◇TBA

◎6023 ◇741/1178

◎20075 ◇741/1178

Picea morrisonicola Hayata

▶台湾云杉

◎5035 ◇741/1178

Picea neoveitchii Mast.

▶大果青杆

◎7993 ◇741;785

◎8590 ◇741/1178

◎9553 ◇741;998/1178

◎9979 ◇741

◎11225 ◇741;1010

◎14043 ◇741

Picea obovata Ledeb.

▶新疆云杉

◎12055 ◇741

◎22067 ◇742/1179

Picea omorika (Pančić) Purk.

▶塞尔维亚云杉

◎25588 ◇1103

◎35304 ◇1570

◎38498 ◇1135

◎39072 ◇1688

Picea orientalis (L.) Peterm.

▶高加索云杉

◎10178 ◇830/1172

◎25589 ◇1103

◎33606 ◇1530

◎33607 ◇1530

◎33637 ◇1533

◎33638 ◇1534

Picea pungens Engelm.

▶蓝叶云杉

◎19626 ◇742/769

◎25590 ◇1103

◎33608 ◇1531

◎33609 ◇1531

◎34985 ◇1561

◎36766 ◇1620

◎40791 ◇1706

Picea purpurea Masters

▶紫果云杉

◎7847 ◇742

◎8184 ◇742;1016

◎8628 ◇742/1179

◎9566 ◇TBA

◎9567 ◇742;998

◎11227 ◇742

◎11239 ◇742;988

◎14074 ◇742

◎14209 ◇742;888

◎14210 ◇742

◎17557 ◇742;810

Picea retroflexa Masters

▶鳞皮云杉

◎22066 ◇742

Picea rubens Sarg.

▶红云杉

◎4395 ◇742

◎10375 ◇821/769

◎20976 ◇742/769

◎22285 ◇903/769

Picea schrenkiana Fisch. & C. A. Mey.

▶天山云杉

◎7878 ◇742

◎7902 ◇742/1180

◎9997 ◇742/620

◎10013 ◇742

◎11003 ◇742

◎13812 ◇742;818

◎22068 ◇742

◎31904 ◇1469

◎31905 ◇1469

◎31906 ◇1469

Picea sitchensis (Bong.) Carrière

▶北美云杉

◎4397 ◇742

◎4728 ◇742/1172

◎4947 ◇742

◎10299 ◇742/769

◎10325 ◇826

◎10376 ◇821/769

◎17196 ◇821

◎18642 ◇742

Picea smithiana Boiss.

▶长叶云杉

◎17868 ◇743/1180

◎19118 ◇744;982/1180

◎33610 ◇1531

◎33611 ◇1531

Picea torano Koehne

▶日本云杉

◎5682 ◇742

◎22072 ◇TBA

◎22074 ◇920

Picea wilsonii Mast.

▶青杆云杉/青杆

◎9852 ◇743;1010

◎14070 ◇744/1181

◎14071 ◇743

◎14205 ◇743

◎18142 ◇743/1181

◎20074 ◇743/1181

◎20603　◇743

Pinus albicaulis Engelm.

▶白皮五针松

◎17203　◇821

◎25597　◇1103

Pinus aristata Engelm.

▶刺果松

◎25598　◇1103

◎38699　◇1138

◎39065　◇1688

◎41051　◇1710

◎42170　◇1724

Pinus arizonica Engelm.

▶亚利桑那松

◎20108　◇936

◎20116　◇936/1182

Pinus arizonica subsp. *cooperi* (C. E. Blanco) Silba

▶墨西哥山松

◎20119　◇936/1184

◎20541　◇828

Pinus armandi (Hayata) Hayata

▶华山松

◎442　◇745

◎516　◇745;1010

◎744　◇745;1007

◎1270　◇TBA

◎3210　◇745

◎3281　◇745

◎3320　◇745

◎5680　◇745

◎6077　◇745

◎7335　◇745

◎7653　◇745;980

◎7966　◇745

◎8626　◇745;792/1182

◎8661　◇745;799/1182

◎11231　◇745;985/1182

◎11232　◇745;1010

◎13770　◇745

◎13779　◇745

◎14034　◇745

◎18015　◇745;1019/1182

◎19060　◇745

◎19121　◇745

◎19122　◇745

◎19409　◇745;966

◎20611　◇745

◎39048　◇1688

Pinus armandi var. *mastersiana* (W. C. Cheng & Y. W. Law) Silba

▶台湾果松

◎18568　◇919/1182

Pinus armandii var. *dabeshanensis* (W. C. Cheng & Y. W. Law) Silba

▶大别山五针松

◎11266　◇746;798/1185

◎17881　◇746

◎23089　◇883

Pinus attenuata Lemmon

▶瘤果松

◎25599　◇1103

◎38775　◇1140

◎39477　◇1694

◎41211　◇1712

◎41923　◇1721

Pinus ayacahuite C. Ehrenb. ex Schltdl.

▶墨西哥白松/巨球果松

◎18166　◇745/1182

◎20077　◇936/1182

Pinus balfouriana A. Murray bis

▶狐尾松

◎25600　◇1103

◎39403　◇1693

◎41229　◇1712

◎41922　◇1721

Pinus balustris (Medw.) Silba

▶巴鲁松

◎7245　◇752

Pinus banksiana Lamb.

▶美国短叶松

◎4311　◇746

◎4719　◇746/1183

◎10377　◇821

◎17202　◇821

◎20980　◇746

◎20988　◇746

◎22311　◇916

◎23093　◇805

Pinus brutia Ten.

▶土耳其松

◎17534　◇746;1029/1183

◎19571　◇746

◎19637　◇746

Pinus brutia var. *eldarica* (Steven) Silba

▶阿富汗松

◎10176　◇830/1188

Pinus brutia var. *pityusa* (Steven) Silba

▶髓松

◎10179　◇830/1193

Pinus bungeana Zucc. ex Endl.

▶白皮松

◎6063　◇746;1039

◎8235　◇746;810/1183

◎8444　◇745/1183

◎13226　◇746/1183

◎18079　◇746;1055/1183

◎20607　◇746

Pinus canariensis C. Sm. ex DC.

▶加拿利松

◎18163　◇746/1184

◎25601　◇1103

◎34923　◇1559

Pinus caribaea Morelet

▶加勒比松

◎16197　◇746

◎16806　◇746

◎23293　◇TBA

◎23567　◇915

◎34924　◇1559

◎36903　◇1626

◎36904　◇1626

◎36905　◇1626

◎36906　◇1626

◎37016　◇1628

Pinus cembra L.

▶瑞士五针松

◎11345　◇823/1184

◎17894　◇822

◎23543　◇953

Pinus cembroides Zucc.

▶墨西哥果松

◎20128　◇936

Pinus clausa Vasey

▶美国沙松

◎5681　◇746/1184

◎25602　◇1103

Pinus contorta Douglas ex Loudon

▶扭叶松

◎17201　◇821/1184

◎18635　◇746

◎20100　◇936

Pinus corsica Little & K. W. Dorman

▶科西嘉松

◎4314　◇746

Pinus coulteri D. Don
▶大果松
◎20104 ◇936/1184
◎25603 ◇1103
Pinus cubensis Sarg. ex Griseb.
▶古巴松
◎25604 ◇1103
Pinus densata Masters
▶高山松
◎6080 ◇746/1185
◎8663 ◇746;799/1199
◎11204 ◇747
◎11617 ◇746
◎11622 ◇746;1039/1185
◎13769 ◇746
◎19124 ◇746/1185
◎19125 ◇746
◎19411 ◇746
Pinus densiflora Siebold & Zucc.
▶赤松
◎4160 ◇746
◎4833 ◇746/1185
◎5599 ◇TBA
◎5679 ◇746
◎10159 ◇746;1007
◎10206 ◇918
◎11138 ◇746;1075/1185
◎18084 ◇755;967
Pinus devoniana Lindl.
▶德文松
◎20110 ◇936/1192
◎25605 ◇1103
◎39199 ◇1690
Pinus douglasiana Martínez
▶道格拉斯松
◎20114 ◇746/1185
◎25606 ◇1103
Pinus durangensis Roezl ex Gordon
▶杜兰果松
◎20117 ◇936/1186
◎20118 ◇936
◎34925 ◇1559
Pinus echinata hort. ex Carrière
▶萌芽松/芒刺松
◎4392 ◇747
◎10326 ◇826/1188
◎18637 ◇747
◎36907 ◇1626
◎36908 ◇1626
◎36909 ◇1626
◎40789 ◇1706
Pinus edulis Engelm. in Wisl.
▶食松
◎25607 ◇1103
◎39452 ◇1693
◎41250 ◇1712
◎41251 ◇1712
Pinus elliottii Engelm.
▶湿地松
◎13100 ◇747;798
◎13653 ◇747
◎16367 ◇747
◎16793 ◇747
◎22928 ◇823
Pinus elliottii var. *densa* Little & K. W. Dorman
▶密叶湿地松
◎41209 ◇1712
◎41516 ◇1716
Pinus engelmannii Carrière
▶恩氏松
◎18165 ◇747/1186
◎20115 ◇936
Pinus feffreyi Murr.
▶弗夫松
◎20101 ◇936/1186
Pinus fenzeliana Hand.-Mazz.
▶海南五针松
◎6495 ◇749;810/1190
◎6579 ◇749
◎7352 ◇752/1192
◎8803 ◇749
◎9154 ◇749;777/1190
◎9155 ◇749;1057
◎9156 ◇749;799
◎9157 ◇749;1057
◎11401 ◇752
◎12489 ◇749
◎12494 ◇750;1078
◎13037 ◇747;1051/1186
◎13522 ◇750
◎13580 ◇750
◎14369 ◇747
◎14969 ◇747;1029
◎15926 ◇750/1190
◎15995 ◇747/1186
◎16460 ◇750
◎17620 ◇747
◎18235 ◇750
◎19148 ◇747;1007
Pinus flexilis E. James
▶柔松
◎17200 ◇821
◎20107 ◇936/1194
◎41208 ◇1712
◎41248 ◇1712
Pinus glabra Walter
▶光松
◎38712 ◇1139
◎41207 ◇1712
◎41587 ◇1717
Pinus greggii Engelm. ex Parl.
▶格雷格松
◎25608 ◇1103
Pinus halepensis Mill.
▶地中海松
◎4313 ◇750;798
◎15569 ◇948
◎17543 ◇822
◎17895 ◇822
◎17896 ◇822
◎23715 ◇904
Pinus hartwegii Lindl.
▶硬松
◎20096 ◇936
Pinus heldreichii Christ
▶白皮巴尔干松
◎15572 ◇948/1187
◎25609 ◇1103
Pinus hwangshanensis W. Y. Hsia
▶黄山松
◎7735 ◇747/1187
◎8372 ◇747
◎17609 ◇747
◎17882 ◇748;1071
◎17883 ◇748
◎17884 ◇748
◎18149 ◇748;858
◎18150 ◇747
◎19062 ◇747
◎19906 ◇748
◎23090 ◇883
Pinus jeffreyi A. Murray bis
▶杰弗瑞松
◎25610 ◇1103
◎38697 ◇1138
◎39721 ◇1697
◎41214 ◇1712
◎41328 ◇1713

Pinus kesiya **Royle ex Gordon**

▶思茅松

◎7963 ◇748/1188

◎9704 ◇931/1188

◎13611 ◇748;1053

◎13768 ◇748;810

◎16801 ◇748/1195

Pinus kesiya **var.** ***langbianensis*** **(A. Chev.) Gaussen ex Bui**

▶蓝氏思茅松

◎4628 ◇748

◎7958 ◇748/1188

◎11323 ◇748;977

◎11324 ◇748

◎11334 ◇748/1188

◎11775 ◇757;977

◎13609 ◇748;1012/1188

◎13610 ◇748;1075

◎18392 ◇748

◎18865 ◇913/1188

Pinus koraiensis **Siebold & Zucc.**

▶红松

◎6058 ◇749;810/1189

◎7676 ◇749

◎7684 ◇749;814

◎7758 ◇TBA

◎7882 ◇749

◎8072 ◇TBA

◎9987 ◇749

◎9988 ◇749

◎9989 ◇749

◎9990 ◇749

◎9991 ◇749

◎10285 ◇902

◎10308 ◇749

◎12064 ◇749

◎12227 ◇847

◎12553 ◇749;1075/1189

◎13225 ◇749;983

◎13279 ◇878

◎18083 ◇749/1189

◎19153 ◇749

◎22313 ◇916

Pinus **L.**

▶松属

◎630 ◇758

◎4950 ◇758

◎5026 ◇758

◎5378 ◇758;1071

◎5970 ◇758

◎6081 ◇758

◎7402 ◇758/1200

◎7537 ◇758

◎8150 ◇758

◎8169 ◇758

◎8221 ◇758

◎9729 ◇921;994

◎9732 ◇921;978

◎11120 ◇758

◎11136 ◇757;995

◎11607 ◇757/1185

◎13931 ◇758

◎13932 ◇758;1010

◎14708 ◇758

◎17642 ◇758

◎18659 ◇758

◎19675 ◇758

◎20162 ◇936

◎23042 ◇917

◎23471 ◇TBA

◎26385 ◇1154

◎26461 ◇1162

◎39946 ◇1122

◎39947 ◇1122

◎39987 ◇1124

◎39993 ◇1125

◎40873 ◇1707

Pinus lambertiana **Douglas**

▶糖松

◎4389 ◇750

◎4966 ◇750

◎10327 ◇826/1188

◎18631 ◇750

◎20099 ◇936/1188

◎20966 ◇750

◎20985 ◇750

◎23044 ◇917

Pinus latteri **Mason**

▶南亚松

◎8996 ◇TBA

◎11586 ◇750

◎12475 ◇TBA

◎12788 ◇923/1190

◎13219 ◇894

◎13826 ◇750

◎14107 ◇893/1192

◎14767 ◇757;999

◎15129 ◇895

◎15958 ◇750/1188

◎16811 ◇750

◎20731 ◇752

◎21038 ◇890

Pinus lawsonii **Roezl ex Gordon & Glend.**

▶劳森松

◎20109 ◇936/1190

Pinus leiophylla **Schltdl. & Cham.**

▶光叶松

◎20111 ◇936/1190

◎25611 ◇1103

Pinus leiophylla **var.** ***chihuahuana*** **Shaw**

▶滑叶松

◎20098 ◇936/1184

◎25612 ◇1103

Pinus longaeva **D. K. Bailey**

▶长寿松

◎25613 ◇1103

◎40640 ◇1704

◎41317 ◇1713

◎41500 ◇1716

Pinus luchuensis **Mayr**

▶硫球松

◎7355 ◇750/1190

◎21821 ◇750

Pinus massoniana **Zucc.**

▶马尾松

◎2 ◇750;1041

◎404 ◇750

◎743 ◇750;1010

◎776 ◇750

◎1018 ◇TBA

◎1019 ◇TBA

◎1020 ◇TBA

◎1021 ◇TBA

◎1208 ◇TBA

◎4070 ◇750

◎4739 ◇750

◎4862 ◇753

◎5597 ◇TBA

◎5942 ◇750

◎6286 ◇750

◎6675 ◇750;1071

◎7708 ◇750

◎7709 ◇750

◎7710 ◇750;1009

◎7711 ◇750;783/1191

◎7712 ◇750

◎7718 ◇750
◎7719 ◇750;818
◎7720 ◇750
◎7721 ◇750;985
◎7722 ◇750
◎7733 ◇754
◎7805 ◇750
◎7832 ◇751
◎7853 ◇750;1049
◎7856 ◇750;1049
◎7857 ◇750;1049
◎7858 ◇750;797
◎8220 ◇754;993
◎8258 ◇754
◎8259 ◇754
◎8373 ◇754
◎8379 ◇754
◎8380 ◇754;872
◎8381 ◇754
◎8398 ◇755/1191
◎8399 ◇754
◎8429 ◇755
◎8430 ◇754
◎8823 ◇755
◎8824 ◇755
◎8861 ◇755
◎8862 ◇755;996/1191
◎8892 ◇752
◎9854 ◇750;1038/1191
◎10123 ◇752
◎10164 ◇752;1007
◎10512 ◇752
◎10513 ◇752
◎10514 ◇752
◎10515 ◇752
◎10516 ◇752
◎10517 ◇752
◎10540 ◇752
◎10541 ◇752
◎10542 ◇752
◎11098 ◇752
◎11400 ◇749
◎12228 ◇847
◎12250 ◇848
◎12360 ◇870
◎12541 ◇752;882/1192
◎15994 ◇752
◎16198 ◇752/1192
◎16366 ◇752
◎16458 ◇752
◎17122 ◇752/1192
◎17461 ◇752;785
◎17683 ◇752
◎18141 ◇752
◎20590 ◇752
◎23091 ◇883
◎40006 ◇1746
◎40007 ◇1746
◎40008 ◇1746
◎40009 ◇1746
◎40010 ◇1746

Pinus maximinoi **H. E. Moore**
▶迈克松
◎20138 ◇936/1200

Pinus merkusii **Jungh. & de Vriese**
▶苏门答腊松
◎23345 ◇889
◎25614 ◇1103
◎26841 ◇1210
◎36910 ◇1626
◎39053 ◇1688

Pinus monophylla **Torr. & Frém.**
▶单叶松
◎25615 ◇1103
◎39714 ◇1697
◎41503 ◇1716
◎41929 ◇1721

Pinus montezumae **Lamb.**
▶山松
◎9474 ◇830
◎20143 ◇TBA

Pinus monticola **Douglas ex D. Don**
▶加州山松
◎4390 ◇752
◎4584 ◇752
◎4723 ◇752
◎4949 ◇752
◎10298 ◇752
◎10328 ◇826
◎18632 ◇752
◎19599 ◇752

Pinus mugo **Turra**
▶矮赤松
◎4315 ◇752
◎25616 ◇1103
◎29752 ◇1358
◎34986 ◇1561
◎39061 ◇1688

Pinus muricata **D. Don**
▶加州松/沼松糙果松
◎25617 ◇1103
◎38685 ◇1138
◎39478 ◇1694
◎41325 ◇1713
◎42245 ◇1725

Pinus nigra **J. F. Arnold**
▶欧洲黑松
◎4316 ◇745
◎4800 ◇752
◎9475 ◇830
◎11147 ◇832
◎11343 ◇823/1190
◎17548 ◇752
◎19620 ◇752
◎21375 ◇752
◎21376 ◇752
◎22045 ◇912
◎23711 ◇904
◎23712 ◇904
◎31460 ◇1445
◎34987 ◇1561
◎34988 ◇1561

Pinus nigra **subsp.** ***laricio*** **(Poir.) Palib. ex Maire**
▶欧洲黑松
◎31301 ◇1435
◎37379 ◇1653
◎37380 ◇1653
◎41470 ◇1715

Pinus nigra **subsp.** ***nigra***
▶欧洲黑松（原亚种）
◎37381 ◇1653
◎37382 ◇1653
◎37383 ◇1653
◎37384 ◇1653
◎37391 ◇1654
◎37392 ◇1654
◎37393 ◇1654

Pinus occidentalis **Sw.**
▶海地松
◎20893 ◇892

Pinus oocarpa **Schiede ex Schltdl.**
▶卵果松
◎20120 ◇/534
◎21411 ◇897/1192

Pinus palustris **Mill.**
▶长叶松

◎4559 ◇752
◎4912 ◇752
◎4961 ◇752
◎17986 ◇752
◎18638 ◇752
◎19636 ◇752;1010/1193
◎36911 ◇1626
◎36912 ◇1626
◎36913 ◇1626
◎37017 ◇1628

Pinus parviflora **Siebold & Zucc.**

▶日本五针松

◎10208 ◇918/1193
◎17985 ◇752

Pinus patula **Schltdl. & Cham.**

▶展叶松

◎20106 ◇936/534
◎20892 ◇892
◎36648 ◇1615
◎36914 ◇1626

Pinus patula **var.** ***longipedunculata*** **Loock ex Martínez**

▶长花梗松

◎25595 ◇1103

Pinus pauciflora **var.** ***pumila***

▶晏松

◎29808 ◇1360

Pinus peuce **Griseb.**

▶扫帚松

◎15573 ◇948/1193
◎25618 ◇1103

Pinus pinaster **Aiton**

▶海岸松

◎15571 ◇948
◎17897 ◇822
◎21715 ◇904
◎23716 ◇904
◎23717 ◇904
◎26806 ◇1204
◎34989 ◇1561
◎34990 ◇1561
◎36915 ◇1626

Pinus pinea **L.**

▶意大利伞松

◎9473 ◇830
◎15570 ◇948
◎17544 ◇753
◎17898 ◇822
◎18164 ◇753/1193
◎23714 ◇904

Pinus ponderosa **P. Lawson & C. Lawson**

▶西黄松

◎4394 ◇753
◎4583 ◇753
◎4724 ◇753
◎4952 ◇753
◎5601 ◇753
◎10329 ◇826
◎17199 ◇821
◎18636 ◇753
◎20105 ◇936/1193
◎20974 ◇753

Pinus pringlei **Shaw**

▶曲枝松

◎18162 ◇753/1193
◎25619 ◇1103

Pinus pseudostrobus **Gordon**

▶假球松

◎20082 ◇936
◎25620 ◇1103

Pinus pseudostrobus **var.** ***apulccnsis*** **(Lindl.) Shaw**

▶阿普松

◎25621 ◇1103
◎34991 ◇1561

Pinus pungens **Lamb.**

▶尖头松

◎18508 ◇827/1193
◎25622 ◇1103

Pinus quadrifolia **Parl. ex Sudw.**

▶四针松/帕里松

◎20102 ◇936/1194

Pinus radiata **D. Don**

▶辐射松/蒙达利松

◎16244 ◇824/1194
◎18498 ◇910/565
◎19584 ◇753
◎21684 ◇904
◎34992 ◇1561
◎36916 ◇1626
◎36917 ◇1626

Pinus radiata **var.** ***radiata***

▶辐射松/蒙达利松

◎34926 ◇1559

Pinus resinosa **Aiton**

▶脂松/美加红松

◎4393 ◇753
◎4721 ◇753
◎4965 ◇753
◎10330 ◇826/1194
◎10378 ◇821
◎17198 ◇821
◎18634 ◇753
◎23094 ◇805

Pinus rigida **Mill.**

▶刚松

◎4317 ◇753/1194
◎18008 ◇753;858
◎34927 ◇1559

Pinus roxburghii **Sarg.**

▶西藏长叶松

◎17867 ◇753
◎19120 ◇753;982/1194
◎20891 ◇892

Pinus sabiniana **Douglas**

▶加州大子松/灰松

◎25623 ◇1103
◎38698 ◇1138
◎39064 ◇1688
◎41086 ◇1710
◎41213 ◇1712

Pinus sibirica **(Ledeb.) Turcz.**

▶西伯利亚红松

◎9472 ◇830
◎11006 ◇753/1195
◎13811 ◇753/1186

Pinus strobus **L.**

▶北美乔松

◎4318 ◇753
◎4388 ◇753
◎4576 ◇753
◎4703 ◇753/1196
◎4953 ◇753
◎9471 ◇830
◎10331 ◇826
◎10379 ◇753
◎13740 ◇945
◎17197 ◇821
◎18633 ◇753
◎19624 ◇753
◎19676 ◇753
◎20080 ◇936/1197
◎20982 ◇753
◎21377 ◇753
◎22029 ◇912
◎22312 ◇916

◎23045 ◇917
◎23092 ◇805
◎23542 ◇953
◎37259 ◇1642
◎37260 ◇1642
◎37261 ◇1642
◎38830 ◇1684
◎38879 ◇1685
◎40976 ◇1709

***Pinus sylvestris* L.**

▶欧洲赤松

◎4312 ◇755
◎4801 ◇755
◎9470 ◇830
◎10307 ◇755
◎11146 ◇832
◎11342 ◇823
◎13730 ◇945
◎13736 ◇945/1195
◎13978 ◇755/1196
◎13979 ◇755/1196
◎13980 ◇755/1196
◎13981 ◇755/1196
◎13982 ◇755/1196
◎13983 ◇755/1196
◎14228 ◇914
◎17899 ◇822
◎21214 ◇755
◎21378 ◇756
◎22035 ◇912
◎22797 ◇920
◎23455 ◇830
◎23507 ◇953
◎23718 ◇904
◎23719 ◇904
◎33639 ◇1534
◎33640 ◇1534
◎33641 ◇1534
◎35305 ◇1570
◎35306 ◇1570
◎36918 ◇1626
◎36919 ◇1626
◎36920 ◇1626
◎37319 ◇1648
◎37320 ◇1648
◎37321 ◇1648

***Pinus sylvestris* var. *mongolica* Litv.**

▶樟子松

◎7727 ◇756;783/1197
◎7728 ◇756/1197
◎7729 ◇756;1006/1197

***Pinus tabulaeformis* Linden**

▶油松

◎405 ◇755
◎573 ◇755;979
◎6020 ◇755;969
◎6078 ◇755
◎6888 ◇755
◎8198 ◇755
◎8229 ◇755/1198
◎10167 ◇755
◎11233 ◇755;880/1199
◎11234 ◇/1198
◎13228 ◇755;1073/1198
◎18020 ◇755;1007/1198
◎20599 ◇755

***Pinus taeda* Blanco**

▶火炬松

◎4391 ◇757
◎4954 ◇757
◎5600 ◇757
◎10332 ◇826
◎16196 ◇757
◎16805 ◇757
◎18167 ◇750/1190
◎20583 ◇757
◎23443 ◇819
◎36921 ◇1626
◎36922 ◇1626
◎36923 ◇1626
◎36924 ◇1626
◎36925 ◇1626

***Pinus taiwanensis* Hayata**

▶台湾松

◎17318 ◇757/1200
◎19001 ◇757/1200

***Pinus teocote* Cham. & Schltdl.**

▶卷叶松

◎20144 ◇936/1199
◎25596 ◇1103
◎36926 ◇1627

***Pinus termifolia* (Cav.) Christenh.**

▶特米松

◎21430 ◇897/1199

***Pinus thunbergii* Parl.**

▶黑松

◎4834 ◇757
◎5598 ◇757
◎5678 ◇757
◎7201 ◇757
◎10161 ◇757;810
◎10207 ◇918
◎11137 ◇757;995/1200
◎11329 ◇757
◎11330 ◇757;995
◎11331 ◇757
◎18569 ◇919
◎22310 ◇916

***Pinus uncinata* Ramond ex DC.**

▶钩松

◎23713 ◇904

***Pinus virginiana* Mill.**

▶矮松/弗州松

◎25624 ◇1103
◎39040 ◇1688
◎41210 ◇1712
◎41598 ◇1717

***Pinus wallichiana* A. B. Jacks.**

▶乔松

◎4911 ◇748/1187
◎17866 ◇748/1187
◎19119 ◇748/1187
◎19132 ◇748;982/1187
◎25625 ◇1103
◎25626 ◇1103
◎38538 ◇1135
◎40784 ◇1706
◎41754 ◇1719

***Pinus yunnanensis* Franch.**

▶云南松

◎1271 ◇756
◎3282 ◇756
◎6076 ◇756
◎6079 ◇756/1201
◎6348 ◇756
◎7651 ◇756/1201
◎8219 ◇756;975
◎9243 ◇756;969/1201
◎9244 ◇756;798
◎9245 ◇756;1071
◎9314 ◇756;797
◎9315 ◇756;796
◎9575 ◇756
◎10518 ◇756
◎10519 ◇756
◎11316 ◇756

◎11317　◇756;995
◎11318　◇756
◎11612　◇757;851/1201
◎13230　◇757;999
◎13772　◇757
◎16141　◇757/1201
◎16173　◇757
◎17560　◇757
◎17635　◇757
◎19045　◇757
◎19123　◇757

***Pseudolarix amabilis* (J. Nelson) Rehder**

▶金钱松

◎6002　◇759/1202
◎7734　◇759/1202
◎9847　◇759;1071/1202
◎9973　◇759;994
◎13044　◇759
◎13238　◇759
◎22942　◇TBA

***Pseudotsuga japonica* (Shiras.) Beissn.**

▶日本黄杉

◎18625　◇919/1202

***Pseudotsuga macrocarpa* Mayr**

▶大果黄杉

◎25749　◇1105
◎25750　◇1105
◎38655　◇1137

***Pseudotsuga menziesii* (Mirb.) Franco**

▶北美黄杉/花旗松

◎4324　◇759
◎4378　◇760
◎4579　◇760
◎4720　◇760
◎4805　◇760
◎4955　◇760
◎10302　◇759
◎10333　◇826
◎10380　◇821
◎10520　◇760
◎10521　◇760
◎10522　◇760
◎10523　◇760
◎10524　◇760
◎10543　◇760
◎10544　◇760
◎10545　◇760
◎10546　◇760
◎10547　◇760
◎10548　◇760
◎10549　◇760
◎10550　◇760
◎10986　◇760
◎11182　◇760/1203
◎13276　◇TBA
◎14230　◇914
◎17204　◇821
◎17859　◇759;1010
◎17900　◇822
◎18013　◇759
◎18644　◇759
◎19254　◇759/1203
◎19674　◇759
◎21379　◇759
◎23041　◇917
◎23102　◇805
◎25751　◇1105
◎25752　◇1105
◎26462　◇1162
◎34931　◇1559
◎34932　◇1559
◎35308　◇1570
◎37328　◇1648
◎37329　◇1648
◎37330　◇1648
◎42054　◇1722
◎42056　◇1722

Pseudotsuga menziesii* var. *menziesii

▶北美黄杉/花旗松（原变种）

◎34996　◇1561
◎38625　◇1137

***Pseudotsuga sinensis* Dode**

▶黄杉

◎6623　◇TBA
◎6896　◇759
◎11319　◇759;999/1204
◎11320　◇759
◎11321　◇759
◎11322　◇759
◎13907　◇759
◎16033　◇759;1039/1204
◎19052　◇759
◎21822　◇760/1203

***Pseudotsuga sinensis* var. *gaussenii* (Flous) Silba**

▶华东黄杉

◎7036　◇759/1204
◎10154　◇759/1204

***Pseudotsuga* Carrière**

▶黄杉属

◎19663　◇760
◎22036　◇912

***Staphylea cochinchinensis* (Lour.) Byng & Christenh.**

▶越南省沽油

◎16975　◇534

***Tsuga canadensis* Carrière**

▶加拿大铁杉

◎4386　◇761
◎4586　◇761
◎4701　◇761
◎4716　◇740
◎4959　◇761
◎10338　◇826
◎10384　◇821/1206
◎17208　◇821
◎18646　◇761
◎23048　◇917
◎23098　◇805
◎42004　◇1722
◎42005　◇1722

***Tsuga caroliniana* Engelm.**

▶加州铁杉

◎26145　◇1111
◎39742　◇1697
◎41205　◇1712

***Tsuga* Carrière**

▶铁杉属

◎839　◇TBA
◎5039　◇/1205
◎6622　◇763
◎6967　◇763
◎7080　◇763
◎7940　◇763
◎10168　◇763
◎13283　◇878
◎17901　◇822
◎39986　◇1124
◎39992　◇1124

***Tsuga chinensis* (Franch.) E. Pritz. in Diels**

▶铁杉

◎4　◇761
◎732　◇761
◎5948　◇761

◎6325 ◇761
◎6344 ◇761
◎7035 ◇761
◎7333 ◇761
◎7401 ◇761
◎8597 ◇761
◎8692 ◇761;1055/1205
◎10210 ◇918/1210
◎10555 ◇761
◎11065 ◇761
◎11078 ◇761
◎11143 ◇761;985/1205
◎11235 ◇761;1052
◎11402 ◇761
◎13533 ◇761;1012/1206
◎14042 ◇761
◎16563 ◇761;1071/1206
◎17554 ◇761
◎18574 ◇919/1209

Tsuga diversifolia **(Maxim.) Mast.**

▶**变叶铁杉**

◎38557 ◇1136
◎39759 ◇1697

Tsuga dumosa **Eichl.**

▶**云南铁杉**

◎286 ◇TBA
◎435 ◇762
◎439 ◇TBA
◎696 ◇TBA
◎767 ◇762
◎1184 ◇761;967
◎3241 ◇762
◎3295 ◇762
◎3319 ◇762
◎6083 ◇727
◎7087 ◇TBA
◎7971 ◇762
◎8162 ◇762;1008/1207
◎8690 ◇762;974
◎9859 ◇762;881
◎10525 ◇762
◎10526 ◇762
◎10527 ◇762
◎10556 ◇762
◎10557 ◇762
◎10558 ◇762
◎10559 ◇762
◎11221 ◇762;810/1210
◎11604 ◇762;1010
◎11615 ◇762;1039/1207
◎11623 ◇762;1071
◎13767 ◇762
◎14076 ◇762
◎14213 ◇762
◎14214 ◇762;852
◎19131 ◇762/1207

Tsuga forrestii **Downie**

▶**丽江铁杉**

◎11613 ◇763;979
◎16313 ◇763/1209
◎18503 ◇763

Tsuga heterophylla **Sarg.**

▶**异叶铁杉**

◎4385 ◇763
◎4581 ◇763
◎4725 ◇763
◎4960 ◇763
◎10301 ◇763
◎10339 ◇826
◎10340 ◇826
◎10385 ◇821/1209
◎17207 ◇821
◎18645 ◇TBA
◎21380 ◇763/1209
◎22046 ◇912
◎22798 ◇920
◎37396 ◇1654
◎37397 ◇1654
◎37398 ◇1654

Tsuga mertensiana **(Bong.) Carrière**

▶**黑铁杉**

◎26146 ◇1111
◎26147 ◇1111
◎38629 ◇1137
◎41713 ◇1718
◎42164 ◇1724

Tsuga sieboldii **Carrière**

▶**思博铁杉**

◎4169 ◇763
◎4837 ◇763
◎39519 ◇1694

Turpinia cochinchinensis **(Lour.) Merr.**

▶**越南山香圆**

◎175 ◇534;1018
◎225 ◇534;790
◎6204 ◇534
◎12474 ◇534;811
◎15825 ◇534
◎17629 ◇534
◎28343 ◇1271

Turpinia montana **Kurz**

▶**山香圆**

◎14494 ◇534
◎16036 ◇534/318

Turpinia occidentalis **(Sw.) G. Don**

▶**西方山香圆**

◎38384 ◇1133

Turpinia phaerocarpa **Hassk.**

▶**菲仪山香圆**

◎14125 ◇/318

Turpinia pomifera **DC.**

▶**大果山香圆**

◎3719 ◇534
◎4302 ◇534
◎6761 ◇534
◎11655 ◇535;964/318
◎13885 ◇535;808
◎13888 ◇535/318
◎21981 ◇535
◎27703 ◇1238
◎31763 ◇1460
◎31922 ◇1469

Turpinia **Vent.**

▶**山香圆属**

◎9276 ◇535
◎12952 ◇555
◎27702 ◇1238
◎28909 ◇1300
◎31320 ◇1436
◎31535 ◇1451
◎38031 ◇1682

Vepris soyauxii **(Engl.) Mziray**

▶**苏瓦白铁木**

◎21762 ◇930/524
◎36955 ◇1627

Podocarpaceae 罗汉松科

Afrocarpus falcatus **(Thunb.) C. N. Page**

▶**镰刀阿夫罗汉松/非洲杉**

◎18161 ◇839/1250
◎24124 ◇1083
◎34928 ◇1559
◎37019 ◇1628
◎41417 ◇1714

Afrocarpus gracilior (Pilg.) C. N. Page
▶纤细阿夫罗汉松/纤细非洲杉
◎24123 ◇1083
Afrocarpus usambarensis (Pilg.) C. N. Page
▶乌桑南非罗汉松
◎18457 ◇841/1200
Dacrycarpus dacrydioides (A. Rich.) de Laub.
▶新西兰鸡毛松
◎18477 ◇910/768
◎18793 ◇911/1249
◎24723 ◇1090
◎39405 ◇1693
◎41150 ◇1711
◎42155 ◇1724
Dacrycarpus expansus de Laub.
▶新几内亚鸡毛松
◎31796 ◇1462
◎31797 ◇1462
Dacrycarpus imbricatus (Blume) de Laub.
▶鸡毛松
◎9003 ◇TBA
◎9324 ◇839
◎9325 ◇839;858/1251
◎9593 ◇839
◎9943 ◇956
◎11029 ◇TBA
◎11030 ◇839;1028/1251
◎11583 ◇839
◎12133 ◇TBA
◎12545 ◇839;998/1251
◎12789 ◇923/1250
◎14174 ◇893/1251
◎14394 ◇839;979
◎14818 ◇839
◎14897 ◇839
◎15637 ◇839
◎15955 ◇839
◎16668 ◇839
◎17786 ◇839;1019
◎17787 ◇839
◎22371 ◇926
◎23312 ◇915
◎23585 ◇915
◎24724 ◇1090
Dacrycarpus imbricatus var. *imbricatus*
▶鸡毛松(原变种)
◎27567 ◇1235
Dacrycarpus imbricatus var. *robustus* de Laub.
▶高大马岛罗汉松
◎24722 ◇1090
◎36166 ◇1588
Dacrydium cupressinum Sol. ex G. Forst.
▶类柏陆均松
◎14054 ◇910/1248
◎18478 ◇910/1248
Dacrydium elatum (Roxb.) Wall. ex Loudon
▶巨陆均松
◎8932 ◇939/1248
◎9583 ◇839/1248
◎10155 ◇839
◎11034 ◇839;810/1249
◎12132 ◇839;814/1249
◎13132 ◇839;1038
◎14274 ◇839
◎17707 ◇839/1249
◎18099 ◇839
Dacrydium falciforme Pilg.
▶镰状陆均松
◎36090 ◇1587
Dacrydium Lamb.
▶陆均松属
◎6275 ◇839
◎22370 ◇926
◎23184 ◇915
◎23298 ◇915
◎23369 ◇TBA
◎23580 ◇915
◎27378 ◇1231
◎34963 ◇1560
◎36092 ◇1587
Dacrydium nausoriense de Laub.
▶斐济陆均松
◎24725 ◇1090
◎39591 ◇1695
Dacrydium nidulum de Laub.
▶小巢陆均松
◎24726 ◇1090
◎27190 ◇1228
◎40509 ◇1703
Dacrydium novoguineense Gibbs
▶新几内亚陆均松
◎36091 ◇1587
Dacrydium pectinatum de Laub.
▶陆均松
◎26996 ◇1224
Halocarpus biformis (Hook.) Quinn
▶二型白袍杉
◎18794 ◇911/1248
Halocarpus kirkii (F. Muell. ex Parl.) Quinn
▶柯可白袍杉
◎18795 ◇911/1248
Lagarostrobos franklinii (Hook. f.) Quinn
▶富润泣松
◎22995 ◇825
◎23004 ◇TBA
◎40973 ◇1709
◎41897 ◇1721
Manoao colensoi (Hook.) Molloy
▶白银松
◎25370 ◇1100
◎39098 ◇1689
Nageia fleuryi (Hickel) de Laub.
▶长叶竹柏
◎18115 ◇839
◎38951 ◇1121
Nageia nagi (Thunb.) Kuntze
▶竹柏
◎9282 ◇840
◎9283 ◇840/1253
◎9287 ◇840;994
◎9288 ◇840;804
◎9295 ◇840;793
◎9296 ◇840;793
◎12814 ◇840;1027/1253
◎13043 ◇840
◎15900 ◇840
◎16881 ◇840
◎17070 ◇840
◎39458 ◇1693
Nageia wallichiana Kuntze
▶肉托竹柏
◎4237 ◇841/1254
◎5202 ◇839
◎8939 ◇939/1250
◎11410 ◇922
◎21066 ◇890/1250
◎26998 ◇1224
◎29151 ◇1316
◎37538 ◇1661

◎37546　◇1661
◎37599　◇1662

Phyllocladus aspleniifolius (Labill.) Hook. f.

▶叶枝杉

◎7506　◇839/1250
◎18823　◇911
◎22996　◇825
◎23040　◇823
◎39057　◇1688
◎41936　◇1721
◎42228　◇1724

Phyllocladus hypophyllus Hook. f.

▶背生叶状枝木

◎18900　◇913/1250
◎21267　◇839
◎31742　◇1459
◎31743　◇1459
◎31744　◇1459
◎36161　◇1588

Phyllocladus trichomanoides D. Don

▶蕨叶状枝木

◎18495　◇910/1250

Phyllocladus trichomanoides var. *alpinus* Raf.

▶高山叶枝杉

◎18824　◇911/1250
◎25576　◇1103

Podocarpus amarus Blume

▶苦味罗汉松

◎5074　◇TBA
◎5459　◇839
◎9942　◇956/1250
◎34995　◇1561

Podocarpus brevifolius Foxw.

▶小叶竹叶松

◎11580　◇839/1250
◎15997　◇839

Podocarpus chinensis Wall. ex Benn.

▶短叶罗汉松

◎10153　◇840
◎12130　◇840/1252
◎38953　◇1121

Podocarpus cunninghamii Colenso

▶坎宁安罗汉松

◎18494　◇910/1251
◎18827　◇911/1251

Podocarpus cupressina R. Br. ex Mirb.

▶似柏罗汉松

◎37018　◇1628

Podocarpus decipiens N. E. Gray

▶百日青

◎36165　◇1588

Podocarpus elatus Endl.

▶高大罗汉松

◎25667　◇1104
◎39412　◇1693
◎41944　◇1721

Podocarpus elongatus L'Hér. ex Pers.

▶好望角罗汉松

◎20571　◇841/1251

Podocarpus grayae de Laub.

▶灰色罗汉松

◎25668　◇1104

Podocarpus guatemalensis Standl.

▶危地马拉罗汉松

◎25669　◇1104
◎38978　◇1687

Podocarpus henkelii Stapf ex Dallim. & B. D. Jacks.

▶肯氏罗汉松

◎34929　◇1559
◎39344　◇1692

Podocarpus imbricata var. *curvulus* (Miq.) Wasscher

▶弯曲罗汉松

◎27297　◇1230

Podocarpus latifolius Wall.

▶阔叶罗汉松

◎25670　◇1104
◎40242　◇1700
◎41572　◇1716
◎41753　◇1719

Podocarpus lawrencei Hook. f.

▶劳伦罗汉松

◎25671　◇1104

Podocarpus L'Hér. ex Pers.

▶罗汉松属

◎6181　◇841/1253
◎6982　◇841
◎7540　◇841
◎9944　◇937
◎9945　◇937
◎12975　◇841
◎13142　◇894
◎14928　◇841;1029
◎15131　◇895
◎18743　◇894
◎19514　◇935
◎19622　◇841
◎22604　◇TBA
◎23121　◇933
◎27296　◇1230
◎27658　◇1237
◎28870　◇1298
◎28993　◇1306
◎35997　◇1586
◎36168　◇1588

Podocarpus macrophyllus (Thunb.) Sweet

▶罗汉松

◎4835　◇840
◎7337　◇840
◎9292　◇840;804/1252
◎9293　◇840;994
◎9294　◇840;804
◎9468　◇830
◎9576　◇840
◎12867　◇840;1061
◎13103　◇840
◎15978　◇840
◎38956　◇1121

Podocarpus matudae Lundell

▶马都罗汉松

◎20137　◇936/1250

Podocarpus milanjianus Rendle

▶东非罗汉松

◎18463　◇840/1252
◎25666　◇1104

Podocarpus neriifolius D. Don

▶百日青

◎469　◇841
◎1160　◇841
◎9014　◇841;1030/1253
◎9398　◇TBA
◎9399　◇841;979/1253
◎14330　◇841
◎14845　◇841
◎16509　◇841
◎18244　◇841/1251
◎20986　◇841
◎22056　◇908/1251
◎25672　◇1104
◎26252　◇1117
◎26286　◇1119
◎38958　◇1121

Podocarpus nubigenus Lindl.
▶云雾罗汉松
◎25673 ◇1104
◎39095 ◇1688
◎41573 ◇1716
Podocarpus oleifolius D. Don
▶榄叶罗汉松
◎17032 ◇841/1251
◎25674 ◇1104
◎36860 ◇1625
◎38166 ◇1129
◎40240 ◇1700
Podocarpus palawanensis de Laub. & Silba
▶巴拉望罗汉松
◎28122 ◇1261
Podocarpus pilgeri Foxw.
▶小叶罗汉松
◎36167 ◇1588
Podocarpus rumphii Blume
▶菲律宾罗汉松
◎21661 ◇841/1251
◎22201 ◇934
◎31818 ◇1463
◎31819 ◇1463
◎31820 ◇1463
Podocarpus salignus D. Don
▶柳状罗汉松
◎18511 ◇827/1252
◎19581 ◇839/1250
Podocarpus totara D. Don
▶桃柘罗汉松
◎25675 ◇1104
◎37020 ◇1628
◎39056 ◇1688
◎41247 ◇1712
◎41454 ◇1715
◎42347 ◇1726
Prumnopitys ferruginea (D. Don) de Laub.
▶锈色核果杉
◎14053 ◇910/1250
Prumnopitys harmsiana (Pilg.) de Laub.
▶哈姆核果杉
◎25727 ◇1105
◎40540 ◇1703
◎41016 ◇1710
◎41495 ◇1715
Prumnopitys taxifolia (Sol. ex D. Don) de Laub.
▶紫杉叶核果杉
◎18493 ◇910
◎25728 ◇1105
◎40230 ◇1700
◎41971 ◇1721
◎42355 ◇1726
Retrophyllum rospigliosii (Pilg.) C. N. Page
▶南美扭叶杉
◎22598 ◇831
◎25867 ◇1107
◎41659 ◇1718
◎41768 ◇1719
Retrophyllum vitiense (Seem.) C. N. Page
▶斐济扭叶杉
◎23185 ◇915
◎23586 ◇915
Saxegothaea conspicua Lindl.
▶智利杉/卓杉
◎19614 ◇841/534
Sundacarpus amarus (Blume) C. N. Page
▶巽他杉
◎26031 ◇1110
◎27464 ◇1233
◎37097 ◇1631
◎37550 ◇1661
◎40218 ◇1699

Sciadopityaceae 金松科

Sciadopitys verticillata (Thunb.) Siebold & Zucc.
▶金松
◎10214 ◇918
◎18009 ◇772
◎18570 ◇919
◎25941 ◇1109
◎35810 ◇1581
◎36939 ◇1627

Taxaceae 红豆杉科

Amentotaxus argotaenia (Hance) Pilg.
▶穗花杉
◎6504 ◇843/1256
◎6545 ◇843;1007
◎13883 ◇843;1010/1256
◎15029 ◇843
◎15837 ◇843/1256
◎16521 ◇843/1256
Amentotaxus yunnanensis H. L. Li
▶云南穗花杉
◎38954 ◇1121
Cephalotaxus fortunei Hook.
▶三尖杉
◎392 ◇856
◎1097 ◇TBA
◎1098 ◇TBA
◎1247 ◇TBA
◎5848 ◇TBA
◎6511 ◇842;810
◎6870 ◇842
◎7034 ◇842;980
◎9070 ◇856;991/1255
◎9071 ◇856
◎9072 ◇842;991
◎9525 ◇856;1010/1255
◎13038 ◇TBA
◎13039 ◇842
◎13040 ◇842
◎15925 ◇842
◎16908 ◇842
◎17529 ◇842;794
◎19856 ◇842
◎21176 ◇842
◎38952 ◇1121
Cephalotaxus hainanensis H. L. Li
▶海南粗榧
◎14390 ◇842/1255
Cephalotaxus harringtonia (Knight ex J. Forbes) K. Koch
▶核果柱冠粗榧
◎29721 ◇1357
◎38957 ◇1121
Cephalotaxus harringtonia var. *sinensis* (Rehder & E. H. Wilson) Rehder
▶柱冠粗榧
◎11576 ◇856/1255
◎14940 ◇856;1029
Cephalotaxus harringtonii (Knight ex J. Forbes) K. Koch
▶柱冠三尖杉/柱冠粗榧
◎9337 ◇842;1039/1255

◎24526　◇1087

Cephalotaxus mannii **Hook. f.**

▶西双版纳粗榧

◎18781　◇842/1255

◎20402　◇842

Cephalotaxus oliveri **Mast.**

▶蓖子粗榧/蓖子三尖杉

◎20190　◇842/1255

Cephalotaxus sinensis **(Rehder & E. H. Wilson) H. L. Li**

▶粗榧

◎15971　◇842/1255

Pseudotaxus chienii **(W. C. Cheng) W. C. Cheng**

▶白豆杉

◎16562　◇843/1257

◎18755　◇759;1071

Taxus × *media* **Rehder**

▶中脉红豆杉

◎26090　◇1112

Taxus baccata **Thunb.**

▶欧洲红豆杉

◎4811　◇844

◎5017　◇844

◎11352　◇823

◎17902　◇822

◎18176　◇844

◎21381　◇844/1258

◎21689　◇904

◎22026　◇912

◎23547　◇953

◎26485　◇1165

◎26486　◇1165

◎26487　◇1166

◎26488　◇1166

◎26489　◇1166

◎26490　◇1166

◎26662　◇1185

◎26719　◇1193

◎26720　◇1193

◎26721　◇TBA

◎35000　◇1561

◎37244　◇1640

◎37245　◇1640

◎37246　◇1640

◎42036　◇1722

Taxus brevifolia **Nutt.**

▶短叶红豆杉

◎10381　◇821

◎18657　◇844

◎38615　◇1137

◎41203　◇1712

◎42195　◇1724

Taxus cuspidata **Siebold & Zucc.**

▶东北红豆杉

◎4177　◇845

◎6055　◇845;1007/1260

◎6150　◇845

◎9469　◇830

◎10203　◇918

◎17827　◇845;1071

◎17828　◇845/1260

◎17829　◇845/1210

◎18560　◇919

◎42023　◇1722

Taxus floridana **Nutt. ex Chapm.**

▶佛罗里达红豆杉

◎38717　◇1139

Taxus **L.**

▶红豆杉属

◎948　◇TBA

◎1006　◇984

◎6608　◇845

◎8165　◇845

Taxus sumatrana **(Miq.) de Laub.**

▶苏门答腊红豆杉

◎26247　◇1117

Taxus wallichiana **var.** *chinensis* **(Pilg.) Florin**

▶红豆杉

◎410　◇844

◎440　◇844

◎762　◇844

◎1069　◇TBA

◎3237　◇844

◎3305　◇844

◎6326　◇844

◎6338　◇844

◎6345　◇844

◎6536　◇844;1039

◎6568　◇844;810

◎6910　◇844;720

◎7032　◇844

◎7405　◇844

◎7737　◇856

◎7763　◇844

◎8615　◇844;1071

◎8662　◇856;1049

◎9410　◇844;997

◎9815　◇844;852

◎10165　◇844

◎10551　◇844

◎10552　◇844

◎10553　◇844

◎10554　◇856

◎12320　◇870

◎12327　◇870

◎12824　◇844;798

◎14044　◇844

◎17530　◇844;794

◎19147　◇844;810

◎38955　◇1121

Taxus wallichiana **var.** *mairei* **(Lemée & H. Lév.) L. K. Fu & Nan Li**

▶南方红豆杉

◎9531　◇845;810/427

◎12668　◇856;1041/1258

◎13045　◇845

◎13567　◇845/1261

◎13904　◇845

◎16121　◇845

◎16534　◇845/1261

◎17632　◇845

◎19728　◇845

◎21175　◇844

◎38102　◇1114

◎40913　◇1708

◎40914　◇1708

◎40915　◇1708

Taxus wallichiana **Zucc.**

▶西藏红豆杉

◎16315　◇845/1261

◎26091　◇1112

Torreya **Arn.**

▶榧属

◎10092　◇846

◎11882　◇846

Torreya californica **Torr.**

▶加州榧木

◎18658　◇846/1262

◎26130　◇1111

◎38741　◇1139

◎39414　◇1693

Torreya grandis **Fortune ex Lindl.**

▶榧树

◎411　◇846

◎6013 ◇846;1064
◎6609 ◇/1262
◎7736 ◇846
◎9523 ◇846;1000
◎9524 ◇846;799/1262
◎10078 ◇846
◎13046 ◇846
◎17579 ◇846;969
◎18126 ◇846/1262

Torreya grandis **var.** ***fargesii*** **(Franch.) Silba**
▶巴山榧树
◎3212 ◇846/1262

Torreya nucifera **Siebold & Zucc.**
▶日本榧树
◎4171 ◇846
◎4836 ◇846
◎10202 ◇918/1262
◎18561 ◇919

Torreya taxifolia **Arn.**
▶臭榧
◎38716 ◇1139

Zamiaceae 泽米铁科

Macrozamia moorei **F. Muell.**
▶穆尔氏澳洲铁
◎40376 ◇1701

二、阔叶材标本名录

Acanthaceae 爵床科

Avicennia germinans **(L.) L.**
▶黑海榄雌
◎22769 ◇806/550
◎24289 ◇1082
◎24290 ◇1082
◎26319 ◇1145
◎27971 ◇1253
◎32316 ◇1483
◎33228 ◇1514
◎33229 ◇1514
◎34874 ◇1558
◎34950 ◇1560
◎34951 ◇1560
◎37763 ◇1667
◎38670 ◇1138
◎40777 ◇1706
◎41433 ◇1715

Avicennia marina **subsp.** ***australasica*** **(Walp.) J. Everett**
▶澳大利亚海榄雌
◎18787 ◇911

Avicennia marina **var.** ***rumphiana*** **(Hallier f.) Bakh.**
▶朗氏海榄雌
◎35332 ◇1571

Avicennia marina **(Forssk.) Vierh.**
▶海榄雌
◎5046 ◇692
◎14970 ◇692/432
◎24291 ◇1082
◎35277 ◇1569

Avicennia officinalis **L.**
▶药用海榄雌
◎4640 ◇692
◎4819 ◇692

Avicennia **L.**
▶海榄雌属
◎26368 ◇1152
◎26974 ◇1224

Bravaisia integerrima **Standl.**
▶全缘白君木
◎24370 ◇1084
◎41406 ◇1714

Justicia gendarussa **Burm. f.**
▶小驳骨
◎28519 ◇1280

Pseuderanthemum tunicatum **(Afzel.) Milne-Redh.**
▶膜背山壳骨
◎36613 ◇1614

Trichanthera gigantea **Humb. & Bonpl. ex Steud.**
▶巨水君木
◎20416 ◇905
◎28013 ◇1255
◎34941 ◇1559

Achariaceae 青钟麻科

Caloncoba echinata **(Oliv.) Gilg**
▶刺果香犬玫
◎30917 ◇1420
◎30976 ◇1423
◎31083 ◇1427
◎31084 ◇1427
◎31085 ◇1427
◎31086 ◇1427
◎31087 ◇1427
◎31088 ◇1427

Caloncoba glauca **(P. Beauv.) Gilg**
▶香犬玫
◎21494 ◇153

Caloncoba welwitschii **(Oliv.) Gilg**
▶魏氏香犬玫
◎18411 ◇925/510
◎37864 ◇1673
◎37902 ◇1675

Camptostylus mannii **(Oliv.) Gilg**
▶小花犬玫檀
◎40031 ◇1116

Dasylepis racemosa **Oliv.**
▶毛鳞木
◎30939 ◇1421
◎31067 ◇1427
◎31068 ◇1427

Eleutherandra pes-cervi **Slooten**
▶伊氏青钟麻
◎35935 ◇1585

Erythrospermum candidum **(Becc.) Becc.**
▶光泽红子木/印尼红子木
◎24873 ◇1092

Erythroxylum amazonicum **Peyr.**
▶亚马孙古柯
◎34303 ◇1547

Erythroxylum citrifolium **A. St.-Hil.**
▶黄叶古柯
◎32449 ◇1486

Erythroxylum confusum **Britton**
▶康夫古柯
◎24874 ◇1092
◎39254 ◇1690
◎41303 ◇1713
◎41315 ◇1713

Erythroxylum cuneatum **Kurz**
▶楔形古柯
◎27596 ◇1236

Erythroxylum ecarinatum **Hochr.**
▶隆起古柯

◎24877　◇1092
◎36119　◇1587
◎37502　◇1660
◎37503　◇1660
◎37504　◇1660
◎40466　◇1702

Erythroxylum ellipticum **R. Br. ex Benth.**
▶椭圆古柯
◎24878　◇1092

Erythroxylum havanense **Jacq.**
▶哈瓦古柯
◎24875　◇1092

Erythroxylum kunthianum **A. St.-Hil.**
▶东方古柯
◎16984　◇470/278

Erythroxylum lanceolatum **Walp.**
▶披针古柯
◎31578　◇1452

Erythroxylum macrophyllum **var. *savannarum*** **Plowman**
▶萨瓦古柯
◎36753　◇1619

Erythroxylum mannii **Oliv.**
▶曼氏古柯
◎21538　◇470/278
◎21865　◇930
◎21879　◇930
◎36639　◇1615

Erythroxylum rotundifolium **Lunan**
▶圆叶古柯
◎24876　◇1092
◎39233　◇1690

Erythroxylum suberosum **A. St.-Hil.**
▶木栓古柯
◎38567　◇1136

Erythroxylum urbanii **O. E. Schulz**
▶乌尔古柯
◎38543　◇1135

Hydnocarpus hainanensis **(Merr.) Sleumer**
▶乌果
◎14609　◇153/102

Hydnocarpus kunstleri **(King) Warb.**
▶孔斯大风子

Hydnocarpus polypetalus **(Slooten) Sleumer**
▶多瓣大风子
◎28651　◇1286

Hydnocarpus stigmatophora **Slooten ex Den Berger**
▶柱头大风子
◎35947　◇1585

Hydnocarpus subfalcatus **Merr.**
▶近镰刀大风子
◎33428　◇1523
◎33532　◇TBA

Hydnocarpus **Gaertn.**
▶大风子属
◎22375　◇926
◎37939　◇1678
◎37940　◇1678

Kiggelaria africana **L.**
▶非洲桃风子木/非洲蒴桃木
◎25247　◇1097
◎34979　◇1561

Lindackeria laurina **C. Presl**
▶劳里雀杨
◎38354　◇1133

Pangium edule **Reinw.**
▶可食黑羹树
◎28483　◇1278

Ryparosa javanica **(Blume) Kurz ex Koord. & Valeton**
▶爪哇穗龙角
◎36178　◇1588

Ryparosa kostermansii **Sleumer**
▶蔻斯穗龙角
◎31663　◇1455

Ryparosa kurzii **King**
▶落叶穗龙角
◎20793　◇891

Scottellia chevalieri **Chipp**
▶切氏斯科大风子
◎21788　◇930
◎21945　◇899

Scottellia coriacea **A. Chev. ex Hutch. & Dalziel**
▶革叶斯科大风子
◎20508　◇828
◎21726　◇930/510

Scottellia kamerunensis **Gilg**
▶喀麦隆斯科大风子
◎20519　◇828

Scottellia klaineana **Pierre**
▶克莱斯科大风子
◎23488　◇909
◎36658　◇1615
◎36659　◇1615

Scottellia **Oliv.**
▶斯科大风子属
◎34495　◇1551

Actinidiaceae　猕猴桃科

Actinidia arguta **Miq.**
▶软枣猕猴桃/奇异莓
◎5343　◇84/49
◎6019　◇84;1080

Actinidia callosa **var. *discolor*** **C. F. Liang**
▶变色猕猴桃
◎20001　◇84/49

Actinidia callosa **var. *formosana*** **Finet & Gagnep.**
▶台湾猕猴桃
◎20002　◇84

Actinidia callosa **Lindl.**
▶硬齿猕猴桃
◎4159　◇84

Actinidia chinensis **Planch.**
▶中华猕猴桃
◎1084　◇TBA
◎24114　◇1083

Actinidia deliciosa **(A. Chev.) C. F. Liang & A. R. Ferguson**
▶美味猕猴桃
◎24115　◇1083
◎40562　◇1704

Actinidia eriantha **Benth.**
▶毛花猕猴桃
◎13439　◇84/49
◎20004　◇84

Actinidia latifolia **(Gardner & Champ.) Merr.**
▶阔叶猕猴桃
◎20003　◇84

Actinidia polygama **(Siebold & Zucc.) Planch. ex Maxim.**
▶葛枣猕猴
◎324　◇TBA

Actinidia **Lindl.**
▶猕猴桃属
◎5472　◇84
◎13547　◇84

Saurauia acuminata **Merr.**
▶渐尖水东哥
◎28235　◇1266

Saurauia bracteosa DC.
►小苞水东哥
◎27082 ◇1226
Saurauia capitulata A. C. Sm.
►头状水东哥
◎31782 ◇1461
Saurauia lantsangensis Hu
►澜沧水东哥
◎3777 ◇83
Saurauia latibractea Choisy
►兰提水东哥
◎18855 ◇913/48
Saurauia napaulensis DC.
►锥序水东哥/尼泊尔水东哥
◎3674 ◇83
◎11654 ◇83;964/48
Saurauia nudiflora DC.
►奴迪水东哥
◎5241 ◇83/48
Saurauia petelotii Merr.
►金花茶水东哥
◎31913 ◇1469
Saurauia scaberrima Lauterb.
►糙叶水东哥
◎31754 ◇1459
Saurauia tristyla DC.
►水东哥
◎6715 ◇83/48
◎13845 ◇83;1072/48
◎29527 ◇1337
Saurauia Willd.
►水东哥属
◎11801 ◇83;809
◎29152 ◇1316
◎31395 ◇1439
◎31396 ◇1440
◎31397 ◇1440
◎31667 ◇1455
◎37961 ◇1679

Aextoxicaceae 毒羊树科

Aextoxicon punctatum Ruiz & Pav.
►毒戟木/毒羊树
◎19547 ◇77/534
◎20496 ◇828

Akaniaceae 叠珠树科

Bretschneidera sinensis Hemsl.
►伯乐树
◎6355 ◇515
◎6549 ◇515
◎6942 ◇515
◎10620 ◇515
◎10621 ◇515
◎15777 ◇515/307
◎16427 ◇515/307
◎17528 ◇515;798
◎17646 ◇515
◎19375 ◇515
◎21206 ◇515

Altingiaceae 蕈树科

Altingia chinensis (Champ. ex Benth.) Oliv. ex Hance
►蕈树
◎385 ◇329
◎6448 ◇329;968
◎6554 ◇329
◎6740 ◇329;720
◎6833 ◇329
◎9235 ◇329;781
◎9400 ◇329;970/190
◎13445 ◇329
◎15008 ◇329
◎15030 ◇329
◎15655 ◇329
◎16400 ◇329
◎17376 ◇329;801
◎17668 ◇329
◎18105 ◇329;875
◎19900 ◇329
◎20231 ◇329
◎20232 ◇329
◎20233 ◇329
◎21163 ◇329
Altingia excelsa Noronha
►大蕈树/细青皮
◎4884 ◇330
◎9925 ◇955
◎13195 ◇894/190
◎14191 ◇893/190
◎15158 ◇895/190
◎18995 ◇330
◎18999 ◇330
◎19073 ◇896
◎21057 ◇890
◎23354 ◇889
◎27348 ◇1231
◎31844 ◇1466
◎36884 ◇1625
◎37117 ◇1631
Altingia fargesii var. *microstracta*
►川蕈树
◎13444 ◇330;985/190
Altingia gracilipes Hemsl.
►细柄蕈树
◎9016 ◇330;994
◎9017 ◇330;983/190
◎9018 ◇330;1030
◎9019 ◇330;1030
◎11260 ◇330;983
◎12689 ◇330;995
◎13718 ◇330;851
◎17069 ◇330/190
◎19899 ◇330
Altingia obovata Merr. & Chun
►海南蕈树
◎11582 ◇331
◎12485 ◇331;871/190
◎14406 ◇331/190
◎14884 ◇331;1074
Altingia yunnanensis Rehder & E. H. Wilson
►云南蕈树
◎9619 ◇331
◎9638 ◇331
◎11289 ◇331;995/190
Altingia Noronha
►蕈树属
◎12375 ◇TBA
◎39920 ◇1122
Liquidambar acalycina H. T. Chang
►缺萼枫香
◎13560 ◇332;1012/191
Liquidambar formosana Hance
►枫香树
◎39 ◇332
◎4062 ◇332
◎5636 ◇332
◎6289 ◇332;777
◎7218 ◇332
◎7751 ◇332
◎8274 ◇332
◎8278 ◇332
◎8279 ◇332
◎8390 ◇332
◎8391 ◇332

◎8812 ◇333;717

◎8845 ◇333

◎8846 ◇333;996

◎9015 ◇333;1063

◎9036 ◇333;1077

◎9037 ◇333;1009

◎10031 ◇333

◎10573 ◇333

◎10853 ◇333

◎10854 ◇333

◎11085 ◇333

◎11259 ◇333;799

◎12268 ◇TBA

◎12359 ◇TBA

◎12406 ◇TBA

◎12539 ◇334/191

◎12558 ◇334;1017/191

◎13380 ◇849

◎13381 ◇849

◎13401 ◇849

◎13412 ◇TBA

◎13413 ◇TBA

◎13652 ◇334/192

◎14887 ◇334

◎15724 ◇334

◎16510 ◇334;1039

◎17414 ◇334;797

◎18047 ◇334;1005/192

◎19377 ◇334

◎19897 ◇334

◎19898 ◇334

◎23084 ◇883

***Liquidambar orientalis* Mill.**

▶东方枫香

◎39316 ◇1691

***Liquidambar styraciflua* L.**

▶北美枫香

◎4374 ◇334

◎4978 ◇334

◎10353 ◇826

◎18694 ◇334/191

◎21965 ◇805

◎23068 ◇917

◎26575 ◇1175

◎26747 ◇1197

◎34716 ◇1555

◎34717 ◇1555

◎34718 ◇1555

◎36738 ◇1618

◎36739 ◇1618

◎37002 ◇1628

◎39765 ◇1697

◎41047 ◇1710

***Liquidambar* L.**

▶枫香属

◎962 ◇TBA

◎1010 ◇TBA

***Semiliquidambar cathayensis* H. T. Chang**

▶半枫荷

◎15906 ◇326/189

◎15908 ◇326

◎16456 ◇326/189

◎20246 ◇326

Amaranthaceae 苋科

***Atriplex canescens*（Pursh）Nutt.**

▶四翼滨藜

◎38243 ◇1130

***Gomphrena vaga* Mart.**

▶瓦加千日红

◎38437 ◇1134

***Halosarcia indica*（Willd.）Paul G. Wilson**

▶印度肉苞海蓬

◎31313 ◇1435

***Haloxylon ammodendron*（C. A. Mey.）Bunge ex Fenzl**

▶梭梭柴

◎7898 ◇176

◎10187 ◇830

◎10188 ◇830

◎13820 ◇176

◎18377 ◇176

Haloxylon orientalis

▶梭梭

◎6431 ◇176

***Haloxylon persicum* Bunge**

▶白梭梭

◎18379 ◇176

***Suaeda vera* Forssk. ex J. F. Gmel.**

▶维拉碱蓬

◎31316 ◇1435

Anacardiaceae 漆树科

***Allospondias lakonensis* Stapf**

▶假酸枣/岭南酸枣

◎14588 ◇358/554

◎14856 ◇536

◎17720 ◇536

***Anacardium excelsum* Skeels**

▶高腰果木

◎4508 ◇536

◎22694 ◇806

◎24191 ◇1084

◎39804 ◇1698

◎42096 ◇1723

***Anacardium giganteum* J. Hancock ex Engl.**

▶巨腰果木

◎22501 ◇820/534

◎23326 ◇819

◎23495 ◇909

◎27834 ◇1245

◎32535 ◇1487

◎33767 ◇1537

◎33768 ◇1537

◎40062 ◇1126

***Anacardium occidentale* L.**

▶腰果木

◎24192 ◇1084

◎27835 ◇1245

◎32536 ◇1487

◎32537 ◇1487

◎33648 ◇1534

◎40063 ◇1126

***Anacardium parvifolium* Ducke**

▶小叶腰果木

◎40064 ◇1126

***Anacardium spruceanum* Benth. ex Engl.**

▶云杉腰果木

◎40065 ◇1126

***Anacardium* L.**

▶腰果属

◎22472 ◇820

***Antrocaryon klaineanum* Pierre**

▶克莱洞果漆

◎24217 ◇1082

◎39027 ◇1688

***Antrocaryon micraster* A. Chev. & Guillaumin**

▶小星洞果漆

◎21793 ◇930/507

◎24218 ◇1082

◎30986 ◇1424

◎31165 ◇1429

◎31166 ◇1429

Antrocaryon nannanii **De Wild.**

▶曼氏洞果漆

◎17936 ◇829

Astronium balansae **Engl.**

▶巴氏洞果漆

◎24272 ◇1082

Astronium fraxinifolium **Schott**

▶梣叶斑纹漆木

◎24273 ◇1082

◎34274 ◇1547

◎40304 ◇1700

◎41438 ◇1715

Astronium graveolens **Jacq.**

▶烈味斑纹漆

◎20156 ◇936/534

◎24274 ◇1082

◎40069 ◇1126

Astronium lecointei **Ducke**

▶莱蔻斑纹漆

◎20187 ◇536/534

◎21452 ◇536/534

◎22268 ◇819

◎40070 ◇1126

Astronium obliquum **Griseb.**

▶斜斑纹漆木

◎24275 ◇1082

Astronium ulei **Mattick**

▶乌氏斑纹漆

◎24276 ◇1082

Astronium urundeuva **Engl.**

▶乌龙斑纹漆

◎22467 ◇820

◎24277 ◇1082

◎40303 ◇1700

◎42238 ◇1725

Astronium **Jacq.**

▶斑纹漆属

◎34275 ◇1547

◎34276 ◇1547

◎34410 ◇1549

Blepharocarya involucrigera **F. Muell.**

▶总苞睫毛漆

◎22918 ◇823

◎40661 ◇1705

◎41424 ◇1715

Bouea oppositifolia **(Roxb.) Adelb.**

▶对生叶士打树/对生叶波漆树

◎20351 ◇938

◎31705 ◇1457

◎35892 ◇1585

Buchanania amboinensis **Miq.**

▶阿莫山様子

◎35896 ◇1585

◎37591 ◇1662

Buchanania arborescens **Blume**

▶乔木山様子/山様子

◎18963 ◇907/728

◎24380 ◇1084

◎27167 ◇1227

◎27168 ◇1227

◎27169 ◇1227

◎28456 ◇1276

◎28550 ◇1281

◎28846 ◇1296

◎28884 ◇1299

◎28885 ◇1299

◎28966 ◇1304

◎28967 ◇1304

◎31334 ◇1436

◎35342 ◇1571

◎37491 ◇1659

Buchanania axillaris **(Desr.) T. P. Ramamoorthy**

▶窄叶山様子

◎21392 ◇897

Buchanania cochinchinensis **(Lour.) M. R. Almeida**

▶交趾山様子

◎6792 ◇536

◎8575 ◇898

◎14859 ◇536;1029/641

◎40355 ◇1701

Buchanania insignis **Blume**

▶显著山様子

◎28128 ◇1261

◎28504 ◇1279

Buchanania lancaefolia **Blume**

▶披针叶山様子

◎4221 ◇536

Buchanania macrocarpa **Lauterb.**

▶大果山様子

◎19005 ◇906/728

◎24381 ◇1084

Buchanania microphylla **Engl.**

▶小叶山様子

◎14560 ◇536/319

◎14852 ◇536;1029/641

Buchanania reticulata **Hance**

▶网状山様子

◎24382 ◇1084

◎39195 ◇1690

Buchanania sessilifolia **Blume**

▶无柄山様子

◎39222 ◇1690

Buchanania siamensis **Miq.**

▶西阿山様子

◎24383 ◇1084

◎40345 ◇1701

◎40712 ◇1705

Buchanania splendens **Miq.**

▶海州山様子

◎20783 ◇891

Buchanania vitiensis **Engl.**

▶葡萄山様子

◎35897 ◇1585

Buchanania **Spreng.**

▶山様子属

◎36819 ◇1623

◎37590 ◇1662

Campnosperma auriculatum **Hook. f.**

▶耳状坎诺漆/耳叶钟果漆

◎9884 ◇955;1058

◎14108 ◇893/319

◎15141 ◇895

◎15451 ◇536

◎15452 ◇536

◎15453 ◇536/319

◎18704 ◇894

◎20387 ◇938

◎22416 ◇902

◎24440 ◇1086

◎35356 ◇1571

◎35899 ◇1585

Campnosperma brevipetiolatum **Volkens**

▶短柄坎诺漆/短柄籽漆木

◎18952 ◇907

◎21224 ◇536

◎24439 ◇1086

◎36822 ◇1623

◎36823 ◇1623

Campnosperma coriaceum **(Jack) Hallier f. ex Steenis**

▶革叶坎诺漆/革叶籽漆木

◎27171 ◇1227

Campnosperma panamense Standl.

▶巴拿马坎诺漆/巴拿马籽漆木

◎22747 ◇806/535

◎24441 ◇1086

Campnosperma pteripentandra

▶普特坎诺漆/普特籽漆木

◎35666 ◇1573

◎35667 ◇1573

◎35668 ◇1573

Campnosperma Thwaites

▶坎诺漆属/籽漆属

◎19498 ◇935

◎22231 ◇934

◎22432 ◇889

◎23127 ◇933

◎23249 ◇927

◎23353 ◇889

◎23397 ◇933

◎40866 ◇1707

Choerospondias axillaris (Roxb.) B. L. Burtt & A. W. Hill

▶南酸枣

◎162 ◇537;868

◎173 ◇550;1018

◎337 ◇537

◎497 ◇537

◎616 ◇537

◎1110 ◇TBA

◎6237 ◇537

◎6360 ◇537

◎6477 ◇537/319

◎8121 ◇TBA

◎8275 ◇537

◎9038 ◇537;1040/319

◎9039 ◇537;977

◎9046 ◇537;977

◎10923 ◇537

◎10925 ◇537

◎11515 ◇537;1075

◎11516 ◇537

◎11517 ◇537

◎11757 ◇537

◎12594 ◇538;1055/319

◎12596 ◇538;999

◎12597 ◇538;1017

◎13065 ◇538

◎13781 ◇538

◎14046 ◇538

◎14750 ◇538

◎14799 ◇538

◎14997 ◇538

◎15625 ◇538

◎16487 ◇538

◎17362 ◇TBA

◎17583 ◇538

◎17664 ◇538

◎19363 ◇538

◎20017 ◇538

◎21159 ◇538

Cotinus coggygria Scop.

▶黄栌

◎6066 ◇539

◎17830 ◇539/319

◎26473 ◇1164

◎26649 ◇1184

◎26650 ◇1184

Cotinus obovatus Raf.

▶美国红栌

◎24673 ◇1089

◎26651 ◇1184

◎26652 ◇1184

◎39865 ◇1698

◎41126 ◇1711

◎41224 ◇1712

Dracontomelon dao (Blanco) Merr. & Rolfe

▶亚太人面子

◎4617 ◇539

◎12786 ◇923

◎13202 ◇894

◎14094 ◇893

◎16812 ◇539/320

◎18707 ◇894

◎18745 ◇539

◎18928 ◇907/729

◎19010 ◇906/729

◎20746 ◇539

◎20778 ◇891

◎21006 ◇890

◎21643 ◇539

◎24814 ◇1091

◎24815 ◇1091

◎24816 ◇1091

◎27579 ◇1235

◎28274 ◇1268

◎28303 ◇1269

◎28322 ◇1270

◎28513 ◇1279

◎34967 ◇1560

◎35405 ◇1571

◎35678 ◇1574

◎35679 ◇1574

◎35680 ◇1574

◎36833 ◇1624

Dracontomelon duperreanum Pierre

▶人面子

◎27201 ◇1228

◎27388 ◇1232

◎27389 ◇1232

◎27390 ◇1232

Dracontomelon indicum

▶印迪人面子

◎8960 ◇TBA

Dracontomelon lenticulatum H. P. Wilk.

▶双凸镜人面子

◎24813 ◇1091

Dracontomelon macrocarpum H. L. Li

▶大果人面子

◎18998 ◇TBA

Dracontomelon Blume

▶人面子木属

◎23370 ◇TBA

Euroschinus falcata var. *falcata* Hook. f.

▶镰刀条纹漆木

◎20649 ◇832

Euroschinus falcatus Hook. f.

▶镰刀条纹漆木

◎24999 ◇1094

◎40489 ◇1703

Gluta glabra (Wall.) Ding Hou

▶光果

◎4222 ◇541

Gluta laccifera (Pierre) Ding Hou

▶树脂胶漆树

◎9703 ◇931/721

◎18977 ◇907

Gluta papuana Ding Hou

▶巴布亚胶漆树

◎40735 ◇1706

Gluta renghas L.

▶胶漆树

◎9883 ◇955/320

◎13210 ◇894
◎14088 ◇893
◎15173 ◇895
◎27417 ◇1232
◎34285 ◇1547
◎40937 ◇1709
◎41384 ◇1714
◎42441 ◇1729

Gluta L.
▶胶漆树属
◎34332 ◇1548
◎34468 ◇1550
◎35965 ◇1586
◎35966 ◇1586
◎35967 ◇1586
◎35968 ◇1586

Gluta torquata (King) Tardieu
▶扭曲胶漆树
◎38333 ◇1132

Gluta usitata (Wall.) Ding Hou
▶乌思胶漆树
◎13946 ◇954/739
◎25091 ◇1094
◎25389 ◇1100
◎31873 ◇1467
◎39683 ◇1696
◎42008 ◇1722
◎42009 ◇1722

Gluta wallichii (Hook. f.) Ding Hou
▶瓦氏胶漆树
◎14134 ◇/560
◎22169 ◇934
◎35969 ◇1586
◎35970 ◇1586
◎36145 ◇1587

Gluta L.
▶胶漆树属
◎13182 ◇894
◎17176 ◇539
◎19504 ◇935
◎22257 ◇934
◎22398 ◇926
◎23135 ◇933
◎23250 ◇927
◎23410 ◇933
◎35431 ◇1571
◎35964 ◇1586

Harpephyllum caffrum Bernh. ex Krauss
▶卡弗镰枣木
◎25149 ◇1096
◎34973 ◇1560
◎39696 ◇1696

Holigarna arnottiana Hook. f.
▶阿诺霍利漆
◎8501 ◇898
◎19096 ◇896
◎20698 ◇896

Holigarna beddomei Hook. f.
▶百得霍利漆
◎8532 ◇898

Holigarna kurzii King
▶落叶胡里漆
◎31915 ◇1469
◎31916 ◇1469

Holigarna nigra Bourd.
▶黑霍利漆
◎28340 ◇1271

Koordersiodendron pinnatum Merr.
▶羽叶库德漆木
◎4629 ◇539
◎9885 ◇955/320
◎18902 ◇913
◎21015 ◇890
◎22171 ◇934
◎28611 ◇1284
◎35459 ◇1571
◎35460 ◇1571
◎35461 ◇1571
◎35462 ◇1571
◎35695 ◇1574
◎35696 ◇1574
◎35697 ◇1574
◎35950 ◇1585
◎37615 ◇1663

Lannea acida A. Rich.
▶酸厚皮树
◎39073 ◇1688

Lannea coromandelica (Houtt.) Merr.
▶南亚厚皮树
◎4223 ◇541
◎4904 ◇539
◎8527 ◇898
◎13254 ◇539/320
◎14624 ◇539/320
◎15227 ◇901/320
◎15246 ◇901
◎15250 ◇901/320
◎15326 ◇900
◎16831 ◇539
◎20779 ◇891
◎22965 ◇954

Lannea stuglmannii (Engl.) Eyles
▶厚皮木
◎18436 ◇925/506

Lannea welwitschii (Hiern) Engl.
▶韦氏厚皮木
◎18395 ◇925/506
◎21624 ◇539
◎21929 ◇899/320
◎36457 ◇1606
◎36458 ◇1606

Loxopterygium grisebachii Hieron.
▶灰色歪翅漆木/灰色偏翅漆
◎25302 ◇1098
◎39106 ◇1689

Loxopterygium sagotii Hook. f.
▶蛇木歪翅漆木
◎20502 ◇828
◎20513 ◇828
◎22716 ◇806/535
◎22855 ◇917
◎23637 ◇831
◎26416 ◇1157
◎27727 ◇1239
◎29860 ◇1363
◎30063 ◇1375
◎30251 ◇1387
◎30910 ◇1420
◎32564 ◇1488
◎32565 ◇1488
◎34318 ◇1547
◎34319 ◇1547
◎34320 ◇1547
◎34459 ◇1550
◎34460 ◇1550
◎34461 ◇1550
◎36894 ◇1626

Loxopterygium Hook. f.
▶歪翅漆属/偏翅漆属
◎34321 ◇1547

Mangifera altissima Blanco
▶硕杧果
◎4700 ◇540
◎18859 ◇913/321

◎21666　◇540
◎28051　◇1258
◎28710　◇1289
◎33695　◇1535
◎41218　◇1712
◎42216　◇1724

***Mangifera andamanica* King**
▶安达杧果
◎20784　◇891

***Mangifera caesia* Jack**
▶蓝色杧果
◎35961　◇1586

***Mangifera caloneura* Kurz**
▶美脉杧果
◎15208　◇938/321

***Mangifera foetida* Lour.**
▶烈味杧果
◎35476　◇1571
◎35962　◇1586
◎39116　◇1689

***Mangifera indica* L.**
▶杧果木
◎4905　◇540
◎7343　◇540
◎7920　◇540
◎7941　◇540
◎7965　◇540
◎8530　◇898
◎10029　◇540
◎11393　◇922/321
◎11855　◇540
◎13613　◇540;963
◎13692　◇540
◎13988　◇540
◎14668　◇540
◎14763　◇540;999
◎15240　◇901/321
◎15327　◇900
◎16306　◇540
◎17016　◇540
◎17254　◇540
◎19101　◇896
◎20716　◇896
◎27435　◇1232
◎37158　◇1632
◎38158　◇1129
◎41875　◇1720
◎42260　◇1725

***Mangifera laurina* Blume**
▶长梗杧果
◎25360　◇1100
◎34068　◇1543
◎39758　◇1697

***Mangifera macrocarpa* Blume**
▶大果杧果
◎25361　◇1100
◎40390　◇1702

***Mangifera macronulata* (Müll. Arg.) Allem**
▶巴新杧果
◎18964　◇907/730

***Mangifera merrillii* Mukherji**
▶马尼拉杧果
◎28319　◇1270

***Mangifera minor* Blume**
▶小杧果
◎19470　◇906/730
◎25362　◇1100
◎41068　◇1710
◎41069　◇1710

***Mangifera odorata* Griff.**
▶香杧果
◎5243　◇540

***Mangifera persiciforma* C. Y. Wu & T. L. Ming**
▶天桃木
◎17316　◇540/321
◎20673　◇540

***Mangifera sylvatica* Roxb.**
▶林生杧果
◎16132　◇540

***Mangifera timorensis* Blume**
▶东帝汶杧果
◎25363　◇1100

***Mangifera* L.**
▶杧果属
◎19510　◇935
◎22254　◇934
◎22397　◇926
◎22978　◇954
◎23157　◇933
◎39906　◇1122

***Melanococca tomentosa* Blume**
▶毛梅兰漆
◎36177　◇1588

***Metopium brownei* Urb.**
▶毒胶漆
◎25397　◇1100
◎40433　◇1702
◎40966　◇1709
◎41876　◇1720

***Metopium toxiferum* Krug & Urb.**
▶北美毒胶漆
◎25398　◇1100
◎38797　◇1140
◎39547　◇1695
◎41951　◇1721
◎41982　◇1722

***Microstemon velutinus* Engl.**
▶毛五裂漆木
◎20738　◇541
◎36160　◇1588

***Mosquitoxylum jamaicense* Krug & Urb.**
▶加氏蚊漆
◎4465　◇541
◎25425　◇1101
◎38364　◇1133

***Myracrodruon urundeuva* Allem.**
▶伍氏莫瑞漆
◎5254　◇536

***Ozoroa insignis* Delile**
▶耀果漆
◎21631　◇539/507

***Ozoroa paniculosa* (Sond.) R. Fern. & A. Fern.**
▶圆锥耀果漆
◎39126　◇1689

***Parishia insignis* Hook. f.**
▶帕里漆木
◎20782　◇891

***Parishia malabog* Merr.**
▶马拉帕里漆木
◎33546　◇1526
◎36858　◇1624

***Parishia sericea* Ridl.**
▶绢毛帕里漆
◎22170　◇934

***Parishia* Hook. f.**
▶帕里漆属
◎19511　◇935
◎23178　◇933
◎23251　◇927

***Pentaspadon motleyi* Hook. f.**
▶杂色五裂漆
◎27654　◇1237

◎27655 ◇1237
◎35993 ◇1586

Pentaspadon Hook. f.
▶五裂漆属/白纹漆属
◎19513 ◇935
◎22235 ◇934
◎23421 ◇933

Pistacia atlantica Desf.
▶大西洋黄连木
◎12102 ◇544
◎25632 ◇1104
◎40251 ◇1700

Pistacia chinensis Bunge
▶黄连木
◎568 ◇542
◎628 ◇542;967
◎1272 ◇542
◎5649 ◇542
◎5733 ◇542
◎5864 ◇542
◎5973 ◇542
◎6592 ◇542
◎6677 ◇542
◎7344 ◇542
◎7723 ◇TBA
◎7752 ◇542
◎8339 ◇542
◎8340 ◇542;884
◎8341 ◇542
◎8342 ◇542
◎8636 ◇543;718/322
◎9517 ◇543;1000
◎9518 ◇543;1018
◎9519 ◇543;718
◎9614 ◇543
◎9863 ◇543;1001
◎9864 ◇543;1059/322
◎9874 ◇543;1059
◎9875 ◇543;978/322
◎10062 ◇543
◎11042 ◇543
◎11051 ◇543
◎12746 ◇TBA
◎16170 ◇543
◎16377 ◇543
◎19278 ◇543
◎20286 ◇543

Pistacia lentiscus L.
▶乳香黄连木
◎15604 ◇951
◎17537 ◇544
◎25631 ◇1104

Pistacia terebinthus L.
▶笃耨香黄连木
◎17542 ◇544
◎25633 ◇1104

Pistacia vera L.
▶阿月浑子
◎25630 ◇1104
◎39196 ◇1690
◎41588 ◇1717
◎42325 ◇1726

Pistacia weinmannifolia J. Poiss. ex Franch.
▶紫油木/清香木
◎3289 ◇544
◎6222 ◇544
◎9622 ◇544/322
◎16320 ◇544/322
◎16321 ◇544
◎16322 ◇544
◎17185 ◇TBA
◎20278 ◇TBA

Pleiogynium timoriense (DC.) Leenh.
▶帝汶李
◎25663 ◇1104
◎40461 ◇1702
◎41249 ◇1712
◎41829 ◇1720

Poupartia eordii Hemsl.
▶艾氏红白木
◎4863 ◇541

Protorhus longifolia Engl.
▶长叶青冈漆
◎25726 ◇1105
◎39760 ◇1697

Pseudospondias longifolia Engl.
▶长叶假槟榔青
◎17937 ◇829
◎36652 ◇1615

Pseudospondias microcarpa Engl.
▶小果假槟榔青
◎21797 ◇930/507
◎36650 ◇1615
◎36651 ◇1615

Rhodosphaera rhodanthema (F. Muell.) Engl.
▶山楂漆
◎5064 ◇541
◎22929 ◇823
◎41612 ◇1717
◎41840 ◇1720

Rhoicissus tridentata (L. f.) Wild & R. B. Drumm.
▶三齿菱叶藤
◎25881 ◇1108

Rhus aromatica Aiton
▶香漆
◎20959 ◇545

Rhus chinensis var. *roxburghii* (DC.) Rehder
▶滨盐麸木
◎263 ◇545
◎19271 ◇545

Rhus chinensis Mill.
▶盐麸木
◎1063 ◇TBA
◎1281 ◇545
◎9625 ◇545
◎10898 ◇545
◎12644 ◇545;972
◎13500 ◇545
◎13546 ◇TBA
◎15862 ◇545
◎16538 ◇545
◎17627 ◇545
◎20009 ◇545
◎20287 ◇545

Rhus chirindensis Baker f.
▶车瑞盐麸木
◎25875 ◇1107
◎40252 ◇1700

Rhus copallinum L.
▶亮叶漆树
◎38790 ◇1140
◎41630 ◇1717
◎41926 ◇1721

Rhus coriaria L.
▶鞣料盐麸木
◎25876 ◇1107

Rhus glabra L.
▶光叶漆
◎18310 ◇545
◎25877 ◇1108
◎38869 ◇1685
◎38874 ◇1685
◎38942 ◇1686

Rhus gueinzii Sond.
▶快氏盐麸木
◎25878 ◇1108
Rhus lyphina
▶沟纹盐麸木
◎35808 ◇1581
◎35809 ◇1581
Rhus microphylla Engelm.
▶小叶盐麸木
◎25880 ◇1108
◎38785 ◇1140
Rhus ovata S. Watson
▶卵叶盐麸木
◎41629 ◇1717
◎41716 ◇1718
Rhus potaninii Maxim.
▶青麸杨
◎360 ◇545/320
◎544 ◇545
◎10675 ◇545
◎10676 ◇545
◎13534 ◇545/320
◎19583 ◇545
◎20620 ◇545
◎26655 ◇1184
◎26656 ◇1185
◎26657 ◇1185
◎26658 ◇1185
◎26659 ◇1185
◎26660 ◇1185
◎26661 ◇1186
◎34936 ◇1559
◎36791 ◇1621
◎38941 ◇1686
Rhus punjabensis var. *sinica* (Diels) Rehder & E. H. Wilson
▶红麸杨
◎1088 ◇TBA
◎6208 ◇545/320
Rhus semialata Murray
▶斯玛盐麸木
◎3389 ◇546
◎5735 ◇546
◎6184 ◇546
◎7109 ◇546
Rhus succedanea L.
▶代盐麸木
◎25874 ◇1107
Rhus trilobata Nutt.
▶三裂盐麸木
◎25882 ◇1108
Rhus typhina L.
▶火炬树
◎18314 ◇546
◎18512 ◇827
◎19587 ◇546
◎20967 ◇546
◎22121 ◇909
Rhus L.
▶盐麸木属
◎958 ◇TBA
◎4012 ◇546
◎10674 ◇546
◎11883 ◇546;862
◎11884 ◇546
◎26953 ◇1223
◎37556 ◇1661
Schinopsis balansae Engl.
▶红破斧木
◎22672 ◇806/535
◎22718 ◇806
Schinopsis lorentzii Engl.
▶阿根廷破斧木
◎22673 ◇806/535
◎22717 ◇806
Schinopsis quebracho-colorado (Schltdl.) F. A. Barkley & T. Mey.
▶白科州破斧木
◎25930 ◇1108
◎40642 ◇1705
Schinus molle L.
▶肖乳香木
◎15606 ◇951
◎20112 ◇936
◎26954 ◇1223
Schinus terebinthifolia Raddi
▶巴西胡椒木
◎25931 ◇1108
◎40171 ◇1699
◎41651 ◇1717
◎41825 ◇1720
Schinus weinmanniifolia Engl.
▶魏氏肖乳香
◎40045 ◇1116
Schmaltzia copallinum (L.) Small
▶寇拉施密漆
◎25936 ◇1108
Schmaltzia ovata (S. Watson) F. A. Barkley
▶卵形施密漆
◎25937 ◇1108
◎39464 ◇1693
Sclerocarya birrea subsp. *caffra* (Sond.) Kokwaro
▶南非硬果漆木/南非象李木
◎41790 ◇1719
Sclerocarya birrea Hochst.
▶伯尔硬果漆木/伯尔象李木
◎25943 ◇1109
◎39769 ◇1697
◎41035 ◇1710
◎41676 ◇1718
◎41816 ◇1720
Searsia lancea (L. f.) F. A. Barkley
▶披针三叶漆
◎25879 ◇1108
◎40407 ◇1702
Searsia leptodictya (Diels) T. S. Yi, A. J. Mill. & J. Wen
▶细三叶漆
◎40057 ◇1116
Semecarpus anacardiopsis Evrard & Tardieu
▶类漆肉托果
◎40163 ◇1699
Semecarpus bermicifera Hay. et kawakami
▶波密肉托果
◎7276 ◇550
Semecarpus bunburyana Gibbs
▶班伯里肉托果
◎31672 ◇1455
Semecarpus kurzii Engl.
▶落叶肉托果
◎20781 ◇891
Semecarpus magnifica K. Schum.
▶大肉托果
◎40762 ◇1706
Semecarpus prainii King
▶布莱肉托果
◎20780 ◇891
Semecarpus rufovelutina Ridl.
▶如佛肉托果
◎31673 ◇1455
◎33432 ◇1524
◎33556 ◇TBA
Semecarpus travancorica Bedd.
▶斜萼肉托果
◎28402 ◇1274

A

***Semecarpus* L. f.**

▶肉托果属

◎5226 ◇550

◎35311 ◇1570

◎35520 ◇1572

◎35521 ◇1572

◎37560 ◇1661

◎37561 ◇1661

***Solenocarpus philippinensis* (Elmer) Kosterm.**

▶菲律宾寄树漆

◎28238 ◇1266

***Sorindeia juglandifolia* Planch. ex Oliv.**

▶核桃叶葡萄漆

◎29544 ◇1339

***Sorindeia winkleri* Engl.**

▶文氏葡萄漆

◎36281 ◇1592

◎36282 ◇1592

***Sorindeia* Thouars**

▶葡萄漆属

◎35553 ◇1572

***Spondias borbonica* Baker**

▶波波槟榔青

◎26013 ◇1110

***Spondias dulcis* G. Forst.**

▶巴新槟榔青

◎18753 ◇550/730

◎18929 ◇907/753

◎35722 ◇1575

◎35723 ◇1575

◎35724 ◇1575

◎37183 ◇1633

***Spondias mombin* L.**

▶蒙比槟榔青

◎18266 ◇908/535

◎20151 ◇936/535

◎22093 ◇908/535

◎28005 ◇1255

◎29252 ◇1322

◎29342 ◇1328

◎29649 ◇1350

◎29650 ◇1350

◎29651 ◇1350

◎33958 ◇1541

◎36683 ◇1616

◎37184 ◇1633

◎37185 ◇1633

◎38259 ◇1130

◎42413 ◇1727

◎42414 ◇1727

***Spondias pinnata* (L. f.) Kurz**

▶羽叶槟榔青

◎3376 ◇550

◎3492 ◇550

◎3634 ◇550

◎8548 ◇898

◎13635 ◇550

◎14605 ◇50

◎14858 ◇550

◎22953 ◇954

◎27685 ◇1237

◎27686 ◇1237

◎36040 ◇1586

***Spondias radlkoferi* Donn. Sm.**

▶拉德槟榔青

◎26014 ◇1110

***Spondias tonkinensis* Kosterm.**

▶越南槟榔青

◎12791 ◇923/325

***Spondias* L.**

▶槟榔青属

◎7951 ◇550

◎8743 ◇537;965

***Swintonia floribunda* Griff.**

▶多花斯温漆

◎4224 ◇550

◎13953 ◇954/325

◎22976 ◇954

◎27688 ◇1237

***Swintonia foxworthyi* Elmer**

▶福克斯温漆

◎18336 ◇953/325

◎18858 ◇913/325

◎28079 ◇1259

***Swintonia macrophylla* King.**

▶大叶斯温漆

◎4544 ◇501

***Swintonia schwenckii* (Teijsm. & Binn.) Teijsm. & Binn.**

▶思切斯文漆木/思切翅果

◎4225 ◇550

◎26046 ◇1110

◎36227 ◇1588

◎39328 ◇1691

***Swintonia spicifera* Hook. f.**

▶穗状斯温漆/穗状翅果漆

◎40180 ◇1699

***Swintonia* Griff.**

▶斯温漆属/翅果漆属

◎19517 ◇935

◎22264 ◇934

◎23170 ◇933

◎23252 ◇927

◎36043 ◇1586

◎40846 ◇1707

***Tapirira chagrensis* Pittier**

▶查各塔皮漆木

◎4447 ◇550

***Tapirira guianensis* Aubl.**

▶圭亚那塔皮漆木/圭亚那鸽枣木

◎22502 ◇820/535

◎22564 ◇820

◎27739 ◇1240

◎27740 ◇1240

◎29936 ◇1368

◎29937 ◇1368

◎29958 ◇1369

◎29959 ◇1369

◎30000 ◇1372

◎30001 ◇1372

◎30002 ◇1372

◎30046 ◇1375

◎30071 ◇1376

◎30118 ◇1379

◎30215 ◇1385

◎30216 ◇1385

◎30265 ◇1388

◎30288 ◇1389

◎30289 ◇1389

◎30426 ◇1397

◎30427 ◇1397

◎30428 ◇1397

◎30500 ◇1402

◎30501 ◇1402

◎30502 ◇1402

◎30591 ◇1407

◎30592 ◇1407

◎30593 ◇1407

◎30594 ◇1407

◎30595 ◇1407

◎30596 ◇1407

◎30597 ◇1407

◎30598 ◇1407

◎30629 ◇1408

◎30630 ◇1408

◎30631 ◇1408

◎30675　◇1411
◎30676　◇1411
◎30677　◇1411
◎30794　◇1415
◎30795　◇1415
◎30880　◇1418
◎30881　◇1418
◎30882　◇1418
◎30883　◇1418
◎32581　◇1488
◎32582　◇1488
◎32583　◇1488
◎33560　◇1527
◎33561　◇1527
◎33562　◇1527
◎33733　◇1536
◎33734　◇1536
◎33965　◇1541
◎33966　◇1541
◎34124　◇1544
◎34125　◇1544

***Tapirira* Aubl.**
▶塔皮漆属/鸽枣属
◎33086　◇1509
◎33967　◇1541

***Thyrsodium puberulum* J. D. Mitch. & Daly**
▶疏毛黏乳椿
◎33564　◇1527

***Toxicodendron diversilobum* Greene**
▶太平洋毒漆
◎26132　◇1111

***Toxicodendron griffithii* Kuntze**
▶裂果漆
◎21410　◇897

***Toxicodendron hookeri*（K. C. Sahni & Bahadur）C. Y. Wu & T. L. Ming**
▶大叶漆
◎21445　◇897

***Toxicodendron radicans*（L.）Kuntze**
▶毒漆藤
◎18307　◇547
◎38840　◇1684

***Toxicodendron sempervirens*（Scheele）Kuntze**
▶常绿漆树
◎26133　◇1111

***Toxicodendron succedaneum*（L.）Kuntze**
▶野漆
◎61　◇547
◎251　◇547；1004
◎252　◇547
◎492　◇547
◎1123　◇TBA
◎3454　◇547
◎4872　◇547
◎6403　◇547
◎7645　◇547
◎9334　◇547；997
◎10899　◇547
◎12199　◇547；886
◎13468　◇547；1012/324
◎13581　◇547；1012
◎14518　◇547
◎15631　◇547
◎16417　◇547
◎16638　◇547
◎16936　◇547
◎17366　◇548；802
◎17523　◇548；887
◎17645　◇548
◎19160　◇548
◎19273　◇548
◎20284　◇548
◎20285　◇548
◎31921　◇1469

***Toxicodendron sylvestre*（Siebold & Zucc.）Kuntze**
▶木蜡树
◎4873　◇548
◎12595　◇548；999/324
◎17126　◇548
◎17479　◇TBA
◎17578　◇548；793
◎20008　◇548
◎21195　◇548

***Toxicodendron trichocarpum* Kuntze**
▶毛漆树
◎4129　◇546
◎4146　◇546
◎42175　◇1724
◎42328　◇1726

***Toxicodendron vernicifluum*（Stokes）F. A. Barkley**
▶漆树
◎249　◇549；980/324
◎369　◇549；976
◎535　◇549
◎3213　◇549
◎5734　◇549
◎10258　◇918/324
◎19275　◇549
◎19276　◇549/324
◎19359　◇549
◎20609　◇549
◎25883　◇1108

***Toxicodendron vernix* Kuntze**
▶毒漆
◎26134　◇1111
◎38936　◇1686

***Toxicodendron wallichii* Kuntze**
▶绒毛漆
◎19272　◇549
◎19274　◇549
◎19277　◇549

***Toxicodendron* Mill.**
▶漆树属
◎39907　◇1122

***Trichoscypha acuminata* Engl.**
▶渐尖毛杯漆
◎29554　◇1339
◎29555　◇1339
◎29556　◇1339
◎36363　◇1598
◎36364　◇1598

***Trichoscypha arborea* A. Chev.**
▶乔木毛杯漆
◎36521　◇1610

***Trichoscypha eugong* Engl. & Brehmer**
▶尤岗毛杯漆
◎40032　◇1116

***Trichoscypha oddonii* De Wild.**
▶奥多毛杯漆
◎36499　◇1608
◎36500　◇1608
◎36501　◇1608

***Trichoscypha patens* Engl.**
▶展序毛杯漆
◎29620　◇1346

Ancistrocladaceae　钩枝藤科

***Ancistrocladus barteri* Scott Elliot**
▶西非钩枝藤
◎30962　◇1422

◎31011　◇1425
◎31203　◇1430
◎31204　◇1430

Wormia Vahl
▶沃米玄参属/抱节木属
◎7514　◇82

Anisophylleaceae　异叶木科

Combretocarpus rotundatus (Miq.) Danser
▶风车果木
◎14195　◇893/179
◎22401　◇TBA
◎23229　◇927
◎27560　◇1235
◎38576　◇1136

Poga oleosa Pierre
▶油赤非红树木/富油红树
◎21103　◇928/523
◎21751　◇930
◎22908　◇899
◎23481　◇909

Annonaceae　番荔枝科

Alphonsea hainanensis Merr. & Chun
▶海南阿芳/海南藤春
◎14665　◇17/10
◎14869　◇17;1029/11

Alphonsea mollis Dunn
▶毛叶藤春
◎14865　◇17;1029/11
◎24178　◇1085

Alphonsea monogyna Merr. & Chun
▶单果阿芳
◎14681　◇17/11
◎39347　◇1692

Alphonsea prolifica Chun & F. C. How
▶多子阿芳
◎11563　◇17/11

Alphonsea Hook. f. & Thomson
▶藤春属
◎28044　◇1257
◎28741　◇1291
◎31702　◇1457
◎37966　◇1679

Anaxagorea dolichocarpa Sandwith & Sandwith
▶长果蒙蒿子木
◎33033　◇1506
◎34144　◇1544

Annickia affinis (Exell) Versteegh & Sosef
▶黄酱木
◎36607　◇1614

Annickia chlorantha (Oliv.) Setten & Maas
▶绿花黄酱木
◎20497　◇828

Annickia polycarpa (DC.) I. M. Turner
▶多果黄酱木
◎21746　◇930/507

Annona cherimola Mill.
▶毛叶番荔枝
◎33485　◇1524
◎40321　◇1701

Annona cuspidata (Mart.) H. Rainer
▶尖形番荔枝
◎33550　◇1527
◎33955　◇1541

Annona emarginata (Schltdl.) H. Rainer
▶微凹番荔枝
◎33551　◇1527

Annona exsucca Dunal
▶干番荔枝
◎27908　◇1249
◎32574　◇1488
◎33552　◇1527
◎33860　◇1540
◎34093　◇1543

Annona fendleri (R. E. Fr.) H. Rainer
▶番德番荔枝
◎33553　◇1527

Annona glabra L.
▶光叶番荔枝
◎24209　◇1084
◎30432　◇1398
◎30433　◇1398
◎30434　◇1398
◎40319　◇1701

Annona papilionella (Diels) H. Rainer
▶蝶形花番荔枝
◎25886　◇1108
◎40502　◇1703

Annona reticulata L.
▶牛心番荔枝
◎11717　◇17/11

Annona senegalensis Pers.
▶塞内加尔番荔枝
◎33486　◇1524

Annona sylvatica A. St.-Hil.
▶野生番荔枝
◎35006　◇1561

Anonidium mannii Engl. & Diels
▶曼氏阿诺木
◎18424　◇925/507
◎21475　◇17

Artabotrys aurantiacus Engl. & Diels
▶橙黄鹰爪花
◎36694　◇1617
◎36695　◇1617

Artabotrys jollyanus Pierre
▶朱力鹰爪花
◎30934　◇1421
◎31207　◇1431
◎31208　◇1431

Artabotrys letestui Pellegr.
▶莱特鹰爪花
◎33488　◇1524

Artabotrys suaveolens Blume
▶芳香鹰爪花
◎28283　◇1268
◎28452　◇1276
◎28632　◇1286
◎28633　◇1286

Artabotrys vidalianus Elmer
▶维多鹰爪花
◎28453　◇1276
◎28547　◇1281
◎28744　◇1291

Artabotrys zeylanicus Hook. f. & Thomson
▶锡兰鹰爪花
◎31549　◇1451

Artabotrys R. Br.
▶鹰爪花属
◎31329　◇1436

Asimina triloba (L.) Dunal
▶巴婆果
◎18545　◇17
◎24256　◇1082
◎36778　◇1620
◎38724　◇1139
◎41414　◇1714

Bocagea dalzellii Hook. f. & Thomson
▶代尔花纹木

◎20682 ◇896

Bocageopsis multiflora R. E. Fr.

▶多花类花纹木

◎34149 ◇1544

Cananga latifolia Finet & Gagnep.

▶阔叶依兰木

◎24445 ◇1086

◎39323 ◇1691

Cananga odorata (Lam.) Hook. f. & Thomson

▶香依兰木/依兰

◎4669 ◇17

◎5245 ◇17

◎7246 ◇17

◎18892 ◇913/11

◎24443 ◇1086

◎24444 ◇1086

◎26628 ◇1182

◎27545 ◇1235

◎28552 ◇1281

◎28686 ◇1288

◎34876 ◇1558

◎36824 ◇1623

◎42338 ◇1726

◎42380 ◇1726

Cleistopholis patens Engl. & Diels

▶闭鳞番荔枝/闭盔木

◎18364 ◇17/508

◎21511 ◇17

◎21908 ◇899

Cleistopholis staudtii Engl. & Diels

▶斯提闭鳞番荔枝/斯提闭盔木

◎29557 ◇1340

◎29558 ◇1340

◎36477 ◇1607

◎36478 ◇1607

◎36479 ◇1607

◎37889 ◇1675

Cyathocalyx martabanicus Hook. f. & Thomson

▶马提杯萼木

◎4226 ◇18/11

Cyathocalyx papuanus Diels

▶巴布杯萼木

◎37597 ◇1662

Cyathocalyx pruniferus (Maingay ex Hook. f. & Thomson) J. Sinclair

▶李紫杯萼木

◎37926 ◇1677

Cyathocalyx zeylanicus Champ. ex Hook. f. & Thomson

▶蔡氏杯萼木

◎20683 ◇896

Cyathocalyx Champ. ex Hook. f. & Thomson

▶杯萼木属

◎5201 ◇18

◎28925 ◇1302

Dasymaschalon macrocalyx Finet & Gagnep.

▶大萼皂帽花

◎14650 ◇18/11

Disepalum plagioneurum (Diels) D. M.Johnson

▶斜脉异萼花

◎12966 ◇20

◎14435 ◇20

◎14478 ◇20/12

◎15658 ◇20;796

◎16724 ◇20

Duguetia cadaverica Huber

▶佳达杜古番荔枝木/佳达半聚果

◎33507 ◇1526

Duguetia eximia Diels

▶卓越杜古番荔枝木/卓越半聚果

◎33508 ◇1526

Duguetia furfuracea (A. St.-Hil.) Saff.

▶鳞片杜古番荔枝木/鳞片半聚果

◎33509 ◇1526

Duguetia guianensis R. E. Fr.

▶圭亚那杜古番荔枝木/圭亚那半聚果

◎33510 ◇1526

Duguetia lanceolata A. St.-Hil.

▶窄叶杜古番荔枝木/窄叶半聚果

◎5262 ◇18/468

Duguetia macrocalyx R. E. Fr.

▶大萼杜古番荔枝木/大萼半聚果

◎33511 ◇1526

Duguetia neglecta Sandwith

▶乃氏番荔枝木/乃氏半聚果

◎24826 ◇1091

◎33512 ◇1526

Duguetia quitarensis Benth.

▶基塔杜古番荔枝/基塔半聚果

◎18260 ◇908/11

◎22085 ◇908

Duguetia spixiana Mart.

▶斯皮杜古番荔枝/斯皮半聚果

◎33513 ◇1526

Duguetia staudtii (Engl. & Diels) Chatrou

▶斯陶杜古番荔枝/斯陶半聚果

◎22912 ◇899

◎36857 ◇1624

◎40025 ◇1116

Duguetia surinamensis R. E. Fr.

▶苏里南杜古番荔枝木/苏里南半聚果

◎27927 ◇1250

◎33920 ◇1541

Ephedra distachya L.

▶双穗麻黄

◎15617 ◇952

Ephedra sinica Stapf

▶草麻黄

◎17329 ◇846/1263

◎17617 ◇846

Ephedranthus guianensis R. E. Fr.

▶圭亚那长梗镣木

◎33514 ◇1526

◎33515 ◇TBA

Exellia scamnopetala (Exell) Boutique

▶埃克塞木

◎33517 ◇1526

Fissistigma kingii (Boerl.) Burkill

▶肯氏爪馥木

◎37932 ◇1677

Fissistigma oldhamii Merr.

▶爪馥木

◎20014 ◇18

◎20015 ◇18

Friesodielsia Steenis

▶尖花藤属

◎28269 ◇1268

Fusaea longifolia Saff.

▶长叶瓣蕊果

◎33342 ◇1519

Goniothalamus gigantifolius Merr.

▶巨叶哥纳香

◎3603 ◇18

Goniothalamus parallelovenius Ridl.

▶平行哥纳香

◎31604 ◇1453

Goniothalamus tapisoides **Mat-Salleh**
▶塔皮哥纳香
◎31605　◇1453
◎31606　◇1453

Goniothalamus **(Blume) Hook. f. & Thomson**
▶哥纳香属
◎28792　◇1293
◎31874　◇1467
◎36838　◇1624

Greenwayodendron oliveri **(Engl.) Verdc.**
▶奥氏梁栋木
◎29232　◇1321
◎29233　◇1321
◎29234　◇1321
◎36448　◇1605

Greenwayodendron suaveolens **(Engl. & Diels) Verdc.**
▶芳香梁栋木
◎34930　◇1559
◎36506　◇1609
◎36583　◇1613
◎36584　◇1613
◎36585　◇1613
◎40026　◇1116

Guatteria cinnamomea **Wall.**
▶桂色索木
◎22088　◇908
◎38269　◇1132

Guatteria discolor **R. E. Fr.**
▶变色索木
◎34186　◇1545

Guatteria elata **R. E. Fr. in J. F. Macbr.**
▶高大索木
◎40534　◇1703
◎41009　◇1709

Guatteria elegantissima **R. E. Fr.**
▶雅致索木
◎33522　◇1526
◎38192　◇1129

Guatteria hirsuta **Ruiz & Pav.**
▶刚毛索木
◎29435　◇1333
◎34046　◇1542

Guatteria modesta **Diels**
▶莫杰索木
◎38274　◇1132

Guatteria punctata **(Aubl.) R. A. Howard**
▶斑点索木
◎33521　◇1526
◎33523　◇1526
◎33524　◇1526
◎35263　◇1568
◎40106　◇1127
◎40107　◇1127

Guatteria scandens **Ducke**
▶攀援索木
◎33525　◇1526
◎33526　◇1526

Guatteria schomburgkiana **Mart.**
▶斯氏索木
◎27799　◇1243
◎27852　◇1246
◎32553　◇1488
◎32554　◇1488
◎32555　◇1488
◎32556　◇1488
◎32557　◇1488
◎32558　◇1488
◎33527　◇1526
◎33528　◇1526
◎33529　◇1526
◎33804　◇1538
◎33805　◇1538
◎33928　◇1541

Guatteria scytophylla **Diels**
▶革叶索木
◎22517　◇820/535
◎38146　◇1129

Guatteria **Ruiz & Pav.**
▶索木属
◎27933　◇1250

Hexalobus crispiflorus **A. Rich.**
▶六裂番茄枝/六裂木
◎18442　◇925/507

Isolona campanulata **Engl. & Diels**
▶钟花同瓣香
◎31028　◇1426
◎31073　◇1427
◎31074　◇1427

Maasia glauca **(Hassk.) Mols, Kessler & Rogstad**
▶黄花灯罗木
◎25676　◇1104
◎36169　◇1588
◎37948　◇1678

Maasia sumatrana **(Miq.) Mols, Kessler & Rogstad**
▶苏门答腊灯罗木
◎5185　◇20/12
◎28287　◇1269

Meiogyne mindorensis **(Merr.) Heusden**
▶棉兰老鹿茸木
◎28478　◇1277
◎28774　◇1292

Meiogyne virgata **Miq.**
▶鹿茸木
◎27056　◇1225
◎31291　◇1434

Mezzettia havilandii **Ridl.**
▶海威马来番荔枝木
◎22168　◇934

Mezzettia leptopoda **(Hook. f. & Thomson) King**
▶马来番荔枝木
◎35973　◇1586
◎36147　◇1587

Mezzettia parviflora **Becc.**
▶小花马来番荔枝木
◎31292　◇1434

Miliusa baillonii **Pierre**
▶百洛野独活
◎25404　◇1100
◎25405　◇1100

Miliusa horsfieldii **Baill. ex Pierre**
▶霍氏野独活/囊瓣木
◎14824　◇20;1074/467
◎20785　◇891
◎36006　◇1586

Miliusa tomentosa **(Roxb.) J. Sinclair**
▶毛野独活
◎8514　◇898/467

Miliusa **Lesch. ex A. DC.**
▶野独活属
◎27474　◇1233

Mitrella **Miq.**
▶银帽花属
◎31383　◇1439

Mitrephora longipetala **Miq.**
▶长瓣银钩花

◎37949 ◇1678

Mitrephora samarensis Merr.

▶翅银钩花

◎28777 ◇1292

Mitrephora thorelii Pierre

▶银钩花

◎14814 ◇18;1029/12

◎21997 ◇18

◎33542 ◇TBA

Mitrephora wangii Hu

▶云南银钩花

◎3798 ◇18/12

Mitrephora Hook. f. & Thomson

▶银钩花属

◎16031 ◇18

◎27275 ◇1229

◎31739 ◇1459

Monanthotaxis cauliflora (Chipp) Verdc.

▶茎花单花杉

◎37808 ◇1670

◎37860 ◇1673

Monanthotaxis enghiana (Diels) P. H. Hoekstra

▶恩格单花杉

◎33520 ◇1526

Monanthotaxis hirsuta (Benth.) P. H. Hoekstra

▶毛单花杉

◎29642 ◇1349

Monodora angolensis Welw.

▶安哥拉独庐香木

◎36646 ◇1615

Monodora crispata Engl.

▶皱叶独庐香木

◎31003 ◇1425

◎31191 ◇1430

◎31192 ◇1430

Monodora myristica Dunal

▶多点独庐香木

◎21740 ◇930/507

◎25416 ◇1100

◎30945 ◇1421

◎31033 ◇1426

◎31034 ◇1426

◎31781 ◇1461

◎36761 ◇1619

◎36762 ◇1619

Monodora tenuifolia Benth.

▶细叶独庐香木

◎30946 ◇1421

◎30947 ◇1421

◎30948 ◇1421

◎31035 ◇1426

◎31036 ◇1426

◎31229 ◇1431

◎31230 ◇1431

◎36588 ◇1613

◎36900 ◇1626

Monodora undulata (P. Beauv.) Couvreur

▶波纹独庐香木

◎37861 ◇1673

◎37862 ◇1673

◎37863 ◇1673

Monoon lateriflorum Miq.

▶侧花单籽暗罗

◎26420 ◇1157

◎27074 ◇1225

◎27075 ◇1225

◎29523 ◇1337

Monoon longifolium (Sonn.) B. Xue & R. M. K. Saunders

▶长叶单籽暗罗

◎40673 ◇1705

Monoon membranifolium (J. Sinclair) B. Xue & R. M. K. Saunders

▶膜叶单籽暗罗

◎31295 ◇1434

Monoon sympetalum (Merr.) B. Xue & R. M. K. Saunders

▶合瓣单籽暗罗

◎31384 ◇1439

Monoon zamboangaense (Merr.) B. Xue & R. M. K. Saunders

▶三宝单籽暗罗

◎28573 ◇1282

◎28574 ◇1282

Monoon Miq.

▶单籽暗罗属

◎28901 ◇1300

Mosannona depressa (Baill.) Chatrou

▶莫伞番荔枝

◎25351 ◇1099

◎39533 ◇1694

Neostenanthera hamata (Benth.) Exell

▶窄药花

◎30950 ◇1422

◎31231 ◇1431

◎31232 ◇1431

Onychopetalum amazonicum R. E. Fr.

▶亚马孙番荔木/亚马孙爪瓣木

◎34080 ◇1543

Orophea corymbosa Miq.

▶伞花澄广花

◎31297 ◇1434

◎31298 ◇1434

Orophea creaghii (Ridl.) Leonardía & Kessler

▶克里澄广花

◎28616 ◇1285

Orophea myriantha Merr.

▶多花澄广花

◎28231 ◇1266

Oxandra asbeckii (Pulle) R. E. Fr.

▶阿氏剑木/阿氏辕木

◎25514 ◇1102

◎27861 ◇1246

◎32567 ◇1488

◎32568 ◇1488

◎34218 ◇1545

Oxandra lanceolata Baill.

▶披针剑木/披针辕木

◎22674 ◇806

◎22715 ◇806

◎25515 ◇1102

Oxandra mediocris Diels

▶普通剑木/普通辕木

◎34217 ◇1545

Oxandra riedeliana R. E. Fr.

▶里德剑木/里德辕木

◎34081 ◇1543

◎34082 ◇1543

Platymitra arborea (Blanco) Kessler

▶乔木宽帽花

◎18903 ◇913/11

Polyalthia cerasoides (Roxb.) Bedd.

▶细基丸

◎14623 ◇19/12

◎16830 ◇19/12

◎17705 ◇19

Polyalthia corticosa Finet & Gagnep.

▶柯迪暗罗

◎12723 ◇922/12

Polyalthia fragrans (Dalzell) Bedd.

▶桂花暗罗

◎20703 ◇896

Polyalthia jucunda Finet & Gagnep.

▶朱库暗罗

◎21239 ◇19

◎25677 ◇1104

◎31746 ◇1459

Polyalthia laui Merr.

▶海南暗罗

◎6817 ◇19

◎11514 ◇19/12

◎12456 ◇19

◎12882 ◇19;811

◎13712 ◇19;1049

◎14254 ◇19/12

◎14832 ◇19;1029

Polyalthia longirostris (Scheff.) B. Xue & R. M. K. Saunders

▶长喙暗罗

◎37516 ◇1660

◎37517 ◇1660

Polyalthia nitidissima Benth.

▶光亮暗罗

◎25678 ◇1104

Polyalthia obliqua Hook. f. & Thomson

▶奥博暗罗

◎14389 ◇19/12

Polyalthia rumphii Merr.

▶香花暗罗

◎14644 ◇TBA

◎31652 ◇1455

◎37958 ◇1679

Polyalthia simiarum (Buch.-Ham. ex Hook. f. & Thomson) Hook. f. & Thomson

▶腺叶暗罗

◎21417 ◇897

Polyalthia spathulata Boerl.

▶匙叶暗罗

◎5220 ◇20

Polyalthia suberosa (Roxb.) Thwaites

▶暗罗/老人皮

◎17053 ◇TBA

Polyalthia trochilia I. M. Turner

▶轮毛虫暗罗

◎31653 ◇1455

Polyalthia Blume

▶暗罗属

◎3458 ◇20

◎5190 ◇20

◎31651 ◇1455

◎31745 ◇1459

◎33075 ◇1508

◎35506 ◇1572

◎37547 ◇1661

◎37957 ◇1679

Popowia Endl.

▶嘉陵花属

◎28253 ◇1267

◎28389 ◇1273

Pseuduvaria pamattonis (Miq.) Y. C. F. Su & R. M. K. Saunders

▶帕马金钩花

◎28720 ◇1290

◎28721 ◇1290

Pseuduvaria reticulata Miq.

▶网状金钩花

◎37959 ◇1679

◎38024 ◇1682

Pseuduvaria Miq.

▶金钩花属

◎21263 ◇20

Sageraea elliptica Hook. f. & Thomson

▶安达曼弓木/椭圆叶陷药玉盘

◎20786 ◇891

Sapranthus palanga R. E. Fr.

▶腐花木

◎32785 ◇1496

Stenanona hondurensis G. E. Schatz, F. G. Coe & Maas

▶洪都拉斯狭瓣花

◎32794 ◇1497

Stenanona tuberculata G. E. Schatz & Maas

▶小瘤狭瓣花

◎32795 ◇1497

Toussaintia hallei Le Thomas

▶哈雷陶萨木

◎32807 ◇1497

◎35151 ◇1565

Unonopsis guatterioides (A. DC.) R. E. Fr.

▶北辕木/林辕木

◎32813 ◇1497

Unonopsis rufescens (Baill.) R. E. Fr.

▶红色北辕木/红色林辕木

◎27830 ◇1245

◎32586 ◇1489

◎32587 ◇1489

◎32814 ◇1498

◎32815 ◇1498

◎32816 ◇1498

◎34252 ◇1546

Unonopsis stipitata Diels

▶具柄北辕木/具柄林辕木

◎32817 ◇1498

Uvaria baumannii Engl. & Diels

▶鲍曼紫玉盘

◎33567 ◇1527

◎33568 ◇1527

◎33569 ◇1527

◎33570 ◇TBA

◎33571 ◇1527

Uvaria micrantha Hook. f. & Thomson

▶小花紫玉盘

◎28111 ◇1260

Uvaria muricata Pierre ex Engl. & Diels

▶瘤突紫玉盘

◎33572 ◇1527

Uvaria poggei var. *anisotricha* Le Thomas

▶阿尼紫玉盘

◎33573 ◇1527

◎33574 ◇TBA

Uvaria L.

▶紫玉盘属

◎28107 ◇1260

◎28108 ◇1260

◎28160 ◇1263

◎28292 ◇1269

◎31322 ◇1436

◎31923 ◇1469

◎37962 ◇1679

Uvariodendron connivens (Benth.) R. E. Fr.

▶喙叶玉盘木

◎37878 ◇1674

Uvariopsis congolana (De Wild.) R. E. Fr.

▶刚果类紫玉盘

◎33575 ◇1527

Uvariopsis Engl.

▶类紫玉盘属

◎36668 ◇1615

Xylopia acutiflora A. Rich.

▶玉瓣树

◎26959 ◇1223

◎30958 ◇1422
◎31245 ◇1432
◎31246 ◇1432

Xylopia aethiopica **A. Rich.**
▶埃塞木瓣树
◎29212 ◇1320
◎29213 ◇1320
◎29214 ◇1320
◎29578 ◇1342
◎29579 ◇1342
◎29580 ◇1342
◎30959 ◇1422
◎31047 ◇1426
◎31048 ◇1426
◎31247 ◇1432
◎31248 ◇1432
◎36686 ◇1617
◎37910 ◇1676
◎37911 ◇1676

Xylopia amazonica **R. E. Fr.**
▶亚马孙木瓣树
◎33092 ◇1509
◎33576 ◇1527

Xylopia aromatica **Mart.**
▶香木瓣树
◎26317 ◇1144
◎26334 ◇1147
◎33094 ◇1509
◎34263 ◇1546
◎39235 ◇1690
◎42428 ◇1728

Xylopia benthamii **R. E. Fr.**
▶本瑟木瓣树
◎33577 ◇1527
◎34266 ◇1546

Xylopia calophylla **R. E. Fr.**
▶美叶木瓣树
◎33578 ◇1527

Xylopia discreta **Sprague & Hutch.**
▶寡瓣树
◎27915 ◇1249
◎32591 ◇1489
◎33093 ◇1509

Xylopia frutescens **Aubl.**
▶灌木木瓣树
◎34264 ◇1546

Xylopia holtzii **Engl.**
▶霍尔木瓣树
◎33579 ◇1527

Xylopia malayana **Hook. f. & Thomson**
▶马来木瓣树
◎27338 ◇1231
◎36239 ◇1588

Xylopia nitida **Dunal**
▶光亮木瓣树
◎33095 ◇1509
◎33580 ◇1527
◎33581 ◇1527
◎35813 ◇1581
◎35814 ◇1581
◎40158 ◇1128

Xylopia oxyantha **Hook. f. & Thomson**
▶氧木瓣树
◎27710 ◇1238

Xylopia phloiodora **Mildbr.**
▶费乐木瓣树
◎35736 ◇1576
◎35737 ◇1576
◎37912 ◇1676

Xylopia piratae **D. M. Johnson & N. A. Murray**
▶皮纳木瓣树
◎29258 ◇1322

Xylopia polyantha **R. E. Fr.**
▶多花木瓣树
◎29844 ◇1363
◎30072 ◇1376
◎30192 ◇1383
◎30429 ◇1397
◎30430 ◇1397
◎30431 ◇1397
◎30559 ◇1405
◎30678 ◇1411
◎30679 ◇1411
◎30680 ◇1411
◎30887 ◇1419
◎30888 ◇1419

Xylopia quintasii **Pierre ex Engl. & Diels**
▶昆氏木瓣木
◎21804 ◇912/507
◎29581 ◇1342

Xylopia sericea **A. St.-Hil.**
▶丝毛木瓣木
◎29938 ◇1368
◎30047 ◇1375
◎30220 ◇1385
◎30635 ◇1410
◎30636 ◇1410
◎30889 ◇1419

Xylopia staudtii **Engl. & Diels**
▶斯氏木瓣木
◎33764 ◇1537

Xylopia surinamensis **R. E. Fr.**
▶苏里南木瓣木
◎27916 ◇1249
◎32592 ◇1489
◎32593 ◇1489

Xylopia **L.**
▶木瓣树属
◎28842 ◇1296
◎34265 ◇1546
◎36056 ◇1587
◎36502 ◇1609
◎36503 ◇1609
◎36504 ◇1609

Aphloiaceae 脱皮檀科

Aphloia theiformis **(Vahl) Benn.**
▶脱皮檀
◎24219 ◇1082
◎36745 ◇1619

Apiaceae 伞形科

Anethum graveolens **L.**
▶莳萝
◎29621 ◇1346

Mackinlaya schlechteri **(Harms) Philipson**
▶施莱蓝伞木
◎28254 ◇1267

Polyscias diversifolia **(Blume) Lowry & G. M. Plunkett**
▶多层南洋参
◎26972 ◇1224

Polyscias elegans **(C. Moore & F. Muell.) Harms**
▶雅致南洋参木
◎25679 ◇1104
◎25680 ◇1104
◎41605 ◇1717
◎41787 ◇1719
◎41838 ◇1720

Polyscias murrayi **(F. Muell.) Harms**
▶穆氏南洋参

◎5078 ◇628
◎25681 ◇1104
◎41828 ◇1720

Polyscias nodosa (Blume) Seem.
▶节状南洋参
◎21652 ◇628
◎29524 ◇1337
◎34856 ◇1558

Polyscias serratifolia (Miq.) Lowry & G. M. Plunkett
▶齿叶南洋参
◎28894 ◇1299
◎28895 ◇1299

Polyscias waialealae (Rock) Lowry & G. M. Plunkett
▶怀氏南洋参
◎26114 ◇1112

Steganotaenia araliacea Hochst.
▶五加胡萝卜树
◎37754 ◇1666

Apocynaceae 夹竹桃科

Acokanthera schimperi (A. DC.) Benth. & Hook. f. ex Schweinf.
▶希美艾克竹桃木
◎37652 ◇1664

Alafia lucida Stapf
▶明亮阿拉竹桃木
◎29531 ◇1337
◎29637 ◇1348

Alafia multiflora Stapf
▶多花阿拉竹桃木
◎30961 ◇1422
◎31159 ◇1429
◎31160 ◇1429
◎36622 ◇1614

Alafia Thouars
▶阿拉竹桃属/铁灵藤属
◎36471 ◇1607
◎36472 ◇1607

Allamanda schottii Hook.
▶黄蝉
◎7187 ◇677

Alstonia actinophylla K. Schum.
▶星叶鸡骨常山
◎37583 ◇1662

Alstonia angustifolia A. DC.
▶窄叶盆架树/窄叶鸡骨常山
◎24180 ◇1085

Alstonia angustiloba Miq.
▶裂叶鸡骨常山
◎22164 ◇934

Alstonia boonei De Wild.
▶模型盆架木
◎20562 ◇829
◎21078 ◇928
◎21472 ◇677/506
◎34657 ◇1554
◎34946 ◇1560
◎36689 ◇1617
◎36690 ◇1617

Alstonia congensis Engl.
▶刚果灯架
◎7538 ◇677/420
◎21019 ◇890
◎21473 ◇677

Alstonia constricta F. Muell.
▶澳洲鸡骨常山
◎5079 ◇677
◎24181 ◇1085

Alstonia costata R. Br.
▶中肋鸡骨常山
◎27347 ◇1231
◎34529 ◇1551
◎34530 ◇1551
◎34531 ◇1551
◎34532 ◇1551
◎34533 ◇1551

Alstonia kurzii Hook. f.
▶库尔鸡骨常山
◎20787 ◇891

Alstonia longifolia (A. DC.) Pichon
▶长叶鸡骨常山
◎35879 ◇1585

Alstonia macrophylla Wall. ex G. Don
▶大叶鸡骨常山
◎37477 ◇1659
◎40581 ◇1704

Alstonia neriifolia D. Don
▶竹叶鸡骨常山
◎20788 ◇891

Alstonia palembania
▶帕林鸡骨常山
◎35880 ◇1585

Alstonia pneumatophora Backer ex Den Berger
▶空气鸡骨常山
◎26969 ◇1224
◎34947 ◇1560
◎35881 ◇1585

Alstonia rostrata C. E. C. Fisch.
▶盆架树
◎3412 ◇678
◎3396 ◇678
◎12013 ◇678;1005/421
◎12977 ◇678;882
◎13104 ◇678/421
◎14319 ◇678
◎14755 ◇678;1075
◎17270 ◇678
◎22144 ◇958

Alstonia scholaris (L.) R. Br.
▶糖胶树
◎8991 ◇TBA
◎11373 ◇922/420
◎11727 ◇677
◎11730 ◇677/420
◎13842 ◇677;1077
◎13854 ◇677
◎14171 ◇893/746
◎15937 ◇677
◎16851 ◇677
◎18301 ◇902
◎18746 ◇677
◎18895 ◇913
◎19020 ◇906
◎20374 ◇938/420
◎21659 ◇677
◎22975 ◇954
◎29164 ◇1317
◎34948 ◇1560
◎35663 ◇1573
◎35664 ◇1573
◎35665 ◇1573
◎35840 ◇1583

Alstonia spatulata Blume
▶匙形鸡骨常山
◎27524 ◇1234

Alstonia spectabilis R. Br.
▶美丽鸡骨常山
◎19006 ◇906/728
◎24179 ◇1085
◎28808 ◇1294
◎28916 ◇1301

◎29051 ◇1310

Alstonia R. Br.

▶盆架树属/鸡骨常山属

◎9886 ◇955

◎11870 ◇677

◎12179 ◇678

◎13191 ◇894

◎15143 ◇895

◎15371 ◇923

◎19494 ◇935

◎22244 ◇934

◎23124 ◇933

◎23257 ◇927

◎23355 ◇889

◎23419 ◇933

◎36523 ◇1610

◎36524 ◇1610

◎39908 ◇1122

◎39909 ◇1122

◎40856 ◇1707

Alyxia reinwardtii Blume

▶莱恩链珠藤

◎28073 ◇1259

Alyxia sulana Markgr.

▶萨拉链珠藤

◎28844 ◇1296

Ambelania acida Aubl.

▶酸林瓜树

◎20422 ◇905

◎27833 ◇1245

◎32534 ◇1487

◎34658 ◇1554

◎34659 ◇1554

Ambelania sagotii Müll. Arg.

▶萨古林瓜树

◎33032 ◇1506

Ambelania Aubl.

▶林瓜树属

◎34534 ◇1552

◎34535 ◇1552

◎34660 ◇1554

Amphineurion marginatum (Roxb.) D. J. Middleton

▶金边香花藤

◎28144 ◇1262

◎28796 ◇1293

Anodendron A. DC.

▶鳝藤属

◎31327 ◇1436

Asclepias curassavica L.

▶司库马利筋

◎3500 ◇680

Baissea leonensis Benth.

▶莱易血平藤

◎29691 ◇1354

◎29692 ◇1354

◎29693 ◇1355

◎30963 ◇1422

◎31105 ◇1428

◎31106 ◇1428

Baissea multiflora A. DC.

▶多花血平藤

◎26413 ◇1157

Bunchosia argentea DC.

▶阿詹林咖啡木

◎32609 ◇1489

◎33891 ◇1540

◎33892 ◇1540

Bunchosia pallescens Skottsb.

▶淡色林咖啡木

◎32610 ◇1489

Callichilia barteri Stapf

▶巴特卡里竹桃

◎36700 ◇1617

◎36701 ◇1617

Callichilia subsessilis Stapf

▶无柄卡里竹桃

◎31115 ◇1428

◎31116 ◇1428

Cameraria latifolia L.

▶鸭蛋花

◎24438 ◇1086

Carissa bispinosa Desf.

▶双刺假虎刺木

◎36669 ◇1616

Carissa spinarum L.

▶假虎刺木

◎28442 ◇1276

◎36670 ◇1616

◎36671 ◇1616

◎36672 ◇1616

◎39873 ◇1698

◎40609 ◇1704

Carissa L.

▶假虎刺属

◎28424 ◇1275

Cascabela gaumeri (Hemsl.) Lippold

▶高氏黄花夹竹桃

◎24474 ◇1087

Cascabela thevetia (L.) Lippold

▶黄花夹竹桃

◎7186 ◇678/421

◎13861 ◇678

◎13862 ◇678

◎39498 ◇1694

Cerbera floribunda K. Schum.

▶花束海杧果木

◎18973 ◇907/729

◎24535 ◇1088

◎24536 ◇1088

◎24537 ◇1088

◎24538 ◇1088

◎31483 ◇1448

Cerbera manghas L.

▶海杧果木

◎7265 ◇677

◎26985 ◇1224

Chilocarpus decipiens Hook. f.

▶似唇果竹桃木

◎37977 ◇1680

Chilocarpus denudatus Blume

▶裸露唇果竹桃木

◎29169 ◇1317

Chilocarpus vernicosus Blume

▶光亮唇果竹桃木

◎28291 ◇1269

Clitandra cymulosa Benth.

▶希氏克莱竹桃木

◎24596 ◇1088

◎24597 ◇1088

◎36707 ◇1617

Condylocarpon amazonicum (Markgr.) Ducke

▶亚马孙顶果竹桃

◎33043 ◇1507

◎33044 ◇1507

Dictyophleba leonensis (Stapf) Pichon

▶莱昂网脉竹桃

◎30993 ◇1424

◎31123 ◇1428

◎31124 ◇1428

Dyera costulata Hook. f.

▶小脉竹桃木/小脉大糖胶树

◎14157 ◇TBA

◎17481　◇677/420
◎18140　◇TBA
◎18744　◇677
◎19502　◇935
◎22165　◇934
◎22215　◇934
◎23131　◇933
◎23399　◇933
◎27587　◇1235
◎35420　◇1571

Dyera polyphylla **(Miq.) Steenis**
▶多叶大糖胶树
◎9888　◇955/420

Dyera **Hook. f.**
▶竹桃属/大糖胶树属
◎13212　◇894
◎15149　◇895
◎17172　◇677
◎21557　◇13
◎21558　◇677
◎21559　◇677
◎22816　◇920
◎23258　◇927
◎23346　◇889

Forsythia suspensa **Vahl**
▶连翘
◎5505　◇667
◎13723　◇667

Forsythia **Vahl**
▶连翘属
◎5488　◇667
◎19553　◇667
◎34970　◇1560

Funtumia africana **(Benth.) Stapf**
▶非洲野橡胶木/非洲丝胶树
◎21550　◇677/510
◎21586　◇677
◎21805　◇912/510
◎36296　◇1593
◎36297　◇1593
◎36298　◇1593
◎36332　◇1595
◎36675　◇1616
◎36676　◇1616

Gonioma kamassi **E. Mey.**
▶南非夹竹桃木
◎37146　◇1632
◎37147　◇1632
◎39682　◇1696
◎40658　◇1705

Gouma guyanensis **Aubl.**
▶圭亚那贡马竹桃
◎34694　◇1554

Gouma marocarpa **Bard. Rodi.**
▶大果贡马竹桃
◎34586　◇1552

Gymnema inodorum **(Lour.) Decne.**
▶广东匙羹藤
◎28805　◇1294
◎28806　◇1294

Hancornia speciosa **Gomes**
▶萌甲果
◎34588　◇1552

Heterostemma cuspidatum **Decne.**
▶硬尖醉魂藤
◎28802　◇1294

Himatanthus articulatus **(Vahl) Woodson**
▶节状苞鹦木
◎27905　◇1249
◎27954　◇1252
◎29235　◇1321
◎29333　◇1327
◎32559　◇1488
◎32571　◇1488
◎32572　◇1488
◎34609　◇1553
◎34759　◇1556
◎34760　◇1556
◎34761　◇1556
◎34762　◇1556

Himatanthus sucuuba **(Spruce ex Müll. Arg.) Woodson**
▶苏库苞鹦木
◎38245　◇1130

Himatanthus tarapotensis **(Schumann ex Markgr.) Plumel**
▶塔拉苞鹦木
◎38265　◇1130

Holarrhena floribunda **T. Durand & Schinz**
▶花束止泻木
◎21925　◇899/421
◎36273　◇1591

Holarrhena pubescens **Wall. & G. Don**
▶绢毛止泻木
◎3494　◇677/421
◎3744　◇677
◎3745　◇677
◎31878　◇1467

Hoya spartioides **(Benth.) Kloppenb.**
▶棒叶球兰
◎33435　◇1524
◎33531　◇TBA

Hunteria ghanensis **J. B. Hall & Leeuwenb.**
▶记氏仔榄树
◎25181　◇1097

Hunteria umbellata **Hallier f.**
▶伞花仔榄树
◎36715　◇1618
◎36716　◇1618

Ichnocarpus frutescens **(L.) W. T. Aiton**
▶腰骨藤
◎19962　◇678

Isonema smeathmannii **Roem. & Schult.**
▶埃索竹桃
◎30999　◇1424
◎31127　◇1428
◎31128　◇1428

Kopsia flavida **Blume**
▶淡黄蕊木
◎37522　◇1660

Kopsia rosea **D. J. Middleton**
▶粉红蕊木
◎31623　◇1454

Lacmellea edulis **H. Karst.**
▶可食金蜜果
◎34591　◇1553

Landolphia dulcis **(Sabine) Pichon**
▶甜卷枝藤
◎30942　◇1421
◎31075　◇1427
◎31076　◇1427

Landolphia flavidiflora **(K. Schum.) J. G. M. Pers.**
▶黄花卷枝藤
▶36473　◇1607

Landolphia foretiana **(Pierre ex Jum.) Pichon**
▶佛瑞卷枝藤
◎31000　◇1424

◎31129 ◇1428

◎31130 ◇1428

Landolphia hirsuta (Hua) Pichon

▶刚毛卷枝藤

◎21807 ◇912

◎27756 ◇1241

◎27757 ◇1241

◎36443 ◇1605

◎36444 ◇1605

◎36445 ◇1605

◎36454 ◇1606

◎36455 ◇1606

◎36456 ◇1606

Landolphia incerta (K. Schum.) J. G. M. Pers.

▶可疑卷枝藤

◎36329 ◇1595

Landolphia owariensis P. Beauv.

▶欧沃卷枝藤

◎30972 ◇1423

◎31131 ◇1429

◎31132 ◇1429

Landolphia reticulata Hallier f.

▶网脉卷枝藤

◎35751 ◇1577

Lepiniopsis ternatensis Valeton

▶三叶里皮竹桃

◎28824 ◇1295

◎28856 ◇1297

◎36135 ◇1587

Lepiniopsis Valeton

▶里皮竹桃属

◎27260 ◇1229

Macoubea guianensis Aubl.

▶热美竹桃/圭亚那鹦鹉果

◎22675 ◇806/535

◎22723 ◇806

◎32566 ◇1488

◎34594 ◇1553

◎34595 ◇1553

◎34651 ◇1554

◎34719 ◇1555

◎34720 ◇1555

◎34721 ◇1555

◎37157 ◇1632

Macropharynx peltata (Vell.) J. F. Morales, M. E. Endress & Liede

▶盾形扇胶藤

◎33547 ◇1526

Malouetia tamaquarina A. DC.

▶塔玛鱼鳃木

◎27855 ◇1246

Mascarenhasia arborescens A. DC.

▶乔木水胶木

◎36895 ◇1626

Melodinus forbesii Fawc.

▶山橙

◎31379 ◇1439

Melodinus orientalis Blume

▶东方橙

◎28655 ◇1287

Micrechites serpyllifolius (Blume) Kosterm.

▶细佛小花藤

◎31380 ◇1439

Micrechites warianus (Schltr.) D. J. Middleton

▶瓦氏小花藤

◎31381 ◇1439

Nerium oleander L.

▶欧洲夹竹桃

◎7185 ◇678/421

◎13863 ◇678

◎22303 ◇903

◎25461 ◇1099

◎33543 ◇1526

◎38666 ◇1138

◎39052 ◇1688

◎42293 ◇1725

◎42397 ◇1727

Nerium L.

▶夹竹桃属

◎13724 ◇678

Ochrosia acuminata Trimen

▶尖形玫瑰树

◎28867 ◇1298

Ochrosia glomerata (Blume) F. Muell.

▶球花玫瑰树

◎28576 ◇1283

◎28577 ◇1283

◎31389 ◇1439

Ochrosia Juss.

▶玫瑰树属

◎27282 ◇1229

Odontadenia puncticulosa Pulle

▶斑点齿腺藤

◎33544 ◇1526

Oncinotis glabrata Stapf ex Hiern

▶光滑魔索藤

◎30951 ◇1422

◎31233 ◇1431

◎31234 ◇1431

Oncinotis pontyi Dubard

▶蓬替魔索藤

◎30952 ◇1422

◎34601 ◇1553

◎36459 ◇1606

Orthopichonia barteri (Stapf) H. Huber

▶巴尔正交竹桃木

◎31197 ◇1430

◎31198 ◇1430

Orthopichonia indeniensis (A. Chev.) H. Huber

▶印出正交竹桃木

◎36559 ◇1612

Osbornia octodonta F. Muell.

▶八齿八宫花

◎35301 ◇1570

Pacouria guianensis Aubl.

▶圭亚那金油藤

◎33073 ◇1508

Papuechites aambe Markgr.

▶奥姆巴布竹桃

◎31390 ◇1439

Parahancornia fasciculata (Poir.) Benoist

▶簇生胶竹桃木/簇生乳橙木

◎21228 ◇678/535

◎27903 ◇1249

◎32569 ◇1488

◎32570 ◇1488

◎34726 ◇1555

◎34727 ◇1555

◎40250 ◇1700

Parahancornia peruviana Monach.

▶秘鲁胶竹桃木/秘鲁乳橙木

◎18253 ◇908/536

◎38248 ◇1130

Parahancornia Ducke

▶胶竹桃属/乳橙木属

◎23466 ◇TBA

Parsonsia buruensis Planch. & Triana

▶布隆迪同心结

◎29190 ◇1318

◎31391 ◇1439

Parsonsia curvisepala **K. Schum.**

▶弯曲同心结

◎28250 ◇1267

Picralima nitida **T. Durand & H. Durand**

▶光亮赤非夹竹桃木

◎21806 ◇912/507

◎36722 ◇1618

◎36723 ◇1618

◎37905 ◇1676

Pleiocarpa mutica **Benth.**

▶无芒垒果榄

◎35753 ◇1577

◎36726 ◇1618

◎36727 ◇1618

Pleioceras barteri **Baill.**

▶巴特多尾梅

◎31143 ◇1429

◎31144 ◇1429

Rauvolfia caffra **Sond.**

▶非洲萝芙木

◎36460 ◇1606

◎36461 ◇1606

◎36533 ◇1610

◎40759 ◇1706

Rauvolfia paraensis **Ducke**

▶帕州萝芙木

◎22546 ◇TBA

Rauvolfia pentaphylla **Ducke**

▶五叶萝芙木

◎25866 ◇1107

Rauvolfia praecox **K. Schum. ex Ule**

▶早萝芙木

◎38287 ◇1132

Rauvolfia sellowii **Müll. Arg.**

▶塞罗萝芙木

◎33080 ◇1509

◎33549 ◇1526

Rauvolfia sumatrana **Jack**

▶苏门答腊萝芙木

◎28268 ◇1268

◎28727 ◇1290

Rauvolfia vomitoria **Wennberg**

▶催吐萝芙木

◎30977 ◇1423

◎31199 ◇1430

◎31200 ◇1430

◎36279 ◇1592

Secamone elliptica **R. Br.**

▶鲫鱼藤

◎28800 ◇1293

◎28801 ◇1293

Strophanthus caudatus **Kurz**

▶卵萼羊角拗

◎28069 ◇1259

◎28370 ◇1272

Strophanthus gratus **Baill.**

▶旋花羊角拗

◎35784 ◇1579

◎35785 ◇1579

◎35786 ◇1579

Strophanthus hispidus **DC.**

▶箭毒羊角拗

◎29762 ◇1358

◎29763 ◇1358

◎29764 ◇1358

Strophanthus preussii **Engl. & Pax**

▶垂丝羊角拗

◎42434 ◇1729

Strophanthus sarmentosus **DC.**

▶西非羊角拗

◎30954 ◇1422

◎35755 ◇1577

Strophanthus singaporianus **Gilg**

▶新加坡羊角拗

◎21243 ◇678

◎28080 ◇1259

Tabernaemontana arborea **Rose**

▶乔木狗牙花/乔木山辣椒

◎4515 ◇678

◎26073 ◇1111

Tabernaemontana attenuata **Urb.**

▶渐尖山辣椒

◎27745 ◇1240

◎27924 ◇1250

◎32546 ◇1488

◎32547 ◇1488

◎32580 ◇1488

◎34672 ◇1554

◎34673 ◇1554

◎38241 ◇1130

Tabernaemontana contorta **Stapf**

▶旋叶狗牙花

◎26071 ◇1111

◎36513 ◇1609

◎36539 ◇1610

◎36540 ◇1610

◎36541 ◇1610

◎36542 ◇1611

◎36543 ◇1611

◎36544 ◇1611

◎40391 ◇1702

Tabernaemontana coriacea **Link ex Roem. & Schult.**

▶革叶狗牙花/革叶山辣椒

◎36536 ◇1610

◎36537 ◇1610

◎36538 ◇1610

◎36565 ◇1612

◎36566 ◇1612

Tabernaemontana crassa **Benth.**

▶厚狗牙花

◎26074 ◇1111

◎30981 ◇1423

◎30982 ◇1423

◎36545 ◇1611

◎36546 ◇1611

◎40445 ◇1702

Tabernaemontana divaricata **(L.) R. Br. ex Roem. & Schult.**

▶狗牙花

◎26075 ◇1111

Tabernaemontana donnell-smithii **Rose**

▶唐奈斯密斯山辣椒

◎26018 ◇1110

◎41327 ◇1713

◎41332 ◇1713

Tabernaemontana muricata **Link ex Roem. & Schult.**

▶刺花狗牙花/刺花山辣椒

◎38445 ◇1134

Tabernaemontana pandacaqui **Lam.**

▶平脉狗牙花

◎26072 ◇1111

Tabernaemontana pauciflora **Blume**

▶少花狗牙花/少花山辣椒

◎27911 ◇1249

Tabernaemontana penduliflora **K. Schum.**

▶垂花狗牙花/垂花山辣椒

◎36495 ◇1608

Tabernaemontana sphaerocarpa **Blume**

▶球果狗牙花/球果山辣椒

◎27138 ◇1227

◎27212 ◇1228

Tabernaemontana L.

▶山辣椒属

◎34774 ◇1556

◎34775 ◇1556

◎37501 ◇1660

Thevetia ahouai A. DC.

▶阔叶竹桃

◎38352 ◇1133

Urceola brachysepala Hook. f.

▶短头水壶藤

◎28134 ◇1261

Urceola laevigata (Juss.) D. J. Middleton & Livsh.

▶平滑水壶藤

◎28321 ◇1270

◎28484 ◇1278

◎28803 ◇1294

Urceola laevis Merr.

▶光滑水壶藤

◎28375 ◇1272

◎28677 ◇1288

Urceola Roxb.

▶水壶藤属

◎35758 ◇1577

◎35759 ◇1577

Voacanga africana Stapf ex Scott Elliot

▶非洲马铃果

◎36522 ◇1610

◎36547 ◇1611

◎36548 ◇1611

◎40652 ◇1705

Voacanga bracteata Stapf

▶具苞马铃果

◎31155 ◇1429

◎31156 ◇1429

Voacanga Thouars

▶马铃果属

◎31410 ◇1440

Willughbeia coriacea Wall.

▶皮革锚钩藤

◎27690 ◇1238

◎28494 ◇1278

◎38030 ◇1682

Wrightia annamensis Eberhardt & Dubard

▶安氏倒吊笔木

◎26196 ◇1112

◎39737 ◇1697

Wrightia antidysenterica (L.) R. Br.

▶黄叶倒吊笔

◎31697 ◇1456

Wrightia arborea (Dennst.) Mabb.

▶胭木

◎3436 ◇679

◎20365 ◇938/422

Wrightia coccinea Sims

▶云南倒吊笔

◎31698 ◇1456

Wrightia dubia (Sims) Spreng.

▶红花倒吊笔木

◎26197 ◇1112

◎39739 ◇1697

Wrightia hanleyi Elmer

▶汉利倒吊笔木

◎28626 ◇1285

Wrightia laevis Hook. f.

▶海南倒吊笔木/蓝树

◎14716 ◇679

◎22145 ◇959

◎37116 ◇1631

Wrightia pubescens subsp. *laniti* (Blanco) Ngan

▶毛茸倒吊笔

◎28539 ◇1281

◎36055 ◇1587

◎42425 ◇1728

Wrightia pubescens subsp. *pubescens*

▶笔木/倒吊笔

◎41168 ◇1711

Wrightia pubescens Roth

▶笔木/倒吊笔

◎3373 ◇679

◎3668 ◇679

◎4681 ◇679

◎7184 ◇679

◎14536 ◇679/422

◎14800 ◇679

◎16011 ◇679

◎16769 ◇679

◎18097 ◇679

◎42258 ◇1725

Wrightia tinctoria R. Br.

▶染料倒吊笔

◎2932 ◇TBA

◎8564 ◇898

Wrightia R. Br.

▶倒吊笔属

◎10022 ◇679

◎10030 ◇679/422

◎11841 ◇679;814

◎12293 ◇848

Aquifoliaceae 冬青科

Ilex × altaclerensis

▶阿尔冬青

◎36808 ◇1623

Ilex ambigua Torr.

▶拟冬青

◎25196 ◇1097

Ilex anomala Hook. & Arn.

▶太平洋多核冬青

◎29108 ◇1313

Ilex aquifolium L.

▶枸骨叶冬青

◎4795 ◇585

◎21320 ◇585

◎21719 ◇904

◎22033 ◇912

◎26694 ◇1190

◎26695 ◇1191

◎35035 ◇1562

◎36842 ◇1624

◎37295 ◇1645

◎37296 ◇1646

◎37297 ◇1646

◎37304 ◇1647

◎37305 ◇1647

◎37306 ◇1647

Ilex arimensis Britton ex R. O. Williams

▶阿里冬青

◎33533 ◇1526

Ilex asprella Champ. ex Benth.

▶秤星树

◎19973 ◇585

Ilex bioritsensis Hayata

▶刺叶冬青

◎19317 ◇585

Ilex carauta Lindl.

▶加拉冬青

◎5654 ◇585

Ilex cassine L.

▶金榄冬青

◎25197 ◇1097

◎37520 ◇1660

◎39671 ◇1696

◎41383 ◇1714
◎41859 ◇1720

Ilex championii Loes.
▶茶叶冬青
◎16973 ◇585

Ilex chinensis Sims
▶冬青
◎65 ◇591
◎259 ◇TBA
◎5638 ◇590
◎6108 ◇591
◎6143 ◇591
◎6519 ◇591;788
◎7048 ◇591
◎8734 ◇591;1065
◎9300 ◇591/352
◎9301 ◇591;793/352
◎9303 ◇591;796
◎19165 ◇585
◎21151 ◇585

Ilex chingiana Hu & Tang
▶苗山冬青
◎15654 ◇585
◎16117 ◇585

Ilex cochinchinensis Loes.
▶琼台冬青
◎14486 ◇585/346
◎16694 ◇585

Ilex confertiflora var. *kwangsiensis* S. Y. Hu
▶广西密花冬青
◎16967 ◇585

Ilex corallina Franch.
▶珊瑚冬青
◎62 ◇585
◎177 ◇585;1018
◎600 ◇585
◎601 ◇585
◎625 ◇585;1030

Ilex cornuta Lindl. & Paxton
▶枸骨
◎6988 ◇585
◎38792 ◇1140
◎39442 ◇1693

Ilex crenata Thunb.
▶齿叶冬青
◎18603 ◇919
◎25198 ◇1097

Ilex cymosa Blume
▶库莫冬青
◎35948 ◇1585

Ilex dasyphylla Merr.
▶金毛冬青
◎16632 ◇586
◎16704 ◇586
◎16714 ◇586

Ilex decidua Walter
▶落叶冬青
◎38681 ◇1138
◎39429 ◇1693
◎41088 ◇1710
◎41518 ◇1716

Ilex dipyrena Wall.
▶双核冬青
◎21391 ◇897

Ilex dubia (G. Don) Britton, Sterns & Poggenb.
▶杜拜冬青
◎4102 ◇586

Ilex dumosa Reissek
▶灌丛冬青
◎33534 ◇1526

Ilex dunniana H. Lév.
▶龙里冬青
◎63 ◇TBA
◎488 ◇588
◎1169 ◇TBA
◎1203 ◇TBA
◎13995 ◇585

Ilex editicostata Hu & Tang
▶显脉冬青
◎14998 ◇586
◎16421 ◇586
◎17117 ◇586

Ilex elmerrilliana S. Y. Hu
▶厚叶冬青
◎16640 ◇586
◎20010 ◇586

Ilex ficoidea Hemsl.
▶榕叶冬青
◎3243 ◇586
◎6459 ◇586
◎6719 ◇586
◎12661 ◇586;1013
◎12907 ◇586;817
◎13090 ◇586/555
◎14353 ◇586/555
◎15653 ◇587
◎15680 ◇587/348
◎16444 ◇587
◎16527 ◇587
◎17374 ◇587;803
◎22161 ◇883

Ilex franchetiana Loes.
▶川鄂冬青
◎6099 ◇587
◎7606 ◇587

Ilex godajam (Colebr.) Wall. ex Hook. f.
▶米碎冬青
◎14531 ◇/347
◎17002 ◇585
◎22008 ◇587

Ilex hanceana Maxim.
▶青茶香
◎5036 ◇587
◎15630 ◇587

Ilex henryi Loes.
▶大果冬青
◎806 ◇590
◎6604 ◇587

Ilex henryi var. *veitchii* Rehder
▶维奇冬青
◎768 ◇590
◎10816 ◇590

Ilex jenmanii Loes.
▶杰曼冬青
◎27893 ◇1248
◎32560 ◇1488
◎33059 ◇1508
◎33060 ◇1508
◎33061 ◇1508
◎33062 ◇1508
◎33809 ◇1538
◎33810 ◇1538
◎33811 ◇1538

Ilex kengii S. Y. Hu
▶盘柱冬青
◎16950 ◇588

Ilex kobuskiana S. Y. Hu
▶凸脉冬青
◎14365 ◇589/554
◎14950 ◇588;1029/554

Ilex krugiana Loes.
▶克鲁冬青
◎25199 ◇1097
◎38807 ◇1684

Ilex kwangtungensis Merr.
▶广东冬青

◎6468　◇588
◎15881　◇588
◎16546　◇588
◎20011　◇588
◎20012　◇588
◎20013　◇588
◎20016　◇588
◎20312　◇588

***Ilex lancilimba* Merr.**
▶剑叶冬青
◎16692　◇588

***Ilex latifolia* Thunb.**
▶大叶冬青
◎6869　◇588/349

***Ilex laurina* Kunth**
▶劳里冬青
◎38334　◇1132

***Ilex liangii* S. Y. Hu**
▶保亭冬青
◎14305　◇588
◎17115　◇588

***Ilex lohfauensis* Merr.**
▶矮冬青
◎17387　◇TBA
◎19966　◇588

***Ilex macrocarpa* Oliv.**
▶大果冬青
◎194　◇588;780
◎614　◇588;789
◎7925　◇587/349
◎13676　◇588
◎14785　◇588
◎16654　◇588
◎16658　◇588

***Ilex macropoda* Miq.**
▶大柄冬青
◎6882　◇586
◎10259　◇918
◎25200　◇1097
◎41905　◇1721
◎42315　◇1726

***Ilex malaccensis* Loes.**
▶马六甲冬青
◎28020　◇1256

***Ilex memecylifolia* Champ. ex Benth.**
▶光叶冬青
◎16477　◇589
◎16942　◇589

***Ilex micrococca* Maxim.**
▶小果冬青
◎64　◇589
◎219　◇589;1001
◎293　◇589;779
◎334　◇589;795/350
◎342　◇589;795
◎487　◇589
◎1204　◇TBA
◎4853　◇589
◎6738　◇589
◎8729　◇589;860/350
◎12878　◇589;811
◎13795　◇589
◎15719　◇589
◎16408　◇589
◎16603　◇589
◎17352　◇589;777/631
◎17365　◇589;801
◎17649　◇589
◎20197　◇TBA
◎38999　◇1687

***Ilex mitis* Radlk.**
▶柔软冬青
◎25201　◇1097
◎33063　◇1508
◎33064　◇1508
◎39658　◇1696
◎41912　◇1721
◎42242　◇1725

***Ilex montana*（Sw.）Griseb.**
▶蒙大拿冬青
◎22131　◇588
◎25202　◇1097

***Ilex mucronata*（L.）M. Powell, Savol. & S. Andrews**
▶尖头冬青
◎25195　◇1097
◎39767　◇1697

***Ilex myrtifolia* Walter**
▶香桃叶冬青
◎41368　◇1714
◎41894　◇1720
◎39672　◇1696

***Ilex nanningensis* Hand.-Mazz.**
▶南宁冬青
◎12974　◇590

***Ilex nayana* Cuatrec.**
▶纳亚冬青
◎35265　◇1568

***Ilex nuculicava* S. Y. Hu**
▶洞果冬青
◎14485　◇590
◎39019　◇1687

***Ilex odorata* Buch.-Ham. ex D. Don**
▶香冬青
◎31880　◇1467

***Ilex opaca* Aiton**
▶美国冬青
◎4372　◇590
◎4569　◇590
◎10319　◇826
◎18692　◇590
◎38622　◇1137

***Ilex pachyphylla* Merr.**
▶革叶冬青
◎12844　◇590;812
◎15833　◇590

***Ilex pedunculosa* Miq.**
▶具柄冬青
◎6886　◇590
◎13504　◇590;1012

***Ilex pernyi* Franch.**
▶猫儿刺
◎8623　◇590;1004
◎10586　◇590
◎10812　◇590
◎10813　◇590

***Ilex petiolaris* Benth.**
▶细柄冬青
◎34062　◇1543

***Ilex pleiobrachiata* Loes.**
▶多枝冬青
◎14103　◇893/351
◎27251　◇1229

***Ilex polyneura*（Hand.-Mazz.）S. Y. Hu**
▶多核冬青
◎11749　◇590;991

***Ilex pubescens* Hook. & Arn.**
▶绒毛冬青
◎19690　◇590
◎19963　◇590
◎19964　◇590
◎19965　◇590

***Ilex pubilimba* Merr. & Chun**
▶毛叶冬青
◎12901　◇590;885

◎14431 ◇590/555
◎14447 ◇590
◎16643 ◇590/555

***Ilex retusifolia* S. Y. Hu**

▶凹叶冬青

◎12914 ◇591;812/352
◎16516 ◇591
◎16524 ◇591
◎16528 ◇591

***Ilex rimbachii* Standl.**

▶兰波冬青

◎38159 ◇1129

***Ilex rotunda* Thunb.**

▶铁冬青

◎3364 ◇592
◎3404 ◇592
◎3420 ◇592
◎3515 ◇592
◎3517 ◇592
◎3527 ◇592
◎9367 ◇/352
◎9368 ◇592
◎12076 ◇592
◎16406 ◇592
◎16426 ◇592
◎16443 ◇592
◎16682 ◇592
◎17110 ◇592
◎17651 ◇592

***Ilex sinica* (Loes.) S. Y. Hu**

▶中华冬青

◎16619 ◇592
◎38995 ◇1687

***Ilex sterrophylla* Merr. & Chun**

▶华南冬青

◎12900 ◇592;887/353

***Ilex subrugosa* Loes.**

▶皱冬青

◎1058 ◇TBA

***Ilex triflora* Blume**

▶三花冬青

◎3707 ◇592
◎9501 ◇592;803
◎9503 ◇592;804
◎16716 ◇587
◎16728 ◇592
◎17106 ◇592
◎19967 ◇592
◎19968 ◇592
◎19969 ◇592
◎19970 ◇592
◎19971 ◇592

***Ilex umbellulata* (Wall.) Loes.**

▶伞序冬青

◎14851 ◇593
◎39000 ◇1687

***Ilex uniflora* Benth.**

▶单花冬青

◎33535 ◇1526

***Ilex verticillata* (L.) A. Gray**

▶轮生冬青

◎18306 ◇593
◎38926 ◇1686

***Ilex viridis* Champ. ex Benth.**

▶亮叶冬青

◎805 ◇592
◎10585 ◇593
◎10814 ◇592
◎10815 ◇593
◎12647 ◇592;1027

***Ilex vomitoria* Aiton**

▶沃米冬青/代茶冬青

◎20964 ◇593
◎25203 ◇1098

***Ilex wilsonii* Loes.**

▶尾叶冬青

◎66 ◇593
◎305 ◇593
◎6855 ◇593;720
◎7022 ◇593
◎7611 ◇593
◎17477 ◇593;783
◎19972 ◇593

***Ilex yunnanensis* Franch.**

▶云南冬青

◎327 ◇593;789/353
◎3260 ◇593
◎3272 ◇593

***Ilex* L.**

▶冬青属

◎161 ◇594;869
◎632 ◇594;1073
◎684 ◇594
◎700 ◇594
◎713 ◇594
◎720 ◇594
◎830 ◇TBA
◎832 ◇TBA
◎940 ◇TBA
◎956 ◇TBA
◎1259 ◇594
◎3280 ◇594
◎6122 ◇594
◎6300 ◇TBA
◎6419 ◇594
◎6862 ◇594
◎6936 ◇594
◎9289 ◇594;793
◎9355 ◇594
◎9380 ◇594;858
◎9409 ◇594;812
◎10584 ◇594
◎11599 ◇594
◎11652 ◇594;964
◎11911 ◇594;1046
◎11915 ◇594
◎11970 ◇595
◎12850 ◇595;886
◎13458 ◇595
◎13462 ◇595;1003
◎13494 ◇595
◎13530 ◇595
◎13557 ◇595;1001
◎13587 ◇595
◎14985 ◇595
◎15018 ◇595
◎16336 ◇847
◎17026 ◇595
◎17354 ◇595;777
◎28196 ◇1264
◎28823 ◇1295
◎29107 ◇1313
◎31614 ◇1453
◎31615 ◇1453
◎31728 ◇1458

***Nemopanthus mucronatus* Trel.**

▶短尖头枸冬青

◎38765 ◇1140
◎38891 ◇1686
◎39075 ◇1688

Araceae 天南星科

Anubias barteri* var. *barteri

▶一本芒叶水榕芋

◎36693　◇1617

Arisaema quinatum (Nutt.) Schott

▶类木棉

◎22748　◇806

Culcasia liberica N. E. Br.

▶利比网藤芋

◎30967　◇1423

Araliaceae　五加科

Acanthopanax (Decne. & Planch.) Miq.

▶刺人参属/五加属

◎333　◇TBA

◎712　◇622

◎6601　◇622

◎8696　◇622;787

◎11642　◇622;962

Aralia chinensis L.

▶楤木/黄毛楤木

◎91　◇623

◎296　◇623;778

◎722　◇623

◎769　◇TBA

◎1067　◇TBA

◎4139　◇623

◎5358　◇623

◎6117　◇623

◎7015　◇623

◎18846　◇623

◎36777　◇1620

Aralia decaisneana Hance

▶黄毛楤木/台湾毛楤木

◎17121　◇623

◎19860　◇623

Aralia delavayi J. Wen

▶光叶羽叶参

◎1268　◇628

Aralia elata (Miq.) Seem.

▶辽东楤木

◎24227　◇1082

◎39550　◇1695

Aralia spinosa L.

▶多刺楤木

◎24228　◇1082

◎26338　◇1147

◎26339　◇1147

◎26340　◇1147

◎36746　◇1619

Aralia thomsonii Seem. ex C. B. Clarke

▶云南楤木

◎9051　◇623/371

Aralia undulata Hand.-Mazz.

▶波缘楤木

◎21994　◇623

Aralia L.

▶楤木属

◎6607　◇TBA

◎7100　◇623

◎9050　◇TBA

◎9052　◇623;976

◎11785　◇623

◎17333　◇623;779

Arthrophyllum Blume

▶节叶枫属

◎28454　◇1276

◎28685　◇1288

◎29054　◇1310

Astropanax abyssinicum (Hochst. ex A. Rich.) Seem.

▶东非星鹅掌柴

◎37753　◇1666

Brassaiopsis chengkangensis Hu

▶浙江罗伞

◎3344　◇625

Brassaiopsis fatsioides Harms

▶盘叶罗伞

◎11176　◇625

Brassaiopsis ficifolia Dunn

▶榕叶罗伞

◎11682　◇625;807

Brassaiopsis Decne. & Planch.

▶罗伞属

◎11681　◇625;1077

Chengiopanax fargesii (Franch.) C. B. Shang & J. Y. Huang

▶川人参木

◎10665　◇629

◎10920　◇629

◎10941　◇629

Chengiopanax sciadophylloides (Franch. & Sav.) C. B. Shang & J. Y. Huang

▶日本人参木

◎4121　◇627

◎4213　◇627

◎18611　◇919

◎24554　◇1088

◎42207　◇1724

◎42320　◇1726

Cussonia arborea Hochst. ex A. Rich.

▶黑五加木/章鱼甘蓝树

◎36631　◇1614

◎37656　◇1664

◎37657　◇1664

◎37658　◇1664

Cussonia holstii Harms ex Engl.

▶五何黑氏加木/何氏甘蓝树

◎26924　◇1221

Cussonia ostinii Chiov.

▶奥氏黑五加木/奥氏甘蓝树

◎37659　◇1664

Cussonia paniculata Eckl. & Zeyh.

▶黑五加木/甘蓝树

◎40475　◇1703

◎40610　◇1704

Cussonia spicata Thunb.

▶穗花黑五加木/穗花甘蓝树

◎24718　◇1090

◎39852　◇1698

Cussonia umbellifera Sond.

▶伞形黑五加木/伞形甘蓝树

◎34962　◇1560

Dendropanax arboreus (L.) Decne. & Planch.

▶乔木树参

◎20079　◇936/536

◎20537　◇828

◎39634　◇1696

Dendropanax chevalieri (R. Vig.) Merr.

▶大果树参

◎12624　◇624;976

◎13426　◇624

◎15822　◇624

◎15889　◇624

◎16472　◇624

◎17061　◇624

◎17062　◇624

◎18064　◇624;1057/372

◎19172　◇624

◎19862　◇624

◎19863　◇624

◎19864　◇TBA

◎19865　◇624

◎20198　◇624

Dendropanax dentiger (Harms) Merr.

▶台湾树参

◎6230　◇624

Dendropanax hainanensis (Merr. & Chun) Chun

▶海南树参

◎15731　◇624

Dendropanax proteus (Champ. ex Benth.) Benth.

▶变叶五加

◎16940　◇624

Dendropanax sinensis Nakai

▶五加

◎6859　◇624;720

Dendropanax trifidus (Thunb.) Makino ex H. Hara

▶三裂树参

◎12117　◇624;876

◎40639　◇1704

Dendropanax Decne. & Planch.

▶树参属

◎13538　◇624

Dimorphanthus Miq.

▶迪莫五加属

◎9460　◇830

Eleutherococcus lasiogyne (Harms) S. Y. Hu

▶康定五加

◎19196　◇622

◎19197　◇622

Eleutherococcus sessiliflorus (Rupr. & Maxim.) S. Y. Hu

▶短梗五加

◎5523　◇622

◎26318　◇1145

Eleutherococcus setchuenensis (Harms ex Diels) Nakai

▶蜀五加

◎1050　◇TBA

Gamblea ciliata var. *evodiifolia* (Franch.) C. B. Shang, Lowry & Frodin

▶萸叶五加

◎289　◇TBA

◎335　◇621;795/371

◎444　◇621

◎809　◇621

◎1112　◇621;1011

◎3218　◇621

◎6853　◇621

◎7603　◇621

◎9767　◇621;809

◎9768　◇621;858

◎9769　◇621;811

◎9791　◇621;809

◎9793　◇621;788/371

◎9801　◇621;1058

◎9821　◇621;990

◎9822　◇621;990

◎10639　◇621

◎10723　◇621

◎10994　◇621

◎11596　◇621

◎15663　◇621

◎19191　◇621

◎19355　◇621

Gamblea innovans (Siebold & Zucc.) C. B. Shang, Lowry & Frodin

▶日本萸叶五加

◎42359　◇1726

◎42367　◇1726

Harmsiopanax aculeatus (Blume) Warb. ex Boerl.

▶皮刺哈姆五加

◎31779　◇1461

Harmsiopanax ingens subsp. *ingens*

▶巨大哈姆五加

◎29065　◇1311

◎29066　◇1311

Hedera helix L.

▶洋常春藤

◎21321　◇625

◎25155　◇1096

◎26677　◇1188

◎26678　◇1188

◎26679　◇1188

◎26680　◇1188

◎26681　◇1189

◎26682　◇1189

◎34890　◇1558

◎35264　◇1568

◎37413　◇1655

◎37414　◇1655

◎37415　◇1655

◎41485　◇1715

◎41855　◇1720

◎42462　◇1730

Hedera hibernica Carrière

▶冬常春藤

◎26683　◇1189

Hedera sinensis (Tobler) Hand.-Mazz.

▶常春藤

◎3206　◇625

◎13089　◇625

◎19194　◇625

Heteropanax brevipedicellatus H. L. Li

▶短梗幌伞枫

◎12588　◇626;988

◎12637　◇626/374

◎16074　◇626/374

◎16646　◇626

◎19861　◇626

Heteropanax fragrans (Roxb.) Seem.

▶幌伞枫

◎6529　◇626;867

◎9609　◇626

◎13690　◇626;1029

◎14607　◇626

◎14734　◇626

◎14948　◇626

◎16852　◇626

◎17445　◇626;782

Kalopanax septemlobus (Thunb.) Koidz.

▶刺楸

◎90　◇627

◎233　◇627;789

◎298　◇627;877

◎443　◇627

◎613　◇627;967

◎1128　◇TBA

◎1154　◇TBA

◎4138　◇627

◎4212　◇627

◎4854　◇627

◎5346　◇627;867

◎5553　◇622

◎5744　◇622

◎5924　◇627

◎6351　◇627

◎6521　◇622

◎6650　◇622

◎7019　◇622

◎9302　◇627;804/374

◎9772　◇627;787

◎9796　◇627;807

◎10268　◇918

◎10296　◇902

◎10830　◇627

◎10831　◇627
◎10832　◇627
◎10833　◇627
◎10835　◇627
◎11909　◇627
◎15922　◇627
◎16483　◇627
◎18390　◇627
◎18619　◇919
◎19154　◇627
◎19192　◇627
◎19677　◇627
◎20265　◇627
◎22342　◇916
◎25241　◇1097

Leea angulata **Korth. ex Miq.**
▶棱枝火筒树
◎29515　◇1336

Leea guineensis **G. Don**
▶台湾火筒树
◎7312　◇610
◎28105　◇1260
◎30943　◇1421
◎31227　◇1431
◎31228　◇1431

Leea indica **(Burm. f.) Merr.**
▶火筒树
◎29185　◇1318
◎31626　◇1454

Leea magnifolia **Merr.**
▶大叶火筒树
◎31627　◇1454

Leea Royen **D. Royen**
▶火筒树属
◎27259　◇1229
◎37527　◇1660

Macropanax dispermus **(Blume) Kuntze**
▶大参
◎36142　◇1587

Macropanax rosthornii **(Harms) C. Y. Wu ex G. Hoo**
▶短梗大参
◎10873　◇628
◎19693　◇628

Macropanax undulatus **(Wall. ex G. Don) Seem.**
▶波缘大参
◎6354　◇628

Metapanax davidii **(Franch.) J. Wen & Frodin**
▶异叶梁王茶
◎366　◇628;967
◎7619　◇628
◎20199　◇628

Neopanax arboreus **(Murr.) Allan**
▶乔木木人参
◎18828　◇911

Nothopanax **Miq.**
▶梁王茶属
◎308　◇628;867

Oreopanax anchicayanum **(Kunth) Decne. & Planch.**
▶安其山参
◎38179　◇1129

Oreopanax floribundum **Diels**
▶多花山参
◎38211　◇1130

Oreopanax guatemalensis **Decne. & Planch.**
▶危地马拉山参
◎27283　◇1229

Osmoxylon celebicum **Philipson**
▶西里伯兰屿加
◎27166　◇1227

Osmoxylon insidiator **Becc.**
▶因赛兰屿加
◎35891　◇1585
◎37541　◇1661

Pentapanax **Seem.**
▶五叶参属
◎9778　◇628;964

Pseudopanax crassifolius **(Sol. ex A. Cunn.) K. Koch**
▶厚叶矛木
◎18832　◇911

Raukaua edgerleyi **(Hook. f.) Seem.**
▶王香树
◎18829　◇911

Schefflera actinophylla **(Endl.) Harms**
▶大伞树/澳洲鸭脚木/鹅掌柴
◎25929　◇1108
◎40164　◇1699
◎41515　◇1716
◎41639　◇1717

Schefflera chimbuensis **frodin.**
▶齐美鸭脚木
◎21283　◇629

Schefflera curranii **Merr.**
▶柯氏鸭脚木/柯氏南鹅掌柴
◎28362　◇1272

Schefflera decaphylla **(Seem.) Harms**
▶十月南鹅掌柴
◎26428　◇1158
◎27959　◇1252
◎32575　◇1488
◎34859　◇1558
◎34860　◇1558

Schefflera delavayi **(Franch.) Harms**
▶穗序鸭脚木
◎374　◇629;867
◎624　◇629;873
◎6115　◇629

Schefflera digitata **J. R. Forst. & G. Forst.**
▶数码鸭脚木
◎18834　◇911

Schefflera domicola **W. W. Sm.**
▶多米鸭脚木
◎3220　◇629

Schefflera elliptifoliola **Merr.**
▶椭圆鸭脚木/椭圆南鹅掌柴
◎28728　◇1290

Schefflera exaltata **(Thwaites) Frodin**
▶高大鸭脚木/高大南鹅掌柴
◎31670　◇1455

Schefflera heptaphylla **(Linnaeus) Frodin**
▶鹅掌柴
◎6464　◇629;729/378
◎7236　◇629
◎8772　◇629
◎9105　◇629/376
◎9106　◇TBA
◎9107　◇629
◎9168　◇629;1057
◎9175　◇629;1057
◎12214　◇847
◎12218　◇847
◎12454　◇629
◎13126　◇629;1078
◎14324　◇629
◎14904　◇629
◎15669　◇629
◎16585　◇629
◎17696　◇629

◎18091 ◇629
◎22151 ◇959
◎39551 ◇1695

Schefflera morototoni **(Aubl.) Maguire, Steyerm. & Frodin**
▶莫罗鸭脚木/莫罗南鹅掌柴
◎4481 ◇625
◎22457 ◇625/536
◎22518 ◇820/536
◎26444 ◇1159
◎32551 ◇1488
◎32552 ◇1488
◎34796 ◇1556
◎34797 ◇1556
◎40149 ◇1128

Schefflera nodosa **(Miq.) F. M. Mull.**
▶节状南鹅掌柴
◎29200 ◇1319

Schefflera palawanensis **Merr.**
▶巴拉望南鹅掌柴
◎28032 ◇1256
◎28280 ◇1268

Schefflera schweliensis **W. W. Sm.**
▶斯氏鸭脚木
◎3353 ◇630

Schefflera simbuensis **Frodin**
▶辛巴鸭脚木/辛巴南鹅掌柴
◎29079 ◇1311
◎29080 ◇1312

Schefflera taiwaniana **(Nakai) Kaneh.**
▶台湾鹅掌柴
◎5043 ◇623

Schefflera wardii **C.Marquand & Airy Shaw**
▶西藏鸭脚木/西藏南鹅掌柴
◎19193 ◇630

Schefflera yurumanguinis **Cuatrec.**
▶亚鲁鸭脚木/亚鲁南鹅掌柴
◎33085 ◇1509

Schefflera **J. R. Forst. & G. Forst.**
▶鸭脚木属/南鹅掌柴属
◎1040 ◇TBA
◎10135 ◇630
◎10960 ◇630;1047
◎11648 ◇630;962
◎11653 ◇630;964
◎11680 ◇630;1077
◎11793 ◇630;1046
◎11908 ◇630
◎11914 ◇630
◎31669 ◇1455
◎37642 ◇1663
◎38028 ◇TBA
◎39910 ◇1122

Trevesia burckii **Boerl.**
▶布尔克刺通草
◎29126 ◇1315

Trevesia palmata **(Roxb. ex Lindl.) Vis.**
▶刺通草
◎38542 ◇1135

Arecaceae 棕榈科

Acanthophoenix rubra **H. Wendl.**
▶红刺椰
◎24091 ◇1083
◎39203 ◇1690

Archontophoenix alexandrae **(F. Muell.) H. Wendl. & Drude**
▶假槟榔
◎7206 ◇716

Archontophoenix cunninghamii **(H. Wendl.) H. Wendl. & Drude**
▶阔叶假槟榔
◎5053 ◇716

Areca catechu **L.**
▶槟榔
◎3472 ◇716

Arenga pinnata **Merr.**
▶桄榔
◎24248 ◇1082
◎40315 ◇1701

Astrocaryum aculeatum **G. Mey.**
▶棘刺星果椰子
◎33108 ◇1510
◎33109 ◇1510
◎33110 ◇1510
◎33111 ◇1510

Astrocaryum paramaca **Mart.**
▶帕拉星果椰子
◎33112 ◇1510

Astrocaryum sciophilum **Pulle**
▶索氏星果椰子
◎33495 ◇1525

Attalea fairchildensis **(Glassman) Zona**
▶发氏直叶椰子
◎24283 ◇1082

Attalea maracaibensis **Mart.**
▶马氏直叶椰子
◎33582 ◇1528

Bactris acanthocarpoides **Barb. Rodr.**
▶奥坎桃果椰子木
◎33114 ◇1511
◎33115 ◇1511
◎33116 ◇1511
◎33117 ◇1511
◎33118 ◇1511
◎33119 ◇1511
◎33120 ◇1511
◎33121 ◇1511
◎33122 ◇1511

Bactris brongniartii **Mart.**
▶布容桃果椰子木
◎33123 ◇1511
◎33124 ◇1511

Bactris campestris **Poepp.**
▶田野桃果椰子木
◎35245 ◇1568

Bactris coloniata **L. H. Bailey**
▶可拉桃果椰子木
◎38358 ◇1133

Bactris constanciae **Barb. Rodr.**
▶康斯桃果椰子木
◎33125 ◇1511
◎33126 ◇1511

Bactris gasipaes **Kunth**
▶盖斯桃果椰子/桃棕
◎24295 ◇1082
◎40421 ◇1702

Bactris major **Jacq.**
▶大桃果椰子
◎33127 ◇1511
◎33128 ◇1511
◎33129 ◇1511

Bactris maraja **Mart.**
▶马拉桃果椰子
◎33130 ◇1511
◎33131 ◇1511
◎33132 ◇1511
◎33133 ◇1511
◎35246 ◇1568

Bactris **Jacq. ex Scop.**
▶桃果椰子属
◎33113 ◇1511

Bismarckia nobilis **Hildebrandt & H. Wendl.**
▶诺比霸王棕
◎24348 ◇1085
Borassus aethiopum **Mart.**
▶埃塞俄比亚糖棕
◎17979 ◇829
◎21490 ◇716
Borassus flabellifer **L.**
▶糖棕/扇叶糖棕
◎24361 ◇1084
◎39312 ◇1691
◎41423 ◇1715
Brahea dulcis **Mart.**
▶甜石棕
◎18328 ◇709
Butia yatay **Becc.**
▶亚氏果冻椰子
◎24397 ◇1085
◎40721 ◇1705
Calamus simplicifolius **C. F. Wei**
▶单叶省藤
◎23703 ◇716
Calamus tetradactylus **Hance**
▶白藤
◎23704 ◇716
Calamus **L.**
▶省藤属
◎9651 ◇716
◎28270 ◇1268
Chamaedorea **Willd.**
▶竹节椰属
◎33146 ◇1512
Chamaerops humilis **L.**
▶欧洲矮棕
◎40059 ◇1116
Chelyocarpus dianeurus **(Burret) H. E. Moore**
▶戴安龟壳棕
◎32954 ◇1502
Coccothrinax argentata **(Jacq.) L. H. Bailey**
▶银扇葵
◎24606 ◇1088
Coccothrinax barbadensis **Becc.**
▶杜银棕
◎39903 ◇1699
Coccothrinax readii **H. J. Quero**
▶射叶银棕
◎39321 ◇1691
Cocos nucifera **L.**
▶椰子
◎17834 ◇716
◎23568 ◇915
◎23610 ◇716
◎40836 ◇1707
Cocos **L.**
▶椰子属
◎16301 ◇716
Copernicia rigida **Britton & P. Wilson**
▶刚性蜡棕
◎24631 ◇1088
Cryosophila nana **Blume**
▶纳纳根刺棕
◎24695 ◇1089
Daemonorops jenkinsiana **Mart.**
▶长嘴黄藤
◎23705 ◇716
Daemonorops melanochaetes **Blume**
▶黑刚毛黄藤
◎33149 ◇1512
Elaeis guineensis **Jacq.**
▶油棕
◎40831 ◇1707
Euterpe oleracea **Mart.**
▶千叶菜棕
◎33047 ◇1507
◎33048 ◇1507
◎33049 ◇1507
◎33050 ◇1507
◎33051 ◇1508
Euterpe precatoria **Mart.**
▶哥伦比亚埃塔棕
◎33150 ◇1512
Geonoma baculifera **Kunth**
▶巴库苇椰
◎32895 ◇1500
◎33054 ◇1508
◎33161 ◇1512
Geonoma maxima **Kunth**
▶大苇椰
◎32896 ◇1500
◎33055 ◇1508
◎33056 ◇1508
◎33057 ◇1508
◎33162 ◇1512
◎33163 ◇1512
◎33164 ◇1512
Geonoma triglochin **Burret**
▶三钩毛苇椰
◎33058 ◇1508
◎33165 ◇1512
Hydriastele wendlandiana **H. Wendl. & Drude**
▶韦德水柱椰
◎25182 ◇1097
◎39513 ◇1694
Hyphaene coriacea **Gaertn.**
▶沙旦分枝榈/皮果棕
◎25194 ◇1097
◎39252 ◇1690
◎41960 ◇1721
◎41961 ◇1721
Iriartea deltoidea **Ruiz & Pav.**
▶三角南美椰/伊里亚椰
◎25210 ◇1098
◎33068 ◇1508
◎40379 ◇1701
Livistona chinensis **(Jacq.) R. Br. ex Mart.**
▶蒲葵
◎7207 ◇716
◎21855 ◇716
Livistona saribus **Merr. ex A. Chev.**
▶大叶蒲葵
◎14927 ◇716
◎39005 ◇1687
Livistona **R. Br.**
▶蒲葵属
◎5060 ◇716
Oenocarpus bacaba **Mart.**
▶巴卡巴酒果椰
◎33352 ◇1520
◎35300 ◇1570
Phoenix canariensis **Chabaud**
▶加拿利海枣
◎25571 ◇1103
◎39079 ◇1688
◎41052 ◇1710
◎41578 ◇1717
Phoenix dactylifera **L.**
▶海枣
◎25572 ◇1103
◎39080 ◇1688
Phoenix reclinata **Jacq.**
▶下垂海枣/非洲海枣

◎25573 ◇1103
◎39063 ◇1688
◎41309 ◇1713
◎41725 ◇1718

Phoenix sylvestris **(L.) Roxb.**
▶林刺葵/银海枣
◎25574 ◇1103
◎39512 ◇1694
◎39589 ◇1695
◎41308 ◇1713
◎41314 ◇1713

Pholidostachys pulchra **(H. Wendl.) Burret**
▶丽椰
◎38368 ◇1133

Ptychosperma elegans **Blume**
▶幽美射叶椰
◎25766 ◇1106

Raphia bisangus
▶比森拉菲棕/比森酒椰
◎18441 ◇925

Raphia regalis **Becc.**
▶王酒椰
◎33629 ◇1532

Raphia sese **De Wild.**
▶塞氏拉菲棕/塞氏酒椰
◎18440 ◇925

Rhapis humilis **Blume**
▶棕竹
◎7988 ◇714
◎13378 ◇849

Rhopalostylis sapida **H. Wendl. & Drude**
▶美味胡刷椰
◎33594 ◇1529

Roystonea oleracea **O. F. Cook**
▶菜王椰
◎25893 ◇1108

Roystonea regia **O. F. Cook**
▶大王椰
◎25894 ◇1108
◎39294 ◇1691
◎41681 ◇1718
◎41791 ◇1719

Saba comorensis **(Bojer) Pichon**
▶科摩罗橙香藤
◎36534 ◇1610
◎36654 ◇1615

Sabal palmetto **(Walter) Lodd. ex Schult. f.**
▶帕尔菜棕
◎25895 ◇1108
◎39300 ◇1691
◎41615 ◇1717
◎41715 ◇1718

Sabal yapa **C. Wright ex Becc.**
▶亚帕菜棕
◎25896 ◇1108

Saribus rotundifolius **(Lam.) Blume**
▶圆叶叉序蒲葵
◎25292 ◇1099

Serenoa repens **(W. Bartram) Small**
▶锯箬棕
◎40174 ◇1699

Socratea exorrhiza **(Mart.) H. Wendl.**
▶艾氏高跷椰
◎33066 ◇1508
◎33067 ◇1508

Syagrus romanzoffiana **(Cham.) Glassman**
▶女王椰子
◎41994 ◇1722
◎41995 ◇1722

Syagrus stratincola **Wess. Boer**
▶层状女王椰子
◎35149 ◇1565

Thrinax radiata **Lodd. ex Desf.**
▶辐射豆棕
◎26115 ◇1112
◎26116 ◇1112

Trachycarpus fortunei **(Hook.) H. Wendl.**
▶棕榈
◎7252 ◇716
◎10225 ◇918
◎18533 ◇827
◎20007 ◇716
◎26135 ◇1111

Washingtonia filifera **(Linden ex André) H. Wendl.**
▶丝葵
◎26186 ◇1112
◎26187 ◇1112

Washingtonia robusta **H. Wendl.**
▶大丝葵
◎26188 ◇1112
◎39311 ◇1691
◎41189 ◇1712
◎42384 ◇1727

Argophyllaceae 雪叶木科

Argophyllum ellipticum **Labill.**
▶椭圆叶雪叶木
◎2837 ◇177/117

Aristolochiaceae 马兜铃科

Aristolochia hoehneana **O. C. Schmidt**
▶霍氏马兜铃
◎38547 ◇1135

Aristolochia macrocarpa **Duch.**
▶大果马兜铃
◎29628 ◇1347
◎30918 ◇1420
◎31235 ◇1431
◎31236 ◇1431
◎37865 ◇1673
◎37866 ◇1673

Aristolochia maxima **Jacq.**
▶大马兜铃
◎38135 ◇1128

Aristolochia minutiflora **Ridl. ex Gamble**
▶小花马兜铃
◎31548 ◇1451

Aristolochia papillifolia **Ding Hou**
▶乳头马兜铃
◎28245 ◇1266

Aristolochia promissa **Mast.**
▶普若马兜铃
◎29617 ◇1346
◎29618 ◇1346
◎29644 ◇1349

Aristolochia triactina **Hook. f.**
▶三芒马兜铃
◎37867 ◇1673

Asparagaceae 天门冬科

Agave americana **L.**
▶龙舌兰
◎40612 ◇1704

Agave atrovirens **Karw. ex Salm-Dyck**
▶暗绿龙舌兰
◎21626 ◇719

◎40619 ◇1704

Agave sisalana Perrine

▶剑麻

◎18230 ◇719

Beaucarnea recurvata (K. Koch & Fintelm.) Lem.

▶酒瓶兰/象腿树

◎24323 ◇1084

Cordyline australis (G. Forst.) Endl.

▶澳洲朱蕉

◎19534 ◇719

◎24651 ◇1089

Dracaena angustifolia (Medik.) Roxb.

▶长花龙血树

◎20841 ◇891

◎28561 ◇1282

Dracaena arborea (Willd.) Link

▶龙血树/也门铁

◎21529 ◇719/518

◎36673 ◇1616

◎36674 ◇1616

◎37746 ◇1666

◎37747 ◇1666

◎37748 ◇1666

◎37789 ◇1668

◎37790 ◇1668

◎37791 ◇1668

◎37792 ◇1669

◎37793 ◇1669

◎39886 ◇1699

Dracaena arundinacea ined.

▶拟芦苇龙血树

◎37836 ◇1672

Dracaena aurea H. Mann

▶奥乐龙血树

◎24812 ◇1091

◎39516 ◇1694

Dracaena bicolor Hook.

▶双色龙血树

◎36452 ◇1605

◎37799 ◇1669

◎37800 ◇1670

◎37845 ◇1672

◎37846 ◇1672

◎37847 ◇1672

Dracaena camerooniana Baker

▶喀麦隆龙血树

◎37794 ◇1669

◎37837 ◇1672

◎37838 ◇1672

Dracaena cerasifera Hua

▶桃红龙血树

◎37795 ◇1669

◎37839 ◇1672

◎37840 ◇1672

Dracaena goldieana Bullen ex Mast. & T. Moore

▶虎斑龙血树

◎37796 ◇1669

Dracaena laxissima Engl.

▶疏叶龙血树

◎37841 ◇1672

◎37842 ◇1672

◎37843 ◇1672

Dracaena loureiri Gagnep.

▶岩棕

◎36832 ◇1624

Dracaena mokoko Mwachala & Cheek

▶莫寇龙血树

◎37797 ◇1669

◎37798 ◇1669

Dracaena nyangensis Pellegr.

▶尼央龙血树

◎37844 ◇1672

Dracaena ombet subsp. *schizantha* (Baker) Bos

▶斯氏龙血树

◎29682 ◇1353

◎29683 ◇1353

◎29684 ◇1353

Dracaena steudneri Engl.

▶斯托龙血树

◎29641 ◇1349

◎37749 ◇1666

Dracaena vadensis Damen

▶瓦氏龙血树

◎37848 ◇1672

Dracaena viridiflora Engl. & K. Krause

▶绿花龙血树

◎37750 ◇1666

◎37801 ◇1670

◎37802 ◇1670

◎37849 ◇1672

Dracaena Vand. ex L.

▶龙血树属

◎17935 ◇829

◎28109 ◇1260

Yucca brevifolia Engelm.

▶短叶丝兰

◎26214 ◇1113

◎39440 ◇1693

◎41751 ◇1719

◎42152 ◇1724

Yucca gloriosa L.

▶凤尾丝兰

◎26215 ◇1113

Yucca rostrata Engelm. ex Trel.

▶鸟喙丝兰

◎40693 ◇1705

Asphodelaceae 阿福花科

Xanthorrhoea platyphylla D. J. Bedford

▶阔叶黄脂木属

◎40684 ◇1705

Xanthorrhoea preissii Endl.

▶草树/普氏黄万年青

◎26200 ◇1112

◎39712 ◇1697

Asteraceae 菊科

Ambrosia trifida L.

▶三裂叶豚草

◎38529 ◇1135

Artemisia ordosica Krasch.

▶油蒿/黑沙蒿

◎18384 ◇712

Artemisia tridentata Nutt.

▶三齿蒿

◎24253 ◇1082

◎39836 ◇1698

Artemisia vulgaris Burm. f.

▶北艾

◎38510 ◇1135

Austrobrickellia patens (Hook. & Arn.) R. M. King & H. Rob.

▶展开奥斯菊

◎38441 ◇1134

Bedfordia arborescens Hochr.

▶木本线绒菊

◎24324 ◇1084

Bedfordia salicina (Labill.) DC.

▶塞里线绒菊

◎23038 ◇823

◎24325 ◇1084

◎40725 ◇1705

Bedfordia DC.

▶线绒菊属

◎21314 ◇712

Brachyglottis repanda J. R. Forst. & G. Forst.

▶波状常春菊

◎18788 ◇911/741

◎20581 ◇829

Brachylaena glabra (L. f.) Druce

▶无毛短被菊

◎24367 ◇1084

◎40347 ◇1701

◎42117 ◇1723

Brachylaena huillensis O. Hoffm.

▶哈氏短被菊

◎19210 ◇712/508

◎21818 ◇712

◎40572 ◇1704

◎42275 ◇1725

Brachylaena R. Br.

▶短被菊属

◎37120 ◇1631

Brenandendron donianum (DC.) H. Rob.

▶蕨序鸡菊花

◎21759 ◇930/508

Campovassouria cruciata (Vell.) R. M. King & H. Rob.

▶显脉泽兰

◎38522 ◇1135

Campuloclinium macrocephalum DC.

▶大头柄泽兰

◎38126 ◇1128

Clibadium surinamense L.

▶苏里南白头菊木

◎38356 ◇1133

Dasyphyllum diacanthoides (Less.) Cabrera

▶代氏毛叶刺菊木

◎19536 ◇712

Decaneuropsis obovata (Gaudich.) H. Rob. & Skvarla

▶倒卵圆蔓斑鸠菊

◎29209 ◇1320

Dichrocephala bicolor Schltdl.

▶双色鱼眼草

◎31493 ◇1448

◎31494 ◇1448

Diplostephium tolimentse Cuatrec.

▶托里长冠菀木

◎38203 ◇1130

Eirmocephala megaphylla (Hieron.) H. Rob.

▶大叶翼柄斑鸠菊

◎38450 ◇1134

Gochnatia arborescens Brandegee

▶乔木绒菊木

◎25094 ◇1094

◎39249 ◇1690

Gochnatia polymorpha Herb. Berol. ex DC.

▶多型绒菊木

◎25095 ◇1094

Gynoxys induta Cuatrec.

▶银达绒安菊

◎38204 ◇1130

Gynura vidaliana Elmer

▶维达菊三七

◎28359 ◇1272

Ixeridium laevigatum (Blume) C. Shih

▶褐冠小苦荬

◎31625 ◇1454

Joseanthus trichotomus (Gleason) H. Rob.

▶全裂落苞菊

◎33537 ◇1526

Kleinia neriifolia Haw.

▶夹竹桃叶仙人笔

◎35870 ◇1585

Launaea spinosa (Forsk.) Sch. Bip. ex O. Kuntze

▶刺栓果菊

◎31287 ◇1434

Leucomeris decora Kurz

▶白菊木

◎9620 ◇712

◎9626 ◇712

Melanolepsis multiglandulosa Welw.

▶麦兰大戟木

◎35963 ◇1586

Monosis volkameriifolia (DC.) H. Rob. & Skvarla

▶大叶单鸠菊

◎9630 ◇712

Nidorella ivifolia (L.) J. C. Manning & Goldblatt

▶长冠田基黄

◎39288 ◇1691

Olearia argophylla (Labill.) Benth.

▶银叶榄叶菊

◎23033 ◇823

◎25496 ◇1101

◎41585 ◇1717

◎41925 ◇1721

Papuacalia dindondl (P. Royen) Veldkamp

▶丁多粉蟹甲属

◎29071 ◇1311

◎29072 ◇1311

Perymenium grande Hemsl.

▶大月菊

◎25563 ◇1102

◎41996 ◇1722

Piptocoma discolor (Kunth) Pruski

▶变色脱冠落苞菊

◎38305 ◇1132

Porophyllum ruderale M. Gómez

▶香蝶菊

◎29525 ◇1337

Pseudogynoxys pohlii (Baker) Leitão

▶波尔蔓黄金菊

◎38526 ◇1135

Stevia lucida Lag.

▶光亮甜叶菊

◎29343 ◇1328

Strobocalyx arborea Sch. Bip.

▶树状斑鸠菊

◎5231 ◇712

◎13150 ◇894

◎14150 ◇/750

◎15941 ◇712

◎21062 ◇890

◎27705 ◇1238

◎28198 ◇1264

◎28436 ◇1275

◎28679 ◇1288

◎28841 ◇1296

◎29013 ◇1307

◎29049 ◇1310

◎29127 ◇1315

◎29162 ◇1317

◎35571 ◇1572

Strobocalyx bockiana (Diels) H. Rob., S. C. Keeley, Skvarla & R. Chan

▶南川斑鸠菊

◎619 ◇712;967

◎6221 ◇712

Strobocalyx solanifolia H. Rob., S. C. Keeley, Skvarla & R. Chan

▶茄叶斑鸠菊

◎11786 ◇712;1046

◎11809 ◇712

Tarchonanthus camphoratus Houtt. ex DC.

▶樟叶棉果菊木

◎26083 ◇1111

◎40200 ◇1699

Tessaria integrifolia Ruiz & Pav.

▶全缘单树菊

◎38470 ◇1134

Verbesina allophylla S. F. Blake

▶异叶马鞭菊

◎38442 ◇1134

Vernonanthura montevidensis (Spreng.) Kuntze

▶乌拉圭方晶斑鸠菊

◎33310 ◇1518

Vernonanthura phosphorica (Vell.) H. Rob.

▶方晶斑鸠菊

◎18327 ◇712

◎38825 ◇1684

Vernonia colorata Drake

▶卡罗拉铁鸠菊

◎31046 ◇1426

◎31153 ◇1429

◎31154 ◇1429

Vernonia Schreb.

▶铁鸠菊属

◎1288 ◇712/263

◎11840 ◇712;812

Atherospermataceae 香皮檫科

Antrospermum moschatum

▶莫氏安翠菊

◎22999 ◇825

Atherosperma moschatum Labill.

▶假檫木/香皮檫

◎23034 ◇823

◎24279 ◇1082

◎40308 ◇1701

◎41413 ◇1714

Daphnandra dielsii Perkins

▶代乐销枝檫木

◎24754 ◇1090

Daphnandra repandula (F. Muell.) F. Muell.

▶波状销枝檫木

◎5077 ◇77

◎24755 ◇1090

Doryphora aromatica (F. M. Bailey) L. S. Sm.

▶郁金矛蕊檫木

◎24810 ◇1091

◎40495 ◇1703

Doryphora sassafras Endl.

▶黄樟矛蕊檫木

◎4779 ◇77

◎10436 ◇825

◎15431 ◇823

◎20580 ◇829

Dryadodaphne trachyphloia Schodde

▶粗糙锥果檫木

◎24818 ◇1091

Laurelia novae-zelandiae A. Cunn.

▶新西兰类月桂

◎18483 ◇910/744

Laurelia sempervirens (Ruiz & Pav.) Tul.

▶常绿类月桂/月桂檫

◎25262 ◇1097

◎39050 ◇1688

◎39337 ◇1692

◎41216 ◇1712

Aytoniaceae 疣冠苔科

Neesia altissima (Blume) Blume

▶高毛榴梿

◎35487 ◇1571

Neesia ambigua Becc.

▶似毛榴梿

◎27061 ◇1225

Balanopaceae 橡子木科

Balanops australiana F. Muell.

▶澳大利亚橡子木

◎21315 ◇913

◎29097 ◇1313

◎40336 ◇1701

Begoniaceae 秋海棠科

Begonia L.

▶秋海棠属

◎31553 ◇1451

Berberidaceae 小檗科

Berberis amurensis Rupr.

▶黄芦木

◎5382 ◇81

◎5457 ◇81

Berberis aquifolium Pursh

▶冬青叶小檗

◎24328 ◇1084

◎39418 ◇1693

Berberis asiatica Roxb. ex DC.

▶亚洲小檗

◎20789 ◇891

Berberis cuatrecasasii L. A. Camargo

▶宽垂小檗

◎35256 ◇1568

Berberis henryana Schneider

▶川鄂小檗

◎6880 ◇81

Berberis julianae C. K. Schneid.

▶朱力小檗/豪猪刺

◎24330 ◇1084

Berberis lehmannii Hieron.

▶赖氏小檗

◎38160 ◇1129

Berberis thunbergii DC.

▶日本小檗

◎24331 ◇1085

◎38508 ◇1135

◎38838 ◇1684

Berberis verruculosa Hemsl. & E. H. Wilson

▶疣枝小檗

◎24332 ◇1085

Berberis vulgaris subsp. *australis* (Boiss.) Heywood

▶澳洲小檗

◎31258 ◇1432

Berberis vulgaris L.

▶欧洲小檗

◎24329 ◇1084

◎37399 ◇1655

◎37400 ◇1655

Berberis L.

▶小檗属

◎752 ◇81

Mahonia bealei (Fortune) Carrière

▶阔叶十大功劳

◎11686 ◇81/45
◎13526 ◇81
◎17854 ◇81
◎19852 ◇81

Mahonia japonica DC.
▶日本十大功劳
◎25347 ◇1099
◎40723 ◇1705

Mahonia Nutt.
▶十大功劳属
◎6593 ◇81
◎9784 ◇TBA

Betulaceae 桦木科

Alnus acuminata subsp. *arguta* (Schltdl.) Furlow
▶锐齿桤木
◎20127 ◇936

Alnus acuminata Kunth
▶尖吻桤木
◎24163 ◇1085

Alnus alnobetula subsp. *sinuata* (Regel) Raus
▶裂叶桤木
◎10390 ◇TBA
◎24172 ◇1085

Alnus alnobetula (Ehrh.) K. Koch
▶绿桤木
◎24165 ◇1085

Alnus cordata (Lois.) Desf.
▶心形桤木/意大利桤木
◎22299 ◇903
◎24166 ◇1085
◎29711 ◇1356
◎29712 ◇1356
◎29713 ◇1356
◎31256 ◇1432

Alnus cremastogyne Burkill
▶桤木
◎12 ◇386
◎222 ◇386;780
◎484 ◇386
◎1099 ◇386
◎5921 ◇386
◎5938 ◇386
◎6209 ◇386
◎7931 ◇386/221
◎10737 ◇386
◎11081 ◇386
◎14020 ◇386/221
◎17550 ◇386

Alnus firma Siebold & Zucc.
▶实心桤木
◎4115 ◇386

Alnus formosana Makino
▶台湾桤木
◎5021 ◇386
◎21828 ◇386/221

Alnus glutinosa (L.) Gaertn.
▶欧洲桤木
◎4329 ◇386
◎4787 ◇386
◎9429 ◇830
◎11164 ◇832
◎11351 ◇823
◎12031 ◇914
◎13733 ◇945
◎15586 ◇950
◎17909 ◇822
◎21361 ◇386
◎21680 ◇904
◎22038 ◇912
◎23518 ◇953
◎23555 ◇953
◎34945 ◇1560
◎35741 ◇1576
◎37331 ◇1649
◎37332 ◇1649
◎37333 ◇1649

Alnus hirsuta (Spach) Rupr.
▶辽东桤木
◎4137 ◇386
◎4190 ◇386
◎4931 ◇386
◎8007 ◇387;1009/222
◎14224 ◇386;888/222
◎18578 ◇919
◎22318 ◇916
◎22319 ◇916

Alnus incana subsp. *rugosa* (Du Roi) R. T. Clausen
▶鲁格灰桤木
◎24168 ◇1085

Alnus incana subsp. *tenuifolia* (Nutt.) Breitung
▶细叶灰桤木
◎38651 ◇1137
◎24173 ◇1085

Alnus incana (L.) Moench
▶灰赤杨/灰桤木
◎4330 ◇386
◎12030 ◇914
◎12057 ◇386/221
◎13732 ◇945
◎14243 ◇914
◎15585 ◇950

Alnus japonica (Thunb.) Steud.
▶赤杨/日本桤木
◎5302 ◇391;975
◎4119 ◇391
◎4188 ◇391
◎5391 ◇391
◎5646 ◇386
◎5692 ◇386/221
◎18577 ◇919
◎22320 ◇916

Alnus jorullensis Kunth
▶约鲁桤木
◎20095 ◇936
◎24164 ◇1085
◎38113 ◇1128

Alnus maximowiczii Callier
▶马希桤木
◎4932 ◇386

Alnus nepalensis D. Don
▶西南桤木/尼泊尔桤木
◎1241 ◇387
◎3226 ◇387
◎3299 ◇387
◎6394 ◇387
◎6636 ◇387
◎7654 ◇387;784
◎7929 ◇387/222
◎7957 ◇387
◎9627 ◇387;869
◎11294 ◇387;995/222
◎11696 ◇387;1005
◎13787 ◇387
◎16090 ◇387/222
◎17858 ◇387
◎19260 ◇387
◎19261 ◇387
◎19262 ◇387

Alnus nitida Endl.
▶喜马拉雅灰桤木
◎20790 ◇891

***Alnus oblongifolia* Torr.**

▶斜叶桤木

◎38733 ◇1139

◎40713 ◇1705

***Alnus orientalis* Decne.**

▶东方桤木

◎17546 ◇387/222

***Alnus pendula* Matsum.**

▶垂花桤木

◎24169 ◇1085

***Alnus rhombifolia* Nutt.**

▶菱叶桤木

◎38647 ◇1137

◎40314 ◇1701

***Alnus rubra* Bong.**

▶红枝桤木

◎4357 ◇387/222

◎10389 ◇TBA

◎17213 ◇387;821

◎18685 ◇387

◎23066 ◇917

***Alnus serrulata* Willd.**

▶齿叶桤木

◎20958 ◇387

◎24170 ◇1085

◎38226 ◇1130

***Alnus sieboldiana* Matsum.**

▶西波桤木/旅顺桤木

◎24171 ◇1085

***Alnus trabeculosa* Hand.-Mazz.**

▶江南桤木

◎6482 ◇387/223

◎17320 ◇387;788/223

***Alnus* Mill.**

▶桤木属

◎891 ◇TBA

◎901 ◇TBA

◎11172 ◇TBA

◎17908 ◇822

◎39911 ◇1122

◎39966 ◇1122

***Betula × caerulea* Blanch.**

▶杂交白桦

◎24338 ◇1085

***Betula albosinensis* Burkill**

▶红桦

◎506 ◇388

◎511 ◇388

◎3242 ◇388

◎5426 ◇388;998

◎5427 ◇388

◎5521 ◇388;884

◎7778 ◇388;860

◎7995 ◇388;788

◎8163 ◇388;1016

◎8446 ◇388;884

◎8587 ◇388;965/224

◎8694 ◇389;787

◎8700 ◇388;1050

◎9856 ◇388;978/224

◎10624 ◇388

◎10625 ◇388

◎11038 ◇388

◎11076 ◇388

◎11080 ◇388

◎11118 ◇388

◎11250 ◇388

◎11271 ◇388;1075

◎14017 ◇388

◎14068 ◇388/224

◎14198 ◇388

◎14199 ◇388

◎14200 ◇388

◎18778 ◇388

***Betula alleghaniensis* Britton**

▶加拿大黄桦

◎4356 ◇393

◎4574 ◇393

◎4722 ◇393

◎4970 ◇393

◎10344 ◇826/221

◎10392 ◇TBA

◎17214 ◇821

◎18674 ◇388

◎23105 ◇805

◎23430 ◇TBA

***Betula alnoides* Buch.-Ham.**

▶西南桦

◎9682 ◇389;869

◎11288 ◇389

◎13789 ◇389/224

◎16070 ◇389

◎17350 ◇389;778

***Betula austrosichotensis* V. N. Vassil. & V. I. Baranov**

▶华南桦

◎6503 ◇389;1000

◎14050 ◇389

◎14051 ◇389

◎16457 ◇389

***Betula caerulea-grandis* Blanch.**

▶寇如桦

◎18528 ◇827/225

***Betula chinensis* Maxim.**

▶坚桦

◎5301 ◇975/224

◎5410 ◇TBA

***Betula corylifolia* Griff.**

▶黄桦

◎18580 ◇919/224

***Betula costata* Trautv.**

▶硕桦

◎5305 ◇390

◎7662 ◇390;986

◎7663 ◇390

◎7664 ◇390

◎7691 ◇390;1001/224

◎7851 ◇TBA

◎8175 ◇390

◎9427 ◇830

◎10183 ◇830

***Betula cylindrostachya* Wall.**

▶长穗桦

◎19358 ◇390

***Betula dahurica* Pall.**

▶棘皮桦

◎5304 ◇390

◎7681 ◇390;1001

◎7682 ◇390

◎7683 ◇390

◎12090 ◇390

***Betula delavayi* Franch.**

▶高山桦

◎13782 ◇390

◎19263 ◇390

***Betula ermanii* Cham.**

▶岳桦

◎4157 ◇391/225

◎4933 ◇391

◎9428 ◇830

◎22323 ◇916

◎36779 ◇1620

◎36799 ◇1622

***Betula fontinalis* Sarg.**

▶水生桦

◎38720 ◇1139

Betula fruticosa **Willd.**

▶柴桦

◎5411 ◇391;869

◎8013 ◇391;991/221

◎8015 ◇391;800

Betula glandulosa **Berl.**

▶腺桦

◎38234 ◇1130

Betula grossa **Siebold & Zucc.**

▶日本樱桦

◎4143 ◇395

◎18579 ◇919/226

◎24339 ◇1085

Betula intermedia **var.** ***alpestris*** **(Fr.) H. J. P. Winkl. ex C. K. Schneid.**

▶阿尔桦

◎29716 ◇1356

◎29779 ◇1359

◎29780 ◇1359

Betula lenta **Du Roi**

▶山桦

◎10229 ◇918/226

◎17218 ◇821

Betula luminifera **H. J. P. Winkl.**

▶亮叶桦

◎13 ◇392

◎207 ◇392;780

◎215 ◇392;798

◎315 ◇392;794

◎387 ◇392

◎461 ◇392

◎761 ◇392

◎788 ◇392

◎1025 ◇392;984

◎1194 ◇392;984

◎1291 ◇392

◎6113 ◇392

◎6401 ◇392

◎6848 ◇392;720

◎7099 ◇392

◎9388 ◇392;777

◎10623 ◇392

◎10739 ◇TBA

◎10740 ◇393

◎10741 ◇393

◎10744 ◇393

◎11178 ◇393

◎11409 ◇393

◎12515 ◇393;884/226

◎13440 ◇393

◎13441 ◇393;1012

◎13576 ◇393

◎14019 ◇393

◎15002 ◇393

◎15681 ◇393;871

◎16508 ◇393

◎19416 ◇393

◎20669 ◇393

◎21158 ◇393

Betula maximowicziana **Regel**

▶王桦

◎4189 ◇393

◎24340 ◇1085

Betula nana **L.**

▶纳纳桦

◎33230 ◇1515

Betula neorucosa

▶乃氏桦

◎4328 ◇393

Betula nigra **L.**

▶水白桦/河桦

◎18682 ◇393/226

◎24341 ◇1085

◎38877 ◇1685

◎40776 ◇1706

Betula occidentalis **Hook.**

▶西方桦

◎17216 ◇821

◎24342 ◇1085

Betula papyrifera **var.** ***cordifolia*** **(Regel) Fernald**

▶心叶桦

◎24343 ◇1085

Betula papyrifera **Marshall**

▶北美白桦

◎4969 ◇394

◎10393 ◇821

◎10394 ◇821

◎10395 ◇821

◎17215 ◇821

◎18680 ◇394

◎23106 ◇805

◎36800 ◇1622

Betula pendula **subsp.** ***szechuanica*** **(C. K. Schneid.) Ashburner & McAl.**

▶四川垂枝桦

◎36801 ◇1622

Betula pendula **Roth**

▶垂枝桦

◎9426 ◇830

◎11022 ◇395

◎11160 ◇832

◎11364 ◇823

◎12033 ◇914

◎12058 ◇395

◎13821 ◇395/227

◎14245 ◇914

◎15584 ◇950

◎21322 ◇394

◎21488 ◇395

◎21687 ◇904

◎23515 ◇953

◎23556 ◇953

◎29781 ◇1359

◎36747 ◇1619

◎37280 ◇1644

◎37281 ◇1644

◎37282 ◇1644

◎40774 ◇1706

Betula platyphylla **Sukaczev**

▶白桦

◎579 ◇394

◎7665 ◇394

◎7666 ◇394

◎7667 ◇394

◎7692 ◇394;862

◎7846 ◇394

◎7852 ◇TBA

◎7890 ◇394

◎8174 ◇394

◎8655 ◇394;991

◎10227 ◇918

◎11270 ◇394;987/227

◎12082 ◇394

◎12551 ◇394;1000

◎13790 ◇394

◎14018 ◇394

◎17435 ◇394;781/227

◎18073 ◇394;1040/227

◎18581 ◇919

◎19231 ◇394

◎19232 ◇394

◎19235 ◇394

◎19236 ◇394;859

◎20623 ◇394

◎22356 ◇916

◎36780 ◇1620

Betula populifolia **Aiton**

▶**杨叶桦**

◎17217 ◇821/227

◎24344 ◇1085

Betula pubescens **Ehrh.**

▶**毛枝桦**

◎4712 ◇388

◎4788 ◇394

◎11021 ◇394

◎12032 ◇914

◎15557 ◇394

◎17911 ◇822

◎21487 ◇394

◎24345 ◇1085

◎33231 ◇1515

Betula pumila **L.**

▶**帕米桦**

◎38892 ◇1686

◎38894 ◇1686

◎38922 ◇1686

Betula schmidtii **Regel**

▶**辽东桦**

◎4120 ◇394

◎10184 ◇830/227

◎12080 ◇394

Betula tianschanica **Rupr.**

▶**蒂安桦**

◎24346 ◇1085

◎39584 ◇1695

Betula utilis **D. Don**

▶**糙皮桦**

◎6153 ◇395

◎15883 ◇395/224

◎15998 ◇395

◎19229 ◇395

◎19230 ◇395

◎20622 ◇395

Betula **L.**

▶**桦木属**

◎711 ◇395

◎5887 ◇395

◎5892 ◇TBA

◎5893 ◇395

◎5904 ◇395

◎5955 ◇395

◎6096 ◇395

◎6098 ◇TBA

◎7765 ◇395;872

◎7877 ◇395

◎8067 ◇395

◎8074 ◇TBA

◎8280 ◇396;884

◎8281 ◇396;872

◎8384 ◇396

◎8385 ◇396;884

◎8596 ◇396;1008

◎8606 ◇396

◎8678 ◇396;860

◎8680 ◇396;860

◎8720 ◇TBA

◎10000 ◇396

◎10121 ◇396

◎10228 ◇918

◎10622 ◇396

◎10976 ◇396

◎10981 ◇396

◎11067 ◇396

◎11122 ◇396

◎11123 ◇396

◎11127 ◇396

◎11902 ◇396

◎12401 ◇TBA

◎12403 ◇TBA

◎13340 ◇879

◎13383 ◇849

◎13394 ◇849

◎13419 ◇TBA

◎13761 ◇947

◎17910 ◇822

◎19612 ◇396

◎23070 ◇917

◎26471 ◇1164

◎26542 ◇1172

◎26560 ◇1174

◎26561 ◇1174

◎26562 ◇1174

◎26589 ◇1178

◎26689 ◇1190

◎39358 ◇1692

◎39967 ◇1122

Carpinus betulus **var.** ***fastigiata*** **G. Nicholson**

▶**塔形鹅耳枥**

◎26765 ◇1199

Carpinus betulus **L.**

▶**欧洲鹅耳枥/桦叶鹅耳枥**

◎4325 ◇397;873

◎4790 ◇397

◎5015 ◇397

◎9424 ◇830

◎10185 ◇830

◎11163 ◇832

◎11357 ◇823

◎12034 ◇914

◎12099 ◇397

◎13742 ◇946

◎14244 ◇914

◎21323 ◇397/228

◎22019 ◇912

◎23521 ◇953

◎23560 ◇953

◎26369 ◇1152

◎26370 ◇1152

◎34954 ◇1560

◎35280 ◇1569

◎35281 ◇1569

◎37193 ◇1633

◎37194 ◇1633

◎37195 ◇1633

Carpinus caroliniana **Walter**

▶**美洲鹅耳枥**

◎20090 ◇936

◎24465 ◇1087

◎35762 ◇1577

◎35763 ◇1577

◎35764 ◇1578

◎38593 ◇1136

◎38931 ◇1686

◎41171 ◇1711

◎42262 ◇1725

Carpinus chuniana **Hu**

▶**粤北鹅耳枥**

◎11918 ◇397

◎16556 ◇397/228

◎17156 ◇397

Carpinus cordata **Blume**

▶**千金榆**

◎521 ◇397/228

◎4186 ◇397

◎5328 ◇397;996

◎5352 ◇397;996

◎6030 ◇397;1064

◎10190　◇830
◎17525　◇397;969
◎22321　◇916

Carpinus fangiana Hu
▶川黔鹅耳枥
◎138　◇397;779/228
◎7056　◇397
◎8657　◇397
◎14217　◇397/228

Carpinus fargesiana H. J. P. Winkl.
▶川陕鹅耳枥
◎13683　◇397
◎15812　◇397

Carpinus japonica Blume
▶日本鹅耳枥
◎4109　◇397
◎4842　◇398/229

Carpinus kweichowensis Hu
▶贵州鹅耳枥
◎6359　◇398/229

Carpinus laxiflora (Siebold & Zucc.) Blume
▶湖北鹅耳枥
◎6198　◇398
◎6894　◇398
◎9384　◇398;1058
◎13684　◇398/228
◎22322　◇916

Carpinus londoniana var. *lanceolata* (Hand.-Mazz.) P. C. Li
▶海南鹅耳枥
◎10614　◇398
◎10615　◇398
◎10616　◇398
◎10617　◇398
◎10618　◇398
◎12159　◇398
◎12197　◇398;815/229
◎13127　◇398;1074
◎14380　◇398
◎21968　◇398

Carpinus londoniana H. J. P. Winkl.
▶亮叶鹅耳枥
◎4227　◇398/229
◎15865　◇398
◎17596　◇398;985

Carpinus monbeigiana Hand.-Mazz.
▶云南鹅耳枥
◎19265　◇398

Carpinus orientalis Mill.
▶东方鹅耳枥
◎24466　◇1087
◎39840　◇1698

Carpinus polyneura Franch.
▶多脉鹅耳枥
◎197　◇398;1028/229
◎485　◇398
◎1121　◇TBA
◎6191　◇398
◎6199　◇398
◎6201　◇398/229

Carpinus pubescens Burkill
▶云贵鹅耳枥
◎11919　◇398/229

Carpinus tschonoskii Maxim.
▶昌化鹅耳枥
◎4113　◇399
◎18582　◇919/229
◎36748　◇1619
◎36749　◇1619

Carpinus turczaninowii Hance
▶鹅耳枥
◎531　◇399
◎559　◇399;867
◎5320　◇399;1000/229
◎5327　◇399;1000
◎5397　◇399
◎5527　◇399
◎6027　◇399;729
◎7000　◇399
◎8614　◇399/228
◎8625　◇399;792
◎18843　◇399
◎20630　◇399

Carpinus viminea Lindl. ex Wall.
▶雷公鹅耳枥
◎795　◇399
◎9764　◇399;1058/230
◎13456　◇399
◎15924　◇399
◎16422　◇399
◎17109　◇399
◎18057　◇399
◎19168　◇399
◎19264　◇399
◎31710　◇1457
◎31848　◇1466

Carpinus L.
▶鹅耳枥属
◎719　◇399;799
◎825　◇TBA
◎6929　◇399
◎7919　◇399
◎16122　◇399
◎17912　◇822
◎39912　◇1122

Corylus americana Walter
▶美洲榛
◎24660　◇1089
◎38227　◇1130
◎38929　◇1686
◎39549　◇1695

Corylus avellana L.
▶欧榛
◎4326　◇400
◎5003　◇400
◎9425　◇830
◎19565　◇400/231
◎21708　◇904
◎33238　◇1515
◎37444　◇1657
◎37445　◇1657
◎37446　◇1657

Corylus chinensis Franch.
▶华榛
◎486　◇400
◎1186　◇TBA
◎11921　◇400

Corylus colurna L.
▶土耳其榛
◎23563　◇953
◎24661　◇1089
◎36805　◇1622
◎41130　◇1711
◎41223　◇1712

Corylus cornuta subsp. *californica* (A. DC.) A. E. Murray
▶加州榛
◎38750　◇1139

Corylus cornuta Marshall
▶喙状榛
◎24662　◇1089
◎38885　◇1685
◎38898　◇1686
◎39811　◇1698

Corylus fargesii (Franch.) C. K. Schneid.
▶绒毛山白果

◎18836　◇450

Corylus ferox var. *tibetica* (Batalin) Franch.

▶西藏榛

◎348　◇400/231

◎681　◇400

◎760　◇400

◎1100　◇TBA

◎3268　◇400

◎5584　◇400

◎6299　◇400

◎6309　◇400

◎8665　◇400;991/231

◎8705　◇400

◎10601　◇400

◎10769　◇400

Corylus heterophylla Fisch. ex Trautv.

▶平榛

◎5863　◇4001/1154

◎6617　◇400;720/231

◎7031　◇400

Corylus maxima Mill.

▶大榛

◎24663　◇1089

◎31264　◇1433

◎39438　◇1693

Corylus sieboldiana Blume

▶日本榛

◎5368　◇400

◎5409　◇400

◎5451　◇400

Corylus yunnanensis (Franch.) A. Camus

▶云南榛

◎3262　◇400/232

Corylus L.

▶榛属

◎5365　◇400

◎5471　◇400

◎5575　◇TBA

◎5691　◇400

◎5890　◇400

◎8012　◇400;991

Ostrya carpinifolia Scop.

▶鹅耳枥叶铁木/欧洲铁木

◎25508　◇1102

◎40688　◇1705

Ostrya japonica Sarg.

▶铁木

◎735　◇401/232

◎4156　◇401

◎4187　◇401

◎5303　◇401;989

◎5336　◇401;996

◎20621　◇401

Ostrya knowltonii Sarg.

▶依氏铁木

◎25509　◇1102

◎25510　◇1102

◎38789　◇1140

Ostrya virginiana (Mill.) K. Koch

▶美洲铁木

◎10407　◇821

◎17225　◇821

◎20987　◇401/232

◎38592　◇1136

◎42049　◇1722

◎42064　◇1723

Ostryopsis davidiana Decne.

▶虎榛子

◎577　◇401/232

Bignoniaceae　紫葳科

Adenocalymma flaviflorum (Miq.) L. G. Lohmann

▶黄花胡姬藤

◎33350　◇1520

Adenocalymma inundatum Mart. ex DC.

▶旱地胡姬藤

◎32710　◇1493

◎33224　◇1514

Adenocalymma schomburgkii (DC.) L. G. Lohmann

▶索姆胡姬藤

◎33351　◇1520

Amphilophium crucigerum (L.) L. G. Lohmann

▶十字安菲紫葳

◎33305　◇1518

Amphilophium elongatum (Vahl) L. G. Lohmann

▶伸长杯领藤

◎33242　◇1515

Amphilophium magnoliifolium (Kunth) L. G. Lohmann

▶木兰叶杯领藤

◎33243　◇1515

Amphilophium paniculatum Kunth

▶圆锥杯领藤

◎33225　◇1514

Amphilophium parkeri (DC.) L. G. Lohmann

▶派克杯领藤

◎33506　◇1526

Amphitecna latifolia (Mill.) A. H. Gentry

▶阔叶米糠树

◎24188　◇1084

Bignonia corymbosa L. G. Lohmann

▶伞花号角藤

◎35059　◇1563

Bignonia microcalyx G. Mey.

▶小萼号角藤

◎33353　◇1520

Bignonia sordida Klotzsch

▶暗色号角藤

◎33081　◇1509

◎35074　◇1563

Callichlamys latifolia (Rich.) K. Schum.

▶阔叶金箍藤

◎33232　◇1515

Campsis grandiflora K. Schum.

▶凌霄

◎19853　◇688

Campsis radicans (L.) Seem.

▶厚萼凌霄

◎24442　◇1086

◎29719　◇1357

◎29720　◇1357

Catalpa bignonioides Walter

▶美国梓木

◎4566　◇687

◎15614　◇952

◎18182　◇827

◎19619　◇687

◎21718　◇904

◎26371　◇1153

◎26472　◇1164

◎36803　◇1622

Catalpa bungei C. A. Mey.

▶楸树

◎6062　◇687/427

◎6659　◇687/427

◎17640　◇687

Catalpa duclouxii Dode
▶滇楸
◎1242 ◇687
◎7655 ◇687/427
◎11303 ◇687
◎11304 ◇687
◎11305 ◇TBA
◎13773 ◇687
◎17791 ◇687;1026
◎17792 ◇687

Catalpa fargesii Bureau
▶灰楸
◎553 ◇687

Catalpa hybrida var. *purpurea* (Wawra & F. Abel) Rehder
▶紫色杂交楸
◎26645 ◇1184

Catalpa longissima (Jacq.) Dum. Cours.
▶极长梓木/长刺梓木
◎19531 ◇687/427
◎24495 ◇1086
◎38123 ◇1128
◎39882 ◇1699

Catalpa macrocarpa Ekman ex Urb.
▶大果梓木
◎24496 ◇1086

Catalpa ovata G. Don
▶梓树
◎103 ◇687
◎6366 ◇687/428
◎6658 ◇687
◎14032 ◇687
◎17144 ◇687/428
◎17146 ◇687/428
◎20617 ◇687
◎22298 ◇903

Catalpa speciosa (Warder) Engelm.
▶黄金树
◎5751 ◇687
◎10746 ◇688
◎18681 ◇687
◎20924 ◇688
◎35787 ◇1579
◎35788 ◇1579

Catalpa Scop.
▶梓树属
◎8276 ◇688
◎8277 ◇688
◎11132 ◇688
◎16303 ◇TBA
◎23588 ◇687;987
◎26785 ◇1201
◎26786 ◇1201
◎26787 ◇1201
◎35846 ◇1583
◎36804 ◇1622

Chilopsis linearis (Cav.) Sweet
▶沙漠葳
◎38734 ◇1139
◎39232 ◇1690

Crescentia alata Kunth
▶叉叶木
◎39827 ◇1698

Crescentia cujete L.
▶葫芦树/炮弹树
◎7320 ◇688
◎24691 ◇1089
◎38563 ◇1136

Cydista lilacina A. H. Gentry
▶赛迪紫薇木
◎33239 ◇1515

Deplanchea bancana Steenis
▶班坎金盖树
◎27570 ◇1235

Deplanchea tetraphylla (R. Br.) F. Muell. ex Steenis
▶金盖树
◎27191 ◇1228
◎37598 ◇1662

Dolichandrone falcata (Wall. ex DC.) Seem.
▶弯刀猫尾木
◎21404 ◇897
◎28444 ◇1276

Dolichandrone sessilis
▶赛氏猫尾木
◎17938 ◇829

Dolichandrone spathacea Seem.
▶佛焰苞猫尾木/佛焰苞银角树
◎24808 ◇1091
◎36103 ◇1587
◎36831 ◇1624
◎40638 ◇1704

Dolichandrone (Fenzl) Seem.
▶猫尾木属/银角树属
◎3599 ◇689
◎3706 ◇689
◎3772 ◇689
◎11741 ◇689
◎39913 ◇1122

Fernandoa adenophylla (Wall. ex G. Don) Steenis
▶腺叶厚膜树
◎15257 ◇901/428
◎15282 ◇901
◎15324 ◇900
◎18297 ◇902
◎22967 ◇954
◎38323 ◇1132

Fernandoa adolfi-friderici Gilg & Mildbr.
▶阿氏厚膜树
◎37897 ◇1675

Fernandoa macroloba (Miq.) Steenis
▶大裂片厚膜树
◎25015 ◇1094
◎39621 ◇1695

Fridericia dichotoma (Jacq.) L. G. Lohmann
▶二叉弗瑞紫薇
◎33226 ◇1514

Fridericia mollis (Vahl) L. G. Lohmann
▶软弗瑞紫薇
◎32180 ◇1478

Fridericia oligantha (Bureau & K. Schum.) L. G. Lohmann
▶少花棱盂藤
◎32181 ◇1478
◎33034 ◇1506
◎33227 ◇1514

Handroanthus billbergii (Bureau & K. Schum.) S. O. Grose
▶比勒风铃木
◎40533 ◇1703
◎41382 ◇1714
◎41884 ◇1720

Handroanthus capitatus (Bureau & K. Schum.) Mattos
▶头序风铃木
◎25138 ◇1096
◎27324 ◇1230
◎28010 ◇1255
◎29843 ◇1362
◎29910 ◇1366

◎30021 ◇1373
◎30070 ◇1376
◎30190 ◇1383
◎30214 ◇1384
◎30740 ◇1413
◎30741 ◇1413
◎30742 ◇1413
◎30743 ◇1414
◎30744 ◇1414
◎30745 ◇1414
◎30877 ◇1418
◎30878 ◇1418
◎32576 ◇1488
◎32577 ◇1488
◎34248 ◇1546
◎39748 ◇1697

Handroanthus chrysanthus **(Jacq.) S. O. Grose**

▶**黄花风铃木**

◎25139 ◇1096
◎25140 ◇1096
◎33558 ◇1527
◎41399 ◇1714
◎41883 ◇1720

Handroanthus guayacan **(Seem.) S. O. Grose**

▶**中美洲风铃木**

◎4445 ◇691
◎4446 ◇691
◎7516 ◇691
◎25141 ◇1096
◎30588 ◇1407
◎30589 ◇1407
◎30590 ◇1407
◎39496 ◇1694

Handroanthus heptaphyllus **(Mart.) Mattos**

▶**七叶风铃木**

◎40216 ◇1699

Handroanthus impetiginosus **(Mart. ex DC.) Mattos**

▶**紫花风铃木**

◎5252 ◇691
◎25142 ◇1096
◎37077 ◇1630
◎37151 ◇1632
◎39749 ◇1697
◎41402 ◇1714
◎41863 ◇1720

Handroanthus lapacho **(K. Schum.) S. O. Grose**

▶**拉帕风铃木**

◎25143 ◇1096
◎37156 ◇1632

Handroanthus ochraceus **subsp. *heterotrichus*** **(DC.) S. O. Grose**

▶**异毛黄褐风铃木**

◎25145 ◇1096

Handroanthus ochraceus **(Cham.) Mattos**

▶**黄褐风铃木**

◎25144 ◇1096

Handroanthus serratifolius **(Vahl) S. O. Grose**

▶**齿叶风铃木**

◎22519 ◇820/431
◎22557 ◇TBA
◎22562 ◇TBA
◎22862 ◇917
◎23273 ◇905
◎25146 ◇1096
◎25147 ◇1096
◎27738 ◇1240
◎32579 ◇1488
◎33559 ◇1527
◎37189 ◇1633
◎40754 ◇1706
◎41882 ◇1720
◎42102 ◇1723

Jacaranda acutifolia **Bonpl.**

▶**锐叶蓝花楹**

◎16784 ◇688
◎25213 ◇1098
◎25214 ◇1098

Jacaranda copaia **subsp. *spectabilis*** **(DC.) A. H. Gentry**

▶**显著蓝花楹**

◎29900 ◇1366
◎30012 ◇1373
◎30232 ◇1386
◎30332 ◇1391
◎30333 ◇1391
◎30334 ◇1391
◎30522 ◇1403

Jacaranda copaia **(Aubl.) D. Don**

▶**柯比蓝花楹**

◎4513 ◇688
◎18249 ◇908/536
◎18455 ◇688/536
◎20926 ◇688
◎21000 ◇688
◎21126 ◇928
◎21619 ◇688/429
◎22110 ◇821/536
◎26327 ◇1146
◎32561 ◇1488
◎32562 ◇1488
◎33286 ◇1517
◎34201 ◇1545
◎34202 ◇1545
◎37078 ◇1630
◎37152 ◇1632
◎38246 ◇1130
◎40115 ◇1127
◎42427 ◇1728

Jacaranda hesperia **Dugand**

▶**西方蓝花楹**

◎33069 ◇1508

Jacaranda mimosifolia **D. Don**

▶**含羞草叶蓝花楹**

◎25215 ◇1098
◎33287 ◇1517
◎37079 ◇1630
◎39669 ◇1696
◎40953 ◇1709
◎41906 ◇1721
◎42046 ◇1722

Jacaranda obtusifolia **subsp. *rhombifolia*** **(G. Mey.) A. H. Gentry**

▶**菱形叶蓝花楹**

◎27754 ◇1241
◎32563 ◇1488
◎33288 ◇1517
◎33536 ◇1526
◎34203 ◇1545
◎34204 ◇1545

Jacaranda **Juss.**

▶**蓝花楹属**

◎34205 ◇1545

Kigelia africana **(Lam.) Benth.**

▶**吊瓜树**

◎7240 ◇TBA
◎25246 ◇1097
◎30904 ◇1419
◎31225 ◇1431

◎31226 ◇1431
◎36759 ◇1619
◎36843 ◇1624
◎40385 ◇1701
◎40969 ◇1709
◎41847 ◇1720

Mansoa standleyi var. *macrocalyx*
▶大萼蒜香藤
◎33070 ◇1508

Mansoa verrucifera (Schltdl.) A. H. Gentry
▶疣苞蒜香藤
◎32736 ◇1494

Markhamia lutea K. Schum.
▶金黄猫尾木
◎40039 ◇1116

Markhamia stipulata Seem.
▶猫尾木
◎6810 ◇689
◎7923 ◇689
◎7928 ◇TBA
◎8934 ◇939
◎11728 ◇689/429
◎12487 ◇689;851/428
◎14651 ◇689
◎14882 ◇689;999
◎16787 ◇689
◎18773 ◇689
◎20400 ◇689
◎21262 ◇689

Markhamia tomentosa K. Schum. ex Engl.
▶绒毛猫尾木
◎40027 ◇1116

Mayodendron igneum Kurz
▶缅木/火烧花
◎11722 ◇689/429
◎19320 ◇689

Millingtonia hortensis L. f.
▶老鸦烟筒花木
◎25409 ◇1100
◎27638 ◇1236
◎39333 ◇1691

Newbouldia laevis (P. Beauv.) Seem.
▶神篱木
◎31039 ◇1426
◎31141 ◇1429
◎31142 ◇1429
◎35863 ◇1584

Oroxylum indicum (L.) Benth. ex Kurz
▶木蝴蝶/千张纸
◎13841 ◇690;1055
◎13849 ◇690;1046
◎13850 ◇690;1046
◎13867 ◇690;1043/430
◎14700 ◇690
◎21257 ◇690
◎27448 ◇1233

Pachyptera kerere (Aubl.) Sandwith
▶厚翅紫葳
◎33072 ◇1508

Pajanelia longifolia Schum
▶长叶纫冠木
◎20791 ◇891
◎27063 ◇1225

Paratecoma peroba (Record) Kuhlm.
▶多脉赛黄钟花
◎22464 ◇820/540
◎23657 ◇924
◎23658 ◇924
◎41723 ◇1718

Parmentiera cereifera Seem.
▶蜡烛树
◎25536 ◇1102
◎39430 ◇1693

Radermachera frondosa Chun & F. C. How
▶美叶菜豆树
◎14696 ◇690

Radermachera gigantea Miq.
▶大菜豆树
◎25860 ◇1107
◎28101 ◇1260
◎28488 ◇1278
◎39541 ◇1694

Radermachera hainanensis Merr.
▶海南菜豆树
◎7991 ◇690
◎11573 ◇690/430
◎14594 ◇690
◎14863 ◇690
◎15963 ◇690
◎16861 ◇690
◎17051 ◇690

Radermachera quadripinnata (Blanco) Seem.
▶四回羽状菜豆树
◎27304 ◇1230
◎27671 ◇1237

Radermachera sinica Hemsl.
▶菜豆树
◎9311 ◇690;796/430
◎16013 ◇690
◎16772 ◇690/430
◎18096 ◇690

Radermachera xylocarpa K. Schum.
▶木荚菜豆树
◎8577 ◇898

Radermachera Zoll. & Moritzi
▶菜豆树属
◎39914 ◇1122

Roseodendron donnell-smithii (Rose) Miranda
▶艳阳花
◎22695 ◇806/536
◎25890 ◇1108
◎38335 ◇1132
◎40432 ◇1702
◎41610 ◇1717
◎41820 ◇1720

Spathodea campanulata subsp. *nilotica* (Seem.) Bidgood
▶尼罗河火焰树
◎36873 ◇1625

Spathodea campanulata P. Beauv.
▶火焰树
◎7327 ◇690
◎18209 ◇690/430
◎21064 ◇890
◎22902 ◇899
◎37874 ◇1674
◎37875 ◇1674

Stereospermum acuminatissimum K. Schum.
▶羽叶楸
◎35783 ◇1579

Stereospermum annamense A. Chev. & A. Chev. ex Dop
▶安纳羽叶楸
◎26025 ◇1110
◎40175 ◇1699

Stereospermum chelonoides DC.
▶谢罗羽叶楸
◎8571 ◇898
◎21438 ◇897

Stereospermum cylindricum Pierre ex Dop
▶筒状羽叶楸

◎26023　◇1110
◎40165　◇1699
Stereospermum fimbriatum **(Wall. ex G. Don) DC.**
▶**流苏羽叶楸**
◎4228　◇691
◎26024　◇1110
◎27493　◇1234
◎40209　◇1699
Stereospermum tetragonum **DC.**
▶**方形羽叶楸**
◎8552　◇898
◎11739　◇691
◎14012　◇691/431
◎16309　◇691
◎18285　◇902
◎18558　◇691;989/431
◎21436　◇897
◎22981　◇954
Stereospermum **Cham.**
▶**羽叶楸属**
◎15965　◇691
◎20350　◇938
Stizophyllum inaequilaterum **Bureau & K. Schum.**
▶**不等印叶藤**
◎33364　◇1521
Stizophyllum riparium **(Kunth) Sandwith**
▶**岸生印叶藤**
◎33308　◇1518
◎33365　◇1521
Tabebuia aurea **(Silva Manso) Benth. & Hook. f. ex S. Moore**
▶**黄金蚁木**
◎26069　◇1111
◎39329　◇1691
Tabebuia heterophylla **(DC.) Britton**
▶**异叶蚁木/异叶粉铃木**
◎26068　◇1111
Tabebuia insignis **(Miq.) Sandwith**
▶**显著蚁木/显著粉铃木**
◎26070　◇1111
◎28011　◇1255
◎32578　◇1488
◎39310　◇1691
Tabebuia ochracea **Standl.**
▶**褐色蚁木/褐色粉铃木**
◎42191　◇1724
Tabebuia rosea **(Bertol.) Bertero ex A. DC.**
▶**红蚁木**
◎4516　◇691
◎20141　◇936/431
◎20530　◇828
◎29999　◇1372
◎30143　◇1380
◎30191　◇1383
◎30423　◇1397
◎30424　◇1397
◎30425　◇1397
◎30793　◇1415
Tabebuia **Gomes ex DC.**
▶**蚁木属/粉铃木属**
◎23470　◇TBA
◎23655　◇831
◎34249　◇1546
Tanaecium pyramidatum **(Rich.) L. G. Lohmann**
▶**锥序玉杏藤**
◎32752　◇1495
Tecoma stans **(L.) Kunth**
▶**黄钟花**
◎26092　◇1112
◎33366　◇1521
◎39548　◇1695
◎41696　◇1718
Tynanthus polyanthus **(Bureau) Sandwith**
▶**多花香桂藤**
◎33309　◇1518
Tynanthus **Miers**
▶**香桂藤属**
◎32809　◇1497
◎33381　◇1521

Bixaceae　红木科

Bixa arborea **Huber**
▶**乔木红木**
◎40071　◇1126
Bixa excelsa **Gleason & Krukoff**
▶**大红木**
◎34546　◇1552
Bixa orellana **L.**
▶**奥氏红木**
◎24349　◇1085
◎26734　◇1196
◎29782　◇1359
◎29783　◇1359
◎38573　◇1136
◎40331　◇1701
Cochlospermum religiosum **(L.) Alston**
▶**弯子木**
◎20792　◇891
Cochlospermum vitifolium **(Willd.) Spreng.**
▶**单瓣弯子木**
◎20453　◇905
◎24608　◇1089
Cochlospermum **Kunth**
▶**弯子木属**
◎31340　◇1437

Bonnetiaceae　泽茶科

Ploiarium elegans **Korth.**
▶**雅致银丝茶**
◎27073　◇1225
Plumeria alba **L.**
▶**白花鸡蛋花**
◎38566　◇1136
Plumeria obtusa **L.**
▶**钝叶鸡蛋花**
◎25665　◇1104
◎39463　◇1693
◎41608　◇1717
◎41789　◇1719
Plumeria rubra **L.**
▶**红鸡蛋花**
◎7188　◇678
◎7260　◇678

Boraginaceae　紫草科

Bourreria pulchra **Millsp.**
▶**美丽虎躯木**
◎39367　◇1692
Bourreria succulenta **Jacq.**
▶**展枝虎躯木**
◎33498　◇1525
◎38562　◇1136
◎39571　◇1695
Cordia africana **Lam.**
▶**非洲破布木**
◎24632　◇1088
Cordia alba **Roem. & Schult.**
▶**白破布木**
◎24633　◇1088
Cordia alliodora **(Ruiz & Pav.) Oken**
▶**蒜叶破布木**

◎4498　◇680
◎24634　◇1088
◎29895　◇1365
◎29948　◇1369
◎29949　◇1369
◎29950　◇1369
◎30036　◇1374
◎30037　◇1374
◎30038　◇1374
◎30107　◇1378
◎30202　◇1384
◎30203　◇1384
◎30204　◇1384
◎30275　◇1388
◎30444　◇1399
◎30472　◇1400
◎30473　◇1400
◎30474　◇1400
◎30475　◇1401
◎30476　◇1401
◎30477　◇1401
◎30478　◇1401
◎30479　◇1401
◎30480　◇1401
◎30617　◇1408
◎30618　◇1408
◎30619　◇1408
◎30769　◇1414
◎30770　◇1415
◎30771　◇1415
◎30772　◇1415
◎30773　◇1415
◎33587　◇1528
◎38339　◇1132

Cordia americana **(L.) Gottschling & J. S. Mill.**
▶美洲破布木
◎5263　◇682
◎22719　◇806/537
◎24635　◇1088
◎39810　◇1698
◎41134　◇1711
◎41175　◇1711

Cordia bicolor **A. DC.**
▶二色破布木
◎34674　◇1554
◎40088　◇1126

Cordia boissieri **A. DC.**
▶波氏破布木
◎24636　◇1088
◎38431　◇1134
◎39858　◇1698
◎41002　◇1709
◎41135　◇1711

Cordia caffra **Sond.**
▶南非破布木
◎24638　◇1088

Cordia cicatricosa **L. O. Williams**
▶西卡破布木
◎18257　◇908/537
◎38256　◇1130

Cordia collococca **L.**
▶寇氏破布木
◎24639　◇1088

Cordia dichotoma **G. Forst.**
▶二岐破布木
◎4626　◇680
◎6755　◇680
◎14662　◇680
◎17049　◇680/423
◎26995　◇1224
◎27180　◇1227
◎27373　◇1231
◎28639　◇1286

Cordia dodecandra **DC.**
▶十二雄蕊破布木
◎23523　◇TBA
◎24641　◇1088

Cordia elaeagnoides **A. DC.**
▶艾氏破布木
◎24642　◇1089
◎40430　◇1702
◎40946　◇1709
◎41131　◇1711

Cordia fallax **I. M. Johnst.**
▶假破布木
◎29831　◇1362
◎30056　◇1375
◎30179　◇1382
◎30653　◇1410
◎30654　◇1410
◎30655　◇1410
◎30702　◇1412
◎30703　◇1412
◎30828　◇1417

Cordia gerascanthus **L.**
▶委内瑞拉破布木
◎24643　◇1089
◎39511　◇1694
◎42277　◇1725
◎42284　◇1725

Cordia goeldiana **Huber**
▶亚马逊破布木
◎22459　◇680/537
◎22552　◇TBA
◎34675　◇1554
◎34676　◇1554
◎40089　◇1126
◎40945　◇1709
◎41132　◇1711

Cordia laevigata **Lam.**
▶光亮破布木
◎24644　◇1089

Cordia lasiocalyx **Pittier**
▶破布木
◎4504　◇680

Cordia leucosebestera **Griseb.**
▶卢卡破布木
◎24645　◇1089

Cordia lomatoloba **I. M. Johnst.**
▶流苏破布木
◎33333　◇1519
◎34679　◇1554

Cordia lutea **Lam.**
▶黄破布木
◎24646　◇1089

Cordia macleodii **Hook. f. & Thomson**
▶马氏破布木
◎8536　◇898
◎20796　◇891

Cordia millenii **Baker**
▶米氏破布木
◎20481　◇828/423
◎21910　◇899

Cordia monoica **Roxb.**
▶单体破布木
◎26994　◇1224

Cordia myxa **L.**
▶毛叶破布木
◎29171　◇1318
◎41323　◇1713
◎41947　◇1721

Cordia nodosa **Lam.**
▶节状破布木
◎33237　◇1515

Cordia platythyrsa **Baker**
▶聚伞破布木

◎24647 ◇1089
◎40029 ◇1116
◎42019 ◇1722

Cordia polycephala I. M. Johnst.
▶多头破布木
◎24648 ◇1089
◎38570 ◇1136

Cordia sagotii I. M. Johnst.
▶萨氏破布木
◎27793 ◇1243
◎34677 ◇1554
◎34678 ◇1554
◎36827 ◇1624

Cordia sebestena L.
▶红花破布木
◎24649 ◇1089
◎39141 ◇1689

Cordia subcordata Lam.
▶心叶破布木
◎4693 ◇680
◎13221 ◇894
◎14165 ◇893
◎15137 ◇895/423
◎36828 ◇1624
◎37056 ◇1629
◎42013 ◇1722
◎42404 ◇1727

Cordia sulcata DC.
▶苏卡破布木
◎4523 ◇680

Cordia tetrandra Aubl.
▶四蕊破布木
◎32548 ◇1488
◎34552 ◇1552
◎34680 ◇1554
◎34681 ◇1554

Cordia trichotoma (Vell.) Steud.
▶三出破布木
◎24650 ◇1089
◎39215 ◇1690
◎41133 ◇1711
◎42368 ◇1726

Cordia ucayaliensis I. M. Johnst.
▶优坎破布木
◎34682 ◇1554

*Cordia verbenacea*DC.
▶沃氏破布木
◎38446 ◇1134

Cordia L.
▶破布木属
◎3695 ◇680
◎16098 ◇680
◎23464 ◇TBA
◎31854 ◇1466
◎33334 ◇1519

Echium decaisnei Webb & Berthel.
▶迪凯蓝蓟
◎35855 ◇1584

Echium virescens DC.
▶绿色蓝蓟
◎33339 ◇1519

Echium L.
▶蓝蓟属
◎21279 ◇913

Ehretia acuminata R. Br.
▶厚壳树
◎3541 ◇682
◎11773 ◇682
◎13693 ◇682
◎14932 ◇682;1075
◎18623 ◇919

Ehretia amoena Klotzsch
▶美丽厚壳树
◎39597 ◇1695

Ehretia anacua (Terán & Berland.) I. M. Johnst.
▶阿纳厚壳树
◎24838 ◇1092
◎38755 ◇1140
◎39598 ◇1695
◎41221 ◇1712
◎42304 ◇1725

Ehretia corylifolia C. H. Wright
▶西南粗糠树
◎6900 ◇682;720
◎17242 ◇681/424

Ehretia dicksonii Hance
▶糙叶厚壳树
◎101 ◇681
◎6995 ◇681
◎16161 ◇681/424
◎17080 ◇681
◎19224 ◇681
◎19225 ◇681
◎19226 ◇681
◎21979 ◇682
◎40393 ◇1702

Ehretia javanica Blume
▶爪哇厚壳树
◎27591 ◇1236

Ehretia laevis Roxb.
▶毛萼厚壳树
◎12460 ◇681
◎20795 ◇891

Ehretia longiflora Champ. ex Benth.
▶长花厚壳树
◎14386 ◇682
◎15717 ◇682/424
◎16024 ◇682
◎16454 ◇682
◎17367 ◇682;802

Ehretia thrsiflora Nakai
▶斯氏厚壳树
◎9165 ◇682;1057
◎16879 ◇682
◎21203 ◇682

Ehretia tinifolia L.
▶提尼厚壳树
◎24839 ◇1092
◎39271 ◇1691

Heliotropium transalpinum Vell.
▶横过天芥菜木
◎38516 ◇1135

Tournefortia argentea L. f.
▶银毛树
◎26131 ◇1111

Tournefortia bicolor Sw.
▶二色紫丹
◎33374 ◇1521
◎35269 ◇1568

Varronia curassavica Jacq.
▶库拉小蛇檀
◎39182 ◇1690

Brachytheciaceae 青藓科

Pancovia floribunda Pellegr.
▶花束唇木患
◎21625 ◇513

Brassicaceae 十字花科

Alliaria alnifolia (Siebold & Zucc.) Rushforth
▶桤叶葱芥
◎40054 ◇1116

Brunelliaceae 槽柱花科

Brunellia hygrothermica Cuatrec.
▶槽柱花

◎38193 ◇1129

Burmanniaceae 水玉簪科

Burmannia L.

▶水玉簪属

◎28749 ◇1291

Burseraceae 橄榄科

Aucoumea klaineana Pierre

▶奥克榄

◎4555 ◇485

◎5138 ◇485

◎15056 ◇485

◎15057 ◇/289

◎15058 ◇TBA

◎17819 ◇929/508

◎18224 ◇485

◎19670 ◇485

◎20498 ◇828

◎21099 ◇928

◎22801 ◇920

◎22889 ◇899

◎33756 ◇1537

◎34277 ◇1547

◎34278 ◇1547

◎34279 ◇1547

◎37824 ◇1671

◎37825 ◇1671

Aucoumea Pierre

▶奥克橄榄属/桃心榄属

◎5136 ◇485

◎5139 ◇485

◎5140 ◇485

◎5141 ◇485

Boswellia dalzielii Hutch.

▶代氏乳香树

◎36608 ◇1614

◎36609 ◇1614

◎36610 ◇1614

Boswellia serrata Roxb.

▶齿叶乳香树

◎4889 ◇485/289

◎8573 ◇898

◎20797 ◇891

◎35585 ◇1572

Bursera microphylla A. Gray

▶小叶裂榄

◎24395 ◇1085

Bursera serrata Wall. ex Coleb.

▶锯齿裂榄

◎4229 ◇485/289

Bursera simaruba Sarg.

▶苦木裂榄

◎20155 ◇936/537

◎24394 ◇1085

◎33311 ◇1518

◎38152 ◇1129

Canarium acutifolium Merr.

▶尖叶橄榄

◎24446 ◇1086

◎35900 ◇1585

◎37592 ◇1662

◎37593 ◇1662

◎39655 ◇1696

Canarium album (Lour.) Raeusch. ex DC.

▶橄榄

◎3503 ◇486

◎4017 ◇486

◎8773 ◇486

◎9258 ◇486;795/289

◎9580 ◇486/521

◎11457 ◇486;1063

◎11458 ◇486

◎11459 ◇486

◎12135 ◇486

◎12198 ◇486;861/289

◎13936 ◇486

◎14411 ◇486/358

◎16072 ◇486

◎16727 ◇486

◎22153 ◇959

Canarium asperum var. *asperum*

▶粗糙橄榄

◎28159 ◇1263

◎28506 ◇1279

◎28553 ◇1281

◎28586 ◇1283

◎28635 ◇1286

◎28687 ◇1288

◎28750 ◇1291

◎28751 ◇1291

◎28793 ◇1293

Canarium asperum Benth.

▶粗糙橄榄

◎24447 ◇1087

◎31336 ◇1436

◎36081 ◇1587

Canarium australasicum (F. M. Bailey) Leenh.

▶澳大利亚橄榄

◎24448 ◇1087

◎42466 ◇1140

Canarium balsamiferum Willd.

▶巴尔萨橄榄

◎28811 ◇1294

◎28812 ◇1294

Canarium copaliferum A. Chev.

▶寇帕橄榄

◎12755 ◇923/289

Canarium dacryodes

▶蜡烛橄榄

◎18734 ◇894

Canarium decumanum Gaertn.

▶印尼橄榄

◎27362 ◇1231

Canarium denticulatum Blume

▶细齿橄榄

◎20801 ◇891

◎27546 ◇1235

◎33233 ◇1515

Canarium dichotomum Miq.

▶双色橄榄

◎27363 ◇1231

Canarium euryphyllum var. *euryphyllum*

▶美叶橄榄

◎28090 ◇1260

Canarium euryphyllum Perkins

▶美叶橄榄

◎4891 ◇487

◎19079 ◇896

◎20799 ◇891

◎31555 ◇1452

Canarium hirsutum var. *hirsutum*

▶硬毛橄榄

◎28886 ◇1299

◎28969 ◇1304

Canarium hirsutum Willd.

▶硬毛橄榄

◎4697 ◇487/290

◎28554 ◇1281

◎28555 ◇1281

◎28556 ◇1282

◎28688 ◇1288

◎28922 ◇1301

◎28968　◇1304
◎36082　◇1587
Canarium indicum L.
▶爪哇橄榄
◎18749　◇487
◎18923　◇907/728
◎19463　◇906/728
◎21029　◇890
◎21220　◇487
◎22773　◇906
◎27361　◇1231
◎35669　◇1573
◎35670　◇1573
◎35671　◇1573
Canarium kerrii Craib
▶科瑞橄榄
◎20372　◇938/289
Canarium lamii Leenh.
▶拉米橄榄
◎39659　◇1696
Canarium littorale Blume
▶小橄榄
◎5205　◇487
◎36083　◇1587
Canarium luzonicum（Blume）A. Gray
▶吕宋橄榄木
◎18353　◇953/289
Canarium maluense Lauterb.
▶马陆橄榄木
◎28847　◇1296
◎28848　◇1296
◎28849　◇1296
◎35842　◇1583
◎39656　◇1696
Canarium manii King
▶曼尼橄榄木
◎20798　◇891
Canarium parvum Leenh.
▶小叶橄榄
◎24449　◇1087
◎39190　◇1690
Canarium pimela K. D. Koenig
▶乌榄
◎9263　◇487;786/290
◎9264　◇487;786/290
◎14414　◇487
◎14901　◇487;1074
◎16082　◇487
◎16877　◇487
◎18089　◇487
Canarium pseudodecumanum Hochr.
▶普斯橄榄
◎24450　◇1087
◎35901　◇1585
◎40574　◇1704
Canarium schweinfurtii Engl.
▶非洲橄榄
◎15223　◇487/506
◎15224　◇487
◎20992　◇487
◎21496　◇487
◎21902　◇899
◎22909　◇899
◎23667　◇928
◎33613　◇1531
◎33614　◇1531
◎34282　◇1547
◎37051　◇1629
Canarium strictum Roxb.
▶劲直橄榄
◎8488　◇898/599
◎19077　◇896
◎20717　◇896
Canarium sylvestre Gaertn.
▶西韦橄榄
◎29058　◇1310
Canarium trigonum H. J. Lam
▶三角橄榄
◎28813　◇1294
◎28814　◇1294
Canarium velutinum Guillaumin
▶毛橄榄
◎21757　◇930/508
Canarium vitiense A. Gray
▶葡萄橄榄
◎18965　◇907/729
Canarium vulgare Leenh.
▶奥尔橄榄木
◎14169　◇893/290
Canarium L.
▶橄榄属
◎8881　◇487
◎8940　◇939
◎12784　◇923
◎13192　◇894
◎22812　◇920
◎23181　◇915
◎23295　◇915
◎23371　◇TBA
◎31481　◇1448
◎35590　◇1572
Commiphora eminii subsp. *zimmermannii*（Engl.）J. B. Gillett
▶翟莫没药树
◎33332　◇1519
Commiphora erythraea Engl.
▶红没药树
◎26923　◇1221
Commiphora harveyi Engl.
▶哈维没药树
◎24626　◇1088
◎39888　◇1699
◎42147　◇1724
◎42172　◇1724
Crepidospermum goudotianum（Tul.）Triana & Planch.
▶谷多悬子榄
◎24690　◇1089
◎41100　◇1711
◎41476　◇1715
Dacryodes buettneri（Engl.）H. J. Lam
▶中非蜡烛木
◎15085　◇TBA
◎15086　◇488/290
◎15087　◇/290
◎15088　◇TBA
◎15089　◇TBA
◎17820　◇929
◎22890　◇899
Dacryodes chimantensis Steyerm. & Maguire
▶车曼蜡烛木
◎35283　◇1569
Dacryodes costata（A. W. Benn.）H. J. Lam
▶小脉蜡烛木
◎35914　◇1585
Dacryodes edulisa（G. Don）H. J. Lam
▶可食蜡烛木
◎40023　◇1116
Dacryodes excelsa Vahl
▶大蜡烛木
◎38170　◇1129
Dacryodes igaganga Aubrév. & Pellegr.
▶蜡烛木

◎21083　◇928

◎21749　◇930/508

Dacryodes incurvata **(Engl.) H. J. Lam**

▶弯叶蜡烛木/弯叶烛榄木

◎4602　◇488

◎35913　◇1585

◎36093　◇1587

Dacryodes klaineana **(Pierre) H. J. Lam**

▶阿德蜡烛木

◎18356　◇488/508

◎21912　◇899

◎31412　◇1440

Dacryodes nervosa **(H. J. Lam) Leenh.**

▶乃沃蜡烛木

◎27475　◇1233

Dacryodes normandii **Aubrév. & Pellegr.**

▶诺氏蜡烛木

◎21772　◇930/508

Dacryodes peruviana **(Loes.) H. J. Lam**

▶秘鲁蜡烛木

◎40512　◇1703

◎41146　◇1711

Dacryodes pubescens **(Vermoesen) H. J. Lam**

▶柔毛蜡烛木

◎17939　◇829/537

◎21760　◇930/508

◎21913　◇899/508

Dacryodes rostrata **(Blume) H. J. Lam**

▶喙状蜡烛木

◎26997　◇1224

◎27568　◇1235

◎36094　◇1587

Dacryodes **Vahl**

▶蜡烛树属/蜡烛榄属

◎22435　◇488

◎31171　◇1430

◎31172　◇1430

◎31217　◇1431

◎33046　◇1507

◎31218　◇1431

Garuga floribunda **var.** ***floribunda***

▶多花白头树（原变种）

◎28648　◇1286

Garuga floribunda **Decne.**

▶多花白头树

◎16884　◇488/291

◎25082　◇1096

◎27234　◇1229

◎27235　◇1229

◎27414　◇1232

◎27415　◇1232

Garuga pinnata **Roxb.**

▶羽状白头树

◎3478　◇488

◎3614　◇488

◎3651　◇488

◎3679　◇488

◎8539　◇898

◎11994　◇488;1004/291

◎16008　◇488

◎17239　◇488

◎22950　◇954

Garuga **Roxb.**

▶嘉榄属

◎4609　◇488

◎27413　◇1232

◎39915　◇1122

◎39968　◇1123

Haplolobus **H. J. Lam**

▶宿萼榄属

◎37613　◇1663

Protium altsonii **Sandwith**

▶艾氏马蹄榄

◎22521　◇820/537

◎23328　◇819

Protium apiculatum **Swart**

▶尖头马蹄榄

◎22091　◇909/537

Protium aracouchini **(Aubl.) Marchand**

▶阿拉马蹄榄

◎33306　◇1518

◎34352　◇1548

Protium carnosum **A. C. Sm.**

▶肉质马蹄榄

◎25722　◇1105

Protium **cf.** ***apiculatum***

▶似尖头马蹄榄

◎38275　◇1132

Protium connarifolium **Merr.**

▶合生叶马蹄榄

◎28060　◇1258

Protium copal **(Schltdl. & Cham.) Engl.**

▶柯巴马蹄榄

◎25725　◇1105

◎41312　◇1713

◎41313　◇1713

Protium cuneatum **Swart**

▶楔形马蹄榄

◎33076　◇1508

Protium decandrum **Marchand**

▶十蕊马蹄榄

◎25724　◇1105

◎29245　◇1322

◎29294　◇1325

◎29340　◇1328

Protium excelsior **Byng & Christenh.**

▶优质马蹄榄/优质马蹄果

◎22437　◇820/537

◎22858　◇917

◎42131　◇1723

◎42132　◇1723

Protium ferrugineum **Engl.**

▶锈色马蹄榄

◎34358　◇1548

Protium giganteum **var.** ***crassifolium*** **(Engl.) Daly**

▶厚叶马蹄榄

◎33354　◇1520

Protium glabrescens **Swart**

▶光叶马蹄榄

◎33307　◇1518

Protium guianense **Marchand**

▶圭亚那马蹄榄/圭亚那马蹄果

◎25723　◇1105

◎38239　◇1130

◎40249　◇1700

Protium heptaphyllum **Marchand**

▶七叶马蹄榄

◎22436　◇819/537

◎28001　◇1254

◎28002　◇1254

◎32395　◇1484

◎33355　◇1520

◎33356　◇1520

◎34353　◇1548

◎34354　◇1548

◎39090　◇1688

Protium incisiforme **Pittier**

▶切牙形马蹄榄

◎38350 ◇1133

Protium javanicum **Burm. f.**

▶爪哇马蹄榄

◎27660 ◇1237

◎37098 ◇1631

Protium nodulosum **Swart**

▶多节马蹄榄

◎34240 ◇1546

◎34357 ◇1548

Protium panamensis **(Rose) I. M. Johnst.**

▶巴拿马马蹄榄

◎4458 ◇488

Protium picramnioides **Byng & Christenh.**

▶苦马蹄榄/苦马蹄果

◎22600 ◇831

◎26110 ◇1112

◎33372 ◇1521

◎33373 ◇1521

◎40155 ◇1128

Protium polybotryum **Engl.**

▶总状花序马蹄榄

◎32397 ◇1484

◎33357 ◇1520

◎34359 ◇1548

Protium pullei **Swart**

▶普勒马蹄榄

◎38131 ◇1128

Protium rhoifolium **(Benth.) Byng & Christenh.**

▶棱叶马蹄榄

◎33345 ◇1520

◎34189 ◇1545

◎34891 ◇1558

Protium robustum **(Swart) D. M. Porter**

▶强壮马蹄榄

◎27867 ◇1247

◎32396 ◇1484

◎33358 ◇1521

Protium sagotianum **Marchand**

▶桑龚马蹄榄

◎27907 ◇1249

◎29339 ◇1327

◎32398 ◇1484

◎33359 ◇1521

◎34360 ◇1548

◎34361 ◇1548

◎34362 ◇1548

◎40142 ◇1128

Protium serratum **Engl.**

▶齿状马蹄榄

◎18282 ◇902

◎22980 ◇954

Protium tenuifolium **Engl.**

▶薄叶马蹄榄

◎33360 ◇1521

◎33361 ◇1521

◎34238 ◇1546

◎34239 ◇1546

◎34355 ◇1548

◎34356 ◇1548

◎40143 ◇1128

Protium unifoliolatum **Engl.**

▶一小叶马蹄榄

◎33077 ◇1508

Protium **Burm. f.**

▶马蹄榄属/马蹄果属

◎29866 ◇1364

◎29886 ◇1365

◎29904 ◇1366

◎29977 ◇1370

◎29978 ◇1370

◎30018 ◇1373

◎30095 ◇1377

◎30138 ◇1380

◎30139 ◇1380

◎30161 ◇1381

◎30212 ◇1384

◎30237 ◇1386

◎30310 ◇1390

◎30311 ◇1390

◎30312 ◇1390

◎30341 ◇1392

◎30342 ◇1392

◎30343 ◇1392

◎30545 ◇1404

◎30727 ◇1413

◎30728 ◇1413

◎30729 ◇1413

◎30730 ◇1413

◎30731 ◇1413

◎30732 ◇1413

◎30733 ◇1413

◎30734 ◇1413

◎30783 ◇1415

◎30784 ◇1415

◎30785 ◇1415

◎30868 ◇1418

◎30869 ◇1418

◎30925 ◇1420

◎30926 ◇1420

◎33367 ◇1521

◎33368 ◇1521

◎33369 ◇1521

◎33370 ◇1521

◎34363 ◇1548

◎34364 ◇1548

◎34365 ◇1548

Santiria griffithii **Engl.**

▶沙斜榄

◎36008 ◇1586

Santiria nervosa **H. J. Lam**

▶显脉斜榄

◎36009 ◇1586

Santiria oblongifolia **Blume**

▶长叶斜榄

◎36010 ◇1586

Santiria tomentosa **Blume**

▶毛斜榄/毛山地榄

◎36011 ◇1586

Santiria trimera **(Oliv.) Aubrév.**

▶香斜榄/香山地榄

◎40024 ◇1116

Santiria **Blume**

▶斜榄属/山地榄属

◎22396 ◇926

Tetragastris balsamifera **Kuntze**

▶香膏四榄/香膏榄

◎26111 ◇1112

◎40648 ◇1705

Tetragastris hostmanni **(Engl.) Kuntze**

▶圭亚那四榄/圭亚那香膏榄

◎26112 ◇1112

◎32407 ◇1485

◎32408 ◇1485

◎32409 ◇1485

◎33371 ◇1521

◎34390 ◇1549

◎34391 ◇1549

◎40215 ◇1699

Tetragastris panamensis **Kuntze**

▶巴拿马四榄木

◎20529 ◇828

Tetragastris Gaertn.

▶四榄属/香膏榄属

◎34392 ◇1549

◎34393 ◇1549

◎34394 ◇1549

◎34395 ◇1549

Trattinnickia burserifolia Mart.

▶巴西特拉榄木/巴西油脂榄

◎32412 ◇1485

◎33375 ◇1521

◎33376 ◇1521

◎33377 ◇1521

◎33378 ◇1521

◎34396 ◇1549

◎34397 ◇1549

◎40205 ◇1699

Trattinnickia demerarae Sandwith

▶圭亚那特拉榄木/圭亚那油脂榄

◎26315 ◇1144

◎26638 ◇1184

◎33379 ◇1521

◎33380 ◇1521

◎35001 ◇1561

Trattinnickia glaziovii Swart

▶格莱特拉榄木/格莱油脂榄

◎34398 ◇1549

Trattinnickia lawrencei Standl

▶劳伦塞特拉榄木/劳伦塞油脂榄

◎34250 ◇1546

◎34399 ◇1549

◎34400 ◇1549

◎38276 ◇1132

Trattinnickia rhoifolia Willd.

▶漆叶特拉榄木/漆叶油脂榄

◎29298 ◇1325

◎29299 ◇1325

Trattinnickia Willd.

▶特拉橄榄属/油脂榄属

◎23653 ◇831

◎27965 ◇1252

◎32411 ◇1485

◎34251 ◇1546

◎34401 ◇1549

Triomma malaccensis Hook. f.

▶马六甲风车榄

◎26449 ◇1160

◎26466 ◇1163

◎27701 ◇1238

Buxaceae 黄杨科

Buxus harlandii Hance

▶匙叶黄杨

◎4028 ◇582

◎6297 ◇582

◎8601 ◇582/345

Buxus henryi Mayr

▶大花黄杨

◎13457 ◇582;1045/345

Buxus macowanii Oliv.

▶麦克黄杨

◎24398 ◇1085

◎26884 ◇1216

◎37048 ◇1629

◎37049 ◇1629

◎39872 ◇1698

Buxus megistophylla H. Lév.

▶大叶黄杨

◎17143 ◇582

Buxus microphylla Siebold & Zucc.

▶日本黄杨

◎10257 ◇918

Buxus myrica H. Lév.

▶杨梅黄杨

◎17147 ◇582

◎20255 ◇582/345

Buxus sempervirens L.

▶锦熟黄杨

◎4789 ◇582/345

◎10047 ◇582

◎10068 ◇582/345

◎12079 ◇582

◎12339 ◇870

◎12356 ◇870

◎13313 ◇879

◎19076 ◇896

◎21331 ◇582/345

◎22048 ◇912

◎34280 ◇1547

◎37401 ◇1655

◎37402 ◇1655

◎37403 ◇1655

Buxus sinica (Rehder & E. H. Wilson) M. Cheng

▶黄杨

◎1096 ◇TBA

Buxus L.

▶黄杨属

◎750 ◇582

◎5931 ◇582

◎11055 ◇582

◎11094 ◇582

◎13575 ◇582

◎16330 ◇847

◎17570 ◇582

◎17571 ◇582

◎40813 ◇1706

Cactaceae 仙人掌科

Ariocarpus Scheidw.

▶岩牡丹属

◎22394 ◇926

Leucostele terscheckii (J. Parm. ex Pfeiff.) Schlumpb.

▶北斗柱

◎38051 ◇1121

◎38052 ◇1121

Pachycereus pringlei (S. Watson) Britton & Rose

▶武轮柱

◎25519 ◇1102

Pereskia Mill.

▶木麒麟属

◎26270 ◇1118

Stenocereus griseus (Haw.) Buxb.

▶群戟柱

◎38044 ◇1120

Calophyllaceae 红厚壳科

Calophyllum angulare A. C. Sm.

▶角红厚壳

◎33896 ◇1540

Calophyllum apetalum Willd.

▶单花被红厚壳

◎8524 ◇898/76

◎24430 ◇1086

Calophyllum brasiliense Cambess.

▶巴西红厚壳

◎7535 ◇124/539

◎19429 ◇832

◎19433 ◇832

◎20922 ◇124

◎21131 ◇TBA

◎22098 ◇124/539

◎22524 ◇820

◎22621 ◇831

◎27974 ◇1253
◎27975 ◇1253
◎31941 ◇1470
◎32851 ◇1499
◎33663 ◇1535
◎33664 ◇1535
◎33897 ◇1540

***Calophyllum calaba* var. *australianum* (F. Muell. ex Vesque) P. F. Stevens**
▶澳大利亚红厚壳/澳大利亚海棠木
◎24431 ◇1086
◎39451 ◇1693

***Calophyllum calaba* var. *bracteatum* (Wight) P. F. Stevens**
▶苞片红厚壳
◎4267 ◇124/75
◎15254 ◇901
◎15353 ◇923/76
◎15354 ◇923
◎15355 ◇923
◎20832 ◇891

***Calophyllum calaba* L.**
▶南亚红厚壳
◎14153 ◇/75
◎28810 ◇1294

***Calophyllum canum* Hook. f. ex T. Anderson**
▶坎氏红厚壳
◎35344 ◇1571

***Calophyllum costatum* F. M. Bailey**
▶中肋红厚壳/中肋海棠木
◎24432 ◇1086
◎40516 ◇1703

***Calophyllum dongnaiense* Pierre**
▶东耐红厚壳/东耐海棠木
◎24433 ◇1086
◎39209 ◇1690

***Calophyllum dryobalanoides* Pierre**
▶香红厚壳/类冰片香红厚壳木
◎15356 ◇923/76
◎15357 ◇923

Calophyllum grossiserrata
▶粗齿红厚壳
◎21282 ◇124

***Calophyllum inophyllum* L.**
▶红厚壳
◎4670 ◇124
◎5067 ◇124
◎6791 ◇124
◎7322 ◇124/75
◎10267 ◇918
◎13143 ◇894/75
◎13243 ◇124/75
◎14172 ◇893
◎14628 ◇124/75
◎14762 ◇124;999
◎15172 ◇895/561
◎15500 ◇124/506
◎15501 ◇124
◎21005 ◇890
◎21495 ◇124
◎26982 ◇1224
◎27544 ◇1235
◎35345 ◇1571
◎35346 ◇1571
◎35347 ◇1571

***Calophyllum macrocarpum* Hook. f.**
▶大果红厚壳
◎9922 ◇955/75

***Calophyllum multiflorum* Griseb.**
▶多花红厚壳/多花海棠木
◎24427 ◇1086
◎24428 ◇1086
◎40731 ◇1706

***Calophyllum obliquinervium* Merr.**
▶斜脉红厚壳
◎18345 ◇953/75
◎21654 ◇124

***Calophyllum peekelii* Lauterb.**
▶皮克红厚壳/匹克海棠木
◎24434 ◇1086

***Calophyllum polyanthum* Wall. ex Planch. & Triana**
▶多花红厚壳
◎20684 ◇896
◎28423 ◇1275
◎35587 ◇1572
◎35588 ◇1572

***Calophyllum sclerophyllum* Vesque**
▶硬叶红厚壳
◎35348 ◇1571

***Calophyllum sil* Lauterb.**
▶希尔红厚壳/希尔海棠木
◎24429 ◇1086

***Calophyllum soulattri* Burm. f.**
▶苏拉红厚壳/苏拉海棠木
◎24435 ◇1086
◎26983 ◇1224
◎39878 ◇1698

Calophyllum spruceanum
▶斯普红厚壳
◎22587 ◇831

***Calophyllum suberosum* P. F. Stevens**
▶萨博红厚壳
◎36821 ◇1623

***Calophyllum tacamahaca* Willd.**
▶洋胡桐
◎15253 ◇901
◎15263 ◇901/76
◎15316 ◇900
◎20833 ◇891

***Calophyllum tetrapterum* Miq.**
▶花束红厚壳
◎20380 ◇938/75

Calophyllum teysmannii* var. *inophylloide
▶特氏红厚壳
◎27170 ◇1227

***Calophyllum thorelii* Pierre**
▶索瑞红厚壳
◎3559 ◇124/76

***Calophyllum tomentosum* Wight**
▶绒毛红厚壳
◎4890 ◇124
◎8487 ◇898
◎19080 ◇896/76

***Calophyllum vexans* P. F. Stevens**
▶维氏红厚壳
◎18927 ◇907/76

***Calophyllum vitiense* Turrill**
▶葡萄红厚壳/葡萄海棠木
◎24436 ◇1086

***Calophyllum* L.**
▶红厚壳属
◎3569 ◇124
◎7512 ◇124
◎8951 ◇TBA
◎8952 ◇TBA
◎8982 ◇939
◎12705 ◇922
◎12706 ◇922
◎15114 ◇932
◎15161 ◇895
◎17180 ◇124
◎17486 ◇124
◎18730 ◇894

◎19023 ◇906/76
◎19078 ◇896;1039
◎19459 ◇906/728
◎19497 ◇935
◎22232 ◇934
◎22414 ◇902
◎22427 ◇889
◎22781 ◇906
◎23126 ◇933
◎23182 ◇915
◎23231 ◇927
◎23303 ◇915
◎23356 ◇889
◎23402 ◇933
◎23569 ◇915
◎26981 ◇1224
◎28019 ◇1255
◎28302 ◇1269
◎28551 ◇1281
◎29098 ◇1313
◎29872 ◇1364
◎30146 ◇1380
◎30244 ◇1386
◎30359 ◇1393
◎30360 ◇1393
◎30361 ◇1393
◎30511 ◇1402
◎33898 ◇1540
◎33899 ◇1540
◎35349 ◇1571
◎35350 ◇1571
◎35351 ◇1571
◎35352 ◇1571
◎35353 ◇1571
◎35354 ◇1571
◎35355 ◇1571
◎37050 ◇1629
◎37922 ◇1677

***Caraipa ampla* Ducke**
▶阿姆南美洲藤黄木
◎35126 ◇1564

***Caraipa densifolia* Mart.**
▶密叶南美洲藤黄木
◎32853 ◇1499
◎34003 ◇1542
◎34004 ◇1542
◎34005 ◇1542
◎34158 ◇1544
◎40081 ◇1126

***Caraipa jaramilloi* R. Vásquez**
▶加氏南美洲藤黄木
◎22610 ◇831

***Caraipa richardiana* Cambess.**
▶瑞恰南美洲藤黄木
◎33040 ◇1507
◎34006 ◇1542

***Caraipa* Aubl.**
▶南美洲藤黄属/星圣木属
◎32852 ◇1499

***Endodesmia calophylloides* Benth.**
▶安朵红厚壳
◎29562 ◇1340
◎29563 ◇1340
◎36550 ◇1611
◎36551 ◇1611

***Mammea acuminatus* Kosterm.**
▶渐尖黄果藤黄木/渐尖南美杏
◎31637 ◇1454

***Mammea africana* Sabine**
▶非洲黄果藤黄木/非洲南美杏
◎21097 ◇928
◎21630 ◇127/511
◎36308 ◇1594
◎36850 ◇1624

***Mammea americana* L.**
▶美洲黄果藤黄木/美洲南美杏
◎4540 ◇127/79
◎25359 ◇1100

***Mammea congregata* (Boerl.) Kosterm.**
▶聚合南美杏
◎27280 ◇1229

***Mammea odorata* (Raf.) Kosterm.**
▶香黄果藤黄木/香南美杏
◎27281 ◇1229
◎32901 ◇1500

***Marignia oleifera* Lam.**
▶油马瑞橄榄
◎7345 ◇175/117

***Marila geminata* Cuatrec.**
▶吉米牛圣木
◎38345 ◇1132

***Marila laxiflora* Rusby**
▶疏花牛圣木
◎35134 ◇1565

***Marila macrophylla* Benth.**
▶大叶牛圣木
◎33071 ◇1508

***Mesua ferrea* L.**
▶铁力木
◎4820 ◇127
◎4906 ◇127
◎8509 ◇898
◎11772 ◇127;1005/79
◎18779 ◇127
◎19104 ◇896
◎20702 ◇896
◎34071 ◇1543
◎35479 ◇1571
◎40857 ◇1707

***Mesua macrantha* (Baill.) Kosterm.**
▶缘毛铁力木
◎22174 ◇934

***Mesua paniculata* (Blanco) Kosterm.**
▶圆锥铁力木
◎28140 ◇1262
◎28608 ◇1284
◎28614 ◇1285

***Mesua* Linn.**
▶铁力木属
◎39919 ◇1122

***Poeciloneuron indicum* Bedd.**
▶印度杂脉藤黄木
◎8511 ◇898;980/79

Calycanthaceae 蜡梅科

***Calycanthus chinensis* (W. C. Cheng & S. Y. Chang) P. T. Li**
▶夏腊梅
◎13645 ◇23/15

***Calycanthus floridus* var. *glaucus* (Willd.) Torr. & A. Gray**
▶光叶红
◎26563 ◇1174

***Calycanthus floridus* L.**
▶美国蜡梅
◎33312 ◇1518

***Chimonanthus nitens* Oliv.**
▶山蜡梅
◎16109 ◇23

***Chimonanthus praecox* (L.) Link**
▶蜡梅
◎5671 ◇23/15
◎24555 ◇1088

***Chimonanthus retusus* Paxton**
▶微凹蜡梅
◎1249 ◇23

Campanulaceae 桔梗科

Siphocampylus Pohl

▶蜂齿花属

◎33557 ◇1527

Canellaceae 白樟科

Canella winterana (L.) Gaertn.

▶假樟木/怀特白樟

◎24451 ◇1087

◎38802 ◇1140

◎39175 ◇1689

Cinnamodendron dinisii Schwacke

▶蒂尼万灵樟

◎33314 ◇1518

Cannabaceae 大麻科

Aphananthe aspera (Thunb.) Planch.

▶糙叶树

◎386 ◇336

◎1292 ◇TBA

◎4841 ◇336/194

◎6388 ◇336

◎6987 ◇336

◎9187 ◇336;1057

◎9188 ◇336;993

◎9189 ◇336;993

◎9190 ◇336;804

◎9416 ◇336;1058

◎9417 ◇336;1059

◎9418 ◇336;852

◎9498 ◇336;800

◎9499 ◇336;804

◎9500 ◇336;803

◎10239 ◇918

◎11193 ◇336

◎12402 ◇TBA

◎12664 ◇337;1013/194

◎15878 ◇337

◎17068 ◇337

◎17471 ◇337;783

◎17625 ◇337

◎19817 ◇337

◎19818 ◇337

◎22362 ◇916

Aphananthe cuspidata (Blume) Planch.

▶滇糙叶树

◎3794 ◇344/195

◎14645 ◇344/195

◎20917 ◇892

◎27159 ◇1227

◎27416 ◇1232

◎28630 ◇1285

Aphananthe philippinensis Planch.

▶菲律宾糙叶树

◎38971 ◇1687

◎42348 ◇1726

Aphananthe Planch.

▶糙叶树属

◎8119 ◇TBA

Celtis adolfi-friderici Engl.

▶非洲朴

◎18357 ◇338/529

◎21073 ◇928/529

Celtis africana Burm. f.

▶白朴

◎24511 ◇1087

◎26920 ◇1221

◎37654 ◇1664

◎39850 ◇1698

◎41554 ◇1716

◎42268 ◇1725

Celtis australis subsp. *caucasica* (Willd.) C. C. Towns.

▶高加索朴

◎12060 ◇340/194

Celtis australis L.

▶南欧朴

◎15597 ◇951

◎18170 ◇338

Celtis austrasinensis Sattarian

▶华南朴

◎16706 ◇338

Celtis biondii Pamp.

▶紫弹树

◎5854 ◇338/194

◎6281 ◇338;784

◎9365 ◇TBA

◎16123 ◇338/630

◎16157 ◇338

◎16906 ◇338

◎17407 ◇338;793

◎19819 ◇338

◎20264 ◇338

Celtis bungeana Blume

▶黑弹树

◎556 ◇339

◎633 ◇339;967/194

◎4145 ◇339

◎5325 ◇339;787

◎5511 ◇339

◎5537 ◇339

◎7047 ◇339

◎8724 ◇339;1065

◎16423 ◇339

◎17072 ◇339/194

◎18124 ◇339

◎20263 ◇339

◎20629 ◇339

◎22332 ◇916

Celtis glabrata Spreng.

▶光滑朴

◎40419 ◇1702

Celtis hildebrandii Soepadmo

▶希尔朴

◎27175 ◇1227

Celtis iguanaea (Jacq.) Sarg.

▶光朴

◎24512 ◇1087

◎24513 ◇1087

◎33586 ◇1528

Celtis jessoensis Koidz.

▶杰西朴

◎24514 ◇1087

Celtis julianae C. K. Schneid.

▶珊瑚朴

◎8637 ◇TBA

Celtis koraiensis Nakai

▶大叶朴

◎549 ◇340

◎5324 ◇340;781

◎5526 ◇340/194

◎6031 ◇340/194

Celtis laevigata var. *reticulata* (Torr.) Benson

▶网脉平滑朴

◎24515 ◇1087

Celtis laevigata Willd.

▶糖朴

◎24516 ◇1087

◎38678 ◇1138

◎41114 ◇1711

◎41974 ◇1721

◎42279 ◇1725

Celtis latifolia (Blume) Planch.
▶阔叶朴
◎18926 ◇907/194
◎39905 ◇1699
Celtis luzonica Warb.
▶吕宋朴
◎4646 ◇340
◎18946 ◇907/194
Celtis macrocarpa Chun
▶大果朴
◎16096 ◇340/195
Celtis mildbraedii Engl.
▶米氏朴
◎21098 ◇928
◎21504 ◇340/529
Celtis occidentalis L.
▶美洲朴
◎17220 ◇821
◎18673 ◇340
◎20973 ◇340
◎23057 ◇917
◎36704 ◇1617
◎36705 ◇1617
◎36706 ◇1617
◎42014 ◇1722
◎42073 ◇1723
Celtis paniculata (Endl.) Planch.
▶圆锥朴
◎35905 ◇1585
Celtis philippensis Blanco
▶菲律宾朴树
◎6795 ◇TBA
◎13201 ◇894/194
◎14145 ◇TBA
◎14657 ◇TBA
◎16043 ◇340
◎19012 ◇906/630
◎21505 ◇340
◎27557 ◇1235
◎33909 ◇1540
◎35594 ◇TBA
Celtis prantlii Priemer ex Engl.
▶普润朴
◎18403 ◇925/529
◎18408 ◇925/529
Celtis reticulata Torr.
▶网脉朴
◎38688 ◇1138
◎38732 ◇1139
Celtis rigescens (Miq.) Planch.
▶坚挺朴
◎27555 ◇1235
Celtis sinensis Pers.
▶朴树
◎391 ◇391
◎4738 ◇341
◎4844 ◇341/195
◎5628 ◇341
◎5709 ◇341
◎6663 ◇341
◎7214 ◇341
◎9415 ◇341;996
◎10238 ◇918
◎10754 ◇341
◎13083 ◇341
◎16184 ◇341
◎16893 ◇341
◎17552 ◇341
◎18593 ◇919
◎19157 ◇341/195
Celtis tenuifolia Nutt.
▶细叶朴
◎24517 ◇1087
Celtis tessmannii Rendle
▶特氏朴
◎20548 ◇829
◎21503 ◇338/529
Celtis tetrandra Roxb.
▶四蕊朴
◎11300 ◇342;1062
◎11301 ◇342;851/195
◎12021 ◇342;995
◎21836 ◇340
◎27176 ◇1227
◎27556 ◇1235
Celtis timorensis Span.
▶樟叶朴
◎20915 ◇892
Celtis vandervoetiana C. K. Schneid.
▶西川朴
◎16486 ◇342/195
◎17413 ◇342;790
◎17624 ◇342
Celtis zenkeri Engl.
▶热非朴
◎18409 ◇925/529
◎21905 ◇899
◎36391 ◇1601
◎36427 ◇1604
Celtis L.
▶朴属
◎3449 ◇343
◎3624 ◇343
◎5244 ◇343
◎5431 ◇343
◎5502 ◇343
◎6287 ◇343
◎8308 ◇343
◎8309 ◇343
◎8310 ◇343
◎11878 ◇343;970
◎12419 ◇TBA
◎13620 ◇343
◎14713 ◇343
◎15879 ◇343
◎21149 ◇343
◎28558 ◇1282
◎35672 ◇1573
◎35673 ◇1573
◎35674 ◇1573
◎35906 ◇1585
◎40004 ◇1125
Gironniera hirta Ridl.
▶毛白颜树
◎37511 ◇1660
Gironniera nervosa Planch.
▶显脉白颜树
◎27607 ◇1236
◎37934 ◇1678
Gironniera parvifolia Planch.
▶小叶白颜树
◎31597 ◇1453
◎31598 ◇1453
Gironniera subaequalis Planch.
▶白颜树
◎9596 ◇344
◎11755 ◇344;995
◎11758 ◇344
◎12139 ◇344;882
◎12148 ◇344;886/195
◎12160 ◇344;886
◎12458 ◇TBA
◎12763 ◇923
◎12945 ◇344
◎13118 ◇344;1040
◎14285 ◇344
◎14817 ◇344;1029

◎15932　◇344
◎17005　◇344
◎27236　◇1229
◎31275　◇1433
◎31872　◇1467
◎35940　◇1585

***Gironniera* Gaudich.**
▶白颜树属
◎11934　◇344;862
◎27027　◇1225
◎34185　◇1545
◎37510　◇1660

***Pteroceltis tatarinowii* Maxim.**
▶青檀
◎5493　◇TBA
◎10152　◇345
◎13667　◇345/196
◎16171　◇345
◎16386　◇345

Trema alba
▶白山黄麻
◎7267　◇346

***Trema angustifolia*（Planch.）Blume**
▶狭叶山黄麻
◎11669　◇346;964/636
◎11828　◇346;858/196

***Trema cannabina* Lour.**
▶光叶山黄麻
◎6215　◇346/196
◎16731　◇346
◎19820　◇346/636

***Trema lamarckiana*（Schult.）Blume**
▶拉马克山麻黄
◎40172　◇1699

***Trema micrantha*（L.）Blume**
▶小花山黄麻
◎18271　◇908/636
◎26137　◇1111
◎26138　◇1111
◎33599　◇1529
◎33600　◇1529
◎35233　◇1568

***Trema orientalis*（L.）Blume**
▶异色山黄麻
◎275　◇346;795
◎7417　◇346
◎7649　◇TBA
◎10945　◇346
◎12022　◇346;999/196
◎14110　◇893/196
◎14601　◇346
◎16690　◇346
◎20950　◇346
◎21949　◇899/529
◎26136　◇1111
◎26958　◇1223
◎27700　◇1238
◎29048　◇1310
◎35234　◇1568
◎36292　◇1593

***Trema tomentosa* var. *viridis*（Planch.）Hewson**
▶绿山麻黄
◎39750　◇1697

***Trema* Lour.**
▶山黄麻属
◎11805　◇346
◎13472　◇346
◎39963　◇TBA

Capparaceae　山柑科

***Capparis arborea*（F. Muell.）Maiden**
▶乔木山柑仔木/乔木山柑木
◎24453　◇1087

***Capparis baducca* L.**
▶瑞氏山柑仔木/瑞氏山柑木
◎28418　◇1274

***Capparis brachybotrya* Hallier f.**
▶短序山柑仔木/短序山柑木
◎31482　◇1448

***Capparis canescens* Banks ex DC.**
▶灰色山柑仔木/灰色山柑木
◎24454　◇1087

***Capparis cynophallophora* L.**
▶牙买加山柑仔木/牙买加山柑木
◎18240　◇175
◎24455　◇1087
◎38308　◇1132

***Capparis mitchellii* Lindl.**
▶米切山柑仔木/米切山柑木
◎39820　◇1698
◎40606　◇1704

***Capparis moonii* Wight**
▶摩尼山柑仔木/摩尼山柑木/印度马槟榔
◎21311　◇175
◎28437　◇1275

***Capparis pittieri* Standl.**
▶多孔山柑仔木/多孔山柑木
◎18325　◇175/116
◎38367　◇1133

***Capparis pubiflora* DC.**
▶毛蕊山柑
◎29018　◇1308

***Capparis sepiaria* var. *fischeri*（Pax）DeWolf**
▶斐氏山柑仔木/斐氏山柑木
◎24456　◇1087
◎39185　◇1690

***Capparis* L.**
▶山柑仔属/山柑属
◎28507　◇1279

Crateva adansonii* subsp. *adansonii
▶爱达鱼木
◎36630　◇1614

***Crateva adansonii* subsp. *odora*（Buch.-Ham.）Jacobs**
▶柔克丝鱼木
◎35597　◇TBA

***Crateva adansonii* DC.**
▶爱达鱼木
◎24686　◇1089
◎39150　◇1689

***Crateva nurvala* Buch.-Ham.**
▶刺籽鱼木
◎35372　◇1571

***Crateva religiosa* G. Forst.**
▶鱼木
◎7348　◇175/116
◎18302　◇902
◎27181　◇1227
◎37596　◇1662

***Crateva tapia* L.**
▶塔皮鱼木
◎4442　◇175/116
◎24685　◇1089
◎33337　◇1519
◎33338　◇1519

***Euadenia trifoliolata*（Vahl ex Schumach. & Thonn.）Oliv.**
▶三小叶艾瓦山柑
◎29179　◇1318
◎30969　◇1423
◎31177　◇1430
◎31178　◇1430

◎31775 ◇1461

Eucalyptopsis C. T. White

▶假桉属

◎27395 ◇1232

Eucalyptus × *studleyensis* Maiden

▶斯图桉

◎16826 ◇285

◎16834 ◇285

◎16835 ◇285

Eucalyptus acmenoides Schauer

▶艾克姆桉

◎16277 ◇824

◎16278 ◇824

◎20642 ◇832

◎40528 ◇1703

◎41140 ◇1711

◎41219 ◇1712

◎42243 ◇1725

Eucalyptus acroleuca L. A. S. Johnson & K. D. Hill

▶粒皮桉

◎24882 ◇1092

◎24883 ◇1092

Eucalyptus agglomerata Maiden

▶聚果纤皮桉

◎24897 ◇1092

Eucalyptus alba Reinw. ex Blume

▶白桉

◎14097 ◇893/163

◎21054 ◇890

Eucalyptus albens Benth.

▶白厚皮桉

◎24898 ◇1092

◎40485 ◇1703

Eucalyptus amplifolia Naudin

▶广叶桉

◎16821 ◇280;787/637

Eucalyptus amygdalina Labill.

▶黑皮辛味桉

◎24899 ◇1092

◎40484 ◇1703

Eucalyptus andrewsii subsp. *campanulata* (R. T. Baker & H. G. Sm.) L. A. S. Johnson & Blaxell

▶赤桉赤枝桉

◎24900 ◇1093

Eucalyptus angophoroides R. T. Baker

▶安宫桉

◎24901 ◇1093

Eucalyptus argophloia Blakely

▶银皮桉

◎40543 ◇1703

◎40607 ◇1704

Eucalyptus astringens (Maiden) Maiden

▶单宁桉

◎10451 ◇825/163

◎23286 ◇832

Eucalyptus balladoniensis Brooker

▶巴兰桉

◎24902 ◇1093

Eucalyptus baueriana Schauer

▶伯内拉桉

◎24903 ◇1093

◎24904 ◇1093

◎41156 ◇1711

Eucalyptus baxteri Maiden & Blakely

▶波克桉

◎18204 ◇825

Eucalyptus behriana F. Muell.

▶伯和桉

◎24905 ◇1093

◎40455 ◇1702

Eucalyptus beyeri R. T. Baker

▶栓皮桉

◎16837 ◇280

Eucalyptus bicolor A. Cunn. ex T. Mitch.

▶双色桉

◎9203 ◇280;993

◎24906 ◇1093

Eucalyptus blakelyi Maiden

▶布氏桉

◎24907 ◇1093

◎40524 ◇1703

Eucalyptus bosistoana F. Muell.

▶波士桉

◎24908 ◇1093

◎41139 ◇1711

Eucalyptus botryoides Sm.

▶二叶桉/葡萄桉

◎19056 ◇280

◎24909 ◇1093

Eucalyptus brassiana S. T. Blake

▶褐桉/布拉斯桉

◎24910 ◇1093

Eucalyptus bridgesiana R. T. Baker

▶金钱桉

◎24911 ◇1093

◎24912 ◇1093

Eucalyptus brockwayi C. A. Gardner

▶布罗夷桉

◎24913 ◇1093

◎39381 ◇1692

Eucalyptus calcicola Brooker

▶钙化桉

◎24914 ◇1093

Eucalyptus caliginosa Blakely & McKie

▶凯里桉

◎24884 ◇1092

Eucalyptus calycogona Turcz.

▶卡里桉

◎39387 ◇1692

Eucalyptus camaldulensis subsp. *obtusa* (Blakely) Brooker & M. W. McDonald

▶钝盖赤桉

◎13976 ◇280;865

Eucalyptus camaldulensis Dehnh.

▶赤桉

◎9171 ◇TBA

◎9172 ◇280;1057/163

◎16799 ◇280

◎17566 ◇280

◎21681 ◇904

◎23011 ◇883

◎26739 ◇1196

◎26740 ◇1196

◎37139 ◇1632

Eucalyptus cambageana Maiden

▶卡巴桉

◎24915 ◇1093

◎39636 ◇1696

◎41236 ◇1712

Eucalyptus campanulata R. T. Baker & H. G. Sm.

▶赤枝桉

◎40436 ◇1702

Eucalyptus campaspe S. Moore

▶坎帕桉

◎39380 ◇1692

Eucalyptus capillosa Brooker & Hopper

▶卡佩桉

◎40410 ◇1702

Eucalyptus capitellata Sm.

▶开皮桉

◎24916　◇1093

Eucalyptus celastroides Turcz.

▶思拉桉

◎24917　◇1093

◎39390　◇1692

Eucalyptus chapmaniana Cameron

▶查普曼桉

◎24918　◇1093

Eucalyptus cinerea F. Muell. ex Benth.

▶银叶桉

◎40395　◇1702

Eucalyptus cladocalyx F. Muell.

▶棒萼桉

◎24919　◇1093

◎42093　◇1723

Eucalyptus clelandii（Maiden）Maiden

▶克莱兰桉

◎39379　◇1692

Eucalyptus cloeziana F. Muell.

▶大花序桉

◎16829　◇280

◎22932　◇823

◎23017　◇883

Eucalyptus concinna Maiden & Blakely

▶优雅桉

◎24920　◇1093

Eucalyptus congo

▶刚果桉

◎20332　◇282

Eucalyptus conica Deane & Maiden

▶圆锥桉

◎39562　◇1695

Eucalyptus coolabah Blakely & Jacobs

▶库拉桉

◎40643　◇1705

Eucalyptus cornuta Labill.

▶角蕾桉

◎10453　◇825

◎24921　◇1093

Eucalyptus crebra F. Muell.

▶常桉

◎24922　◇1093

◎40394　◇1702

◎40459　◇1702

◎41081　◇1710

◎41082　◇1710

Eucalyptus cylindrocarpa Blakely

▶筒状果桉

◎24923　◇1093

Eucalyptus cypellocarpa L. A. S. Johnson

▶猴桉

◎24924　◇1093

◎40514　◇1703

◎40998　◇1709

Eucalyptus dalrympleana Maiden

▶代尔桉

◎23022　◇823

Eucalyptus dealbata A. Cunn. ex Schauer

▶白皮桉

◎9213　◇281;793/164

◎9214　◇281/164

Eucalyptus deanei Maiden

▶迪恩桉

◎24925　◇1093

Eucalyptus deglupta Blume

▶剥皮桉

◎13188　◇894

◎14143　◇/164

◎18751　◇281

◎18919　◇907

◎19018　◇906/637

◎21025　◇890

◎21226　◇280

◎21667　◇280

◎22789　◇906

◎34436　◇1550

Eucalyptus delegatensis subsp. *tasmaniensis* Boland

▶塔斯马尼亚桉

◎16208　◇824

◎16209　◇824

◎16210　◇824

Eucalyptus delegatensis R. T. Baker

▶高山桉

◎4763　◇281

◎10426　◇825

◎18156　◇281/522

◎18499　◇910

◎22943　◇825

◎22944　◇825

Eucalyptus dielsii C. A. Gardner

▶呆乐桉

◎24926　◇1093

◎39397　◇1693

Eucalyptus diptera C. R. P. Andrews

▶双翅桉

◎40409　◇1702

Eucalyptus diversicolor F. Muell.

▶异色桉

◎10454　◇825

◎19659　◇281/164

◎23287　◇832

◎34437　◇1550

◎34438　◇1550

◎36977　◇1627

Eucalyptus dives Schauer

▶宽叶辛味桉

◎24927　◇1093

Eucalyptus dorrigoensis（Blakely）L. A. S. Johnson & K. D. Hill

▶多利桉

◎24885　◇1092

Eucalyptus drepanophylla F. Muell. ex Benth.

▶镰叶桉

◎22933　◇823

Eucalyptus dundasii Maiden

▶邓氏桉

◎24928　◇1093

Eucalyptus elata Dehnh.

▶高桉/滨河白桉

◎24929　◇1093

Eucalyptus eremophila Maiden

▶沙漠桉

◎24886　◇1092

Eucalyptus erythrocorys F. Muell.

▶红盔桉

▶24930　◇1093

Eucalyptus erythronema Turcz.

▶红花丝桉

◎24931　◇1093

Eucalyptus eugenioides Sieber ex Spreng.

▶粗糙桉

◎16279　◇824

◎24932　◇1093

Eucalyptus europhylla（L. A. S. Johnson & G. J. Leach）Brooker

▶优柔桉

◎23012　◇883

◎23014　◇883

◎23015　◇883

Eucalyptus exserta F. Muell.

▶窿缘桉

◎9207　◇281;993

◎9208　◇281;993/165

◎13828　◇281;816
◎13829　◇281
◎16174　◇282;799
◎16756　◇281
◎16836　◇281
◎23006　◇883
◎23018　◇883

Eucalyptus fasciculosa **F. Muell.**
▶发绍桉
◎18206　◇825
◎24887　◇1092

Eucalyptus fastigata **Deane & Maiden**
▶扫枝桉
◎16248　◇824
◎18222　◇282

Eucalyptus fibrosa **F. Muell.**
▶阔叶硬皮桉
◎24933　◇1093

Eucalyptus flavida **Brooker & Hopper**
▶浅黄桉
◎39400　◇1693

Eucalyptus flocktoniae **Maiden**
▶弗洛顿桉
◎24934　◇1093

Eucalyptus formanii **C. A. Gardner**
▶夫曼桉
◎24935　◇1093
◎39395　◇1693

Eucalyptus fraxinoides **Deane & Maiden**
▶白蜡桉
◎24936　◇1093

Eucalyptus globoidea **Blakely**
▶球桉
◎18154　◇282/522
◎18155　◇282/522

Eucalyptus globulus subsp. *bicostata* **(Maiden. Blakely & Simmonds) J. B. Kirkp.**
▶二肋蓝桉
◎40599　◇1704

Eucalyptus globulus subsp. *maidenii* **(F. Muell.) J. B. Kirkp.**
▶直杆蓝桉
◎16317　◇283
◎17246　◇283
◎17271　◇283

Eucalyptus globulus **Labill.**
▶蓝桉
◎1255　◇282
◎10799　◇282
◎10950　◇282/165
◎13798　◇282/165
◎14031　◇282
◎17561　◇282
◎18618　◇919
◎19032　◇282
◎21695　◇904
◎23023　◇823
◎23079　◇883
◎23080　◇883
◎26671　◇1187
◎26712　◇1195
◎26713　◇1195
◎34439　◇1550
◎34574　◇1552
◎36978　◇1628
◎36979　◇1628
◎36980　◇1628

Eucalyptus gomphocephala **DC.**
▶棒头桉
◎10455　◇825
◎17545　◇282
◎23284　◇832
◎41334　◇1714

Eucalyptus gongylocarpa **Blakely**
▶棱角果桉
◎24937　◇1093
◎39386　◇1692

Eucalyptus goniocalyx **F. Muell. ex Miq.**
▶高尼桉
◎10431　◇825
◎15442　◇823
◎16227　◇824
◎16228　◇824
◎16229　◇824
◎16230　◇824
◎16231　◇824
◎16232　◇824
◎18207　◇825

Eucalyptus grandis × *urophylla*
▶巨尾桉
◎24888　◇1092

Eucalyptus grandis **W. Hill**
▶巨桉/大桉
◎16255　◇824
◎20333　◇282/165
◎20643　◇832
◎22934　◇823
◎23010　◇883
◎23013　◇883
◎23016　◇883
◎23288　◇819
◎39384　◇1692

Eucalyptus griffithsii **Maiden**
▶格里桉
◎39394　◇1693

Eucalyptus guilfoylei **Maiden**
▶基乐桉
◎23282　◇832
◎24938　◇1093

Eucalyptus gunnii **Miq.**
▶苹果桉
◎40978　◇1709
◎42360　◇1726

Eucalyptus hamilampra **F. Muell.**
▶桃花心木桉
◎9204　◇283;791

Eucalyptus horistes **L. A. S. Johnson & K. D. Hill**
▶霍里桉
◎39641　◇1696

Eucalyptus incrassata **Labill.**
▶增大桉
◎24939　◇1093

Eucalyptus intertexta **R. T. Baker**
▶综桉
◎24940　◇1093
◎40541　◇1703

Eucalyptus jacksonii **Maiden**
▶杰克桉
◎10456　◇825
◎23020　◇823
◎23283　◇832

Eucalyptus johnstonii **Maiden**
▶约翰斯顿桉
◎24889　◇1092

Eucalyptus kartzoffiana **L. A. S. Johnson & Blaxell**
▶卡提非桉
◎24941　◇1093
◎40707　◇1705

Eucalyptus kessellii **Maiden & Blakely**
▶凯斯尔桉
◎39640　◇1696

Eucalyptus kingsmillii Maiden & Blakely
▶金斯桉
◎24942 ◇1093
Eucalyptus kirtoniana F. Muell.
▶斜脉胶桉
◎13977 ◇282;864
◎16820 ◇283;970
Eucalyptus laevopinea R. T. Baker
▶银顶纤皮桉
◎24943 ◇1093
◎24944 ◇1093
Eucalyptus leptophleba F. Muell.
▶纤脉桉
◎9216 ◇281;1004
◎9217 ◇281;791
◎24890 ◇1092
Eucalyptus lesouefii Maiden
▶莱索桉
◎24945 ◇1093
◎39570 ◇1695
Eucalyptus leucoxylon F. Muell.
▶白木桉
◎18205 ◇825
◎24946 ◇1093
Eucalyptus longicornis (F. Muell.) Maiden
▶长角桉
◎10457 ◇825
◎39592 ◇1695
◎40979 ◇1709
◎42141 ◇1723
Eucalyptus longifolia Lindl.
▶长叶桉
◎15439 ◇823
◎16280 ◇824
◎16281 ◇824
◎16282 ◇824
Eucalyptus loxophleba Benth.
▶桉树
◎10458 ◇825
◎39690 ◇1696
Eucalyptus macrorhyncha F. Muell.
▶大喙桉
◎24947 ◇1093
◎24948 ◇1093
Eucalyptus mannifera Mudie
▶美叶桉/斑胶桉
◎24949 ◇1093
◎40525 ◇1703
Eucalyptus marginata Sm.
▶边缘桉
◎10459 ◇825/637
◎21540 ◇283
◎23002 ◇825
◎23281 ◇832
◎23624 ◇283
◎24950 ◇1093
◎34440 ◇1550
◎34441 ◇1550
◎34442 ◇1550
Eucalyptus megacarpa F. Muell.
▶大果桉
◎10460 ◇825
◎23280 ◇832
Eucalyptus melanoxylon Maiden
▶黑褐桉
◎39401 ◇1693
Eucalyptus melliodora A. Cunn. ex Schauer
▶蜜味桉
◎24951 ◇1093
◎40483 ◇1703
◎41222 ◇1712
Eucalyptus microcorys F. Muell.
▶小帽桉
◎4765 ◇283
◎9227 ◇283;994
◎9228 ◇283;1004
◎10440 ◇825
◎16271 ◇824
◎16272 ◇824
◎16273 ◇824
◎16274 ◇824
◎20644 ◇832
◎22936 ◇823
◎34443 ◇1550
◎34444 ◇1550
Eucalyptus microtheca F. Muell.
▶小套桉
◎24952 ◇1093
◎24953 ◇1093
◎40981 ◇1709
Eucalyptus miniata A. Cunn. ex Schauer
▶朱红桉
◎40739 ◇1706
Eucalyptus moluccana Roxb.
▶马鲁古桉
◎24954 ◇1093
◎24955 ◇1093
Eucalyptus montivaga A. R. Bean
▶芒提桉
◎24956 ◇1093
Eucalyptus muelleriana Howitt
▶米勒桉
◎9205 ◇280;993
◎9206 ◇281;791/164
◎10445 ◇825
◎24957 ◇1093
Eucalyptus nicholii Maiden & Blakely
▶尼乔利桉
◎24958 ◇1093
◎39596 ◇1695
Eucalyptus nigra R. T. Baker
▶黑桉
◎24891 ◇1092
Eucalyptus nitens Maiden
▶亮果桉
◎24959 ◇1093
◎40523 ◇1703
Eucalyptus obliqua Decne.
▶斜叶桉
◎16240 ◇824/165
◎16241 ◇824
◎16242 ◇824
◎16243 ◇824
◎23003 ◇825
◎23024 ◇823
◎34445 ◇1550
Eucalyptus odorata Behr
▶香桉
◎18200 ◇825
Eucalyptus oldfieldii F. Muell.
▶奥德桉
◎39396 ◇1693
Eucalyptus oleosa F. Muell. ex Miq.
▶油桉
◎18201 ◇825
◎40411 ◇1702
Eucalyptus oreades R. T. Baker
▶欧瑞桉
◎24960 ◇1093
◎39691 ◇1696
Eucalyptus orebra J. T. Hunter & J. J. Bruhl
▶欧氏桉
◎16245 ◇824

◎16246　◇824

Eucalyptus ovata Labill.

▶卵形桉

◎23019　◇823

Eucalyptus pachycalyx Maiden & Blakely

▶厚萼桉

◎39700　◇1696

Eucalyptus paniculata Sm.

▶圆锥花桉

◎10432　◇825

◎16233　◇824

◎16234　◇824

◎16235　◇824

◎23666　◇283

◎36981　◇1628

Eucalyptus patens Benth.

▶展桉

◎10461　◇825

◎23279　◇832

Eucalyptus pauciflora subsp. *debeuzevillei* (Maiden) L. A. S. Johnson & Blaxell

▶代氏雪桉/代氏疏花桉

◎24962　◇1093

Eucalyptus pauciflora Sieber ex Spreng.

▶雪桉/疏花桉

◎24961　◇1093

Eucalyptus pellita F. Muell.

▶粗皮桉

◎23007　◇883

◎24963　◇1094

Eucalyptus pilularis Sm.

▶弹丸桉

◎10427　◇825

◎16211　◇824

◎16212　◇824

◎16213　◇824/165

◎16214　◇824

◎20645　◇832

◎22937　◇823

◎34446　◇1550

◎36982　◇1628

Eucalyptus piperita Sm.

▶胡椒桉

◎40728　◇1706

Eucalyptus platyphylla F. Muell.

▶阔叶桉

◎35936　◇1585

Eucalyptus polyanthemos Schauer

▶多花桉

◎40482　◇1703

◎41158　◇1711

◎42146　◇1724

Eucalyptus populnea F. Muell.

▶杨叶桉

◎24964　◇1094

◎40529　◇1703

◎41943　◇1721

Eucalyptus porosa Miq.

▶多孔桉

◎18202　◇825

Eucalyptus propinqua Deane & Maiden

▶小果灰桉

◎16236　◇824

◎16237　◇824

◎16238　◇824

◎16239　◇824

◎20646　◇832

◎24965　◇1094

Eucalyptus pruinosa Schauer

▶白粉桉

◎24966　◇1094

Eucalyptus pularis

▶泊拉桉

◎4764　◇283

Eucalyptus pulchella Desf.

▶美丽桉

◎40056　◇1116

Eucalyptus punctata DC.

▶斑叶桉

◎4762　◇283/165

◎5068　◇283

◎23025　◇823

Eucalyptus quadrangulata Deane & Maiden

▶方茎桉

◎24967　◇1094

◎39426　◇1693

Eucalyptus racemosa subsp. *racemosa*

▶小花桉

◎5054　◇283

Eucalyptus radiata subsp. *radiata*

▶辐射桉（原亚种）

◎40602　◇1704

Eucalyptus radiata Sieber ex DC.

▶辐射桉

◎24968　◇1094

◎24969　◇1094

Eucalyptus ravida L. A. S. Johnson & K. D. Hill

▶拉维亚桉

◎39374　◇1692

Eucalyptus regnans F. Muell.

▶王桉

◎18223　◇284/522

◎18501　◇910/166

◎23001　◇825

◎23026　◇823

Eucalyptus resinifera J. White

▶树脂桉

◎4767　◇284/164

◎16252　◇824

◎16253　◇824

◎16254　◇824

◎16256　◇824

◎37138　◇1632

Eucalyptus robusta Sm.

▶大叶桉

◎4761　◇284/164

◎8752　◇284

◎8799　◇284;717/166

◎12745　◇284/166

◎12805　◇284/166

◎13088　◇284

◎13697　◇284

◎13831　◇284;1051/166

◎14636　◇284

◎16187　◇284

◎16581　◇284

◎16757　◇284

◎17569　◇284

◎19030　◇284

◎21856　◇284

Eucalyptus rubida Deane & Maiden

▶红桉

◎40490　◇1703

◎41174　◇1711

Eucalyptus rudis Endl.

▶野桉

◎13855　◇284;971/166

◎13856　◇284/166

◎13857　◇284

◎16066　◇284

Eucalyptus rummeryi Maiden

▶如门桉

◎24970　◇1094

◎39587 ◇1695

Eucalyptus salicola Brooker

▶萨利桉

◎39388 ◇1692

Eucalyptus saligna Sm.

▶柳叶桉

◎4768 ◇285

◎7913 ◇825

◎10439 ◇825

◎15477 ◇TBA

◎16267 ◇824

◎16268 ◇824

◎16269 ◇824

◎16270 ◇824

◎18500 ◇910/166

◎23008 ◇883

◎23289 ◇819

◎37140 ◇1632

Eucalyptus salmonophloia F. Muell.

▶红皮桉

◎23278 ◇832

◎24971 ◇1094

Eucalyptus salubris F. Muell.

▶萨卢桉

◎39561 ◇1695

Eucalyptus sheathiana Maiden

▶具鞘桉

◎24972 ◇1094

Eucalyptus siderophloia Benth.

▶思德桉

◎5045 ◇285

◎10434 ◇825/164

◎10463 ◇825

Eucalyptus sideroxylon A. Cunn. ex Woolls

▶铁木桉

◎24973 ◇1094

◎24974 ◇1094

Eucalyptus sieberi L. A. S. Johnson

▶银顶白蜡桉

◎16257 ◇824

◎16258 ◇824

◎16259 ◇824

◎16260 ◇824

◎23021 ◇823

◎24975 ◇1094

◎24976 ◇1094

◎41159 ◇1711

Eucalyptus smithii R. T. Baker

▶史密斯桉

◎24977 ◇1094

◎39415 ◇1693

Eucalyptus staigeriana F. Muell. ex Bailey

▶锥果兰桉

◎16824 ◇285;970/166

Eucalyptus stricklandii Maiden

▶斯氏桉

◎39392 ◇1692

Eucalyptus subangusta (Blakely) Brooker & Hopper

▶萨班桉

◎24978 ◇1094

Eucalyptus taurina A. R. Bean & Brooker

▶金红桉

◎24892 ◇1092

Eucalyptus tenuipes Blakely & C. T. White

▶细桉

◎24893 ◇1092

Eucalyptus tereticornis Sm.

▶细叶桉

◎8250 ◇285;993/167

◎15440 ◇823

◎16225 ◇824

◎16226 ◇824

◎22938 ◇823

◎24979 ◇1094

Eucalyptus tetrodonta F. Muell.

▶特吹桉

◎24980 ◇1094

◎40414 ◇1702

Eucalyptus thozetiana F. Muell. ex R. T. Baker

▶索泽桉

◎24894 ◇1092

Eucalyptus torquata Luehm.

▶珊瑚桉

◎39375 ◇1692

Eucalyptus transcontinentalis Maiden

▶远方桉

◎24981 ◇1094

◎39377 ◇1692

Eucalyptus tricarpa (L. A. S. Johnson) L. A. S. Johnson & K. D. Hill

▶三果瓣桉

◎24982 ◇1094

◎40530 ◇1703

Eucalyptus umbra R. T. Baker

▶乌姆拉桉

◎24983 ◇1094

◎39264 ◇1691

Eucalyptus urophylla S. T. Blake

▶尾叶桉

◎27396 ◇1232

Eucalyptus utilis Brooker & Hopper

▶有用桉

◎39383 ◇1692

Eucalyptus vesinifera Smith

▶沃斯桉

◎10435 ◇825

Eucalyptus viminalis Labill.

▶多枝桉

◎18203 ◇825/165

◎24984 ◇1094

◎37141 ◇1632

Eucalyptus wandoo Blakely

▶鞣桉

◎10462 ◇825

◎23277 ◇832

Eucalyptus woodwardii Maiden

▶伍德沃桉

◎39376 ◇1692

Eucalyptus woollsiana R. T. Baker

▶武乐桉

◎24895 ◇1092

◎39638 ◇1696

Eucalyptus yilgarnensis (Maiden) Brooker

▶伊乐桉

◎24896 ◇1092

Eucalyptus L'Hér.

▶桉属

◎4692 ◇285

◎9218 ◇285;793

◎9219 ◇285;791

◎9220 ◇285;791

◎9256 ◇285

◎10056 ◇TBA

◎16827 ◇285

◎17933 ◇822

◎18199 ◇825

◎20648 ◇832

◎39940 ◇1122

◎39985 ◇1124

◎41253 ◇1712

◎41255 ◇1713

◎41256　◇1713

◎41257　◇1713

◎41263　◇1713

◎41271　◇1713

◎41272　◇1713

◎41273　◇1713

◎41274　◇1713

◎41277　◇1713

◎41278　◇1713

◎41279　◇1713

◎41280　◇1713

◎41281　◇1713

◎41282　◇1713

◎41283　◇1713

◎41284　◇1713

◎41285　◇1713

◎41286　◇1713

◎41287　◇1713

◎41288　◇1713

***Eucalyptus polyanthemos* Schauer**

▶聚伞桉

◎24985　◇1094

***Maerua angolensis* DC.**

▶安哥拉宝珠柑

◎33349　◇1520

◎33540　◇1526

***Maerua kirkii* (Oliv.) F. White**

▶柯氏马柑仔木/柯氏马山柑木

◎33313　◇1518

***Maerua siamensis* (Kurz) Pax**

▶暹罗宝珠柑

◎31887　◇1467

***Morisonia flexuosa* L.**

▶弯曲莫柑仔木/弯曲莫山柑木

◎38819　◇1684

***Morisonia retusa* (Griseb.) Christenh. & Byng**

▶微凹莫柑仔木/微凹莫山柑木

◎38489　◇1135

Caprifoliaceae　忍冬科

***Abelia biflora* Turcz.**

▶六道木

◎5369　◇707

◎5407　◇707

◎5449　◇707

***Abelia dielsii* Rehder**

▶南方六道木

◎11179　◇707

***Abelia hirea* A. Braun & Vatke**

▶海瑞六道木

◎22307　◇903

***Abelia* R. Br.**

▶六道木属/糯米条属

◎5508　◇707

◎5543　◇707

◎5544　◇707;884

◎5889　◇707

***Diervilla japonica* DC.**

▶灌木忍冬/日本黄锦带

◎4166　◇707

◎5841　◇707

***Diervilla lonicera* Mill.**

▶忍冬黄锦带

◎38839　◇1684

◎38888　◇1685

◎38911　◇1686

***Diervilla* Mill.**

▶黄锦带属

◎5372　◇707

***Dipelta yunnanensis* Franch.**

▶云南双盾木

◎736　◇708

◎11606　◇708

***Heptacodium miconioides* Rehder**

▶七子花

◎40047　◇1116

***Kolkwitzia amabilis* Graebn.**

▶阿马猬实

◎19586　◇708

***Lonicera caprifolium* L.**

▶蔓生盘叶忍冬

◎22308　◇903

***Lonicera chrysantha* Turcz. ex Ledeb.**

▶金花忍冬

◎25299　◇1098

◎35797　◇1580

◎35798　◇1580

◎35799　◇1580

◎35800　◇1580

◎35801　◇1580

***Lonicera lanceolata* Wall.**

▶剑叶忍冬

◎6149　◇708

***Lonicera maackii* (Rupr.) Maxim.**

▶金银忍冬

◎5458　◇708;1000

◎5495　◇708

◎5574　◇708

***Lonicera periclymenum* L.**

▶香忍冬

◎21325　◇708

◎36849　◇1624

◎37423　◇1656

◎37424　◇1656

◎37425　◇1656

***Lonicera ruprechtiana* Regel**

▶长白忍冬

◎35773　◇1578

◎35774　◇1578

◎35775　◇1578

***Lonicera tatarica* var. *morrowii* (A. Gray) Q. E. Yang, Landrein, Borosova & Osborne**

▶淡黄新疆忍冬

◎5752　◇708

***Lonicera tatarica* L.**

▶新疆忍冬

◎36760　◇1619

◎36809　◇1623

◎40439　◇1702

***Lonicera xylosteum* L.**

▶木质忍冬

◎25300　◇1098

◎33346　◇1520

◎33347　◇1520

◎33348　◇1520

◎39501　◇1694

***Lonicera* L.**

▶忍冬属

◎725　◇708

◎727　◇708

◎5318　◇708

◎5475　◇708

◎5569　◇708

***Symphoricarpos albus* (L.) S. F. Blake**

▶白雪果

◎26047　◇1110

***Weigela florida* (Bunge) A. DC.**

▶佛罗里达锦带花

◎26189　◇1112

Cardiopteridaceae　心翼果科

***Citronella moorei* (F. Muell. ex Benth.) R. A. Howard**

▶莫氏香茅/莫氏橙榄

◎24583　◇1088
◎39869　◇1698
◎41108　◇1711

Citronella paniculata (Mart.) R. A. Howard
▶圆锥香茅/圆锥橙榄
◎32621　◇1489

Citronella smythii (F. Muell.) R. A. Howard
▶香茅/橙榄
◎24582　◇1087

Citronella suaveolens (Blume) R. A. Howard
▶芳香橙榄
◎39855　◇1698

Citronella D. Don
▶橙榄属
◎41291　◇1713

Gonocaryum lobbianum (Miers) Kurz
▶琼榄
◎12997　◇600/358
◎14511　◇600/358
◎14900　◇600;1074
◎38093　◇1114

Leptaulus daphnoides Benth. & Hook. f.
▶细心翼果/细瑞榄
◎36277　◇1591
◎36278　◇1591
◎36347　◇1596
◎36348　◇1596

Leptaulus grandifolius Engl.
▶大叶心翼果/大叶瑞榄属
▶36378　◇1599

Caricaceae　番木瓜科

Carica papaya L.
▶番木瓜
◎35844　◇1583
◎36702　◇1617
◎36703　◇1617

Cylicomorpha solmsii Urb.
▶索氏肋木瓜木
◎36272　◇1591

Jacaratia mexicana A. DC.
▶墨西哥异木瓜
◎39668　◇1696

Caryocaraceae　油桃木科

Caryocar amygdaliferum Mutis
▶阿氏油桃木
◎29824　◇1361
◎29962　◇1370
◎30029　◇1374
◎30051　◇1375
◎30102　◇1378
◎30147　◇1381
◎30171　◇1382
◎30457　◇1400
◎30458　◇1400
◎30459　◇1400
◎30640　◇1410
◎30641　◇1410
◎30642　◇1410
◎30643　◇1410
◎30644　◇1410
◎30645　◇1410
◎30754　◇1414
◎30755　◇1414
◎30810　◇1416
◎30811　◇1416

Caryocar brasiliense Cambess.
▶巴西油桃木
◎20440　◇905

Caryocar glabrum subsp. *glabrum*
▶光油桃
◎40437　◇1702

Caryocar glabrum subsp. *parviflorum* (A. C. Sm.) Prance & M. F. Silva
▶小花光油桃木
◎33907　◇1540
◎33908　◇1540

Caryocar glabrum Pers.
▶光油桃
◎22522　◇820
◎22581　◇831/538
◎23496　◇909
◎42006　◇1722
◎42007　◇1722

Caryocar microcarpum Ducke
▶小果光油桃木
◎32320　◇1483
◎33665　◇1535
◎33666　◇1535
◎33906　◇1540

Caryocar nuciferum L.
▶油桃木
◎27881　◇1247
◎32321　◇1483
◎32322　◇1483
◎33315　◇1518
◎33667　◇1535
◎33668　◇1535

Caryocar villosum Pers.
▶柔毛油桃木
◎20183　◇820/538
◎22271　◇819
◎22465　◇820
◎40083　◇1126

Casuarinaceae　木麻黄科

Allocasuarina corniculata (F. Muell.) L. A. S. Johnson
▶具角异木麻黄
◎40416　◇1702

Allocasuarina decaisneana (F. Muell.) L. A. S. Johnson
▶沙生异木麻黄
◎40359　◇1701

Allocasuarina dielsiana (C. A. Gardner) L. A. S. Johnson
▶代氏异木麻黄
◎24150　◇1083
◎39393　◇1692

Allocasuarina fraseriana (Miq.) L. A. S. Johnson
▶弗氏异木麻黄
◎10450　◇825/277
◎23275　◇832
◎24151　◇1083
◎40324　◇1701
◎41421　◇1715

Allocasuarina huegeliana (Miq.) L. A. S. Johnson
▶胡氏异木麻黄
◎24152　◇1083
◎40325　◇1701

Allocasuarina inophloia (F. Muell. & F. M. Bailey) L. A. S. Johnson
▶英诺异木麻黄
◎24153　◇1083
◎40323　◇1701
◎41436　◇1715

Allocasuarina littoralis (Salisb.) L. A. S. Johnson
▶海岸异木麻黄
◎24154　◇1083
◎40326　◇1701
◎41426　◇1715

Allocasuarina luehmannii (R. T. Baker) L. A. S. Johnson
▶卢氏异木麻黄
◎24155 ◇1083
◎40322 ◇1701
Allocasuarina torulosa (Ait.) L. A. S. Johnson
▶念珠异木麻黄
◎15432 ◇823
◎15438 ◇823
◎22923 ◇823
◎24156 ◇1085
◎24157 ◇1085
◎35362 ◇1571
◎35591 ◇1572
◎41442 ◇1715
Allocasuarina verticillata (Lam.) L. A. S. Johnson
▶轮生异木麻黄
◎24158 ◇1085
◎24159 ◇1085
◎24160 ◇1085
◎41427 ◇1715
Allocasuarina L. A. S. Johnson
▶异木麻黄属
◎41258 ◇1713
Casuarina cristata Miq.
▶克里木麻黄
◎24492 ◇1086
◎40479 ◇1703
Casuarina cunninghamiana Miq.
▶细枝木麻黄
◎14164 ◇893/277
◎14717 ◇468/277
◎14718 ◇468/277
◎14721 ◇468
◎14722 ◇468
◎37054 ◇1629
Casuarina equisetifolia subsp. *incana* (Benth.) L. A. S. Johnson
▶灰白木麻黄
◎16823 ◇468
Casuarina equisetifolia L.
▶木麻黄
◎4689 ◇468
◎8249 ◇468/277
◎8541 ◇898
◎9225 ◇468;1004
◎9226 ◇468;791
◎14637 ◇468
◎14720 ◇468
◎15987 ◇468
◎16760 ◇468
◎19037 ◇468
◎19555 ◇468
◎21656 ◇468
◎22906 ◇899
◎24493 ◇1086
◎27550 ◇1235
◎27551 ◇1235
◎33318 ◇1518
◎33319 ◇1518
◎37055 ◇1629
◎38748 ◇1139
Casuarina glauca Spreng.
▶粗枝木麻黄
◎14719 ◇468
◎14723 ◇468
Casuarina junghuhniana Miq.
▶山地木麻黄
◎27552 ◇1235
Casuarina pauper F. Muell. ex L. A. S. Johnson
▶泊尔木麻黄
◎24494 ◇1086
◎39399 ◇1693
Gymnostoma nodiflorum (Thunb.) L. A. S. Johnson
▶节方枝木麻黄
◎27174 ◇1227
Gymnostoma papuanum (S. Moore) L. A. S. Johnson
▶巴布亚方木麻黄
◎37515 ◇1660
Gymnostoma rumphianum (Miq.) L. A. S. Johnson
▶鲁氏方木麻黄
◎27367 ◇1231
◎27553 ◇1235
◎31368 ◇1438
Gymnostoma sumatranum (Jungh. ex de Vriese) L. A. S. Johnson
▶苏门答腊方木麻黄
◎27554 ◇1235
◎28821 ◇1295
◎35361 ◇1571

Celastraceae 卫矛科

Apodostigma pallens var. *buchholzii* (Loes.) N. Hallé
▶克氏蝶风藤
◎37822 ◇1671
Cassine aethiopica Thunb.
▶埃修藏红卫矛木/埃修金榄
▶33143 ◇1511
Cassine crocea C. Presl
▶番红藏红卫矛木/番红金榄
◎24483 ◇1086
◎33316 ◇1518
Cassine croceum
▶黄藏红卫矛木/黄金榄
◎37122 ◇1631
Cassine glauca Kuntze
▶灰绿藏红卫矛木/灰绿金榄
◎8537 ◇898
◎20802 ◇891
◎24482 ◇1086
Cassine peragua L.
▶佩拉藏红卫矛木/佩拉金榄
◎24484 ◇1086
◎39847 ◇1698
◎42385 ◇1727
Cassine quadrangulata Kuntze
▶四棱藏红卫矛木/四棱金榄
◎24485 ◇1086
Cassine xylocarpa Vent.
▶木果藏红卫矛木/木果金榄
◎24486 ◇1086
◎39259 ◇1691
Celastrus paniculatus Willd.
▶圆锥南蛇藤
◎28587 ◇1283
Celastrus pringlei Rose
▶普仁南蛇藤
◎20089 ◇936
Celastrus rosthornianua Loes.
▶丛花南蛇藤
◎358 ◇596
Celastrus L.
▶南蛇藤属
◎1061 ◇TBA
◎5562 ◇596
Cheiloclinium anomalum Miers
▶畸形五唇藤

◎33328 ◇1518

Cheiloclinium cognatum (Miers) A. C. Sm.

▶近亲五唇藤

◎24553 ◇1088

◎33329 ◇1518

◎33330 ◇1518

◎34012 ◇1542

Cheiloclinium hippocrateoides (Peyr.) A. C. Sm.

▶马蹄五唇藤

◎33331 ◇1519

Cuervea macrophylla (Vahl) R. Wilczek

▶大叶薄杯藤

◎35910 ◇1585

◎35911 ◇1585

◎35912 ◇1585

Denhamia pittosporoides F. Muell.

▶皮氏橙杞木

◎24761 ◇1090

Elachyptera floribunda (Benth.) A. C. Sm.

▶束花小翅藤

◎33340 ◇1519

◎33341 ◇1519

Elaeodendron schlechterianum Loes.

▶思彻福榄

◎33317 ◇1518

Elaeodendron transvaalensis (Burtt Davy) R. H. Archer

▶南非福榄

◎40650 ◇1705

Euonymus alatus (Thunb.) Siebold

▶卫矛

◎361 ◇596

◎5741 ◇596

◎38856 ◇1685

Euonymus atropurpureus Jacq.

▶暗紫卫矛

◎24991 ◇1094

◎38857 ◇1685

◎39648 ◇1696

◎40934 ◇1709

◎41167 ◇1711

Euonymus cochinchinensis Pierre

▶交趾卫矛

◎31718 ◇1457

◎39649 ◇1696

Euonymus dielsianus Loes.

▶裂果卫矛

◎20309 ◇596

◎20310 ◇596

◎20311 ◇596

Euonymus europaeus L.

▶欧洲卫矛

◎5014 ◇596

◎9451 ◇830

◎19542 ◇596

◎20965 ◇596

◎21327 ◇596

◎37142 ◇1632

◎37410 ◇1655

◎37411 ◇1655

◎37412 ◇1655

Euonymus fortunei (Turcz.) Hand.-Mazz.

▶扶芳藤

◎38430 ◇1134

Euonymus grandiflorus Wall.

▶大花卫矛

◎6851 ◇596

◎8624 ◇596;792/355

◎10103 ◇596

◎11058 ◇598

◎11059 ◇TBA

◎17259 ◇596

◎19385 ◇596

◎21168 ◇597

Euonymus hamiltonianus Wall.

▶西南卫矛

◎4134 ◇597

◎5490 ◇596

◎38993 ◇1687

Euonymus indicus B. Heyne ex Wall.

▶印度卫矛

◎24992 ◇1094

◎27597 ◇1236

◎29180 ◇1318

◎37143 ◇1632

◎39433 ◇1693

Euonymus japonica Thunb.

▶日本卫矛

◎5742 ◇596

Euonymus latifolius Mill.

▶银桂卫矛

◎12073 ◇596

Euonymus maackii Rupr.

▶丝棉木/白杜

◎7093 ◇596/354

◎10779 ◇596

◎10791 ◇596

◎10795 ◇596

◎39647 ◇1696

Euonymus myrianthus Hemsl.

▶大果卫矛

◎1077 ◇597

◎13481 ◇597;729

◎15920 ◇597

◎16529 ◇597

Euonymus nitidus Benth.

▶中华卫矛

◎6189 ◇596

◎7098 ◇596

◎15842 ◇597

◎15872 ◇597

◎16115 ◇596

Euonymus oxyphyllus Miq.

▶垂丝卫矛

◎8616 ◇597;1005

◎8701 ◇597;720

Euonymus verrucosoides Loes.

▶疣点卫矛

◎534 ◇597

◎9452 ◇830

Euonymus L.

▶卫矛属

◎67 ◇598

◎188 ◇598;788

◎300 ◇598;778

◎751 ◇598

◎5925 ◇598

◎6133 ◇598

◎6913 ◇598

◎6930 ◇598

◎6933 ◇598

◎8014 ◇598;991

◎9602 ◇598

◎10592 ◇598

◎11591 ◇598

◎11960 ◇598

◎13289 ◇878

◎13360 ◇TBA

◎37603 ◇1662

Glyptopetalum palawanense Merr.

▶沟瓣木属

◎28605　◇1284

Hippocratea vignei Hoyle

▶瓦因化风藤

◎27753　◇1241

◎36393　◇1601

◎36412　◇1602

◎36413　◇1602

◎36414　◇1602

Kokoona filiforme C. E. C. Fisch.

▶线状柯库卫矛木

◎4230　◇599

Kokoona ochracea Merr.

▶黄褐柯库卫矛木

◎28190　◇1264

◎28474　◇1277

Kokoona reflexa（M. A. Lawson）Ding Hou

▶柯库卫矛木

◎20759　◇599

◎27621　◇1236

Kokoona walkerii Thwaites

▶沃克柯库卫矛木

◎35631　◇1573

Kokoona Thwaites

▶柯库卫矛属

◎19474　◇935

◎22233　◇934

◎22395　◇926

◎23158　◇933

◎23403　◇933

Loeseneriella clematoides（Loes.）R. Wilczek

▶小枝翅子藤

◎33175　◇1512

Lophopetalum beccarianum Pierre

▶拜卡冠瓣木

◎22173　◇934

◎39465　◇1693

◎40732　◇1706

Lophopetalum fimbriatum Wight

▶伞状冠瓣木

◎4231　◇599

Lophopetalum javanicum（Zoll.）Turcz.

▶爪哇冠瓣木

◎31632　◇1454

◎33422　◇1523

◎33539　◇TBA

◎35548　◇1572

◎36139　◇1587

◎36140　◇1587

Lophopetalum pachyphyllum King

▶厚叶冠瓣木

◎14168　◇893/358

Lophopetalum sessilifolium Ridl.

▶无柄叶冠瓣木

◎31633　◇1454

Lophopetalum toxicum Loher

▶毒冠瓣木

◎4661　◇599

Lophopetalum wallichii Kurz

▶瓦氏印度冠瓣木

◎15306　◇900/356

◎19685　◇599

Lophopetalum wightianum Arn.

▶韦迪印度冠瓣木

◎8507　◇898

◎20700　◇896

◎21244　◇599

◎28413　◇1274

Lophopetalum Wight ex Arn.

▶冠瓣木属

◎9895　◇955

◎15153　◇895

◎19509　◇935

◎22258　◇934

◎23156　◇933

◎23376　◇889

◎35467　◇1571

Maytenus acuminata（L. f.）Loes.

▶渐尖美登卫矛/渐尖美登木

◎25377　◇1100

◎33181　◇1513

◎39044　◇1688

Maytenus aquifolium Mart.

▶阿奎美登卫矛/阿奎美登木

◎33182　◇1513

Maytenus boaria Molina

▶波氏美登卫矛/波氏美登木

◎25378　◇1100

Maytenus cunninghamii（F. Muell.）Loes.

▶杉木德哈卫矛/杉木德哈木

◎25379　◇1100

◎40521　◇1703

◎41075　◇1710

◎42103　◇1723

Maytenus guatemalensis Lundell

▶危地马拉美登卫矛/危地马拉美登

◎25380　◇1100

◎39537　◇1694

◎41331　◇1713

◎42400　◇1727

Maytenus guyanensis Klotzsch ex Reissek

▶圭亚那美登卫矛/圭亚那美登木

◎34070　◇1543

Maytenus myrsinoides Reissek

▶麦氏美登卫矛/麦氏美登木

◎33183　◇1513

◎33184　◇1513

Maytenus oblongata Reissek

▶长圆美登卫矛/长圆美登木

◎33185　◇1513

Maytenus peduncularis（Sond.）Loes.

▶显梗美登卫矛/显梗美登木

◎25381　◇1100

◎39132　◇1689

◎41910　◇1721

◎42122　◇1723

Maytenus pruinosa Reissek

▶白粉美登卫矛/白粉美登木

◎33186　◇1513

◎33187　◇1513

Maytenus schippii Lundell

▶希皮美登卫矛/希皮美登木

◎25382　◇1100

◎39539　◇1694

Maytenus Molina

▶美登卫矛属/美登木属

◎33188　◇1513

◎33189　◇1513

Microtropis biflora Merr. & Freeman

▶双花假卫矛

◎13428　◇599;876

Microtropis fokienensis Dunn

▶假卫矛

◎6125　◇599

Pleurostylia africana Loes.

▶非洲盾柱榄

◎42416　◇1727

Pleurostylia capensis Oliv.

▶南非盾柱榄

◎40228 ◇1700

Pleurostylia opposita (Wall. ex Carey) Alston

▶盾柱榄

◎14980 ◇599/357

◎35648 ◇1573

Prionostemma aspera Miers

▶阿斯锯冠藤

◎33199 ◇1513

◎33200 ◇1513

◎33201 ◇1513

Pristimera nervosa (Miers) A. C. Sm.

▶多脉扁蒴藤

◎33202 ◇1513

Pristimera tenuiflora (Mart. ex Peyr.) A. C. Sm.

▶细花扁蒴藤

◎33204 ◇1514

Pterocelastrus tricuspidatus Walp.

▶炬樱木

◎38109 ◇1114

◎39339 ◇1692

◎42120 ◇1723

◎42129 ◇1723

Reissantia grahamii (Wight) Ding Hou

▶格氏扁蒴藤

◎21273 ◇599

◎28346 ◇1271

Salacia amplectens A. C. Sm.

▶丰富五层龙

◎32784 ◇1496

Salacia chinensis L.

▶五层龙

◎31664 ◇1455

Salacia cordata (Miers) Mennega

▶心形五层龙

◎33209 ◇1514

Salacia cymosa Elmer

▶聚伞五层龙

◎28054 ◇1258

Salacia elliptica G. Don

▶椭圆叶五层龙

◎38474 ◇1134

Salacia forsteniana Miq.

▶福氏五层龙

◎29526 ◇1337

Salacia fruticosa Wall.

▶果五层龙

◎21301 ◇599

◎28412 ◇1274

Salacia korthalsiana Miq.

▶戈赛五层龙

◎28369 ◇1272

Salacia nitida var. *nitida*

▶明亮五层龙

◎36594 ◇1613

Salacia owabiensis Hoyle

▶欧文五层龙

◎27775 ◇1242

◎27776 ◇1242

Salacia reticulata Wight

▶网状五层龙

◎35651 ◇1573

Salacia zenkeri Loes.

▶曾氏五层龙

◎36380 ◇1600

Salacia L.

▶五层龙属

◎36655 ◇1615

◎37557 ◇1661

Siphonodon australis Benth.

▶澳象牙木/澳木瓜桐

◎25998 ◇1109

◎40197 ◇1699

◎41674 ◇1718

◎41827 ◇1720

Siphonodon celastrineus Griff.

▶澳象牙木/木瓜桐

◎27489 ◇1234

◎28948 ◇1303

◎29041 ◇1309

◎29085 ◇1312

Tripterygium regelii Sprague & Takeda

▶东北雷公藤

◎35270 ◇1568

Trochantha preussii (Loes.) R. H. Archer

▶普罗轮花藤

◎33203 ◇1514

Wimmeria obtusifolia Standl.

▶钝叶拉美洲卫矛/钝叶车卫矛

◎26195 ◇1112

Zinowiewia integerrima Turcz.

▶全缘白雷木

◎20542 ◇828

Centroplacaceae 安神木科

Bhesa archboldiana (Merr. & L. M. Perry) Ding Hou

▶风铃滕柄木

◎37486 ◇1659

Bhesa indica (Bedd.) Ding Hou

▶印迪卡滕柄木

◎28434 ◇1275

Bhesa nitidissima Kosterm.

▶光亮滕柄木

◎31554 ◇1451

Bhesa paniculata Arn.

▶圆锥滕柄木

◎26978 ◇1224

Bhesa robusta (Roxb.) Ding Hou

▶滕柄木

◎17865 ◇599/331

Kurrimia paniculata (Arn.) Wall. ex M. A. Lawson

▶圆锥大叶鼠刺/圆锥库林木

◎35951 ◇1585

Cercidiphyllaceae 连香树科

Cercidiphyllum japonicum Siebold & Zucc. ex J.J.Hoffm. & J. H. Schult. bis

▶连香树

◎473 ◇TBA

◎4133 ◇80

◎4198 ◇80

◎4845 ◇80

◎6160 ◇80;1080

◎7072 ◇80

◎7121 ◇80;983

◎8610 ◇80;965/44

◎8679 ◇80;1037/44

◎9613 ◇80

◎10244 ◇918

◎10756 ◇80

◎10757 ◇80

◎12075 ◇80

◎22361 ◇916

◎23085 ◇883

Chloranthaceae 金粟兰科

Ascarina lucida Hook. f.

▶明星蛔囊花

◎18786 ◇911/741

Ascarina philippinensis C. B. Rob.

▶菲律宾蛔囊花

◎31770 ◇1460

Hedyosmum scabrum Solms

▶粗糙雪香兰

◎38341 ◇1132

Sarcandra glabra (Thunb.) Nakai
▶草珊瑚
◎19857 ◇TBA

Chrysobalanaceae 可可李科

Acioa edulis Prance
▶可食蹄鼠栗
◎40060 ◇1126

Afrolicania elaeosperma Mildbr.
▶翅籽麻油李
◎37900 ◇1675

Angelesia palawanensis (Prance) Sothers & Prance
▶巴拉亮樱李木
◎28769 ◇1292
◎28770 ◇1292

Atuna racemosa subsp. *racemosa*
▶总序灯罩李（原亚种）
◎24284 ◇1082
◎28883 ◇1299

Atuna racemosa Raf.
▶总序灯罩李
◎27068 ◇1225
◎28124 ◇1261
◎28133 ◇1261
◎28195 ◇1264
◎28634 ◇1286

Chrysobalanus icaco L.
▶可可李
◎20441 ◇905
◎21727 ◇930/523
◎38682 ◇1138

Couepia guianensis subsp. *glandulosa* (Miq.) Prance
▶高山玉蕊李
◎20428 ◇905
◎27844 ◇1245
◎32432 ◇1485
◎34169 ◇1544
◎34170 ◇1544

Couepia guianensis subsp. *guianensis*
▶圭亚那玉蕊李
◎27882 ◇1248
◎32433 ◇1485
◎32434 ◇1485
◎32435 ◇1485
◎33917 ◇1541
◎34172 ◇1544
◎34173 ◇1545
◎34174 ◇1545
◎34175 ◇1545
◎34553 ◇1552
◎34554 ◇1552
◎36829 ◇1624

Couepia hostmanniana Kl.
▶霍氏玉蕊李
◎34171 ◇1544
◎34795 ◇1556

Couepia robusta Huber
▶粗壮玉蕊李
◎40090 ◇1126

Dactyladenia campestris (Engl.) Prance & F. White
▶野生猿猴栗
◎29225 ◇1321

Dactyladenia scabrifolia (Hua) Prance & F. White
▶糙叶猿猴栗
◎29173 ◇1318

Exellodendron barbatum (Ducke) Prance
▶艾斯苞谷李
◎36859 ◇1625

Hirtella americana L.
▶美国猫须李
◎20447 ◇905

Hirtella bicornis var. *pubescens* Ducke
▶毛猫须李
◎32466 ◇1486
◎34190 ◇1545
◎34695 ◇1554

Hirtella davisii Sandwith
▶代维猫须李
◎36841 ◇1624

Hirtella L.
▶猫须李属
◎27801 ◇1243
◎34309 ◇1547

Leptobalanus octandrus subsp. *pallidus* (Hook. f.) Sothers & Prance
▶苍白环须李
◎34710 ◇1555

Licania alba (Bernoulli) Cuatrec.
▶白桂樱李
◎18212 ◇185/548
◎29969 ◇1370
◎30133 ◇1380
◎30308 ◇1390
◎30841 ◇1417

Licania apetala (E. Mey.) Fritsch
▶无瓣里卡木/无瓣利堪蔷薇木/无瓣桂樱李木
◎26353 ◇1149
◎26574 ◇1175
◎32104 ◇1475
◎34696 ◇1554

Licania arborea Seem.
▶乔木里卡木/乔木利堪蔷薇木/乔木桂樱李木
◎20454 ◇905/548

Licania buxifolia Sandwith
▶黄杨叶里卡木/黄杨叶利堪蔷薇木/黄杨叶桂樱李木
◎25273 ◇1099

Licania divaricata Benth.
▶展枝里卡木/展枝利堪蔷薇木/展枝桂樱李木
◎27993 ◇1254
◎32469 ◇1486
◎34207 ◇1545

Licania durifolia Cuatrec.
▶杜里叶里卡木/杜里叶利堪蔷薇木/杜里叶桂樱李木
◎38181 ◇1129

Licania elliptica Standl.
▶椭圆桂樱李
◎27758 ◇1241
◎32470 ◇1486
◎34711 ◇1555
◎36844 ◇1624
◎42408 ◇1727

Licania emarinata Spruce ex Hook. f.
▶艾氏里卡木/艾氏利堪蔷薇木/艾氏桂樱李木
◎34697 ◇1554

Licania gardneri (Hook. f.) Fritsch
▶花园里卡木/花园利堪蔷薇木/花园桂樱李木
◎38390 ◇1133

Licania heteronorpha Benth.
▶异形里卡木/异形桂樱李
◎32471 ◇1486
◎34698 ◇1554
◎34699 ◇1555
◎34700 ◇1555
◎34701 ◇1555

◎36845　◇1624

◎34702　◇1555

Licania hypoglauca Benth

▶下灰里卡木/下灰利堪蔷薇木/下灰桂樱李木

◎32472　◇1486

◎32473　◇1486

Licania hypoleuca var. *hypoleuca*

▶白背里卡木/白背利堪蔷薇木/白背桂樱李木

◎34707　◇1555

◎34804　◇1557

Licania hypoleuca Benth.

▶白背里卡木/白背利堪蔷薇木/白背桂樱李木

◎29838　◇1362

◎29857　◇1363

◎29858　◇1363

◎30059　◇1375

◎30060　◇1375

◎30061　◇1375

◎30182　◇1383

◎30248　◇1387

◎30249　◇1387

◎30525　◇1403

◎30526　◇1403

◎30527　◇1403

◎30663　◇1411

◎30664　◇1411

◎30665　◇1411

◎30722　◇1413

◎30842　◇1417

◎30843　◇1417

◎30908　◇1420

◎36846　◇1624

◎38424　◇1134

Licania incana Aubl.

▶灰白毛里卡木/灰白毛利堪蔷薇木/灰白毛桂樱李木

◎27895　◇1248

◎32474　◇1486

◎32475　◇1486

◎34208　◇1545

◎34315　◇1547

◎36847　◇1624

Licania intrapetiolaris Spreng. ex Hook. f.

▶叶柄里卡木/叶柄利堪蔷薇木/叶柄桂樱李木

◎18272　◇908

◎38307　◇1132

Licania kunthiana Hook. f.

▶肯氏里卡木/肯氏利堪蔷薇木/肯氏桂樱李木

◎29859　◇1363

◎30062　◇1375

◎30250　◇1387

◎30909　◇1420

Licania macrophylla Benth.

▶大叶桂樱李

◎22697　◇806/548

◎25274　◇1099

◎26354　◇1150

◎27896　◇1248

◎32476　◇1486

◎32477　◇1486

◎34209　◇1545

◎34210　◇1545

◎34211　◇1545

◎34592　◇1553

Licania micrantha Miq.

▶小花里卡木/小花利堪蔷薇木/小花桂樱李木

◎32478　◇1486

◎34703　◇1555

◎34704　◇1555

◎34705　◇1555

◎34706　◇1555

◎34803　◇1557

Licania morii Prance

▶莫尔里卡木/莫尔利堪蔷薇木/莫尔桂樱李木

◎38425　◇1134

Licania oblongifolia Standl.

▶长椭圆叶里卡木/长椭圆叶利堪蔷薇木/长椭圆叶桂樱李木

◎34708　◇1555

◎34709　◇1555

Licania octandra subsp. *octandra*

▶八药桂樱李（原亚种）

◎34895　◇1558

Licania octandra（Hoffmanns. ex Schult.）Kuntze

▶八药桂樱李

◎40118　◇1127

Licania ovalifolia Kleinh.

▶圆叶里卡木/圆叶利堪蔷薇木/圆叶桂樱李木

◎26355　◇1150

◎26356　◇1150

Licania paraensis Prance

▶帕州里卡木/帕州桂樱李木

◎22859　◇917

Licania polita Spruce ex Hook. f.

▶波利里卡木/波利利堪蔷薇木/波利桂樱李木

◎27853　◇1246

◎32479　◇1486

◎34712　◇1555

◎34713　◇1555

◎34714　◇1555

◎36848　◇1624

Licania robusta Sagot

▶罗布里卡木/罗布利堪蔷薇木/罗布桂樱李木

◎32480　◇1486

◎32481　◇1486

◎34715　◇1555

Licania tomentosa（Benth.）Fritsch

▶毛利堪蔷薇木/毛桂樱李木

◎25275　◇1099

Licania Aubl.

▶桂樱李属

◎27940　◇1251

◎34212　◇1545

◎34316　◇1547

◎34317　◇1547

Magnistipula conrauana Engl.

▶康拉大托李木

◎37858　◇1673

◎37859　◇1673

Maranthes chrysophylla（Oliv.）Prance ex F. White

▶金叶海豆李

◎22905　◇899

◎29285　◇1324

◎29286　◇1324

◎29287　◇1324

◎29634　◇1347

◎29635　◇1348

◎29636　◇1348

Maranthes corymbosa Blume

▶伞房海豆李

◎4618　◇188

◎14151　◇/561

◎18941 ◇907
◎21040 ◇890
◎25372 ◇1100
◎25373 ◇1100
◎27651 ◇1237
◎27652 ◇1237
◎28106 ◇1260
◎28569 ◇1282
◎28570 ◇1282
◎28571 ◇1282
◎36851 ◇1624

Maranthes glabra **(Oliv.) Prance**
▶光果海豆李
◎21609 ◇719
◎29625 ◇1347
◎29626 ◇1347
◎29627 ◇1347
◎36587 ◇1613

Misanteca aritu **(Ducke) Lundell**
▶迷萨樟
◎22482 ◇820/541

Moquilea minutiflora **Sagot**
▶细花玉樱李木
◎34805 ◇1557
◎34806 ◇1557

Moquilea platypus **Hemsl.**
▶宽柄玉樱李木
◎38294 ◇1132

Parastemon urophyllus **(Wall. ex A. DC.) A. DC.**
▶异雄蔷薇木
◎9946 ◇956/561
◎27650 ◇1237

Parastemon versteeghii **Merr. & L. M. Perry**
▶沃利异雄蔷薇木
◎36156 ◇1588

Parastemon **A. DC.**
▶异雄蔷薇属
◎13213 ◇894
◎23236 ◇927

Parinari anamense **Miq.**
▶阿娜姜饼木
◎15107 ◇932/721
◎20364 ◇938/733
◎39223 ◇1690

Parinari campestris **Aubl.**
▶平地姜饼木/怀春李
◎20464 ◇822/548
◎22720 ◇806
◎22860 ◇917
◎23633 ◇831
◎27731 ◇1239
◎29242 ◇1321
◎29338 ◇1327
◎34605 ◇1553
◎34606 ◇1553
◎34732 ◇1555
◎34733 ◇1555
◎34734 ◇1555
◎34851 ◇1558
◎37014 ◇1628
◎37015 ◇1628

Parinari canarioides **Kosterm.**
▶卡纳姜饼木
◎28193 ◇1264

Parinari corymbosum **Hassk.**
▶伞花姜饼木/伞花怀春李
◎36157 ◇1588

Parinari curatellifolia **Planch. ex Benth.**
▶安吉利姜饼木/班图李
◎39135 ◇1689

Parinari excelsa **Sabine**
▶大姜饼木/大怀春李
◎17974 ◇829/523
◎18401 ◇925/523
◎18473 ◇188/523
◎21608 ◇719
◎21795 ◇930/523
◎21940 ◇899
◎29863 ◇1364
◎29971 ◇1370
◎30091 ◇1377
◎30156 ◇1381
◎30279 ◇1388
◎30919 ◇1420
◎30920 ◇1420
◎32506 ◇1487
◎32507 ◇1487
◎34852 ◇1558
◎34853 ◇1558
◎40133 ◇1127

Parinari glaberrinum **Huber**
▶平滑姜饼木/平滑怀春李
◎35989 ◇1586

Parinari glabra **Oliv.**
▶光姜饼木
◎20564 ◇829

Parinari oblongifolia **Hook. f.**
▶椭圆叶姜饼木
◎36158 ◇1588
◎37954 ◇1679
◎37955 ◇1679

Parinari rodolphii **(Hance) H. C. Hopkins**
▶罗东姜饼木/罗东怀春李木
◎25532 ◇1102

Parinari **Aubl.**
▶姜饼木属/怀春李属
◎9947 ◇956
◎13181 ◇894
◎18726 ◇894
◎34339 ◇1548
◎34602 ◇1553
◎34603 ◇1553
◎34728 ◇1555
◎35500 ◇1572
◎35501 ◇1572
◎36590 ◇1613
◎37544 ◇1661

Cistaceae 半日花科

Cistus salviifolius **L.**
▶鼠尾草叶岩蔷薇
◎31262 ◇1433

Helianthemum violaceum **(Cav.) Pers.**
▶紫半日花
◎29613 ◇1345

Cleomaceae 白花菜科

Cleome boliviensis **Iltis**
▶似玻利维亚鸟足菜
◎38513 ◇1135

Cleome schimperi **Pax**
▶希梅鸟足菜
◎37890 ◇1675

Clethraceae 桤叶树科

Clethra barbinervis **Siebold & Zucc.**
▶髭脉桤叶树
◎4116 ◇631
◎24593 ◇1088

Clethra bodinieri **H. Lév.**
▶单毛桤叶树
◎15744 ◇631

Clethra canescens **var.** ***novoguineensis*** **(Kaneh. & Hatus.) Sleumer**
▶韦诺桤叶树

◎31339 ◇1437

Clethra delavayi Franch.

▶代氏桤叶树

◎19858 ◇631

Clethra fabri Hance

▶法夫桤叶树

◎21982 ◇631

Clethra kaipoensis H. Lév.

▶贵州桤叶树

◎15802 ◇631

Clethra lanata M. Martens & Galeotti

▶绵毛桤叶树

◎24594 ◇1088

Clethra longispicata J. J. Sm.

▶长穗桤叶树

◎28754 ◇1291

Clethra mexicana DC.

▶墨西哥桤叶树

◎20139 ◇936

◎24592 ◇1088

Clusiaceae 藤黄科

Allanblackia floribunda Oliv.

▶多花阿兰藤黄

◎18355 ◇124/291

◎21895 ◇899

◎29259 ◇1322

◎29260 ◇1323

◎29261 ◇1323

◎29668 ◇1352

◎29669 ◇1352

◎29670 ◇1352

◎36241 ◇1588

◎36242 ◇1588

◎36243 ◇1588

◎36293 ◇1593

◎36294 ◇1593

◎36327 ◇1595

◎37817 ◇1671

◎38411 ◇TBA

Allanblackia staneriana Exell & Mendonça

▶直立阿兰藤黄

◎37818 ◇1671

Allanblackia stuhlmannii Engl.

▶斯特阿兰藤黄

◎33031 ◇1506

Allanblackia ulugurensis Engl.

▶乌卢阿兰藤黄

◎33105 ◇1510

Chrysochlamys floribunda Cuatrec.

▶花束金棠木

◎42463 ◇1730

Clusia fluminensis Planch. & Triana

▶巴西书带木

◎32870 ◇1499

Clusia fockeana Miq.

▶佛科书带木

◎27792 ◇1243

◎34165 ◇1544

◎34166 ◇1544

◎34959 ◇1560

Clusia grandiflora Splitg.

▶大花书带木

◎32871 ◇1499

Clusia lechleri Rusby

▶乐车书带木

◎38553 ◇1135

Clusia loranthacea Planch. & Triana

▶楼阮书带木

◎32872 ◇1499

Clusia nemorosa G. Mey.

▶呐莫书带木

◎34014 ◇1542

Clusia platystigma Eyma

▶阔柱头书带木

◎27749 ◇1240

◎34167 ◇1544

◎34168 ◇1544

Clusia popayenensis Planch. & Triana

▶珀氏书带木

◎22683 ◇806

Clusia purpurea Engl.

▶紫色书带木

◎32873 ◇1499

Clusia rosea Jacq.

▶玫瑰书带木

◎22758 ◇806/539

◎24598 ◇1088

Clusia scrobiculata Benoist

▶蜂巢书带木

◎32874 ◇1499

Clusia L.

▶书带木属

◎32869 ◇1499

◎33451 ◇1524

◎34551 ◇1552

Cnestis ferruginea DC.

▶锈色螯毛果木

◎35744 ◇1576

◎36271 ◇1591

Cnestis palala Merr.

▶帕拉螯毛果木

◎31559 ◇1452

Cnestis yangambiensis Louis ex Troupin

▶杨氏螯毛果木

◎36628 ◇1614

◎36629 ◇1614

Dystovomita clusiifolia (Maguire) D'Arcy

▶簇花腋棠木

◎35253 ◇1568

◎42460 ◇1730

Garcinia afzelii Engl.

▶阿佛藤黄

◎29609 ◇1345

◎35624 ◇1573

Garcinia benthamiana (Planch. & Triana) Pipoly

▶本氏藤黄

◎27870 ◇1247

◎27871 ◇1247

◎32021 ◇1471

◎32022 ◇1471

◎34244 ◇1546

◎34245 ◇1546

◎34246 ◇1546

Garcinia brasiliensis Mart.

▶巴西藤黄

◎32931 ◇1502

Garcinia brevirostris Scheff.

▶短喙藤黄

◎28601 ◇1284

Garcinia celebica L.

▶西里伯斯藤黄

◎18978 ◇907

◎20370 ◇938/732

◎28331 ◇1270

◎28337 ◇1271

◎31723 ◇1458

◎31869 ◇1467

◎37509 ◇1660

Garcinia combojia Roxb.

▶寇波藤黄木

◎8563 ◇898/78

Garcinia cowa Roxb.
▶云树
◎18293 ◇902
◎38321 ◇1132
Garcinia dulcis（Roxb.）Kurz
▶爪哇凤果
◎28298 ◇1269
◎28602 ◇1284
◎28603 ◇1284
◎28704 ◇1289
◎28705 ◇1289
Garcinia echinocarpa Thwaites
▶刺果藤黄木
◎31595 ◇1453
Garcinia epunctata Stapf
▶无斑藤黄木
◎18450 ◇925/78
◎21449 ◇125
◎21553 ◇125/511
◎36453 ◇1605
◎36580 ◇1612
Garcinia fagraeoides A. Chev.
▶越南金丝李
◎8199 ◇TBA
◎8904 ◇941/77
◎8943 ◇939/736
◎11385 ◇922/77
◎12762 ◇923
◎15358 ◇923/77
Garcinia gardneriana（Planch. & Triana）Zappi
▶加德纳藤黄
◎22684 ◇806/540
Garcinia gummi-gutta（L.）N. Robson
▶棱果藤黄
◎35429 ◇1571
Garcinia hanburyi Hook. f.
▶藤黄
◎31870 ◇1467
Garcinia harmandii Pierre
▶哈曼藤黄木
◎25077 ◇1096
◎39357 ◇1692
Garcinia hunsteinii Lauterb.
▶汉斯藤黄木
◎25078 ◇1096
◎40417 ◇1702
Garcinia intermedia（Pittier）Hammel
▶中间藤黄木
◎38972 ◇1687
Garcinia kola Heckel
▶科拉藤黄木
◎36581 ◇1613
◎36582 ◇1613
◎38396 ◇1133
Garcinia latissima Miq.
▶拉提藤黄木
◎18933 ◇907
Garcinia livingstonei T. Anderson
▶活石藤黄木/非洲藤黄木
◎25079 ◇1096
◎40378 ◇1701
Garcinia madruno（Kunth）Hammel
▶马德尔藤黄
◎27820 ◇1244
◎32402 ◇1485
◎34089 ◇1543
◎34090 ◇1543
Garcinia magnophylla（Cuatrec.）Hammel
▶木兰叶藤黄
◎33208 ◇1514
Garcinia mangostana L.
▶莽吉柿/山竹子
◎27606 ◇1236
Garcinia mannii Oliv.
▶曼尼藤黄木
◎29564 ◇1340
◎29565 ◇1340
◎29566 ◇1340
◎37898 ◇1675
Garcinia multiflora Champ. ex Benth.
▶多花山竹
◎6461 ◇125;782
◎6722 ◇TBA
◎9259 ◇125;786/77
◎14373 ◇125
◎15034 ◇125
◎15659 ◇125
◎16623 ◇125
◎17444 ◇125;781
◎18109 ◇125
◎19859 ◇125
Garcinia myrtifolia A. C. Sm.
▶野生山竹子
◎23188 ◇915
◎23300 ◇915
Garcinia nervosa Miq.
▶脉叶藤黄木
◎22191 ◇934
◎35939 ◇1585
Garcinia oblongifolia Champ. ex Benth.
▶长叶山竹
◎6747 ◇125
◎11455 ◇125/77
◎11456 ◇125
◎12165 ◇125
◎12178 ◇125/77
◎12442 ◇125;720
◎12960 ◇125;882
◎13706 ◇125
◎13707 ◇125
◎13708 ◇126
◎14333 ◇126
◎14850 ◇126
◎15940 ◇126
◎16896 ◇TBA
◎22156 ◇959
Garcinia pachycarpa（A. C. Sm.）Kosterm.
▶厚果藤黄
◎27452 ◇1233
Garcinia paucinervis Chun & F. C. How
▶金丝李
◎9279 ◇126/78
◎16001 ◇126/78
Garcinia pictoria Roxb.
▶皮克山竹子
◎3438 ◇126
◎3682 ◇126
Garcinia preussii Engl.
▶普瑞斯藤黄
◎29643 ◇1349
◎36375 ◇1599
◎36376 ◇1599
Garcinia punctata Oliv.
▶斑藤黄木
◎36299 ◇1593
◎36300 ◇1593
◎36301 ◇1593
◎36333 ◇1595
◎36552 ◇1611
Garcinia smeathmannii（Planch. & Triana）Oliv.
▶斯梅藤黄木
◎29594 ◇1343

◎29595 ◇1343

◎29596 ◇1343

Garcinia wightii **T. Anderson**

▶怀特藤黄

◎28349 ◇1271

Garcinia xanthochymus **Hook. f.**

▶大叶藤黄

◎11779 ◇126/78

◎31413 ◇1440

◎31871 ◇1467

Garcinia yunnanensis **Hu**

▶云南山竹子/云南藤黄

◎3528 ◇126

◎3540 ◇126/78

◎3620 ◇126

Garcinia **L.**

▶藤黄属

◎4647 ◇126

◎6424 ◇126

◎8582 ◇898

◎9678 ◇126

◎11976 ◇126

◎12012 ◇126;1014

◎20744 ◇126

◎22722 ◇806/540

◎23232 ◇927

◎27233 ◇1228

◎28137 ◇1262

◎28138 ◇1262

◎28262 ◇1267

◎28332 ◇1270

◎28464 ◇1277

◎28465 ◇1277

◎28599 ◇1284

◎28600 ◇1284

◎28703 ◇1289

◎28763 ◇1292

◎28764 ◇1292

◎28932 ◇1302

◎28933 ◇1302

◎29137 ◇1315

◎29138 ◇1315

◎29139 ◇1315

◎31364 ◇1438

◎31592 ◇1453

◎31593 ◇1453

◎31594 ◇1453

◎31867 ◇1466

◎31868 ◇1466

◎32930 ◇1502

◎37070 ◇1630

◎37608 ◇1662

◎37933 ◇1678

◎37994 ◇1681

◎37995 ◇1681

◎37996 ◇1681

◎37997 ◇1681

◎37998 ◇1681

◎37999 ◇1681

◎38000 ◇1681

◎38001 ◇1681

Montrouziera cauliflora **Planch. & Triana**

▶茎花抱瓶木

◎18215 ◇127

Moronobea coccinea **Aubl.**

▶深红默罗藤黄木/深红燃胶树

◎22065 ◇908/539

◎25423 ◇1101

◎34214 ◇1545

Nouhuysia **Lauterb.**

▶努厚藤黄属

◎36152 ◇1587

Pentadesma butyracea **Sabine**

▶猪油果

◎17955 ◇829

◎36591 ◇1613

Pentadesma reyndersii **Spirlet**

▶瑞氏猪油果

◎18468 ◇127/511

Platonia insignis **Mart.**

▶普拉藤黄

◎21133 ◇/539

◎23206 ◇905

◎23499 ◇909

◎32380 ◇1484

◎32381 ◇1484

◎32918 ◇1501

◎33198 ◇1513

◎34608 ◇1553

◎34753 ◇1556

◎34754 ◇1556

◎34755 ◇1556

◎34756 ◇1556

◎34757 ◇1556

◎34758 ◇1556

◎40783 ◇1706

◎41230 ◇1712

◎41826 ◇1720

Platonia **Mart.**

▶普拉藤黄属

◎23270 ◇905

Symphonia globulifera **L. f.**

▶球花西姆藤黄

◎4468 ◇127

◎18470 ◇127/511

◎19668 ◇127

◎21132 ◇/540

◎21233 ◇127

◎23498 ◇909

◎27826 ◇1245

◎32406 ◇1485

◎32948 ◇1502

◎33732 ◇1536

◎33962 ◇1541

◎33963 ◇1541

◎34123 ◇1544

◎36318 ◇1594

◎36319 ◇1594

◎36320 ◇1594

◎37188 ◇1633

◎40153 ◇1128

◎41719 ◇1718

◎42163 ◇1724

Symphonia **L. f.**

▶西姆藤黄属/医胶树属

◎33964 ◇1541

◎34999 ◇1561

Tovomita brevistaminea **Engl.**

▶布雷胶红树

◎32808 ◇1497

Tovomita calodictyos **Sandwith**

▶卡洛胶红树

◎32958 ◇1502

Tovomita grata **Sandwith**

▶格拉塔胶红树

◎28012 ◇1255

◎32410 ◇1485

◎34129 ◇1544

◎34130 ◇1544

Tovomita rileyi **Cuatrec.**

▶莱利胶红树

◎32959 ◇1502

Tovomita umbellata **Benth.**

▶伞形胶红树

◎34131 ◇1544

Combretaceae 使君子科

Anogeissus acuminata (Roxb. ex DC.) Wall. ex Guill. & Perr.
▶尖叶榆绿木
◎4236 ◇301
◎13963 ◇954
◎15186 ◇938/175
◎15274 ◇901
◎15315 ◇900
◎17848 ◇900
◎20575 ◇829
◎22993 ◇954

Anogeissus latifolia (Roxb. ex DC.) Wall. ex Guill. & Perr.
▶阔叶榆绿木
◎4885 ◇301
◎8542 ◇898
◎19069 ◇896/175
◎20677 ◇896
◎21399 ◇897

Anogeissus leiocarpa Guill. & Perr.
▶平果榆绿木
◎20989 ◇301
◎21781 ◇930/175
◎38409 ◇1134

Buchenavia aff. *anshawei* Exell & Maguire
▶安氏黄砂君木/安氏榄桐
◎24384 ◇1084

Buchenavia amazonia Alwan & Stace
▶亚马孙黄砂君木/亚马孙榄桐
◎24385 ◇1084
◎40571 ◇1704
◎41372 ◇1714

Buchenavia cf. *grandis* Ducke
▶大黄砂君木/大榄桐
◎34413 ◇1549

Buchenavia grandis Ducke
▶大黄砂君木/大榄桐
◎18264 ◇908/538
◎22089 ◇908/538
◎40079 ◇1126

Buchenavia ochropurune Eichler
▶褐色黄砂君木/褐色榄桐
◎22443 ◇820/538

Buchenavia oxycarpa (Mart.) Eichler
▶氧果黄砂君木/氧果榄桐
◎22525 ◇820/538
◎22563 ◇820
◎34414 ◇1549

Buchenavia tetraphylla (Aubl.) R. A. Howard
▶四叶黄砂君木/四叶榄桐
◎22750 ◇806
◎24386 ◇1084

Buchenavia Eichler
▶黄砂君木属/榄桐属
◎23606 ◇942

Bucida buceras L.
▶牛角拉美君木/牛角榄杯树
◎20135 ◇936/538
◎20518 ◇828
◎20573 ◇829
◎24387 ◇1084

Bucida macrostachya Standl.
▶大穗拉美君木/大穗榄杯树
◎20538 ◇828

Bucida molinetii M. Gómez
▶莫里拉美君/莫里榄杯树
◎24388 ◇1084

Combretum aphanopetalum Engl. & Diels
▶艾法风车子
◎31021 ◇1425
◎31119 ◇1428
◎31120 ◇1428

Combretum apiculatum Sond.
▶尖头风车子
◎24620 ◇1088
◎39834 ◇1698

Combretum chinense G. Don
▶西南风车子
◎31263 ◇1433

Combretum comosum G. Don
▶簇叶风车子
◎31065 ◇1427
◎31066 ◇1427

Combretum cuspidatum Planch. ex Benth.
▶硬尖风车子
◎33619 ◇1531

Combretum erythrophyllum (Burch.) Sond.
▶红叶风车子
◎24621 ◇1088
◎39654 ◇1696

Combretum fuscum Planch. ex Benth.
▶黑棕风车子
◎36572 ◇1612
◎36573 ◇1612

Combretum imberbe Wawra
▶风车子
◎23612 ◇924
◎24622 ◇1088
◎41128 ◇1711
◎42291 ◇1725

Combretum kraussii Hochst.
▶克柔风车子
◎24623 ◇1088
◎39853 ◇1698

Combretum nigricans Leprieur ex Guill. & Perr.
▶黑风车子
◎35849 ◇1583

Combretum ovalifolium Roxb. ex G. Don
▶卵圆叶风车子
◎7298 ◇301

Combretum pisoniiflorum Engl.
▶皮氏风车子
◎26921 ◇1221
◎26922 ◇1221

Combretum quadrangulare Kurz
▶支那风车子
◎24624 ◇1088
◎39198 ◇1690

Combretum schumannii Engl.
▶思初风车子
◎24619 ◇1088
◎39189 ◇1690

Combretum trifoliatum Vent.
▶三叶风车子
◎37493 ◇1659

Combretum Loefl.
▶风车子属/风车藤属
◎21247 ◇301
◎27750 ◇1240
◎28458 ◇1276

Conocarpus erectus L.
▶直立圆锥果木/直立榄果木
◎4463 ◇301/175
◎24628 ◇1088

Laguncularia racemosa C. F. Gaertn.
▶假红树木/对叶榄李
◎25260 ◇1097

◎27726 ◇1239
◎32344 ◇1483
◎38671 ◇1138
◎39503 ◇1694

***Laxguncularia racemosa* L.**
▶拉克斯使君子
◎34458 ◇1550

***Lumnitzera littorea* Voigt**
▶红榄李
◎4655 ◇301/634
◎27632 ◇1236
◎35468 ◇1571
◎35469 ◇1571
◎35470 ◇1571

***Lumnitzera racemosa* Willd.**
▶聚果榄李
◎27050 ◇1225
◎35955 ◇1586
◎39068 ◇1688

***Macropteranthes leichhardtii* F. Muell.**
▶来尺翅苞木
◎25327 ◇1097

***Macropteranthes montana* F. Muell.**
▶蒙大拿翅苞木
◎25328 ◇1097
◎39121 ◇1689

***Pteleopsis myrtifolia* Engl. & Diels**
▶香桃叶类榆橘木/香桃叶榄榆
◎17940 ◇829

***Strephonema pseudocola* A. Chev.**
▶伪色肉瘿木
◎31006 ◇1425
◎31201 ◇1430
◎31202 ◇1430

***Terminalia alata* Wall.**
▶罗克榄仁/翅榄仁木
◎20366 ◇938/176
◎21433 ◇897

***Terminalia amazonia* Exell in Pulle**
▶亚马逊榄仁
◎22599 ◇831/538
◎27741 ◇1240
◎29296 ◇1325
◎29297 ◇1325
◎34510 ◇1551
◎37114 ◇1631
◎40446 ◇1702
◎42067 ◇1723
◎42076 ◇1723

***Terminalia argentea* Mart.**
▶银背榄仁
◎40154 ◇1128

***Terminalia arjuna* (Roxb. ex DC.) Wight & Arn.**
▶阿江榄仁
◎7315 ◇302
◎8545 ◇898/626
◎8546 ◇898
◎21394 ◇897
◎40201 ◇1699
◎42015 ◇1722

***Terminalia australis* Cambess.**
▶澳大利亚榄仁
◎26580 ◇1175

***Terminalia avicennioides* Guill. & Perr.**
▶阿维榄仁
◎35871 ◇1585

***Terminalia belerica* Wall.**
▶贝来榄仁
◎8518 ◇898
◎20378 ◇938
◎20708 ◇896
◎20936 ◇TBA
◎22987 ◇954

***Terminalia bellirica* (Gaertn.) Roxb.**
▶毗黎勒
◎27325 ◇1230
◎27692 ◇1238
◎27693 ◇1238
◎31919 ◇1469
◎39024 ◇1688
◎42095 ◇1723
◎42098 ◇1723

***Terminalia benzoin* L. f.**
▶安息香榄仁木
◎26094 ◇1112

***Terminalia bialata* (Roxb.) Steud.**
▶双翅榄仁
◎20803 ◇891

***Terminalia brassii* Exell**
▶红榄仁
◎18955 ◇302/627
◎21190 ◇TBA
◎22774 ◇906

***Terminalia calamansanay* Rolfe**
▶棕榄仁
◎18953 ◇302/754
◎19472 ◇302
◎22835 ◇920

***Terminalia canaliculata* Exell**
▶细沟榄仁
◎40274 ◇1700

***Terminalia catappa* L.**
▶榄仁
◎7268 ◇302
◎16850 ◇303/627
◎18950 ◇302/754
◎20805 ◇891
◎27139 ◇1227
◎34652 ◇1554
◎34653 ◇1554

***Terminalia chebula* Retz.**
▶诃子
◎4233 ◇302
◎8553 ◇898
◎9000 ◇TBA
◎15228 ◇901/176
◎15244 ◇901
◎15248 ◇901/626
◎15336 ◇900
◎15397 ◇900
◎15402 ◇900
◎17841 ◇900
◎19112 ◇896
◎20930 ◇302
◎22966 ◇954

***Terminalia citrina* (Gaertn.) Roxb.**
▶柠檬绿榄仁
◎18876 ◇302
◎19113 ◇896
◎20806 ◇891
◎27500 ◇1234
◎34511 ◇1551

***Terminalia complanata* K. Schum.**
▶扁平榄仁
◎26095 ◇1112

***Terminalia copelandi* Elmer**
▶◇蔻氏榄仁
◎13163 ◇894/627
◎14181 ◇893/176
◎36045 ◇1586

***Terminalia corticosa* Pierre ex Laness.**
▶树皮榄仁
◎26096 ◇1112

◎39352　◇1692

Terminalia crenulata Roth

▶细圆齿榄仁

◎20710　◇896

◎21424　◇897

Terminalia dichotoma E. Mey.

▶二岐榄仁

◎26097　◇1112

◎34512　◇1551

◎34513　◇1551

◎34514　◇1551

Terminalia fanshawei（Exell & Maguire）Gere & Boatwr.

▶范肖榄仁

◎40350　◇1701

Terminalia foetidissima Griff.

▶臭榄仁

◎35558　◇1572

◎36230　◇1588

◎36232　◇1588

◎42092　◇1723

Terminalia gigantea Slooten

▶大榄仁

◎26098　◇1112

◎27695　◇1238

◎42114　◇1723

◎42358　◇1726

Terminalia guyanensis Eichler

▶圭亚那榄仁

◎26099　◇1112

◎29344　◇1328

◎41711　◇1718

◎42101　◇1723

Terminalia hylodendron（Mildbr.）Gere & Boatwr.

▶海洛榄仁木

◎40021　◇1116

Terminalia ivorensis A. Chev.

▶科特迪瓦榄仁

◎5095　◇303

◎5099　◇303

◎5154　◇303

◎15419　◇303/507

◎17805　◇929/507

◎18190　◇303

◎21081　◇928

◎21890　◇930

◎21952　◇899

◎23483　◇909

◎34515　◇1551

◎34516　◇1551

◎34517　◇1551

◎34518　◇1551

Terminalia longispicata Slooten

▶长穗榄仁

◎27326　◇1230

Terminalia microcarpa F. Muell.

▶小果榄仁

◎3419　◇303

◎3709　◇303

◎18875　◇303/176

◎19114　◇896/627

◎19471　◇303/731

◎20353　◇938/176

◎21665　◇303

◎26100　◇1112

◎27501　◇1234

◎27502　◇1234

◎27694　◇1238

◎27696　◇1238

Terminalia mollis M. A. Lawson

▶非洲榄仁树

◎29547　◇1339

◎29548　◇1339

Terminalia myriocarpa Van Heurck & Müll. Arg.

▶千果榄仁

◎27327　◇1230

Terminalia nigrovenulosa Pierre

▶海南榄仁

◎8997　◇TBA

◎9588　◇303/626

◎11420　◇303;1004

◎13705　◇302

◎14618　◇303

◎14810　◇303;1029

Terminalia nitens C. Presl

▶光榄仁

◎18337　◇953/176

◎21668　◇TBA

◎28211　◇1265

Terminalia nudiflora

▶努弟榄仁

◎9001　◇TBA

Terminalia oblonga Steud.

▶矩叶榄仁

◎18267　◇303/176

◎40199　◇1699

◎42106　◇1723

Terminalia oblongata F. Muell.

▶延髓榄仁

◎26101　◇1112

◎26102　◇1112

◎41181　◇1712

◎41197　◇1712

Terminalia obovata Cambess.

▶倒卵叶榄仁

◎4522　◇303/626

Terminalia oliveri Brandis

▶奥氏榄仁

◎4234　◇303/626

Terminalia pallida Brandis

▶灰绿榄仁

◎21429　◇897

Terminalia paniculata Roth

▶圆锥花榄仁

◎8519　◇898/626

◎20709　◇896

Terminalia polyantha C. Presl

▶多花榄仁

◎35658　◇1573

Terminalia procera Roxb.

▶高榄仁

◎20804　◇891

Terminalia pterocarpa Melville & P. S. Green

▶枫桃榄仁

◎21152　◇303

Terminalia pyrifolia Steud.

▶梨叶榄仁

◎4235　◇303/176

◎22959　◇954

Terminalia rubiginosa K. Schum.

▶黄紫榄仁

◎21039　◇890

◎35726　◇1575

◎35727　◇1575

◎35728　◇1575

Terminalia sericea Burch. ex DC.

▶绢毛榄仁

◎26103　◇1112

◎39730　◇1697

◎42248　◇1725

◎42255　◇1725

Terminalia sericocarpa F. Muell.

▶毛果榄仁

◎26104 ◇1112

◎39751 ◇1697

◎42158 ◇1724

◎42251 ◇1725

Terminalia solomonensis Exell

▶索乐榄仁

◎18921 ◇303/731

Terminalia subacroptera Domin

▶向顶榄仁

◎37755 ◇1666

◎37756 ◇1666

Terminalia superba Engl. & Diels

▶艳丽榄仁

◎5112 ◇303

◎17813 ◇929/507

◎17941 ◇829

◎18189 ◇303/177

◎19662 ◇303

◎21089 ◇928

◎21891 ◇930

◎21953 ◇899

◎34522 ◇1551

◎34523 ◇1551

◎36496 ◇1608

◎36497 ◇1608

◎36498 ◇1608

Terminalia supitiana Koord.

▶苏皮榄仁

◎36231 ◇1588

Terminalia tomentosa Mart. ex Eichler

▶毛榄仁木

◎4917 ◇303

◎8520 ◇898

◎13955 ◇954

◎15209 ◇938/626

◎15276 ◇901

◎15338 ◇900/176

◎15403 ◇900

◎15404 ◇900

◎17839 ◇900

◎19115 ◇896

◎22973 ◇954

◎34128 ◇1544

Terminalia travancorensis Wight & Arn.

▶垂文榄仁

◎20711 ◇896

Terminalia triflora Lillo

▶三花榄仁

◎19596 ◇303/538

Terminalia troptera Stapf

▶翠普榄仁

◎20382 ◇938

Terminalia L.

▶榄仁树属

◎4656 ◇303

◎8999 ◇TBA

◎9728 ◇921;994

◎11812 ◇303

◎18737 ◇894

◎18750 ◇303

◎22381 ◇926

◎22470 ◇303

◎22836 ◇920

◎22837 ◇920

◎23228 ◇927

◎23306 ◇915

◎26448 ◇1160

◎28110 ◇1260

◎28876 ◇1298

◎28953 ◇1303

◎29006 ◇1307

◎34127 ◇1544

◎34519 ◇1551

◎34520 ◇1551

◎34521 ◇1551

◎36229 ◇1588

◎37564 ◇1661

◎37565 ◇1661

Connaraceae 牛栓藤科

Agelaea borneensis Merr.

▶婆罗栗豆藤木

◎28267 ◇1268

◎28541 ◇1281

Agelaea pentagyna Baill.

▶五栗豆藤木

◎30891 ◇1419

◎31157 ◇1429

◎31158 ◇1429

◎36567 ◇1612

Connarus culionensis var. *stellatus* (Merr.) Leenh.

▶星状牛栓藤

◎28307 ◇1270

Connarus grandis Jack

▶大牛栓藤

◎28301 ◇1269

◎28459 ◇1276

◎28755 ◇1291

Connarus griffonianus Baill.

▶格瑞牛栓藤

◎35745 ◇1576

Connarus lambertii Britton

▶兰贝牛栓藤

◎36372 ◇1599

Connarus monocarpus subsp. *malayensis* Leenh.

▶马来牛栓藤

◎28638 ◇1286

Connarus paniculatus Roxb.

▶牛栓藤

◎21299 ◇221

◎28439 ◇1275

Connarus perrottetii Planch.

▶派罗牛栓藤

◎38124 ◇1128

Connarus semidecandrus Jack

▶五雄牛栓藤

◎28114 ◇1261

Connarus L.

▶牛栓藤属

◎9601 ◇221

◎28075 ◇1259

Ellipanthus glabrifolius Merr.

▶单叶豆

◎14613 ◇221/137

◎14654 ◇221/137

◎14822 ◇221

◎17702 ◇221

Rourea minor (Gaertn.) Alston

▶红叶藤

◎21293 ◇221

◎27773 ◇1242

◎27774 ◇1242

◎28026 ◇1256

◎28053 ◇1258

◎28094 ◇1260

◎28103 ◇1260

◎28395 ◇1273

◎29078 ◇1311

◎29629 ◇1347

◎29630 ◇1347

Rourea thomsonii (Baker) Jongkind

▶汤姆森红叶藤

◎36863 ◇1625

Convolvulaceae 旋花科

Calycobolus africanus (G. Don) Heine

▶非洲抛钟藤

◎27746 ◇1240

◎30936 ◇1421

◎31018 ◇1425

◎31019 ◇1425

◎35742 ◇1576

◎35743 ◇1576

Calycobolus heudelotii (Baker ex Oliv.) Heine

▶霍氏抛钟藤

◎27747 ◇1240

Decalobanthus peltatus (L.) A. R. Simões & Staples

▶盾状金钟藤

◎28481 ◇1278

◎31524 ◇1450

Erycibe Roxb.

▶丁公藤属

◎28590 ◇1283

Ipomoea carnea subsp. *fistulosa* (Mart. ex Choisy) D. F. Austin

▶空管虎掌藤

◎38438 ◇1134

◎38551 ◇1135

Ipomoea rubriflora O'Donell

▶红花虎掌藤

◎21408 ◇897

Ipomoea wolcottiana subsp. *calodendron* (O'Donell) McPherson

▶武乐虎掌藤

◎20451 ◇905

Neuropeltis acuminata Benth. & Hook. f.

▶尖形盾苞藤

◎30915 ◇1420

◎36314 ◇1594

◎36315 ◇1594

◎42439 ◇1729

Neuropeltis prevosteoides Mangenot

▶高级盾苞藤

◎30916 ◇1420

◎31193 ◇1430

◎31194 ◇1430

Reinwardtia indica Dumort.

▶石海椒

◎20200 ◇469

◎20201 ◇469

Coriariaceae 马桑科

Coriaria nepalensis Wall.

▶马桑

◎746 ◇583

◎1245 ◇583

◎7111 ◇583

◎11611 ◇583/346

◎11923 ◇583/346

◎19149 ◇583

◎19150 ◇583

◎19151 ◇583

◎19228 ◇583

◎20257 ◇583

Cornaceae 山茱萸科

Alangium chinense (Lour.) Harms

▶八角枫

◎87 ◇616

◎268 ◇616;981

◎551 ◇616

◎793 ◇616

◎1068 ◇616;984

◎1239 ◇TBA

◎3511 ◇616

◎3522 ◇616

◎6140 ◇616

◎7626 ◇616/368

◎9135 ◇616;969/369

◎9648 ◇616

◎11781 ◇616;995

◎11891 ◇616;877

◎11892 ◇616

◎12766 ◇923/369

◎13012 ◇616

◎13899 ◇616;1019/369

◎16868 ◇616

◎17331 ◇616;782

◎18038 ◇616;1064

◎18056 ◇616;1019

◎20018 ◇616

◎20019 ◇616

◎20193 ◇616

◎20194 ◇616

Alangium frutescens var. *palawanense* W. J. de Wilde & Duyfjes

▶显著八角枫

◎28187 ◇1264

Alangium javanicum (Blume) Wangerin

▶爪哇八角枫

◎22166 ◇934

◎24137 ◇1083

◎26456 ◇1162

◎27152 ◇1227

◎27437 ◇1232

◎33420 ◇1523

◎33481 ◇TBA

◎35327 ◇1571

Alangium kurzii Craib

▶毛八角枫

◎3464 ◇617/369

◎3501 ◇617

◎3549 ◇617

◎3681 ◇617

◎9268 ◇617;786/369

◎12654 ◇617;1013

◎12671 ◇617;884/369

◎14593 ◇617

◎15644 ◇617

◎15869 ◇617

◎16596 ◇617

◎16708 ◇617

◎27520 ◇1234

◎37883 ◇1674

Alangium longiflorum Merr.

▶长花八角枫

◎4643 ◇617

Alangium mezianum Wangerin

▶莫仔八角枫

◎33426 ◇1523

◎33482 ◇TBA

Alangium platanifolium (Sieb. et Zucc.) Harms

▶梧桐叶八角枫

◎39814 ◇1698

Alangium platanifolium (Siebold & Zucc.) Harms

▶梧桐叶八角枫/瓜木

◎5583 ◇617

Alangium rotundifolium (Hassk.) Bloemb.

▶圆叶八角枫

◎27521 ◇1234

Alangium salviifolium (L. f.) Wangerin

▶大果八角枫/土坛树

◎14610　◇617/369
◎17052　◇617
◎20379　◇938
Alangium villosum **(Blume) Wangerin**
▶**柔毛八角枫**
◎24138　◇1083
◎26967　◇1223
◎39322　◇1691
Alangium **Lam.**
▶**八角枫属**
◎31701　◇1456
Cornus alba **L.**
▶**红瑞木**
◎5364　◇610/366
Cornus alternifolia **L. f.**
▶**互叶梾木/互叶山茱萸**
◎24653　◇1089
◎38507　◇1135
◎38902　◇1686
◎39178　◇1690
Cornus americana **Walt.**
▶**美国梾木**
◎20955　◇610
Cornus amomum **subsp.** ***obliqua*** **(Raf.) J. S. Wilson**
▶**斜叶梾木**
◎20961　◇612
◎38225　◇1130
Cornus amomum **Mill.**
▶**北美山茱萸**
◎22130　◇826
◎38859　◇1685
◎38875　◇1685
◎38924　◇1686
◎38939　◇1686
Cornus bretschneideri **L. Henry**
▶**沙梾**
◎20632　◇610/365
Cornus capitata **subsp.** ***angustata*** **(Chun) Q. Y. Xiang**
▶**尖叶山茱萸**
◎375　◇614;1030
◎13429　◇614;1046/367
Cornus capitata **Sessé & Moc.**
▶**头状四照花**
◎203　◇614
◎1141　◇TBA
◎1248　◇TBA
◎6352　◇614
◎6758　◇614
◎7630　◇614
◎11906　◇614/367
◎18146　◇614;1025
◎29725　◇1357
◎29791　◇1360
Cornus chinensis **Wangerin**
▶**川鄂山茱萸**
◎150　◇610
◎171　◇610;792
◎539　◇615;789
◎803　◇610
◎3298　◇610
◎6196　◇610
◎10603　◇610
Cornus controversa **Hemsl.**
▶**灯台树**
◎88　◇610
◎130　◇610;779
◎148　◇610;792
◎189　◇610;867
◎193　◇610;798
◎208　◇610;780
◎270　◇610;981
◎323　◇610;794
◎325　◇610;797
◎363　◇610;1030
◎1027　◇611;985
◎1220　◇TBA
◎4118　◇611
◎4211　◇611
◎6107　◇611
◎6598　◇611
◎8592　◇TBA
◎8727　◇611;1050
◎9833　◇611;1061
◎9834　◇611
◎9844　◇611;1058/365
◎9845　◇611;818
◎9846　◇TBA
◎10269　◇918
◎10767　◇611
◎10995　◇611
◎15797　◇611
◎18123　◇611
◎18842　◇611
◎19159　◇611;859
◎19266　◇611
◎20189　◇610
◎22335　◇916
◎22355　◇916
Cornus drummondii **C. A. Mey.**
▶**鼓形梾木/鼓形山茱萸**
◎24654　◇1089
◎38864　◇1685
◎38866　◇1685
◎40593　◇1704
Cornus florida **L.**
▶**大花四照花**
◎4593　◇611
◎24655　◇1089
◎26629　◇1183
◎26630　◇TBA
◎26631　◇TBA
◎26646　◇1184
◎26647　◇1184
◎26648　◇TBA
Cornus foemina **Mill.**
▶**雌梾木**
◎24656　◇1089
◎39162　◇1689
Cornus glabrata **Benth.**
▶**无毛山茱萸**
◎40058　◇1116
Cornus hongkongensis **subsp.** ***ferruginea*** **(Wu) Q. Y. Xiang**
▶**褐毛山茱萸**
◎15856　◇614
◎16662　◇614/367
Cornus hongkongensis **subsp.** ***melanotricha*** **(Pojark.) Q. Y. Xiang**
▶**光叶山茱萸**
◎11633　◇614;962
Cornus hongkongensis **subsp.** ***tonkinensis*** **(Fang) Q. Y. Xiang**
▶**东京山茱萸**
◎20289　◇614/368
◎20290　◇614
Cornus hongkongensis **Hemsl.**
▶**香港山茱萸**
◎6428　◇614
◎6466　◇615;867
◎6500　◇615;867
◎15788　◇615/368
◎16418　◇615
Cornus kousa **subsp.** ***chinensis*** **(Osborn) Q. Y. Xiang**
▶**四照花**

◎4152 ◇615
◎5585 ◇615
◎9781 ◇615/368
◎9782 ◇615;858
◎9785 ◇615;788
◎9790 ◇615;858

Cornus kousa Bürger ex Hance
▶日本四照花
◎198 ◇611;1028/368
◎22354 ◇916

Cornus macrophylla Wall.
▶梾木
◎89 ◇612
◎168 ◇612;798
◎515 ◇612
◎786 ◇612
◎1111 ◇TBA
◎1115 ◇TBA
◎5745 ◇610/366
◎7942 ◇612
◎18837 ◇612
◎19158 ◇612/365
◎19268 ◇612
◎19269 ◇612
◎19270 ◇612

Cornus mas L.
▶地中海梾木/欧洲山茱萸
◎24657 ◇1089
◎26591 ◇1178
◎26592 ◇1178
◎40771 ◇1706

Cornus nuttallii Audubon ex Torr. & A. Gray
▶太平洋梾木
◎18697 ◇612
◎24658 ◇1089
◎38686 ◇1138
◎39883 ◇1699
◎41129 ◇1711
◎41234 ◇1712

Cornus oblonga Wall.
▶长圆叶梾木
◎19267 ◇612/366

Cornus officinalis Siebold & Zucc.
▶山茱萸
◎29726 ◇1357
◎29792 ◇1360

Cornus parviflora S. S. Chien
▶小花梾木
◎6421 ◇612/365

Cornus quinquinervis Franch.
▶快氏梾木
◎9345 ◇612;997

Cornus racemosa Lam.
▶多花梾木
◎18304 ◇612
◎20954 ◇612
◎38858 ◇1685
◎38867 ◇1685
◎38871 ◇1685
◎38928 ◇1686

Cornus sanguinea L.
▶欧洲红瑞木
◎5008 ◇612
◎22309 ◇903

Cornus schindleri Wangerin
▶斯切梾木
◎17256 ◇612/365

Cornus sericea subsp. *occidentalis* (Torr. & A. Gray) Fosberg
▶西方柔毛梾木
◎24659 ◇1089

Cornus sericea L.
▶贝蕾红瑞木
◎19546 ◇612

Cornus walteri Wangerin
▶毛梾
◎5313 ◇612;867
◎7004 ◇612
◎8675 ◇612;1009/366
◎22336 ◇916

Cornus wilsoniana Wangerin
▶光皮梾木
◎17142 ◇612/367
◎39004 ◇1687

Cornus L.
▶梾木属/山茱萸属
◎447 ◇613
◎821 ◇TBA
◎859 ◇TBA
◎1056 ◇613
◎5548 ◇613;860
◎5898 ◇613
◎6229 ◇613
◎6941 ◇613
◎8644 ◇613
◎11880 ◇613
◎11897 ◇613
◎16111 ◇613
◎17380 ◇613;803

Dendrobenthamia chinensis (Osborn) W. P. Fang
▶中华四照花
◎6904 ◇615
◎7028 ◇615
◎7064 ◇615

Corynocarpaceae 毛利果科

Corynocarpus laevigatus J. R. Forst. & G. Forst.
▶光滑毛利果
◎18792 ◇911/741
◎39208 ◇1690

Crassulaceae 景天科

Kalanchoe beharensis Drake
▶比海伽蓝菜木
◎25240 ◇1097

Crypteroniaceae 隐翼木科

Crypteronia paniculata Blume
▶隐翼
◎4282 ◇309
◎15298 ◇901
◎15299 ◇901/182
◎15320 ◇900/182
◎20844 ◇891
◎27565 ◇1235

Dactylocladus stenocladus Oliv.
▶斯坦钟康木
◎35381 ◇1571
◎35382 ◇1571

Dactylocladus stenostachys Oliv.
▶钟康木/落毡木
◎21678 ◇TBA
◎22407 ◇902
◎22421 ◇889
◎22814 ◇920
◎23227 ◇927
◎27569 ◇1235

Dactylocladus Oliv.
▶钟康木属/落毡木属
◎15502 ◇298/174
◎15503 ◇298

Ctenolophonaceae 泥沱树科

Ctenolophon parvifolius Oliv.
▶小叶垂籽木/小叶泥沱树

◎4660 ◇469

◎18907 ◇913

◎19208 ◇469

◎20668 ◇469

Cucurbitaceae 葫芦科

Trichosanthes quinquangulata A. Gray

▶五角栝楼

◎28538 ◇1281

Zanonia indica L.

▶翅子瓜

◎21308 ◇912

Cunoniaceae 合椿梅科

Ackama A. Cunn.

▶澳桤属/栎珠梅属

◎37040 ◇1629

Anodopetalum biglandulosum A. Cunn. ex Hook. f.

▶大陆平枝梅

◎23039 ◇823

◎24210 ◇1084

Caldcluvia australiensis (Schltr.) Hoogland

▶澳大利亚栎珠梅

◎24411 ◇1085

◎41412 ◇1714

Caldcluvia paniculosa (F. Muell.) Hoogland

▶圆锥栎珠梅

◎15443 ◇823/186

◎19548 ◇318/618

◎40569 ◇1704

Callicoma serratifolia Andrews

▶齿叶银枫梅

◎24414 ◇1085

◎39874 ◇1698

◎41556 ◇1716

◎42298 ◇1725

Ceratopetalum apetalum D. Don

▶角瓣木/朱萼梅

◎4776 ◇318

◎10437 ◇825

Ceratopetalum succirubrum C. T. White

▶萨西角瓣木/萨西朱萼梅

◎20637 ◇832

◎24534 ◇1088

Cunonia capensis L.

▶合椿梅

◎24702 ◇1090

◎37130 ◇1631

◎39824 ◇1698

Eucryphia cordifolia Cav.

▶心叶船形果

◎22679 ◇806/539

◎22751 ◇806

Eucryphia lucida (Labill.) Baill.

▶光亮银香茶木/光亮密藏花

◎24987 ◇1094

◎39646 ◇1696

Eucryphia moorei F. Muell.

▶花楸叶银香茶

◎39798 ◇1698

◎41220 ◇1712

◎41490 ◇1715

Geissois benthamiana F. Muell.

▶本瑟红荆梅

◎41342 ◇1714

◎41343 ◇1714

Geissois biagiana F. Muell.

▶百氏红荆梅

◎25084 ◇1096

◎41344 ◇1714

◎42143 ◇1723

Karrabina benthamiana (F. Muell.) Rozefelds & H. C. Hopkins

▶本瑟澳荆梅

◎7910 ◇825

◎10430 ◇825/186

Leiospermum racemosum (L. f.) D. Don

▶危地马拉独蕊木

◎18497 ◇910/744

◎18835 ◇911

Platylophus trifoliatus (L. f.) D. Don

▶三叶水条梅木

◎25656 ◇1104

◎36927 ◇1627

◎36928 ◇1627

◎40212 ◇1699

Pullea stutzeri (F. Muell.) Gibbs

▶斯图锥枫梅

◎25767 ◇1106

Schizomeria gorumensis Schltr.

▶格鲁齿瓣李

◎31826 ◇1464

Schizomeria ilicina (Ridl.) Schltr.

▶冬青齿瓣李

◎31398 ◇1440

Schizomeria ovata D. Don

▶卵形齿瓣李

◎5050 ◇318

◎10442 ◇825/186

Weinmannia devogelii H. C. Hopkins

▶的沃魏曼火把木/的沃盐麸梅

◎28878 ◇1298

◎28958 ◇1304

◎29089 ◇1312

Weinmannia fraxinea (D. Don) Miq.

▶白蜡魏曼火把木/白蜡盐麸梅

◎27336 ◇1231

◎27513 ◇1234

Weinmannia jahnii Cuatrec.

▶雅恩魏曼火把木/雅恩盐麸梅

◎29915 ◇1367

◎30121 ◇1379

◎30291 ◇1389

◎30600 ◇1407

◎30601 ◇1407

◎30602 ◇1407

◎30801 ◇1416

Weinmannia luzoniensis S. Vidal

▶吕宋魏曼火把木/吕宋盐麸梅

◎38402 ◇1133

Weinmannia macrostachya DC. ex Ser.

▶大穗魏曼火把木/大穗盐麸梅

◎26191 ◇1112

Weinmannia mariquitae Szyszył.

▶马里魏曼火把/马里盐麸梅

◎38178 ◇1129

Weinmannia silvicola L. f.

▶银魏曼火把木/银盐麸梅

◎26190 ◇1112

Weinmannia tolimensis Cuatrec.

▶智利魏曼火把木/智利盐麸梅

◎38205 ◇TBA

Weinmannia trichosperma Cav.

▶毛籽恩曼火把木/毛籽盐麸梅

◎19594 ◇318/538

◎26192 ◇1112

Weinmannia L.

▶魏曼火把属/盐麸梅属

◎31783 ◇1461

◎36954 ◇1627

Curtisiaceae 铩木科

Curtisia dentata (Burm. f.) C. A. Sm.

▶铩木

◎20511 ◇828

◎24717 ◇1090

◎36970 ◇1627

◎39803 ◇1698

◎40949 ◇1709

◎42206 ◇1724

Cyatheaceae 桫椤科

Cyathea manniana Hook.

▶曼氏蕨树

◎26297 ◇1119

◎26298 ◇1119

◎26299 ◇1119

Cyathea obtusiloba (Hook.) Domin

▶钝叶蕨树

◎26300 ◇1119

Cyathea spinulosa Wall.

▶小刺蕨树

◎7284 ◇721

◎9132 ◇TBA

Cyathea Sm.

▶蕨树属/番桫椤属

◎9689 ◇721

Cyperaceae 莎草科

Cyperus ligularis Hemsl.

▶舌状莎草

◎29172 ◇1318

Machaerina rubiginosa (Biehler) T. Koyama

▶圆叶剑叶莎

◎31810 ◇1463

Cyrillaceae 鞣木科

Cliftonia monophylla Britton

▶单叶荞麦树

◎24595 ◇1088

◎39887 ◇1699

◎41509 ◇1716

◎42287 ◇1725

Cyrilla racemiflora L.

▶鞣木

◎22676 ◇806/538

◎22696 ◇806

◎38728 ◇1139

Daphniphyllaceae 虎皮楠科

Daphniphyllum calycinum Benth.

▶牛耳枫

◎16626 ◇579

Daphniphyllum glaucescens Blume

▶虎皮楠

◎6516 ◇579

◎6546 ◇579

◎6693 ◇579

◎6709 ◇579

◎12655 ◇579;1043

◎12674 ◇579;886/344

◎12815 ◇579;808

◎13087 ◇580

◎13484 ◇580;864

◎13588 ◇580

◎13895 ◇580;1011

◎13896 ◇580;881

◎13897 ◇580;865

◎13898 ◇580;869

◎14999 ◇580

◎15012 ◇580

◎15887 ◇580

◎16432 ◇580

◎17063 ◇580

◎17369 ◇580;802

◎18029 ◇580;1000

◎19974 ◇580

◎19975 ◇580

◎19976 ◇580

◎19977 ◇580

◎21178 ◇579

Daphniphyllum himalayense subsp. *angustifolium* (Hutch.) T. C. Huang

▶狭叶藏虎皮楠

◎6310 ◇579

Daphniphyllum himalayense Müll. Arg.

▶藏虎皮楠

◎11637 ◇579;962/344

Daphniphyllum macropodum Miq.

▶交让木

◎59 ◇579

◎169 ◇579;792

◎181 ◇579;1028

◎6131 ◇579

◎6856 ◇579

◎8744 ◇579;974

◎9395 ◇579;1058

◎10598 ◇579

◎10776 ◇TBA

◎13572 ◇580

◎15992 ◇580

◎18125 ◇580;875

◎20252 ◇579

◎20253 ◇579

Daphniphyllum paxianum Rosenthal

▶海南虎皮楠

◎12155 ◇581

◎12917 ◇581;1044/344

◎14371 ◇581

◎14424 ◇581

◎15636 ◇581

Daphniphyllum pentandrum Hayata

▶五蕊虎皮楠

◎8805 ◇579;717

◎8816 ◇TBA

◎15784 ◇581

◎16475 ◇579

◎16962 ◇581

Daphniphyllum tsinguensis

▶冲氏虎皮楠

◎10599 ◇581

◎10770 ◇581

◎10771 ◇581

◎10772 ◇581

◎10773 ◇581

◎10774 ◇581

Daphniphyllum Blume

▶虎皮楠属

◎6939 ◇581

◎6953 ◇581

◎13543 ◇580;1019

Dasypogonaceae 鼓槌草科

Kingia australis R. Br.

▶蓬草树

◎40720 ◇1705

Davalliaceae 骨碎补科

Davallia pentaphylla Blume

▶黑虫蕨

◎29021 ◇1308

Degeneriaceae 单心木兰科

Degeneria vitiensis I. W. Bailey & A. C. Sm.

▶斐济单心木兰

◎23570 ◇915

Dichapetalaceae 毒鼠子科

Dichapetalum acuminatum De Willd.

▶锐端毒鼠子

◎29346 ◇1328

◎29347 ◇1328

Dichapetalum affine (Planch. ex Benth.) Breteler

▶拟毒鼠子

◎29348 ◇1328

Dichapetalum albidum A. Chev. ex Pellegr.

▶白色毒鼠子

◎29349 ◇1328

Dichapetalum altescandens Engl.

▶交互毒鼠子

◎37660 ◇1664

Dichapetalum angolense Chodat

▶安哥拉毒鼠子

◎26926 ◇1221

◎29350 ◇1328

◎29351 ◇1328

◎36633 ◇1614

◎37661 ◇1664

◎37662 ◇1664

◎37663 ◇1664

Dichapetalum arachnoideum Breteler

▶蛛丝毒鼠子

◎29309 ◇1326

◎29310 ◇1326

Dichapetalum bangii Engl.

▶班吉毒鼠子

◎29311 ◇1326

◎37664 ◇1664

Dichapetalum barbatum Breteler

▶硬刺毒鼠子

◎36712 ◇1617

Dichapetalum barteri Engl.

▶巴特毒鼠子

◎29312 ◇1326

Dichapetalum berendinae Breteler

▶本氏毒鼠子

◎29352 ◇1328

Dichapetalum chalotii Pellegr.

▶恰罗毒鼠子

◎29313 ◇1326

Dichapetalum choristilum var. *choristilum*

▶分离毒鼠子

◎37666 ◇1664

Dichapetalum choristilum Engl.

▶分离毒鼠子

◎29314 ◇1326

◎29315 ◇1326

◎37665 ◇1664

◎37777 ◇1667

◎37778 ◇1669

Dichapetalum congoense Engl. & Ruhland

▶刚果毒鼠子

◎29316 ◇1326

◎29317 ◇1326

◎29318 ◇1326

◎29353 ◇1328

◎29389 ◇1330

◎37667 ◇1664

◎37668 ◇1664

◎37669 ◇1664

◎37670 ◇1664

◎37779 ◇1669

Dichapetalum crassifolium var. *crassifolium*

▶厚叶毒鼠子（原变种）

◎29324 ◇1327

◎29325 ◇1327

◎29326 ◇1327

◎29355 ◇1328

◎29356 ◇1329

Dichapetalum crassifolium Chodat

▶厚叶毒鼠子

◎29319 ◇1326

◎29320 ◇1327

◎29321 ◇1327

◎29322 ◇1327

◎29323 ◇1327

◎29354 ◇1328

◎36248 ◇1589

◎36431 ◇1604

◎36432 ◇1604

Dichapetalum cymulosum Engl.

▶思姆毒鼠子

◎37671 ◇1665

◎37672 ◇1665

◎37780 ◇1669

◎37781 ◇1669

Dichapetalum dewevrei var. *klaineanum* (Pellegr.) Breteler

▶克莱毒鼠子

◎29362 ◇1329

Dichapetalum dewevrei De Wild. & T.Durand

▶德维毒鼠子

◎29357 ◇1329

◎29358 ◇1329

◎29359 ◇1329

◎29360 ◇1329

◎29361 ◇1329

◎37673 ◇1665

Dichapetalum filicaule Bretel.

▶纤茎毒鼠子

◎29363 ◇1329

◎29442 ◇1333

◎29443 ◇1333

Dichapetalum gabonense Engl.

▶加蓬毒鼠子

◎29364 ◇1329

◎29365 ◇1329

◎37674 ◇1665

◎37675 ◇1665

Dichapetalum gelonioides (Roxb.) Engl.

▶毒鼠子

◎4232 ◇470/279

◎28641 ◇1286

Dichapetalum glomeratum Engl.

▶球序毒鼠子

◎29366 ◇1329

◎29367 ◇1329

◎29368 ◇1329

◎37676 ◇1665

Dichapetalum heudelotii var. *heudelotii*

▶安朵毒鼠子

◎29379 ◇1330

◎29380 ◇1330

◎37680 ◇1665

◎37681 ◇1665

◎37682 ◇1665

◎37683 ◇1665

◎37684 ◇1665

Dichapetalum heudelotii var. *hispidum* (Oliv.) Breteler

▶惠斯毒鼠子

◎29381 ◇1330

◎29382 ◇1330

◎29393 ◇1331

◎37685 ◇1665

◎37686 ◇1665

Dichapetalum heudelotii var. *longitubulosum* (Engl.) Breteler
▶长管毒鼠子
◎37687 ◇1665
◎37688 ◇1665
◎37689 ◇1665
◎37690 ◇1665
◎37691 ◇1665
◎37692 ◇1665
◎37693 ◇1665
◎37694 ◇1665
◎37695 ◇1665
◎37696 ◇1665
◎37701 ◇1665
◎37702 ◇1665

Dichapetalum heudelotii var. *ndongense* (Engl.) Breteler
▶恩东毒鼠子
◎29383 ◇1330
◎29444 ◇1333
◎29445 ◇1333
◎29446 ◇1333
◎29447 ◇1333
◎29448 ◇1333
◎29449 ◇1333
◎29450 ◇1333
◎29451 ◇1333
◎29452 ◇1333
◎31175 ◇1430
◎31176 ◇1430

Dichapetalum heudelotii Baill.
▶安朵毒鼠子
◎29327 ◇1327
◎29369 ◇1329
◎29370 ◇1329
◎29371 ◇1330
◎29372 ◇1330
◎29373 ◇1330
◎29374 ◇1330
◎29375 ◇1330
◎29376 ◇1330
◎29377 ◇1330
◎29378 ◇1330
◎29390 ◇1330
◎29391 ◇1331
◎29392 ◇1331
◎36249 ◇1589
◎36577 ◇1612
◎37677 ◇1665
◎37678 ◇1665
◎37679 ◇1665
◎37782 ◇1669
◎37783 ◇1669

Dichapetalum insigne Engl.
▶著名毒鼠子
◎29453 ◇1333

Dichapetalum integripetalum Engl.
▶全瓣毒鼠子
◎29454 ◇1333
◎29455 ◇1333

Dichapetalum leucocarpum Breteler
▶白果毒鼠子
◎29384 ◇1330

Dichapetalum librevillense Pellegr.
▶利伯维尔毒鼠子
◎29456 ◇1334
◎29457 ◇1334
◎29458 ◇1334
◎29459 ◇1334
◎29460 ◇1334
◎37697 ◇1665
◎37698 ◇1665
◎37699 ◇1665
◎37700 ◇1665

Dichapetalum madagascariense Poir.
▶马达加斯加毒鼠子
◎24766 ◇1090
◎29461 ◇1334
◎29462 ◇1334
◎29463 ◇1334
◎29464 ◇1334
◎29465 ◇1334
◎29466 ◇1334
◎29467 ◇1334
◎29468 ◇1334
◎29469 ◇1334
◎29470 ◇1334
◎29471 ◇1334
◎29472 ◇1334
◎29473 ◇1334
◎36528 ◇1610
◎36752 ◇1619
◎37703 ◇1665
◎37704 ◇1665
◎37705 ◇1665
◎37784 ◇1669

Dichapetalum mathisii Breteler
▶麦瑟毒鼠子
◎33759 ◇1537
◎33760 ◇1537

Dichapetalum melanocladum Breteler
▶黑枝毒鼠子
◎29474 ◇1334

Dichapetalum minutiflorum Engl. & Ruhland
▶细花毒鼠子
◎29475 ◇1335
◎29476 ◇1335
◎29477 ◇1335
◎29478 ◇1335
◎37706 ◇1665
◎37707 ◇1665
◎37708 ◇1665
◎37709 ◇1665
◎37710 ◇1665

Dichapetalum mombuttense Engl.
▶蒙布毒鼠子
◎29394 ◇1331

Dichapetalum mundense Engl.
▶曼德毒鼠子
◎29395 ◇1331
◎29396 ◇1331
◎29397 ◇1331
◎29398 ◇1331
◎29399 ◇1331
◎29400 ◇1331
◎29401 ◇1331
◎29402 ◇1331
◎29403 ◇1331

Dichapetalum oblongum Engl.
▶长圆毒鼠子
◎29404 ◇1331
◎29405 ◇1331

Dichapetalum pallidum Engl.
▶苍白毒鼠子
◎29406 ◇1331
◎29407 ◇1331
◎29408 ◇1331
◎29409 ◇1331
◎29410 ◇1331
◎29411 ◇1331
◎29412 ◇1331
◎29413 ◇1331
◎29414 ◇1331
◎29415 ◇1331
◎29416 ◇1331
◎29417 ◇1331

◎29418 ◇1331
◎29419 ◇1332
◎29420 ◇1332
◎29421 ◇1332
◎29422 ◇1332
◎29423 ◇1332
◎29424 ◇1332
◎29425 ◇1332
◎31024 ◇1425
◎31069 ◇1427
◎31070 ◇1427
◎36250 ◇1589
◎37711 ◇1665
◎37712 ◇1665
◎37713 ◇1665
◎37714 ◇1665
◎37715 ◇1665

Dichapetalum parvifolium **Engl.**

▶小叶毒鼠子

◎29479 ◇1335
◎29480 ◇1335
◎29481 ◇1335
◎29482 ◇1335
◎29483 ◇1335
◎29484 ◇1335
◎29485 ◇1335
◎29486 ◇1335
◎29487 ◇1335
◎29488 ◇1335
◎29489 ◇1335
◎29490 ◇1335
◎36331 ◇1595
◎36433 ◇1604

Dichapetalum pulchrum **Breteler**

▶美丽毒鼠子

◎37716 ◇1665
◎37717 ◇1665
◎37718 ◇1665

Dichapetalum rudatisii **Engl.**

▶如达毒鼠子

◎37719 ◇1665
◎37720 ◇1665
◎37721 ◇1665
◎37722 ◇1665
◎37723 ◇1665
◎37724 ◇1665
◎37725 ◇1665
◎37726 ◇1665
◎37727 ◇1665
◎37728 ◇1665
◎37729 ◇1665
◎37730 ◇1666
◎37731 ◇1666
◎37732 ◇1666
◎37733 ◇1666
◎37734 ◇1666
◎37735 ◇1666
◎37736 ◇1666
◎37737 ◇1666
◎37738 ◇1666
◎37739 ◇1666
◎37740 ◇1666
◎37741 ◇1666
◎37830 ◇1671
◎37831 ◇1671
◎37832 ◇1671

Dichapetalum staudtii **Engl.**

▶十字毒鼠子

◎29385 ◇1330
◎29386 ◇1330
◎29387 ◇1330
◎29491 ◇1335
◎29492 ◇1335
◎29493 ◇1335
◎29494 ◇1335
◎29495 ◇1335
◎29496 ◇1336
◎29497 ◇1336
◎29498 ◇1336
◎29499 ◇1336
◎29500 ◇1336
◎29501 ◇1336
◎29502 ◇1336
◎29503 ◇1336
◎29504 ◇1336
◎29505 ◇1336
◎29506 ◇1336
◎29507 ◇1336

Dichapetalum tetrastachyum **Breteler**

▶四穗毒鼠子

◎29426 ◇1332

Dichapetalum thollonii **Pellegr.**

▶色勒毒鼠子

◎29508 ◇1336

Dichapetalum tomentosum **Engl.**

▶毛毒鼠子

◎29509 ◇1336
◎37742 ◇1666
◎37743 ◇1666
◎37744 ◇1666

Dichapetalum toxicarium **Baill.**

▶有毒毒鼠子

◎29269 ◇1323
◎29427 ◇1332
◎29428 ◇1332
◎29510 ◇1336
◎29511 ◇1336
◎36434 ◇1604

Dichapetalum umbellatum **Chodat**

▶伞花毒鼠子

◎29429 ◇1332
◎29430 ◇1332
◎29431 ◇1332

Dichapetalum unguiculatum **Engl.**

▶具爪毒鼠子

◎29227 ◇1321
◎29432 ◇1332
◎29433 ◇1332

Dichapetalum witianum **Breteler**

▶代啼毒鼠子

◎29434 ◇1333

Dichapetalum zenkeri **Engl.**

▶曾氏毒鼠子

◎37745 ◇1666
◎37785 ◇1669
◎37786 ◇1669
◎37787 ◇1669

Dichapetalum **Thouars**

▶毒鼠子属

◎29440 ◇1333
◎29441 ◇1333
◎36247 ◇1589

Gonypetalum juruanum **Ule**

▶贡派毒鼠子

◎33924 ◇1541

Tapura africana **Oliv.**

▶非洲泡花李

◎36321 ◇1594
◎36322 ◇1594

Tapura bouquetiana **N. Hallé & Heine**

▶花束泡花李

◎29206 ◇1320

Tapura capitulifera **Baill.**

▶头花泡花李

◎32033 ◇1472

Tapura ivorensis **Bretel.**

▶艾弗泡花李

◎29254 ◇1322

◎29255 ◇1322

Dicksoniaceae 蚌壳蕨科

Dicksonia antarctica Labill.

▶软树蕨

◎40722 ◇1705

Dilleniaceae 五桠果科

Curatella americana L.

▶库拉五桠果木/美国锡叶树

◎4509 ◇81/47

◎20418 ◇905

◎27794 ◇1243

◎31953 ◇1470

◎32330 ◇1483

◎42410 ◇1727

Dillenia alata（DC.）Martelli

▶翼柄五桠果

◎40763 ◇1706

Dillenia aurea Sm.

▶黄化五桠果

◎4239 ◇82

◎27379 ◇1231

◎27571 ◇1235

Dillenia biflora（A. Gray）Guillaumin

▶双花五桠果

◎24768 ◇1090

◎39799 ◇1698

Dillenia castaneifolia Martelli

▶栗叶五桠果

◎31495 ◇1448

Dillenia diantha Hoogland

▶二叶五桠果

◎31344 ◇1437

Dillenia excelsa（Jack）Martelli ex Gilg.

▶大五桠果

◎5217 ◇82

◎14136 ◇/47

◎33440 ◇1524

◎33503 ◇TBA

◎39881 ◇1699

Dillenia indica L.

▶印迪卡五桠果/五桠果

◎3616 ◇82

◎3775 ◇82/47

◎19093 ◇896

Dillenia L.

▶五桠果属

◎18728 ◇894

◎19500 ◇935

◎20355 ◇938

◎22261 ◇934

◎22410 ◇902

◎22433 ◇889

◎23129 ◇933

◎23216 ◇927

◎37063 ◇1630

◎37496 ◇1659

◎37497 ◇1660

Dillenia luzoniensis（S. Vidal）Merr.

▶吕宋五桠果

◎28306 ◇1270

◎28760 ◇1291

Dillenia obovata（Blume）Hoogland

▶倒卵形五桠果

◎39633 ◇1696

Dillenia ovata Wall.

▶卵形五桠果

◎24769 ◇1090

◎39857 ◇1698

Dillenia papuana Martelli

▶巴布亚五桠果

◎35675 ◇1573

◎35676 ◇1573

◎35677 ◇1574

◎39856 ◇1698

Dillenia parviflora Griff.

▶小花五桠果

◎4238 ◇82

Dillenia pentagyna Roxb.

▶五室五桠果

◎8492 ◇898

◎12145 ◇82;851/47

◎13129 ◇82;1013

◎14698 ◇82/558

◎14838 ◇82;1029

◎14936 ◇82

◎20692 ◇896

◎20929 ◇82

◎27572 ◇1235

◎27573 ◇1235

◎37062 ◇1630

Dillenia philippinensis Rolfe

▶菲律宾五桠果

◎4664 ◇82

◎18909 ◇913/47

◎33673 ◇1535

Dillenia ptempoda（Miq.）Hoogland

▶普特五桠果

◎27192 ◇1228

Dillenia quercifolia（C. T. White & W. D. Francis ex Lane-Poole）Hoogland

▶栎叶五桠果

◎35853 ◇1584

Dillenia reticulata King

▶网脉五桠果

◎27193 ◇1228

Dillenia retusa Thunb.

▶凹叶五桠果

◎35598 ◇TBA

Dillenia salomonensis（C. T. White）Hoogland

▶所罗门五桠果

◎24770 ◇1090

◎39610 ◇1695

Dillenia scabrella Roxb.

▶斯卡五桠果

◎20809 ◇891

Dillenia suffruticosa Martelli

▶灌木五桠果

◎24771 ◇1090

Dillenia turbinata Finet & Gagnep.

▶大花五桠果

◎6835 ◇82

◎9597 ◇82

◎14340 ◇82

◎14811 ◇82;1029

◎15951 ◇82

◎15973 ◇82

Tetracera alnifolia Willd.

▶桤叶锡叶藤

◎31007 ◇1425

◎31042 ◇1426

◎31097 ◇1428

◎31098 ◇1428

◎31145 ◇1429

◎31146 ◇1429

◎35757 ◇1577

Tetracera parviflora（Rusby）Sleumer

▶小花锡叶藤

◎38550 ◇1135

Tetracera scandens Gilg & Werderm.

▶毛果锡叶藤

◎28536 ◇1280

Dioncophyllaceae 双钩叶科

Triphyophyllum peltatum (Hutch. & Dalziel) Airy Shaw
▶露松藤
◎29666 ◇1351
◎29667 ◇1351

Dioscoreaceae 薯蓣科

Dioscorea minutiflora Engl.
▶细花薯蓣
◎30940 ◇1421
◎31025 ◇1425
◎31026 ◇1425

Dioscorea L.
▶薯蓣属
◎28642 ◇1286

Dipentodontaceae 十齿花科

Caryota urens L.
▶董棕
◎24473 ◇1087
◎39698 ◇1696
◎41104 ◇1711

Caryota L.
▶鱼尾葵属
◎41264 ◇1713

Perrottetia alpestris subsp. *philippinensis* (S. Vidal) Ding Hou
▶菲律宾核子木
◎33774 ◇1538

Perrottetia ovata Hemsl.
▶卵形核子木
◎25556 ◇1102

Perrottetia racemosa (Oliv.) Loes.
▶核子木
◎1073 ◇TBA

Perrottetia sympodialis (Benth.) de Wit
▶合轴核子木
◎11692 ◇599;991/357

Dipterocarpaceae 龙脑香科

Anisoptera costata Korth.
▶中脉异翅香/显脉翼翅香
◎4240 ◇114/738
◎8989 ◇TBA
◎13369 ◇TBA
◎13422 ◇850
◎15531 ◇114
◎16362 ◇932/722
◎22775 ◇906
◎24205 ◇1084
◎27526 ◇1234
◎42080 ◇1723

Anisoptera curtisii Dyer ex King
▶短柄异翅香
◎18227 ◇114/732
◎24206 ◇1084
◎27527 ◇1234

Anisoptera laevis Ridl.
▶光滑异翅香木
◎27349 ◇1231

Anisoptera marginata Korth.
▶缘生异翅香木
◎14101 ◇893/746
◎21474 ◇114/538
◎24207 ◇1084
◎27528 ◇1234
◎37042 ◇1629
◎42429 ◇1728

Anisoptera megistocarpa Slooten
▶极大果异翅香木
◎27529 ◇1234

Anisoptera scaphula (Roxb.) Kurz
▶思坎异翅香
◎15210 ◇938/732

Anisoptera thurifera subsp. *polyandra* (Blume) P. S. Ashton
▶多雄异翅香
◎18983 ◇907/728
◎19009 ◇906
◎24208 ◇1084
◎27158 ◇1227

Anisoptera thurifera (Blanco) Blume
▶香味异翅香木
◎18331 ◇953/755
◎21646 ◇114
◎27350 ◇1231
◎33996 ◇1541
◎33997 ◇1541
◎37479 ◇1659
◎38397 ◇1133

Anisoptera Korth.
▶异翅香属
◎4688 ◇114
◎9897 ◇955
◎13190 ◇894
◎15166 ◇895
◎17174 ◇114
◎17489 ◇TBA
◎18735 ◇894
◎19493 ◇935
◎19616 ◇114
◎20348 ◇938/732
◎22243 ◇934
◎23151 ◇933
◎23217 ◇927
◎23359 ◇889
◎23418 ◇933
◎27157 ◇1227
◎33993 ◇1541
◎33994 ◇1541
◎33995 ◇1541
◎35328 ◇1571
◎36066 ◇1587
◎36067 ◇1587

Balanocarpus cagayanensis Foxw.
▶卡塔棒果香
◎4630 ◇114

Balanocarpus heimii King
▶赫氏棒果香
◎15467 ◇114
◎15468 ◇114
◎17494 ◇114/753

Balanocarpus Bedd.
▶棒果香属
◎26976 ◇1224
◎36076 ◇1587

Cotylelobium burckii (F. Heim) F. Heim
▶布克杯裂香/布克毛药香
◎24676 ◇1089
◎35909 ◇1585
◎39851 ◇1698

Cotylelobium lanceolatum Craib
▶剑叶杯裂香
◎15187 ◇938/732

Cotylelobium melanoxylon (Hook. f.) Pierre
▶黑木杯裂香
◎9899 ◇955
◎14188 ◇893/722
◎22411 ◇902
◎22426 ◇889
◎27561 ◇1235

Cotylelobium Pierre
▶杯裂香木属/毛药香属

◎9898　◇955
◎23336　◇889
◎34422　◇1549

Dipterocarpus acutangulus Vesque
▶锐角龙脑香
◎27197　◇1228
◎33408　◇1522
◎33456　◇TBA

Dipterocarpus alatus Roxb. ex G. Don
▶翅龙脑香/高大龙脑香
◎4241　◇115
◎9712　◇931
◎13290　◇878
◎13297　◇878
◎13299　◇878
◎13343　◇879
◎13351　◇879
◎13393　◇849
◎13408　◇849
◎14728　◇931
◎16353　◇932/722
◎19682　◇115
◎20814　◇891

Dipterocarpus applanatus Slooten
▶平展龙脑香
◎18456　◇115

Dipterocarpus baudii Korth.
▶东南亚龙脑香
◎20766　◇115

Dipterocarpus borneensis Slooten
▶婆罗龙脑香
◎36101　◇1587

Dipterocarpus caudiferus Merr.
▶野禽尾龙脑香
◎22178　◇934
◎35395　◇1571
◎35396　◇1571
◎35397　◇1571
◎35398　◇1571

Dipterocarpus chartaceus Symington
▶纸质龙脑香
◎35603　◇TBA

Dipterocarpus confertus Slooten
▶丛生龙脑香
◎39823　◇1698

Dipterocarpus coriaceus Slooten
▶革质龙脑香
◎35604　◇TBA
◎35605　◇TBA
◎35606　◇TBA
◎35607　◇1572
◎35608　◇TBA
◎35609　◇TBA
◎35610　◇TBA
◎35611　◇TBA

Dipterocarpus cornutus Dyer
▶角状龙脑香
◎4816　◇115
◎20739　◇115
◎20767　◇115

Dipterocarpus costatus C. F. Gaertn.
▶肋萼龙脑香
◎4242　◇115/738
◎9719　◇931
◎9720　◇931
◎15101　◇932/722
◎18974　◇907/721
◎39652　◇1696

Dipterocarpus costulatus Slooten
▶小肋龙脑香
◎20772　◇115

Dipterocarpus crinitus Dyer
▶长毛龙脑香
◎20757　◇115
◎27002　◇1224
◎27003　◇1224

Dipterocarpus elongatus Korth.
▶伸长龙脑香
◎27198　◇1228

Dipterocarpus fagineus Vesque
▶水青冈状龙脑香
◎35616　◇TBA

Dipterocarpus gracilis Blume
▶纤细龙脑香
◎4245　◇115
◎15203　◇938/732
◎18897　◇913/756
◎21677　◇115
◎27004　◇1224
◎27386　◇1231

Dipterocarpus grandiflorus (Blanco) Blanco
▶大花龙脑香
◎4243　◇115
◎4608　◇115
◎18862　◇913/756
◎20813　◇891
◎21670　◇115
◎34426　◇1549
◎34427　◇1549
◎34564　◇1552
◎35399　◇1571
◎35400　◇1571
◎35401　◇1571

Dipterocarpus hasseltii Blume
▶哈氏龙脑香木
◎21053　◇890
◎24800　◇1091
◎28139　◇1262
◎28271　◇1268
◎35612　◇TBA
◎35613　◇TBA
◎35614　◇TBA
◎35615　◇TBA
◎36102　◇1587
◎38991　◇1687

Dipterocarpus humeratus Slooten
▶肩龙脑香
◎34965　◇1560
◎35920　◇1585

Dipterocarpus indicus Bedd.
▶印度龙脑香
◎8494　◇898/65
◎20691　◇896

Dipterocarpus intricatus Dyer
▶缠结龙脑香
◎8995　◇TBA
◎9696　◇931
◎9744　◇921;1058/721
◎15183　◇938

Dipterocarpus kerrii King
▶克氏龙脑香
◎4244　◇115
◎20810　◇891

Dipterocarpus kunstleri King
▶阔翅龙脑香
◎15474　◇115/724
◎35402　◇1571
◎35403　◇1571
◎35404　◇1571

Dipterocarpus lanceolatus
▶披针龙脑香
◎37067　◇1630

Dipterocarpus lowii Hook. f.
▶劳氏龙脑香
◎35921　◇1585

Dipterocarpus oblongifolius **Blume**

▶**长圆龙脑香**

◎33429 ◇1523

◎33505 ◇TBA

Dipterocarpus obtusifolius **Teijsm. ex Miq.**

▶**钝叶龙脑香**

◎8993 ◇TBA

◎9694 ◇931/722

◎15207 ◇938

◎20339 ◇938

Dipterocarpus orbicularis **Foxw.**

▶**菲律宾圆叶龙脑香**

◎27005 ◇1224

Dipterocarpus palembanicus **Slooten**

▶**巨港龙脑香**

◎35922 ◇1585

Dipterocarpus retusus **Blume**

▶**东京龙脑香**

◎11291 ◇115;1013/66

◎12714 ◇922/735

◎17274 ◇115/66

◎19091 ◇896

◎34565 ◇1552

◎34566 ◇1552

◎34568 ◇1552

◎34569 ◇1552

◎34570 ◇1552

Dipterocarpus sublamellatus **Foxw.**

▶**微片龙脑香**

◎27387 ◇1231

Dipterocarpus tempehes **Slooten**

▶**坦佩龙脑香**

◎27199 ◇1228

Dipterocarpus tuberculatus **Roxb.**

▶**小瘤龙脑香**

◎4246 ◇115

◎9005 ◇TBA

◎9693 ◇931

◎9723 ◇921;994

◎15189 ◇938

◎15396 ◇900/739

◎16354 ◇932

◎17843 ◇900

Dipterocarpus turbinatus **C. F. Gaertn.**

▶**陀螺龙脑香**

◎4896 ◇115

◎18237 ◇115

Dipterocarpus validus **Blume**

▶**瓦力龙脑香**

◎14083 ◇893/746

◎21658 ◇115

◎24801 ◇1091

◎39025 ◇1688

Dipterocarpus verrucosus **Foxw. ex Slooten**

▶**疣状突起龙脑香**

◎27200 ◇1228

Dipterocarpus **C. F. Gaertn.**

▶**龙脑香属**

◎9692 ◇931

◎9711 ◇931

◎9721 ◇931

◎9900 ◇955

◎10312 ◇115

◎12283 ◇TBA

◎12297 ◇848

◎12423 ◇TBA

◎12424 ◇TBA

◎13209 ◇894

◎13262 ◇878

◎13296 ◇878

◎13366 ◇TBA

◎13960 ◇954

◎15178 ◇895

◎15181 ◇895

◎15188 ◇938

◎15232 ◇901

◎15280 ◇901

◎15285 ◇900

◎15302 ◇900

◎15322 ◇900

◎15510 ◇115

◎15511 ◇115

◎15528 ◇115

◎15530 ◇115

◎16290 ◇115

◎16352 ◇932

◎17165 ◇115

◎17492 ◇115

◎17846 ◇900

◎18389 ◇115

◎19089 ◇896

◎19476 ◇935

◎20340 ◇938

◎22262 ◇934

◎22815 ◇920

◎23149 ◇933

◎23218 ◇927

◎23385 ◇933

◎34428 ◇1549

◎34429 ◇1549

◎34430 ◇1549

◎34431 ◇1550

◎34567 ◇1552

◎35923 ◇1585

◎35924 ◇1585

Dryobalanops beccarii **Dyer**

▶**贝氏冰片香**

◎15448 ◇116

◎15449 ◇116

◎15450 ◇116

◎15463 ◇116

◎15464 ◇116

◎15475 ◇116/724

◎15476 ◇116

◎27012 ◇1224

◎35406 ◇1571

◎35925 ◇1585

◎35928 ◇1585

◎36109 ◇1587

◎36110 ◇1587

◎36111 ◇1587

◎36112 ◇1587

◎36113 ◇1587

Dryobalanops fusca **Slooten**

▶**褐色冰片香**

◎27580 ◇1235

◎35926 ◇1585

◎36104 ◇1587

Dryobalanops keithii **Symington**

▶**基氏冰片香**

◎27006 ◇1224

◎27007 ◇1224

◎27008 ◇1224

◎35407 ◇1571

◎35408 ◇1571

◎35409 ◇1571

Dryobalanops lanceolata **Burck**

▶**剑叶冰片香**

◎9901 ◇955

◎9902 ◇955

◎9903 ◇955;1016/746

◎13206 ◇894

◎15142 ◇895
◎21024 ◇890
◎27009 ◇1224
◎27010 ◇1224
◎27581 ◇1235
◎35410 ◇1571
◎35411 ◇1571
◎35412 ◇1571
◎35413 ◇1571
◎35414 ◇1571
◎35415 ◇1571
◎35416 ◇1571
◎36105 ◇1587
◎36106 ◇1587
◎36107 ◇1587
◎36108 ◇1587

Dryobalanops oblongifolia **Dyer**
▶长椭圆叶冰片香
◎13224 ◇894
◎15152 ◇895/746
◎20776 ◇116
◎23373 ◇TBA
◎27011 ◇1224
◎27582 ◇1235
◎27583 ◇1235
◎27584 ◇1235
◎35927 ◇1585
◎39890 ◇1699

Dryobalanops rappa **Becc.**
▶沼泽冰片香
◎22420 ◇889
◎27013 ◇1224
◎35417 ◇1571
◎35929 ◇1585
◎36114 ◇1587
◎42419 ◇1727

Dryobalanops romatica **C. F. Gaertn.**
▶浪漫冰片香
◎36115 ◇1587

Dryobalanops sumatrensis **(J. F. Gmel.) Kosterm.**
▶苏门答腊冰片香
◎14084 ◇893/746
◎22408 ◇902
◎22424 ◇889
◎24819 ◇1091
◎33391 ◇1522
◎33458 ◇TBA
◎35617 ◇TBA
◎39876 ◇1698

Dryobalanops **C. F. Gaertn.**
▶冰片香属
◎17164 ◇116
◎17487 ◇116
◎19481 ◇935
◎21560 ◇116
◎21561 ◇116
◎22177 ◇934
◎22259 ◇934
◎23152 ◇933
◎23219 ◇927
◎23372 ◇TBA
◎23400 ◇933
◎40832 ◇1707

Hopea acuminata **Merr.**
▶尖坡垒
◎4671 ◇117/756
◎34054 ◇1542
◎34055 ◇1542

Hopea andamanica **King ex C. E. Parkinson**
▶安达曼坡垒
◎20812 ◇891

Hopea avellanea **F. Heim**
▶埃文坡垒
◎20346 ◇938/732

Hopea beccariana **Burck**
▶贝氏坡垒
◎27036 ◇1225

Hopea bracteata **Burck**
▶苞片坡垒
◎27032 ◇1225
◎27249 ◇1229

Hopea cagayanensis **(Foxw.) Slooten**
▶吕宋坡垒
◎18916 ◇913/757
◎34411 ◇1549

Hopea celebica **Burck**
▶塞卢比坡垒
◎35944 ◇1585
◎39616 ◇1695

Hopea celtidifolia **Kosterm.**
▶朴叶坡垒
◎31501 ◇1449

Hopea chinensis **(Merr.) Hand.-Mazz.**
▶狭叶坡垒
◎11292 ◇118;978/68
◎11816 ◇118/68
◎11932 ◇118/68
◎13702 ◇118;968
◎15956 ◇117/67
◎15969 ◇117
◎15974 ◇117/67
◎17275 ◇118

Hopea dasyrrhachis **Slooten**
▶粗轴坡垒
◎27033 ◇1225

Hopea dealbata **Hance**
▶白粉坡垒
◎9708 ◇931/722

Hopea dryobalanoides **Miq.**
▶德莱坡垒
◎27034 ◇1225

Hopea dyeri **F. Heim**
▶戴氏坡垒
◎27035 ◇1225

Hopea ferrea **Pierre ex Laness.**
▶坚坡垒
◎15191 ◇938/733
◎39602 ◇1695
◎40649 ◇1705

Hopea ferruginea **Parijs**
▶锈色坡垒
◎27612 ◇1236
◎35440 ◇1571
◎35441 ◇1571
◎35442 ◇1571

Hopea forbesii **(Brandis) Slooten**
▶宽叶坡垒
◎19004 ◇906

Hopea foxworthyi **Elmer**
▶福氏坡垒
◎18860 ◇913/757
◎34056 ◇1543

Hopea glabrifolia **C. T. White**
▶光叶坡垒
◎19014 ◇906

Hopea hainanensis **Merr. & Chun**
▶海南坡垒
◎9606 ◇117/67
◎12467 ◇117;876/67
◎12471 ◇117;882/67
◎12961 ◇TBA
◎14452 ◇117;1044

◎14907 ◇117

◎18101 ◇117

Hopea iriana **Slooten**

▶**艾利坡垒**

◎22776 ◇906

◎27250 ◇1229

Hopea melanoxylon **Pierre**

▶**东非坡垒**

◎9904 ◇955

Hopea mengarawan **Miq.**

▶**门格坡垒**

◎14131 ◇TBA

◎25176 ◇1097

◎27613 ◇1236

◎37072 ◇1630

Hopea mindanaensis **Foxw**

▶**棉兰坡垒**

◎34057 ◇1543

Hopea myrtifolia **Miq.**

▶**香桃叶坡垒**

◎36126 ◇1587

Hopea odorata **Roxb.**

▶**香坡垒**

◎4901 ◇118

◎8561 ◇898

◎13407 ◇TBA

◎13945 ◇954

◎14729 ◇931

◎15192 ◇938

◎15252 ◇901/740

◎15272 ◇901

◎15305 ◇900

◎15335 ◇900

◎15407 ◇900

◎16359 ◇932

◎20345 ◇938/732

◎20811 ◇891

◎34058 ◇1543

◎34191 ◇1545

◎35630 ◇1573

Hopea pachycarpa **(F. Heim) Symington**

▶**厚果皮坡垒**

◎35945 ◇1585

Hopea papuana **Diels**

▶**巴布亚坡垒**

◎40798 ◇1706

Hopea parviflora **Bedd.**

▶**小花坡垒**

◎4902 ◇118/738

◎8502 ◇898

◎8572 ◇898

◎19099 ◇896

◎20697 ◇896

◎28446 ◇1276

Hopea pedicellata **(Brandis) Symington**

▶**花柄坡垒**

◎35443 ◇1571

Hopea pierrei **Hance**

▶**芒药坡垒**

◎4637 ◇118

◎8913 ◇939/736

◎18976 ◇907/68

Hopea plagata **(Blanco) S. Vidal**

▶**创伤坡垒**

◎4694 ◇118/759

Hopea sangal **Korth.**

▶**桑格尔坡垒**

◎4247 ◇118/738

◎22176 ◇934

◎23338 ◇889

◎27038 ◇1225

◎27420 ◇1232

◎27614 ◇1236

◎35444 ◇1571

Hopea semicuneata **Symington**

▶**半楔形坡垒**

◎27037 ◇1225

Hopea siamensis **F. Heim**

▶**暹罗坡垒木**

◎25177 ◇1097

Hopea sulcata **Symington**

▶**沟状坡垒**

◎35445 ◇1571

◎35446 ◇1571

Hopea **Roxb.**

▶**坡垒属**

◎13174 ◇894

◎13389 ◇TBA

◎15148 ◇895

◎15193 ◇938

◎15363 ◇923

◎19484 ◇935

◎19507 ◇935

◎22241 ◇934

◎22246 ◇934

◎22378 ◇926

◎22409 ◇902

◎22434 ◇889

◎23147 ◇933

◎23148 ◇933

◎23220 ◇927

◎23337 ◇889

◎23386 ◇933

◎23387 ◇933

◎27246 ◇1229

◎27247 ◇1229

◎27248 ◇1229

◎34059 ◇1543

◎34192 ◇1545

◎34193 ◇1545

◎34451 ◇1550

◎35447 ◇1571

◎35448 ◇1571

◎35449 ◇1571

◎35450 ◇1571

◎35946 ◇1585

◎36127 ◇1587

◎36128 ◇1587

◎36129 ◇1587

◎36130 ◇1587

◎36131 ◇1587

◎40830 ◇1707

Monotes glaber **Sprague**

▶**平滑毛柴香**

◎35483 ◇1571

Monotes sapinii **De Wild.**

▶**撒皮毛柴香**

◎21597 ◇119/508

Neobalanocarpus heimii **(King) P. S. Ashton**

▶**新棒果香**

◎19487 ◇935/725

◎20671 ◇119

◎20743 ◇119

◎22216 ◇934

◎22217 ◇934

◎23405 ◇933

◎40828 ◇1707

Neobalanocarpus **P. S. Ashton**

▶**新棒果香属**

◎23153 ◇933

Parashorea chinensis **Wang Hsie**

▶**望天树**

◎17186 ◇119

◎17244 ◇119/69

◎17248 ◇119/69

◎17313 ◇119/69

◎17314 ◇119
◎17315 ◇119
◎18989 ◇119
◎19368 ◇119

Parashorea lucida **(Miq.) Kurz**
▶光亮赛罗双木
◎27649 ◇1237
◎37953 ◇1679
◎41050 ◇1710
◎41467 ◇1715

Parashorea malaanonan **(Blanco) Merr.**
▶马拉赛罗双木
◎4691 ◇119
◎22822 ◇920
◎34083 ◇1543
◎34084 ◇1543
◎34085 ◇1543
◎35491 ◇1572
◎35492 ◇1572
◎35493 ◇1572
◎35494 ◇1572
◎35495 ◇1572
◎35988 ◇1586
◎37092 ◇1631
◎37093 ◇1631
◎37094 ◇1631
◎37165 ◇1632

Parashorea plicata **Brandis**
▶无边粉赛罗双
◎18340 ◇953/759
◎21669 ◇119
◎38401 ◇1133

Parashorea tomentella **(Symington) Meijer**
▶小茸毛赛罗双
◎22179 ◇934
◎25531 ◇1102
◎35499 ◇1572

Parashorea warburgii **Brandis**
▶瓦尔赛罗双/瓦尔柳安
◎39093 ◇1688

Parashorea **Kurz**
▶赛罗双属/柳安属
◎15512 ◇120
◎15513 ◇120
◎17319 ◇120;970/69
◎22237 ◇934
◎23150 ◇933
◎23384 ◇933
◎35496 ◇1572
◎35497 ◇1572
◎35498 ◇1572
◎37166 ◇1632
◎37167 ◇1632
◎39917 ◇1122

Pentacme contorta **(S. Vidal) Merr. & Rolfe**
▶白柳安
◎4698 ◇120
◎22823 ◇920
◎34482 ◇1550
◎34483 ◇1550

Pentacme siamensis **(Miq.) Kurz**
▶暹罗白柳安
◎15196 ◇938
◎15261 ◇901
◎15267 ◇901
◎15309 ◇900
◎15331 ◇TBA
◎34983 ◇1561
◎39034 ◇1688

Pentacme suaris **A. DC.**
▶苏氏白柳安
◎13959 ◇954/758

Shorea acuminata **Dyer**
▶渐尖娑罗双
◎25956 ◇1109
◎36013 ◇1586
◎40169 ◇1699

Shorea acuminatissima **Symington**
▶极尖娑罗双
◎21013 ◇890
◎22180 ◇934

Shorea **aff.** ***bracteolata*** **Dyer**
▶似布拉娑罗双
◎39309 ◇1691

Shorea **aff.** ***macrantha*** **Brandis**
▶似大花娑罗双
◎38960 ◇1687

Shorea agsaboensis **W. L. Stern**
▶阿格娑罗双
◎18914 ◇913/760
◎21675 ◇121
◎34098 ◇1543

Shorea albida **Symington**
▶沙捞越娑罗双
◎18956 ◇907/751
◎40166 ◇1699

Shorea almon **Foxw.**
▶阿蒙娑罗双
◎18878 ◇913/760
◎21648 ◇121
◎22824 ◇920
◎41708 ◇1718
◎41837 ◇1720

Shorea argentea **C. E. C. Fisch.**
▶阿根娑罗双
◎4248 ◇121

Shorea argentifolia **Symington**
▶银叶娑罗双
◎25957 ◇1109
◎38967 ◇1687

Shorea assamica **subsp.** ***koordersii*** **(Brandis ex Koord.) Symington**
▶克尔娑罗双
◎21028 ◇890
◎27100 ◇1226
◎27316 ◇1230

Shorea assamica **var.** ***philippinensis*** **(Brandis ex Koord.) Y. K. Yang & J. K. Wu**
▶菲律宾娑罗双
◎4627 ◇122/760

Shorea assamica **Dyer**
▶云南娑罗双
◎4249 ◇121/738
◎39421 ◇1693

Shorea astylosa **Foxw.**
▶无柱娑罗双
◎18332 ◇953/759
◎41688 ◇1718
◎41835 ◇1720

Shorea atrinervosa **Symington**
▶黑脉娑罗双
◎27090 ◇1226

Shorea balanocarpoides **Symington**
▶巴拉果娑罗双
◎39762 ◇1697

Shorea beccariana **Burck**
▶贝卡芮娑罗双
◎27314 ◇1230
◎36014 ◇1586
◎38973 ◇1687

Shorea bentongensis **Foxw.**
▶本东娑罗双
◎36016 ◇1586

Shorea bracteolata Dyer

▶布瑞娑罗双

◎15425 ◇895/749

◎27091 ◇1226

◎27315 ◇1230

◎40854 ◇1707

Shorea cinerea C. E. C. Fisch.

▶灰娑罗双

◎4250 ◇121

Shorea conica Slooten

▶圆锥娑罗双

◎27482 ◇1233

Shorea contorta S. Vidal

▶扭转娑罗双

◎10310 ◇121

◎18883 ◇121/759

◎21671 ◇121

◎34099 ◇1543

◎41836 ◇1720

Shorea curtisii Dyer ex King

▶柯氏娑罗双

◎20341 ◇/733

◎20745 ◇121

◎20758 ◇121

◎40852 ◇1707

Shorea dasyphylla Foxw.

▶毛叶娑罗双

◎20768 ◇121

Shorea elliptica Burck

▶椭圆叶娑罗双

◎27093 ◇1226

◎27483 ◇1233

Shorea faguetiana F. Heim

▶法格娑罗双

◎27484 ◇1233

◎36183 ◇1588

◎37106 ◇1631

Shorea falciferoides Foxw.

▶镰状娑罗双

◎9907 ◇955

◎9908 ◇955

◎9909 ◇937

◎13157 ◇894

◎14186 ◇893/750

◎25958 ◇1109

◎26907 ◇1220

◎27680 ◇1237

◎36015 ◇1586

Shorea fallax Meijer

▶拟娑罗双

◎22181 ◇934

◎25955 ◇1109

◎25959 ◇1109

Shorea farinosa C. E. C. Fisch.

▶法里娑罗双

◎4251 ◇121

◎20525 ◇828

Shorea ferruginea Dyer ex Brandis

▶锈毛娑罗双

◎39348 ◇1692

Shorea foxworthyi Symington

▶福氏娑罗双

◎25960 ◇1109

◎27094 ◇1226

◎35653 ◇1573

◎40170 ◇1699

Shorea gibbosa Brandis

▶偏肿娑罗双

◎15430 ◇895/749

◎25961 ◇1109

Shorea glauca King

▶粉绿娑罗双

◎25962 ◇1109

◎35523 ◇1572

◎36017 ◇1586

◎40188 ◇1699

Shorea gratissima (Wall. ex Kurz) Dyer

▶极美娑罗双

◎25963 ◇1109

◎27095 ◇1226

◎27096 ◇1226

◎27097 ◇1226

◎27098 ◇1226

◎27099 ◇1226

◎35524 ◇1572

◎39282 ◇1691

Shorea guiso (Blanco) Blume

▶吉索娑罗双

◎4686 ◇121

◎15470 ◇121

◎18904 ◇/760

◎21672 ◇121

◎27681 ◇1237

◎34101 ◇1543

◎34102 ◇1543

◎35525 ◇1572

◎36186 ◇1588

◎41625 ◇1717

◎41699 ◇1718

Shorea hemsleyana (King) King ex Foxw.

▶亮叶娑罗双

◎38968 ◇1687

Shorea hopeifolia (F. Heim) Symington

▶希望花娑罗双

◎36187 ◇1588

Shorea hypochra Hance

▶金背娑罗双

◎15211 ◇938/733

◎15465 ◇121

◎15466 ◇121

◎16360 ◇932;1037

Shorea javanica Koord. & Valeton

▶爪哇娑罗双

◎15428 ◇895/750

◎36188 ◇1588

Shorea johorensis Foxw.

▶柔佛娑罗双

◎35526 ◇1572

◎35527 ◇1572

◎35528 ◇1572

◎40243 ◇1700

Shorea kalunti Merr.

▶坡垒叶娑罗双

◎18913 ◇913/759

◎34103 ◇1543

Shorea kunstleri King

▶孔斯娑罗双

◎25964 ◇1109

◎27101 ◇1226

◎40177 ◇1699

◎40859 ◇1707

Shorea laevifolia (Parijs) Endert

▶平滑叶娑罗双

◎9905 ◇955/749

◎14100 ◇893

◎23349 ◇889

◎27102 ◇1226

◎27103 ◇1226

◎27104 ◇1226

◎27105 ◇1226

◎27106 ◇1226

◎27107 ◇1226

◎27108 ◇1226
◎27109 ◇1226
◎27110 ◇1226
◎27111 ◇1226
◎27112 ◇1226
◎27113 ◇1226
◎27114 ◇1226
◎27115 ◇1226
◎27116 ◇1226
◎27117 ◇1226
◎27118 ◇1226
◎27119 ◇1226
◎27120 ◇1226
◎27121 ◇1226
◎27122 ◇1226
◎27123 ◇1226
◎34104 ◇1543
◎34105 ◇1543
◎34106 ◇1543
◎35314 ◇1570
◎36189 ◇1588
◎36190 ◇1588
◎36191 ◇1588
◎36192 ◇1588
◎36193 ◇1588
◎36194 ◇1588
◎36195 ◇1588
◎36196 ◇1588

Shorea laevis **Ridl.**
▶**重黄娑罗双**
◎20754 ◇121
◎21011 ◇890
◎22415 ◇902
◎33411 ◇1522
◎33474 ◇TBA
◎36864 ◇1625

Shorea lamellata **Foxw.**
▶**片状娑罗双**
◎14106 ◇893/750
◎15429 ◇895

Shorea lepidota **(Korth.) Blume**
▶**鳞片娑罗双**
◎27124 ◇1226
◎27682 ◇1237

Shorea leprosula **Miq.**
▶**皮屑娑罗双**
◎4817 ◇121
◎14135 ◇/749
◎15427 ◇895
◎15469 ◇121
◎19628 ◇121
◎20344 ◇938/734
◎20770 ◇121
◎20774 ◇121
◎21569 ◇121
◎27683 ◇1237
◎35529 ◇1572
◎35530 ◇1572
◎37179 ◇1633

Shorea leptoclados **Symington**
▶**细枝娑罗双**
◎25965 ◇1109
◎27125 ◇1226
◎36865 ◇1625
◎37107 ◇1631

Shorea lumutensis **Symington**
▶**鲁姆娑罗双**
◎36018 ◇1586

Shorea macrophylla **(de Vriese) P. S. Ashton**
▶**大叶娑罗双**
◎31674 ◇1455
◎36184 ◇1588
◎36185 ◇1588

Shorea macroptera **Dyer**
▶**大翅娑罗双**
◎19519 ◇935
◎20753 ◇121
◎22223 ◇934
◎23139 ◇933
◎27126 ◇1226
◎27127 ◇1226
◎36019 ◇1586
◎40843 ◇1707

Shorea maxwelliana **King**
▶**马氏娑罗双**
◎20748 ◇121
◎36866 ◇1625
◎40181 ◇1699

Shorea mecistopteryx **Ridl.**
▶**长翅娑罗双**
◎27485 ◇1233
◎35313 ◇1570
◎36867 ◇1625

Shorea mindanaensis **Foxw.**
▶**海岛娑罗双**
◎34107 ◇1543
◎34108 ◇1543

Shorea mindanensis **Foxw.**
▶**棉兰娑罗双**
◎4642 ◇121/759

Shorea multiflora **(Burck) Symington**
▶**多花娑罗双**
◎22182 ◇934

Shorea negrosensis **Foxw.**
▶**内格娑罗双**
◎4679 ◇121/759
◎10311 ◇121
◎21650 ◇121
◎22826 ◇920
◎34109 ◇1543
◎34110 ◇1543

Shorea oblongifolia **Thwaites**
▶**长圆叶娑罗双**
◎13948 ◇954/740

Shorea obovoidea **Slooten**
▶**倒卵圆娑罗双**
◎27317 ◇1230

Shorea obscura **Meijer**
▶**模糊娑罗双**
◎36868 ◇1625

Shorea obtusa **Wall. ex Blume**
▶**钝叶娑罗双**
◎8998 ◇TBA
◎9695 ◇931
◎13421 ◇850
◎14725 ◇931
◎15204 ◇938
◎15226 ◇901/740
◎15234 ◇901
◎15237 ◇901
◎15333 ◇900
◎15520 ◇122
◎15521 ◇122
◎16361 ◇932;1037

Shorea obtusoides **Boerl.**
▶**类钝叶娑罗双**
◎39356 ◇1692

Shorea ovalis **(Korth.) Blume**
▶**广椭圆娑罗双**
◎4680 ◇121
◎25966 ◇1109
◎34100 ◇1543
◎36197 ◇1588

Shorea ovata **Dyer ex Brandis**
▶**卵圆娑罗双**
◎27318 ◇1230

◎39319 ◇1691
◎41679 ◇1718
◎41834 ◇1720

Shorea pachyphylla Ridl. ex Symington
▶厚叶娑罗双
◎27128 ◇1226
◎27319 ◇1230

Shorea palembanica Miq.
▶巨港娑罗双
◎15423 ◇895/749
◎36021 ◇1586
◎37108 ◇1631
◎38974 ◇1687

Shorea palosapis（Blanco）Merr.
▶鳞毛白娑罗双
◎4616 ◇122
◎18898 ◇913/759

Shorea parvifolia Dyer
▶小叶娑罗双
◎15422 ◇895
◎25967 ◇1109
◎35531 ◇1572
◎35532 ◇1572
◎35533 ◇1572
◎36022 ◇1586
◎36023 ◇1586
◎36198 ◇1588

Shorea pauciflora King
▶疏花娑罗双
◎39338 ◇1692
◎15426 ◇895/749
◎25968 ◇1109
◎27129 ◇1226
◎40853 ◇1707
◎41686 ◇1718

Shorea pilosa P. S. Ashton
▶疏毛娑罗双
◎22183 ◇934

Shorea pinanga Scheff.
▶槟榔娑罗双
◎27092 ◇1226
◎27130 ◇1226
◎31675 ◇1456
◎36182 ◇1588

Shorea platycarpa F. Heim
▶翅荚娑罗双
◎15421 ◇895
◎36024 ◇1586
◎36199 ◇1588
◎39313 ◇1691

Shorea platyclados Slooten ex Foxw.
▶宽果娑罗双
◎21052 ◇890
◎21568 ◇122
◎36025 ◇1586

Shorea polita S. Vidal
▶光亮娑罗双
◎21651 ◇122

Shorea polyandra P. S. Ashton
▶多雄娑罗双
◎31676 ◇1456

Shorea polysperma（Blanco）Merr.
▶多籽娑罗双
◎4665 ◇122/760
◎21676 ◇122
◎34111 ◇1543
◎34112 ◇1543
◎41677 ◇1718
◎41745 ◇1719

Shorea quadrinervis Slooten
▶四脉娑罗双
◎27486 ◇1233

Shorea retinodes Slooten
▶雷帝娑罗双
◎27320 ◇1230

Shorea robusta C. F. Gaertn.
▶粗壮娑罗双
◎4914 ◇122/738
◎19109 ◇896
◎35534 ◇1572
◎37180 ◇1633

Shorea roxburghii G. Don
▶缫丝娑罗双
◎8569 ◇898
◎9709 ◇931
◎9726 ◇921;1058
◎15098 ◇932/759
◎25969 ◇1109
◎38990 ◇1687
◎40842 ◇1707

Shorea rugosa F. Heim
▶皱纹娑罗双
◎19520 ◇935/726
◎22222 ◇934
◎23140 ◇933
◎36200 ◇1588

Shorea scaberrima Burck
▶极粗糙娑罗双
◎27487 ◇1233
◎27488 ◇1234
◎39318 ◇1691

Shorea scrobiculata Burck
▶窝孔娑罗双
◎36020 ◇1586

Shorea seminis（de Vriese）Slooten
▶种子娑罗双
◎25970 ◇1109
◎27131 ◇1226
◎36026 ◇1586
◎40176 ◇1699

Shorea sericeiflora C. E. C. Fisch. & Hutch.
▶绢花娑罗双
◎20343 ◇938/733
◎25971 ◇1109

Shorea singkawang（Miq.）Miq.
▶辛卡万娑罗双
◎25972 ◇1109
◎39308 ◇1691

Shorea smithiana Symington
▶史密娑罗双
◎25973 ◇1109
◎35535 ◇1572
◎35536 ◇1572

Shorea squamata（Turcz.）G. Bentham & Hook. f. ex A. DC.
▶具鳞娑罗双
◎17812 ◇929/760
◎21674 ◇122
◎22825 ◇920
◎34118 ◇1544

Shorea stellata（Kurz）Dyer
▶星花娑罗双
◎4822 ◇120
◎8901 ◇941
◎8942 ◇939
◎12721 ◇922
◎12768 ◇923/754
◎15233 ◇901/740
◎15266 ◇901
◎15268 ◇901
◎15329 ◇900
◎20347 ◇/733
◎22983 ◇954
◎40182 ◇1699

Shorea stenoptera Burck
▶窄翼娑罗双

◎36222 ◇1588

Shorea superba **Symington**

▶**傲慢娑罗双**

◎22184 ◇934

◎25974 ◇1109

Shorea talura **Roxb.**

▶**塔卢娑罗双**

◎25975 ◇1109

Shorea teysmanniana **Dyer ex Brandis**

▶**特易娑罗双**

◎4659 ◇122/759

◎34119 ◇1544

◎36223 ◇1588

◎40187 ◇1699

Shorea thorelii **Pierre**

▶**托氏娑罗双**

◎20342 ◇938/733

◎31755 ◇1459

Shorea uliginosa **Foxw.**

▶**湿生娑罗双**

◎20670 ◇122/726

◎35654 ◇1573

◎36224 ◇1588

◎40841 ◇1707

Shorea virescens **Parijs**

▶**金边娑罗双**

◎15424 ◇895

◎18874 ◇913/759

Shorea vulgaris **Pierre ex Laness.**

▶**普通娑罗双**

◎14726 ◇931

◎15099 ◇932/721

◎16357 ◇932

Shorea **Roxb. ex C. F. Gaertn.**

▶**娑罗双属**

◎5188 ◇122

◎5215 ◇122

◎7543 ◇122

◎9906 ◇955

◎9910 ◇937

◎9911 ◇955

◎9912 ◇955

◎9913 ◇937

◎10089 ◇122

◎11187 ◇122

◎12204 ◇847

◎12207 ◇847

◎12209 ◇847

◎12210 ◇847

◎12211 ◇847

◎12242 ◇TBA

◎12392 ◇TBA

◎13136 ◇894

◎13167 ◇894

◎13169 ◇894

◎13274 ◇878

◎15102 ◇932

◎15174 ◇895

◎15175 ◇895

◎15198 ◇938

◎15515 ◇122

◎15516 ◇122

◎15524 ◇122

◎15532 ◇122

◎15533 ◇122

◎17166 ◇122

◎17167 ◇122

◎17168 ◇122

◎17169 ◇122

◎17170 ◇122

◎17171 ◇122

◎17175 ◇122

◎17480 ◇122

◎17484 ◇122

◎17488 ◇122

◎17491 ◇122

◎17816 ◇929

◎18139 ◇TBA

◎18736 ◇894

◎19490 ◇935

◎19491 ◇935

◎19518 ◇935

◎19521 ◇935

◎19522 ◇935

◎19523 ◇935

◎19667 ◇122

◎21570 ◇122

◎21571 ◇122

◎21572 ◇122

◎22248 ◇934

◎22249 ◇934

◎22250 ◇934

◎22251 ◇934

◎22252 ◇934

◎22253 ◇934

◎22379 ◇926

◎22380 ◇926

◎22827 ◇920

◎22828 ◇920

◎22829 ◇920

◎23141 ◇933

◎23142 ◇933

◎23143 ◇933

◎23144 ◇933

◎23145 ◇933

◎23146 ◇933

◎23221 ◇927

◎23222 ◇927

◎23223 ◇927

◎23224 ◇927

◎23348 ◇889

◎23350 ◇889

◎23351 ◇889

◎23379 ◇933

◎23380 ◇933

◎23381 ◇933

◎23382 ◇933

◎23383 ◇933

◎27084 ◇1226

◎27085 ◇1226

◎27086 ◇1226

◎27087 ◇1226

◎27088 ◇1226

◎27089 ◇1226

◎27308 ◇1230

◎27309 ◇1230

◎27310 ◇1230

◎27311 ◇1230

◎27312 ◇1230

◎27313 ◇1230

◎27478 ◇1233

◎27479 ◇1233

◎27480 ◇1233

◎27481 ◇1233

◎27679 ◇1237

◎34113 ◇1543

◎34114 ◇1543

◎34115 ◇1543

◎34116 ◇1543

◎34117 ◇1544

◎34247 ◇1546

◎34455 ◇1550

◎34496 ◇1551

◎34497 ◇1551

◎34498 ◇1551

◎34499 ◇1551

◎34647 ◇1554

◎35315　◇1570
◎35316　◇1570
◎35522　◇1572
◎35537　◇1572
◎35538　◇1572
◎35539　◇1572
◎35540　◇1572
◎35541　◇1572
◎35542　◇1572
◎35543　◇1572
◎35544　◇1572
◎35545　◇1572
◎35546　◇1572
◎36027　◇1586
◎36028　◇1586
◎36029　◇1586
◎36030　◇1586
◎36031　◇1586
◎36032　◇1586
◎36033　◇1586
◎36034　◇1586
◎36035　◇1586
◎36036　◇1586
◎36037　◇1586
◎36038　◇1586
◎36201　◇1588
◎36202　◇1588
◎36203　◇1588
◎36204　◇1588
◎36205　◇1588
◎36206　◇1588
◎36207　◇1588
◎36208　◇1588
◎36209　◇1588
◎36210　◇1588
◎36211　◇1588
◎36212　◇1588
◎36213　◇1588
◎36214　◇1588
◎36215　◇1588
◎36216　◇1588
◎36217　◇1588
◎36218　◇1588
◎36219　◇1588
◎36220　◇1588
◎36221　◇1588
◎36225　◇1588
◎37109　◇1631
◎37110　◇1631
◎37111　◇1631
◎37112　◇1631
◎37113　◇1631
◎37181　◇1633
◎37182　◇1633
◎42405　◇1727

Vateria acuminata **Hayne**
▶渐尖瓦蒂香木/渐尖天竺香
◎35562　◇1572

Vateria indica **L.**
▶瓦蒂香木/天竺香
◎8522　◇898/74
◎19116　◇896/74
◎20713　◇896
◎21421　◇897

Vateria rassak **(Korth.) Walp.**
▶拉斯克瓦蒂香木/拉斯克天竺香
◎35563　◇1572

Vateria **L.**
▶瓦蒂香木属/天竺香属
◎23160　◇933
◎35564　◇1572
◎35565　◇1572
◎35566　◇1572
◎35567　◇1572

Vatica aerea **Slooten**
▶阿雷青皮/阿雷青梅
◎27508　◇1234

Vatica albiramis **Slooten**
▶艾尔青梅
◎22185　◇934

Vatica divers
▶多种青梅
◎9717　◇931

Vatica fleuryana **Tardieu**
▶版纳青皮
◎20403　◇123

Vatica guangxiensis **S. L. Mo**
▶广西青梅
◎18993　◇123

Vatica javanica **Slooten**
▶爪哇青皮/爪哇青梅
◎27509　◇1234

Vatica laneana
▶拉内青皮/拉内青梅
◎36051　◇1586

Vatica lowii **King**
▶洛氏青皮
◎20760　◇123

Vatica mangachapoi **Blanco**
▶青皮/青梅
◎7977　◇123
◎9608　◇123
◎11025　◇123;1028
◎11416　◇123;1075/74
◎11417　◇123
◎11418　◇123
◎11419　◇123
◎11556　◇123
◎12479　◇123;1038
◎14426　◇123
◎14819　◇123;1074
◎14893　◇123;1074
◎15109　◇932
◎16814　◇123
◎18102　◇123
◎18335　◇953/74
◎18768　◇123
◎18908　◇123
◎21662　◇123

Vatica micrantha **Slooten**
▶小花青皮/小花青梅
◎27510　◇1234
◎33395　◇1522
◎33477　◇TBA

Vatica nitens **King**
▶光亮青皮/光亮青梅
◎33415　◇1523
◎33478　◇TBA

Vatica oblongifolia **subsp.** ***crassilobata*** **P. S. Ashton**
▶粗大青皮/粗大青梅
◎33412　◇1523
◎33479　◇TBA

Vatica oblongifolia **Hook. f.**
▶矩叶青皮/矩叶青梅
◎35568　◇1572

Vatica odorata **(Griff.) Symington**
▶香青皮/香青梅
◎4252　◇123

Vatica papuana **Dyer**
▶巴布亚青皮/巴布亚青梅
◎26161　◇1113
◎27334　◇1230
◎35733　◇1575
◎35734　◇1575
◎35735　◇1575
◎37573　◇1661

Vatica pauciflora (Korth.) Blume
▶少花青皮/少花青梅
◎36237 ◇1588
Vatica rassak (Korth.) Blume
▶拉斯克青皮/拉斯克青梅
◎9914 ◇955/74
◎35569 ◇1572
◎39704 ◇1696
Vatica songa Slooten
▶松加青皮/松加青梅
◎27511 ◇1234
Vatica subcordata (Blume) Hallier f.
▶撒布青梅/撒布青梅
◎14170 ◇893/74
◎27144 ◇1227
◎27704 ◇1238
Vatica tonkinensis A. Chev. ex Tardieu
▶越南青皮/越南青梅
◎8906 ◇941
◎8912 ◇939
◎8976 ◇939
◎12729 ◇922
◎15367 ◇923
Vatica umbonata (Hook. f.) Burck
▶凸形青皮/凸形青梅
◎27335 ◇1230
Vatica L.
▶青皮属/青梅属
◎4674 ◇123
◎8883 ◇123
◎9915 ◇937;1059
◎12776 ◇923
◎15171 ◇895
◎19492 ◇935
◎20337 ◇938/74
◎22238 ◇934
◎23225 ◇927
◎23420 ◇933
◎27142 ◇1227
◎27143 ◇1227
◎27333 ◇1230
◎27507 ◇1234
◎34132 ◇1544
◎36052 ◇1587
◎36053 ◇1587
◎36236 ◇1588

Ditrichaceae 牛毛藓科

Swartzia amshoffiana Cowan
▶阿姆铁木豆
◎32797 ◇1497
Swartzia apiculata Cowan
▶短尖铁木豆
◎32798 ◇1497
Swartzia aptera DC.
▶阿普铁木豆
◎26034 ◇1110
◎33867 ◇1540
◎34121 ◇1544
Swartzia arborescens (Aubl.) Pittier
▶乔木铁木豆
◎27910 ◇1249
◎32799 ◇1497
◎33868 ◇1540
◎33869 ◇1540
◎39409 ◇1693
Swartzia bannia Sandwith
▶班尼铁木豆
◎22732 ◇806/161
◎26035 ◇1110
◎28006 ◇1255
◎33870 ◇1540
◎33871 ◇1540
◎41202 ◇1712
◎42185 ◇1724
Swartzia benthamiana Miq.
▶铁木豆
◎22730 ◇806/544
◎26033 ◇1110
◎32028 ◇1472
◎32029 ◇1472
◎32278 ◇1481
◎33872 ◇1540
◎33873 ◇1540
◎40890 ◇1708
◎40891 ◇1708
◎40892 ◇1708
Swartzia brachyrachis Harms
▶短尾铁木豆
◎38200 ◇1130
Swartzia cubensis (Britton & P. Wilson) Standl.
▶古巴铁木豆
◎26036 ◇1110
◎40052 ◇1116
◎40431 ◇1702
◎41717 ◇1718
◎42196 ◇1724
Swartzia guianensis (Aubl.) Urb.
▶圭亚那铁木豆
◎40048 ◇1116
Swartzia jenmanii Sandwith
▶詹氏铁木豆
◎26037 ◇1110
Swartzia laxiflora Bong. ex Benth.
▶疏花铁木豆
◎26038 ◇1110
◎38346 ◇1133
◎40219 ◇1699
◎42183 ◇1724
Swartzia laxifolia Goldblatt & J. C. Manning
▶疏叶铁木豆
◎41698 ◇1718
Swartzia leiocalycina Benth.
▶平萼铁木豆
◎22731 ◇806/161
◎23654 ◇831
◎41201 ◇1712
◎42174 ◇1724
Swartzia longicarpa Amshoff
▶长果铁木豆
◎40042 ◇1116
Swartzia oblanceolata Sandwith
▶倒披针叶铁木豆
◎32800 ◇1497
Swartzia oraria R. S. Cowan
▶子房铁木豆
◎32801 ◇1497
Swartzia panacoco var. *polyanthera* (Steud.) R. S. Cowan
▶多花铁木豆
◎34507 ◇1551
Swartzia panacoco (Aubl.) Cowan
▶帕纳铁木豆
◎32279 ◇1481
◎32803 ◇1497
Swartzia polyphylla DC.
▶多叶铁木豆
◎32802 ◇1497
Swartzia remigera Amshoff
▶雷米铁木豆
◎33876 ◇1540
◎33877 ◇1540
Swartzia remigifera Amshoff
▶似雷米吉铁木豆
◎28007 ◇1255
Swartzia simplex var. *grandiflora* (Raddi) R. S. Cowan
▶大花铁木豆

◎4453　◇276

Swartzia sprucei Benth.

▶美丽铁木豆

◎26039　◇1110

◎40178　◇1699

◎42142　◇1723

◎42192　◇1724

Swartzia ulei Harms

▶乌氏铁木豆

◎34122　◇1544

Swartzia xanthopetala Sandwith

▶黄瓣铁木豆

◎26040　◇1110

◎32280　◇1481

Swartzia Brid.

▶铁木豆属

◎26782　◇1201

Ebenaceae　柿科

Diospyros acapulcensis subsp. *veraecrucis* (Standl.) Provance, I. García & A. C. Sanders

▶范思客昌柿木

◎24794　◇1091

◎39287　◇1691

Diospyros anisandra S. F. Blake

▶阿尼柿

◎40567　◇1704

◎40583　◇1704

Diospyros areolata King & Gamble

▶网状柿木

◎24777　◇1090

◎35389　◇1571

Diospyros bourdillonii Brandis

▶博迪柿

◎20727　◇896

Diospyros bullata A. C. Sm.

▶巴拉柿

◎22630　◇819

Diospyros buxifolia Hiern

▶黄叶柿

◎20688　◇896

◎35285　◇1569

Diospyros canaliculata De Wild.

▶沟槽柿

◎37132　◇1632

Diospyros capreifolia Mart. ex Hiern

▶头叶柿

◎22628　◇819

Diospyros castanea (Craib) H. R. Fletcher

▶栗叶柿

◎31568　◇1452

Diospyros cathayensis Steward

▶乌柿

◎15111　◇642/993

Diospyros caudisepala Bakh.

▶致密柿

◎36096　◇1587

Diospyros cauliflora Blume

▶茎花柿

◎28313　◇1270

Diospyros celebica Bakh.

▶苏拉威西乌木

◎14116　◇854/387

◎19664　◇638

Diospyros chloroxylon Roxb.

▶黄缎柿

◎39183　◇1690

Diospyros cinnabarina (Gürke) F. White

▶朱砂红柿

◎29175　◇1318

◎29585　◇1342

◎29586　◇1342

◎37788　◇1669

Diospyros conocarpa Gürke ex K. Schum.

▶锥果柿

◎29228　◇1321

◎29587　◇1342

◎29588　◇1342

◎29608　◇1345

◎37833　◇1672

Diospyros crassiflora Hiern

▶厚瓣乌木

◎21525　◇855/517

◎21876　◇930

Diospyros curranii Merr.

▶科伦柿

◎35916　◇1585

Diospyros defectrix H. R. Fletcher

▶德法柿

◎6801　◇642

◎14509　◇642

◎14868　◇642;1029

◎15359　◇923/735

Diospyros dictyoneura Hiern ex Boerl.

▶代科柿

◎31569　◇1452

Diospyros discolor Willd.

▶异色柿

◎4641　◇854

◎11194　◇638

◎24778　◇1090

◎28037　◇1257

◎28560　◇1282

◎34556　◇1552

◎36097　◇1587

Diospyros ebenasea Retz.

▶埃本柿

◎39830　◇1698

Diospyros ebenum Koenig ex Retz.

▶乌木

◎8493　◇898

◎15460　◇TBA

◎15539　◇855

◎15542　◇854

◎22651　◇854

◎22652　◇854

◎26999　◇1224

◎35600　◇1572

Diospyros eriantha Champ. ex Benth.

▶乌材

◎11567　◇638

◎13000　◇638/386

◎14498　◇638

◎17719　◇638

Diospyros excelsa Bl.

▶优柿

◎20888　◇892

Diospyros fasciculosa F. Muell.

▶束状柿木

◎24779　◇1090

◎40494　◇1703

Diospyros ferrea (Willd.) Bakh.

▶铁柿

◎26382　◇1154

◎27575　◇1235

◎39702　◇1696

◎40764　◇1706

Diospyros foliosa (Rich. ex A. Gray) Bakh.

▶椭圆叶柿

◎36098　◇1587

E

Diospyros fragrans **Gürke**
▶桂花柿
◎27751 ◇1240
◎33761 ◇1537
Diospyros frutescens **Blume**
▶结实柿
◎33421 ◇1523
◎33504 ◇TBA
Diospyros gabunensis **Gürke**
▶加蓬柿
◎39181 ◇1690
Diospyros glaucifolia **F. P. Metcalf**
▶浙江柿
◎6850 ◇638
◎7021 ◇638
◎18770 ◇638
Diospyros guatterioides **A. C. Sm.**
▶盖特柿
◎34557 ◇1552
Diospyros guianensis **Gürke**
▶圭亚那柿
◎22619 ◇831
◎27984 ◇1253
◎34558 ◇1552
◎34559 ◇1552
◎41478 ◇1715
◎41482 ◇1715
Diospyros hainanensis **Merr.**
▶海南柿
◎13935 ◇638;861
◎14689 ◇638/388
◎14879 ◇638;1029
Diospyros hasseltii **Zoll.**
▶何斯柿
◎37064 ◇1630
Diospyros hispida **A. DC.**
▶希斯柿
◎24775 ◇1090
Diospyros howii **Merr. & Chun**
▶镜面柿
◎9579 ◇638
◎14684 ◇638
Diospyros inconstans **Jacq.**
▶多变柿木
◎24780 ◇1090
Diospyros insularis **Bakh.**
▶新几内亚乌木
◎24776 ◇1090
◎39612 ◇1695
Diospyros kaki **L. f.**
▶柿
◎94 ◇639
◎4174 ◇639
◎5422 ◇639
◎5639 ◇639
◎5746 ◇639
◎5952 ◇639
◎8473 ◇/388
◎9372 ◇TBA
◎9528 ◇639
◎10270 ◇918
◎10775 ◇639
◎11188 ◇639;851
◎12652 ◇639/388
◎12666 ◇639;972
◎14942 ◇639;1029
◎15843 ◇639
◎16474 ◇639
◎16522 ◇639
◎16712 ◇639
◎17089 ◇639
◎19981 ◇639
◎21170 ◇639
◎21990 ◇639
Diospyros kamerunensis **Gürke**
▶喀麦隆柿
◎21915 ◇899
◎24781 ◇1090
Diospyros kurzii **Hiern**
▶库尔柿
◎20816 ◇891
◎35601 ◇1572
Diospyros lolin **Bakh.**
▶洛林柿
◎27194 ◇1228
◎39197 ◇1690
Diospyros longibracteata **Lecomte**
▶长苞柿
◎14283 ◇640/389
◎14920 ◇640;1029
Diospyros longiflora **Letouzey & F. White**
▶长花柿
◎37834 ◇1672
◎37835 ◇1672
Diospyros longistyla **A. C. Sm.**
▶长柱柿
◎34562 ◇1552
Diospyros lotus **L.**
▶君迁子
◎217 ◇640
◎1130 ◇TBA
◎1254 ◇TBA
◎4742 ◇640
◎5640 ◇640
◎6437 ◇640
◎8245 ◇640
◎12094 ◇640
◎13714 ◇640
◎15789 ◇640
◎16514 ◇640
◎17454 ◇640;1061
◎17519 ◇640;788
◎18045 ◇640/389
Diospyros maclurei **Merr.**
▶琼岛柿
◎11483 ◇641;998/389
◎11484 ◇641;1046
◎11485 ◇641
◎11486 ◇641;885
◎11487 ◇641;874
◎11488 ◇641
◎11489 ◇641
◎12478 ◇641;871
◎13002 ◇641;885
◎14687 ◇641
◎14815 ◇641;1074
Diospyros macrophylla **Blume**
▶大叶柿
◎22190 ◇934
◎27381 ◇1231
◎35284 ◇1569
◎37065 ◇1630
Diospyros maingayi **(Hiern) Bakh.**
▶同性柿
◎36099 ◇1587
Diospyros malabarica **(Desr.) Kostel.**
▶高棉黑柿
◎21447 ◇897
◎24782 ◇1090
◎39177 ◇1690
Diospyros mannii **Hiern**
▶曼氏乌木
◎21863 ◇930/387
◎29702 ◇1355
◎29703 ◇1355
◎29704 ◇1356

◎36578　◇1612

Diospyros maritima Blume

▶海边柿

◎24783　◇1091

◎27000　◇1224

◎27195　◇1228

◎28148　◇1262

◎28693　◇1288

◎41241　◇1712

Diospyros marmorata R. Parker

▶安达曼乌木

◎20821　◇891

Diospyros melanoxylon Roxb.

▶印度乌木

◎20820　◇891

◎35602　◇TBA

Diospyros mespiliformis Hochst. ex A. DC.

▶西非乌木

◎24784　◇1091

◎26927　◇1221

◎39822　◇1698

Diospyros mollis Griff.

▶软毛柿

◎31862　◇1466

Diospyros monbuttensis Gürke

▶芒巴柿

◎36251　◇1590

◎36252　◇1590

◎36253　◇1590

◎36529　◇1610

Diospyros montana Roxb.

▶蒙州柿

◎8550　◇898

Diospyros morrisiana Hance

▶罗浮柿

◎6400　◇641;970

◎6550　◇641

◎6566　◇641;1079

◎6726　◇641

◎9354　◇639;1028

◎12632　◇641;1013

◎14352　◇641

◎15683　◇641/389

◎16481　◇641

◎16625　◇641

◎19978　◇641

◎19979　◇641

Diospyros mun A. Chev. & Lecomte

▶文柿

◎8916　◇939

◎11384　◇922

◎15100　◇932

◎15104　◇932

Diospyros nigra (J. F. Gmel.) Perr. & Perr.

▶黑肉柿

◎24785　◇1091

◎39485　◇1694

Diospyros nitida Merr.

▶黑柿

◎14864　◇642;1029

◎38400　◇1133

◎39726　◇1697

◎39806　◇1698

Diospyros oblonga Wall. & G. Don

▶长圆柿

◎27576　◇1235

Diospyros oleifera Cheng

▶油柿

◎19980　◇642

◎20294　◇642

◎20302　◇642

◎20305　◇642

Diospyros oocarpa Thwaites

▶卵果柿

◎39432　◇1693

Diospyros papuana Valeton & Bakh.

▶巴布亚柿

◎24786　◇1091

◎39607　◇1695

Diospyros pendula Hasselt ex Hassk.

▶蔓生柿

◎27382　◇1231

Diospyros pentamera Woods & F. Muell. ex F. Muell.

▶五基柿

◎24787　◇1091

Diospyros perrieri Jum.

▶佩氏柿

◎39846　◇1698

Diospyros philippinensis A. DC.

▶异色柿/菲律宾乌木

◎7349　◇855

◎18334　◇953/390

◎38399　◇1133

Diospyros pilosanthera Blanco

▶毛药乌木

◎4619　◇855

◎21065　◇890

◎27001　◇1224

◎28761　◇1292

◎33385　◇1521

◎33455　◇TBA

◎36100　◇1587

Diospyros pilosiuscula G. Don

▶细毛柿

◎18291　◇902

◎20817　◇891

◎38319　◇1132

Diospyros poeppigiana A. DC.

▶利瑞柿

◎34560　◇1552

◎34561　◇1552

Diospyros polystemon Gürke

▶多蕊柿

◎29589　◇1342

◎29590　◇1342

Diospyros praetensis Sandwith

▶草原柿

◎22629　◇TBA

Diospyros pseudomalabarica Bakh.

▶类马拉巴尔柿

◎27383　◇1231

Diospyros pseudoxylopie Mildbr.

▶类木质柿

◎34563　◇1552

Diospyros ridleyi Bakh.

▶里德柿

◎20818　◇891

Diospyros rigida Hiern

▶坚挺柿

◎35917　◇1585

Diospyros rostrata (Merr.) Bakh.

▶具喙柿

◎29060　◇1310

Diospyros rumphii Bakh.

▶朗氏柿

◎24788　◇1091

◎27196　◇1228

◎39831　◇1698

◎41001　◇1709

◎41119　◇1711

Diospyros sandwicensis (A. DC.) Fosberg
▶夏威夷柿木
◎24789 ◇1091

Diospyros sanza-minika A. Chev.
▶利比里亚柿
◎21754 ◇930/387
◎29270 ◇1323
◎29271 ◇1323
◎29272 ◇1323
◎30941 ◇1421
◎31219 ◇1431
◎31220 ◇1431
◎38395 ◇1133

Diospyros siderophyllus H. L. Li
▶山榄叶柿
◎16035 ◇642

Diospyros simaloerensis Bakh.
▶帕若柿
◎27577 ◇1235

Diospyros strigosa Hemsl.
▶毛柿
◎6799 ◇642
◎14572 ◇642

Diospyros suaveolens Gürke
▶芳香柿树
◎24790 ◇1091
◎29591 ◇1343
◎29592 ◇1343
◎29593 ◇1343
◎29694 ◇1355
◎29695 ◇1355
◎29696 ◇1355
◎37894 ◇1675
◎40398 ◇1702

Diospyros subtruncata Hochr.
▶截萼柿
◎35394 ◇1571
◎40405 ◇1702

Diospyros sumatrana Miq.
▶苏门答腊柿
◎38343 ◇1132

Diospyros sundaica Bakh.
▶三德柿
◎27384 ◇1231

Diospyros susarticulata Lecomte
▶过布柿
◎14652 ◇642

Diospyros sylvatica Roxb.
▶野生柿
◎20819 ◇891
◎28429 ◇1275

Diospyros texana Scheele
▶德州柿木
◎24791 ◇1091
◎39611 ◇1695
◎41120 ◇1711
◎42322 ◇1726

Diospyros transitoria Bakh.
▶中间柿
◎31713 ◇1457

Diospyros tsangii Merr.
▶延平柿
◎12523 ◇642;1078/391

Diospyros undulata Wall. & G. Don
▶玛瑙柿
◎20815 ◇891
◎24792 ◇1091

Diospyros vera (Lour.) A. Chev.
▶维拉柿
◎7310 ◇643
◎21604 ◇643/517
◎27574 ◇1235

Diospyros virginiana L.
▶美洲柿
◎4594 ◇642
◎18665 ◇642
◎23065 ◇917
◎35286 ◇1569
◎35287 ◇1569
◎37066 ◇1630
◎38037 ◇1683
◎38038 ◇1683
◎38039 ◇1683
◎38636 ◇1137
◎42050 ◇1722

Diospyros wallichii King & Gamble
▶维乐柿
◎28342 ◇1271

Diospyros whyteana (Hiern) F. White
▶怀提纳柿木
◎24795 ◇1091
◎24796 ◇1091

Diospyros L.
▶柿属
◎846 ◇TBA
◎944 ◇TBA
◎4059 ◇643
◎5200 ◇643
◎5423 ◇643
◎5489 ◇643
◎6227 ◇643
◎7892 ◇643
◎8528 ◇898
◎9916 ◇955
◎11092 ◇638
◎11790 ◇643
◎11861 ◇643
◎11885 ◇643
◎11888 ◇643
◎11895 ◇643
◎11913 ◇643
◎11925 ◇643;814
◎11968 ◇643;876
◎12388 ◇643
◎13205 ◇894
◎13372 ◇763
◎13395 ◇849
◎13404 ◇879
◎13405 ◇849
◎17383 ◇643;803
◎18740 ◇894
◎20362 ◇938
◎21309 ◇643
◎23253 ◇927
◎23340 ◇889
◎27380 ◇1231
◎28098 ◇1260
◎28511 ◇1279
◎29100 ◇1313
◎29679 ◇1353
◎29680 ◇1353
◎29681 ◇1353
◎31266 ◇1433
◎31345 ◇1437
◎31564 ◇1452
◎31565 ◇1452
◎31566 ◇1452
◎31567 ◇1452
◎31861 ◇1466
◎33622 ◇1532
◎35390 ◇1571
◎35391 ◇1571
◎35392 ◇1571
◎35393 ◇1571
◎35918 ◇1585
◎35919 ◇1585
◎36634 ◇1614

◎36635 ◇1614
◎36636 ◇1614
◎36637 ◇1614
◎37985 ◇1680
◎38034 ◇1120
◎38035 ◇1120
◎38036 ◇1120

Euclea pseudebenus **E. Mey.**
▶类乌木海柿
◎24986 ◇1094
◎39645 ◇1696

Euclea racemosa **subsp.** ***schimperi*** **（A. DC.）F. White**
▶丝尺海柿
◎21541 ◇643/517

Elaeagnaceae 胡颓子科

Elaeagnus angustifolia **L.**
▶沙枣
◎5592 ◇311/624
◎7873 ◇311
◎7899 ◇311
◎10017 ◇311
◎11023 ◇311;1028
◎13239 ◇311
◎13815 ◇311/182
◎13825 ◇311;813/182
◎18381 ◇311
◎21691 ◇904
◎26475 ◇1164
◎26566 ◇1174
◎26599 ◇1178
◎26600 ◇1178

Elaeagnus commutata **Bernh. ex Rydb.**
▶卡缪胡颓子
◎24841 ◇1092
◎26928 ◇1221

Elaeagnus lanceolata **Warb.**
▶披针叶胡颓子
◎19988 ◇311

Elaeagnus pungens **Thunb.**
▶胡颓子
◎1053 ◇TBA
◎24842 ◇1092
◎29729 ◇1357

Elaeagnus rhamnoides **（L.）A. Nelson**
▶沙棘
◎6095 ◇312
◎8654 ◇312
◎8660 ◇312;1006
◎11588 ◇312;813
◎19412 ◇312
◎23721 ◇312
◎24843 ◇1092
◎39724 ◇1697

Elaeagnus umbellata **Thunb.**
▶牛奶子
◎541 ◇311
◎5727 ◇311
◎19217 ◇311;968
◎19218 ◇311/624
◎29730 ◇1357
◎33623 ◇1532
◎33624 ◇1532
◎33625 ◇1532
◎38868 ◇1685

Elaeagnus **L.**
▶胡颓子属
◎5551 ◇311

Hippophae gyantsensis **（Rousi）Y. S. Lian**
▶江孜沙棘
◎19215 ◇312;782

Hippophae salicifolia **D. Don**
▶柳叶沙棘
◎7057 ◇312/183
◎26544 ◇1172
◎39523 ◇1694

Hippophae yunnanensis **（Rousi）Tzvelev**
▶云南沙棘
◎19214 ◇312
◎19216 ◇312/183

Lepargyrea argentea **（Pursh）Greene**
▶银色里帕胡颓子
◎25267 ◇1099

Shepherdia canadensis **Nutt.**
▶加拿大野牛果
◎18317 ◇312

Elaeocarpaceae 杜英科

Aceratium doggrellii **C. T. White**
▶朵氏槭杜英
◎21313 ◇129
◎29091 ◇1312

Aceratium ferrugineum **C. T. White**
▶锈红槭杜英
◎21284 ◇129
◎29092 ◇1312

Aristotelia serrata **Oliv.**
▶齿状酒果
◎18785 ◇911/741

Crinodendron patagua **Molina**
▶百合木
◎24692 ◇1089

Elaeocarpus angustifolius **Blume**
▶狭叶杜英
◎12875 ◇132;1061/83
◎12884 ◇132;1043/84
◎14520 ◇132
◎14951 ◇132;1029
◎15441 ◇823
◎20641 ◇832
◎24845 ◇1092
◎39632 ◇1696
◎40477 ◇1703

Elaeocarpus arborescens **R. Br.**
▶乔木杜英
◎18799 ◇911/742

Elaeocarpus assimilis **Chun**
▶阿思杜英
◎15782 ◇129/81
◎17371 ◇129;803
◎21971 ◇129

Elaeocarpus australis **（Vent.）Kuntze**
▶澳大利亚金榄
◎39776 ◇1697

Elaeocarpus balansae **Aug. DC.**
▶大叶杜英
◎9643 ◇129/81

Elaeocarpus bancroftii **F. Muell. & Bailey**
▶班克杜英
◎24846 ◇1092
◎40487 ◇1703

Elaeocarpus braceanus **Watt ex C. B. Clarke**
▶滇藏杜英
◎3557 ◇132/84

Elaeocarpus celebicus **Koord.**
▶西里伯杜英
◎27019 ◇1224

Elaeocarpus ceylanicus **Arn.**
▶莫氏杜英
◎28341 ◇1271

Elaeocarpus chinensis **Hook. f. ex Benth.**
▶华杜英/中华杜英

◎6322 ◇129
◎12601 ◇129;976/81
◎13586 ◇129;863
◎14499 ◇129
◎15652 ◇129
◎15716 ◇129;968
◎16677 ◇129
◎16678 ◇129
◎17364 ◇129;801
◎19171 ◇129
◎19985 ◇129
◎19986 ◇129

***Elaeocarpus cumingii* Turcz.**
▶卡莫杜英
◎28317 ◇1270

***Elaeocarpus dentatus* Vahl**
◎齿叶杜英
◎14063 ◇910/756
◎18480 ◇910/82
◎18798 ◇911

***Elaeocarpus dolichostylus* Schltr.**
▶长花柱杜英
◎35681 ◇1574
◎35682 ◇1574
◎35683 ◇1574

***Elaeocarpus dubius* Aug. DC.**
▶高枝杜英
◎14454 ◇130
◎14965 ◇130
◎17013 ◇130/556
◎17048 ◇130
◎17727 ◇130/82

***Elaeocarpus duclouxii* Gagnep.**
▶褐毛杜英
◎10597 ◇130
◎10783 ◇130
◎10784 ◇130/82
◎10787 ◇130
◎10788 ◇130
◎10789 ◇130

***Elaeocarpus floribundus* Blume**
▶多花杜英
◎27205 ◇1228
◎27206 ◇1228
◎31715 ◇1457

***Elaeocarpus glaber* Blume**
▶平滑杜英
◎27207 ◇1228
◎27393 ◇1232

***Elaeocarpus grandiflorus* Sm.**
▶大花杜英
◎24847 ◇1092
◎27208 ◇1228
◎31716 ◇1457
◎39204 ◇1690

***Elaeocarpus hainanensis* Oliv.**
▶海南杜英
◎16763 ◇130;970

***Elaeocarpus harmandii* Pierre**
▶肿柄杜英
◎24848 ◇1092
◎39020 ◇1688

***Elaeocarpus hookerianus* Raoul**
▶胡克氏杜英
◎18481 ◇910/82
◎18797 ◇911/742

***Elaeocarpus howii* Merr. & Chun**
▶锈毛杜英
◎12934 ◇130;852
◎14358 ◇130/82

***Elaeocarpus japonicus* Siebold**
▶日本杜英
◎81 ◇131
◎480 ◇TBA
◎1134 ◇TBA
◎1198 ◇TBA
◎8737 ◇131;860
◎14378 ◇131
◎15817 ◇131/81
◎16395 ◇131
◎16939 ◇131/81
◎17368 ◇131;802
◎17514 ◇131;794
◎17601 ◇131;1049
◎17676 ◇131
◎19984 ◇131
◎20215 ◇131
◎20216 ◇131

***Elaeocarpus lanceifolius* Roxb.**
▶披针叶杜英
◎7648 ◇131
◎10777 ◇131
◎10785 ◇131
◎10786 ◇131
◎16470 ◇131
◎18090 ◇131
◎38964 ◇1687

***Elaeocarpus limitaneus* Hand.-Mazz.**
▶毛叶杜英
◎14349 ◇132
◎15727 ◇132
◎16554 ◇132/83

***Elaeocarpus macrocerus* (Turcz.) Merr.**
▶大白杜英
◎24849 ◇1092
◎27593 ◇1236
◎39205 ◇1690

***Elaeocarpus multisectus* Schltr.**
▶多裂杜英
◎36835 ◇1624

***Elaeocarpus musseri* Coode**
▶马瑟杜英
◎29178 ◇1318

***Elaeocarpus nitentifolius* Merr. & Chun**
▶亮叶杜英
◎8785 ◇132;1008
◎14437 ◇132/83
◎15739 ◇132
◎17724 ◇132

***Elaeocarpus obtusus* subsp. *apiculatus* (Mast.) Coode**
▶尖叶杜英
◎14508 ◇129
◎14955 ◇129;1029/81

***Elaeocarpus obtusus* Blume**
▶钝头杜英
◎27020 ◇1224
◎28200 ◇1264

***Elaeocarpus octopetalus* Merr.**
▶八瓣杜英
◎28818 ◇1294
◎28890 ◇1299

***Elaeocarpus pedunculatus* Wall. ex Mast.**
▶具柄杜英
◎28088 ◇1259
◎28380 ◇1273
◎28562 ◇1282

***Elaeocarpus petiolatus* (Jack) Wall.**
▶长柄杜英
◎14581 ◇132/83
◎28819 ◇1294

***Elaeocarpus polystachys* Wall.**
▶多穗杜英

◎35421　◇1571

Elaeocarpus rugosus Roxb. ex G. Don

▶皱叶杜英

◎20822　◇891

Elaeocarpus ruminatus F. Muell.

▶如米杜英

◎22927　◇823

◎24844　◇1092

◎41136　◇1711

*Elaeocarpus sayeri*F. Muell.

▶萨伊杜英

◎21242　◇132

◎31772　◇1461

◎31773　◇1461

◎31774　◇1461

Elaeocarpus serratus L.

▶锡兰杜英/锡兰橄

◎7232　◇130/82

◎7331　◇TBA

◎8576　◇898/84

◎13147　◇894

◎14140　◇/83

◎16736　◇132/83

◎22162　◇883

◎22189　◇934

◎27210　◇1228

◎27592　◇1236

Elaeocarpus stipularis Blume

▶托叶杜英

◎27022　◇1224

◎31349　◇1437

◎31575　◇1452

Elaeocarpus submonoceras subsp. *oxypyren*（Koord. & Valeton）Weibel

▶奥克斯杜英

◎27021　◇1224

◎27209　◇1228

Elaeocarpus subvillosus Arn.

▶亚柔毛杜英

◎31576　◇1452

◎31577　◇1452

Elaeocarpus sylvestris Poir.

▶山杜英

◎5076　◇TBA

◎6467　◇130/84

◎6735　◇130

◎9252　◇132;786/84

◎9366　◇132;862/81

◎12593　◇130;1013/84

◎12600　◇130/84

◎13244　◇132/84

◎14314　◇132

◎15666　◇132

◎16496　◇132

◎17426　◇132;780

◎17508　◇130;783

◎17677　◇132

◎18121　◇130

◎19983　◇132

◎21837　◇132

Elaeocarpus teysmannii Koord. & Valeton

▶特斯杜英

◎28891　◇1299

Elaeocarpus tonkinensis Aug. DC.

▶东京杜英

◎24850　◇1092

◎39200　◇1690

Elaeocarpus tuberculatus Roxb.

▶点斑杜英

◎4305　◇132

◎8496　◇898/82

◎20694　◇896

◎28417　◇1274

Elaeocarpus varunua Buch.-Ham. ex Mast.

▶美脉杜英

◎13674　◇130/82

◎14786　◇130

◎14787　◇TBA

◎15960　◇130

◎18276　◇902

◎38313　◇1132

Elaeocarpus L.

▶杜英属

◎1126　◇TBA

◎3428　◇133

◎3544　◇133

◎3622　◇133

◎6331　◇133

◎6964　◇TBA

◎8745　◇133;983

◎9680　◇133

◎9683　◇133

◎11631　◇133;986

◎11695　◇133

◎11798　◇133

◎11800　◇133;818

◎11806　◇133

◎11823　◇133

◎11843　◇133

◎11847　◇133

◎11868　◇133

◎11872　◇133

◎11981　◇133;999

◎11987　◇133;880

◎12676　◇133;1013/84

◎12994　◇133

◎13515　◇133

◎27018　◇1224

◎27204　◇1228

◎31864　◇1466

◎31865　◇1466

◎37499　◇1660

Sericolea calophylla subsp. *grossiserrata* Coode

▶毛齿瘿林桃

◎29082　◇1312

◎29083　◇1312

◎29084　◇1312

Sericolea pullei Schltr.

▶普勒瘿林桃

◎31827　◇1464

Sloanea australis F. Muell.

▶澳猴欢喜

◎20570　◇829

◎25999　◇1110

Sloanea berteriana

▶波多黎各猴欢喜

◎38174　◇1129

Sloanea celebica Boerl. & Koord. ex Koord.

▶西里伯猴欢喜

◎27321　◇1230

Sloanea dasycarpa Hemsl.

▶薄叶猴欢喜

◎11986　◇134;1013/84

Sloanea dentata L.

▶齿叶猴欢喜

◎33724　◇1536

Sloanea grandiflora Sm.

▶大花猴欢喜

◎29251　◇1322

◎29341　◇1328

◎36870　◇1625

Sloanea guianensis Benth.

▶圭亚那猴欢喜

◎27909　◇1249
◎32026　◇1472
◎42415　◇1727

Sloanea hemsleyana **Rehder & E. H. Wilson**
▶粗齿猴欢喜
◎1129　◇TBA
◎7949　◇134/84

Sloanea insularis **A. C. Sm.**
▶兰屿猴欢喜
◎18930　◇907/84
◎22832　◇920

Sloanea integrifolia **Chun & F. C. How**
▶金叶猴欢喜
◎14510　◇134/85

Sloanea javanica **Ridl.**
▶爪哇猴欢喜
◎33725　◇1536
◎35317　◇1570

Sloanea laurifolia **Benth.**
▶樟叶猴欢喜
◎18256　◇908
◎22062　◇908

Sloanea leptocarpa **Diels**
▶薄果猴欢喜
◎6397　◇134
◎6398　◇TBA
◎6478　◇134;868
◎15733　◇134
◎16648　◇135
◎16693　◇134

Sloanea macbrydei **F. Muell.**
▶马克猴欢喜
◎26000　◇1110

Sloanea megaphylla **Pittier**
▶大叶猴欢喜
◎4454　◇134

Sloanea multiflora **H. Karst.**
▶多花猴欢喜
◎26001　◇1110
◎40537　◇1703
◎41657　◇1718
◎42399　◇1727

Sloanea oleyans **Chun**
▶奥雷猴欢喜
◎12123　◇134;807/81

Sloanea sigun **K. Schum.**
▶西甘猴欢喜
◎4253　◇135

Sloanea sinensis **Hemsl.**
▶猴欢喜
◎4002　◇135
◎6446　◇135
◎6457　◇135/85
◎13064　◇TBA
◎13461　◇135
◎13496　◇135
◎13878　◇135
◎13882　◇135
◎14338　◇134/85
◎14344　◇134/85
◎14428　◇134
◎14450　◇134
◎14795　◇135
◎15004　◇135
◎15036　◇134
◎15826　◇134
◎16412　◇135
◎16583　◇134
◎17112　◇135
◎17357　◇135;801
◎17421　◇135;791
◎17669　◇135
◎18044　◇135;1055/85
◎18061　◇135;1072
◎19364　◇135
◎19982　◇135
◎21204　◇135

Sloanea sterculiacea **Rehder & E. H. Wilson**
▶苹婆猴欢喜
◎11697　◇134/84

Sloanea woollsii **F. Muell.**
▶羊毛猴欢喜
◎7909　◇825
◎10444　◇825/85

Sloanea **L.**
▶猴欢喜属
◎6183　◇135
◎27490　◇1234
◎30587　◇1406
◎30876　◇1418
◎30929　◇1421

Ericaceae　杜鹃花科

Andromeda polifolia **L.**
▶亮花青姬木
◎38903　◇1686

Arbutus andrachne **L.**
▶安氏乔杜鹃木/安氏草莓树
◎24233　◇1082
◎40715　◇1705

Arbutus canariensis **Veill.**
▶加拿大乔杜鹃木/加拿大草莓树
◎24234　◇1082

Arbutus menziesii **Pursh**
▶美国草莓树
◎10391　◇TBA
◎24235　◇1082

Arbutus unedo **L.**
▶安德乔杜鹃/安德草莓树
◎19640　◇631
◎22305　◇903

Archeria traversii **Hook. f.**
▶旅行狼毒石南
◎18784　◇911/744

Arctostaphylos canescens **Eastw.**
▶灰熊果木
◎38768　◇1140

Arctostaphylos columbiana **Piper**
▶哥伦比亚熊果木
◎24242　◇1082
◎39164　◇1689

Arctostaphylos manzanita **Parry**
▶曼贞熊果木
◎18546　◇631
◎24243　◇1082

Arctostaphylos uva-ursi **(L.) Spreng.**
▶乌尔熊果木
◎31257　◇1432

Arctostaphylos viscida **subsp.** ***mariposa*** **(Dudley) P. V. Wells**
▶马日粘性熊果木
◎24244　◇1082
◎24245　◇1082

Arctostaphylos viscida **Parry**
▶粘性熊果木
◎24241　◇1082

Batodendron arboreum **(Marshall) Nutt.**
▶乔木苦莓
◎24313　◇1084
◎39419　◇1693

Chamaedaphne calyculata **(L.) Moench**
▶地桂
◎38893　◇1686

◎38904 ◇1686

◎38923 ◇1686

Craibiodendron henryi **W. W. Sm.**

▶柳叶金叶子

◎11693 ◇631;993

Craibiodendron scleranthum **var.** *kwangtungense* **(S. Y. Hu) Judd**

▶硬花金叶子

◎6746 ◇631

◎16605 ◇631

Craibiodendron yunnanense **W. W. Sm.**

▶云南金叶子

◎13801 ◇631

Craibiodendron **W. W. Sm.**

▶金叶子属

◎11854 ◇631

Enkianthus cernuus **f.** *rubens* **(Maxim.) Ohwi**

▶卢本吊钟花

◎4158 ◇632

Enkianthus chinensis **Franch.**

▶灯笼花

◎1060 ◇TBA

◎3221 ◇631

◎3270 ◇631

◎3296 ◇631

◎6876 ◇631

Enkianthus deflexus **(Griff.) C. K. Schneid.**

▶毛叶吊钟花

◎707 ◇631

◎7618 ◇631

Enkianthus ericocca

▶吊钟花

◎6786 ◇631

Enkianthus **Lour.**

▶吊钟花属

◎11959 ◇631;1045

Erica arborea **L.**

▶树状欧石南

◎22306 ◇903

◎39593 ◇1695

Erica **L.**

▶欧石南属

◎34888 ◇1558

Gaultheria leschenaultii **DC.**

▶莱斯白珠树

◎31596 ◇1453

Gaultheria leucocarpa **var.** *cumingiana* **(S. Vidal) T. Z. Hsu**

▶白果白珠树

◎12631 ◇631;817

◎18802 ◇911/742

Hymenanthes catawbiensis **(Michx.) H. F. Copel.**

▶酒红常绿杜鹃

◎25185 ◇1097

◎39216 ◇1690

Hymenanthes macrophylla **(D. Don ex G. Don) H. F. Copel.**

▶大叶常绿杜鹃

◎25186 ◇1097

◎39480 ◇1694

Hymenanthes maxima **(L.) H. F. Copel.**

▶大常绿杜鹃

◎25187 ◇1097

◎39450 ◇1693

Kalmia latifolia **L.**

▶山月桂

◎4597 ◇632

◎24552 ◇1088

◎38531 ◇1135

◎38650 ◇1137

◎39716 ◇1697

Kalmia polifolia **Wangenh.**

▶亮叶山月桂

◎38909 ◇1686

◎38919 ◇1686

Ledum palustre **subsp.** *groenlandicum* **(Retz.) Hultén**

▶格鲁杜香

◎38895 ◇1686

◎38905 ◇1686

◎38921 ◇1686

Lyonia ferruginea **Nutt.**

▶锈色珍珠花

◎41330 ◇1713

◎41920 ◇1721

Lyonia ovalifolia **var.** *elliptica* **(Wall.) Hand.-Mazz.**

▶小果南烛

◎698 ◇632

◎15996 ◇632

◎19837 ◇632

Lyonia ovalifolia **var.** *lanceolata* **Hance**

▶狭叶南烛

◎20288 ◇632

Lyonia ovalifolia **(Wall.) Drude**

▶珍珠花

◎250 ◇632;980

◎260 ◇632;981

◎316 ◇632

◎1080 ◇TBA

◎3223 ◇632

◎11689 ◇632;987/379

◎13532 ◇632

Lyonia villosa **(Wall. ex C. B. Clarke) Hand.-Mazz.**

▶毛叶南烛

◎11619 ◇632

◎21396 ◇897

Lyonia **Nutt.**

▶南烛属

◎11844 ◇632;877

Monotoca glauca **Druce**

▶苍白地肤石南

◎25417 ◇1100

◎40387 ◇1701

◎41879 ◇1720

Oxydendrum arboreum **(L.) DC.**

▶酸木

◎25516 ◇1102

◎38602 ◇1136

◎39130 ◇1689

◎41040 ◇1710

◎41594 ◇1717

Pieris formosa **(Wall.) D. Don**

▶台湾马醉木

◎3222 ◇632

◎3278 ◇632

◎19825 ◇632

Pieris japonica **(Thunb.) D. Don ex G. Don**

▶马醉木

◎4106 ◇632

◎25591 ◇1103

◎35823 ◇1582

◎39411 ◇1693

◎41599 ◇1717

◎41600 ◇1717

Pyrola guyanensis

▶圭亚那鹿蹄草

◎35192 ◇1566

Pyrola **L.**

▶鹿蹄草属

◎35193 ◇1566

Rhododendron amazonicum **Huber.**

▶**亚马孙杜鹃**

◎20472 ◇822

Rhododendron arboreum **Sm.**

▶**乔木杜鹃**

◎21387 ◇897

◎29813 ◇1361

Rhododendron argyrophyllum **Franch.**

▶**银叶杜鹃**

◎345 ◇633

◎702 ◇633

◎1055 ◇TBA

◎7946 ◇633/380

◎9803 ◇633;1058

Rhododendron bachii **H. Lév.**

▶**石壁杜鹃**

◎17116 ◇633

Rhododendron bracteatum **Rehder & E. H. Wilson**

▶**苞叶杜鹃**

◎706 ◇633

Rhododendron brookeanum **H. Low & Lindl.**

▶**布鲁克杜鹃**

◎33416 ◇1523

◎33469 ◇TBA

Rhododendron calophytum **var.** ***openshawianum*** **(Rehder & E. H. Wilson) D. F. Chamb.**

▶**尖叶杜鹃**

◎312 ◇634;984

Rhododendron calophytum **Franch.**

▶**美容杜鹃**

◎682 ◇633

◎6188 ◇633

◎7616 ◇633

Rhododendron catawbiense **Michx.**

▶**椭圆叶杜鹃**

◎38788 ◇1140

Rhododendron championae **Hook.**

▶**刺毛杜鹃**

◎6505 ◇633

◎12683 ◇633;976

◎13451 ◇633

◎13452 ◇633;864

◎16399 ◇633

◎19833 ◇633

◎19834 ◇633

◎19835 ◇633

◎19836 ◇633

Rhododendron cummingham **K. Koch**

▶**卡明杜鹃**

◎35807 ◇1580

Rhododendron decorum **Franch.**

▶**大白杜鹃**

◎3227 ◇633

◎5367 ◇633

◎7602 ◇633

◎11683 ◇633;1077

Rhododendron delavayi **Franch.**

▶**马缨杜鹃**

◎11694 ◇633/381

◎19378 ◇633

Rhododendron drincidis **Anr.**

▶**紫斑杜鹃**

◎19530 ◇633

Rhododendron faberi **subsp.** ***prattii*** **(Franch.) D. F. Chamb.**

▶**大叶金顶杜鹃**

◎703 ◇634

Rhododendron faithiae **Chun**

▶**法色杜鹃**

◎6497 ◇634

Rhododendron fortunei **Lindl.**

▶**云锦杜鹃**

◎5872 ◇634

Rhododendron fuchsii **Sleumer**

▶**品红杜鹃**

◎33417 ◇1523

◎33470 ◇TBA

Rhododendron glanduliferum **Franch.**

▶**腺体杜鹃**

◎11595 ◇634;869

Rhododendron grande **Wight**

▶**巨杜鹃**

◎18520 ◇827

Rhododendron henryi **Hance**

▶**弯蒴杜鹃**

◎12568 ◇634

◎12846 ◇634;812

◎19832 ◇634

Rhododendron hooglandii **Sleumer**

▶**霍格兰杜鹃**

◎31823 ◇1464

◎31824 ◇1464

◎31825 ◇1464

Rhododendron latoucheae **Franch.**

▶**鹿角杜鹃**

◎19829 ◇634

◎19830 ◇634

◎19831 ◇634

Rhododendron leptothroum **Balf. f. & Forrest**

▶**莱普杜鹃**

◎3216 ◇634

Rhododendron macrophyllum **D. Don ex G. Don**

▶**大叶杜鹃**

◎41707 ◇1718

◎41940 ◇1721

Rhododendron maddenii **Hook. f.**

▶**马登杜鹃**

◎21419 ◇897

Rhododendron maius **(J. J. Sm.) Sleumer**

▶**荷兰杜鹃**

◎21304 ◇634

◎29118 ◇1314

Rhododendron mariae **Hance**

▶**岭南杜鹃**

◎12847 ◇634;876

◎19826 ◇634

◎19827 ◇634

◎19828 ◇634

Rhododendron maximum **L.**

▶**美国杜鹃**

◎38649 ◇1137

◎41710 ◇1718

◎41952 ◇1721

Rhododendron micranthum **Turcz.**

▶**照山白杜鹃**

◎5399 ◇634

◎10900 ◇634

◎29760 ◇1358

◎29814 ◇1361

◎29815 ◇1361

Rhododendron molle **(Blume) G. Don**

▶**羊踯躅**

◎39286 ◇1691

Rhododendron moulmainense **Hook.**

▶**南海杜鹃**

◎14368 ◇635

◎15805 ◇635

◎16452　◇634
◎17086　◇634

Rhododendron ovatum (Lindl.) Maxim. ex Planch.
▶马银花
◎5908　◇634
◎19178　◇634
◎19695　◇634

Rhododendron ponticum L.
▶黑海杜鹃
◎25873　◇1107
◎40691　◇1705
◎41675　◇1718

Rhododendron purdomii Rehder & E. H. Wilson
▶太白杜鹃
◎512　◇634

Rhododendron rex subsp. *fictolacteum* D. F. Chamb.
▶假乳黄杜鹃
◎40055　◇1116

Rhododendron ririei Hemsl. & E. H. Wilson
▶大钟杜鹃
◎119　◇635;779
◎136　◇635;792
◎141　◇635;779

Rhododendron simiarum Hance
▶猴头杜鹃
◎15759　◇635

Rhododendron simsii Planch.
▶映山红
◎5845　◇635

Rhododendron sinogrande Balf. f. & W. W. Sm.
▶凸尖杜鹃
◎18527　◇827

Rhododendron stamineum Franch.
▶长蕊杜鹃
◎92　◇635
◎201　◇635
◎232　◇635;790
◎261　◇635;867
◎7634　◇635
◎10904　◇635

Rhododendron sutchuenense Franch.
▶四川杜鹃
◎9766　◇635;811/385
◎9806　◇635;862/385

Rhododendron ungernii Trautv. ex Regel
▶耐寒杜鹃
◎10197　◇830

Rhododendron westlandii Hemsl.
▶西地杜鹃
◎6580　◇635;729

Rhododendron whiteheadii Rendle
▶白头杜鹃
◎31393　◇1439

Rhododendron zoelleri Warb.
▶策勒杜鹃
◎37555　◇1661
◎37639　◇1663
◎37640　◇1663

Rhododendron L.
▶杜鹃花属
◎93　◇636
◎504　◇636;789
◎844　◇TBA
◎851　◇TBA
◎876　◇TBA
◎922　◇TBA
◎923　◇TBA
◎924　◇TBA
◎927　◇TBA
◎928　◇TBA
◎931　◇TBA
◎1054　◇TBA
◎1280　◇TBA
◎3234　◇636
◎3246　◇636
◎3286　◇636
◎3322　◇636
◎3323　◇636
◎3343　◇636
◎5366　◇636
◎5473　◇636
◎6245　◇636
◎6605　◇636
◎7070　◇636
◎7103　◇636
◎8707　◇636;860
◎10677　◇636
◎10678　◇636
◎11602　◇636
◎11620　◇636;873
◎11635　◇636;962
◎11650　◇636;964
◎11951　◇636
◎13460　◇636
◎13508　◇636
◎13535　◇636
◎17425　◇636;780
◎21328　◇636
◎34858　◇1558
◎37223　◇1637
◎37224　◇1637
◎37225　◇1637
◎40816　◇1707
◎42395　◇1727

Vaccinium angustifolium var. *myrtilloides* House
▶桃金娘越橘
◎38907　◇1686
◎38925　◇1686

Vaccinium arboreum Marshall
▶白莓
◎38772　◇1140
◎42200　◇1724
◎42382　◇1726

Vaccinium bracteatum Thunb.
▶乌饭树/南烛
◎12686　◇637;998
◎15849　◇637
◎16935　◇637
◎17127　◇637
◎17359　◇TBA
◎19156　◇637
◎19838　◇637

Vaccinium carlesii Dunn
▶短尾越橘
◎12688　◇637;988
◎19839　◇637

Vaccinium cordifolium (M. Martens & Galeotti) Hemsl.
▶心叶越橘
◎319　◇637

Vaccinium corymbodendron Dunal
▶伞枝越橘
◎38206　◇1130

Vaccinium cumingianum var. *igorotorum* Copel.
▶伊哥越橘
◎31408　◇1440

Vaccinium floribundum Kunth
▶多花越橘
◎321 ◇637;789
Vaccinium iteophyllum Hance
▶黄背越橘
◎19840 ◇637
◎19841 ◇637
◎19842 ◇637
◎20256 ◇637
◎20282 ◇637
◎20283 ◇637
Vaccinium kjellhergii J. J. Sm.
▶谢尔越橘
◎28911 ◇1301
◎28912 ◇1301
◎28913 ◇1301
Vaccinium latissimum J. J. Sm.
▶阔越橘
◎27331 ◇1230
Vaccinium mandarinorum Diels
▶江南越橘
◎318 ◇637;790
Vaccinium sprengelii (G. Don) Sleumer
▶米饭花
◎11688 ◇637;987/386
◎16404 ◇637
Vaccinium varingiifolium (Blume) Miq.
▶异叶越橘
◎27332 ◇1230
Vaccinium yaoshanicum Sleumer
▶瑶山越橘
◎15882 ◇637
Vaccinium L.
▶越橘属
◎6934 ◇637
◎13453 ◇637
◎15052 ◇637
◎29010 ◇1307
◎29011 ◇1307
◎29012 ◇1307
◎42433 ◇1729
Xolisma ferruginea (Walter) A. Heller
▶绣红珍珠花
◎26206 ◇1112
◎39588 ◇1695

Escalloniaceae 南鼠刺科

Escallonia myrtilloides L. f.
▶南鼠刺
◎38157 ◇1129
Escallonia paniculata var. *floribunda* (Kunth) J. F. Macbr.
▶多花南鼠刺
◎29793 ◇1360
◎29794 ◇1360
Polyosma cambodiana Gagnep.
▶多香木
◎6828 ◇178
◎12168 ◇178;861/118
◎12991 ◇178
◎13027 ◇178
◎14393 ◇178/118
◎14944 ◇178
Polyosma integrifolia Blume
▶全缘多香木
◎28175 ◇1263
◎28994 ◇1306
◎31303 ◇1435
◎38023 ◇1682
Polyosma longipedicellata King
▶长梗多香木
◎31304 ◇1435
Polyosma scyphocalyx Schulze-Menz
▶斯氏多香木
◎21292 ◇178
◎31749 ◇1459
◎31821 ◇1463
Polyosma Blume
▶多香木属
◎27076 ◇1225
◎31747 ◇1459
◎31748 ◇1459

Eucommiaceae 杜仲科

Eucommia ulmoides Oliv.
▶杜仲
◎5655 ◇355
◎7702 ◇355/201
◎15929 ◇355
◎26741 ◇1197

Euphorbiaceae 大戟科

Acalypha caturus Blume
▶尖尾铁苋菜
◎35873 ◇1585
◎36059 ◇1587
Acalypha lycioides Pax & K. Hoffm.
▶莱西铁苋菜
◎38575 ◇1136
Acalypha spiciflora Poir.
▶长棒铁苋菜
◎11998 ◇562;869/334
Alchornea cordifolia (Schumach.) Müll. Arg.
▶心叶山麻杆
◎30984 ◇1424
◎31009 ◇1425
◎31103 ◇1428
◎31104 ◇1428
Alchornea davidii Franch.
▶山麻杆
◎10736 ◇556
Alchornea discolor Poepp. & Endl.
▶变色山麻杆
◎33885 ◇1540
Alchornea floribunda Müll. Arg.
▶多花山麻杆
◎31010 ◇1425
◎31053 ◇1426
◎31054 ◇1426
Alchornea triplinervia (Spreng.) Müll. Arg.
▶三出脉山麻杆
◎27714 ◇1238
◎29939 ◇1368
◎29940 ◇1368
◎30025 ◇1373
◎30026 ◇1373
◎30221 ◇1385
◎30222 ◇1385
◎30603 ◇1407
◎30604 ◇1407
◎30605 ◇1407
◎30606 ◇1407
◎30607 ◇1407
◎30750 ◇1414
◎30751 ◇1414
◎33644 ◇1534
◎33645 ◇1534
◎40641 ◇1705
Alchornea Sw.
▶山麻杆属
◎33643 ◇1534
Alchorneopsis floribunda Müll. Arg.
▶多花赛穗麻杆
◎33745 ◇1536
◎33746 ◇1536

◎33747 ◇1536

Alchorneopsis trimera Lanj.

▶三赛穗麻秆

◎27832 ◇1245

Aleurites cordata R. Br. ex Steud.

▶日本油桐/日本石栗

◎5618 ◇556

Aleurites moluccanus Willd.

▶石栗

◎3456 ◇557

◎4668 ◇557

◎7278 ◇557

◎9221 ◇557;791/330

◎9222 ◇557;791

◎13617 ◇557;1059

◎15157 ◇895;1071/330

◎16817 ◇557

◎23358 ◇889

◎27155 ◇1227

◎36063 ◇1587

◎37581 ◇1662

◎41504 ◇1716

◎42285 ◇1725

Aleurites rockinghamensis (Baill.) P. I. Forst.

▶洛克油桐

◎24148 ◇1083

◎40317 ◇1701

Aleurites J. R. Forst. & G. Forst.

▶油桐属/石栗属

◎11871 ◇557

◎12599 ◇557;1013/330

Anthostema aubryanum Baill.

▶奥氏安托大戟

◎30933 ◇1421

◎31014 ◇1425

◎31015 ◇1425

Anthostema senegalense Juss.

▶塞内加尔安托大戟

◎36691 ◇1617

◎36692 ◇1617

Aparisthmium cordatum (A. Juss.) Baill.

▶棉麻秆

◎27744 ◇1240

◎33649 ◇1534

Balakata baccata (Roxb.) Esser

▶浆果乌桕

◎4258 ◇575

◎5239 ◇575

◎20944 ◇575

◎27674 ◇1237

◎36179 ◇1588

Balakata luzonica (S. Vidal) Esser

▶吕宋浆果乌桕

◎28201 ◇1265

◎28333 ◇1270

Baloghia inophylla (G. Forst.) P. S. Green

▶无叶血梅桐

◎24300 ◇1082

Barnebydendron riedelii (Tul.) J. H. Kirkbr.

▶黑苞猴花树

◎41987 ◇1722

◎41988 ◇1722

Blumeodendron subrotundifolium Merr.

▶蔽雨桐

◎37973 ◇1680

Caryodendron amazonicum Ducke

▶亚马孙榛桐

◎20444 ◇905

Chondrostylis kunstleri (King ex Hook. f.) Airy Shaw

▶库氏牛舌桐

◎31556 ◇1452

Claoxylon indicum Hassk.

▶白桐树

◎14699 ◇562

◎20831 ◇891

Cleidion javanicum Blume

▶爪哇棒柄花

◎27371 ◇1231

◎35369 ◇1571

Codiaeum variegatum (L.) A. Juss.

▶变叶木

◎28690 ◇1288

◎29723 ◇1357

◎29789 ◇1360

Conceveiba guianensis Aubl.

▶圭亚那河桐

◎20414 ◇905

◎27925 ◇1250

◎34286 ◇1547

◎34287 ◇1547

◎34288 ◇1547

◎34289 ◇1547

◎34290 ◇1547

Conceveiba martiana Baill.

▶玛提河桐

◎33916 ◇1541

Conceveiba praealta (Croizat) Punt ex J. Murillo

▶巴西河桐

◎20446 ◇905

◎33911 ◇1540

◎33912 ◇1541

◎33913 ◇1541

◎33914 ◇1541

Croton acuminata Roxb.

▶渐尖巴豆

◎35378 ◇1571

◎35379 ◇1571

Croton argyratus Blume

▶银背巴豆

◎5203 ◇563

◎24693 ◇1089

◎27375 ◇1231

◎28036 ◇1257

Croton aromaticus L.

▶芳香巴豆

◎31560 ◇1452

Croton kongensis Gagnep.

▶越南巴豆

◎13631 ◇563/335

Croton laevigatus Vahl

▶光叶巴豆

◎5223 ◇563/557

◎14603 ◇563/334

◎14835 ◇563

Croton lechleri Müll. Arg.

▶秘鲁巴豆

◎24694 ◇1089

Croton leiophyllus Müll. Arg.

▶多叶巴豆

◎28261 ◇1267

Croton matourensis Aubl.

▶迈拓巴豆

◎27926 ◇1250

◎31952 ◇1470

◎33670 ◇1535

◎33671 ◇1535

◎38271 ◇1132

Croton niveus Griseb.

▶白巴豆

E

◎39870 ◇1698

Croton nubangu Muell.-Arg.

▶努班巴豆

◎21517 ◇563/509

Croton oblongus Burm. f.

▶长圆巴豆

◎37495 ◇1659

Croton palanostigma Klotzsch

▶帕朗巴豆

◎40092 ◇1126

Croton persimilis Müll. Arg.

▶泊思巴豆

◎4257 ◇563

◎31856 ◇1466

◎31857 ◇1466

Croton scabiosus Bedd.

▶黑斑巴豆

◎21413 ◇897

Croton tiglium L.

▶巴豆

◎6472 ◇563/335

◎6708 ◇563

◎14226 ◇563/335

◎15703 ◇563

Croton L.

▶巴豆属

◎28185 ◇1264

◎28460 ◇1277

Crotonogyne caterviflora N. E. Br.

▶丛花巴豆桐

◎30938 ◇1421

◎31022 ◇1425

◎31023 ◇1425

◎36575 ◇1612

◎36576 ◇1612

Deutzia discolor Hemsl.

▶变色溲疏

◎5582 ◇179

Deutzia pulchra S. Vidal

▶美丽溲疏

◎31343 ◇1437

Deutzia schneideriana Rehder

▶长江溲疏

◎5846 ◇179

Deutzia Thunb.

▶溲疏属

◎1086 ◇TBA

Deutzianthus tonkinensis Gagnep.

▶东京桐木

◎24764 ◇1090

Dichostemma glaucescens Pierre

▶苍白异杯戟

◎36480 ◇1607

◎36481 ◇1607

◎36482 ◇1607

Discoclaoxylon hexandrum Pax & K. Hoffm.

▶六蕊盘桐木

◎30994 ◇1424

◎30995 ◇1424

Discoglypremna caloneura Prain

▶喀麦隆南蛇桐

◎18365 ◇563/509

◎21527 ◇563/509

◎30968 ◇1423

Elateriospermum tapos Blume

▶豆桐木

◎26518 ◇1169

◎40858 ◇1707

Endospermum chinense Benth.

▶黄桐

◎8875 ◇565/336

◎12184 ◇565/336

◎13125 ◇565;1017

◎14322 ◇565

◎16049 ◇565

◎16841 ◇565

Endospermum diadenum (Miq.) Airy Shaw

▶双腺黄桐

◎14179 ◇893/336

◎18710 ◇894/336

◎19503 ◇935

◎20824 ◇891

◎22221 ◇934

◎23132 ◇933

◎23414 ◇933

◎24857 ◇1092

◎39629 ◇1696

Endospermum domatiophorum J. Schaeff.

▶多玛黄桐

◎22777 ◇906

Endospermum macrophyllum Pax & K. Hoffm.

▶大叶黄桐

◎23304 ◇915

◎23572 ◇915

Endospermum medullosum L. S. Sm.

▶髓部黄桐

◎19460 ◇906/729

◎21225 ◇565

◎24858 ◇1092

Endospermum moluccanum (Teijsm. & Binn.) Kurz

▶莫库黄桐

◎18931 ◇907/753

◎24859 ◇1092

Endospermum peltatum Merr.

▶盾状黄桐

◎4687 ◇565

◎18350 ◇953/336

◎28048 ◇1257

◎28281 ◇1268

Endospermum quadriloculare Pax & K. Hoffm.

▶四室黄桐

◎31350 ◇1437

Endospermum Benth.

▶黄桐属

◎5221 ◇565

◎22387 ◇926

◎40863 ◇1707

Enriquebeltrania crenatifolia (Miranda) Rzed.

▶圆齿叶齿柑桐

◎24860 ◇1092

Epiprinus siletianus (Baill.) Croizat

▶风轮桐

◎14476 ◇578

Erisma nitidum DC.

▶光亮独蕊木/光亮落囊花

◎20461 ◇822

Erisma uncinatum Warm.

▶轴独蕊/落囊花

◎22462 ◇471/550

◎22514 ◇820

◎23452 ◇819

◎23453 ◇819

◎23497 ◇909

◎29275 ◇1323

◎29330 ◇1327

◎29852 ◇1363

◎30083 ◇1377

◎30301 ◇1390

◎30656 ◇1411

◎30832 ◇1417

◎32447 ◇1486

◎32448 ◇1486

◎33677 ◇1535

◎33678 ◇1535

◎35164 ◇1565

◎35165 ◇1565

◎35166 ◇1565

◎35167 ◇1566

◎35168 ◇1566

◎40100 ◇1127

◎42211 ◇1724

◎42316 ◇1726

Erismanthus obliquus **Wall. ex Müll. Arg.**

▶大叶轴花木

◎29103 ◇1313

Euphorbia candelatum **Welw. ex Hiern**

▶绿玉树

◎18421 ◇925/509

Euphorbia neriifolia **L.**

▶金刚纂/霸王鞭

◎24993 ◇1094

Euphorbia petiolaris **Sims**

▶贝利大戟

◎24994 ◇1094

Euphorbia pulcherrima **Willd. ex Klotzsch**

▶一品红

◎24995 ◇1094

Euphorbia schlechtendalii **Boiss.**

▶斯堪大戟

◎24996 ◇1094

◎39248 ◇1690

Euphorbia tirucalli **L.**

▶光棍树/绿玉树

◎21406 ◇897

◎24997 ◇1094

◎38504 ◇1135

Excoecaria agallocha **L.**

▶海漆

◎20825 ◇891

◎27599 ◇1236

◎35857 ◇1584

Excoecaria dallachyana **Benth.**

▶代拉海漆木

◎25004 ◇1094

Excoecaria parvifolia **Müll. Arg.**

▶小叶海漆木

◎25005 ◇1094

◎40527 ◇1703

Excoecaria philippinensis **Merr.**

▶菲律宾海漆木

◎28360 ◇1272

◎28563 ◇1282

◎28593 ◇1284

Falconeria insignis **Royle**

▶异序乌桕

◎21432 ◇897

Givotia moluccana **（L.）Sreem.**

▶莫路杨巴豆

◎21423 ◇897

Glycydendron amazonicum **Ducke**

▶亚马孙甜桐

◎20468 ◇822

◎23502 ◇909

◎33922 ◇1541

◎33923 ◇1541

◎40104 ◇1127

Gymnanthes lucida **Sw.**

▶光亮裸花大戟木/光亮裸花树

◎25120 ◇1095

◎38737 ◇1139

◎39697 ◇1696

◎41857 ◇1720

◎41865 ◇1720

Hancea griffithiana **（Müll. Arg.）S. E. C. Sierra, Kulju & Welzen**

▶格里粗毛野桐

◎31608 ◇1453

◎33398 ◇1522

◎33461 ◇TBA

Hancea hookeriana **Seem.**

▶粗毛野铜

◎12928 ◇570

◎14453 ◇570

Hancea penangensis **（Müll. Arg.）S. E. C. Sierra, Kulju & Welzen**

▶潘氏粗毛野桐

◎28767 ◇1292

Hevea brasiliensis **（Willd. ex A. Juss.）Müll. Arg.**

▶橡胶树

◎7321 ◇565/338

◎13834 ◇565;873

◎16862 ◇565/338

◎19506 ◇935

◎20474 ◇565/539

◎22224 ◇934

◎23136 ◇933

◎26373 ◇1153

◎26374 ◇1153

◎40678 ◇1705

◎40829 ◇1707

Hevea guianensis **Aubl.**

▶圭亚那橡胶树

◎27985 ◇1253

◎31973 ◇1470

◎31974 ◇1470

◎33682 ◇1535

◎34974 ◇1560

◎38304 ◇1132

Hevea guyanensis **var.**

▶圭亚那橡胶树

◎33683 ◇1535

◎33684 ◇1535

◎33932 ◇1541

◎33933 ◇1541

Hevea spruceana **Müll. Arg.**

▶亚马孙橡胶树

◎19437 ◇832

Hevea **Aubl.**

▶橡胶树属

◎22471 ◇820

Hippomane mancinella **L.**

▶马疯戟木/毒疮树

◎4526 ◇568

◎25172 ◇1096

◎26520 ◇TBA

◎42432 ◇1728

Homalanthus arfakiensis **Hutch.**

▶艾尔澳杨

◎31802 ◇1462

Homalanthus macradenius **Pax & K. Hoffm.**

▶大齿澳杨

◎18899 ◇913/757

Homalanthus populneus **Pax**

▶澳杨

◎18343 ◇953/757

◎38404 ◇1133

Hura crepitans **L.**

▶沙箱大戟木/响盒子

◎19424 ◇832

◎20465 ◇822/539

◎22527 ◇820

◎22554 ◇TBA

◎27936 ◇1251

◎31977 ◇1470

◎31978 ◇1471

◎33688 ◇1535

◎40108 ◇1127

Hyeronima laxiflora (Tul.) Mull

▶疏花海尔大戟

◎27986 ◇1253

◎33686 ◇1535

◎33687 ◇1535

Jatropha atacorensis A. Chev.

▶阿塔麻风树

◎26942 ◇1222

Jatropha codori L.

▶寇达麻风树

◎7266 ◇568

Jatropha curcas L.

▶麻风树

◎3482 ◇568

◎39666 ◇1696

Jatropha gaumeri Greenm.

▶高麦麻风树

◎25217 ◇1098

◎39486 ◇1694

Jatropha L.

▶麻风树属

◎11942 ◇568;862

Joannesia heveoides Ducke

▶海维鹦鹉桐

◎40116 ◇1127

Joannesia princeps Vell.

▶安达树

◎25218 ◇1098

Klaineanthus gaboniae Pierre ex Prain

▶加蓬西非桐

◎18446 ◇925/510

Klaineanthus gabonii Pierre

▶西非桐

◎33763 ◇1537

Koilodepas hainanensis (Merr.) Croizat

▶白茶树

◎14558 ◇562/339

◎14922 ◇562;1029/556

Lasiococca comberi Haines

▶轮叶戟

◎14638 ◇568/338

Leeuwenbergia africana Letouzey & N. Hallé

▶非洲合萼桐

◎36274 ◇1591

◎36275 ◇1591

◎36276 ◇1591

Mabea nitida Benth. in Hook.

▶光绒果桕

◎33935 ◇1541

Mabea occidentalis Benth. in Hook.

▶西方绒果桕

◎30372 ◇1393

◎30373 ◇1393

◎30374 ◇1394

◎30528 ◇1403

Mabea piriri Aubl.

▶皮瑞绒果桕

◎20419 ◇905

◎27804 ◇1243

◎29237 ◇1321

◎29334 ◇1327

◎33693 ◇1535

◎33694 ◇1535

Macaranga aleuritoides F. Muell.

▶奥雷血桐

◎25317 ◇1098

Macaranga barteri Müll. Arg.

▶巴特血桐

◎21618 ◇569/510

◎31001 ◇1424

◎31029 ◇1426

◎31187 ◇1430

◎31188 ◇1430

Macaranga beillei Prain

▶贝莱血桐

◎31030 ◇1426

◎31077 ◇1427

◎31078 ◇1427

Macaranga bicolor Müll. Arg.

▶双色血桐

◎18348 ◇953/340

Macaranga capensis (Baill.) Sim

▶好望角血桐

◎25318 ◇1098

◎39039 ◇1688

Macaranga celebica Koord.

▶策勒血桐

◎28858 ◇1297

◎28859 ◇1297

◎28860 ◇1297

◎28940 ◇1303

◎28941 ◇1303

Macaranga conifera Müll. Arg.

▶松柏血桐

◎35957 ◇1586

Macaranga denticulata Müll. Arg.

▶齿叶血桐

◎5247 ◇569

◎11759 ◇569;995/339

◎13903 ◇569;852

◎14533 ◇569

◎15942 ◇569

◎16956 ◇569

◎20401 ◇569

◎20722 ◇896

◎21405 ◇897

Macaranga diepenhorstii Müll. Arg.

▶迪耶血桐

◎35958 ◇1586

Macaranga digyna Müll. Arg.

▶迪纳血桐

◎35471 ◇1571

Macaranga domatiosa Airy Shaw

▶多玛血桐

◎31376 ◇1439

Macaranga gigantea (Rchb. f. & Zoll.) Müll. Arg.

▶巨血桐

◎35472 ◇1571

Macaranga hemsleyana Pax & K. Hoffm.

▶海南血桐

◎14506 ◇569

Macaranga hispida Müll. Arg.

▶粗毛血桐

◎28986 ◇1306

Macaranga hurifolia Beille

▶沙箱野血桐

◎31002 ◇1424

◎31189 ◇1430

◎31190 ◇1430

Macaranga hypoleuca Müll. Arg.

▶白色血桐

◎22188 ◇934

◎25319 ◇1098

Macaranga indica Wight

▶印度血桐

◎20823 ◇891

◎20826 ◇891

◎35473 ◇1571

Macaranga javanica (Blume) Müll. Arg.

▶爪哇血桐

◎5235 ◇569

Macaranga lowii King ex Hook. f.

▶劳氏血桐

◎16044 ◇569

Macaranga mappa Müll. Arg.

▶马帕血桐

◎35959 ◇1586

Macaranga occidentalis Müll. Arg.

▶西方血桐

◎36531 ◇1610

Macaranga pachyphylla Müll. Arg.

▶厚叶杨桐

◎21010 ◇890

Macaranga pruinosa Müll. Arg.

▶白粉血桐

◎27633 ◇1236

Macaranga rhizinoides Müll. Arg.

▶根毛血桐

◎27051 ◇1225

Macaranga sampsoni Hance

▶两广血桐

◎6717 ◇569

◎9246 ◇569;793/340

◎16891 ◇569

Macaranga spinosa Müll. Arg.

▶刺叶血桐

◎31079 ◇1427

◎31080 ◇1427

Macaranga tanarius Müll. Arg.

▶光血桐

◎5246 ◇569

◎20827 ◇891

◎37082 ◇1630

Macaranga trachyphylla Airy Shaw

▶糙叶血桐

◎31634 ◇1454

Macaranga Thouars

▶血桐属

◎5224 ◇569

◎11789 ◇569

◎36141 ◇1587

◎36645 ◇1615

◎37621 ◇1663

◎40845 ◇1707

Mallotus apelta Müll. Arg.

▶白背野铜/白背叶

◎224 ◇570;790

◎364 ◇573;729

◎631 ◇570;1030

◎799 ◇573

◎5873 ◇570

◎6618 ◇570

◎12598 ◇570;985

◎19850 ◇570

Mallotus barbatus Müll. Arg.

▶髯毛野桐

◎25348 ◇1099

Mallotus caudatus Merr.

▶尾状野桐

◎33407 ◇1522

◎33464 ◇TBA

Mallotus cumingii Müll. Arg.

▶卡明野桐

◎29035 ◇1309

Mallotus discolor F. Muell. ex Benth.

▶变色野桐

◎25349 ◇1099

Mallotus japonicus (L. f.) Müll. Arg.

▶假梧桐

◎15643 ◇571

◎16542 ◇571

Mallotus korthalsii Müll. Arg.

▶柯氏野桐

◎33384 ◇1521

◎33465 ◇TBA

Mallotus lianus Croizat

▶东南野桐

◎16705 ◇571

◎16944 ◇571

◎17077 ◇571

◎17095 ◇571

◎20315 ◇571

Mallotus miquelianus (Scheff.) Boerl.

▶麦克野桐

◎28477 ◇1277

◎28653 ◇1287

Mallotus mollissimus (Geiseler) Airy Shaw

▶柔软野桐

◎25350 ◇1099

◎39354 ◇1692

Mallotus muticus (Müll. Arg.) Airy Shaw

▶钝野桐

◎36086 ◇1587

◎36087 ◇1587

Mallotus nepalensis Müll. Arg.

▶尼泊尔野桐

◎3375 ◇571

◎3590 ◇571

◎3628 ◇571

◎3727 ◇571

◎14602 ◇571

◎15686 ◇571

◎16847 ◇571

◎16986 ◇571

◎19220 ◇571

◎19221 ◇571

Mallotus paniculatus Müll. Arg.

▶白楸

◎9183 ◇570;1036

◎9716 ◇931/340

◎15478 ◇TBA

◎15479 ◇TBA

◎31888 ◇1467

◎35475 ◇1571

Mallotus peltatus Müll. Arg.

▶山苦茶

◎6749 ◇570

◎14663 ◇570

◎28520 ◇1280

Mallotus philippensis (Lam.) Müll. Arg.

▶粗糠柴

◎3381 ◇572

◎3483 ◇572

◎3696 ◇572

◎3723 ◇572

◎3789 ◇572

◎6212 ◇572

◎6220 ◇572

◎7277 ◇572

◎9184 ◇572;1028

◎9185 ◇572;788

◎9346 ◇TBA

◎9616 ◇572

◎11738 ◇572/341

◎11996 ◇572

◎13851 ◇572;866

◎13858 ◇572

◎14000 ◇572

◎14580 ◇572

◎16853 ◇572

◎17418 ◇572;791

◎20202　◇572
◎31636　◇1454
◎31889　◇1467
◎31890　◇1467
◎37531　◇1660
◎37532　◇1660
◎37622　◇1663

***Mallotus polyadenos* F. Muell.**
▶多腺野桐
◎37533　◇1660

***Mallotus repandus*（Rottler）Müll. Arg.**
▶石岩枫
◎10705　◇573
◎10864　◇573
◎10865　◇573
◎19851　◇573

***Mallotus resinosus* Merr.**
▶树脂野桐
◎28521　◇1280

***Mallotus* Lour.**
▶野桐属
◎10867　◇573
◎11797　◇573；818
◎11821　◇573；812
◎11886　◇573
◎11898　◇573
◎11943　◇573
◎11984　◇573；1052
◎12765　◇923
◎28143　◇1262

***Manihot carthaginensis* subsp. *glaziovii*（Müll. Arg.）Allem**
▶木薯胶
◎18437　◇925/509
◎25364　◇1100
◎25365　◇1100

***Manniophyton fulvum* Müll. Arg.**
▶黄棕索皮藤
◎27759　◇1241

***Maprounea guianensis* Aubl.**
▶圭亚那头序柏
◎20412　◇905
◎31994　◇1471
◎33696　◇1535
◎33697　◇1535
◎33938　◇1541
◎33939　◇1541
◎37083　◇1630

***Mareya micrantha* Müll. Arg.**
▶小花山柳桐
◎36309　◇1594
◎36557　◇1612

***Micrandra elata* Müll. Arg.**
▶大巴桐
◎33940　◇1541

***Micrandra spruceana*（Baill.）R. E. Schult.**
▶云杉巴桐
◎18250　◇908
◎22057　◇908
◎22597　◇831/539
◎22613　◇831
◎25402　◇1100

***Micrandropsis scleroxylon*（W. A. Rodrigues）W. A. Rodrigues**
▶星巴桐
◎39341　◇1692

***Micrococca oligandra* Prain**
▶地构桐木
◎26990　◇1224

***Nealchornea japurensis* Muber.**
▶加氏聚蕊戟
◎33941　◇1541

***Neoscortechinia kingii* Pax & K. Hoffm.**
▶新斯高戟木
◎35980　◇1586

***Ostodes* Blume**
▶叶轮木属
◎16040　◇574

Paracroton pendulus* subsp. *pendulus
▶下垂红巴豆
◎35985　◇1586

***Paracroton pendulus* subsp. *zeylanicus*（Thwaites）N. P. Balakr. & Chakrab.**
▶泽伊红巴豆
◎8560　◇898

***Paracroton pendulus* Miq.**
▶悬垂红巴豆
◎31648　◇1454
◎28127　◇1261
◎28295　◇1269

***Pimelodendron amboinicum* Hassk.**
▶安汶葵柱戟
◎18932　◇907/753
◎25592　◇1103
◎36162　◇1588

***Pimelodendron papaveroides* J. J. Sm.**
▶帕氏葵柱戟
◎36163　◇1588

***Pimelodendron zoanthogyne* J. J. Sm.**
▶琐安葵柱戟
◎38019　◇1682

***Pimelodendron* Hassk.**
▶葵柱戟属
◎37632　◇1663
◎37633　◇1663

***Ptychopyxis arborea*（Merr.）Airy Shaw**
▶乔木百褶桐
◎22186　◇934

***Ptychopyxis chrysantha*（K. Schum.）Airy Shaw**
▶金花百褶桐
◎31530　◇1450

***Ptychopyxis kingii* Ridl.**
▶金氏百褶桐
◎38026　◇1682

***Reutealis trisperma*（Blanco）Airy Shaw**
▶三籽桐
◎18870　◇913/330

***Ricinodendron heudelotii* subsp. *africanum*（Müll. Arg.）J. Léonard**
▶非洲乔蓖麻木/非洲蓖麻桐
◎17953　◇829

***Ricinodendron heudelotii*（Baill.）Pierre ex Heckel**
▶乔木蓖麻木/蓖麻桐
◎15410　◇574/510
◎21889　◇930
◎21944　◇899
◎22910　◇899

***Ricinus communis* L.**
▶蓖麻
◎25884　◇1108
◎38453　◇1134
◎39280　◇1691

***Sagotia racemosa* Baill.**
▶总序弯萼桐
◎20426　◇905
◎27958　◇1252
◎29909　◇1366
◎29935　◇1368
◎30116　◇1379
◎30117　◇1379

◎30287 ◇1389
◎30314 ◇1390
◎30378 ◇1394
◎30379 ◇1394
◎30380 ◇1394
◎30381 ◇1394
◎30382 ◇1394
◎30383 ◇1394
◎30551 ◇1404
◎30552 ◇1404
◎33720 ◇1536

***Sapium glandulosum* (L.) Morong**
▶巴西乌桕
◎4464 ◇576
◎4469 ◇576
◎4482 ◇575
◎22721 ◇806/539
◎27306 ◇1230
◎27823 ◇1244
◎33721 ◇1536
◎33722 ◇1536
◎33956 ◇1541
◎38288 ◇1132
◎40148 ◇1128

***Sapium laurifolium* (A. Rich.) Griseb.**
▶月桂叶美洲桕
◎38186 ◇TBA

***Sapium sebiferum* (L.) Dum. Cours.**
▶乌桕
◎60 ◇576
◎4734 ◇576
◎5637 ◇576
◎5711 ◇576
◎5867 ◇576
◎6290 ◇576
◎6681 ◇576
◎7092 ◇576
◎7694 ◇576;785/343
◎8314 ◇576
◎8315 ◇576
◎8316 ◇576
◎9541 ◇577;1037
◎9542 ◇577;1037
◎9543 ◇577;1037
◎9881 ◇577;1059
◎9882 ◇577;813
◎11171 ◇577
◎12270 ◇TBA
◎12289 ◇TBA
◎12369 ◇870
◎12420 ◇TBA
◎12657 ◇577;1013/343
◎13062 ◇577
◎16191 ◇577
◎16698 ◇577

***Sebastiania adenophora* Pax & K. Hoffm.**
▶腺漆杨桃
◎25946 ◇1109
◎39564 ◇1695

***Shirakiopsis elliptica* (Hochst.) Esser**
▶椭圆齿叶乌桕
◎26955 ◇1223

***Shirakiopsis virgata* (Zoll. & Moritzi ex Miq.) Esser**
▶棒状齿叶乌桕
◎27600 ◇1236
◎27601 ◇1236

***Spathiostemon javensis* Blume**
▶爪哇匙蕊戟
◎35943 ◇1585
◎37563 ◇1661

***Spirostachys africana* Sond.**
▶非洲螺穗木/非洲桦桕
◎23503 ◇909
◎26012 ◇1110
◎41198 ◇1712
◎41637 ◇1717

***Suregada glomerulata* Baill.**
▶海南白树
◎17055 ◇578
◎28155 ◇1262
◎28207 ◇1265

***Suregada multiflora* (A. Juss.) Baill.**
▶多花白树
◎18299 ◇902

***Suregada* Roxb. ex Rottler**
▶白树属
◎31757 ◇1459

***Synostemon glaucus* F. Muell.**
▶青灰艾堇
◎19696 ◇TBA

***Tetrorchidium didymostemon* (Baill.) Pax & K. Hoffm.**
▶双生楠桐
◎30930 ◇1421
◎31099 ◇1428
◎31100 ◇1428
◎31147 ◇1429
◎31148 ◇1429

***Trewia nudiflora* L.**
▶滑桃树
◎3537 ◇578
◎4259 ◇578
◎14705 ◇578/343
◎27141 ◇1227

***Triadica cochinchinensis* Lour.**
▶山乌桕
◎3383 ◇575
◎3510 ◇575/342
◎3671 ◇575
◎9176 ◇575;1057
◎9177 ◇575;1028
◎9178 ◇575;1028
◎9254 ◇575;795
◎12011 ◇575;818
◎12186 ◇575;881
◎12741 ◇575;863/342
◎13014 ◇575
◎14422 ◇575
◎15736 ◇575
◎16540 ◇575
◎17370 ◇575;802
◎17615 ◇575
◎18032 ◇576
◎19180 ◇576;859
◎19849 ◇576
◎28188 ◇1264
◎28199 ◇1264

***Triadica rotundifolia* (Hemsl.) Esser**
▶圆叶乌桕
◎16032 ◇576
◎20273 ◇576

***Trigonostemon heteranthus* Wight**
▶异叶三宝木
◎31693 ◇1456

***Vernicia fordii* (Hemsl.) Airy Shaw**
▶油桐
◎58 ◇556/330
◎6523 ◇556
◎7416 ◇556
◎7695 ◇556;980/330
◎10627 ◇556
◎11001 ◇556
◎12825 ◇556;812/330
◎16490 ◇556
◎19219 ◇556
◎19847 ◇556

◎19848 ◇556
◎26166 ◇1113

Vernicia montana Lour.
▶千年桐
◎11929 ◇557
◎13835 ◇557;1001
◎13838 ◇557
◎13840 ◇557
◎16179 ◇557
◎16579 ◇557
◎17343 ◇557;778
◎19846 ◇557
◎20274 ◇556
◎21240 ◇557
◎31764 ◇1460

Wetria insignis (Steud.) Airy Shaw
▶显著柔丝桐
◎27706 ◇1238

Eupteleaceae 领春木科

Euptelea pleiosperma Hook. f. & Thomson
▶领春木
◎147 ◇79;792
◎183 ◇79;783/43
◎472 ◇TBA
◎523 ◇79
◎731 ◇79/43
◎1065 ◇79
◎3259 ◇79
◎3264 ◇79
◎3292 ◇79
◎6114 ◇79;1080
◎6296 ◇79
◎8603 ◇79;1004
◎8677 ◇79;720/43
◎10594 ◇79
◎10794 ◇79
◎10800 ◇79
◎10996 ◇79
◎19286 ◇79

Euptelea polyandra Siebold & Zucc.
▶多阳领春木
◎4104 ◇79/43
◎24998 ◇1094

Fabaceae 豆科

Abarema jupunba var. *trapezifolia* (Vahl) Barneby & J. W. Grimes
▶梯形花阿巴豆/梯形花蟹豆
◎29215 ◇1320
◎29216 ◇1320
◎29302 ◇1325
◎29845 ◇1363
◎30073 ◇1376
◎30266 ◇1388
◎30890 ◇1419
◎32709 ◇1493

Abarema jupunba (Willd.) Britton & Killip
▶阿巴豆/朱氏蟹豆
◎22841 ◇917/545
◎24000 ◇1081
◎32016 ◇1471
◎32374 ◇1484
◎34229 ◇1546
◎34230 ◇1546
◎38238 ◇1130

Acacia acuminata Benth.
▶尖叶相思树
◎10447 ◇825
◎24014 ◇1081

Acacia albida Delile
▶微白相思
◎39642 ◇1696

Acacia aneura Benth.
▶无脉相思木
◎19533 ◇222
◎20633 ◇832

Acacia argyrodendron Domin
▶银树相思木
◎24015 ◇1081
◎40294 ◇1700

Acacia aulacocarpa A. Cunn. ex Benth.
▶沟果相思木
◎22916 ◇823
◎24016 ◇1081
◎41439 ◇1715

Acacia auriculiformis A. Cunn. ex Benth.
▶大叶相思
◎13151 ◇894/560
◎14187 ◇893/622
◎16810 ◇222/29
◎39782 ◇1697
◎42159 ◇1724

Acacia baileyana F. Muell.
▶贝利氏相思树
◎24017 ◇1081
◎40371 ◇1701

Acacia berlandieri Benth.
▶伯兰特相思木
◎24018 ◇1081

Acacia binervata DC.
▶百纳相思木
◎24019 ◇1081

Acacia burkei Benth.
▶编条相思木
◎24020 ◇1081
◎40312 ◇1701

Acacia caffra (Thunb.) Willd.
▶卡夫相思木
◎24021 ◇1081

Acacia cambagei R. T. Baker
▶坎贝格相思木
◎24022 ◇1081
◎40373 ◇1701
◎41335 ◇1714

Acacia carneorum Maiden
▶卡诺相思木
◎24023 ◇1081
◎24024 ◇1081

Acacia catechu (L. f.) Willd.
▶儿茶金合欢木
◎4880 ◇222
◎18238 ◇222
◎19393 ◇222

Acacia catenulata C. T. White
▶卡特相思木
◎24025 ◇1081
◎40293 ◇1700

Acacia caven (Molina) Molina
▶阿根廷相思木
◎24026 ◇1081
◎39427 ◇1693

Acacia choriophylla Benth.
▶裂叶相思木
◎24027 ◇1081
◎39174 ◇1689

Acacia citrinoviridis Tindale & Maslin
▶黄绿相思木
◎24028 ◇1081
◎39172 ◇1689

Acacia cognata Domin
▶近亲相思木
◎24029 ◇1081

Acacia collinsii Saff.
▶山丘相思木
◎24030 ◇1081

Acacia concurrens Pedley
▶同样相思木
◎39500 ◇1694
Acacia confusa Merr.
▶康夫相思
◎7978 ◇222
◎8774 ◇222
◎12743 ◇222;1039
◎14629 ◇222
◎21827 ◇222
Acacia coriacea DC.
▶革叶相思木
◎39897 ◇1699
◎40224 ◇1700
Acacia cornigera（L.）Willd.
▶牛角金合欢
◎36687 ◇1617
◎36688 ◇1617
Acacia crombiei C. T. White
▶克氏相思木
◎24032 ◇1081
◎40361 ◇1701
◎42252 ◇1725
◎42383 ◇1727
Acacia cyperophylla F. Muell. ex Benth.
▶莎草叶相思木
◎40441 ◇1702
Acacia dealbata Link
▶白粉相思木/银荆
◎15599 ◇951/138
◎24033 ◇1081
◎39475 ◇1694
◎41364 ◇1714
◎41365 ◇1714
Acacia decurrens（J. C. Wendl.）Willd.
▶下延金合欢
◎13991 ◇222
◎14086 ◇893/622
◎16305 ◇222
Acacia dolichostachya S. F. Blake
▶长序相思木
◎24034 ◇1081
◎40580 ◇1704
Acacia doratoxylon A. Cunn.
▶多拉相思木
◎24035 ◇1081
◎40365 ◇1701
Acacia elata Voigt
▶大相思木
◎24036 ◇1081
◎39574 ◇1695
◎41501 ◇1716
Acacia erioloba E. Mey.
▶绵毛裂片相思木
◎24037 ◇1081
◎40298 ◇1700
Acacia estrophiolata F. Muell.
▶艾斯特相思木
◎39269 ◇1691
Acacia excelsa Benth.
▶高大相思木
◎24038 ◇1081
◎40362 ◇1701
◎41362 ◇1714
◎41363 ◇1714
Acacia falcata Willd.
▶镰刀相思木
◎29706 ◇1356
◎29707 ◇1356
◎29708 ◇1356
◎29770 ◇1359
Acacia farnesiana（L.）Willd.
▶金合欢
◎12770 ◇923/143
◎16798 ◇222/138
◎24039 ◇1081
◎41367 ◇1714
Acacia fasciculifera F. Muell. ex Benth.
▶簇花相思木
◎24040 ◇1081
◎40281 ◇1700
Acacia floribunda（Vent.）Willd.
▶多花相思树
◎39566 ◇1695
◎42323 ◇1726
Acacia galpinii Burtt Davy
▶盖氏相思木
◎18158 ◇222/515
◎24041 ◇1081
Acacia gaumeri S. F. Blake
▶高氏相思木
◎24042 ◇1081
◎39151 ◇1689
Acacia georginae Bailey
▶乔治娜相思木
◎24043 ◇1081
Acacia glomerosa Benth.
▶球状带相思木
◎24044 ◇1081
◎42324 ◇1726
Acacia greggii A. Gray
▶格瑞相思木
◎24045 ◇1081
◎38735 ◇1139
◎39140 ◇1689
Acacia harpophylla F. Muell. ex Benth.
▶镰叶相思木
◎5071 ◇222
◎22917 ◇823
Acacia heterophylla（Lam.）Willd.
▶异叶相思木
◎24046 ◇1081
Acacia huarango Ruiz ex J. F. Macbr.
▶哈伦相思木
◎24047 ◇1081
Acacia implexa Benth.
▶交织相思木
◎24048 ◇1081
◎40275 ◇1700
Acacia iteaphylla F. Muell. ex Benth.
▶鼠刺叶相思木
◎24049 ◇1081
◎40289 ◇1700
Acacia jennerae Maiden
▶詹娜相思木
◎40384 ◇1701
Acacia karroo Hayne
▶卡洛相思木
◎24050 ◇1081
◎40297 ◇1700
◎41441 ◇1715
Acacia koa A. Gray
▶夏威夷相思木
◎18221 ◇222
◎24051 ◇1081
◎24052 ◇1081
Acacia koaia Hillebr.
▶寇阿相思树
◎40560 ◇1704
◎40618 ◇1704
Acacia kosiensis P. P. Sw. ex Coates Palgr.
▶寇氏相思木
◎24053 ◇1081

◎40328　◇1701
◎42237　◇1725
Acacia leiocalyx (Domin) Pedley
▶光萼相思
◎24054　◇1081
◎40287　◇1700
◎40375　◇1701
◎40676　◇1705
Acacia leucophloea (Roxb.) Willd.
▶白韧金合欢
◎8562　◇898
◎13187　◇894/138
◎23341　◇889
◎26335　◇1147
◎27339　◇1231
◎27517　◇1234
Acacia loderi Maiden
▶劳德相思木
◎24055　◇1081
Acacia longifolia (Andrews) Willd.
▶长叶相思木
◎24056　◇1081
Acacia macracantha Humb. & Bonpl. ex Willd.
▶马卡相思木
◎24058　◇1081
◎39158　◇1689
Acacia maidenii F. Muell.
▶缅甸相思木
◎24059　◇1081
◎40282　◇1700
Acacia mangium Willd.
▶马占相思
◎21014　◇890
◎24060　◇1081
Acacia maranoensis Pedley
▶马如相思木
◎24061　◇1081
◎40363　◇1701
Acacia masliniana R. S. Cowan
▶马斯相思木
◎24062　◇1081
Acacia mearnsii De Wild.
▶毛相思/黑荆
◎13153　◇894/622
◎16809　◇222
◎17020　◇222/138
◎17022　◇222
◎17023　◇222/138
◎24063　◇1081
◎40300　◇1700
◎42259　◇1725
Acacia melanoxylon R. Br.
▶黑木相思木
◎4777　◇222
◎22670　◇806
◎22712　◇806
◎22946　◇825
◎23000　◇825
◎23030　◇823
◎36956　◇1627
Acacia melvillei Pedley
▶麦乐相思木
◎24064　◇1081
◎40283　◇1700
Acacia microbotrya Benth.
▶小花序相思木
◎29709　◇1356
◎29710　◇1356
◎29771　◇1359
Acacia microsperma Pedley
▶小籽相思木
◎40277　◇1700
◎40668　◇1705
Acacia mucronata Wendl.
▶短尖相思木
◎24065　◇1081
◎40296　◇1700
Acacia neriifolia A. Cunn. ex Benth.
▶窄叶相思木
◎29772　◇1359
◎29773　◇1359
Acacia nigrescens Oliv.
▶黑相思木
◎24066　◇1081
◎40292　◇1700
◎42220　◇1724
Acacia nilotica (L.) Willd. ex Delile
▶阿拉伯金合欢
◎19070　◇896
◎20853　◇891
◎24067　◇1081
Acacia obliquinervia Tindale
▶斜脉相思木
◎40358　◇1701
Acacia omalophylla A. Cunn. ex Benth.
▶平展叶相思
◎24013　◇1081
◎40288　◇1700
Acacia orites Pedley
▶奥特相思木
◎24068　◇1081
◎40290　◇1700
Acacia oswaldii F. Muell.
▶奥斯瓦相思木
◎24069　◇1081
◎40295　◇1700
Acacia pallens (Benth.) Rolfe
▶淡色相思木
◎24070　◇1081
Acacia papyrocarpa Benth.
▶纸果相思木
◎24071　◇1081
◎39378　◇1692
Acacia parramattensis Tindale
▶帕拉马相思木
◎40333　◇1701
Acacia pendula A. Cunn. ex G. Don
▶垂枝相思木
◎24072　◇1081
◎39173　◇1689
Acacia pennatula (Schltdl. & Cham.) Benth.
▶羽状相思
◎24073　◇1081
Acacia peuce F. Muell.
▶皮色相思木
◎24074　◇1081
◎40276　◇1700
Acacia polyphylla DC.
▶多叶相思木
◎38490　◇1135
Acacia pravissima F. Muell.
▶三角叶相思木
◎24075　◇1081
◎40372　◇1701
Acacia pubescens (Vent.) R. Br.
▶绢毛相思
◎15556　◇222/138
Acacia pycnantha Benth.
▶密花相思
◎40701　◇1705
Acacia ramulosa W. Fitzg.
▶多枝相思木
◎24076　◇1081
Acacia resinimarginea W. Fitzg.
▶乐森相思木

◎40278　◇1700

Acacia retinodes Schltdl.

▶网节相思木

◎15618　◇952

◎24077　◇1081

◎32178　◇1478

Acacia rhodoxylon Maiden

▶红色相思

◎24078　◇1081

◎40364　◇1701

Acacia richii A. Gray

▶台湾相思木

◎7224　◇223/138

◎7421　◇223

◎8251　◇223

◎9200　◇223/138

◎9201　◇223/138

◎12747　◇223

◎12803　◇223;969/138

◎13859　◇223

◎16183　◇223

◎16759　◇223

Acacia rigidula Benth.

▶坚硬相思木/金合欢

◎24079　◇1083

Acacia salicina Lindl.

▶柳叶相思木

◎24080　◇1083

◎24081　◇1083

◎40284　◇1700

◎40354　◇1701

◎42111　◇1723

Acacia senegalia（L.）Willd.

▶儿茶相思木

◎34654　◇1554

Acacia shirleyi Maiden

▶雪莉相思木

◎24082　◇1083

◎40286　◇1700

◎41437　◇1715

Acacia sieberiana var. *woodii*（Burtt Davy）Keay & Brenan

▶木质相思木

◎24084　◇1083

Acacia sieberiana Tausch

▶西氏相思木

◎21457　◇223/515

Acacia sophorae（Labill.）R. Br.

▶索氏相思木

◎24057　◇1081

Acacia stenophylla A. Cunn. ex Benth.

▶短叶相思木

◎24085　◇1083

◎40285　◇1700

Acacia tenuifolia（L.）Willd.

▶细叶相思木

◎33442　◇1524

◎38479　◇1134

Acacia tephrina Pedley

▶灰色相思木

◎24086　◇1083

Acacia tetragonophylla F. Muell.

▶方叶相思木

◎40399　◇1702

Acacia tomentosa（Rottler）Willd.

▶毛相思木

◎24087　◇1083

Acacia trachyphloia Tindale

▶垂科相思木

◎24088　◇1083

Acacia verticillata（L'Hér.）Willd.

▶轮叶相思木

◎24089　◇1083

◎40291　◇1700

Acacia xanthophloea Benth.

▶汉色相思木

◎24090　◇1083

◎40299　◇1700

◎42124　◇1723

Acacia xiphophylla E. Pritz.

▶剑叶相思木

◎41440　◇1715

Acacia Mill.

▶相思树属

◎15541　◇223

◎17021　◇223

◎27516　◇1234

◎37578　◇1662

◎41269　◇1713

Acosmium panamense（Benth.）Yakovlev

▶巴拿马无艳檀

◎4451　◇276

◎4549　◇276

◎20133　◇936

◎20523　◇828

Acrocarpus fraxinifolius Wight & Arn.

▶顶果苏木/顶果树

◎4881　◇240/614

◎18992　◇240

◎18996　◇240/144

◎35326　◇1571

Adenanthera marindifolia Roxb.

▶海生孔雀豆/海生海红豆

◎14130　◇/463

Adenanthera microsperma Teijsm. & Binn.

▶小种孔雀豆/小种海红豆

◎27145　◇1227

Adenanthera pavonina L.

▶孔雀豆/海红豆

◎7230　◇224

◎9273　◇224;871/138

◎14621　◇224

◎14854　◇224;1029

◎16000　◇224

◎16609　◇224

◎20849　◇891

◎26729　◇1196

◎27342　◇1231

◎35874　◇1585

◎36620　◇1614

◎42426　◇1728

Adenanthera tamaindea

▶塔氏孔雀豆/塔氏海红豆

◎35837　◇1583

Adenanthera L.

▶孔雀豆属/海红豆属

◎26962　◇1223

◎40860　◇1707

Aeschynomene denticulata Rudd

▶齿状合萌木

◎38549　◇1135

Afzelia africana Pers.

▶非洲缅茄

◎17942　◇829/144

◎21859　◇930/144

◎21893　◇899/1192

Afzelia bella var. *bella*

▶雅洁缅茄（原变种）

◎37815　◇1671

Afzelia bella Harms

▶雅洁缅茄

◎21462　◇240/144

◎24125　◇1083

Afzelia bipindensis Harms

▶喀麦隆缅茄

◎5156　◇240

◎21464　◇240/144
◎22881　◇899
◎36365　◇1598
◎36366　◇1598
◎36367　◇1598

Afzelia lekeri Prain
▶莱克缅茄
◎15182　◇938/144

Afzelia pachyloba Harms
▶厚叶缅茄
◎18431　◇925/144
◎21465　◇240/144

Afzelia quanzensis Welw.
▶安哥拉缅茄
◎21634　◇240/144
◎24126　◇1083
◎42043　◇1722
◎42044　◇1722

Afzelia rhomboidea (Blanco) Fern.-Vill.
▶菱形缅茄/南洋缅茄
◎4606　◇248
◎22390　◇926
◎24127　◇1083
◎34338　◇1548
◎34476　◇1550
◎34477　◇1550
◎40367　◇1701

Afzelia xylocarpa (Kurz) Craib
▶木荚缅茄/缅茄
◎8929　◇939
◎9705　◇931/721
◎9718　◇931
◎15206　◇938/144
◎17057　◇248
◎20386　◇938/144

Afzelia Sm.
▶缅茄属
◎17804　◇929
◎36958　◇1627

Aganope leucobotrya (Dunn) Polhill
▶白花双束鱼藤木
◎30960　◇1422
◎31049　◇1426
◎31050　◇1426

Aganope thyrsiflora (Benth.) Polhill
▶密锥花鱼藤
◎21294　◇913

Albizia acle (Blanco) Merr.
▶菲律宾合欢木
◎4620　◇225
◎21638　◇239
◎24140　◇1083
◎28543　◇1281
◎28544　◇1281
◎34138　◇1544
◎34269　◇1546
◎34270　◇1546
◎34271　◇1546
◎34272　◇1546

Albizia adianthifolia var. *intermedia* (De Wild. & T. Durand) Villiers
▶间型合欢木
◎37816　◇1671

Albizia adianthifolia (Schumach.) W. Wight
▶热非合欢木
◎18152　◇225/515
◎21467　◇225/515
◎21894　◇899

Albizia altissima Hook. f.
▶艾乐合欢
◎37774　◇1667

Albizia amara (Roxb.) B. Boivin
▶阿马拉合欢
◎8574　◇898

Albizia antunesiana Harms
▶安特合欢
◎21468　◇225/516

Albizia bracteata Dunn
▶蒙自合欢
◎11993　◇225;970/458

Albizia carbonaria Britton
▶木炭合欢
◎35125　◇1564

Albizia chinensis (Osbeck) Merr.
▶楹树
◎9198　◇225;993
◎9199　◇225;993/139
◎12700　◇922/141
◎14554　◇225
◎14857　◇225;1029/458
◎15762　◇225
◎16758　◇225
◎16878　◇225
◎18879　◇913
◎19404　◇225
◎19561　◇233
◎20854　◇891
◎22949　◇954
◎34528　◇1551
◎38997　◇1687

Albizia corniculata (Lour.) Druce
▶天香藤
◎14566　◇226

Albizia ferruginea (Guill. & Perr.) Benth.
▶锈色合欢
◎17960　◇829
◎21112　◇TBA
◎21470　◇226/516
◎23478　◇909
◎30892　◇1419
◎31051　◇1426
◎31052　◇1426
◎31161　◇1429
◎31162　◇1429

Albizia glaberrima (Schumach. & Thonn.) Benth.
▶玻璃合欢
◎24141　◇1083

Albizia gummifera (J. F. Gmel.) C. A. Sm.
▶胶合欢
◎20492　◇828
◎21471　◇226
◎21731　◇930/141

Albizia julibrissin var. *mollis* (Wall.) Benth.
▶毛叶合欢
◎1240　◇TBA
◎9618　◇231/458
◎12018　◇231;1074/141
◎14005　◇231
◎16156　◇231
◎17559　◇231

Albizia julibrissin Durazz.
▶合欢
◎4756　◇227
◎4840　◇227/139
◎5721　◇227
◎6654　◇227
◎9828　◇227;1058
◎9829　◇227;818/458

◎9842 ◇227;808

◎9843 ◇227;809

◎11889 ◇227

◎12097 ◇227

◎15824 ◇227

◎17328 ◇227/139

◎17654 ◇227

Albizia kalkora **(Roxb.) Prain**

▶山合欢

◎5722 ◇228

◎5877 ◇228

◎6612 ◇228

◎7747 ◇228

◎8738 ◇228;1054

◎9389 ◇228;858/140

◎9826 ◇228

◎9827 ◇228;801

◎10715 ◇228

◎10716 ◇228

◎10733 ◇228

◎12691 ◇228;988

◎13491 ◇228

◎15863 ◇228

◎15913 ◇228

◎16484 ◇229

◎17422 ◇229

◎17498 ◇229;784

◎18026 ◇229;1025/139

◎18049 ◇229;985/140

◎19177 ◇229

◎19997 ◇229

◎21174 ◇229

Albizia lebbeck **(L.) Benth.**

▶大叶合欢

◎4883 ◇230/140

◎5615 ◇230

◎5956 ◇230

◎7341 ◇230

◎8876 ◇230

◎8928 ◇939/140

◎9202 ◇230;993/140

◎9210 ◇230

◎12804 ◇230/140

◎16749 ◇230

◎18901 ◇913

◎19072 ◇896

◎20850 ◇891

◎22956 ◇954

◎27343 ◇1231

◎42027 ◇1722

◎42032 ◇1722

◎42034 ◇1722

Albizia lebbekioides **(DC.) Benth.**

▶类大叶合欢

◎11397 ◇922/140

◎13144 ◇894/458

◎15352 ◇923

◎27522 ◇1234

◎38822 ◇1684

◎40311 ◇1701

Albizia lucidior **(Steud.) I. C. Nielson ex H. Hara**

▶光叶合欢

◎4274 ◇231

◎6757 ◇TBA

◎11371 ◇922/140

◎11819 ◇231

◎12753 ◇923/139

◎17273 ◇231/458

Albizia myriophylla **Benth.**

▶杨梅叶合欢

◎24142 ◇1083

◎39168 ◇1689

Albizia niopoides **var.** ***niopoides***

▶尼泊尔合欢（原变种）

◎24143 ◇1083

◎39244 ◇1690

Albizia niopoides **(Spruce ex Benth.) Burkart**

▶尼泊尔合欢

◎22084 ◇908

◎22094 ◇238/546

◎22707 ◇806/545

◎32831 ◇1498

◎38260 ◇1130

◎38488 ◇1135

Albizia odoratissima **(L. f.) Benth.**

▶香合欢

◎8559 ◇898

◎11507 ◇232;1074

◎11508 ◇232

◎11509 ◇232

◎11510 ◇232/141

◎11511 ◇232;851

◎11512 ◇232

◎11513 ◇232;995/141

◎11864 ◇232

◎14598 ◇232

◎14805 ◇232;1029

◎15989 ◇232

◎16804 ◇232

◎16854 ◇232

◎17263 ◇232

◎17675 ◇232

◎19071 ◇896

◎20680 ◇896

◎22985 ◇954

◎31843 ◇1465

◎42026 ◇1722

◎42068 ◇1723

Albizia pedicellaris **(DC.) L. Rico**

▶具梗合欢

◎29955 ◇1369

◎30135 ◇1380

◎30309 ◇1390

◎30922 ◇1420

◎32017 ◇1471

◎32375 ◇1484

◎32376 ◇1484

◎32377 ◇1484

◎34231 ◇1546

◎34232 ◇1546

◎34233 ◇1546

◎34348 ◇1548

◎34741 ◇1555

◎34742 ◇1555

◎34743 ◇1555

Albizia pedicellata **Baker ex Benth.**

▶花梗合欢

◎28323 ◇1270

Albizia procera **(Roxb.) Benth.**

▶白格

◎4275 ◇233

◎4648 ◇233

◎6809 ◇233

◎7264 ◇233

◎8484 ◇898

◎9936 ◇956

◎11460 ◇233;998

◎11461 ◇233/141

◎11462 ◇233

◎11463 ◇233;875/141

◎11464 ◇233;851

◎11465 ◇233;875

◎11466 ◇233;861

◎11467 ◇233

◎13141 ◇894

◎13950 ◇954/141
◎14111 ◇893/141
◎14632 ◇233
◎14809 ◇233;1029
◎15243 ◇901
◎15245 ◇901
◎15292 ◇901
◎15313 ◇900
◎16346 ◇TBA
◎18748 ◇233
◎19074 ◇896
◎20397 ◇TBA
◎21001 ◇890
◎21655 ◇233
◎22972 ◇954
◎23334 ◇889
◎27344 ◇1231
◎27523 ◇1234

Albizia schimperiana **Oliv.**

▶思切合欢

◎21469 ◇233

Albizia splendens **Miq.**

▶垂丽合欢

◎40834 ◇1707

Albizia suluensis **Grestner**

▶苏卢合欢

◎24139 ◇1083
◎40301 ◇1700

Albizia vialeana **Pierre**

▶外乐合欢

◎24144 ◇1083
◎39191 ◇1690

Albizia zygia **(DC.) J. F. Macbr.**

▶西非合欢

◎21730 ◇930/141
◎24145 ◇1083
◎38351 ◇1133

Albizia **Durazz.**

▶合欢属

◎482 ◇234
◎949 ◇TBA
◎1213 ◇TBA
◎6734 ◇234
◎7936 ◇234
◎9261 ◇234
◎12023 ◇234;1052
◎13624 ◇234
◎13655 ◇234;987
◎16832 ◇234
◎20486 ◇828
◎34140 ◇1544
◎34141 ◇1544
◎34655 ◇1554
◎34656 ◇1554
◎37041 ◇1629
◎37475 ◇1659
◎39927 ◇1122
◎39928 ◇1122
◎39929 ◇TBA
◎39930 ◇1122
◎40875 ◇1707

Aldina heterophylla **Benth.**

▶异叶金合欢

◎20470 ◇822
◎40338 ◇1701

Alexa grandiflora **Ducke**

▶大花护卫豆

◎20467 ◇251/543

Alexa leiopetala **Sandwith**

▶平瓣护卫豆

◎20475 ◇828
◎24149 ◇1083

Alexa wachenheimii **Benoist**

▶瓦氏护卫豆

◎27782 ◇1242
◎32313 ◇1483
◎34273 ◇1546
◎34405 ◇1549

Alexa **Moq.**

▶护卫豆属/卷瓣檀属

◎35275 ◇1569

Amblygonocarpus andongensis **(Welw. ex Oliv.) Exell & Torre**

▶摇棒豆

◎40746 ◇1706

Amburana acreana **(Ducke) A. C. Sm.**

▶良豆木/青李豆

◎18553 ◇251/543
◎22545 ◇TBA
◎40061 ◇1126

Amburana cearensis **(Allemão) A. C. Sm.**

▶巴西良豆/巴西青李豆

◎18261 ◇908
◎18451 ◇251/543
◎21482 ◇251
◎22086 ◇TBA
◎38261 ◇1130

Ammopiptanthus mongolicus **(Maxim. ex Kom.) S. H. Cheng**

▶沙冬青

◎12542 ◇251/153

Amorpha californica **Nutt. ex Torr. & A. Gray**

▶加州紫穗槐

◎42431 ◇1728

Amorpha fruticosa **L.**

▶紫穗槐

◎13725 ◇251/153
◎26730 ◇1196

Amphimas ferrugineus **Pierre ex Pellegr.**

▶锈色双雄木

◎40160 ◇1699

Amphimas pterocarpoides **Harms**

▶双雄苏木

◎21898 ◇899/512
◎24187 ◇1084

Amphimas **Pierre ex Harms**

▶双雄苏木属

◎21140 ◇TBA

Amphiodon effusus **Huber**

▶扩展重齿豆

◎32711 ◇1493

Anadenanthera colubrina* var. *cebil **(Griseb.) Altschul**

▶赛比阿那豆/大果红心木

◎20505 ◇828
◎22708 ◇806/545
◎24194 ◇1084
◎24195 ◇1084
◎41429 ◇1715

Anadenanthera colubrina **(Vell.) Brenan**

▶蛇状柯拉豆/蛇状黑金檀

◎24193 ◇1084

Anadenanthera peregrina **(L.) Speg.**

▶巴尔干阿那豆/黑金檀

◎24196 ◇1084
◎38559 ◇1136
◎39807 ◇1698

Andira americana **Benth.**

▶美洲甘蓝豆

◎21138 ◇/543

Andira coriacea **Pulle**

▶革质甘蓝豆

◎34406 ◇1549

◎42402 ◇1727
◎21136 ◇TBA
◎26856 ◇1212
◎31932 ◇1470
◎32314 ◇1483
◎40343 ◇1701

Andira inermis **(W. Wright) DC.**
▶无刺甘蓝豆
◎4486 ◇251
◎20515 ◇828/543
◎27968 ◇1252
◎32712 ◇1493
◎34407 ◇1549
◎40066 ◇1126
◎41730 ◇1718
◎41962 ◇1721

Andira parviflora **Ducke**
▶小花甘蓝豆
◎22492 ◇820

Andira surinamensis **(Bondt) Splitg. ex Pulle**
▶苏里南甘蓝豆
◎18453 ◇251/543
◎24197 ◇1084
◎27919 ◇1250
◎29941 ◇1368
◎30027 ◇1373
◎30193 ◇1383
◎30391 ◇1395
◎30392 ◇1395
◎30393 ◇1395
◎30450 ◇1399
◎32833 ◇1498
◎32834 ◇1498
◎33106 ◇1510
◎33484 ◇1524
◎34408 ◇1549
◎34409 ◇1549
◎40067 ◇1126

Andira **Lam.**
▶甘蓝豆属
◎23259 ◇905

Angylocalyx oligophyllus **(Baker) Baker f.**
▶少叶北羚豆
◎36368 ◇1599
◎36623 ◇1614
◎36624 ◇1614

Annea afzelii **(Oliv.) Mackinder & Wieringa**
▶金币檀木
◎30985 ◇1424
◎31012 ◇1425
◎31055 ◇1426
◎31056 ◇1426
◎31163 ◇1429
◎31164 ◇1429

Anthonotha lamprophylla **(Harms) J. Léonard**
▶亮叶小穗豆木
◎37820 ◇1671

Anthonotha macrophylla **P. Beauv.**
▶大叶小穗豆木
◎31013 ◇1425
◎31057 ◇1427
◎31058 ◇1427
◎31205 ◇1431
◎31206 ◇1431
◎37761 ◇1667
◎37762 ◇1667

Anthyllis barba-jovis **L.**
▶须芒岩豆
◎40726 ◇1706

Aphanocalyx heitzii **(Pellegr.) Wieringa**
▶海氏隐萼檀
◎21771 ◇930/531
◎33612 ◇1531

Aphanocalyx microphyllus **(Harms) Wieringa**
▶小叶艾佛豆木
◎36485 ◇1608

Apoplanesia paniculata **C. Presl**
▶圆锥黄漆檀
◎24221 ◇1082
◎39239 ◇1690
◎42308 ◇1726

Archidendron clypearia **var.** ***montanum*** **(Benth.) M. G. Gangop. & Chakrab.**
▶山猴耳环
◎28963 ◇1304

Archidendron clypearia **(Jack) I. C. Nielsen**
▶猴耳环
◎9138 ◇237;970/143
◎9179 ◇237;1028/143
◎9180 ◇237;1059
◎9250 ◇237;786/143
◎9266 ◇237;786
◎11810 ◇237
◎12446 ◇237
◎14295 ◇237
◎15622 ◇237
◎16679 ◇237
◎18283 ◇902/143
◎27456 ◇1233
◎28282 ◇1268
◎38095 ◇1114

Archidendron falcatum **I. C. Nielsen**
▶镰状猴耳环
◎28102 ◇1260

Archidendron kunstleri **(Prain) I. C. Nielsen**
▶库斯猴耳环
◎36164 ◇1588

Archidendron lucidum **(Benth.) I. C. Nielsen**
▶亮叶猴耳环
◎8775 ◇238
◎9594 ◇238
◎13248 ◇238;859
◎14417 ◇238;968
◎15910 ◇238
◎16590 ◇238

Archidendron tjendana **(Kosterm.) I. C. Nielsen**
▶特氏猴耳环
◎28809 ◇1294

Archidendron vaillantii **(F. Muell.) F. Muell.**
▶瓦扬猴耳环
◎24236 ◇1082
◎40370 ◇1701

Archidendron **F. Muell.**
▶猴耳环属
◎37481 ◇1659

Archidendropsis basaltica **(F. Muell. & Benth.) I. C. Nielsen**
▶拟棋子豆
◎5069 ◇225
◎24237 ◇1082
◎39891 ◇1699

Archidendropsis thozetiana **(F. Muell.) I. C. Nielsen**
▶索泽猴耳环

◎24238 ◇1082
◎39467 ◇1694

Archidendropsis xanthoxylon **(C. T. White & W. D. Francis) I. C. Nielsen**
▶黄木猴耳环
◎24239 ◇1082
◎24240 ◇1082

Baikiaea insignis **Benth.**
▶红苏木
◎20499 ◇828

Baikiaea insignis **subsp.** ***minor*** **(Oliv.) J. Leonard**
▶小红苏木
◎24296 ◇1082
◎35583 ◇1572

Baikiaea plurijuga **Harms**
▶多小叶红苏木
◎18218 ◇240
◎19537 ◇240/512
◎32835 ◇1498
◎33496 ◇1525

Balizia leucocalyx **(Britton & Rose) Barneby & J. W.**
▶白萼雅合欢
◎24299 ◇1082
◎38301 ◇1132

Balizia pedicellaris **(DC.) Barneby & J. W. Grimes**
▶拍第雅合欢
◎26301 ◇1141
◎26627 ◇1182
◎27786 ◇1242
◎27972 ◇1253
◎29219 ◇1320
◎29262 ◇1323
◎29960 ◇1369
◎30122 ◇1379
◎30292 ◇1389
◎30684 ◇1412
◎30894 ◇1419
◎32715 ◇1493
◎32716 ◇1493
◎32836 ◇1498
◎32837 ◇1498

Baphia massaiensis **subsp.** ***obovata*** **(Schinz) Brummitt**
▶卵叶杂色豆/卵叶鸡血檀
◎32838 ◇1498

Baphia nitida **G. Lodd.**
▶光亮杂色豆/光亮鸡血檀
◎23524 ◇856
◎23525 ◇TBA
◎23621 ◇TBA
◎23622 ◇856
◎30961 ◇1423
◎31107 ◇1428
◎31108 ◇1428
◎37826 ◇1671

Baphia pubescens **Hook. f.**
▶柔毛杂色豆/柔毛鸡血檀
◎30895 ◇1419
◎31109 ◇1428
◎31110 ◇1428

Baphia **Afzel. ex G. Lodd.**
▶杂色豆属/鸡血檀属
◎23626 ◇942

Batesia floribunda **Spruce ex Benth.**
▶多花巴北苏木/多花朱子檀
◎24312 ◇1084
◎39370 ◇1692

Bauhinia acuminata **L.**
▶白花羊蹄甲
◎26733 ◇1196

Bauhinia blakeana **Dunn**
▶红花羊蹄甲
◎7229 ◇240
◎16744 ◇240

Bauhinia cochinchinensis **(Lour.) Byng & Christenh.**
▶交趾羊蹄甲
◎14724 ◇931

Bauhinia divaricata **L.**
▶美洲羊蹄甲
◎20858 ◇891
◎24314 ◇1084
◎40576 ◇1704

Bauhinia forficata **subsp.** ***pruinosa*** **(Vogel) Fortunato & Wunderlin**
▶章鱼羊蹄甲
◎32839 ◇1498

Bauhinia forficata **Link**
▶剪刀羊蹄甲
◎24315 ◇1084
◎40053 ◇1116

Bauhinia galpinii **N. E. Br.**
▶橙花羊蹄甲
◎36696 ◇1617
◎36697 ◇1617

Bauhinia guianensis **var.** ***splendens*** **(Kunth) Amshoff**
▶串红羊蹄甲
◎32843 ◇1498

Bauhinia guianensis **Pulle**
▶圭亚那羊蹄甲
◎32840 ◇1498
◎32844 ◇1498

Bauhinia hirsuta **(Bong.) Vogel**
▶毛羊蹄甲
◎24316 ◇1084
◎39335 ◇1691

Bauhinia holophylla **(Bong.) Steud.**
▶霍拉羊蹄甲
◎32841 ◇1498

Bauhinia lakhonensis **Gagnep.**
▶莱克羊蹄甲
◎24317 ◇1084
◎39035 ◇1688

Bauhinia lunarioides **A. Gray ex S. Watson**
▶阴历羊蹄甲
◎42339 ◇1726

Bauhinia malabarica **Roxb.**
▶马拉羊蹄甲
◎8535 ◇898/145
◎24318 ◇1084
◎27355 ◇1231
◎27356 ◇1231
◎27538 ◇1235
◎27539 ◇1235
◎37043 ◇1629

Bauhinia picta **(Kunth) DC.**
▶皮克羊蹄甲
◎4470 ◇240/145

Bauhinia purpurea **L.**
▶紫色羊蹄甲
◎16780 ◇240
◎24319 ◇1084

Bauhinia racemosa **Vahl**
▶总状花羊蹄甲
◎24320 ◇1084
◎39214 ◇1690

Bauhinia siqueiraei **Ducke**
▶思快羊蹄甲
◎32845 ◇1498

Bauhinia tomentosa **Vell.**
▶黄花羊蹄甲

◎24321 ◇1084

Bauhinia vahlii **Wight & Arn.**

▶瓦合羊蹄甲

◎20857 ◇891

◎24322 ◇1084

◎40400 ◇1702

Bauhinia variegata **L.**

▶彩斑羊蹄甲

◎4276 ◇240

◎7952 ◇240/145

◎9197 ◇240;993

◎13619 ◇240

◎16808 ◇240

◎19384 ◇240/145

◎38088 ◇1114

Bauhinia **Plum. ex L.**

▶羊蹄甲属

◎29055 ◇1310

◎29056 ◇1310

◎29057 ◇1310

◎32846 ◇1498

Berlinia bracteosa **Benth.**

▶多苞鞋木

◎21578 ◇261

◎21729 ◇930/512

◎22882 ◇899

◎32735 ◇1494

◎37885 ◇1674

◎37886 ◇1674

Berlinia bruneelii **(De Wild.) Torre & Hillc.**

▶布氏鞋木

◎35761 ◇1577

Berlinia confusa **Hoyle**

▶鞋木

◎21901 ◇899

◎24334 ◇1085

◎30935 ◇1421

◎30987 ◇1424

◎30988 ◇1424

◎31061 ◇1427

◎31062 ◇1427

◎31209 ◇1431

◎31210 ◇1431

◎31211 ◇1431

◎31212 ◇1431

◎36625 ◇1614

Berlinia craibiana **Baker f.**

▶加勒鞋木

◎36370 ◇1599

Berlinia grandiflora **(Vahl) Hutch. & Dalziel**

▶大花鞋木

◎19648 ◇240

◎24335 ◇1085

Berlinia occidentalis **Keay**

▶西方鞋木

◎26915 ◇1220

Berlinia **Sol. ex Hook. f.**

▶鞋木属

◎17943 ◇829

Bobgunnia fistuloides **(Harms) J. H. Kirkbr. & Wiersema**

▶葱叶鲍古豆

◎15066 ◇856/161

◎15067 ◇TBA

◎15068 ◇TBA

◎15069 ◇TBA

◎15070 ◇TBA

◎15495 ◇TBA

◎21105 ◇928

◎22876 ◇856

◎24354 ◇1086

◎39816 ◇1698

Bobgunnia madagascariensis **(Desv.) J. H. Kirkbr. & Wiersema**

▶马达加斯加鲍古豆

◎23619 ◇924

◎24353 ◇1086

◎39898 ◇1699

Bocoa prouacensis **Aubl.**

▶布鲁玉蕊檀

◎20458 ◇822

◎24356 ◇1086

◎27962 ◇1252

◎32030 ◇1472

◎32847 ◇1499

◎33497 ◇1525

◎33583 ◇1528

◎33874 ◇1540

◎33875 ◇1540

◎42349 ◇1726

Bowdichia nitida **Spruce ex Benth.**

▶光亮鲍迪豆/光鲍迪豆

◎22539 ◇/543

◎24364 ◇1084

◎40072 ◇1126

◎41407 ◇1714

Bowdichia virgilioides **Kunth**

▶鲍迪豆

◎18538 ◇241/543

◎19425 ◇832

Bowdichia **Kunth**

▶鲍迪豆属

◎22463 ◇819

◎23460 ◇TBA

◎23608 ◇956

◎32848 ◇1499

◎33773 ◇1537

Bowringia discolor **J. B. Hall**

▶异色藤槐

◎30907 ◇1420

◎31133 ◇1429

◎31134 ◇1429

Brachystegia cynometroides **Harms**

▶喃喃果状短盖豆

◎21095 ◇928

◎21491 ◇241/512

Brachystegia laurentii **(De Wild.) Louis ex J. Léonard**

▶劳氏短盖豆

◎20547 ◇829

◎21492 ◇241

◎21764 ◇930/145

◎37047 ◇1629

◎40352 ◇1701

Brachystegia mildbraedii **Harms**

▶米氏短盖豆

◎5157 ◇241/145

◎24368 ◇1084

Brachystegia nigerica **Hoyle & A. P. D. Jones**

▶尼日利亚短盖豆

◎40351 ◇1701

Brachystegia spiciformis **Benth.**

▶总状短盖豆

◎24369 ◇1084

Brachystegia **Benth.**

▶短盖豆属

◎5155 ◇241

◎33748 ◇1536

◎33749 ◇1536

Brownea chocoana **Quiñones**

▶冠氏宝冠木

◎32849 ◇1499

Brownea coccinea **subsp.** ***capitella*** **(Jacq.) D. Velázquez & G. Agostini**

▶头球宝冠木

◎24377　◇1084
◎39747　◇1697
◎39901　◇1699
Brownea macrophylla **Linden**
▶**大叶宝冠木**
◎24378　◇1084
◎40434　◇1702
◎40585　◇1704
Brownea tillettiana **D. Velásquez & G. Agostini**
▶**提来宝冠木**
◎29918　◇1367
◎30100　◇1378
◎30269　◇1388
◎30357　◇1393
◎30358　◇1393
◎30395　◇1395
◎30509　◇1402
◎30510　◇1402
Browneopsis excelsa **Pittier**
▶**大玉冠木**
◎4501　◇241
Brya ebenus **(L.) DC.**
▶**黑椰豆木/黑山楂檀**
◎19559　◇251
◎39165　◇1689
Burkea africana **Hook.**
▶**伯克苏木**
◎19538　◇241/512
◎24391　◇1085
◎29536　◇1338
Bussea occidentalis **Hutch.**
▶**西方布西豆**
◎30896　◇1419
◎31213　◇1431
◎31214　◇1431
Butea monosperma **(Lam.) Kuntze**
▶**单子紫铆/紫矿**
◎21407　◇897
◎24396　◇1085
◎35343　◇1571
◎35586　◇1572
Cadia purpurea **(G. Piccioli) Aiton**
▶**紫色风铃豆**
◎36698　◇1617
◎36699　◇1617
Caesalpinia coriaria **(Jacq.) Willd.**
▶**革质苏木**
◎4487　◇241/145
◎39518　◇1694
Caesalpinia cucullata **Roxb.**
▶**库库苏木**
◎21317　◇TBA
Caesalpinia echinata **Lam.**
▶**苏木**
◎22476　◇241/542
◎22765　◇806/542
◎41410　◇1714
◎42467　◇1136
Caesalpinia eriostachys **Benth.**
▶**绵毛穗云实/绵毛穗小凤花**
◎39812　◇1698
Caesalpinia ferrea **Mart. ex Tul.**
▶**铁云实/铁架木**
◎40448　◇1702
Caesalpinia gaumeri **Greenm.**
▶**高曼苏木/高曼云实**
◎24403　◇1085
◎39263　◇1691
Caesalpinia granadillo **Pittier**
▶**浸斑苏木/浸斑云实**
◎22761　◇806/543
◎24404　◇1085
◎42387　◇1727
◎42391　◇1727
Caesalpinia leiostachya **(Benth.) Ducke**
▶**光穗苏木/光穗云实**
◎24405　◇1085
Caesalpinia paraguariensis **(D. Parodi) Burkart**
▶**巴拉圭苏木/巴拉圭云实**
◎24406　◇1085
◎40578　◇1704
Caesalpinia platyloba **S. Watson**
▶**阔裂片苏木/阔裂片云实**
◎24407　◇1085
◎39867　◇1698
◎42235　◇1725
Caesalpinia pulcherrima **(L.) Sw.**
▶**洋金凤**
◎26736　◇1196
Caesalpinia sappan **L.**
▶**多汁苏木/多汁云实**
◎7219　◇241
◎16131　◇241/145
◎40812　◇1706
Caesalpinia sclerocarpa **Standl.**
▶**硬果苏木/硬果云实**
◎24408　◇1085
◎39802　◇1698
Caesalpinia vesicaria **L.**
▶**膨胀苏木/膨胀云实**
◎24409　◇1085
Caesalpinia **Plum. ex L.**
▶**苏木属/云实属**
◎6425　◇241
◎12391　◇848
◎15458　◇241
◎15554　◇241
◎28390　◇1273
Callerya atropurpurea **(Wall.) Schot**
▶**紫黑鸡血藤**
◎27059　◇1225
◎40867　◇1707
Callerya nieuwenhuisii **(J. J. Sm.) Schot**
▶**乃优鸡血藤**
◎33405　◇1522
◎33438　◇1524
◎33447　◇TBA
◎33499　◇TBA
Callerya reticulata **(Benth.) Schot**
▶**网状鸡血藤**
◎20068　◇260
Callerya sarawakensis **Adema**
▶**撒拉鸡血藤**
◎33423　◇1523
◎33500　◇TBA
Callerya scandens **(Elmer) Schot**
▶**攀援鸡血藤**
◎28505　◇1279
Calliandra belizensis **(Britton & Rose) Standl.**
▶**伯利兹朱缨花**
◎24412　◇1085
◎39845　◇1698
◎41731　◇1718
◎41964　◇1721
Calliandra haematocephala **Hassk.**
▶**血红头朱缨花**
◎24413　◇1085
Calpocalyx heitzii **Pellegr.**
▶**海氏翁萼豆木**
◎21753　◇930
◎22879　◇899

F

Campsiandra angustifolia Spruce ex Benth.
▶狭叶乱蕊豆
◎20442 ◇TBA
Campsiandra comosa var. *laurifolia* (Benth.) R. S. Cowan
▶月桂叶乱蕊豆
◎34281 ◇1547
Caragana arborescens Lam.
▶树锦鸡儿
◎24457 ◇1087
◎34953 ◇1560
◎38841 ◇1684
◎40710 ◇1705
◎42282 ◇1725
Caragana korshinskii Kom.
▶柠条锦鸡儿
◎18376 ◇251
Caragana sinica (Buc'hoz) Rehder
▶锦鸡儿
◎5453 ◇251/153
Cassia abbreviata Oliv.
▶短穗腊肠树
◎42022 ◇1722
Cassia afrofistula Brenan
▶非洲腊肠树
◎39206 ◇1690
Cassia brewsteri F. Muell.
▶布鲁斯特决明
◎24480 ◇1086
◎40696 ◇1705
Cassia fastuosa Benth.
▶炫耀腊肠木
◎33775 ◇1538
Cassia ferruginea (Schrad.) DC.
▶锈色腊肠树
◎22760 ◇806/542
Cassia fistula L.
▶腊肠树
◎7228 ◇242
◎20327 ◇242/146
◎27365 ◇1231
Cassia fruticosa Mill.
▶结实腊肠树
◎29920 ◇1367
◎30103 ◇1378
◎30295 ◇1389
◎30362 ◇1393
◎30363 ◇1393
◎30364 ◇1393
◎30512 ◇1402
◎38365 ◇1133
Cassia grandis L. f.
▶大果铁刀木
◎4534 ◇242/146
◎27839 ◇1245
◎32323 ◇1483
◎32857 ◇1499
◎33584 ◇1528
◎33776 ◇1538
◎33777 ◇1538
◎39231 ◇1690
◎40796 ◇1706
Cassia javanica subsp. *nodosa* (de Wit) K. Larsen
▶节荚腊肠树
◎5230 ◇242
◎18292 ◇902/465
◎38320 ◇1132
Cassia javanica L.
▶爪哇腊肠树
◎27172 ◇1227
◎27366 ◇1231
◎37052 ◇1629
◎38560 ◇1136
◎42086 ◇1723
◎42087 ◇1723
Cassia leiandra Benth.
▶平滑腊肠树
◎29892 ◇1365
◎30104 ◇1378
◎30270 ◇1388
◎30365 ◇1393
◎33778 ◇1538
Cassia roxburghii DC.
▶路斯腊肠树
◎24481 ◇1086
Cassia L.
▶腊肠树属
◎8918 ◇939
◎11398 ◇922
Castanospermum australe A. Cunn. & C. Fraser
▶黑栗豆木/黑栗木树
◎15444 ◇823
◎18935 ◇907/753
◎20636 ◇832
◎22922 ◇823
◎24491 ◇1086
Cathormion altissimum (Hook. f.) Hutch. & Dandy
▶艾乐项链豆
◎37775 ◇1667
Cathormion umbellatum (Vahl) Kosterm.
▶伞花卡托豆
◎35307 ◇1570
Cedrelinga cateniformis (Ducke) Ducke
▶链状亚马孙豆
◎18247 ◇235/546
◎22099 ◇235/546
◎22272 ◇819
◎22535 ◇TBA
◎22588 ◇831
◎22849 ◇917
◎22850 ◇917
◎32859 ◇1499
◎39879 ◇1698
◎41110 ◇1711
◎41165 ◇1711
Cenostigma gaumeri (Greenm.) Gagnon & G. P. Lewis
▶盖默穴柱豆木
◎35505 ◇1572
Cenostigma pluviosum (DC.) Gagnon & G. P. Lewis
▶雨车诺豆
◎34002 ◇1541
◎39864 ◇1698
◎40561 ◇1704
◎42351 ◇1726
Centrolobium microchaete (Mart. ex Benth.) H. C. Lima
▶微毛刺片豆木/微毛刺荚豆
◎24519 ◇1087
◎39880 ◇1698
Centrolobium ochroxylum Rose ex Rudd
▶黄刺片豆木/黄刺荚豆
◎24521 ◇1087
◎39818 ◇1698
Centrolobium paraense var. *orenocense* Benth.
▶奥氏帕州刺片豆木/奥氏刺荚豆
◎4539 ◇251

◎24523　◇1087

Centrolobium paraense Tul.

▶帕州刺片豆木/帕州刺荚豆

◎24522　◇1087

Centrolobium robustum (Vell.) Mart. ex Benth.

▶粗刺片豆木/粗刺荚豆

◎22762　◇806

◎24524　◇1087

◎24525　◇1087

◎41113　◇1711

◎41160　◇1711

Centrolobium tomentosum Guill. ex Benth.

▶绒毛刺片豆木/绒毛刺荚豆

◎24520　◇1087

◎39256　◇1690

◎41112　◇1711

◎42271　◇1725

Centrolobium Mart. ex Benth.

▶刺片豆属/刺荚豆属

◎19535　◇251

◎29873　◇1364

◎30148　◇1381

◎30245　◇1386

◎30366　◇1393

◎30367　◇1393

◎30368　◇1393

◎30513　◇1403

Ceratonia siliqua L.

▶长角豆苏木/长角豆木

◎15601　◇951/147

◎17541　◇243

Cercidium floridum subsp. *floridum*

▶蓝花假紫荆/蓝花青条豆

◎24541　◇1088

◎39275　◇1691

Cercidium microphyllum (Torr.) Rose & I. M. Johnst.

▶小叶假紫荆/小叶青条豆

◎24539　◇1088

◎24540　◇1088

Cercidium texanum A. Gray

▶德州假紫荆/德州青条豆

◎24542　◇1088

◎39166　◇1689

Cercis canadensis L.

▶加拿大紫荆

◎18309　◇243/147

◎24543　◇1088

◎38607　◇1137

Cercis chinensis Bunge

▶紫荆

◎575　◇243

◎6011　◇243;1064

◎7010　◇243

◎10609　◇243

◎13722　◇243/147

◎20592　◇243

Cercis chuniana F. P. Metcalf

▶陈氏紫荆

◎13436　◇243;873/147

◎13483　◇TBA

Cercis siliquastrum L.

▶南欧紫荆

◎15600　◇951

◎24544　◇1088

◎40785　◇1706

Chamaecrista apoucouita (Aubl.) H. S. Irwin & Barneby

▶艾普山扁豆

◎24550　◇1088

Chamaecrista scleroxylon (Ducke) H. S. Irwin & Barneby

▶硬质山扁豆

◎22510　◇820

◎32858　◇1499

◎40085　◇1126

Chloroleucon mangense (Jacq.) Britton & Rose

▶麦氏刺梗楹

◎24559　◇1087

◎40582　◇1704

Chloroleucon tenuiflorum (Benth.) Barneby & J. W. Grimes

▶特氏刺梗楹

◎24560　◇1087

◎40647　◇1705

Cladrastis kentukea (Dum. Cours.) Rudd

▶美洲香槐

◎24588　◇1088

◎34957　◇1560

◎34958　◇1560

◎36889　◇1626

◎38433　◇1134

◎38619　◇1137

◎40770　◇1706

◎41116　◇1711

◎41161　◇1711

Cladrastis platycarpa (Maxim.) Makino

▶翅荚香槐

◎4130　◇252

◎8778　◇252/153

◎16139　◇252;968/153

◎17111　◇252

◎18095　◇252

◎20279　◇252

◎20293　◇252

◎21196　◇252

Cladrastis sinensis Hemsl.

▶小花香槐

◎537　◇252

◎6154　◇252

◎8595　◇TBA

◎18845　◇252/153

Cladrastis wilsonii Takeda

▶香槐

◎5907　◇252

◎6873　◇252;797/153

Clathrotropis brachypetala (Tul.) Kleinhoonte

▶短瓣龙骨豆木/短瓣篱瓣豆木

◎26788　◇1201

◎27843　◇1245

◎32326　◇1483

◎32864　◇1499

◎33669　◇1535

◎34284　◇1547

◎34419　◇1549

◎34420　◇1549

Clathrotropis brunnea Amshoff

▶棕色龙骨豆木/棕色篱瓣豆木

◎29267　◇1323

◎29922　◇1367

◎29923　◇1367

◎29924　◇1367

◎29966　◇1370

◎29967　◇1370

◎29986　◇1371

◎29987　◇1371

◎30006　◇1372

◎30127　◇1379

◎30128　◇1379

◎30177　◇1382

◎30178　◇1382

◎30272 ◇1388
◎30273 ◇1388
◎30274 ◇1388
◎30466 ◇1400
◎30467 ◇1400
◎30468 ◇1400
◎30469 ◇1400
◎30470 ◇1400
◎30471 ◇1400
◎30569 ◇1405
◎30570 ◇1405
◎30571 ◇1405
◎30766 ◇1414
◎30767 ◇1414
◎30768 ◇1414
◎30825 ◇1417
◎30826 ◇1417
◎30827 ◇1417

Clathrotropis macrocarpa **Ducke**
▶大果龙骨豆木/大果篱瓣豆
◎24589 ◇1088
◎32865 ◇1499

Clathrotropis **(Benth.) Harms**
▶龙骨豆木/篱瓣豆木
◎34164 ◇1544

Clitoria arborea **Benth.**
▶乔木蝶豆木
◎33915 ◇1541

Clitoria arborescens **R. Br.**
▶乔木状蝶豆木
◎32866 ◇1499

Clitoria pendens **Fantz**
▶下垂蝶豆木
◎32867 ◇1499

Clitoria **L.**
▶蝶豆属
◎32868 ◇1499

Cojoba arborea **(L.) Britton & Rose**
▶含羞树
◎24612 ◇1089

Colophospermum mopane **(Benth.) Leonard**
▶可乐豆木/香松豆木
◎24614 ◇1089
◎36968 ◇1627
◎39832 ◇1698

Colutea arborescens **L.**
▶鱼鳔槐
◎15603 ◇951

Colutea x media **Willd.**
▶杂种鱼鳔槐
◎29790 ◇1360

Colvillea racemosa **Bojer ex Hook.**
▶总状垂花楹
◎20859 ◇891
◎24618 ◇1088

Copaifera chiriduensis **Pittier**
▶切瑞香脂木
◎4494 ◇243

Copaifera duckei **Dwyer**
▶达凯香脂木
◎19428 ◇832
◎20172 ◇243/542

Copaifera guianensis **Desf.**
▶圭亚那香脂木
◎26790 ◇1201
◎27716 ◇1238
◎31948 ◇1470
◎32875 ◇1500
◎34291 ◇1547
◎34292 ◇1547
◎34293 ◇1547
◎34294 ◇1547
◎34295 ◇1547
◎34296 ◇1547
◎34421 ◇1549
◎35020 ◇1562
◎40558 ◇1704

Copaifera langsdorffii **Desf.**
▶兰格香脂树/兰格香漆豆
◎5260 ◇243/147
◎24629 ◇1088
◎32876 ◇1500
◎35128 ◇1564
◎39866 ◇1698

Copaifera mildbraedii **Harms**
▶米勒香脂树
◎20549 ◇829
◎21454 ◇243
◎21750 ◇930/530

Copaifera multijuga **Hayne**
▶多对香脂木
◎21803 ◇930/147
◎22483 ◇820

Copaifera officinalis **L.**
▶药用香脂木
◎18262 ◇908/147
◎22087 ◇908

Copaifera religiosa **J. Léonard**
▶神圣香脂木
◎22883 ◇899
◎23670 ◇928

Copaifera reticulata **Ducke**
▶网脉香脂树/网脉香漆豆
◎24630 ◇1088
◎40087 ◇1126

Copaifera salikounda **Heckel**
▶西非香脂木
◎21079 ◇928
◎21792 ◇930/530
◎23474 ◇909
◎30992 ◇1424
◎31121 ◇1428
◎31122 ◇1428

Copaifera **L.**
▶香脂苏木属/香漆豆属
◎19435 ◇832
◎19442 ◇832
◎34297 ◇1547

Cordyla africana **Lour.**
▶非洲棒状苏木/杧果豆
◎17944 ◇829/530

Coulteria cubensis **(Greenm.) Sotuyo & G. P. Lewis**
▶古巴梳萼豆
◎24410 ◇1085
◎40584 ◇1704
◎41411 ◇1714

Couma guianensis **Aubl.**
▶圭亚那牛奶木
◎27982 ◇1253
◎32549 ◇1488
◎32550 ◇1488

Couma macrocarpa **Barb. Rodr.**
▶大果牛奶木
◎18370 ◇677
◎22106 ◇909/535
◎22107 ◇909/535

Crotalaria agatiflora **Schweinf. ex L. Höhn.**
▶大花猪屎豆
◎32879 ◇1500

Crudia amazonica **Spruce ex Benth.**
▶亚马孙库地苏木/亚马孙茧荚木
◎20435 ◇905

Cylicodiscus gabunensis **Harms**
▶加蓬圆盘豆木/加蓬杯盘豆

◎7530　◇235
◎15413　◇235
◎17863　◇235
◎18198　◇235/516
◎19673　◇235
◎21911　◇899
◎33783　◇1538
◎36971　◇1627

Cynometra alexandrii **C. H. Wright**
▶乌干达喃果苏木/乌干达喃喃果
◎21520　◇243/530

Cynometra ananta **Hutch. & Dalziel**
▶假风梨喃果苏木/假凤梨喃喃果
◎21728　◇930/530
◎30898　◇1419

Cynometra hankei **Harms**
▶刚果喃果苏木/喀麦隆喃喃果
◎21524　◇243

Cynometra hostmanniana **Tul.**
▶喃果苏木
◎20417　◇905
◎27883　◇1248
◎27884　◇1248
◎34425　◇1549

Cynometra insularis **A. C. Sm.**
▶兰屿喃果苏木/兰屿喃喃果
◎21232　◇243

Cynometra krukovii **Dwyer**
▶克如喃果苏木/克如喃喃果
◎33672　◇1535
◎34298　◇1547

Cynometra malaccensis **Meeuwen**
▶马六喃果苏木/马六喃喃果
◎20763　◇243

Cynometra mirabilis **Meeuwen**
▶紫茉莉喃果苏木/紫茉莉喃喃果
◎22194　◇934

Cynometra ramiflora **L.**
▶茎花喃果苏木/茎花喃喃果
◎27189　◇1228
◎28461　◇1277
◎28691　◇1288
◎31492　◇1448
◎36089　◇1587

Cynometra sessiiflora **Harms**
▶无柄花喃果苏木/无柄花喃喃
◎21521　◇243/513

Cynometra spruceana **Benth.**
▶南美喃果苏木/南美喃喃果
◎24720　◇1090
◎39800　◇1698

Cynometra **L.**
▶喃果苏木属/喃喃果属
◎19479　◇935
◎20393　◇938
◎22234　◇934
◎22389　◇926
◎23162　◇933
◎23401　◇933
◎23423　◇933

Cytisus laurinum **L.**
▶劳氏金雀花木
◎12101　◇252

Cytisus praecox **Beauverd**
▶早熟金雀花木
◎19552　◇252

Cytisus proliferus **L. f.**
▶多产金雀儿
◎21241　◇TBA
◎24721　◇1090
◎35852　◇1584

Cytisus scoparius **（L.）Link**
▶金雀儿
◎18311　◇252
◎22119　◇252
◎37394　◇1654
◎37395　◇1654
◎42448　◇1729

Dahlstedtia muehlbergiana **（Hassl.）M. J. Silva & A. M. G. Azevedo**
▶穆氏代赫豆木
◎33297　◇1518

Dalbergia assamica **Benth.**
▶秧青
◎8551　◇898
◎12008　◇258;985/154

Dalbergia balansae **Prain**
▶南岭黄檀
◎6812　◇253
◎9265　◇253/154
◎9274　◇253;874
◎15846　◇253
◎16570　◇253/632
◎20049　◇253

Dalbergia bariensis **Pierre**
▶巴里黄檀
◎9701　◇856
◎23628　◇956

Dalbergia baronii **Baker**
▶巴罗尼黄檀
◎24729　◇1090
◎24730　◇1090

Dalbergia boehmii **Taub.**
▶波氏黄檀
◎22633　◇TBA

Dalbergia brownei **（Jacq.）Urb.**
▶棕色黄檀
◎24731　◇1090
◎39240　◇1690

Dalbergia calderonii **Standl.**
▶卡尔德隆黄檀
◎24732　◇1090
◎39613　◇1695

Dalbergia cana **Graham ex Kurz**
▶迦南黄檀
◎4277　◇253

Dalbergia cearensis **Ducke**
▶赛州黄檀
◎22668　◇855/155
◎24733　◇1090

Dalbergia cochinchinensis **Pierre**
▶交趾黄檀
◎9697　◇856
◎9752　◇856;814
◎15115　◇253/155
◎15529　◇253
◎20373　◇856/155

Dalbergia congestiflora **Pittier**
▶密花黄檀
◎24734　◇1090
◎24735　◇1090
◎38455　◇TBA
◎42104　◇1723
◎42208　◇1724

Dalbergia cubilquitzensis **（Donn. Sm.）Pittier**
▶立方黄檀
◎24736　◇1090
◎39167　◇1689

Dalbergia cultrata **T. S. Ralph**
▶刀状黑黄檀
◎22391　◇855/460
◎22772　◇TBA
◎22990　◇954
◎40902　◇1708
◎40903　◇1708
◎40904　◇1708

Dalbergia decipularis **Rizzini & A. Mattos**

▶**郁金香黄檀/十跃黄檀**

◎24737 ◇1090

◎39619 ◇1695

Dalbergia frutescens **var.** *tomentosa* **(Vogel) Benth.**

▶**绒毛黄檀**

◎22667 ◇855/543

Dalbergia fusca **Pierre**

▶**黑黄檀**

◎18559 ◇855;781/460

◎19000 ◇253

◎22992 ◇954

Dalbergia glabra **(Mill.) Standl.**

▶**无毛黄檀**

◎24738 ◇1090

Dalbergia granadillo **Pittier**

▶**中美洲黄檀**

◎22666 ◇855/155

◎24739 ◇1090

◎40920 ◇1708

◎40921 ◇1708

◎40922 ◇1708

◎41239 ◇1712

◎41240 ◇1712

Dalbergia greveana **Baill.**

▶**格雷夫黄檀**

◎24740 ◇1090

◎40380 ◇1701

Dalbergia hainanensis **Merr. & Chun**

▶**海南黄檀**

◎6826 ◇253

◎7981 ◇855/460

◎11450 ◇253

◎11451 ◇253

◎12216 ◇TBA

◎12236 ◇TBA

◎12476 ◇254;1045

◎13021 ◇253

◎13305 ◇879

◎13312 ◇879

◎13370 ◇253

◎13388 ◇849

◎14564 ◇253

◎14757 ◇854/460

◎14906 ◇253/632

Dalbergia hancei **Benth.**

▶**藤黄檀**

◎20047 ◇253

◎20048 ◇253

Dalbergia heudelotii **Stapf**

▶**两粤黄檀**

◎26253 ◇1117

◎26254 ◇1117

◎26255 ◇1117

◎26260 ◇1118

◎26262 ◇1118

Dalbergia hupeana **Hance**

▶**黄檀**

◎51 ◇254

◎362 ◇254

◎378 ◇254;858

◎574 ◇254

◎4754 ◇254

◎5648 ◇254

◎5943 ◇254

◎7746 ◇254;970

◎7820 ◇254

◎8352 ◇254

◎8353 ◇254

◎8354 ◇254

◎8355 ◇254

◎8448 ◇255

◎8462 ◇254

◎9341 ◇255;994

◎9520 ◇255;718

◎9521 ◇255;1018

◎9522 ◇255;1018/154

◎9872 ◇255

◎10032 ◇255

◎10108 ◇TBA

◎10130 ◇255

◎11071 ◇255

◎11075 ◇255

◎12429 ◇TBA

◎12675 ◇255;874

◎12806 ◇255;781

◎12830 ◇255

◎13086 ◇255

◎13272 ◇878

◎13273 ◇878

◎13651 ◇255/154

◎13924 ◇256

◎15907 ◇256

◎15916 ◇256

◎17152 ◇256

◎17475 ◇256;784

◎17509 ◇256;794

◎18135 ◇256;1025

◎20044 ◇256

◎20045 ◇256

◎20046 ◇256

Dalbergia lanceolaria **subsp.** *paniculata* **(Roxb.) Thoth.**

▶**派尼窄叶黄檀**

◎4278 ◇254

◎9007 ◇TBA

◎24742 ◇1091

Dalbergia lanceolaria **L. f.**

▶**披针叶黄檀**

◎24741 ◇1090

Dalbergia latifolia **Roxb.**

▶**阔叶黄檀**

◎8491 ◇898

◎9940 ◇937/460

◎13211 ◇894/460

◎14079 ◇893/632

◎19087 ◇896

◎19672 ◇257

◎22634 ◇854

◎26292 ◇1119

Dalbergia louvelii **R. Vig.**

▶**卢氏黑黄檀**

◎22941 ◇856

◎38106 ◇1114

◎40899 ◇1708

◎40900 ◇1708

◎40901 ◇1708

Dalbergia madagascariensis **Vatke**

▶**马达加斯加黄檀**

◎24743 ◇1091

◎39365 ◇1692

Dalbergia maritima **R. Vig.**

▶**海栖黄檀**

◎24744 ◇1091

◎39615 ◇1695

Dalbergia melanoxylon **Guill. & Perr.**

▶**东非黑黄檀**

◎22635 ◇855/460

◎23613 ◇924

◎38033 ◇TBA

◎41992 ◇1722

◎41993 ◇1722

Dalbergia miscolobium **Benth.**

▶**紫色黄檀**

◎26289 ◇1119

Dalbergia monetaria L. f.

▶黄宝黄檀

◎24745 ◇1091

◎39180 ◇1690

Dalbergia monticola Bosser & R. Rabev

▶蒙蒂黄檀

◎24746 ◇1091

◎40396 ◇1702

Dalbergia nigra (Vell.) Allemão ex Benth.

▶巴西黑黄檀

◎19212 ◇855/460

◎22636 ◇854/993

◎23677 ◇857

◎23678 ◇857

◎23679 ◇857

◎23680 ◇857

◎23681 ◇857

◎23682 ◇857

◎23683 ◇857

◎23684 ◇857

◎23685 ◇857

◎23686 ◇857

◎23687 ◇857

◎23688 ◇857

◎23689 ◇857

◎23690 ◇857

◎23691 ◇857

◎23692 ◇857

◎23693 ◇857

◎23694 ◇857

◎23695 ◇857

◎23696 ◇857

◎23697 ◇857

◎23698 ◇857

◎23699 ◇857

◎23700 ◇857

◎23701 ◇857

Dalbergia normandii Bosser & R. Rabev

▶诺曼底黄檀

◎40498 ◇1703

Dalbergia obtusifolia (Baker) Prain

▶钝叶黄檀

◎16770 ◇257/155

◎38976 ◇1687

Dalbergia odorifera T. C. Chen

▶降香黄檀

◎14622 ◇854/156

◎15990 ◇257

◎16765 ◇257

◎17860 ◇257

◎17862 ◇257

◎19152 ◇854/460

◎23720 ◇257

◎23722 ◇257

◎40916 ◇1708

◎40917 ◇1708

◎40918 ◇1708

Dalbergia oliveri Gamble ex Prain

▶奥氏黄檀

◎4279 ◇257

◎13947 ◇954

◎17845 ◇854/460

◎22392 ◇926

Dalbergia ovata Graham ex Benth.

▶卵形黄檀

◎4280 ◇257

Dalbergia palo-escrito Rzed.

▶藤纹黄檀/旁切枝黄檀

◎24747 ◇1091

◎39152 ◇1689

Dalbergia parviflora Roxb.

▶小叶黄檀

◎24748 ◇1091

◎39608 ◇1695

Dalbergia polyadelpha Prain

▶多体蕊黄檀

◎16143 ◇258/632

Dalbergia purpurascens Baill.

▶紫花黄檀

◎24749 ◇1091

◎39841 ◇1698

Dalbergia retusa Hemsl.

▶微凹黄檀

◎4449 ◇258/155

◎19651 ◇856/460

◎22637 ◇854/155

◎23614 ◇924

◎23627 ◇942

◎24727 ◇1090

◎24750 ◇1090

◎40927 ◇1708

◎40928 ◇1708

Dalbergia rimosa Roxb.

▶多裂黄檀

◎39369 ◇1692

◎40677 ◇1705

Dalbergia saxatilis Hook. f.

▶赛克斯黄檀

◎26261 ◇1118

◎26263 ◇1118

Dalbergia sissoo Roxb. ex DC.

▶印度黄檀

◎4895 ◇258

◎7226 ◇258

◎16761 ◇258/155

◎19088 ◇896/155

◎20334 ◇258

◎20860 ◇891

◎21846 ◇258

◎22638 ◇854

Dalbergia spruceana Benth.

▶亚马逊黄檀

◎22512 ◇820/543

◎22627 ◇855

Dalbergia stevensonii Standl.

▶伯利兹黄檀

◎22665 ◇855/155

◎22669 ◇806

◎40923 ◇1708

◎40924 ◇1708

◎40925 ◇1708

◎40926 ◇1708

◎41153 ◇1711

◎42168 ◇1724

Dalbergia tilarana N. Zamora

▶提拉黄檀

◎24751 ◇1090

◎39138 ◇1689

Dalbergia trichocarpa Baker

▶毛果黄檀

◎24752 ◇1090

◎39614 ◇1695

Dalbergia tucurensis Donn. Sm.

▶危地马拉黄檀

◎24728 ◇1090

◎39819 ◇1698

◎42225 ◇1724

◎42330 ◇1726

Dalbergia L. f.

▶黄檀属

◎1294 ◇259

◎4066 ◇259

◎9193 ◇259;993

◎9194 ◇259

◎10058 ◇259

◎11391　◇922
◎12234　◇847
◎12235　◇847
◎12239　◇847
◎12290　◇TBA
◎12292　◇848
◎12294　◇848
◎12390　◇TBA
◎12408　◇TBA
◎12411　◇TBA
◎12428　◇TBA
◎12663　◇259;886
◎13288　◇878
◎13307　◇879
◎13308　◇879
◎13309　◇879
◎13310　◇879
◎13361　◇TBA
◎13362　◇259
◎13363　◇259
◎13364　◇259
◎13371　◇259
◎13387　◇849
◎13390　◇849
◎13391　◇259
◎13626　◇259;1017
◎14727　◇931
◎15384　◇940
◎15534　◇259
◎15535　◇259
◎15536　◇259
◎15537　◇259
◎15553　◇259
◎16285　◇269
◎16286　◇259
◎16328　◇847
◎16329　◇TBA
◎17321　◇259
◎17322　◇259
◎17323　◇259
◎17324　◇259
◎17325　◇259
◎17326　◇259
◎26248　◇1117
◎39931　◇1122

***Daniellia ogea*（Harms）Rolfe ex Holland**
▶**干地西非苏木**
◎21914　◇899
◎24753　◇1090

***Daniellia oliveri*（Rolfe）Hutch. & Dalziel**
▶**奥氏西非苏木**
◎17945　◇829
◎21522　◇925
◎21783　◇930/530

***Daniellia pilosa*（J. Léonard）Estrella**
▶**疏毛西非苏木**
◎18419　◇925/530
◎33620　◇1531

***Daniellia soyauxii*（Harms）Rolfe**
▶**索氏西非苏木**
◎33757　◇1537

***Daniellia thurifera* Benn.**
▶**乳香西非苏木**
◎23479　◇909
◎31173　◇1430
◎31174　◇1430

***Daniellia* Benn.**
▶**西非苏木属**
◎5142　◇925

***Deguelia utilis*（A. C. Sm.）A. M. G. Azevedo**
▶**有用长序鱼藤**
◎33299　◇1518

***Delonix elata*（L.）Gamble**
▶**白凤凰木**
◎26925　◇1221

***Delonix regia*（Bojer ex Hook.）Raf.**
▶**凤凰木**
◎7243　◇243
◎9223　◇243;793/147
◎9224　◇243;791
◎14630　◇243
◎16768　◇243
◎29784　◇1359
◎29785　◇1359
◎29786　◇1359

***Delonix* Raf.**
▶**凤凰木属**
◎11873　◇243

***Derris elegans* var. *korthalsiana*（Blume ex Miq.）Adema**
▶**阔扎鱼藤**
◎28692　◇1288

***Derris hedyosma*（Miq.）J. F. Macbr.**
▶**香甜鱼藤**
◎22711　◇806/544
◎26331　◇1146
◎26633　◇TBA
◎33296　◇1517

***Derris lianoides* Elmer**
▶**藤本鱼藤**
◎28304　◇1269

***Derris piscatoria*（Blanco）Sirich. & Adema**
▶**渔业鱼藤**
◎28617　◇1285

***Derris robusta*（Roxb. ex DC.）Benth.**
▶**硕大鱼藤**
◎18289　◇902

***Desmodium longiarticulatum*（Rusby）Burkart**
▶**长节山蚂蝗**
◎38520　◇1135

***Desmodium oojeinense*（Roxb.）H. Ohashi**
▶**欧氏山蚂蝗**
◎4908　◇270
◎20864　◇892

***Desmodium salicifolium*（Poir.）DC.**
▶**柳叶山蚂蝗**
◎36632　◇1614

***Detarium macrocarpum* Harms**
▶**大果荚髓苏木/大果甘豆**
◎21785　◇930/530
◎24762　◇1090

***Detarium senegalense* J. F. Gmel.**
▶**塞内加尔荚髓苏木/塞内加尔甘豆**
◎17946　◇829/530
◎24763　◇1090

Dialanthera otoba
▶**奥氏代蓝豆**
◎38190　◇1129
◎38191　◇1129

***Dialium angolense* Welw. ex Oliv.**
▶**安哥拉摘亚木/安哥拉酸榄豆**
◎33758　◇1537

***Dialium cochinchinense* Pierre**
▶**交趾摘亚木**
◎24765　◇1090

***Dialium corbisieri* Staner**
▶**穆苏摘亚苏木**
◎18398　◇925/468
◎21523　◇243/148

***Dialium dinklagei* Harms**
▶**科特迪瓦摘亚苏木**

◎29677　◇1352
◎29678　◇1353
◎36711　◇1617
◎36892　◇1626

Dialium excelsum Louis ex Steyaert
▶大摘亚苏木
◎18407　◇925/148
◎21451　◇243/148

Dialium guianense（Aubl.）Sandwith
▶圭亚那摘亚木
◎17947　◇829
◎18367　◇243/468
◎22102　◇243
◎22103　◇243/542
◎22485　◇820
◎27795　◇1243
◎32883　◇1500
◎33502　◇1525
◎33588　◇1528
◎33788　◇1538
◎33789　◇1538
◎34027　◇1542
◎40093　◇1126

Dialium holtzii Harms
▶霍氏摘亚木
◎32884　◇1500

Dialium indum L.
▶印度摘亚木
◎20762　◇243
◎22195　◇934
◎35385　◇1571
◎35386　◇1571

Dialium modenstum（Steenis）Steyaert
▶摘亚木
◎14129　◇/148

Dialium platysepalum Baker
▶阔萼摘亚木
◎9890　◇955
◎9891　◇TBA
◎13207　◇894
◎14092　◇893/148
◎15164　◇895
◎35915　◇1585
◎37058　◇1629
◎37059　◇1630

Dialium L.
▶摘亚木属/酸榄豆属
◎5129　◇243
◎19480　◇935
◎21565　◇243
◎22247　◇934
◎23161　◇933
◎23239　◇927

Dichrostachys cinerea（L.）Wight & Arn.
▶灰白代儿茶
◎40034　◇1116

Dicorynia guianensis Amshoff
▶圭亚那双柱苏木/圭亚那棒蕊豆
◎19642　◇244
◎21121　◇/542
◎22839　◇917
◎22840　◇917
◎23490　◇909
◎24767　◇1090
◎26398　◇1155
◎26399　◇1155
◎31955　◇1470
◎32331　◇1483
◎40094　◇1127
◎42038　◇1722
◎42063　◇1723

Dicorynia paraensis Benth.
▶帕州双柱苏木/帕州棒蕊豆
◎26767　◇1199
◎37060　◇1630
◎37061　◇1630

Dicorynia Benth.
▶双柱苏木属/棒蕊豆属
◎23261　◇905

Didelotia africana Baill.
▶热非代德苏木/热非曲柱檀
◎21742　◇930
◎39582　◇1695

Didelotia brevipaniculata J. Léonard
▶锥花代德苏木/锥花曲柱檀
◎21761　◇930/531
◎33621　◇1531

Didelotia idae J. Léonard, Oldeman & de Wit
▶代德苏木/曲柱檀
◎19540　◇244/513

Dimorphandra conjugata（Splitg.）Sandwith
▶二型苏木/松塔豆
◎24773　◇1090
◎27885　◇1248
◎31956　◇1470
◎31957　◇1470
◎32888　◇1500
◎32889　◇1500
◎33790　◇1538

Dimorphandra gonggrijpii Kleinhoonte
▶苟氏二型苏木/苟氏松塔豆
◎33791　◇1538

Dimorphandra pullei Amshoff
▶普乐二雄苏木/普乐松塔豆
◎27847　◇1246
◎33792　◇1538
◎33793　◇1538

Dimorphandra Schott
▶二型苏木属/松塔豆属
◎32885　◇1500
◎32886　◇1500
◎32887　◇1500

Dinizia excelsa Ducke
▶亚马孙豆/乔檀木
◎20171　◇820
◎22275　◇819/545
◎22489　◇820

Dioclea macrocarpa Huber
▶大果菌藤豆
◎32890　◇1500
◎32891　◇1500
◎32892　◇1500

Diphysa americana（Mill.）M. Sousa
▶美国川续断
◎4480　◇260

Diphysa carthagenensis Jacq.
▶卡萨川续断
◎24797　◇1091
◎39260　◇1691
◎42327　◇1726
◎42346　◇1726

Diplotropis martiusii Benth.
▶马氏双龙瓣豆/马氏同瓣槐
◎22589　◇831/543
◎24799　◇1091
◎32893　◇1500
◎40532　◇1703

Diplotropis purpurea（Rich.）Amshoff
▶紫双龙瓣豆/紫同瓣槐
◎20503　◇828
◎21125　◇928
◎21231　◇TBA
◎21237　◇677
◎21526　◇260/543

◎22496 ◇820
◎22658 ◇826
◎23202 ◇905
◎23260 ◇905
◎23491 ◇909
◎23650 ◇831
◎26400 ◇1155
◎29229 ◇1321
◎29230 ◇1321
◎29328 ◇1327
◎31958 ◇1470
◎32332 ◇1483
◎33240 ◇1515
◎33589 ◇1528
◎34001 ◇1541
◎34964 ◇1560

Diplotropis racemosa **(Hoehne) Amshoff**
▶**总花双龙瓣豆木/总花同瓣槐**
◎22542 ◇TBA

Diplotropis **Benth.**
▶**双龙瓣豆属/同瓣槐属**
◎22446 ◇260

Dipteryx **aff.** ***polyphylla*** **Spruce ex Benth.**
▶**多叶二翅豆木/多叶香豆树**
◎34299 ◇1547

Dipteryx alata **Vogel**
▶**阿拉二翅豆木**
◎22710 ◇806/543

Dipteryx magnifica **(Ducke) Ducke**
▶**华丽二翅豆木**
◎39805 ◇1698

Dipteryx micrantha **Harms**
▶**小花二翅豆木**
◎22625 ◇831
◎24802 ◇1091
◎24803 ◇1091
◎38268 ◇1132
◎41138 ◇1711
◎41479 ◇1715

Dipteryx odorata **(Aubl.) Forsyth f.**
▶**香二翅豆/香豆树**
◎20178 ◇244
◎22276 ◇819/543
◎22494 ◇820
◎22541 ◇TBA
◎23595 ◇832
◎23652 ◇831
◎24804 ◇1091
◎26474 ◇1164
◎26768 ◇1199
◎34300 ◇1547
◎40096 ◇1127

Dipteryx oleifera **Benth.**
▶**油二翅豆/油香豆树**
◎4456 ◇252
◎24805 ◇1091
◎24806 ◇1091
◎41237 ◇1712

Dipteryx polyphylla **Huber**
▶**多叶二翅豆**
◎22493 ◇820

Dipteryx punctata **(S. F. Blake) Amshoff**
▶**斑二翅豆**
◎22444 ◇252/543

Dipteryx **Schreb.**
▶**二翅豆属/香豆树属**
◎23444 ◇819
◎34432 ◇1550

Distemonanthus benthamianus **Baill.**
▶**尼日利亚双蕊苏木**
◎17817 ◇929
◎19665 ◇244
◎20477 ◇828
◎20520 ◇828
◎21092 ◇928
◎21528 ◇244/531
◎21877 ◇930
◎21916 ◇899
◎23475 ◇909
◎33241 ◇1515
◎33762 ◇1537
◎34966 ◇1560

Dolichandra steyermarkii **(Sandwith) L. G. Lohmann**
▶**奥地利多里紫葳**
◎33074 ◇1508
◎33304 ◇1518
◎33545 ◇1526

Doplotropis purpurea **(Rich.) Amshoff**
▶**紫色多普豆**
◎33794 ◇1538
◎33795 ◇1538

Dorycnium pentaphyllum **Scop.**
▶**五瓣多瑞豆木**
◎31267 ◇1433

Dorystigma dasyphyllum
▶**粗毛多里茄**
◎22868 ◇899

Duparquetia orchidacea **Baill.**
▶**山姜豆**
◎38454 ◇1134

Dupuya madagascariensis **(R. Vig.) J. H. Kirkbr.**
▶**马达加斯加乳荚檀**
◎40736 ◇1706

Dussia discolor **(Benth.) Amshoff**
▶**变色冲天檀**
◎33244 ◇1515

Ebenopsis ebano **(Berland.) Barneby & J. W. Grimes**
▶**弯茎番乌木豆**
◎24837 ◇1091
◎39650 ◇1696

Elizabetha paraensis **Ducke**
▶**帕州苞弦豆**
◎33246 ◇1515

Elizabetha **R. H. Schomb. ex Benth.**
▶**苞弦豆**
◎33245 ◇1515

Endertia spectabilis **Steenis & de Wit**
▶**斯氏安德豆**
◎27023 ◇1224

Englerodendron vignei **(Hoyle) Estrella & Ojeda**
▶**瓦因安格豆木**
◎30996 ◇1424

Entada abyssinica **Steud. ex A. Rich.**
▶**东非榼藤**
◎36373 ◇1599
◎36374 ◇1599

Entada phaseoloides **(L.) Merr.**
▶**榼藤**
◎28696 ◇1288

Entada polystachya **(L.) DC.**
▶**多穗榼藤**
◎33247 ◇1515

Enterolobium contortisiliquum **(Vell.) Morong**
▶**象耳豆**
◎19554 ◇235/459
◎24863 ◇1092
◎39643 ◇1696

◎41232　◇1712
◎41488　◇1715

Enterolobium cyclocarpum **(Jacq.) Griseb.**
▶司寇象耳豆
◎4538　◇235
◎9215　◇235;791
◎9229　◇235;791/141
◎16194　◇235
◎16775　◇235

Enterolobium maximum **Ducke**
▶大象耳豆
◎24864　◇1092
◎39631　◇1696

Enterolobium schomburgkii **(Benth.) Benth.**
▶尚氏象耳豆
◎4495　◇235/459
◎20999　◇235
◎21119　◇/545
◎22111　◇235/545
◎22490　◇820
◎34030　◇1542
◎40098　◇1127

Enterolobium timbouva **Mart.**
▶旋果象耳豆
◎5255　◇235
◎33248　◇1515

Enterolobium **Mart.**
▶象耳豆属
◎22450　◇235
◎23315　◇819
◎23605　◇942
◎37068　◇1630

Eperua **cf.** ***grandiflora*** **(Aubl.) Baill.**
▶似大花木荚苏木/似大花镰荚豆
◎42264　◇1725
◎42332　◇1726

Eperua falcata **Aubl.**
▶镰形木荚苏木/镰荚豆
◎22671　◇806/542
◎22709　◇806
◎23649　◇831
◎26401　◇1155
◎27929　◇1250
◎31960　◇1470
◎31961　◇1470
◎31962　◇1470
◎32336　◇1483
◎33249　◇1515
◎33250　◇1515
◎33251　◇1515
◎33252　◇1515
◎33798　◇1538
◎40797　◇1706
◎41225　◇1712
◎41226　◇1712

Eperua grandiflora **subsp.** ***guyanensis*** **R. S. Cowan**
▶圭亚那木荚苏木/圭亚那镰荚豆木
◎33253　◇1515

Eperua grandiflora **(Aubl.) Baill.**
▶大花木荚苏木/大花镰荚豆
◎24865　◇1092
◎40402　◇1702

Eperua jenmanii **Oliv.**
▶詹妮木荚苏木/詹妮镰荚豆
◎24866　◇1092
◎27930　◇1250
◎31963　◇1470
◎32337　◇1483
◎33799　◇1538
◎33800　◇1538
◎39630　◇1696

Eperua rubiginosa **Miq.**
▶锈木荚苏木
◎7522　◇244/148

Erythrina arborescens **Roxb.**
▶乔木刺桐/鹦哥花
◎11971　◇260/156
◎13615　◇260
◎13853　◇260;866/156
◎18774　◇260

Erythrina brucei **Schweinf.**
▶布氏刺桐
◎26929　◇1221

Erythrina burana **Chiov.**
▶布兰刺桐
◎26930　◇1221

Erythrina caffra **Blanco**
▶南非刺桐
◎24869　◇1092
◎39628　◇1696

Erythrina edulis **Triana**
▶可食刺桐
◎32720　◇1494

Erythrina fusca **Lour.**
▶褐刺桐
◎4520　◇260
◎27886　◇1248
◎32338　◇1483
◎34433　◇1550
◎34434　◇1550
◎35289　◇1569
◎38129　◇1128
◎41245　◇1712

Erythrina herbacea **L.**
▶草本刺桐
◎38394　◇1133
◎38658　◇1137

Erythrina sacleuxii **Hua**
▶萨克刺桐
◎33254　◇1515

Erythrina sandwicensis **O. Deg.**
▶夏威夷刺桐
◎24868　◇1092
◎39651　◇1696

Erythrina stricta **Roxb.**
▶劲直刺桐
◎13627　◇260;1001/156

Erythrina suberosa **Roxb.**
▶散花刺桐
◎8547　◇898

Erythrina subumbrans **(Hassk.) Merr.**
▶翅果刺桐
◎18351　◇953/156
◎20949　◇260

Erythrina variegata **L.**
▶刺桐
◎14604　◇260
◎16876　◇260/156
◎20934　◇260
◎24870　◇1092
◎27024　◇1225

Erythrina vespertilio **Benth.**
▶蝙蝠刺桐
◎40408　◇1702

Erythrina **L.**
▶刺桐属
◎15303　◇900
◎15304　◇900
◎37602　◇1662

Erythrophleum africanum **(Benth.) Harms**
▶美洲格木

◎24871 ◇1092

Erythrophleum chlorostachys (F. Muell.) Baill.

▶绿穗格木

◎24872 ◇1092

◎38998 ◇1687

◎40526 ◇1703

◎40941 ◇1709

◎41144 ◇1711

Erythrophleum fordii Oliv.

▶格木

◎8771 ◇244/149

◎8899 ◇941/149

◎8931 ◇939

◎11377 ◇922

◎12240 ◇848

◎12718 ◇922

◎12760 ◇923/149

◎15374 ◇923

◎16205 ◇244/149

◎16700 ◇244/149

◎40911 ◇1708

◎40912 ◇1708

Erythrophleum ivorense A. Chev.

▶象牙海岸格木

◎15412 ◇244/149

◎15494 ◇TBA

◎22875 ◇899

Erythrophleum mollifia

▶莫里格木

◎9006 ◇TBA

Erythrophleum suaveolens (Guill. & Perr.) Brenan

▶香格木

◎17948 ◇829

◎21537 ◇244

◎36611 ◇1614

◎40680 ◇1705

Erythrostemon gilliesii (Hook.) Link & al.

▶吉利天凤云实

◎26735 ◇1196

Exostyles godoyensis Soares-Silva & Mansano

▶棉糖豆木

◎32204 ◇1479

Faidherbia albida (Delile) A. Chev.

▶环荚合欢

◎18157 ◇222/515

Falcataria falcata (L.) Greuter & R. Rankin

▶南洋楹

◎7330 ◇226

◎9935 ◇955/139

◎13197 ◇894

◎13984 ◇226

◎13985 ◇226/139

◎14115 ◇893/139

◎16369 ◇226

◎16752 ◇226/139

◎18702 ◇894

◎18703 ◇894

◎18756 ◇226;970/139

◎18912 ◇913/139

◎19541 ◇226

◎20852 ◇891

◎21050 ◇890

◎21851 ◇226

◎23333 ◇889

◎25012 ◇1094

◎27153 ◇1227

◎34139 ◇1544

◎39457 ◇1693

◎42083 ◇1723

◎42239 ◇1725

Falcataria toona (F. M. Bailey) Gill. K. Br., D. J. Murphy & Ladiges

▶香椿南洋楹

◎25530 ◇1102

◎40241 ◇1700

◎41043 ◇1710

◎41473 ◇1715

Fillaeopsis discophora Harms

▶阔荚翅子豆

◎18393 ◇925/516

◎20553 ◇829

◎21547 ◇235

Fordia splendidissima (Blume ex Miq.) Buijsen

▶干花豆

◎28228 ◇1266

Gampsiandra angustifolia

▶狭叶甘普豆

◎34305 ◇1547

Genista aetnensis (Biv.) DC.

▶意大利染料木

◎42229 ◇1725

Genista umbellata Clos

▶长伞染料木

◎31274 ◇1433

Genista L.

▶染料木属

◎33255 ◇1516

Geoffroea spinosa (Molina) De Moussay

▶刺角佛豆/刺角青篱檀

◎20449 ◇905

Gilbertiodendron balsamiferum

▶巴尔大瓣苏木/巴尔大瓣檀

◎20554 ◇829

Gilbertiodendron brachystegioides (Harms) J. Léonard

▶布拉大瓣苏木/布拉大瓣檀

◎21775 ◇930/531

Gilbertiodendron dewevrei (De Wild.) J. Léonard

▶得氏大瓣苏木/得氏大瓣檀

◎18444 ◇925

◎21554 ◇245/513

◎33679 ◇1535

◎40778 ◇1706

Gilbertiodendron diphyllum (Harms) Estrella & Devesa

▶迪佛大瓣苏木/迪佛大瓣檀

◎30997 ◇1424

◎30998 ◇1424

◎31183 ◇1430

◎31184 ◇1430

◎31223 ◇1431

◎31224 ◇1431

Gilbertiodendron grandiflorum (De Wild.) J. Léonard

▶大叶大瓣苏木/大叶大瓣檀

◎18416 ◇245/513

◎21555 ◇245/513

Gilbertiodendron grandistipulatum (De Wild.) J. Léonard

▶大柄大瓣苏木/大柄大瓣檀

◎18427 ◇925/513

◎21456 ◇245

Gilbertiodendron klainei (Pierre ex Pellegr.) J. Léonard

▶克莱大瓣苏木/克莱大瓣檀

◎21774 ◇930/531

Gilbertiodendron limba (Scott Elliot) J. Léonard

▶叶片大瓣苏木/叶片大瓣檀

◎36435　◇1604
◎36436　◇1604
◎36437　◇1604
Gilbertiodendron mayombense (Pellegr.) J. Léonard
▶基弗萨大瓣苏木/基佛萨大瓣檀
◎17949　◇829
Gilbertiodendron ogoouense (Pellegr.) J. Léonard
▶欧古大瓣苏木/欧古大瓣檀
◎21556　◇245/513
Gilbertiodendron preussii (Harms) J. Léonard
▶普氏大瓣苏木/普氏大瓣檀
◎21796　◇930/531
Gilbertiodendron J. Léonard
▶大瓣苏木属/大瓣檀属
◎21880　◇930
Gleditsia amorphoides (Griseb.) Taub.
▶紫穗槐状皂荚
◎19545　◇245
Gleditsia aquatica Marshall
▶水生皂荚木
◎25085　◇1096
◎38715　◇1139
◎41989　◇1722
◎42366　◇1726
Gleditsia australis Hemsl.
▶澳大利亚皂荚
◎6819　◇245
◎15362　◇923
Gleditsia delavayi Franch.
▶云南皂荚
◎1257　◇TBA
◎11907　◇245/150
Gleditsia fera (Lour.) Merr.
▶华南皂荚
◎17723　◇245
◎22006　◇TBA
◎25086　◇1096
Gleditsia ferox Desf.
▶菲洛克皂荚木
◎37071　◇1630
Gleditsia japonica Miq.
▶日本皂荚/山皂角
◎5641　◇245
◎5720　◇245
◎6667　◇245
Gleditsia macracantha Desf.
▶大刺皂荚
◎52　◇245/149
Gleditsia sinensis Lam.
▶皂荚
◎4758　◇245
◎4942　◇245;984
◎5857　◇245
◎5954　◇245
◎6434　◇245
◎6996　◇245
◎10005　◇245
◎10807　◇245
◎12777　◇923/150
◎16378　◇245
◎17532　◇245;794/631
◎26839　◇1210
◎26840　◇1210
Gleditsia texana Sargent
▶得州皂荚
◎40553　◇1703
Gleditsia triacanthos L.
▶三刺皂荚/美国皂荚
◎4370　◇245
◎4599　◇245
◎4991　◇245
◎10350　◇826/631
◎11011　◇245
◎13762　◇947
◎13814　◇245
◎21324　◇245
◎23060　◇917
◎26672　◇1187
◎26693　◇1190
◎37334　◇1649
◎37335　◇1649
◎37336　◇1649
◎37346　◇1650
◎37347　◇1650
◎37348　◇1650
◎38611　◇1137
◎40942　◇1709
◎41394　◇1714
Gleditsia L.
▶皂荚属
◎11202　◇245
◎15957　◇245
◎17434　◇245;781
◎32897　◇1500
Gliricidia maculata (Kunth) Walp.
▶花斑藩篱豆
◎4510　◇260
◎20861　◇892
Gliricidia sepium (Jacq.) Kunth
▶塞皮藩篱豆
◎25087　◇1096
◎42265　◇1725
◎42307　◇1726
Goniorrhachis marginata Taub.
▶缘生角刺豆木
◎22764　◇806/546
Gossweilerodendron balsamiferum (Vermoesen) Harms
▶香脂苏木
◎7529　◇246
◎15499　◇TBA
◎17826　◇929/531
◎17950　◇829
◎18191　◇246/531
◎19643　◇246
◎20559　◇829
◎21111　◇TBA
◎21596　◇246
◎22870　◇899
◎23476　◇909
◎33256　◇1516
Gossweilerodendron Harms
▶香脂苏木属
◎21866　◇930
◎40823　◇1707
Griffonia simplicifolia (Vahl ex DC.) Baill.
▶凝丝豆
◎30970　◇1423
◎31185　◇1430
◎31186　◇1430
Guianodendron praeclarum (Sandwith) Sch. Rodr. & A. M. G. Azevedo
▶前五蕊槐
◎24112　◇1083
◎24113　◇1083
Guibourtia arnoldiana (De Wild. & T. Durand) J. Léonard
▶阿诺古夷苏木
◎5143　◇243
◎5146　◇243

◎15071　◇246/150
◎15072　◇TBA
◎15073　◇TBA
◎15074　◇/150
◎15075　◇TBA
◎15493　◇TBA
◎16296　◇246
◎17951　◇829
◎21094　◇928
◎21623　◇246/513
◎34306　◇1547

Guibourtia chodatiana **(Hassl.) J. Léonard**
▶**乔塔古夷苏木**
◎38155　◇1129
◎39510　◇1694
◎40666　◇1705

Guibourtia coleosperma **(Benth.) J. Léonard**
▶**鞘籽古夷苏木**
◎33257　◇1516
◎33258　◇1516
◎39684　◇1696
◎40653　◇1705
◎41212　◇1712
◎41899　◇1721
◎41999　◇1722
◎42025　◇1722

Guibourtia conjugata **(Bolle) J. Léonard**
▶**正中古夷苏木/正中鼓琴木**
◎25115　◇1095
◎39693　◇1696

Guibourtia copallifera **Benn.**
▶**古夷苏木/鼓琴木**
◎25116　◇1095

Guibourtia demeusei **(Harms) J. Léonard**
▶**德米古夷苏木/德米鼓琴木**
◎23473　◇909
◎25117　◇1095
◎41892　◇1720
◎41893　◇1720

Guibourtia ehie **(A. Chev.) J. Léonard**
▶**爱里古夷苏木**
◎21076　◇928
◎21102　◇928
◎21767　◇930
◎21868　◇930
◎21924　◇899
◎22873　◇899
◎41099　◇1711
◎41874　◇1720

Guibourtia hymenaefolia **(Moric.) J. Léonard**
▶**栾叶古夷苏木/栾叶鼓琴木**
◎40401　◇1702
◎41997　◇1722
◎41998　◇1722

Guibourtia pellegriniana **Leonard**
▶**佩尔古夷苏木/佩尔鼓琴木**
◎25118　◇1095
◎39753　◇1697

Guibourtia schliebenii **(Harms) J. Léonard**
▶**席勒古夷苏木/席勒鼓琴木**
◎25119　◇1095
◎32877　◇1500
◎32878　◇1500
◎39606　◇1695

Guibourtia tessmannii **(Harms) J. Léonard**
▶**特氏古夷苏木/特氏鼓琴木**
◎21614　◇246/514
◎21867　◇930
◎22867　◇899
◎40881　◇1708
◎40882　◇1708
◎40883　◇1708
◎41352　◇1714
◎41353　◇1714

Gymnocladus angustifolius **(Gagnep.) J. E. Vidal**
▶**狭叶肥皂荚**
◎40559　◇1704

Gymnocladus chinensis **Baill.**
▶**肥皂荚**
◎5856　◇246
◎6626　◇246/150
◎7096　◇246
◎10318　◇826
◎15885　◇246/631
◎16393　◇246
◎16498　◇246
◎16910　◇246
◎17079　◇246
◎17385　◇246;803

Gymnocladus dioicus **(L.) K. Koch**
▶**北美肥皂荚**
◎22125　◇826
◎25121　◇1095
◎31414　◇1441
◎37149　◇1632
◎38473　◇1134
◎38590　◇1136
◎41404　◇1714
◎41869　◇1720
◎42039　◇1722
◎42465　◇1140

Haematoxylum brasiletto **H. Karst.**
▶**巴西血苏木/墨西哥采木**
◎35860　◇1584
◎39413　◇1693

Haematoxylum campechianum **L.**
▶**墨西哥湾血苏木/采木**
◎7220　◇246
◎25124　◇1095

Halimodendron halodendron **(Pall.) Voss**
▶**铃铛刺**
◎18378　◇260

Haplormosia monophylla **(Harms) Harms**
▶**单叶单链豆木**
◎20494　◇828/514
◎40624　◇1704

Hardwickia binata **Roxb.**
▶**二出印度苏木**
◎4899　◇246
◎8579　◇898

Harpalyce arborescens **A. Gray**
▶**乔木旋凰豆**
◎25148　◇1096

Havardia albicans **(Kunth) Britton & Rose**
▶**白伞蕊楹**
◎25152　◇1096

Havardia pallens **(Benth.) Britton & Rose**
▶**苍白伞蕊楹**
◎25153　◇1096

Havardia platyloba **(Bertero ex DC.) Britton & Rose**
▶**板状伞蕊楹**
◎40594　◇1704

Hebe salicifolia **(G. Forst.) Pennell**
▶**柳叶长阶花**
◎18804　◇911/743

Hebestigma cubense **(Kunth) Urb.**

▶古巴假刺槐

◎25154 ◇1096

◎39604 ◇1695

◎41091 ◇1710

◎41853 ◇1720

Hedysarum scoparium **Fisch. & C. A. Mey.**

▶花棒/细枝羊柴

◎17252 ◇261

◎18375 ◇261

Holocalyx balansae **Micheli**

▶巴朗全萼豆

◎33259 ◇1516

Humboldtia laurifolia **Vahl**

▶桂叶霍莫豆

◎31612 ◇1453

◎31613 ◇1453

Humboldtia vahliana **Wight**

▶瓦赫霍莫豆

◎28408 ◇1274

Hydrochorea corymbosa **(Rich.) Barneby & J. W. Grimes**

▶伞花漂旅豆

◎26616 ◇1181

◎26617 ◇1181

◎26791 ◇1201

◎26792 ◇1202

◎32370 ◇1484

◎32371 ◇1484

◎33260 ◇1516

◎34227 ◇1546

◎34228 ◇1546

Hydrochorea gonggrijpii **(Kleinhoonte) Barneby & J. W. Grimes**

▶贡戈漂旅豆

◎27725 ◇1239

◎32372 ◇1484

◎32373 ◇1484

◎34738 ◇1555

◎34739 ◇1555

◎34740 ◇1555

Hydrochorea marginata **(Spruce ex Benth.) Barneby & J. W. Grimes**

▶边缘水播豆

◎34854 ◇1558

Hylodendron gabunense **Taub.**

▶加蓬海洛豆

◎40044 ◇1116

Hymenaea courbaril **var.** ***courbaril*** **L.**

▶孪叶苏木/孪叶豆

◎33263 ◇1516

◎40109 ◇1127

Hymenaea courbaril **L.**

▶孪叶苏木/孪叶豆

◎4546 ◇247

◎7317 ◇247

◎19686 ◇247

◎20170 ◇247

◎21127 ◇928

◎21229 ◇247

◎22277 ◇819

◎22538 ◇TBA

◎23642 ◇831

◎26321 ◇1145

◎26322 ◇1145

◎27987 ◇1254

◎27988 ◇1254

◎29853 ◇1363

◎30058 ◇1375

◎30246 ◇1386

◎30519 ◇1403

◎30520 ◇1403

◎30521 ◇1403

◎30900 ◇1419

◎30901 ◇1419

◎31979 ◇1471

◎31980 ◇1471

◎31981 ◇1471

◎31982 ◇1471

◎32724 ◇1494

◎33261 ◇1516

◎33262 ◇1516

◎33806 ◇1538

◎33807 ◇1538

◎33808 ◇1538

◎38105 ◇1114

◎38298 ◇1132

◎40780 ◇1706

Hymenaea intermedia **Ducke**

▶中位孪叶苏木

◎22486 ◇820/542

◎33264 ◇1516

◎39752 ◇1697

Hymenaea oblongifolia **var.** ***davisii*** **(Sandwith) Y. T. Lee & Langenh.**

▶戴氏剑叶孪叶苏木/戴氏剑叶孪叶豆木

◎25184 ◇1097

Hymenaea oblongifolia **var.** ***oblongifolia*** **Huber**

▶剑叶孪叶苏木/剑叶孪叶豆木

◎33265 ◇1516

Hymenaea oblongifolia **Huber**

▶剑叶孪叶苏木/剑叶孪叶豆木

◎22590 ◇831/542

◎25183 ◇1097

◎34060 ◇1543

◎40975 ◇1709

◎41861 ◇1720

Hymenaea parvifolia **Huber**

▶小叶孪叶苏木/小叶孪叶豆木

◎34061 ◇1543

◎40110 ◇1127

Hymenaea verrucosa **Gaertn.**

▶疣果孪叶豆

◎32291 ◇1482

Hymenaea **L.**

▶孪叶苏木属

◎23445 ◇819

◎23459 ◇TBA

◎23609 ◇942

Hymenolobium **cf.** ***petraeum*** **Ducke**

▶类石生膜瓣豆木

◎34454 ◇1550

Hymenolobium elatum **Ducke**

▶高膜瓣豆木

◎25188 ◇1097

Hymenolobium excelsum **Ducke**

▶大膜瓣豆木

◎22495 ◇820/544

◎22559 ◇/544

◎23313 ◇819

◎41848 ◇1720

◎41849 ◇1720

◎42000 ◇1722

◎42001 ◇1722

Hymenolobium flavum **Kleinhoonte**

▶黄膜瓣豆/黄膜荚豆

◎22842 ◇917

◎26769 ◇1199

◎27989 ◇1254

◎31983 ◇1471

◎34311 ◇1547

◎34312 ◇1547

◎34452 ◇1550

◎34453 ◇1550

◎39689 ◇1696

◎40662 ◇1705

Hymenolobium modestum **Ducke**

▶莫代膜瓣豆/莫代膜荚豆

◎40111 ◇1127

Hymenolobium nitidum **Benth.**

▶光膜瓣豆木

◎25189 ◇1097

◎40112 ◇1127

Hymenolobium petraeum **Ducke**

▶石生膜瓣豆木

◎23596 ◇832

◎25190 ◇1097

◎27892 ◇1248

◎38349 ◇1133

◎39292 ◇1691

Hymenolobium sericeum **Ducke**

▶鹃毛膜瓣豆木

◎22544 ◇/544

Hymenolobium velutinum **Ducke**

▶短毛膜瓣豆

◎35005 ◇1561

Hymenolobium **Benth.**

▶膜瓣豆属/膜荚豆属

◎23262 ◇905

◎23314 ◇819

◎23448 ◇819

◎23449 ◇819

◎23489 ◇909

◎23635 ◇831

Hymenostegia floribunda **(Benth.) Harms**

▶花束膜台豆木

◎29622 ◇1346

◎29623 ◇1346

◎29624 ◇1346

Indigofera heterantha **Wall. ex Brandis**

▶异花木蓝

◎20855 ◇891

Indigofera suffruticosa **Mill.**

▶野青树

◎38444 ◇1134

Inga acrocephala **Steud.**

▶顶头因加豆木/顶头因加树

◎33266 ◇1516

Inga **aff.** ***alba*** **(Sw.) Willd**

▶类白因加豆木/类白因加树

◎33812 ◇1538

◎34063 ◇1543

Inga **aff.** ***micronema*** **Harms**

▶细丝因加豆木/细丝因加树

◎34064 ◇1543

Inga alba **(Sw.) Willd.**

▶白因加豆木/白因加树

◎22441 ◇235/545

◎22487 ◇820

◎26304 ◇1141

◎26305 ◇1141

◎26306 ◇1141

◎26323 ◇1146

◎26324 ◇1146

◎26325 ◇1146

◎26326 ◇1146

◎26345 ◇1148

◎26414 ◇1157

◎26618 ◇1181

◎26770 ◇1199

◎26771 ◇1199

◎26772 ◇1199

◎29236 ◇1321

◎29280 ◇1324

◎33267 ◇1516

◎33813 ◇1538

◎40113 ◇1127

Inga calantha **Ducke**

▶凯乐因加豆木/凯乐因加树

◎34065 ◇1543

Inga capitata **Desv.**

▶头序因加豆木/头序因加树

◎33814 ◇1538

Inga cayennensis **Sagot ex Benth.**

▶卡耶因加豆木/卡耶因加树

◎33268 ◇1516

◎33269 ◇1516

Inga coruscans **Humb. & Bonpl. ex Willd.**

▶拉克因加豆木/拉克因加树

◎38213 ◇1130

Inga edulis **Mart.**

▶可食因加豆木/可食因加树

◎26619 ◇1181

◎26773 ◇1200

◎26793 ◇1202

◎26794 ◇1202

◎26795 ◇1202

◎26796 ◇1202

◎27937 ◇1251

◎29834 ◇1362

◎29835 ◇1362

◎30085 ◇1377

◎30086 ◇1377

◎30303 ◇1390

◎30304 ◇1390

◎30712 ◇1413

◎30713 ◇1413

◎30714 ◇1413

◎30836 ◇1417

◎30837 ◇1417

◎31984 ◇1471

◎32341 ◇1483

◎33270 ◇1516

◎33271 ◇1516

◎33272 ◇1517

◎33273 ◇1517

◎33274 ◇1517

◎33275 ◇1517

◎33276 ◇1517

◎33815 ◇1538

◎33816 ◇1538

◎39420 ◇1693

Inga fastuosa **(Jacq.) Willd.**

▶骄傲因加豆木/骄傲因加树

◎38196 ◇1130

Inga graciliflora **Benth.**

▶细花因加豆木/细花因加树

◎32725 ◇1494

Inga gracilifolia **Ducke**

▶薄叶因加豆木/薄叶因加树

◎33277 ◇1517

Inga heterophylla **Willd.**

▶异叶因加豆木/异叶因加树

◎27802 ◇1243

◎31985 ◇1471

◎32898 ◇1500

◎33817 ◇1538

◎33818 ◇1538

◎38426 ◇1134

Inga hintonii **Sandwith**

▶兴通因加豆木

◎20088 ◇936/545

Inga laevigata **M. Martens & Galeotti**

▶平滑因加豆木/平滑因加树

◎34066 ◇1543

Inga lateriflora **Miq.**

▶侧花因加豆木/侧花因加树

◎33820 ◇1539

Inga marginata Willd.

▶边缘因加豆木/边缘因加树

◎25205 ◇1098

◎33278 ◇1517

◎33821 ◇1539

◎40755 ◇1706

◎41018 ◇1710

◎41881 ◇1720

Inga nigoides Willd.

▶乃果因加豆木/乃果因加树

◎33822 ◇1539

Inga nobilis subsp. *quaternata* (Poepp.) T. D. Penn.

▶四生因加豆木/四生因加树

◎38574 ◇1136

Inga nobilis Willd.

▶华贵因加豆木/华贵因加树

◎35036 ◇1562

Inga paterno Harms

▶佩特因加豆木/佩特因加树

◎41486 ◇1715

Inga pezizifera Benth.

▶派泽因加豆木/派泽因加树

◎27803 ◇1243

◎32342 ◇1483

◎33065 ◇1508

◎33279 ◇1517

◎33280 ◇1517

◎33823 ◇1539

◎33824 ◇1539

Inga pilosula (Rich.) J. F. Macbr.

▶皮苏因加豆木/皮苏因加树

◎32726 ◇1494

Inga rubiginosa (Rich.) DC.

▶黄紫因加豆木/黄紫因加树

◎27990 ◇1254

◎31986 ◇1471

◎33825 ◇1539

◎33826 ◇1539

Inga sertulifera subsp. *leptopus* (Benth.) T. D. Penn.

▶细长因加豆木/细长因加树

◎33819 ◇1538

Inga splendens Willd.

▶光亮因加豆木/光亮因加树

◎27938 ◇1251

◎29183 ◇1318

◎29854 ◇1363

◎29899 ◇1366

◎29953 ◇1369

◎30011 ◇1373

◎30087 ◇1377

◎30130 ◇1379

◎30181 ◇1383

◎30305 ◇1390

◎30331 ◇1391

◎30715 ◇1413

◎30716 ◇1413

◎30717 ◇1413

◎30718 ◇1413

◎30775 ◇1415

◎30776 ◇1415

◎30838 ◇1417

◎30902 ◇1419

◎30903 ◇1419

◎31987 ◇1471

◎33827 ◇1539

◎33828 ◇1539

Inga striata Benth.

▶条纹因加豆木/条纹因加树

◎32642 ◇1491

Inga tessmannii Harms

▶特斯因加豆木/特斯因加树

◎35293 ◇1569

Inga thibaudiana subsp. *thibaudiana*

▶替保因加豆木/替保因加树

◎32899 ◇1500

Inga umbellifera (Vahl) DC.

▶伞形因加豆木/伞形因加树

◎33281 ◇1517

Inga vera subsp. *spuria* (Willd.) J. Leon

▶有距因加豆木

◎20086 ◇936

Inga vera Willd.

▶维拉因加豆木

◎25206 ◇1098

Inga virescens Benth.

▶绿色因加豆木/绿色因加树

◎33282 ◇1517

Inga Mill.

▶印加树属

◎33283 ◇1517

◎33284 ◇1517

◎33285 ◇1517

Inocarpus fagifer (Parkinson ex F. A. Zorn) Fosberg

▶弗氏无果豆木

◎25208 ◇1098

Intsia bijuga (Colebr.) Kuntze

▶印茄/单对印茄

◎4273 ◇240/615

◎4673 ◇247

◎15471 ◇249

◎15472 ◇247

◎18924 ◇907/150

◎19467 ◇906

◎21234 ◇247

◎21463 ◇240

◎22405 ◇902

◎22783 ◇906

◎22819 ◇920

◎23192 ◇915

◎23309 ◇915

◎23573 ◇915

◎25209 ◇1098

◎26375 ◇1153

◎27039 ◇1225

◎27252 ◇1229

◎27422 ◇1232

◎27423 ◇1232

◎35453 ◇1571

◎37074 ◇1630

◎38980 ◇1687

◎41864 ◇1720

◎42060 ◇1723

◎42107 ◇1723

Intsia palembanica Miq.

▶巨港印茄木

◎17496 ◇247/150

◎19003 ◇906/150

◎19485 ◇935

◎20384 ◇938/150

◎20742 ◇247

◎21031 ◇890

◎21567 ◇247

◎22227 ◇934

◎22425 ◇889

◎23163 ◇933

◎23394 ◇933

◎27253 ◇1229

◎28518 ◇1279

◎35949　◇1585
◎37073　◇1630
◎40849　◇1707
◎40887　◇1708
◎40888　◇1708
◎40889　◇1708

Intsia **Thouars**
▶印茄属
◎9892　◇955
◎13180　◇894
◎15177　◇895/150
◎18739　◇894
◎23240　◇927
◎23335　◇889
◎37075　◇1630
◎37076　◇1630
◎40822　◇1707

Isoberlinia doka **Craib & Stapf**
▶准鞋木
◎21782　◇930/514

Julbernardia globiflora **(Benth.) Troupin**
▶球花热非豆
◎16299　◇247/514

Julbernardia pellegriniana **Troupin**
▶佩莱热非豆/李叶镶羽檀
◎21067　◇928
◎21765　◇930/514
◎22874　◇899
◎23472　◇909
◎25227　◇1098
◎41918　◇1721

Julbernardia seretii **(De Wild.) Troupin**
▶刚果热非豆/刚果李叶镶羽檀
◎21615　◇261/514
◎41850　◇1720
◎42084　◇1723

Kalappia celebica **Kosterm.**
▶斯拉卡拉豆
◎18981　◇907

Koompassia excelsa **(Becc.) Taub.**
▶大甘巴豆/大凤眼木
◎4614　◇247
◎14173　◇893/151
◎15461　◇247
◎15462　◇247/151
◎18951　◇907
◎19508　◇935
◎20385　◇938/151
◎22193　◇934
◎22220　◇934
◎22418　◇902
◎23167　◇933
◎23242　◇927
◎23393　◇933
◎23427　◇933
◎27622　◇1236
◎35456　◇1571
◎35457　◇1571
◎40868　◇1707

Koompassia malaccensis **Maingay**
▶甘巴豆
◎4818　◇247
◎9893　◇955
◎13217　◇894
◎14146　◇TBA
◎15163　◇895
◎17495　◇247/151
◎18391　◇247
◎19477　◇935/151
◎20388　◇938
◎20765　◇247
◎21563　◇247
◎21564　◇247
◎22219　◇934
◎22818　◇920
◎23166　◇933
◎23241　◇927
◎23332　◇889
◎23392　◇933
◎35458　◇1571
◎37080　◇1630
◎37081　◇1630
◎40839　◇1707

Koompassia **Maingay**
▶甘巴豆属/凤眼木属
◎17163　◇247

Laburnum alpinum **(Mill.) Bercht. & J. Presl**
▶阿尔卑斯山毒豆木
◎25255　◇1097
◎40683　◇1705

Laburnum anagyroides **Medik.**
▶毒豆木/毒豆
◎4797　◇261
◎21341　◇912
◎22051　◇912
◎26545　◇1172
◎26546　◇1172
◎26547　◇1172
◎26774　◇1200
◎33689　◇1535
◎34313　◇1547
◎34314　◇1547
◎37465　◇1658
◎37466　◇1658
◎37467　◇1658
◎40793　◇1706

Laburnum* × *watereri **(A. C. Rosenthal & Bermann) Dippel**
▶沃氏金链花
◎40681　◇1705

Lecointea amazonica **Ducke**
▶亚马孙香根檀
◎29954　◇1369
◎30131　◇1379
◎30306　◇1390
◎30905　◇1420
◎40633　◇1704

Leptolobium nitens **Vogel**
▶光亮薄荚槐
◎24110　◇1083
◎24111　◇1083
◎28008　◇1255
◎32031　◇1472
◎32281　◇1481
◎34385　◇1549
◎34508　◇1551
◎34509　◇1551
◎34998　◇1561
◎42440　◇1729

Leptolobium panamense **(Benth.) Sch. Rodr. & A. M. G. Azevedo**
▶巴拿马薄荚槐
◎40306　◇1701

Lespedeza bicolor **Turcz.**
▶胡枝子
◎5379　◇261
◎13647　◇261
◎20055　◇261
◎20056　◇261
◎20057　◇214

Leucaena leucocephala **(Lam.) de Wit**
▶银合欢
◎16774　◇236/467
◎18918　◇913/142
◎20862　◇892

◎21640　◇236
◎21852　◇236
◎33833　◇1539
◎38669　◇1138
Leucaena retusa Benth.
▶微凹银合欢
◎25270　◇1099
Leucaena shannonii Donn. Sm.
▶莎伦银合欢
◎39306　◇1691
Leucaena Benth.
▶银合欢属
◎27045　◇1225
◎27261　◇1229
Leucochloron incuriale (Vell.) Barneby & J. W. Grimes
▶印氏同角楹
◎25271　◇1099
Libidibia ebano (H. Karst.) Britton & Killip
▶艾巴豹苏木
◎25272　◇1099
◎39497　◇1694
Libidibia punctata (Willd.) Britton
▶斑点豹苏木
◎42077　◇1723
Lonchocarpus campestris Mart. ex Benth.
▶野生合生果/野生醉鱼豆
◎39553　◇1695
Lonchocarpus capassa Rolfe
▶卡帕合生果/卡帕醉鱼豆
◎25293　◇1099
◎39070　◇1688
Lonchocarpus castilloi Standl.
▶卡斯合生果/卡斯醉鱼豆
◎7534　◇261
◎25294　◇1099
◎40799　◇1706
◎40957　◇1709
◎41854　◇1720
Lonchocarpus domingensis (Turpin ex Pers.) DC.
▶多米合生果/多米醉鱼豆
◎25295　◇1099
Lonchocarpus guatemalensis Benth.
▶危地马拉合生果/危地马拉醉鱼豆
◎25296　◇1099
◎39484　◇1694
Lonchocarpus guilleminianus D. B. O. S. Cardoso, L. P. Queiroz & H. C. Lima
▶吉莲合生果/吉莲醉鱼豆
◎33295　◇1517
Lonchocarpus hedyosmus Miq.
▶赫蒂合生果/赫蒂醉鱼豆
◎42424　◇1728
Lonchocarpus rugosus Benth.
▶皱果合生果/皱果醉鱼豆
◎25297　◇1099
◎39111　◇1689
◎41844　◇1720
◎41921　◇1721
Lonchocarpus schiedeanus (Schltdl.) Harms
▶希氏合生果/希氏醉鱼豆
◎39786　◇1697
◎41319　◇1713
Lonchocarpus sericeus (Poir.) Kunth ex DC.
▶绢毛合生果/绢毛醉鱼豆
◎37805　◇1670
◎37806　◇1670
◎37807　◇TBA
Lonchocarpus subglaucescens Mart. ex Benth.
▶苍白合生果/苍白醉鱼豆
◎33298　◇1518
Lonchocarpus violaceus Benth.
▶紫罗兰合生果/紫罗兰醉鱼豆
◎25298　◇1098
Lonchocarpus Kunth
▶合生果属/醉鱼豆属
◎19588　◇261
◎20158　◇936//544
Luetzelburgia aff. *amazonica* (Siebold & Zucc.) Hand.-Mazz.
▶似亚马孙破斧檀
◎38482　◇1135
Lysidice rhodostegia Hance
▶仪花
◎6357　◇TBA
◎11945　◇247;861
◎16613　◇247/638
◎18762　◇247;983
Lysiloma acapulcense (Kunth) Benth.
▶阿卡马肉豆木/阿卡假酸豆
◎25308　◇1098
◎39037　◇1688
Lysiloma latisiliquum (L.) Benth.
▶裂瓣马肉豆木/裂瓣框荚豆
◎20123　◇936
◎25309　◇1098
◎38815　◇1684
◎40970　◇1709
◎41215　◇1712
◎41891　◇1720
Lysiloma sabicu Benth.
▶萨比马肉豆木/萨比假酸豆
◎25310　◇1098
◎39100　◇1689
◎41852　◇1720
◎42081　◇1723
Lysiphyllum carronii (F. Muell.) Pedley
▶卡罗蝶叶豆木
◎25311　◇1098
◎39554　◇1695
◎41508　◇1716
◎42261　◇1725
Maackia amurensis Rupr.
▶朝鲜槐
◎4203　◇261
◎8005　◇261;785
◎10189　◇830
◎10251　◇918
◎12053　◇261
◎19205　◇261
◎20406　◇261
◎22341　◇916
Maackia hupehensis Takeda
▶马鞍树
◎5866　◇261
◎6611　◇261
◎10859　◇261
◎25312　◇1098
Machaerium acutifolium Vogel
▶尖叶军刀豆
◎33300　◇1518
Machaerium brasiliense Vogel
▶巴西军刀豆
◎38058　◇1114
Machaerium goudotii Benth.
▶蒙多军刀豆
◎38057　◇1114
Machaerium inundatum (Mart. ex Benth.) Ducke
▶涨水军刀豆

◎22607 ◇831
◎33301 ◇1518
◎41021 ◇1710
◎41880 ◇1720
***Machaerium kegelii* Meisn.**
▶凯基军刀豆
◎33302 ◇1518
***Machaerium lunatum*（L. f.）Ducke**
▶新月形军刀豆
◎34462 ◇1550
◎34463 ◇1550
◎38561 ◇1136
***Machaerium macrophyllum* Benth.**
▶大叶军刀豆
◎32346 ◇1483
◎33303 ◇1518
***Machaerium madeirense* Pittier**
▶麦迪军刀豆
◎32243 ◇1480
◎33176 ◇1513
***Machaerium myrianthum* Spruce ex Benth.**
▶繁枝军刀豆
◎32244 ◇1480
***Machaerium oblongifolium* Vogel**
▶长圆叶军刀豆
◎38054 ◇1114
***Machaerium polyphyllum*（Poir.）Benth.**
▶多叶军刀豆
◎25320 ◇1098
◎34896 ◇1558
◎40457 ◇1702
◎40756 ◇1706
***Machaerium quinata*（Aubl.）Sandwith**
▶五军刀豆
◎32730 ◇1494
◎32731 ◇1494
***Machaerium scleroxylon* Tul.**
▶硬木军刀豆
◎22724 ◇806/544
◎25321 ◇1098
◎38053 ◇1114
◎38059 ◇1114
◎40965 ◇1709
◎41868 ◇1720
***Machaerium stipitatum* Vogel**
▶具柄军刀豆
◎32732 ◇1494
***Machaerium villosum* Vogel**
▶毛军刀豆
◎25322 ◇1098
◎38055 ◇1114
◎38056 ◇1114
◎39046 ◇1688
***Machaerium* Pers.**
▶军刀豆属
◎19448 ◇832
◎32733 ◇1494
◎32734 ◇1494
◎34322 ◇1547
***Macrolobium acaciifolium*（Benth.）Benth.**
▶艾卡大瓣苏木
◎22511 ◇820/542
◎22622 ◇831
◎39302 ◇1691
◎40120 ◇1127
***Macrolobium angustifolium*（Benth.）Cowan**
▶狭叶大瓣苏木
◎27805 ◇1243
◎29284 ◇1324
◎29335 ◇1327
◎33936 ◇1541
◎34323 ◇1547
◎34464 ◇1550
***Macrolobium floridum* H. Karst.**
▶弗洛大瓣苏木
◎4474 ◇247/638
***Macrolobium limbatum* Spruce ex Benth.**
▶边缘大瓣苏木
◎33937 ◇1541
***Macrolobium taylorii* D. R. Simpson**
▶泰勒大瓣苏木
◎25326 ◇1098
***Macrolobium* Schreb.**
▶大瓣苏木属
◎34324 ◇1547
***Maniltoa cynometroides* Merr. & L. M. Perry**
▶库诺马尼尔豆/库诺纶巾豆
◎31512 ◇1450
◎31513 ◇1450
***Maniltoa plurijuga* Merr. & L. M. Perry**
▶多对马尼尔豆/多对纶巾豆
◎31514 ◇1450
◎31515 ◇1450
◎31516 ◇1450
◎31517 ◇1450
◎31518 ◇1450
◎31519 ◇1450
◎31520 ◇1450
◎37623 ◇1663
***Maniltoa psilogyne* Harms**
▶裸体马尼尔豆/裸体纶巾豆
◎18969 ◇907/729
***Maniltoa schefferi* K. Schum. & Hollrung**
▶谢氏马尼尔豆/谢氏纶巾豆
◎31521 ◇1450
***Maniltoa* Scheff.**
▶马尼尔豆属/纶巾豆属
◎31511 ◇1450
***Marmaroxylon racemosum*（Ducke）Killip**
▶大理石豆木
◎22281 ◇819/545
◎22491 ◇820
◎22566 ◇820
◎23317 ◇819
◎23600 ◇832
◎27953 ◇1252
◎32378 ◇1484
◎32379 ◇1484
◎42306 ◇1726
◎42341 ◇1726
***Martiodendron elatum*（Ducke）Gleason**
▶宽叶马蹄豆
◎34325 ◇1547
***Martiodendron excelsum*（Benth.）Gleason**
▶大马蹄豆/樱心豆
◎34326 ◇1548
◎34327 ◇1548
◎34328 ◇1548
◎34329 ◇1548
◎34465 ◇1550
◎34466 ◇1550
◎34467 ◇1550
Martiodendron odorata
▶香马蹄豆/香南美马蹄豆
◎22848 ◇917
***Martiodendron parviflorum*（Amshoff）Köppen**
▶小花马蹄豆/小花南美马蹄豆

◎22847　◇917/619
◎23263　◇905
◎27899　◇1249
◎32347　◇1483
◎32348　◇1483
◎32996　◇1504
◎35135　◇1565
◎35136　◇1565
◎40775　◇1706

Martiodendron **Gleason**
▶马蹄豆属
◎34330　◇1548
◎34331　◇1548

Melanoxylon brauna **Schott**
▶黑苏木
◎22725　◇806/542
◎40674　◇1705

Mezoneuron cucullata **(Roxb.) Wight & Arn.**
▶勺状脉泽豆
◎28347　◇1271

Microberlinia bisulcata **A. Chev.**
▶二沟小鞋木豆/二沟斑马木
◎25403　◇1100
◎39122　◇1689

Microberlinia brazzavillensis **A. Chev.**
▶刚果小鞋木豆/刚果斑马木
◎17879　◇929
◎19683　◇276
◎21113　◇TBA
◎21780　◇930/514

Mildbraediodendron excelsum **Harms**
▶高胭脂檀
◎39103　◇1689

Millettia brachycarpa **Merr.**
▶短果崖豆木
◎28523　◇1280
◎28615　◇1285

Millettia bussei **Harms**
▶布赛崖豆木
◎35048　◇1562

Millettia chrysophylla **Dunn**
▶金叶崖豆木
◎35975　◇1586
◎35976　◇1586
◎35977　◇1586

Millettia dielsiana **var.** ***heterocarpa*** **(Chun ex T. C. Chen) Z. Wei**
▶异果崖豆
◎20020　◇261

Millettia dielsiana **Diels**
▶香花崖豆
◎1095　◇TBA
◎13427　◇261
◎20021　◇261

Millettia grandis **(E. Mey.) Skeels**
▶卡氏崖豆木
◎37084　◇1630

Millettia laurentii **De Wild.**
▶非洲崖豆木
◎15498　◇TBA
◎18410　◇925/462
◎21593　◇261
◎21883　◇930
◎22877　◇899
◎23615　◇924
◎32738　◇1495
◎33698　◇1535
◎40896　◇1708
◎40897　◇1708
◎40898　◇1708
◎42030　◇1722
◎42031　◇1722

Millettia leucantha **Kurz**
▶百花崖豆
◎20361　◇938/732
◎39105　◇1689
◎42028　◇1722
◎42029　◇1722

Millettia merrillii **Perkins**
▶马尼拉崖豆木
◎28164　◇1263

Millettia oblata **Dunn**
▶扁圆崖豆木
◎32739　◇1495

Millettia pinnata **(L.) Panigrahi**
▶羽叶崖豆木
◎28712　◇1289

Millettia piscidia **(Roxb.) Wight**
▶鱼崖豆木
◎25406　◇1100

Millettia pulchra **Kurz**
▶印度崖豆
◎16587　◇261

Millettia rhodantha **Baill.**
▶红花崖豆木
◎30973　◇1423
◎31135　◇1429
◎31136　◇1429

Millettia rubiginosa **Wight & Arn.**
▶锈红崖豆藤
◎28407　◇1274

Millettia stuhlmannii **Taub.**
▶斯图崖豆木
◎23616　◇924
◎25407　◇1100
◎41911　◇1721
◎42126　◇1723

Millettia thonningii **(Schumach. & Thonn.) Baker**
▶汤宁崖豆木
◎25408　◇1100

Millettia versicolor **Welw. ex Baker**
▶杂色崖豆木
◎18439　◇925/531
◎21573　◇261

Millettia zechiana **Harms**
▶泽切崖豆木
◎26404　◇1156
◎30974　◇1423
◎31137　◇1429
◎31138　◇1429

Millettia **Wight & Arn.**
▶崖豆属/崖豆藤属
◎35482　◇1571

Mimosa bahamensis **Benth.**
▶巴哈含羞草木
◎25410　◇1100
◎39104　◇1689

Monopetalanthus coriaceus **J. Morel ex Aubrév.**
▶革氏单瓣豆
◎21773　◇930/531

Monopetalanthus durandii **F. Hallé & Normand**
▶杜氏单瓣豆
◎21768　◇930

Monopetalanthus letestui **Pellegr.**
▶泰勒单瓣豆
◎21752　◇930/531
◎22871　◇899

Monopetalanthus pellegrinii **A. Chev.**
▶佩尔单瓣豆
◎21756　◇930/531

Monopetalanthus soyauxii **(Engl.) Verdc. & Polhill**
▶苏瓦单瓣豆

◎22872 ◇899

Mora excelsa Benth.

▶大鳕苏木

◎7520 ◇369

◎20514 ◇828/542

◎23643 ◇831

◎26417 ◇1157

◎26799 ◇1203

◎32740 ◇1495

◎36853 ◇1624

◎37085 ◇1630

Mora gonggrijpii (Kleinhoonte) Sandwith

▶苏里南鳕苏木

◎25419 ◇1101

◎26405 ◇1156

◎26406 ◇1156

◎26418 ◇1157

◎26634 ◇1183

◎27900 ◇1249

◎32350 ◇1483

◎32741 ◇1495

◎32742 ◇1495

◎37086 ◇1630

◎40807 ◇1706

◎41877 ◇1720

◎41977 ◇1722

Mora megistosperma Britton & Rose

▶莫氏鳕苏木

◎4479 ◇244/148

Mora oleifera Ducke

▶欧莱鳕苏木

◎38198 ◇1130

Mucuna flagellipes Hook. f.

▶鞭状油麻藤

◎30975 ◇1423

◎31139 ◇1429

◎31140 ◇1429

Muellera campestris (Mart. ex Benth.) M. J. Silva & A. M. G. Azevedo

▶野生牧乐豆木

◎33293 ◇1517

◎33294 ◇1517

◎35040 ◇1562

Myrocarpus frondosus Allemao

▶帚状脂果豆木/帚状香荚豆

◎25440 ◇1101

◎40128 ◇1127

Myrospermum frutescens Jacq.

▶花盆香子槐

◎25441 ◇1101

Newtonia buchananii (Baker) G. C. C. Gilbert & Boutique

▶纽敦豆木/翅籽豆

◎18405 ◇925/516

◎18462 ◇236

◎21611 ◇236

Newtonia glandulifera (Pellegr.) G. C. C. Gilbert & Bout

▶腺状纽敦豆

◎21635 ◇236

◎25465 ◇1099

Newtonia hildebrandtii (Vatke) Torre

▶海德纽敦豆

◎25466 ◇1099

◎39109 ◇1689

Oddoniodendron micranthum (Harms) Baker f.

▶小花奥多尼豆

◎29614 ◇1346

◎29615 ◇1346

◎29616 ◇1346

Olneya tesota A. Gray

▶塔氏铁锋豆

◎25498 ◇1101

◎25499 ◇1101

◎41580 ◇1717

◎41759 ◇1719

Ormosia apiculata L. Chen

▶尖顶红豆/喙顶红豆

◎16663 ◇262

◎25502 ◇1101

Ormosia arborea (Vell.) Harms

▶乔木红豆木

◎25503 ◇1101

◎39078 ◇1688

Ormosia balansae Drake

▶长眉红豆

◎11475 ◇262

◎11476 ◇262

◎12156 ◇262;871

◎12978 ◇262;882/159

◎14425 ◇262

◎14480 ◇262

◎14768 ◇262

◎14883 ◇262;1075/157

Ormosia bancana (Miq.) Merr.

▶班坎红豆

◎28135 ◇1261

◎28659 ◇1287

Ormosia cambodiana Gagnep.

▶柬埔寨红豆木

◎25504 ◇1101

Ormosia coccinea (Aubl.) Jacks.

▶深红红豆木/猴眼红豆

◎22726 ◇806/544

◎25505 ◇1101

◎27859 ◇1246

◎32355 ◇1484

◎34333 ◇1548

◎34470 ◇1550

◎34471 ◇1550

◎40131 ◇TBA

◎41498 ◇1715

◎41564 ◇1716

Ormosia costulata (Miq.) Kleinhoonte

▶肋刺红豆木

◎27730 ◇1239

◎32356 ◇1484

◎34472 ◇1550

Ormosia coutinhoi Ducke

▶苏里南红豆木

◎26312 ◇1143

◎27809 ◇1244

◎32006 ◇1471

◎32357 ◇1484

◎32744 ◇1495

◎32745 ◇1495

◎34473 ◇1550

◎35139 ◇1565

◎37088 ◇1630

◎37089 ◇1630

Ormosia fastigiata Tul.

▶锥形红豆木

◎27810 ◇1244

◎32007 ◇1471

◎32008 ◇1471

◎34334 ◇1548

◎34335 ◇1548

◎34336 ◇1548

◎34474 ◇1550

◎34475 ◇1550

Ormosia flava (Ducke) Rudd

▶黄花红豆

◎39343 ◇1692

Ormosia fordiana Oliv.

▶肥荚红豆

◎14467 ◇262/158

◎15696 ◇262

◎15752 ◇262

◎16999 ◇262

◎22012 ◇262

Ormosia glaberrima Y. C. Wu

▶光叶红豆

◎14308 ◇263

◎16551 ◇263/157

◎16661 ◇263

◎17247 ◇263

Ormosia henryi Prain

▶花榈木

◎53 ◇263

◎401 ◇263/157

◎5913 ◇263

◎6587 ◇263;783

◎8193 ◇263/159

◎9054 ◇263

◎10701 ◇TBA

◎12347 ◇870

◎12819 ◇263;811/157

◎14028 ◇263

◎16740 ◇263;799/157

◎18630 ◇263/157

Ormosia hosiei Hemsl. & E. H. Wilson

▶红豆树

◎5950 ◇264

◎8632 ◇264;717/158

◎10107 ◇264

◎10110 ◇264

◎10111 ◇264

◎10874 ◇264

◎10905 ◇264

◎11043 ◇264

◎11069 ◇264

◎11093 ◇264

◎11173 ◇264

◎13050 ◇264

◎21985 ◇264

Ormosia howii L. Chen

▶缘毛红豆

◎12980 ◇264;815/157

◎12986 ◇264;968/157

Ormosia inflata Merr. & L. Chen

▶胀荚红豆

◎13675 ◇265

◎14780 ◇265

◎14803 ◇265/158

Ormosia macrodisca Baker

▶大盘红豆树

◎20740 ◇265

Ormosia microphylla Merr. ex Merr. & H. Y. Chen

▶小叶红豆

◎13236 ◇TBA

◎15894 ◇265

◎16089 ◇265

◎16204 ◇265

◎17073 ◇265/158

◎17184 ◇/158

◎17327 ◇265/158

◎17667 ◇265

◎18782 ◇265;782/158

Ormosia monosperma (Sw.) Urb.

▶单子红豆

◎7297 ◇265

Ormosia nobilis Tul.

▶高贵红豆

◎34337 ◇1548

Ormosia pachycarpa Champ. ex Benth.

▶茸荚红豆

◎6765 ◇266

◎6788 ◇TBA

◎16612 ◇266/158

Ormosia paraensis Ducke

▶帕州红豆木

◎18372 ◇266

◎22109 ◇266/544

◎38421 ◇1134

◎40132 ◇TBA

Ormosia pinnata (Lour.) Merr.

▶海南红豆

◎6837 ◇TBA

◎13249 ◇266;868/158

◎14535 ◇266

◎14827 ◇266;1074

◎14939 ◇266

Ormosia schunkei Rudd

▶辛克红豆

◎41025 ◇1710

◎41443 ◇1715

Ormosia semicastrata Hance

▶软荚红豆

◎6465 ◇267;782

◎6555 ◇267;970

◎6564 ◇267;1006

◎6824 ◇267

◎12440 ◇TBA

◎12912 ◇267/558

◎13114 ◇267;1056/159

◎14317 ◇267/558

◎14899 ◇267;1074

◎15710 ◇267

◎15909 ◇267

◎17332 ◇TBA

◎17373 ◇TBA

◎18024 ◇267;1064/158

Ormosia sericeolucida L. Chen

▶亮毛红豆

◎16060 ◇267

Ormosia travancorica Bedd.

▶特拉红豆树

◎28396 ◇1273

Ormosia xylocarpa Merr. & L. Chen

▶木荚红豆

◎12520 ◇268

◎12521 ◇268;1078/159

◎12626 ◇268;1027

◎12627 ◇268;817/159

◎12628 ◇268;814

◎12693 ◇268;863

◎14691 ◇268

◎15027 ◇268

◎15741 ◇268

◎17096 ◇268

◎20050 ◇268

◎20051 ◇268

◎20052 ◇268

◎20053 ◇268

◎20054 ◇268

Ormosia Jacks.

▶红豆属

◎5594 ◇269

◎8191 ◇269;1016

◎9297 ◇269;804/159

◎9298 ◇269;793

◎9299 ◇269;793

◎12208 ◇TBA

◎12212 ◇847

◎12215 ◇847

◎12220 ◇TBA

◎12237 ◇TBA

◎12299 ◇TBA

◎12300 ◇TBA

◎12354 ◇870
◎15972 ◇269
◎17249 ◇269
◎31741 ◇1459

Oxystigma bucholzii **(Ser.) C. K. Schneid.**
▶布初尖柱苏木/布初尖柱豆
◎21580 ◇247

Oxystigma oxyphyllum **(Harms) Leonard**
▶尖柱苏木
◎15485 ◇TBA
◎17952 ◇829/514
◎18195 ◇249
◎19681 ◇247
◎20478 ◇828
◎21109 ◇928
◎21607 ◇247/514

Pachyelasma tessmannii **(Harms) Harms**
▶厚腔苏木
◎18433 ◇925/514
◎21585 ◇248
◎40046 ◇1116

Paloue coccinea **(Schomb. ex Benth.) Redden**
▶尖叶苞弦豆
◎35023 ◇1562

Paramachaerium schomburgkii **Ducke**
▶斯氏赛玛查豆
◎38383 ◇TBA

Paramacrolobium coeruleum **(Taub.) Leonard**
▶赛大裂豆木
◎21603 ◇236

Parapiptadenia rigida **(Benth.) Brenan**
▶坚硬香金檀
◎18544 ◇236/142
◎22744 ◇826
◎25529 ◇1102
◎32757 ◇1495
◎34735 ◇1555
◎35142 ◇1565
◎40235 ◇1700

Parkia bicolor **A. Chev.**
▶二色球花豆
◎17963 ◇829/142
◎21777 ◇930/142
◎22878 ◇899
◎37868 ◇1673

Parkia biglobosa **(Jacq.) R. Br. ex G. Don**
▶二球球花豆
◎7291 ◇236
◎17962 ◇829/459
◎37095 ◇1631

Parkia decussata **Ducke**
▶十字球花豆
◎38348 ◇1133

Parkia filicoidea **Welw. ex Oliv.**
▶蕨状球花豆
◎18420 ◇236/459

Parkia gigantocarpa **Ducke**
▶巨果球花豆
◎40134 ◇1127

Parkia javanica **(Lam.) Merr.**
▶爪哇球花豆
◎4624 ◇236/142

Parkia multijuga **Benth.**
▶多列球花豆
◎22497 ◇820/545
◎25533 ◇1102
◎34729 ◇1555
◎40135 ◇1127

Parkia nitida **Miq.**
▶明亮球花豆
◎18258 ◇908/142
◎22063 ◇236/545
◎27732 ◇1239
◎29839 ◇1362
◎29864 ◇1364
◎29902 ◇1366
◎30014 ◇1373
◎30065 ◇1376
◎30092 ◇1377
◎30183 ◇1383
◎30207 ◇1384
◎30254 ◇1387
◎30723 ◇1413
◎30724 ◇1413
◎30725 ◇1413
◎30846 ◇1417
◎30847 ◇1417
◎30848 ◇1417
◎32361 ◇1484
◎34222 ◇1545
◎34340 ◇1548
◎34730 ◇1555
◎38283 ◇1132
◎38584 ◇1136

Parkia paraensis **Ducke**
▶帕州球花豆
◎20173 ◇820/546
◎40136 ◇1127

Parkia pendula **(Willd.) Benth. ex Walp.**
▶悬垂球花豆
◎20174 ◇820/546
◎22843 ◇917
◎22844 ◇917
◎29881 ◇1365
◎30015 ◇1373
◎30234 ◇1386
◎30411 ◇1396
◎30412 ◇1396
◎30413 ◇1396
◎30532 ◇1403
◎34341 ◇1548
◎34731 ◇1555
◎40137 ◇1127

Parkia singularis **Miq.**
▶单生球花豆
◎20657 ◇236

Parkia speciosa **Hassk.**
▶美丽球花豆
◎27289 ◇1230

Parkia sumatrana **subsp.** ***streptocarpa*** **(Hance) H. C. Hopkins**
▶树猴球花豆
◎18975 ◇907/142

Parkia timoriana **(DC.) Merr.**
▶球花豆
◎7290 ◇236/142
◎27288 ◇1230

Parkia ulei **(Harms) Kuhlm.**
▶乌勒球花豆
◎27952 ◇1252
◎32362 ◇1484
◎34342 ◇1548
◎34343 ◇1548

Parkia **R. Br.**
▶球花豆属
◎22236 ◇934
◎22279 ◇819
◎23165 ◇933
◎23237 ◇927
◎23318 ◇819

◎23395 ◇933
◎27287 ◇1230

Parkinsonia aculeata L.
▶扁轴木
◎25534 ◇1102
◎25535 ◇1102
◎38756 ◇1140
◎41695 ◇1718
◎42218 ◇1724

Peltogyne altissima Ducke
▶高紫心苏木/高紫心木
◎25539 ◇1102
◎40225 ◇1700

Peltogyne catingae Ducke
▶卡蒂紫心苏木
◎23592 ◇832
◎39092 ◇1688

Peltogyne confertiflora (Mart. ex Hayne) Benth.
▶聚花紫心苏木
◎25540 ◇1102

Peltogyne nitens (Benth.) M. F. Silva
▶光亮紫心苏木
◎25538 ◇1102
◎40703 ◇1705

Peltogyne paniculata subsp. *pubescens* (Benth.) M. F. Silva
▶柔毛紫心苏木/柔毛紫心木
◎4548 ◇248
◎22845 ◇917
◎25543 ◇1102
◎25544 ◇TBA
◎25546 ◇1102
◎25547 ◇1102
◎27812 ◇1244
◎27997 ◇1254
◎32010 ◇1471
◎32011 ◇1471
◎32012 ◇1471
◎32013 ◇1471
◎32363 ◇1484
◎32753 ◇1495
◎32754 ◇1495
◎33849 ◇1539
◎33850 ◇1539
◎33851 ◇1539

Peltogyne paniculata Benth.
▶圆锥紫心苏木
◎22442 ◇248/151
◎25541 ◇1102
◎25542 ◇1102
◎40138 ◇1127

Peltogyne paradoxa Ducke
▶奇异紫心苏木
◎20169 ◇820/542
◎22278 ◇819

Peltogyne porphyrocardia Griseb. ex Benth.
▶婆氏紫心苏木
◎25545 ◇1102
◎39087 ◇1688

Peltogyne subsessilis W. A. Rodrigues
▶无柄紫心苏木
◎22536 ◇TBA
◎40139 ◇1127

Peltogyne venosa subsp. *densiflora* (Benth.) M. F. Silva
▶密花紫心苏木
◎25549 ◇1102

Peltogyne venosa (Vahl) Benth.
▶具脉紫心苏木
◎22654 ◇248
◎25548 ◇1102
◎26407 ◇1156
◎26419 ◇1157
◎27904 ◇1249
◎32014 ◇1471
◎32364 ◇1484
◎33852 ◇1539
◎33853 ◇1539

Peltogyne Vogel
▶紫心苏木属
◎7521 ◇248
◎17880 ◇248;929
◎23199 ◇905
◎23645 ◇831

Peltophorum dasyrrhachis var. *tonkinense* (Pierre) K. Larsen & S. S. Larsen
▶银珠
◎14551 ◇248
◎18092 ◇248

Peltophorum dasyrrhachis (Miq.) Kurz
▶粗轴双翼苏木
◎11374 ◇922/736
◎12722 ◇922
◎12780 ◇923
◎39091 ◇1688

Peltophorum dubium (Spreng.) Taub.
▶似双翼苏木/南美盾柱木
◎25550 ◇1102
◎37096 ◇1631
◎39527 ◇1694
◎41456 ◇1715
◎42246 ◇1725

Peltophorum pterocarpum (DC.) Backer ex K. Heyne
▶盾柱木
◎7328 ◇248
◎8958 ◇TBA
◎9700 ◇931/721
◎11584 ◇248
◎14911 ◇248
◎17715 ◇248
◎27653 ◇1237

Peltophorum racemosum Merr.
▶总状盾柱木
◎22196 ◇934

Peltophorum (Vogel) Benth.
▶双翼苏木属/盾柱木属
◎27290 ◇1230

Pentaclethra eetveldeana De Wild. & T. Durand
▶五山柳苏木
◎18447 ◇925/516

Pentaclethra macroloba (Willd.) Kuntze
▶大裂五山柳苏木/大裂五钉豆
◎18213 ◇236/545
◎27864 ◇1247
◎29243 ◇1321
◎29244 ◇1322
◎29293 ◇1325
◎32755 ◇1495
◎32756 ◇1495
◎33854 ◇1539
◎33855 ◇1539
◎34982 ◇1561
◎39136 ◇1689

Pentaclethra macrophylla Benth.
▶大叶五山柳苏木/大叶五钉豆
◎17961 ◇829
◎20556 ◇829
◎21735 ◇930
◎25552 ◇1102

Pericopsis africana (S. Vidal) Ding Hou
▶非洲美木豆

◎19579　◇270/514

Pericopsis angolensis (Baker) Meeuwen

▶安哥拉美木豆/安哥拉油木檀

◎20485　◇828

◎25554　◇1102

◎39754　◇1697

Pericopsis elata (Harms) Meeuwen

▶大美木豆/油木檀

◎15218　◇251

◎19658　◇251

◎21587　◇270/516

◎21776　◇930

◎21886　◇930

◎21892　◇899

◎23671　◇928

◎26288　◇1119

◎33642　◇1534

◎36881　◇1625

Pericopsis mooniana Thwaites

▶斯里兰卡美木豆

◎25555　◇1102

◎40418　◇1702

Pericopsis Thwaites

▶美木豆属/柚木豆属

◎14167　◇893

◎18231　◇270

Petteria ramentacea (Sieber) C. Presl

▶羌金雀

◎29747　◇1358

◎29805　◇1360

Phanera aherniana (G. Perkins) de Wit

▶火索藤属

◎28017　◇1255

Phanera finlaysoniana var. *leptopus* (G. Perkins) de Wit

▶莱普羊蹄甲

◎28061　◇1258

◎28258　◇1267

◎28259　◇1267

Phanera integrifolia subsp. *cumingiana* (Benth.) de Wit

▶全缘火索藤

◎28549　◇1281

Phanera lingua (DC.) Miq.

▶舌状火索藤

◎31479　◇1448

◎31480　◇1448

Phanera retusa Benth.

▶微凹火索藤

◎39815　◇1698

Phanera semibifida var. *perkinsiae* (Benth.) Kuntze

▶泊克火索藤

◎28067　◇1259

◎28365　◇1272

Phanera semibifida (Roxb.) Benth.

▶塞米火索藤

◎28503　◇1279

Phaseolodes pendulum E. L. Wolf

▶下垂菲斯豆

◎13944　◇TBA

◎15258　◇855/462

◎15307　◇900

◎15328　◇900

◎22393　◇926

Philenoptera bussei (Harms) Schrire

▶布氏费兰豆木

◎33290　◇1517

◎33291　◇1517

◎33292　◇1517

Philenoptera violacea (Klotzsch) Schrire

▶堇色控翅豆

◎40264　◇1700

Phylloxylon xylophylloides (Baker) Du Puy, Labat & Schrire

▶翼木蓝

◎25581　◇1103

Pictetia aculeata (Vahl) Urb.

▶小叶钉刺豆

◎38568　◇1136

Piliostigma thonningii (Schumach.) Milne-Redh.

▶佟氏帽柱豆

◎35141　◇1565

Piptadenia flava (Spreng. ex DC.) Benth.

▶黄色落腺豆/黄色落腺檀

◎25627　◇1103

Piptadenia gabunensis (Harms) Roberty

▶加蓬落腺豆/加蓬落腺檀

◎25628　◇1103

Piptadenia gonoacantha (Mart.) J. F. Macbr.

▶古娜腺瘤豆

◎5265　◇236/464

Piptadenia Benth.

▶落腺豆属/落腺檀属

◎23607　◇942

◎32758　◇1495

◎34736　◇1555

Piptadeniastrum africanum (Hook. f.) Brenan

▶腺瘤豆

◎5115　◇236

◎15217　◇236

◎18359　◇248

◎20490　◇828

◎20555　◇829

◎21072　◇928/516

◎21941　◇899

◎22869　◇899

◎26526　◇1170

◎26527　◇1170

◎34993　◇1561

◎35646　◇1573

◎38413　◇1134

Piscidia mollis Rose

▶软毒鱼豆

◎39076　◇1688

Piscidia piscipula (L.) Sarg.

▶毒鱼豆木/刺桐状毒鱼木

◎20160　◇936

◎20516　◇828

◎20539　◇828

◎38808　◇1684

Pithecellobium dulce (Roxb.) Benth.

▶牛蹄豆

◎4662　◇238

◎7227　◇238

◎20328　◇238/143

◎21857　◇238

◎32759　◇1495

◎32760　◇1495

◎36724　◇1618

◎36725　◇1618

Pithecellobium keyense Coker

▶翅果围涎木树

◎25634　◇1104

Pithecellobium racemosum Ducke

▶总状围涎树/总状牛蹄豆

◎34345　◇1548

Pithecellobium roseum (Vahl) Barneby & J. W. Grimes

▶蔷薇围涎树

◎32761 ◇1495

Pithecellobium unguis-cati (L.) Benth.

▶猫爪围涎木

◎25635 ◇1104

◎38812 ◇1684

◎39113 ◇1689

◎41593 ◇1717

◎41776 ◇1719

Pithecellobium Mart.

▶围涎树属/牛蹄豆属

◎6216 ◇238

◎11825 ◇238

◎22240 ◇934

◎22280 ◇819

◎23177 ◇933

◎23207 ◇905

◎23238 ◇927

◎23396 ◇933

◎27293 ◇1230

◎29882 ◇1365

◎29883 ◇1365

◎30017 ◇1373

◎30157 ◇1381

◎30235 ◇1386

◎30236 ◇1386

◎30414 ◇1396

◎30415 ◇1396

◎30416 ◇1396

◎30536 ◇1404

◎30537 ◇1404

◎30538 ◇1404

◎30539 ◇1404

◎30540 ◇1404

◎30572 ◇1406

◎30852 ◇1417

◎34607 ◇1553

◎34745 ◇1555

◎34746 ◇1555

◎34747 ◇1555

◎34855 ◇1558

◎35503 ◇1572

◎35504 ◇1572

◎37956 ◇1679

Pityrocarpa pteroclada (Benth.) Brenan

▶纸链豆

◎38347 ◇1133

Plathymenia reticulata Benth.

▶网脉黄苏木/网脉平膜豆

◎39437 ◇1693

Plathymenia Benth.

▶黄苏木属/平膜豆属

◎22445 ◇819/546

Platycyamus regnellii Benth.

▶扁豆木

◎22540 ◇/544

Platymiscium cf. *floribundun* Vogel

▶似多花阔变豆

◎39077 ◇1688

Platymiscium dimorphandrum Donn. Sm.

▶二型阔变豆

◎25658 ◇1104

◎40413 ◇1702

◎41244 ◇1712

◎41839 ◇1720

Platymiscium floribundum Vogel

▶多花阔变豆

◎25657 ◇1104

Platymiscium pinnatum (Jacq.) Dugand

▶羽状阔变豆

◎4484 ◇270

◎4535 ◇856

◎25659 ◇1104

◎39074 ◇1688

◎40893 ◇1708

◎40894 ◇1708

◎40895 ◇1708

◎41246 ◇1712

◎41813 ◇1719

Platymiscium stipulare Benth.

▶托叶阔变豆

◎25660 ◇1104

◎39188 ◇1690

◎41026 ◇1710

◎41027 ◇1710

◎41446 ◇1715

Platymiscium trinitatis var. *duckei* (Huber) Klitg.

▶达凯阔变豆/达凯扁柄檀

◎32764 ◇1495

Platymiscium trinitatis Benth.

▶特氏阔变豆/特氏扁柄檀

◎19417 ◇832

◎25661 ◇1104

◎27998 ◇1254

◎32382 ◇1484

◎33709 ◇1536

◎34349 ◇1548

◎40563 ◇1704

Platymiscium ulei Harms

▶乌氏阔变豆

◎23597 ◇832

◎25662 ◇1104

Platymiscium yucatanum Standl.

▶尤卡坦阔变豆

◎20154 ◇936/544

◎23617 ◇924

◎41471 ◇1715

◎41812 ◇1719

Platymiscium Vogel

▶阔变豆属/扁柄檀属

◎23620 ◇TBA

◎23625 ◇942

◎32762 ◇1495

◎32763 ◇1495

◎34350 ◇1548

◎34351 ◇1548

◎39184 ◇1690

Platypodium elegans Vogel

▶艾氏普兰豆/艾氏田花生

◎4491 ◇270

Platysepalum hirsutum (Dunn) Hepper

▶毛宽萼豆

◎27769 ◇1241

Poecilanthe parviflora Benth.

▶小花杂花豆

◎22727 ◇806/544

Poeppigia procera (Poepp. ex Spreng.) C.Presl

▶泊皮豆/黄蝶檀

◎20438 ◇905

Pongamia pinnata (L.) Pierre

▶水黄皮

◎7222 ◇270/159

◎20851 ◇891

◎25686 ◇1104

◎27659 ◇1237

◎35481 ◇1571

◎35508 ◇1572

◎35509 ◇1572

Prioria alternifolia (Elmer) Breteler

▶互生叶脂苏木属

◎4636 ◇247

◎18885　◇913/151

◎18962　◇907/151

◎31503　◇1449

Prioria buchholzii **(Harms) Breteler**

▶**布赫脂苏木/布赫蜂巢豆**

◎36649　◇1615

Prioria copaifera **Griseb.**

▶**柯比脂苏木/科比蜂巢豆**

◎4455　◇249

◎20484　◇828

◎41521　◇1716

◎41552　◇1716

Prioria oxyphylla **(Harms) Breteler**

▶**尖叶脂苏木/尖叶蜂巢豆**

◎40377　◇1701

Prioria **Griseb.**

▶**脂苏木属**

◎31502　◇1449

Prosopis africana **(Guill. & Perr.) Taub.**

▶**非洲牧豆木**

◎17964　◇829

Prosopis alba **Griseb.**

▶**白牧豆木**

◎25714　◇1105

◎40237　◇1700

Prosopis chilensis **(Molina) Stuntz**

▶**智利牧豆木**

◎38713　◇1139

Prosopis cineraria **(L.) Druce**

▶**瓜叶牧豆木**

◎20863　◇892

Prosopis glandulosa **Torr.**

▶**腺牧豆木**

◎25715　◇1105

◎39084　◇1688

◎41606　◇1717

◎41808　◇1719

Prosopis juliflora **(Sw.) DC.**

▶**牧豆木**

◎20149　◇936/546

◎21437　◇897

Prosopis kuntzei **Harms**

▶**库恩牡豆木**

◎25716　◇1105

◎42075　◇1723

Prosopis laevigata **(Humb. & Bonpl. ex Willd.) M. C. Johnst.**

▶**平亮牡豆木**

◎25717　◇1105

Prosopis nigra **(Griseb.) Hieron.**

▶**黑牡豆木**

◎25718　◇1105

◎41453　◇1715

◎41792　◇1719

Prosopis pallida **(Humb. & Bonpl. ex Willd.) Kunth**

▶**帕里牡豆木**

◎25719　◇1105

◎38502　◇1135

◎38503　◇1135

◎40233　◇1700

◎41452　◇1715

◎41809　◇1719

Prosopis pubescens **Benth.**

▶**柔毛牧豆树**

◎40229　◇1700

Prosopis velutina **Wooton**

▶**短毛牡豆木**

◎25720　◇1105

◎25721　◇1105

Pseudopiptadenia psilostachya **(DC.) G. P. Lewis & M. P. Lima**

▶**光穗假落腺豆**

◎22488　◇820/546

◎22660　◇826

◎23316　◇819

◎25746　◇1105

◎25747　◇1105

◎27813　◇1244

◎29840　◇1362

◎29841　◇1362

◎30067　◇1376

◎30068　◇1376

◎30185　◇1383

◎30186　◇1383

◎30666　◇1411

◎30667　◇1411

◎30850　◇1417

◎30851　◇1417

◎32267　◇1481

◎32366　◇1484

◎32367　◇1484

◎34224　◇1545

◎34737　◇1555

◎35144　◇1565

◎40144　◇1128

◎40159　◇1128

Pseudosindora palustris **Symington**

▶**沼生假油楠**

◎25748　◇1105

◎35371　◇1571

◎40644　◇1705

Pseudosindora **Symington**

▶**假油楠属**

◎17178　◇249

Psorothamnus spinosus **(A. Gray) Barneby**

▶**刺银靛木**

◎19213　◇260

◎39258　◇1691

Pterocarpus amazonum **(Mart. ex Benth.) Amshoff**

▶**亚马孙紫檀**

◎40753　◇1706

Pterocarpus angolensis **DC.**

▶**安哥拉紫檀**

◎7539　◇271/461

◎15540　◇271

◎17977　◇829/159

◎18219　◇271

◎22639　◇854

◎23604　◇942

◎34485　◇1551

◎37099　◇TBA

◎41814　◇1720

◎41818　◇1720

Pterocarpus antunesii **Harms**

▶**安氏紫檀**

◎34933　◇1559

◎37100　◇1631

Pterocarpus cleistocarpus **R. et W.**

▶**连果紫檀**

◎1178　◇TBA

Pterocarpus dalbergioides **DC.**

▶**安达曼紫檀**

◎4913　◇855/461

◎20848　◇891

◎22640　◇271

◎41466　◇1715

◎41817　◇1720

Pterocarpus erinaceus **Poir.**

▶**刺猬紫檀**

◎17978　◇855/461

◎22641　◇854

Pterocarpus indicus **Willd.**

▶**印度紫檀**

◎7221 ◇271
◎9941 ◇956
◎14156 ◇/461
◎18888 ◇913/461
◎18936 ◇907/95
◎19016 ◇906/159
◎19465 ◇906/993
◎20667 ◇271
◎21853 ◇271
◎22642 ◇854
◎22784 ◇906
◎22785 ◇906
◎22939 ◇271
◎22940 ◇271
◎23342 ◇889
◎27465 ◇1233
◎27466 ◇1233
◎28619 ◇1285
◎28724 ◇1290
◎33948 ◇1541
◎34367 ◇1548
◎35716 ◇1575
◎35717 ◇1575
◎35718 ◇1575
◎37101 ◇1631
◎37102 ◇1631
◎37551 ◇1661
◎40862 ◇1707
◎40919 ◇1708
◎41570 ◇1716
◎41577 ◇1716
◎42041 ◇1722
◎42042 ◇1722

***Pterocarpus lucens* subsp. *antunesii* (Taub.) Rojo**

▶安途紫檀

◎22646 ◇854

***Pterocarpus macrocarpus* Kurz**

▶大果紫檀

◎4281 ◇271
◎9702 ◇855/159
◎9750 ◇921;1014
◎13958 ◇954
◎15197 ◇938
◎15230 ◇901
◎15231 ◇854/159
◎15310 ◇900
◎15332 ◇900
◎17838 ◇900
◎19684 ◇271
◎20336 ◇854/461
◎22649 ◇TBA
◎41575 ◇1716
◎42221 ◇1724

***Pterocarpus marsupium* Roxb.**

▶囊状紫檀

◎8513 ◇855/159
◎20704 ◇896
◎20856 ◇891
◎22643 ◇854

***Pterocarpus mildbraedii* Harms**

▶米尔德紫檀

◎40030 ◇1116

***Pterocarpus officinalis* Jacq.**

▶药用紫檀

◎22438 ◇271/544
◎27818 ◇1244
◎27819 ◇1244
◎28003 ◇1254
◎29905 ◇1366
◎30114 ◇1378
◎30285 ◇1389
◎30628 ◇1408
◎30790 ◇1415
◎32019 ◇1471
◎32401 ◇1485
◎32770 ◇1496
◎34366 ◇1548
◎34486 ◇1551
◎34487 ◇1551

***Pterocarpus rohrii* Vahl**

▶罗氏紫檀

◎22631 ◇819/544
◎32771 ◇1496
◎32772 ◇1496
◎34368 ◇1548
◎34369 ◇1548
◎40438 ◇1702

***Pterocarpus rotundifolius* (Sond.) Druce**

▶圆叶紫檀

◎22644 ◇854
◎25760 ◇1106
◎41596 ◇1717

***Pterocarpus santalinoides* L'Hér. ex DC.**

▶类檀香紫檀

◎22632 ◇/544
◎32773 ◇1496
◎35867 ◇1584

***Pterocarpus santalinus* L. f.**

▶檀香紫檀

◎22648 ◇854
◎22650 ◇854/461
◎22653 ◇854
◎23674 ◇856
◎23675 ◇856
◎23676 ◇856
◎40655 ◇1705

***Pterocarpus soyauxii* Taub.**

▶非洲紫檀

◎5133 ◇271
◎5159 ◇271
◎15076 ◇271/461
◎15077 ◇/159
◎15492 ◇TBA
◎17878 ◇929/159
◎21104 ◇928
◎21887 ◇930
◎22645 ◇854
◎22804 ◇920
◎23477 ◇909
◎23618 ◇924
◎34488 ◇1551
◎37869 ◇1673
◎37870 ◇1673
◎37871 ◇1673
◎41469 ◇1715
◎41819 ◇1720

***Pterocarpus tinctorius* Welw.**

▶染料紫檀/血檀

◎17976 ◇829/461
◎18438 ◇925/515
◎22647 ◇854
◎40211 ◇1699

***Pterocarpus* Jacq.**

▶紫檀属

◎4678 ◇271
◎10073 ◇271
◎10074 ◇271
◎10075 ◇271
◎11102 ◇271
◎11104 ◇271
◎11105 ◇271
◎11106 ◇271
◎11131 ◇271
◎11174 ◇271

◎12265 ◇271
◎12355 ◇870
◎12389 ◇TBA
◎12394 ◇271
◎13137 ◇894
◎13311 ◇879
◎13356 ◇879
◎15124 ◇TBA
◎15538 ◇271
◎16287 ◇271
◎16288 ◇271
◎17861 ◇271
◎18732 ◇894
◎22601 ◇831/544
◎22771 ◇854
◎23244 ◇927
◎38456 ◇TBA

Pterodon emarginatus **Vogel**

▶**艾玛翼齿豆**

◎22729 ◇806/544

Pterogyne nitens **Tul.**

▶**翅雌豆木/蝉翼豆**

◎22728 ◇806/544
◎22742 ◇826
◎32268 ◇1481
◎41448 ◇1715
◎41726 ◇1718

Pterolobium membranulaceum **(Blanco) Merr.**

▶**菲律宾老虎刺**

◎28804 ◇1294

Pterolobium **R. Br. ex Wight & Arn.**

▶**老虎刺属**

◎22282 ◇819

Pueraria thunbergii **M. H. Lee**

▶**金桂葛**

◎5669 ◇271

Retama monosperma **(L.) Boiss.**

▶**单子细枝豆**

◎31288 ◇1434

Rhynchosia nitens **Benth. ex Harv.**

▶**亮叶鹿藿**

◎32776 ◇1496
◎32777 ◇1496

Robinia ambigua **Poir.**

▶**疑似刺槐**

◎25885 ◇1108
◎40207 ◇1699

Robinia **cf.** ***pseudoacacia*** **L.**

▶**近刺槐**

◎35118 ◇1564

Robinia hispida **L.**

▶**毛洋槐**

◎40614 ◇1704

Robinia luxurians **(Dieck ex E. Goeze) Rydb.**

▶**肥壮刺槐**

◎38718 ◇1139

Robinia neomexicana **var.** ***neomexicana***

▶**新墨西哥刺槐**

◎38705 ◇1138

Robinia pseudoacacia **L.**

▶**刺槐**

◎54 ◇272
◎570 ◇TBA
◎1295 ◇272
◎4369 ◇272
◎4561 ◇272
◎4809 ◇272
◎4990 ◇272
◎5614 ◇272
◎5725 ◇272
◎5726 ◇272
◎7699 ◇272
◎7745 ◇272/160
◎7893 ◇272
◎8234 ◇272;993/160
◎9448 ◇830
◎10252 ◇918
◎10671 ◇TBA
◎10672 ◇272
◎10673 ◇272
◎10894 ◇272
◎11153 ◇832
◎11282 ◇272;851
◎11366 ◇823
◎12043 ◇914
◎13231 ◇273;998
◎13748 ◇946
◎13778 ◇272
◎14029 ◇273
◎14236 ◇914
◎17059 ◇273
◎18671 ◇272
◎19679 ◇272
◎20971 ◇272
◎21173 ◇272
◎21342 ◇272
◎21714 ◇904
◎23059 ◇917
◎23520 ◇953
◎23566 ◇953
◎23662 ◇272;961
◎23665 ◇272
◎26578 ◇1175
◎26844 ◇1210
◎26845 ◇1210
◎26846 ◇1210
◎33717 ◇1536
◎33718 ◇1536
◎33719 ◇1536
◎36769 ◇1620
◎37352 ◇1651
◎37353 ◇1651
◎37354 ◇1651
◎37364 ◇1651
◎37365 ◇1651
◎37366 ◇1651

Robinia slavinii **Rehder**

▶**斯拉刺槐**

◎19590 ◇273

Robinia viscosa **Michx. ex Vent.**

▶**胶刺槐**

◎20963 ◇272
◎22114 ◇821

Robinia × ambigua **Poir.**

▶**疑似刺槐**

◎41653 ◇1717

Robinia **L.**

▶**刺槐属**

◎4006 ◇273
◎4069 ◇273
◎17929 ◇822

Samanea saman **(Jacq.) Merr.**

▶**雨树**

◎14166 ◇893/561
◎19653 ◇239
◎20323 ◇239
◎21061 ◇890
◎21641 ◇236
◎22807 ◇920
◎26753 ◇1198
◎40280 ◇1700
◎41420 ◇1715

Saraca dives Pierre
▶戴维无忧花
◎16030 ◇249
◎18761 ◇249
Saraca indica L.
▶印度无忧花
◎27476 ◇1233
◎37176 ◇1632
Schizolobium amazonicum Huber ex Ducke
▶亚马孙裂瓣苏木/亚马孙离荚豆木
◎22440 ◇820/542
◎25932 ◇1108
Schizolobium excelsum Vogel
▶大裂瓣苏木/大离荚豆木
◎5256 ◇249
Schizolobium parahyba (Vell.) S. F. Blake
▶裂瓣苏木/离荚豆木
◎20142 ◇936/542
◎25933 ◇1108
◎32786 ◇1496
◎38167 ◇1129
◎40186 ◇1699
◎41652 ◇1717
◎41690 ◇1718
Schleinitzia insularum (Guill.) Burkart
▶岛屿斯凯豆
◎25935 ◇1108
Schnella microstachya Raddi
▶小穗医索藤
◎32842 ◇1498
Schotia brachypetala Sond.
▶矮瓣豆木
◎25939 ◇1109
◎40196 ◇1699
Schotia latifolia Jacq.
▶阔叶挂钟豆木
◎25940 ◇1109
◎39770 ◇1697
Scorodophloeus zenkeri Harms
▶蒜皮苏木/蒜皮豆
◎18425 ◇925/514
Senegalia polyacantha subsp. *campylacantha* (Hochst. ex A. Rich.) Kyal. & Boatwr.
▶弯曲相思木
◎32828 ◇1498
Senegalia polyphylla (DC.) Britton & Rose
▶多叶儿茶
◎38280 ◇1132
◎40150 ◇1128
Senna alata (L.) Roxb.
▶翅荚决明
◎32856 ◇1499
Senna bicapsularis (L.) Roxb.
▶双荚决明
◎39325 ◇1691
Senna candolleana (Vogel) H. S. Irwin & Barneby
▶坎朵决明
◎25947 ◇1109
Senna garrettiana (Craib) H. S. Irwin & Barneby
▶加氏决明
◎31849 ◇1466
Senna racemosa (Mill.) H. S. Irwin & Barneby
▶总状决明
◎25948 ◇1109
◎39461 ◇1693
◎41302 ◇1713
◎41646 ◇1717
Senna reticulata Willd.
▶网纹铁刀木
◎4521 ◇242/146
Senna sandwithiana H. S. Irwin & Barneby
▶桑德决明
◎32791 ◇1496
Senna siamea Lam.
▶铁刀木
◎3430 ◇242
◎7225 ◇242
◎8917 ◇939
◎9629 ◇242
◎11195 ◇855
◎11386 ◇855/465
◎11710 ◇854/465
◎11780 ◇242/146
◎11865 ◇242;861
◎12707 ◇/146
◎12756 ◇923
◎13641 ◇242;1012
◎13784 ◇242
◎14152 ◇TBA
◎15108 ◇854/146
◎15344 ◇923
◎15345 ◇TBA
◎15346 ◇TBA
◎15347 ◇TBA
◎16794 ◇854/465
◎16803 ◇242
◎17690 ◇242
◎19394 ◇242
◎20921 ◇242
◎21021 ◇890
◎21826 ◇242
◎22117 ◇826
◎25949 ◇1109
◎38422 ◇1134
◎39284 ◇1691
◎41534 ◇1716
◎41553 ◇1716
Senna spectabilis (DC.) H. S. Irwin & Barneby
▶美丽决明
◎40028 ◇1116
◎18853 ◇913/146
Senna surattensis (Burm. f.) H. S. Irwin & Barneby
▶黄槐决明
◎40179 ◇1699
Senna wislizenii var. *pringlei* (Britton) H. S. Irwin & Barneby
▶普林决明
◎38393 ◇1133
Serianthes kanehirae Fosberg
▶凯氏舟合欢
◎25954 ◇1109
Serianthes melanesica Fosberg
▶麦兰舟合欢
◎23193 ◇915
◎23311 ◇915
Serianthes minahassae (Koord.) Merr. & L. M. Perry
▶米纳舟合欢
◎27154 ◇1227
◎36062 ◇1587
Sesbania grandiflora (L.) Poir.
▶大花田菁
◎3545 ◇273
Sesbania sesban (L.) Merr.
▶田菁
◎7248 ◇273

Sindora beccariana **Backer ex de Wit**
▶贝卡油楠
◎14160 ◇893/152
◎25992 ◇1109
Sindora coriacea **Prain**
▶革质油楠
◎20749 ◇249
◎22430 ◇889
Sindora glabra **Merr. ex de Wit**
▶油楠
◎8920 ◇939/152
◎9707 ◇931/152
◎11442 ◇249;981/152
◎11553 ◇249/152
◎14685 ◇249
◎14855 ◇249;1029
◎14934 ◇249
◎16786 ◇249
Sindora klaineana **Pierre ex Pellegr.**
▶克莱油楠
◎25990 ◇1109
Sindora leiocarpa **de Wit**
▶光果油楠
◎27132 ◇1227
Sindora siamensis **Teijsm. ex Miq.**
▶泰国油楠
◎25991 ◇1109
◎25993 ◇1109
Sindora supa **Merr.**
▶苏帕油楠
◎4677 ◇249
◎25994 ◇1109
◎34384 ◇1549
Sindora tonkinensis **A. Chev. ex K. Larsen & S. S. Larsen**
▶东京油楠
◎8974 ◇/152
◎39355 ◇1692
Sindora velutina **Baker**
▶绒毛油楠
◎27133 ◇1227
◎36039 ◇1586
◎36226 ◇1588
Sindora wallichii **Benth.**
▶瓦氏油楠
◎25995 ◇1109
◎35547 ◇1572
◎40220 ◇1699
◎40556 ◇1703
Sindora **Miq.**
▶油楠属
◎8975 ◇939
◎9894 ◇TBA
◎12774 ◇923
◎15140 ◇895
◎17485 ◇249
◎19516 ◇935
◎20377 ◇938
◎22263 ◇934
◎22417 ◇902
◎23164 ◇933
◎23243 ◇927
◎40869 ◇1707
Sindoropsis letestui **(Pellegr.) J. Léonard**
▶赛油楠
◎21798 ◇930/511
Sophora arizonica **S. Watson**
▶亚利桑那槐
◎26004 ◇1110
Sophora chrysophylla **(Salisb.) Seem.**
▶金叶槐
◎36773 ◇1620
◎41683 ◇1718
◎41728 ◇1718
Sophora interrupta **Bedd.**
▶间断槐
◎21434 ◇897
Sophora secundiflora **(Ortega) Lag. ex DC.**
▶同侧花槐
◎26005 ◇1110
◎40194 ◇1699
◎41669 ◇1718
◎42357 ◇1726
Sophora tetraptera **L. f.**
▶四翅槐
◎26006 ◇1110
Sophora tomentosa **L.**
▶绒毛槐
◎5724 ◇275/161
Sophora **L.**
▶槐属/苦参属
◎11988 ◇275;1074
Spartium junceum **L.**
▶鹰爪豆
◎31315 ◇1435
◎40388 ◇1701
Spatholobus orientalis
▶东方密花豆
◎8915 ◇939/161
◎8954 ◇TBA
◎12790 ◇923
Spatholobus purpureus **Benth. ex Baker**
▶紫密花豆
◎28348 ◇1271
Stemonocoleus micranthus **Harms**
▶小花苏木/益母檀
◎21769 ◇930/514
◎26019 ◇1110
◎31005 ◇1425
Strongylodon archboldianus **Merr. & L. M. Perry**
▶盾托翡翠葛
◎29042 ◇1309
Stryphnodendron guianense **(Aubl.) Benth.**
▶圭亚那涩木豆
◎32917 ◇1501
Stryphnodendron paniculatum **Poepp.**
▶圆锥涩木豆
◎33865 ◇1540
Stryphnodendron polystachyum **(Miq.) Kleinhoonte**
▶多叶涩木豆
◎33866 ◇1540
◎27874 ◇1247
◎32027 ◇1472
Stryphnodendron pulcherrimum **(Willd.) Hochr.**
▶浆果涩木豆
◎32796 ◇1497
Styphnolobium japonicum **(L.) Schott**
▶槐
◎546 ◇274
◎675 ◇274;967
◎5351 ◇274;996
◎5613 ◇274
◎6429 ◇274
◎6682 ◇274
◎7698 ◇275/161
◎8238 ◇274
◎8243 ◇274;968
◎8302 ◇274/161
◎8303 ◇274
◎8304 ◇274
◎8361 ◇TBA

◎8362　◇274
◎8363　◇274
◎9526　◇274；1018
◎10116　◇275
◎11287　◇275；1014/161
◎14027　◇275
◎15903　◇275
◎16557　◇275
◎26029　◇1110
◎26030　◇1110
◎26553　◇1173
◎26554　◇1173
◎26555　◇1173
◎36813　◇1623
◎36871　◇1625
◎41304　◇1713
◎41626　◇1717
◎41678　◇1718
◎41727　◇1718

Sweetia fruticosa **Spreng.**
▶灌木斯威豆木/灌木医热檀
◎22763　◇806/544
◎26041　◇1110
◎26042　◇1110
◎37069　◇1630

Sympetalandra densiflora **(Elmer) Steenis**
▶密花思姆豆
◎4685　◇244/149
◎18917　◇913/760
◎33731　◇1536
◎38408　◇1134

Tachigali albiflora **(Benoist) Zarucchi & Herend.**
▶白花蚁豆
◎18454　◇273
◎25942　◇1109
◎26429　◇1158
◎26430　◇1158
◎26447　◇1160
◎26623　◇1182
◎26816　◇1207
◎35119　◇1564
◎35120　◇1564
◎35121　◇1564
◎35122　◇1564
◎35123　◇1564
◎35124　◇1564
◎42418　◇1727

Tachigali **Aubl.**
▶塔奇苏木属/蚁豆属
◎22484　◇820/545
◎33723　◇1536
◎34377　◇1548
◎34378　◇1548
◎34493　◇1551
◎34494　◇1551
◎35318　◇1570

Tachigali chrysophylla **(Poepp.) Zarucchi & Herend.**
▶金叶蚁豆
◎38262　◇1130

Tachigali colombiana **Dwyer**
▶哥伦比亚塔奇苏木/哥伦比亚蚁豆
◎38250　◇1130

Tachigali guianensis **(Benth.) Zarucchi & Herend.**
▶圭亚那塔奇苏木/圭亚那蚁豆
◎27737　◇1240
◎29868　◇1364
◎29980　◇1371
◎30142　◇1380
◎30264　◇1387
◎30315　◇1390
◎30879　◇1418
◎30928　◇1421
◎32404　◇1485
◎34491　◇1551
◎42437　◇1729

Tachigali melinonii **(Harms) Zarucchi & Herend.**
▶梅林塔奇苏木/梅林蚁豆
◎26349　◇1149
◎27960　◇1252
◎32405　◇1485
◎32787　◇1496
◎32788　◇1496
◎32789　◇1496
◎34374　◇1548
◎34492　◇1551
◎35148　◇1565
◎41706　◇1718

Tachigali micropetala **(Ducke) Zarucchi & Pipoly**
▶小瓣塔奇苏木/小瓣塔奇苏木
◎26314　◇1143
◎26637　◇1183
◎26801　◇1203
◎32688　◇1492
◎32689　◇1492
◎40504　◇1703

Tachigali myrmecophila **(Ducke) Ducke**
▶蚁蕉兰塔奇苏木/蚁蕉兰蚁豆
◎26076　◇1111
◎34387　◇1549
◎40203　◇1699

Tachigali paniculata **var.** ***alba*** **(Ducke) Dwyer**
▶白塔奇苏木/白蚁豆
◎34386　◇1549

Tachigali paniculata **Aubl.**
▶圆锥塔奇苏木
◎26077　◇1111

Tachigali polyphylla **Poepp.**
▶多叶塔奇苏木/多叶蚁豆
◎34388　◇1549

Tachigali rubiginosa **(Mart. ex Tul.) Oliveira-Filho**
▶黄紫蚁豆
◎32790　◇1496

Tachigali versicolor **Standl. & L. O. Williams**
▶杂色塔奇苏木
◎26078　◇1111

Tachigali vulgaris **L. F. Gomes da Silva & H. C. Lima**
▶普通蚁豆
◎29250　◇1322
◎34375　◇1548
◎34376　◇1548
◎34937　◇1559

Tamarindus indica **L.**
▶酸豆
◎3439　◇250
◎6821　◇250/152
◎7256　◇250
◎8557　◇898
◎13618　◇250；1012/152
◎14606　◇250
◎14937　◇250；1074
◎17058　◇250
◎19568　◇250/152
◎26759　◇1198
◎36044　◇1586
◎36684　◇1617

◎36685 ◇1617
◎37190 ◇1633
◎38814 ◇1684
◎41195 ◇1712
◎42190 ◇1724

Taralea oppositifolia **Aubl.**
▶**对生叶南香豆树**
◎34301 ◇1547
◎34302 ◇1547

Tetraberlinia bifoliolata **(Harms) Hauman**
▶**二小叶四鞋木**
◎21743 ◇930/512
◎21874 ◇930/512
◎22880 ◇899

Tetraberlinia polyphylla **(Harms) Voorh.**
▶**多叶四鞋木**
◎21786 ◇930/512

Tetraberlinia tubmaniana **J. Léonard**
▶**塔布四鞋木**
◎21801 ◇930/514

Tetrapleura tetraptera **(Schumach. & Thonn.) Taub.**
▶**四翅甘馥榼**
◎35080 ◇1563
◎42457 ◇1730

Tipuana tipu **(Benth.) Kuntze**
▶**阿玻同名豆木/金蝶木**
◎22733 ◇806/544
◎26127 ◇1111
◎42247 ◇1725
◎42297 ◇1725

Toluifera peruifera **Taub.**
▶**秘鲁香脂豆**
◎5251 ◇276

Trachylobium verrucosum **(Gaertn.) Oliv.**
▶**疣果琥珀豆**
◎40745 ◇1706

Ulex europaeus **L.**
▶**荊豆**
◎26149 ◇1111
◎37438 ◇1656
◎37439 ◇1656
◎37440 ◇1656
◎39580 ◇1695

Vachellia albicorticata **(Burkart) Seigler & Ebinger**
▶**阿尔金合欢**
◎38451 ◇1134

Vachellia campeachiana **(Mill.) Seigler & Ebinger**
▶**坎培金合欢**
◎40403 ◇1702

Vachellia eburnea **(L. f.) P. J. H. Hurter & Mabb.**
▶**弹丝金合欢**
◎29705 ◇1356

Vachellia negrii **(Pic. Serm.) Kyal. & Boatwr.**
▶**奈氏金合欢**
◎37649 ◇1664
◎37650 ◇1664
◎37651 ◇1664

Vachellia sieberiana **(DC.) Kyal. & Boatwr.**
▶**西氏金合欢**
◎24083 ◇1083

Vachellia tortilis **(Forssk.) Galasso & Banfi**
▶**叠伞金合欢**
◎40279 ◇1700
◎40667 ◇1705

Vachellia xanthophloea **(Benth.) P. J. H. Hurter**
▶**黄皮金合欢**
◎42212 ◇1724

Vatairea guianensis **Aubl.**
▶**圭亚那瓦泰豆/圭亚那黑桂檀**
◎22618 ◇831
◎22657 ◇826/545
◎22734 ◇806/545
◎22846 ◇917
◎23264 ◇905
◎26450 ◇1160
◎26467 ◇1163
◎26468 ◇1163
◎35084 ◇1563
◎41180 ◇1712
◎42162 ◇1724

Vatairea lundellii **(Standl.) Killip**
▶**隆德瓦泰豆/隆德黑桂檀**
◎26160 ◇1112
◎38290 ◇1132
◎42201 ◇1724

Vatairea paraensis **Ducke**
▶**巴西瓦泰豆木/巴西黑桂檀**
◎21135 ◇/545
◎32305 ◇1482
◎39717 ◇1697

Vatairea **Aubl.**
▶**瓦泰豆属/黑桂檀属**
◎22466 ◇820
◎35083 ◇1563

Vataireopsis araroba **(Aguiar) Ducke**
▶**阿拉尔赛瓦泰豆/阿拉尔除癣檀**
◎39785 ◇1697

Vataireopsis speciosa **Ducke**
▶**美丽赛瓦泰豆/美丽除癣檀**
◎22543 ◇/545
◎40717 ◇1705

Virgilia oroboides **subsp.** ***oroboides***
▶**南非槐(原亚种)**
◎20568 ◇829

Virgilia oroboides **(P. J. Bergius) T. M. Salter**
▶**南非槐**
◎40760 ◇1706

Vouacapoua americana **Aubl.**
▶**亚马孙沃埃苏木/厚果檀**
◎22656 ◇826
◎23201 ◇905
◎23492 ◇909
◎26443 ◇1159
◎26455 ◇1161
◎28016 ◇1255
◎32045 ◇1472
◎32046 ◇1472
◎33884 ◇1540
◎34944 ◇1559
◎42110 ◇1723
◎42199 ◇1724

Wallaceodendron celebicum **Koord.**
▶**西伯里铁岛合欢**
◎4690 ◇239/143
◎21660 ◇239
◎42411 ◇1727
◎42412 ◇1727

Wisteria floribunda **(Willd.) DC.**
▶**多花紫藤**
◎40631 ◇1704

Wisteria sinensis **(Sims) DC.**
▶**紫藤**
◎7051 ◇276
◎17253 ◇276/161
◎26412 ◇1156

◎26684 ◇1190

◎26685 ◇1190

◎26686 ◇1190

Wisteria Nutt.

▶紫藤属

◎5565 ◇276

Xanthocercis zambesiaca (Baker) Dumaz-le-Grand

▶赞比亚羚豆木

◎26198 ◇1112

◎39731 ◇1697

Xylia evansii Hutch.

▶伊万木荚豆

◎21799 ◇930/144

Xylia xylocarpa var. *kerrii* (Craib & Hutch.) I. C. Nielsen

▶克尔木荚豆

◎15202 ◇938/144

◎20394 ◇938/144

◎26207 ◇1113

Xylia xylocarpa (Roxb.) W. Theob.

▶木荚豆

◎4918 ◇239

◎8523 ◇898

◎9706 ◇931

◎13423 ◇/75

◎13933 ◇239;958

◎15255 ◇901

◎15269 ◇901

◎15312 ◇900

◎15339 ◇900

◎15398 ◇900

◎15399 ◇900/144

◎16363 ◇932

◎17840 ◇900

◎19117 ◇896

◎20715 ◇896

◎21448 ◇897

◎22388 ◇926

◎35577 ◇1572

Zenia insignis Chun

▶任豆/翅荚木

◎15754 ◇250

◎16016 ◇250;968/152

◎18094 ◇250;968

Zenia Chun

▶任豆属

◎39932 ◇1122

Zenkerella citrina Taub.

▶黄色森克豆

◎29600 ◇1344

◎29601 ◇1344

◎29602 ◇1344

Zollernia glabra (Spreng.) Yakovlev

▶无毛佐勒苏木/兽爪豆属

◎26234 ◇1113

◎26235 ◇1113

Zollernia illicifolia (Brongn.) Vogel

▶冬青叶佐勒苏木/冬青叶兽爪豆

◎26236 ◇1113

◎39703 ◇1696

◎41177 ◇1712

◎42336 ◇1726

Zollernia paraensis Huber

▶帕州佐勒苏木/帕州兽爪豆

◎26237 ◇1112

◎39735 ◇1697

Zygia cataractae (Kunth) L. Rico

▶瀑布亦雨树/瀑布大合欢

◎26238 ◇1112

◎39787 ◇1697

Zygia cauliflora (Willd.) Killip ex Record

▶茎花大合欢

◎27768 ◇1241

◎32369 ◇1484

◎34346 ◇1548

◎34347 ◇1548

Zygia inaequalis (Willd.) Pittier

▶不等亦雨树/不等大合欢

◎26239 ◇1112

◎39709 ◇1696

Zygia juruana (Harms) L. Rico

▶茹鲁亦雨树/茹鲁大合欢

◎26240 ◇1112

Zygia latifolia (L.) Fawc. & Rendle

▶阔叶亦雨树/阔叶大合欢

◎32306 ◇1482

◎32307 ◇1482

◎32826 ◇1498

Zygia longifolia (Humb. & Bonpl. ex Willd.) Britton & Rose

▶长叶亦雨树/长叶大合欢

◎26241 ◇1112

◎42137 ◇1723

Zygia racemosa (Ducke) Barneby & J. W. Grimes

▶总花大合欢

◎34744 ◇1555

Fagaceae 壳斗科

Castanea crenata Siebold & Zucc.

▶日本栗木

◎4114 ◇404

◎4843 ◇404/234

◎10231 ◇918

◎18583 ◇919/233

◎24487 ◇1086

◎39435 ◇1693

Castanea dentata Borkh.

▶齿叶栗木/美国栗

◎4361 ◇402

◎4568 ◇402

◎10346 ◇826

◎10398 ◇821

◎38873 ◇1685

Castanea henryi Rehder & E. H. Wilson

▶锥栗

◎230 ◇403;790

◎244 ◇403;981

◎6044 ◇416

◎6111 ◇402

◎6406 ◇416

◎6891 ◇TBA

◎6912 ◇TBA

◎7097 ◇TBA

◎8450 ◇402;804

◎8456 ◇TBA

◎9483 ◇402;997/233

◎9484 ◇402;996

◎9485 ◇402;997

◎9486 ◇402;997

◎9836 ◇402

◎12749 ◇402

◎13917 ◇402

◎16190 ◇402

◎17592 ◇402;792

◎17630 ◇402

Castanea mollissima Blume

▶板栗

◎239 ◇403

◎245 ◇403;980

◎246 ◇403;982

◎248 ◇403;981

◎450 ◇403

◎545 ◇403;789

◎780 ◇403
◎1034 ◇403;1001/233
◎3274 ◇403
◎4750 ◇403
◎5959 ◇403
◎6657 ◇403
◎7647 ◇403
◎7814 ◇403/233
◎8230 ◇403
◎8733 ◇403;964
◎9538 ◇403;1037
◎9539 ◇403;1036
◎9540 ◇403;1036
◎10765 ◇403
◎11152 ◇832
◎11365 ◇823;1062
◎12801 ◇403;1059/234
◎13909 ◇403
◎13987 ◇403
◎14024 ◇403
◎16199 ◇403
◎17060 ◇403
◎19373 ◇403
◎20242 ◇403
◎20615 ◇403
◎21157 ◇403
◎41103 ◇1711
◎42150 ◇1724

***Castanea ozarkensis* Ashe**

▶**奥沙栗木**

◎24488 ◇1086
◎39207 ◇1690

***Castanea pumila* (L.) Mill.**

▶**矮栗**

◎24489 ◇1086
◎38774 ◇1140
◎39402 ◇1693

***Castanea sativa* Mill.**

▶**欧洲栗木**

◎4791 ◇404/234
◎5018 ◇404
◎5609 ◇404
◎5611 ◇404
◎5693 ◇TBA
◎21329 ◇404
◎21501 ◇404
◎21716 ◇904
◎22287 ◇903
◎23661 ◇404;961
◎26590 ◇1178
◎37196 ◇1634
◎37197 ◇1634
◎37198 ◇1634

***Castanea seguinii* Dode**

▶**茅栗**

◎6047 ◇404;867
◎6877 ◇404;720
◎9805 ◇404;1016/234
◎11140 ◇404;987

***Castanea* Mill.**

▶**栗属**

◎582 ◇TBA
◎942 ◇TBA
◎950 ◇TBA
◎4972 ◇404
◎5843 ◇TBA
◎5944 ◇404
◎15168 ◇895
◎17914 ◇822

***Castanopsis acuminatissima* (Blume) A. DC.**

▶**尖叶锥**

◎19015 ◇906/243
◎24490 ◇1086
◎27470 ◇1233
◎36084 ◇1587
◎38460 ◇1134

***Castanopsis argentea* A. DC.**

▶**银白锥木**

◎9919 ◇955
◎14104 ◇893/234

***Castanopsis argyrophylla* King ex Hook. f.**

▶**银叶锥**

◎3403 ◇405
◎4260 ◇405
◎12513 ◇405;1013
◎12514 ◇405
◎12516 ◇405;1013

***Castanopsis armata* (Roxb.) Spach**

▶**阿玛锥**

◎13671 ◇405
◎14792 ◇405
◎15011 ◇405
◎15038 ◇405
◎15838 ◇405

***Castanopsis buruana* Miq.**

▶**波氏栲**

◎35903 ◇1585

***Castanopsis calathiformis* Rehder & E. H. Wilson**

▶**抱丝栲**

◎3525 ◇455
◎3715 ◇455
◎9640 ◇405/234
◎19361 ◇405

***Castanopsis carlesii* (Hemsl.) Hayata**

▶**米槠**

◎178 ◇405;808
◎187 ◇405;780
◎453 ◇405
◎1144 ◇TBA
◎1195 ◇TBA
◎7410 ◇405
◎7743 ◇405;872/235
◎8388 ◇405;884
◎8389 ◇405
◎8404 ◇405
◎8437 ◇405
◎8438 ◇407
◎8736 ◇407;1065
◎9026 ◇407;1063
◎9032 ◇407;974
◎9033 ◇407;976
◎9034 ◇407;1030
◎9035 ◇407;1063
◎9233 ◇407;991
◎9281 ◇407
◎9377 ◇407;804
◎9871 ◇407;813/237
◎9972 ◇407;1038
◎10612 ◇407
◎10752 ◇407
◎10753 ◇407
◎10966 ◇408/237
◎12116 ◇407;885
◎12121 ◇407;866
◎12534 ◇407;811
◎12570 ◇407;1030/235
◎12571 ◇407;1013
◎12582 ◇407;1043/235
◎12583 ◇406
◎12584 ◇406;866
◎12748 ◇406
◎12886 ◇406;1045/237
◎12889 ◇406;871
◎12931 ◇406;808/235

◎12932 ◇406;862
◎13074 ◇406
◎13078 ◇406
◎13106 ◇407/237
◎13233 ◇406;1056/235
◎13497 ◇406;1012
◎13606 ◇406
◎13608 ◇406;1074
◎14301 ◇406
◎15040 ◇406
◎16407 ◇406
◎17381 ◇TBA
◎17452 ◇406;784
◎18034 ◇406;1055
◎18589 ◇919
◎18592 ◇919
◎19059 ◇408
◎19872 ◇406
◎19873 ◇406
◎19874 ◇406
◎21184 ◇406
◎21829 ◇406

Castanopsis cerebrina **(Hickel & A. Camus) Barnett**

▶毛叶杯栲

◎11815 ◇408/236
◎11973 ◇TBA
◎12498 ◇408;866

Castanopsis chinensis **Schottky**

▶华锥

◎9119 ◇TBA
◎10749 ◇408
◎16202 ◇408/236

Castanopsis chunii **W. C. Cheng**

▶厚皮栲

◎13529 ◇408
◎13541 ◇408;1074/236

Castanopsis clemensii **Soepadmo**

▶枝条栲

◎31711 ◇1457

Castanopsis concinna **A. DC.**

▶华南锥

◎16061 ◇408/236
◎17382 ◇408;1042/957

Castanopsis cuspidata **Schottky**

▶尖叶栲

◎4860 ◇408

Castanopsis delavayi **Franch.**

▶高山锥

◎1244 ◇409
◎11298 ◇409/237
◎13602 ◇409
◎13603 ◇409
◎13604 ◇409
◎13990 ◇409

Castanopsis echinocarpa **Miq.**

▶短刺栲

◎11638 ◇409/238
◎11647 ◇409;851
◎11649 ◇409;851
◎11939 ◇409
◎12449 ◇TBA
◎14412 ◇409
◎14441 ◇409;998
◎14459 ◇409
◎15787 ◇409

Castanopsis eyrei **Tutch.**

▶甜槠

◎6399 ◇455
◎6447 ◇410;1079
◎6893 ◇410
◎8821 ◇410;791
◎9381 ◇410;777/238
◎9382 ◇410;777/238
◎9502 ◇410;802/238
◎10955 ◇410;1008/238
◎11139 ◇410;1063
◎11405 ◇410
◎13035 ◇410
◎13036 ◇410
◎13076 ◇410/238
◎13079 ◇410
◎13509 ◇410/238
◎15811 ◇410
◎15859 ◇410
◎16431 ◇410
◎17389 ◇TBA
◎17531 ◇410;794
◎17648 ◇410
◎18065 ◇410
◎19058 ◇410
◎19875 ◇410

Castanopsis fargesii **Franch.**

▶栲树/栲

◎176 ◇412;1018
◎209 ◇412;780
◎226 ◇412;780
◎234 ◇412;869
◎241 ◇412;780
◎389 ◇412
◎452 ◇412
◎1029 ◇412
◎6460 ◇412
◎6547 ◇412;1080
◎7637 ◇412
◎7955 ◇412/240
◎8156 ◇TBA
◎8412 ◇412;884
◎8413 ◇412;884
◎8467 ◇412;872
◎9009 ◇412;976
◎9010 ◇412;976/240
◎9024 ◇412;1063
◎9025 ◇412;1063
◎9045 ◇413;977
◎9124 ◇413;1037
◎9231 ◇413;793
◎9280 ◇413;885
◎9359 ◇413;1028
◎9360 ◇TBA
◎9551 ◇413;1051
◎9687 ◇413
◎10026 ◇413
◎10611 ◇413
◎10751 ◇413
◎10761 ◇413
◎10762 ◇413
◎10763 ◇413
◎10764 ◇413
◎10992 ◇413
◎11257 ◇413;1004
◎12118 ◇413;871/240
◎13234 ◇413;1005/239
◎13482 ◇413;1012
◎13910 ◇413
◎15770 ◇TBA
◎16437 ◇413
◎16974 ◇413
◎19376 ◇413
◎19876 ◇413

Castanopsis fissa **Rehder & E. H. Wilson**

▶裂斗锥

◎6443 ◇414
◎6698 ◇414
◎8809 ◇414
◎9065 ◇414;1038/241

◎9066 ◇414;976
◎9067 ◇414
◎9143 ◇414;810
◎9238 ◇414;793
◎12170 ◇414
◎12569 ◇414;1030
◎12572 ◇414;1013
◎12573 ◇414;981/241
◎13080 ◇414
◎14432 ◇414
◎14967 ◇414;1029
◎16544 ◇414
◎17287 ◇414
◎17391 ◇414;790
◎19877 ◇414
◎19878 ◇414

***Castanopsis fissoides* Chun & C. C. Huang**

▶发氏锥木

◎322 ◇625

***Castanopsis fordii* Hance**

▶南岭锥

◎388 ◇415
◎6462 ◇415;1000
◎9053 ◇415
◎9090 ◇415;784
◎9139 ◇415;1027/241
◎9236 ◇415;991
◎12129 ◇415;852/241
◎12684 ◇415;988
◎13514 ◇415
◎13890 ◇TBA
◎13891 ◇TBA
◎13892 ◇TBA
◎15037 ◇415
◎15839 ◇415
◎16610 ◇415
◎17377 ◇415;802
◎17447 ◇415;784
◎19879 ◇415
◎19880 ◇415
◎19881 ◇415

***Castanopsis formosana* Hayata**

▶台湾锥

◎6806 ◇415
◎14611 ◇415/241
◎14816 ◇415;1074

***Castanopsis hainanensis* Merr.**

▶海南锥

◎11411 ◇416;1002/242
◎11412 ◇416
◎11413 ◇416
◎11569 ◇416
◎14542 ◇416/242
◎14876 ◇416;1029

***Castanopsis hystrix* Miq.**

▶红锥

◎1142 ◇TBA
◎1143 ◇TBA
◎8987 ◇TBA
◎8988 ◇TBA
◎9115 ◇417;1037/243
◎9116 ◇417;976
◎9117 ◇417;1006
◎10025 ◇417
◎10053 ◇417
◎11267 ◇417;1038
◎11536 ◇417;1005/242
◎11537 ◇417
◎11538 ◇417
◎11539 ◇417
◎11540 ◇417
◎12533 ◇417/243
◎13077 ◇417
◎13081 ◇417
◎13590 ◇417;1012
◎13607 ◇416/242
◎13612 ◇416
◎13654 ◇416;862
◎13677 ◇416
◎13800 ◇416
◎14337 ◇416
◎15010 ◇416
◎15054 ◇416
◎15668 ◇416
◎16203 ◇416
◎16684 ◇416
◎17770 ◇416
◎17771 ◇416

***Castanopsis indica* A. DC.**

▶丝丝锥/印度锥

◎3710 ◇418
◎4261 ◇418
◎8936 ◇939
◎9582 ◇418
◎11376 ◇922
◎11808 ◇418/243
◎12757 ◇923/234
◎13006 ◇418;976/243
◎13632 ◇418;861
◎13633 ◇418
◎13634 ◇418;1012
◎14185 ◇893/276
◎14563 ◇418
◎17687 ◇418
◎21843 ◇423

***Castanopsis javanica* A. DC.**

▶爪哇锥

◎14112 ◇893/234
◎15151 ◇895
◎18705 ◇894
◎21008 ◇890

***Castanopsis jianfenglingensis* Duanmu**

▶尖峰岭锥

◎14299 ◇TBA

***Castanopsis jucunda* Hance**

▶秀丽锥

◎17084 ◇418/244
◎39010 ◇1687

***Castanopsis kawakamii* Hayata**

▶吊皮锥

◎12511 ◇419
◎12526 ◇419;882
◎12527 ◇419;1041/244
◎12614 ◇419;1013
◎12618 ◇419
◎12619 ◇419;807/244
◎12827 ◇419;999
◎13133 ◇419
◎13134 ◇419;1078
◎16629 ◇419
◎16730 ◇419
◎16904 ◇419
◎18106 ◇TBA

***Castanopsis kweichowensis* Hu**

▶贵州栲

◎15621 ◇419
◎15775 ◇419
◎21980 ◇419

***Castanopsis lamontii* Hance**

▶鹿角栲

◎6444 ◇420;1079
◎9141 ◇420;1027
◎9232 ◇TBA
◎9332 ◇420;997
◎9333 ◇420;997
◎12509 ◇420

◎12687 ◇420;807/244
◎13082 ◇420
◎16429 ◇420
◎16667 ◇420
◎17071 ◇420
◎17277 ◇420
◎17336 ◇TBA
◎19882 ◇420
◎19883 ◇420

***Castanopsis longispicata* Hu**
▶**林氏栲**
◎3743 ◇420

***Castanopsis malaccensis* Gamble**
▶**马拉栲**
◎20663 ◇420

***Castanopsis megacarpa* Gamble**
▶**大果栲**
◎37975 ◇1680

***Castanopsis mekongensis* A. Camus**
▶**湄公锥**
◎13628 ◇420;1012/1185
◎13629 ◇420;1012
◎13630 ◇420/244

***Castanopsis mottleyana* King**
▶**莫特锥**
◎33392 ◇1522
◎33448 ◇TBA

***Castanopsis nigrescens* Chun & C. C. Huang**
▶**黑叶栲**
◎17614 ◇421
◎19884 ◇421
◎19885 ◇421

***Castanopsis orthacantha* Franch.**
▶**元江锥**
◎1243 ◇408
◎12504 ◇421;1078
◎13601 ◇421
◎13638 ◇421
◎13797 ◇421
◎14003 ◇421

***Castanopsis philipensis*（Blanco）Vidal**
▶**菲律宾锥**
◎18866 ◇913/234

***Castanopsis platyacantha* Rehder & E. H. Wilson**
▶**丝栗**
◎14 ◇421
◎285 ◇421;778
◎451 ◇TBA
◎777 ◇421
◎1177 ◇TBA
◎1228 ◇TBA
◎7932 ◇421/245
◎8709 ◇421;860/245
◎9636 ◇421
◎10610 ◇421
◎14052 ◇421
◎15751 ◇421
◎16499 ◇421
◎19050 ◇421

***Castanopsis schefferiana* Hance**
▶**赛佛锥**
◎37924 ◇1677
◎37976 ◇1680

***Castanopsis sclerophylla*（Lindl. & Paxton）Schottky**
▶**苦槠**
◎390 ◇422
◎5912 ◇422
◎6291 ◇422
◎7742 ◇422;884
◎7835 ◇422
◎7837 ◇422
◎8382 ◇422
◎8383 ◇422
◎8424 ◇422
◎8425 ◇422;1016/246
◎8464 ◇422;872
◎9027 ◇422;1030/1161
◎9029 ◇TBA
◎9030 ◇422;1030
◎9031 ◇422;1063
◎9550 ◇422
◎9876 ◇422;1049/233
◎9877 ◇422;999/246
◎9878 ◇422;816
◎11245 ◇423
◎11261 ◇423;1052
◎12591 ◇TBA
◎12607 ◇423;995
◎12611 ◇423;1075
◎12612 ◇423;1053
◎12613 ◇423;886/246
◎13263 ◇878
◎13402 ◇849
◎17145 ◇423
◎17587 ◇423
◎17737 ◇423;869
◎17738 ◇423
◎17739 ◇423;1042
◎17850 ◇423
◎17851 ◇423
◎17852 ◇423
◎18054 ◇423;1007
◎21166 ◇423
◎21256 ◇423

***Castanopsis sieboldii*（Makino）Hatus.**
▶**长果锥**
◎4859 ◇455
◎8739 ◇449;974
◎10232 ◇918

***Castanopsis tibetana* Hance**
▶**大叶锥**
◎6370 ◇424
◎6522 ◇424
◎6542 ◇424;1079
◎8414 ◇424
◎8415 ◇424
◎8472 ◇424;872
◎8783 ◇424;1008
◎8864 ◇424;996
◎9042 ◇424;1040
◎9043 ◇424;977/247
◎9061 ◇424;964
◎9062 ◇424
◎9063 ◇424;791
◎9091 ◇424
◎11262 ◇424;1054
◎13264 ◇878
◎13582 ◇424;813
◎15023 ◇424
◎15814 ◇424
◎16435 ◇424
◎17392 ◇424;785
◎17594 ◇424;875
◎18035 ◇424
◎19886 ◇424
◎19887 ◇424
◎20230 ◇424
◎20243 ◇424
◎21185 ◇424

***Castanopsis tonkinensis* Seemen**
▶**细刺栲**
◎9607 ◇425
◎12436 ◇425;1048

◎12437 ◇425;851/247
◎13109 ◇425;1055
◎14470 ◇425/247

Castanopsis tribuloides **A. DC.**

▶蒺藜锥

◎4262 ◇/247
◎12497 ◇425;808
◎13793 ◇425/247
◎20931 ◇425

Castanopsis tungurrut **A. DC.**

▶腾格锥

◎35845 ◇1583
◎37053 ◇1629

Castanopsis **(D. Don) Spach**

▶锥属

◎133 ◇426;982
◎945 ◇TBA
◎959 ◇TBA
◎999 ◇TBA
◎6192 ◇426
◎6205 ◇426
◎6223 ◇426
◎6404 ◇426
◎6410 ◇426
◎6729 ◇426
◎6764 ◇426
◎6918 ◇426
◎8394 ◇426;884
◎8395 ◇426;1016
◎8433 ◇639
◎8434 ◇426
◎8829 ◇426;800
◎8831 ◇426;800
◎8832 ◇426
◎8839 ◇426
◎8840 ◇426;800
◎8859 ◇426
◎8860 ◇426;996
◎8877 ◇427
◎9098 ◇427
◎9099 ◇427
◎9662 ◇427
◎9672 ◇TBA
◎10098 ◇427
◎10148 ◇427
◎10748 ◇427
◎10750 ◇427
◎11646 ◇427;851
◎11734 ◇TBA
◎12232 ◇TBA
◎12241 ◇TBA
◎12249 ◇848
◎12251 ◇848
◎12261 ◇848
◎12266 ◇848
◎12304 ◇TBA
◎12309 ◇TBA
◎12346 ◇870
◎12348 ◇870
◎12376 ◇848
◎12421 ◇427
◎12432 ◇TBA
◎12708 ◇922/247
◎12709 ◇922
◎12710 ◇922
◎12831 ◇427;972
◎12832 ◇427;1002
◎13300 ◇879
◎13301 ◇879
◎13302 ◇879
◎13315 ◇879
◎13347 ◇TBA
◎13385 ◇TBA
◎13399 ◇849
◎13410 ◇849
◎13417 ◇TBA
◎13605 ◇427
◎14748 ◇427
◎14782 ◇427
◎14982 ◇427
◎15340 ◇TBA
◎15383 ◇940
◎15386 ◇940
◎15391 ◇940
◎15392 ◇940
◎15545 ◇427
◎15546 ◇427
◎15706 ◇427
◎17353 ◇427;777
◎17464 ◇TBA
◎17501 ◇427;791
◎18036 ◇427;1009
◎18063 ◇427;1009
◎22778 ◇906
◎23368 ◇TBA
◎27173 ◇1227
◎35904 ◇1585
◎39918 ◇1122
◎39970 ◇1123

Castanopsis faberi **Hance**

▶罗浮锥

◎9092 ◇411
◎9125 ◇411;969
◎9140 ◇411;1030
◎9195 ◇411;993
◎9196 ◇411;993
◎11529 ◇411;962/239
◎11530 ◇TBA
◎11531 ◇411;1004
◎11532 ◇411
◎11533 ◇411
◎11534 ◇411
◎11535 ◇411
◎11930 ◇411
◎12508 ◇411;884/239
◎12585 ◇411;1019
◎12590 ◇411;882
◎12839 ◇411;887
◎15039 ◇411
◎15763 ◇411
◎15774 ◇411
◎16593 ◇411
◎17339 ◇411;778

Chrysolepis chrysophylla **(Douglas ex Hook.) Hjelmq.**

▶金叶金鳞栗

◎18679 ◇TBA
◎24563 ◇1087
◎38740 ◇1139
◎39424 ◇1693

Cyclobalanopsis alutacea

▶革叶栎

◎14354 ◇428/269
◎14517 ◇428
◎14527 ◇428

Cyclobalanopsis gomeziana **(A.Camus) Chun**

▶高曼青冈

◎16142 ◇434/251

Cyclobalanopsis kwangsiensis **(A. Camus) Chun**

▶广西青冈

◎16119 ◇435/252
◎16169 ◇435

Cyclobalanopsis pannosa **Hand.-Mzt.**

▶泛青冈

◎16316 ◇438/254

Cyclobalanopsis phillyraoides (A. Grag) Chun

▶菲力青冈

◎16152 ◇438

Cyclobalanopsis potingensis

▶保亭青冈

◎12989 ◇438

Cyclobalanopsis supracostata (Chun) Chun

▶萨普青冈

◎15723 ◇439/254

Cyclobalanopsis tsoi Chun

▶措伊青冈

◎6361 ◇TBA

Cyclobalanopsis vestata

▶沃丝青冈

◎7924 ◇439

Cyclobalanopsis Oerst.

▶青冈属

◎8598 ◇440;1008

◎8833 ◇440

◎8834 ◇440

◎9756 ◇440

◎9832 ◇440;881

◎11184 ◇440

◎11186 ◇440

◎11286 ◇440

◎11656 ◇440;1061

◎11937 ◇440

◎12340 ◇870

◎12499 ◇440;1013

◎12532 ◇440;1041

◎12854 ◇440;1061

◎13256 ◇440

◎13333 ◇879

◎13334 ◇879

◎13592 ◇440

◎15390 ◇940

◎15761 ◇440

◎15840 ◇440

◎16092 ◇440

◎16327 ◇847

◎16441 ◇440

◎16722 ◇440

◎17099 ◇440

◎17361 ◇440;801

◎39971 ◇1123

◎39972 ◇1123

Fagus chienii Cheng

▶平武水青冈

◎9794 ◇441;978/255

Fagus crenata Blume

▶圆齿水青冈

◎4147 ◇442

◎4848 ◇442

◎10230 ◇918

◎18584 ◇919/255

◎25011 ◇1094

◎41095 ◇1711

◎41366 ◇1714

Fagus engleriana Seemen ex Diels

▶米心水青冈

◎6861 ◇441;720

◎7024 ◇441/256

◎9788 ◇441;1013

◎19054 ◇441

Fagus grandifolia Ehrh.

▶北美水青冈

◎4360 ◇441

◎4565 ◇441

◎4710 ◇441

◎10347 ◇826

◎10399 ◇821

◎17221 ◇441;821

◎18684 ◇441

◎21959 ◇805

◎23067 ◇917

◎23107 ◇805

◎23429 ◇TBA

◎26372 ◇1153

◎38588 ◇1136

Fagus hayatae Palib. in Hayata

▶台湾水青冈

◎19034 ◇TBA

Fagus japonica Maxim.

▶日本水青冈

◎4128 ◇441

Fagus longipetiolata Seemen

▶水青冈

◎398 ◇441/256

◎1089 ◇TBA

◎9641 ◇441;867

◎9816 ◇441;990

◎11284 ◇441

◎11657 ◇441;807/256

◎11666 ◇441;851

◎13442 ◇441

◎13443 ◇441;1078/256

◎13585 ◇441;1001

◎14984 ◇441

◎15871 ◇441

◎16100 ◇441

◎16428 ◇441

◎17643 ◇441

◎18030 ◇441;880

◎18122 ◇441

◎19372 ◇441

Fagus lucida Rehder & E. H. Wilson

▶亮叶水青冈

◎352 ◇TBA

◎814 ◇/256

◎8714 ◇442;1065

◎10590 ◇442

◎10804 ◇442

◎16086 ◇442

Fagus orientalis Lipsky

▶东方水青冈

◎10180 ◇830/256

Fagus sylvatica L.

▶欧洲水青冈

◎4334 ◇442

◎4793 ◇442

◎9433 ◇830

◎11161 ◇832

◎11356 ◇823

◎12035 ◇914

◎13738 ◇945

◎14241 ◇914

◎15517 ◇442

◎15587 ◇950

◎19604 ◇442

◎21330 ◇442

◎21682 ◇904

◎22028 ◇912

◎22289 ◇903

◎23510 ◇953

◎23552 ◇953

◎26344 ◇1148

◎26601 ◇1179

◎26714 ◇1193

◎26715 ◇1193

◎26716 ◇1194

◎26905 ◇1220

◎32212 ◇1479

◎34968 ◇1560
◎35026 ◇1562
◎37247 ◇1640
◎37248 ◇1640
◎37249 ◇1640

***Fagus* L.**

▶**水青冈属**

◎11659 ◇442
◎13314 ◇879
◎17915 ◇822
◎26567 ◇1174
◎26568 ◇1174

***Lithocarpus amoenus* W. Y. Chun & C. C. Huang**

▶**假脚板椆**

◎16665 ◇443/257
◎39011 ◇1687

***Lithocarpus amygdalifolius*（Skan）Hayata**

▶**杏叶柯**

◎12473 ◇443;876
◎12879 ◇443/257
◎12888 ◇443;866
◎12970 ◇443
◎17709 ◇443

***Lithocarpus annamensis*（Hickel & A. Camus）Barnett**

▶**越南柯**

◎39353 ◇1692

***Lithocarpus apoensis* Rehder**

▶**阿波椆**

◎31374 ◇1438

***Lithocarpus bacgiangensis*（Hickel & A. Camus）A. Camus**

▶**茸果石栎/茸果柯**

◎11985 ◇443;869/258

***Lithocarpus balansae*（Drake）A. Camus**

▶**猴面石栎**

◎17272 ◇443

***Lithocarpus* Blume**

▶**石栎属/柯属**

◎19 ◇451
◎122 ◇451;779
◎214 ◇451;789
◎277 ◇451;789
◎339 ◇451;795
◎1007 ◇TBA
◎1140 ◇TBA
◎5964 ◇451
◎5965 ◇451
◎6156 ◇451
◎6295 ◇451
◎6307 ◇451
◎6318 ◇451
◎6319 ◇451
◎6332 ◇451
◎6333 ◇451
◎6778 ◇455
◎6779 ◇455
◎6783 ◇455
◎6785 ◇455
◎6925 ◇455
◎6940 ◇455
◎6949 ◇455
◎6954 ◇455
◎7102 ◇451
◎7127 ◇451
◎7937 ◇451
◎7950 ◇451
◎7970 ◇451
◎8271 ◇451;872
◎8349 ◇451
◎8350 ◇451
◎8351 ◇451
◎8400 ◇452;872
◎8401 ◇452;860
◎8453 ◇452;884
◎8822 ◇452;791
◎9089 ◇452;976
◎9093 ◇452;991
◎9094 ◇452;991
◎9096 ◇452;788
◎9097 ◇452;981
◎9234 ◇452;793
◎9285 ◇452;793
◎9404 ◇TBA
◎9411 ◇452;797
◎9414 ◇453;777
◎9656 ◇452
◎9659 ◇452
◎9663 ◇452;869
◎9668 ◇453
◎10039 ◇TBA
◎10563 ◇TBA
◎10956 ◇453
◎11609 ◇452
◎11632 ◇453;851
◎11661 ◇453;875
◎11662 ◇453;875
◎11664 ◇453;814
◎11665 ◇453;815
◎11671 ◇453;887
◎11707 ◇453;1077
◎11858 ◇453
◎11860 ◇453
◎11940 ◇453
◎11941 ◇453;876
◎11944 ◇453;1061
◎12007 ◇453;1003
◎12173 ◇451;809
◎12231 ◇847
◎12301 ◇848
◎12502 ◇453;852
◎12724 ◇922
◎12845 ◇453;1052
◎12859 ◇453
◎12968 ◇453
◎13227 ◇454;1001
◎13499 ◇454;1020
◎13518 ◇454
◎13555 ◇454;1002
◎13593 ◇454;1012
◎13594 ◇454;1001
◎13596 ◇454;1003
◎13597 ◇454;1020
◎13598 ◇454;1003
◎13599 ◇454;1072
◎13600 ◇454;1003
◎13636 ◇454;814
◎13659 ◇TBA
◎13660 ◇TBA
◎14259 ◇TBA
◎14983 ◇TBA
◎14986 ◇TBA
◎15000 ◇TBA
◎16055 ◇TBA
◎17440 ◇454;814
◎23245 ◇927
◎28246 ◇1266
◎28825 ◇1295
◎28857 ◇1297
◎28899 ◇1300
◎29067 ◇1311
◎29068 ◇1311
◎31883 ◇1467
◎31884 ◇1467

◎31885 ◇1467
◎31886 ◇1467
◎40814 ◇1706
◎40844 ◇1707

Lithocarpus brachystachyus Chun
▶短穗石栎
◎14367 ◇443/258

Lithocarpus brevicaudata (Skan) Hayata
▶岭南石栎
◎12535 ◇/257
◎12536 ◇443;811

Lithocarpus brevipetiolata (Skan) Schottky.
▶短柄石栎
◎9591 ◇443/257

Lithocarpus calophyllus Chun ex C. C. Huang & Y. T. Chang
▶美叶柯
◎15019 ◇443
◎15785 ◇443
◎16390 ◇443/257
◎16461 ◇443
◎16526 ◇443

Lithocarpus caudatifolius Rehder
▶尾叶椆/尾叶柯
◎28057 ◇1258

Lithocarpus caudatilimbus (Merr.) A. Camus
▶尾叶柯
◎3577 ◇455
◎6832 ◇455

Lithocarpus celebicus Rehder
▶西里伯椆/西里伯柯
◎21664 ◇448
◎28981 ◇1305
◎28982 ◇1305
◎29030 ◇1308
◎29031 ◇1308
◎29032 ◇1308
◎29148 ◇1316

Lithocarpus chrysocomus Chun & Tsiang
▶金毛椆
◎9405 ◇444;801
◎11406 ◇TBA
◎13539 ◇444;860
◎13540 ◇444;1072/258
◎13650 ◇444;999/258
◎15685 ◇444
◎16396 ◇444

Lithocarpus cleistocarpus Rehder & E. H. Wilson
▶包椆
◎15 ◇444
◎118 ◇444;789
◎433 ◇444/262
◎449 ◇444
◎813 ◇444
◎8817 ◇444;717
◎9802 ◇444;977
◎10567 ◇444
◎10836 ◇444
◎10837 ◇444
◎10844 ◇444
◎10847 ◇444
◎10848 ◇444
◎10888 ◇TBA
◎10957 ◇444
◎11256 ◇444
◎17672 ◇444
◎19044 ◇TBA

Lithocarpus coalitus (Hickel & A. Camus) A. Camus
▶合生石栎/合生柯
◎25286 ◇1099

Lithocarpus conocarpus Rehder
▶聚合果石栎/聚合果柯
◎37944 ◇1678
◎38010 ◇1681

Lithocarpus coopertus Rehder
▶库珀石栎/库珀柯
◎38467 ◇1134

Lithocarpus corneus Rehder
▶烟斗石栎
◎9237 ◇445;793
◎12538 ◇450;866/266
◎15711 ◇445
◎16091 ◇445
◎16604 ◇445/257

Lithocarpus crassinervius Rehder
▶厚脉石栎/厚脉柯
◎38011 ◇1681

Lithocarpus dealbatus subsp. *leucostachyus* (A. Camus) A. Camus
▶卢卡石柯
◎3235 ◇455

Lithocarpus dealbatus Rehder
▶绒毛椆
◎18 ◇450
◎448 ◇450
◎1153 ◇TBA
◎1164 ◇TBA
◎9230 ◇450
◎9825 ◇450;990/266
◎10564 ◇450
◎10840 ◇450
◎11295 ◇445
◎11660 ◇445;999/258
◎13519 ◇450;985
◎16054 ◇450
◎19033 ◇450

Lithocarpus densiflours (Hook. & Arn.) Rehder
▶密花石栎/密花柯
◎39107 ◇1689

Lithocarpus ducampii (Hickel & A. Camus) A. Camus
▶防城柯
◎11372 ◇922

Lithocarpus edulis Nakai
▶可食石栎
◎4855 ◇445

Lithocarpus elaeagnifolius Chun
▶颓叶石栎
◎22149 ◇959

Lithocarpus elegans (Blume) Hatus. ex Soepadmo
▶雅致石栎/雅致柯
◎17 ◇449/265
◎4264 ◇467
◎7922 ◇449/265
◎7943 ◇TBA
◎9527 ◇449
◎9797 ◇449;978
◎9824 ◇440;990
◎18274 ◇902
◎36176 ◇1588

Lithocarpus elmerrillii Chun
▶万宁石栎
◎11033 ◇445/259
◎14458 ◇445

Lithocarpus fenestratus Rehder
▶华南椆

F

◎15049 ◇445/259

◎16087 ◇445

Lithocarpus fenzelianus A. Camus

▶红椆

◎12174 ◇445

◎14306 ◇445

◎14430 ◇445

◎14443 ◇445/257

◎15051 ◇445

◎16520 ◇445

◎17772 ◇445；877

◎17773 ◇445

◎17774 ◇445

◎22148 ◇959

Lithocarpus fohaiensis A. Camus

▶勐海柯

◎3368 ◇455

◎3502 ◇455

Lithocarpus fordianus Chun

▶密脉椆

◎9318 ◇446/259

◎9319 ◇446

◎9677 ◇446/259

◎19362 ◇446

Lithocarpus glaber Nakai

▶石栎/柯

◎5916 ◇455

◎7744 ◇446；872

◎9048 ◇446；977/260

◎9129 ◇TBA

◎12131 ◇446；851

◎12690 ◇446；1006

◎12820 ◇446；815

◎13092 ◇446

◎13105 ◇446

◎16181 ◇450

◎16703 ◇446

◎17393 ◇446；796

◎17441 ◇454；780

◎18039 ◇446；880/260

◎38094 ◇1114

◎39013 ◇1687

Lithocarpus haipinii Chun

▶卷心石栎

◎16094 ◇446

◎16574 ◇446/261

Lithocarpus hance（Benth.）Rehder

▶汉斯石栎/汉斯柯

◎6541 ◇455

◎6730 ◇455

◎12529 ◇446；882

◎12890 ◇450；871

◎15005 ◇446

◎15026 ◇446

◎16430 ◇446

◎16552 ◇446/261

◎16633 ◇446

◎18022 ◇446

◎19869 ◇446

Lithocarpus handelianus A. Camus

▶瘤果柯

◎11443 ◇447；998/261

◎11557 ◇447

◎12480 ◇447

◎13029 ◇447

◎13250 ◇447；1073

◎13695 ◇TBA

◎14675 ◇447

◎14872 ◇447；1029

Lithocarpus harlandii Rehder

▶东南石栎

◎12531 ◇447；861/265

◎39727 ◇1697

Lithocarpus havilandii（Stapf）Barnett

▶哈维石栎/哈维柯

◎28983 ◇1305

◎29033 ◇1308

◎29034 ◇1309

◎36175 ◇1588

Lithocarpus henryi Rehder & E. H. Wilson

▶长叶石栎/灰柯

◎3554 ◇455

◎6010 ◇455；1064

◎10565 ◇447

◎10566 ◇447

◎10962 ◇455

◎13459 ◇447

◎13466 ◇447

◎13505 ◇447

Lithocarpus howii Chun

▶侯氏石栎

◎14502 ◇447/261

Lithocarpus hypoglaucus（Hu）C. C. Huang ex Y. C. Hsu & H. W. Jen

▶灰背石栎

◎11820 ◇447

◎12500 ◇447/261

◎12501 ◇447；1004

Lithocarpus hystrix Rehder

▶海思石栎/海思柯

◎37945 ◇1678

Lithocarpus indutus Rehder

▶包被石栎/包被柯

◎27078 ◇1225

Lithocarpus iteaphyllus Rehder

▶珠眼石栎

◎15650 ◇447

Lithocarpus konishii（Hayata）Hayata

▶油叶石栎

◎12910 ◇447；814

Lithocarpus lindleyanus（Wall.）A. Camus

▶林德石栎/林德柯

◎38457 ◇1134

Lithocarpus litseifolius Chun

▶木姜叶石栎/木姜叶柯

◎15799 ◇448

◎17030 ◇449/265

Lithocarpus lofauensis Chun

▶罗佛石栎

◎15715 ◇448；867/262

Lithocarpus lohangwu（Wall.）Rehd.

▶硬叶椆

◎16597 ◇448/262

◎16709 ◇448

Lithocarpus longipedicellatus（Hickel & A. Camus）A. Camus

▶柄果椆

◎11452 ◇448；995/263

◎11453 ◇448；867

◎12435 ◇448；886

◎12438 ◇448；1048

◎12453 ◇448；866

◎13005 ◇448/263

◎13110 ◇448；1017/263

◎13251 ◇448；812

◎13689 ◇448；783

◎14312 ◇448

◎14877 ◇448

◎14880 ◇448；1029

Lithocarpus lucidus（Roxb.）Rehder

▶光亮石栎/光亮柯

◎36002 ◇1586

◎38465 ◇1134

Lithocarpus luzoniensis Rehder

▶吕宋石栎/吕宋柯

◎32900　◇1500

Lithocarpus mairei Rehder

▶光叶石栎

◎1267　◇TBA

Lithocarpus mariae Soepadmo

▶玛丽石栎/玛丽柯

◎38463　◇1134

Lithocarpus megalophyllus Rehder & E. H. Wilson

▶大叶柯

◎16　◇TBA

◎228　◇448

◎1226　◇TBA

Lithocarpus murinus Huang et Y. T. Chang

▶穆里石栎

◎14374　◇449/264

Lithocarpus naiadarum Chun

▶水仙石栎

◎12528　◇449;811/264

Lithocarpus paniculatus Hand.-Mazz.

▶圆锥石栎

◎20235　◇449

Lithocarpus platycarpus Rehder

▶阔果石栎/阔果柯

◎27669　◇1237

Lithocarpus polystachyus Rehder

▶多穗石栎/多穗柯

◎6367　◇455

◎6518　◇455;1079

◎6784　◇455

◎6923　◇455;720

◎13093　◇449

◎16488　◇449

◎17403　◇449;796

◎19870　◇449

◎19871　◇449

Lithocarpus pseudomoluccus (Blume) Rehder

▶假马六甲椆

◎27471　◇1233

Lithocarpus pseudovestitus A. Camus

▶毛果椆

◎14351　◇449/264

Lithocarpus rosthornii (Schottky) Barnett

▶川南石栎

◎16084　◇445

◎17133　◇445

Lithocarpus rotundatus (Blume) A. Camus

▶圆椆

◎13989　◇443/257

Lithocarpus rufovillosus (Markgr.) Rehder

▶路佛石栎/路佛柯

◎31505　◇1449

Lithocarpus schuningensis Hu

▶丝氏石栎

◎13595　◇454

Lithocarpus silvicolarum Chun

▶犁耙石栎

◎14600　◇449/264

◎17686　◇449

Lithocarpus solerianus Rehder

▶索乐石栎

◎18329　◇953/264

Lithocarpus surdaicus Rehder

▶苏代石栎

◎20662　◇449

Lithocarpus taitoensis (Hayata) Hayata

▶台氏石栎

◎15033　◇450/265

Lithocarpus tomentosus Huang et Y. T. Chang

▶毛石栎

◎17081　◇450/266

Lithocarpus trachycarpus (Hickel & A. Camus) A. Camus

▶糙果柯

◎3790　◇455/265

Lithocarpus tribuloides

▶蒺藜黄石栎

◎12183　◇450;884

Lithocarpus truncatus Rehder

▶截果石栎/截果柯

◎3392　◇455

◎3407　◇455

◎4265　◇465/266

◎16088　◇450

Lithocarpus uraianus (Hayata) Hayata

▶鳞苞椆

◎12537　◇425;882

◎16413　◇425

◎17161　◇425

Lithocarpus urceolaris (Jack) Merr.

▶瓶状石栎/瓶状柯

◎38466　◇1134

Lithocarpus uvariifolius Rehder

▶玉盘石栎

◎16652　◇450/265

Lithocarpus vestitus (Hickel & A. Camus) A. Camus

▶毛果石栎/毛果柯

◎3467　◇455

◎3530　◇455

◎14935　◇450;1075/265

◎39012　◇1687

Lithocarpus vidalii Rehder

▶维达石栎/维达柯

◎31375　◇1439

Lithocarpus vinkii Soepadmo

▶文凯石栎/文凯柯

◎37619　◇1663

◎37620　◇1663

Lithocarpus wallichianus (Lindl. ex Hance) Rehder

▶滇藏石栎

◎8937　◇939/276

◎12773　◇923/276

Lithocarpus wangii Chun

▶王氏石栎

◎12120　◇TBA

◎12544　◇450;998/266

◎6533　◇455;869

◎6966　◇455

Notholithocarpus densiflorus (Hook. & Arn.) Manos, Cannon & S. H. Oh

▶密花假石栎

◎25287　◇1099

◎38742　◇1139

Quercus × *hawkinsii* Sudw.

▶霍金斯栎

◎38537　◇1135

Quercus × *hispanica* Lam.

▶西班牙栎

◎18516　◇827/272

Quercus × *leana* Nutt.

▶利娜栎

◎25784　◇1106

Quercus × *maccormickii* Carruth.

▶辽东槲

◎7771　◇462;872

Quercus × *mellichampii* Trel.

▶梅里栎

◎25785　◇1106

Quercus acuta Buch.-Ham. ex Wall.
▶日本长绿栎
◎4867 ◇456
◎10235 ◇918
◎18585 ◇919
◎22352 ◇916
Quercus acutissima Carruth.
▶麻栎
◎210 ◇456;798
◎237 ◇456
◎407 ◇456
◎634 ◇456
◎6535 ◇456
◎7639 ◇456
◎7741 ◇456
◎7812 ◇456;872
◎7938 ◇456
◎7969 ◇456
◎8735 ◇456/269
◎10106 ◇456
◎10233 ◇918
◎10891 ◇456
◎10892 ◇456
◎10895 ◇456
◎11036 ◇456
◎11083 ◇456
◎13913 ◇456
◎13966 ◇456
◎13996 ◇456
◎14026 ◇456
◎16192 ◇456
◎16374 ◇456
◎17586 ◇457
◎17681 ◇456
◎17710 ◇456
◎17767 ◇456/269
◎17768 ◇456
◎17769 ◇456
◎19053 ◇456
◎20244 ◇456
◎22337 ◇916
◎22350 ◇916
◎41540 ◇1716
◎41541 ◇1716
Quercus agmfolioides Smith
▶高山栎
◎9568 ◇464;998/269
◎9569 ◇464;1061/269
Quercus agrifolia Née
▶加州栎
◎25786 ◇1106
◎25787 ◇1106
◎41059 ◇1710
◎41527 ◇1716
Quercus alba L.
▶美国白栎
◎4358 ◇457
◎4564 ◇457
◎4984 ◇457
◎5696 ◇457
◎10358 ◇826
◎10414 ◇821
◎17230 ◇821
◎18662 ◇457
◎21955 ◇805
◎23055 ◇917
◎23108 ◇805
◎40990 ◇1709
◎41064 ◇1710
◎42061 ◇1723
Quercus aliena var. *acutiserrata* Maxim.
▶锐齿槲栎
◎1275 ◇457
Quercus aliena Blume
▶槲栎
◎518 ◇456
◎5319 ◇457;858
◎5330 ◇457;996/269
◎5530 ◇457
◎7017 ◇TBA
◎9774 ◇457
◎9775 ◇457;978/269
◎9804 ◇457;801
◎11141 ◇457;1013
◎11244 ◇457
◎13406 ◇849
◎13912 ◇457
◎16137 ◇457
◎17582 ◇457
◎17598 ◇457;874
◎19382 ◇457
◎37103 ◇1631
◎40988 ◇1709
◎42376 ◇1726
Quercus almifolia Poech
▶阿尔栎
◎17538 ◇457
Quercus aquifolioides Rehder & E. H. Wilson
▶川滇高山栎
◎19238 ◇TBA
◎19239 ◇457
◎19240 ◇457
◎19241 ◇457
Quercus areca
▶槟榔栎
◎8919 ◇939
Quercus arizonica Sarg.
▶亚利桑那栎
◎25788 ◇1106
◎25789 ◇1106
◎38691 ◇1138
Quercus arkansana Sarg.
▶阿肯色栎
◎25790 ◇1106
◎40986 ◇1709
Quercus asymmetrica Hickel & A. Camus
▶阿斯栎
◎11565 ◇438
◎12188 ◇438;884/254
◎12895 ◇438;866
◎13123 ◇438;999
◎13934 ◇438;817
◎14387 ◇438
◎14841 ◇438;1029
◎16051 ◇438
◎17775 ◇438
◎17776 ◇438
◎17777 ◇438
Quercus auricoma A. Camus
▶耳状栎
◎6530 ◇434;868
◎6561 ◇434
◎7934 ◇434
◎12967 ◇434/251
◎14442 ◇434
◎16721 ◇434
Quercus austrina Small
▶奥斯栎
◎25791 ◇1106
Quercus baronii Skan
▶橿子栎
◎565 ◇TBA
◎11900 ◇458/270

Quercus bella **Chun & Tsiang**

▶槟榔青冈

◎14270 ◇429/248

◎14388 ◇429

◎15713 ◇429

◎21995 ◇458

Quercus bicolor **Willd.**

▶二色栎

◎25792 ◇1106

◎38594 ◇1136

◎40267 ◇1700

◎41031 ◇1710

◎41700 ◇1718

Quercus blakei **Skan**

▶薄叶栎

◎11035 ◇429;1028

◎12153 ◇429/248

◎12866 ◇429;1061

◎14438 ◇429

◎14968 ◇429;1029

◎15670 ◇429

◎22132 ◇957

Quercus brandegeei **Goldman**

▶布拉栎

◎25780 ◇1106

Quercus candicans **Née**

▶坎狄栎

◎20091 ◇936/539

Quercus castanea **Muhl.**

▶齿栗叶栎

◎20122 ◇936

Quercus castaneifolia **Coss. ex J. Gay**

▶栗叶栎

◎9431 ◇830/1184

◎25781 ◇1106

Quercus cerris **L.**

▶苦栎

◎11150 ◇832

◎14232 ◇914

◎15591 ◇950/270

◎23508 ◇953

◎23550 ◇953

◎31306 ◇1435

◎40996 ◇1709

◎41705 ◇1718

Quercus championii **Benth.**

▶黄背栎

◎6694 ◇429

◎9401 ◇429;994/248

◎16576 ◇429

◎16657 ◇TBA

Quercus chapmanii **Sarg.**

▶齐普栎

◎25793 ◇1106

◎41032 ◇1710

◎41775 ◇1719

Quercus chenii **Nakai**

▶小叶栎

◎7043 ◇458

◎7740 ◇458

◎7811 ◇458

◎7834 ◇458

◎8447 ◇458

◎9495 ◇458;803

◎9496 ◇458;800

◎9857 ◇TBA

◎9867 ◇458;816

◎9868 ◇458;1005

◎9869 ◇458;1059

◎9870 ◇458;1013

◎11248 ◇458

◎13057 ◇458

◎21215 ◇458

Quercus chrysolepis **Liebm.**

▶金杯栎/峡谷栎

◎25794 ◇1106

◎25795 ◇1106

Quercus chungii **F. P. Metcalf**

▶福建栎

◎12321 ◇870

◎12366 ◇870

◎12506 ◇430;995

◎12522 ◇430;1020

◎12524 ◇430;1020

◎12525 ◇430;1020

◎12750 ◇430

◎12751 ◇430

◎12811 ◇430;809/248

◎12812 ◇430;809

◎12813 ◇430;1058

◎13325 ◇TBA

◎13326 ◇TBA

◎13327 ◇TBA

◎13328 ◇TBA

◎13329 ◇TBA

◎13330 ◇879

◎13331 ◇879

◎13332 ◇879

◎13374 ◇430

◎13658 ◇430

◎16627 ◇430

◎16631 ◇430

◎19866 ◇430

Quercus ciliaris **C. C. Huang & Y. T. Chang**

▶睫状栎

◎294 ◇434;779

◎1162 ◇TBA

◎1163 ◇TBA

◎1170 ◇434;1001

◎1171 ◇TBA

◎10682 ◇434

◎10683 ◇434/251

◎13559 ◇434;1012

◎17082 ◇434

Quercus coccifera **L.**

▶铁橡栎

◎15588 ◇950

◎17539 ◇458/270

◎42377 ◇1726

Quercus coccinea **Münchh.**

▶脂红栎/猩红栎

◎17231 ◇821

◎25796 ◇1106

◎38723 ◇1139

◎40268 ◇1700

◎41033 ◇1710

◎41058 ◇1710

◎41796 ◇1719

Quercus congesta **C. Presl**

▶密花栎

◎31307 ◇1435

Quercus conspersa **Benth.**

▶散花栎

◎20121 ◇936

◎20146 ◇936

Quercus crassifolia **Bonpl.**

▶厚叶栎

◎20097 ◇936

◎20147 ◇936

◎25797 ◇1106

◎41044 ◇1710

◎41732 ◇1718

Quercus delavayi **Franch.**

▶黄毛栎

◎1276 ◇430

◎11296 ◇430/249

◎13639 ◇430;1020/249

◎14011 ◇430

Quercus dentata **P. Watson**

▶大叶槲栎

◎5354 ◇459;720

◎5442 ◇459

◎5507 ◇459

◎5522 ◇459

◎5608 ◇459

◎5697 ◇459

◎6990 ◇459

◎7772 ◇459;872

◎7780 ◇459;872/271

◎8445 ◇459;884

◎16134 ◇459

Quercus disciformis **Chun & Tsiang**

▶碟斗栎

◎15693 ◇430/249

Quercus douglasii **Hook. & Arn.**

▶蓝栎

◎25798 ◇1106

◎25799 ◇1106

◎40997 ◇1709

◎41939 ◇1721

Quercus edithiae **Skan**

▶华南栎

◎15809 ◇431/249

Quercus ellipsoidalis **E. J. Hill**

▶希尔栎

◎25800 ◇1106

◎38703 ◇1138

Quercus emoryi **Porter & J. M. Coult.**

▶艾莫栎

◎25801 ◇1106

◎38690 ◇1138

◎39540 ◇1694

Quercus engleriana **Seemen**

▶巴东栎

◎127 ◇459;792

◎8609 ◇459;994/271

◎8617 ◇459;965

◎19041 ◇459

Quercus fabrei **Hance**

▶白栎

◎6690 ◇460/271

◎8270 ◇460

◎9873 ◇460;729/271

◎10684 ◇460

◎13911 ◇460

◎15897 ◇460

◎16135 ◇460

◎16507 ◇460

◎20591 ◇460

◎39359 ◇1692

Quercus falcata **Michx.**

▶镰状栎/南美红栎

◎25802 ◇1106

◎38614 ◇1137

◎40266 ◇1700

◎40994 ◇1709

◎41782 ◇1719

Quercus frainetto **Ten.**

▶稠密栎

◎15592 ◇950

◎25803 ◇1106

◎40259 ◇1700

◎41668 ◇1718

◎42371 ◇1726

Quercus fusiformis **Small**

▶梭形栎

◎25804 ◇1106

◎39768 ◇1697

Quercus gambelii **Liebm.**

▶甘比耳氏栎

◎25805 ◇1106

◎25806 ◇1106

◎38693 ◇1138

◎40993 ◇1709

◎41938 ◇1721

Quercus garryana **Douglas ex Hook.**

▶俄勒冈栎

◎10416 ◇821

◎25807 ◇1106

◎25808 ◇1106

◎38714 ◇1139

◎41062 ◇1710

◎41718 ◇1718

Quercus gemelliflora **Blume**

▶双花栎

◎27472 ◇1233

◎27670 ◇1237

Quercus gilva **Blume**

▶赤皮青冈

◎4868 ◇431

◎5023 ◇460

◎9773 ◇459;787

◎10237 ◇918

◎11247 ◇431

◎13916 ◇431/249

◎18588 ◇919

Quercus glauca **Martrin-Donos & Timb.-Lagr.**

▶青冈

◎6689 ◇431

◎6864 ◇431;720

◎6997 ◇431

◎7213 ◇431

◎7411 ◇431

◎7739 ◇431;884

◎7810 ◇432;872/250

◎8470 ◇432;884

◎8712 ◇432;720

◎8865 ◇432;992

◎8896 ◇432

◎8897 ◇432

◎8898 ◇432

◎8985 ◇TBA

◎8986 ◇TBA

◎9077 ◇432;994/250

◎9412 ◇432;997

◎9487 ◇432;777

◎9488 ◇432;804

◎9489 ◇432;777

◎9490 ◇432;777

◎9491 ◇432;803

◎9866 ◇432;881

◎10033 ◇432

◎10034 ◇432;729

◎10042 ◇432

◎10043 ◇432

◎10044 ◇432

◎10145 ◇432

◎11116 ◇432

◎11189 ◇432

◎11253 ◇432

◎12350 ◇870

◎12560 ◇433;978/250

◎12605 ◇433;981/250

◎12608 ◇433;852

◎12610 ◇433;815

◎13058 ◇433

◎13059 ◇433

◎13060 ◇438

◎13298 ◇878

◎13373 ◇849

◎16149 ◇433/250

◎16915 ◇433

◎17114　◇433
◎17478　◇TBA
◎17593　◇433;799
◎19242　◇433
◎19243　◇433
◎19244　◇433
◎19867　◇433
◎19868　◇433
◎20188　◇433
◎20601　◇433
◎40271　◇1700

Quercus glaucoides **M. Martens & Galeotti**
▶海绿栎
◎25810　◇1106
◎25811　◇1106

Quercus gomeziana **A. Camus**
▶高曼栎
◎12495　◇439
◎12496　◇439;1078

Quercus griffithii **Hook. f. & Thomson ex Miq.**
▶大叶栎
◎1277　◇461
◎3271　◇461
◎17636　◇461

Quercus guayavaefolia **H. Lév**
▶帽斗栎
◎11610　◇461;962
◎11977　◇461;1047/272

Quercus helferiana **A. DC.**
▶毛枝栎
◎14860　◇434;1029/251

Quercus hemisphaerica **Drake**
▶半球栎
◎25812　◇1106
◎39773　◇1697

Quercus hondae **Makino**
▶洪达栎
◎18587　◇919/272

Quercus hypoleuocides **A. Camus**
▶海波栎
◎39285　◇1691
◎40999　◇1709
◎41704　◇1718

Quercus ilex **L.**
▶冬青栎
◎15589　◇950/272
◎19638　◇462
◎21690　◇904
◎29759　◇1358
◎31309　◇1435
◎34997　◇1561
◎38725　◇1139
◎39266　◇1691
◎40983　◇1709
◎41798　◇1719

Quercus imbricaria **Michx.**
▶复瓦栎
◎25813　◇1106
◎38642　◇1137
◎39772　◇1697
◎41799　◇1719
◎42171　◇1724

Quercus incana **W. Bartram**
▶灰白毛栎
◎25814　◇1106
◎25815　◇1106
◎38643　◇1137
◎40555　◇1703
◎40985　◇1709
◎41633　◇1717

Quercus infectoria **Oliv.**
▶没食子栎
◎40687　◇1705

Quercus insignis **M. Martens & Galeotti**
▶突出栎
◎25816　◇1106
◎39775　◇1697

Quercus ithaburensis **subsp.** ***macrolepis*** **(Kotschy) Hedge & Yalt.**
▶大鳞栎
◎15590　◇950/276

Quercus jenseniana **Hand.-Mazz.**
▶大叶青冈
◎15831　◇434
◎15835　◇434
◎16467　◇434;996

Quercus kelloggii **Newb.**
▶加利福尼亚黑栎
◎25817　◇1106
◎25818　◇1106
◎41060　◇1710
◎41780　◇1719

Quercus kerrii **Craib**
▶毛叶栎
◎14612　◇435;1048

Quercus kingiana **Craib**
▶薄叶高山栎
◎4263　◇462/273

Quercus laevis **Walter**
▶平滑栎
◎25782　◇1106
◎38680　◇1138
◎39290　◇1691
◎41030　◇1710
◎41777　◇1719

Quercus lamellosa **Sm.**
▶薄片栎
◎21398　◇897

Quercus lancifolia **Schltdl. & Cham.**
▶长叶栎
◎20085　◇936

Quercus langbianensis **Hickel & A. Camus**
▶浪平栎
◎40269　◇1700

Quercus laurifolia **Michx.**
▶月桂叶栎
◎20129　◇936
◎25819　◇1107
◎25820　◇1107
◎42374　◇1726
◎42375　◇1726

Quercus laurina **M. Martens & Galeotti**
▶月桂栎
◎25821　◇1107

Quercus libani **Oliv.**
▶黎巴嫩栎
◎25822　◇1107
◎40263　◇1700

Quercus lineata **Miq.**
▶细纹栎
◎19360　◇429

Quercus lobata **Née**
▶罗巴栎
◎25823　◇1107
◎25824　◇1107
◎41721　◇1718
◎42145　◇1724

Quercus longispica **A. Camus**
▶长穗高山栎
◎11625　◇462/273
◎11980　◇462/273

Quercus lusitanica Lam.
▶葡萄牙栎
◎25783 ◇1106
◎25809 ◇1106
◎31308 ◇1435
◎38458 ◇1134

Quercus lyrata Walter
▶琴叶栎
◎25825 ◇1107
◎38729 ◇1139
◎39780 ◇1697
◎40995 ◇1709
◎41692 ◇1718

Quercus macranthera Fisch. & C. A. Mey.
▶高加索栎
◎40272 ◇1700

Quercus macrocalyx Hickel & A. Camus
▶大萼栎
◎6531 ◇465
◎6751 ◇465
◎12441 ◇431;884/249
◎14328 ◇431
◎15677 ◇431
◎16434 ◇431
◎16637 ◇431

Quercus macrocarpa Endl.
▶大果栎
◎10417 ◇821
◎20970 ◇462/274
◎38638 ◇1137
◎41634 ◇1717
◎42040 ◇1722
◎42115 ◇1723

Quercus margarettiae (Ashe) Small
▶珍珠栎
◎25826 ◇1107

Quercus marilandica Münchh.
▶马里兰州栎
◎25827 ◇1107
◎38601 ◇1136
◎39779 ◇1697
◎41063 ◇1710
◎41750 ◇1719

Quercus merrillii Seemen
▶马尼拉栎
◎38464 ◇1134

Quercus mespilifolia Wall. ex A. DC.
▶欧楂叶栎
◎38459 ◇1134

Quercus michauxii Nutt.
▶沼生栗栎
◎22122 ◇909
◎25828 ◇1107
◎38597 ◇1136
◎40984 ◇1709
◎41061 ◇1710

Quercus mongolica subsp. *crispula* (Blume) Menitsky
▶水栎
◎4122 ◇459
◎4168 ◇459
◎4191 ◇459
◎4192 ◇459
◎10234 ◇918
◎25829 ◇1107
◎41517 ◇1716

Quercus mongolica Fisch. ex Turcz.
▶柞木/蒙古栎
◎519 ◇462
◎5308 ◇462;1073
◎5309 ◇462;818
◎5355 ◇463;817
◎5434 ◇462
◎5435 ◇462
◎5437 ◇462
◎7809 ◇462;872
◎7884 ◇463;1040
◎8006 ◇462;729
◎8070 ◇462
◎8653 ◇462;994/273
◎9432 ◇830
◎9983 ◇462
◎9984 ◇462
◎9985 ◇462
◎9986 ◇462
◎10133 ◇462
◎10291 ◇902
◎10890 ◇462
◎12065 ◇462
◎12555 ◇462;992/274
◎13269 ◇878
◎15543 ◇463
◎15544 ◇463/274
◎18076 ◇463;1061/276
◎18586 ◇919
◎20598 ◇463
◎21172 ◇463
◎22338 ◇916
◎42373 ◇1726
◎42378 ◇1726

Quercus monimotricha Hand.-Mazz.
▶矮高山栎
◎3251 ◇463/274

Quercus montana Willd.
▶蒙大纳栎
◎38596 ◇1136
◎38795 ◇1140
◎40258 ◇1700

Quercus morii Hayata
▶赤柯
◎5034 ◇463
◎5037 ◇463

Quercus muehlenbergii Engelm.
▶黄栗栎
◎25830 ◇1107
◎38624 ◇1137
◎40273 ◇1700
◎41054 ◇1710
◎41539 ◇1716
◎42021 ◇1722

Quercus multinervis (W. C. Cheng & T. Hong) Govaerts
▶多脉栎
◎13552 ◇435;1012
◎13573 ◇435
◎13915 ◇435/252
◎15923 ◇435
◎16518 ◇435
◎18131 ◇435

Quercus myrsinifolia Blume
▶细叶栎/小叶青冈
◎408 ◇436
◎4870 ◇436
◎5861 ◇436
◎6193 ◇436
◎6494 ◇436;1079/252
◎6707 ◇428
◎9492 ◇436;800
◎9493 ◇436;800
◎9494 ◇436;804/252
◎9604 ◇428;868

◎9838 ◇436;858/252
◎10236 ◇918
◎11426 ◇428;995/248
◎11427 ◇428
◎11428 ◇428
◎11429 ◇428
◎11430 ◇428
◎11431 ◇428
◎11432 ◇428
◎11433 ◇428/248
◎11561 ◇428/248
◎11972 ◇436
◎12477 ◇428;867
◎13382 ◇849
◎13469 ◇436
◎13517 ◇436
◎14418 ◇428
◎14898 ◇428;1074
◎15632 ◇436
◎15635 ◇436
◎15648 ◇436
◎15901 ◇436
◎15968 ◇428
◎16468 ◇436
◎16545 ◇436
◎17505 ◇436;985
◎21179 ◇436
◎25831 ◇1107
◎25832 ◇1107

Quercus myrtifolia **Willd.**
▶野生叶栎
◎25833 ◇1107

Quercus nigra **L.**
▶黑栎
◎25834 ◇1107
◎38598 ◇1136
◎40265 ◇1700
◎41781 ◇1719
◎42372 ◇1726

Quercus obtusata **Bonpl.**
▶墨西哥奥波栎
◎20093 ◇936
◎20145 ◇936/539

Quercus ocoteifolia **Liebm.**
▶绿心樟叶栎
◎25835 ◇1107

Quercus oglethorpensis **W. H. Duncan**
▶欧格栎
◎25836 ◇1107
◎38759 ◇1140

Quercus oidocarpa **Korth.**
▶似果栎
◎35516 ◇1572

Quercus oleoides **Schltdl. & Cham.**
▶奥利栎
◎40573 ◇1704

Quercus oxyodon **Miq.**
▶曼青冈栎
◎20 ◇437
◎126 ◇437
◎314 ◇437;790
◎381 ◇437;789
◎459 ◇437
◎763 ◇437
◎1057 ◇437;985
◎1173 ◇TBA
◎7612 ◇437
◎10680 ◇437
◎10681 ◇437
◎10893 ◇437
◎11185 ◇437/253
◎12505 ◇437;1078
◎19049 ◇437/255

Quercus pachyloma **Seemen**
▶毛果栎/毛果青冈
◎6575 ◇465;1080
◎12530 ◇438
◎16093 ◇438
◎16550 ◇438
◎16717 ◇438/254

Quercus pagoda **Raf.**
▶宝塔栎
◎25837 ◇1107
◎39295 ◇1691
◎41513 ◇1716
◎41514 ◇1716

Quercus paulstris **Rugel ex A. DC.**
▶保尔栎
◎41621 ◇1717

Quercus pendunculata **Hoffm**
▶潘盾栎
◎4332 ◇463

Quercus petraea **subsp.** ***petraea***
▶无梗花栎（原亚种）
◎4808 ◇464
◎25838 ◇1107

Quercus petraea **(Matt.) Liebl.**
▶无梗花栎
◎11347 ◇823
◎12037 ◇914
◎13763 ◇947
◎14234 ◇914
◎15595 ◇951
◎21334 ◇463/275
◎21696 ◇904
◎23509 ◇953
◎23551 ◇953
◎25779 ◇1106
◎35071 ◇1563
◎37253 ◇1641
◎37254 ◇1641
◎37255 ◇1641
◎37265 ◇1642
◎37266 ◇1642
◎37267 ◇1642
◎41620 ◇1717
◎41793 ◇1719

Quercus phanera **Chun**
▶亮叶栎
◎14403 ◇438

Quercus phellos **L.**
▶柳叶栎
◎25839 ◇1107
◎38600 ◇1136
◎40262 ◇1700
◎41664 ◇1718
◎41830 ◇1720

Quercus phillyraeoides **A. Gray**
▶乌冈栎
◎6412 ◇463
◎9839 ◇463;729
◎13471 ◇463/274
◎16872 ◇463
◎38994 ◇1687

Quercus prinoides **Willd.**
▶普林栎
◎38722 ◇1139

Quercus pubescens **Willd.**
▶柔毛栎
◎25840 ◇1107
◎40260 ◇1700
◎41622 ◇1717
◎42370 ◇1726

Quercus pyrenaica **Willd.**
▶比利牛斯栎
◎21722 ◇904
◎25841 ◇1107

◎41644 ◇1717

Quercus qilliana **Rehd. et Wils.**

▶**野青冈**

◎8622 ◇463;1077

Quercus rehderiana **Hand.-Mazz.**

▶**毛脉高山栎**

◎11626 ◇463

Quercus robur **subsp.** ***pedunculiflora*** **(K. Koch) Menitsky**

▶**角花栎**

◎15594 ◇950

Quercus robur **L.**

▶**夏栎**

◎4999 ◇464
◎9430 ◇830
◎10359 ◇826
◎11009 ◇464
◎11149 ◇832
◎11346 ◇823
◎12036 ◇914
◎13803 ◇464
◎14233 ◇914
◎19618 ◇464
◎19634 ◇464
◎21679 ◇904
◎21683 ◇904
◎21956 ◇805
◎25842 ◇1107
◎26333 ◇1147
◎37104 ◇1631
◎41623 ◇1717
◎41795 ◇1719

Quercus rubra **L.**

▶**红栎**

◎4331 ◇464
◎4359 ◇464
◎4582 ◇TBA
◎4704 ◇464
◎4824 ◇464
◎10415 ◇821
◎11151 ◇832
◎17232 ◇464;821
◎18661 ◇458
◎21335 ◇464
◎22288 ◇903
◎23054 ◇917
◎23109 ◇805
◎23428 ◇TBA
◎26394 ◇1155
◎37310 ◇1647
◎37311 ◇1647
◎37312 ◇1647
◎38589 ◇1136
◎41682 ◇1718
◎41800 ◇1719
◎42035 ◇1722

Quercus sadleriana **R. Br. ter**

▶**塞得栎**

◎25843 ◇1107
◎25844 ◇1107

Quercus salicina **Blume**

▶**白背栎**

◎18591 ◇919/275
◎25845 ◇1107

Quercus schochiana **Dieck. ex E. J. Palmer**

▶**肖氏栎**

◎18515 ◇827/275

Quercus schottkyana **Rehder & E. H. Wilson**

▶**滇青冈栎**

◎1278 ◇434
◎11297 ◇434
◎11667 ◇434;887
◎11672 ◇434;1042/251
◎11673 ◇434;887
◎16462 ◇434
◎19381 ◇434

Quercus scytophylla **Liebm.**

▶**革氏叶栎**

◎20092 ◇936

Quercus semecarpifolia **Sm.**

▶**西藏高山栎**

◎13794 ◇464
◎14025 ◇464
◎17872 ◇464/275
◎20335 ◇TBA

Quercus semiserrata **Roxb.**

▶**无齿青冈**

◎27079 ◇1225

Quercus serrata **Murray**

▶**枹栎**

◎21 ◇460
◎202 ◇460;798
◎236 ◇460;813/271
◎240 ◇460;859
◎740 ◇873
◎1033 ◇460
◎4752 ◇460
◎4869 ◇460
◎5552 ◇460
◎5698 ◇460
◎5860 ◇460
◎7016 ◇460
◎7944 ◇461
◎8731 ◇461;994
◎9306 ◇461;796/271
◎9307 ◇461;797
◎9800 ◇461;1016/272
◎9830 ◇461
◎9831 ◇461;1058
◎9848 ◇461;1058
◎9849 ◇461;885
◎10896 ◇461
◎17118 ◇461
◎22351 ◇916

Quercus serrata **subsp.** ***serrata***

▶**枹栎(原亚种)**

◎5694 ◇460

Quercus serrata **Murray**

▶**枹栎**

◎4740 ◇464
◎39581 ◇1695

Quercus sessilifolia **Blume**

▶**云山青冈**

◎4871 ◇464
◎11263 ◇437;995
◎13480 ◇437/253
◎13574 ◇437
◎13914 ◇437
◎15888 ◇TBA
◎16085 ◇437/253
◎17153 ◇437
◎18590 ◇919/275
◎21198 ◇437
◎25846 ◇1107
◎41666 ◇1718
◎41667 ◇1718

Quercus shumardii **Buckley**

▶**舒氏红栎**

◎25847 ◇1107
◎38676 ◇1138
◎39761 ◇1697

Quercus sideroxyla **Bonpl.**

▶**塞地饶拉栎**

◎20113 ◇936

Quercus similis **Ashe**

▶类似栎

◎25848 ◇1107

Quercus sinuata **var.** ***breviloba*** **(Torr.) C. H. Mull.**

▶短萼栎

◎25849 ◇1107

Quercus sinuata **Martrin-Donos & Timb.-Lagr.**

▶波缘栎

◎25850 ◇1107

◎25851 ◇1107

◎25852 ◇1107

Quercus spinosa **David**

▶刺叶栎

◎9795 ◇467

◎18838 ◇TBA

Quercus stellata **Wangenh.**

▶星毛栎

◎25853 ◇1107

◎38599 ◇1136

◎39778 ◇1697

◎41709 ◇1718

◎41734 ◇1719

Quercus stewardiana **A. Camus**

▶褐叶栎

◎7029 ◇464

Quercus suber **L.**

▶欧洲栓皮栎

◎12063 ◇467

◎17927 ◇822

◎23603 ◇822

◎31310 ◇1435

◎41616 ◇1717

◎41618 ◇1717

Quercus texana **Buckley**

▶德州栎

◎25854 ◇1107

◎38730 ◇1139

Quercus tiaoloshanica **Chun & W. C. Ko**

▶吊罗栎

◎14464 ◇465

Quercus trojana **Webb**

▶特洛栎

◎15593 ◇950

◎29812 ◇1361

Quercus tungmaiensis **Y. T. Chang**

▶通麦栎

◎19285 ◇465

Quercus uxoris **McVaugh**

▶尤克若斯栎

◎20083 ◇936

Quercus variabilis **Blume**

▶栓皮栎

◎458 ◇465

◎555 ◇TBA

◎1146 ◇465;984

◎1279 ◇TBA

◎3249 ◇465

◎5353 ◇465;859

◎5512 ◇465

◎5607 ◇458

◎5695 ◇465

◎7013 ◇465

◎7254 ◇465

◎8684 ◇465;994

◎8777 ◇465;983/276

◎9308 ◇465;800

◎9309 ◇465;800

◎10679 ◇465

◎12329 ◇870

◎14010 ◇465

◎16133 ◇465

◎17090 ◇465

◎17119 ◇465

◎17581 ◇465

◎18148 ◇465;1055/276

◎20602 ◇465

◎22353 ◇916

Quercus velutina **L'Hér. ex A. DC.**

▶美国绒毛栎

◎10418 ◇821

◎25855 ◇1107

◎40788 ◇1706

◎41619 ◇1717

◎41779 ◇1719

◎42062 ◇1723

Quercus virginiana **Mill.**

▶弗吉尼亚栎

◎25856 ◇1107

◎38644 ◇1137

◎40261 ◇1700

◎41673 ◇1718

◎41797 ◇1719

◎42055 ◇1722

Quercus wislizeni **A. DC.**

▶内陆栎

◎25857 ◇1107

◎39326 ◇1691

◎40270 ◇1700

Quercus xalapensis **Bonpl.**

▶夏拉栎

◎25858 ◇1107

Quercus **L.**

▶栎属

◎22 ◇466

◎152 ◇466;792

◎567 ◇TBA

◎900 ◇TBA

◎4058 ◇466

◎4658 ◇466

◎5208 ◇466

◎5398 ◇466

◎5421 ◇466;796

◎5428 ◇466

◎5555 ◇466

◎5901 ◇466

◎5920 ◇466

◎5939 ◇466

◎6102 ◇466

◎6147 ◇466

◎6288 ◇466

◎6301 ◇466

◎6590 ◇466

◎6624 ◇466

◎6906 ◇TBA

◎6921 ◇466

◎6922 ◇TBA

◎6944 ◇466

◎6956 ◇466

◎6957 ◇466

◎6968 ◇466

◎7813 ◇467;872

◎8182 ◇467

◎8228 ◇467

◎8269 ◇467;884

◎8290 ◇467;884

◎8291 ◇467;872

◎8292 ◇467;884

◎8479 ◇467;884

◎8658 ◇467;992

◎8922 ◇939

◎8984 ◇939

◎9118 ◇467;976

◎9120 ◇467;791

◎9312 ◇467

◎9316　◇467
◎9317　◇467;800
◎9552　◇467;1077
◎9763　◇467
◎9819　◇467;1058
◎9820　◇467;990
◎9920　◇955
◎10144　◇467
◎10967　◇467;884
◎11072　◇467
◎11382　◇922
◎11603　◇466;885
◎11608　◇466
◎13138　◇894
◎13747　◇946
◎15146　◇895
◎15547　◇467
◎15548　◇467
◎17928　◇822
◎18733　◇894
◎19607　◇467
◎20381　◇938
◎21009　◇890
◎23339　◇889
◎23437　◇821
◎23438　◇821
◎26577　◇1175
◎26778　◇1200
◎26893　◇1217
◎31910　◇1469
◎31911　◇1469
◎31912　◇1469
◎32269　◇1481
◎37105　◇1631
◎39973　◇1123

***Trigonobalanus dolichangensis* (A. Camus) Forman**
▶轮叶三棱栎属
◎19387　◇455

Flacourtiaceae　大风子科

***Myroxylon balsamum* var. *pereirae* Harms**
▶佩雷香脂木豆
◎25442　◇1101
◎38299　◇1132
◎42272　◇1725

***Myroxylon balsamum* Harms**
▶香脂木豆/吐鲁胶
◎22468　◇261/544
◎22591　◇831
◎40884　◇1708
◎40885　◇1708
◎40886　◇1708
◎41536　◇1716

***Myroxylon peruiferum* L. f.**
▶秘鲁香脂木豆
◎25443　◇1101
◎39101　◇1689
◎41487　◇1715
◎41489　◇1715

***Myroxylon* L. f.**
▶香脂木豆属/香脂豆属
◎23462　◇TBA
◎23463　◇TBA
◎33699　◇1535

Fouquieriaceae　福桂树科

***Fouquieria diguetii* I. M. Johnst.**
▶锥形福桂树
◎18323　◇114
◎38392　◇1133

***Fouquieria splendens* Engelm.**
▶福桂树
◎39247　◇1690

Francoaceae　新妇花科

***Bersama abyssinica* Fresen.**
▶娑羽树
◎26916　◇1220

Garryaceae　丝缨花科

***Aucuba chinensis* Benth.**
▶桃叶珊瑚
◎151　◇610/365
◎6182　◇610

***Aucuba japonica* Thunb.**
▶日本桃叶珊瑚
◎24285　◇1082
◎24286　◇1082

***Garrya elliptica* Douglas ex Lindl.**
▶椭圆丝缨花木
◎25081　◇1096
◎39304　◇1691

Gelsemiaceae　钩吻科

***Gelsemium* Juss.**
▶断肠草属
◎9673　◇676

***Pteleocarpa lamponga* (Miq.) Bakh. ex K. Heyne**
▶鼠莉木
◎27661　◇1237

Gentianaceae　龙胆科

***Anthocleista grandiflora* Gilg**
▶闭花马钱木/星花莉
◎24211　◇1084

***Anthocleista nobilis* G. Don**
▶诺比闭花马钱木/诺比星花莉
◎36244　◇1589

***Anthocleista obanensis* Wernham**
▶欧班闭花马钱木/欧班星花莉
◎36568　◇1612

***Anthocleista procera* Lepr. ex Bureau**
▶高闭花马钱木/高星花莉
◎36505　◇1609
◎36569　◇1612
◎36570　◇1612
◎36571　◇1612

***Anthocleista schweinfurthii* Gilg**
▶斯威闭花马钱木/斯威星花莉
◎21477　◇676/518
◎29217　◇1320

***Anthocleista vogelii* Planch.**
▶弗格闭花马钱木/弗格星花莉
◎26910　◇1220
◎29532　◇1337
◎29688　◇1354
◎29689　◇1354
◎29690　◇1354
◎34536　◇1552
◎36369　◇1599
◎36390　◇1601

***Anthodiscus amazonicus* Gleason & A. C. Sm.**
▶亚马孙佐灵木
◎33887　◇1540

***Anthodiscus montanus* Gleason**
▶山地佐灵木
◎38306　◇1132

***Anthodiscus peruanus* Baill.**
▶秘鲁佐灵木
◎22092　◇908
◎24212　◇1082
◎38278　◇1132
◎38282　◇1132

◎40499　◇1703
◎41374　◇1714

Anthodiscus pilosus Ducke
▶多毛佐灵木
◎38247　◇1130

Exacum tetragonum Roxb.
▶藻百年
◎28892　◇1299

Fagraea auriculata Jack
▶耳形灰莉木
◎28358　◇1272

Fagraea blumei G. Don
▶布鲁灰莉木
◎29512　◇1336
◎36756　◇1619

Fagraea ceilanica Thunb.
▶灰莉
◎28021　◇1256

Fagraea elliptica Roxb.
▶椭圆灰莉木
◎37144　◇1632

Fagraea fragrans Roxb.
▶香灰莉木
◎9710　◇931/419
◎13198　◇894
◎14121　◇TBA
◎28142　◇1262
◎28564　◇1282
◎34575　◇1552
◎34576　◇1552
◎34693　◇1554

Fagraea gigantea Ridl.
▶巨灰莉
◎9931　◇955/419
◎15126　◇676
◎18711　◇894
◎20752　◇676
◎25010　◇1094
◎27603　◇1236
◎35937　◇1585
◎37145　◇1632

Fagraea gracilipes A. Gray
▶细梗灰莉木
◎23186　◇915
◎23307　◇915
◎23574　◇915
◎23575　◇915

Fagraea longiflora Merr.
▶长花灰莉木
◎31584　◇1452

Fagraea racemosa Jack
▶总状灰莉木
◎28063　◇1258
◎28257　◇1267
◎31497　◇1448
◎31585　◇1452

Fagraea salticola Leenh.
▶萨尔灰莉木
◎21277　◇676
◎31776　◇1461
◎31777　◇1461
◎31778　◇1461

Fagraea splendens Blume
▶光亮灰莉木
◎29062　◇1310

Fagraea volubilis Wall.
▶缠绕灰莉木
◎20842　◇891

Fagraea Thunb
▶灰莉属
◎19483　◇935
◎22230　◇934
◎23134　◇933
◎23388　◇933
◎28698　◇1289
◎35427　◇1571
◎35428　◇1571
◎37605　◇1662
◎40870　◇1707

Macrocarpaea glabra Gilg
▶平滑大果龙胆/平滑皓钟花
◎35045　◇1562

Macrocarpaea (Griseb.) Gilg
▶大果龙胆属/皓钟花属
◎32245　◇1480

Geraniaceae　牻牛儿苗科

Pelargonium triste (L.) L'Hér.
▶羽叶天竺葵
◎37813　◇1670

Gesneriaceae　苦苣苔科

Cyrtandra keithii Hilliard & B. L. Burtt
▶凯氏浆果苣苔
◎28237　◇1266

Cyrtandra J. R. Forst. & G. Forst.
▶浆果苣苔属
◎31341　◇1437

Episcia cupreata (Hook.) Hanst.
▶喜荫花
◎36254　◇1590

Goodeniaceae　草海桐科

Scaevola micrantha C. Presl
▶小花草海桐
◎28215　◇1265
◎28357　◇1272

Scaevola oppositifolia Roxb.
▶对生叶草海桐
◎28799　◇1293
◎31668　◇1455

Scaevola taccada (Gaertn.) Roxb.
▶草海桐
◎25927　◇1108

Goupiaceae　尾瓣桂科

Goupia glabra Aubl.
▶光毛药树/光尾瓣桂
◎18542　◇599/538
◎19539　◇599/511
◎20459　◇TBA
◎21129　◇928
◎21595　◇599/538
◎22523　◇820/619
◎22553　◇TBA
◎22663　◇826
◎23197　◇905
◎23266　◇905
◎23324　◇819
◎23451　◇819
◎23639　◇831
◎27932　◇1250
◎31966　◇1470
◎33343　◇1520
◎33344　◇1520
◎33680　◇1535
◎33803　◇1538
◎38342　◇1132
◎40105　◇1127

Goupia guatemalensis Lundell
▶危地马拉毛药树/危地马拉尾瓣桂
◎40697　◇1705

Griseliniaceae　南茱萸科

Griselinia lucida (J. R. Forst. & G. Forst.) G. Forst.
▶光亮南茱萸

◎18803　◇911/742

Grossulariaceae　茶藨子科

Ribes americanum **Mill.**

▶美国茶藨子

◎38832　◇1684

◎38846　◇1685

Ribes cynosbati **L.**

▶伊诺思茶藨子

◎38900　◇1686

◎38932　◇1686

Ribes himalense **Royle ex Decne.**

▶糖茶藨

◎5456　◇178

Ribes missouriense **Nutt.**

▶密苏里茶藨子

◎38831　◇1684

Ribes **L.**

▶茶藨子属

◎11955　◇178

Gyrostemonaceae　环蕊木科

Codonocarpus cotinifolius **(Desf.) F. Muell.**

▶冠听环蕊木

◎24609　◇1089

Hamamelidaceae　金缕梅科

Chunia bucklandioides **H. T. Chang**

▶山铜材

◎14448　◇321

◎14902　◇321;1074/186

Corylopsis ajisoaii **Hemsl.**

▶艾氏蜡瓣花

◎6395　◇321

Corylopsis multiflora **Hance**

▶瑞木

◎6487　◇321;781

◎8781　◇321

◎9286　◇321;782

◎15753　◇321/186

◎20245　◇321

◎21976　◇321

Corylopsis sinensis **Hemsl.**

▶蜡瓣花

◎5851　◇TBA

◎5855　◇321

◎8604　◇321;1004/186

◎17998　◇321

Corylopsis willmottiae **Rehder & E. H. Wilson**

▶四川蜡瓣花

◎1075　◇TBA

◎10602　◇321/186

◎10768　◇321

Corylopsis **Siebold & Zucc.**

▶蜡瓣花属

◎6950　◇321

Distyliopsis dunnii **(Hemsl.) P. K. Endress**

▶尖叶假蚊母树

◎16656　◇327

◎19889　◇327/189

◎19892　◇327

Distyliopsis laurifolia **(Hemsl.) P. K. Endress**

▶樟叶假蚊母树

◎11787　◇327

◎11803　◇326/189

Distyliopsis tutcheri **(Hemsl.) P. K. Endress**

▶钝叶假蚊母树

◎16653　◇327/189

Distylium chinense **(Franch. ex Hemsl.) Diels**

▶中华蚊母树

◎13489　◇322/187

Distylium chungii **(F. P. Metcalf) Cheng**

▶闽粤蚊母树

◎6402　◇327

Distylium macrophyllum **H. T. Chang**

▶大叶蚊母树

◎22014　◇322

Distylium myricoides **Hemsl.**

▶杨梅蚊母树

◎6872　◇322

◎7023　◇322

◎9504　◇322;803

◎9505　◇322;804

◎9506　◇322;803/187

◎12606　◇322;807

◎12615　◇322

◎12616　◇322;1013

◎12617　◇322;882

◎16383　◇322

◎16909　◇322

◎17465　◇322;785

Distylium racemosum **Siebold & Zucc.**

▶蚊母树

◎4847　◇322

◎9284　◇322;786/187

◎10248　◇918

Distylium stellare **Kuntze**

▶星状蚊母树

◎27578　◇1235

Eustigma oblongifolium **Gardner & Champ.**

▶秀柱花

◎15790　◇323/187

◎16926　◇323

◎19893　◇323

◎38963　◇1687

Eustigma **Gardner & Champ.**

▶秀柱花属

◎16042　◇323

Exbucklandia populnea **(R. Br. ex Griff.) R. W. Br.**

▶马蹄荷

◎6368　◇319

◎6405　◇319

◎6490　◇319;784

◎6538　◇319;968

◎6551　◇319;784

◎6567　◇319;782

◎6769　◇319;781

◎6776　◇319

◎6932　◇319

◎8818　◇319;717

◎8820　◇319;800

◎9378　◇319;804/187

◎11404　◇319

◎12115　◇319;1047

◎12543　◇319;;984/187

◎15638　◇319;968

◎20247　◇319

◎25003　◇1094

Exbucklandia tonkinensis **(Lecomte) H. T. Chang**

▶大果马蹄荷

◎13463　◇320;;984/187

◎14462　◇320

◎14996　◇320

◎15013　◇320

◎15979　◇320

◎15981　◇320
◎16397　◇320
◎16504　◇320
◎16535　◇320;799
◎16572　◇320
◎17027　◇TBA
◎17283　◇320
◎17303　◇320
◎17670　◇TBA
◎21162　◇320

Exbucklandia **R. W. Br.**
▶**马蹄荷属**
◎39921　◇1122

Fortunearia sinensis **Rehder & E. H. Wilson**
▶**牛鼻栓**
◎4746　◇323
◎6989　◇323

Fothergilla latifolia **J. S. Muell.**
▶**阔叶银刷树**
◎38533　◇1135

Hamamelis japonica **Siebold & Zucc.**
▶**日本金缕梅**
◎25136　◇1096
◎26572　◇1175
◎39681　◇1696

Hamamelis mollis **Oliv. ex F. B. Forbes & Hemsl.**
▶**金缕梅**
◎5868　◇323/188
◎6852　◇323;720
◎7006　◇323

Hamamelis vernalis **Sarg.**
▶**春金缕梅**
◎40423　◇1702

Hamamelis virginiana **L.**
▶**北美金缕梅**
◎20962　◇323
◎26743　◇1197
◎35693　◇1574
◎38228　◇1130
◎39307　◇1691

Loropetalum chinense **（R. Br.）Oliv.**
▶**檵木**
◎5844　◇324
◎6053　◇324
◎6506　◇324;781
◎6844　◇324;720
◎9049　◇324
◎9064　◇324;788/188
◎9352　◇324;858
◎10712　◇324
◎12679　◇324
◎12817　◇324;812
◎13094　◇324
◎16376　◇325/188
◎17399　◇324;796
◎19890　◇324
◎19891　◇324

Loropetalum lanceum **Hand.-Mazz.**
▶**大果檵木**
◎15783　◇324/188

Loropetalum subcordatum **Oliv.**
▶**四药门花**
◎6983　◇328/189

Loropetalum **R. Br.**
▶**檵木属**
◎16334　◇847

Mytilaria laosensis **Lecomte**
▶**壳菜果**
◎13678　◇325
◎14049　◇325/188
◎14741　◇325
◎16057　◇325/188
◎16647　◇325
◎18760　◇325

Mytilaria **Lecomte**
▶**壳菜果属**
◎39922　◇1122

Parrotia persica **（DC.）C. A. Mey.**
▶**波斯铁木**
◎9437　◇830
◎10191　◇830
◎19630　◇325/188
◎26748　◇1197

Rhodoleia championi **Hook. f.**
▶**红花荷**
◎17037　◇326

Rhodoleia parvipetala **K. Y. Tong**
▶**小花红花荷/小花红苞木**
◎8779　◇326
◎11031　◇326
◎13681　◇326
◎14794　◇326/188
◎15662　◇326/188
◎17305　◇326
◎20254　◇326

Rhodoleia **Champ. ex Hook.**
▶**红花荷属**
◎11788　◇326

Sycopsis sinensis **Oliv.**
▶**水丝梨**
◎13067　◇327
◎19036　◇327/189
◎19353　◇327
◎29817　◇1361

Sycopsis **Oliv.**
▶**水丝梨属**
◎6916　◇327
◎6928　◇327

Heliconiaceae　蝎尾蕉科

Strelizia nicola **Regel. et Koch.**
▶**尼古拉鹤望兰**
◎7316　◇719

Hernandiaceae　莲叶桐科

Gyrocarpus americanus **Jacq.**
▶**旋翼果**
◎20834　◇891
◎20836　◇891
◎25123　◇1095
◎35628　◇1573
◎39688　◇1696

Hernandia cordigera **Vieill.**
▶**澳洲莲叶桐**
◎18216　◇77/45

Hernandia nymphaeifolia **（C. Presl）Kubitzki**
◎莲叶桐
◎25164　◇1096
◎39695　◇1696

Hernandia sonora **L.**
▶**索诺莲叶桐**
◎7318　◇81/45
◎20437　◇905
◎20835　◇891
◎22677　◇806/540
◎22700　◇806/540
◎25165　◇1096
◎32465　◇1486

Himantandraceae　瓣蕊花科

Galbulimima belgraveana **Sprague**
▶**百乐瓣蕊花**
◎25073　◇1096

◎25074 ◇1096

◎29105 ◇1313

◎41351 ◇1714

◎41913 ◇1721

Huaceae 蒜树科

Afrostyrax kamerunensis Perkins & Gilg

▶喀麦隆香葱树

◎37653 ◇1664

◎37760 ◇1667

Afrostyrax lepidophyllus Mildbr.

▶鳞背香葱树

◎21312 ◇913

◎35738 ◇1576

◎35739 ◇1576

◎35740 ◇1576

Afrostyrax Perkins & Gilg

▶香葱树属

◎37758 ◇1667

◎37759 ◇1667

Hua gabonii Pierre ex De Wild.

▶加波蒜树

◎35694 ◇1574

Humiriaceae 香膏木科

*Humiria balsamifera*Aubl. ex J. St.-Hil.

▶正核果木/香膏木

◎32467 ◇1486

Endopleura uchi (Huber) Cuatrec.

▶乌其肋核木

◎20429 ◇905

◎24856 ◇1092

Humiria balsamifera var. *floribunda* (Mart.) Cuatrec.

▶花束正核果木/花束香膏木

◎34310 ◇1547

Humiria balsamifera var. *guianensis* (Benth.) Cuatrec.

▶圭亚那香正核果木/圭亚那香膏木

◎25180 ◇1097

◎32640 ◇1491

◎32641 ◇1491

Humiria balsamifera Aubl. ex J. St.-Hil.

▶正核果木/香膏木

◎22699 ◇806

◎23651 ◇831

◎27724 ◇1239

◎32638 ◇1491

◎32639 ◇1491

◎37150 ◇1632

Humiriastrum procerum (Little) Cuatrec.

▶高大香榄木

◎40020 ◇1116

◎40506 ◇1703

Sacoglottis cydonioides Cuatrec.

▶干尼亚香柑木

◎20434 ◇905

◎29867 ◇1364

◎29908 ◇1366

◎30020 ◇1373

◎30097 ◇1377

◎30189 ◇1383

◎30350 ◇1392

◎30673 ◇1411

◎30674 ◇1411

◎30738 ◇1413

◎30739 ◇1413

◎30874 ◇1418

◎30875 ◇1418

◎32519 ◇1487

◎32520 ◇1487

Sacoglottis gabonensis (Baill.) Urb.

▶加蓬香柑木

◎5135 ◇469/522

Sacoglottis guianensis var. *sphaerocarpa* Ducke

▶球果香柑木

◎32686 ◇1492

Sacoglottis guianensis Benth.

▶圭亚那香柑木

◎22854 ◇917

◎27872 ◇1247

◎32521 ◇1487

◎40192 ◇1699

Sacoglottis ovicarpa Cuatrec.

▶卵果香柑木

◎32687 ◇1492

◎38199 ◇1130

Vantanea paraensis Ducke

▶帕州香矾木

◎33979 ◇1541

Vantanea parviflora Lam.

▶小花香矾木

◎20432 ◇905

◎33978 ◇1541

◎38254 ◇1130

Hydrangeaceae 绣球科

Hydrangea aspera Buch.-Ham. ex D. Don

▶马桑绣球

◎262 ◇TBA

◎1045 ◇TBA

Hydrangea bretschneideri Dippel

▶东陵绣球

◎5340 ◇179;781/119

◎5446 ◇179/119

Hydrangea paniculata Siebold

▶圆锥绣球

◎13544 ◇179/119

◎15875 ◇179

◎19905 ◇179

Hydrangea petiolaris Siebold & Zucc.

▶藤绣球

◎19562 ◇TBA

◎34976 ◇1560

◎35133 ◇1565

◎35817 ◇1581

◎36787 ◇1621

Hydrangea strigosa Rehder

▶蜡莲绣球

◎615 ◇179/119

Hydrangea xanthoneura Diels

▶挂苦绣球

◎1101 ◇TBA

Hydrangea Gronov.

▶绣球属

◎527 ◇179

◎693 ◇179

◎864 ◇TBA

◎5362 ◇179;859

◎8645 ◇179;999

◎10587 ◇179

◎11597 ◇179;799

Philadelphus coronarius L.

▶冠状山梅花

◎25569 ◇1103

◎29806 ◇1360

◎29807 ◇1360

◎40689 ◇1705

Philadelphus delavayi L. Henry

▶云南山梅花

◎11624 ◇179/119

Philadelphus pekinensis Rupr.

▶山梅花/太平花

◎5452 ◇179/119

Philadelphus L.

▶山梅花属

◎11082 ◇179

Pileostegia tomentella Hand.-Mazz.

▶星毛冠盖藤

◎20042 ◇TBA

Schizophragma molle (Rehder) Chun

▶柔毛钻地风

◎1070 ◇TBA

Hydrocharitaceae 水鳖科

Ottelia ulvifolia (Planch.) Walp.

▶非洲水车前

◎26948 ◇1222

Hypericaceae 金丝桃科

Cratoxylum arborescens (Vahl) Blume

▶乔木黄牛木/马来黄牛木

◎9923 ◇955

◎9924 ◇937

◎14114 ◇893

◎15167 ◇895/563

◎15504 ◇128

◎15505 ◇128

◎15506 ◇128

◎19499 ◇935/80

◎22225 ◇934

◎22403 ◇902

◎22419 ◇889

◎22813 ◇920

◎23128 ◇933

◎23422 ◇933

◎27562 ◇1235

◎33387 ◇1521

◎33401 ◇1522

◎33452 ◇TBA

◎33453 ◇TBA

◎35376 ◇1571

◎35377 ◇1571

Cratoxylum celebicum Blume

▶西来黄牛木

◎35373 ◇1571

◎35374 ◇1571

Cratoxylum cochinchinense (Lour.) Blume

▶黄牛木

◎3443 ◇128

◎6822 ◇128

◎11743 ◇128

◎12988 ◇128;815

◎13836 ◇128

◎13837 ◇128

◎14569 ◇TBA

◎14579 ◇128

◎14806 ◇128;1029

◎15933 ◇128

◎16687 ◇128/80

◎27563 ◇1235

◎28065 ◇1258

◎28203 ◇1265

◎28300 ◇1269

◎28559 ◇1282

◎38085 ◇1114

Cratoxylum formosum subsp. *pruniflorum* (Kurz) Gogelein

▶红芽木

◎24688 ◇1089

Cratoxylum formosum (Jack) Benth. & Hook. f. ex Dyer

▶越南黄牛木

◎20838 ◇891

◎24687 ◇1089

◎26516 ◇1169

◎26517 ◇1169

◎27182 ◇1228

◎35375 ◇1571

Cratoxylum glaucum Korth.

▶灰黄牛木

◎27564 ◇1235

Cratoxylum sumatranum (Jack) Blume

▶苏门答腊黄牛木

◎24689 ◇1089

◎27374 ◇1231

◎39137 ◇1689

Cratoxylum Blume

▶黄牛木属

◎5197 ◇128

◎5198 ◇128

◎15113 ◇128

◎17183 ◇128

◎23230 ◇927

◎23364 ◇TBA

◎28817 ◇1294

◎28889 ◇1299

◎31855 ◇1466

◎37057 ◇1629

Harungana madagascariensis Lam. ex Poir.

▶合掌树

◎40035 ◇1116

Hypericum patulum Thunb.

▶金丝梅

◎19896 ◇128

Psorospermum Spach

▶圣诞莓属

◎26952 ◇1223

◎36486 ◇1608

Vismia cayennensis (Jacq.) Pers.

▶封蜡树

◎20423 ◇905

◎27875 ◇1247

◎32413 ◇1485

◎32960 ◇1502

◎32961 ◇1503

◎34133 ◇1544

◎34256 ◇1546

◎34257 ◇1546

Vismia guianensis (Aubl.) Pers.

▶圭亚那封蜡树

◎27914 ◇1249

◎29256 ◇1322

◎29301 ◇1325

◎32414 ◇1485

◎32415 ◇1485

◎34258 ◇1546

Vismia latifolia (Aubl.) Choisy

▶阔叶封蜡树

◎27831 ◇1245

◎32416 ◇1485

◎34134 ◇1544

◎34135 ◇1544

◎34136 ◇1544

Vismia macrophylla Kunth

▶大叶封蜡树

◎34259 ◇1546

Vismia plicatifolia Hochr.

▶皱叶封蜡树

◎38514 ◇1135

Icacinaceae 茶茱萸科

Calatola costaricensis Standl.
▶中脉胡桃榄
◎38214 ◇1130

Casimirella rupestris (Ducke) R. A. Howard
▶岩生节桃木
◎32616 ◇1489

Dendrobangia boliviana Rusby
▶玻利维亚乔茶萸木/玻利维亚麻龙树
◎20473 ◇822
◎27983 ◇1253
◎32442 ◇1485
◎32625 ◇1490
◎33784 ◇1538
◎33785 ◇1538
◎33786 ◇1538
◎33787 ◇1538

Desmos hainanensis (Merr.) Merr. & Chun
▶假鹰爪
◎13938 ◇18;1012

Desmostachys vogelii Stapf
▶佛氏鞭榄藤
◎26596 ◇1178
◎26597 ◇1178
◎26598 ◇TBA
◎26613 ◇1181
◎26614 ◇TBA
◎26615 ◇TBA

Icacina mannii Oliv.
▶曼氏茶茱萸
◎36377 ◇1599

Iodes africana Welw. ex Oliv.
▶非洲微花藤
◎34977 ◇1560

Lavigeria macrocarpa Pierre
▶大果拉维茶茱萸
◎37804 ◇1670

Nothapodytes nimmoniana (J. Graham) Mabb.
▶清脆枝
◎12014 ◇600;986
◎36764 ◇1620

Nothapodytes obtusifolia (Merr.) R. A. Howard
▶假柴龙树
◎6808 ◇715
◎14733 ◇600/358

Ottoschulzia pallida Lundell
▶帕氏欧塔茱萸
◎25511 ◇1102
◎39499 ◇1694

Phytocrene bracteata Wall.
▶刺苞涌泉藤
◎28530 ◇1280

Phytocrene macrocephala var. *macrocephala* (Mast.) W. C. Cheng ex Rehder
▶巨头涌泉藤
◎36765 ◇1620

Phytocrene macrophylla var. *dasycarpa* (Miq.) Sleumer
▶毛果涌泉藤
◎29039 ◇1309

Phytocrene macrophylla Blume
▶涌泉藤
◎29116 ◇1314

Platea excelsa Blume
▶肖榄
◎35777 ◇1578

Platea latifolia Blume
▶阔叶肖榄
◎12948 ◇601;815
◎14335 ◇601
◎15738 ◇601
◎16069 ◇601
◎17717 ◇601
◎27072 ◇1225
◎28663 ◇1287

Platea parvifolia Merr. & Chun
▶小叶肖榄/东方肖榄
◎12899 ◇601;866/358
◎14272 ◇601
◎14959 ◇601;1029

Platea Blume
▶肖榄属
◎9605 ◇601
◎27071 ◇1225

Ryticaryum longifolium K. Schum. & Lauterb.
▶长叶吕蒂茶茱萸
◎37641 ◇1663

Sarcostigma kleinii Wight & Arn.
▶克莱肉柱藤
◎21285 ◇601
◎28404 ◇1274

Irvingiaceae 假杧果科

Desbordesia glaucescens (Engl.) Tiegh.
▶格氏双椿果
◎40043 ◇1116
◎40758 ◇1706

Irvingia gabonensis (Aubry-Lecomte ex O'Rorke) Baill.
▶加蓬苞芽木/加蓬假杧果
◎20558 ◇829
◎21575 ◇470/511
◎34194 ◇1545

Irvingia grandifolia (Engl.) Engl.
▶大叶苞芽木/大叶假杧果
◎21583 ◇470/511

Irvingia malayana Oliv. ex A. W. Benn.
▶马来苞芽木/马来假杧果
◎15118 ◇470/721
◎20391 ◇938/733
◎20660 ◇470
◎21063 ◇890
◎27616 ◇1236

Irvingia robur Mildbr.
▶罗普苞芽木/罗普假杧果
◎17954 ◇829

Klainedoxa gabonensis Pierre ex Engl.
▶加蓬热非粘木/野象果
◎21591 ◇470/511
◎21758 ◇930/511
◎25248 ◇1097
◎35455 ◇1571
◎37001 ◇1628

Iteaceae 鼠刺科

Itea chinensis Hook. & Arn.
▶鼠刺
◎7628 ◇177
◎8793 ◇177;717
◎16685 ◇177/117
◎16964 ◇177

Itea coriacea Y. C. Wu
▶厚叶鼠刺
◎20281 ◇177

Itea elegantissima Chun
▶艾莱鼠刺

◎6766　◇177/118

Itea indochinensis Merr.

▶毛鼠刺

◎15702　◇177/118

◎15747　◇177

Itea macrophylla Wall.

▶大叶鼠刺

◎14472　◇177;968/118

◎29028　◇1308

Itea omeiensis C. K. Schneid.

▶峨眉鼠刺

◎19821　◇177

◎19822　◇177

◎19823　◇177

◎19824　◇177

Itea pubinervia Chang

▶毛脉鼠刺

◎20258　◇177

Itea yunnanensis Franch.

▶云南鼠刺

◎16138　◇177/118

◎16155　◇177

Itea Gronov. ex L.

▶鼠刺属

◎13502　◇177

Ixonanthaceae　黏木科

Ixonanthes reticulata Jack

▶黏木

◎6699　◇470

◎11454　◇470;888/278

◎11830　◇470

◎12016　◇470;984/278

◎14516　◇TBA

◎14557　◇470

◎14743　◇470

◎14925　◇470;1029

◎15656　◇470

◎16635　◇470

◎25212　◇1098

◎29029　◇1308

Ixonanthes Jack

▶黏木属

◎3477　◇470

Phyllocosmus africanus Klotzsch

▶非洲铁柴木

◎31004　◇1425

◎31195　◇1430

◎31196　◇1430

Juglandaceae　胡桃科

Carya alba Nutt.

▶白果山核桃

◎18460　◇376/214

◎24468　◇1087

◎38605　◇1136

◎39680　◇1696

Carya aquatica (F. Michx.) Elliott

▶苦山核桃

◎24469　◇1087

◎38777　◇1140

Carya cathayensis Sarg.

▶山核桃

◎6619　◇376

◎7755　◇376;872

◎9130　◇376;788

◎12810　◇376

◎13075　◇376

Carya cordiformis (Wangenh.) K. Koch

▶心果山核桃

◎4715　◇376

◎10396　◇821

◎19575　◇376

◎38848　◇1685

◎40794　◇1706

Carya floridana Sarg.

▶佛州山核桃

◎38663　◇1138

◎39159　◇1689

Carya glabra var. *megacarpa* (Sarg.) Sarg.

▶大果光皮山核桃

◎38627　◇1137

Carya glabra var. *odorata* (Marshall) Little

▶香光皮山核桃

◎38710　◇1139

Carya glabra (Mill.) Sweet

◎光皮山核桃

◎4591　◇376/214

◎24470　◇1087

Carya illinoinensis (Wangenh.) K. Koch

▶薄壳山核桃

◎18676　◇376/214

◎20325　◇376/214

◎40709　◇1705

Carya laciniosa (F. Michx.) Loudon

▶条裂山核桃

◎38707　◇1139

◎39904　◇1699

◎42205　◇1724

◎42335　◇1726

Carya myristiciformis (F. Michx.) Nutt ex Elliott

▶肉豆冠山核桃

◎22123　◇825

◎24471　◇1087

Carya ovata var. *australis* (Ashe) Little

▶澳洲山核桃

◎38709　◇1139

Carya ovata var. *mexicana* (Engelm. ex Hemsl.) W. E. Manning

▶墨西哥山核桃

◎24472　◇1087

Carya ovata (Mill.) K. Koch

▶鳞皮山核桃

◎4353　◇376

◎4971　◇376

◎10397　◇821

◎18675　◇376

◎23062　◇917

Carya pallida Engl. & Graebn.

▶灰白山核桃

◎38702　◇1138

Carya sinensis Dode

▶中华山核桃

◎16349　◇376/214

◎17610　◇376

Carya texana Buckley

▶德州山核桃

◎41736　◇1719

Carya tonkinensis Lecomte

▶越南山核桃

◎16116　◇376

Carya Nutt.

▶山核桃属

◎17219　◇821

◎17934　◇822

◎21962　◇805

◎23110　◇805

Cyclocarya paliurus (Batal.) Iljinsk.

▶青钱柳

◎6051　◇383;1079

◎6509　◇383;868

◎6871 ◇383
◎6905 ◇383
◎7027 ◇383
◎9757 ◇376/215
◎16382 ◇376
◎19038 ◇376
◎20595 ◇376

Engelhardia hainanensis **P. Y. Chen**
▶**海南黄杞**
◎22154 ◇959
◎22265 ◇883

Engelhardia mollis **Hu**
▶**软黄杞**
◎3721 ◇378/216

Engelhardia rigida **Blume**
▶**坚挺烟包树**
◎31351 ◇1437

Engelhardia roxburghiana **Lindl.**
▶**黄杞**
◎218 ◇377;780/216
◎493 ◇TBA
◎604 ◇377;789
◎790 ◇377
◎1132 ◇TBA
◎6207 ◇377
◎6334 ◇377
◎6417 ◇377
◎6534 ◇378;984
◎7423 ◇377
◎8728 ◇377;1000
◎8933 ◇939/215
◎9112 ◇377;1037
◎9113 ◇377;1006/216
◎9114 ◇TBA
◎9123 ◇377;1036
◎10596 ◇377
◎10781 ◇377
◎10782 ◇377
◎10797 ◇377
◎11265 ◇377;995
◎11388 ◇922
◎11762 ◇377;1078
◎11829 ◇377;873
◎12277 ◇848
◎12326 ◇870
◎12335 ◇870
◎12378 ◇848
◎12634 ◇377;976
◎12761 ◇923/215
◎12876 ◇377;1061
◎13130 ◇377;1001
◎14297 ◇377
◎14736 ◇377
◎14752 ◇377
◎14777 ◇377
◎14783 ◇377
◎15642 ◇377
◎15834 ◇378/215
◎16493 ◇378
◎16630 ◇377
◎17024 ◇378
◎17451 ◇378;784/215
◎17622 ◇377
◎18108 ◇378;814
◎19901 ◇378
◎19902 ◇378
◎19903 ◇378
◎19904 ◇378
◎20221 ◇377
◎21156 ◇378
◎21830 ◇377
◎22155 ◇959

Engelhardia serrata **Blume**
▶**齿叶黄杞**
◎18894 ◇913/215
◎36118 ◇1587

Engelhardia spicata **var.** ***integra*** **(Kurz) W. E. Manning ex Steenis**
▶**因格黄杞**
◎11733 ◇378
◎14547 ◇378/215

Engelhardia spicata **Lechen ex Blume**
▶**云南黄杞**
◎4268 ◇379
◎7964 ◇379
◎11290 ◇379/215
◎14436 ◇378/215
◎18286 ◇902
◎18891 ◇913/215
◎19386 ◇379
◎27594 ◇1236

Engelhardia unijuga **Chun ex P. Y. Chen**
▶**对叶黄杞**
◎14429 ◇379/216

Engelhardia **Lesch. ex Blume**
▶**黄杞属**
◎810 ◇379
◎7133 ◇379
◎9667 ◇379
◎12787 ◇923
◎12821 ◇379;815/216
◎12826 ◇379;1027
◎13503 ◇379
◎35288 ◇1569
◎37500 ◇1660
◎39975 ◇1123

Hicoria ovata **(Mill.) Britton**
▶**卵形黑寇核桃**
◎10351 ◇826
◎40620 ◇1704

Juglans ailanthifolia **Carrière**
▶**臭椿叶核桃木/臭椿叶胡桃**
◎4140 ◇381
◎4181 ◇381
◎18526 ◇827
◎18576 ◇919/216

Juglans australis **Griseb.**
▶**澳大利亚核桃**
◎25219 ◇1098
◎39575 ◇1695

Juglans boliviana **Dode**
▶**玻利维亚核桃**
◎25220 ◇1098

Juglans californica **S. Watson**
▶**加州黑核桃**
◎38787 ◇1140
◎40657 ◇1705

Juglans cinerea **L.**
▶**壮核桃**
◎4355 ◇380
◎4587 ◇380
◎4975 ◇380
◎10320 ◇826
◎10403 ◇821
◎17224 ◇821
◎18664 ◇380
◎22295 ◇903
◎23063 ◇917
◎23111 ◇805
◎40974 ◇1709
◎41907 ◇1721
◎42074 ◇1723

Juglans hindsii (Jeps.) Jeps. ex R. E. Sm.

▶函兹核桃/函兹胡桃

◎25221 ◇1098

◎32643 ◇1491

◎39662 ◇1696

◎40698 ◇1705

◎41866 ◇1720

◎42169 ◇1724

Juglans major (Torr.) A. Heller

▶玛索尔核桃

◎25222 ◇1098

◎38692 ◇1138

Juglans mandshurica Maxim.

▶核桃楸

◎8 ◇380

◎467 ◇380

◎765 ◇380

◎996 ◇TBA

◎1048 ◇380;985

◎1176 ◇380

◎5312 ◇380;789

◎5417 ◇380

◎5545 ◇380

◎6116 ◇380

◎6433 ◇TBA

◎6687 ◇380

◎7110 ◇380

◎7608 ◇380

◎7688 ◇380

◎7775 ◇380;872

◎7887 ◇380;860

◎8171 ◇380

◎9423 ◇830

◎10289 ◇902

◎10819 ◇380

◎10820 ◇TBA

◎10825 ◇380

◎10828 ◇380

◎10834 ◇380

◎12069 ◇380

◎12397 ◇848

◎13277 ◇878

◎13663 ◇380;971/217

◎16106 ◇380

◎18078 ◇380;;984/216

◎23087 ◇883

◎23589 ◇380;987

◎36788 ◇1621

Juglans microcarpa Berland.

▶小果胡桃

◎25223 ◇1098

◎38783 ◇1140

Juglans neotropica Diels

▶新热带核桃/新热带胡桃

◎21613 ◇380/540

◎25224 ◇1098

Juglans nigra L.

▶黑核桃

◎4354 ◇380

◎4560 ◇380

◎10352 ◇826

◎10404 ◇821

◎11159 ◇832

◎17223 ◇380;821

◎18663 ◇380

◎21332 ◇380

◎21966 ◇805

◎22800 ◇920

◎23061 ◇917

◎23112 ◇805

◎23517 ◇953

◎35770 ◇1578

◎35771 ◇1578

◎37217 ◇1637

◎37218 ◇1637

◎37219 ◇1637

◎38943 ◇1686

◎42012 ◇1722

Juglans olanchana Standl. & L. O. Williams

▶奥兰查胡桃

◎25225 ◇1098

◎25226 ◇1098

Juglans regia L.

▶核桃/胡桃

◎466 ◇381

◎501 ◇381

◎552 ◇381/217

◎583 ◇381

◎584 ◇381

◎585 ◇381

◎586 ◇381

◎1159 ◇TBA

◎4796 ◇381

◎5500 ◇381

◎5620 ◇381

◎5699 ◇381

◎6016 ◇381;1064

◎7815 ◇381;884/217

◎8194 ◇381;1059/217

◎9422 ◇830

◎10006 ◇381

◎10011 ◇381

◎10821 ◇380

◎10990 ◇381

◎11348 ◇823

◎12067 ◇381

◎13666 ◇381;1001/217

◎13751 ◇946

◎14023 ◇381

◎14239 ◇914

◎15930 ◇381

◎16560 ◇381

◎18505 ◇381

◎19227 ◇381

◎19669 ◇381

◎21706 ◇904

◎23660 ◇381;961

◎26376 ◇1153

◎26377 ◇1153

◎26378 ◇1153

◎41055 ◇1710

◎41870 ◇1720

Juglans L.

▶核桃属/胡桃属

◎717 ◇375

◎907 ◇TBA

◎957 ◇TBA

◎5394 ◇375

◎5977 ◇375

◎6017 ◇375;789

◎7419 ◇375

◎10579 ◇375

◎10580 ◇375

◎10581 ◇375

◎10582 ◇375

◎10822 ◇375

◎10823 ◇375

◎10824 ◇375

◎10826 ◇375

◎10827 ◇375

◎10829 ◇375

◎10971 ◇375

◎10989 ◇375

◎17916 ◇822

◎17917 ◇822
◎26696 ◇1191
◎26882 ◇1215
◎26883 ◇1216
◎26906 ◇1220
◎39974 ◇1123

Platycarya glandulosa **Chun et How**
▶**小化香树**
◎16120 ◇382/218
◎16145 ◇382

Platycarya strobilacea **Siebold & Zucc.**
▶**化香树**
◎9 ◇382
◎129 ◇382;778
◎271 ◇382;1008
◎782 ◇382
◎1135 ◇TBA
◎5622 ◇382
◎6052 ◇382
◎6413 ◇382
◎6507 ◇382
◎7816 ◇382
◎8725 ◇382;1050/218
◎10692 ◇382
◎10882 ◇382
◎12696 ◇282
◎13054 ◇282/218
◎16337 ◇847
◎17140 ◇382
◎17155 ◇382
◎18127 ◇382
◎19380 ◇382
◎20219 ◇382
◎20220 ◇382
◎21144 ◇382
◎22003 ◇282

Platycarya **Siebold & Zucc.**
▶**化香树属**
◎897 ◇TBA

Pterocarya fraxinifolia **(Poir.) Spach**
▶**梣叶枫杨**
◎25761 ◇1106
◎39054 ◇1688
◎41595 ◇1717
◎41774 ◇1719

Pterocarya hupehensis **Skan**
▶**湖北枫杨**
◎7058 ◇383/219
◎7119 ◇383

Pterocarya macroptera **var.** *insignis* **(Rehder & E. H. Wilson) W. E. Manning**
▶**华西枫杨**
◎10 ◇383
◎331 ◇383;795
◎343 ◇383;795
◎699 ◇383
◎8612 ◇383;1004
◎10889 ◇383

Pterocarya rhoifolia **Siebold & Zucc.**
▶**枫杨**
◎4112 ◇383

Pterocarya stenoptera **C. DC.**
▶**思迪枫杨**
◎11 ◇384
◎267 ◇384;982
◎635 ◇384;1030
◎1214 ◇TBA
◎3641 ◇384
◎4737 ◇384
◎5621 ◇384
◎5700 ◇TBA
◎5940 ◇384
◎6282 ◇384;984
◎6678 ◇384
◎7821 ◇384/219
◎7918 ◇384
◎9343 ◇384;997/219
◎9344 ◇384;1061
◎10112 ◇384
◎10147 ◇384
◎11068 ◇384
◎11088 ◇384
◎12697 ◇384
◎12799 ◇384/219
◎13281 ◇878
◎13400 ◇849
◎13420 ◇TBA
◎14022 ◇384/219
◎15351 ◇923/219
◎16182 ◇384
◎16754 ◇384
◎17600 ◇384
◎22345 ◇916

Pterocarya tonkinensis **(Franch.) Dode**
▶**越南枫杨**
◎9674 ◇384;729/219
◎11763 ◇384/220

Pterocarya **Kunth**
▶**枫杨属**
◎5951 ◇385
◎5971 ◇385
◎8320 ◇385
◎8321 ◇385
◎8322 ◇385
◎8659 ◇385;992
◎8688 ◇385
◎9271 ◇385;786

Rhoiptelea chiliantha **Diels & Hand.-Mazz.**
▶**马尾树**
◎9679 ◇373
◎15755 ◇373/213
◎17284 ◇373
◎17666 ◇373
◎19379 ◇373
◎19413 ◇373
◎20218 ◇373

Rhoiptelea chinensis **Diels & Hand.-Mazz.**
▶**中华马尾树**
◎7137 ◇373/213

Rhoiptelea **Diels & Hand.-Mazz.**
▶**马尾树属**
◎6384 ◇373
◎7148 ◇373

Kirkiaceae 四合椿科

Kirkia wilmsii **Engl.**
▶**狭叶四合椿**
◎39657 ◇1696

Koeberliniaceae 刺枝木科

Koeberlinia spinosa **Zucc.**
▶**刺枝木**
◎38782 ◇1140

Lacistemataceae 荷包柳科

Lacistema aggregatum **(P. J. Bergius) Rusby**
▶**丛聚荷包柳**
◎32644 ◇1491

Lacistema **Sw.**
▶**荷包柳属**
◎32645 ◇1491

◎32646 ◇1491
◎32647 ◇1491

Lamiaceae 唇形科

Aegiphila herzogii Moldenke
▶何氏羊喜木
◎38546 ◇1135

Aegiphila macrantha Ducke
▶大花羊喜木
◎35162 ◇1565

Callicarpa arborea Miq. ex C. B. Clarke
▶乔木紫珠
◎3369 ◇692
◎20942 ◇692

Callicarpa cathayana Chang
▶华紫珠
◎19692 ◇692

Callicarpa integerrima Champ. ex Benth.
▶绿叶紫珠
◎19799 ◇692
◎19800 ◇692

Callicarpa kochiana Makino
▶鬼紫珠
◎19802 ◇692

Callicarpa nudiflora Hook. & Arn.
▶裸花紫珠
◎14701 ◇692

Callicarpa pedunculata R. Br.
▶杜虹紫珠
◎19801 ◇692

Callicarpa L.
▶紫珠属
◎31847 ◇1466

Gmelina arborea Roxb.
▶云南石梓
◎4897 ◇693
◎8499 ◇898
◎11764 ◇693
◎13951 ◇954/433
◎16368 ◇693
◎16790 ◇693
◎16848 ◇693
◎17267 ◇693
◎17847 ◇900
◎18780 ◇692/433
◎18987 ◇693
◎19095 ◇896
◎19395 ◇693
◎20134 ◇936
◎20729 ◇693
◎20933 ◇693
◎21576 ◇693
◎21921 ◇899/530
◎22213 ◇934
◎22989 ◇954
◎35432 ◇1571
◎35627 ◇1573
◎40865 ◇1707

Gmelina chinensis Benth.
▶石梓
◎21993 ◇693

Gmelina elliptica Sm.
▶椭圆石梓
◎16485 ◇693/433

Gmelina fasciculiflora Benth.
▶簇花石梓
◎25092 ◇1094

Gmelina hainanensis Oliv.
▶海南石梓
◎11571 ◇693
◎14590 ◇693/433
◎14616 ◇693
◎14756 ◇693
◎15986 ◇693
◎16746 ◇693/433
◎17693 ◇693
◎18103 ◇693

Gmelina leichardtii (F. Muell.) Benth
▶雷氏石梓
◎4778 ◇TBA
◎7912 ◇825
◎10441 ◇825
◎16276 ◇824
◎18867 ◇913/433
◎20652 ◇832
◎40518 ◇1703
◎41345 ◇1714
◎42157 ◇1724

Gmelina moluccana Backer ex K. Heyne
▶莫卢石梓
◎36123 ◇1587

Gmelina schlechteri H. J. Lam
▶席勒石梓
◎35941 ◇1585

Gmelina vitiensis (Seem.) A. C. Sm.
▶斐济石梓
◎21161 ◇693
◎23183 ◇915

Gmelina L.
▶石梓属
◎39964 ◇1122

Isanthus bigrebbosus
▶伊番唇形木
◎35170 ◇1566

Leucosceptrum canum Sm.
▶米团花
◎6630 ◇695
◎11691 ◇695;991

Peronema canescens Jack
▶东南亚马鞭木/漱齿木
◎9961 ◇937/433
◎13173 ◇894
◎14161 ◇893/433
◎15165 ◇895
◎21032 ◇890
◎23375 ◇889
◎34223 ◇1545

Petitia domingensis Jacq.
▶西马鞭木/多明绛珠荆
◎38177 ◇1129

Premna angolensis Gürke
▶安哥拉臭黄荆/安哥拉豆腐柴
◎35510 ◇1572

Premna cavaleriei H. Lév.
▶黄药豆腐柴
◎20291 ◇694
◎20292 ◇694

Premna ligustroides Hemsl.
▶臭黄荆
◎1074 ◇TBA

Premna mooiensis W. Piep.
▶牡臭黄荆/牡豆腐柴
◎40621 ◇1704

Premna octonervia Merr. & F. P. Metcalf
▶八脉臭黄荆
◎14561 ◇694

Premna paucinervis Gamble
▶保利臭黄荆/保利拉豆腐柴
◎28441 ◇1276

Premna serratifolia L.
▶伞序臭黄荆
◎13614 ◇694
◎16839 ◇694
◎25713 ◇1105
◎28664 ◇1287
◎35190 ◇1566
Premna tomentosa Willd.
▶臭黄荆/塔序豆腐柴
◎35650 ◇1573
◎36171 ◇1588
Premna trichostoma Miq.
▶毛口黄荆/毛口豆腐柴
◎28794 ◇1293
◎33419 ◇1523
◎33468 ◇TBA
Premna L.
▶臭黄荆属/豆腐柴属
◎11795 ◇694
Sphenodesme involucrata B. L. Rob.
▶爪楔翅藤
◎20919 ◇892
Symphorema luzonicum Fern.-Vill.
▶吕宋六苞藤
◎28580 ◇1283
◎28581 ◇1283
◎28622 ◇1285
Tectona grandis L. f.
▶柚木
◎3495 ◇694
◎3689 ◇694
◎4612 ◇694
◎4916 ◇694
◎6034 ◇694
◎6035 ◇694
◎6037 ◇694
◎6038 ◇694
◎6039 ◇694
◎6040 ◇694
◎7273 ◇694
◎7509 ◇694
◎8517 ◇898
◎8935 ◇939
◎9962 ◇956
◎10313 ◇694
◎11197 ◇694
◎11396 ◇922
◎12226 ◇847
◎12257 ◇848
◎12264 ◇848
◎12563 ◇694;998/434
◎13166 ◇894
◎13278 ◇878
◎13943 ◇954/434
◎14087 ◇893/434
◎14633 ◇694/434
◎14761 ◇694/434
◎15134 ◇895
◎15179 ◇895
◎15180 ◇895
◎15241 ◇901
◎15256 ◇901
◎15273 ◇901
◎15287 ◇900
◎15337 ◇900
◎15559 ◇694
◎16788 ◇694
◎17849 ◇900
◎18766 ◇694
◎19111 ◇896
◎19401 ◇694
◎20707 ◇896
◎21047 ◇890
◎21117 ◇TBA
◎21800 ◇930/530
◎22400 ◇926
◎22692 ◇806/550
◎22741 ◇806/550
◎23378 ◇TBA
◎23587 ◇694;987
◎26093 ◇1112
◎26783 ◇1201
◎34776 ◇1556
◎34777 ◇1556
◎34778 ◇1556
◎34779 ◇1556
◎34780 ◇1556
◎35228 ◇1568
◎35231 ◇1568
◎35232 ◇1568
◎36946 ◇1627
◎40864 ◇1707
◎40907 ◇1708
◎40908 ◇1708
◎42016 ◇1722
◎42091 ◇1723
◎42202 ◇1724
Tectona hamiltoniana Wall.
▶汉米柚木
◎4306 ◇694
Tectona philippinensis Benth. & Hook. f.
▶菲律宾柚木
◎19613 ◇694
◎28027 ◇1256
◎28028 ◇1256
◎28029 ◇1256
Teijsmanniodendron bogoriense Koord.
▶单核荆
◎26107 ◇1112
◎36233 ◇1588
Teijsmanniodendron pteropodium Bakh.
▶翅柄单核荆
◎36046 ◇1586
Teijsmanniodendron Koord.
▶单核荆属
◎18232 ◇TBA
◎42403 ◇1727
Tetradenia acutotrinervia Hayata
▶阿库麝香木
◎5031 ◇695
Vitex acuminata R. Br.
▶渐尖牡荆
◎39340 ◇1692
Vitex agnus-castus L.
▶穗花牡荆
◎40671 ◇1705
Vitex altissima L. f.
▶高牡荆
◎8570 ◇898
◎20714 ◇896
Vitex canescens Kurz
▶灰毛牡荆
◎14635 ◇TBA
◎14649 ◇695
◎16168 ◇695
Vitex cofassus Reinw. ex Blume
▶科法牡荆
◎9963 ◇937/750
◎9964 ◇956
◎13161 ◇894
◎14189 ◇893/434
◎15130 ◇895
◎18723 ◇894/435
◎18752 ◇695/434
◎26173 ◇1113

Vitex compressa Turcz.
▶压缩牡荆
◎27781 ◇1242
◎34260 ◇1546
Vitex cooperi Standl.
▶寇帕牡荆
◎26174 ◇1113
◎39163 ◇1689
◎41748 ◇1719
◎42187 ◇1724
Vitex cymosa Bert. ex Spreng.
▶聚伞牡荆
◎41020 ◇1710
◎42136 ◇1723
Vitex doniana Sweet
▶道尼牡荆
◎5134 ◇695/530
◎21744 ◇930/530
Vitex excelsa Moldenke
▶高大牡荆
◎14759 ◇695;999
◎34261 ◇1546
Vitex floridula Duchass. & Walp.
▶酒花牡荆
◎4443 ◇695
Vitex gaumeri Greenm.
▶高梅牡荆
◎20152 ◇936/550
◎26175 ◇1113
Vitex glabrata F. Muell.
▶光滑牡荆
◎20920 ◇892
◎26176 ◇1113
Vitex grandifolia Gürke
▶大叶牡荆
◎40036 ◇1116
Vitex krukovii Moldenke
▶克鲁牡荆
◎34262 ◇1546
Vitex lignum-vitae A. Cunn. ex Schauer
▶木生牡荆
◎26177 ◇1113
◎39474 ◇1694
◎41176 ◇1712
◎42203 ◇1724
Vitex limonifolia Wall.
▶柠檬牡荆
◎20383 ◇938/434
◎31925 ◇1469
Vitex lucens Kirk
▶朗氏牡荆
◎14067 ◇910/435
◎18496 ◇910
Vitex madiensis Oliv.
▶曼迪牡荆
◎18404 ◇925
Vitex megapotamica (Spreng.) Moldenke
▶大河牡荆
◎33088 ◇1509
Vitex negudo var. *cannabifolia* (Siebold & Zucc.) Hand.-Mazz.
▶卡纳牡荆
◎19808 ◇695
Vitex negundo L.
▶黄荆
◎5387 ◇695
◎5534 ◇695
◎5661 ◇695
◎7258 ◇695
◎21397 ◇897
Vitex obovata E. Mey.
▶倒卵叶牡荆
◎39297 ◇1691
Vitex orinocensis Kunth
▶奥里诺牡荆
◎40672 ◇1705
Vitex parviflora Juss.
▶小花杜荆
◎4603 ◇695
◎18868 ◇913/433
Vitex peduncularis Wall.
▶长序杜荆
◎18280 ◇902
◎22958 ◇954
Vitex pierreana Dop
▶莺哥木
◎14591 ◇695/436
◎14947 ◇695;1029
Vitex pinnata L.
▶羽叶牡荆
◎9965 ◇937/750
◎9966 ◇956
◎13162 ◇894
◎14175 ◇893
◎15116 ◇695
◎15200 ◇938/434
◎20943 ◇695
◎26178 ◇1113
◎26514 ◇1169
◎28156 ◇1262
◎28371 ◇1272
◎35572 ◇1572
◎35573 ◇1572
◎35574 ◇1572
◎35575 ◇1572
◎35576 ◇1572
◎36947 ◇1627
◎36948 ◇1627
◎36949 ◇1627
◎38325 ◇1132
◎39022 ◇1688
◎42198 ◇1724
Vitex quinata F. N. Williams
▶山牡荆
◎6756 ◇695
◎6807 ◇695/434
◎14457 ◇695
◎15633 ◇695
◎16478 ◇695
◎21986 ◇695
◎26431 ◇1158
Vitex triflora Vahl
▶蔓荆
◎26179 ◇1113
◎33089 ◇1509
◎33090 ◇1509
Vitex tripinnata (Lour.) Merr.
▶越南牡荆
◎14693 ◇695
◎26180 ◇1113
Vitex L.
▶牡荆属
◎36054 ◇1587
◎39965 ◇1122
Volkameria glabra (E. Mey.) Mabb. & Y. W. Yuan
▶平滑苦郎树
◎39441 ◇1693

Lardizabalaceae 木通科

Akebia trifoliata (Thunb.) Koidz.
▶三叶木通
◎328 ◇TBA

Decaisnea insignis **Hook. f. & Thomson**
▶猫儿屎
◎1049 ◇TBA
◎6887 ◇81/46
◎32624 ◇1490
Sargentodoxa cuneata (**Oliv.**) **Rehder & E. H. Wilson**
▶大血藤
◎20043 ◇TBA
Stauntonia chinensis **DC.**
▶野木瓜
◎19935 ◇81

Lauraceae 樟科

Actinodaphne acuminata (**Blume**) **Meisn.**
▶黄肉楠
◎9047 ◇24;798
◎12851 ◇24;807/16
◎15705 ◇24
◎15758 ◇24
Actinodaphne chinensis (**Lam.**) **Nees**
▶中华黄肉楠
◎16673 ◇24
◎38977 ◇1687
Actinodaphne cochinchinensis **Meisn.**
▶交趾黄肉楠
◎6789 ◇/16
Actinodaphne confertifolora **Meissn.**
▶密花黄肉楠
◎159 ◇24;810
◎431 ◇TBA
◎6137 ◇24;1080
Actinodaphne diversifolia **Merr.**
▶异花黄肉楠
◎12818 ◇24;969/16
Actinodaphne glomerata (**Blume**) **Nees**
▶聚花黄肉楠
◎27341 ◇1231
Actinodaphne gullavara **M. R. Almeida**
▶古拉黄肉楠
◎15290 ◇901/16
Actinodaphne henryi **Gamble**
▶思茅黄肉楠
◎3606 ◇24/16
Actinodaphne hookeri **Meisn.**
▶胡克黄肉楠
◎8531 ◇898
Actinodaphne koshepangii **Chun ex Hung T. Chang**
▶广东黄肉楠
◎16164 ◇24/16
Actinodaphne lancifolia **var.** *sinensis* **C. K. Allen**
▶华剑叶黄肉楠
◎17154 ◇24
Actinodaphne lancifolia (**Blume**) **Meisn.**
▶剑叶黄肉楠
◎4839 ◇24
Actinodaphne macrophylla (**Blume**) **Nees**
▶大叶黄肉楠
◎14095 ◇893/16
◎29050 ◇1310
Actinodaphne mushaensis (**Hayata**) **Hayata**
▶台湾黄肉楠
◎5028 ◇24
Actinodaphne omeiensis (**H. Liu**) **C. K. Allen**
▶峨眉黄肉楠
◎7917 ◇24/16
Actinodaphne pilosa (**Lour.**) **Merr.**
▶毛黄肉楠
◎16073 ◇24/16
Actinodaphne reticulata **Meisn.**
▶网纹黄肉楠
◎6129 ◇25;1080
◎10630 ◇25
◎10714 ◇25
◎10726 ◇25
Actinodaphne tsaii **Hu**
▶马关黄肉楠
◎6645 ◇25
Actinodaphne **Nees**
▶黄肉楠属
◎32 ◇25
◎330 ◇25;810
◎6162 ◇25
◎6165 ◇25
◎6170 ◇25
◎6172 ◇25;1080
◎6777 ◇25
◎6814 ◇25
◎16729 ◇25
◎28130 ◇1261
◎28448 ◇1276
◎28585 ◇1283
◎29163 ◇1317
◎37471 ◇1659
Aiouea laevis (**Nees ex Mart.**) **Kosterm.**
▶光滑杯托樟
◎32595 ◇1489
Alseodaphne andersonii (**King ex Hook. f.**) **Kosterm.**
▶大叶油丹
◎19399 ◇26
◎20330 ◇26
Alseodaphne chinensis **Champ. ex Meisn.**
▶中华油丹
◎6486 ◇26;1039
Alseodaphne hainanensis **Merr.**
▶油丹
◎11577 ◇26
◎12142 ◇26
◎12167 ◇26;871
◎13030 ◇26
◎13115 ◇26;1012/17
◎14396 ◇26
◎14773 ◇26
◎14929 ◇26;1029
Alseodaphne petiolaris (**Meisn.**) **Hook. f.**
▶长柄油丹
◎17302 ◇26/17
Alseodaphne rugosa **Merr. & Chun**
▶皱皮油丹
◎9603 ◇26/17
◎12893 ◇26;851/17
Alseodaphne umbelliflora (**Blume**) **Hook. f.**
▶伞叶油丹
◎14163 ◇893/17
◎26968 ◇1223
Alseodaphne **Nees**
▶油丹属
◎27346 ◇1231
◎28682 ◇1288
Aniba affinis (**Meisn.**) **Mez**
▶安尼樟/玫樟
◎24201 ◇1084
◎33988 ◇1541

◎33989　◇1541

Aniba burchellii Kosterm.

▶布尔安尼樟

◎23329　◇819

◎33990　◇1541

Aniba canelilla（Kunth）Mez

▶亚马孙安尼樟/亚马孙玫樟

◎22477　◇820/540

◎23593　◇832

◎40068　◇1126

Aniba cylindriflora Kosterm.

▶柱花安尼樟

◎33991　◇1541

Aniba guianensis Aubl.

▶圭亚那安尼樟

◎33771　◇1537

Aniba hostmanniana（Nees）Mez

▶霍氏安尼樟

◎27715　◇1238

◎33769　◇1537

◎33770　◇1537

Aniba hypoglauca Sandwith

▶背粉安尼樟

◎22759　◇806

Aniba jenmani Mez

▶杰曼安尼樟

◎32596　◇1489

Aniba kappleri Mez

▶卡帕安尼樟

◎32597　◇1489

Aniba megaphylla Mez

▶大叶安尼樟

◎32598　◇1489

Aniba panurensis（Meisn.）Mez

▶圭亚那安尼樟/帕努安尼樟

◎24202　◇1084

◎32967　◇1503

◎39579　◇1695

Aniba puchury-minor（Mart.）Mez

▶普奇安尼樟

◎39526　◇1694

Aniba riparia（Nees）Mez

▶河生安尼樟

◎33992　◇1541

Aniba rosaeodora Ducke

▶玫瑰安尼樟

◎24203　◇1084

◎41010　◇1709

◎41475　◇1715

Aniba taubertiana Mez

▶陶波安尼樟

◎32599　◇1489

Aniba venezuelana Mez

▶委瑞内拉安尼樟

◎24204　◇1084

Aniba Aubl.

▶安尼樟属/玫樟属

◎33772　◇1537

◎40818　◇1707

Beilschmiedia aff. *sulcata*

▶近似沟状琼楠

◎38273　◇1132

Beilschmiedia appendiculata（C. K. Allen）S. K. Lee & Y. T. Wei

▶山潺/山潺琼楠

◎14546　◇27

◎39016　◇1687

Beilschmiedia assamica Meisn.

▶同化琼楠

◎4269　◇27

◎12865　◇27;1061

◎12881　◇27/17

◎13128　◇27;1073

◎13698　◇27;1010

◎14953　◇27;1029

Beilschmiedia bancroftii（Bailey）C. T. White

▶班克琼楠

◎24326　◇1084

◎39781　◇1697

Beilschmiedia congolana Robyns & R. Wilczek

▶刚果琼楠

◎20546　◇829

◎21483　◇644/525

◎21485　◇27/511

Beilschmiedia discolor C. K. Allen

▶变色琼楠

◎12941　◇27

Beilschmiedia erythrophloia Hay.

▶台琼楠

◎12459　◇27/17

◎21835　◇27

Beilschmiedia fordii Dunn

▶广东琼楠

◎6570　◇27;810

◎8802　◇27;717

◎15757　◇27

◎15798　◇27

◎16888　◇27/17

◎17138　◇27

◎21177　◇TBA

Beilschmiedia gemmiflora（Blume）Kosterm.

▶芽花琼楠

◎27629　◇1236

Beilschmiedia gigantocarpa Kosterm.

▶集干琼楠

◎29131　◇1315

Beilschmiedia glauca S. K. Lee & L. F. Lau

▶粗背琼楠

◎14495　◇27

Beilschmiedia intermedia C. K. Allen

▶媒介琼楠

◎12455　◇28

◎13700　◇28

◎14290　◇28/17

◎14552　◇28

◎14833　◇28;1029

◎14889　◇28

Beilschmiedia laevis C. K. Allen

▶红枝琼楠

◎14280　◇28/555

◎39003　◇1687

Beilschmiedia madang（Blume）Blume

▶马当琼楠

◎27630　◇1236

Beilschmiedia maingayi Hook. f.

▶曼干琼楠

◎28746　◇1291

Beilschmiedia mannii（Meisn.）Benth. & Hook. f. ex B. D. Jacks.

▶曼氏琼楠

◎21486　◇28/511

◎29166　◇1317

◎29167　◇1317

◎29168　◇1317

◎35584　◇1572

Beilschmiedia obovalifoliosa Lecomte

▶欧泊琼楠

◎6706　◇28

◎6718　◇28

Beilschmiedia obscurinervia H. T. Chang

▶隐脉琼楠

◎16978　◇28

Beilschmiedia oligandra **L. S. Sm.**
▶奥利琼楠
◎24327 ◇1084
Beilschmiedia parvifolia **Lecomte**
▶小叶琼楠
◎14963 ◇28
Beilschmiedia roxburghiana **Nees**
▶琼楠
◎6720 ◇28
Beilschmiedia sulcata **(Ruiz & Pav.) Kosterm.**
▶沟状琼楠
◎22090 ◇28/540
Beilschmiedia tarairi **(A. Cunn.) Kirk**
▶塔瑞琼楠
◎14061 ◇910/18
◎18475 ◇910
Beilschmiedia tawa **(A. Cunn.) Kirk**
▶新西兰琼楠
◎14059 ◇910/18
◎18476 ◇910
Beilschmiedia troupinii **R. Wilczek**
▶特鲁琼楠
◎21450 ◇28
Beilschmiedia tsangii **var.** ***delicata*** **(S. K. Lee & Y. T. Wei) J. Li & H. W. Li**
▶网脉琼楠
◎21989 ◇27
Beilschmiedia tsangii **Merr.**
▶网脉琼楠/华河琼楠
◎14360 ◇28/18
◎16628 ◇28
Beilschmiedia tungfangensis **S. K. Lee & L. F. Lau**
▶东方琼楠
◎14279 ◇28
◎39001 ◇1687
Beilschmiedia wangii **C. K. Allen**
▶海南琼楠
◎12906 ◇28;815
◎12909 ◇28;815/18
◎12915 ◇28;812
Beilschmiedia yunnanensis **Hu**
▶滇琼楠
◎6635 ◇28;810/18
◎19365 ◇28
Beilschmiedia **Nees**
▶琼楠属
◎11826 ◇29
◎11835 ◇29
◎11836 ◇29
◎12905 ◇29;817
◎13622 ◇29;1003
◎16113 ◇29
◎16350 ◇29
◎16907 ◇29
◎22907 ◇899
◎23211 ◇927
◎23482 ◇909
◎29165 ◇1317
◎29870 ◇1364
◎30003 ◇1372
◎30224 ◇1385
◎30394 ◇1395
◎30508 ◇1402
◎37920 ◇1677
◎37921 ◇1677
◎41261 ◇1713
◎41262 ◇1713
Caryodaphnopsis inaequalis **(A. C. Sm.) van der Werff & H. G. Richt.**
▶异被檬果樟
◎35249 ◇1568
Chlorocardium rodiei **(R. H. Schomb.) Rohwer, H. G. Richt. & van der Werff**
▶绿心樟
◎7519 ◇69
◎18214 ◇69/36
◎19656 ◇69
◎23636 ◇831
◎24558 ◇1087
◎32617 ◇1489
◎32618 ◇1489
◎41233 ◇1712
◎42269 ◇1725
Cinnamomum actrag **Suenn.**
▶阿氏樟
◎8957 ◇TBA
Cinnamomum acuminatissimum **Hayata**
▶埃可樟
◎15009 ◇30
◎15792 ◇30
Cinnamomum appelianum **Schewe**
▶毛桂
◎8790 ◇30;1008
◎15927 ◇30
◎16598 ◇30/19
Cinnamomum argenteum **Gamble**
▶银皮樟
◎10608 ◇30/21
Cinnamomum austrosinense **H. T. Chang**
▶华南桂
◎9840 ◇30;881
◎12623 ◇30
◎17292 ◇30/19
◎19769 ◇30
◎19770 ◇30
Cinnamomum bejolghota **(Buch.-Ham.) Sweet**
▶钝叶桂
◎2302 ◇36
◎4270 ◇36
◎13625 ◇36;1012
◎14346 ◇36/21
◎16079 ◇36
◎17721 ◇36
Cinnamomum bodinieri **H. Lév.**
▶猴樟
◎7819 ◇35/19
◎10758 ◇35
◎17470 ◇31;783/22
Cinnamomum burmanni **(Nees & T. Nees) Blume**
▶阴香
◎9186 ◇31;788
◎12807 ◇31;808
◎14647 ◇31/19
◎14669 ◇31
◎14766 ◇31;999
◎15697 ◇31
◎16873 ◇31
◎27369 ◇1231
◎36085 ◇1587
◎39014 ◇1687
Cinnamomum calcareum **Y. K. Li**
▶石山桂
◎16005 ◇32;1006
◎16029 ◇32
Cinnamomum camphora **(L.) J. Presl**
▶香樟
◎174 ◇32;1018
◎186 ◇32;1028
◎221 ◇32;798

◎393 ◇32
◎4041 ◇32
◎4748 ◇32
◎4846 ◇32
◎5917 ◇32
◎5947 ◇32
◎5961 ◇32
◎6124 ◇32;1039
◎6280 ◇32;1079
◎6752 ◇32
◎7217 ◇32
◎7413 ◇32
◎7753 ◇32
◎7841 ◇32
◎7976 ◇32/20
◎8129 ◇TBA
◎8157 ◇TBA
◎8837 ◇32
◎8838 ◇32;800
◎8870 ◇32
◎9151 ◇32;994
◎9152 ◇33
◎9153 ◇33;1030
◎9348 ◇33;807
◎9497 ◇33;804
◎9549 ◇33
◎10101 ◇33
◎10120 ◇33
◎10245 ◇918
◎10246 ◇918
◎10604 ◇33
◎10605 ◇33
◎10606 ◇33
◎10607 ◇33
◎10759 ◇33
◎10760 ◇33
◎10766 ◇33
◎10988 ◇33
◎11089 ◇33
◎11242 ◇33;1071
◎11389 ◇922/19
◎12313 ◇870
◎12510 ◇TBA
◎12562 ◇33;1072/20
◎12682 ◇33;988
◎12758 ◇923/22
◎13919 ◇33
◎14735 ◇33
◎15905 ◇33
◎16189 ◇33
◎16492 ◇33
◎19031 ◇33
◎20586 ◇33
◎21167 ◇33
◎23590 ◇33;987
◎32619 ◇1489
◎32620 ◇1489
◎37128 ◇1631
◎38145 ◇1129

Cinnamomum cassia **(L.) J. Presl**

▶肉桂

◎6781 ◇34
◎8786 ◇34
◎9320 ◇34;797/20
◎9321 ◇34/20
◎9322 ◇34
◎9323 ◇34
◎13085 ◇34
◎16067 ◇34
◎16934 ◇34

Cinnamomum effusum **(Meisn.) Kosterm.**

▶艾福樟

◎20078 ◇936/541

Cinnamomum fengi **W. T. Wong**

▶冯氏桂

◎9642 ◇35

Cinnamomum glanduliferum **(Wall.) Meisn.**

▶云南樟

◎19181 ◇35

Cinnamomum glaucescens **(Nees) Hand.-Mazz.**

▶苍白樟

◎35596 ◇TBA

Cinnamomum grandiflorum **Kosterm.**

▶大花樟

◎31486 ◇1448
◎31487 ◇1448
◎31488 ◇1448
◎31489 ◇1448
◎31490 ◇1448

Cinnamomum heyneanum **Nees**

▶楔形桂

◎28689 ◇1288

Cinnamomum ilicioides **A. Chev.**

▶八角樟

◎8907 ◇941
◎8921 ◇939
◎8947 ◇TBA
◎9361 ◇38;1059
◎9928 ◇955/20
◎12711 ◇922/20
◎12759 ◇923/21
◎13203 ◇894
◎14102 ◇893
◎18706 ◇894

Cinnamomum iners **(Reinw. ex Nees & T. Nees) Blume**

▶大叶桂

◎19182 ◇35
◎24576 ◇1087
◎42406 ◇1727

Cinnamomum japonicum **Siebold**

▶天竺桂

◎394 ◇36
◎4759 ◇36
◎12629 ◇36;1013/21
◎18598 ◇919
◎38090 ◇1114

Cinnamomum laubatii **F. Muell.**

▶月桂樟

◎20638 ◇832
◎39862 ◇1698

Cinnamomum liangii **C. K. Allen**

▶软皮樟

◎14522 ◇35
◎15627 ◇35
◎16997 ◇35

Cinnamomum lioui **C. K. Allen**

▶光叶樟

◎16726 ◇35/20
◎16976 ◇35;982

Cinnamomum longipaniculatum **(Gamble) N. Chao ex H. W. Li**

▶油樟

◎1120 ◇TBA
◎1137 ◇TBA

Cinnamomum mairei **H. Lév.**

▶银叶桂

◎19040 ◇35

Cinnamomum malabatrum **(Burm. f.) J. Presl**

▶玫拉帕樟

◎28414 ◇1274

Cinnamomum melastomaceum **Kosterm. ex H. H. Pham**

▶玫拉樟

◎24572　◇1087

Cinnamomum mercadoi S. Vidal

▶麦卡樟

◎4613　◇35

Cinnamomum micranthum (Hayata) Hayata

▶沉水樟

◎7412　◇35/21

Cinnamomum oliveri F. M. Bailey

▶橄榄樟

◎5066　◇36

◎24577　◇1087

Cinnamomum orocolum Kosterm

▶欧龙樟

◎24573　◇1087

Cinnamomum parthenoxylon (Jack) Meisn.

▶黄樟

◎33　◇38

◎468　◇35

◎6591　◇35

◎9390　◇35;858

◎11518　◇38;1075/21

◎11519　◇38

◎11520　◇38

◎11521　◇38

◎11522　◇38

◎11523　◇38/21

◎11581　◇38

◎12468　◇37;817

◎12855　◇37;814/554

◎13084　◇37

◎13430　◇37;864

◎14385　◇37

◎14923　◇37;1029

◎14993　◇37

◎15014　◇37

◎15667　◇37

◎16411　◇37

◎16489　◇37

◎17100　◇37

◎17266　◇37

◎17337　◇37;779

◎17437　◇TBA

◎17469　◇37;787

◎17599　◇37;799

◎18037　◇38;1057

◎19392　◇38

◎19767　◇37

◎19768　◇38

◎26341　◇1147

◎27559　◇1235

◎35366　◇1571

Cinnamomum platyphyllum (Diels) C. K. Allen

▶阔叶樟

◎19043　◇38

Cinnamomum rupestre Kosterm.

▶石生樟

◎28636　◇1286

Cinnamomum saxatile H. W. Li

▶岩樟

◎17295　◇39/22

Cinnamomum septentrionale Hand.-Mazz.

▶银木

◎3248　◇35

Cinnamomum sintoc Blume

▶信道樟

◎24574　◇1087

◎27370　◇1231

◎35908　◇1585

◎39678　◇1696

Cinnamomum subaveniopsis Kosterm.

▶细叶樟

◎28816　◇1294

Cinnamomum subavenium Miq.

▶香桂

◎6860　◇34

◎7026　◇34

◎9510　◇34;802

◎9511　◇34;802

◎9512　◇34;718

◎9513　◇34;998/20

◎15046　◇34

◎16732　◇34

◎17330　◇34;780

◎17423　◇34;798

◎17520　◇34;788

◎19763　◇39

◎19764　◇TBA

◎21824　◇39

◎24578　◇1087

◎39456　◇1693

Cinnamomum tamala (Buch.-Ham.) T. Nees & C. H. Eberm.

▶柴桂

◎12625　◇39;969/22

◎12633　◇39

Cinnamomum tsangii Merr.

▶辣汁树

◎12193　◇39;1044/22

◎13124　◇39;1040/22

Cinnamomum tsoi C. K. Allen

▶平托桂

◎14257　◇39/554

◎22139　◇958

◎22140　◇958

Cinnamomum validinerve Hance

▶粗脉樟

◎14490　◇39/22

◎14496　◇39

Cinnamomum verum J. Presl

▶锡兰肉桂

◎14446　◇36/21

◎14501　◇36

◎19084　◇896

◎24575　◇1087

◎26989　◇1224

◎35367　◇1571

◎40592　◇1704

Cinnamomum virens R. T. Baker

▶黄桂皮

◎24579　◇1087

◎40493　◇1703

Cinnamomum wenshanensis

▶简樟

◎17293　◇39

Cinnamomum wilsonii Gamble

▶川桂

◎797　◇39

◎8723　◇39;1065

◎8740　◇39;1004

◎8741　◇39;1002/22

◎9079　◇39

◎17673　◇39;1071

Cinnamomum Schaeff.

▶樟属

◎3291　◇40

◎4057　◇40

◎4083　◇40

◎5967　◇40

◎6911　◇40

◎7112　◇40

◎8241　◇40

◎8335　◇40

◎8336　◇40

◎8337　◇40

◎8338 ◇40
◎8392 ◇40
◎8393 ◇40
◎8418 ◇40;884
◎8419 ◇40
◎8420 ◇40
◎8452 ◇40;717
◎8565 ◇898
◎8827 ◇40
◎8828 ◇40;800
◎8923 ◇939
◎8946 ◇TBA
◎8977 ◇939
◎9068 ◇40
◎9069 ◇40;991
◎9078 ◇40/21
◎9162 ◇40
◎9290 ◇40;804
◎9358 ◇40;1028
◎9807 ◇401;1072
◎10048 ◇40
◎10052 ◇40;1039
◎10054 ◇40
◎10080 ◇40
◎10084 ◇40
◎10086 ◇40
◎11052 ◇40
◎11644 ◇40;962
◎11807 ◇40
◎11879 ◇40;862
◎11893 ◇40;811
◎11904 ◇40
◎11916 ◇40
◎12020 ◇40;1052
◎12247 ◇848
◎12259 ◇848
◎12282 ◇TBA
◎12284 ◇848
◎12285 ◇848
◎12286 ◇848
◎12318 ◇870
◎12332 ◇870
◎12430 ◇TBA
◎12712 ◇922
◎12713 ◇922
◎13261 ◇878
◎13342 ◇TBA
◎13418 ◇TBA
◎15372 ◇923
◎17131 ◇40
◎22372 ◇926
◎26988 ◇1224
◎29132 ◇1315
◎39924 ◇1122
◎39976 ◇1123
◎39978 ◇1123

***Cryptocarya angulata* C. T. White**
▶角状厚桂壳
◎24696 ◇1089

***Cryptocarya aschersoniana* Mez**
▶奥氏厚桂壳
◎32623 ◇1490

***Cryptocarya chinensis* (Hance) Hemsl.**
▶厚壳桂
◎14288 ◇41/23
◎15698 ◇41
◎16669 ◇41

***Cryptocarya chingii* W. C. Cheng**
▶华南厚壳桂
◎14408 ◇41/23
◎15645 ◇41
◎15664 ◇41
◎15689 ◇41;969
◎16644 ◇41
◎16925 ◇41
◎17716 ◇41
◎19765 ◇41
◎19766 ◇41

***Cryptocarya concinna* Hance**
▶长叶厚壳桂
◎6492 ◇41/23
◎6739 ◇41
◎6839 ◇41
◎16860 ◇TBA

***Cryptocarya corrugata* C. T. White & W. D. Francis**
▶皱褶厚壳桂
◎20639 ◇832
◎24697 ◇1089

***Cryptocarya crassinervia* Miq.**
▶粗脉厚桂壳
◎33394 ◇1522
◎33454 ◇TBA

***Cryptocarya crassinerviopsis* Kosterm.**
▶假粗脉厚桂壳
◎28971 ◇1305
◎28972 ◇1305
◎28973 ◇1305
◎29019 ◇1308

***Cryptocarya densiflora* Blume**
▶密花厚壳桂
◎6768 ◇41
◎9590 ◇41
◎9635 ◇41
◎11736 ◇41
◎12146 ◇41;851
◎12151 ◇41/23
◎12877 ◇41;881
◎13120 ◇41;1054
◎14931 ◇41;999

***Cryptocarya erythroxylon* Maiden & Betche**
▶古柯厚壳桂
◎15433 ◇823
◎15434 ◇823
◎15435 ◇823

***Cryptocarya ferrea* Blume**
▶铁厚壳桂
◎27376 ◇1231
◎27566 ◇1235
◎29020 ◇1308
◎29099 ◇1313

***Cryptocarya foveolata* C. T. White & W. D. Francis**
▶蜂巢厚桂壳
◎24698 ◇1089

***Cryptocarya glaucescens* R. Br.**
▶灰绿厚壳桂
◎16261 ◇824
◎16262 ◇824
◎39863 ◇1698

***Cryptocarya hainanensis* Merr.**
▶海南厚壳桂
◎12182 ◇42;1048/23

***Cryptocarya hypospodia* F. Muell.**
▶浅灰厚桂壳
◎24699 ◇1089
◎39492 ◇1694

***Cryptocarya laevigata* Blume**
▶平滑厚桂壳
◎28081 ◇1259
◎28758 ◇1291

***Cryptocarya lancifolia* A. C. Sm.**
▶长叶厚桂壳

◎29134 ◇1315

Cryptocarya lawsonii Gamble

▶劳森厚桂壳

◎28344 ◇1271

Cryptocarya liebertiana Engl.

▶利比里亚厚桂壳

◎24700 ◇1090

◎39849 ◇1698

Cryptocarya maclurei Merr.

▶白叶厚壳桂

◎6558 ◇42;868

Cryptocarya massoy (Oken) Kosterm.

▶马索厚壳桂

◎27183 ◇1228

◎31491 ◇1448

Cryptocarya merrilliana C. K. Allen

▶美林厚壳桂

◎12894 ◇42;1041/23

Cryptocarya metcalfiana C. K. Allen

▶长序厚壳桂

◎14582 ◇42

◎14830 ◇42

◎14840 ◇42

◎17698 ◇42/23

Cryptocarya minutifolia C. K. Allen

▶细叶厚壳桂

◎31771 ◇1460

◎31792 ◇1461

Cryptocarya oblata F. M. Bailey

▶椭圆厚桂壳

◎24701 ◇1090

◎39679 ◇1696

◎41121 ◇1711

Cryptocarya obtusifolia (Benth.) F. Muell. ex Meisn.

▶钝叶厚壳桂

◎6827 ◇42

◎12873 ◇42;874/23

◎14596 ◇42

◎14772 ◇42

Cryptocarya triplinervis R. Br.

▶三脉厚壳桂

◎27377 ◇1231

Cryptocarya R. Br.

▶厚壳桂属

◎12000 ◇42;1017

◎21265 ◇42

◎28277 ◇1268

◎28640 ◇1286

◎28756 ◇1291

◎28757 ◇1291

◎29059 ◇1310

◎29133 ◇1315

◎31561 ◇1452

◎31858 ◇1466

◎35380 ◇1571

◎37983 ◇1680

◎40850 ◇1707

◎41290 ◇1713

◎41295 ◇1713

◎41296 ◇1713

Damburneya coriacea (Sw.) Trofimov & Rohwer

▶革质达姆樟

◎25445 ◇1101

◎25446 ◇1101

◎38173 ◇1129

◎40961 ◇1709

◎41579 ◇1717

Damburneya umbrosa (Kunth) Trofimov

▶阿姆达姆樟

◎32667 ◇1492

Dehaasia cairocan (Vidal) C. K. Allen

▶菲律宾莲桂

◎4621 ◇27

◎12904 ◇43;813/24

◎14964 ◇43

Dehaasia cuneata (Blume) Blume

▶楔形莲桂

◎14089 ◇893/621

Dehaasia Blume

▶莲桂属

◎13208 ◇894

◎28209 ◇1265

◎28230 ◇1266

◎28462 ◇1277

◎35383 ◇1571

◎35384 ◇1571

◎37984 ◇1680

Dicypellium caryophyllatum (Mart.) Nees

▶丁香桂

◎27743 ◇1240

Endiandra acuminata C. T. White

▶尖锐土楠

◎24853 ◇1092

◎40464 ◇1702

Endiandra cowleyana F. M. Bailey

▶库里土楠

◎24854 ◇1092

Endiandra discolor Benth.

▶变色土楠

◎5061 ◇43

Endiandra fulva Teschner

▶黄褐土楠

◎37601 ◇1662

Endiandra hainanensis Merr. & F. P. Metcalf

▶海南土楠

◎12897 ◇43;1051/24

Endiandra introrsa C. T. White

▶向内土楠

◎24855 ◇1092

◎40468 ◇1702

Endiandra montana C. T. White

▶蒙大纳土楠

◎31496 ◇1448

Endiandra palmerstonii (F. M. Bailey) C. T. White

▶昆士兰土楠

◎4783 ◇43

◎18208 ◇825

◎19550 ◇43

◎19570 ◇43

◎40982 ◇1709

◎41154 ◇1711

Endiandra sieberi Nees

▶粉红土楠

◎5048 ◇43

◎24852 ◇1092

Endiandra sulavesiana Kosterm.

▶苏拉土楠

◎35747 ◇1576

◎35748 ◇1576

◎35749 ◇1576

Endiandra virens F. Muell.

▶绿土楠

◎15436 ◇823

◎15437 ◇823

◎16247 ◇824

Endiandra R. Br.

▶土楠属

◎37929 ◇1677

◎41299 ◇1713

◎41300 ◇1713

◎41301　◇1713

Endlicheria canescens Chanderbali

▶灰锥钓樟

◎20413　◇905

◎32334　◇1483

◎33796　◇1538

Endlicheria ihotzkyi Mez

▶安氏锥钓樟

◎34028　◇1542

◎34029　◇1542

Endlicheria multiflora (Miq.) Mez

▶多花锥钓樟

◎27797　◇1243

◎32335　◇1483

◎33797　◇1538

Endlicheria paniculata (Spreng.) J. F. Macbr.

▶圆锥锥钓樟

◎32628　◇1490

Eusideroxylon malagangai Symington

▶铁樟

◎35425　◇1571

Eusideroxylon zwageri Teijsm. & Binn.

▶婆罗洲铁樟/坤甸铁樟

◎9929　◇955

◎9930　◇955

◎13199　◇894

◎14154　◇43/24

◎17619　◇43

◎18138　◇43/621

◎22412　◇902

◎22423　◇889

◎23213　◇927

◎23365　◇TBA

◎35426　◇1571

◎40825　◇1707

Laurus azorica (Seub.) Franco

▶亚速尔月桂

◎32650　◇1491

Laurus nobilis L.

▶月桂

◎12092　◇43/24

◎18169　◇43

◎22300　◇903

Licaria aurea (Huber) Kosterm.

▶金土壳楠

◎33986　◇1541

Licaria burchellii

▶普特桂樱李木

◎22479　◇820

Licaria canella (Meisn.) Kosterm.

▶褐花斜蕊樟

◎25276　◇1099

◎27878　◇1247

◎32653　◇1491

◎33765　◇1537

◎39055　◇1688

◎41217　◇1712

Licaria chrysophylla (Meisn.) Kosterm.

▶金叶土壳楠

◎27918　◇1250

◎32312　◇1483

◎35296　◇1569

Licaria debilis (Mez) Kosterm.

▶柔弱里卡木/柔软利堪蔷薇木/柔软桂樱李木

◎32654　◇1491

Licaria multiflora Kosterm.

▶多花土壳楠

◎33987　◇1541

Licaria peckii (I. M. Johnst.) Kosterm.

▶派克里卡木/派克利堪蔷薇木/派克桂樱李木

◎25277　◇1099

◎38297　◇1132

◎39525　◇1694

◎41942　◇1721

◎42232　◇1725

Licaria polyphylla (Nees) Kosterm.

▶多叶里卡木/多叶利堪蔷薇木/多叶桂樱李木

◎32655　◇1491

◎35295　◇1569

Licaria puxuri

▶普氏里卡木/普氏利堪蔷薇木/普氏桂樱李木

◎22528　◇820

Licaria triandra (Sw.) Kosterm.

▶三药里卡木/三药利堪蔷薇木/三药桂樱李木

◎25278　◇1099

◎29970　◇1370

◎30134　◇1380

◎30153　◇1381

◎30408　◇1396

◎30409　◇1396

◎30410　◇1396

◎30777　◇1415

◎38800　◇1140

◎39517　◇1694

Lindera aggregata (Sims) Kosterm.

▶丛集钓樟/乌药

◎595　◇48;1039

◎618　◇48;967

◎1046　◇TBA

◎1072　◇TBA

◎6379　◇48

◎7935　◇48

◎8732　◇48;1065

◎9044　◇48;1040/24

◎19761　◇44

Lindera benzoin (L.) Blume

▶北美山胡椒

◎20957　◇44

◎22124　◇909

◎38229　◇1130

◎39123　◇1689

Lindera chunii Merr.

▶千打锤钓樟

◎16650　◇44

◎16954　◇44

Lindera communis Hemsl.

▶香叶树

◎599　◇44;967

◎1262　◇44

◎6476　◇44;869

◎12665　◇44;1013

◎12808　◇44;979/25

◎13091　◇44

◎14016　◇44

◎16186　◇44/25

◎16748　◇44

◎16911　◇44

◎17427　◇44;780

◎20237　◇44

◎20238　◇44

◎20239　◇44

◎20240　◇44

◎20241　◇44

Lindera erythrocarpa Makino

▶红果山胡椒

◎10574　◇48

◎18599　◇919

◎19691　◇44

Lindera fragrans Oliv.

▶桂花山胡椒/香叶子

◎9108　◇45；1071/25

Lindera glauca (Siebold & Zucc.) Blume

▶山胡椒

◎5662　◇45

◎5859　◇45

◎6670　◇45

◎6907　◇45

◎8722　◇45；1065/25

◎10577　◇45

Lindera kwangtungensis (H. Liu) C. K. Allen

▶广东山胡椒

◎11555　◇46/25

◎12192　◇46；811/25

◎12451　◇46；1048

◎12486　◇46；882

◎13701　◇46

◎13937　◇46；1003

◎14307　◇46

◎14477　◇46

◎14941　◇46；1029

◎15017　◇46

◎15700　◇46

◎15768　◇46

◎16166　◇46

◎16666　◇46

◎22141　◇958

Lindera megaphylla Hemsl.

▶黑壳楠

◎34　◇47

◎146　◇47

◎195　◇47；798/26

◎792　◇47

◎1127　◇TBA

◎6128　◇48

◎6163　◇48

◎6171　◇48

◎6525　◇48；1071/27

◎9128　◇47；799/26

◎10575　◇47

◎10576　◇47/26

◎13918　◇47

◎19756　◇47

◎19757　◇TBA

◎19758　◇47

◎19759　◇47

◎19760　◇47

◎21988　◇47

Lindera metcalfiana C. K. Allen

▶山钓樟

◎12858　◇47/26

◎12921　◇47；812

◎12935　◇47；885

◎14339　◇47/26

◎16660　◇47

Lindera nacusua (D. Don) Merr.

▶绒毛山胡椒

◎11982　◇47；986/27

◎12659　◇47；1013

◎14379　◇TBA

◎19390　◇47

Lindera obtusiloba var. *obtusiloba*

▶三桠乌药（原变种）

◎477　◇44

◎723　◇44

◎3217　◇TBA

◎6885　◇44；720/27

Lindera obtusiloba Blume

▶三桠乌药

◎532　◇47

◎1156　◇TBA

◎9789　◇47；788/27

◎19185　◇47

Lindera orbengoin

▶奥氏山胡椒

◎6119　◇47

◎6121　◇47

Lindera polyantha (Blume) Boerl.

▶多花山胡椒

◎27046　◇1225

◎35953　◇1585

Lindera praecox (Siebold & Zucc.) Blume

▶大果山胡椒

◎25285　◇1099

◎39112　◇1689

Lindera pulcherrima var. *hemsleyana* (Diels) H. P. Tsui

▶川钓樟

◎475　◇48

◎1124　◇TBA

◎19042　◇48

Lindera pulcherrima (Nees) Benth. ex Hook. f.

▶西藏钓樟

◎365　◇47

◎19184　◇47

Lindera racemiflora Kosterm.

▶总花钓樟

◎29147　◇1316

Lindera reflexa Hemsl.

▶山橿

◎6176　◇48

Lindera tonkinensis Lecomte

▶假桂钓樟

◎15944　◇48

Lindera wilsonii

▶维尔山胡椒

◎35　◇TBA

◎107　◇48

Lindera Thunb.

▶山胡椒属

◎307　◇49

◎309　◇49；778

◎605　◇49

◎738　◇TBA

◎908　◇TBA

◎947　◇TBA

◎1090　◇TBA

◎6126　◇49

◎6159　◇49

◎6396　◇49

◎6427　◇49

◎6908　◇49

◎6909　◇49

◎6972　◇49

◎9328　◇49

◎9329　◇49

◎10845　◇49

◎10846　◇49

◎10852　◇49

◎11782　◇49；875

◎11834　◇49；1047

◎11863　◇49

◎11950　◇49；876

◎12019　◇49；1056

◎12635　◇49；1014

◎13001　◇49

Litsea acuminata (Blume) Sa. Kurata

▶奥克木姜子

◎18597　◇919

Litsea acutivena Hayata

▶尖脉木姜

◎14445　◇50

◎14505　◇50

◎17029　◇50/28

Litsea auriculata **S. S. Chien & W. C. Cheng**
▶奥瑞木姜子
◎6006 ◇50;1064
Litsea baviensis **Lecomte**
▶大萼木姜
◎11570 ◇50
◎12923 ◇50;1044/28
◎12962 ◇50;886
◎14289 ◇50
◎14846 ◇50
◎14952 ◇50;1029
◎22138 ◇958
Litsea brachystachya **(Blume) Fern.-Vill.**
▶短序木姜子
◎27631 ◇1236
Litsea calicaris **Kirk**
▶卡里木姜子
◎14060 ◇910
◎18485 ◇910
Litsea cambodiana **Lecomte**
▶柬埔寨木姜子
◎25289 ◇1099
◎38982 ◇1687
Litsea coreana **var.** ***sinensis*** **(C. K. Allen) Y. C. Yang & P. H. Huang**
▶豹皮樟
◎18769 ◇50
◎20587 ◇50
Litsea coreana **H. Lév.**
▶朝鲜木姜子
◎36137 ◇1587
Litsea cubeba **var.** ***formosana*** **(Nakai) Y. C. Yang & P. H. Huang**
▶台湾山鸡椒
◎20304 ◇51
Litsea cubeba **(Lour.) Pers.**
▶山鸡椒
◎770 ◇51
◎6148 ◇51
◎6559 ◇51
◎6637 ◇51;720
◎10562 ◇51
◎10838 ◇51
◎10842 ◇51
◎12589 ◇51;808/28
◎14615 ◇51;729
◎16639 ◇51
◎19916 ◇51
◎21208 ◇51
◎27263 ◇1229
Litsea elliptica **Blume**
▶椭圆叶木姜子
◎13215 ◇894/29
◎35954 ◇1586
◎36138 ◇1587
Litsea elongata **(Nees) Hook. f.**
▶长叶木姜
◎304 ◇51;979
◎6371 ◇51;799
◎6407 ◇51
◎6455 ◇51;1071
◎6520 ◇51;1007
◎6897 ◇51
◎8800 ◇51/28
◎14304 ◇51
◎14849 ◇51;1029
◎15031 ◇51
◎15815 ◇51;781
◎16419 ◇52
◎16449 ◇52
◎16466 ◇52
◎18060 ◇52;1028/28
◎18118 ◇52
◎19167 ◇52
◎19771 ◇52
◎19772 ◇52
◎19773 ◇52
◎19774 ◇52
◎19917 ◇52
◎19918 ◇52
◎19919 ◇52
◎21213 ◇52
◎39018 ◇1687
Litsea exsudens **Kosterm.**
▶伊克木姜子
◎21276 ◇50
◎31807 ◇1462
◎31808 ◇1462
◎31809 ◇1462
Litsea firma **(Blume) Hook. f.**
▶佛马木姜子
◎21056 ◇890
◎27264 ◇1229
Litsea fulva **(Blume) Fern.-Vill.**
▶黄褐木姜子
◎27048 ◇1225
◎27049 ◇1225
Litsea garciae **S. Vidal**
▶兰屿木姜子
◎35464 ◇1571
Litsea glutinosa **(Lour.) C. B. Rob.**
▶潺槁木姜
◎1059 ◇TBA
◎6001 ◇50;1064
◎9507 ◇50;803
◎9508 ◇50;804
◎9509 ◇50;802/29
◎11711 ◇52;1039/29
◎14659 ◇TBA
◎16870 ◇52
◎17602 ◇50
◎18757 ◇52;1071
◎19762 ◇52
◎31733 ◇1458
Litsea grandifolia **Teschner**
▶大花木姜子
◎25290 ◇1099
◎38987 ◇1687
Litsea grandis **Hook. f.**
▶格朗木姜子
◎36136 ◇1587
Litsea greenmaniana **C. K. Allen**
▶华南木姜
◎16384 ◇52
Litsea hookeri **(Meisn.) D. G. Long**
▶胡克木姜子
◎3543 ◇53
◎3637 ◇53
Litsea irianensis **Kosterm.**
▶艾瑞木姜子
◎18934 ◇907/29
Litsea iteodaphne **(Nees) Hook. f.**
▶鼠刺木姜子
◎31631 ◇1454
Litsea kerrii **Kosterm.**
▶克尔木姜子
◎31734 ◇1458
Litsea kurzii **King ex Hook. f.**
▶落叶木姜子
◎20839 ◇891
Litsea lancilimba **Merr.**
▶大果木姜

◎13122　◇53;1053/28
◎13242　◇53;789
◎14293　◇53
◎14961　◇53;1075
◎15860　◇53
◎16618　◇53
◎16697　◇53

Litsea leytensis **Merr.**
▶**雷岛木姜子**
◎18869　◇913/29

Litsea megacarpa **Gamble**
▶**大果木姜子**
◎38580　◇1136

Litsea miqueliana **(Kuntze) ined.**
▶**毛叶木姜子**
◎17472　◇53;783

Litsea mollis **Hemsl.**
▶**软木姜子**
◎16569　◇52

Litsea monopetala **(Roxb.) Pers.**
▶**假柿木姜**
◎4271　◇54
◎9310　◇53;796/29
◎14571　◇53
◎15361　◇923/28
◎16076　◇53
◎16818　◇53
◎20939　◇54
◎38318　◇1132

Litsea multinervia **(Tul.) Malme**
▶**多脉木姜子**
◎10561　◇53

Litsea nacusua **(D. Don) Merr.**
▶**纽库木姜子**
◎15701　◇53

Litsea oppositifolia **Gibbs**
▶**对生叶木姜子**
◎28771　◇1292

Litsea panamanja **(Buch.-Ham. ex Nees) Hook. f.**
▶**香花木姜子**
◎3564　◇54
◎3663　◇54

Litsea perrottetii **(Blume) Fern.-Vill.**
▶**皮嫦木姜子**
◎18861　◇913/28

Litsea populifolia **Gamble**
▶**杨叶木姜**
◎36　◇54
◎264　◇TBA
◎317　◇54;797
◎787　◇54
◎1166　◇TBA
◎10843　◇54

Litsea pungens **Hemsl.**
▶**木姜子**
◎10560　◇54
◎10713　◇54
◎19187　◇54
◎19188　◇54
◎19189　◇54
◎19190　◇54

Litsea reticulata **(Meisn.) Benth. & Hook. f. ex F. Muell.**
▶**宽皮木姜子**
◎16216　◇824
◎16217　◇824

Litsea rubescens **Lecomte**
▶**红叶木姜子**
◎3553　◇52
◎3675　◇52
◎5579　◇54
◎19186　◇54

Litsea salicifolia **(Roxb. ex Nees) Hook. f.**
▶**柳叶木姜子**
◎16985　◇50

Litsea sericea **(Wall. ex Nees) Hook. f.**
▶**绢毛木姜**
◎3228　◇54
◎7625　◇54
◎17404　◇54;793

Litsea subcoriacea **Yen C. Yang & P. H. Huang**
▶**桂北木姜**
◎19920　◇54
◎19921　◇54
◎19922　◇54
◎19923　◇54
◎22018　◇54

Litsea timoriana **Span.**
▶**东帝汶木姜子**
◎18967　◇907/28
◎25288　◇1099

Litsea tomentosa **Blume**
▶**毛木姜子**
◎22192　◇934
◎25291　◇1099
◎35466　◇1571

Litsea variabilis **Hemsl.**
▶**变叶木姜**
◎14642　◇54
◎16843　◇54

Litsea veitchiana **Gamble**
▶**钝叶木姜**
◎804　◇55
◎8602　◇55;1004
◎10839　◇55
◎10851　◇55
◎10998　◇55

Litsea verticillata **Hance**
▶**轮叶木姜**
◎10429　◇825
◎15728　◇55

Litsea wightiana **(Nees) Wall. ex Hook. f.**
▶**重木姜子**
◎8505　◇898

Litsea wilsonii **Gamble**
▶**绒叶木姜**
◎476　◇55
◎623　◇55
◎1131　◇TBA
◎6218　◇55
◎10841　◇55
◎10849　◇TBA
◎10850　◇55

Litsea **Lam.**
▶**木姜子属**
◎120　◇56;729
◎350　◇56
◎367　◇56;798
◎701　◇TBA
◎3752　◇56
◎6753　◇56
◎8642　◇56
◎8953　◇TBA
◎8956　◇TBA
◎8979　◇939
◎11725　◇56
◎11761　◇56;1078
◎11796　◇56
◎11838　◇56
◎11852　◇56;1046
◎11965　◇56;729
◎14081　◇893
◎14977　◇56

◎15641 ◇56
◎16163 ◇56
◎16503 ◇56
◎23212 ◇927
◎23367 ◇TBA
◎27047 ◇1225
◎27262 ◇1229
◎28091 ◇1260
◎28192 ◇1264
◎28233 ◇1266
◎28239 ◇1266
◎28314 ◇1270
◎28428 ◇1275
◎28475 ◇1277
◎28939 ◇1303
◎28984 ◇1305
◎28985 ◇1305
◎35465 ◇1571
◎37528 ◇1660
◎37529 ◇1660
◎37946 ◇1678
◎37947 ◇1678

Machilus bonii **Lecomte**
▶枇杷叶润楠
◎40718 ◇1705

Machilus breviflora **(Benth.) Hemsl.**
▶短序润楠
◎14434 ◇57
◎39729 ◇1697

Machilus chinensis **(Champ. ex Meisn.) Hemsl.**
▶华润楠
◎12149 ◇58;807
◎12191 ◇58;1046
◎13119 ◇58;1053/30
◎14503 ◇58
◎14515 ◇58
◎14775 ◇58;1075/30
◎14954 ◇58
◎15024 ◇58
◎15041 ◇58
◎16599 ◇58
◎16953 ◇58

Machilus cicatricosa **S. K. Lee**
▶刻节润楠
◎14294 ◇58/30
◎14460 ◇58/30

Machilus decursinervis **Chun**
▶基脉润楠
◎15742 ◇58
◎17291 ◇58

Machilus edulis **King ex Hook. f.**
▶可食润楠
◎35633 ◇1573

Machilus fruticosa **Kurz**
▶福如润楠
◎31895 ◇1467

Machilus gamblei **King ex Hook. f.**
▶黄心树
◎9647 ◇57/30
◎9675 ◇57
◎19389 ◇57
◎35634 ◇1573

Machilus glaucescens **(Nees) H. W. Li**
▶柔毛润楠
◎4272 ◇63

Machilus ichangensis **Rehder & E. H. Wilson**
▶宜昌润楠
◎578 ◇60
◎6213 ◇60
◎6335 ◇60;798
◎9349 ◇60;997
◎9350 ◇60;1028
◎10855 ◇60
◎16381 ◇60
◎17388 ◇60;790
◎18058 ◇60;1063/30

Machilus japonica **var.** ***kusanoi*** **(Hayata) J. C. Liao**
▶大叶润楠
◎7414 ◇60
◎21825 ◇60

Machilus kurzii **King ex Hook. f.**
▶秃枝润楠
◎21403 ◇897

Machilus kwangtungensis **Y. C. Yang**
▶广东润楠
◎14740 ◇57/30
◎14746 ◇57
◎15661 ◇57

Machilus leptophylla **Hand.-Mazz.**
▶薄叶润楠
◎13095 ◇60/31
◎15750 ◇60/31
◎17507 ◇60;794
◎21164 ◇60
◎38080 ◇1115
◎38081 ◇1115
◎38082 ◇1115
◎38083 ◇1115
◎38084 ◇1115

Machilus maoxiangensis
▶毛祥桢楠
◎14568 ◇60
◎14578 ◇60

Machilus microcarpa **Hemsl.**
▶小果润楠
◎170 ◇60;790
◎179 ◇60;1018
◎9865 ◇60;862/31
◎10868 ◇60
◎15624 ◇60
◎15691 ◇59;979

Machilus monticola **S. K. Lee**
▶尖峰润楠
◎14275 ◇60

Machilus nanmu **(Oliv.) Hemsl.**
▶润楠
◎38 ◇70
◎139 ◇61;779
◎145 ◇61;779
◎157 ◇61
◎205 ◇61;798
◎213 ◇61;780
◎238 ◇61;981/32
◎256 ◇61;979
◎279 ◇TBA
◎311 ◇61;794
◎474 ◇70
◎1152 ◇TBA
◎1161 ◇70;967
◎6109 ◇70;983
◎6179 ◇70;1080
◎7120 ◇70
◎7635 ◇70
◎7926 ◇61
◎8161 ◇70;1009
◎8386 ◇71
◎8387 ◇71
◎8747 ◇61;965/32
◎8748 ◇71;983/40
◎10099 ◇71
◎10694 ◇71
◎10709 ◇61
◎11037 ◇71/38
◎11047 ◇71

◎11062　◇71
◎11087　◇71
◎11251　◇61;1054
◎11252　◇71;1052
◎12557　◇71;1053/38

Machilus obscurinervis **S. K. Lee**
▶**隐脉润楠**
◎19198　◇59

Machilus oculodracontis **Chun**
▶**龙眼润楠**
◎20331　◇59
◎39733　◇1697

Machilus oreophila **Hance**
▶**建润楠**
◎9166　◇59;1057/31
◎15779　◇59

Machilus pauhoi **Kaneh.**
▶**刨花润楠**
◎9967　◇59;1030/32
◎12380　◇TBA
◎12578　◇59;1049/32
◎13097　◇59
◎13101　◇59
◎16433　◇59
◎17384　◇59;804
◎17410　◇59;790
◎19932　◇59
◎38070　◇1115
◎38071　◇1115
◎38072　◇1115
◎38073　◇1115
◎38074　◇1115

Machilus phoenicis **Dunn**
▶**硬叶润楠**
◎13096　◇60/32
◎16948　◇59

Machilus platycarpa **Chun**
▶**扁果润楠**
◎15947　◇61

Machilus pomifera **(Kosterm.) S. K. Lee**
▶**泊米润楠**
◎25323　◇1098
◎39007　◇1687

Machilus rehderi **C. K. Allen**
▶**狭叶润楠**
◎21991　◇61

Machilus robusta **W. W. Sm.**
▶**粗壮润楠**
◎14282　◇61
◎16701　◇61/32
◎17289　◇61

Machilus thunbergii **Siebold & Zucc.**
▶**红楠**
◎4856　◇62
◎9402　◇62;801/33
◎9403　◇62;801/33
◎9406　◇62;801
◎9600　◇62
◎9975　◇62;1077
◎10247　◇918
◎11407　◇62/34
◎12565　◇62;1013
◎12566　◇62;972/33
◎12567　◇62;1051
◎12823　◇62;811
◎13102　◇62
◎13107　◇62;1053/33
◎13470　◇62;864
◎13584　◇62
◎16401　◇62
◎16464　◇63
◎16530　◇63/34
◎16674　◇63
◎17390　◇63;790
◎17396　◇63;796
◎17580　◇63;792
◎17606　◇62;792
◎18117　◇63
◎19931　◇63
◎38075　◇1115
◎38076　◇1115
◎38077　◇1115
◎38078　◇1115
◎38079　◇1115
◎41042　◇1710
◎41909　◇1721

Machilus velutina **Champ. ex Benth.**
▶**绒毛润楠**
◎14383　◇63
◎15912　◇63/34
◎16595　◇63/34
◎19924　◇63
◎19925　◇63
◎19926　◇63
◎19927　◇63
◎19928　◇63
◎19929　◇63

Machilus versicolora **S. K. Lee & F. N. Wei**
▶**黄枝润楠**
◎21972　◇63

Machilus wangchiana **Chun**
▶**信宜润楠**
◎13673　◇63/34
◎15690　◇63

Machilus yunnanensis **var.** *tibetana* **S. K. Lee**
▶**西藏润楠**
◎19183　◇63

Machilus yunnanensis **Lecomte**
▶**滇润楠**
◎37　◇57
◎756　◇57
◎1117　◇TBA
◎1263　◇63
◎7607　◇57
◎10711　◇57
◎10857　◇57
◎10860　◇57
◎17296　◇59/31

Machilus **Nees**
▶**润楠属**
◎155　◇64;858
◎156　◇64;859
◎172　◇643;1073
◎185　◇64;792
◎192　◇64;798
◎199　◇64;818
◎383　◇64;818
◎627　◇64;1073
◎1182　◇TBA
◎4018　◇64
◎4049　◇64
◎4078　◇TBA
◎5926　◇64
◎5932　◇64
◎5934　◇64
◎5949　◇64
◎5969　◇64;1064
◎5972　◇64
◎5975　◇64
◎5976　◇64
◎6104　◇64
◎6214　◇64;799
◎7642　◇64
◎8217　◇64;1003

◎8600 ◇64
◎9076 ◇64;1007
◎9080 ◇64;976
◎9081 ◇64
◎9255 ◇65
◎9331 ◇65;997
◎9396 ◇65;1058
◎9657 ◇65
◎9661 ◇65
◎9670 ◇65
◎10049 ◇65
◎10706 ◇65
◎10707 ◇65
◎10708 ◇65
◎10861 ◇65
◎10862 ◇65
◎10866 ◇65
◎10870 ◇65
◎10987 ◇65
◎11628 ◇65;1005
◎11679 ◇65;971
◎11685 ◇65
◎11690 ◇65;991
◎11701 ◇65
◎11767 ◇65
◎11857 ◇65
◎11869 ◇65
◎12137 ◇TBA
◎12316 ◇870
◎12324 ◇870
◎12328 ◇870
◎12333 ◇870
◎12843 ◇65;1010
◎12965 ◇/30
◎13003 ◇65
◎14873 ◇65;1029
◎14912 ◇65;999
◎14915 ◇65
◎15373 ◇923
◎16160 ◇65
◎39925 ◇1122
◎39977 ◇1123

Mezilaurus ita-uba **(Meisn.) Taub. ex Mez**

▶亚马孙热美樟/亚马孙桂土楠

◎19439 ◇832
◎20462 ◇66/540
◎22447 ◇820/540
◎22481 ◇820
◎22549 ◇TBA
◎22565 ◇820
◎22596 ◇831
◎23321 ◇819
◎23454 ◇TBA
◎27942 ◇1251
◎33836 ◇1539
◎33837 ◇1539
◎39127 ◇1689
◎40123 ◇1127
◎40124 ◇1127
◎41022 ◇1710
◎41887 ◇1720

Mezilaurus lindaviana **Schwacke & Mez**

▶林达热美樟/林达桂土楠

◎40125 ◇1127

Nectandra angustifolia **(Schrad.) Nees & Mart.**

▶狭叶尼克樟/狭叶蜜樟

◎32665 ◇1491
◎32666 ◇1492

Nectandra globosa **(Aubl.) Mez**

▶球形尼克樟/球形蜜樟

◎27762 ◇1241
◎27763 ◇1241
◎32353 ◇1483
◎40804 ◇1706

Nectandra grandiflora **Nees & Mart.**

▶大花尼克樟/大花蜜樟

◎32664 ◇1491

Nectandra lanceolata **Nees & Mart.**

▶披针尼克樟/披针蜜樟

◎33000 ◇1504
◎33001 ◇1504
◎33002 ◇1505
◎33003 ◇1505

Nectandra martinicensis **Mez**

▶马蒂尼克樟

◎20124 ◇936

Nectandra membranacea **(Sw.) Griseb.**

▶具膜尼克樟/具膜蜜樟

◎38175 ◇1129

Nectandra reticulata **Mez**

▶网状尼克樟

◎25447 ◇1101
◎25448 ◇1101
◎33004 ◇1505

Nectandra salicifolia **(Kunth) Nees**

▶柳叶尼克樟

◎25449 ◇1101

Nectandra sanguinea **Rol.**

▶血红尼克樟

◎18243 ◇66/35

Nectandra turbacensis **(Kunth) Nees**

▶特鲍尼克樟/特鲍蜜樟

◎25450 ◇1099
◎38281 ◇1132

Nectandra **Rol. ex Rottb.**

▶尼克樟属/蜜樟属

◎5259 ◇66
◎20528 ◇828
◎22112 ◇821
◎22602 ◇831
◎23468 ◇TBA
◎27948 ◇1251
◎32351 ◇1483
◎32352 ◇1483
◎33839 ◇1539
◎40817 ◇1707

Neocinnamomum caudatum **(Nees) Merr.**

▶滇新樟

◎3367 ◇66

Neocinnamomum chayuense **H. Huang**

▶察隅新樟

◎19199 ◇66
◎19200 ◇66

Neolitsea aciculata **(Blume) Koidz.**

▶台湾新木姜子

◎18600 ◇919

Neolitsea aurata **var.** ***glauca*** **Yen C. Yang**

▶粉叶新木姜子

◎10702 ◇66
◎10703 ◇66
◎10872 ◇66
◎17662 ◇66
◎17663 ◇66

Neolitsea aurata **(Hayata) Koidz.**

▶新木姜子

◎329 ◇66;794
◎6496 ◇66;975
◎7610 ◇66
◎14992 ◇66
◎16501 ◇66/35

◎19930 ◇66

Neolitsea cambodiana Lecomte

▶香港新木姜子

◎6713 ◇66

◎6960 ◇66

Neolitsea chuii Merr.

▶榄叶新木姜

◎6569 ◇66;783

◎6574 ◇66;975

◎6638 ◇66

◎15794 ◇66

◎16479 ◇66

◎16502 ◇66

◎17458 ◇66;790

◎19405 ◇66

◎20297 ◇66

◎39002 ◇1687

Neolitsea ellipsoidea C. K. Allen

▶香果新木姜

◎7979 ◇67

◎9599 ◇67

◎12842 ◇67;876/35

◎13023 ◇67/35

◎13111 ◇67;1053

◎14258 ◇67

◎14903 ◇67;1074

Neolitsea howii C. K. Allen

▶保亭新木姜

◎22142 ◇958

Neolitsea levinei Merr.

▶大叶新木姜

◎6527 ◇67;1007

◎12856 ◇67;817

◎15793 ◇67

◎16379 ◇67

Neolitsea microphylla Merr.

▶小叶新木姜

◎33005 ◇1505

◎33006 ◇1505

Neolitsea oblongifolia Merr. & Chun

▶柳叶新木姜

◎12169 ◇67;886/35

◎14355 ◇67

◎14878 ◇67;1029

Neolitsea obtusifolia Merr.

▶钝叶新木姜

◎14643 ◇67/35

◎14837 ◇67;1029

◎14914 ◇67

Neolitsea ovatifolia Yen C. Yang & P. H. Huang

▶卵叶新木姜

◎14956 ◇67;1029

Neolitsea phanerophlebia Merr.

▶显脉新木姜

◎16719 ◇67

◎25455 ◇1099

Neolitsea pinninervis Yen C. Yang & P. H. Huang

▶羽脉新木姜

◎22007 ◇67

Neolitsea pulchella (Meisn.) Merr.

▶美丽新木姜

◎14483 ◇68

◎14500 ◇68

◎15820 ◇68

Neolitsea sericea (Blume) Koidz.

▶舟山新木姜

◎12685 ◇67;885

Neolitsea umbrosa (Nees) Gamble

▶小新木姜子

◎6493 ◇68

◎6508 ◇68;1071

◎13049 ◇68

Neolitsea zeylanica (Nees & T. Nees) Merr.

▶南亚新木姜子

◎6697 ◇68

◎8506 ◇898

Neolitsea Merr.

▶新木姜子属

◎6463 ◇68;1080

◎6469 ◇68;1080

◎6548 ◇68;1071

◎10871 ◇68

◎13488 ◇68

◎28400 ◇1274

◎28828 ◇1295

◎28829 ◇1295

Nothaphoebe macrocarpa (Blume) Meisn.

▶大果赛楠

◎35982 ◇1586

Nothaphoebe pyriformis (Elmer) Merr.

▶梨形赛楠

◎36150 ◇1587

Nothaphoebe Blume

▶赛楠属

◎28324 ◇1270

◎36151 ◇1587

Ocotea aciphylla (Nees & Mart.) Mez

▶刺刀绿心樟/刺刀甜樟

◎18255 ◇908/540

◎22060 ◇908

◎25482 ◇1101

◎34077 ◇1543

◎34078 ◇1543

◎35299 ◇1570

◎40129 ◇1127

◎40536 ◇1703

Ocotea amplissima Mez

▶安普绿心樟/安普甜樟

◎29241 ◇1321

Ocotea bellata Kunth

▶贝拉塔绿心樟/贝拉塔甜樟

◎37162 ◇1632

◎37163 ◇1632

Ocotea bofo Engl.

▶博佛绿心樟/博佛甜樟

◎25483 ◇1101

◎40538 ◇1703

◎41024 ◇1710

◎41444 ◇1715

Ocotea bullata (Burch.) Baill.

▶水泡绿心樟

◎20510 ◇828

◎25484 ◇1101

Ocotea cymbarum Kunth

▶思莫绿心樟/思莫甜樟

◎23322 ◇819

◎23594 ◇832

Ocotea floribunda (Sw.) Mez

▶花束绿心樟/花束甜樟

◎25485 ◇1101

◎26551 ◇1173

◎26887 ◇1216

◎26888 ◇1216

◎26889 ◇1217

◎26890 ◇1217

◎27902 ◇1249

◎32002 ◇1471

◎32003 ◇1471

◎32004 ◇1471

◎32005 ◇1471
◎32668 ◇1492
◎33848 ◇1539
◎37164 ◇1632
◎40545 ◇1703

Ocotea fragrantissima Ducke
▶芳香绿心樟/芳香甜樟
◎39129 ◇1689
◎41557 ◇1716
◎41558 ◇1716

Ocotea glomerata (Nees) Mez
▶团伞绿心樟/团伞甜樟
◎25486 ◇1101
◎32503 ◇1487
◎32669 ◇1492
◎32670 ◇1492
◎32671 ◇1492
◎33008 ◇1505
◎33841 ◇1539

Ocotea guianensis Aubl.
▶圭亚那绿心樟/甜樟
◎27901 ◇1249
◎31998 ◇1471
◎32672 ◇1492
◎35138 ◇1565
◎42461 ◇1730

Ocotea kenyensis (Chiov.) Robyns & R. Wilczek
▶肯氏绿心樟
◎25487 ◇1101

Ocotea moschata (Meisn.) Mez
▶麝香绿心樟/麝香甜樟
◎38171 ◇1129

Ocotea neesiana (Miq.) Kosterm.
▶奈斯绿心樟/奈斯甜樟
◎32673 ◇1492
◎32674 ◇1492
◎40130 ◇1127

Ocotea oblonga (Meisn.) Mez
▶长圆绿心樟/长圆甜樟
◎32675 ◇1492

Ocotea obtusata (Nees) Kosterm.
▶钝叶绿心樟
◎25488 ◇1101

Ocotea odorifera (Vell.) Rohwer
▶香绿心樟/香甜樟
◎32677 ◇1492

Ocotea petalanthera (Meisn.) Mez
▶花瓣绿心樟/花瓣甜樟
◎27949 ◇1251
◎32504 ◇1487
◎32676 ◇1492
◎33842 ◇1539
◎33843 ◇1539

Ocotea porosa (Nees & Mart.) Barroso
▶细孔绿心樟
◎15518 ◇69
◎18225 ◇69
◎22455 ◇69/540
◎40766 ◇1706

Ocotea puberula (Rich.) Nees
▶弯曲绿心樟/弯曲甜樟
◎27764 ◇1241
◎33009 ◇1505
◎33010 ◇1505
◎33844 ◇1539
◎33845 ◇1539

Ocotea rubra Mez
▶红绿心樟/红甜樟
◎22853 ◇917
◎23200 ◇905
◎23271 ◇905
◎27995 ◇1254
◎31999 ◇1471
◎32000 ◇1471
◎32505 ◇1487
◎33846 ◇1539
◎37161 ◇1632

Ocotea schomburgkiana (Nees) Mez
▶苏姆绿心樟/苏姆甜樟
◎26311 ◇1142
◎26885 ◇1216
◎26886 ◇1216
◎27996 ◇1254
◎32001 ◇1471
◎32354 ◇1484
◎32678 ◇1492
◎33012 ◇1505
◎33013 ◇1505
◎33847 ◇1539

Ocotea spathulata Mez
▶匙形绿心樟/匙形甜樟
◎38172 ◇1129

Ocotea splendens (Meisn.) Baill.
▶光亮绿心樟/光亮甜樟
◎33007 ◇1505
◎33840 ◇1539

Ocotea usambarensis Engl.
▶优萨绿心樟
◎7541 ◇69/512
◎35641 ◇1573
◎39124 ◇1689

Ocotea veraguensis (Meisn.) Mez
▶维氏绿心樟
◎4497 ◇69

Ocotea villosa Kosterm.
▶柔毛绿心樟/柔毛甜樟
◎33011 ◇1505

Ocotea Aubl.
▶绿心樟属/甜樟属
◎19418 ◇832
◎20179 ◇820
◎22480 ◇820
◎23640 ◇831
◎27950 ◇1251
◎27951 ◇1251
◎32679 ◇1492
◎32680 ◇1492
◎33014 ◇1506
◎36901 ◇1626
◎37011 ◇1628

Persea americana Mill.
▶鳄梨
◎4547 ◇69/36
◎22126 ◇826
◎25558 ◇1102
◎34984 ◇1561
◎38809 ◇1684

Persea barbujana (Cav.) Mabb. & Nieto Fel.
▶巴布鳄梨
◎32605 ◇1489

Persea borbonia (L.) Spreng.
▶红湾鳄梨木
◎25559 ◇1102
◎39085 ◇1688
◎41029 ◇1710
◎41036 ◇1710

Persea declinata (Blume) Kosterm.
▶代克鳄梨
◎18275 ◇902
◎27292 ◇1230
◎38312 ◇1132

Persea excelsa (Blume) Kosterm.
▶高大楠
◎27453 ◇1233

Persea indica (**L.**) **Spreng.**

▶**印迪鳄梨木**

◎25560 ◇1102

Persea lingue (**Ruiz & Pav.**) **Nees**

▶**舌状鳄梨木**

◎19598 ◇69/541

Persea macrantha (**Nees**) **Kosterm.**

▶**大花鳄梨**

◎8508 ◇898

◎19102 ◇896

◎20701 ◇896

Persea mutisii **Kunth**

▶**穆迪鳄梨木**

◎33016 ◇1506

◎33017 ◇1506

Persea nivea **Mez**

▶**妮维雅鳄梨木**

◎33018 ◇1506

Persea odoratissima (**Nees**) **Kosterm.**

▶**香鳄梨**

◎14739 ◇60/31

◎14918 ◇60;999

◎25557 ◇1102

◎27291 ◇1230

◎40226 ◇1700

Persea pallida **Mez & Pittier**

▶**帕里鳄梨**

◎21400 ◇897

Persea palustris (**Raf.**) **Sarg.**

▶**沼泽鳄梨木**

◎25561 ◇1102

◎40575 ◇1704

Phoebe bournei (**Hemsl.**) **Y. C. Yang**

▶**闽楠**

◎462 ◇57

◎1138 ◇57;984

◎7954 ◇69/37

◎7982 ◇69/37

◎13052 ◇69

◎13920 ◇69/37

◎14030 ◇69

◎15816 ◇69

◎16323 ◇847

◎17097 ◇69

◎17431 ◇57;781

◎19933 ◇69

Phoebe cavaleriei (**H. Lév.**) **Y. Yang & Bing Liu**

▶**赛楠**

◎800 ◇69

◎17398 ◇69;796/36

Phoebe chekiangensis **C. B. Shang**

▶**浙江楠**

◎38060 ◇1115

◎38061 ◇1115

◎38062 ◇1115

◎38063 ◇1115

◎38064 ◇1115

Phoebe faberi (**Hemsl.**) **Chun**

▶**竹叶楠**

◎153 ◇69;783

◎165 ◇69;790

◎10710 ◇69

Phoebe hainanensis **Merr.**

▶**茶槁楠**

◎4910 ◇69

◎6803 ◇69

Phoebe hui **W. C. Cheng ex Y. C. Yang**

▶**细叶楠**

◎229 ◇70;790/39

◎10695 ◇70/39

Phoebe hungmoensis **S. K. Lee**

▶**红毛山楠**

◎11572 ◇70

◎12144 ◇70

◎12958 ◇70;817

◎13116 ◇70;1054/39

◎14251 ◇70/

◎14924 ◇70

Phoebe macrocarpa **C. Y. Wu**

▶**大果楠**

◎17290 ◇71

Phoebe neurantha (**Hemsl.**) **Gamble**

▶**白楠**

◎5853 ◇71

◎10879 ◇71

◎12592 ◇TBA

◎12602 ◇71;886/37

◎12603 ◇71;995/38

◎12604 ◇866

◎16104 ◇71/38

Phoebe neuranthoides **S. K. Lee & F. N. Wei**

▶**光枝楠**

◎17665 ◇71;782

Phoebe sheareri (**Hemsl.**) **Gamble**

▶**紫楠**

◎403 ◇72

◎6994 ◇72

◎8801 ◇72;717

◎9823 ◇72;801

◎12587 ◇72;861/40

◎15921 ◇72

◎16380 ◇72/40

◎17341 ◇72;778

◎18027 ◇72;1051

◎18145 ◇72;1005

◎21188 ◇72

◎38065 ◇1115

◎38066 ◇1115

◎38067 ◇1115

◎38068 ◇1115

◎38069 ◇1115

Phoebe sterculioides (**Elmer**) **Merr.**

▶**似梧桐楠木**

◎28168 ◇1263

Phoebe tavoyana **Hook. f.**

▶**乌心楠**

◎14641 ◇70

◎17011 ◇70

Phoebe zhennan **S. K. Lee & F. N. Wei**

▶**楠木/桢楠**

◎8158 ◇TBA

◎8189 ◇73;1025

◎40878 ◇1708

◎40879 ◇1708

◎40880 ◇1708

Phoebe **Nees**

▶**楠属**

◎5214 ◇73

◎8683 ◇73;983

◎11668 ◇73;964

◎11842 ◇73

◎11927 ◇73;811

◎12315 ◇870

◎12317 ◇TBA

◎12336 ◇870

◎12352 ◇870

◎12353 ◇870

◎12838 ◇73;871

◎15549 ◇73

◎28123 ◇1261

◎29038 ◇1309

◎32681 ◇1492

◎39926 ◇1122

◎39979 ◇1123

Rhodostemonodaphne grandis (Mez) Rohwer

▶格朗红蕊樟

◎32684 ◇1492

◎32685 ◇1492

◎33020 ◇1506

Sassafras albidum (Nutt.) Nees

▶白檫木

◎4592 ◇75

◎10420 ◇821

◎25926 ◇1108

◎26754 ◇1198

◎38556 ◇1136

◎38608 ◇1137

◎40773 ◇1706

◎41672 ◇1718

◎41832 ◇1720

Sassafras randaiense (Hayata) Rehder

▶台湾檫木

◎5025 ◇74

Sassafras tzumu (Hemsl.) Hemsl.

▶檫木

◎5911 ◇74

◎6513 ◇74

◎7754 ◇74

◎7804 ◇74

◎8192 ◇74

◎8272 ◇74

◎8273 ◇74

◎8857 ◇74

◎8858 ◇74

◎9163 ◇74;1057

◎9338 ◇74;997/41

◎9339 ◇74;997

◎9356 ◇74;1059

◎9357 ◇74;1059

◎10141 ◇74

◎10919 ◇75

◎11243 ◇75;1077

◎12640 ◇75;1013/41

◎13893 ◇75;881

◎13894 ◇75;1038

◎13901 ◇75;852

◎13921 ◇75

◎14987 ◇75

◎15722 ◇75

◎16519 ◇75

◎17297 ◇75

◎17298 ◇75

◎17574 ◇75

◎17633 ◇75

◎18046 ◇TBA

◎20295 ◇75

◎20588 ◇75

◎21182 ◇75

◎23086 ◇883

Sextonia rubra (Mez) van der Werff

▶赤桂楠

◎21130 ◇66/541

◎22478 ◇820/540

◎22655 ◇826

◎32690 ◇1493

◎32691 ◇1493

◎40151 ◇1128

◎40800 ◇1706

◎41635 ◇1717

◎41773 ◇1719

Sinosassafras flavinervium (C. K. Allen) H. W. Li

▶华檫木

◎11641 ◇44;962/25

Syndiclis chinensis C. K. Allen

▶油果樟

◎14945 ◇76;1029/41

Tetranthera angulata (Blume) Nees

▶棱角特川樟

◎26113 ◇1112

◎39502 ◇1694

Tylostemon obscura Stapf

▶暗色腺雄樟

◎5168 ◇/512

Umbellularia californica (Hook. & Arn.) Nutt.

▶加州伞花桂/加州桂

◎26159 ◇1112

◎38617 ◇1137

◎39221 ◇1690

◎42113 ◇1723

Lecythidaceae 玉蕊科

Allantoma decandra (Ducke) S. A. Mori, Ya Y. Huang & Prance

▶十蕊爪玉蕊

◎22611 ◇831

◎32971 ◇1503

◎40508 ◇1703

◎41377 ◇1714

Allantoma pluriflora S. A. Mori, Ya Y. Huang & Prance

▶多花爪玉蕊

◎32972 ◇1503

Barringtonia acutangula subsp. *spicata* (Blume) Payens

▶穗状玉蕊

◎27537 ◇1234

◎29439 ◇1333

Barringtonia acutangula Gaertn.

▶红花玉蕊

◎24309 ◇1084

◎37485 ◇1659

◎39146 ◇1689

Barringtonia apiculata Lauterb.

▶玉蕊

◎37484 ◇1659

Barringtonia asiatica Kurz

▶滨玉蕊

◎7308 ◇296/171

◎26977 ◇1224

Barringtonia austro-yunnanensis Hatus.

▶澳滇玉蕊

◎3538 ◇296/171

Barringtonia calyptrata (Miers) R. Br. ex F. M. Bailey

▶帽状玉蕊

◎24310 ◇1084

◎39893 ◇1699

Barringtonia edulis Seem.

▶可食玉蕊

◎23577 ◇915

Barringtonia macrocarpa Hassk.

▶大果玉蕊

◎31552 ◇1451

Barringtonia macrostachya Kurz

▶大穗玉蕊/金刀木

◎3657 ◇296/615

◎24311 ◇1084

◎28548 ◇1281

◎39187 ◇1690

Barringtonia pauciflora King

▶少花玉蕊

◎9698 ◇931/171

Barringtonia pendula Kurz
▶垂穗玉蕊/垂穗金刀木
◎20741 ◇296
Barringtonia racemosa (L.) Spreng.
▶总状玉蕊
◎24308 ◇1084
◎27163 ◇1227
◎32969 ◇1503
Barringtonia scortechinii King
▶思高玉蕊
◎37972 ◇1679
Barringtonia J. R. Forst. & G. Forst.
▶玉蕊属
◎9654 ◇296
◎33999 ◇1541
◎34000 ◇1541
◎35890 ◇1585
Bertholletia excelsa Bonpl.
▶栗油果木/巴西栗
◎18242 ◇296/541
◎20186 ◇819/541
◎20466 ◇296/541
◎21123 ◇TBA
◎22054 ◇296
◎22269 ◇819
◎22500 ◇820
◎22556 ◇TBA
◎41373 ◇1714
Brazzeia soyauxii (Oliv.) Tiegh.
▶索氏簇织瓣花
◎29603 ◇1344
◎29604 ◇1344
Careya arborea Roxb.
▶乔木榴玉蕊
◎15400 ◇900/177
◎15401 ◇900/177
◎31709 ◇1457
Cariniana domestica Miers
▶圆形卡林玉蕊/圆形翅玉蕊
◎24460 ◇1087
◎40550 ◇1703
◎41371 ◇1714
Cariniana estrellensis (Raddi) Kuntze
▶艾斯卡林玉蕊/艾斯翅玉蕊
◎24461 ◇1087
◎32615 ◇1489
◎39828 ◇1698
Cariniana legalis Kuntze
▶利格卡林玉蕊/利格翅玉蕊
◎18540 ◇296/541
◎22458 ◇296/541
◎24462 ◇1087
◎40577 ◇1704
Cariniana micrantha Ducke
▶小花卡林玉蕊木
◎20184 ◇820/541
Cariniana pyriformis Miers
▶梨状卡林玉蕊/梨状翅玉蕊
◎21118 ◇/541
◎24463 ◇1087
◎34007 ◇1542
Cariniana Casar.
▶卡林玉蕊属/翅玉蕊属
◎23458 ◇TBA
◎34008 ◇1542
◎34009 ◇1542
Chydenanthus excelsus Miers
▶秀丽繁玉蕊
◎20840 ◇891
◎27368 ◇1231
Corythophora rimosa W. A. Rodrigues
▶瑞氏盔玉蕊
◎22498 ◇820
◎40458 ◇1702
Couratari guianensis Aubl.
▶巴拿马纤皮玉蕊/巴拿马兜玉蕊
◎22851 ◇917
◎24677 ◇1089
◎29896 ◇1366
◎29925 ◇1367
◎29988 ◇1371
◎30007 ◇1372
◎30227 ◇1385
◎30277 ◇1388
◎30323 ◇1391
◎30324 ◇1391
◎30325 ◇1391
◎30399 ◇1395
◎30400 ◇1395
◎30401 ◇1395
◎30515 ◇1403
◎32436 ◇1485
◎32437 ◇1485
◎32977 ◇1503
◎32978 ◇1503
◎34020 ◇1542
◎37129 ◇1631
Couratari macrosperna A. C. Sm.
▶大种纤皮玉蕊/大种兜玉蕊
◎34019 ◇1542
Couratari multiflora (Sm.) Eyma
▶多花纤皮玉蕊/多花兜玉蕊
◎29224 ◇1320
◎29268 ◇1323
◎29308 ◇1325
◎29851 ◇1363
◎29951 ◇1369
◎30082 ◇1377
◎30129 ◇1379
◎30276 ◇1388
◎30300 ◇1390
◎30704 ◇1412
◎30705 ◇1412
◎30706 ◇1412
◎30829 ◇1417
◎30830 ◇1417
◎31949 ◇1470
◎31950 ◇1470
◎32327 ◇1483
◎32328 ◇1483
◎32622 ◇1490
◎34017 ◇1542
◎34018 ◇1542
◎35129 ◇1564
◎40091 ◇1126
Couratari oblongifolia Ducke & R. Knuth
▶长圆叶纤皮玉蕊/长圆叶兜玉蕊
◎20180 ◇296/541
◎22274 ◇819
Couratari oligantha A. C. Sm.
▶少花纤皮玉蕊/少花兜玉蕊
◎32979 ◇1503
Couratari stellata A. C. Sm.
▶星芒纤皮玉蕊
◎23327 ◇819
◎29926 ◇1367
◎30039 ◇1374
◎30205 ◇1384
◎30620 ◇1408
◎30621 ◇1408
◎30622 ◇1408

◎30831 ◇1417
◎31951 ◇1470
◎32329 ◇1483
◎32980 ◇1503
◎32981 ◇1503
◎39844 ◇1698

Couratari Aubl.
▶纤皮玉蕊属/兜玉蕊属
◎23457 ◇TBA
◎34016 ◇1542
◎34021 ◇1542
◎34022 ◇1542
◎34023 ◇1542
◎34423 ◇1549
◎34424 ◇1549
◎34555 ◇1552

Couroupita guianensis Aubl.
▶圭亚那炮弹果/圭亚那炮弹树
◎18543 ◇296/724
◎20415 ◇905/541
◎22499 ◇820
◎27717 ◇1238
◎32438 ◇1485
◎32439 ◇1485
◎32982 ◇1503
◎34025 ◇1542

Couroupita subsessilis Pilg.
▶短柄炮弹果/短柄炮弹树
◎18270 ◇908/541
◎34024 ◇1542

Eschweilera amara Nied.
▶苦味拉美玉蕊木/苦味帽玉蕊
◎40738 ◇1706

Eschweilera antioguensis Dugand & Daniel
▶安提拉美玉蕊木/安提帽玉蕊
◎35130 ◇1565

Eschweilera coriacea (DC.) S. A. Mori
▶革质拉美玉蕊木/革质帽玉蕊
◎18254 ◇908/542
◎24879 ◇1092
◎27887 ◇1248
◎31964 ◇1470
◎32339 ◇1483
◎32452 ◇1486
◎32453 ◇1486
◎32458 ◇1486
◎32459 ◇1486
◎32630 ◇1490
◎32986 ◇1504
◎34032 ◇1542
◎34033 ◇1542
◎34034 ◇1542
◎34037 ◇1542
◎34038 ◇1542
◎38244 ◇1130
◎38249 ◇1130
◎40544 ◇1703

Eschweilera decolorans Sandwith
▶变色拉美玉蕊木/变色帽玉蕊
◎29832 ◇1362
◎30057 ◇1375
◎30180 ◇1383
◎30657 ◇1411
◎30658 ◇1411
◎30659 ◇1411
◎30834 ◇1417

Eschweilera juruensis R. Knuth
▶朱氏拉美玉蕊
◎22617 ◇831

Eschweilera klugii R. Knuth
▶克卢拉美玉蕊木/克卢帽玉蕊
◎38255 ◇1130

Eschweilera micrantha Miers
▶小花朵拉美玉蕊木/小花朵帽玉蕊
◎32629 ◇1490
◎34039 ◇1542
◎34181 ◇1545

Eschweilera parviflora Miers
▶小花拉美玉蕊木/小花帽玉蕊
◎29231 ◇1321
◎40101 ◇1127

Eschweilera parvifolia Mart. ex DC.
▶小花拉美玉蕊木
◎24880 ◇1092
◎40551 ◇1703
◎41145 ◇1711
◎41484 ◇1715

Eschweilera pedicellata (Rich.) S. A. Mori
▶花梗拉美玉蕊木/花梗帽玉蕊
◎27851 ◇1246
◎32454 ◇1486
◎32455 ◇1486
◎32456 ◇1486
◎32457 ◇1486
◎34036 ◇1542
◎34571 ◇1552

Eschweilera reversa Pittier
▶翻边拉美玉蕊木/翻边帽玉蕊
◎4541 ◇296
◎38330 ◇1132

Eschweilera sagotiana Miers
▶黑拉美玉蕊/黑帽玉蕊
◎22705 ◇806/541

Eschweilera sessilis A. C. Sm.
▶无柄拉美玉蕊木/无柄帽玉蕊
◎38381 ◇1133

Eschweilera simiorum (Benoist) Eyma
▶司米帽玉蕊
◎32652 ◇1491

Eschweilera subglandulosa Miers
▶腺质拉美玉蕊木/腺质帽玉蕊
◎29276 ◇1324
◎29277 ◇1324
◎29278 ◇1324
◎29279 ◇1324
◎29331 ◇1327
◎29332 ◇1327
◎32073 ◇1473
◎40750 ◇1706

Eschweilera wachenheimii Sandwith
▶瓦氏拉美玉蕊木/瓦氏帽玉蕊
◎32631 ◇1490
◎35131 ◇1565

Eschweilera Mart. ex DC.
▶拉美玉蕊木属/帽玉蕊属
◎26476 ◇1164
◎27931 ◇1250
◎34041 ◇1542
◎34042 ◇1542
◎34043 ◇1542
◎34044 ◇1542
◎34045 ◇1542
◎34435 ◇1550
◎34572 ◇1552
◎34573 ◇1552

Grias cauliflora L.
▶茎花玉杧果
◎38331 ◇1132

Grias tuyrana Pittier
▶途氏玉杧果
◎4550 ◇296/172

Gustavia augusta L.
▶高贵烈臭玉蕊/高贵莲玉蕊

◎20424 ◇905/172
◎27752 ◇1241
◎32464 ◇1486
◎32987 ◇1504
◎34047 ◇1542

***Gustavia dubia* O. Berg**
▶可疑烈臭玉蕊/可疑莲玉蕊
◎4461 ◇296

***Gustavia hexapetala* Sm.**
▶六瓣烈臭玉蕊/六瓣莲玉蕊
◎26303 ◇1141
◎27934 ◇1250
◎29876 ◇1364
◎30010 ◇1372
◎30230 ◇1385
◎30329 ◇1391
◎30330 ◇1391
◎30402 ◇1396
◎30403 ◇1396
◎30404 ◇1396
◎30518 ◇1403
◎32988 ◇1504
◎34048 ◇1542
◎34049 ◇1542
◎34050 ◇1542
◎34051 ◇1542
◎34052 ◇1542
◎34587 ◇1552

***Gustavia superba*（Kunth）O. Berg**
▶烈臭玉蕊/莲玉蕊
◎4533 ◇296/172

***Lecythis ampla* Miers**
▶阿莫正玉蕊
◎4473 ◇296/172

***Lecythis chartacea* O. Berg**
▶纸叶正玉蕊/纸叶猴钵树
◎20433 ◇905
◎25264 ◇1097
◎29901 ◇1366
◎30008 ◇1372
◎30206 ◇1384
◎30707 ◇1412
◎30708 ◇1412
◎30709 ◇1412
◎30833 ◇1417
◎32450 ◇1486
◎32451 ◇1486
◎32993 ◇1504
◎34031 ◇1542
◎34040 ◇1542
◎39119 ◇1689

***Lecythis confertiflora*（A. C. Sm.）S. A. Mori**
▶密花正玉蕊
◎32994 ◇1504

***Lecythis corrugata* Poit.**
▶皱折正玉蕊/皱折猴钵树
◎22852 ◇917/541
◎32995 ◇1504
◎34035 ◇1542
◎39422 ◇1693
◎40741 ◇1706
◎41917 ◇1721

***Lecythis idatimon* Aubl.**
▶艾德玉蕊木/艾德猴钵树
◎26343 ◇1148

***Lecythis lurida*（Miers）S. A. Mori**
▶灰黄正玉蕊/灰黄猴钵树
◎22703 ◇806/541
◎22706 ◇806/541
◎25265 ◇1097

***Lecythis mesophylla* S. A. Mori**
▶间叶正玉蕊/间叶猴钵树
◎29877 ◇1364
◎30013 ◇1373
◎30233 ◇1386
◎30405 ◇1396
◎30406 ◇1396
◎30407 ◇1396
◎30523 ◇1403
◎30524 ◇1403

***Lecythis panamensis* Huber**
▶巴拿马正玉蕊
◎4471 ◇296/171

***Lecythis pisonis* Cambess.**
▶圭巴正玉蕊/圭巴猴钵树
◎22682 ◇806/541
◎22704 ◇806
◎25266 ◇1097
◎32651 ◇1491
◎40117 ◇1127
◎41542 ◇1716
◎41916 ◇1721

***Lecythis reversa* Pittier**
▶回复正玉蕊
◎4476 ◇296/171

***Lecythis zabucajo* Aubl.**
▶扎布正玉蕊/大猴胡桃
◎22659 ◇296/541
◎23205 ◇905
◎29855 ◇1363
◎29856 ◇1363
◎29968 ◇1370
◎30088 ◇1377
◎30089 ◇1377
◎30132 ◇1380
◎30247 ◇1387
◎30307 ◇1390
◎30335 ◇1391
◎30660 ◇1411
◎30661 ◇1411
◎30662 ◇1411
◎30719 ◇1413
◎30720 ◇1413
◎30721 ◇1413
◎30839 ◇1417
◎30840 ◇1417
◎30906 ◇1420
◎39417 ◇1693

***Lecythis* Loefl.**
▶正玉蕊属/猴钵树属
◎22460 ◇296
◎23265 ◇905
◎34067 ◇1543

***Napoleonaea angolensis* Welw.**
▶安哥拉围裙花
◎29597 ◇1344
◎29598 ◇1344
◎29599 ◇1344

***Napoleonaea vogelii* Hook. & Planch.**
▶沃氏围裙花
◎36717 ◇1618
◎36718 ◇1618
◎36719 ◇1618

***Petersianthus macrocarpus*（P. Beauv.）Liben**
▶大果玉风车
◎15064 ◇276/510
◎15065 ◇TBA
◎20500 ◇828
◎20563 ◇829
◎21909 ◇899
◎22911 ◇899
◎36316 ◇1594

◎37168 ◇1632

◎40232 ◇1700

Petersianthus quadrialatus **Merr.**

▶四棱玉风车木

◎25565 ◇1102

◎39490 ◇1694

◎41562 ◇1716

◎42100 ◇1723

Planchonia andamanica **King**

▶金刀木/棠玉蕊

◎20884 ◇892

Planchonia papuana **R. Knuth**

▶巴布亚金刀木/巴布亚棠玉蕊

◎25648 ◇1104

◎35865 ◇1584

◎40507 ◇1703

Planchonia spectabilis **Merr.**

▶普朗金刀木/普朗棠玉蕊

◎18872 ◇913/172

◎34086 ◇1543

Planchonia valida **Blume**

▶粗壮金刀木/粗壮棠玉蕊

◎13155 ◇894/172

◎14124 ◇/172

◎18720 ◇894

◎21027 ◇890

◎27070 ◇1225

◎27458 ◇1233

◎27459 ◇1233

◎37169 ◇1632

◎37170 ◇1632

◎38021 ◇1682

Lepidobotryaceae 鳞球穗科

Lepidobotrys staudtii **Engl.**

▶鳞球穗

◎36554 ◇1611

◎36555 ◇1611

◎36556 ◇1611

Lepidoziaceae 指叶苔科

Bazzania recurva **var.** *recurva*

▶反曲榕

◎28598 ◇1284

Linaceae 亚麻科

Hebepetalum humiriifolium **(Planch.) Jackson**

▶湿叶沙麻木

◎27800 ◇1243

◎31970 ◇1470

◎34307 ◇1547

◎34308 ◇1547

◎34448 ◇1550

◎34449 ◇1550

Hugonia rufipilis **A. Chev. ex Hutch. & Dalziel**

▶胡戈亚麻

◎30971 ◇1423

◎31071 ◇1427

◎31072 ◇1427

Hugonia **L.**

▶亚麻藤属

◎35854 ◇1584

Loganiaceae 马钱科

Antonia ovata **Pohl**

▶叠苞花木

◎26731 ◇1196

◎26732 ◇1196

◎32315 ◇1483

◎32600 ◇1489

◎34537 ◇1552

◎34538 ◇1552

Neuburgia corynocarpa **(A. Gray) Leenh.**

▶伞房组马钱

◎25464 ◇1099

Strychnos aculeata **Soler.**

▶多刺马钱木

◎36265 ◇1591

◎36382 ◇1600

◎36395 ◇1601

◎36396 ◇1601

◎36397 ◇1601

◎36420 ◇1603

◎36462 ◇1606

◎36463 ◇1606

Strychnos angolensis **Gilg**

▶安哥拉马钱木

◎36599 ◇1614

◎36731 ◇1618

◎36732 ◇1618

◎36733 ◇1618

Strychnos axillaris **Colebr.**

▶腋生马钱子

◎26027 ◇1110

◎28620 ◇1285

Strychnos boonii **De Wild.**

▶布恩马钱

◎36874 ◇1625

Strychnos brasiliensis **Mart.**

▶巴西马钱

◎32693 ◇1493

◎32694 ◇1493

◎32695 ◇1493

Strychnos camptoneura **Gilg & Busse**

▶坎普马钱

◎32696 ◇1493

◎36042 ◇1586

◎36350 ◇1596

◎36398 ◇1601

◎36399 ◇1601

◎36400 ◇1601

◎36449 ◇1605

◎36450 ◇1605

◎36512 ◇1609

◎36614 ◇1614

Strychnos chrysophylla **Gilg**

▶金叶马钱

◎37876 ◇1674

Strychnos cocculoides **Baker**

▶冠库马钱

◎32697 ◇1493

◎32698 ◇1493

Strychnos congolana **Gilg**

▶刚果马钱

◎36351 ◇1597

Strychnos cuminodora **Leeuwenb.**

▶卡明马钱

◎32699 ◇1493

Strychnos dale **De Wild.**

▶山谷马钱

◎36352 ◇1597

Strychnos dalzellii **C. B. Clarke**

▶达尔马钱子

◎21260 ◇676

◎28440 ◇1276

Strychnos decussata **(Pappe) Gilg**

▶交叶马钱

◎40213 ◇1699

◎40761 ◇1706

Strychnos dolichothyrsa **Gilg ex Onochie & Hepper**

▶多利马钱

◎36353 ◇1597
◎36383 ◇1600
◎36600 ◇1614
◎36615 ◇1614

Strychnos elaeocarpa **Gilg ex Leeuwenb.**
▶杜英马钱
◎36286 ◇1592
◎36287 ◇1592
◎36288 ◇1592
◎36616 ◇1614

Strychnos erichsonii **Schomb.**
▶埃里马钱
◎32277 ◇1481

Strychnos floribunda **Gilg**
▶多花马钱
◎29655 ◇1350
◎29656 ◇1350
◎29657 ◇1351
◎36734 ◇1618

Strychnos gnetifolia **Gilg ex Onochie & Hepper**
▶买麻藤叶马钱
◎36535 ◇1610

Strychnos icaja **Baill.**
▶毒毛旋花马钱
◎29658 ◇1351
◎29659 ◇1351
◎36354 ◇1597
◎36355 ◇1597
◎36356 ◇1597

Strychnos innocua **Delile**
▶无毒马钱
◎32700 ◇1493
◎35756 ◇1577
◎36384 ◇1600
◎36401 ◇1602
◎36402 ◇1602
◎36403 ◇1602

Strychnos johnsonii **Hutch. & M. B. Moss**
▶约氏马钱
◎36421 ◇1603

Strychnos longicaudata **Gilg**
▶长尾马钱子/长尾马钱
◎36336 ◇1595
◎36357 ◇1597
◎36358 ◇1597
◎36359 ◇1597

Strychnos madagascariensis **Poir.**
▶马达加斯加马钱子/马达加斯加马钱
◎32701 ◇1493

Strychnos malacoclados **C. H. Wright**
▶马拉克马钱子/马拉克马钱
◎29253 ◇1322
◎36337 ◇1595
◎36601 ◇1614
◎36602 ◇1614

Strychnos melinoniana **Baill.**
▶梅林马钱子/梅林马钱
◎32702 ◇1493

Strychnos memecyloides **S. Moore**
▶米姆马钱子/米姆马钱
◎36338 ◇1596
◎36464 ◇1606
◎36465 ◇1606

Strychnos millepunctata **Leeuwenb.**
▶米勒马钱子/米勒马钱
◎36422 ◇1603

Strychnos mimfiensis **Gilg ex Leeuwenb.**
▶米氏马钱子/米氏马钱
◎36289 ◇1593
◎36290 ◇1593

Strychnos minor **Dennst.**
▶小马钱子/小马钱
◎28621 ◇1285
◎28669 ◇1287
◎28670 ◇1287
◎38992 ◇1687

Strychnos mitscherlichii **M. R. Schomb.**
▶米切马钱子/米切马钱
◎32703 ◇1493

Strychnos ngouniensis **Pellegr.**
▶恩格马钱子/恩格马钱
◎36617 ◇1614

Strychnos nigritana **Baker**
▶尼格马钱子/尼格马钱
◎29545 ◇1339
◎29546 ◇1339
◎29619 ◇1346
◎36339 ◇1596
◎36340 ◇1596
◎36341 ◇1596

Strychnos nux-bianda **A. W. Hill**
▶催吐马钱子
◎39023 ◇1688

Strychnos nux-vomica **L.**
▶马钱子
◎8992 ◇TBA
◎21393 ◇897
◎35555 ◇1572

Strychnos odorata **A. Chev.**
▶香马钱子
◎36603 ◇1614

Strychnos ovata **A. W. Hill**
▶密花马钱
◎16856 ◇856/419

Strychnos phaeotricha **Gilg**
▶褐马钱子
◎36618 ◇1614

Strychnos potatorum **L. f.**
▶波塔马钱子
◎8580 ◇856

Strychnos samba **P. A. Duvign.**
▶桑巴马钱子
◎36291 ◇1593

Strychnos scheffleri **Gilg**
▶舍弗勒马钱子
◎36342 ◇1596

Strychnos spinosa **Lam.**
▶刺马钱子
◎26028 ◇1110
◎36385 ◇1600

Strychnos splendens **Gilg**
▶光亮马钱子
◎29660 ◇1351
◎36604 ◇1614
◎36735 ◇1618

Strychnos ternata **Gilg**
▶三叶马钱
◎36343 ◇1596
◎36344 ◇1596
◎36360 ◇1598
◎36361 ◇1598
◎36362 ◇1598
◎36386 ◇1600
◎36387 ◇1600
◎36388 ◇1600

Strychnos usambarensis **Gilg ex Engl.**
▶乌萨马钱
◎26894 ◇1217
◎30955 ◇1422
◎31237 ◇1432
◎31238 ◇1432

◎36404　◇1602

◎36405　◇1602

◎36406　◇1602

◎36605　◇1614

Strychnos vanprukii **Craib**

▶温氏马钱

◎28393　◇1273

Strychnos **L.**

▶马钱子属/马钱属

◎32704　◇1493

Usteria guineensis **Willd.**

▶乌圭亚乌斯马钱

◎32708　◇1493

Loranthaceae　桑寄生科

Amyema fasciculata **Danser**

▶束花龙须寄生木

◎29015　◇1307

Amyema scandens **Danser**

▶攀援龙须寄生木

◎36743　◇1618

Dendrophthoe neelgherrensis **(Wight & Arn.) Tiegh.**

▶尼盖五蕊寄生

◎31562　◇1452

Nuytsia floribunda **R. Br.**

▶花束金颜檀

◎25475　◇1100

◎40415　◇1702

Phragmanthera capitata **(Spreng.) Balle**

▶鳞冠篱药寄生

◎36560　◇1612

◎36561　◇1612

◎36592　◇1613

Phragmanthera regularis **(Steud. ex Sprague) M. G. Gilbert**

▶规则篱药寄生

◎37752　◇1666

Psittacanthus cordatus **Blume**

▶心形鹦花寄生

◎42430　◇1728

Psittacanthus **Mart.**

▶鹦花寄生属

◎32683　◇1492

Scurrula parasitica **L.**

▶红花寄生

◎31400　◇1440

Tolypanthus gardneri **Tiegh.**

▶大苞寄生

◎31692　◇1456

Lythraceae　千屈菜科

Adenaria floribunda **Kunth**

▶多花青虾花

◎4517　◇307/625

Duabanga grandiflora **(Roxb. ex DC.) Walp.**

▶八宝树

◎3654　◇297/173

◎3713　◇297

◎11720　◇297/173

◎15281　◇901/173

◎15300　◇901/173

◎15301　◇900

◎15323　◇900

◎15368　◇923

◎17262　◇297

◎19092　◇896

◎20843　◇891

◎20847　◇891

◎22964　◇954

Duabanga moluccana **Blume**

▶马鲁八宝木

◎13200　◇894/563

◎18233　◇297

◎18708　◇894/173

◎21046　◇890

◎21114　◇TBA

◎22207　◇934

◎24824　◇1091

◎27585　◇1235

◎37600　◇1662

Duabanga **Buch.-Ham.**

▶八宝树属

◎15369　◇923

◎15370　◇923

◎22373　◇926

◎39954　◇1122

◎40001　◇1125

Galpinia transvaalica **N. E. Br.**

▶德兰野银薇

◎39685　◇1696

◎40665　◇1705

Lafoensia punicifolia **DC.**

▶红叶丽薇

◎4485　◇307/625

◎20927　◇307

◎22095　◇908

Lagerstroemia aubcostata

▶奥博紫薇

◎7263　◇307

Lagerstroemia balansae **Koehne**

▶毛萼紫薇

◎9610　◇307

◎14655　◇307

◎14813　◇307;1029/623

◎16762　◇307

Lagerstroemia calyculata **Kurz**

▶副萼紫薇

◎15194　◇938/180

◎20349　◇938/180

◎31881　◇1467

Lagerstroemia caudata **Chun & F. C. How ex S. K. Lee & L. F. Lau**

▶尾叶紫薇

◎16010　◇307

Lagerstroemia divers

▶迪维紫薇

◎9722　◇931;1062

◎15117　◇307

Lagerstroemia hypoleuca **Kurz**

▶白背紫薇

◎20845　◇891

Lagerstroemia indica **L.**

▶紫薇

◎3207　◇307

◎5672　◇307

◎5728　◇307

◎11905　◇307;1046

Lagerstroemia intermedia **Koehne**

▶云南紫薇

◎11756　◇307/180

Lagerstroemia lanceolata **Wall. ex C. B. Clarke**

▶披针叶紫微

◎8503　◇898/623

◎19100　◇896

Lagerstroemia limii **Merr.**

▶福建紫薇

◎7011　◇308/180

Lagerstroemia loudonii **Teijsm. & Binn.**

▶泰国紫薇木

◎25257　◇1097
◎40637　◇1704
◎41087　◇1710
◎41979　◇1722

Lagerstroemia microcarpa **Hance**
▶小果紫薇
◎39556　◇1695
◎17527　◇308;794/625
◎20699　◇896

Lagerstroemia ovalifolia **Teijsm. & Binn.**
▶椭圆叶紫薇木
◎25259　◇1097
◎27044　◇1225
◎38989　◇1687

Lagerstroemia parviflora **Roxb.**
▶小叶紫薇
◎4283　◇308/180
◎35632　◇1573

Lagerstroemia piriformis **Koehne**
▶梨状紫薇
◎4684　◇308
◎18890　◇913/180
◎42409　◇1727

Lagerstroemia speciosa **Pers.**
▶大花紫薇
◎4611　◇308
◎4903　◇307
◎7233　◇308
◎12719　◇922
◎13175　◇894
◎14139　◇TBA
◎15156　◇895/180
◎15205　◇938/180
◎16773　◇308
◎18715　◇894
◎20730　◇308
◎22969　◇954
◎23377　◇889
◎25258　◇1097
◎26521　◇1170
◎27627　◇1236
◎28174　◇1263
◎34980　◇1561
◎35952　◇1585
◎37155　◇1632

Lagerstroemia subcostata **Koehne**
▶南紫薇
◎7044　◇308
◎7424　◇308
◎15867　◇308/625
◎21833　◇308

Lagerstroemia tomentosa **C. Presl**
▶绒毛紫薇
◎11771　◇308
◎22961　◇954

Lagerstroemia villosa **Wall. ex Kurz**
▶毛紫薇
◎22994　◇954

Lagerstroemia **L.**
▶紫薇属
◎7117　◇308
◎34457　◇1550

Punica granatum **L.**
▶石榴
◎7697　◇309;970/182
◎12113　◇309
◎15613　◇952
◎36861　◇1625
◎36929　◇1627

Sonneratia* × *gulngai **N. C. Duke**
▶古尔海桑
◎38101　◇1114

Sonneratia alba **Sm.**
▶怀萼海桑
◎13164　◇894/750
◎14196　◇893/173
◎18722　◇894
◎20846　◇891
◎21018　◇890
◎27134　◇1227
◎27684　◇1237
◎34505　◇1551
◎34506　◇1551
◎35550　◇1572
◎35551　◇1572
◎37562　◇1661

Sonneratia caseolaris **Engl.**
▶海桑
◎4631　◇297/173
◎29529　◇1337
◎32692　◇1493
◎34504　◇1551
◎35549　◇1572
◎35552　◇1572
◎38089　◇1114

Woodfordia fruticosa **Kurz**
▶虾子花
◎21420　◇897

Magnoliaceae　木兰科

Houpoea obovata **(Thunb.) N. H. Xia & C. Y. Wu**
▶日本厚朴
◎18595　◇919
◎25338　◇1098
◎25339　◇1098

Liriodendron chinense **(Hemsl.) Sarg.**
▶鹅掌楸
◎5849　◇2
◎6045　◇2;1071
◎9770　◇2;1010/1
◎9771　◇2;808
◎10568　◇2
◎10569　◇TBA
◎10570　◇2
◎10571　◇2
◎10572　◇2
◎17286　◇2/1
◎17626　◇2
◎17996　◇2
◎18129　◇2
◎23629　◇2;961

Liriodendron tulipifera **'Aureomarginatum'**
▶金边马褂木
◎33626　◇1532
◎33627　◇1532
◎33628　◇1532

Liriodendron tulipifera **L.**
▶北美鹅掌楸
◎4375　◇2
◎4577　◇2
◎4977　◇2
◎5714　◇2
◎10354　◇826
◎10405　◇821
◎18693　◇2
◎20968　◇2
◎21333　◇2/1
◎21964　◇805
◎22118　◇825
◎22359　◇916
◎23074　◇917
◎26379　◇1154
◎26380　◇1154
◎26381　◇1154
◎37250　◇1640

◎37251　◇1640
◎37252　◇1640
◎38595　◇1136
◎40931　◇1709
◎40935　◇1709

Liriodendron **L.**
▶**鹅掌楸属**
◎23439　◇821
◎39983　◇1124

Magnolia **× *soulangeana*** **Soul.-Bod.**
▶**二乔玉兰**
◎25330　◇1097
◎26797　◇1202
◎26798　◇1202
◎41305　◇1713
◎42214　◇1724

Magnolia acuminata **（L.）L.**
▶**渐尖木兰**
◎4979　◇3/1
◎25331　◇1097
◎38604　◇1136
◎40972　◇1709
◎41871　◇1720

Magnolia albosericea **Chun & C. H. Tsoong**
▶**绢毛木兰**
◎14690　◇3/1

Magnolia angatensis **Blanco**
▶**安嘎木兰**
◎28384　◇1273
◎32656　◇1491
◎32657　◇1491

Magnolia aromatica **（Dandy）V. S. Kumar**
▶**香木兰**
◎9391　◇14;1058/5
◎16026　◇14
◎17285　◇14
◎17300　◇14

Magnolia baillonii **Pierre**
▶**合果木**
◎3365　◇14
◎3453　◇14/8
◎11744　◇14;991/9
◎17265　◇14
◎18776　◇14
◎19398　◇14
◎19415　◇TBA
◎31735　◇1458

Magnolia balansae **Aug. DC.**
▶**苦梓木兰**
◎6556　◇9;1071
◎6691　◇9
◎6754　◇9
◎8784　◇9;981/6
◎12143　◇9/6
◎12466　◇9;1038/6
◎14401　◇9
◎14913　◇9
◎14958　◇9;1029
◎15949　◇9
◎17280　◇9/6
◎18100　◇9

Magnolia borneensis **Noot.**
▶**婆罗木兰**
◎28476　◇1277
◎28652　◇1287

Magnolia campbellii **Hook. f. & Thomson**
▶**滇藏木兰**
◎25329　◇1097

Magnolia cathcartii **（Hook. f. & Thomson）Noot.**
▶**长蕊木兰**
◎9660　◇1/1
◎11629　◇1;990/1
◎35580　◇1572

Magnolia champaca **（L.）Baill. ex Pierre**
▶**黄兰/黄缅桂**
◎3509　◇3/7
◎8510　◇898
◎13952　◇954
◎14192　◇893
◎15239　◇901/6
◎15260　◇901
◎15270　◇901
◎16747　◇9/7
◎19105　◇896
◎25333　◇1097
◎27271　◇1229
◎35480　◇1571

Magnolia championii **Benth.**
▶**香港木兰**
◎14530　◇4
◎16064　◇4
◎17031　◇4/4

Magnolia chapensis **（Dandy）Sima**
▶**乐昌含笑**
◎6540　◇12;810

Magnolia compressa **Maxim.**
▶**台湾木兰**
◎5022　◇9
◎7354　◇9
◎7425　◇9
◎10282　◇918
◎21823　◇9

Magnolia cylindrica **E. H. Wilson**
▶**黄山木兰**
◎6895　◇3;720/2
◎21155　◇3

Magnolia dandyi **Gagnep.**
▶**大叶木兰**
◎16304　◇8
◎17304　◇8/5

Magnolia delavayi **Franch.**
▶**山玉兰**
◎1264　◇3
◎3316　◇3/2

Magnolia denudata **Desr.**
▶**玉兰**
◎6510　◇3/2
◎6602　◇3
◎18771　◇3
◎19162　◇3;859

Magnolia doltsopa **（Buch.-Ham. ex DC.）Figlar**
▶**南亚木兰**
◎3349　◇9
◎11640　◇9;962
◎20865　◇892
◎35636　◇1573

Magnolia elegans **（Blume）H. Keng**
▶**优雅木兰/优雅北美木兰**
◎20750　◇1
◎20761　◇1
◎35884　◇1585
◎35885　◇1585
◎40827　◇1707

Magnolia ernestii **Figlar**
▶**黄果木兰**
◎19027　◇12

Magnolia figlarii **V. S. Kumar**
▶**菲哥木兰**

◎340 ◇8;795

Magnolia figo var. *crassipes* (Dunn) Noot.

▶紫花木兰

◎21983 ◇9

Magnolia figo var. *skinneriana* (W.W. Sm. ex Dandy) V. S. Kumar

▶野木兰

◎19944 ◇12

◎19945 ◇12

Magnolia figo (Lour.) DC.

▶含笑花

◎6544 ◇10;720

◎9142 ◇10;1010

◎16616 ◇10

◎17424 ◇10;983

Magnolia fistulosa Dandy

▶长叶木兰

◎9587 ◇3

◎12982 ◇3

Magnolia fordiana var. *forrestii* (Dandy) Noot.

▶滇桂木兰

◎3570 ◇7

◎11687 ◇7;987/2

◎17288 ◇7

Magnolia fordiana var. *hainanensis* (Dandy) Figlar

▶海南木兰

◎11566 ◇7

◎12853 ◇7

◎13016 ◇7/5

◎13112 ◇7;1011/5

◎14356 ◇7

◎14871 ◇7;1029

◎17688 ◇7

◎17778 ◇7;996

◎17779 ◇7

◎17780 ◇7/557

◎25334 ◇1097

Magnolia fordiana Hu

▶木莲

◎30 ◇6

◎6748 ◇6

◎6865 ◇6

◎7037 ◇6

◎7042 ◇6

◎8903 ◇941

◎8941 ◇939/5

◎13556 ◇6;1012/2

◎13649 ◇6;1001

◎13783 ◇6

◎14796 ◇TBA

◎15047 ◇6

◎15623 ◇6

◎15857 ◇6

◎16103 ◇6

◎16414 ◇6

◎17356 ◇6;777

◎17401 ◇6;796

◎17438 ◇6;780

◎17659 ◇6

◎18107 ◇6;808

◎20272 ◇6

◎39351 ◇1692

Magnolia foveolata (Merr. ex Dandy) Figlar

▶金叶含笑

◎6514 ◇10;720

◎6563 ◇10/7

◎9386 ◇9;858

◎11285 ◇9/6

◎12125 ◇10;1043/7

◎12126 ◇10;866

◎12127 ◇10;807/7

◎12829 ◇10;976

◎13477 ◇10;869

◎13507 ◇10

◎13511 ◇10

◎13577 ◇10

◎15025 ◇10

◎15679 ◇10

◎16385 ◇10

◎17276 ◇10

◎19371 ◇10

◎38099 ◇1114

Magnolia fraseri Walter

▶佛拉氏木兰

◎19576 ◇3

◎38603 ◇1136

◎39546 ◇1695

Magnolia globosa Hook. f. & Thomson

▶毛叶玉兰

◎3265 ◇3/3

Magnolia grandiflora L.

▶大花木兰/荷花木兰

◎20324 ◇3

◎25335 ◇1097

Magnolia henryi Dunn

▶大叶玉兰

◎3542 ◇3

◎3703 ◇3

◎11770 ◇3;976/4

Magnolia hypolampra (Dandy) Figlar

▶海波木兰

◎8910 ◇941

◎8914 ◇939/9

◎8978 ◇939

◎12728 ◇922/9

◎12775 ◇923

Magnolia insignis Wall.

▶红花木兰

◎16340 ◇TBA

◎17299 ◇7

◎17660 ◇7

◎20363 ◇938/5

Magnolia kobus DC.

▶克普木兰

◎4196 ◇4/3

◎18596 ◇919

◎19595 ◇4

Magnolia kwangtungensis Merr.

▶广东木兰

◎9407 ◇8;801/5

◎12322 ◇870

◎13454 ◇8;1012/5

◎14990 ◇8

◎15020 ◇8

◎16402 ◇8

◎16634 ◇8

Magnolia liliifera Baill.

▶紫玉兰

◎10856 ◇4

◎10863 ◇4/3

◎28772 ◇1292

◎28773 ◇1292

◎31377 ◇1439

Magnolia lotungensis Chun & C. H. Tsoong

▶乐东木兰/乐东拟单性木兰

◎14311 ◇4/3

◎14423 ◇4

◎15007 ◇4

◎19940 ◇14

◎19941 ◇14

◎19942 ◇14

◎22159 ◇960

Magnolia macclurei Rehder & E. H. Wilson

▶醉香木兰

◎12885 ◇11;852/8

◎14048 ◇11;1010/8

◎14791 ◇11

◎14943 ◇11;1029

◎15977 ◇11

◎16063 ◇11

◎16655 ◇11

◎16965 ◇TBA

◎16966 ◇11

◎17695 ◇11

Magnolia macrophylla Michx.

▶大叶木兰/美国厚朴

◎4580 ◇4/4

◎25336 ◇1097

◎39538 ◇1694

◎40964 ◇1709

◎41851 ◇1720

Magnolia martini H. Lév.

▶马提木兰

◎11663 ◇12/6

◎17294 ◇11

Magnolia maudiae (Dunn) Figlar

▶深山木兰

◎6560 ◇11;720

◎8795 ◇11;717/8

◎8806 ◇11

◎9385 ◇11

◎11032 ◇11;1028

◎12512 ◇11;807

◎13467 ◇12/6

◎14926 ◇11;1029

◎15042 ◇11

◎15045 ◇11

◎15651 ◇12

◎16388 ◇12

◎17432 ◇12;969

◎17526 ◇12;794

◎18116 ◇12;808

◎19936 ◇12

◎19937 ◇12

◎19938 ◇12

◎20271 ◇12

Magnolia mediocris (Dandy) Figlar

▶白花木兰

◎14397 ◇11/8

◎15665 ◇12;798/555

Magnolia montana (Blume) Figlar

▶山地木兰/山地北美木兰

◎39049 ◇1688

Magnolia nitida W. W. Sm.

▶光叶木兰

◎8780 ◇4;983

◎12200 ◇4;1048

◎12933 ◇4;976

◎15823 ◇4

◎16405 ◇4/4

Magnolia obovalifolia (C. Y. Wu & Y. W. Law) V. S. Kumar

▶椭圆叶木兰

◎25337 ◇1098

Magnolia obovata Ait. ex Link

▶倒卵圆木兰

◎4136 ◇3

◎4197 ◇3/4

◎5713 ◇3

◎35818 ◇1581

Magnolia odora (Chun) Figlar & Noot.

▶奥德木兰

◎13680 ◇14/9

◎15694 ◇14

◎16979 ◇14

◎17092 ◇14/9

◎19939 ◇14

Magnolia officinalis var. *biloba* (Blume) Figlar & Noot.

▶厚朴

◎17995 ◇3;877/1

Magnolia officinalis Rehder & E. H. Wilson

▶厚朴

◎10243 ◇918

◎13668 ◇/4

◎13688 ◇4

Magnolia ovata Spreng.

▶卵形木兰

◎22737 ◇806

Magnolia salicifolia Maxim.

▶柳叶木兰

◎10242 ◇918

◎25340 ◇1098

Magnolia sambuensis (Pittier) Govaerts

▶萨姆木兰

◎4502 ◇14

Magnolia sargentiana Rehder & E. H. Wilson

▶凹叶木兰

◎8686 ◇4;1004/2

◎9777 ◇4;788/5

Magnolia shiluensis (Chun & Y. F. Wu) Figlar

▶石碌木兰

◎14672 ◇12;799

Magnolia sinica (Law Yuh-wu) Noot.

▶中华木兰

◎20399 ◇8

Magnolia sororum Seibert

▶索罗木兰

◎25341 ◇1098

◎39528 ◇1694

Magnolia sumatrana var. *glauca* (Lam.) Müll. Arg.

▶灰木兰

◎8900 ◇941

◎8955 ◇TBA

◎11390 ◇922/5

◎12720 ◇922

◎12764 ◇923

◎13220 ◇894

◎14109 ◇893

◎16819 ◇7

◎25332 ◇1097

◎27055 ◇1225

◎27634 ◇1236

◎31289 ◇1434

Magnolia sumatrana (Miq.) Figlar & Noot.

▶苏门答腊木兰

◎39045 ◇1688

Magnolia tripetala L.

▶三瓣木兰

◎25343 ◇1098

◎38674 ◇1138

◎39536 ◇1694

◎41037 ◇1710

◎41038 ◇1710

Magnolia tsiampacca (L.) Figlar & Noot.

▶采氏木兰

◎20953 ◇1

◎25344 ◇1099

◎35684 ◇1574

◎35685　◇1574
◎35686　◇1574
◎37135　◇1632

Magnolia virginiana **L.**
▶弗州木兰/白背玉兰
◎25345　◇1099
◎38683　◇1138
◎39756　◇1697
◎41039　◇1710
◎41895　◇1720

Magnolia vrieseana **Baill. ex Pierre**
▶弗氏木兰
◎27211　◇1228

Magnolia wilsonii **Rehder**
▶西康木兰
◎25346　◇1099

Magnolia zenii **W. C. Cheng**
▶宝华玉兰
◎6991　◇5/5

Magnolia **L.**
▶木兰属/北美木兰属
◎6629　◇5
◎7088　◇5;982
◎8699　◇5
◎8711　◇5
◎9055　◇5;977
◎9639　◇5
◎9664　◇5
◎10169　◇5
◎11381　◇922
◎13432　◇5
◎13437　◇5
◎14737　◇5
◎35752　◇1577

Manglietia **Blume**
▶木莲属
◎31　◇8
◎471　◇8
◎1118　◇8
◎16473　◇8
◎16949　◇8
◎39933　◇1122

Michelia alba **DC.**
▶白兰
◎16783　◇9/6
◎17657　◇9
◎19943　◇9

Michelia calcicola **C. Y. Wu ex Y. W. Law & Y. F. Wu**
▶灰岩含笑
◎17301　◇9

Michelia macclurei **Dandy**
▶醉香含笑
◎38091　◇1114

Michelia maudiae **Dunn**
▶深山含笑
◎38103　◇1114

Michelia spathulata **Triana**
▶匙叶含笑
◎16108　◇12

Michelia wilsonii **Finet & Gagnep.**
▶峨眉含笑
◎39531　◇1694

Michelia yuyuanensis **Law**
▶乳源含笑
◎17158　◇12

Michelia **L.**
▶含笑属
◎3574　◇13
◎7069　◇13
◎7617　◇13
◎9073　◇13
◎9074　◇13
◎9688　◇13
◎9817　◇13;990
◎9818　◇13;1058
◎9932　◇955
◎11578　◇13
◎11651　◇13;964
◎11791　◇13;811
◎11799　◇13
◎11818　◇13
◎13179　◇894
◎14466　◇13
◎15132　◇895
◎17448　◇13;804
◎17468　◇13;787
◎18741　◇894
◎26873　◇1214
◎26874　◇1215
◎27637　◇1236
◎35862　◇1584
◎39934　◇1122
◎39980　◇1123
◎39981　◇1124

Parakmeria lotungensis **(Chun & C. H. Tsoong) Y. W. Law**
▶乐东拟单性木兰
◎39728　◇1697

Paramichelia **Hance**
▶假白兰属/合果木属
◎39935　◇1122
◎39982　◇1124

Yulania stellata **N. H. Xia**
▶星花玉兰
◎25342　◇1098
◎38532　◇1135
◎39131　◇1689
◎41206　◇1712

Malpighiaceae　金虎尾科

Acridocarpus longifolius **Hook. f.**
▶长叶蛾果木
◎37757　◇1667

Aspidopterys tomentosa **A. Juss.**
▶毛盾翅藤
◎20866　◇892
◎28502　◇1279

Aspidosperma album **(Vahl) Benoist ex Pichon**
▶白盾籽木/白坚木
◎22507　◇820/535
◎22861　◇917
◎23204　◇905
◎23493　◇909
◎32538　◇1488

Aspidosperma amapa **Markgr.**
▶阿玛盾籽木/阿玛白坚木
◎33035　◇1506

Aspidosperma australe **Müll. Arg.**
▶南方盾籽木/南方白坚木
◎24257　◇1082
◎39425　◇1693

Aspidosperma cuspa **S. F. Blake ex Pittier**
▶齿尖盾籽木/齿尖白坚木
◎24258　◇1082

Aspidosperma cylindrocarpon **Müll. Arg.**
▶圆筒盾籽木/圆筒白坚木
◎24259　◇1082
◎40341　◇1701

Aspidosperma desmanthum **Benth. ex Müll. Arg.**
▶束花盾籽木/束花白坚木
◎27969　◇1252
◎27970　◇1252

◎29821 ◇1361
◎29822 ◇1361
◎29823 ◇1361
◎30048 ◇1375
◎30049 ◇1375
◎30050 ◇1375
◎30168 ◇1382
◎30169 ◇1382
◎30170 ◇1382
◎30637 ◇1410
◎30638 ◇1410
◎30639 ◇1410
◎30681 ◇1412
◎30682 ◇1412
◎30683 ◇1412
◎30806 ◇1416
◎30807 ◇1416
◎30808 ◇1416
◎32539 ◇1488
◎32540 ◇1488
◎32541 ◇1488
◎33036 ◇1506
◎33489 ◇1525
◎34662 ◇1554
◎34663 ◇1554
◎34664 ◇1554
◎38429 ◇1134
◎40360 ◇1701

***Aspidosperma excelsum* Benth.**
▶大盾籽木/大白坚木
◎20483 ◇828/535
◎24260 ◇1082
◎24264 ◇1082
◎29218 ◇1320
◎29303 ◇1325
◎32542 ◇1488
◎33491 ◇1525
◎34539 ◇1552
◎34540 ◇1552
◎34541 ◇1552
◎34542 ◇1552
◎34665 ◇1554

Aspidosperma fargesii
▶川白坚木
◎22567 ◇831/535

***Aspidosperma macrocarpon* Mart.**
▶大果盾籽木/大果白坚木
◎24261 ◇1082
◎24262 ◇1082
◎41375 ◇1714

***Aspidosperma macrophyllum* Müll. Arg.**
▶大叶盾籽木/大叶白坚木
◎33490 ◇1525

***Aspidosperma megalocarpon* subsp. *curranii* (Standl.) Marc.-Ferr.**
▶科瑞盾籽木/科瑞实白坚木
◎24263 ◇1082

***Aspidosperma megalocarpon* Müll. Arg.**
▶巨果盾籽木/巨果白坚木
◎20081 ◇936/535
◎20517 ◇828
◎22560 ◇/535
◎22568 ◇831
◎22664 ◇826

***Aspidosperma oblongum* A. DC.**
▶长叶盾籽木/长叶白坚木
◎27920 ◇1250
◎32543 ◇1488
◎34666 ◇1554

***Aspidosperma obscurinervium* Azambuja**
▶欧泊盾籽木/欧泊白坚木
◎22506 ◇820

***Aspidosperma polyneuron* Müll. Arg.**
▶玫瑰红盾籽木/玫瑰红白坚木
◎5257 ◇677
◎22456 ◇820/535
◎24265 ◇1082
◎33492 ◇1525
◎33493 ◇1525
◎33494 ◇1525
◎40310 ◇1701
◎41431 ◇1715

***Aspidosperma spruceanum* Benth. ex Müll. Arg.**
▶亚马孙盾籽木/亚马孙白坚木
◎24266 ◇1082
◎27922 ◇1250
◎33037 ◇1506
◎34670 ◇1554
◎38286 ◇1132

***Aspidosperma subincanum* Mart.**
▶撒布盾籽木/撒布白坚木
◎24267 ◇1082
◎40309 ◇1701

***Aspidosperma tomentosum* Mart.**
▶毛果盾籽木/毛果白坚木
◎24268 ◇1082
◎33038 ◇1506
◎40716 ◇1705

***Aspidosperma vargasii* A. DC.**
▶委内瑞拉盾籽木/委内瑞拉白坚木
◎24269 ◇1082
◎24270 ◇1082
◎27921 ◇1250
◎34669 ◇1554
◎40757 ◇1706
◎41376 ◇1714
◎42449 ◇1729

***Aspidosperma* Mart.**
▶盾籽木属/白坚木属
◎23267 ◇905
◎23647 ◇831
◎29869 ◇1364
◎30145 ◇1380
◎30223 ◇1385
◎30354 ◇1392
◎30355 ◇1392
◎30356 ◇1392
◎30507 ◇1402
◎34543 ◇1552
◎34544 ◇1552
◎34545 ◇1552
◎34667 ◇1554
◎34668 ◇1554
◎40815 ◇1706

***Byrsonima aerugo* Sagot**
▶铜绿金匙木
◎27880 ◇1247
◎29263 ◇1323
◎29264 ◇1323
◎32422 ◇1485
◎33655 ◇1534
◎33656 ◇1534

***Byrsonima bucidifolia* Standl.**
▶布斯金匙木
◎24399 ◇1085

***Byrsonima crassifolia* Kunth**
▶厚叶金匙木
◎4478 ◇471
◎4527 ◇471
◎24400 ◇1085
◎24401 ◇1085
◎32184 ◇1478
◎33657 ◇1534
◎33658 ◇1534

Byrsonima crispa A. Juss.

▶皱叶金匙木

◎40080 ◇1126

Byrsonima densa DC.

▶齿金匙木

◎27789 ◇1243

◎32423 ◇1485

◎32611 ◇1489

◎32612 ◇1489

◎33659 ◇1534

◎33660 ◇1534

◎33894 ◇1540

Byrsonima japurensis A. Juss.

▶日本金匙木

◎33895 ◇1540

Byrsonima lucida (Mill.) DC.

▶明亮金匙木

◎38805 ◇1140

Byrsonima obversa Miq.

▶倒向金匙木

◎27837 ◇1245

◎33661 ◇1535

◎33662 ◇1535

◎36820 ◇1623

Byrsonima spicata (Cav.) Rich. ex Kunth

▶穗状金匙木

◎20495 ◇828

◎32185 ◇1478

◎32186 ◇1478

◎32424 ◇1485

◎32425 ◇1485

◎32613 ◇1489

◎32614 ◇1489

◎32970 ◇1503

Byrsonima Rich. ex Kunth

▶金匙树属

◎33893 ◇1540

Flabellaria paniculata Cav.

▶圆锥扇翅藤

◎31179 ◇1430

◎31180 ◇1430

◎31181 ◇1430

◎31182 ◇1430

◎37851 ◇1672

Heteropterys macrostachya A. Juss.

▶大穗异翅藤

◎32634 ◇1490

◎38125 ◇1128

Heteropterys nervosa A. Juss.

▶多脉异翅藤

◎32635 ◇1490

◎32636 ◇1490

Hiptage Gaertn.

▶风筝果属

◎28516 ◇1279

Hiraea fagifolia A. Juss.

▶山毛榉叶藤翅果

◎32637 ◇1490

Pterandra pubescens

▶毛叶下樱

◎22743 ◇826

Spachea elegans A. Juss.

▶秀丽异金英

◎27778 ◇1242

◎27779 ◇1242

◎32523 ◇1487

◎33726 ◇1536

◎33727 ◇1536

◎33728 ◇1536

◎33957 ◇1541

Spachea elegans var. *obovata* Nied.

▶倒卵圆异金英

◎32524 ◇1487

◎36872 ◇1625

Tristellateia australasiae A. Rich.

▶三星果

◎37648 ◇1663

Malvaceae 锦葵科

Abutilon ramiflorum A. St.-Hil.

▶茎花苘麻

◎38443 ◇1134

Adansonia digitata L.

▶猴面包树

◎24116 ◇1083

Ambroma augusta L. f.

▶昂天莲

◎11814 ◇142/92

Apeiba glabra Aubl.

▶光果热美椴

◎18373 ◇136

◎18549 ◇826/550

◎22569 ◇831

Apeiba membranacea Spruce ex Benth.

▶膜叶热美椴

◎29916 ◇1367

◎29983 ◇1371

◎29984 ◇1371

◎29985 ◇1371

◎30074 ◇1376

◎30099 ◇1378

◎30242 ◇1386

◎30243 ◇1386

◎30268 ◇1388

◎30451 ◇1399

◎30452 ◇1399

◎30453 ◇1399

◎30454 ◇1400

◎30455 ◇1400

◎30456 ◇1400

◎30563 ◇1405

◎30564 ◇1405

◎30565 ◇1405

◎30752 ◇1414

◎30802 ◇1416

◎30803 ◇1416

◎33888 ◇1540

◎33889 ◇1540

◎38270 ◇1132

◎39868 ◇1698

Apeiba petoumo Aubl.

▶佩托热美椴

◎20460 ◇136/550

◎27784 ◇1242

◎32179 ◇1478

◎32420 ◇1485

◎32601 ◇1489

◎33650 ◇1534

Apeiba tibourbou Aubl.

▶刺果热美椴

◎22691 ◇806/550

◎22770 ◇806

◎29917 ◇1367

◎30028 ◇1374

◎30194 ◇1383

◎30566 ◇1405

◎30567 ◇1405

◎30568 ◇1405

◎30804 ◇1416

◎30805 ◇1416

◎32602 ◇1489

Argyrodendron peralatum (Bailey) Edlin ex J. H. Boas

▶派氏银树锦葵/派氏郁香桐

◎24249 ◇1082

◎40318　◇1701

Argyrodendron trifoliolatum F. Muell.

▶三叶银树锦葵/三叶叶郁香桐

◎22919　◇823

◎24250　◇1082

◎42299　◇1725

Ayenia morii (L. C. Barnett & Dorr) Christenh. & Byng

▶莫尔刺果麻

◎32850　◇1499

Berrya cordifolia (Willd.) Burret

▶心形浆果椴/心形六翅木

◎24336　◇1085

◎24337　◇1085

◎27357　◇1231

Bombacopsis Pittier

▶类木棉属

◎22681　◇806/536

Bombax anceps Pierre

▶双边木棉

◎24357　◇1086

◎40349　◇1701

Bombax buonopozense P. Beauv.

▶西非木棉

◎31016　◇1425

◎31111　◇1428

◎31112　◇1428

◎36818　◇1623

Bombax ceiba L.

▶吉贝木棉/木棉

◎4699　◇149

◎7255　◇TBA

◎7956　◇150/99

◎8486　◇898

◎8994　◇TBA

◎9002　◇TBA

◎9211　◇150;791/99

◎9212　◇150;791/99

◎10021　◇150

◎13694　◇150

◎13848　◇150;812

◎14013　◇150

◎14625　◇150/99

◎14896　◇150;1074

◎16767　◇150

◎17241　◇150

◎17729　◇150;797

◎17730　◇150;797

◎17731　◇150;797

◎18775　◇150

◎19108　◇896

◎20681　◇896

◎20941　◇150

◎21044　◇890

◎21402　◇897

◎21858　◇149

◎22960　◇954

◎24358　◇1086

◎37046　◇1629

◎37119　◇1631

Bombax insigne Wall.

▶长果木棉

◎4888　◇149

◎15247　◇901/99

◎15265　◇901

◎15294　◇901/609

◎20794　◇891

◎22951　◇954

Bombax L.

▶木棉属

◎19423　◇832

◎27836　◇1245

◎32318　◇1483

◎32544　◇1488

◎33653　◇1534

Bombycidendron vidalianum Merr. & Rolfe

▶乔槿

◎4645　◇152/101

Brachychiton acerifolius (A. Cunn. ex G. Don) F. Muell.

▶槭叶酒瓶树

◎24365　◇1084

◎40374　◇1701

Brachychiton gregorii F. Muell.

▶格氏酒瓶树

◎39389　◇1692

Brachychiton populneus (Schott & Endl.) R. Br.

▶澳洲梧桐

◎24366　◇1084

◎39755　◇1697

Brachychiton Schott & Endl.

▶酒瓶树属

◎41267　◇1713

◎41268　◇1713

Brownlowia peltata Benth.

▶盾状杯萼椴

◎26979　◇1224

Burretiodendron esquirolii (H. Lév.) Rehder

▶柄翅果/心叶蚬木

◎16318　◇136/86

◎16319　◇TBA

◎20076　◇/86

Burretiodendron obconicum W. Y. Chun & F. C. How

▶长蒴蚬木

◎11281　◇136;995/86

◎13717　◇136;808

Burretiodendron tonkinense (A. Chev.) Kosterm.

▶蚬木

◎8200　◇136;718

◎8226　◇136

◎8814　◇136;717

◎8926　◇939/88

◎9269　◇136;786/86

◎9270　◇136;786

◎10019　◇136

◎11280　◇136;968

◎11383　◇922

◎12769　◇923/88

◎16009　◇136

◎17279　◇136

◎18759　◇136

◎40909　◇1708

◎40910　◇1708

Byttneria Loefl.

▶刺果藤属

◎32187　◇1478

Callianthe nivea (Griseb.) Dorr

▶白金铃花

◎38552　◇1135

Camptostemon philippinensis (S. Vidal) Becc.

▶菲律宾弯蕊木

◎27360　◇1231

Carpodiptera meliae

▶红针椴属

◎20535　◇828

Catostemma altsonii Sandwith

▶奥氏垂冠木棉/硕人树

◎18371　◇149/536

◎22108　◇909/536

Catostemma commune Sandwith

▶卡氏垂冠木棉/卡氏硕人树

◎23631 ◇831
◎29265 ◇1323
◎29825 ◇1361
◎29826 ◇1361
◎29827 ◇1361
◎30052 ◇1375
◎30053 ◇1375
◎30054 ◇1375
◎30172 ◇1382
◎30173 ◇1382
◎30174 ◇1382
◎30646 ◇1410
◎30647 ◇1410
◎30812 ◇1416
◎30813 ◇1416
◎33321 ◇1518

Catostemma fragrans **Benth.**
▶芳香垂冠木棉
◎7515 ◇149/536
◎27841 ◇1245
◎32428 ◇1485
◎32429 ◇1485
◎38242 ◇1130

Cavanillesia hylogeiton **Ulbr.**
▶海氏卡夫木棉/海氏纺锤树
◎24498 ◇1086
◎38264 ◇1130
◎41011 ◇1709
◎41111 ◇1711

Cavanillesia platanifolia **(Bonpl.) Kunth**
▶悬铃叶卡夫木棉/悬铃叶纺锤树
◎20493 ◇828

Ceiba aesculifolia **(Kunth) Britten & Baker f.**
▶艾氏吉贝木/艾氏异木棉
◎24510 ◇1087

Ceiba insignis **(Kunth) P. E. Gibbs & Semir**
▶白花吉贝木/白花异木棉
◎18263 ◇908/537
◎22571 ◇831/537
◎24509 ◇1087
◎38266 ◇1130
◎40420 ◇1702

Ceiba pentandra **(L.) Gaertn.**
▶五雄吉贝
◎14670 ◇149
◎17018 ◇149
◎17806 ◇929/506
◎19427 ◇832
◎19443 ◇832
◎20132 ◇936/537
◎20182 ◇149/537
◎20952 ◇149
◎21082 ◇928
◎21428 ◇897
◎21903 ◇899
◎26766 ◇TBA
◎29894 ◇1365
◎30005 ◇1372
◎30199 ◇1384
◎30691 ◇1412
◎30692 ◇1412
◎30815 ◇1416
◎31020 ◇1425
◎31117 ◇1428
◎31118 ◇1428
◎31946 ◇1470
◎32200 ◇1478
◎33235 ◇1515
◎33779 ◇1538
◎34955 ◇1560
◎37125 ◇1631
◎37126 ◇1631
◎37127 ◇1631
◎39736 ◇1697

Ceiba samauma **(Mart.) K. Schum.**
▶萨莫吉贝木
◎18251 ◇908/537
◎22058 ◇908/537

Ceiba speciosa **(A. St.-Hil., A. Juss. & Cambess.) Ravenna**
▶美丽吉贝木
◎38434 ◇1134
◎39838 ◇1698

Chiranthodendron pentadactylon **Larreat.**
▶五裂魔爪花
◎20536 ◇828

Coelostegia griffithii **Benth. & Hook. f.**
▶杯榴梿木
◎26993 ◇1224

Cola ballayi **Cornu ex Heckel**
▶非洲梧桐/贝利可乐果
◎21513 ◇142/528

Cola clavata **Mast.**
▶棒状非洲梧桐/棒状可乐果
◎32202 ◇1478

Cola cordifolia **(Cav.) R. Br.**
▶心叶非洲梧桐/心叶可乐果
◎17984 ◇829
◎19589 ◇142

Cola digitata **Mast.**
▶掌状非洲梧桐/掌状可乐果
◎36527 ◇1610

Cola heterophylla **(P. Beauv.) Schott & Endl.**
▶异叶非洲梧桐/异叶可乐果
◎30966 ◇1423
◎31063 ◇1427
◎31064 ◇1427
◎35848 ◇1583

Cola lateritia **var.** ***lateritia***
▶砖红非洲梧桐/砖红可乐果
◎37892 ◇1675
◎37893 ◇1675

Cola lepidota **K. Schum.**
▶鳞毛非洲梧桐/鳞毛可乐果
◎40038 ◇1116

Cola nitida **(Vent.) Schott & Endl.**
▶白可拉
◎26612 ◇TBA
◎29559 ◇1340
◎29560 ◇1340
◎29561 ◇1340

Cola pachycarpa **K. Schum.**
▶厚果非洲梧桐/厚果可乐果
◎40022 ◇1116

Cola rhodolphylla **Werm.**
▶蔷薇叶非洲梧桐/蔷薇叶可乐果
◎21514 ◇142/528

Colona floribunda **(Kurz) Craib**
▶大泡火绳/一担柴
◎3366 ◇137
◎3521 ◇137
◎4303 ◇137
◎12003 ◇137;999/87

Colona glabra
▶光一担柴
◎36088 ◇1587

Colona scabra **(Sm.) Burret**
▶斯卡一担柴
◎24613 ◇1089

Colona sinica **Hu**
▶泡火绳

◎3736　◇137/87

Colona Cav.

▶一担柴属

◎31853　◇1466

◎37979　◇1680

◎37980　◇1680

◎37981　◇1680

Commersonia bartramia（L.）Merr.

▶巴萃山麻树

◎24625　◇1088

◎27372　◇1231

◎40386　◇1701

◎42204　◇1724

◎42333　◇1726

Cullenia exarillata A. Robyns

▶野榴莲/无瓣榴莲

◎20685　◇896

Desplatsia dewevrei（De Wild. & T. Durand）Burret

▶迪斯椴

◎21725　◇930/530

Desplatsia subericarpa Bocq.

▶软果迪斯椴

◎40040　◇1116

Diplodiscus paniculatus Turcz.

▶圆锥二重椴/圆锥独子椴

◎18863　◇913/753

Diplodiscus Turcz.

▶二重椴属/独子椴属

◎31570　◇1452

◎37986　◇1680

Duboscia macrocarpa Bocq.

▶大果热非椴/大果固齿树

◎37850　◇1672

Durio affinis Becc.

▶近缘榴莲/阿飞榴莲

◎24827　◇1091

Durio ceylanicus Gardner

▶青色榴莲

◎4894　◇149/610

◎28420　◇1275

◎28421　◇1275

◎28426　◇1275

Durio dulcis Becc.

▶甜榴莲

◎5213　◇149

◎35419　◇1571

◎35931　◇1585

Durio excelsus（Korth.）Bakh.

▶高大榴莲

◎27014　◇1224

Durio graveolens Becc.

▶石砾榴莲

◎22172　◇934

◎33390　◇1522

◎33459　◇TBA

Durio griffithii（Mast.）Bakh.

▶基氏榴莲

◎27202　◇1228

◎37989　◇1680

Durio kutejensis（Hassk.）Becc.

▶库特榴莲

◎35932　◇1585

Durio malaccensis Planch. ex Mast.

▶麦拉榴莲

◎4821　◇149/99

Durio oxleyanus Griff.

▶奥克榴莲

◎24828　◇1091

◎27391　◇1232

Durio teschii

▶特氏榴梿

◎35933　◇1585

Durio zibethinus L.

▶榴莲木

◎5191　◇149

◎14082　◇893/100

◎22406　◇902

◎24829　◇1091

◎27586　◇1235

Durio Adans.

▶榴梿属

◎13149　◇894

◎15162　◇895

◎17179　◇149

◎19501　◇935

◎22260　◇934

◎22386　◇926

◎22833　◇920

◎23130　◇933

◎23398　◇933

◎35618　◇TBA

Eriolaena candollei Wall.

▶南火绳

◎22952　◇954

Eriolaena kwangsiensis Hand.-Mazz.

▶桂火绳

◎3548　◇142

◎3799　◇142

◎11675　◇142;781/92

Eriolaena spectabilis（DC.）Planch. ex Mast.

▶火绳树

◎17243　◇142/92

Eriotheca globosa（Aubl.）A. Robyns

▶球形毛鞘木棉/球形小瓜栗

◎41481　◇1715

◎41494　◇1715

Eriotheca longipedicellata（Ducke）A. Robyns

▶长柄毛鞘木棉/长柄小瓜栗

◎40099　◇1127

Eriotheca surinamensis（Uittien）A. Robyns

▶苏里南毛鞘木棉/苏里南小瓜栗

◎27973　◇1253

◎31935　◇1470

◎33654　◇1534

Excentrodendron Hung T. Chang & R. H. Miau

▶蚬木属

◎39962　◇1122

Firmiana colorata（Roxb.）R. Br.

▶火桐

◎18295　◇902

◎20909　◇892

◎22210　◇934

◎27394　◇1232

Firmiana hainanensis Kosterm.

▶海南梧桐

◎14712　◇143/92

Firmiana pulcherrima H. H. Hsue

▶美丽梧桐

◎14674　◇143/92

Firmiana simplex（L.）W. Wight

▶梧桐

◎483　◇143

◎1207　◇TBA

◎5616　◇143/92

◎5730　◇147/98

◎6442　◇143;781

◎6664　◇143

◎10142　◇TBA

◎10801 ◇143
◎12223 ◇847
◎12244 ◇848
◎15896 ◇143
◎17141 ◇143
◎21446 ◇897
◎29736 ◇1357
◎29737 ◇1357
◎38793 ◇1140

Firmiana **Marsili**
▶梧桐属
◎4088 ◇143
◎27604 ◇1236
◎37606 ◇1662

Fremontodendron californicum **(Torr.) Coult.**
▶加州绵绒树
◎39676 ◇1696

Glyphaea brevis **(Spreng.) Monach.**
▶短牛轭麻
◎32213 ◇1479
◎36640 ◇1615

Gossampinus leptaphylla
▶无叶假木棉
◎35859 ◇1584

Gossypium arboreum **L.**
▶树棉
◎21389 ◇897

Gossypium hirsutum **L.**
▶陆地棉
◎40566 ◇1704

Grewia abutilifolia **Vent. ex Juss.**
▶苘麻叶扁担杆
◎16505 ◇137/87
◎39734 ◇1697

Grewia asiatica **L.**
▶亚洲扁担杆
◎21414 ◇897
◎25102 ◇1095

Grewia biloba **G. Don**
▶扁担杆
◎8717 ◇137;1065/87

Grewia bulot **Gagnep.**
▶布罗扁担杆
◎25103 ◇1095
◎39349 ◇1692

Grewia calophylla **Kurz ex Mast.**
▶美叶扁担杆
◎20914 ◇892

Grewia chungii **Merr.**
▶海南破布叶
◎11745 ◇138;991
◎14292 ◇138/601
◎17725 ◇TBA

Grewia coriacea **Mast.**
▶革质扁担杆
◎36334 ◇1595

Grewia eriocarpa **Juss.**
▶毛果扁担杆
◎14631 ◇137/87
◎27418 ◇1232

Grewia rothii **DC.**
▶罗氏扁担杆
◎32214 ◇1479

Grewia tiliaefolia **Vahl**
▶椴叶扁担杆
◎4898 ◇137
◎8500 ◇898/87
◎20695 ◇896

Grewia tomentosa **Juss.**
▶毛扁担杆
◎25104 ◇1095
◎25105 ◇1095

Grewia **L.**
▶扁担杆属
◎21254 ◇137
◎27242 ◇1229
◎28221 ◇1265
◎28251 ◇1267
◎28470 ◇1277
◎28607 ◇1284
◎28707 ◇1289
◎28766 ◇1292
◎28935 ◇1302
◎31607 ◇1453
◎31725 ◇1458
◎31875 ◇1467
◎31876 ◇1467
◎32215 ◇1479
◎32216 ◇1479
◎37936 ◇1678

Guazuma crinita **Mart.**
▶瘤果麻
◎22595 ◇831
◎22609 ◇831
◎41379 ◇1714
◎41886 ◇1720

Guazuma ulmifolia **Lam.**
▶毛可可/榆叶瘤果麻
◎4529 ◇143/93
◎25112 ◇1095
◎35290 ◇1569
◎35291 ◇1569
◎41401 ◇1714
◎41872 ◇1720

Hampea trilobata **Standl.**
▶三裂汉佩锦葵
◎25137 ◇1096
◎39303 ◇1691
◎41965 ◇1721
◎41972 ◇1721

Heliocarpus americanus **L.**
▶美国光芒果
◎30231 ◇1386
◎38439 ◇1134

Heliocarpus appendiculatus **Turcz.**
▶爱盘光芒果
◎4511 ◇137/602
◎32232 ◇1480
◎32233 ◇1480

Heliocarpus popayanensis **Kunth**
▶泊帕光芒果
◎29952 ◇1369
◎30040 ◇1374
◎30445 ◇1399
◎30446 ◇1399
◎30447 ◇1399
◎30774 ◇1415
◎38165 ◇1129

Heritiera actinophylla **(F. M. Bailey) Kosterm.**
▶掌叶银叶树
◎18550 ◇143
◎25159 ◇1096
◎39692 ◇1696

Heritiera angustata **Pierre**
▶长柄银叶树
◎14695 ◇143/93

Heritiera cochinchinensis **(Pierre) Kosterm.**
▶交趾银叶树
◎25160 ◇1096
◎39030 ◇1688

Heritiera densiflora **(Pellegr.) Kosterm.**
▶密花银叶树
◎39653 ◇1696

Heritiera ernithocephala

▶尔尼银叶树

◎23584 ◇915

Heritiera fomes **Buch.-Ham.**

▶层孔银叶树

◎4900 ◇143

◎15238 ◇901/93

◎19098 ◇896

Heritiera javanica **(Biume) Kosterm.**

▶爪哇银叶树

◎4644 ◇TBA

◎8924 ◇939/98

◎15525 ◇148

◎16358 ◇932/98

◎20392 ◇938/94

◎20747 ◇143

◎21036 ◇890

◎27498 ◇1234

◎27691 ◇1238

Heritiera littoralis **Aiton**

▶银叶树

◎6797 ◇143;781/93

◎7353 ◇143

◎20911 ◇892

◎21610 ◇143

◎26573 ◇1175

◎27031 ◇1225

◎27243 ◇1229

◎27609 ◇1236

◎33681 ◇1535

◎35433 ◇1571

◎35434 ◇1571

◎36125 ◇1587

Heritiera macrophylla **Wall. ex Kurz**

▶大叶银叶树

◎11568 ◇143

◎14758 ◇143/93

Heritiera ornithocephala **Kosterm.**

▶欧氏银叶树

◎21189 ◇143

◎23187 ◇915

◎23308 ◇915

Heritiera papilio **Bedd.**

▶凤蝶银叶树

◎20728 ◇896

Heritiera parvifolia **Merr.**

▶小叶银叶树

◎11421 ◇148;859/94

◎11422 ◇148

◎11423 ◇148

◎11558 ◇148

◎12481 ◇148;1044

◎13008 ◇148

◎14676 ◇148/94

◎14874 ◇148

Heritiera peralata **(F. M. Bailey) Kosterm.**

▶佩拉银叶树

◎25158 ◇1096

Heritiera polyandra **(L. S. Sm.) Kosterm.**

▶多阳银叶树

◎25161 ◇1096

◎25162 ◇1096

Heritiera simplicifolia **(Mast.) Kosterm.**

▶单叶银叶树

◎13204 ◇894/94

◎25163 ◇1096

◎39694 ◇1696

Heritiera sumatrana **(Miq.) Kosterm.**

▶苏门答腊银叶树

◎27499 ◇1234

Heritiera sylvatica **S. Vidal**

▶林生银叶树

◎33736 ◇1536

Heritiera trifoliolata **(F. Muell.) Kosterm.**

▶三叶银叶树

◎36228 ◇1588

Heritiera utilis **(Sprague) Sprague**

▶优替银叶树

◎5086 ◇148

◎15212 ◇148/527

◎20991 ◇148

◎21947 ◇899

◎34126 ◇1544

Heritiera **Aiton**

▶银叶树属

◎15185 ◇938

◎17482 ◇148

◎17818 ◇929

◎19473 ◇935

◎22255 ◇934

◎22384 ◇926

◎22834 ◇920

◎23137 ◇933

◎23366 ◇TBA

◎23413 ◇933

◎35435 ◇1571

◎35436 ◇1571

◎40851 ◇1707

◎28568 ◇1282

◎35557 ◇1572

Hibiscus elatus **Sw.**

▶高红槿

◎25168 ◇1096

◎39601 ◇1695

◎42313 ◇1726

◎42314 ◇1726

Hibiscus macrophyllus **(Blume) Oken**

▶大叶木槿

◎3474 ◇152

◎4284 ◇152/101

◎11765 ◇152

Hibiscus mutabilis **L.**

▶木芙蓉

◎19989 ◇152

◎19990 ◇152

◎38107 ◇1114

Hibiscus rosa-sinensis **L.**

▶朱槿

◎25167 ◇1096

Hibiscus syriacus **L.**

▶木槿

◎5659 ◇152

◎19991 ◇152/101

Hibiscus tiliaceus **subsp.** ***tiliaceus***

▶黄槿

◎27610 ◇1236

Hibiscus tiliaceus **(L.) Fryxell.**

▶黄槿

◎4528 ◇152

◎5055 ◇152

◎7253 ◇152

◎14541 ◇152/101

◎14972 ◇152

◎16815 ◇152

◎17045 ◇152

◎20886 ◇892

◎21003 ◇890

◎21844 ◇152

◎35437 ◇1571

◎35438 ◇1571

◎37518 ◇1660

◎37519 ◇1660
◎41089 ◇1710
◎41873 ◇1720
Hibiscus L.
▶木槿属
◎27244 ◇1229
Hildegardia barteri (Mast.) Kosterm.
▶闭果桐
◎39674 ◇1696
Hildegardia cubensis (Urb.) Kosterm.
▶古巴闭果桐
◎39701 ◇1696
Hoheria angustifolia Raoul
▶细叶绶带木
◎18806 ◇911
Hoheria glabrata Sprague & Summerh.
▶光滑绶带木
◎18807 ◇911/743
Jarandersonia spinulosa Kosterm.
▶有棘毛刺椴
◎33414 ◇1523
◎33462 ◇TBA
Kleinhovia hospita L.
▶鹧鸪麻
◎6816 ◇143;782
◎14132 ◇/92
◎14626 ◇143
◎25249 ◇1097
◎27619 ◇1236
◎37153 ◇1632
Kydia calycina Roxb.
▶翅果麻
◎4285 ◇152
◎8554 ◇898/101
Kydia glabrescens Mast.
▶光叶翅果麻
◎3595 ◇152
◎3718 ◇152
◎3720 ◇152/612
Leptonychia echinocarpa K. Schum.
▶刺果鳞瓣麻
◎36302 ◇1594
Leptonychia pubescens Keay
▶绒毛鳞瓣麻
◎29283 ◇1324
Luehea candida (Moc. & Sessé ex DC.) Mart.
▶瓣裂马鞭椴/瓣裂马鞭麻
◎25304 ◇1098
Luehea divaricata Mart.
▶展枝马鞭椴/展枝马鞭麻
◎5253 ◇137/603
◎25305 ◇1098
Luehea seemannii Triana & Planch.
▶泽曼马鞭椴/泽曼马鞭麻
◎32242 ◇1480
◎38300 ◇1132
Luehea speciosa Willd.
▶美丽马鞭椴/美丽马鞭麻
◎25306 ◇1098
◎39555 ◇1695
Lueheopsis duckeana Burret
▶达克卢氏锦葵/达克桃花麻
◎40119 ◇1127
Lueheopsis rugosa (Pulle) Burret
▶粗糙卢氏锦葵/粗糙桃花麻
◎20421 ◇905/550
◎22534 ◇820
◎27854 ◇1246
◎27897 ◇1248
◎31993 ◇1471
◎32483 ◇1486
◎32484 ◇1486
◎33691 ◇1535
◎33692 ◇1535
Malva arborea (L.) Webb & Berthel.
▶树锦葵
◎21632 ◇152/524
Malva olbia Alef.
▶奥尔锦葵
◎32237 ◇1480
Mansonia altissima (A. Chev.) A. Chev.
▶曼森梧桐/香白桐
◎7528 ◇143
◎15214 ◇143/527
◎15417 ◇143/527
◎17800 ◇929/527
◎18980 ◇907/94
◎19666 ◇143
◎21069 ◇928
◎21787 ◇930/527
◎21871 ◇930
◎21882 ◇930
◎21932 ◇899
Matisia bicolor Ducke
▶双色南瓜榄
◎22572 ◇831/537
◎41770 ◇1719
◎42134 ◇1723
Matisia cordata Bonpl.
▶心叶南瓜榄
◎41019 ◇1710
◎41771 ◇1719
Melochia argentina R. E. Fr.
▶阿根廷马松子木
◎38435 ◇1134
Melochia umbellata (Houtt.) Stapf
▶伞形马松子木
◎18881 ◇913/94
◎18905 ◇913/77
Microcos argentata Burret
▶银白破布叶
◎31525 ◇1450
Microcos florida (Miq.) Burret
▶佛州破布叶
◎27273 ◇1229
Microcos malacocarpa (Mast.) Burret
▶马拉果布渣叶
◎29181 ◇1318
◎36586 ◇1613
Microcos paniculata L.
▶破布叶/布渣叶
◎3621 ◇138
◎12187 ◇138;1047/88
◎14562 ◇138
◎16753 ◇138/88
◎20938 ◇138
Microcos pyriformis (Elmer) Burret
▶三花破布叶
◎35974 ◇1586
Microcos tomentosa Sm.
▶毛布渣叶
◎3417 ◇137
◎3437 ◇137/87
Microcos Burm. ex L.
▶破布叶属
◎27272 ◇1229
◎31293 ◇1434
◎37535 ◇1660
Montezuma speciosissima Moc. & Sessé ex DC.
▶美丽古巴木棉
◎39529 ◇1694
Nesogordonia holtzii (Engl.) Capuron ex L. C. Barnett & Dorr
▶霍尔尼索桐/霍尔岛茶檀

◎39345　◇1692

Nesogordonia kabingaensis (K. Schum.) Capuron ex R. Germ.

▶卡氏尼索桐/卡氏岛茶檀

◎25462　◇1099

Nesogordonia leplaei (Vermoesen) Capuron

▶莱博尼索桐/莱博岛茶檀

◎18418　◇925/528

◎21598　◇144

◎37160　◇1632

Nesogordonia papaverifera (A. Chev.) Capuron ex N. Hallé

▶罂粟尼索桐/罂粟岛茶檀

◎5114　◇142

◎7526　◇142

◎17810　◇929/74

◎21739　◇930/528

◎21885　◇930

◎21938　◇899

Nesogordonia Baill.

▶尼索桐属/岛茶檀属

◎16292　◇144

Ochroma pyramidale (Cav. ex Lam.) Urb.

▶轻木

◎4638　◇151

◎7271　◇151

◎7358　◇151

◎7359　◇151

◎7360　◇151/100

◎9741　◇151

◎11198　◇151

◎13183　◇894

◎13237　◇151

◎14119　◇/100

◎17788　◇151/100

◎17789　◇151

◎17790　◇151;985/100

◎18104　◇151/100

◎18947　◇907/100

◎18986　◇151

◎19402　◇151

◎19647　◇151

◎21016　◇890

◎21738　◇930/100

◎22573　◇831

◎25481　◇1101

◎38337　◇1132

◎38338　◇1132

Ochroma Sw.

▶轻木属

◎4524　◇151

◎11191　◇TBA

◎13099　◇151;787/537

◎15160　◇895

◎26800　◇1203

◎33700　◇1535

Octolobus spectabilis Welw.

▶八裂锦葵

◎29685　◇1354

◎29686　◇1354

Octolobus zenkeri Engl.

▶曾氏八裂锦葵

◎29567　◇1341

Pachira aquatica Aubl.

▶瓜栗

◎20522　◇828

◎25517　◇1102

◎26891　◇1217

◎26892　◇1217

◎27766　◇1241

◎32545　◇1488

◎33039　◇1507

◎33651　◇1534

◎36802　◇1622

◎36817　◇1623

Pachira nervosa (Uittien) Fern. Alonso

▶显脉瓜栗

◎33652　◇1534

Pachira paraensis (Ducke) W. S. Alverson

▶帕州瓜栗

◎22570　◇831/536

Pachira quinata W. S. Alverson

▶五瓜栗

◎4537　◇149/99

◎22749　◇806

◎25518　◇1102

◎39331　◇1691

Pavonia fruticosa Fawc. & Rendle

▶弗如粉葵

◎38519　◇1135

Pentace bracteolata Mast.

▶马来硬椴/马来五室椴

◎20755　◇138

◎22212　◇934

Pentace burmanica Kurz

▶缅甸硬椴/缅甸五室椴

◎4909　◇138

◎13957　◇954

◎15195　◇938/88

◎15284　◇900

◎15308　◇900/600

◎15330　◇900

◎17844　◇900/88

◎20338　◇938

Pentace chartacea Kosterm.

▶纸叶硬椴/纸叶五室椴

◎40734　◇1706

Pentace griffithii King

▶裸茎硬椴

◎4304　◇138/600

Pentace laxiflora Merr.

▶疏花硬椴/疏花五室椴

◎35502　◇1572

Pentace triptera Mast.

▶三翅硬椴/三翅五室椴

◎20756　◇138/88

◎35991　◇1586

◎35992　◇1586

◎39066　◇1688

Pentace vietnamensis A. DC.

▶越南硬椴

◎8902　◇941/88

◎8983　◇TBA

Pentace Hassk.

▶硬椴属/五室椴属

◎12399　◇848

◎19512　◇935

◎23176　◇933

◎23233　◇927

◎23417　◇933

◎35990　◇1586

Pentaplaris davidsmithii Dorr & C. Bayer

▶戴维翅萼槿属

◎41028　◇1710

◎41447　◇1715

Phragmotheca fuchsii Cuatrec.

▶皮阿锦葵

◎35140　◇1565

Phragmotheca leucoflora D. R. Simpson

▶白花隔药榄

◎38303　◇1132

Pseudobombax ellipticum (Kunth) Dugand
▶椭圆叶假木棉木/龟纹木棉
◎20131 ◇936
◎25744 ◇1105
◎38309 ◇1132

Pseudobombax septenatum (Jacq.) Dugand
▶七叶假木棉木/七叶番木棉
◎27241 ◇1229
◎38363 ◇1133

Pterocymbium beccarii K. Schum.
▶土藤舟翅桐
◎18957 ◇907/95
◎19019 ◇906/95
◎22794 ◇906
◎22831 ◇920

Pterocymbium tinctorium (Blanco) Merr.
▶染料舟翅桐
◎26533 ◇1171
◎27301 ◇1230
◎28355 ◇1271
◎28725 ◇1290
◎35512 ◇1572
◎35513 ◇1572
◎35514 ◇1572
◎41450 ◇1715
◎41689 ◇1718

Pterocymbium tubulatum Pierre
▶管状舟翅桐
◎27662 ◇1237

Pterocymbium R. Br.
▶舟翅桐属
◎37552 ◇1661

Pterospermum acerifolium (L.) Willd.
▶翅子树
◎18278 ◇902
◎22974 ◇954
◎27664 ◇1237
◎36174 ◇1588
◎38315 ◇1132

Pterospermum celebicum Miq.
▶塞拉翻白叶
◎21657 ◇144

Pterospermum diversifolium Blume
▶异叶翻白叶
◎9278 ◇144/95
◎11395 ◇922/95
◎21045 ◇890
◎26504 ◇1168
◎26505 ◇1168
◎26506 ◇TBA
◎26534 ◇1171
◎26535 ◇TBA
◎26536 ◇TBA
◎28352 ◇1271
◎28532 ◇1280

Pterospermum elongatum Korth.
▶长穗翻白叶/长穗翅子树
◎25762 ◇1106
◎28169 ◇1263

Pterospermum heterophyllum Hance
▶翻白叶
◎6573 ◇144;877
◎6798 ◇144
◎13007 ◇144/95
◎14576 ◇144/95
◎14826 ◇144/95
◎15708 ◇144;782
◎16586 ◇144

Pterospermum javanicum Jungh.
▶爪哇翻白叶
◎9955 ◇/95
◎14190 ◇893/606
◎26507 ◇1168
◎26508 ◇1168
◎26509 ◇1168
◎27077 ◇1225
◎27302 ◇1230
◎27467 ◇1233
◎27665 ◇1237
◎37172 ◇1632
◎37173 ◇1632

Pterospermum lanceaefolium Roxb
▶窄叶翻白叶
◎3774 ◇144
◎6800 ◇144
◎11546 ◇TBA
◎14543 ◇144/95
◎14544 ◇144
◎14823 ◇144
◎17703 ◇144
◎20396 ◇144

Pterospermum menglunense H. H. Hsue
▶勐仑翻白叶/勐仑翅子树
◎19396 ◇144

Pterospermum schreber
▶窄叶半枫荷
◎39955 ◇1122

Pterospermum stapfianum Ridl.
▶毛梗翻白叶
◎35515 ◇1572

Pterospermum stapfidum (L.) Willd.
▶马来翻白叶
◎22208 ◇934

Pterospermum truncatolobatum Gagnep.
▶截裂翻白叶
◎16003 ◇144/95
◎18767 ◇144

Pterospermum Schreb.
▶翻白叶属/翅子树属
◎4650 ◇144
◎9956 ◇956
◎15154 ◇895/95
◎21253 ◇144
◎22385 ◇926
◎27663 ◇1237
◎28726 ◇1290
◎31751 ◇1459
◎31752 ◇1459
◎31909 ◇1469

Pterygota alata (Roxb.) R. Br.
▶翅苹婆
◎14808 ◇144;1029/97
◎16795 ◇144/97
◎20775 ◇144
◎20912 ◇892

Pterygota amazonica L. O. Williams
▶亚马孙翅苹婆
◎22623 ◇831
◎25763 ◇1106
◎38267 ◇1130
◎41445 ◇1715
◎41499 ◇1715

Pterygota bequaertii De Wild.
▶贝氏翅苹婆
◎20506 ◇828
◎21737 ◇930/528
◎22891 ◇899

Pterygota columbiana Cuatrec
▶哥伦比亚翅苹婆
◎30420 ◇1397
◎30421 ◇1397
◎30422 ◇1397

◎30547　◇1404

◎30548　◇1404

Pterygota forbesii **F. Muell.**

▶**印尼翅苹婆**

◎21034　◇890

◎27468　◇1233

◎37637　◇1663

Pterygota horsfieldii **(R. Br.) Kosterm.**

▶**霍斯翅苹婆**

◎25764　◇1106

◎35719　◇1575

◎35720　◇1575

◎35721　◇1575

◎37174　◇1632

◎37553　◇1661

◎39460　◇1693

Pterygota macrocarpa **K. Schum.**

▶**大果翅苹婆**

◎21942　◇899/528

◎25765　◇1106

Pterygota mildbraedill **Engl**

▶**米尔德翅苹婆**

◎39089　◇1688

Pterygota **Schott & Endl.**

▶**翅苹婆属**

◎17811　◇929

Quararibea asterolepis **Pittier**

▶**星状瓜榄**

◎25778　◇1106

◎41014　◇1710

◎41769　◇1719

Quararibea cordata **(Bonpl.) Vischer**

▶**心形瓜榄**

◎22624　◇831

◎25376　◇1100

Quararibea funebris **(La Llave) Vischer**

▶**弗氏瓜榄**

◎25777　◇1106

Reevesia formosana **Sprague**

▶**台湾梭罗树**

◎7313　◇145/96

Reevesia glaucophylla **H. H. Hsue**

▶**瑶山梭罗**

◎22013　◇145

Reevesia longipetiolata **Merr. & Chun**

▶**长柄梭罗**

◎13245　◇145;812/96

◎14287　◇145

◎14885　◇145;1074

◎16903　◇145

◎16990　◇145

Reevesia pubescens **Mast.**

▶**绢毛梭罗树**

◎377　◇145;784

◎6174　◇145;781

◎15821　◇145/96

Reevesia thyrsoidea **Lindl.**

▶**两广梭罗**

◎6750　◇146

◎12992　◇146/96

◎14405　◇146/96

◎14774　◇146;999

◎16046　◇146

◎16672　◇146

Reevesia tomentosa **H. L. Li**

▶**绒果梭罗**

◎12177　◇146;815/96

◎12946　◇146;1044/96

Reevesia **Lindl.**

▶**梭罗树属**

◎200　◇146;787

◎6409　◇146

◎6411　◇146

◎6782　◇146

◎11853　◇146;1047

◎15055　◇146

◎17345　◇146;777

Rhodognaphalon brevicuspe **(Sprague) Roberty**

▶**红木棉**

◎21087　◇928

◎21790　◇930/508

Robinsonella cordata **Rose & Baker f.**

▶**心叶鼓茼木**

◎38501　◇1135

Scaphium affine **(Mast.) Pierre**

▶**近船形木/近胖大海**

◎25928　◇1108

◎39160　◇1689

Scaphium longiflorum **Ridl.**

▶**长花船形木/长花胖大海**

◎40190　◇1699

Scaphium macropodum **(Miq.) Beumée ex K. Heyne**

▶**大柄船形木/大柄胖大海**

◎5204　◇147/97

◎20661　◇146

◎22209　◇934

◎33399　◇1522

◎33472　◇TBA

Scaphium parviflorum **P. Wilkie**

▶**小花船形木/小花胖大海**

◎33393　◇1522

◎33473　◇TBA

Scaphium **Schott & Endl.**

▶**船形木属/胖大海属**

◎19515　◇935

◎23168　◇933

◎23234　◇927

◎23412　◇933

◎23706　◇933

Scaphopetalum thonneri **De Wild. & T. Durand**

▶**索氏斯卡锦葵**

◎36656　◇1615

◎36657　◇1615

Schoutenia ovata **Korth.**

▶**卵形星芒椴**

◎13177　◇894

◎14159　◇893/89

◎15127　◇895/89

◎27676　◇1237

Scleronema micranthum **(Ducke) Ducke**

▶**硬丝木棉/硬丝树**

◎22520　◇820/537

◎22561　◇820

Septotheca tessmannii **Ulbr.**

▶**特氏鳞鹑树**

◎22626　◇831

◎25950　◇1109

◎41658　◇1718

◎41761　◇1719

Sidastrum paniculatum **(L.) Fryxell**

▶**锥花沙棯**

◎38548　◇1135

Spirotheca rivieri **(Decne.) Ulbr.**

▶**里维莲绞木棉**

◎32274　◇1481

◎33363　◇1521

Sterculia aerisperma **Cuatrec.**

▶**气花苹婆**

◎32275　◇1481

Sterculia*aff. *foetida **L.**

▶**香近苹婆**

◎40733　◇1706

Sterculia africana（Lour.）Fiori

▶非洲苹婆

◎26956　◇1223

◎26957　◇1223

◎32276　◇1481

Sterculia ampla Baker f.

▶宽大苹婆

◎37644　◇1663

Sterculia apetala（Jacq.）H. Karst.

▶无瓣苹婆

◎22690　◇806/550

◎22738　◇806/550

◎41178　◇1712

◎41656　◇1717

Sterculia campanulata Wall. ex Mast.

▶钟状苹婆

◎4915　◇147/97

◎20913　◇892

◎27135　◇1227

Sterculia ceramica R. Br.

▶台湾苹婆

◎26022　◇1110

◎39491　◇1694

◎41628　◇1717

◎42295　◇1725

Sterculia comosa Wall.

▶多毛苹婆

◎28299　◇1269

Sterculia cymosa

▶小果苹婆

◎21059　◇890

Sterculia excelsa Mart.

▶大苹婆

◎33729　◇1536

Sterculia foetida L.

▶香苹婆

◎15199　◇938/97

◎27687　◇1237

◎37186　◇1633

◎37187　◇1633

Sterculia frondosa Rich.

▶叶状苹婆

◎38272　◇1132

Sterculia guttata Roxb.

▶斑点苹婆

◎28403　◇1274

Sterculia javanica R. Br.

▶爪哇苹婆

◎5207　◇147

Sterculia lanceolata Cav.

▶假苹婆

◎8990　◇TBA

◎13852　◇147;814/97

◎14513　◇147

◎15735　◇147

◎16890　◇147

Sterculia longifolia Vent.

▶长叶苹婆

◎31402　◇1440

◎38029　◇1682

Sterculia macrophylla Vent.

▶大叶苹婆

◎27136　◇1227

◎27492　◇1234

Sterculia monosperma Vent.

▶苹婆

◎16178　◇147/97

Sterculia oblonga Mast.

▶黄苹婆

◎18361　◇147/528

◎20996　◇147

◎21080　◇928

◎22805　◇920

◎38414　◇1134

◎39707　◇1696

Sterculia parkinsonii F. Muell.

▶帕克苹婆

◎18945　◇907/97

Sterculia parvifolia Wall.

▶小叶苹婆

◎31677　◇1456

Sterculia pruriens（Aubl.）K. Schum.

▶普如苹婆

◎7517　◇147/550

◎27961　◇1252

◎29889　◇1365

◎30165　◇1382

◎30263　◇1387

◎30384　◇1394

◎30385　◇1394

◎30386　◇1394

◎30553　◇1404

◎33595　◇1529

◎33730　◇1536

◎33959　◇1541

◎40748　◇1706

Sterculia rhinopetala K. Schum.

▶象鼻苹婆

◎15408　◇147/528

◎15409　◇147

◎18358　◇147/528

◎21090　◇928

◎21946　◇899

◎38412　◇1134

Sterculia speciosa K. Schum.

▶美丽苹婆

◎33960　◇1541

◎33961　◇1541

◎40152　◇1128

Sterculia versicolor Wall.

▶杂色苹婆

◎22971　◇954

Sterculia villifera Steud.

▶毛苹婆

◎32525　◇1487

Sterculia villosa Roxb.

▶绒毛苹婆

◎20910　◇892

◎21444　◇897

◎35656　◇1573

Sterculia vitiensis Seem.

▶斐济苹婆

◎23302　◇915

Sterculia wightii Planch.

▶怀特苹婆

◎20916　◇892

Sterculia L.

▶苹婆属

◎15105　◇932

◎16371　◇147

◎17348　◇147;779

◎28533　◇1280

◎28579　◇1283

Talipariti simile（Blume）Fryxell

▶斯密黄槿

◎9933　◇955

◎13171　◇894

◎14105　◇893/101

◎15136　◇895

◎18712　◇894/101

Tarrietia actinophylla F. M. Bailey

▶辐射叶银叶树

◎10428 ◇825

◎15447 ◇823

◎16215 ◇824

***Tarrietia perakensis* King**

▶霹雳蝴蝶树

◎39673 ◇1696

***Tarrietia simplicifolia* Mast.**

▶单叶蝴蝶树

◎9957 ◇956

◎9958 ◇956

◎14098 ◇893/98

◎17815 ◇929/98

◎26085 ◇1111

***Tarrietia utilis*（Sprague）Sprague**

▶有用蝴蝶树

◎18193 ◇143/527

◎21574 ◇143

◎22892 ◇899

***Tarrietia* Blume**

▶蝴蝶树属

◎33968 ◇1541

***Theobroma bernouillii* subsp. *capilliferum*（Cuatrec.）Cuatrec.**

▶毛可可木

◎32284 ◇1482

***Theobroma bernoullii* Pittier**

▶伯努可可木

◎4462 ◇148

***Theobroma cirmolinae* Cuatrec.**

▶齐耳可可木

◎38182 ◇1129

***Theobroma speciosum* Willd. ex Spreng.**

▶美丽可可木

◎35268 ◇1568

***Thespesia campylosiphon* Rolfe**

▶卡姆桐棉

◎21644 ◇152

◎33685 ◇1535

***Thespesia grandiflora* DC.**

▶大花桐棉

◎25418 ◇1100

***Thespesia populnea* Sol. ex Corrêa**

▶桐棉木

◎18220 ◇152

◎20885 ◇892

◎27140 ◇1227

◎31532 ◇1450

◎31533 ◇1451

◎31534 ◇1451

◎31688 ◇1456

◎35560 ◇1572

***Thespesia* Sol. ex Corrêa**

▶桐棉属

◎37646 ◇1663

***Trichospermum kjellbergii* Burret**

▶谢尔毛籽锦葵/谢尔多络麻

◎28908 ◇1300

***Trichospermum lessertianum*（Hochr.）Dorr**

▶莱氏毛籽锦葵

◎18245 ◇136

***Trichospermum mexicanum*（DC.）Baill.**

▶墨西哥毛籽锦葵/墨西哥多络麻

◎26141 ◇1111

◎26142 ◇1111

◎32302 ◇1482

◎38366 ◇1133

***Triplochiton scleroxylon* K. Schum.**

▶硬白桐/硬伞白桐

◎5091 ◇148

◎5106 ◇148/98

◎15216 ◇148/528

◎17822 ◇929

◎20995 ◇148

◎21106 ◇928

◎21875 ◇930

◎21888 ◇930

◎21950 ◇899

◎37191 ◇1633

◎38417 ◇1134

◎41737 ◇1719

◎42148 ◇1724

***Vasivaea alchorneoides* Baill.**

▶奥尔水袋木

◎32304 ◇1482

Marcgraviaceae 蜜囊花科

***Marcgravia pedunculosa* Triana & Planch.**

▶具柄蜜囊花

◎32659 ◇1491

***Norantea guianensis* Aubl.**

▶圭亚那囊苞木

◎32256 ◇1481

Melastomataceae 野牡丹科

***Astronia acuminatissima* var. *subcaudata*（Merr.）J. F. Maxwell**

▶尾叶褐鳞木

◎31331 ◇1436

***Astronia atroviridis* Mansf.**

▶深绿褐鳞木

◎24271 ◇1082

◎28965 ◇1304

***Astronia coriacea* J. F. Maxwell**

▶寇拉褐鳞木

◎37588 ◇1662

***Astronia quadrangulata* J. F. Maxwell**

▶四棱褐鳞木

◎32606 ◇1489

***Astronia spectabilis* Zipp. ex Steud.**

▶显著褐鳞木

◎27536 ◇1234

***Astronia* Noronha**

▶褐鳞木属

◎28964 ◇1304

◎29017 ◇1307

◎29096 ◇1313

◎31330 ◇1436

◎37971 ◇1679

***Astronidium* A. Gray**

▶阿斯野牡丹属

◎21291 ◇298

***Beccarianthus* Cogn.**

▶粒鳞木属

◎31704 ◇1457

***Bellucia grossularioides*（L.）Triana**

▶莲罐花

◎27787 ◇1242

◎32421 ◇1485

◎34786 ◇1556

◎34787 ◇1556

***Bellucia mespiloides*（Miq.）J. F. Macbr.**

▶布鲁野牡丹

◎27941 ◇1251

◎32482 ◇1486

◎34807 ◇1557

◎34808 ◇1557

◎35041 ◇1562

***Blakea brachyura* Gleason**

▶短尾杯碟花

◎32289　◇1482

Blakea cuatrecasii Gleason

▶杯碟花木

◎32607　◇1489

Blakea subscabrula（Triana）Penneys & Judd

▶粗糙杯碟花

◎32706　◇1493

◎35150　◇1565

Blastus cochinchinensis Lour.

▶柏拉木

◎12439　◇298;868/174

Bredia yunnanensis（H. Lév.）Diels

▶云南野海棠

◎11804　◇298

Clidemia eggersii（Cogn.）F. S. Axelrod

▶艾格毛绢木

◎38572　◇1136

Conostegia rufescens Naudin

▶红色蜗牛木

◎32203　◇1478

Conostegia × *alapensis* D. Don

▶艾氏蜗牛木

◎18326　◇298

Dichaetanthera africana（Hook. f.）Jacq.-Fél.

▶非洲微萼棯

◎37829　◇1671

Diplectria stipularis Kuntze

▶托叶藤牡丹木

◎28177　◇1263

Dissochaeta biligulata Korth.

▶二舌藤牡丹

◎31571　◇1452

Dissochaeta celebica Blume

▶思拉藤牡丹

◎28974　◇1305

Dissochaeta divaricata G. Don

▶宽脚藤牡丹

◎28266　◇1267

Dissochaeta glandulosa Merr.

▶腺体藤牡丹

◎33403　◇1522

◎33457　◇TBA

Driessenia minutiflora O. Schwartz

▶小花德里野牡丹

◎31572　◇1452

Henriettea multiflora Naudin

▶多花嘉罐花

◎27935　◇1251

◎32340　◇1483

◎34801　◇1557

◎34802　◇1557

Henriettea succosa DC.

▶多汁嘉罐花

◎35132　◇1565

Leandra regnellii Cogn.

▶锐绢木

◎32238　◇1480

Medinilla crassifolia Naudin

▶厚叶美丁花

◎28987　◇1306

Medinilla laurifolia Blume

▶桂叶美丁花

◎29112　◇1314

Medinilla magnifica Lindl.

▶华丽美丁花

◎31638　◇1454

Medinilla maluensis Mansf.

▶马鲁美丁花

◎31290　◇1434

Medinilla mindorensis Merr.

▶米丁洛美丁花

◎29516　◇1337

◎31378　◇1439

Medinilla pterocaula Blume

▶有翅美丁花

◎38013　◇1682

Medinilla radicans var. *quadrifolia*

▶四叶美丁花

◎31523　◇1450

Medinilla venosa Blume

▶韦氏美丁花

◎29513　◇1336

Medinilla Gaudich.

▶美丁花属

◎21287　◇299

◎32660　◇1491

Melastoma malabathricum L.

▶印度野牡丹

◎12470　◇299/174

◎31640　◇1454

Melastoma sanguineum Sims

▶毛野牡丹/毛棯

◎14395　◇299/620

Melastoma L.

▶野牡丹属

◎37534　◇1660

◎38014　◇1682

Memecylon caeruleum Jack

▶天蓝谷木

◎12936　◇856;1045/174

Memecylon excelsum Blume

▶高大谷木

◎27269　◇1229

Memecylon ligustrifolium Champ. ex Benth.

▶谷木

◎6804　◇299

◎14348　◇299/174

◎17692　◇856/174

Memecylon paniculatum Jack

▶圆锥谷木

◎33439　◇1524

◎33541　◇TBA

Memecylon scutellatum（Lour.）Hook. & Arn.

▶细叶谷木

◎16006　◇299;787/174

◎17014　◇299/174

Memecylon L.

▶谷木属

◎3766　◇299

◎28173　◇1263

◎28240　◇1266

◎28318　◇1270

◎28479　◇1277

◎28480　◇1278

◎28775　◇1292

◎28863　◇1297

◎28864　◇1297

◎29113　◇1314

◎29149　◇1316

◎31642　◇1454

◎31643　◇1454

◎31891　◇1467

◎31892　◇1467

Miconia bicolor Triana

▶二色绢木

◎38810　◇1684

Miconia centronioides Gleason

▶中部绢木

◎32251　◇1480

Miconia chrysophylla Urb.
▶大黄绢木
◎4489 ◇299/175
Miconia holosericea (L.) DC.
▶全毛绢木
◎27856 ◇1246
◎32349 ◇1483
Miconia lepidota DC.
▶鳞片绢木
◎27807 ◇1244
◎27943 ◇1251
◎32488 ◇1486
◎32489 ◇1486
◎32490 ◇1486
◎34814 ◇1557
◎34815 ◇1557
◎34816 ◇1557
◎34899 ◇1558
Miconia mirabilis (Aubl.) L. O. Williams
▶米拉绢木
◎32252 ◇1480
◎32253 ◇1480
◎32254 ◇1480
◎32662 ◇1491
Miconia ochracea Triana
▶黄褐绢木
◎38207 ◇1130
Miconia phacophylla
▶深叶绢木
◎35298 ◇1570
Miconia poeppigii Triana
▶泊氏绢木
◎4499 ◇299/175
◎32491 ◇1486
◎34817 ◇1557
◎34820 ◇1557
◎34900 ◇1558
Miconia prasina (Sw.) DC.
▶葱绿绢木
◎27857 ◇1246
◎32663 ◇1491
◎34818 ◇1557
◎34819 ◇1557
Miconia pustulata Naudin
▶乳突绢木
◎38210 ◇1130
Miconia rubiginosa (Bonpl.) DC.
▶黄紫绢木
◎4493 ◇299/175
Miconia tomentosa (Rich.) D. Don
▶毛绢木
◎27944 ◇1251
◎32492 ◇1487
◎34821 ◇1557
◎34822 ◇1557
Miconia Ruiz & Pav.
▶绢木属
◎32661 ◇1491
Mouriri acutiflora Naudin
▶尖叶穆里丹木/尖叶番谷木
◎34833 ◇1557
◎34834 ◇1557
◎34907 ◇1559
Mouriri callocarpa Ducke
▶寇氏丹木/寇氏番谷木
◎40127 ◇1127
Mouriri completens Burret
▶完全番谷木
◎4467 ◇277
Mouriri crassifolia Sagot
▶厚叶穆里丹木/厚叶番谷木
◎34835 ◇1557
◎34836 ◇1557
◎34837 ◇1557
◎34908 ◇1559
Mouriri duckeana Morley
▶达克穆里丹木/达克番谷木
◎32499 ◇1487
◎32500 ◇1487
◎34838 ◇1557
◎34839 ◇1557
Mouriri grandiflora subsp. *grandiflora*
▶大花穆里(野牡)丹木/大花番谷木
◎32498 ◇1487
Mouriri grandiflora DC.
▶大花穆里(野牡)丹木/大花番谷木
◎34842 ◇1557
Mouriri guianensis Aubl.
▶圭亚那穆里丹木/圭亚那番谷木
◎34909 ◇1559
Mouriri nigra (DC.) Morley & Morley
▶黑穆里丹木/黑番谷木
◎27947 ◇1251
◎32501 ◇1487
◎34832 ◇1557
◎34840 ◇1557
◎34841 ◇1557
◎35049 ◇1562
◎35137 ◇1565
Mouriri sagotiana Triana
▶萨格穆里丹木/萨格番谷木
◎27760 ◇1241
◎32502 ◇1487
◎34843 ◇1557
◎34844 ◇1557
Mouriri vernicosa Naudin
▶穆里丹木/番谷木
◎32255 ◇1481
Mouriri Aubl.
▶穆里丹木属/番谷木属
◎27808 ◇1244
Pleroma granulosum (Desr.) D.Don
▶角茎光荣树
◎40217 ◇1699
Pleroma trichopodum DC.
▶毛柄光荣树
◎32285 ◇1482
Pternandra caerulescens Jack
▶翼药花
◎36173 ◇1588
Pternandra crassicalyx J. F. Maxwell
▶粗大翼药花
◎33424 ◇1523
◎33548 ◇TBA
Pternandra Jack
▶翼药花属
◎5216 ◇471
◎37636 ◇1663
Tessmannia africana Harms
▶非洲特斯苏木/非洲鹊花豆
◎26105 ◇1112
◎34389 ◇1549
◎40397 ◇1702
Tessmannia lescrauwaetii (De Wild.) Harms
▶莱氏特斯苏木
◎20544 ◇829
Tessmannia yangambiensis Louis ex J. Léonard
▶卡萨特斯苏木/卡萨鹊花豆
◎18435 ◇925/514
◎26106 ◇1112
◎32282 ◇1481

◎33971　◇1541

Tessmannianthus calcaratus (Gleason) Wurdack

▶有距爪元丹

◎32283　◇1481

◎32705　◇1493

Tibouchina aspera Aubl.

▶蒂牡花

◎35081　◇1563

Topobea trianae Cogn

▶特里杯碟花

◎32290　◇1482

Trembleya parviflora Cogn.

▶小花耀龙丹

◎32707　◇1493

Warneckea sapinii (De Wild.) Jacq.-Fél.

▶萨氏桂谷木

◎29576　◇1341

◎29577　◇1341

Warneckea sessilicarpa (A. Fern. & R. Fern.) Jacq.-Fél.

▶无柄果桂谷木

◎29211　◇1320

Meliaceae　楝科

Aglaia anamallayana (Bedd.) Kosterm.

▶阿纳米仔兰

◎20726　◇896

Aglaia argentea Blume

▶阿根米仔兰

◎22787　◇906

◎28354　◇1271

◎28960　◇1304

◎35878　◇1585

Aglaia crassinervia Kurz ex Hiern

▶粗脉米仔兰

◎31253　◇1432

◎37915　◇1677

◎37916　◇1677

Aglaia cucullata Pellegr.

▶兜状米兰

◎21647　◇490

◎24133　◇1083

◎24134　◇1083

Aglaia dasyclada F. C. How & T. C. Chen

▶红罗

◎11564　◇489

◎14473　◇489/292

◎14831　◇489;1029

Aglaia edulis (Roxb.) Wall.

▶可食米仔兰/马肾果

◎21274　◇489

◎31539　◇1451

Aglaia elaeagnoidea Benth.

▶艾利米仔兰

◎8482　◇898

◎11562　◇489/292

◎14683　◇489

◎14829　◇49;1074

◎14909　◇489

◎18937　◇907/292

Aglaia elliptica Blume

▶椭圆米仔兰

◎28039　◇1257

◎28628　◇1285

Aglaia grandis Korth.

▶格朗米仔兰

◎28095　◇1260

◎28096　◇1260

◎28680　◇1288

◎28738　◇1290

◎28739　◇1290

Aglaia lawi (Wight) C. J. Saldanha

▶拉维米仔兰

◎3699　◇490/291

◎6820　◇489;720/292

◎9585　◇489/292

◎11708　◇489;1077/292

◎13189　◇894

◎14127　◇/292

◎14617　◇489

◎14867　◇489;1029

◎21012　◇890/292

◎28542　◇1281

◎28681　◇1288

Aglaia leptantha Miq.

▶细花米仔兰

◎31254　◇1432

Aglaia luzoniensis Merr. & Rolfe

▶吕宋米仔兰

◎28629　◇1285

Aglaia macrocarpa (Miq.) Pannell

▶大果米仔兰

◎28740　◇1291

Aglaia malaccensis (Ridl.) Pannell

▶马六甲米仔兰

◎37964　◇1679

Aglaia odorata Lour.

▶香味米仔兰

◎6796　◇489/292

Aglaia odoratissima Blume

▶香米仔兰

◎31255　◇1432

Aglaia oligophylla Miq.

▶油叶米仔兰

◎20871　◇892

Aglaia pachyphylla Miq.

▶厚叶米仔兰

◎4634　◇489/646

Aglaia palembanica Miq.

▶派乐米仔兰

◎28040　◇1257

◎28330　◇1270

◎28383　◇1273

Aglaia rivularis Merr.

▶溪生米仔兰

◎28289　◇1269

Aglaia rubiginosa (Hiern) Pannell

▶如比米仔兰

◎27525　◇1234

Aglaia sexipetala Griff.

▶六瓣米仔兰

◎31251　◇1432

◎31252　◇1432

Aglaia silvestris (M. Roem.) Merr.

▶林生米仔兰

◎20867　◇892

◎27150　◇1227

◎28038　◇1257

◎37917　◇1677

Aglaia spectabilis (Miq.) S. S. Jain & Bennet

▶喜马拉雅米仔兰

◎4287　◇490

◎8908　◇941

◎8930　◇939/292

◎12699　◇922

◎15341　◇923/292

◎15342　◇923

◎15343　◇923

◎19065　◇896

◎20872　◇892/293

◎37474　◇1659

◎39032 ◇1688

Aglaia tomentosa **Teijsm. & Binn.**

▶**毛米仔兰**

◎36061 ◇1587

Aglaia **Lour.**

▶**米仔兰属**

◎5209 ◇489

◎5212 ◇489

◎8950 ◇TBA

◎11378 ◇922

◎12778 ◇923

◎22197 ◇934

◎28146 ◇1262

◎28288 ◇1269

◎31250 ◇1432

◎34871 ◇1558

◎37579 ◇1662

◎37580 ◇1662

◎37913 ◇1677

◎37914 ◇1677

◎37963 ◇1679

Amoora binectarifesum

▶**百那崖摩楝**

◎15366 ◇923

Amoora cucullata **Roxb.**

▶**兜状崖摩楝**

◎4286 ◇490

◎18938 ◇907

◎21222 ◇490

◎22788 ◇906/293

◎37478 ◇1659

Amoora macrocarpa **Merr.**

▶**大果崖摩楝**

◎18330 ◇953/291

Amoora **Roxb.**

▶**崖摩楝属/阿摩楝属**

◎23247 ◇927

Aphanamixis borneensis **(Miq.) Harms**

▶**婆罗山楝**

◎31544 ◇1451

Aphanamixis polystachya **(Wall.) R. Parker**

▶**山楝**

◎11714 ◇490/293

◎14614 ◇490

◎14702 ◇490

◎14812 ◇490;1029

◎15184 ◇938/291

◎16800 ◇490

◎18915 ◇913/293

◎20326 ◇490/293

◎27353 ◇1231

◎28252 ◇1267

◎28450 ◇1276

◎31845 ◇1466

◎33890 ◇1540

◎37587 ◇1662

Aphanamixis **Blume**

▶**山楝属**

◎7980 ◇490

◎12161 ◇490;884

Azadirachta excelsa **(Jack) M. Jacobs**

▶**大蒜楝木/高大印楝**

◎4667 ◇491

◎14155 ◇/299

◎21023 ◇890/299

◎35333 ◇1571

◎35334 ◇1571

◎35478 ◇1571

◎35971 ◇1586

◎39320 ◇1691

◎40659 ◇1705

◎40861 ◇1707

Azadirachta indica **A. Juss.**

▶**蒜楝木/印楝**

◎8540 ◇898

◎20488 ◇828

◎20521 ◇828/117

Cabralea cangerana **Saldanha**

▶**南美洲楝/圣楝**

◎5249 ◇491

◎22474 ◇819/547

◎22752 ◇806/547

◎42270 ◇1725

Cabralea canjerana **(Vell.) Mart.**

▶**平滑南美洲楝**

◎32188 ◇1478

◎32189 ◇1478

◎40426 ◇1702

Carapa densifolia **Martius**

▶**密叶苦油楝**

◎27977 ◇1253

Carapa dinklagei **Harms**

▶**迪克苦油楝**

◎36371 ◇1599

Carapa gangeticus

▶**甘氏苦油楝**

◎20870 ◇892

Carapa grandiflora **Sprague**

▶**大花蟹木楝/大花苦油楝**

◎18465 ◇491/643

Carapa guianensis **Aubl.**

▶**圭亚那蟹木楝/圭亚那苦油楝**

◎7518 ◇491

◎15522 ◇491

◎19434 ◇832

◎20925 ◇491

◎22061 ◇491/547

◎22503 ◇820

◎27978 ◇1253

◎29220 ◇1320

◎29304 ◇1325

◎31943 ◇1470

◎31944 ◇1470

◎32190 ◇1478

◎33900 ◇1540

◎33901 ◇1540

◎40082 ◇1126

Carapa macrantha **Harms**

▶**大蟹木楝/大苦油楝**

◎29673 ◇1352

◎29674 ◇1352

◎29675 ◇1352

Carapa parviflora **Harms**

▶**小花苦油楝**

◎37827 ◇1671

Carapa procera **DC.**

▶**卡拉巴**

◎24459 ◇1087

◎32191 ◇1478

◎33902 ◇1540

◎35127 ◇1564

◎39813 ◇1698

Carapa **Aubl.**

▶**蟹木楝属/苦油楝属**

◎22448 ◇820

◎23447 ◇TBA

◎23634 ◇831

◎32192 ◇1478

◎33903 ◇1540

◎33904 ◇1540

◎33905 ◇1540

Cedrela angustifolia **Moc. & Sessé ex DC.**

▶**窄叶洋椿**

◎24506 ◇1087

◎29828　◇1361
◎29893　◇1365
◎29942　◇1368
◎29943　◇1368
◎29944　◇1368
◎29945　◇1368
◎30030　◇1374
◎30031　◇1374
◎30032　◇1374
◎30033　◇1374
◎30075　◇1376
◎30105　◇1378
◎30195　◇1383
◎30196　◇1383
◎30197　◇1384
◎30198　◇1384
◎30271　◇1388
◎30296　◇1389
◎30435　◇1399
◎30436　◇1399
◎30437　◇1399
◎30438　◇1399
◎30439　◇1399
◎30440　◇1399
◎30441　◇1399
◎30442　◇1399
◎30443　◇1399
◎30608　◇1407
◎30609　◇1407
◎30610　◇1407
◎30611　◇1408
◎30612　◇1408
◎30613　◇1408
◎30688　◇1412
◎30689　◇1412
◎30690　◇1412
◎30756　◇1414
◎30757　◇1414
◎30758　◇1414
◎30759　◇1414
◎30760　◇1414
◎30761　◇1414
◎30814　◇1416
◎32198　◇1478
◎39884　◇1699
◎41013　◇1710
◎41102　◇1711

Cedrela australis **F. Muell.**

▶奥地利洋椿

◎39265　◇1691

Cedrela febrifuga **Blume**

▶凡波洋椿

◎37123　◇1631

Cedrela fissilis **Vell.**

▶劈裂洋椿

◎4452　◇491
◎18319　◇491/547
◎22055　◇491/547
◎23203　◇905
◎38162　◇1129
◎38372　◇1133

Cedrela kuelapensis **T. D. Penn. & Daza**

▶瓜拉洋椿

◎41480　◇1715
◎41496　◇1715

Cedrela longipetiolulata **Harms**

▶长梗洋椿

◎41477　◇1715
◎41483　◇1715

Cedrela microcarpa **C. DC.**

▶大果洋椿

◎24507　◇1087

Cedrela montana **Turcz.**

▶蒙大纳洋椿

◎24508　◇1087
◎32199　◇1478
◎38163　◇1129
◎38373　◇1133
◎40539　◇1703
◎41005　◇1709
◎41101　◇1711

Cedrela nebulosa **T. D. Penn. & Daza**

▶星云洋椿

◎41105　◇1711
◎41173　◇1711

Cedrela odorata **L.**

▶香洋椿

◎7533　◇491/547
◎13222　◇894/294
◎18229　◇491/547
◎18864　◇913/294
◎18954　◇907
◎19652　◇491
◎21002　◇890
◎21124　◇928
◎21502　◇491
◎22505　◇820
◎22555　◇TBA
◎22584　◇831
◎23599　◇832
◎23646　◇831
◎26244　◇1117
◎26245　◇1117
◎26246　◇1117
◎26256　◇1117
◎26257　◇1117
◎26265　◇1118
◎26266　◇1118
◎26267　◇1118
◎26268　◇1118
◎26271　◇1118
◎26272　◇1118
◎26273　◇1118
◎26274　◇1118
◎26278　◇TBA
◎26293　◇1119
◎38252　◇1130
◎38291　◇1132

Cedrela serrata **Royle**

▶马来洋椿

◎19082　◇896
◎20664　◇491
◎35593　◇1572

Cedrela tonduzii **C. DC.**

▶坦度洋椿

◎24505　◇1087
◎39843　◇1698

Cedrela toona **var.** ***australis*** **（F. Muell.）C. DC.**

▶澳大利亚洋椿

◎7914　◇825

Cedrela **P. Browne**

▶洋椿属

◎5261　◇491
◎23467　◇TBA
◎26275　◇1118
◎26276　◇1118
◎26543　◇1172

Chisocheton ceramicus **Miq.**

▶凯拉溪桫木

◎29170　◇1317

Chisocheton cumingianus **subsp.** ***balansae*** **（C. DC.）Mabb.**

▶溪桫

◎15962　◇491/297

◎18352 ◇953/296

Chisocheton cumingianus Harms

▶卡米溪桫木

◎28125 ◇1261

Chisocheton erythrocarpus Hiern

▶红果溪桫木

◎28031 ◇1256

Chisocheton lasiocarpus (Miq.) Valeton

▶毛果溪桫木

◎24557 ◇1088

Chisocheton macrophyllus King

▶大叶溪桫木

◎27178 ◇1227

Chisocheton patens Blume

▶亲本溪桫木

◎37925 ◇1677

◎37978 ◇1680

Chisocheton pentandrus Merr.

▶五蕊溪桫木

◎28588 ◇1283

Chukrasia tabularis A. Juss.

▶麻楝

◎3429 ◇492

◎3608 ◇492

◎8533 ◇898

◎8927 ◇939

◎8949 ◇TBA

◎8959 ◇TBA

◎11392 ◇922

◎11551 ◇492/295

◎12779 ◇923

◎13962 ◇954

◎14709 ◇TBA

◎14910 ◇492

◎15201 ◇938/295

◎15249 ◇901/295

◎15259 ◇901

◎15279 ◇901

◎15321 ◇900/599

◎15387 ◇940

◎15393 ◇940

◎15394 ◇940

◎15395 ◇940

◎17238 ◇492/295

◎17714 ◇492

◎17842 ◇900

◎22991 ◇954

Chukrasia A. Juss.

▶麻楝属

◎8925 ◇939

◎11394 ◇922

◎12785 ◇923

◎27179 ◇1227

◎39936 ◇1122

◎39984 ◇1124

Dysoxylum acutangulum Miq.

▶锐角樫木

◎20751 ◇492

◎27588 ◇1236

Dysoxylum alliaceum Blume

▶阿莱樫木

◎18346 ◇953/296

◎28042 ◇1257

◎28043 ◇1257

◎28050 ◇1258

◎28147 ◇1262

◎28184 ◇1264

◎28514 ◇1279

◎28695 ◇1288

◎33921 ◇1541

◎38415 ◇1134

Dysoxylum canalense (Baill.) C. DC.

▶坎纳樫木

◎14176 ◇893/296

Dysoxylum cumingianum C. DC.

▶肯氏樫木

◎28033 ◇1256

◎28041 ◇1257

◎28120 ◇1261

◎28762 ◇1292

Dysoxylum cyrtobotryum Miq.

▶斯氏樫木

◎20868 ◇892

◎28273 ◇1268

◎31269 ◇1433

◎31573 ◇1452

◎31574 ◇1452

◎31714 ◇1457

◎36834 ◇1624

Dysoxylum densiflorum Miq.

▶丛花樫木

◎13158 ◇894

◎14126 ◇/295

◎18709 ◇894/295

◎27016 ◇1224

◎27017 ◇1224

◎28589 ◇1283

◎28927 ◇1302

◎31270 ◇1433

◎37134 ◇1632

Dysoxylum ebenum

▶乌木樫木

◎20689 ◇896

Dysoxylum excelsum Blume

▶樫木

◎3693 ◇492

◎4289 ◇492

◎18939 ◇907/295

◎35934 ◇1585

Dysoxylum fraserianum Benth.

▶澳大利亚樫木

◎20640 ◇832

◎22924 ◇823

◎41000 ◇1709

◎42173 ◇1724

Dysoxylum gaudichaudianum Miq.

▶高氏樫木

◎18922 ◇907/295

◎24830 ◇1091

◎27392 ◇1232

◎28316 ◇1270

◎37133 ◇1632

Dysoxylum gotadhora (Buch.-Ham.) Mabb.

▶高塔樫木

◎14469 ◇492/295

◎14938 ◇492;1029

Dysoxylum hongkongense (Tutcher) Merr.

▶香港樫木

◎14327 ◇492/296

◎14770 ◇492

◎15767 ◇492

◎21842 ◇492

◎24831 ◇1091

Dysoxylum macranthum C. DC.

▶长花樫木

◎38169 ◇1129

Dysoxylum malabaricum Bedd. ex C. DC.

▶印度樫木/马来樫木

◎8495 ◇898

◎20686 ◇896/296

***Dysoxylum mollissimum* subsp. *molle* (Miq.) Mabb.**

▶**莫勒海南樫木**

◎24833 ◇1091

◎24834 ◇1091

***Dysoxylum mollissimum* Blume**

▶**海南樫木**

◎14715 ◇492/296

◎17281 ◇492

◎24832 ◇1091

◎27203 ◇1228

***Dysoxylum oppositifolium* F. Muell.**

▶**对生叶樫木**

◎38111 ◇1128

***Dysoxylum parasiticum* (Osbeck) Kosterm.**

▶**大花樫木**

◎24835 ◇1091

◎27015 ◇1224

◎27589 ◇1236

◎27590 ◇1236

◎31348 ◇1437

◎36972 ◇1627

***Dysoxylum pauciflorum* Merr.**

▶**少花樫木**

◎38112 ◇1128

***Dysoxylum pettigrewianum* F. M. Bailey**

▶**佩蒂樫木**

◎24836 ◇1091

◎40496 ◇1703

◎41137 ◇1711

◎41238 ◇1712

***Dysoxylum purpureum* Bourd.**

▶**紫樫木**

◎20687 ◇896

***Dysoxylum spectabile* Hook. f.**

▶**壮观樫木**

◎14062 ◇910

◎18479 ◇910/296

Dysoxylum sylvalica

▶**林生樫木**

◎20690 ◇896

***Dysoxylum* Blume**

▶**樫木属**

◎11874 ◇492;858

◎12717 ◇922

◎28276 ◇1268

◎28293 ◇1269

◎28694 ◇1288

◎37928 ◇1677

◎39937 ◇1122

◎41289 ◇1713

◎41294 ◇1713

***Ekebergia capensis* Sparrm.**

▶**好望角类梣楝/好望角犬李**

◎18472 ◇492

◎24840 ◇1092

◎36973 ◇1627

◎41155 ◇1711

◎42379 ◇1726

***Entandrophragma angolense* C. DC.**

▶**安哥拉非洲楝/天马楝**

◎5083 ◇493

◎5092 ◇493/518

◎5100 ◇493

◎5110 ◇493

◎5123 ◇493

◎5126 ◇493

◎5128 ◇493

◎5180 ◇493

◎5181 ◇493

◎5184 ◇493

◎15081 ◇493/295

◎15220 ◇493/518

◎15486 ◇TBA

◎16289 ◇493

◎17825 ◇929

◎18197 ◇493/519

◎20551 ◇829

◎21107 ◇928

◎21531 ◇493

◎21917 ◇899

◎30899 ◇1419

◎31027 ◇1425

◎31221 ◇1431

◎31222 ◇1431

◎36836 ◇1624

◎36974 ◇1627

◎42002 ◇1722

◎42003 ◇1722

***Entandrophragma candollei* Harms**

▶**大非洲楝**

◎4553 ◇493

◎5118 ◇493

◎5153 ◇493

◎5165 ◇493

◎5172 ◇493

◎5173 ◇493

◎5175 ◇493

◎5178 ◇493

◎5179 ◇493

◎15225 ◇493/518

◎15487 ◇TBA

◎17809 ◇929/519

◎17967 ◇829

◎20550 ◇829

◎21088 ◇928

◎21532 ◇493

◎21864 ◇930

◎21918 ◇899

◎36975 ◇1627

◎37136 ◇1632

***Entandrophragma caudatum* Sprague**

▶**尾状非洲楝**

◎36976 ◇1627

***Entandrophragma congoense* A. Chev.**

▶**刚果楝**

◎19209 ◇494

◎20560 ◇829

◎21533 ◇494/519

◎39317 ◇1691

***Entandrophragma cylindricum* Sprague**

▶**筒状非洲楝/筒状天马楝**

◎5087 ◇494

◎5169 ◇494

◎5170 ◇494

◎5107 ◇494

◎5108 ◇494

◎5160 ◇494

◎5161 ◇494

◎5164 ◇494

◎5171 ◇494

◎5177 ◇494

◎7525 ◇494

◎15222 ◇494/519

◎15414 ◇494/519

◎15496 ◇TBA

◎15497 ◇TBA

◎16291 ◇494/519

◎16295 ◇494

◎17823 ◇929/519

◎21110 ◇928

◎21534 ◇494/519

◎21817 ◇912/519

◎21878 ◇930

◎21919 ◇899

◎22887 ◇899

◎24861　◇1092
◎37137　◇1632
◎42071　◇1723

Entandrophragma excelsum Sprague
▶高大非洲楝
◎18471　◇494/519
◎21535　◇494/519

Entandrophragma utile Sprague
▶良木非洲楝
◎5080　◇494
◎5119　◇494
◎5151　◇494
◎5158　◇494
◎5176　◇494
◎15078　◇494/518
◎15079　◇/297
◎15080　◇TBA
◎15221　◇494
◎15418　◇494
◎15489　◇TBA
◎15490　◇TBA
◎17824　◇929/518
◎21108　◇928
◎21536　◇494
◎21808　◇912/518
◎21815　◇912/518
◎21920　◇899
◎22885　◇899
◎24862　◇1092

Entandrophragma C. DC.
▶非洲楝属/天马楝属
◎22888　◇899

Gouarea kunthiana
▶肯氏古阿楝
◎35002　◇1561
◎35003　◇1561

Gualea paraensis C. DC.
▶帕州各谷蜡烛
◎23450　◇819

Guarea cartaguenya Cuatrec.
▶卡塔驼峰楝
◎38180　◇1129

Guarea cedrata Pellegr. ex A. Chev.
▶白驼峰楝/白香驼楝
◎5084　◇495/519
◎5097　◇495
◎5182　◇495
◎17802　◇929/519
◎17970　◇829
◎20994　◇495
◎21071　◇928
◎21600　◇495/519
◎21922　◇899
◎37148　◇1632

Guarea glabra Vahl
▶光驼峰楝/光香驼楝
◎40428　◇1702
◎40586　◇1704

Guarea gomma Pulle
▶树胶驼峰楝
◎35033　◇1562
◎42458　◇1730

Guarea guidonia（L.）Sleumer
▶圭多驼峰楝/麝香楝
◎22753　◇806/547
◎25108　◇1095
◎25109　◇1095
◎27891　◇1248
◎31967　◇1470
◎32217　◇1479
◎33926　◇1541
◎38232　◇1130
◎38233　◇1130
◎38279　◇1132
◎38332　◇1132
◎38586　◇1136
◎41380　◇1714
◎41885　◇1720

Guarea kunthiana A. Juss.
▶肯氏驼峰楝
◎31968　◇1470
◎31969　◇1470
◎32218　◇1479
◎32219　◇1479
◎32220　◇1479
◎32221　◇1479
◎32222　◇1480
◎32223　◇1480
◎39686　◇1696

Guarea laurentii De Wild.
▶劳氏驼峰楝
◎21582　◇495/519
◎25110　◇1095

Guarea leonensis Hutch. & Dalziel
▶莱昂驼峰楝
◎21810　◇912/519
◎36438　◇1604
◎36439　◇1604

Guarea macrophylla subsp. *spicaeflora*（A. Juss.）T. D. Penn.
▶尖花驼峰楝/尖花香驼楝
◎32224　◇1480
◎32633　◇1490

Guarea macrophylla subsp. *tuberculata*（Vell.）T. D. Penn.
▶瘤果驼峰楝/瘤果香驼楝
◎32225　◇1480

Guarea megantha A. Juss.
▶大驼峰楝
◎4536　◇495
◎25111　◇1095

Guarea polymera Little
▶多节驼峰楝
◎32226　◇1480
◎38119　◇1128

Guarea pubescens subsp. *pubiflora*（A. Juss.）T. D. Penn.
▶毛蕊驼峰楝
◎33925　◇1541

Guarea thompsonii Sprague & Hutch.
▶黑驼峰楝
◎18415　◇925/519
◎18428　◇925/519
◎21606　◇495/519
◎21923　◇899
◎34971　◇1560
◎34972　◇1560

Guarea F. Allam.
▶驼峰楝属
◎33927　◇1541

Heckeldora leonensis（Hutch. & Dalziel）E. J. M. Koenen
▶莱昂海克楝
◎29610　◇1345
◎29611　◇1345
◎29612　◇1345

Heynea velutina F. C. How & T. C. Chen
▶绒果鹧鸪花
◎9126　◇495;869/297

Heynea Roxb.
▶鹧鸪花属
◎9127　◇495;1036
◎11783　◇495
◎11831　◇495

Khaya anthotheca C. DC.
▶白卡雅楝
◎5162　◇496/519

◎5163 ◇496
◎7542 ◇496
◎18192 ◇496/519
◎18413 ◇925/519
◎19632 ◇496
◎21584 ◇496
◎21927 ◇899
◎36256 ◇1590
◎36257 ◇1590
◎36258 ◇1590

***Khaya euryphylla* Harms**
▶**卡雅楝**
◎5117 ◇496
◎5120 ◇496
◎5174 ◇496/520

***Khaya grandifoliata* C. DC.**
▶**大叶卡雅楝**
◎15415 ◇496/520
◎25243 ◇1097
◎40682 ◇1705

***Khaya ivorensis* A. Chev.**
▶**红卡雅楝**
◎5081 ◇496/519
◎5082 ◇496
◎5102 ◇496
◎5105 ◇496
◎5109 ◇496
◎5121 ◇496
◎5122 ◇496
◎5124 ◇496
◎5125 ◇496
◎5130 ◇496
◎5149 ◇496
◎5166 ◇496
◎5183 ◇496
◎18362 ◇496
◎21814 ◇/519
◎21869 ◇930
◎21928 ◇899
◎22884 ◇899
◎32234 ◇1480
◎34978 ◇1561
◎36440 ◇1604
◎36441 ◇1604
◎36442 ◇1604

***Khaya nyasica* Stapf ex Baker f.**
▶**非洲卡雅楝**
◎25244 ◇1097
◎25245 ◇1097

***Khaya senegalensis* A. Juss.**
▶**塞楝**
◎15411 ◇497/298
◎15984 ◇497/298
◎16791 ◇497
◎17966 ◇829
◎42057 ◇1722

***Khaya* A. Juss.**
▶**卡雅楝属/非洲楝属**
◎4554 ◇497
◎5113 ◇497
◎17797 ◇929;957
◎17873 ◇497;929
◎22803 ◇920

***Lansium anamalayanum* Bedd.**
▶**安纳龙宫果木**
◎8504 ◇898/517

***Lansium* Corrêa**
▶**龙宫果属**
◎27257 ◇1229

***Lepidotrichilia volkensii*（Gürke）J.-F. Leroy**
▶**伏尔鳞毛楝**
◎33220 ◇1514

***Leplaea laurentii*（De Wild.）E. J. M. Koenen & J. J. de Wilde**
▶**劳氏利莱楝**
◎36839 ◇1624

***Lovoa brownii* Sprague**
▶**褐色虎斑楝**
◎39110 ◇1689

***Lovoa trichilioides* Harms**
▶**虎斑楝/毛洛沃楝**
◎5104 ◇497
◎5167 ◇497
◎7523 ◇497
◎15082 ◇497/520
◎15083 ◇TBA
◎15084 ◇/298
◎15420 ◇497/520
◎15488 ◇TBA
◎17803 ◇929/520
◎17969 ◇829
◎18551 ◇497/520
◎21074 ◇928
◎21589 ◇497
◎21812 ◇912/520
◎21931 ◇899
◎22886 ◇899
◎23484 ◇909
◎34981 ◇1561
◎36508 ◇1609

***Lovoa* Harms**
▶**虎斑楝属**
◎20531 ◇828

***Melia azedarach* var. *australasica* DC.**
▶**澳大利亚苦楝**
◎25390 ◇1100

***Melia azedarach* L.**
▶**苦楝/楝**
◎57 ◇498
◎569 ◇498
◎3384 ◇499/299
◎3497 ◇499
◎4064 ◇498
◎4857 ◇500
◎5635 ◇500
◎6284 ◇498
◎6688 ◇498
◎7422 ◇498
◎7838 ◇498
◎8311 ◇498
◎8312 ◇498
◎8313 ◇498
◎8558 ◇898/299
◎8635 ◇498;994
◎8782 ◇498;1008/298
◎10027 ◇498
◎10118 ◇498
◎10140 ◇499
◎10256 ◇918
◎10858 ◇499
◎12414 ◇TBA
◎12767 ◇923
◎13131 ◇TBA
◎13146 ◇894
◎13425 ◇499
◎14177 ◇893/299
◎14540 ◇499
◎15128 ◇895
◎15709 ◇499
◎16582 ◇499
◎17245 ◇500
◎17268 ◇500/299
◎17474 ◇499;790/299
◎17564 ◇500
◎17639 ◇499
◎17732 ◇499;797

◎17733 ◇499;797
◎17965 ◇829
◎18777 ◇500
◎19026 ◇500
◎20369 ◇TBA
◎20653 ◇832
◎21653 ◇499
◎21838 ◇499
◎27057 ◇1225
◎27058 ◇1225
◎28409 ◇1274
◎32249 ◇1480
◎32250 ◇1480
◎35047 ◇1562
◎36852 ◇1624
◎37005 ◇1628
◎38652 ◇1137

***Melia bombolo* Welw.**
▶波姆楝
◎21627 ◇499/519
◎42456 ◇1730

***Melia burmanica* Kurz.**
▶缅甸楝
◎4290 ◇499/299

***Melia* L.**
▶楝属
◎612 ◇500;967
◎677 ◇TBA
◎952 ◇TBA
◎8090 ◇500
◎8867 ◇500
◎10057 ◇500
◎27635 ◇1236

***Neobeguea* J.-F. Leroy**
▶新波桂楝属
◎25453 ◇1099

***Owenia acidula* F. Muell.**
▶酸鸸鹋果
◎25513 ◇1102
◎39133 ◇1689
◎41056 ◇1710
◎41928 ◇1721

***Owenia venosa* F. Muell.**
▶韦诺鸸鹋果
◎5063 ◇501/302
◎25512 ◇1102

***Pseudocedrela kotschyi* Harms**
▶寇氏假洋椿
◎21784 ◇930/547
◎29541 ◇1338
◎29542 ◇1338
◎29543 ◇1339
◎29645 ◇1349
◎29646 ◇1349
◎29697 ◇1355
◎29698 ◇1355
◎29699 ◇1355

***Pseudoclausena chrysogyne*（Miq.）T. P. Clark**
▶金假黄皮
◎28487 ◇1278

***Reinwardtiodendron* Koord.**
▶雷楝属
◎37960 ◇1679

***Ruagea hirsuta* Harms**
▶毛山驼楝
◎32270 ◇1481
◎38209 ◇1130

***Sandoricum borneense* Miq.**
▶婆罗山道楝
◎22198 ◇934
◎25916 ◇1108

***Sandoricum koetjape* Merr.**
▶山道楝/仙都果
◎14096 ◇893/300
◎16356 ◇932;1037
◎20389 ◇938/300
◎25917 ◇1108
◎28034 ◇1256
◎28338 ◇1271
◎28667 ◇1287
◎33427 ◇1523
◎33555 ◇TBA
◎36007 ◇1586
◎37029 ◇1629

***Sandoricum kucape* Merr.**
▶库卡山道楝/库卡仙都果
◎21051 ◇890

***Sandoricum vidalii* Merr.**
▶菲律宾山道楝
◎18338 ◇953/300
◎18880 ◇913/300

***Sandoricum* Cav.**
▶山道楝属/仙都果属
◎40871 ◇1707

***Soymida febrifuga*（Roxb.）A. Juss.**
▶常山天竺楝
◎8578 ◇898
◎21442 ◇897

***Swietenia humilis* Zucc.**
▶矮生桃花心木
◎26043 ◇1110
◎39202 ◇1690

***Swietenia macrophylla* King in Hook.**
▶大叶桃花心木
◎2606 ◇501/547
◎7532 ◇501/547
◎16745 ◇501/300
◎17833 ◇501
◎19687 ◇501
◎20150 ◇936/547
◎20527 ◇828
◎21020 ◇890
◎21120 ◇501/547
◎21847 ◇501
◎22504 ◇820
◎22558 ◇TBA
◎22585 ◇831
◎23194 ◇915
◎23361 ◇TBA
◎23576 ◇915
◎23598 ◇832
◎26044 ◇1110
◎38045 ◇1120
◎40848 ◇1707
◎42177 ◇1724

***Swietenia mahogani* C. DC.**
▶桃花心木
◎11196 ◇501
◎13165 ◇894/300
◎14178 ◇893
◎15144 ◇895/750
◎16792 ◇501
◎26290 ◇1119
◎26291 ◇1119
◎38046 ◇1120
◎38811 ◇1684
◎42149 ◇1724
◎42176 ◇1724

***Swietenia* Jacq.**
▶桃花心木属
◎15561 ◇TBA
◎22808 ◇920
◎23291 ◇501
◎23292 ◇/300
◎23415 ◇933
◎27323 ◇1230

◎38047 ◇1120

◎38048 ◇1121

◎38049 ◇1121

◎38050 ◇1121

Synoum glandulosum **A. Juss.**

▶腺希诺楝

◎26051 ◇1110

◎40451 ◇1702

Synoum muelleri **C. DC.**

▶莫勒希诺楝

◎22930 ◇823

◎26052 ◇1110

◎41186 ◇1712

◎42181 ◇1724

Toona calantas **Merr. & Rolfe**

▶菲律宾香椿

◎4625 ◇502

◎7319 ◇502/301

◎21645 ◇502

◎22838 ◇920

◎23362 ◇TBA

◎41228 ◇1712

◎42250 ◇1725

Toona ciliata **M. Roem.**

▶红椿

◎6381 ◇502

◎6483 ◇502

◎8490 ◇898

◎9612 ◇505

◎11709 ◇502

◎11752 ◇502;971/301

◎13949 ◇954/294

◎14001 ◇505

◎14749 ◇502

◎14866 ◇502

◎15286 ◇900

◎15836 ◇502

◎16816 ◇502

◎19083 ◇896

◎20354 ◇938

◎21390 ◇897

◎22984 ◇954

◎24504 ◇1086

◎34877 ◇1558

◎36967 ◇1627

◎37124 ◇1631

◎40905 ◇1708

◎40906 ◇1708

Toona fargesii **A. Chev.**

▶红花香椿

◎26128 ◇1111

◎40699 ◇1705

Toona hexandra **M. Roem.**

▶六蕊红椿

◎20656 ◇832

◎41196 ◇1712

◎42180 ◇1724

Toona sinensis **(A. Juss.) M. Roem.**

▶香椿

◎70 ◇503

◎550 ◇503

◎1246 ◇503

◎4755 ◇503

◎5623 ◇503

◎5945 ◇503

◎5979 ◇503

◎6018 ◇503;1064

◎7817 ◇503

◎8441 ◇503

◎8442 ◇503

◎9535 ◇503;791

◎9536 ◇503;1037/301

◎9537 ◇503;1037

◎10055 ◇504

◎10755 ◇504

◎11077 ◇504

◎11108 ◇504

◎12395 ◇848

◎12564 ◇504;1072/301

◎12744 ◇TBA

◎13788 ◇504

◎13926 ◇504

◎13997 ◇504

◎16081 ◇504

◎16344 ◇847

◎17120 ◇504

◎17631 ◇504

◎18110 ◇504

◎20584 ◇491

◎22349 ◇TBA

◎23591 ◇504;987

◎26129 ◇1111

Toona sureni **(Blume) Merr.**

▶紫椿

◎4771 ◇505

◎4892 ◇505

◎9934 ◇955

◎11293 ◇505

◎11713 ◇505

◎11997 ◇505

◎14137 ◇/301

◎14680 ◇505

◎14789 ◇505

◎16314 ◇505

◎16355 ◇932

◎16645 ◇505

◎17306 ◇505

◎17713 ◇505

◎18134 ◇505;811

◎19011 ◇906/301

◎19370 ◇505

◎21022 ◇890

◎22786 ◇906

◎27699 ◇1238

◎33972 ◇1541

◎35730 ◇1575

◎35731 ◇1575

◎35732 ◇1575

Toona **(Endl.) M. Roem.**

▶香椿属

◎6946 ◇505

◎7983 ◇505/301

◎13168 ◇894

◎15169 ◇895

◎15766 ◇505

◎15771 ◇505

◎18729 ◇894

◎19641 ◇505

◎40872 ◇1707

Trichilia casarettii **C. DC.**

▶卡萨海木/卡斯帚木

◎32292 ◇1482

◎32293 ◇1482

Trichilia connaroides **var.** ***microcarpa*** **(Pierre) Bentv.**

▶小果帚木

◎1258 ◇495/297

◎9634 ◇495

◎13252 ◇495/297

◎14807 ◇495

◎15692 ◇495

Trichilia elegans **A. Juss.**

▶雅致海木/雅致帚木

◎32294 ◇1482

Trichilia emetica subsp. *suberosa* J. J. de Wilde
▶软木海木/软木鹆木
◎29687 ◇1354
◎36389 ◇1600
Trichilia emetica Vahl
▶埃梅海木/埃梅鹆木
◎26139 ◇1111
◎40185 ◇1699
Trichilia gilgiana Harms
▶吉尔海木/吉尔鹆木
◎21816 ◇912
Trichilia gilletii De Wild.
▶吉利海木/吉利鹆木
◎17968 ◇829/302
Trichilia havanensis Jacq.
▶哈瓦那海木/哈瓦那鹆木
◎26140 ◇1111
Trichilia heudelotii Planch. ex Oliv.
▶霍伊海木/霍伊鹆木
◎5090 ◇506/302
Trichilia lecointei Ducke
▶莱氏海木/莱氏鹆木
◎40156 ◇1128
Trichilia martiana C. DC.
▶马里海木/马里鹆木
◎32034 ◇1472
◎32035 ◇1472
◎33975 ◇1541
Trichilia martineaui Aubrév. & Pellegr.
▶马蒂诺海木/马蒂诺鹆木
◎36662 ◇1615
◎36663 ◇1615
◎36664 ◇1615
Trichilia megalantha Harms
▶大花海木/大花鹆木
◎5111 ◇506/518
Trichilia micrantha Benth.
▶小花海木/小花鹆木
◎27780 ◇1242
◎32036 ◇1472
◎32295 ◇1482
◎33217 ◇1514
◎33973 ◇1541
◎33974 ◇1541
Trichilia monadelpha var. *zenkeri*
▶曾式海木/曾式鹆木
◎36407 ◇1602
◎36408 ◇1602
◎36517 ◇1609
◎36518 ◇1609
◎36519 ◇1609
Trichilia monadelpha （Thonn.） J. J. de Wilde
▶单蕊海木/单蕊鹆木
◎29549 ◇1339
◎29550 ◇1339
◎29551 ◇1339
◎29552 ◇1339
◎29553 ◇1339
◎29662 ◇1351
◎29663 ◇1351
◎29664 ◇1351
◎29665 ◇1351
◎36606 ◇1614
Trichilia ornithera J. J. de Wilde
▶欧尼海木/欧尼鹆木
◎21809 ◇912/520
◎36410 ◇1602
Trichilia ornithothera J. J. de Wilde
▶似鸟海木/似鸟鹆木
◎29700 ◇1355
◎36409 ◇1602
◎36411 ◇1602
Trichilia pallens C. DC.
▶淡色海木/淡色鹆木
◎33218 ◇1514
Trichilia pallida Sw.
▶苍白海木/苍白鹆木
◎32297 ◇1482
◎38183 ◇1129
Trichilia pleeana C. DC.
▶帕利海木/帕利鹆木
◎30796 ◇1416
◎32298 ◇1482
Trichilia prieuriana subsp. *vermoesenii* J. J. de Wilde
▶普利海木/普利鹆木
◎36424 ◇1603
◎36425 ◇1603
◎36426 ◇1603
◎36520 ◇1610
◎36665 ◇1615
Trichilia prieuriana A. Juss.
▶普利海木/普利鹆木
◎36466 ◇1606
◎36467 ◇1606
Trichilia schomburgkii C. DC.
▶斯氏海木/斯氏鹆木
◎27912 ◇1249
◎32037 ◇1472
◎32038 ◇1472
◎33976 ◇1541
◎33977 ◇1541
◎42442 ◇1729
Trichilia septentrionalis C. DC.
▶北部海木/北部鹆木
◎32296 ◇1482
Trichilia stellatotomentosa Kuntze
▶星毛海木属/星毛鹆木属
◎38436 ◇1134
Trichilia subcordata Gürke
▶微心叶海木属/微心叶鹆木属
◎32299 ◇1482
◎32300 ◇1482
Trichilia surinamensis C. DC.
▶苏里南海木属/苏里南鹆木属
◎32301 ◇1482
◎33219 ◇1514
Trichilia P. Browne
▶海木属/鹆木属
◎22586 ◇831
Turraea robusta Gürke
▶粗壮杜楝
◎32303 ◇1482
Turraeanthus africana Pellegr.
▶非洲杜花楝/非洲贴瓣楝
◎5093 ◇506
◎5096 ◇506
◎17874 ◇506;929
◎18196 ◇506/520
◎20509 ◇828
◎21951 ◇899
◎22806 ◇920
◎23486 ◇909
◎23672 ◇928
Turraeanthus africanus（Welw. ex C. DC.）Pellegr.
▶杜花楝/贴瓣楝
◎26895 ◇1218
◎26896 ◇1218
◎36323 ◇1595
◎36324 ◇1595
◎36325 ◇1595
◎36345 ◇1596
◎36468 ◇1607

◎36469 ◇1607

◎36470 ◇1607

Vavaea amicorum Benth.

▶阿米克莓楝

◎26162 ◇1113

◎27512 ◇1234

◎28678 ◇1288

◎28954 ◇1304

◎28955 ◇1304

◎28956 ◇1304

◎28957 ◇1304

◎35570 ◇1572

Walsura monophylla Elmer

▶单叶割舌树

◎28154 ◇1262

◎28208 ◇1265

◎28210 ◇1265

Walsura pinnata Hassk.

▶越南割舌树

◎29210 ◇1320

Walsura robusta Roxb.

▶割舌树

◎14336 ◇506/143

◎16020 ◇506

◎20937 ◇506

Xylocarpus gangeticus (Prain) C. E. Parkinson

▶甘氏木果楝

◎15277 ◇901/294

◎15297 ◇901

◎15318 ◇900/294

Xylocarpus granatum J. Koenig

▶木果楝

◎4288 ◇491

◎4651 ◇506

◎7513 ◇506/302

◎14973 ◇506/302

◎14974 ◇506

◎18724 ◇894

◎19593 ◇506

◎20507 ◇828

◎20869 ◇892

◎26208 ◇1113

◎27709 ◇1238

◎28627 ◇1285

◎33985 ◇1541

◎37038 ◇1629

◎37577 ◇1661

Xylocarpus moluccensis M. Roem.

▶莫卢木果楝

◎33234 ◇1515

Xylocarpus J. Koenig

▶木果楝属

◎37575 ◇1661

◎37576 ◇1661

Menispermaceae 防己科

Abuta colombiana Moldenke

▶哥伦比亚脱皮藤

◎32177 ◇1478

◎33097 ◇1510

Abuta fluminum Krukoff & Barneby

▶河流脱皮藤

◎33098 ◇1510

Abuta grandifolia (Mart.) Sandwith

▶大叶脱皮藤

◎35274 ◇1568

Abuta grisebachii Triana & Planch.

▶灰蓝脱皮藤

◎33099 ◇1510

Abuta pahni (Mart.) Krukoff & Barneby

▶帕氏脱皮藤

◎33100 ◇1510

Abuta rubescens Aubl.

▶红脱皮藤/悬钩子

◎20431 ◇905

◎33101 ◇1510

◎33102 ◇1510

◎33104 ◇1510

Abuta solimoesensis Krukoff & Barneby

▶索力脱皮藤

◎33103 ◇1510

Abuta Aubl.

▶脱皮藤属

◎33096 ◇1510

Anomospermum bolivianum Krukoff & Moldenke

▶博利异子藤

◎33107 ◇1510

◎38370 ◇1133

Arcangelisia flava Merr.

▶黄连藤

◎28018 ◇1255

◎28310 ◇1270

◎28320 ◇1270

◎28498 ◇1278

◎28499 ◇1279

◎28882 ◇1298

◎28918 ◇1301

◎28919 ◇1301

◎29095 ◇1313

◎31474 ◇1447

◎31475 ◇1447

◎31476 ◇1447

◎31477 ◇1447

◎35760 ◇1577

Batocarpus amazonicus (Ducke) Fosberg

▶亚马孙荔枝桑

◎33998 ◇1541

Borismene japurensis (Mart.) Barneby

▶月牛藤

◎33135 ◇1511

Chlaenandra ovata Miq.

▶卵形被蕊藤

◎31485 ◇1448

Chondodendron limaciifolium

▶里氏南美防己

◎38371 ◇1133

Cocculus laurifolius DC.

▶樟叶木防己

◎24607 ◇1089

◎29722 ◇1357

◎39145 ◇1689

Coscinium fenestratum (Gaertn.) Colebr.

▶多孔南洋药藤

◎37982 ◇1680

Curarea candicans (Rich.) Barneby & Krukoff

▶纯白箭毒藤

◎33148 ◇1512

Curarea tecunarum Barneby & Krukoff

▶特氏箭毒藤

◎38336 ◇1132

Diploclisia glaucescens (Blume) Diels

▶苍白秤钩风

◎21251 ◇912

◎21272 ◇912

◎28512 ◇1279

◎29101 ◇1313

Hyperbaena domingensis (DC.) Benth.

▶多米越被藤

◎32102 ◇1475

◎33168 ◇1512

◎33169 ◇1512

◎33170 ◇1512

◎33171 ◇1512

◎33172 ◇1512

Hyperbaena winzerlingii Standl.

▶温泽越被藤

◎25193 ◇1097

Hypserpa nitida Miers

▶夜花藤

◎28066 ◇1259

Orthomene schomburgkii (Miers) Barneby & Krukoff

▶斯氏月直藤

◎32259 ◇1481

◎33196 ◇1513

Pachygone ovata (Poir.) Diels

▶卵形粉绿藤

◎28445 ◇1276

Pycnarrhena longifolia (Decne. ex Miq.) Becc.

▶长叶密花藤

◎38027 ◇1682

Pycnarrhena tumefacta Miers

▶膨大密花藤

◎28100 ◇1260

Sciadotenia toxifera Krukoff & Sm.

▶阴毒藤

◎33210 ◇1514

◎33211 ◇1514

◎33212 ◇1514

◎33213 ◇1514

Sinomenium acutum (Thunb.) Rehder & E. H. Wilson

▶青风藤/风龙

◎13644 ◇81/46

Telitoxicum Moldenke

▶矛毒藤属

◎33214 ◇1514

◎33215 ◇1514

Tilia × euchlora K. Koch

▶美绿椴

◎21363 ◇140

◎22020 ◇912

◎37199 ◇1634

◎37200 ◇1634

◎37201 ◇1634

◎37208 ◇1635

◎37209 ◇1635

◎37210 ◇1635

Tilia americana var. *caroliniana* (Mill.) Castigl.

▶卡州椴

◎26120 ◇1112

Tilia americana var. *heterophylla* (Vent.) Loudon

▶异叶椴

◎26121 ◇1112

Tilia americana L.

▶美洲椴

◎4364 ◇140

◎4708 ◇140

◎4987 ◇140

◎10361 ◇826

◎10421 ◇821/90

◎17235 ◇821

◎18691 ◇140

◎21958 ◇805

◎23075 ◇917

◎23119 ◇805

◎23434 ◇821

◎26556 ◇1173

◎26557 ◇1173

◎26606 ◇1179

◎26607 ◇1179

◎26722 ◇1195

◎26723 ◇1195

◎26724 ◇1195

◎26908 ◇1220

◎38635 ◇1137

◎38645 ◇1137

◎38677 ◇1138

◎38679 ◇1138

◎38744 ◇1139

Tilia amurensis var. *taquetii* (C. K. Schneid.) Liou & Li

▶小叶紫椴

◎12070 ◇141

Tilia amurensis Rupr.

▶紫椴

◎7886 ◇140;1004

◎8019 ◇TBA

◎10295 ◇902

◎12086 ◇140

◎12548 ◇140;992/89

◎13664 ◇140;1054/91

◎17310 ◇140

◎22348 ◇916

Tilia caroliniana subsp. *floridana* (Small) A. E. Murray

▶弗州椴

◎40554 ◇1703

Tilia chinensis var. *intonsa* (E. H. Wilson) Y. C. Hsu & R. Zhuge

▶多毛椴

◎8666 ◇139;991

◎18840 ◇139/91

Tilia chinensis Maxim.

▶华椴

◎17258 ◇139/91

◎20613 ◇139

Tilia cordata Mill.

▶欧洲小叶椴

◎4812 ◇140

◎5729 ◇139/90

◎11168 ◇832/611

◎11349 ◇823

◎12048 ◇914

◎14246 ◇914

◎21362 ◇140

◎22021 ◇912

◎23513 ◇953

◎23553 ◇953

◎31415 ◇1441

◎31416 ◇1441

◎31417 ◇1441

◎37211 ◇1636

◎37212 ◇1636

◎37213 ◇1636

Tilia endochrysea Hand.-Mazz.

▶白毛椴

◎13455 ◇140/89

◎16409 ◇140

◎16513 ◇140

◎17573 ◇139/611

◎26122 ◇1111

Tilia europaea L.

▶欧洲椴

◎26663 ◇1185

◎26664 ◇1185

◎26665 ◇1186

◎32286 ◇1482
◎32287 ◇1482
◎35082 ◇1563
◎41740 ◇1719
◎42151 ◇1724

Tilia glabra **Vent.**
▶无毛椴
◎4562 ◇140
◎26123 ◇1111

Tilia henryana **Szyszyl.**
▶糯米椴
◎7003 ◇139/90

Tilia japonica **Simonk.**
▶华东椴
◎4209 ◇139
◎10263 ◇918/91

Tilia kiusiana **Makino & Shiras.**
▶小花椴
◎18606 ◇919

Tilia mandshurica **Rupr. & Maxim.**
▶糠椴
◎5338 ◇139;782
◎5341 ◇139;1000
◎5532 ◇139;872
◎7674 ◇139;1004
◎7776 ◇139
◎8008 ◇139;785
◎14223 ◇139
◎17311 ◇139
◎18075 ◇139;1027/90

Tilia maximowicziana **Shiras.**
▶马克西莫维奇椴
◎18607 ◇919/90

Tilia miqueliana **Maxim.**
▶南京椴
◎7014 ◇139;781/91
◎18025 ◇139;1000

Tilia miyabei **J. G. Jack**
▶柔叶椴
◎4210 ◇139

Tilia moltkei **Spaeth ex C. K. Schneid.**
▶青须椴
◎31418 ◇1441

Tilia mongolica **Maxim.**
▶蒙椴
◎5331 ◇139;787
◎5335 ◇139;968/91
◎5395 ◇139
◎5541 ◇139
◎5896 ◇139
◎20625 ◇139

Tilia nobilis **Rehder & E. H. Wilson**
▶大椴
◎8588 ◇141;983

Tilia paucicostata **Maxim.**
▶少脉椴
◎6889 ◇TBA

Tilia platyphylla **C. A. Mey.**
▶欧洲大叶椴
◎12049 ◇914/611
◎26124 ◇1111

Tilia platyphyllos **subsp.** ***cordifolia*** **(Besser) C. K. Schneid.**
▶心叶椴
◎4340 ◇140/89

Tilia platyphyllos **var.** ***obliqua***
▶斜叶椴
◎31423 ◇1442
◎31424 ◇1442

Tilia platyphyllos **Scop.**
▶宽叶椴
◎31419 ◇1441
◎31420 ◇1442
◎31421 ◇1442
◎31422 ◇1442
◎31457 ◇1445
◎31458 ◇1445
◎40700 ◇1705

Tilia rubra **subsp.** ***caucasica*** **(Rupr.) V. Engl.**
▶高加索椴
◎9459 ◇830/89

Tilia tomentosa **Moench**
▶绒毛椴
◎26119 ◇1112
◎26125 ◇1111
◎26126 ◇1111
◎29820 ◇1361
◎32288 ◇1482
◎40768 ◇1706

Tilia tuan **Szyszyl.**
▶椴树
◎7782 ◇141/91
◎9776 ◇141;1006/91
◎11408 ◇139/91
◎17412 ◇141;790
◎17516 ◇141;787
◎17603 ◇141

Tilia **L.**
▶椴树属/椴属
◎514 ◇141
◎709 ◇141;789
◎734 ◇141
◎5510 ◇141
◎5874 ◇141
◎8177 ◇TBA
◎10079 ◇TBA
◎10091 ◇141;799
◎10117 ◇141
◎10136 ◇TBA
◎11592 ◇141;968
◎12273 ◇850
◎12407 ◇TBA
◎13268 ◇878
◎13295 ◇878
◎13341 ◇879
◎13749 ◇946
◎17931 ◇822
◎26395 ◇1155
◎26491 ◇1166
◎26492 ◇1166
◎26581 ◇1176
◎26725 ◇1194
◎26761 ◇1199

Tiliacora dielsiana **Hutch. & Dalziel**
▶迪尔香料藤
◎29661 ◇1351

Tiliacora leonensis **Diels**
▶莱昂香料藤
◎30956 ◇1422
◎31043 ◇1426
◎31044 ◇1426

Tinomiscium petiolare **Miers ex Hook. f. & Thomson**
▶大叶藤
◎21305 ◇913
◎29125 ◇1314

Tinospora macrocarpa **Diels**
▶大叶青牛胆
◎28157 ◇1262

Triclisia dictyophylla **Diels**
▶网叶三被藤
◎36666 ◇1615
◎37877 ◇1674

Metteniusaceae 水螅花科

Apodytes dimidiata E. Mey. ex Arn.
▶柴龙树
◎3372 ◇600
◎3461 ◇600
◎3533 ◇600
◎3613 ◇600
◎3768 ◇600
◎14507 ◇600/35
◎20512 ◇828
◎24220 ◇1082
◎31545 ◇1451
◎32603 ◇1489
◎32604 ◇1489
◎37118 ◇1631

Apodytes E. Mey. ex Arn.
▶柴龙树属
◎39923 ◇1122

Poraqueiba guianensis Aubl.
▶圭亚那林蜜莓
◎20456 ◇822
◎27815 ◇1244
◎32383 ◇1484
◎33858 ◇1539
◎35143 ◇1565
◎42451 ◇1729

Poraqueiba sericea Tul.
▶绢毛林蜜莓
◎33859 ◇1540

Rhaphiostylis ferruginea Engl.
▶铁锈水螅藤
◎36003 ◇1586
◎36004 ◇1586

Rhaphiostylis preussii Engl.
▶普罗水螅藤
◎29195 ◇1319

Monimiaceae 玉盘桂科

Hedycarya arborea J. R. Forst. & G. Forst.
▶蜜盘桂
◎18805 ◇911/743

Hedycarya australasica A. DC.
▶窄叶蜜盘桂
◎25156 ◇1096
◎39236 ◇1690

Hennecartia omphalandra J. Poiss.
▶越柱花
◎33167 ◇1512

Hortonia floribunda Wight ex Arn.
▶花束霍玉盘桂
◎31611 ◇1453

Kibara Endl.
▶腺榕桂属
◎31620 ◇1453
◎31803 ◇1462

Laureliopsis philippiana (Looser) Schodde
▶锯齿类月桂/伞序檫
◎19563 ◇77/536
◎39125 ◇1689

Levieria parvifolia A. C. Sm.
▶小叶折盘桂
◎21268 ◇77
◎31780 ◇1461
◎31804 ◇1462

Levieria squarrosa Perkins
▶折盘桂
◎21238 ◇77
◎21270 ◇77
◎31730 ◇1458
◎31731 ◇1458
◎31732 ◇1458
◎31805 ◇1462
◎31806 ◇1462

Mollinedia pfitzeriana Perkins
▶普菲杯轴花木
◎33190 ◇1513
◎33191 ◇1513
◎33192 ◇1513

Steganthera cyclopensis Philipson
▶中央岛榕桂
◎37643 ◇1663

Xymalos monospora Baill.
▶单心桂
◎39711 ◇1697
◎42116 ◇1723
◎42389 ◇1727

Moraceae 桑科

Allaeanthus luzonicus Fern.-Vill.
▶吕宋落叶花桑
◎27156 ◇1227
◎36064 ◇1587

Allaeanthus zeylanicus Thwaites
▶锡兰落叶花桑
◎35581 ◇1572

Antiaris toxicaria subsp. *welwitschii* (Engl.) C. C. Berg
▶魏氏箭毒木/魏氏见血封喉
◎21736 ◇930/533
◎24213 ◇1082

Antiaris toxicaria var. *africana* Scott-Elliot ex A. Chev.
▶非洲箭毒木
◎18363 ◇356/533
◎21897 ◇899
◎38416 ◇1134

Antiaris toxicaria (J. F. Gmel.) Lesch.
▶箭毒木/见血封喉
◎16864 ◇356/201
◎18758 ◇356;970/201
◎19403 ◇356
◎21478 ◇356/533
◎23668 ◇928
◎35329 ◇1571
◎35882 ◇1585
◎36960 ◇1627
◎37584 ◇1662
◎40838 ◇1707

Artocarpus altilis (Parkinson) Fosberg
▶面包树
◎7294 ◇357/201
◎21845 ◇357
◎28500 ◇1279
◎34146 ◇1544
◎35887 ◇1585
◎39274 ◇1691

Artocarpus anisophyllus Miq.
▶异叶波罗蜜
◎34145 ◇1544

Artocarpus blancoi Merr.
▶巴兰桂木
◎18349 ◇953/203
◎18873 ◇913

Artocarpus chama Buch.-Ham.
▶查马桂木
◎4886 ◇357
◎17278 ◇358/203
◎19063 ◇896/201
◎20879 ◇892
◎22977 ◇954

Artocarpus dadah Miq.
▶达达桂木
◎5236 ◇357
◎26973 ◇1224

Artocarpus elasticus Reinw.

▶弹性木波罗

◎5187 ◇357

◎5225 ◇357

◎13156 ◇894/201

◎14158 ◇893/201

◎27354 ◇1231

◎33402 ◇1522

◎33443 ◇TBA

◎34147 ◇1544

◎36961 ◇1627

Artocarpus gomezianus Wall. ex Trécul

▶古氏桂木

◎20880 ◇892

Artocarpus heterophyllus Lam.

▶木波罗/波罗蜜

◎8568 ◇898

◎11585 ◇357/202

◎12702 ◇922

◎14599 ◇357/202

◎14776 ◇357;1054

◎15954 ◇TBA

◎16838 ◇357

◎19064 ◇896

◎19400 ◇357

◎20675 ◇896

◎42319 ◇1726

Artocarpus hirsutus Lam.

▶硬毛木波罗/硬毛波蜜

◎8485 ◇898

◎9699 ◇931/202

◎20676 ◇896

◎35582 ◇1572

Artocarpus hypargyreus Hance ex Benth.

▶白桂木

◎9137 ◇357;810/202

◎16476 ◇357

◎19992 ◇357

Artocarpus inaequalis T. et B.

▶不等桂木/不等波罗蜜

◎5193 ◇357

Artocarpus integer (Thunb.) Merr.

▶全缘桂木/波罗蜜

◎3451 ◇357/202

◎5192 ◇357

◎5199 ◇357/201

◎5228 ◇357

◎7347 ◇357/202

◎11712 ◇357/202

◎13868 ◇357;887

◎18959 ◇907/202

◎27533 ◇1234

◎35886 ◇1585

◎36069 ◇1587

◎36962 ◇1627

◎40767 ◇1706

Artocarpus kemando Miq.

▶科曼波罗蜜

◎27534 ◇1234

◎36070 ◇1587

◎36963 ◇1627

◎40339 ◇1701

Artocarpus lacucha Roxb. ex Buch.-Ham.

▶野波罗蜜

◎18277 ◇902

◎20358 ◇938/202

◎20674 ◇896

◎20878 ◇892

Artocarpus lanceaefolia Roxb.

▶剑叶波罗蜜

◎36071 ◇1587

◎40329 ◇1701

Artocarpus nitidus subsp. *lingnanensis* (Merr.) F. M. Jarrett

▶大叶胭脂

◎11414 ◇357;998/202

◎11415 ◇357

◎11549 ◇357

◎13703 ◇358

◎14779 ◇358

◎17691 ◇358

Artocarpus nitidus Trécul

▶光叶桂木

◎14556 ◇358/556

◎21480 ◇357

Artocarpus odoratissimus Blanco

▶香波罗

◎40342 ◇1701

◎40603 ◇1704

Artocarpus ovatus Blanco

▶椭圆木菠萝/椭圆波罗蜜

◎24254 ◇1082

Artocarpus sepicanus Diels

▶赛氏波罗蜜

◎31478 ◇1447

Artocarpus styracifolius Pierre

▶小叶胭脂/二色波罗蜜

◎12181 ◇357;874/201

◎12195 ◇357/203

◎14310 ◇358/554

◎14784 ◇357

◎15629 ◇358

◎16614 ◇358

◎17728 ◇358

◎22150 ◇959

Artocarpus tamaran Becc.

▶塔玛木菠萝/塔玛波罗蜜

◎24255 ◇1082

Artocarpus teysmannii Miq.

▶泰氏波罗蜜

◎27535 ◇1234

◎36073 ◇1587

Artocarpus tonkinensis A. Chev.

▶胭脂/鸡脖子

◎13017 ◇358

◎14697 ◇358

◎15964 ◇358

◎16845 ◇358/203

◎18991 ◇358

◎39350 ◇1692

Artocarpus J. R. Forst. & G. Forst.

▶木波罗属/波罗蜜属

◎4601 ◇358

◎5227 ◇358

◎5232 ◇358

◎8878 ◇358

◎11753 ◇358;995

◎11866 ◇358;814

◎13591 ◇358;1009/1174

◎15385 ◇940

◎19478 ◇935

◎19496 ◇935

◎21562 ◇358

◎22242 ◇934

◎22245 ◇934

◎22810 ◇920

◎23122 ◇933

◎23123 ◇933

◎23246 ◇927

◎23389 ◇933

◎23390 ◇933

◎27160 ◇1227

◎36072 ◇1587

◎40876 ◇1707

Bagassa guianensis Aubl.
▶圭亚那乳桑木
◎18537 ◇820/547
◎22453 ◇359/547
◎22550 ◇TBA
◎22856 ◇917
◎22857 ◇917
◎23494 ◇909
◎27879 ◇1247
◎31934 ◇1470
◎32317 ◇1483
◎33134 ◇1511
◎34148 ◇1544

Bagassa Aubl.
▶乳桑属
◎23446 ◇819
◎23465 ◇TBA

Bleekrodea tonkinensis Eberhardt & Dubard
▶东京南鹊肾树
◎15999 ◇371/212

Bosqueia angolensis Ficalho
▶安哥拉热非桑
◎21498 ◇359
◎21741 ◇930/521

Bosqueiopsis gilletii De Wild. & T. Durand
▶吉利盾桑
◎33136 ◇1511

Brosimum acutifolium subsp. *interjectum* C. C. Berg
▶居中饱食桑/居中蛇桑
◎40073 ◇1126

Brosimum acutifolium Huber
▶尖叶饱食桑/尖叶蛇桑
◎35247 ◇1568
◎35248 ◇1568

Brosimum alicastrum subsp. *bolivarense* (Pittier) C. C. Berg
▶波利饱食桑
◎4444 ◇367/210

Brosimum alicastrum Sw.
▶麦粉饱食桑木
◎18554 ◇359
◎20157 ◇936/547
◎22475 ◇820
◎40074 ◇1126
◎42301 ◇1725
◎42392 ◇1727

Brosimum costaricanum Liebm.
▶哥斯达黎加饱食桑/哥斯达黎加蛇桑
◎24374 ◇1084

Brosimum guianense Huber ex Ducke
▶圭亚那饱食桑木/蛇桑
◎24375 ◇1084
◎26397 ◇1155
◎27788 ◇1243
◎31938 ◇1470
◎31939 ◇1470
◎33137 ◇1511
◎33138 ◇1511
◎34152 ◇1544
◎34153 ◇1544
◎40075 ◇1126
◎40337 ◇1701
◎41493 ◇1715

Brosimum lactescens (S. Moore) C. C. Berg
▶乳白饱食桑/乳白蛇桑
◎32717 ◇1493
◎34150 ◇1544
◎34151 ◇1544

Brosimum parinarioides Ducke
▶阿马饱食桑木
◎22270 ◇819/547
◎23325 ◇819
◎31940 ◇1470
◎40076 ◇1126

Brosimum potabile Ducke
▶泊太饱食桑木/泊太蛇桑
◎34155 ◇1544

Brosimum rubescens Taub.
▶红饱食桑
◎18541 ◇820/547
◎20185 ◇820/547
◎22461 ◇819
◎22551 ◇TBA
◎22686 ◇806
◎22754 ◇806
◎24376 ◇1084
◎33139 ◇1511
◎34156 ◇1544
◎35278 ◇1569
◎40077 ◇1126
◎40809 ◇1706
◎41408 ◇1714
◎42018 ◇1722

Brosimum utile subsp. *ovatifolium* (Ducke) C. C. Berg
▶卵叶饱食桑木/卵叶蛇桑
◎34154 ◇1544

Brosimum utile (Kunth) Oken
▶良木饱食桑木
◎18369 ◇359/547
◎18548 ◇359
◎22574 ◇831
◎22616 ◇831
◎33140 ◇1511
◎40078 ◇1126

Brosimum Sw.
▶饱食桑属/蛇桑属
◎31936 ◇1470
◎31937 ◇1470

Broussonetia kaempferi Siebold
▶葡蟠
◎11896 ◇359;807

Broussonetia kazinoki Siebold
▶楮/小构树
◎20000 ◇359

Broussonetia papyrifera (L.) Vent.
▶构树
◎24 ◇359
◎572 ◇359
◎3425 ◇359
◎4749 ◇359
◎5643 ◇359
◎6627 ◇359
◎6656 ◇359/203
◎10619 ◇359
◎10745 ◇359
◎11894 ◇359/203
◎16536 ◇359
◎35895 ◇1585

Broussonetia Scheele
▶构属
◎4067 ◇359
◎4084 ◇359
◎35815 ◇1581
◎35816 ◇1581

Castilla elastica Cerv.
▶弹性卡斯桑/弹性橡胶桑
◎7323 ◇360/203
◎19431 ◇832
◎19446 ◇832

Castilla tunu Hemsl.
▶假橡胶桑

◎4506 ◇360/203

Castilla ulei Warb.

▶乌氏卡斯桑/乌氏橡胶桑

◎40084 ◇1126

Castilla Cerv.

▶卡斯桑属/橡胶桑属

◎26984 ◇1224

Chlorophora Gaudich.

▶绿柄桑属/黄颜木属

◎16370 ◇360

Moraceae 桑科

Clarisia ilicifolia (Spreng.) Lanj. & Rossberg

▶艾利克拉桑木/艾利黄苞桑木

◎33147 ◇1512

◎34162 ◇1544

◎39479 ◇1694

Clarisia racemosa Ruiz & Pav.

▶总花克拉桑木/总花黄苞桑木

◎18452 ◇908/548

◎19440 ◇832

◎20181 ◇820

◎21453 ◇361/548

◎22273 ◇819

◎22508 ◇820

◎22575 ◇831

◎29223 ◇1320

◎29307 ◇1325

◎29830 ◇1362

◎29850 ◇1363

◎29874 ◇1364

◎29921 ◇1367

◎29947 ◇1369

◎29964 ◇1370

◎29965 ◇1370

◎30034 ◇1374

◎30035 ◇1374

◎30080 ◇1376

◎30081 ◇1377

◎30106 ◇1378

◎30126 ◇1379

◎30149 ◇1381

◎30150 ◇1381

◎30151 ◇1381

◎30200 ◇1384

◎30201 ◇1384

◎30226 ◇1385

◎30299 ◇1389

◎30319 ◇1391

◎30320 ◇1391

◎30321 ◇1391

◎30322 ◇1391

◎30460 ◇1400

◎30461 ◇1400

◎30462 ◇1400

◎30463 ◇1400

◎30464 ◇1400

◎30465 ◇1400

◎30514 ◇1403

◎30614 ◇1408

◎30615 ◇1408

◎30616 ◇1408

◎30652 ◇1410

◎30697 ◇1412

◎30698 ◇1412

◎30699 ◇1412

◎30700 ◇1412

◎30701 ◇1412

◎30764 ◇1414

◎30765 ◇1414

◎30820 ◇1416

◎30821 ◇1416

◎30822 ◇1416

◎30823 ◇1417

◎30824 ◇1417

◎34013 ◇1542

◎34163 ◇1544

◎40086 ◇1126

Cudrania pubescens Trécul

▶黄桑/毛柘藤

◎6526 ◇361;862

◎17124 ◇361/204

Cudrania tricuspidata Bureau ex Lavallée

▶柘树/柘

◎29 ◇361

◎4757 ◇361

◎4943 ◇361

◎6662 ◇361

◎7953 ◇361

◎8299 ◇361

◎8300 ◇361

◎8301 ◇361;1077

◎10113 ◇361

◎10132 ◇361

◎13316 ◇TBA

◎17618 ◇361

Cudrania triloba Hance

▶三裂片柘

◎5658 ◇361

Cudrania Trécul

▶柘属

◎4948 ◇361

◎11056 ◇361

◎18236 ◇361

◎31265 ◇1433

Dorstenia africana (Baill.) C. C. Berg

▶非洲琉桑木

◎29638 ◇1348

◎29639 ◇1349

◎29640 ◇1349

Dorstenia angusticornis Engl.

▶细角琉桑木

◎36579 ◇1612

Dorstenia barteri var. *subtriangularis* (Engl.) Hijman & C. C. Berg

▶三角琉桑木

◎36483 ◇1607

Dorstenia turbinata Engl.

▶大花琉桑木

◎29176 ◇1318

◎29177 ◇1318

Ficus adhatodifolia Schott ex Spreng.

▶艾汉榕

◎22576 ◇831

◎25019 ◇1094

◎40535 ◇1703

Ficus alongensis Gagnep.

▶阿隆榕

◎25020 ◇1094

Ficus altissima Blume

▶高山榕

◎3473 ◇362

◎6805 ◇362;720/204

◎13011 ◇362/204

◎13860 ◇362;792

◎14521 ◇362

◎17050 ◇362

Ficus americana subsp. *guianensis* (Desv.) C. C. Berg

▶圭亚那榕

◎38127 ◇1128

Ficus ampelas K. D. Koenig ex Roxb.

▶爱沐榕

◎18877 ◇913/204

◎36120 ◇1587

Ficus amplissima Sm.
▶安培榕
◎35622 ◇TBA
Ficus annulata Blume
▶艾奴榕
◎3617 ◇362/204
◎37992 ◇1680
Ficus arbuscula K. Schum. & Lauterb.
▶灌木榕
◎31361 ◇1438
Ficus artocarpoides Warb.
▶阿托榕
◎33151 ◇1512
Ficus aurata Miq.
▶奥瑞塔榕
◎31586 ◇1453
Ficus aurea Nutt.
▶奥瑞无花果/奥瑞榕
◎25021 ◇1094
◎39620 ◇1695
◎42312 ◇1726
◎42353 ◇1726
Ficus auriculata Lour.
▶木瓜榕
◎12883 ◇363;852/207
◎20873 ◇892
Ficus bataanensis Merr.
▶巴塔榕
◎31362 ◇1438
Ficus benghalensis L.
▶孟加拉榕
◎7295 ◇362/205
◎25022 ◇1094
◎36121 ◇1587
◎39301 ◇1691
◎40930 ◇1709
◎42244 ◇1725
Ficus benjamina L.
▶垂叶榕
◎3615 ◇362/205
◎3796 ◇362/205
◎4849 ◇365
◎7215 ◇365/207
◎14634 ◇362
◎16833 ◇362
◎26320 ◇1145
◎29795 ◇1360
◎29796 ◇1360
◎31587 ◇1453
◎36990 ◇1628
Ficus binnendijkii (Miq.) Miq.
▶长叶榕
◎25023 ◇1094
◎39626 ◇1696
Ficus bongouanouensis A. Chev.
▶邦氏榕
◎19580 ◇362
Ficus botryocarpa subsp. *botryocarpa*
▶聚果榕亚种
◎29022 ◇1308
Ficus broadwayi Urb.
▶百老汇榕
◎33152 ◇1512
Ficus bubu Warb.
▶大榕树
◎21544 ◇362/521
Ficus callosa Willd.
▶硬皮榕
◎27223 ◇1228
◎27224 ◇1228
Ficus carica L.
▶无花果
◎12061 ◇362
◎15605 ◇951/206
◎34969 ◇1560
Ficus caulocarpa Miq.
▶大叶赤榕
◎28024 ◇1256
◎28379 ◇1273
Ficus chrysolepis subsp. *chrysolepis*
▶金鳞榕
◎28197 ◇1264
◎28643 ◇1286
Ficus citrifolia Mill.
▶毛枕果榕
◎25024 ◇1094
◎29797 ◇1360
◎29798 ◇1360
Ficus coerulescens (Rusby) Rossberg
▶蓝花榕
◎18273 ◇908/207
◎22097 ◇364/548
Ficus conraui Warb.
▶康拉榕
◎21813 ◇912/521
Ficus drupacea Thunb.
▶枕果榕
◎25016 ◇1094
Ficus edelfeltii King
▶艾迪榕
◎27025 ◇1225
Ficus elastica Roxb. ex Hornem.
▶印度榕
◎7216 ◇363/206
◎16741 ◇363
◎25025 ◇1094
◎26934 ◇1222
◎27225 ◇1228
◎35793 ◇1580
Ficus erecta Thunb.
▶牛奶榕
◎12667 ◇363;969/205
◎16992 ◇363
◎19993 ◇363
Ficus erythrosperma Miq.
▶艾斯榕
◎25017 ◇1094
Ficus eximia Schott
▶卓越榕
◎38452 ◇1134
Ficus fistulosa Reinw. ex Blume
▶水筒榕
◎3547 ◇363/206
◎16855 ◇363
◎16902 ◇363
◎31588 ◇1453
Ficus fulva Reinw. ex Blume
▶黄毛榕
◎3411 ◇363
◎3532 ◇363/206
◎3780 ◇363
◎16883 ◇363/204
◎31866 ◇1466
Ficus glaberrima Blume
▶大叶水榕
◎11989 ◇363;1052/207
Ficus glandulifera (Wall. ex Miq.) King
▶有腺榕
◎28644 ◇1286
Ficus globosa Blume
▶球形榕
◎33434 ◇1524
◎33518 ◇TBA
Ficus glumosa Delile
▶颖果榕
◎21545 ◇365/521

◎25026　◇1094

Ficus grandicarpa Warb.

▶大果榕

◎33154　◇1512

Ficus grossularioides Burm. f.

▶格罗榕

◎27222　◇1228

Ficus hederacea Roxb.

▶藤榕

◎20874　◇892

Ficus henryi Warb. ex Diels

▶尖叶榕

◎20277　◇364

Ficus heteromorpha Hemsl.

▶异叶榕

◎302　◇364;779

◎332　◇364;795/206

Ficus heterophylla L. f.

▶山榕

◎1043　◇TBA

Ficus heteropleura Blume

▶尾叶榕

◎28242　◇1266

Ficus heteropoda Miq.

▶异脚榕

◎27226　◇1228

Ficus hirta Vahl

▶佛手榕

◎12577　◇364;882/307

◎19996　◇364/207

Ficus hispida L. f.

▶对叶榕

◎3405　◇364

◎3485　◇364

◎3672　◇364

◎3802　◇364/307

◎14539　◇364/207

◎16755　◇364

Ficus hookeriana Corner

▶大青树

◎11999　◇364;1042

◎29731　◇1357

◎29732　◇1357

Ficus insipida Willd.

▶无味榕

◎22577　◇831

◎25028　◇1095

◎29833　◇1362

◎30084　◇1377

◎30302　◇1390

◎30710　◇1412

◎30711　◇1412

◎30835　◇1417

◎40102　◇1127

◎40542　◇1703

◎41006　◇1709

◎41007　◇1709

Ficus johannis subsp. *afghanistanica* (Warb.) Browicz

▶阿夫约翰榕

◎25029　◇1095

◎39627　◇1696

Ficus lacor Buch.-Ham.

▶雅榕

◎26　◇364

◎794　◇364

◎8639　◇364;718

◎9624　◇364

◎14583　◇364/204

◎21443　◇897

Ficus laevis Blume

▶光叶榕

◎31589　◇1453

Ficus langkokensis Drake

▶青藤公

◎3398　◇363

◎6692　◇363

◎12949　◇363/206

◎14291　◇363

◎14325　◇363

◎15748　◇363

◎16695　◇363

◎16718　◇363

◎21999　◇364

◎25030　◇1095

Ficus laurifolia hort. ex Lam.

▶月桂叶榕

◎26936　◇1222

Ficus liprieuri Miq.

▶利泊榕

◎26519　◇1183

Ficus luschnathiana Miq.

▶卢萨榕

◎33155　◇1512

◎33156　◇1512

Ficus lutea Vahl

▶黄花榕

◎26569　◇1174

◎26935　◇1222

Ficus lyrata Warb.

▶琴叶榕

◎7356　◇364/207

◎29733　◇1357

◎29734　◇1357

◎36392　◇1601

Ficus macrophylla Pers.

▶大叶榕

◎40730　◇1706

Ficus magnoliifolia Blume

▶木兰叶榕

◎27227　◇1228

Ficus maroniensis Benoist

▶马罗榕

◎33157　◇1512

Ficus matanoensis C. C. Berg

▶马坦榕

◎28930　◇1302

◎28931　◇1302

Ficus melinocarpa Blume

▶黑果榕

◎25031　◇1095

◎27228　◇1228

◎39624　◇1695

Ficus microcarpa L. f.

▶细叶榕

◎10281　◇918

◎12822　◇364;969/208

◎14627　◇364

◎15953　◇364

◎16777　◇364/207

◎16897　◇364

◎21017　◇890

◎28700　◇1289

Ficus nervosa subsp. *pubinervis* (Blume) C. C. Berg

▶绿岛榕

◎35938　◇1585

Ficus nervosa Roth

▶显脉榕

◎16901　◇364/207

◎17712　◇364

Ficus obtusifolia Kunth

▶钝叶榕

◎3476　◇365/207

Ficus oleifolia subsp. *oleifolia*

▶木樨榄叶榕

◎28893　◇1299

Ficus ottoniifolia **Miq.**

▶欧特榕

◎21811　◇912/521

Ficus padana **Burm. f.**

▶帕达榕

◎5238　◇365/209

◎26632　◇1183

Ficus pedunculosa **Miq.**

▶蔓榕

◎31363　◇1438

Ficus pellucidopunctata **Griff.**

▶透明斑榕

◎28112　◇1260

◎28297　◇1269

◎28645　◇1286

Ficus pertusa **L. f.**

▶有孔榕

◎25032　◇1095

Ficus pisocarpa **Blume**

▶豆果榕

◎37993　◇1681

Ficus prasinicarpa **Elmer**

▶绿果榕

◎37508　◇1660

Ficus preussii **Warb.**

▶普瑞榕

◎29735　◇1357

Ficus punctata **Thunb.**

▶斑点榕

◎28035　◇1256

◎28594　◇1284

◎28595　◇1284

Ficus pyriformis **Hook. & Arn.**

▶梨状榕

◎11769　◇365/208

Ficus racemosa **L.**

▶聚果榕

◎18290　◇902

◎20875　◇892

◎25033　◇1095

◎27406　◇1232

◎27407　◇1232

◎36991　◇1628

◎40517　◇1703

◎41347　◇1714

◎42254　◇1725

Ficus recurva **var.** ***pedicellata*** **Corner**

▶花梗榕

◎28596　◇1284

◎28597　◇1284

Ficus religiosa **L.**

▶菩提树

◎3481　◇365

◎7261　◇365

◎11721　◇365/208

◎41094　◇1711

◎41924　◇1721

Ficus retusa **L.**

▶微凹叶榕

◎3769　◇365/208

◎6793　◇365

◎7293　◇365

◎12213　◇847

◎35621　◇TBA

Ficus riedelii **Teijsm. ex Miq.**

▶黎德榕

◎29136　◇1315

Ficus rubiginosa **Desf. ex Vent.**

▶锈叶榕

◎25034　◇1095

◎41346　◇1714

◎41398　◇1714

Ficus rumphii **Blume**

▶心叶榕

◎41543　◇1716

◎41544　◇1716

Ficus salicifolia **Vahl**

▶柳叶榕

◎26931　◇1221

◎26932　◇1221

◎26933　◇1221

Ficus satterthwaitei **Elmer**

▶萨特榕

◎28646　◇1286

Ficus saussureana **DC.**

▶索绪尔榕

◎40724　◇1705

Ficus saxophila **Blume**

▶岩石榕

◎25035　◇1095

◎39029　◇1688

Ficus schultesii **Dugand**

▶舒尔榕

◎22620　◇831

Ficus schwarzii **Koord.**

▶施瓦茨榕

◎37931　◇1677

Ficus semicordata **Buch.-Ham. ex Sm.**

▶鸡嗉子榕

◎14009　◇362/208

Ficus septica **Burm. f.**

▶裂果榕

◎7303　◇365

◎28565　◇1282

Ficus stenophylla **var.** ***nhatrangensis*** **(Gagnep.) Corner**

▶纳氏竹叶榕

◎25036　◇1095

◎38970　◇1687

Ficus stricta **Miq.**

▶劲直榕

◎3725　◇365/208

Ficus stuhlmannii **Warb.**

▶斯图榕

◎39179　◇1690

Ficus subincisa **Buch.-Ham. ex Sm.**

▶棒果榕

◎25　◇362

◎160　◇362;985

◎6185　◇362

◎6362　◇362/205

◎10589　◇362/205

Ficus subsagittifolia **Mildbr. ex C. C. Berg**

▶戟叶榕

◎33158　◇1512

Ficus subulata **Blume**

▶假斜叶榕

◎28701　◇1289

Ficus sumatrana **(Miq.) Miq.**

▶苏门答腊榕

◎28023　◇1256

Ficus sundaica **Blume**

▶桑岱榕

◎28463　◇1277

Ficus superba **Miq.**

▶雀榕

◎25037　◇1095

◎38981　◇1687

Ficus sur **Forssk.**

▶扫帚榕

◎25018　◇1094

◎26937　◇1222

◎26938　◇1222

◎39660 ◇1696

Ficus sycomorus L.

▶希蔻榕

◎25038 ◇1095

◎26939 ◇1222

◎39625 ◇1695

◎41242 ◇1712

◎41387 ◇1714

Ficus thonningii Blume

▶微凹榕

◎33153 ◇1512

◎39623 ◇1695

Ficus tiliifolia Baker

▶锻叶榕

◎19543 ◇362/521

Ficus tinctoria subsp. *gibbosa* (Blume) Corner

▶斜叶榕

◎3660 ◇363

◎3746 ◇363

◎14589 ◇263

◎17046 ◇363/206

*Ficus triloba*Buch.-Ham. ex Voigt

▶柔氏粗叶榕

◎25027 ◇1094

Ficus uniglandulosa Wall. & Miq.

▶尤宁榕

◎28647 ◇1286

Ficus vallis-choudae Delile

▶瓦力-乔榕

◎19544 ◇365/521

◎26940 ◇1222

Ficus variegata var. *variegata*

▶杂色榕

◎42085 ◇1723

◎42099 ◇1723

Ficus variegata Blume

▶杂色榕

◎5229 ◇365

◎14538 ◇365/558

◎17006 ◇365/209

◎18961 ◇907/209

◎20948 ◇365

◎26402 ◇1155

◎27229 ◇1228

◎27408 ◇1232

◎27409 ◇1232

◎27410 ◇1232

◎28272 ◇1268

◎28515 ◇1279

◎28702 ◇1289

◎36992 ◇1628

Ficus variolosa Wall. & Miq.

▶变叶榕

◎21546 ◇366

◎14377 ◇365

◎16601 ◇365

◎16725 ◇365

◎17450 ◇TBA

◎19995 ◇365/209

Ficus vasculosa Wall. & Miq.

▶白肉榕

◎12171 ◇362;814

◎14362 ◇TBA

◎14836 ◇362;1029/205

◎16887 ◇362

◎25039 ◇1095

◎27230 ◇1228

◎38984 ◇1687

◎41395 ◇1714

Ficus vasta Forssk.

▶荒野榕

◎26941 ◇1222

Ficus virens Aiton

▶黄葛树

◎7275 ◇365/208

◎14529 ◇366

◎14584 ◇366/209

◎16789 ◇365/209

◎16882 ◇365/209

◎27411 ◇1232

◎38086 ◇1114

Ficus L.

▶榕属

◎831 ◇TBA

◎833 ◇TBA

◎920 ◇TBA

◎955 ◇TBA

◎4016 ◇366

◎6175 ◇366

◎6642 ◇366

◎11754 ◇366;986

◎11792 ◇366

◎11856 ◇366

◎11990 ◇366;1014

◎12004 ◇366;999

◎12009 ◇366;1052

◎12245 ◇848

◎13616 ◇366;978

◎17406 ◇TBA

◎19466 ◇906

◎19551 ◇366

◎19556 ◇366

◎19560 ◇366

◎21290 ◇366

◎22578 ◇831

◎22982 ◇954

◎27218 ◇1228

◎27219 ◇1228

◎27220 ◇1228

◎27221 ◇1228

◎27798 ◇1243

◎28427 ◇1275

◎28699 ◇1289

◎29063 ◇1310

◎32462 ◇1486

◎33159 ◇1512

◎33160 ◇1512

◎34182 ◇1545

◎39938 ◇1122

Helicostylis elegans (J. F. Macbr.) C. C. Berg

▶精致金球桑/精致金球桑

◎34187 ◇1545

Helicostylis pedunculata Benoist

▶长梗卷曲花柱桑/长梗金球桑

◎33166 ◇1512

Helicostylis scabra (J. F. Macbr.) C. C. Berg

▶粗糙金球桑

◎34088 ◇1543

Helicostylis tomentosa (Poepp. & Endl.) J. F. Macbr.

▶毛卷曲花柱桑/毛金球桑

◎18366 ◇367/210

◎27723 ◇1239

◎31971 ◇1470

◎31972 ◇1470

◎34188 ◇1545

◎38420 ◇1134

Helicostylis Trécul

▶卷曲花柱桑属/金球桑属

◎36996 ◇1628

Maclura andamanica (Hook. f.) C. C. Berg

▶安达曼桑橙

◎20877 ◇892

Maclura cochinchinensis **(Lour.) Corner**

▶构棘

◎19284 ◇361

◎19998 ◇361

◎19999 ◇361

◎25324 ◇1098

◎29186 ◇1318

◎31506 ◇1449

◎31507 ◇1449

◎31508 ◇1449

◎31509 ◇1450

◎39051 ◇1688

Maclura pomifera **(Raf.) C. K. Schneid.**

▶桑橙

◎4567 ◇367/210

◎18677 ◇367

◎33178 ◇1513

◎33179 ◇1513

◎38633 ◇1137

Maclura tinctoria **(L.) D. Don ex Steud.**

▶染料橙桑

◎4505 ◇360

◎20532 ◇828/204

◎22473 ◇360/541

◎22685 ◇806/548

◎22755 ◇806

◎25325 ◇1098

◎39060 ◇1688

◎40669 ◇1705

◎41545 ◇1716

◎41546 ◇1716

Maquira calophylla **(Poepp. & Endl.) C. C. Berg**

▶美叶轻箭毒木

◎34079 ◇1543

Maquira coriacea **(H. Karst.) C. C. Berg**

▶革质马奎桑/革质轻箭毒木

◎25371 ◇1100

◎34087 ◇1543

◎34242 ◇1546

Maquira guianensis **Aubl.**

▶圭亚那马奎桑/圭亚那轻箭毒木

◎33180 ◇1513

◎35046 ◇1562

Maquira sclerophylla **(Ducke) C. C. Berg**

▶硬叶马奎桑/硬叶轻箭毒木

◎19426 ◇832

◎19444 ◇832

◎22509 ◇820

Milicia excelsa **(Welw.) C. C. Berg**

▶金油木

◎5094 ◇360

◎5152 ◇360

◎7524 ◇360

◎15059 ◇360/204

◎15060 ◇TBA

◎15061 ◇TBA

◎15062 ◇TBA

◎15063 ◇TBA

◎15219 ◇360

◎15484 ◇TBA

◎15491 ◇TBA

◎16297 ◇360

◎17808 ◇929

◎17877 ◇929

◎17957 ◇829

◎19657 ◇360

◎21085 ◇928

◎21506 ◇TBA

◎21862 ◇930

◎21884 ◇930

◎21907 ◇899

◎22802 ◇920

◎22914 ◇TBA

◎33177 ◇1513

◎39043 ◇1688

◎40967 ◇1709

◎41860 ◇1720

Milicia regia **(A. Chev.) C. C. Berg**

▶王金油木

◎5098 ◇360/506

◎17959 ◇829

◎21745 ◇930/521

◎40381 ◇1701

Morus alba **L.**

▶桑树

◎27 ◇368

◎1265 ◇368

◎4736 ◇368

◎4907 ◇368

◎5644 ◇368

◎6671 ◇368

◎8791 ◇368;982

◎8880 ◇368

◎9978 ◇368

◎10012 ◇368

◎11012 ◇368

◎13760 ◇947

◎13804 ◇368/210

◎16480 ◇368

◎19106 ◇896

◎20923 ◇368

◎21713 ◇904

◎22368 ◇916

◎26603 ◇1179

◎26604 ◇1179

◎26605 ◇TBA

◎26702 ◇1191

◎26703 ◇1192

◎26704 ◇1192

◎38847 ◇1685

◎41904 ◇1721

◎42326 ◇1726

Morus australis **Poir.**

▶南方桑

◎4150 ◇368

◎4195 ◇368

◎5862 ◇/211

◎10241 ◇918

◎19994 ◇368

Morus cathayana **Hemsl.**

▶华桑

◎28 ◇369/211

Morus celtidifolia **Kunth**

▶朴叶桑

◎25424 ◇1101

◎39210 ◇1690

Morus insignis **Bureau**

▶显著桑

◎38380 ◇1133

Morus macroura **Miq.**

▶光叶桑

◎19107 ◇896

◎19279 ◇369

◎19280 ◇369

◎20876 ◇892

Morus mesozygia **Stapf**

▶热非桑

◎18430 ◇925/521

◎21075 ◇928
◎21588 ◇369
◎21590 ◇369
◎21934 ◇899
◎34906 ◇1559
◎35484 ◇1571
◎39757 ◇1697

Morus mongolica **C. K. Schneid.**
▶蒙桑
◎5356 ◇369
◎5529 ◇369
◎6060 ◇369;1000
◎6136 ◇369/614
◎10869 ◇369
◎16147 ◇369
◎16162 ◇369/211
◎19281 ◇369
◎19282 ◇369
◎19283 ◇369

Morus nigra **L.**
▶黑桑
◎11154 ◇832
◎12052 ◇369
◎15616 ◇952/211
◎21692 ◇904

Morus notabilis **C. K. Schneid.**
▶川桑
◎338 ◇369;795/614
◎1158 ◇TBA

Morus rubra **L.**
▶红桑
◎4595 ◇369
◎4989 ◇369/211
◎20972 ◇369
◎22115 ◇825
◎38640 ◇1137
◎41537 ◇1716
◎41538 ◇1716

Morus wittiorum **Hand.-Mazz.**
▶诙谐桑
◎15795 ◇369/211
◎17137 ◇369

Morus **L.**
▶桑属
◎4056 ◇370
◎5385 ◇370
◎5923 ◇370
◎7874 ◇370
◎8287 ◇370
◎8288 ◇370
◎8289 ◇TBA
◎10131 ◇370
◎11111 ◇TBA
◎14711 ◇370
◎15551 ◇370

Naucleopsis glabra **Spruce ex Pittier**
▶无毛番箭毒木
◎33195 ◇1513

Naucleopsis guianensis **(Mildbr.) C. C. Berg**
▶圭亚那番箭毒木
◎35254 ◇1568

Naucleopsis oblongifolia **(Kuhlm.) Carauta**
▶长圆叶番箭毒木
◎42453 ◇1730

Naucleopsis ulei **(Warb.) Ducke**
▶尤利番箭毒木
◎18269 ◇908/548
◎22096 ◇370/548

Parartocarpus venenosus **Becc.**
▶臭桑/毒苞桂木
◎18940 ◇907/753
◎27066 ◇1225
◎28830 ◇1295
◎28869 ◇1298
◎31300 ◇1435
◎37482 ◇TBA

Parartocarpus woodii **Merr.**
▶木质苞桂木
◎4696 ◇367/210

Parartocarpus **Baill.**
▶苞桂木属
◎28868 ◇1298

Perebea guianensis **Aubl.**
▶圭亚那黄乳桑
◎33197 ◇1513

Perebea mollis **(Poepp. & Endl.) Huber**
▶软黄乳桑
◎34215 ◇1545

Poulsenia armata **(Miq.) Standl.**
▶亚玛厄桑/亚玛刺枝桑
◎22579 ◇831
◎22615 ◇831
◎41560 ◇1716

Pseudolmedia laevigata **Trécul**
▶拉维双球桑
◎29887 ◇1365
◎29933 ◇1368
◎29934 ◇1368
◎29957 ◇1369
◎29995 ◇1372
◎29996 ◇1372
◎29997 ◇1372
◎29998 ◇1372
◎30045 ◇1374
◎30096 ◇1377
◎30113 ◇1378
◎30162 ◇1381
◎30213 ◇1384
◎30238 ◇1386
◎30261 ◇1387
◎30262 ◇1387
◎30283 ◇1389
◎30284 ◇1389
◎30344 ◇1392
◎30345 ◇1392
◎30346 ◇1392
◎30417 ◇1397
◎30418 ◇1397
◎30419 ◇1397
◎30494 ◇1401
◎30495 ◇1401
◎30496 ◇1401
◎30497 ◇1402
◎30498 ◇1402
◎30499 ◇1402
◎30546 ◇1404
◎30581 ◇1406
◎30582 ◇1406
◎30583 ◇1406
◎30584 ◇1406
◎30585 ◇1406
◎30586 ◇1406
◎30627 ◇1408
◎30786 ◇1415
◎30787 ◇1415
◎30788 ◇1415
◎30789 ◇1415
◎30870 ◇1418
◎30871 ◇1418
◎30872 ◇1418
◎30873 ◇1418

Pseudolmedia laevis **(Ruiz & Pav.) J. F. Macbr.**
▶光滑双球桑

◎22580　◇831
◎25745　◇1105
◎33205　◇1514
◎33206　◇1514
◎41017　◇1710
◎41764　◇1719

Pseudostreblus asper **Bur.**
▶阿斯假雀肾树
◎6723　◇371/212

Sloetia elongata **Koord.**
▶长桑铁木
◎5186　◇371
◎9937　◇956
◎14144　◇/211
◎20659　◇371

Sloetia sideroxylon **Teijsm. & Binn.**
▶塞得桑铁木
◎20567　◇829

Sorocea steinbachii **C. C. Berg**
▶斯氏剑鞘桑
◎38495　◇1135

Streblus asper **Lour.**
▶鹊肾树
◎11995　◇371;867/212
◎14639　◇371
◎16846　◇371
◎27494　◇1234
◎27495　◇1234

Streblus elongatus **(Miq.) Corner**
▶长梗鹊肾树
◎28873　◇1298

Streblus glaber **subsp.** ***urophyllus*** **(Diels) C. C. Berg**
▶异雄鹊肾树
◎31756　◇1459

Streblus glaber **(Merr.) Corner**
▶光亮鹊肾树
◎27067　◇1225

Streblus ilicifolius **(S. Vidal) Corner**
▶刺桑/冬青叶鹊肾树
◎14646　◇371
◎14666　◇371;876/212
◎16019　◇371

Streblus indicus **(Bureau) Corner**
▶印度雀肾树
◎3488　◇371
◎3659　◇371/212
◎14421　◇371/212
◎16065　◇371/212

Streblus taxoides **(B. Heyne ex Roth) Kurz**
▶紫杉鹊肾树
◎28534　◇1280

Streblus usambarensis **(Engl.) C. C. Berg**
▶尤萨鹊肾树
◎36280　◇1592
◎36285　◇1592

Treculia africana **Decne. ex Trécul**
▶非洲面包树
◎21794　◇930/521
◎33216　◇1514

Trilepisium madagascariense **DC.**
▶马达加斯加鳞桑
◎36667　◇1615

Trophis philippinensis **(Bureau) Corner**
▶菲律宾牛头木
◎37571　◇1661

Trymatococcus amazonicus **Poepp. & Endl.**
▶亚马孙白杯桑
◎33883　◇1540

Moringaceae　辣木科

Moringa oleifera **Lam.**
▶辣木/印度辣木
◎25422　◇1101
◎39532　◇1694

Muntingiaceae　文定果科

Muntingia calabura **L.**
▶文定果
◎33193　◇1513
◎35052　◇1562
◎39535　◇1694

Muricococcum sinense **Chun & F. C. How**
▶肥牛树
◎16007　◇573/333

Myricaceae　杨梅科

Morella arborea **(Hutch.) Cheek**
▶乔木香杨梅木
◎36313　◇1594

Morella cerifera **(L.) Small**
▶色瑞杨梅木
◎25420　◇1101
◎25435　◇1101
◎39534　◇1694

Morella rubra **Lour.**
▶杨梅
◎778　◇374
◎4858　◇374
◎6389　◇374
◎6488　◇374
◎7289　◇374
◎9144　◇374;1058/213
◎9413　◇374
◎12816　◇374;807
◎13048　◇374
◎13495　◇374
◎15772　◇374
◎16439　◇374
◎16608　◇374
◎16651　◇374
◎17358　◇374;801
◎18147　◇374;1026
◎19170　◇374;859
◎20038　◇374
◎20039　◇374
◎41550　◇1716
◎41551　◇1716

Morella salicifolia **var.** ***kilimandscharica*** **(Engl.) Verdc. & Polhill**
▶齐利香杨梅木
◎33194　◇1513

Myrica californica **Cham.**
▶加州香杨梅木
◎25433　◇1101
◎25434　◇1101
◎38743　◇1139

Myrica esculenta **Buch.-Ham. ex D. Don**
▶毛杨梅
◎11991　◇374;986/213
◎19391　◇374

Myrica faya **Aiton**
▶法亚香杨梅
◎25436　◇1101
◎39038　◇1688

Myrica gale **L.**
▶盖尔杨梅木
◎21337　◇374
◎37426　◇1656

◎37427　◇1656
◎37428　◇1656
◎37429　◇1656
◎37430　◇1656
◎37431　◇1656
Myrica inodora W. Bartram
▶无香杨梅木
◎25437　◇1101
Myrica longifolia Teijsm. & Binn. ex C. DC.
▶长叶香杨梅木
◎27642　◇1237
Myrica L.
▶香杨梅属
◎4459　◇374
◎6625　◇374
◎11850　◇374
◎31893　◇1467

Myristicaceae　肉豆蔻科

Bicuiba oleifera (Schott) W. J. de Wilde
▶油苞序楠
◎38121　◇1128
Coelocaryon preussii Warb.
▶凹果豆蔻/止血楠
◎18443　◇925/521
◎21077　◇928
◎21512　◇21
◎37891　◇1675
◎39854　◇1698
◎41143　◇1711
Compsoneura atopa (A. C. Sm.) A. C. Sm.
▶艾氏丽脉楠
▶38188　◇1129
Compsoneura sprucei (A. DC.) Warb.
▶整洁丽脉楠
◎38374　◇1133
Compsoneura trianae Warb.
▶三角丽脉楠
◎38189　◇1129
Dialyanthera lehmannii A. C. Sm.
▶莱氏日花肉豆蔻
◎35252　◇1568
◎38375　◇1133
Endocomia canarioides (King) W. J. de Wilde
▶橄榄状内毛楠
◎37930　◇1677
Endocomia macrocoma subsp. *prainii* (King) W. J. de Wilde
▶云南内毛楠
◎3602　◇21/13
◎3760　◇21
Gymnacranthera canarica (Bedd. ex King) Warb.
▶淡黄裸药楠
◎28411　◇1274
Gymnacranthera farquhariana var. *zippeliana* (Miq.) R. T. A. Schouten
▶齐佩裸药楠
◎38002　◇1681
Gymnacranthera forbesii var. *crassinervis* (Warb.) J. Sinclair
▶厚脉裸药楠
◎33425　◇1523
◎33530　◇TBA
Gymnacranthera maliliensis R. T. A. Schouten
▶马里裸药楠
◎29142　◇1316
Gymnacranthera murtoni Warb.
▶莫塔裸药楠
◎35942　◇1585
Gymnacranthera (A. DC.) Warb.
▶裸药楠属
◎40855　◇1707
Horsfieldia amygdalina (Wall.) Warb.
▶风吹楠
◎3432　◇21
◎15980　◇21/13
◎17003　◇21/13
Horsfieldia cf. *crassifolia* Warb.
▶似厚叶风吹楠
◎38579　◇1136
Horsfieldia costulata Warb.
▶蔻丝风吹楠
◎28822　◇1295
◎29106　◇1313
Horsfieldia glabra (Bl.) Warb.
▶光叶风吹楠
◎20882　◇892
◎27421　◇1232
Horsfieldia irya (Gaertn.) Warb.
▶艾氏风吹楠
◎25178　◇1097
◎27615　◇1236
◎40565　◇1704
Horsfieldia iryaghedhi Warb.
▶艾亚风吹楠
◎31609　◇1453
◎35451　◇1571
Horsfieldia kingii (Hook. f.) Warb.
▶大叶风吹楠
◎3759　◇21
◎14444　◇21/13
◎15966　◇21
Horsfieldia lancifolia W. J. de Wilde
▶披针叶风吹楠
◎28936　◇1302
◎29027　◇1308
◎29143　◇1316
◎29144　◇1316
◎29182　◇1318
◎35768　◇1578
◎35769　◇1578
Horsfieldia majuscula Warb.
▶马朱风吹楠
◎37937　◇1678
Horsfieldia pallidicaula var. *macrocarya* W. J. de Wilde
▶大果风吹楠
◎31610　◇1453
Horsfieldia polyspherula var. *polyspherula*
▶多小球风吹楠
◎38005　◇1681
◎38006　◇1681
◎38007　◇1681
Horsfieldia sylvestris (Houtt.) Warb.
▶野生风吹楠
◎18968　◇907/13
◎25179　◇1097
Horsfieldia wallichii Warb.
▶沃利风吹楠
◎37938　◇1678
Horsfieldia Willd.
▶风吹楠属
◎3490　◇21
◎22199　◇934
Iryanthera grandis Ducke
▶大热美蔻木/大臂果楠
◎25211　◇1098
◎39059　◇1688
◎40114　◇1127

Iryanthera hostmannii Warb.
▶亚马孙热美蔻木/亚马孙臀果楠
◎27894 ◇1248
◎31988 ◇1471
◎31989 ◇1471
◎33174 ◇1512
◎34195 ◇1545
◎34196 ◇1545
◎38258 ◇1130
◎38302 ◇1132
Iryanthera juruensis Warb.
▶茹鲁热美蔻木/茹鲁臀果楠
◎34197 ◇1545
◎38139 ◇1128
Iryanthera laevis Markgr.
▶光滑热美蔻木/光滑臀果楠
◎34198 ◇1545
◎38251 ◇1130
Iryanthera megistophylla A. C. Sm.
▶极大叶热美蔻木/极大叶臀果楠
◎38187 ◇1129
Iryanthera sagotiana Warb.
▶圭亚那热美蔻木/圭亚那臀果楠
◎27939 ◇1251
◎31990 ◇1471
◎31991 ◇1471
◎33173 ◇1512
◎34199 ◇1545
◎39469 ◇1694
Iryanthera tricornis Ducke
▶三角热美蔻木/三角臀果楠
◎22530 ◇820
◎34200 ◇1545
Iryanthera Warb.
▶热美蔻属/臀果楠属
◎38377 ◇1133
Knema andamanica (Warb.) W. J. de Wilde
▶安达曼红光树
◎33289 ◇1517
Knema cinerea Warb.
▶灰质红光树
◎29514 ◇1336
Knema conferta (King) Warb.
▶密花红光树
◎15365 ◇923
◎27041 ◇1225
Knema furfuracea Warb.
▶红光树
◎3601 ◇21/14
Knema glauca Warb.
▶苍白红光树
◎27620 ◇1236
Knema korthalsii Warb.
▶柯氏红光树
◎28182 ◇1264
◎28609 ◇1284
Knema latericia subsp. *latericia* Elmer
▶深红红光树
◎28610 ◇1284
◎28768 ◇1292
Knema latericia var. *subtilis* W. J. de Wilde
▶细红光树
◎28049 ◇1257
Knema laurina var. *laurina*
▶劳力红光树
◎28980 ◇1305
Knema laurina (Blume) Warb.
▶劳力红光树
◎38008 ◇1681
Knema linifolia (Roxb.) Warb.
▶大叶红光树
◎11729 ◇21/14
◎12001 ◇21;1074/14
Knema losirensis W. J. de Wilde
▶罗斯红光树
◎37941 ◇1678
Knema matanensis W. J. de Wilde
▶马坦红光树
◎28853 ◇1297
◎28897 ◇1300
◎28898 ◇1300
◎35772 ◇1578
Knema pachycarpa W. J. de Wilde
▶丰果红光树
◎25250 ◇1097
Knema percoriacea f. *sarawakensis* J. Sinclair
▶萨若红光树
◎31622 ◇1454
Knema percoriaceaf. *percoriacea* J. Sinclair
▶革质红光树
◎31621 ◇1453
Knema stellata subsp. *minahassae* (Warb.) W. J. de Wilde
▶米纳红光树
◎28854 ◇1297
◎28855 ◇1297
Knema sumatrana (Blume) W. J. de Wilde
▶苏门答腊红光树
◎31281 ◇1434
◎37942 ◇1678
Knema yunnanensis Hu
▶云南红光树
◎3552 ◇21/14
Osteophloeum platyspermum Warb.
▶阔籽骨皮木/硬皮楠
◎33942 ◇1541
◎34216 ◇1545
◎38147 ◇1129
Otoba novogranatensis Moldenke
▶诺氏油蜡楠
◎19420 ◇832
◎19600 ◇22
Otoba parvifolia (Markgr.) A. H. Gentry
▶小叶油蜡楠
◎38140 ◇1128
◎38376 ◇1133
Pycnanthus angolensis (Welw.) Warb.
▶安哥拉丛花木/安哥拉密花楠
◎15215 ◇22/14
◎17807 ◇929/522
◎21084 ◇928
◎21943 ◇899
◎22898 ◇899
◎33207 ◇1514
◎36263 ◇1591
◎36264 ◇1591
◎37814 ◇1670
◎40168 ◇1699
Scyphocephalium mannii Warb.
▶曼氏杯头蔻/曼氏杯头楠
◎21101 ◇928
◎23480 ◇909
Scyphocephalium ochocoa Warb.
▶小杯头蔻/小杯头楠
◎21770 ◇930/522
◎22897 ◇899
Staudtia kamerunensis var. *gabonensis* (Warburg) Fouilloy
▶加蓬斯托肉豆蔻
◎5127 ◇22/14
◎5258 ◇247/150

◎17956　◇829
◎18445　◇925
◎19671　◇22/14
◎20543　◇829
◎22899　◇899
◎36283　◇1592
◎36284　◇1592
◎36490　◇1608
◎36491　◇1608
◎36492　◇1608
◎40195　◇1699

Staudtia kamerunensis **Warb.**
▶喀麦隆斯托肉豆蔻
◎21096　◇928
◎21763　◇930
◎21873　◇930/521

Staudtia **Warb.**
▶斯托肉豆蔻属/单头楠属
◎37032　◇1629

Virola albidiflora **Ducke**
▶白花维罗蔻木/白花油脂楠
◎38138　◇1128

Virola calophylla **Warb.**
▶美叶维罗蔻木/美叶油脂楠
◎38144　◇1129

Virola carinata **Warb.**
▶龙骨维罗蔻木/龙骨油脂楠
◎38378　◇1133

Virola decorticans **Ducke**
▶脱皮维罗蔻木/脱皮油脂楠
◎38151　◇1129

Virola elongata **Warb.**
▶伸长维罗蔻木/伸长油脂楠
◎34253　◇1546
◎38142　◇1128
◎38148　◇1129
◎38149　◇1129

Virola flexuosa **A. C. Sm.**
▶柔软维罗蔻木/柔软油脂楠
◎33980　◇1541
◎38133　◇1128

Virola gardneri **Warb.**
▶加德维罗蔻木/加德油脂楠
◎38118　◇1128

Virola koschnyi **Warb.**
▶科氏维罗蔻木/科氏油脂楠
◎38154　◇1129

Virola loretensis **A. C. Sm.**
▶秘鲁维罗蔻木/秘鲁油脂楠
◎38150　◇1129

Virola michelii **Heckel**
▶米氏维罗蔻木/米氏油脂楠
◎33222　◇1514
◎35085　◇1563
◎39362　◇1692
◎40588　◇1704
◎42197　◇1724
◎42342　◇1726

Virola multicostata **Ducke**
▶密脉维罗蔻木/密脉油脂楠
◎34254　◇1546
◎38134　◇1128

Virola multinervia **Ducke**
▶多脉维罗蔻木/多脉油脂楠
◎38141　◇1128
◎40453　◇1702

Virola pavonis **（A. DC.）A. C. Sm.**
▶帕沃维罗蔻木/帕沃油脂楠
◎38137　◇1128

Virola sebifera **Aubl.**
▶蜡质维罗蔻木/蜡质油脂楠
◎4448　◇/14
◎18368　◇22/548
◎22104　◇/548
◎28014　◇1255
◎29890　◇1365
◎30166　◇1382
◎30241　◇1386
◎30387　◇1395
◎30388　◇1395
◎30389　◇1395
◎30554　◇1404
◎32041　◇1472
◎32042　◇1472
◎35086　◇1563
◎38120　◇1128
◎38379　◇1133

Virola surinamensis **Warb.**
▶苏里南维罗蔻木/苏里南油脂楠
◎18226　◇22/14
◎26172　◇1113
◎29300　◇1325
◎29345　◇1328
◎29913　◇1367
◎29981　◇1371
◎30024　◇1373
◎30144　◇1380
◎30219　◇1385
◎30316　◇1390
◎30555　◇1404
◎30556　◇1404
◎30557　◇1404
◎30599　◇1407
◎30748　◇1414
◎30749　◇1414
◎30798　◇1416
◎30799　◇1416
◎30885　◇1419
◎30886　◇1419
◎30932　◇1421
◎32043　◇1472
◎32044　◇1472
◎32174　◇1478
◎33223　◇1514
◎34255　◇1546
◎35978　◇1586
◎38236　◇1130

Virola venosa **Warb.**
▶显脉维罗蔻木/苏里南油脂楠
◎38136　◇1128

Virola **Aubl.**
▶维罗蔻属/油脂楠属
◎20504　◇828
◎22469　◇820
◎22603　◇831
◎33221　◇1514

Myrtaceae　桃金娘科

Acca sellowiana **（O. Berg）Burret**
▶菲油果
◎24092　◇1083
◎29774　◇1359
◎38540　◇1135

Acmena acuminata **Walp.**
▶白蒲桃
◎17001　◇277

Agonis flexuosa **（Willd.）Sweet**
▶香柳梅
◎40369　◇1701

Angophora costata **Britten**
▶杯果木
◎5047　◇277
◎24199　◇1084
◎40714　◇1705

Angophora floribunda **Sweet**
▶佛罗杯果木
◎24200　◇1084

◎40320　◇1701

Angophora leiocarpa (L. A. S. Johnson ex G. J. Leach) K. R. Thiele & Ladiges

▶光果杯果木

◎40471　◇1702

◎40598　◇1704

Angophora subvelutina F. Muell.

▶萨氏杯果木

◎16218　◇824

◎16219　◇824

Backhousia bancroftii F. M. Bailey & F. Muell. ex F. M. Bailey

▶班克石木/班克檬香桃木

◎20635　◇832

◎24293　◇1082

◎41432　◇1715

Backhousia hughesii C. T. White

▶胡戈檬香桃木

◎24294　◇1082

◎40334　◇1701

Backhousia myrtifolia Hook. & Harv.

▶硬木香桃叶

◎39565　◇1695

Backhousia tetraptera Jackes

▶四翅檬香桃

◎40307　◇1701

Baeckea frutescens L.

▶岗松

◎17025　◇277/162

Callistemon rigidus R. Br.

▶红千层

◎16797　◇278

Callistemon salignus (Sm.) Colvill ex Sweet

▶柳叶红千层

◎24415　◇1085

◎39363　◇1692

◎40462　◇1702

Callistemon sieberi DC.

▶思博红千层

◎24416　◇1085

Callistemon speciosus (Sims) Sweet

▶多花红千层

◎24417　◇1085

◎39552　◇1695

Callistemon viminalis (Sol. ex Gaertn.) G. Don

▶垂枝红千层

◎24418　◇1085

◎39859　◇1698

◎42350　◇1726

Calycolpus revolutus O. Berg

▶合萼桃木属

◎33141　◇1511

Calyptranthes pallens Griseb.

▶淡白帽矾木

◎24437　◇1086

◎38739　◇1139

◎39245　◇1690

Calyptranthes syzygium Sw.

▶蒲桃帽矾木

◎38803　◇1140

Calyptranthes Sw.

▶帽矾木属

◎29919　◇1367

◎30101　◇1378

◎30294　◇1389

◎30753　◇1414

Campomanesia grandiflora Sagot

▶大花橘凤榴

◎27748　◇1240

◎31942　◇1470

◎34789　◇1556

◎34790　◇1556

Choricarpia leptopetala Domin

▶窄瓣褐香桃木

◎24561　◇1087

◎40435　◇1702

Choricarpia subargentea (C. T. White) L. A. S. Johnson

▶银白褐香桃

◎24562　◇1087

◎39809　◇1698

Corymbia calophylla (Lindl.) K. D. Hill & L. A. S. Johnson

▶美叶桉

◎10452　◇825

◎23285　◇832

◎39594　◇1695

◎40596　◇1704

◎41142　◇1711

Corymbia citriodora (Hook.) K. D. Hill & L. A. S. Johnson

▶柠檬伞房桉

◎5044　◇280

◎8751　◇280

◎12802　◇280;1006/163

◎13696　◇280

◎13715　◇280;1038/163

◎13830　◇280/163

◎13865　◇280

◎16193　◇280

◎16738　◇280

◎23009　◇883

◎27213　◇1228

◎39637　◇1696

◎41045　◇1710

◎42226　◇1724

Corymbia clarksoniana (D. J. Carr & S. G. M. Carr) K. D. Hill & L. A. S. Johnson

▶克莱伞房桉

◎24666　◇1089

Corymbia eximia (Schauer) K. D. Hill & L. A. S. Johnson

▶卓越伞房桉

◎24664　◇1089

Corymbia ficifolia (F. Muell.) K. D. Hill & L. A. S. Johnson

▶红花桉

◎9169　◇282;1057

◎9170　◇282;1028

◎39639　◇1696

Corymbia gummifera (Gaertn.) K. D. Hill & L. A. S. Johnson

▶伞房桉

◎16249　◇824/163

◎16250　◇824

◎16251　◇824

◎16825　◇282/165

◎24667　◇1089

◎39635　◇1696

Corymbia intermedia (R. T. Baker) K. D. Hill & L. A. S. Johnson

▶中间伞房桉

◎24665　◇1089

Corymbia maculata (Hook.) K. D. Hill & L. A. S. Johnson

▶斑皮桉

◎4766　◇283

◎7915　◇825

◎10438　◇825

◎16263　◇824

◎16264　◇824

◎16265　◇824

◎16266　◇824

◎21539　◇283

◎22935　◇823
◎40476　◇1703
Corymbia papuana（F. Muell.）K. D. Hill & L. A. S. Johnson
▶巴布伞房桉
◎24668　◇1089
Corymbia peltata（Benth.）K. D. Hill & L. A. S. Johnson
▶佩尔伞房桉
◎24669　◇1089
Corymbia tessellaris（F. Muell.）K. D. Hill & L. A. S. Johnson
▶特西伞房
◎20647　◇832
Corymbia torelliana（F. Muell.）K. D. Hill & L. A. S. Johnson
▶毛叶伞房桉
◎40511　◇1703
◎40604　◇1704
Corymbia trachyphloia（F. Muell.）K. D. Hill & L. A. S. Johnson
▶粗糙伞房桉
◎24670　◇1089
Corymbia watsoniana（F. Muell.）K. D. Hill & L. A. S. Johnson
▶沃特伞房桉
◎24671　◇1089
◎39599　◇1695
Corymbia K. D. Hill & L. A. S. Johnson
▶伞房桉属
◎41298　◇1713
Decaspermum albociliatum Merr. & L. M. Perry
▶白毛米花木/白毛子楝树
◎9578　◇279/162
Decaspermum fruticosum J. R. Forst. & G. Forst.
▶果实米花木/果实子楝树
◎3505　◇279
◎5195　◇279
◎6721　◇279/162
Decaspermum gracilentum（Hance）Merr. & L. M. Perry
▶细枝米花/细枝子楝树
◎15939　◇279/162
◎17007　◇279
Decaspermum hainanense（Merr.）Merr.
▶多核木/海南子楝树
◎6815　◇279
◎11500　◇279;999
◎11501　◇279
◎11502　◇279;885
◎11503　◇279;1043/163
◎11504　◇279
◎11505　◇279
◎11506　◇279/163
◎14678　◇279/163
Decaspermum montanum Ridl.
▶山米花木/山子楝木
◎12860　◇279;1047
◎12938　◇279;815
◎14303　◇279
Decaspermum parviflorum（Lam.）A. J. Scott
▶五瓣子楝树
◎28264　◇1267
◎28510　◇1279
◎28759　◇1291
◎31342　◇1437
◎36830　◇1624
Decaspermum J. R. Forst. & G. Forst.
▶子楝树属
◎28152　◇1262
Eugenia aeruginea DC.
▶铜绿番樱桃
◎41548　◇1716
◎41549　◇1716
Eugenia axillaris G. Don
▶腋生番樱桃
◎38668　◇1138
Eugenia chrysophyllum Poir.
▶金叶树番樱桃
◎32074　◇1473
◎32075　◇1473
Eugenia confusa DC.
▶类番樱桃木
◎24988　◇1094
◎38738　◇1139
◎39237　◇1690
◎40947　◇1709
◎41166　◇1711
Eugenia cowanii McVaugh
▶考恩番樱桃木
◎32076　◇1473
Eugenia cuprea Nied.
▶铜蒲桃
◎27400　◇1232
Eugenia discreta McVaugh
▶分开番樱桃
◎32077　◇1473
Eugenia euprea K. et W.
▶番樱桃
◎14128　◇/167
Eugenia florida DC.
▶佛罗里达番樱桃
◎32079　◇1474
Eugenia foetida Pers.
▶臭味番樱桃
◎24989　◇1094
◎38799　◇1140
◎39324　◇1691
Eugenia haputalense Kosterm.
▶哈布番樱桃
◎31583　◇1452
Eugenia koordersii Herter
▶库尔番樱桃
◎27402　◇1232
Eugenia latifolia Aubl.
▶阔叶番樱桃
◎32080　◇1474
Eugenia macrocalyx（Rusby）McVaugh
▶大萼番樱桃
◎38481　◇1135
Eugenia myrcianthes Nied.
▶米尔番樱桃
◎34685　◇1554
Eugenia patrisii Vahl
▶巴特番樱桃
◎27888　◇1248
◎27889　◇1248
◎31965　◇1470
◎34686　◇1554
Eugenia punicifolia（Kunth）DC.
▶红叶番樱桃
◎32081　◇1474
Eugenia ramiflora Ham.
▶茎花番樱桃
◎32082　◇1474
Eugenia stictopetala Mart. ex DC.
▶斑瓣番樱桃
◎32086　◇1474
Eugenia tafelbergica Amshoff
▶塔佛番樱桃
◎32083　◇1474

◎32084 ◇1474

◎32085 ◇1474

Eugenia uniflora O. Berg

▶红果仔木

◎24990 ◇1094

◎32087 ◇1474

Eugenia uruguayensis Cambess.

▶乌拉圭番樱桃

◎35024 ◇1562

Eugenia wullschlaegeliana Amshoff

▶乌乐番樱桃

◎34692 ◇1554

Eugenia L.

▶番樱桃属

◎4666 ◇286

◎6794 ◇286

◎8534 ◇898

◎8905 ◇941/737

◎8980 ◇939

◎8981 ◇939

◎15170 ◇895

◎15264 ◇901

◎15275 ◇901

◎15317 ◇900

◎18731 ◇894

◎19482 ◇935

◎21055 ◇890

◎21306 ◇286

◎22256 ◇934

◎22979 ◇954

◎23133 ◇933

◎23411 ◇933

◎26302 ◇1141

◎26351 ◇1149

◎26352 ◇1149

◎27214 ◇1228

◎27215 ◇1228

◎27216 ◇1228

◎27397 ◇1232

◎27398 ◇1232

◎27399 ◇1232

◎28255 ◇1267

◎29897 ◇1366

◎30108 ◇1378

◎30278 ◇1388

◎30369 ◇1393

◎30370 ◇1393

◎30371 ◇1393

◎30516 ◇1403

◎31260 ◇1432

◎31272 ◇1433

◎31352 ◇1437

◎31353 ◇1437

◎31354 ◇1437

◎31355 ◇1437

◎31356 ◇1437

◎31357 ◇1437

◎31358 ◇1438

◎31359 ◇1438

◎31360 ◇1438

◎31579 ◇1452

◎31580 ◇1452

◎31581 ◇1452

◎31582 ◇1452

◎32088 ◇1474

◎32089 ◇1474

◎33433 ◇1524

◎33516 ◇TBA

◎34687 ◇1554

◎34688 ◇1554

◎34689 ◇1554

◎34690 ◇1554

◎34691 ◇1554

◎34799 ◇1557

◎34800 ◇1557

◎35424 ◇1571

◎35687 ◇1574

◎35688 ◇1574

◎35689 ◇1574

◎35856 ◇1584

◎36985 ◇1628

◎37990 ◇1680

◎37991 ◇1680

Kjellbergiodendron celebicum (Koord.) Merr.

▶西伯里桃翎木

◎14194 ◇893/747

Kjellbergiodendron Burret

▶桃翎木属

◎13135 ◇894

◎28852 ◇1297

◎29145 ◇1316

◎36134 ◇1587

Kunzea ericoides (A. Rich.) Joy Thomps.

▶雪茶木

◎18809 ◇911/744

Leptospermum parviflorum Valeton

▶小花鱼柳梅

◎31504 ◇1449

Leptospermum petersonii F. M. Bailey

▶彼得鱼柳梅

◎39047 ◇1688

Leptospermum polygalifolium subsp. *polygalifolium*

▶多白叶鱼柳梅

◎35294 ◇1569

Leptospermum scoparium J. R. Forst. & G. Forst.

▶扫帚叶鱼柳梅

◎18810 ◇911

◎23037 ◇823

Lophostemon confertus (R. Br.) Peter G. Wilson & J. T. Waterh.

▶红胶木

◎4770 ◇295

◎8873 ◇295

◎14184 ◇893/170

◎16220 ◇824

◎16221 ◇824

◎16222 ◇824

◎16828 ◇295

◎25301 ◇1098

◎32173 ◇1478

◎34781 ◇1556

◎34782 ◇1556

◎38975 ◇1687

◎41914 ◇1721

Lophostemon suaveolens (Soland. ex Gaertn.) Peter G. Wilson & J. T. Waterh.

▶黄花红胶木

◎37570 ◇1661

Lysicarpus angustifolius Druce

▶狭松叶水桉

◎25307 ◇1098

◎39118 ◇1689

◎41076 ◇1710

Melaleuca armillaris Sm.

▶下垂白千层

◎25383 ◇1100

◎29801 ◇1360

◎39102 ◇1689

◎41066 ◇1710

◎41078 ◇1710

Melaleuca bracteata F. Muell.

▶溪畔白千层

◎25384 ◇1100

◎41070 ◇1710

◎41072 ◇1710

Melaleuca ericifolia Andrews

▶石楠叶白千层

◎25385 ◇1100

◎41077 ◇1710

◎42290 ◇1725

Melaleuca hypericifolia Sm.

▶外叶白千层

◎29802 ◇1360

Melaleuca lanceolata R. T. Baker

▶披针白千层

◎40478 ◇1703

◎40600 ◇1704

Melaleuca laxiflora Turcz.

▶百佳白千层

◎16778 ◇286/167

Melaleuca leucadendra（L.）L.

▶银叶白千层

◎7234 ◇286

◎8749 ◇286

◎13214 ◇894/167

◎13866 ◇286/167

◎15983 ◇286

◎16779 ◇286

◎18718 ◇894

◎27268 ◇1229

◎31639 ◇1454

◎38773 ◇1140

◎40491 ◇1703

◎42082 ◇1723

◎42344 ◇1726

Melaleuca linariifolia Sm.

▶细叶白千层

◎29803 ◇1360

Melaleuca nesophila F. Muell.

▶奈嗖白千层

◎29741 ◇1357

◎29742 ◇1357

◎29743 ◇1357

◎40605 ◇1704

Melaleuca pauperiflora F. Muell.

▶波花白千层

◎39373 ◇1692

Melaleuca quinquenervia（Cav.）S. T. Blake

▶刷瓶木/五脉白千层

◎21617 ◇286

◎25386 ◇1100

Melaleuca squarrosa Sm.

▶鳞片白千层

◎25387 ◇1100

◎39117 ◇1689

Melaleuca styphelioides Sm.

▶思提白千层

◎25388 ◇1100

◎40481 ◇1703

Melaleuca thymifolia Sm.

▶百里香叶白千层

◎29804 ◇1360

Melaleuca viridiflora Sol. ex Gaertn.

▶绿花白千层

◎15982 ◇286

Melaleuca L.

▶白千层属

◎37003 ◇1628

◎37004 ◇1628

Metrosideros collina（J. R. Forst. & G. Forst.）A. Gray

▶银叶铁心木

◎25400 ◇1100

◎39520 ◇1694

◎41741 ◇1719

◎41978 ◇1722

Metrosideros excelsa Sol. ex Gaertn.

▶新西兰圣诞树

◎18815 ◇911

◎29744 ◇1358

◎29745 ◇1358

Metrosideros parallelinervis C. T. White

▶平行脉铁心木

◎27438 ◇1233

Metrosideros polymorpha Gaudich.

▶多叶铁心木

◎25401 ◇1100

◎40406 ◇1702

Metrosideros robusta A. Cunn.

▶粗状铁心木

◎14066 ◇910

◎25399 ◇1100

Metrosideros umbellata Cav.

▶伞花铁心木

◎14065 ◇910

◎18486 ◇910

◎18525 ◇827

◎18816 ◇TBA

Metrosideros Banks ex Gaertn.

▶铁心木属

◎9938 ◇956

◎13170 ◇894

◎15133 ◇895

◎18727 ◇894

◎23343 ◇889

◎36146 ◇1587

Myrcia aff. *mollis*

▶似软矾木

◎38486 ◇1135

Myrcia amazonica DC.

▶亚马孙矾木

◎27785 ◇1242

◎31933 ◇1470

◎32116 ◇1475

◎32117 ◇1475

◎32118 ◇1475

◎32119 ◇1476

◎34671 ◇1554

Myrcia minutiflora Sagot

▶小花矾木

◎32120 ◇1476

◎32121 ◇1476

Myrcia neoforsteri A. R. Lourenço & E. Lucas

▶新佛思矾木

◎33142 ◇1511

Myrcia neomontana E. Lucas & C. E. Wilson

▶新蒙大纳矾木属

◎27898 ◇1248

◎31995 ◇1471

◎32112 ◇1475

◎32113 ◇1475

◎32114 ◇1475

◎34722 ◇1555

Myrcia neospeciosa A. R. Lourenço & E. Lucas

▶新美丽矾木

◎27838 ◇1245

◎32060 ◇1473

◎34788 ◇1556

Myrcia paivae O. Berg

▶派维矾木

◎29240 ◇1321

◎29288 ◇1325

Myrcia pubipetala Miq.

▶毛花瓣矾木

◎35053　◇1562

Myrcia pyrifolia Nied.

▶梨叶矾木

◎27923　◇1250

◎32122　◇1476

◎34873　◇1558

Myrcia splendens DC.

▶光亮矾木

◎27858　◇1246

◎31997　◇1471

◎32123　◇1476

◎34723　◇1555

◎34724　◇1555

Myrcia DC.

▶矾木属

◎34725　◇1555

Myrcianthes fragrans（Sw.）McVaugh

▶丁子

◎25431　◇1101

◎38660　◇1137

◎38824　◇1684

◎41306　◇1713

◎41329　◇1713

Myrciaria floribunda O. Berg

▶花束团番樱木

◎25432　◇1101

◎27761　◇1241

◎34469　◇1550

◎39557　◇1695

Myrtus communis L.

▶香桃木

◎15619　◇952/167

Pimenta dioica（L.）Merr.

▶多多尼裸芽鼠李

◎9458　◇830/362

◎21344　◇604

◎21703　◇904

◎25056　◇1095

◎37447　◇1657

◎37448　◇1657

◎37449　◇1657

◎39622　◇1695

Pimenta dioica（L.）Merr.

▶多香果木

◎25593　◇1103

◎39291　◇1691

◎41722　◇1718

◎42381　◇1726

Pimenta racemosa（Mill.）J. W. Moore

▶众香/香叶多香果

◎25594　◇1103

Plinia cauliflora（Mart.）Kausel

▶嘉宝果

◎25664　◇1104

Psidium cattleianum Sabine

▶草莓番石榴

◎25753　◇1106

◎32153　◇1477

◎32154　◇1477

◎39515　◇1694

◎40987　◇1709

◎41743　◇1719

Psidium guajava L.

▶番石榴

◎3471　◇287

◎4477　◇287

◎11946　◇287

◎12809　◇287；787/168

◎13832　◇287；968/168

◎14570　◇287

◎16776　◇287

Psidium oligospermum Mart. ex DC.

▶少子番石榴

◎39487　◇1694

◎41310　◇1713

◎41311　◇1713

Rhodamnia cinerea Jack

▶灰质玫瑰木

◎27473　◇1233

◎27673　◇1237

◎36005　◇1586

Rhodamnia dumetorum（DC.）Merr. & L. M. Perry

▶玫瑰木

◎13031　◇287；968/168

◎14391　◇287/168

Rhodamnia rubescens（Benth.）Miq.

▶卢布玫瑰木

◎25872　◇1107

◎40456　◇1702

Syncarpia glomulifera Nied.

▶铁木金娘/聚果木

◎4769　◇825

◎16275　◇824

◎20579　◇829

◎20655　◇832

◎22931　◇823

◎41199　◇1712

◎41684　◇1718

Syncarpia hillii F. M. Bailey

▶山坡铁木金娘木/山坡聚果木

◎26050　◇1110

◎42193　◇1724

Syzygium acuminatissimum DC.

▶肖蒲桃

◎14269　◇277/162

◎16813　◇277

◎17697　◇277

◎28875　◇1298

◎29156　◇1317

Syzygium adelphicum Diels

▶阿德蒲桃

◎31758　◇1459

Syzygium alatum Diels

▶翅果蒲桃

◎21252　◇294

◎31685　◇1456

◎31759　◇1460

◎31760　◇1460

◎31761　◇1460

Syzygium angulatum（C. B. Rob.）Merr.

▶有角蒲桃

◎28074　◇1259

◎28675　◇1288

Syzygium antisepticum（Blume）Merr. & L. M. Perry

▶密毛蒲桃

◎31686　◇1456

Syzygium aqueum（Burm. f.）Alston

▶水莲雾

◎35422　◇1571

Syzygium araiocladum Merr. & L. M. Perry

▶线枝蒲桃

◎12138　◇288；873

◎12163　◇288/168

◎12861　◇288

◎14267　◇288

◎14946　◇288；1029

Syzygium arcuatinervium（Merr.）Craven & Biffin

▶拱形蒲桃

◎28491　◇1278

◎28492　◇1278

Syzygium attenuatum (Miq.) Merr. & L. M. Perry
▶瘦长蒲桃
◎29120 ◇1314
◎29157 ◇1317
Syzygium austrosinense (Merr. & L. M. Perry) H. T. Chang & R. H. Miao
▶华南蒲桃
◎10652 ◇288
Syzygium balgooyi Brambach, Byng & Culmsee
▶巴尔蒲桃
◎29004 ◇1307
◎29121 ◇1314
◎29158 ◇1317
Syzygium buettnerianum (K. Schum.) Nied.
▶巴新蒲桃
◎19461 ◇906
◎22790 ◇906
◎37033 ◇1629
Syzygium buxifolium Hook. & Arn.
▶赤楠
◎592 ◇288
◎10922 ◇288
◎12579 ◇288;981/168
◎12658 ◇288;1013
◎13071 ◇288
◎13513 ◇289;1012
◎13578 ◇289;882
◎14315 ◇289
◎15818 ◇289
◎16553 ◇289
◎19163 ◇289
◎20063 ◇289
◎20064 ◇289
◎20065 ◇289
◎20066 ◇289
◎20067 ◇289
Syzygium capitatum (Merr.) Merr. & L. M. Perry
▶头状蒲桃
◎28089 ◇1259
◎28624 ◇1285
Syzygium championii (Benth.) Merr. & L. M. Perry
▶子凌蒲桃
◎12964 ◇289
◎13004 ◇289;808
◎14404 ◇/168
◎16641 ◇290
◎22134 ◇957
◎22266 ◇883
◎39015 ◇1687
Syzygium chunianum Merr. & L. M. Perry
▶密脉蒲桃
◎14673 ◇/169
◎14847 ◇290;1029/169
◎22133 ◇957
Syzygium circumscissum (Gagnep.) Craven & Biffin
▶圆形蒲桃
◎4292 ◇286
Syzygium claviflorum Wall.
▶台湾蒲桃
◎18288 ◇902
◎28493 ◇1278
◎28732 ◇1290
Syzygium coarctatum (Blume) Byng, N. Snow & Peter G. Wilson
▶密集蒲桃
◎31762 ◇1460
Syzygium conspersipunctatum (Merr. & L. M. Perry) Craven & Biffin
▶散点蒲桃
◎12919 ◇290/169
◎14677 ◇278/162
◎14917 ◇278;1075
◎26057 ◇1110
Syzygium cordatum Hochst.
▶心叶蒲桃
◎26058 ◇1110
◎32169 ◇1477
◎39719 ◇1697
Syzygium corynanthum (F. Muell.) L. A. S. Johnson
▶科尔蒲桃
◎26059 ◇1110
Syzygium cumini (L.) Skeels
▶乌墨
◎7346 ◇290
◎8497 ◇898
◎11468 ◇290;1013
◎13709 ◇290/169
◎13710 ◇290
◎13711 ◇290;1061
◎14002 ◇290
◎14587 ◇290
◎14751 ◇290
◎14853 ◇290;1029
◎15190 ◇938/167
◎16130 ◇290
◎16785 ◇290
◎19110 ◇896
◎20940 ◇292
◎26060 ◇1110
◎26061 ◇1111
◎28009 ◇1255
◎32032 ◇1472
◎34940 ◇1559
◎36983 ◇1628
Syzygium cymosum Korth.
▶西姆蒲桃
◎27401 ◇1232
Syzygium densiflorum Brongn. & Gris
▶密花蒲桃
◎35619 ◇TBA
Syzygium euonymifolium (F. P. Metcalf) Merr. & L. M. Perry
▶卫茅蒲桃
◎16894 ◇291/635
Syzygium fastigiatum (Blume) Merr. & L. M. Perry
▶塔形蒲桃
◎5219 ◇286
◎35423 ◇1571
Syzygium flavescens (Ridl.) Merr. & L. M. Perry
▶浅黄蒲桃
◎32078 ◇1473
Syzygium fluviatile (Hemsl.) Merr. & L. M. Perry
▶水竹蒲桃
◎12880 ◇291;882/169
◎14585 ◇TBA
Syzygium francisii (F. M. Bailey) L. A. S. Johnson
▶法郎蒲桃
◎41685 ◇1718
Syzygium fruticosum DC.
▶丛花蒲桃
◎18298 ◇902
Syzygium globiflorum (Craib) Chantar. & J. Parn.
▶短药蒲桃

◎12959　◇288;1045/168
◎13656　◇TBA
◎14266　◇288
◎14342　◇288

Syzygium grande **(Wight) Walp.**
▶**大蒲桃**
◎4293　◇286/634
◎26055　◇1110
◎38961　◇1687

Syzygium guineense **DC.**
▶**几内亚蒲桃**
◎32170　◇1477
◎32171　◇1477
◎32172　◇1478

Syzygium gustavioides **(F. M. Bailey) B. Hyland**
▶**古斯蒲桃**
◎42166　◇1724

Syzygium hancei **Merr. & L. M. Perry**
▶**红鳞蒲桃**
◎11026　◇291;1028
◎14361　◇291
◎14439　◇291/169
◎14870　◇291
◎15729　◇291
◎16858　◇291
◎17704　◇291

Syzygium howii **Merr. & L. M. Perry**
▶**万宁蒲桃**
◎12870　◇291;1045/169

Syzygium hullochii
▶**赫尔蒲桃**
◎12983　◇291;814/168

Syzygium imitans **Merr. & L. M. Perry**
▶**桂南蒲桃**
◎26062　◇1111
◎39368　◇1692

Syzygium jambos **(L.) Alston**
▶**蒲桃**
◎7287　◇291
◎16188　◇291/635
◎16751　◇291

Syzygium kuranda **(F. M. Bailey) B. Hyland**
▶**库兰蒲桃**
◎26063　◇1111
◎40202　◇1699
◎42184　◇1724

Syzygium lanceolatum **Wight & Arn.**
▶**披针蒲桃**
◎26064　◇1111

Syzygium leucoxylon **Korth.**
▶**白木蒲桃**
◎28064　◇1258
◎28377　◇1273

Syzygium levinei **(Merr.) Merr.**
▶**山蒲桃**
◎11560　◇292;851
◎14559　◇292/170
◎14565　◇292
◎14661　◇292
◎14771　◇292;999

Syzygium lineatum **(DC.) Merr. & L. M. Perry**
▶**长花蒲桃**
◎15106　◇932/167

Syzygium magellanensis
▶**麦哲伦蒲桃**
◎28145　◇1262

Syzygium maire **(A. Cunn.) Sykes & Garn.-Jones**
▶**莫雅蒲桃**
◎18800　◇911

Syzygium malaccense **(L.) Merr. & L. M. Perry**
▶**马六甲蒲桃**
◎26056　◇1110

Syzygium myrsinifolium **(Hance) Merr. & L. M. Perry**
▶**竹叶蒲桃**
◎14528　◇292

Syzygium nervosum **DC.**
▶**水翁蒲桃**
◎6716　◇286
◎8872　◇278/162
◎14537　◇278/162
◎15950　◇278;787
◎16771　◇278
◎16898　◇278
◎40222　◇1700

Syzygium nitidum **Benth.**
▶**光亮蒲桃**
◎18889　◇913/170

Syzygium odoratum **DC.**
▶**香蒲桃**
◎12990　◇292;807
◎14688　◇/635

Syzygium pachysepalum **Merr. & L. M. Perry**
▶**厚萼蒲桃**
◎33418　◇1523
◎33475　◇TBA

Syzygium paniculatum **Gaertn.**
▶**圆锥蒲桃**
◎29767　◇1359

Syzygium phaeostictum **Merr. & L. M. Perry**
▶**帕傲蒲桃**
◎29043　◇1309

Syzygium polyanthum **Thwaites**
▶**多花蒲桃**
◎14120　◇/167
◎21004　◇890
◎36984　◇1628

Syzygium polypetaloideum **Merr. & L. M. Perry**
▶**假多瓣蒲桃**
◎11766　◇292

Syzygium purpuriflorum **(Elmer) Merr.**
▶**紫花蒲桃**
◎28072　◇1259

Syzygium rehderianum **Merr. & L. M. Perry**
▶**红枝蒲桃**
◎11469　◇293;888/169
◎11470　◇293
◎11471　◇293
◎11472　◇293;851
◎11473　◇293
◎11474　◇293
◎16615　◇293
◎16711　◇293
◎18114　◇293

Syzygium ripicola **(Craib) Merr. & L. M. Perry**
▶**瑞匹蒲桃**
◎15364　◇923/167
◎15388　◇940

Syzygium rysopodum **Merr. & L. M. Perry**
▶**皱萼蒲桃**
◎11424　◇293
◎11425　◇293/170
◎11575　◇293/635
◎14456　◇293

◎14891　◇293;1074
◎22135　◇957
◎22267　◇883
Syzygium salicifolium J. Graham
▶柳叶蒲桃
◎21440　◇897
Syzygium salignum (Miq.) Rathakr. & N. C. Nair
▶萨利蒲桃
◎6737　◇286
◎6829　◇286
Syzygium samarangense (Blume) Merr. & L. M. Perry
▶洋蒲桃
◎7235　◇294
◎26065　◇1111
Syzygium silile (Merr.) Merr.
▶斯拉蒲桃
◎18856　◇913/170
Syzygium smithii Nied.
▶史密蒲桃
◎26066　◇1111
◎40221　◇1700
◎41187　◇1712
◎42388　◇1727
Syzygium staudtii (Engl.) Mildbr.
▶斯塔蒲桃
◎34866　◇1558
Syzygium suringarianum (Koord. & Valeton) Amshoff
▶苏里南蒲桃
◎27403　◇1232
Syzygium syzygioides (Miq.) Merr. & L. M. Perry
▶清香蒲桃
◎20883　◇892
Syzygium szemaoense Merr. & L. M. Perry
▶思茅蒲桃
◎12972　◇294/170
◎14892　◇294;1074
Syzygium tephrodes (Hance) Merr. & L. M. Perry
▶方枝蒲桃
◎12141　◇294;884/169
◎14686　◇TBA
Syzygium tetragonum Wall. ex Wight
▶方形蒲桃
◎12924　◇292;817
◎12951　◇292;1044
Syzygium tinctorium (Gagnep.) Merr. & L. M. Perry
▶染料蒲桃
◎11375　◇922/167
Syzygium trachyphloium (C. T. White) B. Hyland
▶粗脉蒲桃
◎26067　◇1111
Syzygium tripinnatum (Blanco) Merr.
▶三回蒲桃
◎29005　◇1307
Syzygium tsoongii (Merr.) Merr. & L. M. Perry
▶狭叶蒲桃
◎9272　◇294;1058
◎14526　◇294/170
Syzygium zeylanicum (L.) DC.
▶锡兰蒲桃
◎28837　◇1296
Syzygium P. Browne ex Gaertn.
▶蒲桃属
◎11699　◇294
◎11746　◇294;991
◎11827　◇294
◎11862　◇294
◎12010　◇294;1052
◎12365　◇870
◎12368　◇870
◎12726　◇922
◎12727　◇922
◎12955　◇292;816/169
◎14262　◇293
◎14975　◇294
◎16047　◇294
◎16058　◇294
◎19013　◇906
◎23195　◇915
◎23226　◇927
◎23299　◇915
◎28078　◇1259
◎28086　◇1259
◎28115　◇1261
◎28119　◇1261
◎28121　◇1261
◎28141　◇1262
◎28170　◇1263
◎28179　◇1263
◎28186　◇1264
◎28189　◇1264
◎28194　◇1264
◎28217　◇1265
◎28305　◇1269
◎28325　◇1270
◎28489　◇1278
◎28490　◇1278
◎28582　◇1283
◎28623　◇1285
◎28672　◇1287
◎28673　◇1287
◎28674　◇1287
◎28729　◇1290
◎28730　◇1290
◎28731　◇1290
◎28874　◇1298
◎28905　◇1300
◎28906　◇1300
◎28907　◇1300
◎28951　◇1303
◎28952　◇1303
◎29000　◇1306
◎29001　◇1306
◎29002　◇1307
◎29003　◇1307
◎29119　◇1314
◎29153　◇1316
◎29154　◇1316
◎29155　◇1316
◎29202　◇1319
◎29203　◇1319
◎29204　◇1319
◎29205　◇1319
◎29530　◇1337
◎37034　◇1629
◎39941　◇1122
◎40837　◇1707
Taxandria juniperina (Schauer) J. R. Wheeler & N. G. Marchant
▶刺柏香松梅
◎10448　◇825
◎26086　◇1111
◎26087　◇1111
Tristania whiteana Griff.
▶白红胶木/白金桃柳
◎33437　◇1524
◎33566　◇TBA
Tristania R. Br.
▶红胶木属/金桃柳属

◎4623　◇295
◎5189　◇295
◎13185　◇894
◎17177　◇295
◎18738　◇894
◎28076　◇1259
◎28087　◇1259
◎28791　◇1293
◎34783　◇1556
◎35561　◇1572
◎36048　◇1586
◎36234　◇1588

Tristaniopsis laurina **(Sm.) Peter G. Wilson & J. T. Waterh.**
▶月桂水桉
◎26144　◇1111
◎40452　◇1702

Whiteodendron moultonianum **(W. W. Sm.) Steenis**
▶莫氏白翎木
◎33389　◇1521
◎33480　◇TBA

Widdringtonia nodiflora **(L.) Powrie**
▶节花南非柏
◎26193　◇1112
◎37115　◇1631
◎39705　◇1696
◎42289　◇1725
◎42386　◇1727

Widdringtonia wallichii **Endl.**
▶瓦利南非柏
◎18159　◇837/1253
◎26194　◇1112
◎39218　◇1690
◎40660　◇1705

Widdringtonia whytei **Rendle**
▶马拉维南非柏
◎39738　◇1697

Xanthomyrtus papuana **Merr. & L. M. Perry**
▶巴布亚金桃木
◎31784　◇1461
◎31785　◇1461
◎31786　◇1461
◎31835　◇1465

Xanthomyrtus schlechteri **Diels**
▶施氏金桃木
◎31836　◇1465

Xanthostemon brassii **Merr.**
▶巴拉斯黄蕊木/巴拉斯金缨木
◎40692　◇1705
◎40747　◇1706

Xanthostemon melanoxylon **Peter G. Wilson & Pitisopa**
▶黑黄蕊木/黑金缨木
◎26201　◇1112
◎39710　◇1696

Xanthostemon petiolatus **(Valeton) Peter G. Wilson**
▶叶柄黄蕊木/叶柄金缨木
◎14141　◇/79
◎26202　◇1112
◎27270　◇1229
◎27439　◇1233

Xanthostemon pubescens **(Brongn. & Gris) Sebert & Pancher**
▶柔毛黄蕊木/柔毛金缨木
◎40597　◇1704

Xanthostemon verdugonianus **Náves ex Fern.-Vill.**
▶沃度黄蕊木/沃度金缨木
◎4632　◇295
◎26203　◇1112
◎28116　◇1261
◎34867　◇1558
◎34868　◇1558

Xanthostemon verus **(Roxb.) Peter G. Wilson**
▶维若金缨木
◎27636　◇1236
◎34813　◇1557

Xanthostemon whitei **Gugerli**
▶白黄蕊木/白金缨木
◎26204　◇1112
◎41170　◇1711

Xanthostemon **F. Muell.**
▶黄蕊木属/金缨木属
◎28879　◇1298
◎28880　◇1298
◎29090　◇1312
◎31411　◇1440
◎41254　◇1713

Nothofagaceae　南青冈科

Nothofagus alpina **(Poepp. & Endl.) Oerst.**
▶阿尔假水青冈/阿尔南青冈
◎19567　◇455/539
◎25469　◇1099
◎39094　◇1688
◎40951　◇1709
◎40952　◇1709
◎41878　◇1720

Nothofagus antarctica **(G. Forst.) Oerst.**
▶南极假水青冈/南青冈
◎25470　◇1099
◎26875　◇1215
◎39096　◇1688
◎41589　◇1717

Nothofagus betuloides **(Mirb.) Oerst.**
▶桦状假水青冈
◎25471　◇1099
◎39042　◇1688

Nothofagus cunninghamii **(Hook.) Oerst.**
▶康宁汉南青冈/澳大利亚假水青冈
◎22945　◇825
◎22997　◇825
◎23027　◇823
◎37010　◇1628
◎40963　◇1709
◎41581　◇1717

Nothofagus dombeyi **(Mirb.) Oerst.**
▶智利假水青冈
◎18228　◇455/267
◎25472　◇1100
◎39108　◇1689
◎41842　◇1720
◎42273　◇1725
◎42294　◇1725

Nothofagus fusca **var.** ***colensoi*** **(Hook. f.) Poole**
▶科伦假水青冈
◎14056　◇910/268
◎18492　◇910

Nothofagus fusca **(Hook. f.) Oerst.**
▶红假水青冈
◎18488　◇910/267
◎18820　◇911

Nothofagus grandis **Steenis**
▶格朗假水青冈
◎38461　◇1134

Nothofagus menziesii **(Hook. f.) Oerst.**
▶银假水青冈

◎18489　◇910/267
◎18821　◇911

Nothofagus moorei（F. Muell.）Krasser
▶黑假水青冈
◎7908　◇825/267
◎25473　◇1100

Nothofagus obliqua（Mirb.）Oerst.
▶斜假水青冈
◎25474　◇1100
◎39342　◇1692

Nothofagus pumilio（Poepp. & Endl.）Krasser
▶矮假水青冈
◎19572　◇455/539
◎39228　◇1690

Nothofagus solandri var.*cliffortioides* Steenis
▶科里假水青冈
◎14057　◇910/267

Nothofagus solandri（Hook. f.）Oerst.
▶假水青冈
◎18490　◇910/268
◎18491　◇910/268
◎18510　◇827

Nothofagus starkenborghii（Burch.）Baill.
▶思达假水青冈/思达南青冈
◎38462　◇1134

Nothofagus Blume
▶假水青冈属/南青冈属
◎22782　◇906

Nyctaginaceae　紫茉莉科

Bougainvillea glabra Choisy
▶光叶子花
◎35010　◇1561
◎35011　◇1561

Bougainvillea spectabilis Willd.
▶叶子花
◎20887　◇892
◎24363　◇1084

Bougainvillea Comm. ex Juss.
▶叶子花属
◎32057　◇1472

Guapira discolor（Spreng.）Little
▶变色无腺木
◎32099　◇1474

Guapira eggersiana（Heimerl）Lundell
▶艾格无腺木
◎32095　◇1474
◎32096　◇1474
◎32097　◇1474
◎32098　◇1474

Guapira obtusata（Jacq.）Little
▶钝形无腺木
◎25106　◇1095
◎25107　◇1095
◎41898　◇1721
◎41967　◇1721

Guapira opposita var. *opposita*
▶对生无腺木（原变种）
◎35031　◇1562

Guapira opposita var. *warmingii*（Heimerl）Reitz
▶对生无腺木
◎35032　◇1562

Guapira Aubl.
▶无腺木属
◎32094　◇1474

Neea divaricata Poepp. & Endl.
▶展枝黑牙木
◎34075　◇1543

Neea hermaphrodita S. Moore
▶两性黑牙木
◎38471　◇1134

Neea madeirana Standl.
▶马德拉黑牙木
◎34076　◇1543

Neea mollis Spruce ex J. A. Schmidt
▶软黑牙木
◎35055　◇1562

Neea psychotrioides Donn. Sm.
▶泊氏黑牙木
◎25451　◇1099
◎39543　◇1694

Neea tristis Heimerl
▶三列黑牙木
◎35056　◇1562

Neea Ruiz & Pav.
▶黑牙木属
◎32133　◇1476

Pisonia aculeata L.
▶避霜花
◎25629　◇1104
◎32146　◇1476
◎35065　◇1563
◎40568　◇1704
◎41318　◇1713
◎41973　◇1721

Pisonia rotundata Griseb.
▶圆形腺果藤/圆形避霜花
◎38220　◇1130

Pisonia umbellifera（J. R. Forst. & G. Forst.）Seem.
▶伞形腺果藤/伞形避霜花
◎31527　◇1450
◎31528　◇1450
◎31907　◇1469

Pisonia zapallo Griseb.
▶萨帕腺果藤/萨帕避霜花
◎40595　◇1704

Pisonia L.
▶腺果藤属/避霜花属
◎27814　◇1244
◎28531　◇1280
◎32015　◇1471
◎32368　◇1484
◎34225　◇1546
◎34226　◇1546

Reichenbachia hirsuta Spreng.
▶毛管花茉莉
◎38440　◇1134

Torrubia longifolia Britton
▶长叶珠花柔木
◎38221　◇TBA
◎38673　◇1138

Nyssaceae　蓝果树科

Camptotheca acuminata Decne.
▶喜树/旱莲木
◎85　◇618
◎1212　◇TBA
◎3665　◇618
◎6048　◇618
◎6103　◇618;729
◎6485　◇618;859/370
◎7636　◇618
◎7701　◇618;1073
◎8631　◇618;792
◎8746　◇618;1050/370
◎10102　◇618
◎10747　◇618
◎11070　◇618
◎13928　◇618
◎13973　◇618;1012

◎13974 ◇TBA
◎15904 ◇618
◎17091 ◇618

Davidia involucrata Baill.
▶珙桐
◎86 ◇619
◎137 ◇619;778
◎349 ◇619;789
◎1219 ◇TBA
◎6340 ◇619
◎6343 ◇619
◎7939 ◇619/370
◎8704 ◇619;720/370
◎9780 ◇619;818
◎17568 ◇619
◎19057 ◇619
◎37131 ◇1632

Davidia Baill.
▶珙桐属
◎912 ◇TBA
◎6240 ◇619;867
◎39942 ◇1122

Diplopanax stachyanthus Hand.-Mazz.
▶马蹄参
◎14988 ◇625
◎15828 ◇625/372
◎16416 ◇625
◎17028 ◇625

Mastixia arborea (Wight) C. B. Clarke
▶印度单室茱萸
◎8525 ◇898
◎19103 ◇896

Mastixia cheliensis (Pierre) K. M. Matthew
▶单室茱萸
◎3576 ◇615

Mastixia pentandra subsp. *cambodiana* (Pierre) K. M. Matthew
▶柬埔寨单室茱萸
◎14471 ◇615
◎31522 ◇1450

Mastixia pentandra subsp. *philippinensis* (Wangerin) K. M. Matthew
▶菲律宾单室茱萸
◎18347 ◇953
◎20951 ◇615

Mastixia Blume
▶单室茱萸属
◎3589 ◇615
◎28654 ◇1287
◎31736 ◇1458

Nyssa aquatica L.
▶沼生蓝果树
◎25476 ◇1100
◎38128 ◇1128
◎39706 ◇1696

Nyssa javanica (Blume) Wangerin
▶华南蓝果树
◎13152 ◇894
◎14113 ◇893/370
◎14357 ◇620

Nyssa ogeche W. Bartram ex Marshall
▶高山紫树
◎38646 ◇1137

Nyssa sinensis Oliv.
▶蓝果树
◎6043 ◇620;789
◎6948 ◇620
◎9133 ◇620;1006/370
◎9394 ◇620;801/370
◎13433 ◇620;1078
◎13434 ◇620;1012
◎13435 ◇620
◎15732 ◇620
◎16391 ◇620
◎17524 ◇620;887
◎18031 ◇620;1007
◎18112 ◇620
◎21191 ◇620

Nyssa sylvatica var. *biflora* (Walter) Sarg.
▶二花蓝果树
◎25477 ◇1101
◎25478 ◇1101
◎41576 ◇1716
◎42240 ◇1725

Nyssa sylvatica Marshall
▶多花蓝果树
◎4376 ◇620
◎4980 ◇620
◎10355 ◇826
◎10406 ◇821
◎18695 ◇620
◎22116 ◇909
◎23069 ◇917

Nyssa Gronov. ex L.
▶蓝果树属
◎11983 ◇620;1054
◎15745 ◇620
◎27646 ◇1237

Ochnaceae 金莲木科

Brackenridgea forbesii Tiegh.
▶佛柏银莲木
◎37488 ◇1659

Brackenridgea palustris subsp. *foxworthyi* (Elmer) P. O. Karis
▶傅氏银莲木
◎28748 ◇1291

Brackenridgea palustris Bartell.
▶湿生银莲木
◎28747 ◇1291
◎28845 ◇1296

Campylospermum calanthum (Gilg) Farron
▶卡兰赛金莲木
◎37767 ◇1667
◎37768 ◇1667
◎37769 ◇1667
◎37770 ◇1667

Campylospermum flavum (Schumach.) Farron
▶黄色赛金莲木
◎32061 ◇1473
◎36269 ◇1591
◎36526 ◇1610

Campylospermum serratum (Gaertn.) Bittrich & M. C. E. Amaral
▶齿叶赛金莲木
◎28092 ◇1260
◎28151 ◇1262
◎28212 ◇1265
◎28374 ◇1272
◎28650 ◇1286
◎31603 ◇1453
◎38582 ◇1136

Campylospermum umbricola (Tiegh.) Farron
▶阴地赛金莲木
◎29671 ◇1352
◎29672 ◇1352
◎37771 ◇1667
◎37772 ◇1667

Cespedesia spathulata Planch.
▶匙形栾莲木
◎4472 ◇114
◎20463 ◇822

◎24548　◇1088

◎35016　◇1562

◎35017　◇1562

Elvasia elvasioides Gilg

▶星果莲木

◎20430　◇905

◎27850　◇1246

◎33675　◇1535

◎33676　◇1535

Idertia axillaris（Oliv.）Farron

▶芒叶莲木

◎36507　◇1609

Lacunaria crenata（Tul.）A. C. Sm.

▶圆齿柑皮果

◎27755　◇1241

Lacunaria macrostachya（Tul.）A. C. Sm.

▶大穗柑皮果

◎33934　◇1541

Lophira alata Banks ex C. F. Gaertn.

▶翼形红铁木/翼形铁莲木

◎17799　◇929/522

◎17875　◇929

◎20997　◇114

◎21068　◇928

◎21628　◇114

◎21870　◇930

◎21881　◇930

◎21930　◇899

◎22896　◇899

◎23331　◇819

◎36303　◇1594

◎36304　◇1594

◎36305　◇1594

◎36306　◇1594

◎36307　◇1594

◎36379　◇1599

◎38410　◇1134

Lophira lanceolata Tiegh. ex Keay

▶剑叶红铁木/剑叶铁莲木

◎17971　◇829/62

Ochna afzelii R. Br. ex Oliv.

▶类缅茄金莲木

◎29289　◇1325

◎29290　◇1325

◎29291　◇1325

Ochna arborea Burch. ex DC.

▶乔木金莲木

◎25480　◇1101

Ochna holtzii Gilg

▶霍氏金莲木

◎37809　◇1670

Ochna inermis（Forssk.）Schweinf.

▶无棘金莲木

◎37751　◇1666

Ochna multiflora DC.

▶多花金莲木

◎29188　◇1318

Ouratea cardiosperma Engl.

▶心形种番金莲木

◎27860　◇1246

◎33703　◇1535

◎33704　◇1535

Ouratea castaneifolia Engl.

▶栗叶番金莲木

◎33943　◇1541

Ouratea decagyna Maguire

▶十边形番金莲木

◎27765　◇1241

◎32358　◇1484

◎33701　◇1535

Ouratea ferruginea Engl.

▶铁褐番金莲木

◎32135　◇1476

Ouratea leblondii（Tiegh.）Lemée

▶莱布番金莲木

◎32136　◇1476

Ouratea polygyna Engl.

▶多角番金莲木

◎32137　◇1476

◎33702　◇1535

Ouratea superba Engl.

▶杰出番金莲木

◎33944　◇1541

Ouratea valerioi Standl.

▶瓦列番金莲木

◎38427　◇1134

Ouratea Aubl.

▶番金莲木属

◎32138　◇1476

◎35302　◇1570

Quiina indigofera Sandwith

▶木蓝绒子树

◎34934　◇1559

Quiina obovata Tul.

▶倒卵形绒子树

◎27869　◇1247

◎32157　◇1477

◎33716　◇1536

Quiina pteridophylla（Radlk.）Pires

▶蕨叶绒子树

◎35072　◇1563

Quiina Aubl.

▶绒子树属

◎32156　◇1477

Schuurmansia vidalii Merr.

▶维达巨叶莲木

◎31399　◇1440

Testulea gabonensis Pellegr.

▶特斯金莲木/梦莲木

◎5145　◇114/62

◎21086　◇928/533

◎22895　◇899

Olacaceae　铁青树科

Anacolosa densiflora Bedd.

▶密花阿纳铁青

◎20678　◇896

Chaunochiton kappleri（Sagot ex Engl.）Ducke

▶凯氏草帽果

◎27791　◇1243

◎31947　◇1470

◎32063　◇1473

◎32064　◇1473

◎32065　◇1473

◎32201　◇1478

◎32324　◇1483

Coula edulis var. *cabrae*（De Wild. & T. Durand）J. Léonard

▶卡布柯拉铁青木/卡布檀榛

◎18396　◇925

Coula edulis Baill.

▶可食柯拉铁青木/可食檀榛

◎5132　◇602/522

◎21516　◇602/522

◎36574　◇1612

Dulacia guianensis Kuntze

▶圭亚那铁金树

◎32071　◇1473

Erythropalum scandens Blume

▶赤苍藤

◎28386　◇1273

◎28419　◇1275

◎28697　◇1288

Heisteria cauliflora Sm.

▶茎花折帽果木

▶32228 ◇1480

Heisteria densifrons Engl.

▶密叶折帽果木

◎32101 ◇1475

Heisteria nitida Engl.

▶光折帽果木

◎34589 ◇1552

◎34590 ◇1552

Heisteria parvifolia Sm.

▶小叶折帽果木

◎36641 ◇1615

◎36642 ◇1615

Heisteria scandens Ducke

▶攀援折帽果木

◎32229 ◇1480

◎32230 ◇1480

Heisteria silvianii Schwacke

▶银白折帽果木

◎32231 ◇1480

Heisteria Jacq.

▶折帽果属

◎35292 ◇1569

Maburea trinervis Maas

▶三脉桂青树

◎35042 ◇1562

◎35043 ◇1562

◎35044 ◇1562

Malania oleifera Chun & S. K. Lee

▶蒜头果

◎16129 ◇602

◎16153 ◇602/359

Minquartia guianensis Aubl.

▶圭亚那明夸铁青木/圭亚那乳檀棒

◎22529 ◇820

◎26482 ◇1165

◎27946 ◇1251

◎31996 ◇1471

◎32115 ◇1475

◎34213 ◇1545

◎34599 ◇1553

◎38253 ◇1130

Ochanostachys amentacea Mast.

▶阿曼穗檀棒

◎5289 ◇602

◎31647 ◇1454

◎35983 ◇1586

◎40500 ◇1703

◎40727 ◇1706

Olax guianensis (Engl.) Christenh. & Byng

▶圭亚那铁青树

◎34593 ◇1553

Olax subscorpioidea Oliv.

▶撒布铁青树

◎21779 ◇930/522

◎29292 ◇1325

Ongokea gore Pierre

▶西非铁青木

◎17972 ◇829

◎18426 ◇925/522

◎21622 ◇602/522

◎21939 ◇899

◎23487 ◇909

◎37013 ◇1628

Ptychopetalum anceps Oliv.

▶剑形皱瓣铁青树/剑形铁元树

◎29246 ◇1322

Ptychopetalum olacoides Benth.

▶铁青叶皱瓣铁青树/铁青叶铁元树

◎27868 ◇1247

◎32155 ◇1477

◎34243 ◇1546

◎35070 ◇1563

Ptychopetalum petiolatum Oliv.

▶具柄皱瓣铁青树/具柄铁元树

◎29568 ◇1341

◎29569 ◇1341

◎36488 ◇1608

◎36489 ◇1608

Scorodocarpus borneensis Becc.

▶蒜果木/蒜味果木

◎9939 ◇956

◎13148 ◇894

◎14193 ◇893/360

◎15145 ◇895

◎19475 ◇935

◎21566 ◇602

◎22200 ◇934

◎22228 ◇934

◎23169 ◇933

◎23406 ◇933

◎27678 ◇1237

◎36012 ◇1586

◎37031 ◇1629

◎40835 ◇1707

Strombosia ceylanica Gardner

▶锡兰斯特铁青木/南亚润肺木

◎8526 ◇898

Strombosia glaucescens Engl.

▶灰斯特铁青木/灰斯润肺木

◎18354 ◇602/522

◎18402 ◇925

◎20565 ◇829

Strombosia grandifolia Hook. f. ex Benth.

▶大叶斯特铁青木/大叶润肺木

◎40041 ◇1116

Strombosia philippinensis S. Vidal

▶菲律宾斯特铁青木/菲律宾润肺木

◎18910 ◇913/360

Strombosia pustulata Oliv.

▶泡状斯特铁青木/泡状润肺木

◎21747 ◇930/522

◎29652 ◇1350

◎29653 ◇1350

◎29654 ◇1350

◎30980 ◇1423

◎31095 ◇1428

◎31096 ◇1428

◎36493 ◇1608

◎36494 ◇1608

◎36564 ◇1612

◎36595 ◇1613

◎36596 ◇1613

◎36597 ◇1613

Strombosia scheffleri Engl.

▶肯尼亚斯特铁青木/肯尼亚润肺木

◎18467 ◇602/522

Strombosia zeylanica Blume

▶锡兰特铁青木/锡兰润肺木

◎20724 ◇896

◎35554 ◇1572

Strombosia Blume

▶斯特铁青木属/润肺木属

◎36041 ◇1586

Strombosiopsis tetrandra Engl.

▶四蕊净肤木

◎20545 ◇829

◎36598 ◇1613

Ximenia americana L.

▶海檀木

◎18429 ◇925

◎32175 ◇1478

Oleaceae 木樨科

Chionanthus curvicarpus Kiew

▶弯果流苏木

◎28227 ◇1266

Chionanthus foveolatus (E. Mey.) Stearn

▶有窝流苏木

◎35365 ◇1571

◎37776 ◇1667

Chionanthus hainanensis (Merr. & Chun) B. M. Miao

▶海南流苏树

◎14656 ◇672

Chionanthus polygamus (Roxb.) Kiew

▶泊来流苏木

◎28887 ◇1299

◎28888 ◇1299

Chionanthus ramiflorus Roxb.

▶枝花流苏木/枝花李榄

◎3650 ◇672

◎3740 ◇672

◎12891 ◇672;885/415

◎12908 ◇672

◎12913 ◇672

◎12930 ◇672;811

◎12957 ◇672;815

◎12963 ◇672;881

◎12976 ◇672;887

◎12993 ◇672;873/415

◎13032 ◇672

◎14320 ◇672

◎14949 ◇672;1029

◎15959 ◇672

◎16607 ◇672

◎28923 ◇1301

◎28924 ◇1301

◎36750 ◇1619

◎40645 ◇1705

Chionanthus spicatus Blume

▶穗状流苏木

◎28438 ◇1275

Chionanthus sulawesicus Kiew

▶苏氏流苏木

◎28970 ◇1305

Chionanthus virginicus L.

▶美国流苏木/美国流苏树

◎24556 ◇1088

Chionanthus D. Royen

▶流苏树属

◎28368 ◇1272

◎28431 ◇1275

◎29109 ◇1313

◎31373 ◇1438

◎31630 ◇1454

Fontanesia fortunei Carrière

▶雪柳

◎5748 ◇833

◎6665 ◇667

◎7018 ◇667

◎26742 ◇1197

◎36783 ◇1620

◎36784 ◇1620

Fontanesia phillyreoides Labill.

▶菲力雪柳

◎25054 ◇1095

◎36781 ◇1620

◎36782 ◇1620

◎39618 ◇1695

Forestiera acuminata (Michx.) Poir.

▶渐尖泽蜡树

◎25055 ◇1095

◎38786 ◇1140

◎39315 ◇1691

◎40948 ◇1709

◎41096 ◇1711

Forestiera porulosa Poir.

▶分离泽蜡树

◎42305 ◇1726

◎42363 ◇1726

Forestiera segregata var. *segregata*

▶佛罗里达泽蜡树

◎38665 ◇1138

Forsteronia guyanensis Müll. Arg.

▶圭亚那犬乳藤

◎33052 ◇1508

◎33519 ◇1526

Forsteronia refracta Müll. Arg.

▶折射犬乳藤

◎33053 ◇1508

Fraxinus americana L.

▶美国白蜡树/美国白梣

◎4365 ◇667

◎4563 ◇667

◎4707 ◇667

◎4974 ◇667

◎10348 ◇826

◎10400 ◇821

◎13816 ◇667

◎16766 ◇667

◎17222 ◇821

◎18387 ◇919

◎18678 ◇667

◎21548 ◇667

◎21957 ◇805

◎23058 ◇917

◎23113 ◇805

◎23435 ◇821

◎36806 ◇1623

◎38613 ◇1137

Fraxinus angustifolia subsp. *oxycarpa* (Willd.) Franco & Rocha Afonso

▶奥氏窄叶白蜡树

◎25060 ◇1096

Fraxinus angustifolia Vahl

▶狭叶白蜡树

◎21712 ◇904

◎25061 ◇1096

◎31273 ◇1433

Fraxinus berlandieriana A. DC.

▶波氏白蜡树

◎25062 ◇1096

◎39699 ◇1696

Fraxinus bungeana A. DC.

▶小叶白蜡

◎11010 ◇670

Fraxinus caroliniana Mill.

▶卡州白蜡树

◎25063 ◇1096

◎38706 ◇1139

◎39791 ◇1697

◎40933 ◇1709

◎41927 ◇1721

Fraxinus chinensis subsp. *rhynchophylla* (Hance) A. E. Murray

▶花曲柳

◎15841 ◇668

◎18388 ◇919

◎18615 ◇919

◎22333 ◇916

◎22363 ◇916

Fraxinus chinensis Roxb.

▶白蜡树

◎99 ◇668

◎718 ◇668

◎773 ◇668

◎1256 ◇TBA
◎5322 ◇668;996/411
◎5349 ◇668;996
◎5401 ◇668
◎5460 ◇668
◎5525 ◇668
◎5633 ◇668
◎5747 ◇668
◎5876 ◇668
◎7629 ◇668
◎7693 ◇668
◎8682 ◇668;717/411
◎10802 ◇668
◎10803 ◇668
◎10805 ◇668
◎11175 ◇668
◎16424 ◇668
◎16575 ◇668/411
◎16715 ◇668/411
◎20316 ◇668
◎20626 ◇TBA

Fraxinus dipetala **Hook. & Arn.**

▶**双瓣白蜡树**

◎25064 ◇1096

Fraxinus excelsior **L.**

▶**欧洲白蜡树**

◎4341 ◇669
◎4794 ◇669
◎5016 ◇669
◎9461 ◇830
◎11156 ◇832
◎11353 ◇823
◎12050 ◇914
◎13745 ◇946
◎13764 ◇947
◎14237 ◇914
◎19609 ◇669
◎19655 ◇669
◎21338 ◇669
◎21549 ◇669
◎22301 ◇903
◎23516 ◇953
◎23557 ◇953
◎26691 ◇1190
◎26692 ◇1190
◎26809 ◇1205
◎34577 ◇1552
◎34578 ◇1552
◎35794 ◇1580
◎35795 ◇1580
◎35796 ◇1580
◎37271 ◇1643
◎37272 ◇1643
◎37273 ◇1643
◎41390 ◇1714
◎42156 ◇1724

Fraxinus floribunda **Wall.**

▶**多花梣**

◎11703 ◇669;1077

Fraxinus griffithii **C. B. Clarke**

▶**光蜡树**

◎7259 ◇669
◎21832 ◇669
◎27412 ◇1232

Fraxinus insularis **Hemsl.**

▶**苦枥木**

◎16124 ◇670
◎16144 ◇670
◎17467 ◇670;790
◎20070 ◇670
◎21194 ◇670
◎22016 ◇668

Fraxinus latifolia **Benth.**

▶**阔叶白蜡树**

◎25065 ◇1096
◎38626 ◇1137
◎39740 ◇1697
◎41389 ◇1714
◎42364 ◇1726

Fraxinus longicuspis **Siebold & Zucc.**

▶**长尖叶白蜡树**

◎4850 ◇670
◎4851 ◇670
◎10272 ◇918
◎18385 ◇919

Fraxinus malacophylla **Hemsl.**

▶**白枪杆**

◎9611 ◇669

Fraxinus mandshurica **Rupr.**

▶**水曲柳**

◎4126 ◇670
◎4216 ◇669
◎7675 ◇669;809
◎7773 ◇669;990
◎7779 ◇669;990
◎7803 ◇TBA
◎7885 ◇669;994
◎8069 ◇TBA
◎8196 ◇669
◎9462 ◇830
◎9981 ◇669
◎9982 ◇669
◎10125 ◇669
◎10273 ◇918
◎10274 ◇918
◎10297 ◇902
◎10806 ◇669
◎11124 ◇669
◎12085 ◇669
◎12550 ◇669;1074/413
◎13270 ◇878
◎13346 ◇879
◎13661 ◇670;865/413
◎18067 ◇670;1063/413
◎18386 ◇919
◎21209 ◇670
◎22334 ◇916

Fraxinus nigra **Marshall**

▶**黑白蜡树**

◎4366 ◇670
◎4590 ◇670
◎4717 ◇670
◎10349 ◇826
◎10401 ◇821
◎19061 ◇670
◎23114 ◇805
◎38639 ◇1137

Fraxinus ornus **L.**

▶**花白蜡树/花梣**

◎21339 ◇670
◎25066 ◇1096
◎34579 ◇1552
◎37373 ◇1652
◎37374 ◇1652
◎37375 ◇1652

Fraxinus pallisiae **Wilmott**

▶**苍白白蜡树**

◎35750 ◇1577
◎36785 ◇1621
◎36786 ◇1621

Fraxinus pennsylvanica **Marshall**

▶**洋白蜡树**

◎9463 ◇830
◎10402 ◇821
◎38620 ◇1137
◎41397 ◇1714
◎42154 ◇1724

Fraxinus platypoda Oliv.
▶象蜡树
◎8621 ◇670
◎18614 ◇919
◎34580 ◇1552
Fraxinus profunda (Bush) Bush
▶南瓜白蜡树
◎25067 ◇1096
◎39677 ◇1696
Fraxinus quadrangulata Michx.
▶四棱白蜡树
◎25068 ◇1096
◎38610 ◇1137
Fraxinus sieboldiana Blume
▶庐山梣
◎4215 ◇670
◎18616 ◇919
Fraxinus uhdei Lingelsh.
▶墨西哥白蜡树/墨西哥梣
◎20087 ◇936
◎25069 ◇1096
◎41093 ◇1710
◎42345 ◇1726
Fraxinus velutina Torr.
▶绒毛白蜡树
◎25070 ◇1096
◎25071 ◇1096
◎40940 ◇1709
◎41396 ◇1714
Fraxinus xanthoxyloides Wall.
▶黄白蜡树
◎25072 ◇1096
Fraxinus L.
▶白蜡树属/梣属
◎589 ◇670
◎4105 ◇670
◎4992 ◇670
◎5558 ◇670
◎7876 ◇670
◎8173 ◇670
◎8253 ◇TBA
◎10061 ◇670
◎10970 ◇670
◎17918 ◇822
◎18016 ◇670;985
◎26570 ◇1175
◎26602 ◇1179
◎27231 ◇1228
◎34581 ◇1552
◎34582 ◇1552
◎34583 ◇1552
◎36757 ◇1619
Jasminum crassifolium Blume
▶厚叶素馨
◎33404 ◇1522
◎33463 ◇TBA
Jasminum sinense Hemsl.
▶华素馨
◎19987 ◇671
Jasminum L.
▶素馨属
◎11926 ◇671;818
Ligustrum henryi Hemsl.
▶丽叶女贞
◎1047 ◇671
Ligustrum ibota Siebold
▶东亚女贞
◎5660 ◇671
◎25279 ◇1099
◎25280 ◇1099
Ligustrum japonicum Thunb.
▶日本女贞
◎6369 ◇671
◎25281 ◇1099
◎32105 ◇1475
◎40429 ◇1702
◎41034 ◇1710
◎41896 ◇1721
Ligustrum lucidum W. T. Aiton
▶女贞
◎100 ◇671;798
◎1094 ◇TBA
◎4753 ◇671/414
◎5958 ◇671
◎6669 ◇671
◎9347 ◇671;997
◎9364 ◇671;1036
◎10104 ◇671
◎11044 ◇TBA
◎13377 ◇849
◎16180 ◇671
◎17000 ◇671
◎17428 ◇671;780
◎38541 ◇1135
Ligustrum ovalifolium Hassk.
▶卵叶女贞
◎25282 ◇1099
◎29800 ◇1360
◎32106 ◇1475
◎39036 ◇1688
◎41901 ◇1721
◎42217 ◇1724
Ligustrum sinense Lour.
▶小蜡
◎791 ◇671
◎10578 ◇671
◎16702 ◇671
◎19689 ◇671
◎25283 ◇1099
◎38098 ◇1114
Ligustrum vulgare L.
▶地中海女贞
◎25284 ◇1099
◎39763 ◇1697
◎41492 ◇1715
◎41953 ◇1721
Ligustrum L.
▶女贞属
◎7130 ◇671
◎11966 ◇671
◎11967 ◇671
◎13545 ◇671
Nestegis cunninghamii (Hook. f.) L. A. S. Johnson
▶杉叶岛蜡树
◎14064 ◇910
◎18487 ◇910/744
Nestegis sandwicensis (A. Gray) O. Deg., I. Deg. & L. A. S. Johnson
▶桑德岛蜡树
◎25463 ◇1099
◎39410 ◇1693
Noronhia nilotica (Oliv.) Hong-Wa & Besnard
▶尼罗环蕊榄
◎26945 ◇1222
Notelaea ligustrina Vent.
▶李氏澳樨榄
◎23035 ◇823
◎25468 ◇1099
◎41074 ◇1710
◎41586 ◇1717
Olea brachiata Merr.
▶分枝木樨榄
◎12984 ◇673/415
Olea capensis subsp. *capensis* (C. H. Wright) I. Verd.
▶非洲木樨榄

◎37012 ◇1628
◎25492 ◇1101
◎25493 ◇1101

***Olea capensis* subsp. *macrocarpa* (Wall. & G. Don) Cif.**
▶大果木樨榄
◎18151 ◇673/522
◎25494 ◇1101
◎25495 ◇1101
◎35642 ◇1573
◎35643 ◇1573
◎37810 ◇1670
◎37811 ◇1670
◎37812 ◇1670
◎41561 ◇1716

***Olea capensis* L.**
▶非洲木樨榄
◎35488 ◇1572
◎41569 ◇1716

***Olea dioica* Roxb.**
▶异株木樨榄
◎8583 ◇898
◎12903 ◇673;874
◎12944 ◇673;812/416
◎14298 ◇673
◎15730 ◇673
◎16720 ◇673
◎16945 ◇673

***Olea europaea* subsp. *cuspidata* (Wall. & G. Don) Cif.**
▶尖叶木樨榄
◎18627 ◇673/416
◎35644 ◇1573
◎39327 ◇1691
◎40670 ◇1705
◎41597 ◇1717
◎42121 ◇1723

***Olea europaea* var. *cleaster* (Hoffmanns. & Link) DC.**
▶克利木樨榄
◎32134 ◇1476

***Olea europaea* L.**
▶油橄榄木/木樨榄
◎17919 ◇822
◎18168 ◇673
◎18626 ◇673/416
◎19639 ◇673
◎32257 ◇1481
◎40962 ◇1709
◎41567 ◇1716

***Olea hainanensis* H. L. Li**
▶海南木樨榄
◎14334 ◇673

***Olea paniculata* Roxb.**
▶圆锥木樨榄
◎25491 ◇1101
◎35984 ◇1586
◎38959 ◇1687

***Olea parvilimba* (Merr. & Chun) B. M. Miao**
▶小叶木樨榄
◎14372 ◇673/415
◎14416 ◇673

***Olea schliebenii* Knobl.**
▶施利木樨榄
◎32258 ◇1481

***Olea sinica* Hand.-Mazz.**
▶中华木樨榄
◎6454 ◇673;1080

***Olea tsoongii* (Merr.) P. S. Green**
▶短柄木樨榄
◎18629 ◇673/415

***Olea welwitschii* Gilg & G. Schellenb.**
▶魏氏木樨榄
◎26946 ◇1222
◎26947 ◇1222
◎32165 ◇1477
◎34600 ◇1553
◎39792 ◇1697
◎41744 ◇1719

***Olea wightiana* Wall. ex G. Don**
▶笔管木樨榄
◎28433 ◇1275

***Olea yunnanensis* A. Juss.**
▶云南木樨榄
◎15734 ◇673
◎18628 ◇673

***Olea* L.**
▶木樨榄属
◎13525 ◇673;729

***Osmanthus americanus* var. *megacarpus* (Small) P. S. Green**
▶大果美国木樨
◎25507 ◇1102

***Osmanthus americanus* (L.) Benth. & Hook. f. ex A. Gray**
▶美国木樨
◎25506 ◇1101
◎41451 ◇1715
◎42222 ◇1724

***Osmanthus aramatus* Diels**
▶红柄木樨
◎18522 ◇827

***Osmanthus arginatus* Benth. et Hook.**
▶阿尔木樨
◎6704 ◇674

***Osmanthus choripetalus* Makino**
▶乔里木樨
◎14318 ◇674

***Osmanthus didymopetalus* P. S. Green**
▶双瓣木樨
◎16938 ◇674
◎38092 ◇1114

***Osmanthus fragrans* var. *aurantiacus* Makino**
▶橙黄木樨
◎4043 ◇673

***Osmanthus fragrans* Lour.**
▶桂花木樨
◎3263 ◇674/330
◎5668 ◇674
◎6321 ◇674
◎6349 ◇674
◎6512 ◇674
◎8776 ◇674;1008
◎11095 ◇674
◎12681 ◇674;995/417
◎15899 ◇674
◎17125 ◇674
◎17589 ◇674;792
◎29746 ◇1358

***Osmanthus heterophyllus* (G. Don) P. S. Green**
▶柊树
◎5749 ◇674
◎10275 ◇918
◎39058 ◇1688

***Osmanthus marginatus* (Champ. ex Benth.) Benth. & Hook. f. ex F. B. Forbes & Hemsl.**
▶厚边木樨
◎15035 ◇674
◎17134 ◇674
◎21212 ◇674

***Osmanthus matsumuranus* Hayata**
▶马祖木樨

◎14549　◇674

◎16885　◇674/204

Osmanthus sandwicensis (A. Gray) Benth. & Hook. f. ex B. D. Jacks.

▶散得木樨

◎41584　◇1717

◎41703　◇1718

Osmanthus wukangensis Harms

▶武岗木樨

◎16420　◇674

Osmanthus Lour.

▶木樨属

◎1266　◇TBA

◎3326　◇674

◎9665　◇674

Phillyrea latifolia L.

▶总序桂

◎25570　◇1103

◎29748　◇1358

◎29749　◇1358

Picconia excelsa DC.

▶大苞榄木/南方橄榄

◎25584　◇1103

Schrebera alata Welw.

▶阿拉特元春花

◎32273　◇1481

Schrebera arborea A. Chev. & A. Chev.

▶乔木元春花

◎17973　◇829

Schrebera swietenioides Roxb.

▶斯威元春花

◎21427　◇897

◎22988　◇954

Schrebera trichoclada Welw.

▶毛枝元春花

◎35652　◇1573

Schrebera Retz.

▶元春花属

◎31914　◇1469

Syringa × *swegiflexa* Hort. Hesse ex J. S. Pringle

▶斯威丁香

◎36792　◇1621

◎36793　◇1621

Syringa emodi Wall. ex Royle

▶埃莫丁香

◎29765　◇1359

Syringa oblata Lindl.

▶紫丁香

◎5520　◇675

Syringa pubescens Turcz.

▶绢毛丁香

◎5373　◇675

◎5392　◇675

Syringa reticulata subsp. *amurensis* (Rupr.) P. S. Green & M. C. Chang

▶荷花丁香

◎5396　◇675

◎8018　◇675;991

◎9464　◇830

◎12081　◇675

◎13964　◇675

Syringa reticulata subsp. *pekinensis* (Rupr.) P. S. Green & M. C. Chang

▶北京丁香

◎5306　◇675

◎5895　◇675

◎29766　◇1359

◎29818　◇1361

◎29819　◇1361

◎40050　◇1116

Syringa reticulata (Blume) H. Hara

▶网脉丁香

◎4217　◇675

◎18617　◇919

◎26053　◇1110

Syringa tomentella Bureau & Franch.

▶毛丁香

◎26758　◇1198

Syringa villosa Vahl

▶红丁香

◎5370　◇675

◎5448　◇675

Syringa vulgaris L.

▶西洋丁香/欧丁香

◎18313　◇675

◎19633　◇675

◎21340　◇TBA

◎22053　◇912

◎22120　◇909

◎22127　◇826

◎26054　◇1110

◎34649　◇1554

◎34650　◇1554

◎35725　◇1575

◎37468　◇1659

◎37469　◇1659

◎37470　◇1659

◎38851　◇1685

◎42182　◇1724

◎42219　◇1724

Syringa L.

▶丁香属

◎5363　◇675

◎5403　◇675

◎5461　◇675

Onagraceae　柳叶菜科

Fuchsia cyrtandroides J. W. Moore

▶倒挂金钟

◎21300　◇309

◎29104　◇1313

Fuchsia excorticata L. f.

▶剥皮倒挂金钟

◎18801　◇911/741

◎20572　◇829

Ludwigia latifolia (Benth.) H. Hara

▶阔叶丁香蓼

◎32241　◇1480

Ludwigia stenorraphe (Brenan) H. Hara

▶思唐丁香蓼

◎29540　◇1338

Onocleaceae　球子蕨科

Pteris deltodon Baker

▶岩凤尾蕨

◎38025　◇1682

Opiliaceae　山柚子科

Agonandra brasiliensis Miers ex Benth.

▶巴西西柚木

◎20455　◇905

◎38512　◇1135

Agonandra excelsa Griseb.

▶大西柚木

◎38469　◇1134

Agonandra obtusifolia Standl.

▶钝叶西柚木

◎24135　◇1083

◎39238　◇1690

Agonandra silvatica Ducke

▶野生西柚木

◎32049　◇1472

◎40744　◇1706

Agonandra Miers ex Benth. & Hook. f.

▶西柚木属

◎32048　◇1472

Cansjera rheedei **J. F. Gmel.**
▶山柑藤
◎28525 ◇1280
Champereia manillana **Merr.**
▶台湾山柚
◎28508 ◇1279
◎31712 ◇1457
Melientha suavis **Pierre**
▶南甜菜树
◎28387 ◇1273
Rhopalopilia **Pierre**
▶棒花山柚属
◎32161 ◇1477

Orchidaceae 兰科

Coelogyne septemcostata **J. J. Sm.**
▶贝母兰木
◎26264 ◇1118
Cymbidium finlaysonianum **Lindl.**
▶马来兰
◎26259 ◇1117

Oxalidaceae 酢浆草科

Averrhoa bilimbi **L.**
▶三敛
◎29438 ◇1333
Averrhoa carambola **L.**
▶阳桃
◎13847 ◇469;852/278
◎16207 ◇469
◎16932 ◇469
◎17019 ◇469
◎17856 ◇469
Sarcotheca celebica **Veldkamp**
▶西里伯红醡浆草
◎28904 ◇1300
Sarcotheca griffithii **(Planch. ex Hook. f.) Hallier f.**
▶常绿红醡浆草
◎27307 ◇1230
Sarcotheca macrophylla **Blume**
▶大叶红醡浆草
◎31665 ◇1455
◎31666 ◇1455

Paeoniaceae 芍药科

Paeonia ludlowii **(Stern & G. Taylor) D. Y. Hong**
▶大花黄牡丹
◎32139 ◇1476

Pandaceae 小盘木科

Microdesmis caseariifolia **Planch. ex Hook.**
▶小盘木
◎28572 ◇1282
◎28776 ◇1292
Microdesmis keayana **J. Léonard**
▶齿叶石肠木
◎30944 ◇1421
◎31031 ◇1426
◎31032 ◇1426

Pandanaceae 露兜树科

Freycinetia pycnophylla **Solms**
▶藤露兜树
◎31590 ◇1453
Panda oleosa **Pierre**
▶油木/猿胡桃
◎20557 ◇829
◎21592 ◇713
◎26950 ◇1223
◎36589 ◇1613
Pandanus archboldianus **Merr. & L. M. Perry**
▶阿氏露兜树
◎31812 ◇1463
◎31813 ◇1463
◎31814 ◇1463
Pandanus boninensis **Warb.**
▶小笠原露兜树
◎7202 ◇713
Pandanus dubius **Spreng.**
▶杜比露兜树
◎20889 ◇892
Pandanus furcatus **Roxb.**
▶分叉露兜树
◎21416 ◇897
Pandanus papuanus **Solms**
▶巴布亚露兜树
◎29189 ◇1318
Pandanus polycephalus **Lam.**
▶多头露兜
◎29520 ◇1337
Pandanus sarasinorum **Warb.**
▶苏拉威西露兜树
◎29115 ◇1314
Pandanus tectorius **Parkinson ex Du Roi**
▶露兜树
◎20890 ◇892
◎40198 ◇1699

Papaveraceae 罂粟科

Bocconia frutescens **L.**
▶夫如博落木/夫如木罂粟
◎24355 ◇1086
◎40579 ◇1704

Paracryphiaceae 盔被花科

Quintinia apoensis **(Elmer) Schltr.**
▶阿普负鼠木
◎27303 ◇1230
◎28998 ◇1306
Quintinia epiphytica **Mattf.**
▶附生负鼠木
◎31753 ◇1459
Quintinia serrata **A. Cunn.**
▶齿状负鼠木
◎18833 ◇911
Sphenostemon papuana **(Lauterb.) Steenis & Erdtman**
▶巴布亚楔药花
◎31828 ◇1464
◎31829 ◇1464
◎31830 ◇1464
◎31831 ◇1464

Passifloraceae 西番莲科

Adenia cissampeloides **(Planch. ex Benth.) Harms**
▶思斯蒴莲木
◎37879 ◇1674
Adenia heterophylla **subsp.** *heterophylla*
▶异叶蒴莲木
◎36742 ◇1618
Adenia lobata **Engl.**
▶片裂蒴莲木
◎33750 ◇1536
◎33751 ◇1537
◎33752 ◇1537
◎33753 ◇1537
◎33754 ◇1537
◎33755 ◇1537
◎37880 ◇1674
◎37881 ◇1674

Adenia rumicifolia **Engl. & Harms**

▶皱叶蒴莲木

◎37882 ◇1674

Adenia **Forssk.**

▶蒴莲属

◎29014 ◇1307

Barteria fistulosa **Mast.**

▶菲斯苞树莲

◎29533 ◇1337

◎29534 ◇1338

◎29535 ◇1338

◎36346 ◇1596

◎36474 ◇1607

◎36475 ◇1607

Barteria nigritana **Hook. f.**

▶奈格苞树莲

◎37764 ◇1667

◎37765 ◇1667

◎37766 ◇1667

◎37884 ◇1674

Barteria pubescens **(Sol. ex R. Br.) Byng & Christenh.**

▶柔毛苞树莲

◎29201 ◇1319

◎37906 ◇1676

◎37907 ◇1676

◎37908 ◇1676

Barteria solida **Breteler**

▶索力苞树莲

◎36525 ◇1610

Efulensia clematoides **C. H. Wright**

▶枝状合蕊莲木

◎37896 ◇1675

Paropsia grewioides **Welw. ex Mast.**

▶杯树莲

◎37903 ◇1676

Paropsiopsis decandra **(Baill.) Sleumer**

▶十蕊盘树莲

◎37904 ◇1676

Passiflora balbis **Feuillet**

▶巴尔西番莲

◎35058 ◇1563

Passiflora fuchsiiflora **Hemsl.**

▶钟花西番莲

◎32142 ◇1476

◎32143 ◇1476

◎32260 ◇1481

◎32261 ◇1481

Passiflora glandulosa **Cav.**

▶具腺西番莲

◎32262 ◇1481

◎32263 ◇1481

Passiflora quadrangularis **L.**

▶大果西番莲

◎32144 ◇1476

Paulowniaceae 泡桐科

Paulownia catalpifolia **T. Gong ex D. Y. Hong**

▶楸叶泡桐

◎17744 ◇683;877

◎17745 ◇683;877

Paulownia elongata **S. Y. Hu**

▶兰考泡桐

◎17741 ◇683

◎17742 ◇683

◎17743 ◇683

Paulownia fargesii **Franch.**

▶川泡桐

◎496 ◇683

◎1064 ◇683

◎1155 ◇TBA

◎10696 ◇683

◎10697 ◇TBA

◎10698 ◇683

◎10699 ◇683

◎10700 ◇683

◎10876 ◇683

◎10906 ◇TBA

◎10993 ◇684

◎10999 ◇684

◎14216 ◇683;859

◎17567 ◇684

◎17766 ◇684;1044/425

◎19029 ◇684

Paulownia fortunei **(Seem.) Hemsl.**

▶白花泡桐

◎402 ◇684/425

◎6471 ◇684

◎6576 ◇684

◎7107 ◇684

◎7757 ◇684/425

◎8188 ◇684;1016

◎12742 ◇684/426

◎12800 ◇684;1058/425

◎16539 ◇684

◎17307 ◇684

◎17565 ◇684

◎17638 ◇684

◎17755 ◇685/425

◎17756 ◇685;875

◎17757 ◇685;1044

◎17758 ◇685;816

◎19374 ◇685

◎21839 ◇683

Paulownia kawakamii **T. Itô**

▶台湾泡桐

◎6491 ◇683/426

◎15718 ◇685

◎17759 ◇685;996/426

◎17760 ◇685

◎17761 ◇685

◎20040 ◇685

◎21834 ◇685

Paulownia taiwaniana **T. W. Hu & H. J. Chang**

▶南方泡桐

◎17752 ◇683;1048

◎17753 ◇683;1048

◎17754 ◇683;1048/425

Paulownia tomentosa **var.** *tsinlingensis* **(Y. Y. Pai) T. Gong**

▶秦岭泡桐

◎17762 ◇686;1048

◎17763 ◇686;1046/426

◎17764 ◇686;816

◎17765 ◇686;876

Paulownia tomentosa **Steud.**

▶毛泡桐

◎5617 ◇685

◎5750 ◇685

◎6517 ◇685/426

◎10276 ◇918

◎10875 ◇685

◎12074 ◇685

◎12695 ◇685/426

◎13051 ◇685

◎16537 ◇685

◎17497 ◇685;783

◎17746 ◇683;1048

◎17747 ◇685;996/426

◎17748 ◇686;1048

◎17749 ◇686

◎17750 ◇686;1048

◎17751 ◇686

◎21211 ◇683

◎22302 ◇903

◎22344 ◇916

Paulownia Siebold & Zucc.

▶泡桐属

◎102 ◇686

◎4037 ◇686

◎4061 ◇686

◎5930 ◇686

◎11054 ◇686

◎11103 ◇686

◎11133 ◇686

◎11867 ◇686;816

◎12221 ◇847

◎12246 ◇848

◎13285 ◇878

◎13286 ◇878

◎14033 ◇686

◎39952 ◇1122

◎39953 ◇1122

Pedaliaceae 芝麻科

Uncarina Stapf

▶钩刺麻属

◎26411 ◇1156

◎26897 ◇1218

Penaeaceae 管萼木科

Olinia ventosa (L.) Cufod.

▶文托硬梨木/文托彩梨檀木

◎25497 ◇1101

◎41568 ◇1716

◎42127 ◇1723

Plectronia lucida K. Schum. & K. Krause

▶光亮白簕

◎35996 ◇1586

Pennantiaceae 毛柴木科

Pennantia cunninghamii Miers

▶库氏毛柴木

◎25551 ◇1102

◎40515 ◇1703

Pentaphylacaceae 五列木科

Adinandra bockiana E. Pritz. ex Diels

▶川杨桐

◎8787 ◇85

◎8794 ◇85;717/49

◎10628 ◇85

◎10629 ◇85

◎13563 ◇85;1012/49

◎13657 ◇TBA

◎16451 ◇85

◎17113 ◇85

Adinandra brassii Kobuski

▶布瑞杨桐

◎36814 ◇1623

Adinandra floschrolum Jack

▶毛杨桐

◎13450 ◇85

Adinandra formosana Hayata

▶台湾杨桐

◎7409 ◇85/50

Adinandra glischroloma Hand.-Mazz.

▶亮叶杨桐/两广杨桐

◎15776 ◇85

◎16675 ◇85/50

Adinandra hainanensis Hayata

▶海南杨桐

◎11439 ◇85;995/50

◎11440 ◇85

◎12998 ◇85/50

◎13704 ◇85

◎14433 ◇85

◎14742 ◇85

◎14769 ◇85

◎16937 ◇85

Adinandra integerrima T. Anderson ex Dyer

▶全缘叶红淡/全缘叶杨桐

◎3560 ◇86/50

Adinandra lasiopetala (Wright) Choisy

▶毛瓣杨桐

◎31538 ◇1451

Adinandra masambensis Kobuski

▶马萨杨桐

◎28959 ◇1304

Adinandra megaphylla Hu

▶大叶红淡/大叶杨桐

◎16099 ◇86/50

Adinandra milletii (Hook. & Arn.) Benth. & Hook. f. ex Hance

▶杨桐

◎11524 ◇86;962/50

◎11525 ◇86

◎11526 ◇86

◎11527 ◇86

◎11528 ◇86

◎12656 ◇86;1013

◎16588 ◇86

◎17346 ◇86;779

◎19721 ◇86

◎19722 ◇86

◎19723 ◇86

◎19724 ◇86

◎19725 ◇86

◎19726 ◇86

◎19727 ◇86

◎21154 ◇86

◎21840 ◇86

Adinandra nitida Merr. ex H. L. Li

▶亮叶杨桐

◎15725 ◇86

◎18132 ◇86

◎20298 ◇86

◎20299 ◇86/580

Adinandra sarosanthera Miq.

▶萨若杨桐

◎35875 ◇1585

Adinandra symplocina Blume

▶思姆杨桐

◎6696 ◇86

Adinandra Jack

▶杨桐属

◎6787 ◇87

◎9161 ◇87;1057

◎11910 ◇87

◎12954 ◇87;817

◎28914 ◇1301

◎28915 ◇1301

Adinauclea fagifolia (Teijsm. & Binn. ex Havil.) Ridsdale

▶山毛榉叶栎团花

◎9948 ◇956/437

Anneslea fragrans var. *alpina* (H. L. Li) Kobuski

▶高山红楣/高山茶梨

◎11630 ◇88;990/51

Anneslea fragrans var. *hainanensis* Kobuski

▶海南红楣/海南茶梨

◎16062 ◇88/51

Anneslea fragrans var. *rubriflora* (Hu & H. T. Chang) L. K. Ling

▶红花红楣/红花茶梨

◎16450 ◇88/51

Anneslea fragrans Wall.
▶红楣/茶梨
◎3341 ◇88
◎3797 ◇88
◎6418 ◇88
◎6965 ◇88;720
◎7959 ◇88
◎7973 ◇88
◎11706 ◇88/51
◎13886 ◇88;1001/51
◎13994 ◇88
◎15672 ◇88
◎15902 ◇88
◎29093 ◇1312
Anneslea Wall.
▶茶梨属
◎39960 ◇1122
Cleyera incornuta Y. C. Wu
▶凹脉红淡
◎15890 ◇93/53
Cleyera japonica Thunb.
▶红淡比
◎6705 ◇93
◎6847 ◇93/583
◎7038 ◇93
◎12869 ◇93;815/53
◎13551 ◇96
◎13554 ◇96;1012
◎13558 ◇96
◎13583 ◇96;1012
◎16455 ◇93/53
◎17456 ◇93;781
Cleyera obovata H. T. Chang
▶倒卵叶红淡
◎16500 ◇93/53
Cleyera obscurinervia (Merr. & Chun) H. T. Chang
▶隐脉红淡
◎14350 ◇/53
◎39732 ◇1697
Cleyera pachyphylla Chun ex Hung T. Chang
▶厚叶肖柃/厚叶红淡比
◎15829 ◇93
◎16447 ◇93
◎39009 ◇1687
Cleyera Thunb.
▶肖柃属/红淡比属
◎13877 ◇93;815
◎13879 ◇93;975
Eurya acromonodontus W. R. Barker
▶柃木
◎301 ◇95;781/584
Eurya acuminata DC.
▶尾尖叶柃
◎1032 ◇94
◎1079 ◇TBA
◎3730 ◇94
◎12642 ◇94;988
◎12673 ◇94;;984
Eurya acuminatissima Merr. & Chun
▶尖叶毛柃
◎6450 ◇94;784
◎12835 ◇94;861/54
◎13521 ◇94
Eurya brevistyla Kobuski
▶短柱柃
◎117 ◇94;779
Eurya chinensis R. Br.
▶米碎花
◎21970 ◇94
Eurya ciliata Merr.
▶华南毛柃
◎12920 ◇94;813/54
◎12999 ◇94;808
◎14345 ◇94
Eurya cuneata Kobuski
▶楔叶柃
◎13025 ◇95;869/54
Eurya glandulosa Merr.
▶腺柃
◎12837 ◇95/54
◎19747 ◇96
Eurya groffii Merr.
▶岗柃
◎16867 ◇95/54
Eurya hebeclados Ling
▶微毛柃
◎16968 ◇95/54
Eurya impressinervis Kobuski
▶凹脉柃
◎16531 ◇95/584
Eurya japonica Thunb.
▶日本柃木
◎5234 ◇96
◎5237 ◇95
◎5906 ◇95
Eurya loquaiana Dunn
▶细枝柃
◎15714 ◇94/55
◎19753 ◇94
◎19754 ◇94
◎19755 ◇94
Eurya macartneyi Champ.
▶黑柃
◎16988 ◇95/55
Eurya muricata Dunn
▶格药柃
◎12841 ◇95;876
Eurya nitida Korth.
▶细齿叶柃
◎266 ◇96;982
◎297 ◇96;778
◎596 ◇95;789
◎785 ◇95
◎10780 ◇95/55
◎14574 ◇96
◎15740 ◇96
◎17094 ◇96/53
◎19739 ◇96
◎19740 ◇96
◎19741 ◇96
◎19742 ◇96
◎19743 ◇96
◎19744 ◇96
◎20300 ◇96/585
◎20301 ◇96
Eurya pittosporicefolia Hu
▶斑点柃木
◎3565 ◇96/585
Eurya tigang K. Schum. & Lauterb.
▶提岗柃木
◎31719 ◇1457
◎31720 ◇1457
Eurya Thunb.
▶柃木属/柃属
◎843 ◇TBA
◎935 ◇TBA
◎1002 ◇TBA
◎1026 ◇97
◎6937 ◇97
◎6962 ◇97
◎9637 ◇97
◎11794 ◇97

◎11802　◇97;809
◎11953　◇97
◎11962　◇97;869
◎13501　◇97
◎13510　◇97
◎33590　◇1528
◎37604　◇1662

Freziera canescens **Bonpl.**
▶滑稽树
◎38385　◇1133

Pentaphylax euryoides **Gardner & Champ.**
▶五列木
◎11579　◇584/346
◎12147　◇584/346
◎12154　◇584;886
◎12176　◇584;812
◎12194　◇584;851
◎12484　◇584;1047
◎12848　◇584;1045
◎13113　◇584;999
◎13479　◇584/346
◎13691　◇584
◎14402　◇584
◎14905　◇584;1074
◎15044　◇584
◎16403　◇584
◎16649　◇584
◎17644　◇584
◎18120　◇584

Sinoadina racemosa **(Siebold & Zucc.) Ridsdale**
▶鸡仔木
◎7049　◇696
◎12669　◇696;976/438
◎16012　◇696
◎18098　◇696;1041
◎20251　◇696
◎21992　◇696

Taonabo japonica **(Thunb.) Szyszyl.**
▶日本厚皮香
◎5842　◇111
◎10266　◇918

Ternstroemia dentata **(Aubl.) Sw.**
▶微齿厚皮香
◎27827　◇1245
◎32584　◇1489
◎32585　◇1489
◎33737　◇1536
◎33969　◇1541
◎33970　◇1541
◎35267　◇1568
◎42447　◇1729

Ternstroemia gymnanthera **(Wight & Arn.) Sprague**
▶厚皮香
◎3370　◇110
◎9083　◇110
◎9084　◇110
◎9085　◇110;991/60
◎9397　◇111;801/1184
◎11336　◇110
◎11912　◇111/60
◎11975　◇111
◎12128　◇110;885
◎13072　◇110
◎13564　◇110;1012
◎13880　◇110;1001
◎13889　◇110;999
◎13900　◇110;1051
◎14343　◇110
◎14376　◇110;1046
◎15712　◇110
◎15864　◇109
◎15891　◇109
◎16338　◇TBA
◎16364　◇109
◎16415　◇109
◎16438　◇109
◎16977　◇109
◎17661　◇109
◎19164　◇109
◎21142　◇109
◎21831　◇110

Ternstroemia kwangtungensis **Merr.**
▶华南厚皮香
◎17442　◇111;780
◎18023　◇111;1025/60

Ternstroemia macrophylla **Wall.**
▶大叶厚皮香
◎15854　◇111/60

Ternstroemia megacarpa **Merr.**
▶大果厚皮香
◎18886　◇913/60

Ternstroemia merrilliana **Kobuski**
▶美林厚皮香
◎27504　◇1234

Ternstroemia microphylla **Merr.**
▶小叶厚皮香
◎15880　◇111/587

Ternstroemia nitida **Merr.**
▶亮叶厚皮香
◎15657　◇111/587
◎19811　◇111
◎19812　◇111
◎19813　◇111
◎19814　◇111

Ternstroemia urdanetensis **var. *crassifolia*** **Kobusk**
▶厚叶厚皮香
◎29122　◇1314

Ternstroemia **Mutis ex L. f.**
▶厚皮香属
◎11643　◇111;962
◎11920　◇111
◎11931　◇111;1046
◎27503　◇1234
◎28071　◇1259
◎28149　◇1262
◎28356　◇1271
◎28625　◇1285
◎28788　◇1293
◎28789　◇1293
◎28838　◇1296
◎28877　◇1298
◎29207　◇1320
◎37566　◇1661
◎37567　◇1661

Peraceae　蚌壳木科

Chaetocarpus schomburgkianus **(Kuntze) Pax & K. Hoffm.**
▶毛果大戟木/刺果树
◎20457　◇822
◎29221　◇1320
◎29266　◇1323
◎29305　◇1325
◎33918　◇1541
◎34283　◇1547
◎34956　◇1560

Chaetocarpus **Thwaites**
▶毛果大戟属/刺果树属
◎33910　◇1540
◎36826　◇1623

Pera arborea **Baill.**
▶阿氏蚌壳木

◎432　◇391
◎460　◇391
◎4460　◇574
◎8719　◇391;1050
◎9408　◇391;801
◎9759　◇391/226
◎10738　◇391
◎10742　◇391
◎10743　◇391
◎11255　◇391/227
◎16568　◇391

Pera bicolor **(Klotzsch) Müll. Arg.**
▶双色蚌壳木
◎27733　◇1239
◎29865　◇1364
◎30066　◇1376
◎30255　◇1387
◎30533　◇1404
◎30534　◇1404
◎30535　◇1404
◎30921　◇1420
◎32365　◇1484
◎33705　◇1535
◎33706　◇1535
◎33945　◇1541

Pera bumeliifolia **Griseb.**
▶布氏蚌壳木
◎25553　◇1102

Pera coccineae **(Benth) Muell. Arg.**
▶深红蚌壳木
◎33946　◇1541

Pera glabrata **(Schott) Poepp. ex Baill.**
▶光滑蚌壳木
◎27865　◇1247
◎29903　◇1366
◎30016　◇1373
◎30184　◇1383
◎30726　◇1413
◎30849　◇1417
◎33707　◇1535
◎33708　◇1535

Pogonophora schomburgkiana **Miers ex Benth.**
▶斯初髯瓣木
◎20425　◇905
◎27770　◇1242
◎33710　◇1536
◎33711　◇1536
◎38240　◇1130

Trigonopleura malayana **Hook. f.**
▶三角大戟
◎22187　◇934

Petiveriaceae　蒜香草科

Gallesia integrifolia **(Spreng.) Harms**
▶全缘叶巴秘商陆/全缘叶蒜味珊瑚木
◎20439　◇/548
◎22594　◇831
◎25075　◇1096
◎38285　◇1132
◎41004　◇1709
◎41378　◇1714

Phyllanthaceae　叶下珠科

Amanoa glaucophylla **Müll. Arg.**
▶白叶花碟木
◎33886　◇1540

Amanoa guianensis **Aubl.**
▶圭亚那花碟木
◎31931　◇1469
◎33646　◇1534
◎33647　◇1534

Antidesma bunius **(L.) Spreng.**
▶五月茶
◎6811　◇558
◎7927　◇558
◎16863　◇558
◎26784　◇1201
◎27531　◇1234

Antidesma cuspidatum **Müll. Arg.**
▶硬尖五月茶
◎37967　◇1679

Antidesma digitaliforme **Tul.**
▶指状五月茶
◎31328　◇1436
◎31542　◇1451

Antidesma excavatum **Miq.**
▶内弯五月茶
◎28917　◇1301

Antidesma forbesii **Pax & K. Hoffm.**
▶福氏五月茶
◎37968　◇1679

Antidesma fordii **Hemsl.**
▶黄毛五月茶
◎24214　◇1082
◎39193　◇1690

Antidesma ghaesembilla **Gaertn.**
▶方叶五月茶
◎18300　◇902
◎24215　◇1082
◎35883　◇1585
◎37586　◇1662
◎38326　◇1132

Antidesma japonicum **Siebold & Zucc.**
▶酸味子/日本五月茶
◎16034　◇558
◎19843　◇558
◎19844　◇558
◎19845　◇558
◎20203　◇558

Antidesma laciniatum **Müll. Arg.**
▶莱西五月茶
◎30893　◇1419
◎31059　◇1427
◎31060　◇1427
◎35330　◇1571

Antidesma leucopodum **Miq.**
▶白脚五月茶
◎31543　◇1451

Antidesma maclurei **Merr.**
▶红柳/多花五月茶
◎12887　◇558;852/330
◎12937　◇558;871
◎14278　◇558

Antidesma platyphyllum **H. Mann**
▶阔叶五月茶
◎24216　◇1082

Antidesma puncticulatum **Miq.**
▶具点五月茶
◎28545　◇1281

Antidesma stipulare **Blume**
▶托叶五月茶
◎36744　◇1618

Antidesma subcordatum **Merr.**
▶近心形五月茶
◎36068　◇1587

Antidesma tomentosum **(Roxb.) Voigt**
▶毛五月茶
◎28683　◇1288

Antidesma vogelianum **Müll. Arg.**
▶沃格五月茶
◎36328　◇1595
◎37821　◇1671

Antidesma **L.**
▶五月茶属

◎37480　◇1659

◎37585　◇1662

Aporosa cardiosperma (Gaertn.) Merr.

▶卡迪银柴

◎28410　◇1274

◎35331　◇1571

Aporosa grandistipula Merr.

▶大瓣银柴

◎33441　◇1524

◎33487　◇TBA

Aporosa lucida var. *trilocularis* Schot

▶三室亮银柴

◎31546　◇1451

Aporosa lunata (Miq.) Kurz

▶卢纳银柴

◎26970　◇1224

Aporosa microstachya (Tul.) Müll. Arg.

▶小穗银柴

◎24222　◇1082

◎39192　◇1690

Aporosa nigricans Hook. f.

▶微黑银柴

◎4254　◇559

Aporosa octandra var. *chinensis* (Champ. ex Benth.) Schot

▶中华银柴

◎6733　◇559

◎12457　◇TBA

◎14534　◇559

◎16927　◇559

◎17010　◇559

◎39725　◇1697

Aporosa octandra var. *malesiana* Schot

▶马来银柴/买来沙木

◎27532　◇1234

Aporosa octandra var. *octandra*

▶奥克银柴/大沙木

◎38104　◇1114

◎38317　◇1132

Aporosa octandra (Buch.-Ham. ex D. Don) Vickery

▶奥克银柴/大沙木

◎18284　◇902

◎18287　◇902

Aporosa prainiana King ex Gage

▶帕兰银柴

◎37969　◇1679

Aporosa serrata Gagnep.

▶齿状银柴

◎24223　◇1082

◎39225　◇1690

Aporosa villosa (Lindl.) Baill.

▶毛银柴

◎4255　◇559

◎9691　◇559

◎11742　◇559/331

◎15242　◇901

◎15251　◇901/331

◎24224　◇1082

Aporosa yunnanensis (Pax & K. Hoffm.) F. P. Metcalf

▶云南银柴

◎11747　◇559;991

◎11778　◇559;995/331

◎15935　◇559

Aporosa Blume

▶银柴属

◎5211　◇559

◎29053　◇1310

Apuleia leiocarpa (Vogel) J. F. Macbr.

▶光果铁苏木

◎19211　◇240/145

◎22537　◇TBA

◎22608　◇831

◎24225　◇1082

Baccaurea deflexa Müll. Arg.

▶急弯木奶果

◎36074　◇1587

◎36075　◇1587

Baccaurea dulcis (Jack) Müll. Arg.

▶甜木奶果

◎35889　◇1585

Baccaurea javanica (Blume) Müll. Arg.

▶爪哇木奶果

◎26975　◇1224

◎27161　◇1227

Baccaurea lanceolata (Miq.) Müll. Arg.

▶剑叶木奶果

◎28286　◇1268

Baccaurea macrocarpa (Miq.) Müll. Arg.

▶大果木奶果

◎37919　◇1677

Baccaurea odoratissima Elmer

▶香木奶果

◎31550　◇1451

◎33413　◇1523

◎33444　◇TBA

Baccaurea racemosa (Reinw.) Müll. Arg.

▶瑞斯木奶果

◎27162　◇1227

◎33400　◇1522

◎33445　◇TBA

Baccaurea ramiflora Lour.

▶木奶果

◎3475　◇559

◎11715　◇559/332

◎14332　◇559

◎16078　◇559

◎17017　◇559

◎20829　◇891

Baccaurea sarawakensis Pax & K. Hoffm.

▶撒拉木奶果

◎33397　◇1522

◎33446　◇TBA

Baccaurea trigonocarpa Merr.

▶棱果木奶果

◎31551　◇1451

Baccaurea Lour.

▶木奶果属

◎3379　◇559

◎12703　◇922

Bischofia javanica Blume

▶秋枫

◎3469　◇560

◎3623　◇560

◎3716　◇560

◎4760　◇560

◎4887　◇560

◎4940　◇560

◎6329　◇560

◎6655　◇560

◎6774　◇560

◎7231　◇560

◎7415　◇560

◎8874　◇560

◎9917　◇955

◎9918　◇937

◎10283　◇918

◎11441　◇560;887

◎11716 ◇560
◎12002 ◇560;1053
◎12262 ◇848
◎12464 ◇560;874/332
◎12704 ◇922/332
◎13194 ◇894
◎14138 ◇TBA
◎14268 ◇560
◎15135 ◇895
◎15931 ◇560
◎16880 ◇560
◎18119 ◇560
◎19075 ◇896
◎20367 ◇TBA
◎21042 ◇890
◎21216 ◇560
◎24347 ◇1085
◎27164 ◇1227
◎27165 ◇1227
◎27358 ◇1231
◎27540 ◇1235
◎28398 ◇1273
◎28920 ◇1301
◎28921 ◇1301
◎37044 ◇1629
◎37045 ◇1629

Bischofia polycarpa **(H. Lév.) Airy Shaw**
▶重阳木
◎17151 ◇560/332

Bischofia **Blume**
▶秋枫属
◎39969 ◇1123

Breynia disticha **J. R. Forst. & G. Forst.**
▶二列黑面神
◎30989 ◇1424

Breynia retusa **(Dennst.) Alston**
▶钝叶黑面神
◎31706 ◇1457

Breynia **J. R. Forst. & G. Forst.**
▶黑面神属
◎37489 ◇1659
◎37558 ◇1661

Bridelia balansae **Tutcher**
▶土密树/禾串树
◎3801 ◇561

Bridelia exaltata **F. Muell.**
▶艾克土密木
◎24373 ◇1084

Bridelia fordii **Hemsl.**
▶大叶土蜜树
◎16021 ◇561/332
◎21987 ◇561

Bridelia glauca **Wall.**
▶膜叶土蜜树
◎31259 ◇1432

Bridelia grandis **Pierre ex Hutch.**
▶格兰土蜜树
◎30990 ◇1424
◎31113 ◇1428
◎31114 ◇1428

Bridelia insulana **Hance**
▶海岛土蜜树
◎9257 ◇561;795
◎13024 ◇561
◎13246 ◇561;788/332
◎13839 ◇561;811
◎14261 ◇561
◎14597 ◇561
◎14916 ◇561;999
◎16056 ◇561
◎16642 ◇561
◎21998 ◇561
◎35893 ◇1585
◎36077 ◇1587
◎36078 ◇1587

Bridelia micrantha **(Hochst.) Baill.**
▶小花土密木
◎24372 ◇1084
◎30991 ◇1424
◎31017 ◇1425
◎31169 ◇1429
◎31170 ◇1429
◎35841 ◇1583
◎36626 ◇1614
◎39839 ◇1698

Bridelia retusa **(L.) A. Juss.**
▶微凹土密树/大叶土密木
◎4256 ◇561
◎22970 ◇954
◎31707 ◇1457
◎31846 ◇1466

Bridelia ripicola **J. Léonard**
▶瑞匹土密树
◎36627 ◇1614

Bridelia stipularis **Hook. & Arn.**
▶土密藤
◎3380 ◇561

Cleistanthus baramicus **Jabl.**
▶巴拉闭花木
◎33388 ◇1521
◎33449 ◇TBA

Cleistanthus bipindensis **Pax**
▶比皮闭花木
◎29582 ◇1342
◎29583 ◇1342
◎29584 ◇1342

Cleistanthus monoicus **(Lour.) Müll. Arg.**
▶海南闭花木
◎3400 ◇561
◎14586 ◇561
◎16782 ◇561
◎24591 ◇1088
◎35894 ◇1585
◎39201 ◇1690

Cleistanthus oblongifolius **(Roxb.) Müll. Arg.**
▶矩叶闭花木
◎20828 ◇891
◎26991 ◇1224
◎26992 ◇1224

Cleistanthus pallidus **(Thwaites) Müll. Arg.**
▶苍白闭花木
◎35370 ◇1571

Cleistanthus polystachyus **Hook. f. ex Planch.**
▶多穗闭花木
◎18464 ◇562/509
◎21510 ◇562/509

Cleistanthus sumatranus **(Miq.) Müll. Arg.**
▶尖叶闭花木
◎14682 ◇562
◎17718 ◇562
◎33410 ◇1522
◎33450 ◇TBA

Cleistanthus tomentosus **Hance**
▶锈毛闭花木
◎15097 ◇TBA

Cleistanthus **Hook. f. ex Planch.**
▶闭花木属
◎14706 ◇562
◎37492 ◇B237

Glochidion cyrtophyllum Miq.

▶弯叶算盘子

◎27238 ◇1229

Glochidion daltonii (Müll. Arg.) Kurz

▶尖叶算盘子

◎12006 ◇566

◎14007 ◇566

Glochidion ellipticum Wight

▶艾利算盘子

◎11726 ◇566

Glochidion ferdinandii (Müll. Arg.) F. M. Bailey

▶佛迪算盘子

◎25088 ◇1096

◎38969 ◇1687

◎41041 ◇1710

◎41350 ◇1714

Glochidion gracile Airy Shaw

▶细长算盘子

◎28975 ◇1305

◎28976 ◇1305

◎29024 ◇1308

Glochidion hohenackeri (Müll. Arg.) Bedd.

▶侯氏算盘子

◎14553 ◇566

Glochidion lanceolarium (Roxb.) Voigt

▶艾胶算盘子

◎14548 ◇566

◎16869 ◇566

◎18294 ◇902

◎25089 ◇1094

◎38322 ◇1132

Glochidion macrostigma Hook. f.

▶大柱头算盘子

◎27237 ◇1229

Glochidion nemorale Thwaites

▶呐莫算盘子

◎31601 ◇1453

Glochidion obscurum (Roxb. ex Willd.) Blume

▶算盘子异名

◎27028 ◇1225

Glochidion philippicum (Cav.) C. B. Rob.

▶甜叶算盘子

◎27239 ◇1229

◎28934 ◇1302

Glochidion puberum (L.) Hutch.

▶算盘子

◎783 ◇567

◎10808 ◇567

◎12874 ◇567;817/337

◎12947 ◇567/337

Glochidion schweinfurthii Voigt

▶斯切算盘子

◎35626 ◇1573

Glochidion sericeum (Blume) Zoll. & Moritzi

▶绢毛算盘子

◎28265 ◇1267

Glochidion stenophyllum Airy Shaw

▶狭叶算盘子

◎28896 ◇1299

Glochidion wilsonii Hutch.

▶湖北算盘子

◎5869 ◇567

◎20596 ◇567

Glochidion wrightii Benth.

▶白背算盘子

◎12180 ◇567;1047/337

◎13009 ◇567/337

◎14341 ◇567

◎14577 ◇567

◎15781 ◇567

◎16886 ◇567

Glochidion zeylanicum var. *tomentosum* (Dalzell) Chakrab. & M. Gangop.

▶毛算盘子/厚叶算盘子

◎3748 ◇566

◎12483 ◇566;812

Glochidion zeylanicum (Gaertn.) A. Juss.

▶香港算盘子

◎20719 ◇896

◎25090 ◇1094

Glochidion J. R. Forst. & G. Forst.

▶算盘子属

◎5240 ◇567

◎11740 ◇567

◎28172 ◇1263

◎28765 ◇1292

◎29023 ◇1308

◎31365 ◇1438

◎31599 ◇1453

◎31600 ◇1453

◎35430 ◇1571

◎37512 ◇1660

◎37609 ◇1663

Heterosavia bahamensis (Britton) Petra Hoffm.

▶巴拿马姬碟木

◎38820 ◇1684

Hieronyma alchorneoides var. *alchorneoides*

▶海厄大戟/铁塔木(原变种)

◎25170 ◇1096

Hieronyma alchorneoides Allemão

▶海厄大戟/铁塔木

◎22680 ◇806/539

◎22702 ◇806/539

◎25169 ◇1096

◎31975 ◇1470

◎38114 ◇1128

◎38344 ◇1132

◎41405 ◇1714

◎41862 ◇1720

Hieronyma laxiflora (Tul.) Müll. Arg.

▶疏花海厄大戟/疏花铁塔木

◎22701 ◇806/539

Hieronyma oblonga (Tul.) Müll. Arg.

▶椭圆海厄大戟/椭圆铁塔木

◎25171 ◇1096

◎39675 ◇1696

Maesobotrya barteri var. *sparsiflora* (Scott Elliot) Keay

▶疏花杜茎茶

◎30911 ◇1420

◎31081 ◇1427

◎31082 ◇1427

Maesobotrya barteri (Baill.) Hutch.

▶巴尔杜茎茶

◎37853 ◇1673

Maesobotrya klaineana (Pierre) J. Léonard

▶克莱杜茎茶

◎37854 ◇1673

◎37855 ◇1673

◎37856 ◇1673

◎37857 ◇1673

◎37901 ◇1675

Margaritaria indica (Dalzell) Airy Shaw

▶蓝子木

◎35477 ◇1571

◎35994 ◇1586

Phyllanthus acidus (L.) Skeels
▶西印度醋栗
◎25575 ◇1103
Phyllanthus brasiliensis (Aubl.) Poir.
▶巴西叶下珠
◎38517 ◇1135
Phyllanthus emblica L.
▶余甘子
◎3739 ◇574
◎6818 ◇574
◎7972 ◇574
◎9617 ◇574
◎9631 ◇574
◎13843 ◇574;861/342
◎13844 ◇574;813
◎19388 ◇574
◎26525 ◇1170
◎27656 ◇1237
◎39194 ◇1690
Phyllanthus epiphyllanthus L.
▶附生叶下珠
◎38565 ◇1136
Phyllanthus insignis var. *glabrescens* Airy Shaw
▶光叶算盘子
◎28977 ◇1305
◎29025 ◇1308
Phyllanthus lamprophyllus Müll. Arg.
▶亮叶叶下珠
◎28248 ◇1267
◎28329 ◇1270
Phyllanthus meghalayensis Chakrab. & N. P. Balakr.
▶梅加叶下珠
◎16686 ◇566
Phyllanthus muellerianus (Kuntze) Exell
▶米勒叶下珠
◎31040 ◇1426
◎31041 ◇1426
Phyllanthus reticulatus Poir.
▶网状叶下珠
◎36647 ◇1615
Phyllanthus subscandens var. *subscandens*
▶香港算盘子
◎12581 ◇566
Phyllanthus (Hook. f.) Parl.
▶叶下珠属
◎11676 ◇574
◎11846 ◇574
◎27454 ◇1233
Richeria grandis var. *grandis*
▶大怀春茶（原变种）
◎33954 ◇1541
Richeria grandis Vahl
▶大怀春茶
◎20469 ◇822
Spondianthus preussii Engl.
▶普罗毒漆茶
◎30953 ◇1422
◎30979 ◇1423
◎31093 ◇1427
◎31094 ◇1427
Thecacoris stenopetala (Müll. Arg.) Müll. Arg.
▶狭瓣安痛茶
◎31008 ◇1425
◎31149 ◇1429
◎31150 ◇1429
Uapaca corbisieri De Wild.
▶寇尔异态木/寇尔柱根茶
◎21755 ◇930/510
Uapaca guineensis Müll. Arg.
▶几内亚异态木/几内亚柱根茶
◎40037 ◇1116
Uapaca mole Pax
▶莫尔异态木/莫尔柱根茶
◎30957 ◇1422
◎31239 ◇1432
◎31240 ◇1432
Uapaca paludosa Aubrév. & Leandri
▶沼泽异态木/沼泽柱根茶
◎26148 ◇1111
Uapaca pynaertii De Wild.
▶皮纳异态木/皮纳柱根茶
◎30983 ◇1423
◎31151 ◇1429
◎31152 ◇1429
◎31241 ◇1432
◎31242 ◇1432
◎31243 ◇1432
◎31244 ◇1432
◎39793 ◇1697
Uapaca sansibarica Pax
▶三丝异态木/三丝柱根茶
◎19569 ◇578/510
Uapaca staudtii Pax
▶施氏异态木/施氏柱根茶
◎19573 ◇578/510

Phytolaccaceae 商陆科

Phytolacca americana L.
▶垂序商陆
◎38511 ◇1135
Phytolacca dioica L.
▶树商陆
◎25583 ◇1103

Picramniaceae 苦榄木科

Alvaradoa amorphoides Liebm.
▶无形美洲臭椿
◎39568 ◇1695
Picramnia guianensis (Aubl.) Jans.-Jac. in Stoffers & Lindeman
▶圭亚那美洲苦木
◎32915 ◇1501
Picramnia juliana Mac. Br.
▶朱莉美洲苦木
◎34344 ◇1548
Picramnia latifolia Tul.
▶阔叶美洲苦木
◎35105 ◇1564
Picramnia pentandra Sw.
▶美洲苦木
◎26749 ◇1197
Picramnia spruceana Engl.
▶云杉状美洲苦木
◎32916 ◇1501

Picrodendraceae 苦皮桐科

Anagyris foetida L.
▶臭崖金豆
◎15602 ◇951
Androstachys johnsonii Prain
▶丁戟木/绒背桐
◎21954 ◇558
◎24198 ◇1084
Austrobuxus swainii (Beuzev. & C. T. White) Airy Shaw
▶斯万黄杨桐
◎24288 ◇1082
◎40344 ◇1701
Petalostigma pubescens Domin
▶柔毛秀柱桐

◎25564 ◇1102
◎40480 ◇1703

Picrodendron baccatum (L.) Krug & Urb.
▶浆果苦皮桐
◎39489 ◇1694

Piranhea longipedunculata Jabl.
▶长梗纹皮桐
◎29193 ◇1319

Piranhea trifoliata Baill.
▶三小叶纹皮桐
◎33947 ◇1541

Piperaceae 胡椒科

Piper aduncum L.
▶树胡椒
◎40442 ◇1702

Piper amalago L.
▶奥马胡椒
◎35060 ◇1563

Piper arboreum Aubl.
▶大树胡椒
◎32145 ◇1476
◎32264 ◇1481
◎36680 ◇1616
◎36681 ◇1616
◎36682 ◇1616

Piper celtidiforme Opiz
▶似朴叶胡椒
◎28718 ◇1290

Piper claussenianum C. DC.
▶克洛桑胡椒
◎35061 ◇1563
◎35062 ◇1563

Piper crassinervium Kunth
▶粗脉胡椒
◎32265 ◇1481
◎32266 ◇1481

Piper decumanum L.
▶巨大胡椒
◎29192 ◇1319

Piper heterophyllum Ruiz & Pav.
▶异叶胡椒
◎38496 ◇1135

Piper hostmannianum C. DC.
▶霍斯胡椒
◎35063 ◇1563

Piper longestylosum C. DC.
▶长花柱胡椒
◎38518 ◇1135

Piper ottoniaefolium C. DC.
▶奥托胡椒
◎35064 ◇1563

Piper reticulatum L.
▶网脉胡椒
◎38360 ◇1133

Piper villiramulum C. DC.
▶维力胡椒
◎38353 ◇1133

Piper L.
▶胡椒属
◎28279 ◇1268
◎28782 ◇1293
◎31302 ◇1435
◎31649 ◇1454
◎38020 ◇1682

Pittosporaceae 海桐科

Auranticarpa rhombifolia (A. Cunn. ex Hook.) L. W. Cayzer, Crisp & I. Telford
▶金海桐
◎25640 ◇1104

Bursaria incana Lindl.
▶白色群心木
◎24392 ◇1085

Bursaria occidentalis E. M. Benn.
▶西方群心木
◎40383 ◇1701

Bursaria spinosa Cav.
▶刺状群心木
◎23029 ◇823
◎24393 ◇1085
◎41409 ◇1714

Hymenosporum flavum F. Muell.
▶黄花香荫树
◎25191 ◇1097

Pittosporum bicolor Hook.
▶双色海桐
◎23036 ◇823
◎25636 ◇1104

Pittosporum brevicalyx (Oliv.) Gagnep.
▶短萼海桐
◎19287 ◇181

Pittosporum confertiflorum A. Gray
▶密叶海桐
◎25637 ◇1104

Pittosporum crassifolium Banks & Sol. ex A. Cunn.
▶厚叶海桐
◎25638 ◇1104
◎39560 ◇1695

Pittosporum daphniphylloides Hayata
▶大叶海桐
◎380 ◇181/120

Pittosporum eugenioides A. Cunn.
▶橙香海桐
◎18825 ◇911/744
◎25639 ◇1104

Pittosporum ferrugineum W. T. Aiton
▶铁锈海桐
◎5242 ◇181/120
◎26361 ◇1151
◎27457 ◇1233
◎37545 ◇1661

Pittosporum glabratum Lindl.
▶光叶海桐
◎6105 ◇181
◎6178 ◇181
◎6210 ◇181
◎10693 ◇181
◎16140 ◇181/120

Pittosporum hosmeri Rock
▶霍斯海桐
◎39522 ◇1694

Pittosporum illicioidea Makino
▶海金子
◎19907 ◇181

Pittosporum moluccanum Miq.
▶兰屿海桐
◎28992 ◇1306

Pittosporum pentandrum var. *formosanum* (Hayata) Zhi Y. Zhang & Turland
▶台琼海桐
◎7262 ◇181/120

Pittosporum pentandrum (Blanco) Merr.
▶五蕊海桐
◎28214 ◇1265

Pittosporum ramiflorum Zoll. ex Miq.
▶茎花海桐
◎29521 ◇1337

Pittosporum tenuifolium Gaertn.
▶细叶海桐
◎18826 ◇911/758
◎25641 ◇1104

P

Pittosporum tetraspermum Wight & Arn.
▶四籽海桐
◎28350 ◇1271
Pittosporum tobira W. T. Aiton
▶托比海桐
◎21720 ◇904
◎40382 ◇1701
Pittosporum undulatum Vent.
▶岛海桐
◎25642 ◇1104
◎38544 ◇1135
◎40236 ◇1700
Pittosporum viridiflorum Sims
▶绿花海桐
◎25643 ◇1104
◎26951 ◇1223
Pittosporum Banks ex Gaertn.
▶海桐属
◎1269 ◇181
◎28167 ◇1263

Plantaginaceae 车前科

Kickxia arborea Steud.
▶乔木银鱼草
◎27618 ◇1236
◎36133 ◇1587
Trichadena philippinensis (L.) Bl.
▶菲律宾崔恰风子
◎36047 ◇1586

Platanaceae 悬铃木科

Platanus × hispanica Münchh.
▶西班牙悬铃木
◎21699 ◇904
Platanus acerifolia (Aiton) Willd.
▶二球悬铃木
◎4745 ◇335/193
◎4802 ◇335/193
◎13669 ◇335;782/193
◎17040 ◇335/193
◎17920 ◇822
◎21180 ◇335
Platanus mexicana Torr.
▶墨西哥悬铃木
◎25650 ◇1104
Platanus occidentalis var. *palmeri* (Kuntze) Nixon & J. M. Poole ex Geerinck
▶帕尔悬铃木
◎25651 ◇1104
Platanus occidentalis L.
▶一球悬铃木
◎4371 ◇335
◎4598 ◇335
◎4981 ◇335
◎14240 ◇914
◎17226 ◇821/193
◎18683 ◇335
◎23076 ◇917
◎34748 ◇1555
Platanus orientalis L.
▶三球悬铃木
◎5619 ◇335/193
◎5712 ◇335/193
◎11162 ◇832
◎13753 ◇946
◎17540 ◇335
◎17584 ◇335/193
◎22346 ◇916
◎35647 ◇1573
Platanus racemosa var. *wrightii* (S. Watson) L. D. Benson
▶亚利桑那悬铃木
◎38689 ◇1138
◎41937 ◇1721
◎41980 ◇1722
Platanus racemosa Nutt. ex Audubon
▶加州悬铃木
◎25652 ◇1104
◎25653 ◇1104
◎41472 ◇1715
◎41778 ◇1719
Platanus wrightii S. Watson
▶莱特加州悬铃木
◎25654 ◇1104
◎25655 ◇1104
Platanus L.
▶悬铃木属
◎26386 ◇1154
◎26387 ◇1154
◎26388 ◇1154
◎26705 ◇1192
◎26810 ◇1205
◎32147 ◇1477
◎34749 ◇1555
◎34750 ◇1555
◎34751 ◇1555
◎34752 ◇1556

Plumbaginaceae 白花丹科

Aegialitis annulata R. Br.
▶紫条木
◎37472 ◇1659

Poaceae 禾木科

Arundinaria Michx.
▶青篱竹属
◎384 ◇TBA
Bambusa emeiensis L. C. Chia & H. L. Fung
▶慈竹
◎7986 ◇714
Bambusa vulgaris Schrad. ex J. C. Wendl.
▶泰山竹/龙头竹
◎21499 ◇714
Dendrocalamus giganteus Munro
▶龙竹
◎39609 ◇1695
Phyllostachys edulis J. Houz.
▶可食刚竹
◎39041 ◇1688
Sinocalamus rangiana
▶软氏慈竹
◎7987 ◇714

Polygalaceae 远志科

Moutabea guianensis Aubl.
▶圭亚那舟瓣花
◎35050 ◇1562
◎35051 ◇1562
Securidaca atroviolacea Elmer
▶黑紫蝉翼藤
◎28056 ◇1258
◎28117 ◇1261
◎28153 ◇1262
◎28218 ◇1265
◎28668 ◇1287
Securidaca inappendiculata Hassk.
▶蝉翼藤
◎3514 ◇472/279
Securidaca longipedunculata Fresen.
▶长梗蝉翼藤
◎29528 ◇1337
Securidaca philippinensis Chodat
▶菲律宾蝉翼藤

◎28315　◇1270
◎29081　◇1312

Securidaca welwitschii **Oliv.**
▶韦氏蝉翼藤
◎30978　◇1423
◎31091　◇1427
◎31092　◇1427

Securidaca **Mill.**
▶蝉翼藤属
◎28872　◇1298

Xanthophyllum alata **Roxb.**
▶阿拉塔黄叶树
◎1071　◇TBA

Xanthophyllum andamanicum **King**
▶安达黄叶树
◎20894　◇892

Xanthophyllum cuspidatum **Champ.**
▶狭叶黄叶树
◎359　◇TBA

Xanthophyllum excelsum **(Blume) Miq.**
▶高大黄叶树
◎18333　◇953/279
◎27707　◇1238

Xanthophyllum flavescens **Roxb.**
▶泰国黄叶树
◎28540　◇1281
◎31323　◇1436
◎36875　◇1625

Xanthophyllum hainanense **Hu**
▶海南黄叶树/黄叶树
◎6711　◇471
◎9584　◇471
◎12140　◇471;1038/279
◎12175　◇471;815
◎12444　◇TBA
◎12916　◇471;812
◎14286　◇471
◎15976　◇471
◎16689　◇471
◎17706　◇471
◎22158　◇960

Xanthophyllum novoguinense **Meijden**
▶诺沃黄叶树
◎36876　◇1625

Xanthophyllum obscurum **A. W. Benn.**
▶遮掩黄叶树
◎38578　◇1136

Xanthophyllum octandrum **Domin**
▶欧克黄叶树
◎26199　◇1112
◎40473　◇1703

Xanthophyllum papuanum **Whitmore ex Meijden**
▶巴布亚黄叶树
◎31837　◇1465
◎31838　◇1465
◎31839　◇1465
◎37037　◇1629

Xanthophyllum rufum **A. W. Benn.**
▶如弗黄叶树
◎20658　◇471

Xanthophyllum stipitatum **A. W. Benn.**
▶具梗黄叶树
◎27708　◇1238
◎36877　◇1625
◎36878　◇1625

Xanthophyllum zeylanicum **Meijden**
▶锡兰黄叶树
◎31699　◇1456
◎31700　◇1456

Xanthophyllum **Roxb.**
▶黄叶树属
◎2675　◇471
◎3571　◇471
◎5567　◇TBA
◎23215　◇927
◎23623　◇471
◎27337　◇1231
◎36238　◇1588

Polygonaceae　蓼科

Atraphaxis bracteata **Losinsk.**
▶沙木蓼
◎18380　◇176

Calligonum arborescens **Litv.**
▶乔木沙拐枣
◎18382　◇176

Coccoloba ascendens **Duss**
▶上升海葡萄
◎32067　◇1473

Coccoloba belizensis **Standl.**
▶百利海葡萄
◎24601　◇1088
◎39170　◇1689

Coccoloba coronata **Jacq.**
▶花冠海葡萄
◎36708　◇1617
◎36709　◇1617
◎36710　◇1617

Coccoloba diversifolia **Jacq.**
▶异花海葡萄
◎24602　◇1088
◎38659　◇1137
◎39330　◇1691
◎41117　◇1711
◎41954　◇1721

Coccoloba latifolia **Poir.**
▶阔叶海葡萄
◎24603　◇1088

Coccoloba microstachya **Willd.**
▶小穗海葡萄
◎24600　◇1088
◎39817　◇1698

Coccoloba mollis **Casar.**
▶柔软海葡萄
◎32431　◇1485
◎33781　◇1538
◎34015　◇1542

Coccoloba reflexiflora **Standl.**
▶折叶海葡萄
◎24604　◇1088
◎39176　◇1689

Coccoloba spicata **Lundell**
▶穗花海葡萄
◎24599　◇1088
◎40635　◇1704

Coccoloba uvifera **L.**
▶海葡萄
◎24605　◇1088
◎35018　◇1562
◎41127　◇1711
◎42321　◇1726

Fallopia aubertii **(L. Henry) Holub**
▶木藤蓼
◎32056　◇1472
◎37441　◇1657
◎37442　◇1657
◎37443　◇1657

Gymnopodium floribundum **Rolfe in Hook.**
▶多花木酸模
◎25122　◇1095
◎39283　◇1691
◎41968　◇1721
◎41969　◇1721

Muehlenbeckia monticola **Pulle**
▶山千叶兰

P

◎31811 ◇1463

Neomillspaughia emarginata S. F. Blake

▶缺刻木虎杖

◎25456 ◇1099

Persicaria chinensis（L.）H. Gross

▶火炭母

◎26360 ◇1151

Reynoutria japonica Houtt.

▶虎杖

◎38509 ◇1135

Rumex lunaria L.

▶月球酸模

◎35869 ◇1585

Ruprechtia laxiflora Meisn.

▶疏花南美廖/疏花旱蓼树

◎35076 ◇1563

◎35077 ◇1563

◎35078 ◇1563

◎35079 ◇1563

◎42452 ◇1730

Ruprechtia salicifolia（Cham. & Schltdl.）C. A. Mey.

▶柳叶旱蓼树

◎19578 ◇176

Ruprechtia triflora Griseb.

▶三花南美廖/三花旱蓼树

◎38468 ◇1134

Ruprechtia C. A. Mey.

▶南美廖属/旱蓼树属

◎32162 ◇1477

Triplaris cumingiana Fisch. & C. A. Mey. ex C. A. Mey.

▶卡名蓼木

◎26143 ◇1111

◎39567 ◇1695

Triplaris tomentosa Wedd.

▶毛蓼木

◎4519 ◇176/117

Triplaris weigeltiana（Rchb.）Kuntze

▶魏氏蓼树

◎26316 ◇1144

◎26364 ◇1152

◎29911 ◇1366

◎29912 ◇1367

◎30022 ◇1373

◎30023 ◇1373

◎30217 ◇1385

◎30218 ◇1385

◎30746 ◇1414

◎30747 ◇1414

◎30797 ◇1416

◎30884 ◇1418

◎30931 ◇1421

◎32039 ◇1472

◎32040 ◇1472

◎33882 ◇1540

◎37036 ◇1629

◎40206 ◇1699

Polypodiaceae 水龙骨科

Microgramma lycopodioides（L.）Copel.

▶莱蔻小蛇蕨

◎36310 ◇1594

◎36311 ◇1594

◎36312 ◇1594

Prosaptia C. Presl

▶穴子蕨属

◎31793 ◇1461

◎31794 ◇1461

◎31795 ◇1462

Tectaria angelicifolia Copel.

▶当归叶叉蕨

◎36423 ◇1603

Pottiaceae 丛藓科

Mollia gracilis Spruce ex Benth.

▶野生玉羽木

◎20445 ◇905

Mollia lepidota Spruce ex Benth.

▶鳞片玉羽木

◎34072 ◇1543

◎34073 ◇1543

◎34074 ◇1543

Primulaceae 报春花科

Aegiceras corniculatum（L.）Blanco

▶桐花树/蜡烛果

◎19688 ◇665

◎20061 ◇665

◎20062 ◇665

◎26963 ◇1223

◎37473 ◇1659

Ardisia crenata Sims

▶朱砂根

◎1091 ◇TBA

◎20069 ◇665

Ardisia densiflora Krug & Urb.

▶密花紫金牛

◎24246 ◇1082

Ardisia densilepidotula Merr.

▶密鳞紫金牛

◎12445 ◇665;871/409

◎14455 ◇665

◎17708 ◇665

◎22163 ◇960

Ardisia depressa C. B. Clarke

▶平顶紫金牛

◎3626 ◇665

Ardisia elliptica Thunb.

▶东方紫金牛

◎28451 ◇1276

◎28684 ◇1288

◎28743 ◇1291

◎39406 ◇1693

Ardisia escallonioides Schltdl. & Cham.

▶鼠刺紫金牛

◎24247 ◇1082

◎38672 ◇1138

◎40302 ◇1700

Ardisia iwahigensis Elmer

▶艾娃紫金牛

◎28068 ◇1259

◎28309 ◇1270

◎28631 ◇1286

Ardisia macrophylla Reinw. ex Blume

▶大叶紫金牛

◎28236 ◇1266

◎37918 ◇1677

Ardisia manglillo Cuatrec.

▶曼哥紫金牛

◎38194 ◇1129

Ardisia obtusa Mez

▶铜盆花

◎14281 ◇665

Ardisia quinquegona Blume

▶罗伞树

◎28405 ◇1274

Ardisia rhomboidea Wight

▶菱形紫金牛

◎21255 ◇TBA

Ardisia romanii Elmer

▶罗马紫金牛

◎28546 ◇1281

Ardisia sieboldii Miq.

▶思博紫金牛

◎7237　◇665

Ardisia solanacea Roxb.

▶酸薹菜

◎3761　◇665

◎11774　◇665

Ardisia Gaertn.

▶紫金牛属

◎28183　◇1264

◎31547　◇1451

◎37970　◇1679

Bonellia longifolia (Standl.) B. Ståhl & Källersjö

▶长叶彩萝桐

◎24359　◇1084

◎39454　◇1693

◎39470　◇1694

Bonellia macrocarpa (Cav.) B. Ståhl & Källersjö

▶大果彩萝桐

◎24360　◇1084

◎39408　◇1693

Conandrium rhynchocarpum (Scheff.) Mez

▶合药金牛木

◎37494　◇B237

Cybianthus fulvopulverulentus subsp. *magnoliifolius* (Mez) Pipoly

▶疣金牛木

◎27981　◇1253

◎31954　◇1470

◎34794　◇1556

Cybianthus guyanensis subsp. *pseudoicacoreus* (Miq.) Pipoly

▶假赛疣金牛

◎32070　◇1473

Cybianthus prieurii A. DC.

▶普瑞疣金牛

◎35021　◇1562

Discocalyx (A. DC.) Mez

▶盘金牛属

◎31346　◇1437

Embelia ribes Burm. f.

▶白花酸藤子

◎21295　◇665

◎28399　◇1274

Embelia schimperi Vatke

▶希梅酸藤子

◎32072　◇1473

Embelia Burm. f.

▶酸藤子属

◎9676　◇665

◎28382　◇1273

◎31271　◇1433

Geissanthus quindiensis Mez

▶异萼金牛木

◎38201　◇1130

Jacquinia keyensis Mez

▶凯氏钟萝桐

◎25216　◇1098

Lysimachia kalalauensis Skottsb.

▶卡拉珍珠菜

◎32107　◇1475

Maesa cumingii Mez

▶卡明杜茎山

◎28709　◇1289

Maesa indica (Roxb.) Sweet

▶包疮叶

◎31635　◇1454

Maesa lobuligera Mez

▶裂片杜茎山

◎28099　◇1260

Maesa perlaria (Lour.) Merr.

▶湾山桂花

◎13474　◇665

Maesa rugosa C. B. Clarke

▶皱叶杜茎山

◎20881　◇892

Maesa tenera Mez

▶软弱杜茎山

◎6743　◇665

Maesa Forssk.

▶杜茎山属

◎6646　◇665

Myrsine africana L.

▶铁仔

◎11890　◇665

Myrsine andina (Mez) Pipoly

▶安迪那铁仔木

◎38115　◇1128

Myrsine australis (A. Rich.) Allan

▶澳大利亚铁仔

◎18818　◇911

◎25863　◇1107

Myrsine balansae (Mez) Otegui

▶巴朗铁仔

◎32124　◇1476

Myrsine cacuminum (Mez) Pipoly

▶高山铁仔木

◎31822　◇1463

Myrsine capitellata Wall.

▶头状花铁仔

◎35639　◇1573

◎35640　◇1573

Myrsine coriacea (Sw.) R. Br. ex Roem. & Schult.

▶革质花铁仔

◎38555　◇1136

Myrsine cruciata (Philipson) Pipoly

▶十字形铁仔

◎28118　◇1261

◎28241　◇1266

Myrsine deminutiflora Pipoly

▶小花铁仔

◎29187　◇1318

Myrsine dependens (Ruiz & Pav.) Spreng.

▶根据铁仔

◎32125　◇1476

Myrsine guianensis (Aubl.) Kuntze

▶圭亚那铁仔

◎27772　◇1242

◎32020　◇1471

◎32126　◇1476

◎32127　◇1476

◎34857　◇1558

◎38667　◇1138

Myrsine kwangsiensis (E. Walker) Pipoly & C. Chen

▶广西密花树

◎16023　◇666

Myrsine linearis Poir.

▶打铁树

◎15934　◇666

Myrsine melanophloeos (L.) R. Br. ex Sweet

▶美兰铁仔

◎20569　◇829

Myrsine multibracteata (Merr.) Pipoly

▶多苞铁仔

◎28990　◇1306

Myrsine oligophylla Zahlbr.

▶少叶铁仔

◎40547　◇1703

◎41023　◇1710

◎41497　◇1715

Myrsine papuana **Hemsl.**

▶巴布亚铁仔

◎29069　◇1311

◎29070　◇1311

Myrsine quercifolia **Tsiang**

▶库尔铁仔

◎15021　◇665

Myrsine salicina **Heward**

▶萨里铁仔

◎18819　◇911/410

Myrsine schliebenii **Mildbr.**

▶谢里铁仔

◎32129　◇1476

Myrsine seguinii **H. Lév.**

▶密花树

◎6763　◇665

◎11677　◇666;971/410

◎12122　◇666

◎12973　◇666;886

◎13255　◇666;869

◎13799　◇666/410

◎14014　◇666

◎14524　◇666

◎14844　◇666;999

◎15850　◇666

◎16577　◇666

Myrsine semiserrata **Wall.**

▶齿叶铁仔

◎1081　◇TBA

◎3352　◇665

Myrsine thwaitesii **(Mez) Wadhwa**

▶斯维茨铁仔木

◎31661　◇1455

Myrsine umbellata **Mart.**

▶伞花铁仔

◎38554　◇1135

Myrsine wettsteinii **(Mez) Otegui**

▶威特铁仔

◎35054　◇1562

Myrsine **L.**

▶铁仔属

◎31894　◇1467

Oncostemum **Cuatrec.**

▶环金牛属

◎36679　◇1616

Petesiodes clusiifolium **(Sw.) Kuntze**

▶派特报春花

◎25566　◇1102

Rapanea melanophleos **(L.) Mez**

▶黑皮密花木

◎25864　◇1107

◎32128　◇1476

◎37024　◇1629

◎40257　◇1700

◎41670　◇1718

◎41833　◇1720

Rapanea papuana **(Hemsl.) Mez**

▶巴布亚密花树

◎21288　◇666

◎29076　◇1311

◎29077　◇1311

Rapanea salicina **(Heward) Mez**

▶塞里密花木

◎25865　◇1107

Rapanea **Aubl.**

▶密花树属

◎37638　◇1663

◎39939　◇1122

Stylogyne orinocensis **(Kunth) Mez**

▶奥里铁金牛

◎32168　◇1477

Stylogyne **A. DC.**

▶铁金牛属

◎32166　◇1477

◎32167　◇1477

Proteaceae　山龙眼科

Alloxylon brachycarpum **(Sleumer) P. H. Weston & Crisp**

▶短果朱烟花

◎37540　◇1661

Alloxylon pinnatum **(Maiden & Betche) P. H. Weston & Crisp**

▶羽茎朱烟花

◎24161　◇1085

◎39900　◇1699

Alloxylon wickhamii **(W. Hill & F. Muell.) P. H. Weston & Crisp**

▶维克朱烟花

◎24162　◇1085

◎40327　◇1701

Banksia aemula **R. Br.**

▶比美澳龙眼木/比美佛塔树

◎5052　◇313

Banksia baxteri **R. Br.**

▶巴克氏佛塔树

◎40332　◇1701

Banksia ericifolia **L. f.**

▶易瑞澳龙眼木/易瑞佛塔树

◎24301　◇1084

◎39892　◇1699

Banksia grandis **Willd.**

▶大澳龙眼木/大佛塔树

◎24302　◇1084

◎39790　◇1697

Banksia ilicifolia **R. Br.**

▶艾利澳龙眼木/艾利佛塔树

◎24303　◇1084

Banksia integrifolia **L. f.**

▶全缘叶澳龙眼木

◎5051　◇313/183

◎20479　◇828

◎29778　◇1359

Banksia littoralis **R. Br.**

▶小澳龙眼木/小佛塔树

◎23274　◇832

◎24304　◇1084

Banksia marginata **Cav.**

▶边缘澳龙眼木/边缘佛塔树

◎23032　◇823

◎24305　◇1084

◎42108　◇1723

◎42256　◇1725

Banksia myrtifolia

▶莫提澳龙眼木

◎5058　◇277

Banksia serrata **L. f.**

▶锯齿澳龙眼木/锯齿佛塔树

◎24306　◇1084

◎39894　◇1699

Banksia verticillata **R. Br.**

▶轮生澳龙眼木/轮生佛塔树

◎10449　◇825/183

◎24307　◇1084

Banksia **L. f.**

▶澳龙眼属/佛塔树属

◎41259　◇1713

◎41260　◇1713

Bleasdalea bleasdalei **(F. Muell.) A. C. Sm. & J. E. Haas**

▶普利盐肤李

◎24350　◇1085

Bleasdalea vitiensis **(Turrill) A. C. Sm. & J. E. Haas**

▶斐济盐肤李

◎23581　◇915

Buckinghamia celsissima **F. Muell.**
▶昆士兰山龙眼/昆士兰曲牙花
◎24389 ◇1084
◎40346 ◇1701

Cardwellia sublimis **F. Muell.**
▶昆士兰山龙眼/北银桦
◎4775 ◇313
◎22920 ◇823
◎41435 ◇1715

Carnarvonia araliifolia **F. Muell.**
▶楤木叶红银桦
◎24464 ◇1087
◎40708 ◇1705

Cenarrhenes nitida **Labill.**
▶光亮塔州李
◎24518 ◇1087
◎40510 ◇1703

Darlingia darlingiana **(F. Muell.) L. A. S. Johnson**
▶达乐榄仁栎
◎24757 ◇1090
◎40486 ◇1703

Darlingia ferruginea **J. F. Bailey**
▶绣色榄仁栎
◎24758 ◇1090
◎40513 ◇1703

Embothrium coccineum **J. R. Forst. & G. Forst.**
▶绯红洋翅籽木/绯红筒瓣花
◎20526 ◇828

Euplassa duquei **Killip & Cuatrec.**
▶杜氏南美榛
◎38219 ◇1130

Euplassa organensis **(Gardner) I. M. Johnst.**
▶器官南美榛
◎40472 ◇1703

Euplassa pinnata **I. M. Johnst.**
▶羽状南美榛
◎22547 ◇TBA
◎32894 ◇1500
◎35025 ◇1562

Faurea pedicellulata
▶花梗柳绵木
◎32090 ◇1474

Faurea rochetiana **Chiov. ex Pic. Serm.**
▶罗切柳绵木
◎35620 ◇TBA

Faurea saligna **Harv.**
▶柳叶柳绵木
◎25014 ◇1094
◎39661 ◇1696
◎41048 ◇1710
◎41090 ◇1710

Finschia chloroxantha **Diels**
▶淡绿核果银桦
◎31498 ◇1449

Gevuina avellana **Molina**
▶智利热夫龙眼木/智利榛
◎19558 ◇313

Grevillea baileyana **McGill.**
▶阔叶银桦
◎40440 ◇1702

Grevillea banksii **R. Br.**
▶红花银桦
◎25100 ◇1095
◎39299 ◇1691

Grevillea glauca **Knight**
▶格拉银桦
◎40465 ◇1702

Grevillea hilliana **F. Muell.**
▶希利银桦
◎39687 ◇1696
◎41370 ◇1714
◎41908 ◇1721

Grevillea nematophylla **F. Muell.**
▶线叶银桦
◎40427 ◇1702

Grevillea parallela **Knight**
▶平行银桦
◎40474 ◇1703
◎40608 ◇1704
◎41337 ◇1714

Grevillea robusta **A. Cunn. ex R. Br.**
▶银桦
◎8538 ◇898
◎8750 ◇313
◎9209 ◇313;1072/184
◎15985 ◇313
◎16802 ◇313
◎42047 ◇1722

Grevillea striata **R. Br.**
▶条纹银桦
◎5070 ◇313
◎25101 ◇1095
◎40389 ◇1701
◎41336 ◇1714
◎41533 ◇1716

Grevillea **R. Br. ex Knight**
▶银桦属
◎39994 ◇1125

Hakea eriantha **R. Br.**
▶毛花荣桦
◎25126 ◇1095

Hakea francisiana **F. Muell.**
▶弗朗荣桦
◎25127 ◇1095

Hakea intermedia
▶中间荣桦
◎38110 ◇1128

Hakea ivoryi **F. M. Bailey**
▶象牙荣桦
◎40938 ◇1709
◎41403 ◇1714

Hakea laurina **R. Br.**
▶樟叶荣桦
◎25128 ◇1095

Hakea leucoptera **R. Br.**
▶白荣桦
◎25129 ◇1095
◎39573 ◇1695

Hakea lorea **R. Br.**
▶罗瑞荣桦
◎25130 ◇1095

Hakea microcarpa **R. Br.**
▶小果荣桦
◎18534 ◇827

Hakea salicifolia **(Vent.) B. L. Burtt**
▶柳叶荣桦
◎29738 ◇1357
◎29739 ◇1357

Hakea tephrosperma **R. Br.**
▶白种荣桦
◎25125 ◇1095

Helicia bicolor **Chun**
▶双色山龙眼
◎6701 ◇314

Helicia caolina
▶曹氏山龙眼
◎35169 ◇1566

Helicia **cf.** ***integrifolia*** **Elmer**
▶似全缘叶山龙眼
◎42436 ◇1729

Helicia cochinchinensis **Lour.**
▶小果山龙眼
◎6736 ◇314

◎9291　◇314;804/184
◎10811　◇314
◎12158　◇314;1041/184
◎12518　◇314;817
◎15707　◇314
◎16543　◇314
◎16602　◇314
◎18111　◇314;1059
◎19179　◇314
◎21150　◇314

Helicia erratica **Hook f.**
▶**异叶山龙眼**
◎6728　◇TBA
◎9335　◇314;997/184
◎9336　◇314;1059/184
◎13902　◇314;1012
◎14015　◇314
◎15861　◇314

Helicia grandis **Hemsl.**
▶**大山龙眼**
◎12834　◇315;882/184

Helicia hainanensis **Hayata**
▶**海南山龙眼**
◎14468　◇315/184
◎15938　◇315

Helicia longipetiolata **Merr. & Chun**
▶**长柄山龙眼**
◎14479　◇315
◎16951　◇315/184

Helicia obovatifolia **var.** ***mixta*** **(H. L. Li) Sleumer**
▶**混杂山龙眼**
◎9326　◇315;796
◎9327　◇TBA

Helicia obovatifolia **Merr. & Chun**
▶**倒卵叶山龙眼**
◎13010　◇315/185
◎13968　◇315/185
◎14679　◇315
◎14894　◇315;1074

Helicia reticulata **W. T. Wang**
▶**网脉山龙眼**
◎15760　◇315
◎15858　◇315
◎16733　◇315
◎16989　◇315
◎17439　◇315;780

Helicia robusta **(Roxb.) Blume**
▶**罗布山龙眼**
◎28171　◇1263

Helicia **Lour.**
▶**山龙眼属**
◎223　◇316;790
◎7650　◇316
◎7975　◇316
◎11636　◇316;962
◎11670　◇316;964
◎11813　◇647
◎11817　◇316
◎11824　◇316;811
◎11839　◇316
◎11845　◇316
◎11849　◇316;1041
◎11851　◇316;1053
◎31726　◇1458
◎31727　◇1458
◎38003　◇1681
◎38004　◇1681

Heliciopsis artocarpoides **(Elmer) Sleumer**
▶**阿托假山龙眼**
◎22202　◇934

Heliciopsis henryi **(Diels) W. T. Wang**
▶**假山龙眼**
◎14296　◇317
◎15948　◇315/185

Heliciopsis lobata **(Merr.) Sleumer**
▶**调羹树**
◎13967　◇317;1073/185
◎14474　◇317/185
◎14765　◇317

Heliciopsis **Sleumer**
▶**假山龙眼属**
◎12258　◇848

Knightia excelsa **R. Br.**
▶**新西兰山龙眼/大蜜汁树**
◎14058　◇910/185
◎18482　◇910/744

Leucadendron argenteum **R. Br.**
▶**银色木百合**
◎25269　◇1099

Lomatia dentata **R. Br.**
▶**齿状洛马龙眼木/齿状扭瓣花**
◎19592　◇317

Lomatia hirsuta **(Lam.) Diels**
▶**毛洛马龙眼木/毛扭瓣花**
◎19566　◇317

Macadamia integrifolia **Maiden & Betche**
▶**澳洲坚果**
◎25313　◇1098
◎25314　◇1098

Macadamia ternifolia **F. Muell.**
▶**粗壳澳洲坚果**
◎25315　◇1098

Macadamia whelanii **Bailey**
▶**慧兰澳洲坚果**
◎25316　◇1098

Macadamia **F. Muell.**
▶**澳洲坚果属**
◎21249　◇317
◎29110　◇1314
◎29111　◇1314
◎35956　◇1586

Musgravea heterophylla **L. S. Sm.**
▶**异叶绒银桦**
◎25427　◇1101
◎40470　◇1702

Neorites kevediana **L. S. Sm.**
▶**科沃鱼尾栎**
◎25459　◇1099
◎40469　◇1702

Opisthiolepis heterophylla **L. S. Sm.**
▶**异叶鳞背木**
◎41073　◇1710
◎41455　◇1715

Oreocallis wickhamii **W. Hill**
▶**魏氏翘瓣花**
◎20654　◇832
◎40601　◇1704
◎41590　◇1717
◎41729　◇1718

Orites excelsus **R. Br.**
▶**红丝龙眼木/高大山银桦**
◎7916　◇825
◎25501　◇1101
◎41735　◇1719

Panopsis polystachya **(Kunth) Kuntze**
▶**多穗热美龙眼木/多穗豹木**
◎32141　◇1476
◎38217　◇1130

Panopsis rubescens **var.** ***simulans*** **J. F. Macbr.**
▶**红热美龙眼木/红豹木**
◎34915　◇1559

Panopsis sessilifolia Sandwith
▶无柄热美龙眼木/无柄叶豹木
◎25527 ◇1102
◎27767 ◇1241
◎32009 ◇1471
◎34221 ◇1545
◎39332 ◇1691

Panopsis suaveolens (Klotzsch) Pittier
▶芳香热美龙眼木/芳香叶豹木
◎38185 ◇1129

Persoonia falcata R. Br.
▶镰刀金钗木
◎25562 ◇1102

Protea gaguedi J. F. Gmel.
▶标准正山龙眼/标准帝王花
◎32149 ◇1477

Roupala dielsii J. F. Macbr.
▶秘鲁鲁帕山龙眼木/秘鲁怀春木
◎34094 ◇1543
◎34095 ◇1543
◎38979 ◇1687

Roupala meisneri Sleumer
▶美森鲁帕山龙眼木/美森怀春木
◎35075 ◇1563

Roupala montana var. *brasiliensis* (Klotzsch) K. S. Edwards
▶巴西鲁帕山龙眼木/巴西怀春木
◎41662 ◇1718
◎41663 ◇1718

Roupala montana var. *paraensis* (Sleumer) K. S. Edwards
▶帕州鲁帕山龙眼木/帕州怀春木
◎25892 ◇1108
◎41632 ◇1717
◎41645 ◇1717

Roupala montana Aubl.
▶蒙大纳鲁帕山龙眼木/蒙大纳怀春木
◎22531 ◇820
◎25891 ◇1108
◎27822 ◇1244
◎32024 ◇1472
◎33861 ◇1540
◎41660 ◇1718
◎41767 ◇1719

Roupala pachypoda Cuatrec.
▶厚脚鲁帕山龙眼木/厚脚怀春木
◎38208 ◇1130

Stenocarpus reticulatus C. T. White
▶网纹火轮木
◎26020 ◇1110
◎40450 ◇1702

Stenocarpus salignus R. Br.
▶柳叶狭果木/柳叶火轮木
◎26021 ◇1110
◎40463 ◇1702

Stenocarpus sinuatus Endl.
▶火轮木
◎40454 ◇1702

Toronia toru (A. Cunn.) L. A. S. Johnson & B. G. Briggs
▶肋果钗木
◎18822 ◇911

Xylomelum angustifolium Kippist ex Meisn.
▶狭叶火木梨
◎26209 ◇1113
◎39482 ◇1694

Xylomelum occidentale R. Br.
▶西方火木梨
◎26210 ◇1113
◎40444 ◇1702

Xylomelum pyriforme Knight
▶倒卵圆火木梨
◎26211 ◇1113
◎26212 ◇1113
◎42186 ◇1724

Xylomelum Sm.
▶火木梨属
◎41252 ◇1712

Pterobryaceae　蕨藓科

Esenbeckia berlandieri Baill.
▶伯兰类药芸香
◎24881 ◇1092
◎39253 ◇1690

Esenbeckia leiocarpa Engl.
▶平滑果类药芸香
◎5264 ◇473
◎22714 ◇806/549

Esenbeckia Brid.
▶类药芸香属
◎32721 ◇1494

Putranjivaceae　核果木科

Cyclostemon Blume
▶圆盘大戟属
◎4676 ◇563

Drypetes afzelii (Pax) Hutch.
▶缅茄核果木
◎37895 ◇1675

Drypetes confertiflora (Hook. f.) Pax & K. Hoffm.
▶密花核果木
◎14760 ◇564;999

Drypetes deplanchei (Brongn. & Gris) Merr.
▶平核果木
◎24820 ◇1091
◎40501 ◇1703
◎40590 ◇1704

Drypetes diversifolia Krug & Urb.
▶异花核果木
◎24821 ◇1091
◎38222 ◇1130
◎39257 ◇1690

Drypetes gilgiana (Pax) Pax & K. Hoffm.
▶吉尔核果木
◎31125 ◇1428
◎31126 ◇1428

Drypetes globosa (Merr.) Pax & K. Hoffm.
▶球形核果木
◎36116 ◇1587

Drypetes gossweileri S. Moore
▶高斯核果木
◎18414 ◇925/509
◎21530 ◇564/509
◎24822 ◇1091

Drypetes hainanensis Merr.
▶海南核果木
◎12971 ◇564
◎13247 ◇564;858/335
◎13699 ◇TBA
◎14704 ◇564
◎14839 ◇564;1029
◎14862 ◇564

Drypetes lateriflora (Sw.) Krug & Urb.
▶侧花核果木
◎24823 ◇1091
◎38821 ◇1684
◎39246 ◇1690

Drypetes longifolia (Blume) Pax & K. Hoffm.
▶长叶核果木

◎20830　◇891

◎21041　◇890

◎28376　◇1272

◎31863　◇1466

◎35930　◇1585

Drypetes ovalis **（J. J. Sm. ex Koord. & Valeton）Pax & K. Hoffm.**

▶椭圆核果木

◎33929　◇1541

◎33930　◇1541

◎33931　◇1541

Drypetes parvifolia **（Müll. Arg.）Pax & K. Hoffm.**

▶小叶核果木

◎29329　◇1327

Drypetes perreticulata **Gagnep.**

▶密网核果木

◎14664　◇564

◎14861　◇564;1029

◎16014　◇564

Drypetes variabilis **Uittien**

▶多变核果木

◎29273　◇1323

◎29274　◇1323

◎31959　◇1470

◎33674　◇1535

◎33919　◇1541

◎40097　◇1127

Drypetes **Vahl**

▶核果木属

◎3583　◇564

◎5206　◇564

◎13022　◇564

◎14619　◇564

◎23235　◇927

◎28178　◇1263

◎31268　◇1433

◎36117　◇1587

◎37498　◇1660

◎37987　◇1680

◎37988　◇1680

Putranjiva roxburghii **Wall.**

▶缫丝花假黄杨

◎35418　◇1571

Quillajaceae　皂皮树科

Quillaja saponaria **Molina**

▶皂质皂皮树

◎25859　◇1107

Ranunculaceae　毛茛科

Clematis gouriana **Roxb. ex DC.**

▶粗齿铁线莲/小蓑衣藤

◎5593　◇80

Clematis napaulensis **DC.**

▶合苞铁线莲

◎36751　◇1619

Clematis vitalba **L.**

▶葡萄叶铁线莲

◎21343　◇80

◎37459　◇1658

◎37460　◇1658

◎37461　◇1658

◎39825　◇1698

Resedaceae　木樨草科

Forchhammeria macrocarpa **Standl.**

▶大果滨戟木

◎38388　◇1133

Forchhammeria pallida **Liebm.**

▶灰绿滨戟木

◎18322　◇175

◎38389　◇1133

Forchhammeria trifoliata **Radlk. ex Millsp.**

▶大叶滨戟木

◎38387　◇1133

Forchhammeria watsonii **Rose**

▶瓦氏滨戟木

◎18321　◇175

◎38386　◇1133

◎39255　◇1690

Ochradenus baccatus **Delile**

▶巴克刺樨木

◎36720　◇1618

◎36721　◇1618

Rhabdodendraceae 棒状木科

Rhabdodendron cunningham

▶坎安棒状木

◎36790　◇1621

Rhamnaceae　鼠李科

Alphitonia carolinensis **Hosok.**

▶卡罗麦珠子

◎24175　◇1085

Alphitonia excelsa **（Fenzl）Benth.**

▶大麦珠子

◎24176　◇1085

◎29130　◇1315

◎39899　◇1699

◎41430　◇1715

Alphitonia incana **（Roxb.）Teijsm. & Binn. ex Kurz**

▶麦珠子

◎36065　◇1587

◎37582　◇1662

Alphitonia macrocarpa **Mansf.**

▶大果麦珠子

◎24174　◇1085

◎27345　◇1231

Alphitonia philippinensis **Braid**

▶菲律宾麦珠子

◎14573　◇604/361

◎14764　◇604;1075

◎16807　◇604

Alphitonia ponderosa **Hillebr.**

▶潘的麦珠子

◎24177　◇1085

◎39251　◇1690

Alphitonia zizyphoides **A. Gray**

▶斐济麦珠子

◎23310　◇915

Alphitonia **Reissek ex Endl.**

▶麦珠子属

◎37476　◇1659

Ampelozizyphus amazonicus **Ducke**

▶蔓枣

◎35004　◇1561

Berchemia discolor **Hemsl.**

▶异色勾儿茶

◎39219　◇1690

◎40627　◇1704

◎40664　◇1705

◎42283　◇1725

Berchemia floribunda **（Wall.）Brongn.**

▶多花勾儿茶

◎13524　◇604

◎19913　◇604

Berchemia huana **Rehder**

▶大叶勾儿茶

◎7008　◇604

Berchemia yunnanensis **Franch.**

▶云南勾儿茶

◎19292　◇604

Berchemia zeyheri (Sond.) Grubov
▶蔡赫氏勾儿茶/粉红象牙木
◎24333 ◇1085
◎40353 ◇1701
◎41425 ◇1715

Ceanothus arboreus Greene
▶乔木美洲茶
◎38701 ◇1138

Ceanothus impressus Trel.
▶凹陷美洲茶
◎24499 ◇1086
◎39446 ◇1693

Ceanothus leucodermis Greene
▶卢氏美洲茶
◎24500 ◇1086

Ceanothus thyrsiflorus Eschsch.
▶圆锥美洲茶
◎24501 ◇1086
◎39250 ◇1690
◎42280 ◇1725

Ceanothus velutinus Douglas
▶柔毛美洲茶
◎39142 ◇1689

Colletia paradoxa (Spreng.) Escal.
▶光彩锚刺棘木
◎29724 ◇1357

Colubrina arborescens Sarg.
▶大海蛇藤
◎24615 ◇1089
◎38823 ◇1684
◎39149 ◇1689
◎41941 ◇1721
◎41945 ◇1721

Colubrina cubensis Brongn.
▶幼小蛇藤
◎24616 ◇1089
◎38806 ◇1684

Colubrina elliptica (Sw.) Briz. & W. L. Stern
▶椭圆蛇藤
◎24617 ◇1088
◎38817 ◇1684
◎39171 ◇1689
◎41946 ◇1721
◎41981 ◇1722

Colubrina glandulosa var. *reitzii* (M. C. Johnst.) M. C. Johnst.
▶莱次蛇藤
◎35019 ◇1562

Colubrina glandulosa Perkins
▶腺蛇藤
◎41012 ◇1710
◎41118 ◇1711

Colubrina rufa Reissek
▶蛇藤
◎19549 ◇604

Condalia globosa I. M. Johnst.
▶球状刺羊枣
◎24627 ◇1088
◎39139 ◇1689

Condalia obovata Ruiz & Pav.
▶倒卵圆刺羊枣
◎38758 ◇1140

Discaria toumatou Raoul
▶头氏连叶棘木
◎18796 ◇911/744
◎24807 ◇1091

Emmenosperma alphitonioides F. Muell.
▶阿尔喙果鼠李
◎24851 ◇1092
◎40522 ◇1703

Emmenosperma steenisiana M. C. Johnst.
▶斯坦喙果鼠李
◎28928 ◇1302

Emmenosperma F. Muell.
▶喙果鼠李属
◎41292 ◇1713
◎41293 ◇1713

Frangula californica (Eschsch.) A. Gray
▶加州裸芽鼠李
◎25057 ◇1095

Frangula caroliniana A. Gray
▶卡州裸芽鼠李
◎25058 ◇1096
◎39476 ◇1694

Frangula longipes (Merr. & Chun) Grubov
▶长柄裸芽鼠李
◎14398 ◇607/362

Frangula purshiana (DC.) A. Gray ex J. G. Cooper
▶珀希裸芽鼠李
◎18320 ◇607
◎18690 ◇607/363
◎18696 ◇TBA

Frangula rupestris Schur
▶石生裸芽鼠李
◎32158 ◇1477
◎32159 ◇1477

Gouania blanchetiana Miq.
▶布朗咀签
◎35030 ◇1562

Hovenia acerba var. *kiukiangensis* (Hu & W. C. Cheng) C. Y. Wu ex Y. L. Chen
▶俅江枳椇
◎19288 ◇605

Hovenia dulcis Thunb.
▶拐枣/枳椇子
◎79 ◇605
◎3592 ◇605
◎5547 ◇605
◎5634 ◇605
◎5953 ◇605
◎6106 ◇605
◎6470 ◇605;867
◎6668 ◇605
◎7968 ◇605
◎9191 ◇605;804
◎9192 ◇605;804/361
◎10262 ◇918
◎10588 ◇605
◎15845 ◇605
◎16392 ◇605
◎17411 ◇TBA
◎17415 ◇605;787
◎18048 ◇605;985
◎18062 ◇605;998
◎19161 ◇605
◎20296 ◇606
◎20589 ◇605

Hovenia tomentosa Cheng
▶毛枳椇
◎6857 ◇606

Hovenia trichocarpa Chun & Tsiang
▶毛果拐枣/毛果枳椇
◎16491 ◇606

Krugiodendron ferreum Urb.
▶铁羊枣木
◎25252 ◇1097
◎38801 ◇1140
◎39279 ◇1691

Maesopsis eminii Engl.
▶类杜茎鼠李木
◎18211 ◇606

R

◎20480 ◇828

◎21621 ◇606/523

◎35474 ◇1571

◎40847 ◇1707

Maesopsis Eng sp. (Y. W. Law) Figlar & Noot.

▶类杜茎鼠李属/杜茎李属

◎27266 ◇1229

Paliurus hemsleyanus Rehder

▶铜钱树

◎6999 ◇606

◎21978 ◇606

◎23081 ◇883

Paliurus spina-christi Mill.

▶滨枣

◎15608 ◇951

◎25526 ◇1102

◎32140 ◇1476

Pomaderris apetala Labill.

▶无瓣牛筋茶

◎23028 ◇823

◎25682 ◇1104

Reynosia septentrionalis Urb.

▶北部情人李

◎38804 ◇1140

Rhamnus alaternus L.

▶艾拉鼠李

◎21717 ◇904

◎25869 ◇1107

Rhamnus alnifolia L'Hér.

▶桤叶鼠李

◎38935 ◇1686

Rhamnus alpina subsp. *fallax* (Boiss.) Maire & Petitm.

▶法拉鼠李

◎25868 ◇1107

Rhamnus argutus Maxim

▶阿谷鼠李

◎5443 ◇607

◎5486 ◇607

Rhamnus bodinieri H. Lév.

▶陷脉鼠李

◎19290 ◇607/362

Rhamnus cathartica L.

▶药鼠李

◎5005 ◇607/362

◎40772 ◇1706

◎41654 ◇1717

◎41821 ◇1720

◎42048 ◇1722

◎42059 ◇1723

Rhamnus crocea subsp. *ilicifolia* (Kellogg) C. B. Wolf

▶冬青叶叶鼠李

◎25870 ◇1107

Rhamnus crocea Nutt.

▶叶鼠李

◎39459 ◇1693

Rhamnus davurica Pall.

▶达氏鼠李

◎5445 ◇607

◎8000 ◇607;785

◎10194 ◇830

◎13726 ◇607

◎13929 ◇607/362

◎19203 ◇607

◎20405 ◇607/362

Rhamnus globosa Bunge

▶圆叶鼠李

◎5361 ◇607/362

◎5469 ◇607

Rhamnus humboldtiana Schult.

▶洪堡鼠李

◎25871 ◇1107

◎41631 ◇1717

◎41788 ◇1719

Rhamnus ineretina Booth, Petz. & G. Kirchn.

▶英娜鼠李

◎10195 ◇830

Rhamnus japonica Maxim.

▶日本鼠李

◎40636 ◇1704

◎41617 ◇1717

Rhamnus leptophylla C. K. Schneid.

▶薄叶鼠李

◎1038 ◇984

Rhamnus parviflora J. G. Klein ex Willd.

▶小花鼠李

◎5454 ◇TBA

◎6438 ◇607/363

Rhamnus prinoides L'Hér.

▶冬青状鼠李

◎35073 ◇1563

Rhamnus psllasii Fisch. & C. A. Mey.

▶泊思鼠李

◎10196 ◇830

Rhamnus purshiana DC.

▶泻药鼠李

◎39445 ◇1693

◎41391 ◇1714

◎41392 ◇1714

Rhamnus saxatilis Jacq.

▶石生鼠李

◎40210 ◇1699

Rhamnus schneideri H. Lév. & Vaniot

▶长梗鼠李/东北鼠李

◎19291 ◇607/363

Rhamnus utilis Decne.

▶冻绿

◎5491 ◇607

◎19912 ◇607

◎26842 ◇1210

◎26843 ◇1210

Rhamnus virgata Roxb.

▶帚枝鼠李

◎13965 ◇607/362

Rhamnus L.

▶鼠李属

◎936 ◇TBA

◎5371 ◇607

◎5549 ◇607

◎5899 ◇TBA

Sageretia gracilis J. R. Drumm. & Sprague

▶纤细雀梅藤

◎19289 ◇608

Sageretia hamosa (Wall. ex Roxb.) Brongn.

▶钩状雀梅藤

◎19914 ◇608

◎19915 ◇608

Sageretia Brongn.

▶雀梅藤属

◎28052 ◇1258

Sarcomphalus cinnamomum (Triana & Planch.) Hauenschild

▶萨尔鼠李

◎38263 ◇1130

◎39718 ◇1697

◎41184 ◇1712

◎42135 ◇1723

Sarcomphalus yucatanensis (Standl.) Hauenschild

▶尤卡坦萨克枣

◎41169 ◇1711

Scutia indica **Brongn.**

▶对刺藤

◎32163　◇1477

Smythea bombaiensis **(Dalzell) Banerjee & P. K. Mukh.**

▶邦姆扁果藤

◎28345　◇1271

Ventilago denticulata **Willd.**

▶密花翼核果

◎31924　◇1469

Ventilago viminalis **Hook.**

▶多枝翼核果

◎26163　◇1113

◎39789　◇1697

◎42160　◇1724

◎42292　◇1725

Ziziphus abyssinica **Hochst. ex A. Rich.**

▶阿比枣

◎26229　◇1113

◎39217　◇1690

Ziziphus cambodianus **Pierre**

▶越柬枣

◎26230　◇1113

◎39031　◇1688

Ziziphus incurva **Roxb.**

▶印度枣

◎13998　◇609

◎16017　◇609/363

Ziziphus jujuba **var.** ***spinosa*** **(Bunge) Hu ex H. F. Chow**

▶酸枣

◎8227　◇608;1004/363

◎8246　◇TBA

Ziziphus jujuba **Mill.**

▶枣

◎80　◇608/363

◎566　◇608

◎6436　◇609

◎8566　◇898

◎9628　◇608

◎10640　◇608

◎10641　◇608

◎10642　◇608

◎10643　◇608

◎10644　◇608

◎10645　◇608

◎10646　◇608

◎10647　◇608

◎10648　◇608

◎10649　◇608

◎10948　◇608

◎10949　◇608

◎11002　◇608

◎11719　◇608

◎21145　◇608

◎21418　◇897

◎27711　◇1238

◎32176　◇1478

◎35578　◇1572

Ziziphus mistol **Griseb.**

▶密斯枣

◎26231　◇1113

◎39777　◇1697

Ziziphus montana **W. W. Sm.**

▶山枣

◎3455　◇609

◎3712　◇609

◎3771　◇609

Ziziphus mucronata **Willd.**

▶尖突枣

◎26232　◇1113

◎39788　◇1697

◎42223　◇1724

◎42365　◇1726

Ziziphus oenopolia **(L.) Mill.**

▶小果枣

◎26233　◇1113

◎39033　◇1688

Ziziphus pubescens **Oliver**

▶柔毛枣

◎37039　◇1629

Ziziphus talanae **(Blanco) Merr.**

▶塔兰枣

◎4682　◇609

◎18893　◇913/363

Ziziphus **Mill.**

▶枣属

◎4042　◇609

◎4051　◇609

◎5564　◇609,

◎5957　◇609

◎7095　◇609

◎8329　◇609

◎8330　◇609

◎10069　◇609

◎11130　◇609

◎15032　◇609

◎28126　◇1261

◎28263　◇1267

◎28495　◇1278

◎28496　◇1278

◎28497　◇1278

◎28734　◇1290

Rhizophoraceae　红树科

Anopyxis klaineana **Pierre**

▶克莱小红木/克莱楝红树

◎5085　◇304

◎18432　◇925/523

◎18555　◇304/178

◎20990　◇301

◎21476　◇304/523

◎21900　◇899

Bruguiera cylindrica **Blume**

▶柱果木榄

◎20735　◇304

◎36079　◇1587

Bruguiera gymnorhiza **(L.) Lam.**

▶木榄

◎14133　◇/628

◎20736　◇304

◎20895　◇892

◎27080　◇1225

◎27542　◇1235

◎27543　◇1235

◎27672　◇1237

◎32058　◇1472

◎32059　◇1473

◎35335　◇1571

◎35336　◇1571

◎35337　◇1571

◎35517　◇1572

◎37121　◇1631

Bruguiera parviflora **Wight & Arn. ex W. Griffith**

▶小花木榄

◎4653　◇304/628

◎20733　◇304

◎34412　◇1549

◎34547　◇1552

◎34548　◇1552

◎35338　◇1571

◎35339　◇1571

◎36080　◇1587

Bruguiera sexangula **(Lour.) Poir.**

▶海莲

◎14971　◇304/628

◎27359　◇1231
◎27541　◇1235
◎35340　◇1571
◎35341　◇1571
◎37589　◇1662

Bruguiera vheedii
▶韦迪木榄
◎5056　◇304

***Bruguiera* Willd.**
▶木榄属
◎13196　◇894
◎37490　◇1659
◎40826　◇1707

***Carallia borneensis* Oliv.**
▶婆罗竹节树
◎28457　◇1276
◎28753　◇1291

***Carallia brachiata* Merr.**
▶竹节树
◎3648　◇305
◎3755　◇305
◎8489　◇898/178
◎9681　◇305
◎11933　◇305
◎11947　◇305
◎12862　◇305;1038/178
◎12925　◇305;817
◎14848　◇305;1029
◎15235　◇901/178
◎15295　◇901
◎15296　◇901
◎15319　◇900
◎15405　◇900
◎15406　◇900
◎15967　◇305/628
◎16048　◇305
◎16895　◇305
◎16998　◇305
◎20390　◇938/178
◎20665　◇305
◎20945　◇305
◎24458　◇1087
◎28294　◇1269
◎28557　◇1282
◎28850　◇1296
◎28851　◇1296
◎35902　◇1585
◎37594　◇1662
◎38327　◇1132

***Carallia garciniifolia* F. C. How & C. N. Ho**
▶大叶竹节树
◎14004　◇305
◎16307　◇305
◎17255　◇305/628

***Carallia* Roxb.**
▶竹节树属
◎22606　◇TBA
◎23125　◇933
◎34415　◇1549
◎36825　◇1623
◎40840　◇1707

***Cassipourea guianensis* Aubl.**
▶圭亚那红柱木/圭亚那苏瓣红树
◎4500　◇306/179
◎27840　◇1245
◎32426　◇1485
◎32427　◇1485
◎34011　◇1542
◎34418　◇1549

***Cassipourea killipii* Cuatrec.**
▶凯里红柱木/凯里苏瓣红树
◎35013　◇1561
◎35014　◇1561
◎38197　◇1130

***Cassipourea malosana* Alston**
▶红柱木/苏瓣红树
◎20487　◇828

***Cassipourea ndando* J. Léonard ex Floret**
▶安丹红柱木/安丹苏瓣红树
◎21500　◇306/525

***Ceriops tagal* C. B. Rob.**
▶角果木
◎4657　◇306/179
◎20896　◇892
◎26986　◇1224
◎31484　◇1448
◎32062　◇1473
◎35015　◇1561
◎35363　◇1571
◎35364　◇1571

***Gynotroches axillaris* Blume**
▶谷红树
◎27608　◇1236
◎31370　◇1438
◎31371　◇1438
◎37612　◇1663

***Gynotroches* Blume**
▶谷红树属
◎27030　◇1225
◎32100　◇1475

***Kandelia candel* Druce**
▶秋茄树
◎9110　◇306;1006/179
◎9111　◇306;1027/179
◎19908　◇306
◎19909　◇306
◎19910　◇306
◎19911　◇306

***Pellacalyx symphiodiscus* Stapf**
▶思姆山红树
◎38581　◇1136

***Pellacalyx yunnanensis* Hu**
▶山红树
◎3734　◇306/151

***Pellacalyx* Korth.**
▶山红树属
◎22382　◇926

***Rhizophora × harrisonii* Leechm.**
▶哈里森红树
◎29247　◇1322
◎29248　◇1322

***Rhizophora apiculata* Blume**
▶尖叶红树/红树
◎20732　◇306

***Rhizophora mangle* L.**
▶美洲红树
◎29249　◇1322
◎29907　◇1366
◎30115　◇1379
◎30286　◇1389
◎30448　◇1399
◎30449　◇1399
◎30791　◇1415
◎32516　◇1487
◎32517　◇1487
◎34091　◇1543
◎34092　◇1543
◎36934　◇1627
◎37175　◇1632
◎40244　◇1700

***Rhizophora mucronata* Poir.**
▶红茄冬
◎4823　◇306/179
◎5057　◇306/179
◎20666　◇306

◎20734　◇306
◎32160　◇1477
◎35518　◇1572
◎37554　◇1661

Rhizophora racemosa G. Mey.
▶聚果红树
◎26363　◇1151
◎28004　◇1255
◎29196　◇1319
◎29197　◇1319
◎29198　◇1319
◎29199　◇1319
◎37873　◇1673

Rhizophora stylosa Griff.
▶红海榄
◎23664　◇306/178

Rhizophora L.
▶红树属
◎4652　◇306
◎19489　◇935
◎22605　◇TBA
◎23159　◇933
◎23424　◇933
◎27305　◇1230

Sterigmapetalum obovatum Kuhlm.
▶倒卵圆叉瓣红树
◎34120　◇1544

Rosaceae　蔷薇科

Adenostoma fasciculatum Hook. & Arn.
▶束状柏枝梅
◎38423　◇1134

Adenostoma sparsifolium Torr.
▶疏叶柏枝梅
◎18547　◇182
◎24117　◇1083

Amelanchier arborea (F. Michx.) Fernald
▶树唐棣
◎24183　◇1084
◎41955　◇1721

Amelanchier canadensis Darl.
▶加拿大唐棣
◎38648　◇1137

Amelanchier florida Wiegand
▶佛罗里达唐棣
◎29777　◇1359
◎38727　◇1139

Amelanchier laevis Wiegand
▶光滑唐棣
◎24184　◇1084
◎38606　◇1137
◎38883　◇1685
◎40330　◇1701
◎42329　◇1726

Amelanchier lamarckii F. G. Schroed.
▶荷兰唐棣/拉马克唐棣
◎21345　◇182
◎24182　◇1085
◎34661　◇1554
◎37456　◇1658
◎37457　◇1658
◎37458　◇1658
◎40368　◇1701

Amelanchier ovalis (Willd.) Borkh.
▶卵叶唐棣
◎39569　◇1695

Amelanchier sanguinea var. *alnifolia* (Nutt.) P. Landry
▶桤叶树唐棣
◎24185　◇1084

Amelanchier sanguinea var. *gaspensis* Wiegand
▶加斯棠棣
◎39835　◇1698

Amelanchier sanguinea Decne.
▶血红唐棣
◎38915　◇1686

Amelanchier sinica Chun
▶中华唐棣
◎530　◇TBA
◎18850　◇182

Amygdalus vulgaris Weston
▶韦氏桃树
◎21723　◇904

Argentina kuntzei
▶孔策蕨麻
◎40238　◇1700

Aria japonica Decne.
▶日本白花楸
◎4108　◇219

Armeniaca dasycarpa (Ehrh.) Pers.
▶紫杏
◎24251　◇1082
◎39021　◇1688

Armeniaca mandshurica var. *glabra* (Nakai) T. T. Yu & L. T. Lu
▶光叶东北杏
◎10182　◇830
◎20411　◇TBA

Armeniaca sibirica var. *sibirica*
▶西伯利亚杏
◎24252　◇1082
◎39334　◇1691

Aronia melanocarpa var. *grandifolia* (Lindl.) C. K. Schneid.
▶大叶涩石楠
◎4973　◇209

Cerasus campanulata (Maxim.) T. T. Yu & C. L. Li
▶钟花樱
◎5040　◇196
◎6475　◇196;799
◎12672　◇196;999
◎13055　◇196
◎15773　◇196
◎19784　◇196/126
◎21217　◇196

Cerasus jamasakura var. *jamasakura*
▶红山樱
◎6899　◇203/130
◎18601　◇919/127
◎42464　◇1140

Cerasus jamasakura (Koidz.) H. Ohba
▶加玛樱桃
◎41985　◇1722
◎41986　◇1722

Cerasus sargentii var. *sargentii*
▶大山樱/库页岛山樱花
◎24531　◇1087

Cerasus subhirtella var. *subhirtella*
▶大叶早樱/日本早樱花（原变种）
◎24532　◇1088

Cerasus subhirtella (Miq.) S. Ya. Sokolov
▶大叶早樱/日本早樱花
◎18602　◇919/129

Cerasus tomentosa (Thunb.) Yas. Endo
▶毛樱桃
◎19337　◇205/130

Cerasus yedoensis (Matsum.) T. T. Yu & C. L. Li
▶东京樱花
◎24533　◇1088
◎39471　◇1694

R

Cercocarpus ledifolius **Nutt.**

▶**有盖山红木**

◎24546 ◇1088

◎38749 ◇1139

◎39293 ◇1691

◎41755 ◇1719

◎42249 ◇1725

Cercocarpus montanus **var.** ***glaber*** **(S. Watson) F. L. Martin**

▶**平滑山红木**

◎2907 ◇182/616

◎24545 ◇1088

Chaenomeles sinensis **(Thouin) Koehne**

▶**木瓜**

◎5653 ◇183

Chaenomeles tibetica **T. T. Yu**

▶**西藏木瓜海棠**

◎19330 ◇182

Cotoneaster acutifolius **var.** ***lucidus*** **(Schltdl.) L. T. Lu**

▶**光栒子**

◎38860 ◇1685

Cotoneaster coriaceus **Franch.**

▶**乳色栒子**

◎29727 ◇1357

Cotoneaster dielsianus **E. Pritz.**

▶**木帚栒子**

◎1078 ◇TBA

Cotoneaster divaricatus **Rehder & E. H. Wilson**

▶**散生栒子**

◎24674 ◇1089

Cotoneaster frigidus **Wall.**

▶**耐寒栒子**

◎24675 ◇1089

◎38986 ◇1687

Cotoneaster hebephyllus **Diels**

▶**钝叶栒子**

◎19328 ◇182

◎19329 ◇182

Cotoneaster microphyllus **Lodd.**

▶**小叶栒子**

◎19327 ◇182

Cotoneaster multiflorus **C. A. Mey.**

▶**多叶水栒子**

◎561 ◇182/120

Cotoneaster nitidus **var.** ***nitidus***

▶**两列栒子**

◎5590 ◇TBA

Cotoneaster racemiflorus **(Desf.) Booth ex Bosse**

▶**栒子**

◎5570 ◇182

Cotoneaster salicifolius **var.** ***floccosus*** **Rehder & E. H. Wilson**

▶**卷毛栒子**

◎39826 ◇1698

Cotoneaster salicifolius **var.** ***rugosus*** **(E. Pritz.) Rehder & E. H. Wilson**

▶**玫瑰栒子**

◎1051 ◇TBA

Cotoneaster watereri **Exell**

▶**水栒子**

◎40694 ◇1705

Cotoneaster **Medik.**

▶**栒子属**

◎691 ◇182;860

◎704 ◇182

◎705 ◇182

◎10007 ◇182

◎10009 ◇182

◎10600 ◇182

◎34883 ◇1558

◎37419 ◇1656

Crataego-mespilus grandiflora **Bean**

▶**大花山楂海棠**

◎26805 ◇1204

Crataegus **×** ***grignonensis*** **Mouillef (x)**

▶**格瑞山楂**

◎26738 ◇1196

Crataegus **×** ***lavallei*** **Herincq ex Lavallée**

▶**拉维山楂**

◎21347 ◇183

◎22044 ◇912

◎35282 ◇1569

◎37370 ◇1652

◎37371 ◇1652

◎37372 ◇1652

Crataegus azarolus **L.**

▶**阿氏山楂**

◎12109 ◇183

◎32069 ◇1473

Crataegus chlorosarca **Koidz.**

▶**绿肉山楂**

◎4935 ◇183/120

Crataegus coccinoides **Ashe**

▶**坎萨斯山楂**

◎26834 ◇1209

◎26835 ◇1209

◎26836 ◇TBA

Crataegus douglasii **Macoun**

▶**道格拉斯山楂**

◎24678 ◇1089

◎24679 ◇1089

◎41235 ◇1712

◎42109 ◇1723

Crataegus flava **Lindl.**

▶**黄山楂**

◎40422 ◇1702

Crataegus fontanesiana **(Spach) S. Schauer**

▶**弗坦山楂**

◎31464 ◇1446

◎31465 ◇1446

◎31466 ◇1446

Crataegus hupehensis **Sarg.**

▶**湖北山楂**

◎6614 ◇183/617

Crataegus laevigata **(Poir.) DC.**

▶**钝裂叶山楂**

◎21346 ◇183

◎24680 ◇1089

◎34683 ◇1554

◎35792 ◇1579

◎37462 ◇1658

◎37463 ◇1658

◎37464 ◇1658

◎40705 ◇1705

◎41122 ◇1711

Crataegus monogyna **Jacq.**

▶**单子山楂**

◎5013 ◇183

◎13757 ◇947/617

◎21348 ◇183

◎22049 ◇912

◎23558 ◇953

◎26342 ◇1147

◎34684 ◇1554

◎37420 ◇1656

◎37421 ◇1656

◎37422 ◇1656

Crataegus nigra **Pall. ex Steud.**

▶**黑山楂**

◎9444 ◇830;1062/617

Crataegus nitida (Engelm. ex Britton & A. Br.) Sarg.

▶光亮山楂

◎26837 ◇1210

◎26838 ◇1210

Crataegus oresbia W. W. Sm.

▶滇西山楂

◎3239 ◇183/120

Crataegus pantagyna Waldst. & Kit. ex Willd.

▶潘氏山楂

◎9443 ◇830/120

Crataegus pedicellata Sarg.

▶长柄山楂

◎41123 ◇1711

Crataegus phaenopyrum (L. f.) Borkh.

▶华盛顿山楂

◎24681 ◇1089

◎39861 ◇1698

◎41124 ◇1711

◎42331 ◇1726

Crataegus pinnatifida Bunge

▶山楂

◎5389 ◇183

◎5416 ◇183;876

◎5531 ◇183;872/120

Crataegus punctata Sol.

▶斑点山楂

◎41322 ◇1713

◎41963 ◇1721

Crataegus rhipidophylla Gand.

▶扇叶山楂

◎12071 ◇183/617

◎18181 ◇827

◎39161 ◇1689

Crataegus scabrifolia (Franch.) Rehder

▶云南山楂

◎1253 ◇183

◎3283 ◇183

Crataegus submollis Sarg.

▶略柔软山楂

◎24682 ◇1089

◎39154 ◇1689

◎41783 ◇1719

◎41784 ◇1719

Crataegus succulenta var. *macracantha* (Lodd. ex Loudon) Eggl.

▶大花山楂

◎24683 ◇1089

Crataegus succulenta Schrad.

▶多浆山楂

◎35746 ◇1576

Crataegus tanacetifolia (Poir.) Pers.

▶裂叶山楂

◎24684 ◇1089

◎40811 ◇1706

Crataegus viridis Walter

▶翠绿山楂

◎38863 ◇1685

Crataegus L.

▶山楂属

◎517 ◇183

◎6294 ◇183

◎26593 ◇1178

◎26594 ◇TBA

◎26595 ◇TBA

◎26690 ◇1190

◎34960 ◇1560

◎41297 ◇1713

Cydonia oblonga Mill.

▶榅桲

◎15598 ◇951

◎24719 ◇1090

◎35690 ◇1574

◎35691 ◇1574

◎35692 ◇1574

Dichotomanthes tristaniaecarpa Kurz

▶牛筋木

◎13992 ◇183/121

◎16308 ◇183

◎16325 ◇847

◎16326 ◇847

Dichotomanthes Kurz

▶牛筋条属

◎9623 ◇183

Eriobotrya cavaleriei (H. Lév.) Rehder

▶野枇杷

◎6365 ◇184

◎6390 ◇184

◎6732 ◇184

◎8792 ◇184;717/122

◎8815 ◇184;717/122

◎14747 ◇184

◎15827 ◇184

◎16125 ◇184

◎16482 ◇184

Eriobotrya deflexa Nakai

▶台湾枇杷

◎7306 ◇184/122

◎12196 ◇184;873/122

◎14277 ◇184

◎22147 ◇959

Eriobotrya fragrans Champ. ex Benth.

▶香花枇杷

◎12852 ◇184;1044

◎13476 ◇184/122

◎15832 ◇184

◎16469 ◇184

Eriobotrya japonica (Thunb.) Lindl.

▶枇杷

◎597 ◇185/122

◎781 ◇185

◎1093 ◇TBA

◎5929 ◇185/122

◎6110 ◇185/122

◎6441 ◇185;782

◎7627 ◇185

◎10046 ◇185

◎10109 ◇185

◎10595 ◇185

◎10778 ◇185

◎10790 ◇185

◎10792 ◇185

◎10793 ◇185

◎10798 ◇185

◎16375 ◇185

◎16913 ◇185

◎16917 ◇185

◎19781 ◇185

◎20317 ◇185

Eriobotrya Lindl.

▶枇杷属

◎149 ◇185;792

Exochorda racemosa subsp. *giraldii* (Hesse) F. Y. Gao & Maesen

▶深白鹃梅

◎563 ◇/122

Exochorda racemosa C. K. Schneid.

▶白鹃梅

◎12107 ◇185

Exochorda Lindl.

▶白鹃梅属

◎5664 ◇185

Hagenia abyssinica (Bruce) J. F. Gmel.

▶哈根蔷薇

◎32227　◇1480

Hedlundia hazslinszkyana (Soó) Sennikov & Kurtto

▶芬兰花楸属

◎26807　◇1205

Hesperomeles langinosa Ruiz & Pav. ex Hook

▶朗致夜棠

◎38202　◇1130

Hesperomeles obtusifolia (Pers.) Lindl.

▶钝叶夜棠

◎38116　◇1128

Heteromeles arbutifolia var. *arbutifolia*

▶柳叶石楠（原变种）

◎25166　◇1096

Heteromeles arbutifolia Greene

▶柳叶石楠

◎39605　◇1695

Holodiscus discolor (Pursh) Maxim.

▶变色霍利蔷薇

◎25173　◇1097

◎39428　◇1693

Laurocerasus caroliniana (Mill.) M. Roem.

▶卡州桂樱

◎39436　◇1693

Laurocerasus hipotrica (Rehd.) Yu et Liu

▶毛背桂樱

◎15780　◇198/130

Laurocerasus undulata (Buch.-Ham. ex D. Don) M. Roem.

▶尖叶桂樱

◎18043　◇205/131

Lyonothamnus floribundus subsp. *aspleniifolius* (Greene) P. H. Raven

▶束花蕨叶梅

◎38794　◇1140

Malus baccata Loisel.

▶山荆子

◎13727　◇186/122

◎13930　◇186

◎14225　◇186;794

◎18070　◇186/122

◎19204　◇186

◎20628　◇186

◎38850　◇1685

Malus coronaria subsp. *ioensis* (Alph. Wood) Likhonos

▶伊奥海棠木

◎25352　◇1099

Malus coronaria var. *angustifolia* (Aiton) Ponomar.

▶窄叶海棠木

◎25353　◇1099

Malus coronaria (L.) Mill.

▶冠海棠木

◎38761　◇1140

Malus domestica Baumg.

▶圆顶苹果

◎25354　◇1099

◎39783　◇1697

Malus doumeri A. Chev.

▶台湾苹果

◎6854　◇186

◎13098　◇186

Malus floribunda Siebold

▶多花苹果

◎25355　◇1099

Malus fusca (Raf.) C. K. Schneid.

▶褐色苹果

◎25356　◇1099

◎25357　◇1100

◎41316　◇1713

◎41950　◇1721

Malus halliana Koehne

▶垂丝海棠

◎3224　◇186

◎3233　◇186/123

Malus hupehensis (Pamp.) Rehder

▶湖北苹果

◎6890　◇186/123

◎25358　◇1100

◎27728　◇1239

◎27729　◇1239

Malus ioensis (Alph. Wood) Britton

▶草原海棠

◎38484　◇1135

Malus kansuensis var. *calva* (Rehder) T. C. Ku & Spongberg

▶陇东海棠

◎507　◇186

Malus manshurica (Maxim.) Kom.

▶毛山荆子

◎12093　◇186/123

Malus melliana (Hand.-Mazz.) Rehder

▶尖嘴林檎

◎15682　◇186/123

◎15886　◇186

◎16511　◇186

◎16559　◇186

◎17132　◇186/123

◎19777　◇186

◎19778　◇186

◎19779　◇186

◎19780　◇186

Malus prattii (Hemsl.) C. K. Schneid.

▶西蜀海棠

◎10704　◇187

Malus pumila Kitam.

▶苹果

◎5652　◇187

◎7896　◇187

◎9438　◇830

◎11355　◇823

◎13755　◇947

◎13818　◇187

◎19348　◇187/123

◎20960　◇202

◎38827　◇1684

Malus rockii Rehder

▶丽江山荆子

◎19349　◇187

Malus sylvestris var. *domestica*

▶野苹果

◎37289　◇1645

◎37290　◇1645

◎37291　◇1645

Malus sylvestris (L.) Mill.

▶森林苹果

◎21349　◇187

◎21439　◇897

◎22031　◇912

◎26357　◇1150

◎40782　◇1706

Malus toringoides (Rehder) Hughes

▶变叶海棠

◎19350　◇187

Malus × *purpurea* (Kosterm.) Kosterm.

▶紫苹果

◎29740　◇1357

Malus yunnanensis C. K. Schneid.

▶滇池海棠

◎3204　◇187

◎3269　◇187/123

Malus **Mill.**

▶苹果属

◎5550　◇187

◎5566　◇187

◎6915　◇187

◎17449　◇187;784

◎26548　◇1172

◎26549　◇1172

◎26550　◇1172

◎26700　◇1191

◎26701　◇TBA

◎26717　◇1193

◎35819　◇1581

Mespilus coccinea **(L.) Castigl.**

▶猩红欧楂木

◎39281　◇1691

Mespilus germanica **L.**

▶欧楂木

◎12114　◇188

◎15620　◇952

◎22291　◇903

Mespilus punctata **(Jacq.) Loisel.**

▶斑点欧楂木

◎25396　◇1100

Oemleria cerasitiformis **(Tott. & A. gray ex Hook. & Arn.) J. W. Landon**

▶印第安李

◎39128　◇1689

Padus avium **var.** ***avium*** **(Kom.) T. C. Ku & B. M. Barthol.**

▶稠李

◎25520　◇1102

Padus nepalensis **(Ser.) C. K. Schneid.**

▶尼泊尔稠李

◎35645　◇1573

Padus virginiana **(L.) Mill.**

▶弗州稠李

◎39449　◇1693

Padus **Mill.**

▶稠李属

◎7998　◇200;785

Photinia beauverdiana **C. K. Schneid.**

▶中华石楠

◎40　◇189

◎216　◇189;790

◎220　◇189;780

◎3597　◇189

◎6616　◇189

◎6879　◇189

◎7005　◇189

◎15786　◇189

◎19775　◇189/125

◎19776　◇189

◎21201　◇189

Photinia benthamiana **Hance**

▶闽粤石楠

◎12836　◇189;1043/124

◎39346　◇1692

Photinia bodinieri **H. Lév.**

▶贵州石楠

◎9158　◇189;994

◎9369　◇TBA

◎12609　◇189/124

◎12651　◇189;1013/124

◎13923　◇189

◎16494　◇189

◎17453　◇189;792/124

◎17674　◇189

◎19175　◇189;859

Photinia davidiana **Cardot**

▶达维石楠

◎357　◇220/137

◎724　◇220

◎1052　◇TBA

◎1286　◇220

◎3205　◇220

◎3297　◇220

◎3310　◇220

Photinia glabra **(Thunb.) Decne.**

▶光叶石楠

◎9173　◇190;1057

◎9174　◇190;1057

◎9373　◇190;852

◎9374　◇190;862/124

◎12646　◇190;1013/124

◎13053　◇190

◎17372　◇190;803

◎19155　◇190

◎19791　◇190

◎19792　◇190

◎19793　◇190

◎29750　◇1358

◎29751　◇1358

Photinia glomerata **Rehder & E. H. Wilson**

▶球花石楠

◎18532　◇827/124

Photinia impressivena **Hayata**

▶陷脉石楠

◎19790　◇191

Photinia integrifolia **Lindl.**

▶全缘石楠

◎19332　◇191

◎31896　◇1467

Photinia iochengensis **Hayata**

▶伊氏石楠

◎22004　◇191

Photinia parvifolia **C. K. Schneid.**

▶小叶石楠

◎19789　◇191

Photinia prunifolia **(Hook. & Arn.) Lindl.**

▶桃叶石楠

◎9040　◇191;976

◎9041　◇191;1051

◎9167　◇191;1057/124

◎12152　◇191;1041/124

◎12620　◇191;807

◎14309　◇191

◎15830　◇191

◎16573　◇191

◎17853　◇191;968

◎19788　◇191

◎20303　◇191

Photinia schneideriana **Rehder & E. H. Wilson**

▶绒毛石楠

◎16523　◇192/124

◎39008　◇1687

Photinia serratifolia **(Desf.) Kalkman**

▶石楠

◎41　◇192/124

◎1157　◇TBA

◎3288　◇192

◎6337　◇192/124

◎9514　◇192;1018

◎9515　◇192;1018

◎9516　◇TBA

◎9977　◇192

◎10877　◇192

◎12648　◇192;1006/124

◎12649　◇192;808

◎17162　◇192

Photinia villosa **DC.**

▶毛叶石楠

◎6878　◇192/125
◎7009　◇192/125

Photinia Lindl.
▶石楠属
◎3293　◇193
◎6727　◇193
◎6924　◇193
◎6926　◇193
◎6959　◇193
◎6963　◇193
◎8293　◇193
◎8294　◇193
◎8295　◇193
◎10040　◇193
◎11901　◇193;811
◎11969　◇193
◎12338　◇TBA
◎12342　◇870
◎12344　◇870
◎12345　◇870
◎12351　◇870
◎12840　◇193;881
◎13319　◇879
◎13375　◇849
◎13376　◇849
◎13569　◇193;886
◎16365　◇193

Physocarpus capitatus (Pursh) Kuntze
▶头状风箱果
◎25582　◇1103
◎39229　◇1690
◎41583　◇1717
◎41702　◇1718

Physocarpus opulifoliu (L.) Maxim.
▶无毛风箱果
◎12106　◇194
◎22129　◇826
◎38500　◇1135
◎38842　◇1684

Polylepis argentina Hieron.
▶阿根廷龙鳞木
◎32148　◇1477

Polylepis incana Kunth
▶印加龙鳞木
◎35066　◇1563

Polylepis quadrijuga Bitter
▶四对龙鳞木
◎35067　◇1563
◎35068　◇1563

Polylepis sericea Wedd.
▶绢毛龙鳞木
◎35069　◇1563

Polylepis Ruiz & Pav.
▶龙鳞木属
◎42455　◇1730

Prinsepia sinensis Oliv. ex Bean
▶东北扁核木
◎26576　◇1175

Prinsepia utilis Royle
▶青刺尖
◎19340　◇194
◎19341　◇194

Prunus × *bliriana* Andr
▶普利樱
◎31467　◇1446
◎31468　◇1446
◎31469　◇1447

Prunus × *schmittii* Rehder
▶斯密特樱
◎36768　◇1620
◎35805　◇1580

Prunus × *yedoensis* Matsum.
▶东京樱花
◎41491　◇1715
◎41742　◇1719

Prunus africana (Hook. f.) Kalkman
▶非洲樱桃木
◎25731　◇1105
◎26284　◇TBA
◎39086　◇1688
◎40611　◇1704
◎41524　◇1716
◎41571　◇1716

Prunus americana hort.
▶美国李
◎38760　◇1140
◎40992　◇1709
◎41604　◇1717

Prunus amygdalus Batsch
▶甜扁桃/巴旦杏木
◎25732　◇1105
◎25733　◇1105

Prunus angustifolia A. Sav.
▶狭叶李
◎38746　◇1139

Prunus arborea var. *montana* (Hook. f.) Kalkman
▶蒙大拿李
◎3386　◇208
◎3524　◇208
◎6416　◇208;799
◎6571　◇208;782
◎8911　◇939/131
◎11992　◇208;972/457
◎12772　◇923/131
◎13679　◇208
◎14370　◇208/131
◎14753　◇208
◎14930　◇208;999
◎16957　◇208
◎22146　◇959

Prunus arborea (Blume) Kalkman
▶乔木李
◎14162　◇893/457
◎25729　◇1105
◎26362　◇1151
◎28834　◇1295
◎40810　◇1706

Prunus armeniaca L.
▶杏
◎588　◇195/125
◎4939　◇195
◎5383　◇195
◎5419　◇195
◎5656　◇195
◎5717　◇195
◎5870　◇662
◎10878　◇195
◎11358　◇823
◎12105　◇205
◎13317　◇879
◎13823　◇205

Prunus avium (L.) L.
▶欧洲甜樱桃
◎4804　◇195
◎11157　◇832
◎11354　◇823
◎12041　◇914
◎13754　◇946
◎14238　◇914
◎17913　◇822
◎18171　◇195
◎19629　◇195
◎19660　◇195
◎19661　◇195
◎21350　◇195
◎21724　◇904

◎23522 ◇953

◎23564 ◇953

◎25734 ◇1105

◎34763 ◇1556

◎34764 ◇1556

◎34765 ◇1556

◎37307 ◇1647

◎37308 ◇1647

◎37309 ◇1647

◎38763 ◇1140

◎40685 ◇1705

***Prunus brachypoda* Batalin**

▶短柄稠李

◎6015 ◇195;1064

***Prunus buergeriana* Miq.**

▶鳞木李

◎19333 ◇195

◎19334 ◇195

◎19335 ◇195

***Prunus caroliniana* (Mill.) Aiton**

▶美国桂樱

◎25263 ◇1097

◎41461 ◇1715

◎41786 ◇1719

***Prunus cerasifera* Popov**

▶樱桃李

◎12111 ◇196/125

◎22292 ◇903

◎29756 ◇1358

◎29757 ◇1358

◎29809 ◇1360

***Prunus cerasoides* var. *majestica* (Koehne) Ingram**

▶山樱桃/冬樱花

◎13993 ◇198/131

***Prunus cerasoides* Koidz.**

▶高盆樱桃

◎16525 ◇196/125

◎39234 ◇1690

***Prunus cerasus* Scop.**

▶欧洲酸樱桃

◎22294 ◇903

◎32150 ◇1477

◎34241 ◇1546

◎34766 ◇1556

◎40805 ◇1706

◎41457 ◇1715

◎41724 ◇1718

***Prunus ceylanica* Miq.**

▶锡兰樱

◎18279 ◇902/126

◎35511 ◇1572

***Prunus conradinae* Koehne**

▶华中樱桃

◎1274 ◇196

◎13785 ◇196

◎19338 ◇196/126

***Prunus cornuta* (Wall. ex Royle) Steud.**

▶光萼李

◎21395 ◇897

***Prunus davidiana* Franch.**

▶山桃

◎10880 ◇196/126

◎24189 ◇1084

***Prunus dielsiana* (C. K. Schneid.) Koehne**

▶野樱桃

◎17429 ◇197;780/126

***Prunus discadenia* Koehne**

▶迪斯樱

◎19339 ◇197

***Prunus domestica* subsp. *insititia* (L.) C. K. Schneid.**

▶乌荆子李木

◎25736 ◇1105

◎40570 ◇1704

***Prunus domestica* L.**

▶欧洲李

◎11362 ◇823

◎13752 ◇946

◎17926 ◇822

◎19603 ◇197

◎22290 ◇903

◎40690 ◇1705

◎41458 ◇1715

◎41841 ◇1720

◎42011 ◇1722

◎42037 ◇1722

***Prunus dulcis* (Mill.) D. A. Webb**

▶甜李

◎5647 ◇196

◎12112 ◇196

◎21721 ◇904

◎37232 ◇1639

◎37233 ◇1639

◎37234 ◇1639

◎37322 ◇B227

◎37323 ◇B227

◎37324 ◇B227

***Prunus emarginata* var. *mollis* (Douglas) W. H. Brewer**

▶软李

◎38632 ◇1137

***Prunus emarginata* W. H. Brewer & S. Watson**

▶缺刻樱桃木

◎25735 ◇1105

◎39466 ◇1694

◎41307 ◇1713

◎41530 ◇1716

***Prunus falcata* Cuatrec.**

▶镰刀李

◎38212 ◇1130

***Prunus fordiana* Dunn**

▶华南李

◎14933 ◇197;1075/125

Prunus frachypoda

▶弗若樱

◎10909 ◇197

***Prunus gazelle-peninsulae* (Kaneh. & Hatus.) Kalkman**

▶加塞半岛樱

◎27469 ◇1233

***Prunus glandulosa* Torr. & A. Gray**

▶麦李

◎4144 ◇210

***Prunus grayana* Maxim.**

▶灰叶稠李

◎4101 ◇197

◎4864 ◇197

◎17563 ◇197

◎17647 ◇197

◎19055 ◇197/126

***Prunus grisea* (Blume ex Müll. Berol.) Kalkman**

▶兰屿野樱花

◎4663 ◇/457

◎27667 ◇1237

◎28328 ◇1270

◎28334 ◇1270

◎28665 ◇1287

◎28946 ◇1303

◎31656 ◇1455

◎31750 ◇1459

◎38403 ◇1133

Prunus incisa Matsum.
▶锐裂樱桃木/富士樱
◎25730　◇1105
Prunus javanica (Teijsm. & Binn.) Miq.
▶爪哇桂樱
◎20897　◇892
◎27300　◇1230
◎36172　◇1588
Prunus kansuensis Rehder
▶甘肃桃
◎19342　◇197
Prunus laurocerasus L.
▶桂樱
◎12108　◇200
◎25738　◇1105
◎26812　◇1206
◎40790　◇1706
◎41609　◇1717
◎41805　◇1719
Prunus lusitanica Gueldenst. ex Ledeb.
▶葡萄牙桂樱
◎24529　◇1087
◎39794　◇1697
◎41733　◇1718
◎41933　◇1721
Prunus maackii Rupr.
▶斑叶稠李
◎9445　◇830
◎12088　◇198
◎17308　◇198/127
◎41983　◇1722
◎41984　◇1722
Prunus mahaleb L.
▶圆叶樱桃
◎24527　◇1087
◎24530　◇1087
◎26408　◇1156
◎36789　◇1621
◎41602　◇1717
Prunus mandshurica (Maxim.) Koehne
▶东北杏
◎12103　◇198
Prunus maringkeng Y. Mo et S. Y. Liang sp. Nov. ined.
▶马锐樱
◎16148　◇199;968/130
Prunus maximowiczii Rupr.
▶黑樱桃
◎9447　◇830
◎10186　◇830
◎10357　◇826
◎10413　◇821
◎12089　◇198;818/127
◎17233　◇203;821/129
◎18666　◇203
◎18686　◇TBA
◎21352　◇203
◎21960　◇805
◎22030　◇912
◎35824　◇1582
Prunus mexicana S. Watson
▶墨西哥李
◎25737　◇1105
Prunus mira Koehne
▶光核桃
◎19343　◇199
◎19344　◇199
Prunus mume Koehne
▶梅
◎7700　◇199
◎12645　◇198;969/131
◎16875　◇199
◎19336　◇199
◎19345　◇199/128
Prunus myrtifolia (L.) Urb.
▶桃叶樱木
◎25739　◇1105
◎25740　◇1105
◎27817　◇1244
◎32399　◇1484
◎32400　◇1485
◎34767　◇1556
◎34768　◇1556
Prunus obtusata Koehne
▶细齿稠李
◎43　◇202
◎354　◇202;967
◎812　◇202/130
◎7055　◇202/130
◎10687　◇202
◎10688　◇202
◎10908　◇202
◎10916　◇195/125
◎18018　◇205;1025/131
Prunus padus Nakai
▶稠李
◎4336　◇200
◎5418　◇200/128
◎5886　◇200
◎12059　◇202
◎13735　◇945
◎17309　◇200/128
◎20627　◇200
◎21351　◇200
◎22037　◇912
◎22293　◇903
◎34769　◇1556
◎37021　◇1628
◎37325　◇1648
◎37326　◇1648
◎37327　◇1648
◎37340　◇1649
◎37341　◇1649
◎37342　◇1649
Prunus pensylvanica L. f.
▶欧洲酸樱桃木
◎25741　◇1105
◎38587　◇1136
◎39296　◇1691
◎41463　◇1715
◎41806　◇1719
Prunus persica (L.) Stokes
▶桃
◎1039　◇TBA
◎4076　◇200
◎4175　◇200
◎5487　◇200
◎5497　◇200
◎5651　◇200/128
◎5716　◇200
◎7891　◇200
◎12110　◇205/613
◎15876　◇200
◎16900　◇200
◎29810　◇1361
◎37450　◇1657
◎37451　◇1657
◎37452　◇1657
◎41462　◇1715
◎41831　◇1720
◎42053　◇1722
Prunus perulata Koehne
▶宿鳞稠李

◎1028　◇200;984/129

Prunus phaeosticta Maxim.

▶腺叶桂樱

◎6458　◇201;789

◎6481　◇201

◎6553　◇201;868

◎6762　◇201

◎9103　◇201

◎9104　◇201;784

◎14671　◇201

◎15050　◇201/129

◎15639　◇201;1059

◎16995　◇201/129

◎19786　◇201

Prunus prunifolia Shafer

▶桃叶李

◎38753　◇1139

Prunus pseudocerasus Maxim.

▶樱桃

◎5650　◇201

◎9136　◇201

◎15053　◇201/129

◎24528　◇1087

◎38996　◇1687

Prunus pubescens Pursh

▶柔毛樱桃

◎5447　◇202

Prunus pullei var. *grandiflora* Kalkm.

▶大花樱

◎21307　◇202

Prunus pullei (Koehne) Kalkman

▶皮勒李

◎29074　◇1311

◎29075　◇1311

Prunus pumila Lumn.

▶普米拉樱

◎38230　◇1130

◎40686　◇1705

Prunus reppeliana Miq.

▶雷培樱

◎16680　◇205/131

Prunus rhamnoides Koehne

▶如海樱

◎20136　◇936

Prunus rigida Koehne

▶坚硬李

◎36767　◇1620

Prunus sachalinensis Koidz.

▶库页李

◎39493　◇1694

Prunus salicina Lindl.

▶李树

◎45　◇202/129

◎536　◇202

◎4173　◇205

◎6998　◇202;980

◎10685　◇202

◎10907　◇202

◎10910　◇202

◎10911　◇202

◎10912　◇202

◎10913　◇202

◎10997　◇202

◎15874　◇202

◎16558　◇202

◎17436　◇203;782

◎20195　◇202

◎20196　◇202

◎41603　◇1717

◎42343　◇1726

Prunus sargentii Rehder

▶大山樱

◎18621　◇919

◎22340　◇916

Prunus serotina subsp. *eximia* (Small) McVaugh

▶卓越樱桃

◎41785　◇1719

Prunus serotina var. *rufula* (Wooton & Standl.) McVaugh

▶鲁弗李

◎38704　◇1138

Prunus serotina Ehrh.

▶野黑樱桃

◎4373　◇203

◎4557　◇203

◎4558　◇203

◎4982　◇203

◎23064　◇917

◎23115　◇805

◎23432　◇821

◎32151　◇1477

◎34770　◇1556

◎34771　◇1556

◎37262　◇1642

◎37263　◇1642

◎37264　◇1642

◎37277　◇1644

◎37278　◇1644

◎37279　◇1644

◎38766　◇1140

◎38826　◇1684

◎40977　◇1709

◎41460　◇1715

◎41803　◇1719

Prunus serrula Franch.

▶细齿樱桃

◎39448　◇1693

Prunus serrulata Lindl.

▶山樱桃

◎46　◇203

◎4117　◇203

◎4199　◇203

◎4865　◇203

◎5715　◇203

◎7933　◇203/130

◎17653　◇203

◎17990　◇203/129

◎20594　◇203

◎26653　◇1184

◎26654　◇1184

◎26878　◇1215

◎35778　◇1579

◎35779　◇1579

◎35806　◇1580

◎41804　◇1719

◎41807　◇1719

Prunus siori F. Schmidt

▶表演李

◎4200　◇205

◎4937　◇205/129

◎10250　◇918

Prunus spinosa Walter

▶黑刺李

◎9446　◇830

◎21385　◇204

◎34772　◇1556

◎37432　◇1656

◎37433　◇1656

◎37434　◇1656

◎41464　◇1715

◎41802　◇1719

Prunus spinulosa Siebold & Zucc.

▶刺叶桂樱

◎376　◇204;985

◎4866　◇204

◎6524　◇204;781

◎6863　◇204
◎7621　◇204
◎12662　◇204；1013
◎15847　◇204
◎16453　◇204
◎17075　◇204
◎19173　◇204
◎19785　◇204
◎21186　◇204

Prunus stulosa
▶**刺毛樱桃**
◎564　◇203

***Prunus subcordata* Benth.**
▶**子心形樱桃**
◎39506　◇1694

***Prunus subhirtella* Hook. f.**
▶**大叶早樱**
◎35825　◇1582
◎41601　◇1717
◎41932　◇1721

***Prunus triloba* Stapf**
▶**榆叶梅**
◎13721　◇205/130

***Prunus umbellata* Elliott**
▶**伞花樱桃木**
◎25742　◇1105
◎25743　◇1105

***Prunus virginiana* Du Roi**
▶**紫叶稠李**
◎18461　◇205
◎25521　◇1102
◎37171　◇1632
◎38897　◇1686
◎38916　◇1686
◎40803　◇1706
◎41459　◇1715
◎41801　◇1719

***Prunus wallichiana* Steud.**
▶**魏氏稠李**
◎35826　◇1582

***Prunus wallichii* Steud.**
▶**沃尔李**
◎3604　◇195
◎3783　◇195/125
◎6408　◇195

***Prunus wilsonii* Diels ex Koehne**
▶**绢毛稠李**
◎44　◇202
◎47　◇205/128
◎465　◇202
◎807　◇202/128
◎1211　◇TBA
◎6364　◇205/128
◎10686　◇202
◎10884　◇202

***Prunus zippeliana* Miq.**
▶**大叶桂樱**
◎42　◇198
◎6572　◇198；781
◎8789　◇198；982
◎9075　◇198/127
◎9086　◇205/127
◎16015　◇198
◎16923　◇205
◎19782　◇205
◎19783　◇205
◎21974　◇205

***Prunus* L.**
▶**樱桃属/李属**
◎48　◇206
◎243　◇206；982
◎269　◇206；860
◎341　◇206；795
◎737　◇206
◎3568　◇206
◎3741　◇206
◎4001　◇206
◎5345　◇206；782
◎5348　◇206；789
◎5405　◇206
◎5444　◇206
◎5463　◇206
◎5919　◇206
◎5966　◇206
◎6643　◇206
◎6644　◇206
◎7615　◇206
◎7921　◇206
◎8170　◇206；1016
◎8586　◇206；981
◎8641　◇206；718
◎8648　◇206；718
◎8667　◇206；991
◎8672　◇206；718
◎8695　◇207；860
◎8702　◇207；860
◎9633　◇207
◎10249　◇918
◎11181　◇207
◎11590　◇207；968
◎11705　◇207
◎11887　◇207
◎11963　◇207；729
◎12650　◇207；1013
◎13486　◇207
◎13520　◇207
◎16348　◇207
◎23440　◇821
◎26391　◇1154
◎26409　◇1156
◎26410　◇1156
◎26706　◇1192
◎32152　◇1477
◎40820　◇1707

***Purshia tridentata*（Pursh）DC.**
▶**三齿羚梅**
◎25768　◇1106
◎39462　◇1693

***Pygeum grisea*（Blume ex Müll. Berol.）Kalkman**
▶**台湾臀果木**
◎18342　◇953/127
◎21310　◇197

***Pygeum* Gaertn.**
▶**臀果木属**
◎3572　◇208
◎9253　◇208；786
◎18742　◇894
◎27666　◇1237

***Pyracantha coccinea* M. Roem.**
▶**深红火棘**
◎21688　◇904
◎25769　◇1106

***Pyracantha fortuneana*（Maxim.）H. L. Li**
▶**火棘**
◎25770　◇1106

***Pyracantha* M. Roem.**
▶**火棘属**
◎1066　◇TBA

***Pyrus amygdaliformis* Vill.**
▶**扁桃状梨**
◎26813　◇1206
◎26814　◇1206

***Pyrus betulaefolia* Bunge**
▶**杜梨**
◎5631　◇209

◎5719　◇209
◎18844　◇209/132

Pyrus bretschneideri **Rehder**
▶白梨
◎25771　◇1106

Pyrus calleryana **Maxim.**
▶豆梨
◎12621　◇209;1013/132
◎13056　◇TBA
◎15893　◇209
◎16594　◇209
◎16621　◇209
◎16683　◇209
◎19787　◇209
◎20618　◇205
◎21975　◇205
◎42020　◇1722

Pyrus caucasica **Fed.**
▶高加索梨
◎25772　◇1106
◎39081　◇1688

Pyrus communis **Thunb.**
▶西洋梨
◎4806　◇209
◎9439　◇830
◎10193　◇830
◎11360　◇823
◎12042　◇914
◎13756　◇947
◎13824　◇196/126
◎19649　◇209
◎21353　◇209
◎21697　◇904
◎22023　◇912
◎34773　◇1556
◎42070　◇1723
◎42394　◇1727

Pyrus floribunda **G. Nicholson**
▶多花梨
◎18183　◇827

Pyrus lecontei **Rehder**
▶勒孔特梨
◎35827　◇1582
◎35828　◇1582
◎35829　◇1582

Pyrus lindleyi **Rehder**
▶岭南梨
◎5630　◇210
◎5718　◇210
◎7052　◇210

Pyrus maakii **Rupr.**
▶马氏梨
◎20408　◇209

Pyrus malus **L.**
▶苹果梨
◎5000　◇209
◎34646　◇1554

Pyrus pashia **Buch.-Ham. ex D. Don**
▶川梨
◎3317　◇209
◎6393　◇209;1000/132
◎20318　◇209

Pyrus pyraster **(L.) Burgsd.**
▶裴氏梨
◎23559　◇953

Pyrus pyrifolia **(Burm. f.) Nakai**
▶沙梨
◎14006　◇209
◎16914　◇209/132
◎16916　◇TBA

Pyrus seoulensis **Nakai**
▶首尔梨
◎22360　◇916

Pyrus serrulata **Rehder**
▶麻梨
◎49　◇210
◎235　◇210;1001/133
◎779　◇210
◎1087　◇TBA
◎6112　◇210
◎10917　◇210
◎17108　◇210/133

Pyrus terminalis **Ehrh.**
▶终末梨
◎4807　◇210

Pyrus ussurensis **Lauche**
▶秋子梨
◎5928　◇210
◎9440　◇830
◎18077　◇210;1051/133
◎20407　◇210

Pyrus **L.**
▶梨属
◎867　◇TBA
◎4038　◇211
◎4048　◇211
◎4081　◇211
◎5380　◇211
◎5415　◇211
◎5420　◇211;782/132
◎6261　◇211
◎6376　◇211
◎6628　◇211
◎10002　◇211
◎10010　◇211
◎10018　◇211
◎10096　◇211
◎11046　◇211
◎11057　◇211
◎11060　◇211
◎11091　◇211
◎11101　◇211
◎11109　◇211;858
◎11110　◇211
◎11129　◇211
◎13318　◇879
◎13323　◇TBA
◎13359　◇TBA
◎13562　◇210
◎13817　◇210
◎16324　◇847
◎17476　◇210;783
◎26392　◇1154
◎26393　◇1154
◎26718　◇1193

Raphiolepis ferruginea **F. P. Metcalf**
▶锈毛石斑木
◎14392　◇212/133
◎16611　◇212
◎16617　◇212
◎19795　◇212
◎19796　◇212

Raphiolepis lanceolata **Hu**
▶细叶石斑木
◎16126　◇213/133

Raphiolepis salicifolia **Lindl.**
▶柳叶石斑木
◎17093　◇213

Raphiolepis **Lindl.**
▶石斑木属
◎12229　◇847
◎12230　◇847
◎12233　◇847
◎12308　◇848
◎13490　◇213

Rhaphiolepis indica **(L.) Lindl.**
▶石斑木

R

◎6391　◇212
◎6741　◇212
◎8439　◇212
◎8440　◇212
◎10067　◇212
◎14384　◇212
◎14738　◇212
◎15634　◇212/133
◎15945　◇213
◎16398　◇213
◎16465　◇213/133
◎21996　◇213

Rosa banksiae **R. Br.**
▶似黄木香花
◎29761　◇1358

Rosa canina **Siev. ex Ledeb.**
▶狗蔷薇
◎25887　◇1108
◎40214　◇1699

Rosa henryi **Boulenger**
▶软条七蔷薇
◎19794　◇214

Rosa laevigata **Tausch ex Opiz**
▶金樱子
◎19798　◇214

Rosa macrophylla **Crép.**
▶大叶蔷薇
◎19331　◇214

Rosa malus
▶苹果蔷薇
◎5006　◇214

Rosa multiflora **Buch.-Ham. ex Hook. f.**
▶多叶蔷薇
◎25888　◇1108

Rosa omeiensis **Rolfe**
▶峨眉蔷薇
◎729　◇214/134

Rosa webbiana **Wall.**
▶藏边蔷薇
◎25889　◇1108

Rosa **L.**
▶蔷薇属
◎896　◇TBA
◎26552　◇1173
◎26779　◇1201
◎26780　◇TBA
◎37025　◇1629
◎37026　◇1629
◎37027　◇1629
◎37028　◇1629

Rubus allegheniensis **Porter**
▶阿乐悬钩子
◎38910　◇1686

Rubus biflorus **Buch.-Ham. ex Sm.**
▶粉枝莓
◎19326　◇214

Rubus corchorifolius **L. f.**
▶山莓
◎20059　◇214
◎20060　◇665

Rubus fraxinifolius **Poir.**
▶兰屿桤叶悬钩子
◎31394　◇1439

Rubus occidentalis **L.**
▶西方悬钩子
◎38872　◇1685

Rubus parviflorus **Nutt.**
▶小花悬钩子
◎38901　◇1686

Rubus reflexus **Ker Gawl.**
▶锈毛莓
◎19797　◇214

Rubus swinhoei **Hance**
▶木莓
◎20058　◇214

Rubus vulgaris **Focke**
▶普通树莓
◎5012　◇214

Sorbaria arborea **var.** ***subtomentosa*** **Rehd**
▶毛叶高丛珍珠梅
◎19346　◇214
◎19347　◇214

Sorbaria kirilowii **（Regel）Maxim.**
▶华北珍珠梅
◎5577　◇TBA

Sorbaria sobifolia **（L.）A. Braun**
▶珍珠梅
◎12104　◇214/134

Sorbus alnifolia **（Siebold & Zucc.）Wenz.**
▶水榆花楸
◎526　◇215
◎4201　◇215
◎5315　◇215;975
◎5499　◇215
◎5588　◇215
◎6033　◇215;782
◎6875　◇215
◎13729　◇215/134
◎26008　◇1110

Sorbus americana **Pursh**
▶美洲花楸
◎24287　◇1082
◎39226　◇1690

Sorbus aria **Hedl.**
▶阿里花楸
◎5001　◇209/131
◎9798　◇215;1009/135
◎26009　◇1110
◎32164　◇1477

Sorbus aucuparia **Poir.**
▶北欧花楸
◎4202　◇215
◎4335　◇215
◎5317　◇217;784/136
◎5390　◇217
◎5885　◇217
◎15558　◇215
◎18081　◇217;989/134
◎21354　◇215
◎22027　◇912
◎26755　◇1198
◎26756　◇1198
◎37256　◇1641
◎37257　◇1641
◎37258　◇1641

Sorbus caloneura **Rehder**
▶美脉花楸
◎15851　◇215/135

Sorbus commixta **Hedl.**
▶合花楸
◎4936　◇215/135
◎35833　◇1583
◎35834　◇1583
◎35835　◇1583

Sorbus coronata **（Cardot）T. T. Yu & Tsai**
▶冠萼花楸
◎379　◇215;967
◎7601　◇215
◎10921　◇215

Sorbus decipiens **Hedl.**
▶长梗花楸
◎26465　◇1163

Sorbus decora **（Sarg.）C. K. Schneid.**
▶装饰花楸

◎25773 ◇1106
◎26007 ◇1110
◎38637 ◇1137
◎38726 ◇1139
◎40208 ◇1699
◎41655 ◇1717

Sorbus discolor **(Maxim.) Hedl.**
▶**北京花楸**
◎5400 ◇216
◎5888 ◇216/135
◎6874 ◇217
◎26757 ◇1198

Sorbus domestica **L.**
▶**栽培花楸**
◎18523 ◇827/135
◎24652 ◇1089
◎39495 ◇1694

Sorbus epidendron **Hand.-Mazz.**
▶**艾皮花楸**
◎3236 ◇216

Sorbus folgneri **Rehder**
▶**石灰花楸**
◎253 ◇216;980
◎481 ◇216
◎538 ◇216
◎1167 ◇TBA
◎6132 ◇216
◎9792 ◇216;990
◎10661 ◇216
◎10963 ◇216;1062
◎13493 ◇216
◎13922 ◇216
◎15808 ◇216
◎15892 ◇216/135
◎21181 ◇216
◎35830 ◇1582
◎35831 ◇1582
◎35832 ◇1582

Sorbus hemsleyi **Rehder**
▶**江南花楸**
◎50 ◇217
◎290 ◇217;778
◎6298 ◇217
◎16566 ◇217/136

Sorbus hybrida **W. D. J. Koch**
▶**杂交花楸**
◎41638 ◇1717

Sorbus intermedia **Blytt**
▶**中间型花楸**
◎19577 ◇217
◎19605 ◇217

Sorbus koehneana **C. K. Schneid.**
▶**陕甘花楸**
◎509 ◇217

Sorbus macrocarpa **Rehd.**
▶**大果花楸**
◎346 ◇217;794/136

Sorbus oligodonta **(Cardot) Hand.-Mazz.**
▶**少齿花楸**
◎19322 ◇217

Sorbus prattii **Koehne**
▶**西康花楸**
◎7622 ◇217
◎10660 ◇217
◎19321 ◇217
◎19323 ◇217

Sorbus sargentiana **Koehne**
▶**晚绿花楸**
◎291 ◇218;787
◎6302 ◇218
◎11978 ◇218;813/137

Sorbus scalaris **Koehne**
▶**梯叶花楸**
◎310 ◇218;778/137

Sorbus terminalis **hort. gall.**
▶**野果花楸**
◎11363 ◇823

Sorbus thibetica **(Cardot) Hand.-Mazz.**
▶**西藏花楸**
◎26010 ◇1110
◎40223 ◇1700

Sorbus tianschanica **Rupr.**
▶**天山花楸**
◎7871 ◇218/137
◎11008 ◇218
◎12091 ◇218
◎13819 ◇218

Sorbus torminalis **Garsault**
▶**托米花楸**
◎26011 ◇1110
◎38966 ◇1687
◎42188 ◇1724
◎42189 ◇1724

Sorbus vilmorinii **C. K. Schneid.**
▶**川滇花楸**
◎19324 ◇218
◎19325 ◇218
◎35754 ◇1577

Sorbus wilsoniana **C. K. Schneid.**
▶**华西花楸**
◎6292 ◇218

Sorbus **L.**
▶**花楸属**
◎508 ◇219
◎529 ◇219
◎685 ◇219
◎733 ◇219
◎1076 ◇TBA
◎3252 ◇219
◎6225 ◇219
◎6226 ◇219
◎8620 ◇219;792
◎8670 ◇219;991
◎8698 ◇219;720
◎8703 ◇219;720
◎8706 ◇219;720
◎9441 ◇830
◎9442 ◇830
◎10659 ◇219
◎10924 ◇219
◎11593 ◇219;970
◎11875 ◇219;877
◎11876 ◇219
◎11952 ◇219
◎11956 ◇219
◎11958 ◇219
◎13589 ◇219;976
◎26579 ◇1175
◎39995 ◇1125

Spiraea alba **Du Roi**
▶**白绣线菊**
◎38884 ◇1685

Spiraea chamaedryfolia **Jacq.**
▶**大叶春蔷薇**
◎26015 ◇1110

Spiraea elegans **Pojark.**
▶**美丽绣线菊**
◎12083 ◇TBA

Spiraea trilobata **L.**
▶**三裂绣线菊**
◎5464 ◇220
◎5467 ◇220
◎5470 ◇220

Stranvaesia amphidoxa **var.** ***amphidoxa***
▶**毛萼红果树**

◎6375 ◇189

Stranvaesia nussia Decne.

▶印缅红果树

◎21431 ◇897

◎26026 ◇1110

◎39431 ◇1693

Rousseaceae 守宫花科

Carpodetus serratus J. R. Forst. & G. Forst.

▶锯齿彩栎花

◎18789 ◇911/741

◎24467 ◇1087

Rubiaceae 茜草科

Adina multifolia Havil.

▶多叶水团花

◎29191 ◇1319

◎35838 ◇1583

◎35839 ◇1583

Adina pilulifera Franch. ex Drake

▶水团花

◎9109 ◇696;976/437

◎12641 ◇696;969

◎13881 ◇696;873

◎14978 ◇696

◎17459 ◇696;783

◎20027 ◇696

◎20028 ◇696

◎20029 ◇696

Adina Salisb.

▶水团花属

◎12783 ◇923

◎17612 ◇696

◎27146 ◇1227

◎27147 ◇1227

Afrocanthium mundianum (Cham. & Schltdl.) Lantz

▶莫氏阿芙茜草

◎24122 ◇1083

◎40719 ◇1705

Aidia auriculata (Wall.) Ridsdale

▶耳形茜树木

◎28022 ◇1256

◎28278 ◇1268

Aidia canthioides (Champ. ex Benth.) Masam.

▶光叶茜草树

◎12995 ◇703/446

◎15721 ◇703

◎16620 ◇703/446

Aidia chantonea Tirveng.

▶禅氏茜树木

◎31842 ◇1465

Aidia cochinchinensis Lour.

▶茜树

◎4639 ◇676

◎12519 ◇703

◎12630 ◇703;1006

◎12660 ◇703;1043

◎16889 ◇703

◎16960 ◇703

◎17347 ◇703;779

◎19957 ◇703

◎19958 ◇703

◎19959 ◇703

◎19960 ◇703

◎19961 ◇703

◎32775 ◇1496

◎34935 ◇1559

Aidia densiflora (Benth.) Masam.

▶密花茜树木

◎37965 ◇1679

Aidia glabra var. *rubiginosa* (Valeton) Ridsdale

▶无毛茜树木

◎31325 ◇1436

Aidia henryi (E. Pritz.) T. Yamaz.

▶亨氏茜树/亨氏香楠

◎6234 ◇704

◎14256 ◇704

◎16052 ◇704

Aidia pycnantha (Drake) Tirveng.

▶毛山黄皮/毛茜草树

◎12166 ◇703;807/446

◎13061 ◇703/446

◎15749 ◇703

Aidia racemosa (Cav.) Tirveng.

▶聚果茜草树

◎6501 ◇703

◎6823 ◇703

Aidia rhacodosepala (K. Schum.) E. M. A. Petit

▶艾寇茜树木

◎36549 ◇1611

Aidiopsis orophila (Miq.) Ridsdale

▶奥氏绞茜树木

◎29436 ◇1333

Alibertia edulis (Rich.) A. Rich. ex DC.

▶可食鼠石榴

◎32051 ◇1472

◎32052 ◇1474

Alibertia stipularis (Ducke) J. Schultze-Motel

▶托叶鼠石榴

◎35009 ◇1561

Alibertia A. Rich. ex DC.

▶鼠石榴属

◎32050 ◇1472

Alseis blacriana Hemsl.

▶热美茜/牛尾楠

◎4450 ◇TBA

Alseis yucatanensis Standl.

▶尤卡坦热美茜/尤卡坦牛尾楠

◎38293 ◇1132

◎39314 ◇1691

Amaioua corymbosa Kunth

▶伞房犰狳棠

◎4496 ◇697

◎29891 ◇1365

◎30098 ◇1378

◎30267 ◇1388

◎30352 ◇1392

◎30353 ◇1392

◎30506 ◇1402

◎32053 ◇1472

◎34142 ◇1544

Amaioua guianensis Aubl.

▶圭亚那犰狳棠

◎32832 ◇1498

Amaracarpus Blume

▶四数九节属

◎28249 ◇1267

Anthocephalus A. Rich.

▶黄梁木属/团花属

◎19397 ◇697

Anthospermum galpinii Schltr.

▶卡罗刺苞果木

◎32054 ◇1472

◎32055 ◇1472

Antirhea benguetensis Valeton

▶本格毛茶

◎28798 ◇1293

Antirhea bombysia Chaw

▶波木毛茶

◎28084 ◇1259

Antirhea caudata (M. E. Jansen) Chaw
▶尾状毛茶
◎28150 ◇1262
Antirhea chinensis Benth. & Hook. f. ex F. B. Forbes & Hemsl.
▶毛茶
◎14525 ◇698
◎14567 ◇698
◎21266 ◇698
◎39006 ◇1687
Antirhea livida Elmer
▶青紫毛茶
◎28162 ◇1263
Aoranthe cladantha (K. Schum.) Somers
▶茎花奥瑞茜草木
◎29631 ◇1347
◎29632 ◇1347
◎29633 ◇1347
Arcytophyllum nitidum Schltdl.
▶光亮草柏匙木
◎35007 ◇1561
Atractogyne bracteata (Wernham) Hutch. & Dalziel
▶布氏小角栀
◎37823 ◇1671
Badusa palawanensis Ridsdale
▶八达茜草
◎35008 ◇1561
Benkara hainanensis (Merr.) C. M. Taylor
▶海南鸡爪簕
◎12898 ◇704
Bertiera racemosa var. *racemosa*
▶聚果舒榄
◎36295 ◇1593
Bikkia Reinw. ex Blume
▶东星木属
◎37487 ◇1659
Brenania rhomboideifolia E. M. A. Petit
▶菱形苏鞘榄
◎21493 ◇698/527
Breonadia salicina (Vahl) Hepper & J. R. I. Wood
▶萨里柳团花
◎24371 ◇1084
◎26917 ◇1220
◎26918 ◇1220
◎26919 ◇1220
◎36957 ◇1627
◎40348 ◇1701
◎42119 ◇1723
Breonia chinensis (Lam.) Capuron
▶中国帽团花
◎3632 ◇697
◎3666 ◇697
◎3692 ◇697
◎3779 ◇697
◎9949 ◇956/439
◎15961 ◇697/439
◎16372 ◇697/439
◎16373 ◇697/439
◎18210 ◇697
◎18911 ◇913/755
◎18985 ◇697
◎19017 ◇906/439
◎21649 ◇697
◎22399 ◇926
◎27351 ◇1231
◎29016 ◇1307
Calycophyllum brasilensis
▶巴西茜草木
◎22582 ◇831/549
Calycophyllum candidissimum DC.
▶纯白茜草木/檬檀
◎4543 ◇698
◎22766 ◇806/549
◎35589 ◇1572
Calycophyllum multiflorum Griseb.
▶多花茜草木/多花萼叶茜
◎39875 ◇1698
◎42266 ◇1725
Calycophyllum spruceanum (Benth.) K. Schum.
▶萼叶茜草木/绿棕萼叶茜
◎18268 ◇698/549
◎22516 ◇820
Canthium inerme Kuntze
▶因特鱼骨木/因特猪肚木
◎24452 ◇1087
◎39848 ◇1698
Canthium simile Merr. & Chun
▶大叶鱼骨木
◎14921 ◇698;1029
◎16080 ◇698
Canthium Lam.
▶鱼骨木属/猪肚木属
◎17980 ◇829
◎28223 ◇1265
◎28752 ◇1291
◎28815 ◇1294
◎31337 ◇1436
◎37923 ◇1677
◎37974 ◇1680
◎39948 ◇1122
Capirona decorticans Spruce
▶脱皮苞檬檀
◎18259 ◇908
◎22064 ◇908
◎27976 ◇1253
◎32319 ◇1483
◎34157 ◇1544
◎38257 ◇1130
Catunaregam spinosa (Thunb.) Tirveng.
▶山石榴
◎17067 ◇704
◎21435 ◇897
◎28447 ◇1276
◎35592 ◇1572
Catunaregam tomentosa (Blume ex DC.) Tirveng.
▶毛山石榴
◎24497 ◇1086
◎39156 ◇1689
Cephalanthus occidentalis Lour.
▶风箱树
◎6621 ◇698
◎8726 ◇TBA
Ceriscoides turgida (Roxb.) Tirveng.
▶膨大木瓜榄
◎24547 ◇1088
◎39224 ◇1690
Chassalia curviflora Thwaites
▶弯管花木
◎12448 ◇699;861
◎12981 ◇699
Chazaliella E. M. A. Petit & Verdc.
▶栓沛木属
◎30693 ◇1412
◎30694 ◇1412
Chimarrhis barbata (Ducke) Bremek.
▶髯毛冬流木
◎22515 ◇820
Chimarrhis microcarpa Standl.
▶小果冬流木

◎29829　◇1361
◎29846　◇1363
◎29847　◇1363
◎30055　◇1375
◎30076　◇1376
◎30077　◇1376
◎30175　◇1382
◎30297　◇1389
◎30317　◇1390
◎30648　◇1410
◎30649　◇1410
◎30650　◇1410
◎30651　◇1410
◎30816　◇1416
◎30817　◇1416
◎30818　◇1416

Chimarrhis parviflora **Standl.**
▶**小花冬流木**
◎41547　◇1716

Chimarrhis turbinata **DC.**
▶**大花冬流木**
◎27842　◇1245
◎32066　◇1473
◎32325　◇1483
◎34160　◇1544

Chomelia tenuiflora **Benth.**
▶**细花鸽爪木**
◎34161　◇1544
◎34880　◇1558
◎34881　◇1558

Cinchona pubescens **Endl.**
▶**金鸡纳木**
◎24571　◇1087
◎38382　◇1133

Cleistocalyx syzygium
▶**蒲桃水翁**
◎23578　◇915

Coelospermum decipiens **Baill.**
▶**长柄穴果木**
◎21302　◇913
◎28394　◇1273

Coffea arabica **L.**
▶**小粒咖啡**
◎13833　◇699;729/442
◎24610　◇1089
◎26564　◇1174

Coffea canephora **Pierre ex A. Froehner**
▶**中粒咖啡**
◎24611　◇1089
◎39889　◇1699

Coffea **L.**
▶**咖啡属**
◎26789　◇1201

Coprosma repens **Hook. f.**
▶**白花臭叶木**
◎18790　◇911

Coprosma robusta **Raoul**
▶**罗布臭叶木**
◎18791　◇911/741

Coptosapelta olaciformis **Elmer**
▶**欧拉流苏子**
◎28509　◇1279

Cordiera myrciifolia **（K. Schum.） C. H. Perss. & Delprete**
▶**多叶牛眼棠**
◎38487　◇1135

Corynanthe pachyceras **K. Schum.**
▶**粗角棒花木/粗角结春檀**
◎29605　◇1345
◎29606　◇1345
◎29607　◇1345

Corynanthe paniculata **Welw.**
▶**圆锥棒花木/圆锥结春檀**
◎18397　◇925/524
◎21515　◇699/524
◎36969　◇1627

Cosmocalyx spectabilis **Standl.**
▶**斯氏红扇果**
◎24672　◇1089
◎39801　◇1698
◎40943　◇1709
◎41125　◇1711

Coussarea albescens **Müll. Arg.**
▶**灰白雪蛛檀**
◎34176　◇1545

Coussarea contracta **（Walpert） Müll. Arg.**
▶**雪蛛檀**
◎32718　◇1493

Coussarea paniculata **（Aubl.） Lemée**
▶**圆锥雪蛛檀**
◎32068　◇1473

Coussarea surinamensis **Bremek.**
▶**苏里南雪蛛檀**
◎27845　◇1245
◎32440　◇1485
◎34177　◇1545

Crossopteryx febrifuga **Benth.**
▶**绣晶木**
◎19532　◇699
◎35850　◇1584
◎35851　◇1584

Dioecrescis erythroclada **（Kurz） Tirveng.**
▶**红皮栀子**
◎24774　◇1090
◎31860　◇1466

Diplospora dubia **（Lindl.） Masam.**
▶**狗骨柴**
◎7420　◇705
◎14400　◇705
◎16941　◇705
◎19954　◇705
◎19955　◇TBA

Diplospora **DC.**
▶**狗骨柴属**
◎37927　◇1677

Duroia eriopila **L. f.**
▶**绵毛猴棠**
◎27848　◇1246
◎27928　◇1250
◎32333　◇1483
◎32443　◇1485

Duroia hirsuta **K. Schum.**
▶**毛猴棠**
◎34178　◇1545

Duroia merumensis **Steyerm.**
▶**莫氏猴棠**
◎32719　◇1494
◎35022　◇1562

Duroia micrantha **（Ladbr.） Zarucchi & J. H. Kirkbr.**
▶**小花猴棠**
◎27796　◇1243
◎27849　◇1246
◎32444　◇1485
◎32445　◇1485
◎34179　◇1545
◎34180　◇1545

Elaeagia utilis **Wedd.**
▶**有用蜡锦树**
◎38216　◇1130

Emmenopterys henryi **Oliv.**
▶**香果树**
◎5875　◇699
◎6007　◇699;1064

◎6050　◇699
◎6177　◇699;1080
◎6180　◇699/442
◎6901　◇699
◎16095　◇699/442
◎18133　◇699
◎20224　◇699

Empogona macrophylla **(K. Schum.) Tosh & Robbr.**
▶大叶棠巴戟
◎36514　◇1609
◎36515　◇1609
◎36516　◇1609

Eumachia domatiicola **(De Wild.) Razafim. & C. M. Taylor**
▶栓沛木
◎36330　◇1595

Exostema caribaeum **(Jacq.) Roem. & Schult.**
▶王子木
◎25006　◇1094
◎39600　◇1695
◎42138　◇1723
◎42215　◇1724

Exostema mexicanum **A. Gray**
▶墨西哥王子木
◎20533　◇828
◎25007　◇1094

Faramea capillipes **Müll. Arg.**
▶似线长蛛檀
◎29875　◇1364
◎30152　◇1381
◎30228　◇1385

Faramea occidentalis **(L.) A. Rich.**
▶西方长蛛檀
◎4488　◇699

Faramea sessilifolia **DC.**
▶无柄叶长蛛檀
◎35027　◇1562

Ferdinandusa hirsuta **Standl.**
▶毛翡丁香
◎32091　◇1474

Ferdinandusa rudgeoides **Wedd.**
▶路得翡丁香
◎35028　◇1562

Fleroya ledermannii **(K. Krause) Y. F. Deng**
▶莱德泽帽蕊木
◎18153　◇701/523
◎21734　◇930/523
◎21933　◇899
◎25041　◇1095
◎40781　◇1706
◎40795　◇1706
◎40950　◇1709
◎41535　◇1716

Fleroya rubrostipulata **(K. Schum.) Y. F. Deng**
▶红托叶帽柱木/红托叶帽蕊木
◎32047　◇1472

Fleroya stipulosa **(DC.) Y. F. Deng**
▶托叶泽帽蕊木
◎5103　◇701
◎5150　◇701
◎7527　◇701
◎18194　◇701
◎19646　◇701
◎21616　◇700/523
◎25042　◇1095
◎39505　◇1694

Gaertnera vaginans **Merr.**
▶具鞘拟九节
◎31591　◇1453

Galium mollugo **L.**
▶粟米拉拉藤
◎36255　◇1590

Gardenia barnesii **Merr.**
▶巴纳栀子
◎28353　◇1271

Gardenia coronaria **Buch.-Ham.**
▶冠状栀子木
◎4295　◇700
◎20928　◇700
◎38311　◇1132

Gardenia elata **var.** ***elata***
▶高大栀子木
◎28604　◇1284

Gardenia hainanensis **Merr.**
▶海南栀子木
◎6745　◇700

Gardenia jasminoides **J. Ellis**
▶黄栀子
◎6528　◇700
◎13431　◇700
◎20030　◇700
◎20031　◇700
◎20032　◇700

Gardenia latifolia **Aiton**
▶宽叶栀子木
◎19094　◇896
◎21386　◇897
◎35625　◇1573

Gardenia panduriformis **Pierre ex Pit.**
▶提琴栀子木
◎25080　◇1096

Gardenia sootepensis **Hutch.**
▶大黄栀子
◎39230　◇1690

Gardenia thunbergia **Thunb.**
▶南非栀子
◎32093　◇1474

Gardenia turgida **Roxb.**
▶肿胀栀子
◎21441　◇897

Gardenia **J. Ellis**
▶栀子属
◎3307　◇700
◎29140　◇1315

Genipa americana **L.**
▶美洲格尼茜木/美洲靛榄
◎4483　◇700
◎18252　◇908
◎22059　◇700/549
◎27890　◇1248
◎29898　◇1366
◎30009　◇1372
◎30229　◇1385
◎30326　◇1391
◎30327　◇1391
◎30328　◇1391
◎30517　◇1403
◎32463　◇1486
◎34183　◇1545
◎34184　◇1545
◎38117　◇1128
◎42444　◇1729

Genipa spruceana **Steyerm.**
▶云杉格尼茜木/云杉靛榄
◎35029　◇1562

Guettarda argentea **Lam.**
▶银色海岸桐
◎32723　◇1494

Guettarda combsii **Urb.**
▶梳状海岸桐
◎25114　◇1095
◎39483　◇1694

◎41900 ◇1721

◎42209 ◇1724

Guettarda crispiflora subsp. *discolor* (Rusby) Steyerm.

▶变色海岸桐

◎35034 ◇1562

Guettarda mollis DC.

▶软海岸桐

◎38798 ◇1140

◎39305 ◇1691

Guettarda soleriana

▶索乐海岸桐

◎20524 ◇828

Guettarda speciosa L.

▶海岸桐

◎25113 ◇1095

◎27029 ◇1225

Gynochthodes coriacea Blume

▶革质羊角藤

◎31279 ◇1433

Gynochthodes Blume

▶羊角藤属

◎31369 ◇1438

Haldina cordifolia (Roxb.) Ridsdale

▶心叶木

◎4882 ◇696

◎8481 ◇898

◎9004 ◇TBA

◎9713 ◇931/437

◎13954 ◇954

◎14730 ◇931

◎15103 ◇932

◎15229 ◇901

◎15283 ◇900

◎15291 ◇901

◎17261 ◇696

◎17836 ◇900

◎19068 ◇896;1039

◎20368 ◇/437

◎22955 ◇954

◎25131 ◇1095

◎35579 ◇1572

◎40425 ◇1702

◎41563 ◇1716

◎42079 ◇1723

Haldina Ridsdale

▶心叶木属

◎39949 ◇1122

Hallea J.-F. Leroy

▶海利茜草属

◎37899 ◇1675

Hedyotis L.

▶耳草属

◎28229 ◇1266

◎28406 ◇1274

Hymenodictyon horsfieldii Miq.

▶马场土连翘木

◎28517 ◇1279

Hymenodictyon orixense (Roxb.) Mabb.

▶毛土连翘木

◎4296 ◇700

◎8543 ◇898

◎15278 ◇901/443

◎15325 ◇900

◎19097 ◇896

◎20375 ◇938/443

◎22957 ◇954

◎36132 ◇1587

Hypobathrum Blume

▶咖啡巴戟属

◎28366 ◇1272

Isertia hypoleuca Benth.

▶背白伊泽茜草/背白皂金花

◎34892 ◇1558

Isertia laevis (Triana) B. M. Boom

▶光滑伊泽茜草/光滑皂金花

◎32727 ◇1494

Isertia parviflora var. *parviflora*

▶小花伊泽茜草/小花皂金花（原变种）

◎42445 ◇1729

Isertia parviflora Vahl

▶小花伊泽茜草/小花皂金花

◎35037 ◇1562

Ixora bibracteata Elmer

▶二苞片龙船花

◎31372 ◇1438

Ixora jucunda Thwaites

▶朱库龙船花

◎31618 ◇1453

Ixora macrantha (Steud.) Bremek.

▶大花龙船花

◎27424 ◇1232

Ixora nimbana Schnell

▶尼玛龙船花

◎37803 ◇1670

Ixora notoniana Wall. & G. Don

▶诺托龙船花

◎20720 ◇896

Ixora pavetta Andrews

▶帕维龙船花

◎35454 ◇1571

◎41098 ◇1711

Ixora sparsifolia K. Krause

▶疏叶龙船花

◎32728 ◇1494

Ixora thwaitesii Hook. f.

▶桑伟龙船花

◎31619 ◇1453

Ixora venulosa Benth.

▶文诺龙船花

◎35038 ◇1562

Ixora L.

▶龙船花属

◎28978 ◇1305

◎31617 ◇1453

◎37521 ◇1660

◎37614 ◇1663

Jackiopsis ornata (Wall.) Ridsdale

▶杰克茜草

◎27617 ◇1236

Keetia venosa (Oliv.) Bridson

▶小猪肚藤

◎36484 ◇1608

◎36530 ◇1610

Ladenbergia amazoensis Ducke

▶亚马孙大籽鸡纳

◎34206 ◇1545

Lasianthus chrysoneurus (Korth.) Miq.

▶库兹粗叶木

◎31882 ◇1467

Lasianthus japonicus Miq.

▶日本粗叶木

◎20033 ◇700

◎20034 ◇700

Ludekia bernardoi (Merr.) Ridsdale

▶伯纳凉血木

◎25303 ◇1098

Macrocnemum roseum Wedd.

▶蔷薇褐鸡纳

◎4512 ◇701

Malanea glabra A. Rich.

▶光亮攀鸽木

◎32108 ◇1475

Mapouria chlorantha **(Benth.) Bremek.**

▶绿花貘九节

◎32109 ◇1475

◎32110 ◇1475

◎32111 ◇1475

◎32737 ◇1494

Mastixiodendron pachyclados **Melch.**

▶鞭茜草木/茱萸茜木

◎18972 ◇907/730

◎19007 ◇906/729

◎25374 ◇1100

◎27267 ◇1229

◎35698 ◇1574

◎35699 ◇1574

◎35700 ◇1574

Metadina trichotoma **(Zoll. & Moritzi) Bakh. f.**

▶黄棉木

◎4294 ◇696

◎15704 ◇696/438

◎16676 ◇696

◎16691 ◇696/438

◎18990 ◇696

◎20248 ◇696

◎20249 ◇696

◎20250 ◇696

◎28030 ◇1256

◎28180 ◇1263

Mitragyna diversifolia **Havil.**

▶多叶帽柱木/多叶帽蕊木

◎3664 ◇701

◎3687 ◇701

◎3803 ◇701

◎4298 ◇701

◎13961 ◇954/449

◎15262 ◇901

◎15311 ◇900/449

◎15334 ◇900

Mitragyna hirsuta **Havil.**

▶硬毛帽柱木

◎25414 ◇1100

Mitragyna parvifolia **Korth.**

▶小叶帽柱木/小叶帽蕊木

◎7503 ◇704

◎8515 ◇898

◎20935 ◇701

◎38316 ◇1132

Mitragyna rotundifolia **Kuntze**

▶帽柱木/帽蕊木

◎11723 ◇701/444

◎17837 ◇900/444

◎22948 ◇954

◎27274 ◇1229

Mitragyna speciosa **Korth.**

▶美丽帽柱木

◎25415 ◇1100

◎27440 ◇1233

◎39212 ◇1690

Morinda citrifolia **L.**

▶海滨木巴戟

◎25421 ◇1101

◎27276 ◇1229

◎28656 ◇1287

◎39097 ◇1688

◎42213 ◇1724

◎42276 ◇1725

Morinda coreia **Buch.-Ham.**

▶寇锐巴戟天

◎20898 ◇892

◎27441 ◇1233

Morinda lucida **A. Gray**

▶明亮巴戟

◎18400 ◇925/524

◎21579 ◇701

Morinda panamensis **Seem.**

▶巴拿马巴戟

◎4518 ◇701

Morinda **L.**

▶巴戟天属

◎28202 ◇1265

◎28222 ◇1265

◎28381 ◇1273

◎28778 ◇1292

◎28797 ◇1293

◎29517 ◇1337

◎31385 ◇1439

◎36677 ◇1616

Mussaenda frondosa **L.**

▶洋玉叶金花

◎37006 ◇1628

◎37537 ◇1660

Mussaenda shikokiana **Makino**

▶大叶白纸扇

◎20036 ◇701

◎20037 ◇701

Mussaenda sphaerocarpa **DC.**

▶圆球果玉叶金花

◎32743 ◇1495

Mussaenda **L.**

▶玉叶金花属

◎21261 ◇701

◎28795 ◇1293

◎31386 ◇1439

◎31387 ◇1439

◎31740 ◇1459

Mussaendopsis beccariana **Baill.**

▶莉扇花

◎14147 ◇/445

◎15125 ◇895/445

◎27641 ◇1237

Mussaendopsis celebica **Bremek.**

▶塞乐莉扇花

◎28865 ◇1297

Mussaendopsis **Baill.**

▶莉扇花属

◎27060 ◇1225

◎27277 ◇1229

Myrmeconauclea strigosa **Merr.**

▶硬毛蚁团花

◎28225 ◇1266

Nauclea cordatula **Merr.**

▶心形黄胆木

◎15112 ◇702/448

◎18970 ◇907/731

Nauclea cordifolia **Roxb.**

▶心叶黄胆木

◎20696 ◇896

Nauclea diderrichii **Merr.**

▶狄氏黄胆木/狄氏乌檀

◎5131 ◇702

◎5147 ◇702

◎7531 ◇702

◎17801 ◇929/524

◎17876 ◇929

◎17975 ◇829

◎19650 ◇702

◎21070 ◇928

◎21599 ◇702/524

◎21872 ◇930

◎21937 ◇899

◎22904 ◇899

◎23485 ◇909

◎37030 ◇1629

◎40960 ◇1709

◎41053 ◇1710

Nauclea latifolia **Sm.**

▶阔叶黄胆木/阔叶乌檀

◎7511　◇702

Nauclea officinalis (Pierre ex Pit.) Merr. & Chun

▶乌檀

◎14465　◇702/445

◎14744　◇702

◎15975　◇702

◎16737　◇702

◎16983　◇702

Nauclea orientalis L.

▶东方黄胆木/东方乌檀

◎4604　◇702

◎13223　◇894/445

◎25444　◇1101

◎26358　◇1150

◎26359　◇1150

◎27643　◇1237

◎34096　◇1543

◎37177　◇1633

Nauclea pobeguinii (Hua ex Pobég.) Merr.

▶波贝乌檀

◎5116　◇702

◎40033　◇1116

Nauclea purpurea Herb. Reinw. ex Miq.

▶紫色黄胆木/紫色乌檀

◎8938　◇939/445

◎15348　◇923/445

◎15349　◇923

◎15350　◇923

Nauclea sessilifolia Roxb.

▶直立黄胆木/直立乌檀

◎4297　◇702

◎22986　◇954

◎38314　◇1132

Nauclea subdita Steud.

▶类黄胆木/类乌檀木

◎27446　◇1233

◎27644　◇1237

◎28991　◇1306

Nauclea xanthoxylon (A. Chev.) Aubrév.

▶黄木黄胆木/黄木乌檀木

◎21732　◇930/524

Nauclea L.

▶黄胆属/乌檀属

◎35485　◇1571

◎35486　◇1571

◎36149　◇1587

◎36678　◇1616

◎37539　◇1661

◎37628　◇1663

◎40877　◇1707

Neolamarckia cadamba (Roxb.) Bosser

▶黄梁木/团花

◎8529　◇898

◎13145　◇894

◎14078　◇893

◎15155　◇895

◎15236　◇901

◎15271　◇901/439

◎15293　◇901

◎17182　◇697

◎20679　◇896

◎21033　◇890

◎21219　◇697

◎22203　◇934

◎22962　◇954

◎23360　◇889

◎25454　◇1099

◎26350　◇1149

◎27530　◇1234

◎36959　◇1627

◎39186　◇1690

◎40833　◇1707

Neolamarckia macrophylla (Roxb.) Bosser

▶大叶团花

◎27352　◇1231

◎29052　◇1310

Neolamarckia Bosser

▶团花属

◎39950　◇1122

Neonauclea calycina Merr.

▶花萼新黄胆木/花萼新乌檀木

◎27645　◇1237

◎28062　◇1258

◎28260　◇1267

◎28714　◇1289

Neonauclea celebica Merr.

▶西里伯新黄胆木/西里伯新乌檀木

◎28902　◇1300

◎28903　◇1300

Neonauclea cyrtopoda (Miq.) Merr

▶西特新黄胆木/西特新乌檀木

◎36148　◇1587

Neonauclea excelsa Merr.

▶大新黄胆木/大新乌檀

◎27062　◇1225

◎27279　◇1229

◎27443　◇1233

◎27444　◇1233

◎27445　◇1233

◎37007　◇1628

◎37008　◇1628

◎37009　◇1628

Neonauclea gageana Merr.

▶加氏新黄胆木/加氏新乌檀木

◎20899　◇892

◎25457　◇1099

Neonauclea glabra (Roxb.) Bakh. f. & Ridsdale

▶光果新黄胆木/光果新乌檀

◎25458　◇1099

◎27447　◇1233

Neonauclea griffithii Merr.

▶裸茎新乌檀

◎11724　◇702

◎11732　◇702

◎20395　◇702

Neonauclea hagenii Merr.

▶海格新乌檀

◎18971　◇907/730

Neonauclea lanceolata subsp. *gracilis* (S. Vidal) Ridsdale

▶纤细新黄胆木/纤细新乌檀

◎28047　◇1257

◎35776　◇1578

Neonauclea lanceolata Merr.

▶剑叶新黄胆木/剑叶新乌檀

◎15159　◇895/561

Neonauclea maluensis S. Moore

▶马陆新乌檀

◎18942　◇907/753

Neonauclea pseudopeduncularis Ridsdale

▶假花梗新黄胆木/假花梗新乌檀木

◎29037　◇1309

Neonauclea sessilifolia Merr.

▶无柄新乌檀

◎20932　◇702

Neonauclea unicapitulifera Ridsdale

▶单头新黄胆木/单头新乌檀木

◎28943　◇1303

Neonauclea Merr.

▶新黄胆属/新乌檀属

◎4654　◇702

◎18747　◇702

◎35704　◇1575

◎35705　◇1575

◎35706　◇1575

Nostolachma T. Durand

▶藏咖啡属

◎31646　◇1454

Octotropis travancorica Bedd.

▶欧克茜草

◎21281　◇913

Oxyanthus speciosus DC.

▶绢毛文殊栀

◎21633　◇702/533

◎26949　◇1222

◎32746　◇1495

Oxyceros bispinosus (Griff.) Tirveng.

▶双旋钩簕茜

◎28327　◇1270

◎28526　◇1280

◎28527　◇1280

Oxyceros rugulosus (Thwaites) Tirveng.

▶皱皮钩簕茜

◎21245　◇704

Pagamea guianensis Aubl.

▶圭亚那沙九节

◎27862　◇1246

◎32747　◇1495

◎32748　◇1495

◎32749　◇1495

◎34219　◇1545

Pagamea Aubl.

▶沙九节属

◎35057　◇1562

Palicourea guianensis Aubl.

▶圭亚那帕立茜草/圭亚那嘉沛木

◎26775　◇1200

◎27811　◇1244

◎32359　◇1484

◎32360　◇1484

◎32750　◇1495

◎34220　◇1545

Palicourea lasiantha K. Krause

▶拉西帕立茜草/拉西嘉沛木

◎38493　◇1135

Palicourea longiflora (Aubl.) A. Rich.

▶长花帕立茜草/长花嘉沛木

◎32751　◇1495

Palicourea pilosa (Ruiz & Pav.) Borhidi

▶哥斯达黎加九节

◎42422　◇1727

Pauridiantha hirtella (Benth.) Bremek.

▶粗毛隔香楠

◎36532　◇1610

Pausinystalia macroceras (K. Schum.) Pierre

▶长苞怀春檀

◎17981　◇829

Pavetta owariensis var. *opaca* S. D. Manning

▶暗色大沙叶

◎36509　◇1609

◎36510　◇1609

◎36511　◇1609

Pavetta zeylanica Gamble

▶泽拉大沙叶

◎28361　◇1272

Pavetta L.

▶大沙叶属

◎28104　◇1260

Pertusadina eurhyncha (Miq.) Ridsdale

▶欧氏槽裂木

◎13139　◇894/438

◎14123　◇TBA

◎15138　◇895

◎18725　◇894/750

◎27518　◇1234

Pertusadina metcalfii (Merr. ex H. L. Li) Y. F. Deng & C. M. Hu

▶南岭槽裂木

◎14255　◇696/557

◎15946　◇696/557

◎16946　◇696

◎16947　◇696

Pertusadina Ridsdale

▶槽裂木属

◎37629　◇1663

Pleiocarpidia K. Schum.

▶盾香楠属

◎31650　◇1455

◎38022　◇1682

Plocama pendula Aiton

▶蔓生普洛茜草

◎21248　◇702

◎35866　◇1584

Porterandia cf. *anisophylla* (Jack ex Roxb.) Ridl.

▶毛柄绢冠茜

◎38577　◇1136

Posoqueria latifolia (Rudge) Roem. & Schult.

▶阔叶银针树

◎27771　◇1242

◎32509　◇1487

◎32765　◇1495

◎34234　◇1546

◎34235　◇1546

◎38164　◇1129

Praravinia Korth.

▶近紫茜草属

◎28996　◇1306

Prismatomeris fragrans E. T. Geddes

▶桂花南山花

◎31908　◇1469

Prismatomeris Thwaites

▶南山花属

◎28181　◇1264

Pseudaidia speciosa (Bedd.) Tirveng.

▶美丽裂衣藤

◎28425　◇1275

Psychotria anceps Kunth

▶剑形九节

◎32767　◇1495

Psychotria asiatica Poir.

▶阿氏九节木

◎12943　◇702/445

◎14492　◇702

◎14493　◇702

Psychotria crispipila Merr.

▶克里九节

◎31657　◇1455

Psychotria deflexa subsp. *deflexa*

▶急弯九节

◎32768　◇1496

Psychotria densinervia (K. Krause) Verdc.

▶稠密九节

◎36349　◇1596

Psychotria gitingensis Elmer

▶吉京九节

◎28058　◇1258

Psychotria hawaiiensis (A. Gray) Fosberg

▶夏威夷九节

◎39416　◇1693

Psychotria ixoroides Bartl. ex DC.

▶蔓九节

◎28618　◇1285

◎28723　◇1290

◎28785　◇1293

◎28786　◇1293

Psychotria lehmbachii (K. Schum.) O. Lachenaud

▶莱姆九节

◎36562　◇1612

Psychotria mariniana (Cham. & Schltdl.) Fosberg

▶马雷九节木

◎25754　◇1106

◎39572　◇1695

Psychotria nieuwenhuizii Valeton

▶尼乌九节

◎28290　◇1269

Psychotria poeppigiana Müll. Arg.

▶波皮九节

◎32769　◇1496

Psychotria viridis Ruiz & Pav.

▶翠绿九节

◎38521　◇1135

Psychotria L.

▶九节属

◎28666　◇1287

◎28722　◇1290

◎28997　◇1306

◎31305　◇1435

◎37635　◇1663

Psydrax attenuata (R. Br. ex Benth.) S. T. Reynolds & R. J. F. Hend

▶渐尖鱼骨木

◎25755　◇1106

Psydrax dicocca Gaertn.

▶鱼骨木

◎31658　◇1455

Psydrax dicoccos Gaertn.

▶假鱼骨木

◎14300　◇698/441

◎14620　◇698;1073/441

◎14842　◇698;1029

◎16681　◇698

Psydrax kraussioides (Hiern) Bridson

▶克劳斯鱼骨木

◎36487　◇1608

Psydrax latifolia (F. Muell. ex Benth.) S. T. Reynolds & R. J. F. Hend

▶阔叶鱼骨木

◎39398　◇1693

Psydrax obovata (Klotzsch ex Eckl. & Zeyh.) Bridson

▶倒卵叶鱼骨木

◎25756　◇1106

◎39069　◇1688

◎41566　◇1716

◎41687　◇1718

Psydrax odorata (G. Forst.) A. C. Sm. & S. P. Darwin

▶香鱼骨木

◎40646　◇1705

Psydrax oleifolia (Hook.) S. T. Reynolds & R. J. F. Hend

▶油叶鱼骨木

◎25757　◇1106

◎40488　◇1703

◎41607　◇1717

◎42303　◇1725

Psydrax palma (K. Schum.) Bridson

▶帕尔假鱼骨木

◎18399　◇925/525

◎21497　◇698/525

Psydrax subcordata (DC.) Bridson

▶近圆形鱼骨木

◎36245　◇1589

◎36246　◇1589

Randia aculeata L.

▶皮刺蓝茜木

◎25861　◇1107

Randia annae (K. Schum.)

▶安娜蓝茜树

◎32774　◇1496

Randia hondensis H. Karst.

▶本田蓝茜树

◎29906　◇1366

◎30019　◇1373

◎30239　◇1386

◎30347　◇1392

◎30348　◇1392

◎30349　◇1392

◎30549　◇1404

Randia longiloba Hemsl.

▶大叶蓝茜木

◎25862　◇1107

◎41930　◇1721

◎41931　◇1721

Randia ovalifructus Chun et How

▶麻果山黄皮

◎16991　◇704

Randia schumanniana Merr. & L. M. Perry

▶四川山黄皮/四川蓝茜树

◎28247　◇1267

Randia L.

▶山皮黄属/蓝茜树属

◎13478　◇704;869

◎31311　◇1435

Ridsdalea merrillii (Elmer) J. T. Pereira

▶马尼拉石榴茜

◎28219　◇1265

◎28220　◇1265

Ridsdalea schoemannii (Teijsm. & Binn.) J. T. Pereira

▶司库石榴茜

◎31312　◇1435

◎31662　◇1455

Rosenbergiodendron longiflorum (Ruiz & Pav.) Fagerl.

▶长花黑酱果

◎28077　◇1259

◎28391　◇1273

◎35146　◇1565

Rothmannia exaltata (Griff.) Bremek.

▶高石榴茜

◎11380　◇922/446

◎31660　◇1455

Rothmannia longiflora Salisb.

▶长花野栀子/长花石榴茜

◎29295　◇1325

Rothmannia lujae (De Wild.) Keay

▶卢氏野栀子/卢氏石榴茜

◎29570　◇1341

◎29571　◇1341

◎29572　◇1341

Rothmannia urcelliformis Bullock. ex Robyns

▶壶形野栀子/壶形石榴茜

◎32092　◇1474

Rothmannia whitfieldii (Lindl.) Dandy
▶白地野栀子/白地石榴茜
◎36418 ◇1603
◎36419 ◇1603
Rothmannia Thunb.
▶野栀子属/石榴茜属
◎28163 ◇1263
◎33436 ◇1524
◎33554 ◇TBA
Rubia fruticosa Aiton
▶水果茜草
◎21286 ◇704
◎35868 ◇1585
Rudgea citrifolia (Sw.) K. Schum.
▶柠檬叶须沛木
◎32766 ◇1495
Rudgea coronata subsp. *leiocarpoides* (Müll. Arg.) Zappi
▶光果须沛木
◎35145 ◇1565
Rudgea graciliflora Standl.
▶纤花须沛木
◎32932 ◇1502
Rudgea hostmanniana subsp. *hostmanniana*
▶霍特须沛木
◎29888 ◇1365
◎30163 ◇1382
◎30240 ◇1386
◎30375 ◇1394
◎30376 ◇1394
◎30377 ◇1394
◎30550 ◇1404
Rutidea membranacea Hiern
▶膜状芸香茜
◎36563 ◇1612
Rytigynia neglecta Robyns
▶绵琼梅
◎35147 ◇1565
◎42446 ◇1729
Rytigynia umbellulata Robyns
▶伞花绵琼梅
◎36653 ◇1615
Sabicea floribunda K. Schum.
▶花束木藤茜
◎35999 ◇1586
◎36000 ◇1586
◎36001 ◇1586
Sabicea panamensis Wernham
▶巴拿马木藤茜
◎32783 ◇1496
Saprosma foetens subsp. *ceylanicum* (Gardner) M. Gangop. & Chakrab.
▶赛伊染木树
◎21280 ◇704
Saprosma merrillii H. S. Lo
▶琼岛染木树
◎14484 ◇700
◎20035 ◇700
Sarcocephalus latifolius (Sm.) E. A. Bruce
▶阔叶荔桃
◎40191 ◇1699
Schradera novoguineensis (Valeton) Puff, R. Buchner & Greimler
▶新几内亚黄攀木
◎31531 ◇1450
Scyphiphora hydrophylacea C. F. Gaertn.
▶叶状瓶花木
◎36181 ◇1588
◎37559 ◇1661
Sericanthe Robbr.
▶绢花咖啡属
◎36381 ◇1600
Simira rubescens (Benth.) Bremek. ex Steyerm.
▶变红美染木
◎22583 ◇831
◎25987 ◇1109
◎39720 ◇1697
◎40752 ◇1706
Simira salvadorensis (Standl.) Steyerm.
▶萨尔美染木
◎20140 ◇936/549
◎25988 ◇1109
◎25989 ◇1109
◎41636 ◇1717
◎41760 ◇1719
Simira sampaioana (Standl.) Steyerm.
▶桑帕美染木
◎32792 ◇1497
◎32793 ◇1497
Simira tinctoria Aubl.
▶染料美染木
◎40162 ◇1699
Simira williamsii (Standl.) Steyerm.
▶绵毛美染木
◎41762 ◇1719
◎41763 ◇1719
Stachyarrhena heterochroa Standl.
▶异色鞭花棠
◎4457 ◇704
Tamilnadia uliginosa (Retz.) Tirveng. & Sastre
▶湿生泰米茜木
◎31918 ◇1469
Tarenna asiatica (L.) Kuntze ex K. Schum.
▶阿斯乌口树
◎21303 ◇705
◎28443 ◇1276
Tarenna attenuata (Hook. f.) Hutch.
▶乌口树
◎14488 ◇705
◎16859 ◇705
Tarenna collinsae Craib
▶丘陵乌口树
◎26084 ◇1111
◎39026 ◇1688
Tarenna mollissima B. L. Rob.
▶白花乌口树
◎19952 ◇705
◎19953 ◇705
Tarenna pubinervis Hutch.
▶滇南乌口树
◎13796 ◇705
Tarenna Gaertn.
▶乌口树属
◎28191 ◇1264
◎28256 ◇1267
◎28535 ◇1280
◎29159 ◇1317
◎31317 ◇1436
◎33430 ◇1523
◎33563 ◇TBA
◎37645 ◇1663
Tarennoidea wallichii (Hook. f.) Tirveng. & Sastre
▶岭罗麦
◎3526 ◇705
◎3551 ◇705
◎3638 ◇705

◎3773 ◇705
◎6838 ◇705
◎11678 ◇704;971/449
◎11700 ◇705/447
◎14648 ◇705
◎14821 ◇705
◎16110 ◇705
◎17700 ◇705
◎27497 ◇1234
◎28158 ◇1262

Tarennoidea **Tirveng. & Sastre**
▶**岭罗麦属**
◎28583 ◇1283
◎28787 ◇1293

Timonius appendiculatus **Merr.**
▶**附着海茜树**
◎31690 ◇1456

Timonius ferrugineus **Valeton**
▶**锈毛海茜树**
◎28082 ◇1259
◎28083 ◇1259

Timonius flavescens **Baker**
▶**淡黄海茜树**
◎31691 ◇1456

Timonius lasianthoides **Valeton**
▶**拉西海茜树**
◎33431 ◇1523
◎33565 ◇TBA

Timonius minahassae **Koord.**
▶**迈纳海茜树**
◎29009 ◇1307

Timonius timon **(Spreng.) Merr.**
▶**泰门海茜树**
◎27330 ◇1230
◎27506 ◇1234
◎39764 ◇1697

Timonius **DC.**
▶**海茜树属**
◎28097 ◇1260
◎28165 ◇1263
◎28166 ◇1263
◎28326 ◇1270
◎28537 ◇1280
◎28790 ◇1293
◎29008 ◇1307
◎29088 ◇1312
◎29124 ◇1314
◎29161 ◇1317
◎31403 ◇1440
◎31404 ◇1440
◎31689 ◇1456
◎37568 ◇1661
◎37647 ◇1663

Tocoyena guianensis **K. Schum.**
▶**圭亚那鹂石榴**
◎32805 ◇1497

Tricalysia **A. Rich. ex DC.**
▶**豺咖啡属**
◎5218 ◇705
◎36660 ◇1615
◎36661 ◇1615

Uncaria cordata **var.** ***cordata***
▶**心叶钩藤**
◎28910 ◇1300

Uncaria cordata **Merr.**
▶**心叶钩藤**
◎28226 ◇1266
◎28676 ◇1288

Uncaria guianensis **(Aubl.) J. F. Gmel.**
▶**圭亚那钩藤**
◎32810 ◇1497
◎32811 ◇1497
◎32812 ◇1497

Uncaria lanosa **var.** ***glabrata*** **(Blume) Ridsdale**
▶**光滑钩藤**
◎28244 ◇1266

Uncaria orientalis **Guillaumin**
▶**东方钩藤**
◎31407 ◇1440

Uncaria rhynchophylla **Miq.**
▶**钩藤**
◎3378 ◇706
◎19956 ◇706

Uncaria **Schreb.**
▶**钩藤属**
◎28275 ◇1268
◎31406 ◇1440

Urophyllum **Wall.**
▶**尖叶木属**
◎28131 ◇1261
◎28132 ◇1261
◎28204 ◇1265
◎28205 ◇1265
◎28206 ◇1265
◎31321 ◇1436
◎31694 ◇1456
◎33409 ◇1522
◎33476 ◇TBA
◎37572 ◇1661
◎38032 ◇1682

Vangueriella discolor **(Benth.) Verdc.**
▶**异色帽柱茜**
◎31045 ◇1426
◎31101 ◇1428
◎31102 ◇1428

Warscewiczia coccinea **(Vahl) Klotzsch**
▶**深红瓦思茜草**
◎22688 ◇806
◎22735 ◇806
◎29982 ◇1371
◎30120 ◇1379
◎30167 ◇1382
◎30503 ◇1402
◎30504 ◇1402
◎30505 ◇1402
◎30800 ◇TBA

Wendlandia formosana **Cowan**
▶**台湾水锦树/水金京**
◎6725 ◇706

Wendlandia heynei **(Schult.) Santapau & Merchant**
▶**何氏水锦树**
◎21425 ◇897

Wendlandia luzoniensis **DC.**
▶**吕宋水锦树**
◎15687 ◇706

Wendlandia merrilliana **Cowan**
▶**海南水锦树**
◎13019 ◇706/450

Wendlandia tinctoria **DC.**
▶**染色水锦树**
◎22000 ◇706

Wendlandia uvariifolia **subsp.** ***chinensis*** **(Merr.) Cowan**
▶**中华水锦树**
◎16025 ◇706

Wendlandia uvariifolia **Hance**
▶**水锦树**
◎9313 ◇706;796/450
◎14413 ◇706/450
◎16840 ◇706

Wendlandia **Bartl. ex DC.**
▶**水锦树属**
◎11748 ◇706

◎28161 ◇1263

◎31766 ◇1460

◎37574 ◇1661

Rutaceae 芸香科

Acronychia murina Ridl.

▶灰色山柑

◎21278 ◇472

◎31767 ◇1460

◎31768 ◇1460

◎31769 ◇1460

◎32830 ◇1498

Acronychia oligophlebium Merr.

▶贡甲/白山柑

◎14419 ◇472/280

◎17711 ◇472

Acronychia pedunculata Miq.

▶山油柑

◎3402 ◇472

◎3413 ◇472

◎3442 ◇472

◎3465 ◇472

◎3636 ◇472

◎3791 ◇472

◎11702 ◇472

◎11777 ◇472;984

◎14313 ◇TBA

◎14497 ◇472/280

◎14960 ◇472;1075

◎16842 ◇472/280

◎27340 ◇1231

◎28432 ◇1275

◎31249 ◇1432

Acronychia J. R. Forst. & G. Forst.

▶山油柑属

◎26961 ◇1223

◎28085 ◇1259

◎28807 ◇1294

◎28843 ◇1296

◎29129 ◇1315

Aegle marmelos (L.) Corrêa

▶木橘木

◎8544 ◇898

◎20577 ◇829

◎21401 ◇897

Amyris balsamifera L.

▶胶香木/炬香木

◎23656 ◇924

◎39270 ◇1691

Amyris elemifera L.

▶艾乐胶香木/艾乐炬香木

◎24190 ◇1084

◎38664 ◇1138

Atalantia macrophylla Kurz

▶大叶酒饼簕

◎20903 ◇892

Atalantia racemosa Wight & Arn.

▶瑞色酒饼簕

◎31332 ◇1436

Atalantia Corrêa

▶酒饼簕属

◎28455 ◇1276

◎37483 ◇1659

Balfourodendron riedelianum (Engl.) Engl.

▶巴福芸香/风簪木

◎5250 ◇472/280

◎20476 ◇828

◎32713 ◇1493

◎32714 ◇1493

Bosistoa pentacocca Baill.

▶五分果骨木

◎24362 ◇1084

Calodendrum capense Thunb.

▶好望角美木芸香/好望角丽芸木

◎24426 ◇1086

◎36964 ◇1627

◎36965 ◇1627

◎36966 ◇1627

◎42097 ◇1723

Casimiroa edulis La Llave

▶可食香肉果

◎24478 ◇1086

◎39153 ◇1689

Casimiroa tetrameria Millsp.

▶特垂香肉果

◎24479 ◇1086

◎39211 ◇1690

Chloroxylon swietenia DC.

▶椴绿木/黄缎木

◎8567 ◇898/280

◎19086 ◇896/280

◎35595 ◇TBA

◎40779 ◇1706

◎41115 ◇1711

◎41162 ◇1711

Citrus × aurantium L.

▶酸橙

◎10254 ◇918

◎15609 ◇952/282

Citrus glauca (Lindl.) Burkill

▶青柠檬

◎40591 ◇1704

Citrus japonica Thunb.

▶日本橘

◎14264 ◇478/284

Citrus limon (L.) Osbeck

▶柠檬

◎15610 ◇952/282

◎24584 ◇1088

Citrus maxima (Burm.) Merr.

▶柚

◎4085 ◇473

◎7644 ◇473/281

◎14545 ◇473

◎16671 ◇473

◎16899 ◇473

◎16918 ◇473

◎20270 ◇473

◎24585 ◇1088

Citrus medica L.

▶香橼

◎15611 ◇952/281

Citrus paradisi Macfad.

▶葡萄柚木

◎24586 ◇1088

◎39902 ◇1699

◎41107 ◇1711

◎41163 ◇1711

Citrus reticulata Blanco

▶柑橘

◎15612 ◇952

Citrus sinensis (L.) Osbeck

▶橙子树

◎16622 ◇473

◎18984 ◇473/281

Citrus trifoliata L.

▶三叶柚木

◎5731 ◇473/282

◎24587 ◇1088

◎29753 ◇1358

◎29754 ◇1358

◎29755 ◇1358

Citrus L.

▶柑橘属

◎5980 ◇473

◎11201 ◇473

◎19430 ◇832
◎19441 ◇832
◎28637 ◇1286
◎35368 ◇1571

Clausena anisata (Willd.) Hook. f.
▶八角黄皮
◎20319 ◇473
◎20320 ◇473
◎20321 ◇473
◎20322 ◇473
◎24590 ◇1088
◎36428 ◇1604
◎36429 ◇1604
◎36430 ◇1604
◎39895 ◇1699

Clausena dentata (Willd.) M. Roem.
▶齿叶黄皮
◎16004 ◇473/281
◎31558 ◇1452

Clausena Burm. f.
▶黄皮属
◎31557 ◇1452

Conchocarpus longifolius (A. St.-Hil.) Kallunki & Pirani
▶长叶袖笛香木
◎32976 ◇1503

Dictyoloma peruviana Planch.
▶秘鲁醉鱼枫
◎38447 ◇1134

Dinosperma melanophloia (C. T. White) T. G. Hartley
▶墨骨木
◎39509 ◇1694
◎42352 ◇1726
◎42354 ◇1726

Euodia J. R. Forst. & G. Forst.
▶洋茱萸属
◎31717 ◇1457

Euxylophora paraensis Huber
▶帕州芸香木/帕州嘉黄木
◎21802 ◇930/524
◎22768 ◇806/549
◎23500 ◇909
◎25001 ◇1094
◎41386 ◇1714
◎42236 ◇1725

Evodia austrosinensis Hand.-Mazz.
▶华南吴茱萸
◎15660 ◇474
◎17282 ◇474

Evodia elleryana F. Muell.
▶伊莱吴茱萸
◎18920 ◇907/281
◎22817 ◇920
◎25002 ◇1094

Evodia glabra (Blume) Blume
▶光吴茱萸
◎20901 ◇892

Evodia latifolia DC.
▶阔叶吴茱萸
◎27598 ◇1236

Evodia macrophylla Blume
▶大叶吴茱萸
◎14117 ◇893/281

Evodia meliifolia (Hance ex Walp.) Benth.
▶楝叶吴茱萸
◎3388 ◇475
◎3431 ◇475
◎3512 ◇475
◎11477 ◇475;995/281
◎11478 ◇475
◎11479 ◇475;875
◎11480 ◇475;1043
◎11481 ◇475;887
◎11482 ◇475
◎11559 ◇476;1062/282
◎13571 ◇476
◎13969 ◇476/282
◎13970 ◇476
◎14487 ◇476
◎14888 ◇476
◎15988 ◇476
◎16045 ◇476
◎16822 ◇476
◎16955 ◇476
◎16982 ◇476
◎17409 ◇476;803
◎19383 ◇476
◎19946 ◇476
◎21850 ◇476

Evodia roxburghiana Benth.
▶罗氏吴茱萸
◎38328 ◇1132

Evodia rubrovenia Chun
▶如波吴茱萸
◎6557 ◇477

Evodia Gaertn.
▶吴茱萸属
◎5194 ◇477
◎6231 ◇477
◎8643 ◇477;718
◎8647 ◇TBA
◎8651 ◇TBA
◎9182 ◇477;1036
◎9685 ◇477
◎11760 ◇477
◎27217 ◇1228
◎28055 ◇1258
◎28591 ◇1283
◎28592 ◇1283
◎29135 ◇1315
◎31721 ◇1458
◎37505 ◇1660
◎37506 ◇1660
◎39996 ◇1125

Evodiella muelleri (Engl.) B. L. Linden
▶小尤第木
◎21269 ◇477
◎31800 ◇1462
◎31801 ◇1462

Fagara davyi I. Verd.
▶硬崖椒木
◎36988 ◇1628
◎36989 ◇1628

Fagara L.
▶崖椒属
◎34304 ◇1547

Feronia elephantu Corrêa
▶象橘
◎8581 ◇898/283

Flindersia acuminata C. T. White
▶渐尖巨盘木
◎4773 ◇478
◎25044 ◇1095
◎41097 ◇1711
◎41354 ◇1714

Flindersia amboinensis Poir.
▶巨盘木
◎37607 ◇1662

Flindersia australis R. Br.
▶南方巨盘木
◎16223 ◇824
◎16224 ◇824
◎20650 ◇832/283

Flindersia bennettiana F. Muell. ex Benth.

▶贝尼巨盘木

◎5049 ◇478/

◎5075 ◇/283

◎25045 ◇1095

Flindersia bourjotiana F. Muell.

▶布尔巨盘木

◎40519 ◇1703

◎40939 ◇1709

◎41359 ◇1714

Flindersia brayleyana F. Muell.

▶昆士兰巨盘木/亮材巨盘木

◎4772 ◇478

◎22926 ◇823/283

◎41065 ◇1710

◎41388 ◇1714

Flindersia collina F. M. Bailey

▶阔叶巨盘木

◎5062 ◇478

◎25043 ◇1095

Flindersia dissosperma Domin

▶裂种巨盘木

◎25046 ◇1095

Flindersia ifflaiana F. Muell.

▶伊夫巨盘木

◎20501 ◇828

◎25047 ◇1095

◎41358 ◇1714

◎42088 ◇1723

Flindersia laevicarpa C. T. White

▶平滑果巨盘木

◎25048 ◇1095

◎25049 ◇1095

◎39017 ◇1687

◎41357 ◇1714

◎42094 ◇1723

Flindersia maculosa（Lindl.）Benth.

▶斑点巨盘木

◎25050 ◇1095

◎39796 ◇1698

◎41355 ◇1714

◎41356 ◇1714

Flindersia pimenteliana F. Muell.

▶类械巨盘木

◎25051 ◇1095

◎36837 ◇1624

◎40520 ◇1703

◎41360 ◇1714

◎41361 ◇1714

Flindersia schottiana F. Muell.

▶肖特巨盘木

◎4774 ◇478/286

◎22925 ◇823

◎25052 ◇1095

◎31499 ◇1449

◎41049 ◇1710

◎41393 ◇1714

Flindersia xanthoxyla Domin

▶黄巨盘木

◎10446 ◇825/283

◎16283 ◇824

◎16284 ◇824

◎20651 ◇832

◎25053 ◇1095

Geijera parviflora Lindl.

▶小花钩瓣常山木

◎41092 ◇1710

◎41856 ◇1720

Geijera salicifolia Schott

▶柳叶钩瓣常山木

◎25083 ◇1096

◎40460 ◇1702

◎41348 ◇1714

◎41349 ◇1714

Glycosmis chlorosperma Spreng.

▶绿种山小橘

◎31276 ◇1433

Glycosmis macrophylla Miq.

▶大叶山小橘

◎37610 ◇1663

Glycosmis pentaphylla（Retz.）DC.

▶山小橘

◎31602 ◇1453

Glycosmis Corrêa

▶山小橘属

◎28649 ◇1286

Halfordia scleroxyla F. Muell.

▶半样芸香

◎25134 ◇1095

Helietta apiculata Benth.

▶细尖赫利芸香

◎32989 ◇1504

◎32990 ◇1504

◎32991 ◇1504

Lunasia amara var. *amara* Blanco

▶卢娜芸香

◎37530 ◇1660

Luvunga sarmentosa Kurz

▶长匐茎三叶藤橘

◎26403 ◇1156

Melicope durifolia（K. Schum.）T. G. Hartley

▶长久叶蜜茱萸

◎31737 ◇1458

Melicope elleryana（F. Muell.）T. G. Hartley

▶粉色蜜茱萸

◎25393 ◇1100

◎39099 ◇1689

Melicope octandra Druce

▶八蕊蜜茱萸

◎25394 ◇1100

Melicope ramuliflora T. G. Hartley

▶分花蜜茱萸

◎38015 ◇1682

Melicope ternata J. R. Forst. & G. Forst.

▶三出蜜茱萸

◎18812 ◇911/742

Melicope triphylla Merr.

▶三叶蜜茱萸

◎18339 ◇953/758

◎18871 ◇913/747

Melicope vitiflora（F. Muell.）T. G. Hartley

▶葡萄花蜜茱萸

◎25395 ◇1100

Melicope J. R. Forst. & G. Forst.

▶蜜茱萸属

◎28522 ◇1280

Micromelum minutum var. *villosum*

▶柔毛小芸木

◎31294 ◇1434

Micromelum minutum（G. Forst.）Wight & Arn.

▶微小小芸木

◎29114 ◇1314

Micromelum Blume

▶小芸木属

◎37536 ◇1660

Murraya exotica L.

▶九里香

◎20900 ◇892

◎25426 ◇1101

◎39590 ◇1695

◎41067 ◇1710

◎41079 ◇1710

Melicope pteleifolia (Champion ex Bentham) T. G. Hartley

▶三極苦

◎11928 ◇475;862

◎9262 ◇475/281

◎13971 ◇475

◎14653 ◇475;868

◎16077 ◇475

◎16996 ◇475

◎17009 ◇475

◎17689 ◇475

◎20693 ◇896

Nematolepis squamea (Labill.) Paul G. Wilson

▶鳞南香

◎23031 ◇823

◎25452 ◇1099

Paramignya Wight

▶单叶藤桔属

◎7961 ◇478/284

Phellodendron amurense Rupr.

▶黄檗

◎4861 ◇479

◎5347 ◇479

◎6032 ◇479

◎7774 ◇479;965

◎7888 ◇479;880

◎8003 ◇479;785

◎8068 ◇479

◎8172 ◇479

◎9449 ◇830

◎10090 ◇479

◎10192 ◇830

◎10253 ◇918

◎10294 ◇902

◎12066 ◇479

◎12393 ◇848

◎13265 ◇878

◎13291 ◇878

◎18071 ◇479;983/284

◎21153 ◇479

◎21355 ◇479

◎22358 ◇916

◎33019 ◇1506

◎35804 ◇1580

◎37388 ◇1653

◎37389 ◇1654

◎37390 ◇1654

Phellodendron chinense C. K. Schneid.

▶川黄檗

◎15844 ◇479

Phellodendron japonicum Maxim.

▶日本黄檗

◎4149 ◇479/637

◎35820 ◇1581

◎35821 ◇1581

◎35822 ◇1581

Phellodendron lavallei Dode

▶拉瓦黄檗

◎25567 ◇1103

◎39082 ◇1688

◎41694 ◇1718

◎42286 ◇1725

Phellodendron piriforma S. K. Lee

▶普瑞黄檗

◎9450 ◇830/637

Phellodendron sachalinense Sarg.

▶萨卡黄檗

◎4204 ◇479/637

◎25568 ◇1103

◎40702 ◇1705

◎41701 ◇1718

Phellodendron Rupr.

▶黄檗属

◎10972 ◇479

◎10973 ◇479

Pleiospermium alatum Swingle

▶有翅多果芸香

◎35463 ◇1571

Ptaeroxylon obliquum (Thunb.) Radlk.

▶斜喷嚏树

◎25758 ◇1106

◎37022 ◇1628

◎37023 ◇1628

◎39088 ◇1688

Ptelea trifoliata L.

▶榆橘

◎25759 ◇1106

◎39468 ◇1694

◎41333 ◇1713

◎41565 ◇1716

Sarcomelicope simplicifolia (Endl.) T. G. Hartley

▶单叶肉茱萸

◎25924 ◇1108

◎32804 ◇1497

Skimmia arborescens T. Anderson ex Gamble

▶乔木茵芋

◎15855 ◇480/285

Skimmia Thunb.

▶茵芋属

◎11964 ◇480

Swinglea glutinosa Merr.

▶粘斯威茜草/菲律宾木桔

◎26045 ◇1110

◎39577 ◇1695

Tetractomia tetrandra (Roxb.) Merr.

▶四蕊风茱萸

◎29007 ◇1307

Tetractomia Hook. f.

▶风茱萸属

◎28839 ◇1296

◎28840 ◇1296

◎29044 ◇1309

◎29087 ◇1312

◎29123 ◇1314

◎29160 ◇1317

Tetradium daniellii (Benn.) T. G. Hartley

▶臭檀吴萸

◎55 ◇474

◎543 ◇474/282

◎5332 ◇474;996

◎5528 ◇474

◎10591 ◇474

◎10796 ◇474

◎26109 ◇1112

◎36986 ◇1628

◎36987 ◇1628

◎40806 ◇1706

◎42178 ◇1724

Tetradium glabrifolium (Champ. ex Benth.) T. G. Hartley

▶楝叶吴萸

◎11028 ◇474;1028

◎14989 ◇474

◎16497 ◇474

◎16567 ◇474

◎17650 ◇474

◎18949 ◇907/281

◎29045 ◇1309

◎29046 ◇1309

◎29047 ◇1309

◎40740 ◇1706

Tetradium ruticarpum (A. Juss.) T. G. Hartley
▶吴茱萸
◎12574 ◇477;807
◎12575 ◇477;807/282
◎12576 ◇477;976
◎16929 ◇477
Tetradium trichotomum Loureiro
▶牛斜吴萸
◎3415 ◇474
Toddalia asiatica (L.) Lam.
▶飞龙掌血
◎19195 ◇480
◎19947 ◇480
◎19951 ◇480
◎21296 ◇480
◎28351 ◇1271
◎32806 ◇1497
◎32956 ◇1502
Toddalia Juss.
▶飞龙掌血属
◎31319 ◇1436
Vepris carringtoniana Mendonça
▶具舌白铁木
◎26164 ◇1113
◎39746 ◇1697
◎42118 ◇1723
◎42234 ◇1725
Vepris undulata (Thunb.) I. Verd. & C. A. Sm.
▶波纹白铁木
◎26165 ◇1113
◎39227 ◇1690
Zanthoxylum acuminatum subsp. *juniperinum* (Poepp.) Reynel ex C. Nelson
▶桧叶花椒
◎40404 ◇1702
Zanthoxylum ailanthoides Siebold & Zucc.
▶椿叶花椒
◎15673 ◇480
◎19949 ◇480
◎19950 ◇480/285
◎20269 ◇480
◎26216 ◇1113
Zanthoxylum americanum Mill.
▶北美花椒
◎18308 ◇480
◎40632 ◇1704
Zanthoxylum armatum DC.
▶竹叶花椒
◎19293 ◇480
Zanthoxylum avicennae DC.
▶山花椒
◎9592 ◇480
◎14323 ◇480
◎14555 ◇480
◎16592 ◇480/285
Zanthoxylum budrunga DC.
▶布氏花椒
◎18281 ◇902
◎20902 ◇892/285
Zanthoxylum bungeanum Maxim.
▶花椒
◎4154 ◇481/286
◎5657 ◇481
◎19294 ◇480
◎26226 ◇1113
◎36797 ◇1621
Zanthoxylum caribaeum Lam.
▶加勒比花椒
◎26217 ◇1113
◎41526 ◇1716
◎42398 ◇1727
Zanthoxylum clava-herculis subsp. *fruticosum* (A. Gray) Reynel
▶果花椒
◎26219 ◇1113
◎40589 ◇1704
Zanthoxylum clava-herculis L.
▶棒状花椒
◎26218 ◇1113
◎41555 ◇1716
◎42267 ◇1725
Zanthoxylum davyi (I. Verd.) P. G. Waterman
▶戴维花椒
◎26220 ◇1113
◎39713 ◇1697
Zanthoxylum dipetalum H. Mann
▶双瓣花椒
◎26221 ◇1113
◎39472 ◇1694
◎42230 ◇1725
Zanthoxylum dissitum Hemsl. ex F. B. Forbes & Hemsl.
▶蚬壳花椒
◎3751 ◇481/285
Zanthoxylum elephantiasis Macfad.
▶艾乐花椒
◎4503 ◇481/285
Zanthoxylum fagara subsp. *lentiscifolium* (Humb. & Bonpl. ex Willd.) Reynel ex C. Nelson
▶乳香叶花椒
◎32820 ◇1498
Zanthoxylum fagara Sarg.
▶发氏花椒
◎26205 ◇1112
◎38757 ◇1140
◎39473 ◇1694
Zanthoxylum flavum Vahl
▶黄花椒
◎22736 ◇806
◎26222 ◇1113
◎42078 ◇1723
Zanthoxylum formiciferum (Cuatrec.) P. G. Waterman
▶福姆花椒
◎35152 ◇1565
Zanthoxylum gilletii (De Wild.) P. G. Waterman
▶非洲花椒
◎18406 ◇925/524
◎20552 ◇829/524
◎21542 ◇478/524
◎21733 ◇930/524
◎22900 ◇899
◎36754 ◇1619
◎36755 ◇1619
◎39583 ◇1695
Zanthoxylum heitzii (Aubrév. & Pellegr.) P. G. Waterman
▶赫氏花椒
◎21100 ◇928
◎21748 ◇930/524
◎22901 ◇899
Zanthoxylum micranthum Hemsl.
▶小花花椒
◎12636 ◇481;1013/286
Zanthoxylum myriacanthum Wall.
▶大叶臭花椒
◎6515 ◇481/286
◎16547 ◇481/286
◎18344 ◇/286
◎38087 ◇1114

Zanthoxylum nitidum DC.

▶两面针

◎21409 ◇897

Zanthoxylum pentandrum (Aubl.) R. A. Howard

▶五雄花椒

◎22767 ◇806

◎27722 ◇1239

◎32460 ◇1486

◎32461 ◇1486

◎34447 ◇1550

◎40392 ◇1702

Zanthoxylum petiolare A. St.-Hil. & Tul.

▶具柄花椒

◎32821 ◇1498

Zanthoxylum rhetsa (Roxb.) DC.

▶阮氏花椒

◎27404 ◇1232

◎27405 ◇1232

◎38405 ◇1133

Zanthoxylum rhodoxylon P. Wilson

▶红花椒

◎26225 ◇1113

◎33021 ◇1506

◎38156 ◇1129

Zanthoxylum riedelianum subsp. *kellermanii* (P. Wilson) Reynel

▶光叶花椒

◎26223 ◇1113

Zanthoxylum rubescens Planch. ex Hook.

▶如波花椒

◎18423 ◇925/524

Zanthoxylum scandens Blume

▶藤花椒

◎19948 ◇480

Zanthoxylum schreberi (J. F. Gmel.) Reynel ex C. Nelson

▶斯凯花椒

◎26224 ◇1113

Zanthoxylum simulans Hance

▶野花椒

◎39774 ◇1697

Zanthoxylum sprucei Engl.

▶整洁花椒

◎38448 ◇1134

Zanthoxylum vinkii T. G. Hartley

▶温克花椒

◎31536 ◇1451

Zanthoxylum viride (A. Chev.) P. G. Waterman

▶绿色花椒

◎36057 ◇1587

◎36058 ◇1587

Zanthoxylum L.

▶花椒属

◎3598 ◇481

◎4507 ◇481

◎6943 ◇481

◎11899 ◇481;729

◎13527 ◇481

◎21271 ◇480

◎27514 ◇1234

◎29128 ◇1315

◎32822 ◇1498

◎32823 ◇1498

◎32824 ◇1498

◎32825 ◇1498

◎33022 ◇1506

◎33023 ◇1506

◎33024 ◇1506

◎33025 ◇1506

◎33026 ◇1506

◎33027 ◇1506

◎33028 ◇1506

◎33029 ◇1506

◎33030 ◇1506

◎33984 ◇1541

◎34402 ◇1549

◎34403 ◇1549

◎34524 ◇1551

◎34525 ◇1551

◎34526 ◇1551

◎34527 ◇1551

Sabiaceae 清风藤科

Meliosma alba (Schltdl.) Walp.

▶珂南树

◎21197 ◇551

Meliosma angustifolia Merr.

▶狭叶泡花树

◎6772 ◇551

◎9251 ◇551;786

◎12157 ◇551

◎12465 ◇551;881

◎12864 ◇551;1061/326

◎13117 ◇551

◎14260 ◇551

◎14895 ◇551;1074

◎17012 ◇551

Meliosma arnottiana (Wight) Walp.

▶南亚泡花树

◎15943 ◇551

Meliosma cuneifolia Franch.

▶楔叶泡花树

◎686 ◇551;789

◎1041 ◇TBA

◎3214 ◇551

◎6120 ◇551

◎8676 ◇551;994/326

◎11598 ◇551;875

◎17997 ◇551

Meliosma dumicola W. W. Sm.

▶灌丛泡花树

◎12940 ◇552;813

◎22157 ◇960

Meliosma ferruginea Kurz ex King

▶锈红泡花树

◎35972 ◇1586

Meliosma flexuosa Pamp.

▶垂枝毛泡花树

◎17083 ◇552

Meliosma fordii Hemsl.

▶香皮毛泡花树

◎14440 ◇552

◎15676 ◇552

◎15678 ◇552

◎16589 ◇552

◎17446 ◇552;782

Meliosma glandulosa Cufod.

▶腺毛泡花树

◎15853 ◇552

◎16533 ◇552

◎17104 ◇552

Meliosma henryi Diels

▶贵州泡花树

◎20261 ◇552

◎20262 ◇552

Meliosma herbertii Rolfe

▶草泡花树

◎18552 ◇552/525

Meliosma kirkii Hemsl. & E. H. Wilson

▶山青木

◎78 ◇552

◎18059 ◇552;1025

◎19039 ◇552

Meliosma laui Merr.

▶华南泡花树

◎14253 ◇552

Meliosma macrophylla Merr.

▶大叶泡花树

◎18341 ◇953/329

Meliosma myriantha Siebold & Zucc.

▶多花泡花树

◎4151 ◇552

◎17405 ◇TBA

Meliosma oldhamii var. *glandulifera* Cufod.

▶有腺泡花树

◎17518 ◇553;788

Meliosma oldhamii Miq. ex Maxim.

▶红泡花树/红柴枝

◎5847 ◇553

◎7046 ◇553

◎13565 ◇553;861

Meliosma parviflora Lecomte

▶细花泡花树

◎5918 ◇553

Meliosma paupera Hand.-Mazz.

▶狭序泡花树

◎16584 ◇553

◎39360 ◇1692

Meliosma rhoifolia var. *barbulata* (Cufod.) Law

▶腋毛泡花树

◎13465 ◇551;998

◎17085 ◇553

◎17098 ◇553

◎28435 ◇1275

Meliosma rigida var. *pannosa* Hemsl.

▶毡毛泡花树

◎20260 ◇553

Meliosma rigida Siebold & Zucc.

▶笔罗泡花树

◎9082 ◇TBA

◎9134 ◇553;969/328

◎12670 ◇553;871/328

◎16688 ◇553

◎17344 ◇553;985

◎18040 ◇553

◎19169 ◇553

◎20024 ◇553

◎20025 ◇553

◎20259 ◇553

◎21169 ◇553

Meliosma sellowii Urb.

▶色露泡花树

◎32904 ◇1500

Meliosma simplicifolia (Roxb.) Walp.

▶单叶泡花树

◎4299 ◇553

Meliosma squamulata Hance

▶樟叶泡花树

◎13253 ◇554;729

◎13506 ◇554/328

◎13672 ◇TBA

◎13874 ◇554/328

◎13875 ◇554;873

◎13876 ◇554

◎14463 ◇554

◎14802 ◇554

◎15804 ◇554

◎15848 ◇554

◎16425 ◇554

◎21854 ◇554

Meliosma sumatrana (Jack) Walp.

▶苏门答腊泡花树

◎28129 ◇1261

◎28711 ◇1289

◎29036 ◇1309

◎38016 ◇1682

Meliosma thorelii Lecomte

▶色瑞泡花树

◎11768 ◇551

◎14714 ◇551

Meliosma veitchiorum Hemsl.

▶泡花树/暖木

◎525 ◇554

◎5910 ◇554

◎18848 ◇554

Meliosma velutina Rehder & E. H. Wilson

▶毛泡花树

◎9362 ◇551;1028

◎9363 ◇551;852

◎11735 ◇554

◎14008 ◇554

Meliosma viitchiflorum (L.) Castigl.

▶维提泡花树

◎6903 ◇554

Meliosma yunnanensis Franch.

▶云南泡花树

◎77 ◇552

◎6123 ◇552

◎11832 ◇554;812

Meliosma Blume

▶泡花树属

◎6363 ◇555

◎8608 ◇555

◎9340 ◇555;1063

◎9387 ◇555;858

◎11877 ◇555;877

◎13498 ◇555

◎13566 ◇555

◎17394 ◇555;798

◎19414 ◇555

◎28613 ◇1285

◎28827 ◇1295

◎28862 ◇1297

◎28900 ◇1300

◎28988 ◇1306

◎39997 ◇1125

Sabia limoniacea Wall.

▶柠檬清风藤

◎7930 ◇555/329

Salicaceae 杨柳科

Azara microphylla Hook. f.

▶小叶金柞木

◎24292 ◇1082

◎40625 ◇1704

Azara serrata Ruiz & Pav.

▶金柞木

◎29714 ◇1356

◎29715 ◇1356

Banara parviflora (A. Gray) Benth.

▶小花白萑柞

◎32182 ◇1478

Banara tomentosa Clos

▶毛白萑柞

◎32183 ◇1478

Bennettiodendron leprosipes (Clos) Merr.

▶山桂花

◎17855 ◇153/102

◎20223 ◇153

Carrierea calycina Franch.

▶山羊角树

◎84 ◇153

◎196 ◇153;798

◎478 ◇153

◎1035 ◇153

◎1109 ◇TBA

◎10613 ◇153

◎17678 ◇153/102

Casearia aequilateralis **Merr.**

▶**海南脚骨脆**

◎12956 ◇158/104

◎14919 ◇158;1029

◎16844 ◇158

Casearia arborea **(Rich.) Urb.**

▶**乔木脚骨脆**

◎34549 ◇1552

◎35012 ◇1561

Casearia barteri **Mast.**

▶**巴特脚骨脆**

◎29537 ◇1338

◎29538 ◇1338

◎29539 ◇1338

◎29701 ◇1355

◎37773 ◇1667

◎37887 ◇1674

◎37888 ◇1675

Casearia corymbosa **Kunth**

▶**伞房嘉赐木/伞房脚骨脆**

◎24475 ◇1087

◎39169 ◇1689

Casearia emarginata **C. Wright ex Griseb.**

▶**缺刻嘉赐木/缺刻脚骨脆**

◎24476 ◇1086

Casearia flavovirens **Blume**

▶**黄绿嘉赐木/黄绿脚骨脆**

◎27549 ◇1235

Casearia glomerata **Roxb.**

▶**球花脚骨脆**

◎21415 ◇897

Casearia gossypiosperma **Briq.**

▶**棉籽嘉赐木/棉籽脚骨脆**

◎32193 ◇1481

Casearia grandiflora **Cambess.**

▶**大花嘉赐木/大花脚骨脆**

◎34416 ◇1549

Casearia grewiifolia **var.** ***deglabrata*** **Koord. & Valeton**

▶**代格嘉赐木/代格脚骨脆**

◎27364 ◇1231

Casearia grewiifolia **Vent.**

▶**格瑞嘉赐木/格瑞脚骨脆**

◎37595 ◇1662

Casearia laetioides **(A. Rich.) Warb.**

▶**蕾蒂脚骨脆**

◎20153 ◇936

◎20540 ◇828

◎38296 ◇1132

Casearia mariquitensis **Kunth**

▶**麦瑞嘉赐木/麦瑞脚骨脆**

◎32974 ◇1503

Casearia membranacea **Hance**

▶**薄叶嘉赐木/膜叶脚骨脆**

◎11574 ◇158/104

◎14427 ◇158

◎16185 ◇158

◎16600 ◇158

◎17694 ◇158/385

Casearia negrensis **Eichler**

▶**乃哥嘉赐木/乃哥脚骨脆**

◎32195 ◇1478

Casearia obliqua **Spreng.**

▶**斜嘉赐木/斜脚骨脆**

◎32196 ◇1478

Casearia praecox **Griseb.**

▶**早生嘉赐木/早生脚骨脆**

◎22678 ◇806/539

◎22757 ◇806

◎24477 ◇1086

◎34585 ◇1552

Casearia singularis **Eichler**

▶**单生嘉赐木/单生脚骨脆**

◎32855 ◇1499

◎34010 ◇1542

Casearia stipitata **Mast.**

▶**具柄嘉赐木/具柄脚骨脆**

◎36476 ◇1607

Casearia sylvestris **Sw.**

▶**林生嘉赐木/林生脚骨脆**

◎32197 ◇1478

Casearia villilimba **Merr.**

▶**毛叶嘉赐木/毛叶脚骨脆**

◎14271 ◇158

◎16053 ◇158

◎16920 ◇158/104

Casearia zeylanica **(Gaertn.) Thwaites**

▶**仔兰嘉赐木/仔兰脚骨脆**

◎35357 ◇1571

◎35358 ◇1571

Casearia **Jacq.**

▶**嘉赐木属/脚骨脆属**

◎3735 ◇158

◎8884 ◇158

◎28284 ◇1268

◎28285 ◇1268

◎35359 ◇1571

◎35360 ◇1571

Chosenia **Nakai**

▶**钻天柳属**

◎13986 ◇163

Dovyalis caffra **(Hook. f. & Harv.) Sim**

▶**卡夫锡兰莓木**

◎24811 ◇1091

Flacourtia amalotricha **A. C. Sm.**

▶**奥马刺篱木**

◎20718 ◇896

Flacourtia indica **(Burm. f.) Merr.**

▶**印度刺篱木**

◎3387 ◇153

◎3435 ◇153

◎11718 ◇153/102

◎35623 ◇1573

Flacourtia rukam **Zoll. & Moritzi**

▶**大叶刺篱木**

◎14359 ◇153;970/102

◎14523 ◇153

◎16994 ◇153

Hasseltia floribunda **Kunth**

▶**多花骨柞**

◎4514 ◇153

Homalium abdessammadii **Asch. & Schweinf.**

▶**龙胆天料木**

◎18449 ◇925/605

◎21637 ◇160

Homalium africanum **(Hook. f.) Benth.**

▶**非洲天料木**

◎18394 ◇925/105

◎21577 ◇159

Homalium ceylanicum **(Gardner) Benth.**

▶**斯里兰卡天料木**

◎14085 ◇893/105

◎18714 ◇894/105

◎20360 ◇938/105

◎22963 ◇954

◎27419 ◇1232

◎37000 ◇1628

◎11444 ◇159;998

◎11445 ◇159

◎11446 ◇159

S

◎11447 ◇159;1062

◎11448 ◇159;851

◎11449 ◇159;888/105

◎11550 ◇159

◎11737 ◇161/105

◎12488 ◇159;852/105

◎14331 ◇160

◎14908 ◇160;1029

◎15952 ◇160

◎16796 ◇160

◎17781 ◇160;996

◎17782 ◇160

◎17783 ◇160

◎18997 ◇161

◎31879 ◇1467

Homalium cochinchinense **(Lour.) Druce**

▶天料木

◎9595 ◇159

◎16578 ◇159

◎16921 ◇159/105

◎17088 ◇159

◎21183 ◇159

◎39361 ◇1692

Homalium ealaense **De Wild.**

▶依兰天料木

◎21601 ◇159/527

Homalium foetidum **Benth.**

▶裂味天料木

◎9921 ◇955/105

◎13159 ◇894

◎14149 ◇/563

◎18713 ◇894

◎18982 ◇907

◎19021 ◇906

◎19469 ◇906

◎21223 ◇159

◎22780 ◇906

◎25175 ◇1097

◎27611 ◇1236

◎34975 ◇1560

◎35439 ◇1571

◎36997 ◇1628

◎36998 ◇1628

◎36999 ◇1628

Homalium guianense **(Aubl.) Oken**

▶圭亚那天料木

◎31976 ◇1470

◎34450 ◇1550

Homalium luzoniense **Fern.-Vill.**

▶吕宋天料木

◎4610 ◇161

Homalium minahassae **Koord.**

▶米纳天料木

◎27245 ◇1229

Homalium mollissimum **Merr.**

▶毛天料木

◎12450 ◇161;851

Homalium panayanum **Fern.-Vill.**

▶巴拿天料木

◎28472 ◇1277

Homalium paniculiflorum **F. C. How & W. C. Ko**

▶广南天料木

◎14640 ◇161/105

◎14976 ◇161

◎16866 ◇161

Homalium phanerophlebium **F. C. How & W. C. Ko**

▶显脉天料木

◎14475 ◇161

◎14957 ◇161;1029/104

◎17034 ◇161

Homalium racemosum **Jacq.**

▶总状花序天料木

◎34053 ◇1542

◎38176 ◇1129

Homalium stenophyllum **Merr. & Chun**

▶狭叶天料木

◎6834 ◇161

◎12987 ◇161;797/105

Homalium stipulaceum **Welw. ex Mast.**

▶托叶天料木

◎37852 ◇1673

Homalium travancoricum **Bedd.**

▶川文天料木

◎28422 ◇1275

Homalium wildemanianum **Gilg**

▶维乐天料木

◎21581 ◇161

Idesia polycarpa **var.** ***vestita*** **Diels**

▶毛叶山桐子

◎336 ◇154;795

◎1187 ◇TBA

◎1217 ◇TBA

◎9835 ◇154;852/102

◎15866 ◇TBA

Idesia polycarpa **Maxim.**

▶山桐子

◎4852 ◇154

◎5871 ◇154

◎6046 ◇TBA

◎6127 ◇154

◎6377 ◇154

◎6952 ◇154

◎11922 ◇154

◎12677 ◇154;812/102

◎13438 ◇154;1038

◎13448 ◇154;812

◎16495 ◇154

◎17386 ◇154;790

◎17499 ◇154;783

◎18021 ◇154

◎19888 ◇154

◎21171 ◇TBA

◎22365 ◇916

Idesia **Maxim.**

▶山桐子属

◎6917 ◇154

Itoa orientalis **Hemsl.**

▶伊桐/栀子皮

◎6386 ◇155

◎7143 ◇155

◎9655 ◇155

◎11811 ◇155/103

Itoa stapfii **(Koord.) Sleumer**

▶斯氏栀子皮

◎27040 ◇1225

Laetia procera **(Poepp.) Eichler**

▶利蒂风子木/黑钉树属

◎20436 ◇905

◎25256 ◇1097

◎26307 ◇1142

◎26308 ◇1142

◎26309 ◇1142

◎26328 ◇1146

◎26329 ◇1146

◎26330 ◇1146

◎27991 ◇1254

◎29281 ◇1324

◎29282 ◇1324

◎32235 ◇1480

◎32236 ◇1480

◎32343 ◇1483

◎32729 ◇1494

◎34456 ◇1550

◎35039 ◇1562
◎39115 ◇1689
◎41888 ◇1720
◎41889 ◇1720

***Laetia thamnia* L.**
▶利蒂风子木/黑钉树
◎41083 ◇1710

***Oncoba laurina* (C. Presl) Eichler**
▶劳氏鼻烟盒树
◎4490 ◇155/604

***Oncoba spinosa* Forssk.**
▶鼻烟盒树
◎36262 ◇1591

***Piparea multiflora* C. F. Gaertn.**
▶多花鸡钉树
◎27790 ◇1243
◎32194 ◇1478
◎32854 ◇1499
◎32973 ◇1503
◎34417 ◇1549
◎34550 ◇1552

***Polyothyrsis sinensis* Hook. f.**
▶山拐枣
◎6914 ◇155;789/103

***Populus × canadensis* Moench**
▶加杨
◎4803 ◇168
◎18175 ◇166
◎25687 ◇1104
◎25697 ◇1105
◎25698 ◇1105
◎37349 ◇1650
◎37350 ◇1650
◎37351 ◇1650

***Populus × candicans* Aiton**
▶白亮杨/欧洲大叶杨
◎32919 ◇1501
◎38656 ◇1137

***Populus × canescens* (Aiton) Sm.**
▶灰杨
◎31461 ◇1445
◎31462 ◇1446
◎31463 ◇1446

***Populus × euramericana* cv. '74/76'**
▶欧美杨 107
◎40015 ◇1748
◎40016 ◇1748
◎40017 ◇1748
◎40018 ◇1748
◎40019 ◇1748

***Populus × tomentosa* Carrière**
▶毛白杨
◎5701 ◇169
◎6673 ◇169
◎8237 ◇169;1013/112
◎11269 ◇169;970/111
◎11279 ◇169
◎13719 ◇169;799
◎17250 ◇169
◎21192 ◇169
◎22367 ◇916

***Populus adenopoda* Maxim.**
▶响叶杨
◎5 ◇163
◎242 ◇163;790
◎406 ◇163
◎463 ◇163
◎1149 ◇TBA
◎1201 ◇163
◎6620 ◇163/107
◎9532 ◇163;1037/107
◎9533 ◇163;1037
◎9534 ◇163;1037
◎10691 ◇163
◎16167 ◇163;970/107
◎17682 ◇163;970
◎20306 ◇163

***Populus alba* var. *pyramidalis* Bunge**
▶新疆杨
◎13806 ◇164/107
◎18177 ◇827

***Populus alba* L.**
▶银白杨
◎7894 ◇165/107
◎9420 ◇830
◎11016 ◇165
◎11017 ◇165
◎11169 ◇832
◎12025 ◇914
◎13648 ◇165;1001
◎13741 ◇946
◎13808 ◇165
◎14249 ◇914
◎22328 ◇916
◎41057 ◇1710
◎41810 ◇1719

Populus americana
▶美洲杨
◎17921 ◇822/107

***Populus angustifolia* E. James**
▶窄叶杨
◎25688 ◇1104
◎25689 ◇1104
◎38695 ◇1138
◎41243 ◇1712
◎41531 ◇1716

***Populus balsamifera* L.**
▶香脂杨
◎23116 ◇805
◎25690 ◇1104
◎38612 ◇1137
◎41227 ◇1712
◎41574 ◇1716

***Populus canadensis* F. Michx.**
▶加杨
◎5702 ◇165/107
◎7895 ◇165
◎15580 ◇949
◎17251 ◇165;983
◎17922 ◇822/111
◎17923 ◇822/111
◎17924 ◇822
◎21356 ◇165
◎22327 ◇916
◎23082 ◇883
◎41474 ◇1715
◎41811 ◇1719
◎41815 ◇1720
◎42423 ◇1728

***Populus cathayana*Rehder**
▶青杨
◎7777 ◇164/108
◎11276 ◇165;995
◎11309 ◇165;970/107
◎11310 ◇165/108
◎11311 ◇165

***Populus deltoides* subsp. *wislizenii* (S. Watson) Eckenw.**
▶维斯美洲黑杨
◎25691 ◇1105

***Populus deltoides* W. Bartram ex Marshall**
▶美洲黑杨
◎4351 ◇164
◎4983 ◇164
◎10356 ◇826
◎10408 ◇821

S

◎25692　◇1105
◎26860　◇1213
◎26861　◇1213
◎26862　◇1213
◎26876　◇1215
◎38779　◇1140
◎38870　◇1685

Populus euphratica **Olivier**

▶**胡杨**

◎5307　◇166;817
◎5314　◇166;968/112
◎7870　◇166
◎9998　◇166
◎11018　◇166;888/108
◎13108　◇166;1075/112
◎13807　◇166/108
◎18557　◇166
◎19351　◇166/112
◎19449　◇166/108
◎19450　◇166
◎19451　◇166
◎35649　◇1573

Populus fremontii **S. Watson**

▶**弗瑞杨**

◎25693　◇1105
◎25694　◇1105
◎41529　◇1716
◎42144　◇1723

Populus grandidentata **Michx.**

▶**大齿杨**

◎4706　◇166
◎10409　◇821/109
◎25699　◇1105
◎38949　◇1686
◎38950　◇1686

Populus heterophylla **L.**

▶**异叶杨**

◎25695　◇1105
◎38776　◇1140
◎39407　◇1693
◎41519　◇1716
◎42361　◇1726
◎42362　◇1726

Populus koreana **Rehder**

▶**香杨**

◎12087　◇166

Populus lasiocarpa **Oliv.**

▶**大叶杨**

◎7108　◇166
◎7781　◇166;860/109
◎9787　◇166;970/109
◎10690　◇166
◎10887　◇166

Populus laurifolia **Ledeb.**

▶**苦杨**

◎7869　◇166/109
◎11015　◇166/109

Populus macrocarpa **(Schrenk) Pavlov & Lipsch.**

▶**大果杨**

◎13805　◇168/108

Populus nigra **var.** ***italica*** **Münchh.**

▶**钻天杨**

◎5632　◇167
◎7868　◇167
◎7900　◇167
◎8231　◇167;993/111
◎11306　◇167;1056/110
◎11307　◇TBA
◎11308　◇167;1004
◎13750　◇946
◎17039　◇167

Populus nigra **L.**

▶**黑杨**

◎4184　◇167
◎7504　◇167
◎7505　◇167/110
◎12026　◇914
◎17547　◇167
◎21357　◇167
◎21686　◇904
◎26484　◇1165
◎37205　◇1635
◎37206　◇1635
◎37207　◇1635
◎37220　◇1637
◎37221　◇1637
◎37222　◇1637
◎41522　◇1716
◎41532　◇1716

Populus palmeri **Sarg.**

▶**帕氏杨**

◎25696　◇1105

Populus pruinosa **Schrenk**

▶**灰胡杨**

◎19452　◇167/110
◎19453　◇167
◎19454　◇167
◎19455　◇167
◎19456　◇167/110
◎19457　◇167

Populus pseudoglauca **Z. Wang & P. Y. Fu**

▶**长序杨**

◎19237　◇TBA
◎19247　◇167
◎19248　◇167
◎19249　◇167

Populus purdomii **Rehder**

▶**冬瓜杨**

◎522　◇TBA

Populus robusta **C. K. Schneid**

▶**罗布杨**

◎40623　◇1704

Populus simonii **Carrière**

▶**小叶杨**

◎4731　◇168
◎6672　◇168/111
◎8443　◇168
◎10883　◇168
◎11272　◇168;995/111
◎11277　◇168
◎19574　◇168

Populus suaveolens **Fisch.**

▶**甜杨**

◎4183　◇167
◎4925　◇167
◎5703　◇168/110
◎6439　◇167;1080
◎7660　◇167;777
◎7661　◇167;784/109
◎7687　◇167;994/109
◎7881　◇167;990/109
◎10226　◇918
◎10290　◇902
◎10410　◇821/112
◎12084　◇167
◎12552　◇169;992/113
◎12653　◇168;1013
◎17227　◇821
◎22329　◇TBA

Populus szechuanica **C. K. Schneid.**

▶**川杨**

◎8674　◇168;1009
◎10885　◇168
◎10886　◇168

Populus tremula var. *davidiana* (Dode) C. K. Schneid.

▶山杨

◎4924 ◇164/108

◎7657 ◇164;1073

◎7658 ◇165;718/108

◎7659 ◇164;785

◎7850 ◇164

◎8652 ◇164;718/108

◎10689 ◇164

◎11278 ◇TBA

◎19245 ◇164

◎19246 ◇164

◎20614 ◇164

◎22339 ◇916

◎5337 ◇164;781

Populus tremula L.

▶欧洲山杨

◎533 ◇169

◎4327 ◇169

◎5007 ◇TBA

◎7785 ◇169;872

◎8252 ◇TBA

◎9421 ◇830

◎11273 ◇168/111

◎11274 ◇168;1062

◎11275 ◇168

◎11299 ◇168

◎11350 ◇823

◎12027 ◇914

◎13786 ◇168/111

◎14021 ◇169

◎17260 ◇168

◎21358 ◇169

◎37202 ◇1635

◎37203 ◇1635

◎37204 ◇1635

Populus tremuloides Michx.

▶美洲山杨/颤杨

◎10411 ◇821

◎17229 ◇169;821/112

◎18668 ◇169

◎23431 ◇821

◎25700 ◇1105

◎38878 ◇1685

◎41468 ◇1715

◎41523 ◇1716

Populus trichocarpa Torr. & A. Gray ex Hook.

▶毛果杨

◎10412 ◇821

◎17228 ◇169;821/112

◎18667 ◇169

Populus turzaninowii Henry

▶特扎杨

◎5339 ◇169;787

Populus wilsonii C. K. Schneid.

▶椅杨

◎8673 ◇169;718/113

◎25701 ◇1105

Populus yunnanensis Dode

▶滇杨

◎1273 ◇169

◎11302 ◇169;999/113

◎17857 ◇169

Populus L.

▶杨属

◎745 ◇170;784

◎5878 ◇170

◎5900 ◇170

◎7756 ◇170

◎7844 ◇170

◎7997 ◇170;1009

◎8009 ◇170;990

◎8071 ◇170;991

◎8178 ◇170

◎8179 ◇170

◎8236 ◇170;993

◎8282 ◇170

◎8283 ◇170

◎8317 ◇170

◎8318 ◇170

◎8319 ◇170

◎8463 ◇170

◎8656 ◇170

◎10014 ◇170

◎10126 ◇170

◎10128 ◇170

◎10170 ◇170

◎10979 ◇170

◎10982 ◇170

◎11079 ◇170

◎12276 ◇TBA

◎12325 ◇870

◎12331 ◇870

◎12343 ◇TBA

◎12357 ◇870

◎12363 ◇870

◎13293 ◇878

◎13294 ◇878

◎13398 ◇849

◎13411 ◇849

◎13720 ◇170;813

◎17925 ◇822

◎19611 ◇170

◎23511 ◇953

◎23548 ◇953

◎26776 ◇1200

◎26777 ◇1200

◎26811 ◇1205

◎39998 ◇1125

◎40821 ◇1707

Ryania speciosa var. *chocoensis* (Triana & Planch.) Monach.

▶乔克鱼钉树

◎32271 ◇1481

◎32272 ◇1481

Ryania speciosa Vahl

▶美丽鱼钉树

◎38310 ◇1132

Salix × *fragilis* L.

▶爆竹柳

◎12029 ◇914

◎18180 ◇827

◎21701 ◇904

◎38539 ◇1135

◎38829 ◇1684

◎38876 ◇1685

◎41665 ◇1718

◎41720 ◇1718

Salix × *pendulina* f. *salamonii* (Carrière) I. V. Belyaeva

▶近萨拉莫尼亚柳

◎38965 ◇1687

Salix acutifolia Willd.

▶锐叶柳/尖叶柳

◎25897 ◇1108

◎40254 ◇1700

Salix alba var. *caerulea* (Sm.) W. D. J. Koch

▶细叶柳

◎4810 ◇171

Salix alba L.

▶白柳

◎9419 ◇830

◎12028 ◇914

◎14250 ◇914

◎21359　◇171
◎22040　◇912
◎23512　◇953
◎23549　◇953
◎37367　◇1652
◎37368　◇1652
◎37369　◇1652

Salix amygdaloides **Andersson**
▶桃叶柳
◎25899　◇1108
◎38947　◇1686
◎39277　◇1691

Salix arbutifolia **Pall.**
▶钻天柳
◎4923　◇163/106
◎13665　◇163;993/106
◎18087　◇163;1072/106

Salix babylonica **L.**
▶垂柳
◎6　◇171
◎5316　◇172;975/114
◎5384　◇172;1000
◎5705　◇171
◎6430　◇171/113
◎6680　◇171
◎7091　◇171
◎8240　◇172;1013/114
◎10670　◇171
◎11000　◇171
◎13737　◇945/115
◎13975　◇172;1012
◎15873　◇171/114
◎17038　◇171
◎17041　◇172
◎17149　◇172
◎19253　◇171
◎20631　◇172
◎26781　◇1201

Salix bebbiana **Sarg.**
▶拜博柳
◎25900　◇1108
◎38913　◇1686
◎38930　◇1686
◎40256　◇1700
◎41624　◇1717
◎41747　◇1719

Salix blanda **Andersson**
▶布兰柳
◎25901　◇1108
◎25902　◇1108

Salix caprea **L.**
▶黄花柳
◎4185　◇171
◎4926　◇171
◎11170　◇832
◎15583　◇949
◎41824　◇1720

Salix cardiophylla **Trautv. & C. A. Mey.**
▶卡帝柳
◎4930　◇171

Salix caroliniana **Michx.**
▶卡罗来纳柳
◎41613　◇1717
◎41749　◇1719

Salix cathayana **Diels**
▶中华柳
◎10667　◇171/113
◎10668　◇171
◎10669　◇171

Salix chaenomeloides **Kimura**
▶腺柳
◎5704　◇172
◎9544　◇172;1036/113
◎9545　◇172;970/113
◎17585　◇171
◎18042　◇171
◎23083　◇883

Salix cheilophila **C. K. Schneid.**
▶乌柳
◎19310　◇171
◎19311　◇171

Salix chienii **Cheng**
▶银叶柳
◎6843　◇171/113
◎17430　◇171;780

Salix cinerea **var.** ***atrocinerea*** **(Brot.) O. Bolòs & Vigo**
▶阿托柳
◎18514　◇827

Salix cordata **Michx.**
▶科尔柳
◎4182　◇171/115

Salix disperma **Roxb. ex D. Don**
▶蒂斯柳
◎20606　◇173

Salix elaeagnos **Scop.**
▶艾兰柳
◎25903　◇1108

Salix eleagnos **Scop.**
▶埃里柳
◎15581　◇949
◎41648　◇1717

Salix eriocephala **Michx.**
▶毛头柳
◎38837　◇1684
◎38940　◇1686
◎38945　◇1686

Salix exigua **var.** ***sessilifolia*** **(Nutt.) Dorn**
▶无柄柳
◎25904　◇1108

Salix exigua **Nutt.**
▶矮小柳
◎25905　◇1108
◎38528　◇1135
◎38861　◇1685
◎41649　◇1717
◎41822　◇1720

Salix fulvopubescens **Hayata**
▶褐毛柳
◎7336　◇172/114

Salix glauca **L.**
▶灰蓝柳
◎32934　◇1502
◎32935　◇1502
◎32936　◇1502

Salix gmelinii **Pall.**
▶格麦林柳
◎29816　◇1361

Salix gordejevii **Y. L. Chang & Skvortsov**
▶黄柳
◎18374　◇172/368
◎18383　◇172

Salix heterochroma **Seemen**
▶紫枝柳
◎7　◇172/114
◎19028　◇172

Salix hookeriana **Barratt ex Hook.**
▶胡克柳
◎25906　◇1108
◎39723　◇1697
◎41611　◇1717
◎41712　◇1718

Salix humboldtiana **Willd.**
▶南美洲黑柳

◎18246 ◇172
◎25898 ◇1108
◎38237 ◇1130
Salix humilis **Marshall**
▶云淡柳
◎38854 ◇1685
◎38887 ◇1685
◎38917 ◇1686
◎38927 ◇1686
◎38934 ◇1686
Salix interior **Rowlee**
▶国内柳
◎38948 ◇1686
Salix jazoensis
▶加氏柳
◎4929 ◇172
Salix lasiolepis **Benth.**
▶毛鳞柳
◎25907 ◇1108
◎32939 ◇1502
◎40654 ◇1705
◎41647 ◇1717
◎41691 ◇1718
Salix lucida **var.** ***lasiandra*** **(Benth.) Cronquist**
▶毛蕊柳
◎38721 ◇1139
Salix lucida **Muhl.**
▶明亮柳
◎25908 ◇1108
◎38889 ◇1685
◎40255 ◇1700
Salix moupinensis **Franch.**
▶宝兴柳
◎10918 ◇/115
Salix mucronata **Thunb.**
▶短尖柳
◎35519 ◇1572
Salix myrsinifolia **Salisb.**
▶紫金牛叶柳
◎32937 ◇1502
◎32938 ◇1502
Salix nigra **Marshall**
▶黑柳
◎4352 ◇172
◎10360 ◇826
◎18687 ◇172/115
◎23073 ◇917
◎38780 ◇1140
Salix paraplesia **var.** ***subintegra*** **Z. Wang & P. Y. Fu**
▶左旋柳
◎19250 ◇173
◎19251 ◇173
◎19252 ◇173
Salix paratetradenia **Z. Wang & P. Y. Fu**
▶类四腺柳
◎19312 ◇173
◎19313 ◇173
◎19314 ◇173
◎19315 ◇173
Salix pedicellaris **Pursh**
▶叉棘柳
◎38918 ◇1686
Salix petiolaris **Sm.**
▶细柄柳
◎38845 ◇1684
◎38849 ◇1685
◎38890 ◇1685
◎38906 ◇1686
◎38912 ◇1686
◎38933 ◇1686
Salix phylicifolia **L.**
▶深山柳
◎38527 ◇1135
◎38914 ◇1686
◎38937 ◇1686
◎38938 ◇1686
◎38946 ◇1686
◎40253 ◇1700
◎41650 ◇1717
◎41823 ◇1720
Salix psammophila **Z. Wang & Chang Y. Yang**
▶沙柳
◎20672 ◇173
◎23702 ◇173
Salix psilostigma **Andersson**
▶裸柱头柳
◎19306 ◇173
◎19307 ◇173
◎19308 ◇173
◎19309 ◇173
Salix purpurea **L.**
▶紫色柳/红皮柳
◎5002 ◇173/115
◎25909 ◇1108
Salix pyrifolia **Andersson**
▶梨叶柳
◎38896 ◇1686
◎38908 ◇1686
Salix rorida **Laksch.**
▶粉枝柳
◎4927 ◇172/114
Salix rubaniana **var.** ***schneiderii*** **Kimura**
▶施奈柳
◎18575 ◇919
Salix scouleriana **Barratt**
▶斯考柳
◎25910 ◇1108
◎38752 ◇1139
◎39494 ◇1694
◎41520 ◇1716
◎41758 ◇1719
Salix serissima **Fernald**
▶诗瑞柳
◎25911 ◇1108
Salix sinica **(K. S. Hao ex C. F. Fang & A. K. Skvortsov) G. H. Zhu**
▶中国黄花柳
◎528 ◇173;781
◎10666 ◇173/113
Salix sitchensis **Sanson ex Bong.**
▶西特柳
◎25912 ◇1108
Salix taxifolia **Kunth**
▶杉叶柳
◎25913 ◇1108
Salix udensis **Trautv. & C. A. Mey.**
▶安得柳
◎4928 ◇173/115
Salix viminalis **L.**
▶蒿柳
◎5004 ◇173/115
◎12078 ◇173
◎41643 ◇1717
Salix warburgii **Seemen**
▶水柳
◎7212 ◇173/115
Salix **L.**
▶柳属
◎247 ◇174;982
◎254 ◇174;982
◎547 ◇174;783
◎587 ◇174;787
◎647 ◇174

◎689 ◇174;784
◎694 ◇174
◎697 ◇174
◎1174 ◇TBA
◎1282 ◇174
◎4000 ◇TBA
◎4010 ◇174
◎5375 ◇174;872
◎5406 ◇174
◎5625 ◇174
◎5626 ◇174
◎5884 ◇174
◎7879 ◇174
◎8650 ◇174;718
◎10001 ◇174
◎10003 ◇TBA
◎10004 ◇174
◎10419 ◇821
◎11020 ◇174
◎11917 ◇174
◎13280 ◇878
◎13813 ◇174
◎17234 ◇174;821
◎17613 ◇174
◎30141 ◇1380
◎30164 ◇1382
◎30792 ◇1415
◎39999 ◇1125

Scolopia crenata **(Wight & Arn.) Clos**
▶圆齿簕柊木
◎28415 ◇1274

Scolopia heterophylla **(Lam.) Sleumer**
▶异叶簕柊木
◎25944 ◇1109

Scolopia mundii **(Nees) Warb.**
▶红梨簕柊木
◎25945 ◇1109
◎40167 ◇1699

Scolopia saeva **Hance**
▶广东簕柊木
◎14592 ◇155/103
◎16871 ◇155
◎17054 ◇155

Scolopia spinosa **(Roxb.) Warb.**
▶刺簕柊木
◎27677 ◇1237

Trichostephanus **Gilg**
▶毛花冠树属
◎29573 ◇1341
◎29574 ◇1341
◎29575 ◇1341

Xylosma congesta **(Lour.) Merr.**
▶柞木
◎5852 ◇156
◎5915 ◇156
◎6283 ◇156;877
◎6927 ◇156
◎8208 ◇157
◎8356 ◇TBA
◎8357 ◇156
◎8358 ◇156
◎8359 ◇156
◎8360 ◇156
◎8416 ◇156
◎8417 ◇157
◎8638 ◇157;718
◎12517 ◇157;1013
◎16750 ◇157
◎17065 ◇157/103

Xylosma controversa **Clos**
▶南岭蒙子树
◎20222 ◇157

Xylosma hawaiiense **Seem**
▶夏威夷柞木
◎26213 ◇1113
◎39444 ◇1693

Xylosma japonicum **A. Gray**
▶日本柞木
◎16159 ◇157/103
◎17466 ◇157;785

Xylosma longifolia **Clos**
▶长叶蒙子树
◎3776 ◇157
◎4266 ◇157/103

Xylosma luzonensis **(C. Presl) Merr.**
▶吕宋蒙子树
◎28733 ◇1290

Xylosma **G. Forst.**
▶蒙子树属/柞木属
◎3731 ◇157

Santalaceae 檀香科

Dendrotrophe varians **Miq.**
▶寄生藤
◎28093 ◇1260

Exocarpos cupressiformis **Labill.**
▶柏状罗汉檀
◎41338 ◇1714
◎41339 ◇1714

Exocarpos latifolius **R. Br.**
▶阔叶罗汉檀
◎27602 ◇1236
◎28216 ◇1265
◎37507 ◇1660

Phoradendron piperoides **(Kunth) Trel.**
▶肉穗寄生
◎32682 ◇1492

Pyrularia edulis **(Wall.) A. DC.**
▶檀梨
◎20022 ◇603
◎20023 ◇603

Santalum acuminatum **A. DC.**
▶渐尖檀香木
◎25918 ◇1108
◎39391 ◇1692
◎41642 ◇1717

Santalum album **L.**
▶檀香
◎7309 ◇603/360
◎10464 ◇825
◎10465 ◇825
◎12295 ◇603
◎12296 ◇603
◎23005 ◇TBA

Santalum frevcinetianum **var.** ***pyrularium*** **(Gray) Stemmerm.**
▶普如檀香
◎36770 ◇1620
◎36771 ◇1620

Santalum haleakalae **Hillebr.**
▶夏威夷檀香
◎39372 ◇1692

Santalum lanceolatum **R. Br.**
▶披针檀香木
◎25919 ◇1108
◎40531 ◇1703
◎41614 ◇1717
◎41934 ◇1721

Santalum paniculatum **var.** ***paniculatum***
▶圆锥檀香木
◎36772 ◇1620

Santalum spicatum **A. DC.**
▶澳大利亚檀香木
◎23276 ◇832
◎25920 ◇1108

Santalum yasi **Seem.**
▶斐济檀香木

◎25921　◇1108

Santalum L.

▶檀香属

◎13357　◇603/360

◎13379　◇TBA

Scleropyrum pentandrum (Dennst.) Mabb.

▶五药硬核

◎3480　◇603

◎3506　◇603

◎14504　◇603

◎14532　◇603/360

◎31671　◇1455

Viscum L.

▶槲寄生属

◎31765　◇1460

Sapindaceae　无患子科

Acer amplum subsp. *catalpifolium* (Rehder) Y. S. Chen

▶梓叶槭

◎211　◇518;780

◎457　◇518

◎1139　◇TBA

◎1145　◇TBA

◎1200　◇TBA

◎1202　◇TBA

◎4110　◇518

◎7640　◇518

◎10729　◇518/309

Acer buergerianum Miq.

▶三角槭

◎4732　◇530

◎5737　◇530

◎6285　◇517

◎6651　◇517

◎8480　◇517

◎9529　◇517;1000

◎9530　◇517;998

◎17042　◇517

◎17101　◇517

Acer caesium subsp. *giraldii* (Pax) A. E. Murray

▶深灰槭

◎19298　◇517

◎20398　◇523

Acer campbellii subsp. *flabellatum* (Rehder) A. E. Murray

▶扇叶槭

◎71　◇522

◎143　◇522;792/310

◎347　◇522;795

◎430　◇522

◎456　◇522

◎690　◇522

◎728　◇522

◎808　◇522

◎1103　◇522

◎1189　◇TBA

◎1191　◇522;967

◎1192　◇TBA

◎8613　◇522;1072/310

◎8697　◇522;1077

◎9765　◇522;787

◎9786　◇522

◎10717　◇522

◎10725　◇522

◎10728　◇522

◎10730　◇522

◎10731　◇522

◎15699　◇522

Acer campbellii subsp. *sinense* (Pax) P. C. DeJong

▶中华槭

◎74　◇529

◎303　◇529;778

◎6378　◇529

◎6858　◇529

◎7609　◇TBA

◎10631　◇529

◎15695　◇518/309

◎16735　◇529

◎17351　◇529;777

◎17506　◇529;794

◎17652　◇529/315

Acer campbellii subsp. *wilsonii* (Rehder) P. C. DeJong

▶三峡槭

◎9277　◇530;786/317

◎15765　◇530/317

◎18772　◇530

◎19357　◇530/112

Acer campbellii Hook. f. & Thomson ex Hiern

▶藏南槭

◎20777　◇891

Acer campestre L.

▶栓皮槭

◎5019　◇517

◎11167　◇832

◎12044　◇914

◎14247　◇914

◎18173　◇517/308

◎23519　◇953

◎23561　◇953

Acer capillipes Maxim.

▶细柄槭

◎4141　◇517/309

Acer cappadocicum subsp. *sinicum* (Rehder) Hand.-Mazz.

▶小叶青皮槭

◎454　◇517

◎1165　◇TBA

◎1183　◇TBA

◎8640　◇TBA

◎8668　◇517;994/308

Acer cappadocicum Gled.

▶青皮槭

◎8594　◇517;1019

◎19295　◇517

◎19296　◇517

Acer caudatifolium Hayata

▶尖尾槭

◎21841　◇525

Acer caudatum subsp. *multiserratum* (Maxim.) A. E. Murray

▶川滇长尾槭

◎715　◇518

◎6152　◇518

◎8671　◇518;718

◎19301　◇518/308

Acer caudatum subsp. *ukurundense* (Trautv. & C. A. Mey.) E. Murray

▶花楷槭

◎19202　◇530

Acer caudatum Wall.

▶长尾槭

◎24094　◇1083

Acer circinatum Pursh

▶藤槭

◎24095　◇1083

◎26847　◇1211

◎26848　◇1211

◎26864　◇1213

◎38751　◇1139

◎39267　◇1691

◎41510　◇1716

◎42393 ◇1727

Acer cirmictum Pursh

▶切尔槭

◎19631 ◇518

Acer cissifolium (Siebold & Zucc.) K. Koch

▶白粉藤叶槭

◎24096 ◇1083

Acer cordatum var. *multiserratum* Rehd.

▶多齿长尾槭

◎8589 ◇518;1072

Acer cordatum Pax

▶紫果槭

◎20006 ◇518

Acer coriaceifolium H. Lév.

▶樟叶槭

◎9267 ◇518

◎9342 ◇518;997/309

◎9371 ◇518;862

◎17043 ◇518

◎17455 ◇518;783

Acer crataegifolium Siebold & Zucc.

▶山楂叶枫

◎4165 ◇518

◎42210 ◇1724

Acer cubrum

▶古堡槭

◎4967 ◇518

Acer davidii subsp. *grosseri* (Pax) ined.

▶葛萝槭

◎20612 ◇523

Acer davidii Franch.

▶青榨槭

◎191 ◇519;1028

◎258 ◇519;981

◎274 ◇519;789

◎1030 ◇519

◎1237 ◇519

◎3258 ◇519

◎3290 ◇519

◎5329 ◇519

◎5333 ◇519;996

◎6026 ◇519

◎6498 ◇519;1058

◎6845 ◇519

◎8687 ◇519;1004

◎9393 ◇519;1058/309

◎9799 ◇519;812

◎10952 ◇519

◎11924 ◇519;862

◎13485 ◇519

◎15015 ◇519

◎15791 ◇520

◎16440 ◇520/309

◎17419 ◇520;791

◎17628 ◇520

◎17793 ◇520;963

◎17794 ◇520;1042

◎17795 ◇520;1042

◎17796 ◇520;1042

◎18028 ◇520;1027

◎20005 ◇520

◎20192 ◇520

◎21146 ◇520

◎38108 ◇1114

Acer distylum Siebold & Zucc.

▶迪斯槭

◎4163 ◇520/308

Acer erianthum Schwer.

▶阔槭

◎7106 ◇521

◎17078 ◇521/308

Acer fabri Hance

▶罗浮槭

◎72 ◇521

◎182 ◇521;788

◎1082 ◇521

◎6453 ◇521

◎9164 ◇521;1057

◎12482 ◇521;1046

◎14265 ◇521

◎15646 ◇521

◎15746 ◇521

◎16387 ◇521

◎17375 ◇521;801/310

◎20191 ◇521

◎21984 ◇521

Acer glabrum var. *douglasii* (Hook.) Dippel

▶道格拉斯槭

◎38631 ◇1137

Acer glabrum Torr.

▶洛基山槭

◎24097 ◇1083

◎39262 ◇1691

Acer griseum (Franch.) Pax

▶鱼皮槭

◎18509 ◇827/311

Acer grosseri var. *hersii* (Rehder) Rehder

▶长裂葛萝槭

◎36740 ◇1618

◎36741 ◇1618

Acer heldreichii Orph. ex Boiss.

▶黑尔德里希槭

◎18529 ◇827/311

◎26537 ◇1171

◎26687 ◇1190

◎26688 ◇TBA

◎26707 ◇1193

◎26708 ◇TBA

◎26709 ◇TBA

Acer henryi Pax

▶建始槭

◎8607 ◇TBA

◎16105 ◇523/311

Acer japonicum Thunb.

▶羽扇槭

◎4205 ◇523

◎5736 ◇523/311

◎18604 ◇919

Acer laevigatum Wall.

▶光叶槭

◎455 ◇523

◎11627 ◇523;990/311

Acer laurinum Hassk.

▶十蕊槭

◎12463 ◇520;874

◎12953 ◇TBA

◎14382 ◇520

◎14966 ◇TBA

◎26960 ◇1223

Acer longipes Franch. ex Rehder

▶长柄槭

◎306 ◇523;794

◎368 ◇523/310

◎557 ◇524/312

◎19297 ◇523

Acer macrophyllum Pursh

▶大叶槭

◎4730 ◇524

◎10386 ◇821

◎17212 ◇524;821

◎18689 ◇524/312

Acer mandshuricum Maxim.

▶白牛槭

◎6056 ◇524

◎7768 ◇524/312

◎7906 ◇524;1052

◎10065 ◇524

◎10181 ◇830

◎10722 ◇TBA

◎12054 ◇524

◎12310 ◇848

◎13728 ◇524/312

◎18069 ◇524;1025/313

Acer maximowiczianum **Miq.**

▶毛果槭

◎24098 ◇1083

Acer miyabei **Maxim.**

▶羊角槭

◎4206 ◇525/312

Acer monspessulanum **L.**

▶蒙皮利埃槭

◎21693 ◇904

◎26710 ◇1193

◎26711 ◇1193

◎26899 ◇1218

◎26900 ◇1218

◎26901 ◇1218

◎40628 ◇1704

Acer negundo **L.**

▶梣叶槭

◎4600 ◇526

◎5739 ◇526

◎12045 ◇914

◎17211 ◇526;821

◎18184 ◇827

◎21318 ◇526/313

◎22025 ◇912

◎26538 ◇1171

◎26539 ◇1171

◎26540 ◇1171

◎26902 ◇1219

◎26903 ◇1219

◎26904 ◇1219

◎37226 ◇1638

◎37227 ◇1638

◎37228 ◇1638

◎37235 ◇1639

◎37236 ◇1639

◎37237 ◇1639

◎42065 ◇1723

Acer nigrum **F. Michx.**

▶黑槭

◎38623 ◇1137

Acer nikoense **(Miq.) Maxim.**

▶尼可槭

◎39289 ◇1691

Acer oblongum **Wall. ex DC.**

▶飞蛾槭

◎154 ◇526;779

◎184 ◇526;798

◎1238 ◇526

◎4220 ◇526

◎6054 ◇526

◎6169 ◇526;1080/366

◎6202 ◇526

◎7324 ◇TBA

◎10634 ◇526

◎11881 ◇526

◎19299 ◇526

◎19318 ◇526/313

Acer obtusifolium **Sm.**

▶钝叶槭

◎17536 ◇526

Acer oligocarpum **W. P. Fang & L. C. Hu**

▶少果槭

◎19304 ◇527

Acer oliverianum **Pax**

▶五裂槭

◎73 ◇527

◎124 ◇527

◎1215 ◇TBA

◎3254 ◇527

◎3304 ◇527

◎6014 ◇527;1064

◎7339 ◇527

◎12692 ◇527;1052

◎15640 ◇527

◎17349 ◇527;778

◎17443 ◇527;781/313

◎19302 ◇527

◎19303 ◇527

◎20593 ◇527

Acer palmatum **subsp. *amoenum* (Carrière) H. Hara**

▶美丽槭

◎26588 ◇1178

Acer palmatum **Thunb.**

▶鸡爪槭

◎4208 ◇527/314

◎4838 ◇527

◎5909 ◇527

◎6884 ◇527;720

◎10260 ◇918

◎24099 ◇1083

Acer paxii **Franch.**

▶派斯槭

◎16022 ◇523

◎16114 ◇523

Acer pectinatum **subsp. *laxiflorum* (Pax) A. E. Murray**

▶川康槭

◎295 ◇TBA

◎351 ◇523;976

◎688 ◇TBA

◎6306 ◇523

◎6606 ◇523

◎8593 ◇TBA

◎10637 ◇523

◎10638 ◇523

◎17257 ◇523/316

Acer pectinatum **subsp. *maximowiczii* (Pax) A. E. Murray**

▶五尖槭

◎513 ◇524

◎524 ◇524

◎560 ◇524/558

◎8619 ◇524;792/312

◎8649 ◇524;718

Acer pensylvanicum **L.**

▶条纹槭

◎24100 ◇1083

◎26762 ◇1199

◎38130 ◇1128

◎39157 ◇1689

◎41369 ◇1714

Acer pictum **Thunb.**

▶色木槭

◎4207 ◇528

◎5342 ◇525;996

◎5344 ◇525

◎5413 ◇528

◎5430 ◇528

◎5524 ◇528;872

◎7673 ◇525;974

◎7905 ◇525;1011

◎8002 ◇525;785

◎8004 ◇525;785

◎8204 ◇525;992
◎9455 ◇830
◎9779 ◇525/313
◎10063 ◇525
◎10066 ◇525
◎10071 ◇525
◎10122 ◇525
◎10139 ◇525
◎10632 ◇525
◎10633 ◇525
◎10635 ◇528
◎10721 ◇525
◎10724 ◇525
◎12098 ◇525
◎12312 ◇TBA
◎12386 ◇848
◎12405 ◇TBA
◎12410 ◇TBA
◎12426 ◇TBA
◎12556 ◇525;979/317
◎13337 ◇879
◎13338 ◇879
◎18019 ◇525;963
◎18068 ◇525;1025
◎19305 ◇525
◎20610 ◇525
◎21202 ◇525
◎22347 ◇916

***Acer pilosum* Maxim.**

▶疏毛槭

◎18017 ◇528;1025/314

***Acer platanoides* L.**

▶挪威槭

◎4338 ◇528
◎7510 ◇528
◎9456 ◇830
◎11166 ◇832
◎12046 ◇914
◎13758 ◇947
◎21458 ◇528/314
◎21709 ◇904
◎26585 ◇1177
◎26586 ◇1177
◎26587 ◇1177
◎26849 ◇1211
◎26850 ◇1211
◎26851 ◇1212
◎26865 ◇1213
◎26866 ◇1213
◎26898 ◇1218

***Acer pseudoplatanus* L.**

▶欧亚槭

◎4337 ◇528
◎4785 ◇528
◎5009 ◇528
◎9453 ◇830
◎11165 ◇832
◎11367 ◇823
◎12047 ◇914
◎13759 ◇947
◎14242 ◇914
◎17905 ◇822
◎17906 ◇822
◎17907 ◇822
◎18174 ◇528
◎21319 ◇528
◎21459 ◇528/313
◎22039 ◇912
◎26852 ◇1212
◎26867 ◇1213
◎26868 ◇1214
◎36774 ◇1620
◎37343 ◇1650
◎37344 ◇1650
◎37345 ◇1650

***Acer pseudosieboldianum* (Pax) Kom.**

▶紫花槭

◎7770 ◇528
◎8001 ◇528;785/314
◎22366 ◇916

***Acer robustum* Opiz**

▶杈叶槭

◎520 ◇529
◎9783 ◇529;818
◎18847 ◇529

***Acer ronpingense* Hayata**

▶若平槭

◎16118 ◇529/314

***Acer rubescens* Hayata**

▶红槭/台湾红榨槭

◎5024 ◇529/314

***Acer rubrum* L.**

▶红花槭

◎4589 ◇529
◎17210 ◇529;821
◎18688 ◇529
◎22128 ◇826
◎23071 ◇917
◎23103 ◇805
◎26853 ◇1212
◎26854 ◇1212
◎26855 ◇1212
◎26869 ◇1214
◎42024 ◇1722

***Acer rufinerve* Siebold & Zucc.**

▶红脉槭/瓜皮槭

◎18605 ◇919/314
◎24101 ◇1083
◎36775 ◇1620

***Acer saccharinum* L.**

▶银白槭

◎4367 ◇529
◎4570 ◇529
◎10341 ◇826
◎10342 ◇826
◎10387 ◇TBA
◎10388 ◇TBA
◎17209 ◇529;821
◎18698 ◇529
◎21460 ◇529
◎21461 ◇529/315
◎21963 ◇805
◎23433 ◇821
◎26763 ◇1199
◎36776 ◇1620
◎38882 ◇1685

***Acer saccharum* subsp. *floridanum* (Chapm.) Desmarais**

▶佛罗里达糖槭

◎24103 ◇1083
◎38675 ◇1138
◎40557 ◇1703

***Acer saccharum* subsp. *grandidentatum* (Nutt.) Desmarais**

▶大齿糖槭

◎24104 ◇1083
◎38719 ◇1139

***Acer saccharum* subsp. *leucoderme* (Small) Desmarais**

▶白皮糖槭

◎24105 ◇1083

***Acer saccharum* subsp. *nigrum* (F. Michx.) Desmarais**

▶黑糖槭

◎24106 ◇1083

***Acer saccharum* subsp. *skutchii* (Rehder) A. E. Murray**

▶斯库奇糖槭

◎24102　◇1083

Acer saccharum Marshall

▶糖槭

◎4368　◇529

◎4571　◇529

◎4709　◇529

◎4968　◇529

◎23072　◇917

◎23104　◇805

◎42072　◇1723

Acer shenkanense W. P. Fang ex C. C. Fu

▶陕甘槭

◎135　◇528;792

◎757　◇528

◎764　◇528

◎10636　◇525

◎10718　◇528

◎10727　◇528

Acer shirasawanum Koidz.

▶思拉槭

◎4123　◇530/315

Acer sikkimense subsp. *metcalfii* (Rehder) P. C. DeJong

▶南岭槭

◎14995　◇525

Acer sino-oblongum F. P. Metcalf

▶滨海槭

◎15800　◇529/315

Acer sinopurpurascens W. C. Cheng

▶毛槭

◎6004　◇529;1064

Acer spicatum Lam.

▶穗花槭

◎38506　◇1135

◎38886　◇1685

◎38899　◇1686

◎39155　◇1689

Acer stachyophyllum Hiern

▶毛叶槭

◎726　◇530

◎3308　◇530

◎8664　◇530

◎19300　◇/316

◎24093　◇TBA

◎24107　◇1083

Acer sterculiaceum subsp. *franchetii* (Pax) A. E. Murray

▶房县槭

◎6312　◇522

◎7613　◇522

◎8646　◇TBA

◎8708　◇522;1004/308

◎16107　◇524/311

Acer sterculiaceum Wall.

▶苹婆槭

◎3256　◇530

Acer sycopseoides Chun

▶角叶槭

◎22005　◇530

Acer tataricum subsp. *ginnala* (Maxim.) Wesm.

▶茶条槭

◎562　◇523/310

◎6652　◇523

◎24109　◇1083

◎38852　◇1685

◎41416　◇1714

Acer tataricum L.

▶鞑靼槭

◎9457　◇830/315

◎24108　◇1083

Acer tegmentosum Maxim.

▶青楷槭/辽东槭

◎9454　◇830/309

◎19201　◇530

Acer triflorum Kom.

▶三花槭/拧筋槭

◎6057　◇530;1000/317

◎19207　◇530

Acer truncatum Bunge

▶元宝槭

◎5738　◇530

◎8233　◇530;869/317

◎11192　◇530;851

◎20616　◇530

Acer tschonoskii subsp. *koreanum* A. E. Murray

▶南韩槭

◎7996　◇530;785

Acer tutcheri Duthie

▶岭南槭

◎16436　◇530

◎16515　◇530

◎16664　◇530/315

Acer L.

▶槭属

◎75　◇531

◎847　◇TBA

◎916　◇TBA

◎5432　◇531

◎5439　◇531

◎5515　◇531

◎5663　◇531

◎5897　◇531

◎7076　◇531

◎7090　◇531

◎7623　◇531

◎7769　◇531

◎8011　◇532;991

◎8017　◇532;991

◎8176　◇532

◎9087　◇532

◎9088　◇532

◎9275　◇532;886

◎9658　◇532

◎10035　◇532

◎10036　◇532

◎10038　◇532

◎10070　◇532

◎10083　◇532

◎10095　◇532

◎10719　◇532

◎10968　◇532

◎10984　◇532

◎11049　◇532

◎11050　◇532

◎11594　◇532;881

◎12219　◇847

◎12418　◇TBA

◎13348　◇TBA

◎13403　◇849/234

◎13416　◇TBA

◎13553　◇532;1012

◎14798　◇532

◎14991　◇532

◎15459　◇532

◎16341　◇847

◎20409　◇532

◎20410　◇532

◎23441　◇821

◎26336　◇1147

◎26337　◇1147

◎26469　◇1164

◎26639　◇1184

◎26640　◇TBA

◎26641 ◇TBA
◎26666 ◇1186
◎26667 ◇1186
◎26668 ◇1187
◎26669 ◇1187
◎26831 ◇1209
◎31840 ◇1465
◎31841 ◇1465
◎40005 ◇1125

Aesculus californica **(Spach) Nutt.**
▶加利福尼亚七叶树
◎24118 ◇1083
◎39243 ◇1690
◎41415 ◇1714

Aesculus carnea **Zeyh.**
▶加拿大七叶树
◎26541 ◇1171

Aesculus chinensis **var.** ***wilsonii*** **(Rehder) Turland & N. H. Xia**
▶天师栗
◎76 ◇516
◎6157 ◇516/307
◎6422 ◇516
◎6947 ◇516
◎19354 ◇516

Aesculus chinensis **Bunge**
▶七叶树
◎6067 ◇516
◎12752 ◇923/307
◎18849 ◇516/307

Aesculus flava **Sol.**
▶黄花七叶树
◎4377 ◇516/307
◎4993 ◇516
◎10343 ◇826
◎40769 ◇1706
◎42309 ◇1726

Aesculus glabra **Willd.**
▶光叶七叶树/北美七叶树
◎4573 ◇516
◎24119 ◇1083

Aesculus hippocastanum **L.**
▶欧洲七叶树
◎4339 ◇516
◎4786 ◇516
◎5740 ◇TBA
◎11361 ◇823
◎12051 ◇914
◎12072 ◇516
◎13734 ◇945
◎15607 ◇951
◎17904 ◇822
◎21336 ◇516
◎22024 ◇912
◎22297 ◇903
◎26470 ◇1164
◎26764 ◇1199
◎37229 ◇1638
◎37230 ◇1638
◎37231 ◇1638
◎37316 ◇B227
◎37317 ◇B227
◎37318 ◇B227

Aesculus indica **(Wall. ex Cambess.) Hook.**
▶印度七叶树
◎20837 ◇891

Aesculus neglecta **Lindl.**
▶忽略七叶树
◎38764 ◇1140

Aesculus pavia **L.**
▶红花七叶树
◎24120 ◇1083
◎26624 ◇1182
◎26625 ◇1183
◎26626 ◇TBA
◎26642 ◇1184
◎26643 ◇TBA
◎26644 ◇TBA
◎40630 ◇1704
◎41511 ◇1716
◎42105 ◇1723

Aesculus turbinata **Blume**
▶日本七叶树
◎4135 ◇516
◎10261 ◇918
◎18624 ◇919
◎24121 ◇1083

Aesculus wangii **Hu**
▶云南七叶树
◎19366 ◇516

Aesculus **L.**
▶七叶树属
◎850 ◇TBA
◎26365 ◇1152
◎26366 ◇1152
◎26367 ◇1152
◎26396 ◇1155

Alectryon diversifolius **(F. Muell.) S. T. Reynolds**
▶异叶红冠果
◎24146 ◇1083

Alectryon excelsus **Gaertn.**
▶秀丽红冠果
◎18783 ◇911

Alectryon oleifolius **(Desf.) S. T. Reynolds**
▶奥氏红冠果
◎24147 ◇1083
◎40449 ◇1702
◎42033 ◇1722
◎42052 ◇1722

Allophylus africanus **P. Beauv.**
▶非洲异木患
◎32966 ◇1503

Allophylus cobbe **(L.) Raeusch.**
▶科布异木患
◎28961 ◇1304
◎28962 ◇1304
◎31540 ◇1451
◎40340 ◇1701

Allophylus cominia **Sw.**
▶科曼异木患
◎39273 ◇1691
◎39837 ◇1698

Allophylus edulis **Radlk. ex Warm.**
▶可食异木患
◎33483 ◇1524

Allophylus **L.**
▶异木患属
◎19564 ◇507

Amesiodendron annamense
▶越南细子龙
◎12701 ◇922/303

Amesiodendron chinense **(Merr.) Hu**
▶细子龙
◎9598 ◇507
◎11027 ◇507
◎11495 ◇507;972
◎11496 ◇507;874
◎11497 ◇507
◎11498 ◇507/303
◎11499 ◇507;888
◎11552 ◇507
◎13020 ◇507
◎14514 ◇507
◎14881 ◇507;1029

◎14979 ◇507

◎16150 ◇507

Arytera distylis Radlk.

▶二柱滨木患

◎38962 ◇1687

◎42311 ◇1726

Arytera littoralis Blume

▶滨木患

◎3416 ◇508

◎3427 ◇508

◎3507 ◇508/303

◎3508 ◇508

◎3765 ◇508

◎9589 ◇508

◎28745 ◇1291

◎35888 ◇1585

Atalaya hemiglauca F. Muell. ex Benth.

▶莱邦博椒木患

◎24278 ◇1082

◎40366 ◇1701

Billia rosea (Planch. & Linden) C. Ulloa & P. M. Jørg.

▶玫瑰三叶树

◎20452 ◇905

◎38161 ◇1129

Blighia sapida K. D. Koenig

▶阿开木/香味咸鱼果

◎24351 ◇1085

◎39336 ◇1691

Blighia unijugata Baker

▶歪头咸鱼果

◎32914 ◇1501

◎42417 ◇1727

Blighia welwitschii (Hiern) Radlk.

▶韦氏阿开木/韦氏咸鱼果

◎18417 ◇925/524

◎21489 ◇508

◎30965 ◇1423

◎31167 ◇1429

◎31168 ◇1429

Blomia prisca (Standl.) Lundell

▶薄笼木

◎24352 ◇1086

◎39147 ◇1689

Boniodendron minus (Hemsl.) T. C. Chen

▶黄梨木

◎20217 ◇511

◎22002 ◇508

Chytranthus carneus Radlk.

▶肉色壶木患

◎30937 ◇1421

◎31215 ◇1431

◎31216 ◇1431

Chytranthus macrobotrys (Gilg) Exell & Mendonça

▶大穗壶木患

◎37655 ◇TBA

Chytranthus setosus Radlk.

▶壶木患

◎21509 ◇719/527

Chytranthus talbotii (Baker f.) Keay

▶泰勒壶木患

◎37828 ◇1671

Cubilia Blume

▶椿栗属

◎27185 ◇1228

Cupania glabra Sw.

▶光滑野蜜莓

◎24703 ◇1090

◎39220 ◇1690

Cupania guatemalensis Radlk.

▶危地马拉野蜜莓

◎38122 ◇1128

Cupania hirsuta Radlk.

▶刚毛野蜜莓

◎32880 ◇1500

Cupania latifolia Kunth

▶阔叶野蜜莓

◎41959 ◇1721

◎41966 ◇1721

Cupania scrobiculata var. *guianensis* (Miq.) Radlk.

▶圭亚那野蜜莓

◎32441 ◇1485

Cupania scrobiculata Rich.

▶蜂巢野蜜莓

◎27846 ◇1246

◎32983 ◇1503

◎32984 ◇1503

◎33782 ◇1538

◎34026 ◇1542

◎38361 ◇1133

Cupania vernalis Cambess.

▶佛纳里斯野蜜莓

◎32881 ◇1500

◎32985 ◇1503

Cupania L.

▶野蜜莓属

◎18539 ◇820

◎27187 ◇1228

◎42420 ◇1727

Cupaniopsis anacardioides (A. Rich.) Radlk.

▶鸮蜜莓

◎24705 ◇1090

◎24706 ◇1090

◎40991 ◇1709

◎41149 ◇1711

Cupaniopsis foveolata (F. Muell.) Radlk.

▶蜂巢鸮蜜莓

◎24704 ◇1090

Deinbollia acuminata Exell

▶渐尖凉木患

◎24759 ◇1090

Deinbollia borbonica Scheff.

▶凉木患

◎32882 ◇1500

Deinbollia oblongifolia Radlk.

▶长圆叶凉木患

◎39842 ◇1698

Delavaya yunnanensis Franch.

▶茶条木

◎16028 ◇508/303

Dimocarpus gardneri (Thwaites) Leenh.

▶花园龙眼木

◎35387 ◇1571

Dimocarpus longan subsp. *longan*

▶龙眼

◎35388 ◇1571

◎35599 ◇1572

Dimocarpus longan subsp. *malesianus* Leenh.

▶麦乐龙眼木

◎31563 ◇1452

Dimocarpus longan Lour.

▶龙眼

◎8807 ◇509

◎9621 ◇509

◎10020 ◇509

◎10045 ◇509

◎12341 ◇870

◎12367 ◇870

◎12698 ◇509;1047/304

◎13846 ◇509;985
◎14608 ◇509
◎16002 ◇509
◎16874 ◇509
◎17701 ◇509
◎18763 ◇509
◎22204 ◇934
◎24772 ◇1090
◎39795 ◇1698
◎41152 ◇1711
◎41506 ◇1716

Diploglottis bracteata **Leenh.**
▶苞片类酸豆木/苞片酸酱木
◎24798 ◇1091
◎40492 ◇1703

Diploglottis euneuros
▶尤氏类酸豆木/优氏酸酱木
◎28926 ◇1302

Dipteronia dyeriana **A. Henry**
▶云南金钱槭
◎6633 ◇533/316

Dipteronia sinensis **Oliv.**
▶金钱槭
◎7063 ◇533
◎8618 ◇533;1004/317
◎9761 ◇533;787/317
◎21384 ◇533
◎37407 ◇1655
◎37408 ◇1655
◎37409 ◇1655

Dodonaea viscosa **Jacq.**
▶车桑子/坡柳
◎11822 ◇508;812/303
◎14595 ◇508

Erioglossum rubiginosum **(Roxb.) Blume**
▶如氏赤才
◎4300 ◇509/303

Erioglossum **Blume**
▶赤才属
◎27595 ◇1236

Euphorianthus euneurus **(Miq.) Leenh.**
▶幼发患子
◎28929 ◇1302

Eurycorymbus cavaleriei **(H. Lév.) Rehder & Hand.-Mazz.**
▶伞花木
◎17076 ◇509
◎20026 ◇509
◎20234 ◇509/305

Exothea diphylla **(Standl.) Lundell**
▶代非墨木患
◎25008 ◇1094
◎39272 ◇1691
◎42112 ◇1723
◎42241 ◇1725

Exothea paniculata **Radlk. in Durand**
▶圆锥墨木患
◎25009 ◇1094
◎39644 ◇1696
◎41321 ◇1713
◎42090 ◇1723

Filicium decipiens **Thwaites**
▶蕨木患
◎38132 ◇1128
◎41990 ◇1722
◎41991 ◇1722

Ganophyllum falcatum **Blume**
▶镰刀甘欧木
◎9950 ◇937/304
◎13160 ◇894
◎14180 ◇893
◎15139 ◇895/304
◎20800 ◇891
◎21049 ◇890/644
◎25076 ◇1096
◎27232 ◇1228
◎27605 ◇1236
◎28336 ◇1271
◎36993 ◇1628
◎36994 ◇1628
◎36995 ◇1628

Ganophyllum giganteum **(A. Chev.) Hauman**
▶高大甘欧木
◎21552 ◇510/524

Guioa hirsuta **Welzen**
▶毛三蝶果
◎28820 ◇1295
◎29141 ◇1315

Guioa koelreuteria **Merr.**
▶栾树三蝶果
◎28213 ◇1265
◎37514 ◇1660

Guioa pleuropteris **Radlk.**
▶侧生三蝶果
◎28471 ◇1277

Guioa reticulata **Radlk.**
▶网状三蝶果
◎31367 ◇1438

Guioa semiglauca **Radlk.**
▶浅蓝三蝶果
◎39278 ◇1691

Handeliodendron bodinieri **(H. Lév.) Rehder**
▶掌叶木
◎16128 ◇510/304

Harpullia arborea **(Blanco) Radlk.**
▶乔木假山萝木
◎18854 ◇913/304
◎25151 ◇1096
◎28311 ◇1270

Harpullia cupanioides **Roxb.**
▶假山萝木
◎14658 ◇510/304
◎14667 ◇510
◎14820 ◇510
◎17699 ◇510
◎20904 ◇892
◎31877 ◇1467

Harpullia pendula **Planch. ex F. Muell.**
▶下垂假山萝木
◎25150 ◇1096
◎41340 ◇1714
◎41341 ◇1714

Harpullia petularis **Radlk**
▶皮氏假山萝木
◎36840 ◇1624

Hypelate trifoliata **Sw.**
▶三叶白木患
◎25192 ◇1097
◎38224 ◇1130
◎39453 ◇1693

Jagera pseudorhus **Radlk.**
▶雨沫树
◎39508 ◇1694

Koelreuteria bipinnata **Franch.**
▶复羽叶栾树
◎7094 ◇511/304
◎16158 ◇511/304
◎17044 ◇511/304

Koelreuteria elegans **subsp.** ***formosana*** **(Hayata) F. G. Mey.**
▶台湾栾树
◎7311 ◇511/645
◎25251 ◇1097

Koelreuteria paniculata Laxm.
▶栾树/栾
◎548 ◇511/304
◎4743 ◇511
◎4941 ◇511
◎5504 ◇511
◎5546 ◇511;860
◎5706 ◇511
◎6435 ◇511
◎6986 ◇511
◎21360 ◇511
◎26673 ◇1187
◎26674 ◇1187
◎26675 ◇TBA
◎26697 ◇1191
◎26698 ◇TBA
◎26699 ◇TBA
◎26744 ◇1197
◎26745 ◇1197
◎26746 ◇1197
◎36736 ◇1618
◎36737 ◇1618
◎37361 ◇1651
◎37362 ◇1651
◎37363 ◇1651
◎37376 ◇1653
◎37377 ◇1653
◎37378 ◇1653

Koelreuteria Laxm.
▶栾属
◎5386 ◇511
◎5810 ◇511

Lepisanthes amoena (Hassk.) Leenh.
▶美丽鳞花木
◎31628 ◇1454

Lepisanthes falcata subsp. *falcata* (Radlk.) Leenh.
▶镰刀鳞花木
◎28708 ◇1289

Lepisanthes oligophylla (Merr. & Chun) N. H. Xia & Gadek
▶鳞花木
◎14710 ◇514

Lepisanthes rubiginosa (Roxb.) Leenh.
▶赤才
◎25268 ◇1099
◎28367 ◇1272
◎38988 ◇1687

Lepisanthes senegalensis (Poir.) Leenh.
▶滇赤才
◎28232 ◇1266
◎32968 ◇1503

Lepisanthes tetraphylla Radlk.
▶四叶赤才
◎31629 ◇1454

Litchi chinensis Sonn.
▶荔枝
◎4683 ◇509
◎7350 ◇512
◎9586 ◇512
◎11434 ◇512;999/305
◎11435 ◇512;1062
◎11436 ◇512
◎13716 ◇512;1038
◎14347 ◇512/305
◎14828 ◇512;1074
◎16206 ◇512
◎16930 ◇512

Litchi philippinensis Radlk. ex Whitford
▶菲律宾荔枝
◎4649 ◇512/305
◎20946 ◇512

Litchi Sonn.
▶荔枝属
◎39951 ◇1122

Majidea forsteri Radlk.
▶马杰木/凤目栾
◎21602 ◇512/525

Matayba arborescens Radlk.
▶乔木马太患子/乔木白蜜莓
◎32997 ◇1504
◎32998 ◇1504

Matayba guianensis Aubl.
▶圭亚那马太患子/圭亚那白蜜莓
◎27806 ◇1243
◎32486 ◇1486
◎32903 ◇1500
◎32999 ◇1504
◎33834 ◇1539
◎33835 ◇1539

Matayba inelegans Radlk.
▶印氏马太患子/印氏白蜜莓
◎34069 ◇1543

Matayba opaca Radlk.
▶暗色马太患子/暗色白蜜莓
◎27994 ◇1254
◎32487 ◇1486

Matayba oppositifolia Britton
▶对生马太患子/对生白蜜莓
◎25375 ◇1100
◎39545 ◇1694
◎41320 ◇1713
◎42233 ◇1725

Melicoccus bijugatus Jacq.
▶二对米里无患子木/二对蜜莓
◎25391 ◇1100
◎39521 ◇1694
◎41948 ◇1721
◎42278 ◇1725

Melicoccus oliviformis Kunth
▶橄榄米里无患子木/橄榄蜜莓
◎20159 ◇936
◎25392 ◇1100
◎38289 ◇1132
◎39481 ◇1694

Melicoccus pedicellaris (Radlk.) Acev.-Rodr.
▶具花柄蜜莓
◎32528 ◇1487
◎32529 ◇1487
◎33880 ◇1540

Mischocarpus pentapetalus Radlk.
▶褐色柄果木
◎16993 ◇512
◎18296 ◇902/305
◎22015 ◇512

Mischocarpus pyriformis subsp. *retusus* (Radlk.) R. W. Ham
▶微凹柄果木
◎21275 ◇512
◎31738 ◇1459

Mischocarpus sundaicus Blume
▶柄果木
◎14981 ◇512
◎15688 ◇512/305
◎26498 ◇1167
◎27640 ◇1237

Nephelium bassacense Pierre
▶巴塞韶子
◎15360 ◇923/305

Nephelium chryseum Blume
▶韶子/毛荔枝
◎12162 ◇TBA
◎12189 ◇513/306

◎12443 ◇TBA
◎12447 ◇513;863
◎13121 ◇513;992
◎14302 ◇513/305
◎14834 ◇513;1029
◎16050 ◇513
◎16071 ◇513
◎17015 ◇513
◎17269 ◇513

Nephelium glabrum **Noronha**
▶无毛韶子
◎35981 ◇1586

Nephelium lappaceum **L.**
▶红毛丹
◎25460 ◇1099
◎39213 ◇1690
◎40959 ◇1709
◎41592 ◇1717

Nephelium ramboutan-ake **(Labill.) Leenh.**
▶葡萄山荔枝
◎33406 ◇1522
◎33466 ◇TBA

Otonephelium stipulaceum **Radlk.**
▶奥通无患子
◎20721 ◇896

Paranephelium spirei **Lecomte**
▶螺旋假韶子
◎25528 ◇1102

Paullinia fuscescens **Kunth**
▶褐色醒神藤
◎32909 ◇1501

Paullinia latifolia **Benth. ex Radlk.**
▶阔叶醒神藤
◎33015 ◇1506

Paullinia rhomboidea **Radlk.**
▶斜方醒神藤
◎32910 ◇1501

Paullinia stellata **Radlk.**
▶星状醒神藤
◎32911 ◇1501

Paullinia **L.**
▶醒神藤属
◎32912 ◇1501
◎32913 ◇1501
◎33467 ◇1524

Placodiscus boya **Aubrév. & Pellegr.**
▶博亚盾盘木
◎21766 ◇930/527

Placodiscus pseudostipularis **Radlk**
▶假托叶盾盘木
◎36593 ◇1613

Pometia pinnata **var.** ***glabra***
▶平滑番龙眼
◎25685 ◇1104

Pometia pinnata **J. R. Forst. & G. Forst.**
▶番龙眼
◎4672 ◇513
◎7286 ◇513
◎8945 ◇939/306
◎8948 ◇TBA
◎9951 ◇956
◎11731 ◇513;1073/306
◎11859 ◇513/306
◎12771 ◇923
◎13154 ◇894/306
◎13621 ◇513;971
◎14090 ◇893
◎17240 ◇513
◎18721 ◇894/750
◎18754 ◇513/306
◎18887 ◇913/306
◎18988 ◇513
◎19025 ◇906
◎19367 ◇513
◎19462 ◇906/306
◎21058 ◇890
◎21116 ◇TBA
◎21221 ◇513
◎22205 ◇934
◎22791 ◇513
◎23416 ◇933
◎25683 ◇1104
◎25684 ◇1104
◎26499 ◇1167
◎28486 ◇1278
◎31529 ◇1450
◎31654 ◇1455
◎31655 ◇1455
◎33856 ◇1539
◎33857 ◇1539
◎35507 ◇1572
◎35713 ◇1575
◎35714 ◇1575
◎35715 ◇1575
◎35998 ◇1586

Pometia ridleyi **King**
▶雷利番龙眼
◎40704 ◇1705

Pometia **J. R. Forst. & G. Forst.**
▶番龙眼属
◎19488 ◇935
◎20356 ◇938
◎22239 ◇934
◎23175 ◇933
◎23248 ◇927
◎23352 ◇889
◎36170 ◇1588
◎37548 ◇1661
◎40000 ◇1125

Pseudima frutescens **Radlk.**
▶烟木患
◎32929 ◇1502

Sapindus delavayi **Radlk.**
▶川滇无患子
◎1283 ◇514/308

Sapindus drummondii **Hook. & Arn.**
▶鼓状无患子
◎25922 ◇1108
◎38754 ◇1139
◎39443 ◇1693

Sapindus mukorossi **Gaertn.**
▶无患子
◎69 ◇514
◎3625 ◇514
◎4874 ◇514/306
◎7351 ◇514
◎9810 ◇514;991/306
◎9811 ◇514;818
◎9812 ◇514;852
◎9813 ◇514;990
◎11041 ◇514
◎14694 ◇514
◎16175 ◇514
◎16764 ◇514
◎16905 ◇514
◎17577 ◇514;985
◎21147 ◇514

Sapindus saponaria **L.**
▶肥皂无患子
◎25923 ◇1108
◎38813 ◇1684
◎39563 ◇1695

Sapindus **L.**
▶无患子属

◎954 ◇TBA
◎6330 ◇514

Sarcopteryx stipitata Radlk.
▶柄钢木患
◎25925 ◇1108
◎40552 ◇1703

Schleichera oleosa (Lour.) Oken
▶油久树
◎8555 ◇898/306
◎8556 ◇898
◎13178 ◇894
◎14080 ◇893/306
◎15150 ◇895/306
◎20706 ◇896
◎22954 ◇954
◎25934 ◇1108
◎27083 ◇1226
◎27477 ◇1233
◎34097 ◇1543
◎36180 ◇1588
◎36936 ◇1627
◎36937 ◇1627
◎36938 ◇1627

Serjania pyramidata Radlk.
▶锥形瓜瓶藤
◎35312 ◇1570

Serjania rhombea Radlk.
▶菱形瓜瓶藤
◎32943 ◇1502
◎32944 ◇1502
◎32945 ◇1502
◎32946 ◇1502
◎32947 ◇1502

Talisia carinata Radlk.
▶龙骨塔利无患子/龙骨牛睛果
◎32949 ◇1502

Talisia hemidasya Radlk.
▶半侧塔利无患子/半侧牛睛果
◎32950 ◇1502

Talisia megaphylla Sagot
▶大叶塔利无患子/大叶牛睛果
◎27963 ◇1252
◎32526 ◇1487
◎33878 ◇1540

Talisia microphylla Uittien in Pulle
▶小叶塔利无患子/小叶牛睛果
◎27964 ◇1252
◎32527 ◇1487
◎32951 ◇1502
◎32952 ◇1502
◎33879 ◇1540

Talisia praealta Radlk.
▶普拉塔利无患子/普拉牛睛果
◎32953 ◇1502

Thinouia obliqua Radlk.
▶斜叶翻铃藤
◎32955 ◇1502

Thouinia striata Radlk.
▶毛茎薯属
◎38569 ◇1136

Toechima daemelianum (F. Muell.) Radlk.
▶德门托奇患子
◎37569 ◇1661

Toulicia pulvinata Radlk.
▶垫状敛翅木
◎32957 ◇1502
◎33881 ◇1540

Tristiropsis cynaroides Valeton
▶特斯患子
◎36049 ◇1586
◎36235 ◇1588

Vouarana guianensis Aubl.
▶圭亚那瓦莩木
◎32962 ◇1503
◎34137 ◇1544

Zollingeria dongnaiensis Pierre
▶同奈佐林患子
◎31926 ◇1469

Sapotaceae 山榄科

Argania spinosa Skeels
▶刺山羊榄
◎21479 ◇644

Autranella congolensis A. Chev.
▶奥特山榄木
◎18448 ◇925
◎21093 ◇928
◎21481 ◇644/525

Baillonella toxisperma Pierre
▶毒籽山榄/毒子榄
◎5148 ◇646/526
◎15090 ◇644/392
◎15091 ◇/392
◎15092 ◇TBA
◎15093 ◇/392
◎17982 ◇829
◎21091 ◇928
◎21605 ◇644
◎21861 ◇930
◎24297 ◇1082
◎34785 ◇1556
◎34875 ◇1558

Breviea sericea (A. Chev.) Aubrév. & Pellegr.
▶柔毛长籽山榄木/柔毛八室榄
◎21789 ◇930/526

Burckella endlicherii
▶安德伯克山榄/安德大洋榄
◎18217 ◇644

Burckella macropoda (K. Krause) H. J. Lam
▶大柄伯克山榄/大柄大洋榄
◎18943 ◇907/753
◎35898 ◇1585

Chrysophyllum africanum A. DC.
▶非洲金叶木/非洲星苹果
◎21507 ◇644/526
◎22903 ◇899
◎24564 ◇1087

Chrysophyllum argenteum subsp. *auratum* (Miq.) T. D. Penn.
▶金色金叶木/金色星苹果木
◎29963 ◇1370
◎30124 ◇1379
◎30176 ◇1382
◎30396 ◇1395
◎30397 ◇1395
◎30398 ◇1395
◎30762 ◇1414
◎30763 ◇1414
◎32861 ◇1499

Chrysophyllum argenteum subsp. *panamense* (Pittier) T. D. Penn.
▶巴拿马金叶木
◎38369 ◇1133

Chrysophyllum cainito L.
▶藏红金叶木
◎4545 ◇644
◎24565 ◇1087

Chrysophyllum cuneifolium A. DC.
▶奎氏金叶木
◎26515 ◇1169
◎27980 ◇1253
◎32430 ◇1485
◎34791 ◇1556
◎36888 ◇1626

Chrysophyllum flexuosum Mart.
▶之形金叶木
◎24566 ◇1087
◎40695 ◇1705
Chrysophyllum giganteum A. Chev.
▶大金叶木/大星苹果
◎21778 ◇930/533
◎21906 ◇899/526
Chrysophyllum gonocarpum (Mart. & Eichler ex Miq.) Engl.
▶苟纳金叶木
◎35087 ◇1563
Chrysophyllum lacourtianum De Wild.
▶拉古金叶木/拉古星苹果
◎21508 ◇644
◎21551 ◇644
◎24567 ◇1087
◎29676 ◇1352
Chrysophyllum lucentifolium subsp. *pachycarpum* Pires & T. D. Penn.
▶厚皮金叶木/厚皮星苹果木
◎29848 ◇1363
◎29849 ◇1363
◎29946 ◇1369
◎30078 ◇1376
◎30079 ◇1376
◎30125 ◇1379
◎30298 ◇1389
◎30318 ◇1391
◎30695 ◇1412
◎30696 ◇1412
◎30819 ◇1416
◎30897 ◇1419
Chrysophyllum marginatum Radlk.
▶金边金叶木/金边星苹果木
◎34792 ◇1556
Chrysophyllum mexicanum Brandegee ex Standl.
▶墨西哥金叶木
◎24568 ◇1087
◎39148 ◇1689
◎41507 ◇1716
◎42302 ◇1725
Chrysophyllum oliviforme L.
▶橄榄金叶木
◎24569 ◇1087
◎39371 ◇1692
◎41109 ◇1711
◎41164 ◇1711
Chrysophyllum pomiferum (Eyma) T. D. Penn.
▶苹果金叶木
◎23641 ◇831
◎32862 ◇1499
◎40743 ◇1706
Chrysophyllum prieurii A. DC.
▶普瑞金叶木/普瑞星苹果
◎18265 ◇908
◎32863 ◇1499
◎38277 ◇1132
Chrysophyllum roxburghii G. Don
▶柔氏金叶木/柔氏星苹果
◎8521 ◇898
◎14451 ◇644
◎16928 ◇644
◎26987 ◇1224
◎27558 ◇1235
◎28401 ◇1274
◎35907 ◇1585
Chrysophyllum sanguinolentum (Pierre) Baehni
▶血金叶树
◎21122 ◇TBA
Chrysophyllum subnudum Baker
▶波状金叶木
◎24570 ◇1087
◎39885 ◇1699
Chrysophyllum ubanguiense (De Wild.) Govaerts
▶尤氏金叶木
◎36270 ◇1591
Chrysophyllum venezuelanense (Pierre) T. D. Penn.
▶委内瑞拉金叶木/委内瑞拉星苹果
◎35090 ◇1563
◎38428 ◇1134
Chrysophyllum L.
▶金叶木属/星苹果属
◎34793 ◇1556
◎34882 ◇1558
Diploknema butyracea var. *andamanensis* P. Royen
▶藏榄
◎20907 ◇892
Diploknema oligomera Lam
▶奥氏藏榄
◎27385 ◇1231
Diploon cuspidatum (Hoehne) Cronquist
▶狭叶二重榄
◎40095 ◇1127
Eberhardtia aurata (Pierre ex Dubard) Lecomte
▶血胶树/锈毛梭子果
◎9249 ◇644;786/393
◎13623 ◇647;1003
◎16083 ◇644/393
Ecclinusa guianensis Eyma
▶圭亚那托星榄
◎27721 ◇1239
◎32446 ◇1486
◎34886 ◇1558
◎34887 ◇1558
◎35088 ◇1563
Ecclinusa ramiflora Mart.
▶枝花托星榄
◎35163 ◇1565
Ecclinusa Mart.
▶托星榄属
◎35089 ◇1563
Englerophytum natalense (Sond.) T. D. Penn.
▶奈特英格山榄
◎35159 ◇1565
Faucherea laciniata Lecomte
▶裂叶全香榄
◎25013 ◇1094
Franchetella gongrijpii (Eyma) Aubrév.
▶福润山榄
◎40103 ◇1127
Ganua Pierre ex Dubard
▶戛纳山榄属
◎27026 ◇1225
Inhambanella henriquezii Dubard
▶汉氏伊尼山榄
◎25207 ◇1098
◎42058 ◇1722
Isonandra Wight
▶埃索山榄属
◎31616 ◇1453
Labourdonnaisia calophylloides Bojer
▶美叶洋香榄
◎25253 ◇1097
Labourdonnaisia madagascariensis Pierre ex Baill.
▶马达加斯加洋香榄

S

◎25254 ◇1097

Lecomtedoxa heitzana (A. Chev.) Aubrév.

▶黑氏莱蔻山榄

◎22894 ◇899

Letestua durissima Lecomte

▶莱特山榄

◎21636 ◇644/526

Madhuca betis J. F. Macbr.

▶贝蒂子京/贝蒂紫荆木

◎4605 ◇645

◎13140 ◇894/393

◎27054 ◇1225

◎27265 ◇1229

◎36143 ◇1587

Madhuca boerlageana var. *latifolia*

▶阔叶子京/阔叶紫荆木

◎31510 ◇1450

Madhuca burckiana H. J. Lam

▶伯克子京/伯克紫荆木

◎28826 ◇1295

◎28861 ◇1297

Madhuca calophylloides (Roxb.) A. Chev.

▶美丽叶子京/美丽叶紫荆木

◎27052 ◇1225

Madhuca crassipes H. J. Lam

▶可拉紫荆木

◎21007 ◇890

◎36144 ◇1587

Madhuca elliptica H. J. Lam

▶艾利子京木/艾力紫荆木

◎15110 ◇646/398

Madhuca hainanensis Chun & F. C. How

▶海南紫荆木

◎11437 ◇645;999

◎11438 ◇645/393

◎11554 ◇645

◎12868 ◇645

◎14407 ◇645

◎14886 ◇645

◎17784 ◇645

◎17785 ◇645

Madhuca lancifolia H. J. Lam

▶披针子京/披针紫荆木

◎27053 ◇1225

Madhuca longifolia var. *latifolia* (Roxb.) A. Chev.

▶长叶紫荆木

◎21412 ◇897

Madhuca neriifolia H. J. Lam

▶窄叶紫荆木

◎20723 ◇896

◎35635 ◇1573

Madhuca pasquieri H. J. Lam

▶泊思紫荆木

◎8909 ◇941

◎8944 ◇939

◎11024 ◇645;1028

◎11379 ◇922/735

◎12754 ◇923

◎13682 ◇645

◎14745 ◇645

◎14801 ◇645

◎15970 ◇645

◎16039 ◇645/393

◎16636 ◇645

Madhuca pierrei H. J. Lam

▶皮氏紫荆木

◎20352 ◇938/393

Madhuca utilis H. J. Lam

▶良木紫荆木

◎19486 ◇935/393

◎22226 ◇934

◎23154 ◇933

◎23408 ◇933

◎40824 ◇1707

Madhuca J. F. Gmel.

▶子京属/紫荆木属

◎16333 ◇847

◎23254 ◇927

◎34596 ◇1553

◎35960 ◇1586

◎38012 ◇1681

Manilkara bidentata (A. DC.) A. Chev.

▶二齿铁线子/双齿铁线子

◎22593 ◇831/549

◎22661 ◇826

◎22713 ◇806

◎22864 ◇917

◎23632 ◇831

◎25411 ◇1100

◎26310 ◇1142

◎26383 ◇1154

◎26384 ◇1154

◎26494 ◇1167

◎34809 ◇1557

◎34823 ◇1557

◎34824 ◇1557

◎35091 ◇1563

◎35802 ◇1580

◎40958 ◇1709

◎41902 ◇1721

◎41975 ◇1721

◎41976 ◇1722

Manilkara bidentata subsp. *bidentata*

▶二齿铁线子/双齿铁线子

◎32485 ◇1486

◎35092 ◇1563

◎35094 ◇1564

◎35803 ◇1580

Manilkara bidentata subsp. *surinamensis* (Miq.) T. D. Penn.

▶苏里南铁线子

◎29238 ◇1321

◎29239 ◇1321

◎29336 ◇1327

◎29337 ◇1327

◎29861 ◇1363

◎29862 ◇1364

◎29878 ◇1364

◎29879 ◇1365

◎29880 ◇1365

◎30064 ◇1376

◎30090 ◇1377

◎30154 ◇1381

◎30155 ◇1381

◎30252 ◇1387

◎30253 ◇1387

◎30336 ◇1391

◎30337 ◇1391

◎30338 ◇1391

◎30529 ◇1403

◎30530 ◇1403

◎30531 ◇1403

◎30844 ◇1417

◎30845 ◇1417

◎30912 ◇1420

◎30913 ◇1420

◎30914 ◇1420

◎32902 ◇1500

◎34810 ◇1557

◎34811 ◇1557

◎34812 ◇1557

◎34903 ◇1559

◎34904 ◇1559

◎35093 ◇1563

◎40121 ◇1127

Manilkara cavalcantei **Pires & Rodrigues ex T. D. Penn.**

▶凯沃铁线子

◎22548 ◇TBA

Manilkara fasciculata **(Warb.) H. J. Lam & Maas Geester.**

▶束带铁线子

◎18884 ◇913/394

Manilkara hexandra **Dubard**

▶铁线子

◎15483 ◇TBA

◎15562 ◇646

◎20359 ◇938/393

Manilkara huberi **Standl.**

▶圭亚那铁线子

◎15523 ◇646/549

◎22533 ◇820

◎23601 ◇832

◎40122 ◇1127

◎41867 ◇1720

Manilkara jaimiqui **subsp.** ***emarginata*** **(L.) Cronquist**

▶缺刻铁线子

◎25366 ◇1100

◎25367 ◇1100

Manilkara kauki **Dubard**

▶印尼铁线子

◎9952 ◇956

◎13172 ◇894

◎14148 ◇/394

◎18716 ◇894

◎18717 ◇894

◎23363 ◇TBA

◎27436 ◇1232

◎35297 ◇1569

Manilkara littoralis **Dubard**

▶小铁线子

◎20905 ◇892

Manilkara obovata **(Sabine & G. Don) J. H. Hemsl.**

▶倒卵叶铁线子

◎25368 ◇1100

Manilkara sansibarensis **(Engl.) Dubard**

▶伞斯铁线子

◎35178 ◇1566

Manilkara zapota **(L.) P. Royen**

▶人心果

◎20574 ◇829

◎22689 ◇806

◎25369 ◇1100

◎35095 ◇1564

◎38295 ◇1132

◎38398 ◇1133

Manilkara **Adans.**

▶铁线子属

◎22454 ◇820

◎23208 ◇905

◎23272 ◇905

◎23319 ◇819

Micropholis egensis **Pierre**

▶艾氏小鳞山榄/艾氏小鳞榄

◎32906 ◇1501

◎32907 ◇1501

◎32908 ◇1501

◎34616 ◇1553

Micropholis guyanensis **subsp.** ***guyanensis***

▶圭亚那小鳞山榄/圭亚那小鳞榄（原亚种）

◎32493 ◇1487

◎32494 ◇1487

◎32495 ◇1487

◎32496 ◇1487

◎32497 ◇1487

◎34630 ◇1553

◎35096 ◇1564

Micropholis guyanensis **Pierre**

▶圭亚那小鳞山榄/圭亚那小鳞榄

◎22863 ◇917

◎26495 ◇1167

◎26496 ◇1167

◎26497 ◇1167

◎26522 ◇1183

◎26523 ◇TBA

◎26524 ◇TBA

◎27945 ◇1251

◎32905 ◇1500

◎34597 ◇1553

◎34598 ◇1553

◎34861 ◇1558

◎34862 ◇1558

◎34863 ◇1558

◎34938 ◇1559

◎35097 ◇1564

◎35098 ◇1564

◎35099 ◇1564

◎39120 ◇1689

◎40742 ◇1706

◎42274 ◇1725

Micropholis humboldtiana **(Roem. & Schult.) T. D. Penn.**

▶洪宝小鳞山榄/洪宝小鳞榄

◎34640 ◇1553

Micropholis madeirensis **(Baehni) Aubrév.**

▶马德拉小鳞山榄/马德拉小鳞榄

◎34629 ◇1553

Micropholis mensalis **(Baehni) Aubrév.**

▶明撒小鳞榄

◎35100 ◇1564

◎35101 ◇1564

◎35176 ◇1566

Micropholis venulosa **Pierre**

▶微脉小鳞山榄/微脉小鳞榄

◎34645 ◇1554

◎35102 ◇1564

◎40126 ◇1127

Micropholis **(Griseb.) Pierre**

▶小鳞山榄属/小鳞榄属

◎21139 ◇TBA

◎22449 ◇646

Mimusops affinis **De Wild.**

▶近子弹木

◎5137 ◇646

◎5144 ◇646;975

◎21620 ◇646/526

Mimusops balata **C. F. Gaertn.**

▶巴拉塔子弹木/巴拉塔香榄木

◎39544 ◇1694

Mimusops caffra **E. Mey. ex A. DC.**

▶牛奶果

◎25412 ◇1100

◎39134 ◇1689

◎42257 ◇1725

◎42300 ◇1725

Mimusops elengi **Bojer**

▶子弹木/香榄

◎4615 ◇646

◎7544 ◇646

◎21060 ◇890

◎27639 ◇1236

◎28524 ◇1280

◎31382 ◇1439
◎34825 ◇1557
◎34826 ◇1557
◎35637 ◇1573
◎35701 ◇1574
◎35702 ◇1574
◎35703 ◇1574

Mimusops heckelii **(A. Chev.) Hutch. & Dalzid**
▶巴塘子弹木/巴塘香榄木
◎34901 ◇1559

Mimusops laurifolia **(Forssk.) Friis**
▶桂叶子弹木/桂叶香榄木
◎26944 ◇1222

Mimusops obovata **Engl.**
▶倒卵子弹木/倒卵香榄木
◎25413 ◇1100
◎36899 ◇1626

Mimusops riparia **Engl.**
▶河边子弹木/河边香榄木
◎35177 ◇1566

Mimusops somalensis **Chiov.**
▶萨玛子弹木/萨玛香榄木
◎35104 ◇1564

Mimusops **L.**
▶子弹木属/香榄木属
◎34827 ◇1557
◎34828 ◇1557
◎34829 ◇1557
◎34830 ◇1557
◎34831 ◇1557
◎34902 ◇1559

Omphalocarpum elatum **Miers**
▶高果榄木
◎36394 ◇1601
◎36415 ◇1602
◎36416 ◇1602
◎36417 ◇1602

Omphalocarpum pachysteloides **Mildbr. ex Hutch. & Dalziel**
▶小脐果榄木
◎25500 ◇1101

Palaquium amboinense **Burck**
▶安汶胶木
◎25522 ◇1102
◎27449 ◇1233
◎34845 ◇1557
◎39071 ◇1688

Palaquium dubardii **Elmer**
▶德巴胶木
◎28312 ◇1270
◎28528 ◇1280
◎28661 ◇1287
◎28715 ◇1289
◎28716 ◇1289

Palaquium ellipticum **(Dalzell) Baill.**
▶椭圆胶木
◎8512 ◇898
◎19090 ◇896
◎20705 ◇896
◎28430 ◇1275

Palaquium fidjiense **Pierre ex Dubard**
▶斐济胶木
◎21236 ◇646
◎23190 ◇915
◎23296 ◇915
◎23583 ◇915

Palaquium formosanum **Hayata**
▶台湾胶木
◎7257 ◇646
◎21848 ◇646

Palaquium galactoxylum **var.** ***salomonense*** **(C. T. White) P. Royen**
▶所罗门胶木
◎39083 ◇1688

Palaquium galactoxylum **H. J. Lam**
▶家拉胶木
◎25523 ◇1102
◎40956 ◇1709
◎41582 ◇1717

Palaquium genminum
▶杰米胶木
◎5196 ◇646

Palaquium gutta **(Hook.) Baill.**
▶固塔胶木
◎20769 ◇646
◎25524 ◇1102

Palaquium hexandrum **(Griff.) Baill.**
▶六蕊胶木
◎15454 ◇646
◎15455 ◇646
◎15456 ◇646
◎36902 ◇1626

Palaquium hornei **Dubard**
▶霍氏胶木
◎21235 ◇646
◎23191 ◇915
◎23297 ◇915
◎23582 ◇915

Palaquium kostatum **(Perr.) C. B. Rob.**
▶蔻丝胶木
◎35986 ◇1586

Palaquium leiocarpum **Boerl.**
▶光果胶木
◎27064 ◇1225
◎27647 ◇1237

Palaquium lobbianum **Burck**
▶洛布胶木
◎35710 ◇1575
◎35711 ◇1575
◎35712 ◇1575

Palaquium luzoniense **S. Vidal**
▶吕宋胶木
◎18852 ◇913
◎34846 ◇1557

Palaquium merrillii **Dubard**
▶迈瑞胶木
◎18906 ◇913/395
◎34847 ◇1557

Palaquium obovatum **Engl.**
▶倒卵胶木
◎18960 ◇907/395
◎18979 ◇907/395
◎20357 ◇938/395
◎21043 ◇890
◎36154 ◇1587

Palaquium obtusifolium **Burck**
▶倒卵叶胶木
◎25525 ◇1102
◎27450 ◇1233
◎27648 ◇1237

Palaquium philippinense **King & Gamble**
▶菲律宾胶木
◎18857 ◇913/395

Palaquium quercifolium **Burck**
▶栎叶胶木
◎36155 ◇1587

Palaquium redleyi **King et Gamb.**
▶雷德胶木
◎14142 ◇/395

Palaquium rostratum **(Miq.) Burck**
▶曲胶木
◎9953 ◇937/395
◎9954 ◇956/395

◎40234 ◇1700

Palaquium semaram H. J. Lant

▶司马胶木

◎20771 ◇646

Palaquium stellatum King & Gamble

▶思泰胶木

◎20773 ◇646

◎27285 ◇1230

Palaquium sumatranum Burck

▶苏门答腊胶木

◎27065 ◇1225

Palaquium tanthochymum (Kunth) Kuntze

▶谭氏胶木

◎14122 ◇/395

Palaquium tenuipetiolatum Merr.

▶特扭胶木

◎18882 ◇913/395

◎21663 ◇646

◎34850 ◇1558

Palaquium xanthochymum Pierre ex Burck

▶光滑胶木

◎27286 ◇1230

Palaquium Blanco

▶胶木属

◎4633 ◇TBA

◎15147 ◇895

◎17173 ◇646

◎19468 ◇906/730

◎22404 ◇902

◎22428 ◇889

◎22792 ◇906

◎22821 ◇920

◎23255 ◇927

◎23374 ◇889

◎27284 ◇1229

◎28660 ◇1287

◎28944 ◇1303

◎28945 ◇1303

◎34848 ◇1557

◎34849 ◇1557

◎34912 ◇1559

◎34913 ◇1559

◎34914 ◇1559

◎35489 ◇1572

◎35490 ◇1572

◎35987 ◇1586

◎37542 ◇1661

◎37543 ◇1661

Payena acuminata Pierre

▶尖头东南亚山榄/尖头矛胶木

◎15507 ◇646

◎15508 ◇646

◎15509 ◇646

◎22429 ◇889

Payena leerii Kurz

▶利氏东南亚山榄/利氏矛胶木

◎27451 ◇1233

◎28529 ◇1280

◎28662 ◇1287

◎28717 ◇1289

◎28781 ◇1292

Payena lucida A. DC.

▶光亮东南亚山榄/光亮矛胶木

◎4301 ◇646

◎36159 ◇1588

Pichonia lauterbachiana (H. J. Lam) T. D. Penn.

▶劳特大鼠榄

◎27299 ◇1230

Planchonella annamensis Pierre ex Dubard

▶越南山榄

◎3374 ◇647

◎3498 ◇647

◎3793 ◇647

◎6836 ◇647;868

◎12005 ◇647;1078/397

◎12015 ◇647;1054

◎12017 ◇647;1078

◎12024 ◇647;1019

◎13640 ◇TBA

◎14491 ◇647

◎16018 ◇647

◎16127 ◇647

◎17004 ◇647

Planchonella calophyllum

▶红厚壳山榄

◎35995 ◇1586

Planchonella chartacea H. J. Lam

▶纸质山榄

◎25645 ◇1104

◎28378 ◇1273

◎37549 ◇1661

◎40424 ◇1702

Planchonella cyclopensis P. Royen

▶西克山榄

◎37634 ◇1663

Planchonella duclitan (Blanco) Bakh. f.

▶兰屿山榄

◎14099 ◇893/396

◎27069 ◇1225

◎27294 ◇1230

◎27295 ◇1230

◎28485 ◇1278

◎28578 ◇1283

◎34864 ◇1558

Planchonella firma Dubard

▶费尔马山榄

◎27298 ◇1230

◎27460 ◇1233

◎28784 ◇1293

◎28832 ◇1295

◎28833 ◇1295

◎28995 ◇1306

◎29040 ◇1309

◎40227 ◇1700

Planchonella longipetiolata (Kurz) H. J. Lam

▶长柄山榄

◎20906 ◇892

Planchonella macrantha (Merr.) Swenson

▶大花山榄

◎28783 ◇1293

Planchonella maingayi (C. B. Clarke) P. Royen

▶曼加山榄

◎22206 ◇934

Planchonella malaccensis (C. B. Clarke) Swenson

▶六甲山榄

◎27461 ◇1233

Planchonella myrsinodendron (F. Muell.) Swenson, Bartish & Munzinger

▶紫金牛山榄

◎27463 ◇1233

◎29073 ◇1311

Planchonella obovata Pierre

▶山榄

◎27462 ◇1233

◎27657 ◇1237

Planchonella pachycarp

▶厚果山榄

◎22439 ◇819/549

Planchonella pohlmaniana (F. Muell.) Pierre ex Dubard
▶伯和山榄
◎5065 ◇647
◎25646 ◇1104
◎25647 ◇1104

Planchonella thyrsoidea C. T. White
▶凯特山榄
◎18958 ◇907/396
◎22830 ◇920

Planchonella torricellensis (K. Schum.) H. J. Lam
▶托里山榄
◎19002 ◇906/396
◎22793 ◇906

Planchonella Pierre
▶山榄属
◎19024 ◇906/730
◎23469 ◇TBA

Pleioluma moluccana (Burck) Swenson
▶摩鹿加绒萼榄
◎28871 ◇1298

Pouteria (cf.) *or Micropholis* (cf.)
▶似桃榄属或似小鳞榄属
◎26390 ◇1154

Pouteria adolfi-friedericii (Engl.) A. Meeuse
▶阿佛桃榄
◎18466 ◇647/526

Pouteria alnifolia (Baker) Roberty
▶桤叶桃榄
◎25703 ◇1105

Pouteria altissima (A. Chev.) Baehni
▶高桃榄
◎21899 ◇899/525
◎25704 ◇1105
◎39298 ◇1691
◎41465 ◇1715
◎41772 ◇1719

Pouteria bangii (Rusby) T. D. Penn.
▶班吉桃榄
◎35184 ◇1566

Pouteria caimito Radlk.
▶黄晶果
◎34612 ◇1553
◎35106 ◇1564
◎35107 ◇1564
◎40140 ◇1128
◎40141 ◇1128
◎40549 ◇1703
◎41559 ◇1716
◎41765 ◇1719

Pouteria campechiana (Kunth) Baehni
▶蛋黄果
◎20161 ◇936
◎20534 ◇828
◎25705 ◇1105

Pouteria celebica Erlee
▶西里伯桃榄
◎28831 ◇1295
◎29194 ◇1319

Pouteria cladantha Sandwith
▶茎花桃榄
◎27906 ◇1249
◎34613 ◇1553
◎34614 ◇1553
◎35108 ◇1564

Pouteria coriacea Pierre
▶革质桃榄
◎32920 ◇1501
◎35191 ◇1566

Pouteria cuspidata subsp. *robusta* (Mart. & Eichler ex Miq.) T. D. Penn.
▶罗布桃榄
◎32921 ◇1501

Pouteria cuspidata (A. DC.) Baehni
▶尖头桃榄
◎27955 ◇1252
◎29842 ◇1362
◎30069 ◇1376
◎30188 ◇1383
◎30668 ◇1411
◎30669 ◇1411
◎30670 ◇1411
◎30862 ◇1418
◎32389 ◇1484
◎32390 ◇1484
◎32391 ◇1484
◎34631 ◇1553
◎34632 ◇1553
◎34633 ◇1553

Pouteria doonsaf P. Royen
▶杜恩桃榄
◎34615 ◇1553

Pouteria egregia Sandwith
▶卓越桃榄
◎28000 ◇1254
◎32384 ◇1484
◎34617 ◇1553
◎40147 ◇1128

Pouteria engleri Eyma
▶恩格勒桃榄
◎25706 ◇1105
◎26313 ◇1143
◎26528 ◇1170
◎32385 ◇1484
◎32922 ◇1501
◎34618 ◇1553
◎34619 ◇1553
◎34620 ◇1553
◎35109 ◇1564
◎35110 ◇1564
◎35111 ◇1564
◎40786 ◇1706

Pouteria eugeniifolia (Pierre) Baehni
▶蒲桃叶桃榄
◎29884 ◇1365
◎29885 ◇1365
◎30159 ◇1381
◎30160 ◇1381
◎30339 ◇1392
◎30340 ◇1392
◎30541 ◇1404
◎30542 ◇1404
◎30543 ◇1404
◎30544 ◇1404
◎30923 ◇1420
◎30924 ◇1420
◎32923 ◇1501
◎32924 ◇1501

Pouteria franciscana Baehni
▶弗朗桃榄
◎34621 ◇1553

Pouteria glomerata Radlk.
▶球花桃榄
◎34622 ◇1553

Pouteria gonggrijpii Eyma
▶贡戈拉桃榄
◎26500 ◇1168
◎32386 ◇1484
◎34623 ◇1553
◎34624 ◇1553

Pouteria guianensis Griseb.
▶圭亚那桃榄
◎22592 ◇831

◎23320　◇819
◎25707　◇1105
◎26389　◇1154
◎26445　◇1160
◎26501　◇1168
◎26502　◇1168
◎26529　◇1171
◎32387　◇1484
◎32388　◇1484
◎34625　◇1553
◎34626　◇1553
◎34627　◇1553
◎34628　◇1553
◎35112　◇1564

Pouteria macrophylla **Eyma**
▶大叶桃榄
◎25708　◇1105
◎32925　◇1501
◎40503　◇1703

Pouteria melanopoda **Eyma**
▶黑荚桃榄
◎35185　◇1566

Pouteria multiflora **Eyma**
▶多叶桃榄
◎25709　◇1105
◎29930　◇1368
◎29931　◇1368
◎29932　◇1368
◎29993　◇1371
◎30042　◇1374
◎30043　◇1374
◎30044　◇1374
◎30111　◇1378
◎30209　◇1384
◎30210　◇1384
◎30211　◇1384
◎30491　◇1401
◎30492　◇1401
◎30493　◇1401
◎30579　◇1406
◎30580　◇1406
◎30623　◇1408
◎30624　◇1408
◎30625　◇1408
◎30626　◇1408
◎30671　◇1411
◎30672　◇1411
◎30782　◇1415
◎30863　◇1418
◎30864　◇1418
◎30865　◇1418
◎30866　◇1418
◎32926　◇1501

Pouteria oppositifolia **（Ducke）Baehni**
▶对叶桃榄
◎25710　◇1105
◎40239　◇1700

Pouteria pierrei **（A. Chev.）Baehni**
▶皮埃桃榄
◎17798　◇929；1042/525
◎21860　◇930
◎21896　◇899
◎23669　◇928
◎25702　◇1105
◎34784　◇1556
◎39771　◇1697

Pouteria reticulata **（Engl.）Eyma**
▶网脉桃榄
◎25711　◇1105
◎34610　◇1553
◎34611　◇1553
◎40663　◇1705

Pouteria richardii **（F. Muell.）Baehni**
▶理查桃榄
◎25712　◇1105

Pouteria sclerocarpa **（Pittier）Cronquist**
▶硬果桃榄
◎4475　◇644

Pouteria speciosa **（Ducke）Baehni**
▶美丽桃榄木
◎21230　◇647
◎39514　◇1694
◎40737　◇1706

Pouteria superba **（Vermoesen）L. Gaut.**
▶华丽桃榄
◎17983　◇829
◎34872　◇1558

Pouteria torta **subsp. *glabra* T. D. Penn.**
▶光果桃榄
◎29994　◇1371
◎30112　◇1378
◎30260　◇1387
◎30867　◇1418

Pouteria torta **Radlk.**
▶蛋糕桃榄
◎34642　◇1553

Pouteria trigonosperma **Eyma**
▶三角籽桃榄
◎26503　◇1168
◎26532　◇1171
◎27816　◇1244
◎32394　◇1484
◎32927　◇1501
◎34643　◇1553
◎34644　◇1553
◎35114　◇1564
◎35115　◇1564
◎35186　◇1566

Pouteria venosa **（Mart.）Baehni**
▶韦诺萨桃榄
◎35187　◇1566
◎35188　◇1566
◎42454　◇1730

Pouteria villamillii **（Merr.）Swenson**
▶维拉桃榄
◎18896　◇913/397

Pouteria wightianum **Hook. et Arn.**
▶韦迪桃榄
◎6700　◇647

Pouteria **Aubl.**
▶桃榄属
◎3677　◇647
◎12942　◇647；813/397
◎19585　◇647
◎23256　◇927
◎29117　◇1314
◎34634　◇1553
◎34635　◇1553
◎34636　◇1553
◎34637　◇1553
◎34638　◇1553
◎34639　◇1553
◎35113　◇1564
◎42438　◇1729

Pradosia ptychandra **（Eyma）T. D. Penn.**
▶折蕊枣榄
◎26530　◇1171
◎32928　◇1502
◎35116　◇1564
◎35189　◇1566

Pradosia surinamensis **（Eyma）T. D. Penn.**
▶苏里南枣榄
◎26531　◇1171

◎27866　◇1247
◎32392　◇1484
◎32393　◇1484
◎34484　◇1551
◎34641　◇1553
◎35117　◇1564

Pradosia **Liais**
▶枣榄属
◎20177　◇820

Sarcosperma arboreum **Hook. f.**
▶大肉实树
◎3652　◇648
◎15936　◇648

Sarcosperma kachinense **（King & Prain）Exell**
▶绒毛肉实树
◎12918　◇648;812
◎12922　◇648;814

Sarcosperma laurinum **（Benth.）Hook. f.**
▶肉实树
◎11490　◇648;888
◎11491　◇648/398
◎11492　◇648
◎11493　◇648;874
◎11494　◇648
◎11547　◇648
◎12134　◇648;873
◎12150　◇648;807
◎12462　◇648;807
◎12911　◇648;1045
◎13026　◇648/398
◎13235　◇648;1078
◎14284　◇648
◎14843　◇648;1029
◎16865　◇648
◎16987　◇648
◎22152　◇959

Sarcosperma pedunculatum **Hemsl.**
▶华南肉实树
◎22001　◇647

Sideroxylon americanum **（Mill.）T. D. Penn.**
▶美洲铁榄/美洲久榄
◎25977　◇1109
◎39364　◇1692

Sideroxylon celastrinum **（Kunth）T. D. Penn.**
▶斯氏铁榄/斯氏久榄
◎25978　◇1109
◎40564　◇1704

Sideroxylon foetidissimum **Jacq.**
▶臭铁榄/臭久榄
◎25979　◇1109
◎40173　◇1699
◎40656　◇1705
◎41627　◇1717
◎42334　◇1726

Sideroxylon inerme **L.**
▶无刺铁榄
◎25980　◇1109
◎40161　◇1699
◎41671　◇1718
◎41752　◇1719

Sideroxylon lanuginosum **Michx.**
▶多毛铁榄/多毛久榄
◎25981　◇1109
◎25982　◇1109
◎25983　◇1109
◎38641　◇1137

Sideroxylon lanuginosum **subsp.** ***rigidum*** **（A. Gray）T. D. Penn**
▶坚挺铁榄
◎25976　◇1109

Sideroxylon lycioides **L.**
▶莱斯铁榄
◎25984　◇1109

Sideroxylon majus **（C. F. Gaertn.）Baehni**
▶马尤铁榄
◎25985　◇1109

Sideroxylon obovatum **（R. Br.）Sm.**
▶倒卵叶久榄
◎4542　◇644

Sideroxylon obtusifolium **（Roem. & Schult.）T. D. Penn.**
▶钝叶久榄
◎38475　◇1134

Sideroxylon salicifolium **（L.）Lam.**
▶柳叶铁榄/柳叶久榄
◎38168　◇1129
◎39524　◇1694

Sideroxylon tenax **L.**
▶坚韧铁榄/坚韧久榄
◎25986　◇1109
◎38661　◇1138

Sideroxylon wightianum **Wall.**
▶威地铁榄/威地久榄
◎6770　◇647
◎16037　◇646
◎17036　◇646

Sideroxylon **L.**
▶铁榄属/久榄属
◎4675　◇647
◎34865　◇1558
◎34939　◇1559
◎36869　◇1625

Sinosideroxylon clemensii
▶克莱铁榄
◎14703　◇647

Synsepalum afzelii **（Engl.）T. D. Penn.**
▶缅茄神秘果
◎18458　◇644

Synsepalum brevipes **（Baker）T. D. Penn.**
▶短翅神秘果
◎35657　◇1573

Tieghemella africana **Pierre**
▶非洲猴子果
◎15095　◇646/394
◎15096　◇646/394
◎18459　◇646/526
◎21484　◇TBA
◎22893　◇899
◎34798　◇1556

Tieghemella heckelii **（A. Chev.）Pierre ex Dubard**
▶猴子果
◎5089　◇646
◎5101　◇646
◎15094　◇646/394
◎15213　◇645
◎15416　◇646
◎18360　◇646
◎19617　◇646/526
◎19654　◇646
◎21948　◇899
◎26118　◇1112
◎26513　◇1169
◎35103　◇1564
◎36266　◇1591
◎36267　◇1591
◎36268　◇1591

Tieghemella **Pierre**
▶猴子果属
◎17814　◇929

Tridesmostemon omphalocarpoides Engl.

▶脐果束蕊榄

◎20561 ◇829

◎37909 ◇1676

Tridesmostemon Engl.

▶束蕊榄属

◎36619 ◇1614

Xantolis longispinosa（Merr.）H. S. Lo

▶琼刺榄

◎6802 ◇647

Xantolis tomentosa Raf.

▶毛刺榄

◎35655 ◇1573

Schisandraceae 五味子科

Illicium brevistylum A. C. Sm.

▶短柱八角

◎15048 ◇15/10

◎16471 ◇15;1010

Illicium griffithii Hook. f. & Thomson

▶格瑞八角

◎6456 ◇15

◎6473 ◇15;1039/10

Illicium henryi Diels

▶红茴香

◎166 ◇15;799

◎1125 ◇TBA

◎6846 ◇15

◎7039 ◇TBD/10

◎7632 ◇TBA

Illicium lanceolatum A. C. Sm.

▶毒八角

◎19894 ◇15

Illicium leiophyllum A. C. Sm.

▶平滑叶八角

◎8804 ◇15;717

Illicium majus Hook. f. & Thomson

▶大八角

◎20204 ◇TBA

Illicium micranthum subsp. *tsangii*（A. C. Sm.）Q. Lin

▶粤中八角

◎17128 ◇15/10

Illicium parvifolium subsp. *oligandrum*（Merr. & Chun）Q. Lin

▶少药八角

◎14409 ◇15/10

◎15737 ◇15

◎17726 ◇15

Illicium parvifolium Merr.

▶黄八角

◎25204 ◇1098

Illicium tashiroi Maxim.

▶东亚八角

◎5030 ◇15

Illicium ternstroemioides A. C. Sm.

▶厚皮香八角

◎9577 ◇15/10

◎19895 ◇15

Illicium verum Hook. f.

▶八角

◎6712 ◇16

◎6767 ◇16

◎8808 ◇16

◎9247 ◇16;795/10

◎9248 ◇16;810

◎11639 ◇16

◎11698 ◇16/10

◎16068 ◇16

◎16933 ◇16

◎18093 ◇16

Illicium L.

▶八角属

◎875 ◇TBA

◎921 ◇TBA

◎9645 ◇16

◎10583 ◇16

◎11634 ◇16;962

Kadsura longipedunculata Finet et Gagnep.

▶南五味子

◎20041 ◇TBA

Kadsura marmorata（Hend. & Andr. Hend.）A. C. Sm.

▶大叶南五味子

◎28473 ◇1277

◎28979 ◇1305

Schoepfiaceae 青皮木科

Schoepfia chinensis Gardner & Champ.

▶华南青皮木

◎14381 ◇602

◎15911 ◇602

Schoepfia fragrans Wall.

▶香芙木

◎3423 ◇602

◎3732 ◇602

Schoepfia jasminodora Siebold & Zucc.

▶青皮木

◎190 ◇602;797

◎1285 ◇602;808

◎6868 ◇602;720

◎16154 ◇602

◎17107 ◇602/359

◎21967 ◇602

Schoepfia schreberi J. F. Gmel.

▶秘鲁青皮木

◎25938 ◇1108

◎39576 ◇1695

Scrophulariaceae 玄参科

Buddleja albiflora Hemsl.

▶巴东醉鱼草

◎371 ◇TBA

◎372 ◇676

◎5581 ◇676;1064

Buddleja americana L.

▶美国醉鱼草

◎20448 ◇905

Buddleja anchoensis Kuntze

▶安氏醉鱼草

◎38476 ◇1134

Buddleja asiatica Lour.

▶白背枫

◎19934 ◇676

Buddleja davidii Franch.

▶大叶醉鱼草

◎19591 ◇676

◎24390 ◇1085

◎35279 ◇1569

Buddleja lindleyana Fortune

▶醉鱼草

◎19854 ◇676

Buddleja pulchella N. E. Br.

▶美小醉鱼草

◎32608 ◇1489

Buddleja saligna Willd.

▶柳叶醉鱼草

◎36451 ◇1605

◎39833 ◇1698

Buddleja Houst. ex L.

▶醉鱼草属

◎692 ◇676

Eremophila interstans（S. Moore）Diels

▶中座喜沙木

◎40443　◇1702

Eremophila longifolia (R. Br.) F. Muell.

▶长叶喜沙木

◎39385　◇1692

◎40675　◇1705

Eremophila mitchellii Benth.

▶米氏喜沙木

◎5072　◇711

◎24867　◇1092

◎40467　◇1702

◎41157　◇1711

Eremophila oldfieldii F. Muell.

▶奥德喜沙木

◎39382　◇1692

Eremophila R. Br.

▶喜沙木属

◎41270　◇1713

Glossostylis biflora Forst.

▶戈柔红树

◎21297　◇306

Myoporum insulare R. Br.

▶海岛海茵芋

◎25428　◇1101

Myoporum laetum G. Forst.

▶莱特海茵芋

◎18817　◇911

◎39578　◇1695

Myoporum platycarpum R. Br.

▶宽果海茵芋

◎25429　◇1101

◎41071　◇1710

◎41080　◇1710

Myoporum sandwicense (A. DC.) A. Gray

▶三德海茵芋

◎25430　◇1101

◎39530　◇1694

◎40980　◇1709

◎42281　◇1725

Pentastemon antirrhinoides (Benth.) Müll. Arg.

▶潘塔玄参

◎2158　◇686

Simaroubaceae　苦木科

Ailanthus altissima (Mill.) Swingle

▶臭椿

◎56　◇482

◎489　◇482

◎571　◇482

◎1107　◇TBA

◎1136　◇482

◎4585　◇482

◎5359　◇482;729

◎5624　◇482

◎5732　◇482

◎7631　◇482

◎8239　◇482;975/287

◎9467　◇830

◎9762　◇482;1059/287

◎10016　◇482

◎10255　◇918

◎11014　◇482

◎11115　◇482

◎11283　◇482

◎13232　◇482;1001

◎13802　◇482

◎13925　◇482

◎16097　◇482

◎18839　◇482/28

◎20307　◇482

◎20624　◇482

◎20969　◇482

◎21187　◇482

◎21711　◇904

◎22343　◇916

◎22357　◇916

◎26608　◇1180

◎26609　◇1180

◎26610　◇1180

◎26611　◇1180

◎29775　◇1359

◎29776　◇1359

◎36882　◇1625

◎41419　◇1715

Ailanthus integrifolia Lam.

▶全缘臭椿

◎18944　◇907/288

◎19067　◇896

◎22811　◇920

◎36883　◇1625

Ailanthus triphysa (Dennst.) Alston

▶岭南臭椿

◎8483　◇898/288

◎20725　◇896

◎24136　◇1083

◎27519　◇1234

Ailanthus Desf.

▶臭椿属

◎8305　◇482

◎8306　◇482

◎8307　◇482

◎10732　◇482

◎27151　◇1227

◎31326　◇1436

Brucea antidysenterica J. F. Mill.

▶止痢鸦胆子

◎35155　◇1565

Brucea javanica Merr.

▶鸦胆子

◎4127　◇545

◎5462　◇545

◎6615　◇545

◎31333　◇1436

◎39447　◇1693

◎42340　◇1726

Eurycoma longifolia Jack

▶长叶苦木/马来参木

◎5222　◇483/288

◎25000　◇1094

◎33396　◇1522

◎33460　◇TBA

Homalolepis cedron (Planch.) Devecchi & Pirani

▶洋香椿苦凉木

◎27824　◇1244

◎34379　◇1548

◎34500　◇1551

Odyendea zimmeronanii (Torr. & A. Gray) J. W. Landon

▶奥迪苦木

◎16300　◇483/527

Picrasma crenata Engl.

▶圆齿苦木

◎35182　◇1566

◎35183　◇1566

Picrasma javanica Blume

▶爪哇苦木

◎3536　◇484

◎3653　◇484

◎27455　◇1233

Picrasma quassioides Benn.

▶苦木/苦树

◎490　◇484

◎796　◇484

◎1193　◇TBA

◎5326 ◇484;1000/288
◎6613 ◇484
◎7001 ◇484
◎7624 ◇484/288
◎10881 ◇484
◎16041 ◇484
◎16165 ◇484
◎16442 ◇484
◎17679 ◇484
◎19222 ◇484
◎19223 ◇484
◎21973 ◇484

Quassia amara **L.**
▶夸斯苦木/红雀椿
◎31089 ◇1427
◎31090 ◇1427
◎36728 ◇1618
◎36729 ◇1618
◎36730 ◇1618

Quassia gabonensis **Pierre**
▶球状夸斯苦木/球状红雀椿
◎5088 ◇483/288
◎22913 ◇899
◎38418 ◇1134

Quassia indica **(Gaertn.) Noot.**
▶印度夸斯苦木/印度红雀椿
◎27081 ◇1226
◎31659 ◇1455

Simaba orinocensis **Kunth**
▶奥利苦香木
◎27825 ◇1244
◎34501 ◇1551
◎34502 ◇1551
◎36940 ◇1627

Simarouba amara **Aubl.**
▶正苦木/苦板木
◎20176 ◇820/549
◎21137 ◇/549
◎21227 ◇484
◎22532 ◇820
◎22662 ◇826
◎23198 ◇905
◎23330 ◇819
◎23501 ◇909
◎23602 ◇832
◎23648 ◇831
◎26510 ◇1168
◎26676 ◇1187
◎26750 ◇1198
◎26751 ◇1198
◎26752 ◇1198
◎34380 ◇1549
◎34503 ◇1551
◎35213 ◇1567
◎36941 ◇1627
◎36942 ◇1627
◎36943 ◇1627
◎36944 ◇1627
◎38292 ◇1132

Simarouba **Aubl.**
▶苦椿属
◎34381 ◇1549
◎34382 ◇1549
◎34383 ◇1549
◎36945 ◇1627

Siparunaceae 坛罐花科

Siparuna **cf. *guianensis*** **Aubl.**
▶似圭亚那坛罐花
◎38494 ◇1135

Siparuna cuspidata **(Tul.) A. DC.**
▶卡斯坛罐花
◎20427 ◇905
◎27873 ◇1247

Siparuna decipiens **(Tul.) A. DC.**
▶长柄坛罐花
◎27777 ◇1242
◎32025 ◇1472
◎33864 ◇1540

Siparuna reginae **(Tul.) A. DC.**
▶瑞氏坛罐花
◎25996 ◇1109

Siparuna tomentosa **(Ruiz & Pav.) A. DC.**
▶毛坛罐花
◎25997 ◇1109
◎40183 ◇1699

Siparuna **Aubl.**
▶坛罐花属
◎23644 ◇831

Sladeniaceae 肋果茶科

Ficalhoa laurifolia **Hiern**
▶桂叶菲尔豆/桂叶裂果柃
◎18469 ◇98/529
◎21543 ◇98/529

Sladenia celastrifolia **Kurz**
▶肋果茶
◎17264 ◇108/59

Smilacaceae 菝葜科

Smilax rotundifolia **L.**
▶圆叶菝葜
◎18316 ◇719
◎38231 ◇1130

Solanaceae 茄科

Acnistus breviflorus **(Sendtn.) Hunz.**
▶短花艾克茄木
◎32829 ◇1498

Brugmansia* × *candida **Pers.**
▶坎迪木曼陀罗
◎38571 ◇1136

Brugmansia arborea **(L.) Sweet**
▶乔木曼陀罗
◎24379 ◇1084

Brunfelsia uniflora **(Pohl) D. Don**
▶变色鸳鸯茉莉
◎38497 ◇1135

Cestrum intermedium **Sendtn.**
▶中间夜香木
◎35157 ◇1565

Cestrum latifolium **Lam.**
▶阔叶夜香木
◎38359 ◇1133

Cestrum parqui **L'Hér.**
▶帕氏夜香木
◎38525 ◇1135

Cestrum **L.**
▶夜香树属
◎32860 ◇1499

Duboisia myoporoides **R. Br.**
▶软木茄
◎20489 ◇828
◎24825 ◇1091
◎40497 ◇1703

Duckeodendron cestroides **Kuhlm.**
▶赛思核果茄
◎22526 ◇820

Hawkesiophyton ulei **(Dammer) Hunz.**
▶优氏蚁号木
◎38355 ◇1133

Iochroma arborescens **J. M. H. Shaw**
▶树状紫铃花
◎39268 ◇1691

Juanulloa mexicana **(Schltdl.) Miers**
▶墨西哥棱瓶花

◎35171　◇1566

Juanulloa verrucosa (Rusby) Hunz. & Subils

▶疣状棱瓶花

◎38485　◇1135

Lycianthes fasciculata (Rusby) Bitter

▶束带红丝线

◎38524　◇1135

Markea coccinea Rich.

▶深红树号木

◎35175　◇1566

Nicotiana glauca Graham

▶光烟草

◎25467　◇1099

◎39542　◇1694

Solanum albocalycinum

▶阿尔伯茄

◎38478　◇1134

Solanum anceps Ruiz & Pav.

▶扁平茄

◎35219　◇1567

Solanum bahamense Mill.

▶巴哈茄

◎20471　◇822

Solanum campaniforme Roem. & Schult.

▶钟形茄

◎35217　◇1567

Solanum cochabambense Bitter

▶科恰茄

◎38523　◇1135

Solanum donianum Walp.

▶茄树

◎35225　◇1568

Solanum erianthum D. Don

▶绵毛花茄

◎26511　◇1168

Solanum macranthum M. Martens & Galeotti

▶大花茄

◎26002　◇1110

Solanum maturecalvans Bitter

▶成熟茄

◎38477　◇1134

Solanum mauritianum Scop.

▶承受茄

◎26003　◇1110

◎40184　◇1699

Solanum procumbens Lour.

▶海南茄

◎14781　◇719

Solanum psodomaem

▶普索茄

◎35218　◇1567

Solanum pulverulentifolium K. E. Roe

▶普氏茄

◎18324　◇719

Solanum rhytidoandrum Sendtn.

▶皱缩茄

◎38491　◇1135

Solanum riparium Pers.

▶河边茄

◎38449　◇1134

Solanum schlechtedalianum Walp.

▶施勒茄

◎35220　◇1567

Solanum semotum M. Nee

▶司莫茄

◎38480　◇1134

Solanum sycophanta Dunal

▶西科茄木

◎22101　◇826

◎38329　◇1132

Solanum variabile Mart.

▶多变茄木

◎35223　◇1567

◎35224　◇1567

Solanum velutinum Dunal

▶绒毛茄

◎26512　◇1169

Solanum L.

▶茄属

◎35221　◇1567

◎35222　◇1567

Stachyuraceae　旌节花科

Stachyurus chinensis Franch.

▶旌节花

◎19697　◇162

Stachyurus himalaicus Hook. f. & Thomson ex Benth.

▶喜马拉雅旌节花

◎11618　◇162

◎19319　◇162/106

Staphyleaceae　省沽油科

Euscaphis japonica (Thunb.) Kanitz

▶野鸦椿

◎356　◇533;967

◎784　◇533

◎1085　◇TBA

◎5670　◇533

◎6304　◇533

◎6484　◇533;859

◎6898　◇533

◎6902　◇533

◎7620　◇534

◎8591　◇533;982

◎10593　◇533

◎12643　◇533;1013/318

◎12680　◇533;995

◎15778　◇533

◎16606　◇533

◎16696　◇533

◎17355　◇TBA

◎19699　◇533

Staphylea bumalda DC.

▶省沽油

◎4164　◇534

◎8599　◇534/318

Staphylea colchica Steven

▶科尔切斯省沽油

◎39559　◇1695

Staphylea holocarpa Hemsl.

▶大果省沽油/膀胱果

◎5586　◇534

◎5591　◇534

◎18841　◇534/318

Staphylea pinnata L.

▶羽叶省沽油

◎26016　◇1110

◎42459　◇1730

Staphylea trifolia L.

▶三叶省沽油

◎20956　◇534

◎26017　◇1110

Stemonuraceae　粗丝木科

Cantleya corniculata (Becc.) R. A. Howard

▶角香茶茱萸/金檀木

◎9926　◇955

◎9927　◇955

◎13186　◇894/358

◎14182　◇893

◎23347　◇889

◎27547　◇1235

◎27548　◇1235

◎36050　◇1586

Codiocarpus merrittii **(Merr.) R. A. Howard**

▶寇迪粗丝木

◎28335　◇1271

Discophora guianensis **Miers**

▶圭亚那方环蝶木

◎32626　◇1490

◎32627　◇1490

Gomphandra australiana **F. Muell.**

▶澳大利亚粗丝木

◎36124　◇1587

Gomphandra javanica **(Blume) Valeton**

▶爪哇粗丝木

◎27491　◇1234

Gomphandra luzoniensis **(Merr.) Merr.**

▶吕宋粗丝木

◎28296　◇1269

◎28373　◇1272

◎28385　◇1273

Stemonurus apicalis **(Thwaites) Miers**

▶尾丝木

◎38583　◇1136

Stemonurus celebicus **Valeton**

▶西里伯髯丝木

◎28999　◇1306

Stilbaceae　耀仙木科

Halleria lucida **L.**

▶光亮挂钟木

◎25135　◇1095

◎39603　◇1695

Nuxia floribunda **Benth.**

▶花束瑞仙木

◎37154　◇1632

◎40615　◇1704

◎41843　◇1720

◎42123　◇1723

◎42125　◇1723

Strasburgeriaceae　栓皮果科

Ixerba brexioides **A. Cunn.**

▶布氏龙柱花

◎18808　◇911/743

Strelitziaceae　鹤望兰科

Ravenala madagasceariensis **Sonn.**

▶马达加斯加旅人焦

◎7211　◇719

Styracaceae　安息香科

Alniphyllum eberhardtii **Guillaumin**

▶滇拟赤扬/滇赤杨叶

◎9684　◇649

◎11848　◇649

◎11974　◇649/398

Alniphyllum fortunei **Makino**

▶拟赤扬

◎97　◇649;996

◎257　◇649;858

◎6420　◇649

◎6451　◇649;1079

◎6695　◇649;720

◎6831　◇649/557

◎6920　◇649

◎8730　◇649;860

◎8798　◇649;717

◎9020　◇649;976

◎9100　◇649/399

◎9101　◇649;1030

◎9121　◇TBA

◎9122　◇649;1036/399

◎9260　◇649;779

◎9383　◇649;777

◎9671　◇649

◎10626　◇649

◎10720　◇649

◎10734　◇649

◎10735　◇649

◎11264　◇649;1019

◎11541　◇649;1014/399

◎11542　◇649/399

◎11543　◇649

◎11658　◇649;964

◎12185　◇649;1045

◎12248　◇848

◎12267　◇TBA

◎12281　◇848

◎12288　◇848

◎12358　◇870

◎12364　◇870

◎12379　◇848

◎12469　◇650;811

◎12561　◇649;978/399

◎13073　◇649

◎13449　◇649;864

◎13642　◇649

◎14263　◇649

◎14793　◇649

◎15006　◇649

◎15016　◇649

◎15671　◇649

◎16394　◇649

◎17334　◇651;779

◎17395　◇651;796

◎17562　◇651

◎17734　◇651;797

◎17735　◇651

◎17736　◇651;1044

◎18033　◇651;1057

◎18050　◇651;1007

◎19700　◇651

◎20308　◇651

Alniphyllum pterospermum **Matsum.**

▶台湾赤叶杨/假赤杨

◎1232　◇651

Alniphyllum **Malsum.**

▶拟赤杨属/赤杨叶属

◎1293　◇651

◎11935　◇651;1047

◎15003　◇651

◎39956　◇1122

Bruinsmia styracoides **Boerl. & Koord.**

▶大歧序安息香

◎26980　◇1224

◎42421　◇1727

Halesia carolina **L.**

▶北美银钟花

◎25132　◇1095

◎38694　◇1138

◎38745　◇1139

◎40679　◇1705

◎40929　◇1709

◎41970　◇1721

Halesia macgregorii **Chun**

▶银钟树

◎6582　◇652;868

◎6951　◇652

◎14994　◇652

◎16448　◇652

◎16506　◇652

◎16532　◇652

◎16972　◇652

◎18130　◇652

Halesia tetraptera **var.** ***monticola*** **(Rehder) Reveal & Seldin**

▶山四翅银钟花

◎25133　◇1095

Halesia **J. Ellis ex L.**

▶银钟花属

◎13561　◇652;1012

Huodendron biaristatum **var. *parviflorum*（Merr.）Rehder**

▶岭南山茉莉

◎6562　◇655;859

◎6724　◇655

◎7125　◇655

◎13871　◇652;1017/400

◎13872　◇652;986/400

◎13873　◇652;873

◎16571　◇652

◎16670　◇652

◎16959　◇652

◎17340　◇652;778

Huodendron biaristatum **（W. W. Sm.）Rehder**

▶双齿山茉莉

◎9644　◇652

◎15674　◇652/400

Huodendron tibeticum **（J. Anthony）Rehder**

▶西藏山茉莉

◎15918　◇TBA

Melliodendron xylocarpum **Hand.-Mazz.**

▶陀螺果

◎6452　◇653;867

◎6502　◇653;1079

◎6539　◇653;1080

◎7113　◇653

◎8797　◇653;717/400

◎13869　◇653;812

◎13870　◇653

◎15647　◇653

◎17087　◇653

◎17605　◇653;958

Pterostyrax benzoin **Dryand.**

▶安息香白辛树

◎14047　◇653;858/400

Pterostyrax corymbosus **Siebold & Zucc.**

▶小叶白辛树

◎6049　◇653;1080/400

◎16389　◇653

◎17400　◇653;796

◎38096　◇1114

Pterostyrax hispidum **Siebold & Zucc**

▶惠斯白辛树

◎4111　◇653

◎6342　◇653

◎29758　◇1358

◎29811　◇1361

Pterostyrax psilophyllus **Diels ex Perkins**

▶白辛树

◎98　◇653

◎370　◇653

◎815　◇653

◎1116　◇TBA

◎1185　◇TBA

◎7614　◇653

◎9980　◇653

◎10914　◇653

◎10915　◇653

◎10991　◇653

◎15917　◇653

◎17658　◇653

Pterostyrax **Siebold & Zucc.**

▶白辛树属

◎9758　◇653;787

Rehderodendron kwangtungense **Chun**

▶广东木瓜红

◎6415　◇654

◎6945　◇654

◎7139　◇654

◎11674　◇654;1056/385

◎13570　◇654;1012/401

Rehderodendron macrocarpum **Hu**

▶木瓜红

◎116　◇654;789

◎326　◇654;778

◎355　◇654;794

◎446　◇654

◎811　◇654

◎1218　◇TBA

◎6138　◇654;869

Rehderodendron rostratum **Chun**

▶罗斯木瓜红

◎6931　◇654

Rehderodendron yunnanense **Hu**

▶云南木瓜红

◎9649　◇654

◎15628　◇654

Rehderodendron **Hu**

▶木瓜红属

◎9330　◇654;997

◎10897　◇654

Sinojackia rehderiana **Hu**

▶狭果秤锤树

◎6278　◇654

Sinojackia xylocarpa **Hu**

▶秤锤树

◎7050　◇654/402

Styrax agrestis **（Lour）G. Don**

▶喙果安息香

◎13034　◇656

◎14449　◇655

◎14512　◇655

Styrax apricus **H. R. Fletcher**

▶向阳安息香

◎31917　◇1469

Styrax argenteus **var. *ramirezii*（Greenm.）Gonsoulin**

▶拉米安息香

◎20084　◇936

Styrax benzoin **Dryand.**

▶安息香

◎21030　◇890

Styrax calvescens **Perkins**

▶灰叶安息香

◎19704　◇655

◎19705　◇655

Styrax confusus **Hemsl.**

▶赛山梅

◎6849　◇655

◎12638　◇655;969

◎16922　◇655

◎19701　◇655

◎19702　◇655

◎19703　◇655

Styrax elaeagnifolius **Chun**

▶艾利安息香

◎6771　◇655

Styrax faberi **Perkins**

▶白花龙

◎16713　◇655

Styrax grandifolia **Aiton**

▶大花安息香

◎38731　◇1139

Styrax guianensis **A. DC.**

▶圭亚那安息香

◎34648　◇1554

Styrax hainanensis **F. C. How**

▶厚叶安息香

◎14692　◇655

Styrax japonicus Siebold & Zucc.

▶野安息香

◎10271　◇918

◎17139　◇655

◎21977　◇655

Styrax obassia Siebold & Zucc.

▶玉铃花

◎4131　◇655

◎4214　◇655

◎10657　◇655

◎19597　◇655

Styrax odoratissimus Champ. ex Benth.

▶芬芳安息香

◎6449　◇655;1080

◎8788　◇655;1008

◎16565　◇655

Styrax paralleloneurus Perkins

▶平行安息香

◎27322　◇1230

Styrax pavonii A. DC.

▶帕翁安息香

◎38215　◇1130

Styrax philadelphus Perkins

▶山梅花安息香

◎7040　◇655;868

Styrax suberifolius Hook. & Arn.

▶栓叶安息香

◎164　◇656;792

◎3371　◇656

◎7338　◇656

◎10932　◇656

◎13066　◇656

◎16919　◇656

◎17473　◇656;783

◎17597　◇656;851

◎18055　◇656;963

◎18144　◇656;963

◎21210　◇657

Styrax tonkinensis Craib ex Hartwich

▶越南安息香

◎11338　◇656

◎11544　◇656/402

◎11545　◇656/402

◎15675　◇656

◎16075　◇657

◎16517　◇657

◎16952　◇657

Styrax L.

▶安息香属

◎6239　◇657

◎9304　◇657

◎9305　◇657

◎9666　◇657

◎13643　◇656

◎39957　◇1122

Surianaceae　海人树科

Cadellia pentastylis F. Muell.

▶五裂乌鳞树

◎24402　◇1085

◎39821　◇1698

Suriana maritima L.

▶海栖海人树/海人树

◎26032　◇1110

◎38818　◇1684

◎41714　◇1718

◎42310　◇1726

Symplocaceae　山矾科

Bobua arisanensis (Hayata) Kaneh. & Sasaki

▶阿里山矾

◎5032　◇658

Symplocos acuminata Miq.

▶尖叶山巩

◎27689　◇1237

Symplocos adenophylla Wall. & G. Don

▶腺叶山矾

◎14399　◇658

◎14481　◇658

◎15756　◇658

◎16723　◇658

Symplocos adenopus Hance

▶腺柄山矾

◎17136　◇658

Symplocos anastomosana Chun

▶阿纳山矾

◎6703　◇658

Symplocos anomala Brand

▶薄叶山矾

◎121　◇658

◎320　◇658;778

◎6489　◇658;1079

◎12950　◇658;812/404

◎15649　◇658

◎17129　◇658

◎21969　◇658

Symplocos cochinchinensis subsp. *leptophylla* (Brand) Noot.

▶薄叶交趾山矾

◎29086　◇1312

◎31832　◇1465

◎31833　◇1465

◎31834　◇1465

◎33596　◇1529

Symplocos cochinchinensis var. *angustifolia* (Guillaumin) Noot.

▶狭叶山巩

◎22011　◇658

Symplocos cochinchinensis var. *laurina* (Retz.) Raizada

▶黄牛奶树

◎96　◇663

◎204　◇663;1028

◎495　◇661

◎617　◇661;867

◎1197　◇TBA

◎6532　◇661

◎6825　◇661

◎7641　◇661;980

◎8516　◇898

◎8710　◇663;720

◎10817　◇661

◎10901　◇661

◎10902　◇663

◎11096　◇661

◎11399　◇922/404

◎12622　◇661;873

◎12639　◇661;1006

◎12678　◇661;1013

◎12725　◇922/404

◎17047　◇660

◎17335　◇660;779

◎19710　◇661

◎19711　◇661

◎19712　◇661

◎19713　◇661

◎19714　◇661

Symplocos cochinchinensis var. *philippinensis* (Brand) Noot.

▶菲律宾山矾

◎31678　◇1456

Symplocos cochinchinensis S. Moore

▶越南山矾

◎6445　◇659

◎13028 ◇659/405
◎14550 ◇659
◎14825 ◇659;1074
◎15726 ◇659
◎16591 ◇659
◎17462 ◇659;785
◎21298 ◇660

***Symplocos congesta* Benth.**
▶密花山矾
◎14321 ◇660
◎16961 ◇660
◎19733 ◇660
◎19734 ◇660
◎20229 ◇660

***Symplocos cordifolia* Thwaites**
▶心叶山矾
◎31679 ◇1456
◎31680 ◇1456
◎31681 ◇1456

***Symplocos elegans* var. *hirsuta* (Bedd.) Noot.**
▶硬毛山巩
◎31682 ◇1456

***Symplocos glauca* Koidz.**
▶粉叶灰木
◎6830 ◇TBA
◎14489 ◇660

***Symplocos glomerata* King ex C. B. Clarke**
▶团花山矾
◎21426 ◇897

***Symplocos goodeniaceae* Noot.**
▶草海桐山矾
◎31683 ◇1456

***Symplocos heishanensis* Hayata**
▶海山山巩
◎15028 ◇662
◎16970 ◇662
◎17105 ◇662

Symplocos henschelii* subsp. *henschelii
▶赫歇山矾
◎28070 ◇1259

***Symplocos lancifolia* Siebold & Zucc.**
▶光叶山矾
◎789 ◇662
◎6773 ◇661
◎9370 ◇TBA
◎10656 ◇661
◎10933 ◇661
◎12979 ◇661/406
◎12996 ◇661;875/558
◎13069 ◇661
◎14329 ◇661/556
◎14962 ◇661;1075
◎15884 ◇661
◎16624 ◇661
◎17056 ◇661
◎17103 ◇662
◎19732 ◇661
◎19748 ◇TBA
◎19749 ◇661
◎19750 ◇661
◎33597 ◇1529
◎33598 ◇1529

***Symplocos lucida* Siebold & Zucc.**
▶光亮山巩
◎382 ◇663
◎5905 ◇663
◎10653 ◇663
◎10654 ◇663
◎10928 ◇663
◎10929 ◇663
◎10936 ◇663
◎10939 ◇663
◎10940 ◇663
◎13018 ◇658
◎16963 ◇660
◎17008 ◇660
◎17671 ◇660
◎18612 ◇919
◎19730 ◇663
◎38100 ◇1114

***Symplocos macrocarpa* subsp. *kanarana* (Talbot) Noot.**
▶卡纳山矾
◎28416 ◇1274

***Symplocos macrophylla* Wall. ex DC.**
▶大叶山矾
◎31684 ◇1456

***Symplocos myrtacea* Siebold & Zucc.**
▶桃金娘山矾
◎18622 ◇919

***Symplocos ophirensis* var. *pachyphylla* (Merr.) Noot.**
▶厚叶山矾
◎28671 ◇1287

***Symplocos paniculata* Miq.**
▶乌子灰木/日本白檀
◎134 ◇662;779
◎255 ◇662;867
◎771 ◇662
◎6866 ◇662
◎6970 ◇662
◎10655 ◇662
◎10927 ◇662
◎10937 ◇662
◎10938 ◇662
◎15868 ◇662

***Symplocos pendula* var. *hirtistylis* (Clarke) Noot.**
▶海尔山巩
◎12985 ◇660;817
◎16445 ◇660
◎16446 ◇660
◎16555 ◇660

***Symplocos poilanei* Guillaumin**
▶丛花山矾
◎14363 ◇662
◎14482 ◇659;1027
◎22160 ◇883

***Symplocos polyandra* Brand**
▶多蕊山矾
◎28113 ◇1260

***Symplocos pseudobarberina* Gontsch.**
▶铁山矾
◎17338 ◇662;779

***Symplocos riolivacea* Merr. et Chun ex Li**
▶橄榄山矾
◎12969 ◇658;881

***Symplocos stawellii* F. Muell.**
▶斯塔山巩
◎26048 ◇1110

***Symplocos stellaris* Brand**
▶老鼠矢/枇杷叶灰木
◎6867 ◇663
◎7041 ◇663
◎13070 ◇663
◎13447 ◇663
◎19176 ◇663;859
◎19729 ◇663
◎20225 ◇663
◎20226 ◇663
◎20227 ◇663

***Symplocos sumuntia* Buch.-Ham. ex D. Don**
▶山巩

◎95 ◇658
◎132 ◇658;779
◎272 ◇658;794
◎494 ◇658
◎766 ◇658
◎1168 ◇TBA
◎1196 ◇TBA
◎6565 ◇658;1080
◎6702 ◇660
◎6744 ◇663
◎6780 ◇658
◎10926 ◇658
◎10934 ◇658
◎10964 ◇658;1062
◎12902 ◇659;885/405
◎12929 ◇659;873
◎13068 ◇659
◎13492 ◇659
◎13542 ◇659
◎14276 ◇659
◎14420 ◇659
◎17064 ◇663
◎17363 ◇659;801
◎17457 ◇658;790
◎18052 ◇659
◎18613 ◇919
◎19708 ◇663
◎19709 ◇663
◎19735 ◇659
◎19736 ◇659
◎19737 ◇659
◎19738 ◇659
◎20228 ◇663
◎21160 ◇658

Symplocos tenuifolia **Brand**
▶**细叶灰木**
◎35227 ◇1568

Symplocos tinctoria **(L.) L'Hér.**
▶**多色山矾**
◎26049 ◇1110
◎39276 ◇1691
◎41200 ◇1712

Symplocos viridissima **Brand**
▶**绿枝山矾**
◎14364 ◇661

Symplocos wikstroemiifolia **Hayata**
▶**月桂叶灰木**
◎13670 ◇662
◎14415 ◇662
◎14797 ◇662
◎16459 ◇662
◎19706 ◇663
◎19707 ◇663

Symplocos **Jacq.**
▶**灰木属/山矾属**
◎123 ◇664;867
◎231 ◇664;790
◎344 ◇664;795
◎899 ◇TBA
◎6232 ◇664
◎6356 ◇664
◎7605 ◇658
◎8721 ◇664;974
◎9837 ◇664;881
◎10930 ◇664
◎10931 ◇664
◎10935 ◇664
◎10942 ◇664
◎10959 ◇664;1047
◎11097 ◇664
◎11833 ◇664;887
◎11936 ◇664
◎11938 ◇664
◎11948 ◇664;876
◎12272 ◇TBA
◎12274 ◇850
◎12280 ◇850
◎12892 ◇664;866
◎13303 ◇879
◎13523 ◇664;868
◎15684 ◇664
◎15801 ◇664
◎16463 ◇664
◎16969 ◇664
◎17604 ◇664;792
◎27137 ◇1227
◎28949 ◇1303
◎28950 ◇1303
◎35556 ◇1572

Tamaricaceae 柽柳树

Myricaria germanica **Desv.**
▶**三春水柏枝**
◎19234 ◇162

Myricaria wardii **C. Marquand**
▶**小苞水柏枝**
◎19233 ◇162

Myristica castaneifolia **A. Gray**
▶**栗叶肉豆蔻**
◎25439 ◇1101

Myristica cinnamomea **King**
▶**桂色肉豆蔻**
◎37950 ◇1678
◎38017 ◇1682

Myristica cornutiflora **subsp. *cornutiflora***
▶**角花肉豆蔻**
◎31526 ◇1450

Myristica cucullata **Markgr.**
▶**勺状肉豆蔻**
◎37625 ◇1663

Myristica dactyloides **Gaertn.**
▶**指状肉豆蔻**
◎28397 ◇1273
◎31644 ◇1454
◎31645 ◇1454

Myristica devogelii **W. J. de Wilde**
▶**德文肉豆蔻**
◎28866 ◇1297

Myristica elliptica **var. *celebica* (Warb.) W. J. de Wilde**
▶**西里伯肉豆蔻**
◎27278 ◇1229

Myristica elliptica **Wall.**
▶**椭圆叶肉豆蔻**
◎37951 ◇1678

Myristica fatua **subsp. *affinis* (Warb.) W. J. de Wilde**
▶**近法塔肉豆蔻**
◎29518 ◇1337

Myristica fragrans **Houtt.**
▶**肉豆蔻**
◎37626 ◇1663

Myristica globosa **Warb.**
▶**球状肉豆蔻**
◎18966 ◇907/14
◎25438 ◇1101

Myristica guatteriifolia **A. DC.**
▶**索木叶肉豆蔻**
◎28372 ◇1272
◎28482 ◇1278
◎28713 ◇1289
◎28779 ◇1292
◎38018 ◇1682

Myristica hollrungii **Warb.**
▶**霍氏肉豆蔻**

◎36854 ◇1624

Myristica impressa Warb.

▶凹陷肉豆蔻

◎28942 ◇1303

◎28989 ◇1306

Myristica iners Blume

▶静止肉豆蔻

◎37952 ◇1678

Myristica koordersii Warb.

▶库氏肉豆蔻

◎29519 ◇1337

Myristica laevifolia W. J. de Wilde

▶光叶肉豆蔻

◎36855 ◇1624

Myristica lowiana King

▶娄伟肉豆蔻

◎35638 ◇1573

Myristica malabarica Lam.

▶马拉肉豆蔻

◎38324 ◇1132

Myristica pachyphylla A. C. Sm.

▶厚叶肉豆蔻

◎27442 ◇1233

Myristica rubinervia var. *duplex* W. J. de Wilde

▶成对肉豆蔻

◎28136 ◇1261

Myristica rubrinervis var. *rubrinervis*

▶红肉豆蔻

◎28657 ◇1287

Myristica simiarum A. DC.

▶菲律宾肉豆蔻

◎21639 ◇22

◎21673 ◇22

Myristica subalulata Miq.

▶萨巴肉豆蔻

◎37627 ◇1663

Myristica ultrabasica W. J. de Wilde

▶超基肉豆蔻

◎29150 ◇1316

Myristica umbellata Elmer

▶伞花肉豆蔻

◎28176 ◇1263

◎28575 ◇1283

◎28780 ◇1292

Myristica Gronov.

▶肉豆蔻属

◎4635 ◇TBA

◎17181 ◇22

◎23305 ◇915

◎23579 ◇915

◎31296 ◇1434

◎34910 ◇1559

◎35979 ◇1586

◎36856 ◇1624

Tamarix aphylla (L.) H. Karst.

▶无叶柽柳

◎26079 ◇1111

◎26080 ◇1111

◎41182 ◇1712

◎42167 ◇1724

Tamarix chinensis Lour.

▶柽柳

◎11019 ◇162/106

◎17885 ◇162;783/106

◎26081 ◇1111

Tamarix gallica L.

▶法国柽柳

◎21698 ◇904

◎22296 ◇903

Tamarix parviflora DC.

▶小花柽柳

◎26082 ◇1111

◎38534 ◇1135

◎39741 ◇1697

◎41697 ◇1718

◎42401 ◇1727

Tamarix tetrandra Pall. ex M. Bieb.

▶四蕊柽柳

◎18530 ◇827/106

Tamarix L.

▶柽柳属

◎4020 ◇162

◎13646 ◇162

◎26760 ◇1198

Tapisciaceae 瘿椒树科

Huertea putumayensis Cuatrec.

▶普特腺椒树

◎20450 ◇905

Tapiscia sinensis Oliv.

▶瘿椒树

◎68 ◇534

◎491 ◇534

◎1108 ◇TBA

◎1210 ◇TBA

◎6155 ◇534

◎8742 ◇534;860

◎15870 ◇534

◎17408 ◇534;793/318

Tetramelaceae 四数木科

Octomeles moluccana Warb.

▶莫鲁八数木

◎25489 ◇1101

Octomeles sumatrana Miq.

▶八果木/苏门答腊八数木

◎4622 ◇175

◎9896 ◇955;1059

◎13218 ◇894

◎14091 ◇893/116

◎18719 ◇894/563

◎18925 ◇907/116

◎19008 ◇906/730

◎19022 ◇906/116

◎19464 ◇906/116

◎21035 ◇890

◎22175 ◇934

◎22376 ◇926

◎22779 ◇906

◎22820 ◇920

◎23357 ◇889

◎25490 ◇1101

◎35707 ◇1575

◎35708 ◇1575

◎35709 ◇1575

◎35864 ◇1584

◎36153 ◇1587

◎37087 ◇1630

◎38406 ◇1133

◎38407 ◇TBA

Tetrameles nudiflora R. Br.

▶四数木

◎9714 ◇931/116

◎15514 ◇175

◎20376 ◇938/116

◎20712 ◇896

◎20808 ◇891

◎22947 ◇954

◎27328 ◇1230

◎27505 ◇1234

◎35659 ◇1573

◎37035 ◇1629

Tetrameristaceae 四贵木科

Pelliciera rhizophorae

▶假红树

◎35266 ◇1568
◎38195 ◇1129
◎42450 ◇1729

Tetramerista glabra Miq.
▶平滑四籽木
◎9960 ◇956
◎15176 ◇895
◎19524 ◇935/727
◎21026 ◇890
◎21115 ◇TBA
◎22218 ◇934
◎23174 ◇933
◎23407 ◇933
◎27697 ◇1238
◎27698 ◇1238
◎31687 ◇1456
◎35559 ◇1572

Tetramerista Miq.
▶四籽树属/四贵木属
◎19525 ◇935
◎19526 ◇935
◎19527 ◇935
◎19528 ◇935
◎19529 ◇935

Theaceae 山茶科

Camellia brevistyla Cohen-Stuart
▶短柱茶
◎19694 ◇89

Camellia caudata Wall.
▶有尾山茶
◎6499 ◇90;729
◎6577 ◇90/51

Camellia chrysanthoides Hung T. Chang
▶薄叶金花茶
◎20210 ◇90
◎20211 ◇90
◎20212 ◇90
◎20213 ◇90
◎20214 ◇90

Camellia crapnelliana Tutch.
▶红皮糙果茶
◎19715 ◇91
◎19716 ◇91

Camellia cuspidata (Kochs) Bean
▶尖连蕊茶
◎6759 ◇TBA
◎15796 ◇89;970
◎19717 ◇89/51
◎19718 ◇89

Camellia euphlebia Merr. ex Sealy
▶显脉金花茶
◎20205 ◇90

Camellia fraterna Hance
▶毛柄连蕊茶
◎19731 ◇89

Camellia furfuracea (Merr.) Cohen-Stuart
▶糙果山茶
◎12580 ◇89;807
◎16912 ◇89
◎16981 ◇89

Camellia grandis Hung T. Chang
▶弄岗金花茶
◎20207 ◇90

Camellia grijsii Hance
▶长瓣短柱茶
◎82 ◇TBA
◎131 ◇90;792
◎299 ◇89;778
◎479 ◇90
◎801 ◇90
◎6139 ◇90
◎7633 ◇90
◎10651 ◇90/581

Camellia impressnervis C. F. Liang & S. L. Mo) Hung T. Chang & S. Ye Liang
▶凹脉金花茶
◎20209 ◇90

Camellia japonica L.
▶日本山茶
◎1000 ◇TBA
◎4875 ◇90
◎10264 ◇918

Camellia lanceolata Seem.
▶披针山茶
◎31335 ◇1436

Camellia longzhouensis J. Y. Luo
▶龙洲金花茶
◎20208 ◇90

Camellia mairei var. *lapidea* (Y. C. Wu) Sealy
▶石果毛蕊山茶
◎16707 ◇91/581

Camellia microcarpa (S. L. Mo & S. Z. Huang) S. L. Mo
▶小果油茶/小果山茶
◎19751 ◇91
◎19752 ◇91

Camellia oleifera C. Abel
▶油茶
◎7967 ◇91/52
◎9375 ◇91;852/52
◎9376 ◇89;777/52
◎17160 ◇91
◎19745 ◇91
◎19746 ◇91

Camellia parvipetala J. Y. Liang & Z. M. Su
▶小柄山茶
◎20206 ◇90

Camellia paucipunctata (Merr. & Chun) Chun
▶腺叶茶/腺叶离蕊茶
◎13013 ◇92/52

Camellia pitardii Cohen-Stuart
▶西南红山茶
◎7974 ◇92/52
◎18608 ◇919/581

Camellia polyodonta F. C. How ex Hu
▶多齿红山茶
◎16101 ◇92/52

Camellia sasanqua Blanco
▶茶梅
◎18609 ◇919/52

Camellia semiserrata C. W. Chi
▶南山茶/广宁油茶
◎17135 ◇92/582

Camellia sinensis (L.) Kuntze
▶茶
◎603 ◇92
◎1024 ◇91;984
◎6985 ◇91/52
◎15813 ◇92/565
◎19719 ◇92
◎19720 ◇TBA
◎22136 ◇957

Camellia vietnamensis T. C. Huang
▶越南油茶
◎16857 ◇92
◎17035 ◇92

Camellia L.
▶山茶属
◎849 ◇TBA
◎4082 ◇92
◎9095 ◇92;784

◎11183　◇92
◎11684　◇92;971
◎12349　◇870
Franklinia alatamaha Marshall
▶有翅洋木荷
◎25059　◇1096
Gordonia fruticosa (Schrad.) H. Keng
▶结实大头茶/结实湿头茶
◎22614　◇831
◎25098　◇1095
◎27992　◇1254
◎32468　◇1486
◎33690　◇1535
◎41008　◇1709
◎41381　◇1714
Gordonia haematoxylon Sw.
▶牙买加大头茶
◎20576　◇829
Gordonia lasianthus (L.) J. Ellis
▶绵毛花大头茶
◎25099　◇1095
◎38662　◇1138
◎39595　◇1695
◎40936　◇1709
◎41385　◇1714
Gordonia obtusa Wall.
▶椭圆大头茶
◎8498　◇898
◎28339　◇1271
Gordonia ovalis Korth.
▶卵圆大头茶
◎31277　◇1433
◎31366　◇1438
Gordonia J. Ellis
▶大头茶属
◎10954　◇99;1047
◎10958　◇99
◎27258　◇1229
◎29026　◇1308
◎31285　◇1434
◎31286　◇1434
◎37513　◇1660
Hartia sinensis Dunn
▶舟柄茶
◎9669　◇98/56
◎11751　◇98;1001
Laplacea williamsii Standl. ex Ll. Williams
▶威廉血红茶木/威廉柃茶
◎18318　◇98
◎38143　◇1128
Polyspora amboinensis (Miq.) Orel, Peter G. Wilson, Curry & Luu
▶安波大头茶
◎37611　◇1663
Polyspora axillaris (Roxb. ex Ker Gawl.) Sweet
▶大头茶
◎591　◇99;983/55
◎6710　◇99
◎10809　◇99
◎10810　◇99
◎14375　◇99
◎15803　◇99
◎17033　◇99
Polyspora borneensis (H. Keng) Orel, Peter G. Wilson, Curry & Luu
▶婆罗大头茶
◎37935　◇1678
Polyspora hainanensis (Hung T. Chang) C. X. Ye ex B. M. Barthol. & T. L. Ming
▶海南大头茶
◎13015　◇99/55
◎14366　◇99/89
Polyspora imbricata (King) Orel, Peter G. Wilson, Curry & Luu
▶艾木大头茶
◎22211　◇934
Polyspora integerrima (Miq.) Orel, Peter G. Wilson, Curry & Luu
▶全缘大头茶
◎27628　◇1236
Polyspora vulcanica (Korth.) Orel, Peter G. Wilson, Curry & Luu
▶火山大头茶
◎31278　◇1433
Pyrenaria diospyricarpa Kurz
▶叶萼核果木
◎3588　◇99
Pyrenaria jonquieriana subsp. *multisepala* (Merr. & Chun) S. X. Yang
▶多萼核果茶
◎12136　◇113;882
◎12871　◇113;888/61
◎14252　◇113
◎17722　◇113/61
Pyrenaria microcarpa (Dunn) H. Keng
▶小果核果茶
◎12124　◇112
◎17074　◇113/61
◎20275　◇113/61
◎20276　◇113
Pyrenaria spectabilis var. *greeniae* (Chun) S. X. Yang
▶长柱核果茶
◎13475　◇112;876
◎15743　◇112/55
◎16548　◇112/61
◎38097　◇1114
Pyrenaria spectabilis (Champ. ex Benth.) C. Y. Wu & S. X. Yang
▶大果核果茶
◎6731　◇113
◎15720　◇112;975/61
◎16699　◇112
◎16734　◇112
◎16971　◇112
◎17342　◇113;778
◎19815　◇113/61
Pyrenaria Blume
▶核果茶属
◎9760　◇113;1059
◎27668　◇1237
Schima argentea E. Pritz. ex Diels
▶银木荷
◎1284　◇100
◎3211　◇100
◎10663　◇100
◎10664　◇100
◎10965　◇100;888/56
◎13792　◇100/56
◎13927　◇100/56
◎15915　◇100
◎17655　◇100
Schima bambusifolia Hu
▶竹叶木荷
◎15810　◇100
◎16059　◇100/586
Schima crenata Korth.
▶钝齿木荷
◎83　◇101
◎445　◇101
◎758　◇101
◎1005　◇984

◎1216 ◇TBA
◎7604 ◇101

Schima noronhae **Reinw. ex Blume**

▶南洋木荷

◎9959 ◇956;1057
◎27675 ◇1237
◎37178 ◇1633
◎40189 ◇1699

Schima superba **Gardner & Champ.**

▶木荷

◎284 ◇101;970
◎409 ◇101
◎434 ◇101
◎775 ◇101
◎5914 ◇101/57
◎6323 ◇101/57
◎6537 ◇101
◎7408 ◇101
◎7750 ◇101
◎8254 ◇101/56
◎8255 ◇101
◎8343 ◇101
◎8344 ◇101
◎8345 ◇102
◎8402 ◇102
◎8403 ◇TBA
◎8431 ◇102
◎8432 ◇102
◎8465 ◇101;872
◎8713 ◇103;720
◎8863 ◇103;996
◎9011 ◇103;976
◎9012 ◇103;1006
◎9013 ◇103;1036
◎9021 ◇102;1056/57
◎9022 ◇103;1027/57
◎9392 ◇103;801
◎10077 ◇103
◎10134 ◇103
◎10662 ◇103
◎10818 ◇103
◎10903 ◇103
◎10943 ◇103
◎11084 ◇103;784
◎11246 ◇103;1052
◎11258 ◇103;975
◎11548 ◇104
◎12119 ◇104;851
◎12256 ◇848
◎12260 ◇848
◎12287 ◇TBA
◎12305 ◇848
◎12306 ◇848
◎12307 ◇850
◎12314 ◇870
◎12323 ◇870
◎12404 ◇TBA
◎12452 ◇104;851
◎12863 ◇104;1041
◎12872 ◇104;874
◎12939 ◇104;815
◎13063 ◇104
◎13336 ◇879
◎13345 ◇879
◎13414 ◇TBA
◎13512 ◇104
◎14410 ◇104
◎14890 ◇104;1074
◎15001 ◇104
◎15043 ◇104
◎15626 ◇104
◎15769 ◇104
◎16410 ◇104
◎16710 ◇105
◎17360 ◇105;801
◎17621 ◇105
◎17740 ◇105
◎18066 ◇105;1063/57
◎19035 ◇105
◎19809 ◇105
◎19810 ◇105
◎20600 ◇100
◎21218 ◇105
◎22137 ◇958
◎23663 ◇100;961

Schima wallichii **(DC.) Choisy**

▶西南木荷

◎3581 ◇106
◎3729 ◇106
◎3792 ◇106
◎7945 ◇106/58
◎7947 ◇106
◎11704 ◇106/58
◎11750 ◇106;987/58
◎11784 ◇106
◎13176 ◇894
◎13791 ◇106
◎13999 ◇106
◎14093 ◇893/58
◎21048 ◇890
◎31314 ◇1435

Schima **Reinw. ex Blume**

▶木荷属

◎4060 ◇107
◎5962 ◇107
◎7842 ◇107
◎8871 ◇107
◎13536 ◇107;783
◎16343 ◇TBA
◎22377 ◇926
◎39961 ◇1122

Stewartia monadelpha **Siebold & Zucc.**

▶蒙纳紫茎

◎18610 ◇919/59

Stewartia pashanensis **Hu et Niu**

▶帕氏紫茎

◎18851 ◇108

Stewartia pseudocamellia **Maxim.**

▶假茶紫茎

◎4103 ◇108/59
◎10265 ◇918
◎35226 ◇1568

Stewartia sinensis **Rehder & E. H. Wilson**

▶紫茎

◎608 ◇TBA
◎5850 ◇108
◎6009 ◇108;1064
◎7033 ◇108/59
◎8819 ◇108;717
◎10658 ◇108
◎16512 ◇108
◎18128 ◇108;787/59

Stewartia villosa **var.** ***kwangtungensis*** **(Chun) J. Li & T. L. Ming**

▶广东紫茎

◎13464 ◇98
◎13537 ◇98
◎13548 ◇98
◎13549 ◇98
◎13550 ◇98;779/56
◎15806 ◇98
◎15807 ◇98
◎15819 ◇98
◎16659 ◇98

Stewartia villosa **Merr.**

▶毛紫茎

◎9239 ◇98;975/56

Stewartia I. Lawson

▶紫茎属

◎6008 ◇108;1064

◎11100 ◇108

Thea minahassae

▶迈纳茶

◎27329 ◇1230

Thelypteridaceae 金星蕨科

Thelypteris pozoi (Lag.) Morton

▶波佐沼泽蕨

◎31401 ◇1440

Thomandersiaceae 猩猩茶科

Thomandersia butayei De Wild.

▶凹叶猩猩茶

◎29208 ◇1320

Thymelaeaceae 瑞香科

Aetoxylon sympetalum (Steenis & Domke) Airy Shaw

▶环薇木

◎26287 ◇1119

Aquilaria filaria (Oken) Merr.

▶丝虫沉香

◎40356 ◇1701

Aquilaria malaccensis Benth.

▶奇楠沉香/马来沉香

◎24226 ◇1082

◎26281 ◇1118

◎26282 ◇1118

◎26283 ◇TBA

◎40316 ◇1701

Aquilaria sinensis Merr.

▶白木香/土沉香

◎7074 ◇310

◎8810 ◇310/182

◎9581 ◇TBA

◎12164 ◇310;1038

◎13864 ◇856

◎14326 ◇310

◎14804 ◇856

◎15991 ◇310

◎16931 ◇856

◎22143 ◇310

◎23673 ◇310

Aquilaria Lam.

▶白木香属/沉香属

◎21264 ◇310

◎22374 ◇926

◎26243 ◇1117

Clerodendron cyrtophyllum Turcz.

▶大青

◎13446 ◇692;729

◎17130 ◇692

◎19803 ◇692

◎19804 ◇692

◎20313 ◇692

◎20314 ◇692

Clerodendrum mandarinorum Diels

▶海通

◎6426 ◇692

◎15852 ◇692

◎17680 ◇692

◎19166 ◇692;859

◎20266 ◇692

◎20267 ◇692

◎20268 ◇692

Clerodendrum trichotomum Thunb.

▶海州常山

◎4132 ◇692

◎6118 ◇692

◎13473 ◇692;1045

◎31470 ◇1447

◎31471 ◇1447

◎39860 ◇1698

Daphnopsis americana (Mill.) J. R. Johnst.

▶美洲檀薇香

◎24756 ◇1090

◎39261 ◇1691

Dirca occidentalis A. Gray

▶旧金山革木/西方韦木

◎18312 ◇310

Gonystylus bancanus (Miq.) Kurz

▶邦卡棱柱木/邦卡膝柱木

◎13184 ◇894/747

◎14118 ◇/561

◎15473 ◇310

◎17490 ◇310

◎19680 ◇310

◎21629 ◇310

◎22402 ◇902

◎26249 ◇1117

◎36122 ◇1587

Gonystylus forbesii Gilg

▶福布棱柱木/福布膝柱木

◎25096 ◇1095

◎34584 ◇1552

◎38042 ◇1120

◎38043 ◇1120

Gonystylus macrophyllus (Miq.) Airy Shaw

▶大叶棱柱木

◎21642 ◇310

◎25097 ◇1095

◎26242 ◇1117

◎26258 ◇1117

Gonystylus miquelianus Teijsm. & Binn.

▶美快棱柱木

◎26250 ◇1117

Gonystylus punctatus A. C. Sm.

▶斑点棱柱木

◎23301 ◇915

◎23571 ◇915

Gonystylus Teijsm. & Binn.

▶棱柱木属/膝柱木属

◎17821 ◇929

◎19505 ◇935

◎22229 ◇934

◎22383 ◇926

◎22431 ◇889

◎23138 ◇933

◎23409 ◇933

◎26269 ◇1118

◎26285 ◇1119

◎26294 ◇1119

◎26295 ◇1119

◎26296 ◇1119

Gyrinops versteegii (Gilg) Domke

▶凡尔续断香

◎26251 ◇1117

Lasiosiphon glaucus Fresen.

▶鱼薇香木

◎35172 ◇1566

Peddiea fischeri Engl.

▶毛盘毒榄

◎35181 ◇1566

Phaleria capitata Jack

▶皇冠果木

◎37631 ◇1663

Phaleria Jack

▶皇冠果属

◎37630 ◇1663

Rhamnoneuron balansae Gilg

▶鼠皮树

◎9715 ◇931/448

Torricelliaceae 鞘柄木科

Aralidium pinnatifidum (Jungh. & de Vriese) Miq.

▶鳄胆木

◎21258 ◇623

◎29094 ◇1313

◎31703 ◇1457

Torricellia angulata Oliv.

▶角叶鞘柄木

◎6161 ◇615;1080

◎20236 ◇615/103

Trigoniaceae 三角果科

Trigonia laevis var. *laevis* Aubl.

▶光滑三角果

◎33087 ◇1509

◎33601 ◇1529

Trochodendraceae 昆栏树科

Tetracentron sinense Oliv.

▶水青树

◎140 ◇78;792

◎464 ◇78

◎499 ◇78

◎759 ◇78

◎1188 ◇78;984

◎3255 ◇78

◎3306 ◇78

◎6158 ◇78;1080

◎6600 ◇78

◎7089 ◇78

◎7962 ◇78

◎8611 ◇78;983/42

◎8681 ◇78;860

◎8718 ◇78;1006/42

◎10946 ◇78

◎11254 ◇78;986/42

◎17656 ◇78

◎19048 ◇78

◎19356 ◇78

Trochodendron aralioides Siebold & Zucc.

▶昆栏树

◎4142 ◇78

◎4876 ◇78

◎5027 ◇78/42

Ulmaceae 榆科

Ampelocera edentula Kuhlm.

▶无齿多蕊朴

◎20420 ◇905

◎27783 ◇1242

◎33766 ◇1537

◎34143 ◇1544

Ampelocera hottlei Standl.

▶藤榆/热多蕊朴

◎24186 ◇1084

Ampelocera peduncula

▶多蕊朴

◎35153 ◇1565

Chaetachme aristata Planch.

▶具芒非洲朴

◎24549 ◇1088

◎35158 ◇1565

◎39871 ◇1698

◎42128 ◇1723

◎42227 ◇1724

Hemiptelea davidii (Hance) Planch.

▶刺榆

◎4744 ◇354

◎25157 ◇1096

◎39366 ◇1692

Holoptelea grandis (Hutch.) Mildbr.

▶大古榆木/非洲全叶榆

◎18412 ◇925/196

◎20491 ◇828/529

◎21612 ◇345/529

◎21926 ◇899

Holoptelea integrifolia (Roxb.) Planch.

▶全缘叶古榆木/绳树/全叶榆

◎8549 ◇898/196

◎20918 ◇892

◎22968 ◇954

◎25174 ◇1097

◎35629 ◇1573

Phyllostylon brasiliense Capan. ex Benth. & Hook. f.

▶巴西叶柱榆/巴西槭果榆

◎25579 ◇1103

Phyllostylon rhamnoides (J. Poiss.) Taub.

▶瑞汉叶柱榆/瑞汉槭果榆

◎25580 ◇1103

◎40231 ◇1700

◎41693 ◇1718

Planera aquatica J. F. Gmel.

▶水生沼榆

◎25649 ◇1104

◎38711 ◇1139

◎39114 ◇1689

◎41326 ◇1713

◎41449 ◇1715

Ulmus alata Michx.

▶翅榆

◎26151 ◇1111

◎38628 ◇1137

◎39744 ◇1697

◎42318 ◇1726

◎42369 ◇1726

Ulmus americana L.

▶美国榆

◎4363 ◇347

◎4588 ◇347

◎4711 ◇347

◎4988 ◇347/199

◎10362 ◇826

◎10422 ◇821

◎18669 ◇350

◎20983 ◇347

◎23056 ◇917

◎23117 ◇805

◎26152 ◇1112

Ulmus bergmanniana var. *lasiophylla* C. K. Schneid.

▶西蜀榆

◎17623 ◇348

Ulmus bergmanniana C. K. Schneid.

▶兴山榆

◎19316 ◇347/199

Ulmus carpinifolia Gled.

▶欧洲光叶榆

◎19606 ◇347

◎35836 ◇1583

◎36794 ◇1621

Ulmus castaneifolia Hemsl.

▶多脉榆

◎15898 ◇351/199

◎15928 ◇351

◎17159 ◇349

◎20280 ◇349

Ulmus changii W. C. Cheng

▶杭州榆

◎21207 ◇347

Ulmus chenmoui W. C. Cheng
▶琅琊榆
◎12433 ◇351/197
◎12434 ◇TBA
Ulmus crassifolia Nutt.
▶厚叶榆
◎18303 ◇347
◎26153 ◇1112
◎38778 ◇1140
Ulmus davidiana var. *japonica* (Rehder) Nakai
▶春榆
◎4155 ◇347
◎4193 ◇350/198
◎8111 ◇347;1008
◎10292 ◇902
◎11268 ◇350;995
◎17397 ◇350;796/629
◎18072 ◇347;989/197
◎20619 ◇347
◎22369 ◇916
◎42317 ◇1726
◎42356 ◇1726
Ulmus davidiana Planch.
▶黑榆
◎7767 ◇347
◎18041 ◇347;1063/197
Ulmus gaussenii Cheng
▶醉翁榆
◎23088 ◇883
Ulmus glabra Huds.
▶光叶榆
◎4333 ◇349
◎4813 ◇347
◎4814 ◇347
◎4815 ◇349
◎9435 ◇830
◎10293 ◇902
◎11155 ◇832
◎11359 ◇823
◎12038 ◇914
◎12039 ◇914
◎13744 ◇946
◎13746 ◇946
◎15596 ◇951
◎18172 ◇347/198
◎35811 ◇1581
◎35812 ◇1581
Ulmus hollandica var. *major*
▶大荷兰榆
◎35236 ◇1568
Ulmus × *hollandica* Mill.
▶荷兰榆
◎26150 ◇1111
◎40802 ◇1706
◎41738 ◇1719
Ulmus laciniata Mayr
▶裂叶榆
◎4934 ◇348
◎5334 ◇348;817
◎7690 ◇348;968
◎7784 ◇348;1009/198
◎7999 ◇348;785
◎11249 ◇TBA
◎12096 ◇348
◎18074 ◇348
◎18179 ◇827/198
◎20604 ◇348
◎22330 ◇916
Ulmus laevis Pall.
▶欧洲白榆
◎9434 ◇830
◎12040 ◇914
◎13743 ◇946
◎40765 ◇1706
Ulmus lanceifolia Roxb.
▶常绿榆
◎7960 ◇348/198
◎11903 ◇348;863
◎14660 ◇351
◎16146 ◇351
Ulmus laxiniata Mayr
▶兰溪榆
◎4194 ◇350
Ulmus macrocarpa Hance
▶大果榆
◎5321 ◇349;787
◎5880 ◇350;1064
◎6025 ◇349;784
◎7766 ◇349
Ulmus microcarpa L. K. Fu
▶小果榆
◎554 ◇349
Ulmus minor Mill.
▶欧洲野榆
◎4877 ◇347
◎14235 ◇914
◎18178 ◇827
◎18517 ◇827
◎18524 ◇827/629
◎21364 ◇TBA
◎21702 ◇904
◎22043 ◇912
◎23514 ◇953
◎23562 ◇953
◎26154 ◇1112
◎26155 ◇1112
◎35235 ◇1568
◎37385 ◇1653
◎37386 ◇1653
◎37387 ◇1653
◎39743 ◇1697
◎41739 ◇1719
◎41746 ◇1719
Ulmus parvifolia Jacq.
▶榔榆
◎5627 ◇347
◎5708 ◇349
◎6279 ◇349
◎6685 ◇349
◎6813 ◇349
◎7748 ◇349/199
◎8468 ◇350
◎10944 ◇350
◎12068 ◇350
◎17066 ◇350
◎21849 ◇350
◎22331 ◇916
Ulmus pumila L.
▶榆树
◎4735 ◇350/199
◎5381 ◇350
◎7875 ◇350/199
◎7901 ◇350
◎9999 ◇350
◎10008 ◇350
◎10947 ◇TBA
◎11013 ◇350
◎13822 ◇350/199
◎26156 ◇1112
◎26863 ◇1213
◎26879 ◇1215
◎26880 ◇1215
◎26881 ◇1215
Ulmus rubra Muhl.
▶北美红榆

◎10423 ◇821/198
◎18672 ◇350
◎21961 ◇805
◎23118 ◇805
◎23436 ◇821
◎26157 ◇1112
◎41204 ◇1712
◎42194 ◇1724

Ulmus serotina **Sarg.**
▶**秋榆**
◎38700 ◇1138

Ulmus thomasii **Sarg.**
▶**美国岩榆**
◎4362 ◇350
◎10363 ◇826
◎10424 ◇821
◎17237 ◇821/199
◎18670 ◇351

Ulmus uyematsui **Hayata**
▶**阿里山榆**
◎5033 ◇351/199

Ulmus wallichiana **Planch.**
▶**喜马拉雅榆**
◎26158 ◇1112
◎40729 ◇1706

Ulmus **L.**
▶**榆属**
◎4075 ◇352
◎4986 ◇352
◎5310 ◇352;787
◎5311 ◇352
◎5323 ◇352;968
◎5357 ◇352;782
◎5402 ◇352
◎5412 ◇352
◎5429 ◇352;1000
◎5433 ◇352
◎5436 ◇352
◎5440 ◇352
◎5441 ◇352
◎5556 ◇352
◎6029 ◇352;784
◎8180 ◇TBA
◎8181 ◇352
◎8242 ◇352;993/198
◎8247 ◇TBA
◎8346 ◇352
◎8347 ◇352
◎8348 ◇352
◎9159 ◇352
◎9160 ◇TBA
◎10093 ◇353
◎10127 ◇TBA
◎10129 ◇353
◎10969 ◇353
◎10983 ◇353
◎11119 ◇353
◎11121 ◇353
◎11125 ◇353
◎11126 ◇353
◎12311 ◇850
◎12412 ◇TBA
◎12417 ◇TBA
◎12422 ◇TBA
◎13266 ◇878
◎13344 ◇TBA
◎13396 ◇849
◎17236 ◇821
◎17379 ◇TBA
◎17932 ◇822
◎26493 ◇1166
◎26558 ◇1174
◎26808 ◇1205
◎26817 ◇1207
◎26818 ◇1207
◎26819 ◇1207

Zelkova carpinifolia **(Pall.) Dippel**
▶**鹅耳枥叶榉木/高加索榉**
◎9436 ◇830/200
◎26227 ◇1113
◎26582 ◇1176
◎26583 ◇1176
◎26584 ◇1176
◎26726 ◇1194
◎26727 ◇TBA
◎26728 ◇TBA

Zelkova crenata **Spach**
▶**圆齿榉木**
◎26228 ◇1113

Zelkova schneideriana **Hand.-Mazz.**
▶**榉树**
◎412 ◇354
◎7749 ◇354
◎13287 ◇878
◎13322 ◇TBA
◎13339 ◇879
◎13349 ◇879
◎13350 ◇879
◎13355 ◇879
◎13685 ◇354
◎13686 ◇354
◎13687 ◇354
◎16151 ◇354
◎17157 ◇354
◎20597 ◇354
◎21143 ◇354

Zelkova serrata **(Thunb.) Makino**
▶**光叶榉**
◎4161 ◇TBA
◎4878 ◇354
◎4938 ◇354
◎5710 ◇354
◎7340 ◇354
◎7418 ◇354/200
◎10240 ◇918
◎16112 ◇354
◎18556 ◇354
◎18594 ◇919
◎20605 ◇354
◎23290 ◇TBA

Zelkova sinica **C. K. Schneid.**
▶**大果榉**
◎23 ◇354
◎581 ◇354/200
◎5503 ◇354
◎6686 ◇354

Zelkova **Spach**
▶**榉属**
◎8284 ◇354
◎8285 ◇354
◎8286 ◇354
◎10041 ◇354;968
◎12400 ◇848
◎13354 ◇879
◎13367 ◇849
◎13368 ◇849

Urticaceae 荨麻科

Boehmeria caudata **Sw.**
▶**尾状苎麻**
◎35154 ◇1565

Boehmeria nivea **Gaudich.**
▶**苎麻**
◎19816 ◇372

Cecropia angustifolia **Trécul**
▶**细叶砂纸桑木**
◎33322 ◇1518

◎33323　◇1518

Cecropia Loefl.

▶砂纸桑属/号角树属

◎22113　◇821

◎33327　◇1518

◎35258　◇1568

Cecropia membranacea Trécul

▶薄叶砂纸桑木

◎33325　◇1518

◎33326　◇1518

◎41106　◇1711

◎41172　◇1711

Cecropia obtusifolia Bertol.

▶钝叶砂纸桑/钝叶号角树

◎4531　◇360/204

◎24502　◇1086

◎33324　◇1518

◎35156　◇1565

◎35257　◇1568

Cecropia pachystachya Trécul

▶粗根砂纸桑木

◎33041　◇1507

Cecropia palmata Willd.

▶掌状砂纸桑木

◎33144　◇1511

◎35250　◇1568

Cecropia peltata L.

▶盾状砂纸桑/号角树

◎22687　◇806/548

◎22756　◇806

◎33585　◇1528

◎39144　◇1689

Cecropia sciadophylla Mart.

▶散叶砂纸桑/散叶号角树

◎24503　◇1086

◎27979　◇1253

◎31945　◇1470

◎34159　◇1544

Coussapoa angustifolia Aubl.

▶细叶绞麻树

◎35259　◇1568

Coussapoa asperifolia subsp. *magnifolia* (Trécul) Akkermans & C. C. Berg

▶大叶绞麻树

◎33335　◇1519

◎33336　◇1519

Coussapoa batavorum Akkermans & C. C. Berg

▶巴塔绞麻树

◎35260　◇1568

◎35261　◇1568

Coussapoa latifolia Aubl.

▶绞麻树

◎33045　◇1507

Coussapoa microcarpa (Schott) Rizzini

▶小果绞麻树

◎35262　◇1568

Debregeasia edulis (Siebold & Zucc.) Wedd.

▶可食水麻

◎19255　◇372

◎19256　◇372

◎19257　◇372

Debregeasia longifolia (Burm. f.) Wedd.

▶长叶水麻

◎6224　◇372

◎19258　◇372

◎19259　◇372/212

Debregeasia orientalis C. J. Chen

▶水麻

◎40051　◇1116

Debregeasia saeneb (Forssk.) Hepper & J. R. I. Wood

▶柳叶水麻

◎3750　◇372/213

Dendrocnide excelsa (Wedd.) Chew

▶高大火麻树

◎24760　◇1090

Dendrocnide microstigma (Gaudich. ex Wedd.) Chew

▶小柱头火麻树

◎29174　◇1318

Dendrocnide Miq.

▶火麻树属

◎31859　◇1466

Maoutia ambigua Wedd.

▶暧昧水丝麻

◎37624　◇1663

Musanga cecropioides R. Br. ex Tedlie

▶原伞木/伞树

◎17958　◇829

◎18422　◇925/533

◎18434　◇925/533

◎20993　◇370

◎21594　◇370

◎21935　◇899

◎30949　◇1422

◎31037　◇1426

◎31038　◇1426

◎36558　◇1612

◎37159　◇1632

◎38419　◇1134

Myrianthus arboreus P. Beauv.

▶乔木巨葚树

◎21791　◇930/527

◎21936　◇899/533

◎36259　◇1590

◎36260　◇1590

◎36261　◇1590

Myrianthus holstii Engl.

▶霍氏巨葚树

◎35179　◇1566

Myrianthus holstii var. *quinquisectus*

▶昆氏巨葚树

◎35180　◇1566

Nothocnide Blume

▶厚托麻属

◎31388　◇1439

Obetia tenax (N. E. Br.) Friis

▶坚韧荨麻树

◎25479　◇1101

◎39062　◇1688

Oreocnide frutescens (Thunb.) Miq.

▶紫麻

◎620　◇372/213

◎3408　◇TBA

Oreocnide rubescens (Blume) Miq.

▶红紫麻

◎3788　◇372

Poikilospermum suaveolens (Blume) Merr.

▶锥头麻

◎29522　◇1337

Poikilospermum Zipp. ex Miq.

▶锥头麻属

◎28308　◇1270

◎28719　◇1290

◎31392　◇1439

Pourouma bicolor subsp. *digitata* (Trécul) C. C. Berg & Heusden

▶掌状雨葡萄

◎32018　◇1471

◎34237　◇1546

Pourouma bicolor subsp. *scobina* (Benoist) C. C. Berg & Heusden

▶碎木雨葡萄

◎38184　◇1129

Pourouma bicolor **Mart.**

▶二色雨葡萄

◎33593　◇1528

Pourouma guianensis **Aubl.**

▶雨葡萄

◎29928　◇1367

◎29972　◇1370

◎29973　◇1370

◎29974　◇1370

◎29975　◇1370

◎29990　◇1371

◎30093　◇1377

◎30109　◇1378

◎30110　◇1378

◎30136　◇1380

◎30158　◇1381

◎30256　◇1387

◎30257　◇1387

◎30258　◇1387

◎30281　◇1388

◎30481　◇1401

◎30482　◇1401

◎30483　◇1401

◎30484　◇1401

◎30485　◇1401

◎30486　◇1401

◎30487　◇1401

◎30488　◇1401

◎30489　◇1401

◎30490　◇1401

◎30780　◇1415

◎30781　◇1415

◎30853　◇1417

◎30854　◇1417

◎30855　◇1417

◎30856　◇1417

◎30857　◇1418

◎33592　◇1528

◎34236　◇1546

Pourouma hirsutipetiolata **Mildbr.**

▶毛柄雨葡萄

◎29929　◇1368

◎29991　◇1371

◎30282　◇1388

◎30858　◇1418

Pourouma melinonii **Benoist**

▶梅林雨葡萄

◎29956　◇1369

◎29976　◇1370

◎29992　◇1371

◎30041　◇1374

◎30094　◇1377

◎30137　◇1380

◎30187　◇1383

◎30208　◇1384

◎30259　◇1387

◎30576　◇1406

◎30577　◇1406

◎30578　◇1406

◎30859　◇1418

◎30860　◇1418

◎30861　◇1418

Pourouma tomentosa **subsp.** ***apiculata*** **(Spruce ex Benoist) C. C. Berg & Heusden**

▶端尖毛雨葡萄

◎29927　◇1367

◎29989　◇1371

◎30280　◇1388

◎30573　◇1406

◎30574　◇1406

◎30575　◇1406

◎30778　◇1415

◎30779　◇1415

Pourouma villosa **Trécul**

▶绒毛雨葡萄

◎27999　◇1254

Pourouma **Aubl.**

▶雨葡萄属

◎26620　◇1181

◎26621　◇1181

◎26622　◇1182

◎26635　◇1183

◎26636　◇1183

◎26877　◇1215

Pouzolzia poeppigiana **(Wedd.) Killip**

▶珀培雾水葛

◎38492　◇1135

Urera caracasana **(Jacq.) Gaudich. ex Griseb.**

▶加拉加斯红珠麻

◎40447　◇1702

Urera trinervis **(Hochst.) Friis & Immelman**

▶三脉红珠麻

◎35271　◇1568

◎36326　◇1595

Verbenaceae　马鞭草科

Citharexylum caudatum **hort. ex Walp.**

▶尾状琴木

◎24580　◇1087

Citharexylum macrofolius **Pittier**

▶大花琴木

◎4466　◇692

Citharexylum macrophyllum **Poir.**

▶大叶琴木

◎29222　◇1320

◎29306　◇1325

◎35160　◇1565

Citharexylum spinosum **Kunth**

▶垂花琴木

◎24581　◇1087

◎38564　◇1136

◎38796　◇1140

Duranta erecta **L.**

▶直立假连翘

◎26565　◇1174

Lantana trifolia **L.**

▶三叶马缨丹

◎38357　◇1133

Lippia aristata **Schauer**

▶牛至木

◎38515　◇1135

Viburnaceae　荚蒾科

Sambucus australis **Cham. & Schltdl.**

▶美洲接骨木

◎33362　◇1521

Sambucus canadensis **L.**

▶加拿大接骨木

◎25914　◇1108

◎38657　◇1137

◎40193　◇1699

◎41640　◇1717

◎41956　◇1721

Sambucus cerulea **Raf.**

▶天蓝接骨木

◎38762　◇1140

◎41641　◇1717

◎41935　◇1721

Sambucus nigra **var.** ***cerulea*** **(Raf.) Bolli**

▶天蓝黑接骨木

◎25915　◇1108

Sambucus nigra **L.**

▶西洋接骨木

◎11158　◇832
◎15615　◇952
◎22050　◇912
◎36812　◇1623
◎37435　◇1656
◎37436　◇1656
◎37437　◇1656

Sambucus racemosa **subsp.** ***pubens*** **(Michx.) Hultén**
▶**软毛接骨木**
◎38791　◇1140
◎38833　◇1684

Sambucus racemosa **L.**
▶**接骨木**
◎5753　◇708
◎7007　◇708
◎9466　◇830
◎37453　◇1657
◎37454　◇1657
◎37455　◇1657

Sambucus siebildiana **(Miq.) Graebn.**
▶**司波接骨木**
◎4167　◇708

Sambucus williamsii **Hance**
▶**威廉接骨木**
◎17988　◇708/452

Viburnum acerifolium **L.**
▶**槭叶荚蒾**
◎38505　◇1135

Viburnum betulifolium **Batalin**
▶**桦叶荚蒾**
◎10650　◇709

Viburnum brachybotryum **Hemsl.**
▶**短序荚蒾**
◎3462　◇709

Viburnum carlcephalum **Burk. ex R. B. Pike**
▶**红蕾雪球荚蒾**
◎38535　◇1135

Viburnum cinamomifolium **Rehder**
▶**樟叶荚蒾**
◎6168　◇709

Viburnum cylindricum **Buch.-Ham. ex D. Don**
▶**水红木**
◎273　◇709;789
◎1036　◇TBA
◎1289　◇TBA
◎3302　◇709
◎16102　◇709

Viburnum ellipticum **Hook.**
▶**椭圆叶荚蒾**
◎26167　◇1113
◎26168　◇1113

Viburnum erubescens **Wall. ex DC.**
▶**红荚蒾**
◎31695　◇1456
◎31696　◇1456
◎33382　◇1521

Viburnum glaberrimum **Merr.**
▶**光滑荚蒾**
◎31409　◇1440

Viburnum hainanense **Merr. & Chun**
▶**海南荚蒾**
◎12190　◇709;884

Viburnum henryi **Hemsl.**
▶**巴东荚蒾**
◎19174　◇709

Viburnum lantana **L.**
▶**绵毛荚蒾**
◎5011　◇709
◎38853　◇1685

Viburnum lantanoides **Michx.**
▶**赛绵毛荚蒾**
◎38483　◇1135

Viburnum lentago **L.**
▶**樱桃叶荚蒾**
◎26169　◇1113
◎38499　◇1135
◎38835　◇1684
◎39745　◇1697
◎41190　◇1712
◎42231　◇1725

Viburnum lutescens **Blume**
▶**黄荚蒾**
◎14519　◇709

Viburnum luzonicum **Rolfe**
▶**吕宋荚蒾**
◎19855　◇709

Viburnum nudum **var.** ***cassinoides*** **(L.) Torr. & A. Gray**
▶**卡西亚荚蒾**
◎38769　◇1140

Viburnum odoratissimum **Ker Gawl.**
▶**珊瑚树**
◎12461　◇710;807
◎15764　◇710
◎16924　◇710
◎16943　◇710
◎16980　◇710/454

Viburnum oliganthum **Batalin**
▶**少花荚蒾**
◎798　◇710

Viburnum opulus **L.**
▶**欧洲荚蒾**
◎9465　◇830
◎21326　◇709
◎33383　◇1521
◎37416　◇1656
◎37417　◇1656
◎37418　◇1656
◎38834　◇1684
◎41188　◇1712
◎42224　◇1724

Viburnum prunifolium **L.**
▶**樱叶荚蒾**
◎18518　◇827
◎36795　◇1621
◎36796　◇1621
◎38767　◇1140
◎40412　◇1702

Viburnum punctatum **var.** ***lepidotulum*** **(Merr. & Chun) P. S. Hsu**
▶**小鳞荚蒾**
◎12896　◇709;1046/453
◎14273　◇709

Viburnum rafinesquianum **Schult**
▶**瑞芬荚蒾**
◎38855　◇1685

Viburnum rhytidophylloides **Suringar**
▶**赛皱叶荚蒾**
◎38536　◇1135

Viburnum rhytidophyllum **Hemsl.**
▶**皱叶荚蒾**
◎19557　◇710
◎26170　◇1113

Viburnum rufidulum **Raf.**
▶**绣荚蒾**
◎38736　◇1139

Viburnum ternatum **Rehder**
▶**三叶荚蒾**
◎265　◇710;981/1252
◎6219　◇710

Viburnum tinoides **var.** ***venezuelense*** **(Killip & A. C. Sm.) Steyerm.**
▶**委内瑞拉荚蒾**
◎32819　◇1498

Viburnum tinoides L. f.
▶帝诺荚蒾
◎38340 ◇1132
Viburnum tinus L.
▶提诺荚蒾
◎26171 ◇1113
Viburnum L.
▶荚蒾属
◎683 ◇TBA
◎902 ◇TBA
◎1083 ◇TBA
◎1092 ◇TBA
◎3800 ◇710
◎5404 ◇710
◎5408 ◇TBA
◎5468 ◇710
◎6339 ◇710
◎6372 ◇710
◎11954 ◇710;876
◎11957 ◇710
◎11961 ◇710
◎12927 ◇710;885
◎13033 ◇710

Violaceae 堇菜科

Allexis cauliflora Pierre
▶茎花卷瓣堇木
◎37819 ◇1671
Corynostylis arborea (L.) S. F. Blake
▶树寇锐菊
◎35161 ◇1565
Decorsella paradoxa A. Chev.
▶帕拉早裂堇
◎29226 ◇1321
Leonia glycycarpa Ruiz & Pav.
▶甜果坚果堇
◎35173 ◇1566
◎35174 ◇1566
Leonia racemosa Mart.
▶聚花坚果堇
◎33591 ◇1528
Melicytus lanceolatus Hook. f.
▶披针蜜花堇
◎18813 ◇911/565
Melicytus ramiflorus J. R. Forst. & G. Forst.
▶枝花蜜花堇
◎18814 ◇911/565
Paypayrola grandiflora Tul.
▶大花管蕊堇
◎34604 ◇1553
Paypayrola guianensis Aubl.
▶圭亚那管蕊堇
◎27863 ◇1246
◎32508 ◇1487
◎34478 ◇1550
◎34479 ◇1550
◎34480 ◇1550
◎34481 ◇1550
◎40801 ◇1706
Rinorea anguifera Kuntze
▶安贵三角车
◎5210 ◇162
Rinorea angustifolia Baill.
▶细叶三角车
◎29647 ◇1350
◎29648 ◇1350
Rinorea apiculata Hekking
▶尖叶三角车
◎41661 ◇1718
Rinorea flavescens Kuntze
▶浅黄三角车
◎27821 ◇1244
◎32023 ◇1471
◎34489 ◇1551
◎36862 ◇1625
Rinorea guianensis Aubl.
▶圭亚那三角车
◎40247 ◇1700
Rinorea lindeneana Kuntze
▶椴叶三角车
◎35215 ◇1567
Rinorea longicuspis Engl.
▶长齿三角车
◎35310 ◇1570
Rinorea longiracemosa (Kurz) Craib
▶长聚果三角车
◎33386 ◇1521
◎33471 ◇TBA
Rinorea oblongifolia C. Marquand
▶卵圆叶三角车
◎36317 ◇1594
◎36335 ◇1595
Rinorea paniculata Kuntze
▶锥序三角车
◎40248 ◇1700
Rinorea racemosa Kuntze
▶总序三角车
◎40546 ◇1703
Rinorea welwitschii Kuntze
▶魏氏三角车
◎27735 ◇1239
◎27736 ◇1239

Vitaceae 葡萄科

Ampelocissus ochracea Merr.
▶黄褐酸蔹藤
◎28742 ◇1291
Ampelocissus pauciflora Merr.
▶少花酸蔹藤
◎28449 ◇1276
Ampelopsis aconitifolia Bunge
▶乌头叶蛇葡萄
◎5455 ◇610
Ampelopsis cantoniensis (Hook. & Arn.) Planch.
▶粤蛇葡萄
◎19807 ◇610
Ampelopsis cordata Michx.
▶心形蛇葡萄
◎38862 ◇1685
Ampelopsis fargesii Gagnep.
▶川蛇葡萄
◎5580 ◇610
Causonis japonica Raf.
▶乌蔹莓
◎31338 ◇1437
Causonis trifolia Raf.
▶三叶乌蔹莓
◎28388 ◇1273
Cayratia Juss.
▶乌蔹莓属
◎28392 ◇1273
Cissus adnata Roxb
▶贴生白粉藤
◎28224 ◇1266
Cissus javana DC.
▶青紫葛
◎31261 ◇1433
Cissus verticillata (L.) Nicolson & C. E. Jarvis
▶轮叶白粉藤
◎35251 ◇1568
Cissus L.
▶白粉藤属

◎35847 ◇1583

Parthenocissus dalzielii Gagnep.

▶异叶地锦

◎26415 ◇1157

Parthenocissus quinquefolia Planch.

▶五叶地锦

◎18315 ◇610

◎25537 ◇1102

◎38530 ◇1135

◎38944 ◇1686

Parthenocissus tricuspidata Planch.

▶爬山虎

◎4162 ◇526

◎6883 ◇526/313

Tetrastigma cauliflorum Merr.

▶茎花崖爬藤

◎31920 ◇1469

Tetrastigma pedunculare Planch.

▶花梗崖爬藤

◎28234 ◇1266

◎31318 ◇1436

Tetrastigma Planch.

▶崖爬藤属

◎28584 ◇1283

Vitis heyneana Roem. & Schult.

▶毛葡萄

◎19805 ◇610

◎19806 ◇610

Vitis riparia Michx.

▶河岸葡萄

◎38865 ◇1685

Vitis vinifera L.

▶葡萄

◎22052 ◇912

◎26181 ◇1113

◎35238 ◇1568

Vochysiaceae 萼囊花科

Callisthene fasciculata Mart.

▶簇生木山姜

◎38391 ◇TBA

Qualea acuminata Spruce ex Warm.

▶尖锐夸雷木/尖锐上位独蕊/尖锐木豆蔻

◎33949 ◇1541

Qualea albiflora Warm.

▶白花夸雷木/白花木豆蔻

◎21128 ◇928

◎22739 ◇806/550

◎22866 ◇917/550

◎26346 ◇1148

◎26347 ◇1148

◎26348 ◇1149

◎26421 ◇1157

◎26422 ◇1157

◎26423 ◇1157

◎27734 ◇1239

◎32510 ◇1487

◎32511 ◇1487

◎32512 ◇1487

◎33082 ◇1509

◎33083 ◇1509

◎33084 ◇1509

◎33712 ◇1536

◎33713 ◇1536

◎33950 ◇1541

◎35194 ◇1566

◎35195 ◇1566

◎35196 ◇1567

◎35197 ◇1567

◎35216 ◇1567

◎36930 ◇1627

◎40146 ◇1128

◎40245 ◇1700

◎40989 ◇1709

◎41528 ◇1716

Qualea brevipedicellata Stafleu

▶贝利夸雷木/贝利上位独蕊/贝利木豆蔻

◎22513 ◇820/550

Qualea coerulea Aubl.

▶天蓝夸雷木/天蓝上位独蕊/天蓝木豆蔻

◎26424 ◇1157

◎26425 ◇1158

◎26426 ◇1158

◎26446 ◇1160

◎26815 ◇1206

◎27956 ◇1252

◎32513 ◇1487

◎32573 ◇1488

◎33714 ◇1536

◎33951 ◇1541

◎35198 ◇1567

◎35199 ◇1567

◎35200 ◇1567

◎35201 ◇1567

◎35202 ◇1567

◎36931 ◇1627

◎40787 ◇1706

◎42443 ◇1729

Qualea dinizii var. *glabrifolia* Meurs ined.

▶光亮夸雷木/光叶上位独蕊/光叶木豆蔻

◎27957 ◇1252

Qualea dinizii Ducke

▶迪氏夸雷木/迪氏木豆蔻

◎25774 ◇1106

◎26427 ◇1158

◎29979 ◇1371

◎30140 ◇1380

◎30313 ◇1390

◎30735 ◇1413

◎30736 ◇1413

◎30737 ◇1413

◎30927 ◇1420

◎32514 ◇1487

◎32515 ◇1487

◎33078 ◇1508

◎33715 ◇1536

◎35203 ◇1567

◎35204 ◇1567

◎35205 ◇1567

◎35206 ◇1567

◎36932 ◇1627

Qualea implexa J. F. Macbr

▶复杂夸雷木/复杂上位独蕊/复杂木豆蔻

◎38284 ◇1132

Qualea paraensis Ducke

▶帕州夸雷木/帕州上位独蕊/帕州木豆蔻

◎25775 ◇1106

◎33952 ◇1541

◎33953 ◇1541

◎40145 ◇1128

◎40246 ◇1700

◎41015 ◇1710

◎41766 ◇1719

Qualea rosea Aubl.

▶玫瑰夸雷木/玫瑰上位独蕊/玫瑰木豆蔻

◎22740 ◇806/550

◎25776 ◇1106

◎33079 ◇1508

◎35207 ◇1567

◎35208 ◇1567
◎35209 ◇1567
◎35210 ◇1567
◎35211 ◇1567
◎35212 ◇1567
◎35309 ◇1570

Qualea Aubl.
▶夸雷木属/上位独蕊属/木豆蔻属
◎20566 ◇829
◎22451 ◇471
◎22452 ◇471
◎23196 ◇905
◎23269 ◇905
◎23323 ◇819
◎36933 ◇1627

Vochysia densiflora Spruce ex Warm.
▶丛花独蕊/丛花萼囊花
◎26432 ◇1158
◎26433 ◇1158
◎26434 ◇1159
◎26435 ◇TBA
◎26436 ◇TBA
◎26451 ◇1161
◎26452 ◇1161
◎26453 ◇TBA
◎26820 ◇1207
◎26821 ◇1207
◎28015 ◇1255
◎32530 ◇1487
◎32588 ◇1489
◎33602 ◇1529
◎33738 ◇1536
◎33739 ◇1536
◎33981 ◇1541
◎35239 ◇1568
◎35240 ◇1568
◎36950 ◇1627
◎40505 ◇1703

Vochysia duquei Pilg. in Burret
▶杜凯独蕊/杜凯萼囊花
◎38218 ◇1130

Vochysia ferruginea Mart.
▶锈色独蕊/锈色萼囊花
◎4525 ◇471
◎20998 ◇471
◎22105 ◇471/279
◎35241 ◇1568
◎35255 ◇1568
◎35272 ◇1568
◎38362 ◇1133

Vochysia guatemalensis Donn. Sm.
▶危地马拉独蕊木/危地马拉萼囊花木
◎7536 ◇471
◎20578 ◇829/279
◎26182 ◇1113
◎41191 ◇1712
◎42179 ◇1724

Vochysia guianensis Aubl.
▶圭亚那独蕊木/萼囊花
◎18248 ◇471/279
◎22100 ◇471/550
◎26437 ◇1159
◎26438 ◇1159
◎26439 ◇1159
◎32589 ◇1489
◎32590 ◇1489
◎33091 ◇1509
◎33740 ◇1536
◎33741 ◇1536
◎35242 ◇1568
◎35243 ◇1568
◎35244 ◇1568
◎36951 ◇1627
◎37192 ◇1633
◎40157 ◇1128
◎41193 ◇1712
◎41194 ◇1712

Vochysia lanceolata Stafleu
▶披针叶独蕊木/披针叶萼囊花
◎39708 ◇1696
◎40651 ◇1705
◎41192 ◇1712
◎42161 ◇1724

Vochysia lomatophylla Standl.
▶有缘叶独蕊木/有缘叶萼囊花
◎26183 ◇1112
◎40751 ◇1706
◎41183 ◇1712
◎42130 ◇1723

Vochysia mapirensis Rusby
▶马皮独蕊木/马皮萼囊花
◎38472 ◇1134

Vochysia maxima Ducke
▶大独蕊木/大萼囊花木
◎26184 ◇1112
◎39715 ◇1697

Vochysia meridensis Marc.-Berti
▶梅里独蕊木/梅里萼囊花木
◎29914 ◇1367
◎30119 ◇1379
◎30290 ◇1389
◎30390 ◇1395
◎30558 ◇1405
◎30632 ◇1408
◎30633 ◇1409
◎30634 ◇1409

Vochysia surinamensis Stafleu
▶苏里南独蕊木/苏里南萼囊花
◎35319 ◇1570
◎35320 ◇1570
◎35321 ◇1570
◎39434 ◇1693
◎40749 ◇1706

Vochysia tetraphylla (G. Mey.) DC.
▶四叶独蕊木/四叶萼囊花
◎26440 ◇1159
◎26441 ◇1159
◎26454 ◇1161
◎29257 ◇1322
◎32531 ◇1487
◎33742 ◇1536
◎33982 ◇1541
◎35322 ◇1570
◎35323 ◇1570
◎36952 ◇1627
◎39558 ◇1695

Vochysia tomentosa DC.
▶毛独蕊木/毛萼囊花
◎22865 ◇917
◎26185 ◇1112
◎26442 ◇1159
◎26822 ◇1207
◎27742 ◇1240
◎32532 ◇1487
◎32533 ◇1487
◎33743 ◇1536
◎33744 ◇1536
◎33983 ◇1541
◎35324 ◇1570
◎35325 ◇1570
◎36953 ◇1627

Vochysia vismiifolia Spruce ex Warm.
▶维斯米亚独蕊木/维斯米萼囊花木
◎20175 ◇820/550
◎22612 ◇831

◎40548 ◇1703
◎41179 ◇1712
◎42133 ◇1723

Vochysia **Aubl.**
▶独蕊树属/萼囊花属
◎23268 ◇905
◎23638 ◇831
◎42153 ◇1724

Winteraceae 林仙科

Bubbia **Tiegh.**
▶合轴林仙属
◎21259 ◇913
◎21316 ◇913
◎31708 ◇1457
◎31787 ◇1461
◎31788 ◇1461
◎31789 ◇1461
◎31790 ◇1461
◎31791 ◇1461

Drimys brasiliensis **subsp.** ***sylvatica*** **(A. St.-Hil.) Ehrend. & Gottsb.**
▶野生林仙
◎34885 ◇1558

Drimys winteri **J. R. Forst. & G. Forst.**
▶林仙
◎24817 ◇1091

Drimys **J. R. Forst. & G. Forst.**
▶辛酸八角属/林仙属
◎29061 ◇1310
◎38585 ◇1136

Pseudowintera axillaris **(J. R. Forst. & G. Forst.) Dandy**
▶腋生含笑林仙
◎18830 ◇911/743

Pseudowintera colorata **(Raoul) Dandy**
▶色彩含笑林仙
◎18831 ◇911/743

Tasmannia piperita **Miers**
▶胡椒状单性林仙
◎21246 ◇913
◎21289 ◇913
◎29102 ◇1313
◎31347 ◇1437
◎31798 ◇1462
◎31799 ◇1462

Zingiberaceae 姜科

Alpinia oblongifolia **Hayata**
▶华山姜
◎38985 ◇1687

Renealmia **L. f.**
▶艳苞姜属
◎37872 ◇1673

Zygophyllaceae 蒺藜科

Balanites aegyptiaca **(L.) Delile**
▶埃及卤刺树
◎20482 ◇828
◎20908 ◇892

Balanites maughamii **Sprague**
▶毛姆卤刺树
◎24298 ◇1082
◎40335 ◇1701

Bulnesia arborea **Engl.**
▶乔木维腊木/乔木南美蒺藜木/乔木玉檀木
◎23077 ◇TBA
◎23526 ◇855/640
◎23527 ◇855/639
◎23528 ◇855/640
◎23611 ◇924

Bulnesia retamo **(Gillies ex Hook. & Arn.) Griseb.**
▶瑞塔维腊木/瑞塔南美蒺藜木/瑞塔玉檀木
◎23078 ◇TBA

Bulnesia sarmientoi **Lorentz ex Griseb.**
▶萨米维腊木/萨米南美蒺藜木/萨米玉檀木
◎23529 ◇855/640
◎23530 ◇855/640
◎23541 ◇826
◎39028 ◇1688
◎42017 ◇1722
◎42288 ◇1725
◎42296 ◇1725

Guaiacum officinale **L.**
▶药用愈疮木
◎23531 ◇855/639
◎23532 ◇855/639
◎23533 ◇855/640
◎23534 ◇855/640
◎26280 ◇1118
◎41400 ◇1714

Guaiacum sanctum **L.**
▶萨氏愈疮木
◎23535 ◇855/639
◎23536 ◇855/639
◎23537 ◇855/639
◎23538 ◇855/639
◎23539 ◇855/639
◎23540 ◇855/639
◎38223 ◇1130
◎38816 ◇1684

Guaiacum **L.**
▶愈疮木属
◎11190 ◇TBA
◎26277 ◇1118
◎26279 ◇1118
◎42089 ◇1723

Porlieria microphylla **(Baill.) Descole, O'Donell & Lourteig**
▶小叶皂圣木属
◎38545 ◇1135

附录一

中国林业科学研究院木材标本馆早期重要木材标本名录

序号	标本号*	原编号*	份数	采集人（单位）	鉴定人	采集地（来源地）	采集（赠送或交换）时间	信息来源
1	W5301~W5346	1~46	46	静生生物调查所李建藩（C. F. Li）	E. D. Merrill	河北东陵	1929—1930 年	静生生物调查所木材标本卡片（5# 盒）
2	W5347~W5348, W5351~W5352	47~48, 51~52	4	静生生物调查所李建藩（C. F. Li）	胡先骕（H. H. Hu）	河北东陵	1929—1930 年	静生生物调查所木材标本卡片（5# 盒）
3	W5353~W5415	53~130	57	静生生物调查所李建藩（C. F. Li）	E. D. Merrill	河北东陵	1929—1930 年	静生生物调查所木材标本卡片（5# 盒）
4	W6351~W6428	0351~0428	67	国立中央研究院自然历史博物馆蒋英（Y. Tsiang）	部分标本由胡先骕（H. H. Hu）鉴定	贵州	1930 年	静生生物调查所木材标本卡片（6# 盒）
5	W6001~W6015	01~015	13	中国科学社生物研究所郑万钧（W. C. Cheng）	郑万钧（W. C. Cheng）	浙江天目山	1931 年	静生生物调查所木材标本卡片（6# 盒）
6	W6020~W6032	020~032	12	静生生物调查所唐进（T. Tang）	—	河北东陵	1931 年	静生生物调查所木材标本卡片（6# 盒）

续表

序号	标本号*	原编号*	份数	采集人（单位）	鉴定人	采集地（来源地）	采集（赠送或交换）时间	信息来源
7	W6043~W6053	043~053	11	静生生物调查所胡先骕（H. H. Hu）	—	江西庐山	1931年	静生生物调查所木材标本卡片（6# 盒）
8	W6070~W6101	070~0101	27	中国科学社生物研究所郑万钧（W. C. Cheng）	—	四川松潘	1931年	静生生物调查所木材标本卡片（6# 盒）
9	W6441~W6587	0441~0587	138	中山大学植物研究所左景烈（C. L. Tso）	—	广东	—	静生生物调查所木材标本卡片（6# 盒）
10	W6630~W6648	0630~0648	11	静生生物调查所蔡希陶（H. T. Tsai）	—	云南	1932—1933年	静生生物调查所木材标本卡片（6# 盒）
11	W4001~W4088	A1~A88	44	钟心鍹赠送	—	福建	1932年	静生生物调查所木材标本卡片（4# 盒）
12	W4101~W4217	A101~A217	115	日本 M. Fujioka 赠送	—	日本	1932年	静生生物调查所木材标本卡片（4# 盒）
13	W4220~W4306	A220~A306	86	美国耶鲁大学林业学院 Samuel J. Record 赠送	—	印度	1932年	静生生物调查所木材标本卡片（4# 盒）
14	W4311~W4341	A311~A341	30	德国 H. Gredemann 赠送	—	德国	1932年	静生生物调查所木材标本卡片（4# 盒）
15	W4351~W4399	A351~A399	47	美国纽约州森林学院 H. P. Brown 赠送	—	美国	1932年	静生生物调查所木材标本卡片（4# 盒）

续表

序号	标本号*	原编号*	份数	采集人（单位）	鉴定人	采集地（来源地）	采集（赠送或交换）时间	信息来源
16	W4442~W4600	A442~A600	153	美国国家博物馆赠送		美国，非洲	1932 年	静生生物调查所木材标本卡片（4# 盒）
17	W4601~W4700	A4601~A4700	100	菲律宾林业局赠送	—	菲律宾	1932 年	静生生物调查所木材标本卡片（4# 盒）
18	W4731~W4760	A731~A760	30	金陵大学园艺系朱惠方赠送	—	浙江及江苏	1932 年	静生生物调查所木材标本卡片（4# 盒）
19	W4879~W4918	A4879~A4918	40	印度赠送	—	印度	1932 年	静生生物调查所木材标本卡片（4# 盒）
20	W4999~W5020	A999~A1020	22	英国皇家植物园（邱园）赠送	—	英国	1932 年	静生生物调查所木材标本卡片（4# 盒）
21	W5044~W5247	A1044~A1247	201	美国纽约州森林学院 H. P. Brown 赠送	—	澳大利亚，西非，印度尼西亚苏门答腊	1932 年	静生生物调查所木材标本卡片（4# 盒）
22	W5486~W5518	221~257	33	河南大学乐天愚赠送	—	河南太行山	1932 年	静生生物调查所木材标本卡片（5# 盒）
23	W6225~W6266	0225~0266	14	静生生物调查所汪发缵（F. T. Wang）	—	四川	1932 年	静生生物调查所木材标本卡片（6# 盒）
24	W6278~W6291	0278~0291	14	静生生物调查所熊新华（Y. H. Hsinug）	胡先骕（H. H. Hu）	江西	1932 年	静生生物调查所木材标本卡片（6# 盒）
25	W6292~W6350	0292~0350	41	中国西部科学院俞德浚（T. T. Yu）	—	四川（川东、川黔边境及西峨）	1932 年	静生生物调查所木材标本卡片（6# 盒）
26	W6590~W6595, W6598~W6602	0590~0595, 0598~0602	10	中国西部科学院俞德浚（T. T. Yu）	—	四川西昌、金山标厂坪	1932 年	静生生物调查所木材标本卡片（6# 盒）

续表

序号	标本号*	原编号*	份数	采集人（单位）	鉴定人	采集地（来源地）	采集（赠送或交换）时间	信息来源
27	W6604~W6606	0604~0606	3	中国西部科学院俞德浚（T. T. Yu）	—	贵州梵净山九龙池、承恩寺，四川楼引殿等	1932 年	静生生物调查所木材标本卡片（6# 盒）
28	W6608~W6609	0608~0609	2	静生生物调查所汪发缵（F. T. Wang）	—	江西黄山	1932 年	静生生物调查所木材标本卡片（6# 盒）
29	W5676~W5753	722~800	75	山东农林事务所赠送	—	山东	1933 年	静生生物调查所木材标本卡片（5# 盒）
30	W5905~W5918	D1~D14	14	中山大学农学院郑勉（M. Cheng）赠送	郑万钧（W. C. Cheng）	浙江天目山	1933 年	静生生物调查所木材标本卡片（5# 盒）
31	W5919~W5980	D16~D77	57	中国西部科学院俞德浚（T. T. Yu）	—	四川成都	1933 年	静生生物调查所木材标本卡片（5# 盒）
32	W6691~W6790	0691~0790	100	中山大学植物研究所左景烈（C. L. Tso）	陈焕镛（W. Y. Chun）	广东十万大山	1933 年	静生生物调查所木材标本卡片（6# 盒）
33	W6843~W6903	0843~0903	60	中国科学社生物研究所郑万钧（W. C. Cheng）	—	安徽黄山	1933 年	静生生物调查所木材标本卡片（6# 盒）
34	W6904~W6983	0904~0983	64	中山大学植物研究所高锡朋（S. P. Ko）	郑万钧（W. C. Cheng）	广东	1933 年	静生生物调查所木材标本卡片（6# 盒）
35	W7055~W7074	01055~01074	14	中国西部科学院俞德浚（T. T. Yu）	—	四川宝安赶羊沟、松潘雪山下、天全青草坪、宝兴	1933 年	静生生物调查所木材标本卡片（6# 盒）
36	W5841~W5877	891~930	40	庐山植物园赠送	—	江西	1935 年	静生生物调查所木材标本卡片（5# 盒）

续表

序号	标本号*	原编号*	份数	采集人（单位）	鉴定人	采集地（来源地）	采集（赠送或交换）时间	信息来源
37	W502~W579	972~1900	76	国立西北农林专科学校森林系赠送，牛春山采集	—	陕西太白山	1938 年	木材标本登记本第二册
38	W1236~W1289	004~225	54	云南植物研究所张英伯赠送	—	云南昆明附近	1940—1942 年	木材标本登记本第三册
39	W1~W115	1~115	115	国立四川大学森林系程复新赠送	—	四川	1940 年	木材标本登记本第一册
40	W116~W282	H. F.1~H. F.162, H. F. s. no.1~H. F. s. no.5	154	中央工业试验所何隆甲（L. C. Ho）	—	四川峨眉山	1941 年	木材标本登记本第一册
41	W284~W384	W. F.1~W. F.101	97	中央工业试验所王恺	—	四川峨边沙坪	1941 年	木材标本登记本第一册
42	W385~W412	385~412	27	浙江省农业改进所赠送	—	浙江	1941 年	木材标本登记本第一册
43	W436~W500	436~500	64	航空研究所陈启岭赠送	—	四川	1941 年	木材标本登记本第一册
44	W591~W609	W. F.301~W. F.319	12	中央工业试验所王恺	—	四川乐山板桥溪	1941 年	木材标本登记本第二册
45	W611~W674	C. F.401~C. F.464	22	中央工业试验所陈桂陞	—	四川乐山凌云山	1941 年	木材标本登记本第二册
46	W681~W754	W. F.501~W. F.577	64	中央工业试验所王恺	—	四川汶川银敞口	1941 年	木材标本登记本第二册
47	W756~W815	0891~1032	60	金陵大学农学院森林系朱惠方赠送	—	江苏	1941 年	木材标本登记本第三册
48	W821~W992	821~992	171	国立武汉大学理学院生物系赠送，周鹤昌采集	—	四川峨眉山、峨山、嘉定，雅安	1942 年	木材标本登记本第三册
49	W997~W1010	1001~1012	8	中央工业试验所王恺	—	安徽黄山	1942 年	木材标本登记本第三册

续表

序号	标本号*	原编号*	份数	采集人（单位）	鉴定人	采集地（来源地）	采集（赠送或交换）时间	信息来源
50	W1011~W1103		87	中央工业试验所柯病凡	—	四川西康、汉源、洪雅、天全	1942 年	木材标本登记本第三册
51	W7657~W7692		36	中央林业部林业科学研究所张文庆、罗良才	—	东北带岭	1953 年	木材标本登记本第四册
52	W9586,W9612,W9621,W9647,W9675,W9685	01217, 0563, 0573, 0608, 0605, 0636	6	中国科学院植物研究所吴征镒赠送	—	云南，海南	1955 年	木材标本登记本第四册
53	W7996~W8019		22	林业部林业科学研究所周崟	—	东北长白山	1956 年	木材标本登记本第四册
54	W8586~W8748		156	林业部林业科学研究所端木炘	—	四川平武、黑水、青衣江、峨边、峨眉	1956 年	木材标本登记本第四册
55	W9009~W9153,W9154~W9229		218	森林工业科学研究所李秾	—	福建建瓯，广东	1957 年	木材标本登记本第四册
56	W9240~W9339,W9340~W9418		176	森林工业科学研究所李秾	—	广西龙津、临安、临桂、隆林、桂平及大瑶山，湖南	1957 年	木材标本登记本第四册
57	W9419~W9482		64	森林工业部刘文辉部长从苏联带回	—	苏联	1957 年	木材标本登记本第四册
58	W9483~W9548		65	安徽农学院柯病凡代采	—	安徽	1957 年	木材标本登记本第四册
59	W9756~W9849,W9861~W9882		111	森林工业科学研究所李秾	—	湖北，江西	1957 年	木材标本登记本第四册
60	W9981~W10154		174	森林工业科学研究所成俊卿（J. Q. Cheng）收集	成俊卿（J. Q. Cheng）	湖南，福建，东北，河北，广东，上海，江西，浙江，云南，四川，安徽	1957 年	木材标本登记本第四册

续表

序号	标本号*	原编号*	份数	采集人（单位）	鉴定人	采集地（来源地）	采集（赠送或交换）时间	信息来源
61	W11587~W11780，W11977~W12024		202	森林工业科学研究所李秾	—	甘肃，云南丽江、金平、黑江、景东	1958—1959 年	木材标本登记本第五册
62	W9883~W9966		84	林业部罗玉川部长从印度尼西亚带回	—	印度尼西亚	1958 年	木材标本登记本第四册
63	W9976~W9979	0663, A110, A106, 73（原静生生物调查所）	4	中国科学院植物研究所秦仁昌赠送	—	新疆	1958 年	木材标本登记本第四册
64	W11036~W1113		98	森林工业科学研究所成俊卿（J. Q. Cheng）等收集	成俊卿（J. Q. Cheng）	四川什邡	1959 年	木材标本登记本第五册
65	W11411~W11514		104	森林工业科学研究所蔡则模	—	海南	1959 年	木材标本登记本第五册
66	W11515~W11545		31	森林工业科学研究所陈鉴朝	—	广东	1959 年	木材标本登记本第五册
67	W11781~W11976		196	森林工业科学研究所端木炘	—	云南屏边、河口、贡山、维西	1959 年	木材标本登记本第五册
68	W13589~W13643		55	森林工业科学研究所李秾	—	云南	1959 年	木材标本登记本第六册
69	W12115~W12132，W12133~W12240		127	中国林业科学研究院木材工业研究所李秾	—	广东乳源天井山，海南岛尖峰岭	1960 年	木材标本登记本第五册
70	W12201~W12431		231	中国林业科学研究院木材工业研究所成俊卿（J. Q. Cheng）等收集	成俊卿（J. Q. Cheng）	广东，海南，福建，河北，广东，东北地区	1960 年	木材标本登记本第六册
71	W12435~W12494		60	中国林业科学研究院木材工业研究所李秾	—	海南尖峰岭，广东新会	1960 年	木材标本登记本第六册

续表

序号	标本号*	原编号*	份数	采集人（单位）	鉴定人	采集地（来源地）	采集（赠送或交换）时间	信息来源
72	W12495~W12538		44	中国林业科学研究院木材工业研究所端木炘	—	云南贡山，福建永安	1960 年	木材标本登记本第六册
73	W12834~W12859，W12860~W13036		203	中国林业科学研究院木材工业研究所李秾	—	广东乳源，海南	1960 年	木材标本登记本第六册
74	W12565~W12692		129	中国林业科学研究院木材工业研究所李秾	—	福建	1961 年	木材标本登记本第六册
75	W13426~W13588		163	中国林业科学研究院木材工业研究所李秾、刘鹏	—	湖南莽山	1962 年	木材标本登记本第六册
76	W13645，W13826，W13931~13932，W13972		5	中国林业科学研究院郑万钧赠送	郑万钧（W. C. Cheng）	浙江，海南，黑龙江	1963—1964 年	木材标本登记本第六册
77	W13256~W13424		169	中国林业科学研究院木材工业研究所成俊卿（J. Q. Cheng）等收集	成俊卿（J. Q. Cheng）	江苏南京、扬州、苏州，浙江杭州、宁波	1963—1965 年	木材标本登记本第六册
78	W13661~W13665		5	中国林业科学研究院木材工业研究所柴修武	—	东北带岭	1963 年	木材标本登记本第六册
79	W13832~W13903		72	中国林业科学研究院木材工业研究所李秾	—	广西	1963 年	木材标本登记本第六册
80	W13766~W13801		36	云南林业科学研究所罗良才赠送	—	云南丽江、景东、大理、昆明、思茅、景洪、西双版纳	1964 年	木材标本登记本第六册

续表

序号	标本号*	原编号*	份数	采集人（单位）	鉴定人	采集地（来源地）	采集（赠送或交换）时间	信息来源
81	W14251~W14723		473	中国林业科学研究院木材工业研究所成俊卿	—	海南尖峰岭	1965 年	木材标本登记木第七册
82	W15178~W15312		135	中国林业科学研究院木材工业研究所陈嘉宝收集	—	印度尼西亚，泰国，加纳，缅甸	1969 年	木材标本登记本第七册
83	W15621~W16207		587	中国林业科学研究院木材工业研究所成俊卿、刘鹏	—	广西泗涧山、桂林、钦山、大青山、百色	1971—1972 年	木材标本登记本第七册
84	W16208~W16284		77	中国林业科学研究院木材工业研究所陈嘉宝收集	—	澳大利亚	1972 年	木材标本登记本第七册
85	W16374~W17162		789	中国林业科学研究院木材工业研究所成俊卿	—	广东	1974 年	木材标本登记本第八册
86	W17163~W17183		21	中国林业科学研究院木材工业研究所陈嘉宝收集	—	马来西亚砂拉越州	1975 年	木材标本登记本第八册
87	W17250~W17251		2	中国林业科学研究院木材工业研究所朱惠方	—	北京	1977 年	木材标本登记本第八册
88	W17833, W17844		2	中国林业科学研究院吴中伦赠送	—	斐济	1981 年	木材标本登记本第八册

注：“*”表示标本有缺失；“—”表示信息缺失。

附录二

中国林业科学研究院木材标本馆发展大事记

1928 年 10 月，北平静生生物调查所成立，设动物、植物两部，分别由秉志、胡先骕任主任。

1929 年 7 月，李建藩开始从事木材学研究，采集北平静生生物调查所首号木材标本坚桦。

1931 年 2 月，唐燿进入北平静生生物调查所，从事木材学研究。

1932 年，北平静生生物调查所迁至中华文化教育基金会，地址为北平西城文津街 3 号（北平图书馆，即今国家图书馆古文献部东侧北海西沿附近）。

1933 年，唐燿被选为世界木材解剖学会（现译为国际木材解剖学家协会）会员。

1934 年，顾毓瑔出任中央工业试验所所长，聘林祖心为该所材料试验室主任。

1939 年 9 月，唐燿在重庆北碚中央工业试验所新组建木材试验室。

1940 年 1 月，《经济部中央工业试验所木材试验室特刊》创刊，出版至 1945 年 12 月停刊，共出版 43 号。

1940年3月，何天相加入中央工业试验所木材试验室，从事木材解剖研究。

1940 年 6 月，中央工业试验所木材试验室遭受日机轰炸。

1940 年 7 月，王恺加入中央工业试验所木材试验室，从事伐木锯木研究及商用木材调查。

1940 年 8 月，中央工业试验所木材试验室迁至乐山。

1941 年 11 月，屠鸿远加入中央工业试验所木材试验室，从事木材力学、木材物理研究。

1942 年，中央工业试验所受交通部、农林部委托，由唐燿组成林木勘查组，调查四川、西康、广西、贵州、云南五省林区及木业，以供修筑铁路所需。

1942 年 5 月，柯病凡加入中央工业试验所木材试验室，从事森林植物研究及调查。

1942 年 9 月，成俊卿加入中央工业试验所木材试验室，从事木材解剖学研究。

1943 年 5 月，李约瑟访问中央工业试验所木材试验室，之后撰写的《战时中国之科学》一书，记载了木材试验室概况。

1944 年 4 月，中央工业试验所木材试验室更名为中央工业试验所木材试验馆。

1944 年 11 月，喻成鸿入职中央工业试验所木材试验馆。

1947 年，唐燿当选世界木材解剖学会常务理事。

1948 年，中央工业试验所木材试验馆更名为重庆工业试验所木材试验馆。

1950 年，重庆工业试验所木材试验馆更名为中央林垦部西南木材试验馆。

1952 年 12 月，成立中央林业部林业科学研究所筹委会，并将中央林垦部西南木材试验馆并入其中，木材试验馆自重庆迁往北京，木材标本也随之运回北京。

1953 年，中央林业部林业科学研究所正式成立，唐燿任副所长。

1956 年 8 月，成俊卿借调至林业部林业科学研究所工作，任研究员及木材工业研究室负责人。

1956 年 9 月，成俊卿任森林工业部森林工业科学研究所筹备委员和木材构造及性质研究室负责人。

1957 年 3 月，森林工业部森林工业科学研究所成立。

1957 年，成俊卿等发表论文《针叶树材解剖性质记载要点和说明》，刊于《植物学报》第 6 卷第 1 期。

1958 年 10 月，以林业部林业科学研究所和森林工业部森林工业科学研究所为主体，扩建成立中国林业科学研究院。成俊卿任中国林业科学研究院森林工业科学研究所研究员、木材性质研究室副主任。

1959 年，唐燿调至中国科学院昆明植物研究所。

1960 年，森林工业科学研究所更名为中国林业科学研究院木材工业研究所。

1960 年 3 月，成俊卿任中国林业科学研究院木材工业研究所木材性质研究室主任。

1962 年，朱惠方当选为中国林学会第三届理事会副理事长及森工委员会主任。

1963 年，成俊卿、朱惠方组织制定《木（竹）材性研究纲要 10 年规划》，强调木材化学性质和木材细胞壁亚微观结构研究的重要性。

1963 年 2 月，朱惠方等 33 名林业科学家和林业科技工作者上报《对当前林业工作的几项建议》至中国科学技术协会、林业部、国家科学技术委员会，并分别呈送至聂荣臻副总理和谭震林副总理。

1965 年，《成果公报》总第 19 期和 20 期公布由成俊卿等主持的《阔叶树材粗视构造的鉴别特征》《红松和水曲柳的板材干缩研究》《北京地区木材平衡含水率及其变异的研究》《中国松属树种的木材解剖特性与木材归类的研究》《长白落叶松木材管胞长度的变异研究》《东北林区人工林与天然林红松木材材性的比较研究》等成果。

1977 年，成俊卿开始组织编写《木材学》。

1978 年，成俊卿任中国林学会第四届理事会理事。

1979 年 1 月，成俊卿任《林业科学》第三届编委会副主编。

1980 年，成俊卿所著的《中国热带及亚热带木材——识别、材性和利用》获林业部科技成果一等奖。

1982 年，李源哲主持的“国家标准木材物理力学试验方法制定”项目获优秀国家标准四等奖。

1987 年，成俊卿主持的“木材学”项目获中国林学会首届梁希奖。

1988 年，成俊卿主编的《木材学》获全国优秀科技图书一等奖。周崟主持的“中国胶合板用材树种及其性质”项目获林业部科技进步三等奖。

1991 年，杨家驹主持的“带图像的微机辅助国产木材识别系统的研制”获林业部科技进步三等奖。

1992 年，李源哲主持的“中国主要树种木材物理力学性质的研究”项目获林业部科技进步三等奖。

1995 年 12 月，周崟主持的“中国裸子植物木材超微构造的研究”项目获国家自然科学四等奖。

1997年2月，成俊卿负责起草的国家标准《中国主要木材名称》(GB/T 16734—1997)正式发布。

2000年5月，杨家驹负责起草的国家标准《红木》(GB/T 18107—2000)正式发布。

2001年11月，刘鹏负责起草的国家标准《中国主要进口木材名称》(GB/T 18513—2001)正式发布。

2003年，姜笑梅任《林业科学》第九届编委会副主编。

2006年，姜笑梅任中国林学会生物质材料科学分会第一届主任委员。杨家驹主持的"国家标准《红木》的制订"项目获中国标准创新贡献三等奖。

2008年，姜笑梅任中国林学会木材科学学分会第三届副理事长。

2014年5月，中国林业科学研究院木材标本馆完成木材标本库、展示区的改造升级工作。

2015年11月，"纪念成俊卿先生诞辰一百周年"座谈会在中国林业科学研究院木材工业研究所举行。

2016年8月，殷亚方入选国家高层次人才特殊支持计划领军人才。

2017年1月，殷亚方当选国际木材解剖学家协会秘书长，协会在中国林业科学研究院木材工业研究所设立秘书处。

2017年8月，中国林业科学研究院木材标本馆团队出具我国首份木材DNA鉴定报告。

2017年10月，林业行业标准《沉香》(LY/T 2904—2017)正式发布。

2017年12月，国家标准《红木》(GB/T 18107—2017)正式发布。

2018年5月，中国林业科学研究院木材工业研究所通过《濒危野生动植物种国际贸易公约》科研单位注册论证，成为中国林业领域首个注册机构。

2019年1月，焦立超获国际林业研究组织联盟"杰出博士研究奖"。

2019年8月，殷亚方、焦立超作为中国政府代表团成员赴瑞士日内瓦参加《濒危野生动植物种国际贸易公约》第18届缔约方大会。

2019年11月，中国林业科学研究院木材工业研究所牵头获批成立国家林业和草原局木材标本国家创新联盟。

2020年9月，中国林业科学研究院木材标本馆团队牵头始创国际林业研究组织联盟"木材识别"学科组获批成立。

2021年2月，中国林业科学研究院木材工业研究所入选中国林学会全国林草科普基地。

2021 年 5 月，中国林业科学研究院木材标本馆藏量居亚洲第一。

2022 年 2 月，中国林业科学研究院木材工业研究所入选中国科学技术协会第一批全国科普教育基地（2021—2025 年）。

2022 年 6 月，国家林业和草原局木材标本资源库获批成立。

2022 年 11 月，中国林业科学研究院木材工业研究所入选《濒危野生动植物种国际贸易公约》全球野生动植物鉴定实验室，成为中国唯一入选机构。

2022 年 12 月，国家标准《中国主要进口木材名称》（GB/T 18513—2022）正式发布。

2023 年 1 月，中国林业科学研究院木材标本馆团队著的《常见贸易濒危木材识别图鉴》（英文版）被《濒危野生动植物种国际贸易公约》官方档案库收录。

2023 年 5 月，中国林业科学研究院木材工业研究所入选国家林业和草原局—中华人民共和国科学技术部共同命名的首批国家林草科普基地。

2023 年 7 月，中国林业科学研究院木材标本馆团队完成我国深海考古重大发现"南海西北陆坡二号沉船遗址"原木鉴定，为柿属乌木。

2023 年 9 月，中国林业科学研究院木材工业研究所牵头承担的国家科技基础资源调查专项项目"《中国木材志》修编"获批立项，由殷亚方主持。

2023 年 9 月，《中国林业科学研究院木材工业研究所早期史》首发暨"胡先骕与木材研究回顾展"在北京举行。

2023 年 9 月，科普视频"认知木材——走进中国林科院木材标本馆"入选 2023 年全国优秀林草科普微视频。

2023 年 11 月，国家标准《木材鉴定 DNA 条形码方法》（GB/T 43271—2023）正式发布。

2024 年 1 月，何拓获国际林业研究组织联盟"杰出博士研究奖"。

2024 年 3 月，中国林业科学研究院木材标本馆新馆正式开放。

2024 年 4 月，国家科技基础资源调查专项项目（2023）"《中国木材志》修编"启动及实施方案论证会议在北京召开。

2024 年 7 月，《人民日报》（海外版）以"木材鉴定阐释考古发现"为题报道中国林业科学研究院木材标本馆团队木材分子考古研究工作亮点。

2024 年 7 月，国家木材标本资源库筹备论证会议在北京召开。

附录三

中国林业科学研究院木材标本馆主要著作

1936 年，唐燿著的《中国木材学》在商务印书馆出版，胡先骕作序。

1945 年，唐燿著的《经济部中央工业试验所木材试验馆五年来工作概况及成效二十九年至三十三年》由经济部中央工业试验所刊印。

1947 年，张英伯著的《滇西数种木荷属分类与木材解剖之研究》由国立中央研究院工学研究所刊印。

1955 年，喻诚鸿等编著的《中国造纸用植物纤维图谱》在科学出版社出版。

1958 年，中国林业科学研究院森林工业科学研究所材性研究室木材构造组著的《中国重要裸子植物材的识别》在中国林业出版社出版。成俊卿等编写的《中国裸子植物材的解剖性质和用途》在中国林业出版社出版。

1959 年，朱惠方等编写的《英汉林业词汇》在科学出版社出版。

1960 年，成俊卿等著的《中国重要树种的木材鉴别及其工艺性质和用途》在中国林业出版社出版。

1964 年，成俊卿等主编的《安徽木材（第一辑）》在安徽农学院出版。

1979 年，成俊卿等编著的《木材穿孔卡检索表（阔叶树材微观构造）》在农业出版社出版。

1980 年，成俊卿等著的《中国热带及亚热带木材——识别、材性和利用》在科学出版社出版。

1982 年，成俊卿等著的《木材识别与利用》在中国林业出版社出版。

1985 年，成俊卿主编的《木材学》在中国林业出版社出版。周崟等编著的《中国胶合板用材树种及其性质》在中国林业出版社出版。

1988 年，腰希申等著的《中国主要木材构造》在中国林业出版社出版。

1992 年，成俊卿等著的《中国木材志》在中国林业出版社出版。

1993 年，刘鹏等编著的《东南亚热带木材》在中国林业出版社出版。

1994 年，周崟等著的《中国裸子植物材的木材解剖学及超微构造》在中国林业出版社出版。

1996 年，刘鹏等编著的《非洲热带木材》在中国林业出版社出版。

1999 年，姜笑梅等编著的《拉丁美洲热带木材》在中国林业出版社出版。

2000 年，杨家驹编著的《中国红木》在中国建材工业出版社出版。杨家驹等编著的《世界商品木材拉汉英名称》在中国林业出版社出版。

2001 年，周崟等著的《中国落叶松属木材》在中国林业出版社出版。杨家驹等著的《木纤维》在中国建材工业出版社出版。

2003 年，杨家驹等编著的《龙脑香科亚科木材》在中国建材工业出版社出版。

2004 年，杨家驹等著的《红木家具与实木地板》在中国建材工业出版社出版。

2006 年，杨家驹等著的《木材识别及 CWID 计算机辅助识别系统》在中国建材工业出版社出版。

2007 年，姜笑梅等著的《中国桉树和相思人工林木材性质和利用》在科学出版社出版。

2010 年，姜笑梅等编著的《中国裸子植物木材志》在科学出版社出版。

2011 年，刘鹏主编的《中国现代红木家具》在中国林业出版社出版。

2015 年，殷亚方等编著的《濒危和珍贵热带木材识别图鉴》在科学出版社出版。

2015 年，殷亚方等著的《常见贸易濒危与珍贵木材识别手册》（中文版）在科学出版社出版。

2016 年，殷亚方等著的《常见贸易濒危与珍贵木材识别手册》（英文版）在科学出版社出版。

2020 年，殷亚方等主编的 *IAWA Journal* 学术专刊《木材识别进展：解剖与分子技术》在荷兰博睿学术出版社（Brill）出版。

2022 年，殷亚方等著的《常见贸易濒危木材识别图鉴》（中英文版）在科学出版社出版。

后　记

呈现在大家面前的《中国林业科学研究院木材标本馆馆藏名录》(以下简称《名录》)，是对过去近一百年时间里木材标本及其科学研究事业开创、发展和主要成果的回顾总结，是对几代学者所累积学术财富的记录保存，更是为了让这些不可复制的宝贵科技资源能够发挥更大的社会价值。从最初构思、起笔、整理、撰写、讨论至校订，不知不觉已近15载，其间不断历经资料信息补充更新、国内外植物分类变化、已保藏标本反复考证确认、新采集交换标本登记入库等繁复过程，《名录》终于付梓问世。忆及《四川生物调查团近讯》曾述1931年科学先驱在巴郎山采集标本时“山岭积雪逾尺，且时落时雾，忽风忽热，有一力夫行至近极岭处，气闷昏倒于地”，几代科学家躬身垂范、千里践行的身影即在眼前。与当时艰辛年代标本采集背后的千难万险相比，本书成稿的付出实在算不得什么，并更让我们这代人深深感动于每份木材标本其朴素而坚韧的力量。

中国林业科学研究院木材标本馆是静生所木材试验室、中工所木材试验室和中央林垦部西南木材试验馆的主要传承机构，多数早期木材标本在颠沛流离之后终于得以保存于此，中国木材科学近百年的发展脉络和机构变迁也籍此逐渐清晰。中工所木材试验室档案记载，至1945年初该所藏有来自静生所、国内外交换和自行采集等来源的木材标本，包括唐燿先生自美留学归来耶鲁大学导师Samuel Record教授赠予的1200号标本。通过此次《名录》出版，有机会对这些早期标本及其原始记录进行全面系统梳理，不过遗憾的是，在仔细查阅核对现有馆藏后，我们未能发现该批耶鲁大学标本和原始记录。《中国林业科学研究院木材工业研究所早期史》述及唐耀先生 1959 年调离森林工业科学研究所（木材工业研究所前身），携带一些标本离开。是否与上述标本关联目前仍无从考证，期冀将来有更多资料出现，从而终能厘清。

《名录》校订成书后期，正值我所倡导和牵头开展木材文化溯源。在全所支持下，中国林业科学研究院木材标本馆新建成独立的腊叶标本、木材标本保藏库区以及标本科普展示区，完成了所有入库标本数字标识，并加速建设中国木材标本数据平台。与此同时，我们专门针对与标本关联的学科发展历史事件进一步梳理，为中国木材科学史提供了包括静生所首号木材标本，静生所木材研究成果，科学前辈们工作手稿、往来信函和采集或鉴定标本及原始记录等一批重要实物证据。

国家科技标本资源的发展离不开数代人的潜心积累、赓续传承。长期以来，导师姜笑梅先生一直坚持带领我们奔赴祖国的热带、亚热带和温带等不同地区采集标本试材。数十次野外采集经历，风餐露宿，放树倒木，造材搬运，测量记录，她总是身先士卒，以身作则，精心指导计划方案，出发前备好各种物品清单，采集后确保所有标本安全入库。导师现已年近八旬，眼睛时常干涩，但仍坚持每日伏案工作，帮助校订《名录》标本拉丁名等信息。记得有一次她保存文件的优盘中数据丢失，十分着急，很担心影响书稿整体进度，直到最终通过数据恢复找到原始文件，她才如释重负。感谢姜先生为我国木材科学事业和本书出版付出的心血与智慧！

作为记录森林树种、空间、时间等多维信息的直接证据，木材标本及其蕴含的科学数据信息被视为推动国家科技创新和促进经济社会发展的关键基础性战略资源之一。中国林业科学研究院木材标本馆承载了中国木材科学研究的发端，并在木材科学各个历史发展阶段发挥了不可替代的重要作用。2010 年以来，在大家鼓励帮助下，我得以主动竞选、陆续担任国际学术职务，并与团队成员一起广泛开展国际交流和标本交换及研究，木材标本馆藏树种数量由 4520 种增加到 9112 种，实现跨越式增长，跃居亚洲第一，这些成绩的取得与我国国民经济快速发展和国际影响力稳步提升是密不可分的。

继往开来，守正创新。我们将通过建设国家木材标本资源库这一重要契机，着力面向国家需求主战场，在新的科学范式下持续推进木材信息学发展，加强科学大数据挖掘与利用，打造木材科学原始创新的策源地，支撑以结构材创新利用驱动国家能源结构绿色转型、以绿色建材驱动建筑领域节能降碳升级、以废旧木材资源化驱动循环经济新生态构建、以木材数字技术驱动传统产业智能化现代化和以木材产业深度转型升级驱动经济社会高质量发展，形成基于“五个驱动”的木材科学发展新体系，在新的历史条件下实现“用好用足木材”，为我国经济增长和社会进步提供可持续动力的科技引擎。

站在中国木材科学百年发展历史潮头，谨以此《名录》表达对老一辈木材科学家的崇高敬意。

书稿得以完成，感谢所有为标本采集、交换、研究和资料整理提供帮助的同事同学们，感谢编辑老师的鼓励与长久耐心等待，感谢各位作者的辛勤劳动，感谢家人特别是妻子和孩子长期默默的支持。

由于水平有限，且标本及资料年代跨度较长，涉及机构和人员变化较大，此中如有缺失、不妥乃至错误之处，恳请读者批评指正。

殷亚方
二零二四年十二月六日于北京西山八大处

图书在版编目（CIP）数据

中国林业科学研究院木材标本馆馆藏名录 / 殷亚方，焦立超，姜笑梅著. — 北京：中国林业出版社，2024.12
ISBN 978-7-5219-2495-4

Ⅰ. ①中… Ⅱ. ①殷… ②焦… ③姜… Ⅲ. ①木材—标本—中国—名录 Ⅳ. ①S781-62

中国国家版本馆 CIP 数据核字（2024）第 007646 号

策划、责任编辑：杜 娟 马吉萍
书籍设计：杨袘贺
制 版：北京时代澄宇科技有限公司

出版发行：中国林业出版社
（100009，北京市西城区刘海胡同 7 号，电话83223120）
电子邮箱：cfphzbs@163.com
网 址：www.cfph.net
印 刷：北京富诚彩色印刷有限公司
版 次：2024年12月第1版
印 次：2024年12月第1次印刷
开 本：889mm×1194mm 1/16
印 张：30.5
字 数：850千字
定 价：560元